AF338115

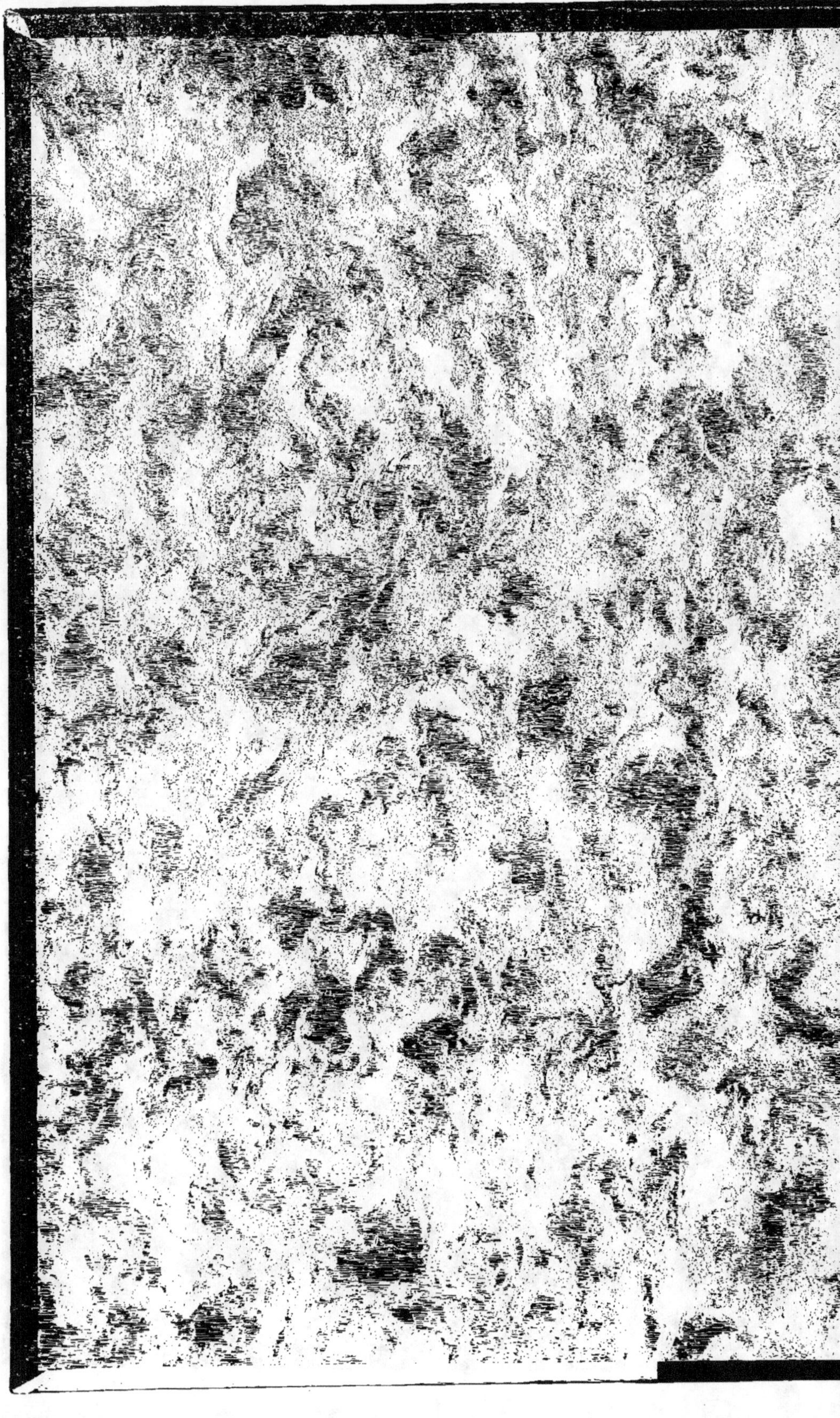

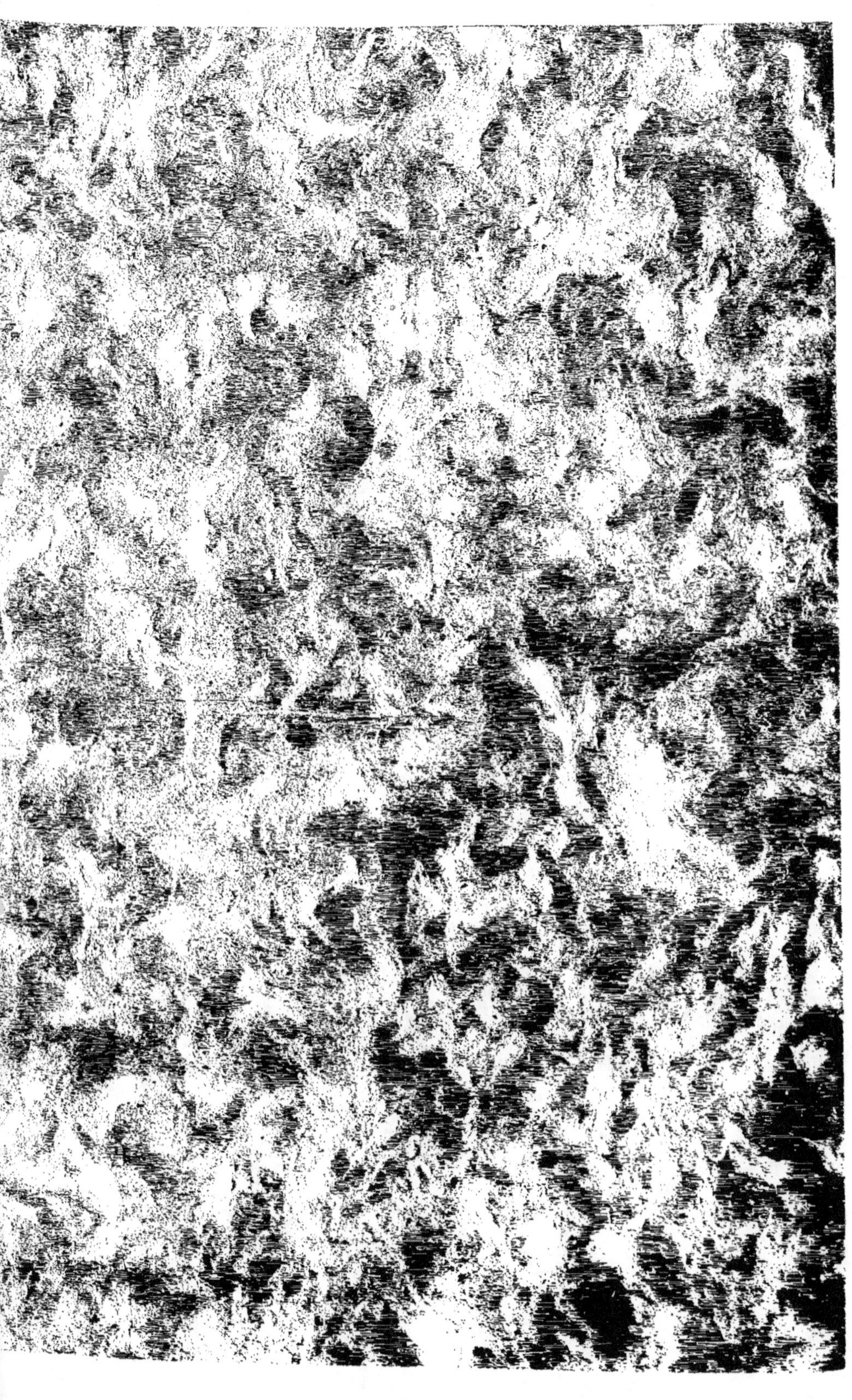

OEUVRES COMPLÈTES

DE BUFFON

II

PARIS. — IMPRIMERIE Vve P. LAROUSSE ET Cie
19, RUE MONTPARNASSE, 19

OEUVRES

COMPLÈTES

DE BUFFON

NOUVELLE ÉDITION

ANNOTÉE ET PRÉCÉDÉE D'UNE INTRODUCTION SUR BUFFON
ET SUR LES PROGRÈS DES SCIENCES NATURELLES DEPUIS SON ÉPOQUE

PAR J.-L. DE LANESSAN

Professeur agrégé d'histoire naturelle à la Faculté de médecine de Paris

SUIVIE DE LA

CORRESPONDANCE GÉNÉRALE DE BUFFON

RECUEILLIE ET ANNOTÉE PAR M. NADAULT DE BUFFON

OUVRAGE ILLUSTRÉ
DE 160 PLANCHES GRAVÉES SUR ACIER ET COLORIÉES A LA MAIN
ET DE 8 PORTRAITS GRAVÉS SUR ACIER

TOME DEUXIÈME

ÉPOQUES DE LA NATURE. — MINÉRAUX

PARIS

LIBRAIRIE ABEL PILON

A. LE VASSEUR, SUCC^R, ÉDITEUR

33, RUE DE FLEURUS, 33

ŒUVRES COMPLÈTES

DE BUFFON

DES ÉPOQUES DE LA NATURE

Comme dans l'histoire civile, on consulte les titres, on recherche les médailles, on déchiffre les inscriptions antiques pour déterminer les époques des révolutions humaines, et constater les dates des événements moraux; de même, dans l'histoire naturelle, il faut fouiller les archives du monde, tirer des entrailles de la terre les vieux monuments, recueillir leurs débris, et rassembler en un corps de preuves tous les indices des changements physiques qui peuvent nous faire remonter aux différents âges de la nature. C'est le seul moyen de fixer quelques points dans l'immensité de l'espace et de placer un certain nombre de pierres numéraires sur la route éternelle du temps. Le passé est comme la distance; notre vue y décroît, et s'y perdrait de même, si l'histoire et la chronologie n'eussent placé des fanaux, des flambeaux aux points les plus obscurs; mais, malgré ces lumières de la tradition écrite, si l'on remonte à quelques siècles, que d'incertitudes dans les faits! que d'erreurs sur les causes des événements! et quelle obscurité profonde n'environne pas les temps antérieurs à cette tradition! D'ailleurs elle ne nous a transmis que les gestes de quelques nations, c'est-à-dire les actes d'une très petite partie du genre humain; tout le reste des hommes est demeuré nul pour nous, nul pour la postérité : ils ne sont sortis de leur néant que pour passer comme des ombres qui ne laissent point de traces; et plût au ciel que le nom de tous ces prétendus héros, dont on a célébré les crimes ou la gloire sanguinaire, fût également enseveli dans la nuit de l'oubli!

Ainsi l'histoire civile, bornée d'un côté par les ténèbres d'un temps assez voisin du nôtre, ne s'étend de l'autre qu'aux petites portions de terre qu'ont occupées successivement les peuples soigneux de leur mémoire ; au lieu que l'histoire naturelle embrasse également tous les espaces, tous les temps, et n'a d'autres limites que celles de l'univers.

La nature (*) étant contemporaine de la matière, de l'espace et du temps, son histoire est celle de toutes les substances, de tous les lieux, de tous les âges ; et quoiqu'il paraisse à la première vue que ses grands ouvrages ne s'altèrent ni ne changent, et que dans ses productions, même les plus fragiles et les plus passagères, elle se montre toujours et constamment la même, puisque à chaque instant ses premiers modèles reparaissent à nos yeux sous de nouvelles représentations ; cependant, en l'observant de près, on s'apercevra que son cours n'est pas absolument uniforme ; on reconnaîtra qu'elle admet des variations sensibles, qu'elle reçoit des altérations successives, qu'elle se prête même à des combinaisons nouvelles, à des mutations de matière et de forme ; qu'enfin, autant elle paraît fixe dans son tout, autant elle est variable dans chacune de ses parties ; et si nous l'embrassons dans toute son étendue, nous ne pourrons douter qu'elle ne soit aujourd'hui très différente de ce qu'elle était au commencement et de ce qu'elle est devenue dans la succession des temps : ce sont ces changements divers que nous appelons ses époques. La nature s'est trouvée dans différents états ; la surface de la terre a pris successivement des formes différentes ; les cieux même ont varié, et toutes les choses de l'univers physique sont, comme celles du monde moral, dans un mouvement continuel de variations successives. Par exemple, l'état dans lequel nous voyons aujourd'hui la nature est autant notre ouvrage que le sien ; nous avons su la tempérer, la modifier, la plier à nos besoins, à nos désirs ; nous avons sondé, cultivé, fécondé la terre : l'aspect sous lequel elle se présente est donc bien différent de celui des temps antérieurs à l'invention des arts. L'âge d'or de la morale, ou plutôt de la Fable, n'était que l'âge de fer de la physique et de la vérité. L'homme de ce temps encore à demi sauvage, dispersé, peu nombreux, ne sentait pas sa puissance, ne connaissait pas sa vraie richesse ; le trésor de ses lumières était enfoui ; il ignorait la force des volontés unies, et ne se doutait pas que, par la société et par des

---

(*) Buffon nous donne, dans cette page, une idée exacte de ce qu'il entend par ce mot, qu'on trouve à chaque instant dans son œuvre, « la nature ». Ce n'est pas une entité métaphysique, un être idéal, comme on pourrait le supposer d'après cette sorte de personnalité qu'il lui attribue souvent, c'est la matière elle-même avec ses formes variables à l'infini et se succédant sans interruption dans tous les temps et dans tous les lieux. « Son histoire est *celle de toutes les substances*, de tous les lieux, de tous les âges. »

Il importe aussi de remarquer que les « époques » de Buffon n'ont rien de commun avec les « révolutions » de Cuvier. Pour Buffon, il n'y a jamais eu d'interruption, de cassure dans l'histoire de la matière. Celle-ci ne fait que se transformer « dans chacune de ses parties » et passer par « différents états ». Ce sont « ces changements divers, dit Buffon, que nous appelons ses époques ».

Il y a là, en germe, toute la doctrine du transformisme.

travaux suivis et concertés, il viendrait à bout d'imprimer ses idées sur la face entière de l'univers.

Aussi faut-il aller chercher et voir la nature dans ces régions nouvellement découvertes, dans ces contrées de tout temps inhabitées, pour se former une idée de son état ancien; et cet ancien état est encore bien moderne en comparaison de celui où nos continents terrestres étaient couverts par les eaux, où les poissons habitaient sur nos plaines, où nos montagnes formaient les écueils des mers : combien de changements et de différents états ont dû se succéder depuis ces temps antiques (qui cependant n'étaient pas les premiers) jusqu'aux âges de l'histoire! Que de choses ensevelies! combien d'événements entièrement oubliés! que de révolutions antérieures à la mémoire des hommes! Il a fallu une très longue suite d'observations; il a fallu trente siècles de culture à l'esprit humain, seulement pour reconnaître l'état présent des choses. La terre n'est pas encore entièrement découverte; ce n'est que depuis peu qu'on a déterminé sa figure; ce n'est que de nos jours qu'on s'est élevé à la théorie de sa forme intérieure, et qu'on a démontré l'ordre et la disposition des matières dont elle est composée : ce n'est donc que de cet instant où l'on peut commencer à comparer la nature avec elle-même, et remonter de son état actuel et connu à quelques époques d'un état plus ancien.

Mais comme il s'agit ici de percer la nuit des temps, de reconnaître par l'inspection des choses actuelles l'ancienne existence des choses anéanties, et de remonter par la seule force des faits subsistants à la vérité historique des faits ensevelis; comme il s'agit en un mot de juger non seulement le passé moderne, mais le passé le plus ancien, par le seul présent, et que pour nous élever jusqu'à ce point de vue nous avons besoin de toutes nos forces réunies, nous emploierons trois grands moyens : 1° les faits qui peuvent nous rapprocher de l'origine de la nature; 2° les monuments qu'on doit regarder comme les témoins de ses premiers âges; 3° les traditions qui peuvent nous donner quelque idée des âges subséquents : après quoi nous tâcherons de lier le tout par des analogies et de former une chaîne qui, du sommet de l'échelle du temps, descendra jusqu'à nous.

Premier fait. — La terre est élevée sur l'équateur et abaissée sous les pôles, dans la proportion qu'exigent les lois de la pesanteur et de la force centrifuge.

Second fait. — Le globe terrestre a une chaleur intérieure qui lui est propre, et qui est indépendante de celle que les rayons du soleil peuvent lui communiquer.

Troisième fait. — La chaleur que le soleil envoie à la terre est assez petite, en comparaison de la chaleur propre du globe terrestre; et cette chaleur envoyée par le soleil ne serait pas seule suffisante pour maintenir la nature vivante (*).

Quatrième fait. — Les matières qui composent le globe de la terre sont en général de la nature du verre (**), et peuvent être toutes réduites en verre.

Cinquième fait. — On trouve sur toute la surface de la terre, et même sur les montagnes, jusqu'à 1,500 et 2,000 toises de hauteur, une immense quantité de coquilles et d'autres débris des productions de la mer.

Examinons d'abord si dans ces faits que je veux employer, il n'y a rien qu'on puisse raisonnablement contester. Voyons si tous sont prouvés, ou du moins peuvent l'être : après quoi nous passerons aux inductions que l'on en doit tirer.

Le premier fait du renflement de la terre à l'équateur et de son aplatissement aux pôles est mathématiquement démontré et physiquement prouvé par la théorie de la gravitation et par les expériences du pendule. Le globe terrestre a précisément la figure que prendrait un globe fluide qui tournerait sur lui-même avec la vitesse que nous connaissons au globe de la terre. Ainsi la première conséquence qui sort de ce fait incontestable, c'est que la matière dont notre terre est composée était dans un état de fluidité au moment qu'elle a pris sa forme, et ce moment est celui où elle a commencé à tourner sur elle-même. Car si la terre n'eût pas été fluide, et qu'elle eût eu la même consistance que nous lui voyons aujourd'hui, il est évident que cette matière consistante et solide n'aurait pas obéi à la loi de la force centrifuge, et que par conséquent malgré la rapidité de son mouvement de rotation, la terre, au lieu d'être un sphéroïde renflé sur l'équateur et aplati sous les pôles, serait au contraire une sphère exacte, et qu'elle n'aurait jamais pu prendre d'autre figure que celle d'un globe parfait, en vertu de l'attraction mutuelle de toutes les parties de la matière dont elle est composée.

Or, quoique en général toute fluidité ait la chaleur pour cause, puisque l'eau même sans la chaleur ne formerait qu'une substance solide, nous avons deux manières différentes de concevoir la possibilité de cet état primitif de

(*) Buffon commet, en émettant cette proposition, une erreur grave. Il est bien démontré qu'à l'heure actuelle et même depuis que les êtres vivants existent sur la terre, « la chaleur envoyée par le soleil » est indispensable au maintien de la vie. Quant à la chaleur propre du globe, elle n'a qu'une influence peu considérable, si même elle en a une, sur le développement et l'entretien de la vie. La chaleur propre du globe n'en est pas moins démontrée.

(**) L'expression de « nature du verre », dont se sert à chaque instant Buffon, ne signifie pas autre chose que « matières fusibles ».

fluidité dans le globe terrestre, parce qu'il semble d'abord que la nature ait deux moyens pour l'opérer (*). Le premier est la dissolution ou même le délaiement des matières terrestres dans l'eau ; et le second, leur liquéfaction par le feu. Mais l'on sait que le plus grand nombre des matières solides qui composent le globe terrestre ne sont pas dissolubles dans l'eau ; et en même temps l'on voit que la quantité d'eau est si petite en comparaison de celle de la matière aride qu'il n'est pas possible que l'une ait jamais été délayée dans l'autre. Ainsi cet état de fluidité dans lequel s'est trouvée la masse entière de la terre n'ayant pu s'opérer ni par la dissolution ni par le délaiement dans l'eau, il est nécessaire que cette fluidité ait été une liquéfaction causée par le feu (**).

Cette juste conséquence, déjà très vraisemblable par elle-même, prend un nouveau degré de probabilité par le second fait, et devient une certitude par le troisième fait. La chaleur intérieure du globe, encore actuellement subsistante, et beaucoup plus grande que celle qui nous vient du soleil, nous démontre que cet ancien feu qu'a éprouvé le globe n'est pas encore à beaucoup près entièrement dissipé : la surface de la terre est plus refroidie que son intérieur. Des expériences certaines et réitérées nous assurent que la masse entière du globe a une chaleur propre et tout à fait indépendante de celle du soleil. Cette chaleur nous est démontrée par la comparaison de nos hivers à nos étés (a) ; et on la reconnaît d'une manière encore plus palpable dès qu'on pénètre au dedans de la terre (***) ; elle est constante en tous lieux pour chaque profondeur (****), et elle paraît augmenter à mesure que l'on descend (b). Mais que sont nos travaux en comparaison de ceux qu'il faudrait faire pour reconnaître les degrés successifs de cette chaleur intérieure dans les profondeurs du globe ! Nous avons fouillé les montagnes à quelques centaines de toises pour en tirer les métaux ; nous avons fait dans les plaines des puits de quelques centaines de pieds : ce sont là nos plus grandes excavations, ou plutôt nos fouilles les plus profondes ; elles effleurent à peine la première écorce du globe, et néanmoins la chaleur intérieure y est déjà plus sensible

(a) Voyez, dans ce volume, l'article qui a pour titre : *Des éléments*, p. 1, et particulièrement les deux Mémoires sur la température des planètes, p. 348.
(b) Voyez ci-après les notes justificatives des faits.

(*) Voyez pour les causes déterminantes de la forme de la terre mon Introduction.
(**) J'ai rappelé, dans mon Introduction, l'opinion relative à l'influence de la « dissolution » sur les changements de forme de la terre.
(***) Voyez mon Introduction pour les faits relatifs à la chaleur centrale du globe terrestre.
(****) D'après les recherches de M. Cordier (*Mém. de l'Inst.*, VII), l'accroissement de la température de la périphérie au centre, que tous les observateurs ont constaté, ne serait pas le même sur tous les points du globe ; il peut être deux ou trois fois plus considérable dans un pays que dans un autre, et ces différences ne sont en rapport constant ni avec les latitudes, ni avec les longitudes.

qu'à la surface : on doit donc présumer que si l'on pénétrait plus avant cette chaleur serait plus grande, et que les parties voisines du centre de la terre sont plus chaudes que celles qui en sont éloignées, comme l'on voit dans un boulet rougi au feu l'incandescence se conserver dans les parties voisines du centre longtemps après que la surface a perdu cet état d'incandescence et de rougeur. Ce feu, ou plutôt cette chaleur intérieure de la terre, est encore indiqué par les effets de l'électricité, qui convertit en éclairs lumineux cette chaleur obscure; elle nous est démontrée par la température de l'eau de la mer, laquelle, aux mêmes profondeurs, est à peu près égale à celle de l'intérieur de la terre (a). D'ailleurs il est aisé de prouver que la liquidité des eaux de la mer en général ne doit point être attribuée à la puissance des rayons solaires, puisqu'il est démontré par l'expérience que la lumière du soleil ne pénètre qu'à six cents pieds (b) à travers l'eau la plus limpide, et que par conséquent sa chaleur n'arrive peut-être pas au quart de cette épaisseur, c'est-à-dire à cent cinquante pieds (c) : ainsi toutes les eaux qui sont au-dessous de cette profondeur seraient glacées sans la chaleur intérieure de la terre, qui seule peut entretenir leur liquidité. Et de même, il est encore prouvé par l'expérience que la chaleur des rayons solaires ne pénètre pas à quinze ou vingt pieds dans la terre, puisque la glace se conserve à cette profondeur pendant les étés les plus chauds. Donc il est démontré qu'il y a au-dessous du bassin de la mer, comme dans les premières couches de la terre, une émanation continuelle de chaleur qui entretient la liquidité des eaux et produit la température de la terre. Donc il existe dans son intérieur une chaleur qui lui appartient en propre, et qui est tout à fait indépendante de celle que le soleil peut lui communiquer.

Nous pouvons encore confirmer ce fait général par un grand nombre de faits particuliers. Tout le monde a remarqué, dans le temps des frimas, que la neige se fond dans tous les endroits où les vapeurs de l'intérieur de la terre ont une libre issue, comme sur les puits, les aqueducs recouverts, les voûtes, les citernes, etc.; tandis que sur tout le reste de l'espace, où la terre resserrée par la gelée intercepte ces vapeurs, la neige subsiste et se gèle au lieu de fondre. Cela seul suffirait pour démontrer que ces émanations de l'intérieur de la terre ont un degré de chaleur très réel et sensible. Mais il est inutile de vouloir accumuler ici de nouvelles preuves d'un fait constaté par l'expérience et par les observations; il nous suffit qu'on ne puisse désormais le révoquer en doute, et qu'on reconnaisse cette chaleur intérieure de la terre comme un fait réel et général duquel, comme des autres faits généraux de la nature, on doit déduire les effets particuliers.

(a) Voyez ci-après les notes justificatives des faits.
(b) Voyez *ibidem.*
(c) Voyez *ibidem.*

Il en est de même du quatrième fait : on ne peut pas douter, après les preuves démonstratives que nous en avons données dans plusieurs articles de notre Théorie de la terre (a), que les matières dont le globe est composé ne soient de la nature du verre : le fond des minéraux, des végétaux et des animaux n'est qu'une matière vitrescible : car tous leurs résidus, tous leurs détriments ultérieurs peuvent se réduire en verre. Les matières que les chimistes ont appelées *réfractaires*, et celles qu'ils regardent comme infusibles parce qu'elles résistent au feu de leurs fourneaux sans se réduire en verre, peuvent néanmoins s'y réduire par l'action d'un feu plus violent. Ainsi toutes les matières qui composent le globe de la terre, du moins toutes celles qui nous sont connues, ont le verre pour base de leur substance (b), et nous pouvons, en leur faisant subir la grande action du feu, les réduire toutes ultérieurement à leur premier état.

La liquéfaction primitive de la masse entière de la terre par le feu est donc prouvée dans toute la rigueur qu'exige la plus stricte logique : d'abord, *à priori*, par le premier fait de son élévation sur l'équateur, et de son abaissement sous les pôles; 2° *ab actu*, par le second et le troisième fait de la chaleur intérieure de la terre encore subsistante; 3° *à posteriori*, par le quatrième fait, qui nous démontre le produit de cette action du feu, c'est-à-dire le verre dans toutes les substances terrestres (*).

Mais quoique les matières qui composent le globe de la terre aient été primitivement de la nature du verre et qu'on puisse aussi les y réduire ultérieurement, on doit cependant les distinguer et les séparer, relativement aux différents états où elles se trouvent avant ce retour à leur première nature, c'est-à-dire avant leur réduction en verre par le moyen du feu. Cette considération est d'autant plus nécessaire ici, que seule elle peut nous indiquer en quoi diffère la formation de ces matières. On doit donc les diviser d'abord en matières vitrescibles (**) et en matières calcinables : les premières n'éprouvant aucune action de la part du feu, à moins qu'il ne soit porté à un degré de force capable de les convertir en verre; les autres, au contraire, éprouvant à un degré bien inférieur une action qui les réduit en chaux. La quantité des substances calcaires, quoique fort considérable sur la terre, est néanmoins très petite en comparaison de la quantité des matières vitrescibles. Le cinquième fait que nous avons mis en avant prouve que leur for-

(a) Voyez ci-après les notes justificatives des faits.
(b) Voyez *ibidem*.

(*) Voyez mon Introduction pour la discussion de cette idée.
(**) C'est-à-dire, comme l'indique plus bas Buffon, qui sont directement fondues par le feu. Il importe que le lecteur ne perde pas de vue, dans la lecture de toute l'œuvre de Buffon, la signification exacte des mots qui reviennent si souvent sur la plume du grand naturaliste, « verre » et « matières vitrescibles », mots qui répondent à « matières fondues » et « matières fusibles »; ainsi interprétés, ces mots expriment une idée exacte.

mation est aussi d'un autre temps et d'un autre élément; et l'on voit évidemment que toutes les matières qui n'ont pas été produites immédiatement par l'action du feu primitif ont été formées par l'intermède de l'eau, parce que toutes sont composées de coquilles et d'autres débris des productions de la mer. Nous mettons dans la classe des matières vitrescibles le roc vif, les quartz, les sables, les grès et granits, les ardoises, les schistes, les argiles, les métaux et minéraux métalliques : ces matières prises ensemble forment le vrai fond du globe, et en composent la principale et très grande partie; toutes ont originairement été produites par le feu primitif. Le sable n'est que du verre en poudre; les argiles, des sables pourris dans l'eau; les ardoises et les schistes, des argiles desséchées et durcies; le roc vif, les grès, le granit, ne sont que des masses vitreuses ou des sables vitrescibles, sous une forme concrète; les cailloux, les cristaux, les métaux et la plupart des autres minéraux ne sont que les stillations, les exsudations ou les sublimations de ces premières matières, qui toutes nous décèlent leur origine primitive et leur nature commune par leur aptitude à se réduire immédiatement en verre.

Mais les sables et graviers calcaires, les craies, la pierre de taille, le moellon, les marbres, les albâtres, les spaths calcaires, opaques et transparents, toutes les matières, en un mot, qui se convertissent en chaux, ne présentent pas d'abord leur première nature : quoique originairement de verre comme toutes les autres, ces matières calcaires ont passé par des filières qui les ont dénaturées (*); elles ont été formées dans l'eau; toutes sont entièrement composées de madrépores, de coquilles et de détriments des dépouilles de ces animaux aquatiques (**), qui seuls savent convertir le

---

(*) Toutes ces matières sont formées de sels hydratés. La première action que le feu exerce sur elles consiste à les priver de leur eau; puis il les décompose, et il se forme un oxyde du métal. Quand, par exemple, on expose le carbonate de chaux hydraté de nos carrières à la chaleur des fours, on lui enlève son eau, puis on le décompose en acide carbonique et en oxyde de calcium ou chaux vive.

(**) Linné paraît être le père de l'idée exprimée ici par Buffon, d'après laquelle tous les minéraux de nature calcaire auraient été fabriqués par les animaux. Linné a résumé cette manière de voir en une phrase célèbre, longtemps considérée comme l'expression d'une conception purement imaginaire, mais aujourd'hui confirmée par un grand nombre de faits : « Petrefacta non à calce, sed calx à petrefactis. Sic lapides ab animalibus, nec » vice versâ. Sic rupes saxei non primævi, sed temporis filiæ. »

Les animaux à test calcaire prennent dans l'eau ou dans les aliments dont ils se nourrissent du bicarbonate de chaux très soluble qu'ils transforment en carbonate insoluble, avec lequel sont constituées leurs coquilles. Ces coquilles s'accumulent en énorme quantité après la mort des animaux, et, agglutinées par du carbonate de chaux, forment des roches compactes de calcaire. La plupart de nos pierres à bâtir, de nos marbres, présentent encore des traces palpables de ces coquilles, ou même des coquilles entières. Mais ce ne sont pas seulement les roches dans lesquelles ces coquilles sont visibles dont la formation peut être attribuée aux animaux. Ces derniers ont encore joué un rôle prépondérant, sinon exclusif, dans la production de roches dans lesquelles il est impossible, à l'heure actuelle, de les découvrir. Parmi les animaux les plus importants à cet égard, il faut citer les Foraminifères

liquide en solide et transformer l'eau de la mer en pierre (*a*). Les marbres communs et les autres pierres calcaires sont composés de coquilles entières et de morceaux de coquilles, de madrépores, d'astroïtes, etc., dont toutes les parties sont encore évidentes ou très reconnaissables : les graviers ne sont que les débris des marbres et des pierres calcaires, que l'action de l'air et des gelées détache des rochers, et l'on peut faire de la chaux avec ces gra-

(*a*) On peut se former une idée nette de cette conversion. L'eau de la mer tient en dissolution des particules de terre qui, combinées avec la matière animale, concourent à former les coquilles par le mécanisme de la digestion de ces animaux testacés; comme la soie est le produit du parenchyme des feuilles, combiné avec la matière animale du ver à soie.

qui, malgré leur taille microscopique, sont, sans aucun doute, ceux qui ont joué le plus grand rôle dans la formation des roches calcaires.

Quant aux roches siliceuses, elles pourraient bien aussi avoir pour producteurs des organismes animaux ou végétaux. Les Diatomées, petites algues à test siliceux, très abondantes dans nos eaux douces et dans certaines mers, ainsi que les Radiolaires, animaux inférieurs, à carapaces siliceuses, ont une importance parallèle à celle des Foraminifères. Ils prennent dans l'eau des sels de silice soluble et les transforment en silice insoluble qui forme leurs tests.

Huxley a résumé d'une manière remarquable le rôle de ces organismes dans la formation des roches. « Si nous supposons, dit-il (*Anat. of the invert. animals*, p. 85), que le globe » soit couvert uniformément d'un océan de 1,000 brasses de profondeur, le sol formant le » fond de cet océan se trouverait en dehors de l'action des pluies, des vents et des autres » agents de dégradation, et il ne s'y formerait pas de dépôts sédimentaires. Mais si l'on » introduisait, dans cet océan, des Foraminifères et des Diatomées obéissant aux mêmes » lois de distribution qu'à l'époque actuelle, il ne tarderait pas à se produire une pluie fine » de leurs parties dures, siliceuses ou calcaires; et un cap circumpolaire, de sédiment sili- » ceux finirait par apparaître au nord et au sud, tandis que la zone intermédiaire serait » couverte d'un sable calcaire à Globigérines (genre de Foraminifères) ne contenant qu'une » proportion relativement faible de silice. L'épaisseur des couches calcaires ou siliceuses » ainsi formées ne serait limitée que par le temps et par la profondeur de l'océan. Ces » couches, une fois accumulées, deviendraient susceptibles de subir toutes les influences de » l'eau et de la chaleur terrestre qui, nous le savons, suffisent pour convertir les matières » siliceuses en opale ou en quartzite, et les matières calcaires en formes diverses de pierre » et de marbre. Ces agents métamorphiques pourraient ainsi faire disparaître plus ou moins » complètement les traces de la structure primitive des dépôts.

» D'autres changements peuvent encore se produire. A l'époque actuelle, dans le golfe » du Mexique, au delà du banc d'Agulhas et dans d'autres points, à de faibles profondeurs » (100 à 300 brasses), les tests des Foraminifères subissent une métamorphose d'un autre » ordre. Leurs chambres se remplissent d'un silicate vert d'alumine et de fer, qui pénètre » jusque dans les tubes les plus fins, et prend une empreinte presque indestructible de leurs » cavités. La matière calcaire qui forme le test des Foraminifères est alors dissoute lente- » ment, tandis que l'empreinte subsiste, constituant un sable noir, fin, qui, lorsqu'on l'écrase, » donne une poussière verdâtre connue sous le nom de « sable vert ». Les recherches faites » à bord du *Challenger* ont, en outre, montré que de grandes surfaces des océans Atlan- » tique et Pacifique, au-dessus desquelles la mer offre une profondeur excédant 2,400 brasses, » — surfaces ayant parfois plusieurs milliers de mille carrés d'étendue, — offrent un fond » couvert, non par une ooze à Globigérines, mais par une argile rouge, formée de silicate » de fer et d'alumine. On ne trouve dans cette argile aucune trace de Globigérines ou » d'autres organismes calcaires; mais, dans les points où l'eau est moins profonde, les Glo- » bigérines se montrent à l'état de fragments qui deviennent de plus en plus complets à » mesure que la profondeur diminue et se rapproche de 2,400 pieds, ou devient encore

viers, comme l'on en fait avec le marbre ou la pierre : on peut en faire aussi
avec les coquilles mêmes, et avec la craie et les tufs, lesquels ne sont encore
que des débris ou plutôt des détriments de ces mêmes matières. Les albâtres,
et les marbres qu'on doit leur comparer lorsqu'ils contiennent de l'albâtre,
peuvent être regardés comme de grandes stalactites, qui se forment aux
dépens des autres marbres et des pierres communes : les spaths calcaires se
forment de même par l'exsudation ou la stillation dans les matières calcaires,
comme le cristal de roche se forme dans les matières vitrescibles. Tout cela
peut se prouver par l'inspection de ces matières et par l'examen attentif des
monuments de la nature.

Premiers monuments. — On trouve à la surface et à l'intérieur de la terre
des coquilles et autres productions de la mer ; et toutes les matières qu'on
appelle *calcaires* sont composées de leurs détriments.

Seconds monuments. — En examinant ces coquilles et autres productions
marines que l'on tire de la terre, en France, en Angleterre, en Allemagne et
dans le reste de l'Europe, on reconnaît qu'une grande partie des espèces
d'animaux auxquels ces dépouilles ont appartenu, ne se trouvent pas dans
les mers adjacentes, et que ces espèces, ou ne subsistent plus, ou ne se trouvent que dans les mers méridionales. De même, on voit dans les ardoises et
dans d'autres matières, à de grandes profondeurs, des impressions de poissons et de plantes, dont aucune espèce n'appartient à notre climat, et lesquelles n'existent plus, ou ne se trouvent subsistantes que dans les climats
méridionaux.

Troisièmes monuments. — On trouve en Sibérie et dans les autres contrées septentrionales de l'Europe et de l'Asie, des squelettes, des défenses,
des ossements d'éléphants, d'hippopotames et de rhinocéros, en assez grande
quantité pour être assuré que les espèces de ces animaux, qui ne peuvent se
propager aujourd'hui que dans les terres du Midi, existaient et se propa-
geaient autrefois dans les terres du Nord, et l'on a observé que ces dépouilles

» moindre. Cependant, les Globigérines et d'autres Foraminifères abondent au-dessus de
» ces surfaces comme ailleurs, et leurs tests doivent tomber au fond, mais on ne sait pas
» encore, d'une manière satisfaisante, comment ils disparaissent, ni quelle relation existe
» entre eux et l'argile rouge. On a émis l'opinion que les coquilles sont dissoutes et que
» l'argile rouge représente simplement le résidu insoluble qui persiste après que la partie
» calcaire du squelette a disparu. Dans ce cas, l'argile rouge, de même que l'ooze à Globi-
» gérines, la vase siliceuse et le sable vert seraient des produits indirects de l'action de la
» vie.
» Les agents métamorphiques, agissant ensuite sur l'argile, peuvent la transformer en
» schiste, et tous les minéraux fondamentaux qui entrent dans la composition des roches
» peuvent ainsi avoir été produits par des organismes vivants, quoiqu'on ne puisse, dans
» leur état ultime, y découvrir aucune trace de ces derniers. »

d'éléphants et d'autres animaux terrestres se présentent à une assez petite profondeur, au lieu que les coquilles et les autres débris des productions de la mer se trouvent enfouies à de plus grandes profondeurs dans l'intérieur de la terre.

Quatrièmes monuments. — On trouve des défenses et des ossements d'éléphants, ainsi que des dents d'hippopotames, non seulement dans les terres du nord de notre continent, mais aussi dans celles du nord de l'Amérique, quoique les espèces de l'éléphant et de l'hippopotame n'existent point dans ce continent du nouveau monde.

Cinquièmes monuments. — On trouve dans le milieu des continents, dans les lieux les plus éloignés des mers, un nombre infini de coquilles, dont la plupart appartiennent aux animaux de ce genre actuellement existants dans les mers méridionales, et dont plusieurs autres n'ont aucun analogue vivant, en sorte que les espèces en paraissent perdues et détruites par des causes jusqu'à présent inconnues.

En comparant ces monuments avec les faits, on voit d'abord que le temps de la formation des matières vitrescibles est bien plus reculé que celui de la composition des substances calcaires (*) ; et il paraît qu'on peut déjà distinguer quatre et même cinq époques dans la plus grande profondeur des temps : la première, où la matière du globe étant en fusion par le feu, la terre a pris sa forme, et s'est élevée sur l'équateur et abaissée sous les pôles par son mouvement de rotation : la seconde, où cette matière du globe s'étant consolidée a formé les grandes masses de matières vitrescibles (**) : la troi-

(*) On croyait autrefois que les « matières vitrescibles » dont parle Buffon, c'est-à-dire les granits et autres roches siliceuses, avaient toutes été formées avant les roches contenant des fossiles ; on admet aujourd'hui qu'une partie au moins des roches granitiques est de formation plus récente. On est même allé plus loin : on a pu supposer et presque démontrer que la plupart de ces roches sont postérieures à l'apparition des êtres vivants sur le globe. « Il est aujourd'hui bien prouvé, écrit Ch. Lyell, que les granits des différentes régions ne » sont pas tous de la même date, et qu'il est à peu près impossible de démontrer qu'une » quelconque de ces roches soit aussi ancienne que les débris organiques du fossile le plus » ancien connu. On admet aussi maintenant que le gneiss et les autres strates cristallins » sont des dépôts sédimentaires qui ont subi l'action métamorphique, et que presque toutes » ces formations, comme on peut le démontrer, sont postérieures à l'*Eoozon canadense*, » fossile récemment découvert. »

J'ai indiqué dans une note précédente (p. 10) que beaucoup de schistes argileux peuvent avoir une origine animale. Il est probable qu'un certain nombre de roches siliceuses plus pures encore ont une origine analogue, si l'on en juge par l'innombrable quantité de Radiolaires et de Diotamées qui peuplent les eaux douces et salées, sans parler d'un assez grand nombre de végétaux ou d'animaux plus élevés en organisation, qui accumulent dans leur organisme des quantités souvent très considérables de silice.

(**) Les indications contenues dans la note précédente montrent que toutes les grandes masses de « matières vitrescibles », que nous observons à la surface de la terre, ne proviennent pas du refroidissement et de la consolidation du globe, comme le croyait Buffon. Une

sième, où la mer couvrant la terre actuellement habitée, a nourri les animaux à coquilles dont les dépouilles ont formé les substances calcaires ; et la quatrième, où s'est faite la retraite de ces mêmes mers qui couvraient nos continents. Une cinquième époque, tout aussi clairement indiquée que les quatre premières, est celle du temps où les éléphants, les hippopotames et les autres animaux du Midi ont habité les terres du Nord. Cette époque est évidemment postérieure à la quatrième, puisque les dépouilles de ces animaux terrestres se trouvent presque à la surface de la terre, au lieu que celles des animaux marins sont pour la plupart et dans les mêmes lieux enfouies à de grandes profondeurs.

Quoi ! dira-t-on, les éléphants et les autres animaux du Midi ont autrefois habité les terres du Nord? Ce fait, quelque singulier, quelque extraordinaire qu'il puisse paraître, n'en est pas moins certain. On a trouvé et on trouve encore tous les jours en Sibérie, en Russie, et dans les autres contrées septentrionales de l'Europe et de l'Asie, de l'ivoire en grande quantité ; ces défenses d'éléphant se tirent à quelques pieds sous terre, ou se découvrent par les eaux lorsqu'elles font tomber les terres du bord des fleuves. On trouve ces ossements et défenses d'éléphants en tant de lieux différents et en si grand nombre qu'on ne peut plus se borner à dire que ce sont les dépouilles de quelques éléphants amenés par les hommes dans ces climats froids : on est maintenant forcé, par les preuves réitérées, de convenir que ces animaux étaient autrefois habitants naturels des contrées du Nord, comme ils le sont aujourd'hui des contrées du Midi (*) ; et ce qui paraît encore rendre le fait plus merveilleux, c'est-à-dire plus difficile à expliquer, c'est qu'on trouve ces dépouilles des animaux du midi de notre continent, non seulement dans les provinces de notre nord, mais aussi dans les terres du Canada et des autres parties de l'Amérique septentrionale. Nous avons au Cabinet du Roi plusieurs défenses et un grand nombre d'ossements d'éléphant trouvés en Sibérie : nous avons d'autres défenses et d'autres os d'éléphant qui ont été trouvés en France, et enfin nous avons des défenses d'éléphant et des dents d'hippopotame trouvées en Amérique dans les terres voisines de la rivière d'Ohio. Il est donc nécessaire que ces animaux, qui ne peuvent subsister et ne subsistent en effet aujourd'hui que dans les pays chauds, aient autrefois existé dans les climats du Nord, et que, par conséquent, cette

grande partie vient des animaux ; une partie plus considérable, peut-être, résulte de débris de la surface primitive du globe, détachés, entraînés puis déposés et accumulés par les eaux, si bien qu'il est permis de se demander s'il existe, à la surface de notre globe, la moindre roche datant de la période du refroidissement et de consolidation de cette surface. (Voyez sur ce sujet mon Introduction.)

(*) Buffon ne distingue pas suffisamment l'éléphant dont on trouve dans le Nord les restes fossiles d'avec ceux qui vivent à notre époque. Ces derniers sont considérés comme formant deux espèces distinctes : l'éléphant d'Afrique et l'éléphant des Indes. Quant aux éléphants des époques anciennes, ils forment probablement aussi plusieurs espèces distinctes, parmi lesquelles je me borne à signaler l'*Elephas primigenius* et l'*Elephas americanus*.

zone froide fût alors aussi chaude que l'est aujourd'hui notre zone torride (*) : car il n'est pas possible que la forme constitutive, ou si l'on veut l'habitude réelle du corps des animaux, qui est ce qu'il y a de plus fixe dans la nature, ait pu changer au point de donner le tempérament du renne à l'éléphant, ni de supposer que jamais ces animaux du Midi, qui ont besoin d'une grande· chaleur pour subsister, eussent pu vivre et se multiplier dans les terres du Nord, si la température du climat eût été aussi froide qu'elle l'est aujourd'hui. M. Gmelin, qui a parcouru la Sibérie et qui a ramassé lui-même plusieurs ossements d'éléphant dans ces terres septentrionales, cherche à rendre raison du fait en supposant que de grandes inondations survenues dans les terres méridionales ont chassé les éléphants vers les contrées du Nord, où ils auront tous péri à la fois par la rigueur du climat. Mais cette cause supposée n'est pas proportionnelle à l'effet : on a peut-être déjà tiré du Nord plus d'ivoire que tous les éléphants des Indes actuellement vivants n'en pourraient fournir ; on en tirera bien davantage avec le temps, lorsque ces vastes déserts du Nord, qui sont à peine reconnus, seront peuplés, et que les terres en seront remuées et fouillées par les mains de l'homme. D'ailleurs il serait bien étrange que ces animaux eussent pris la route qui convenait le moins à leur nature, puisqu'en les supposant poussés par des inondations du Midi, il leur restait deux fuites naturelles vers l'Orient et l'Occident ; et pourquoi fuir jusqu'au soixantième degré du Nord lorsqu'ils pouvaient s'arrêter en chemin ou s'écarter à côté dans des terres plus heureuses ? Et comment concevoir que, par une inondation des mers méridionales, ils aient été chassés à mille lieues dans notre continent, et à plus de trois mille lieues dans l'autre ? Il est impossible qu'un débordement de la mer des grandes Indes aient envoyé des éléphants en Canada ni même en Sibérie, et il est également impossible qu'ils y soient arrivés en nombre aussi grand que l'indiquent leurs dépouilles.

Étant peu satisfait de cette explication, j'ai pensé qu'on pouvait en donner une autre plus plausible et qui s'accorde parfaitement avec ma théorie de la terre. Mais avant de la présenter, j'observerai, pour prévenir toutes difficultés : 1° que l'ivoire qu'on trouve en Sibérie et en Canada est certainement de l'ivoire d'éléphant, et non pas de l'ivoire de morse ou vache marine, comme quelques voyageurs l'ont prétendu ; on trouve aussi dans les terres septentrionales de l'ivoire fossile de morse, mais il est différent de celui de l'éléphant, et il est facile de les distinguer par la comparaison de leur texture intérieure. Les défenses, les dents mâchelières, les omoplates, les fémurs et les autres ossements trouvés dans les terres du Nord, sont certainement des

(*) Un grand nombre d'observations paléontologiques et géologiques prouvent que pendant les périodes réculées de l'histoire de notre globe, les régions polaires jouissaient d'une température beaucoup plus élevée que de nos jours. En admettant même que le mammouth fût, comme l'ont affirmé certains paléontologistes, organisé pour vivre dans un climat froid, on a découvert en Sibérie de nombreux végétaux, mollusques, etc., qui ne peuvent vivre que dans des climats chauds. (Voyez mon Introduction.)

os d'éléphant ; nous les avons comparés aux différentes parties respectives du squelette entier de l'éléphant, et l'on ne peut douter de leur identité d'espèce ; les grosses dents carrées trouvées dans ces mêmes terres du Nord, dont la face qui broie est en forme de trèfle, ont tous les caractères des dents molaires de l'hippopotame (*) ; et ces autres énormes dents dont la face qui broie est composée de grosses pointes mousses ont appartenu à une espèce détruite aujourd'hui sur la terre (**), comme les grandes volutes appelées *cornes d'Ammon* sont actuellement détruites dans la mer.

2° Les os et les défenses de ces anciens éléphants, sont au moins aussi grands et aussi gros que ceux des éléphants actuels (*a*), auxquels nous les avons comparés ; ce qui prouve que ces animaux n'habitaient pas les terres du Nord par force, mais qu'ils y existaient dans leur état de nature et de pleine liberté, puisqu'ils y avaient acquis leurs plus hautes dimensions et pris leur entier accroissement ; ainsi l'on ne peut pas supposer qu'ils y aient été transportés par les hommes ; le seul état de captivité, indépendamment de la rigueur du climat (*b*), les aurait réduits au quart ou au tiers de la grandeur que nous montrent leurs dépouilles.

3° La grande quantité que l'on en a déjà trouvée par hasard dans ces terres presque désertes, où personne ne cherche, suffit pour démontrer que ce n'est ni par un seul ou plusieurs accidents, ni dans un seul et même temps que quelques individus de cette espèce se sont trouvés dans ces contrées du Nord, mais qu'il est de nécessité absolue que l'espèce même y ait autrefois existé, subsisté et multiplié comme elle existe, subsiste et se multiplie aujourd'hui dans les contrées du Midi.

Cela posé, il me semble que la question se réduit à savoir, ou plutôt consiste à chercher s'il y a ou s'il y a eu une cause qui ait pu changer la température dans les différentes parties du globe au point que les terres du Nord, aujourd'hui très froides, aient autrefois éprouvé le degré de chaleur des terres du Midi.

Quelques physiciens pourraient penser que cet effet a été produit par le changement de l'obliquité de l'écliptique parce qu'à la première vue ce changement semble indiquer que l'inclinaison de l'axe du globe n'étant pas constante, la terre a pu tourner autrefois sur un axe assez éloigné de celui sur lequel elle tourne aujourd'ui pour que la Sibérie se fût alors trouvée sous l'équateur. Les astronomes ont observé que le changement de l'obliquité de l'écliptique est d'environ 45 secondes par siècle ; donc, en supposant cette augmentation successive et constante, il ne faut que soixante siècles pour produire une différence de 45 minutes, et trois mille six cents siècles pour

(*a*) Voyez ci-après les notes justificatives des faits.
(*b*) Voyez *ibidem*.

(*) Ce sont des dents de mastodonte et non d'hippopotame.
(**) Le mastodonte.

donner celle de 45 degrés ; ce qui ramènerait le 60e degré de latitude au 15e, c'est-à-dire les terres de la Sibérie, où les éléphants ont autrefois existé, aux terres de l'Inde, où ils vivent aujourd'hui. Or, il ne s'agit, dira-t-on, que d'admettre dans le passé cette longue période de temps pour rendre raison du séjour des éléphants en Sibérie : il y a trois cent soixante mille ans que la terre tournait sur un axe éloigné de 45 degrés de celui sur lequel elle tourne aujourd'hui ; le 15e degré de latitude actuelle était alors le 60e, etc.

A cela je réponds que cette idée et le moyen d'explication qui en résulte ne peuvent pas se soutenir lorsqu'on vient à les examiner : le changement de l'obliquité de l'écliptique n'est pas une diminution ou une augmentation successive et constante ; ce n'est au contraire qu'une variation limitée, et qui se fait tantôt en un sens et tantôt en un autre, laquelle par conséquent n'a jamais pu produire en aucun sens ni pour aucun climat cette différence de 45 degrés d'inclinaison (*) : car la variation de l'obliquité de l'axe de la terre est causée par l'action des planètes qui déplacent l'écliptique sans affecter l'équateur. En prenant la plus puissante de ces attractions, qui est celle de Vénus, il faudrait douze cent soixante mille ans pour qu'elle pût faire changer de 180 degrés la situation de l'écliptique sur l'orbite de Vénus, et par conséquent produire un changement de 6 degrés 47 minutes dans l'obliquité réelle de l'axe de la terre, puisque 6 degrés 47 minutes sont le double de l'inclinaison de l'orbite de Vénus. De même l'action de Jupiter ne peut, dans un espace de neuf cent trente-six mille ans, changer l'obliquité de l'écliptique que de 2 degrés 38 minutes, et encore cet effet est-il en partie compensé par le précédent : en sorte qu'il n'est pas possible que ce changement de l'obliquité de l'axe de la terre aille jamais à 6 degrés ; à moins de supposer que toutes les orbites des planètes changeront elles-mêmes ; supposition que nous ne pouvons ni ne devons admettre, puisqu'il n'y a aucune cause qui puisse produire cet effet. Et comme on ne peut juger du passé que par l'inspection du présent et par la vue de l'avenir, il n'est pas possible, quelque loin qu'on veuille reculer les limites du temps, de supposer que la variation de l'écliptique ait jamais pu produire une différence de plus de 6 degrés dans les climats de la terre : ainsi cette cause est tout à fait insuffisante, et l'explication qu'on voudrait en tirer doit être rejetée.

Mais je puis donner cette explication si difficile, et la déduire d'une cause immédiate. Nous venons de voir que le globe terrestre, lorsqu'il a pris sa forme, était dans un état de fluidité ; et il est démontré que, l'eau n'ayant pu produire la dissolution des matières terrestres, cette fluidité était une

---

(*) Cette manière de voir est aujourd'hui admise par tous les astronomes. Tous admettent, d'après les démonstrations de Lagrange, de Laplace, etc., que les variations de l'obliquité de l'écliptique sont comprises dans des limites très étroites et que, par suite, elles ont toujours été et sont incapables de produire un changement sensible dans la situation des pôles par rapport au soleil.

liquéfaction causée par le feu. Or pour passer de ce premier état d'embrasement et de liquéfaction à celui d'une chaleur douce et tempérée, il a fallu du temps : le globe n'a pu se refroidir tout à coup au point où il est aujourd'hui. Ainsi dans les premiers temps après sa formation, la chaleur propre de la terre était infiniment plus grande que celle qu'elle reçoit du soleil, puisqu'elle est encore beaucoup plus grande aujourd'hui ; ensuite ce grand feu s'étant dissipé peu à peu, le climat du pôle a éprouvé, comme tous les autres climats, des degrés successifs de moindre chaleur et de refroidissement ; il y a donc eu un temps, et même une longue suite de temps pendant laquelle les terres du Nord, après avoir brûlé comme toutes les autres, ont joui de la même chaleur dont jouissent aujourd'hui les terres du Midi ; par conséquent ces terres septentrionales ont pu et dû être habitées par les animaux qui habitent actuellement les terres méridionales, et auxquels cette chaleur est nécessaire (*). Dès lors le fait, loin d'être extraordinaire, se lie parfaitement avec les autres faits, et n'en est qu'une simple conséquence. Au lieu de s'opposer à la théorie de la terre que nous avons établie, ce même fait en devient au contraire une preuve accessoire qui ne peut que la confirmer dans le point le plus obscur, c'est-à-dire lorsqu'on commence à tomber dans cette profondeur du temps où la lumière du génie semble s'éteindre, et où, faute d'observations, elle paraît ne pouvoir nous guider pour aller plus loin.

Une sixième époque, postérieure aux cinq autres, est celle de la séparation des deux continents. Il est sûr qu'ils n'étaient pas séparés dans le temps que les éléphants vivaient également dans les terres du nord de l'Amérique, de l'Europe et de l'Asie : je dis également, car on trouve de même leurs ossements en Sibérie, en Russie et au Canada. La séparation des continents ne s'est donc faite que dans des temps postérieurs à ceux du séjour de ces animaux dans les terres septentrionales ; mais comme l'on trouve aussi des défenses d'éléphant en Pologne, en Allemagne, en France, en Italie (a), on doit en conclure qu'à mesure que les terres septentrionales se refroidissaient, ces animaux se retiraient vers les contrées des zones tempérées où la chaleur du soleil et la plus grande épaisseur du globe compensaient la perte de la chaleur intérieure de la terre ; et qu'enfin ces zones s'étant aussi trop refroidies avec le temps, ils ont successivement gagné les climats de la zone

(a) Voyez ci-après les notes justificatives des faits.

(*) On voit que Buffon attribue la température élevée dont jouissaient autrefois les pôles, à ce qu'alors la température propre de la terre était plus considérable qu'aujourd'hui. Cette opinion n'a plus cours. On admet généralement avec Lyell, que la température propre de la surface du globe n'a pas subi dans son ensemble de diminution sensible depuis l'époque où les êtres vivants que nous connaissons ont commencé à se développer. Pour expliquer les variations de température qui se sont produites aux diverses époques, notamment le climat chaud dont jouissait le pôle nord pendant la période tertiaire, on invoque surtout les changements qui ont été apportés dans le relief des divers parties de la surface de notre globe. Je ne veux pas insister ici sur cette question, qui a été traitée dans mon Introduction.

torride, qui sont ceux où la chaleur intérieure s'est conservée le plus longtemps par la plus grande épaisseur du sphéroïde de la terre, et les seules où
cette chaleur, réunie avec celle du soleil, soit encore assez forte aujourd'hui
pour maintenir leur nature et soutenir leur propagation.

De même on trouve en France, et dans toutes les autres parties de l'Europe, des coquilles, des squelettes et des vertèbres d'animaux marins qui
ne peuvent subsister que dans les mers les plus méridionales. Il est donc
arrivé pour les climats de la mer le même changement de température que
pour ceux de la terre ; et ce second fait, s'expliquant, comme le premier,
par la même cause, paraît confirmer le tout au point de la démonstration.

Lorsque l'on compare ces anciens monuments du premier âge de la nature
vivante avec ses productions actuelles, on voit évidemment que la forme
constitutive de chaque animal s'est conservée la même et sans altération
dans ses principales parties : le type de chaque espèce n'a point changé ;
le moule intérieur a conservé sa forme et n'a point varié. Quelque longue
qu'on voulût imaginer la succession des temps, quelque nombre de générations qu'on admette ou qu'on suppose, les individus de chaque genre représentent aujourd'hui les formes de ceux des premiers siècles, surtout dans
les espèces majeures, dont l'empreinte est plus ferme et la nature plus fixe :
car les espèces inférieures ont, comme nous l'avons dit, éprouvé d'une
manière sensible tous les effets des différentes causes de dégénération. Seulement il est à remarquer au sujet de ces espèces majeures, telles que l'éléphant et l'hippopotame, qu'en comparant leurs dépouilles antiques avec
celles de notre temps, on voit qu'en général ces animaux étaient alors plus
grands qu'ils ne le sont aujourd'hui : la nature était dans sa première vigueur ;
la chaleur intérieure de la terre donnait à ses productions toute la force et
toute l'étendue dont elles étaient susceptibles. Il y a eu dans ce premier
âge des géants en tout genre : les nains et les pygmées sont arrivés depuis,
c'est-à-dire après le refroidissement ; et si (comme d'autres monuments
semblent le démontrer) il y a eu des espèces perdues, c'est-à-dire des animaux qui aient autrefois existé et qui n'existent plus, ce ne peuvent être
que ceux dont la nature exigeait une chaleur plus grande que la chaleur
actuelle de la zone torride. Ces énormes dents molaires, presque carrées et
à grosses pointes mousses, ces grandes volutes pétrifiées, dont quelques-
unes ont plusieurs pieds de diamètre (a) ; plusieurs autres poissons et coquillages fossiles dont on ne retrouve nulle part les analogues vivants, n'ont
existé que dans ces premiers temps où la terre et la mer, encore chaudes,
devaient nourrir des animaux auxquels ce degré de chaleur était nécessaire ;
et qui ne subsistent plus aujourd'hui, parce que probablement ils ont péri
par le refroidissement.

(a) Voyez ci-après les notes justificatives des faits.

Voilà donc l'ordre des temps indiqué par les faits et par les monuments ; voilà six époques dans la succession des premiers âges de la nature ; six espaces de durée dont les limites, quoique indéterminées, n'en sont pas moins réelles : car ces époques ne sont pas, comme celles de l'histoire civile, marquées par des points fixes, ou limitées par des siècles et d'autres portions du temps que nous puissions compter et mesurer exactement ; néanmoins nous pouvons les comparer entre elles, en évaluer la durée relative, et rappeler à chacune de ces périodes de durée d'autres monuments et d'autres faits qui nous indiqueront des dates contemporaines, et peut-être aussi quelques époques intermédiaires et subséquentes.

Mais avant d'aller plus loin, hâtons-nous de prévenir une objection grave qui pourrait même dégénérer en imputation. Comment accordez-vous, dira-t-on, cette haute ancienneté que vous donnez à la matière, avec les traditions sacrées, qui ne donnent au monde que six ou huit mille ans ? Quelque fortes que soient vos preuves, quelque fondés que soient vos raisonnements, quelque évidents que soient vos faits, ceux qui sont rapportés dans le livre sacré ne sont-ils pas encore plus certains ? Les contredire, n'est-ce pas manquer à Dieu, qui a eu la bonté de nous les révéler ?

Je suis affligé toutes les fois qu'on abuse de ce grand, de ce saint nom de Dieu ; je suis blessé toutes les fois que l'homme le profane, et qu'il prostitue l'idée du premier Être, en la substituant à celle du fantôme de ses opinions. Plus j'ai pénétré dans le sein de la nature, plus j'ai admiré et profondément respecté son auteur ; mais un respect aveugle serait superstition : la vraie religion suppose au contraire un respect éclairé. Voyons donc ; tâchons d'entendre sainement les premiers faits que l'interprète divin nous a transmis au sujet de la création ; recueillons avec soin ces rayons échappés de la lumière céleste : loin d'offusquer la vérité, ils ne peuvent qu'y ajouter un nouveau degré d'éclat et de splendeur.

« *Au commencement Dieu créa le ciel et la terre.* »
Cela ne veut pas dire qu'au commencement Dieu créa le ciel et la terre *tels qu'ils sont*, puisqu'il est dit immédiatement après, que *la terre était informe*, et que le soleil, la lune et les étoiles ne furent placés dans le ciel qu'au quatrième jour de la création. On rendrait donc le texte contradictoire à lui-même, si l'on voulait soutenir qu'au *commencement Dieu créa le ciel et la terre tels qu'ils sont*. Ce fut dans un temps subséquent qu'il les rendit en effet *tels qu'ils sont*, en donnant la forme à la matière, et en plaçant le soleil, la lune et les étoiles dans le ciel. Ainsi pour entendre sainement ces premières paroles, il faut nécessairement suppléer un mot qui concilie le tout, et lire : *Au commencement Dieu créa* LA MATIÈRE *du ciel et de la terre.*

Et *ce commencement*, ce premier temps le plus ancien de tous, pendant lequel la matière du ciel et de la terre existait sans forme déterminée, paraît avoir eu une longue durée, car écoutons attentivement la parole de l'interprète divin.

« *La terre était informe et toute nue, les ténèbres couvraient la face de* » *l'abîme, et l'esprit de Dieu était porté sur les eaux.* »

La terre *était*, les ténèbres *couvraient*, l'esprit de Dieu *était*. Ces expressions, par l'imparfait du verbe, n'indiquent-elles pas que c'est pendant un long espace de temps que la terre a été informe et que les ténèbres ont couvert la face de l'abîme? Si cet état informe, si cette face ténébreuse de l'abîme n'eussent existé qu'un jour, si même cet état n'eût pas duré longtemps, l'écrivain sacré, ou se serait autrement exprimé, ou n'aurait fait aucune mention de ce moment de ténèbres; il eût passé de la création de la matière en général à la production de ses formes particulières, et n'aurait pas fait un repos appuyé, une pause marquée entre le premier et le second instant des ouvrages de Dieu. Je vois donc clairement que non seulement on peut, mais que même l'on doit, pour se conformer au sens du texte de l'Écriture sainte, regarder la création de la matière en général comme plus ancienne que les productions particulières et successives de ses différentes formes; et cela se confirme encore par la transition qui suit.

« *Or Dieu dit.* »

Ce mot *or* suppose des choses faites et des choses à faire; c'est le projet d'un nouveau dessein, c'est l'indication d'un décret pour changer l'état ancien ou actuel des choses en un nouvel état.

« *Que la lumière soit faite, et la lumière fut faite.* »

Voilà la première parole de Dieu; elle est si sublime et si prompte qu'elle nous indique assez que la production de la lumière se fit en un instant; cependant la lumière ne parut pas d'abord ni tout à coup comme un éclair universel, elle demeura pendant du temps confondue avec les ténèbres, et Dieu prit lui-même du temps pour la considérer; car, est-il dit :

« *Dieu vit que la lumière était bonne, et il sépara la lumière d'avec les* » *ténèbres.* »

L'acte de la séparation de la lumière d'avec les ténèbres est donc évidemment distinct et physiquement éloigné par un espace de temps de l'acte de sa production; et ce temps, pendant lequel il plut à Dieu de la considérer pour voir *qu'elle était bonne*, c'est-à-dire utile à ses desseins; ce temps, dis-je, appartient encore et doit s'ajouter à celui du chaos qui ne commença à se débrouiller que quand la lumière fut séparée des ténèbres.

Voilà donc deux temps, voilà deux espaces de durée que le texte sacré nous force à reconnaître : le premier, entre la création de la matière en général et la production de la lumière ; le second, entre cette production de la lumière et sa séparation d'avec les ténèbres. Ainsi, loin de manquer à Dieu en donnant à la matière plus d'ancienneté qu'au monde *tel qu'il est*, c'est au contraire le respecter autant qu'il est en nous, en conformant notre intelligence à sa parole. En effet, la lumière qui éclaire nos âmes ne vient-elle pas de Dieu ? les vérités qu'elle nous présente peuvent-elles être contradictoires avec celles qu'il nous a révélées ? Il faut se souvenir que son inspiration divine a passé par les organes de l'homme ; que sa parole nous a été transmise dans une langue pauvre, dénuée d'expressions précises pour les idées abstraites, en sorte que l'interprète de cette parole divine a été obligé d'employer souvent des mots dont les acceptions ne sont déterminées que par les circonstances ; par exemple, le mot *créer* et le mot *former* ou *faire* sont employés indistinctement pour signifier la même chose ou des choses semblables, tandis que dans nos langues ces deux mots ont chacun un sens très différent et très déterminé : créer est tirer une substance du néant ; former ou faire, c'est la tirer de quelque chose sous une forme nouvelle ; et il paraît que le mot créer (*a*) appartient de préférence, et peut-être uniquement, au premier verset de la Genèse, dont la traduction précise en notre langue doit être : *Au commencement Dieu tira du néant la matière du ciel et de la terre ;* et ce qui prouve que ce mot créer ou tirer du néant ne doit s'appliquer qu'à ces premières paroles, c'est que toute la matière du ciel et de la terre ayant été créée ou tirée du néant dès le commencement, il n'est plus possible, et par conséquent plus permis de supposer de nouvelles créations de matière, puisque alors *toute matière* n'aurait pas été créée dès le commencement. Par conséquent l'ouvrage des six jours ne peut s'entendre que comme une formation, une production de formes tirées de la matière créée précédemment, et non pas comme d'autres créations de matières nouvelles tirées immédiatement du néant ; et en effet, lorsqu'il est question de la lumière, qui est la première de ces formations ou productions tirées du sein de la matière, il est dit seulement *que la lumière soit faite*, et non pas, *que la lumière soit créée.* Tout concourt donc à prouver que la matière ayant été créée *in principio*, ce ne fut que dans des temps subséquents qu'il plut au souverain Être de lui donner la forme, et qu'au lieu de tout créer et de tout former dans le même instant, comme il l'aurait pu faire s'il eût voulu déployer toute l'étendue de sa toute-puissance, il n'a voulu, au contraire, qu'agir avec le temps, produire successivement et mettre même des repos, des intervalles considérables entre chacun de ses ouvrages. Que pouvons-nous entendre par les six jours que l'écrivain sacré nous désigne si précisément en les comptant les uns après les autres,

(*a*) Le mot ברא, *bara*, que l'on traduit ici par *créer*, se traduit, dans tous les autres passages de l'Écriture, par *former* ou *faire*.

sinon six espaces de temps, six intervalles de durée? Et ces espaces de temps indiqués par le nom de *jours*, faute d'autres expressions, ne peuvent avoir aucun rapport avec nos jours actuels, puisqu'il s'est passé successivement trois de ces jours avant que le soleil ait été placé dans le ciel. Il n'est donc pas possible que ces jours fussent semblables aux nôtres; et l'interprète de Dieu semble l'indiquer assez en les comptant toujours du soir au matin, au lieu que les jours solaires doivent se compter du matin au soir. Ces six jours n'étaient donc pas des jours solaires semblables aux nôtres, ni même des jours de lumière, puisqu'ils commençaient par le soir et finissaient au matin. Ces jours n'étaient pas même égaux, car ils n'auraient pas été proportionnés à l'ouvrage. Ce ne sont donc que six espaces de temps : l'historien sacré ne détermine pas la durée de chacun, mais le sens de la narration semble la rendre assez longue pour que nous puissions l'étendre autant que l'exigent les vérités physiques que nous avons à démontrer. Pourquoi donc se récrier si fort sur cet emprunt du temps, que nous ne faisons qu'autant que nous y sommes forcés par la connaissance démonstrative des phénomènes de la nature? Pourquoi vouloir nous refuser ce temps, puisque Dieu nous le donne par sa propre parole, et qu'elle serait contradictoire ou inintelligible si nous n'admettions pas l'existence de ces premiers temps antérieurs à la formation du monde *tel qu'il est?*

A la bonne heure que l'on dise, que l'on soutienne, même rigoureusement, que depuis le dernier terme, depuis la fin des ouvrages de Dieu, c'est-à-dire depuis la création de l'homme, il ne s'est écoulé que six ou huit mille ans, parce que les différentes généalogies du genre humain depuis Adam n'en indiquent pas davantage; nous devons cette foi, cette marque de soumission et de respect à la plus ancienne, à la plus sacrée de toutes les traditions; nous lui devons même plus, c'est de ne jamais nous permettre de nous écarter de la lettre de cette sainte tradition que quand la *lettre tue*, c'est-à-dire quand elle paraît directement opposée à la saine raison et à la vérité des faits de la nature : car toute raison, toute vérité venant également de Dieu, il n'y a de différence entre les vérités qu'il nous a révélées et celles qu'il nous a permis de découvrir par nos observations et nos recherches; il n'y a, dis-je, d'autre différence que celle d'une première faveur faite gratuitement à une seconde grâce qu'il a voulu différer et nous faire mériter par nos travaux; et c'est par cette raison que son interprète n'a parlé aux premiers hommes, encore très ignorants, que dans le sens vulgaire, et qu'il ne s'est pas élevé au-dessus de leurs connaissances qui, bien loin d'atteindre au vrai système du monde, ne s'étendaient pas même au delà des notions communes, fondées sur le simple rapport des sens; parce qu'en effet c'était au peuple qu'il fallait parler, et que la parole eût été vaine et inintelligible si elle eût été telle qu'on pourrait la prononcer aujourd'hui, puisque aujourd'hui même il n'y a qu'un petit nombre d'hommes auxquels les vérités astronomiques et physiques soient assez connues pour n'en pouvoir douter, et qui puissent en entendre le langage.

Voyons donc ce qu'était la physique dans les premiers âges du monde, et ce qu'elle serait encore si l'homme n'eût jamais étudié la nature. On voit le ciel comme une voûte d'azur, dans lequel le soleil et la lune paraissent être les astres les plus considérables, dont le premier produit toujours la lumière du jour, et le second fait souvent celle de la nuit; on les voit paraître ou se lever d'un côté, et disparaître ou se coucher de l'autre, après avoir fourni leur course et donné leur lumière pendant un certain espace de temps. On voit que la mer est de la même couleur que la voûte azurée, et qu'elle paraît toucher au ciel lorsqu'on la regarde au loin. Toutes les idées du peuple sur le système du monde ne portent que sur ces trois ou quatre notions; et, quelque fausses qu'elles soient, il fallait s'y conformer pour se faire entendre.

En conséquence de ce que la mer paraît dans le lointain se réunir au ciel, il était naturel d'imaginer qu'il existe en effet des eaux supérieures et des eaux inférieures, dont les unes remplissent le ciel et les autres la mer, et que pour soutenir les eaux supérieures il fallait un firmament, c'est-à-dire un appui, une voûte solide et transparente au travers de laquelle on aperçût l'azur des eaux supérieures; aussi est-il dit : « Que le firmament soit fait au » milieu des eaux, et qu'il sépare les eaux d'avec les eaux; et Dieu fit le » firmament, et sépara les eaux qui étaient sous le firmament de celles qui » étaient au-dessus du firmament, et Dieu donna au firmament le nom de » ciel... et à toutes les eaux rassemblées sous le firmament le nom de mer. »

C'est à ces mêmes idées que se rapportent les cataractes du ciel, c'est-à-dire les portes ou les fenêtres de ce firmament solide qui s'ouvrirent lorsqu'il fallut laisser tomber les eaux supérieures pour noyer la terre. C'est encore d'après ces mêmes idées qu'il est dit que les poissons et les oiseaux ont eu une origine commune. Les poissons auront été produits par les eaux inférieures, et les oiseaux par les eaux supérieures, parce qu'ils s'approchent par leur vol de la voûte azurée, que le vulgaire n'imagine pas être beaucoup plus élevée que les nuages. De même le peuple a toujours cru que les étoiles sont attachées comme des clous à cette voûte solide, qu'elles sont plus petites que la lune, et infiniment plus petites que le soleil; il ne distingue pas même les planètes des étoiles fixes; et c'est par cette raison qu'il n'est fait aucune mention des planètes dans tout le récit de la création; c'est par la même raison que la lune y est regardée comme le second astre, quoique ce ne soit en effet que le plus petit de tous les corps célestes, etc., etc., etc.

Tout dans le récit de Moïse est mis à la portée de l'intelligence du peuple; tout y est représenté relativement à l'homme vulgaire, auquel il ne s'agissait pas de démontrer le vrai système du monde, mais qu'il suffisait d'instruire de ce qu'il devait au Créateur, en lui montrant les effets de sa toute-puissance comme autant de bienfaits : les vérités de la nature ne devaient paraître qu'avec le temps, et le souverain Être se les réservait comme le plus sûr moyen de rappeler l'homme à lui, lorsque sa foi, déclinant dans la suite des siècles, serait devenue chancelante; lorsque éloigné de son origine, il pourrait l'oublier; lorsque enfin trop accoutumé au spectacle de la nature, il n'en serait plus touché et viendrait à en méconnaître l'auteur. Il était donc nécessaire de raffermir de temps en temps, et même d'agrandir l'idée de Dieu dans l'esprit et dans le cœur de l'homme. Or, chaque découverte produit ce grand effet; chaque nouveau pas que nous faisons dans la nature nous rapproche du Créateur. Une vérité nouvelle est une espèce de miracle, l'effet en est le même, et elle ne diffère du vrai miracle qu'en ce que celui-ci est un coup d'éclat que Dieu frappe immédiatement et rarement, au lieu qu'il se sert de l'homme pour découvrir et manifester les merveilles dont il a rempli le sein de la nature; et que comme ces merveilles s'opèrent à tout instant, qu'elles sont exposées de tout temps et pour tous les temps à sa contemplation, Dieu le rappelle incessamment à lui, non seulement par le spectacle actuel, mais encore par le développement successif de ses œuvres.

Au reste, je ne me suis permis cette interprétation des premiers versets de la Genèse que dans la vue d'opérer un grand bien : ce serait de concilier à jamais la science de la nature avec celle de la théologie. Elles ne peuvent, selon moi, être en contradiction qu'en apparence; et mon explication semble le démontrer. Mais si cette explication, quoique simple et très claire, paraît insuffisante et même hors de propos à quelques esprits trop strictement attachés à la lettre, je les prie de me juger par l'intention, et de considérer que mon système sur les époques de la nature étant purement hypothétique, il ne peut nuire aux vérités révélées, qui sont autant d'axiomes immuables, indépendants de toute hypothèse, et auxquels j'ai soumis et je soumets mes pensées.

PREMIÈRE ÉPOQUE

LORSQUE LA TERRE ET LES PLANÈTES ONT PRIS LEUR FORME.

Dans ce premier temps, où la terre en fusion, tournant sur elle-même, a pris sa forme et s'est élevée sur l'équateur en s'abaissant sous les pôles, les autres planètes étaient dans le même état de liquéfaction, puisqu'en tournant sur elles-mêmes, elles ont pris, comme la terre, une forme renflée sur leur équateur et aplatie sous leurs pôles, et que ce renflement et cette dépression sont proportionnels à la vitesse de leur rotation. Le globe de Jupiter nous en fournit la preuve : comme il tourne beaucoup plus vite que celui de la terre, il est en conséquence bien plus élevé sur son équateur et plus abaissé sous ses pôles : car les observations nous démontrent que les deux diamètres de cette planète diffèrent de plus d'un treizième, tandis que ceux de la terre ne diffèrent que d'une deux cent trentième partie; elles nous montrent aussi que dans Mars, qui tourne près d'une fois moins vite que la terre, cette différence entre les deux diamètres n'est pas assez sensible pour être mesurée par les astronomes; et que dans la lune, dont le mouvement de rotation est encore bien plus lent, les deux diamètres paraissent égaux. La vitesse de la rotation des planètes est donc la seule cause de leur renflement sur l'équateur, et ce renflement, qui s'est fait en même temps que leur aplatissement sous les pôles, suppose une fluidité entière dans toutes les masses de ces globes, c'est-à-dire un état de liquéfaction causé par le feu (a).

D'ailleurs toutes les planètes circulant autour du soleil dans le même sens, et presque dans le même plan, elles paraissent avoir été mises en mouvement par une impulsion commune et dans un même temps : leur mouvement de circulation et leur mouvement de rotation sont contemporains, aussi bien que leur état de fusion ou de liquéfaction par le feu, et ces mouvements ont nécessairement été précédés par l'impulsion qui les a produits.

Dans celle des planètes dont la masse a été frappée le plus obliquement, le mouvement de rotation a été le plus rapide ; et par cette rapidité de rotation, les premiers effets de la force centrifuge ont excédé ceux de la pesanteur; en conséquence, il s'est fait dans ces masses liquides une séparation et une projection de parties à leur équateur, où cette force centrifuge est la plus grande, lesquelles parties, séparées et chassées par cette force, ont formé des masses concomitantes, et sont devenues des satellites, qui ont dû circuler et qui circulent en effet tous dans le plan de l'équateur de la planète,

(a) Voyez la *Théorie de la Terre*, article de la formation des planètes.

dont ils ont été séparés par cette cause : les satellites des planètes se sont donc formés aux dépens de la matière de leur planète principale, comme les planètes elles-mêmes paraissent s'être formées aux dépens de la masse du soleil. Ainsi, le temps de la formation des satellites est le même que celui du commencement de la rotation des planètes : c'est le moment où la matière qui les compose venait de se rassembler et ne formait encore que des globes liquides, état dans lequel cette matière en liquéfaction pouvait en être séparée et projetée fort aisément ; car dès que la surface de ces globes eut commencé à prendre un peu de consistance et de rigidité par le refroidissement, la matière, quoique animée de la même force centrifuge, étant retenue par celle de la cohésion, ne pouvait plus être séparée ni projetée hors de la planète par ce même mouvement de rotation.

Comme nous ne connaissons dans la nature aucune cause de chaleur, aucun feu que celui du soleil, qui ait pu fondre ou tenir en liquéfaction la matière de la terre et des planètes, il me paraît qu'en se refusant à croire que les planètes sont issues et sorties du soleil, on serait au moins forcé de supposer qu'elles ont été exposées de très près aux ardeurs de cet astre de feu, pour pouvoir être liquéfiées. Mais cette supposition ne serait pas encore suffisante pour expliquer l'effet, et tomberait d'elle-même, par une circonstance nécessaire : c'est qu'il faut du temps pour que le feu, quelque violent qu'il soit, pénètre les matières solides qui lui sont exposées, et un très long temps pour les liquéfier. On a vu, par les expériences (*a*) qui précèdent, que pour échauffer un corps jusqu'au degré de fusion, il faut au moins la quinzième partie du temps qu'il faut pour le refroidir, et qu'attendu les grands volumes de la terre et des autres planètes, il serait de toute nécessité qu'elles eussent été pendant plusieurs milliers d'années stationnaires auprès du soleil pour recevoir le degré de chaleur nécessaire à leur liquéfaction : or, il est sans exemple dans l'univers qu'aucun corps, aucune planète, aucune comète demeure stationnaire auprès du soleil, même pour un instant ; au contraire, plus les comètes en approchent, et plus leur mouvement est rapide ; le temps de leur périhélie est extrêmement court, et le feu de cet astre, en brûlant la surface, n'a pas le temps de pénétrer la masse des comètes qui s'en approchent le plus.

Ainsi, tout concourt à prouver qu'il n'a pas suffi que la terre et les planètes aient passé comme certaines comètes dans le voisinage du soleil pour que leur liquéfaction ait pu s'y opérer : nous devons donc présumer que cette matière des planètes a autrefois appartenu au corps même du soleil, et en a été séparée, comme nous l'avons dit, par une seule et même impulsion. Car les comètes qui approchent le plus du soleil ne nous présentent que le premier degré des grands effets de la chaleur ; elles paraissent précédées d'une

(*a*) Voyez, ci-devant, la *partie expérimentale :* premier et second Mémoire.

vapeur enflammée lorsqu'elles s'approchent, et suivies d'une semblable vapeur lorsqu'elles s'éloignent de cet astre : ainsi une partie de la matière superficielle de la comète s'étend autour d'elle et se présente à nos yeux en forme de vapeurs lumineuses, qui se trouvent dans un état d'expansion et de volatilité causée par le feu du soleil; mais le noyau (*a*), c'est-à-dire le corps même de la comète, ne paraît pas être profondément pénétré par le feu, puisqu'il n'est pas lumineux par lui-même, comme le serait néanmoins toute masse de fer, de verre ou d'autre matière solide intimement pénétrée par cet élément; par conséquent, il paraît nécessaire que la matière de la terre et des planètes, qui a été dans un état de liquéfaction, appartînt au corps même du soleil, et qu'elle fît partie des matières en fusion qui constituent la masse de cet astre de feu (*).

Les planètes ont reçu leur mouvement par une seule et même impulsion, puisqu'elles circulent toutes dans le même sens et presque dans le même plan : les comètes, au contraire, qui circulent comme les planètes autour du soleil, mais dans des sens et des plans différents, paraissent avoir été mises en mouvement par des impulsions différentes. On doit rapporter à une seule époque le mouvement des planètes, au lieu que celui des comètes pourrait avoir été donné en différents temps. Ainsi rien ne peut nous éclairer sur l'origine du mouvement des comètes; mais nous pouvons raisonner sur celui des planètes, parce qu'elles ont entre elles des rapports communs qui indiquent assez clairement qu'elles ont été mises en mouvement par une seule et même impulsion. Il est donc permis de chercher dans la nature la cause qui a pu produire cette grande impulsion; au lieu que nous ne pouvons guère former des raisonnements ni même faire des recherches sur les causes du mouvement d'impulsion des comètes.

Rassemblant seulement les rapports fugitifs et les légers indices qui peuvent fournir quelques conjectures, on pourrait imaginer pour satisfaire, quoique très imparfaitement, à la curiosité de l'esprit, que les comètes de notre système solaire ont été formées par l'explosion d'une étoile fixe ou d'un soleil voisin du nôtre, dont toutes les parties dispersées n'ayant plus de centre ou de foyer commun, auront été forcées d'obéir à la force attractive de notre soleil, qui dès lors sera devenu le pivot et le foyer de toutes

(*a*) Voyez ci-après les notes justificatives des faits.

(*) Buffon admet que les planètes sont des fragments de la substance du soleil détachés par une comète. L'opinion admise aujourd'hui est celle qui a été émise par Laplace. On suppose que le soleil était autrefois semblable aux nébuleuses actuelles, c'est-à-dire qu'il était formé d'un noyau autour duquel s'étendait une atmosphère de vapeur tellement large qu'elle occupait tout l'espace dans lequel se meuvent aujourd'hui les planètes. Tandis que le noyau central de la nébuleuse solaire se condensait pour former le soleil, des portions de son atmosphère vaporeuse subissaient une condensation analogue et devenaient autant d'étoiles; celles-ci se refroidissaient ensuite et formaient les planètes qui font partie du système solaire. (Voyez mon Introduction.)

nos comètes (*). Nous et nos neveux n'en dirons pas davantage jusqu'à ce que, par des observations ultérieures, on parvienne à reconnaître quelque rapport commun dans le mouvement d'impulsion des comètes : car, comme nous ne connaissons rien que par comparaison, dès que tout rapport nous manque et qu'aucune analogie ne se présente, toute lumière fuit, et non seulement notre raison, mais même notre imagination, se trouvent en défaut. Aussi m'étant abstenu ci-devant (a) de former des conjectures sur la cause du mouvement d'impulsion des comètes, j'ai cru devoir raisonner sur celle d'impulsion des planètes; et j'ai mis en avant, non pas comme un fait réel et certain, mais seulement comme une chose possible, que la matière des planètes a été projetée hors du soleil par le choc d'une comète. Cette hypothèse est fondée sur ce qu'il n'y a dans la nature aucun corps en mouvement, sinon les comètes, qui puissent ou aient pu communiquer un aussi grand mouvement à d'aussi grandes masses, et en même temps sur ce que les comètes approchent quelquefois de si près du soleil qu'il est pour ainsi dire nécessaire que quelques-unes y tombent obliquement et en sillonnent la surface en chassant devant elles les matières mises en mouvement par leur choc.

Il en est de même de la cause qui a pu produire la chaleur du soleil : il m'a paru (b) qu'on peut la déduire des effets naturels, c'est-à-dire la trouver dans la constitution du système du monde : car le soleil ayant à supporter tout le poids, toute l'action de la force pénétrante des vastes corps qui circulent autour de lui, et ayant à souffrir en même temps l'action rapide de cette espèce de frottement intérieur dans toutes les parties de sa masse, la matière qui le compose doit être dans l'état de la plus grande division; elle a dû devenir et demeurer fluide, lumineuse et brûlante, en raison de cette pression et de ce frottement intérieur, toujours également subsistant. Les mouvements irréguliers des taches du soleil, aussi bien que leur apparition spontanée et leur disparition, démontrent assez que cet astre est liquide, et qu'il s'élève de temps en temps à sa surface des espèces de scories ou d'écumes, dont les unes nagent irrégulièrement sur cette matière en fusion, et dont quelques autres sont fixes pour un temps et disparaissent comme les premières lorsque l'action du feu les a de nouveau divisées. On sait que c'est par le moyen de quelques-unes de ces taches fixes qu'on a déterminé la durée de la rotation du soleil en vingt-cinq jours et demi.

Or, chaque comète et chaque planète forment une roue dont les rais sont

(a) Voyez l'article de la formation des planètes.
(b) Voyez l'article qui a pour titre : *De la Nature, première vue.*

(*) On considère aujourd'hui les comètes comme des nébuleuses se déplaçant dans l'espace et subissant de la part du soleil et des autres astres des actions susceptibles de modifier leur marche.

les rayons de la force attractive; le soleil est l'essieu ou le pivot commun de toutes ces différentes roues; la comète ou la planète en est la jante mobile, et chacune contribue de tout son poids et de toute sa vitesse à l'embrasement de ce foyer général, dont le feu durera par conséquent aussi longtemps que le mouvement et la pression des vastes corps qui le produisent.

De là ne doit-on pas présumer que si l'on ne voit pas des planètes autour des étoiles fixes, ce n'est qu'à cause de leur immense éloignement? Notre vue est trop bornée, nos instruments trop peu puissants pour apercevoir ces astres obscurs, puisque ceux même qui sont lumineux échappent à nos yeux, et que dans le nombre infini de ces étoiles nous ne connaîtrons jamais que celles dont nos instruments de longue vue pourront nous rapprocher; mais l'analogie nous indique qu'étant fixes et lumineuses comme le soleil, les étoiles ont dû s'échauffer, se liquéfier, et brûler par la même cause, c'est-à-dire par la pression active des corps opaques, solides et obscurs qui circulent autour d'elles. Cela seul peut expliquer pourquoi il n'y a que les astres fixes qui soient lumineux, et pourquoi dans l'univers solaire tous les astres errants sont obscurs.

Et la chaleur produite par cette cause devant être en raison du nombre, de la vitesse et de la masse des corps qui circulent autour du foyer, le feu du soleil doit être d'une ardeur ou plutôt d'une violence extrême, non seulement parce que les corps qui circulent autour de lui sont tous vastes, solides et mus rapidement, mais encore parce qu'ils sont en grand nombre : car, indépendamment des six planètes, de leurs dix satellites et de l'anneau de Saturne, qui tous pèsent sur le soleil et forment un volume de matière deux mille fois plus grand que celui de la terre, le nombre des comètes est plus considérable qu'on ne le croit vulgairement : elles seules ont pu suffire pour allumer le feu du soleil avant la projection des planètes, et suffiraient encore pour l'entretenir aujourd'hui. L'homme ne parviendra peut-être jamais à reconnaître les planètes qui circulent autour des étoiles fixes; mais, avec le temps, il pourra savoir au juste quel est le nombre des comètes dans le système solaire : je regarde cette grande connaissance comme réservée à la postérité. En attendant, voici une espèce d'évaluation qui, quoique bien éloignée d'être précise, ne laissera pas de fixer les idées sur le nombre de ces corps circulant autour du soleil.

En consultant les recueils d'observations, on voit que, depuis l'an 1101 jusqu'en 1766, c'est-à-dire en six cent soixante-cinq années, il y a eu deux cent vingt-huit apparitions de comètes. Mais le nombre de ces astres errants qui ont été remarqués n'est pas aussi grand que celui des apparitions, puisque la plupart, pour ne pas dire tous, font leur révolution en moins de six cent soixante-cinq ans. Prenons donc les deux comètes desquelles seules les révolutions nous sont parfaitement connues, savoir, la comète de 1680, dont la période est d'environ cinq cent soixante-quinze ans, et celle de 1759, dont la période est de soixante-seize ans. On peut croire, en attendant mieux, qu'en prenant le terme moyen, trois cent vingt-six ans, entre ces deux périodes de révolution, il y a autant de comètes dont la période excède trois cent vingt-six ans qu'il y en a dont la période est moindre. Ainsi en les réduisant toutes à trois cent vingt-six ans, chaque comète aurait paru deux fois en six cent cinquante-deux ans, et l'on aurait par conséquent à peu près cent quinze comètes pour deux cent vingt-huit apparitions en six cent soixante-cinq ans.

Maintenant, si l'on considère que vraisemblablement il y a plus de comètes hors de la portée de notre vue, ou échappées à l'œil des observateurs qu'il n'y en a eu de remarquées, ce nombre croîtra peut-être de plus du triple, en sorte qu'on peut raisonnablement penser qu'il existe dans le système solaire quatre ou cinq cents comètes. Et s'il en est des comètes comme des planètes, si les plus grosses sont les plus éloignées du soleil, si les plus petites sont les seules qui en approchent d'assez près pour que nous puissions les apercevoir, quel volume immense de matière! quelle charge énorme sur le corps de cet astre! quelle pression, c'est-à-dire quel frottement intérieur dans toutes les parties de sa masse, et par conséquent quelle chaleur et quel feu produits par ce frottement!

Car, dans notre hypothèse, le soleil était une masse de matière en fusion, même avant la projection des planètes; par conséquent ce feu n'avait alors pour cause que la pression de ce grand nombre de comètes qui circulaient précédemment et circulent encore aujourd'hui autour de ce foyer commun. Si la masse ancienne du soleil a été diminuée d'un six cent cinquantième (a) par la projection de la matière des planètes lors de leur formation, la quantité totale de la cause de son feu, c'est-à-dire de la pression totale, a été augmentée dans la proportion de la pression entière des planètes, réunie à la première pression de toutes les comètes, à l'exception de celle qui a produit l'effet de la projection, et dont la matière s'est mêlée à celle des planètes pour sortir du soleil, lequel par conséquent, après cette perte, n'en est devenu que plus brillant, plus actif et plus propre à éclairer, échauffer et féconder son univers.

En poussant ces inductions encore plus loin, on se persuadera aisément que les satellites qui circulent autour de leur planète principale, et qui pèsent sur elle comme les planètes pèsent sur le soleil, que ces satellites, dis-je, doivent communiquer un certain degré de chaleur à la planète autour de laquelle ils circulent : la pression et le mouvement de la lune doivent donner à la terre un degré de chaleur qui serait plus grand si la vitesse du mouvement de circulation de la lune était plus grande; Jupiter, qui a quatre

(a) Voyez l'article qui a pour titre : *De la formation des planètes.*

satellites, et Saturne, qui en a cinq avec un grand anneau, doivent par cette seule raison être animés d'un certain degré de chaleur. Si ces planètes, très éloignées du soleil, n'étaient pas douées comme la terre d'une chaleur intérieure, elles seraient plus que gelées; et le froid extrême que Jupiter et Saturne auraient à supporter, à cause de leur éloignement du soleil, ne pourrait être tempéré que par l'action de leurs satellites. Plus les corps circulants seront nombreux, grands et rapides, plus le corps qui leur sert d'essieu ou de pivot s'échauffera par le frottement intime qu'ils feront subir à toutes les parties de sa masse.

Ces idées se lient parfaitement avec celles qui servent de fondement à mon hypothèse sur la formation des planètes; elles en sont des conséquences simples et naturelles; mais j'ai la preuve que peu de gens ont saisi les rapports et l'ensemble de ce grand système : néanmoins y a-t-il un sujet plus élevé, plus digne d'exercer la force du génie? On m'a critiqué sans m'entendre; que puis-je répondre? sinon que tout parle à des yeux attentifs, tout est indice pour ceux qui savent voir; mais que rien n'est sensible, rien n'est clair pour le vulgaire, et même pour ce vulgaire savant qu'aveugle le préjugé. Tâchons néanmoins de rendre la vérité plus palpable; augmentons le nombre des probabilités; rendons la vraisemblance plus grande; ajoutons lumières sur lumières en réunissant les faits, en accumulant les preuves, et laissons-nous juger ensuite sans inquiétude et sans appel, car j'ai toujours pensé qu'un homme qui écrit doit s'occuper uniquement de son sujet, et nullement de soi; qu'il est contre la bienséance de vouloir en occuper les autres, et que par conséquent les critiques personnelles doivent demeurer sans réponse.

Je conviens que les idées de ce système peuvent paraître hypothétiques, étranges et même chimériques à tous ceux qui, ne jugeant les choses que par le rapport de leurs sens, n'ont jamais conçu comment on sait que la terre n'est qu'une petite planète, renflée sur l'équateur et abaissée sous les pôles, à ceux qui ignorent comment on s'est assuré que tous les corps célestes pèsent, agissent et réagissent les uns sur les autres, comment on a pu mesurer leur grandeur, leur distance, leurs mouvements, leur pesanteur, etc.; mais je suis persuadé que ces mêmes idées paraîtront simples, naturelles et même grandes au petit nombre de ceux qui, par des observations et des réflexions suivies, sont parvenus à connaître les lois de l'univers, et qui, jugeant des choses par leurs propres lumières, les voient sans préjugé telles qu'elles sont, ou telles qu'elles pourraient être : car ces deux points de vue sont à peu près les mêmes; et celui qui regardant une horloge pour la première fois dirait que le principe de tous ses mouvements est un ressort, quoique ce fût un poids, ne se tromperait que pour le vulgaire, et aurait aux yeux du philosophe expliqué la machine.

Ce n'est donc pas que j'aie affirmé ni même positivement prétendu que notre terre et les planètes aient été formées nécessairement et réellement

par le choc d'une comète qui a projeté hors du soleil la six cent cinquantième partie de sa masse; mais ce que j'ai voulu faire entendre, et ce que
je maintiens encore comme hypothèse très probable, c'est qu'une comète
qui, dans son périhélie, approcherait assez près du soleil pour en effleurer
et sillonner la surface, pourrait produire de pareils effets, et qu'il n'est pas
impossible qu'il se forme quelque jour de cette même manière des planètes
nouvelles qui toutes circuleraient ensemble, comme les planètes actuelles,
dans le même sens et presque dans un même plan, autour du soleil; des
planètes qui tourneraient aussi sur elles-mêmes, et dont la matière étant,
au sortir du soleil, dans un état de liquéfaction, obéirait à la force centrifuge et s'élèverait à l'équateur en s'abaissant sous les pôles; des planètes
qui pourraient de même avoir des satellites en plus ou moins grand nombre,
circulant autour d'elles dans le plan de leurs équateurs; et dont les mouvements seraient semblables à ceux des satellites de nos planètes : en sorte
que tous les phénomènes de ces planètes possibles et idéales seraient (je ne
dis pas les mêmes), mais dans le même ordre et dans des rapports semblables à ceux des phénomènes des planètes réelles. Et pour preuve, je
demande seulement que l'on considère si le mouvement de toutes les planètes, dans le même sens et presque dans le même plan, ne suppose pas
une impulsion commune? Je demande s'il y a dans l'univers quelques corps,
excepté les comètes, qui aient pu communiquer ce mouvement d'impulsion?
Je demande s'il n'est pas probable qu'il tombe de temps à autres des
comètes dans le soleil, puisque celle de 1680 en a, pour ainsi dire, rasé la
surface; et si par conséquent une telle comète, en sillonnant cette surface
du soleil, ne communiquerait pas son mouvement d'impulsion à une certaine quantité de matière qu'elle séparerait du corps du soleil en la pro-
jetant au dehors? Je demande si, dans ce torrent de matière projetée, il ne
se formerait pas des globes par l'attraction mutuelle des parties, et si ces
globes ne se trouveraient pas à des distances différentes, suivant la différente densité des matières, et si les plus légères ne seraient pas poussées
plus loin que les plus denses par la même impulsion? Je demande si la
situation de tous ces globes presque dans le même plan n'indique pas assez
que le torrent projeté n'était pas d'une largeur considérable, et qu'il n'avait
pour cause qu'une seule impulsion, puisque toutes les parties de la matière
dont il était composé ne se sont éloignées que très peu de la direction
commune? Je demande comment et où la matière de la terre et des planètes aurait pu se liquéfier si elle n'eût pas résidé dans le corps même du
soleil, et si l'on peut trouver une cause de cette chaleur et de cet embrasement du soleil autre que celle de sa charge et du frottement intérieur produit par l'action de tous ces vastes corps qui circulent autour de lui? Enfin
je demande qu'on examine tous les rapports, que l'on suive toutes les vues,
que l'on compare toutes les analogies sur lesquelles j'ai fondé mes raison-

nements, et qu'on se contente de conclure avec moi que, si Dieu l'eût permis, il se pourrait, par les seules lois de la nature, que la terre et les planètes eussent été formées de cette même manière.

Suivons donc notre objet, et de ce temps qui a précédé les temps et s'est soustrait à notre vue, passons au premier âge de notre univers, où la terre et les planètes ayant reçu leur forme ont pris de la consistance, et de liquides sont devenues solides. Ce changement d'état s'est fait naturellement et par le seul effet de la diminution de la chaleur : la matière qui compose le globe terrestre et les autres globes planétaires était en fusion lorsqu'ils ont commencé à tourner sur eux-mêmes ; ils ont donc obéi, comme toute autre matière fluide, aux lois de la force centrifuge ; les parties voisines de l'équateur, qui subissent le plus grand mouvement dans la rotation, se sont le plus élevées ; celles qui sont voisines des pôles, où ce mouvement est moindre ou nul, se sont abaissées dans la proportion juste et précise qu'exigent les lois de la pesanteur, combinées avec celles de la force centrifuge (a) ; et cette forme de la terre et des planètes s'est conservée jusqu'à ce jour, et se conservera perpétuellement, quand même l'on voudrait supposer que le mouvement de rotation viendrait à s'accélérer, parce que la matière ayant passé de l'état de fluidité à celui de solidité, la cohésion des parties suffit seule pour maintenir la forme primordiale, et qu'il faudrait pour la changer que le mouvement de rotation prît une rapidité presque infinie, c'est-à-dire assez grande pour que l'effet de la force centrifuge devînt plus grand que celui de la force de cohérence.

Or, le refroidissement de la terre et des planètes, comme celui de tous les corps chauds, a commencé par la surface ; les matières en fusion s'y sont consolidées dans un temps assez court ; dès que le grand feu dont elles étaient pénétrées s'est échappé, les parties de la matière qu'il tenait divisées se sont rapprochées et réunies de plus près par leur attraction mutuelle ; celles qui avaient assez de fixité pour soutenir la violence du feu ont formé des masses solides ; mais celles qui, comme l'air et l'eau, se raréfient ou se volatilisent par le feu ne pouvaient faire corps avec les autres ; elles en ont été séparées dans les premiers temps du refroidissement ; tous les éléments pouvant se transmuer et se convertir, l'instant de la consolidation des matières fixes fut aussi celui de la plus grande conversion des éléments et de la production des matières volatiles : elles étaient réduites en vapeurs et dispersées au loin, formant autour des planètes une espèce d'atmosphère semblable à celle du soleil : car on sait que le corps de cet astre en feu est environné d'une sphère de vapeurs qui s'étend à des distances immenses, et peut-être jusqu'à l'orbe de la terre (b). L'existence

(a) Voyez ci-après les additions et les notes justificatives des faits.

(b) Voyez les Mémoires de MM. Cassini, Fatio, etc., sur la *Lumière zodiacale*, et le Traité de M. de Mairan, sur l'*Aurore boréale*, p. 10 et suiv.

réelle de cette atmosphère solaire est démontrée par un phénomène qui accompagne les éclipses totales du soleil. La lune en couvre alors à nos yeux le disque tout entier ; et néanmoins l'on voit encore une limbe ou grand cercle de vapeurs dont la lumière est assez vive pour nous éclairer à peu près autant que celle de la lune : sans cela, le globe terrestre serait plongé dans l'obscurité la plus profonde pendant la durée de l'éclipse totale. On a observé que cette atmosphère solaire est plus dense dans ses parties voisines du soleil, et qu'elle devient d'autant plus rare et plus transparente qu'elle s'étend et s'éloigne davantage du corps de cet astre de feu : l'on ne peut donc pas douter que le soleil ne soit environné d'une sphère de matières aqueuses, aériennes et volatiles, que sa violente chaleur tient suspendues et reléguées à des distances immenses, et que dans le moment de la projection des planètes le torrent des matières fixes sorties du corps du soleil n'ait, en traversant son atmosphère, entraîné une grande quantité de ces matières volatiles dont elle est composée : et ce sont ces mêmes matières volatiles, aqueuses et aériennes, qui ont ensuite formé les atmosphères des planètes, lesquelles étaient semblables à l'atmosphère du soleil tant que les planètes ont été, comme lui, dans un état de fusion ou de grande incandescence.

Toutes les planètes n'étaient donc alors que des masses de verre liquide, environnées d'une sphère de vapeurs. Tant qu'a duré cet état de fusion, et même longtemps après, les planètes étaient lumineuses par elles-mêmes, comme le sont tous les corps en incandescence ; mais à mesure que les planètes prenaient de la consistance, elles perdaient de leur lumière : elles ne devinrent tout à fait obscures qu'après s'être consolidées jusqu'au centre, et longtemps après la consolidation de leur surface, comme l'on voit dans une masse de métal fondu la lumière et la rougeur subsister très longtemps après la consolidation de sa surface. Et dans ce premier temps, où les planètes brillaient de leurs propres feux, elles devaient lancer des rayons, jeter des étincelles, faire des explosions, et ensuite souffrir, en se refroidissant, différentes ébullitions à mesure que l'eau, l'air et les autres matières qui ne peuvent supporter le feu, retombaient à leur surface : la production des éléments, et ensuite leur combat, n'ont pu manquer de produire des inégalités, des aspérités, des profondeurs, des hauteurs, des cavernes à la surface et dans les premières couches de l'intérieur de ces grandes masses ; et c'est à cette époque que l'on doit rapporter la formation des plus hautes montagnes de la terre, de celles de la lune et de toutes les aspérités ou inégalités qu'on aperçoit sur les planètes (*).

(*) Toutes les montagnes ne datent pas d'une époque aussi reculée. On peut même dire que la plupart, si non toutes les chaînes de montagnes actuelles se sont formées depuis que la surface de la terre est solidifiée, et l'on s'accorde généralement à admettre avec M. Lyell que les soulèvements qui les ont produites au lieu d'être brusques comme beaucoup de

Représentons-nous l'état et l'aspect de notre univers dans son premier âge : toutes les planètes nouvellement consolidées à la surface étaient encore liquides à l'intérieur, et lançaient au dehors une lumière très vive; c'étaient autant de petits soleils détachés du grand, qui ne lui cédaient que par le volume, et dont la lumière et la chaleur se répandaient de même : ce temps d'incandescence a duré tant que la planète n'a pas été consolidée jusqu'au centre, c'est-à-dire environ 2,936 ans pour la terre, 644 ans pour la lune, 2,127 ans pour Mercure, 1,130 ans pour Mars, 3,596 ans pour Vénus, 5,140 ans pour Saturne, et 9,433 ans pour Jupiter (a).

Les satellites de ces deux grosses planètes, aussi bien que l'anneau qui environne Saturne, lesquels sont tous dans le plan de l'équateur de leur planète principale, avaient été projetés, dans le temps de la liquéfaction, par la force centrifuge de ces grosses planètes qui tournent sur elles-mêmes avec une prodigieuse rapidité : la terre, dont la vitesse de rotation est d'environ 9,000 lieues pour vingt-quatre heures, c'est-à-dire de six lieues un quart par minute, a dans ce même temps projeté hors d'elle les parties les moins denses de son équateur, lesquelles se sont rassemblées par leur attraction mutuelle à 85,000 lieues de distance, où elles ont formé le globe de la lune. Je n'avance rien ici qui ne soit confirmé par le fait, lorsque je dis que ce sont les parties les moins denses qui ont été projetées, et qu'elles l'ont été de la région de l'équateur : car l'on sait que la densité de la lune est à celle de la terre comme 702 sont à 1,000, c'est-à-dire de plus d'un tiers moindre; et l'on sait aussi que la lune circule autour de la terre dans un plan qui n'est éloigné que de 23 degrés de notre équateur, et que sa distance moyenne est d'environ 85,000 lieues.

Dans Jupiter, qui tourne sur lui-même en dix heures, et dont la circonférence est onze fois plus grande que celle de la terre, et la vitesse de rotation de 165 lieues par minute, cette énorme force centrifuge a projeté un grand torrent de matière de différents degrés de densité, dans lequel se sont formés les quatre satellites de cette grosse planète, dont l'un, aussi petit que la lune, n'est qu'à 89,500 lieues de distance, c'est-à-dire presque aussi voisin de Jupiter que la lune l'est de la terre. Le second, dont la matière était un peu moins dense que celle du premier, et qui est environ gros comme Mercure, s'est formé à 141,800 lieues; le troisième, composé de parties encore moins denses, et qui est à peu près grand comme Mars, s'est formé à 225,800 lieues; et enfin le quatrième dont la matière, étant la plus légère de toutes, a été projetée encore plus loin et ne s'est rassemblée

(a) Voyez les Recherches sur la température des planètes, premier et second Mémoires, p. 348 et 428.

géologues l'ont supposé avec Buffon, se sont, au contraire, effectués avec une grande lenteur.(Voy. mon Introduction.) Dans sa théorie de la terre, Buffon attribuait la formation des montages à des dépôts de sédiments abandonnés par les eaux.

qu'à 397,877 lieues : et tous les quatre se trouvent, à très peu près, dans le plan de l'équateur de leur planète principale, et circulent dans le même sens autour d'elle (*a*). Au reste, la matière qui compose le globe de Jupiter est elle-même beaucoup moins dense que celle de la terre. Les planètes voisines du soleil sont les plus denses; celles qui en sont les plus éloignées sont en même temps les plus légères : la densité de la terre est à celle de Jupiter comme 1,000 sont à 292; et il est à présumer que la matière qui compose ses satellites est encore moins dense que celle dont il est lui-même composé (*b*).

Saturne, qui probablement tourne sur lui-même encore plus vite que Jupiter, a non seulement produit cinq satellites, mais encore un anneau qui, d'après mon hypothèse, doit être parallèle à son équateur, et qui l'environne comme un pont suspendu et continu à 54,000 lieues de distance : cet anneau, beaucoup plus large qu'épais, est composé d'une matière solide, opaque et semblable à celle des satellites; il s'est trouvé dans le même état de fusion, et ensuite d'incandescence; chacun de ces vastes corps ont conservé cette chaleur primitive, en raison composée de leur épaisseur et de leur densité, en sorte que l'anneau de Saturne, qui paraît être le moins épais de tous les corps célestes, est celui qui aurait perdu le premier sa chaleur propre, s'il n'eût pas tiré de très grands suppléments de chaleur de Saturne même, dont il est fort voisin; ensuite la lune et les premiers satellites de Saturne et de Jupiter, qui sont les plus petits des globes planétaires, auraient perdu leur chaleur propre, dans des temps toujours proportionnels à leur diamètre, après quoi les plus gros satellites auraient de même perdu leur chaleur, et tous seraient aujourd'hui plus refroidis que le globe de la terre, si plusieurs d'entre eux n'avaient pas reçu de leur planète principale une chaleur immense dans les commencements; enfin les deux grosses planètes, Saturne et Jupiter, conservent encore actuellement une très grande chaleur en comparaison de celle de leurs satellites, et même de celle du globe de la terre.

Mars, dont la durée de rotation est de vingt-quatre heures quarante minutes, et dont la circonférence n'est que treize vingt-cinquièmes de celle de la terre, tourne une fois plus lentement que le globe terrestre, sa vitesse de rotation n'étant guère que de trois lieues par minute; par conséquent sa force centrifuge a toujours été moindre de plus de moitié que celle du globe terrestre; c'est par cette raison que Mars, quoique moins dense que la terre dans le rapport de 730 à 1,000, n'a point de satellites.

(*a*) M. Bailly a montré, par des raisons très plausibles, tirées du mouvement des nœuds des satellites de Jupiter, que le premier de ces satellites circule dans le plan même de l'équateur de cette planète, et que les trois autres ne s'en écartent pas d'un degré. *Mémoires de l'Académie des sciences*, année 1766.

(*b*) J'ai, par analogie, donné aux satellites de Jupiter et de Saturne la densité relative qui se trouve entre la terre et la lune, c'est-à-dire de 1000 à 702. Voyez le premier Mémoire sur la température des planètes, p. 348.

Mercure, dont la densité est à celle de la terre comme 2,040 sont à 1,000, n'aurait pu produire un satellite que par une force centrifuge plus que double de celle du globe de la terre ; mais, quoique la durée de sa rotation n'ai pu être observée par les astronomes, il est plus que probable qu'au lieu d'être double de celle de la terre, elle est au contraire beaucoup moindre. Ainsi l'on peut croire avec fondement que Mercure n'a point de satellites.

Vénus pourrait en avoir un, car étant un peu moins épaisse que la terre dans la raison de 17 à 18, et tournant un peu plus vite dans le rapport de 23 heures 20 minutes à 23 heures 56 minutes, sa vitesse est de plus de six lieues trois quarts par minute, et par conséquent sa force centrifuge d'environ un treizième plus grande que celle de la terre. Cette planète aurait donc pu produire un ou deux satellites dans le temps de sa liquéfaction, si sa densité, plus grande que celle de la terre, dans la raison de 1,270 à 1,000, c'est-à-dire de plus de 5 contre 4, ne se fût pas opposée à la séparation et à la projection de ses parties même les plus liquides ; et ce pourrait être par cette raison que Vénus n'aurait point de satellites, quoiqu'il y ait des observateurs qui prétendent en avoir aperçu un autour de cette planète.

A tous ces faits que je viens d'exposer, on doit en ajouter un, qui m'a été communiqué par M. Bailly, savant physicien-astronome de l'Académie des sciences. La surface de Jupiter est, comme l'on sait, sujette à des changements sensibles, qui semblent indiquer que cette grosse planète est encore dans un état d'inconstance et de bouillonnement. Prenant donc, dans mon système de l'incandescence générale et du refroidissement des planètes, les deux extrêmes, c'est-à-dire Jupiter, comme le plus gros, et la lune, comme le plus petit de tous les corps planétaires, il se trouve que le premier, qui n'a pas eu encore le temps de se refroidir et de prendre une consistance entière, nous présente à sa surface les effets du mouvement intérieur dont il est agité par le feu ; tandis que la lune qui, par sa petitesse, a dû se refroidir en peu de siècles, ne nous offre qu'un calme parfait, c'est-à-dire une surface qui est toujours la même, et sur laquelle l'on aperçoit ni mouvement ni changement. Ces deux faits, connus des astronomes, se joignent aux autres analogies que j'ai présentées sur ce sujet, et ajoutent un petit degré de plus à la probabilité de mon hypothèse.

Par la comparaison que nous avons faite de la chaleur des planètes à celle de la terre, on a vu que le temps de l'incandescence pour le globe terrestre a duré deux mille neuf cent trente-six ans (*) ; que celui de sa chaleur, au point de ne pouvoir le toucher, a été de trente-quatre mille deux cent soixante-dix ans, ce qui fait en tout trente-sept mille deux cent six ans ; et que c'est

(*) Ce chiffre est absolument imaginaire.

là le premier moment de la naissance possible de la nature vivante. Jusqu'alors les éléments de l'air et de l'eau étaient encore confondus, et ne pouvaient se séparer ni s'appuyer sur la surface brûlante de la terre, qui les dissipait en vapeurs ; mais dès que cette ardeur se fut attiédie, une chaleur bénigne et féconde succéda par degrés au feu dévorant qui s'opposait à toute production, et même à l'établissement des éléments ; celui du feu, dans ce premier, s'était pour ainsi dire emparé des trois autres ; aucun n'existait à part : la terre, l'air et l'eau pétris de feu et confondus ensemble, n'offraient, au lieu de leurs formes distinctes, qu'une masse brûlante environnée de vapeurs enflammées : ce n'est donc qu'après trente-sept mille ans que les gens de la terre doivent dater les actes de leur monde, et compter les faits de la nature organisée.

Il faut rapporter à cette première époque ce que j'ai écrit de l'état du ciel dans mes Mémoires sur la température des planètes. Toutes au commencement étaient brillantes et lumineuses ; chacune formait un petit soleil (*a*), dont la chaleur et la lumière ont diminué peu à peu et se sont dissipées successivement dans le rapport des temps, que j'ai ci-devant indiqué, d'après mes expériences sur le refroidissement des corps en général, dont la durée est toujours à très peu près proportionnelle à leurs diamètres et à leur densité (*b*).

Les planètes, ainsi que leurs satellites, se sont donc refroidies les unes plus tôt et les autres plus tard ; et, en perdant partie de leur chaleur, elles ont perdu toute leur lumière propre. Le soleil seul s'est maintenu dans sa splendeur, parce qu'il est le seul autour duquel circulent un assez grand nombre de corps pour en entretenir la lumière, la chaleur et le feu.

Mais sans insister plus longtemps sur ces objets, qui paraissent si loin de notre vue, rabaissons-la sur le seul globe de la terre. Passons à la seconde époque, c'est-à-dire au temps où la matière qui le compose, s'étant consolidée, a formé les grandes masses de matières vitrescibles.

Je dois seulement répondre à une espèce d'objection que l'on m'a déjà faite sur la très longue durée des temps. Pourquoi nous jeter, m'a-t-on dit, dans un espace aussi vague qu'une durée de cent soixante-huit mille ans ? car, à la vue de votre tableau, la terre est âgée de soixante-quinze mille ans, et la nature vivante doit subsister encore pendant quatre-vingt-treize mille ans : est-il aisé, est-il même possible de se former une idée du tout ou des parties d'une aussi longue suite de siècles ? Je n'ai d'autre réponse que l'exposition

---

(*a*) Jupiter, lorsqu'il est le plus près de la terre, nous paraît sous un angle de 59 ou 60 secondes ; il formait donc un soleil dont le diamètre n'était que trente et une fois plus petit que celui de notre soleil.

(*b*) Voyez le premier et le second Mémoires sur le progrès de la chaleur, p. 82 et 97. Voyez aussi les Recherches sur la température des planètes, p. 347 et 428.

des monuments et la considération des ouvrages de la nature : j'en donnerai le détail et les dates dans les époques qui vont suivre celle-ci, et l'on verra que, bien loin d'avoir augmenté sans nécessité la durée du temps, je l'ai peut-être beaucoup trop raccourcie (*).

Et pourquoi l'esprit humain semble-t-il se perdre dans l'espace de la durée plutôt que dans celui de l'étendue, ou dans la considération des mesures, des poids et des nombres? Pourquoi cent mille ans sont-ils plus difficiles à concevoir et à compter que cent mille livres de monnaie? Serait-ce parce que la somme du temps ne peut se palper ni se réaliser en espèces visibles, ou plutôt n'est-ce pas qu'étant accoutumés par notre trop courte existence à regarder cent ans comme une grosse somme de temps, nous avons peine à nous former une idée de mille ans, et ne pouvons plus nous représenter dix mille ans, ni même en concevoir cent mille? Le seul moyen est de diviser en plusieurs parties ces longues périodes de temps, de comparer par la vue de l'esprit la durée de chacune de ces parties avec les grands effets, et surtout avec les constructions de la nature, se faire des aperçus sur le nombre des siècles qu'il a fallu pour produire tous les animaux à coquilles dont la terre est remplie, ensuite sur le nombre encore plus grand des siècles qui se sont écoulés pour le transport et le dépôt de ces coquilles et de leurs détriments, enfin sur le nombre des autres siècles subséquents, nécessaires à la pétrification et au desséchement de ces matières ; et dès lors on sentira que cette énorme durée de soixante-quinze mille ans, que j'ai comptée depuis la formation de la terre jusqu'à son état actuel, n'est pas encore assez étendue pour tous les grands ouvrages de la nature, dont la construction nous démontre qu'ils n'ont pu se faire que par une succession lente de mouvements réglés et constants.

Pour rendre cet aperçu plus sensible, donnons un exemple : cherchons combien il a fallu de temps pour la construction d'une colline d'argile de mille toises de hauteur. Les sédiments successifs des eaux ont formé toutes les couches dont la colline est composée depuis la base jusqu'à son sommet. Or, nous pouvons juger du dépôt successif et journalier des eaux par les feuillets des ardoises ; ils sont si minces qu'on peut en compter une douzaine dans une ligne d'épaisseur. Supposons donc que chaque marée dépose un sédiment d'un douzième de ligne d'épaisseur, c'est-à-dire d'un sixième de ligne chaque jour, le dépôt augmentera d'une ligne en six jours, de six lignes en trente-six jours, et par conséquent d'environ cinq pouces en un an, ce qui donne plus de quatorze mille ans pour le temps nécessaire à la composition d'une colline de glaise de mille toises de hauteur; ce temps paraîtra même trop court, si on le compare avec ce qui se passe sous nos yeux sur certains rivages de la mer où elle dépose des limons et des argiles, comme

____

(*) Elle est non pas « peut-être », mais « certainement beaucoup trop raccourcie ».

sur les côtes de Normandie (*a*) : car le dépôt n'augmente qu'insensiblement et de beaucoup moins de cinq pouces par an. Et si cette colline d'argile est couronnée de rochers calcaires, la durée du temps, que je réduis à quatorze mille ans, ne doit-elle pas être augmentée de celui qui a été nécessaire pour le transport des coquillages dont la colline est surmontée, et cette durée si longue n'a-t-elle pas encore été suivie du temps nécessaire à la pétrification et au desséchement de ces sédiments, et encore d'un temps tout aussi long pour la figuration de la colline par angles saillants et rentrants? J'ai cru devoir entrer d'avance dans ce détail, afin de démontrer qu'au lieu de reculer trop loin les limites de la durée, je les ai rapprochées autant qu'il m'a été possible sans contredire évidemment les faits consignés dans les archives de la nature.

SECONDE PÉRIODE

LORSQUE LA MATIÈRE
S'ÉTANT CONSOLIDÉE A FORMÉ LA ROCHE INTÉRIEURE DU GLOBE
AINSI QUE LES GRANDES MASSES VITRESCIBLES
QUI SONT A SA SURFACE.

On vient de voir que, dans notre hypothèse, il a dû s'écouler deux mille neuf cent trente-six ans avant que le globe terrestre ait pu prendre toute sa consistance, et que sa masse entière se soit consolidée jusqu'au centre (*). Comparons les effets de cette consolidation du globe de la terre en fusion à ce que nous voyons arriver à une masse de métal ou de verre fondu, lorsqu'elle commence à se refroidir : il se forme à la surface de ces masses des trous, des ondes, des aspérités ; et au-dessous de la surface il se fait des vides, des cavités, des boursouflures, lesquelles peuvent nous représenter ici les premières inégalités qui se sont trouvées sur la surface de la terre et les cavités de son intérieur ; nous aurons dès lors une idée du grand nombre de montagnes, de vallées, de cavernes et d'anfractuosités qui se sont formées dès ce premier temps dans les couches extérieures de la terre. Notre comparaison est d'autant plus exacte que les montagnes les plus élevées, que je suppose de trois mille ou trois mille cinq cents toises de hauteur, ne sont, par rapport au diamètre de la terre, que ce qu'un huitième de ligne est par rapport au diamètre d'un globe de deux pieds. Ainsi ces chaînes de mon-

(*a*) Voyez ci-après les notes justificatives des faits.

(*) Chiffre imaginaire.

tagnes qui nous paraissent si prodigieuses, tant par le volume que par la hauteur, ces vallées de la mer, qui semblent être des abîmes de profondeur, ne sont dans la réalité que de légères inégalités proportionnées à la grosseur du globe, et qui ne pouvaient manquer de se former lorsqu'il prenait sa consistance : ce sont des effets naturels produits par une cause tout aussi naturelle et fort simple, c'est-à-dire par l'action du refroidissement sur les matières en fusion, lorsqu'elles se consolident à la surface (*).

C'est alors que se sont formés les éléments par le refroidissement et pendant ses progrès. Car à cette époque, et même longtemps après, tant que la chaleur excessive a duré, il s'est fait une séparation et même une projection de toutes les parties volatiles, telles que l'eau, l'air et les autres substances que la grande chaleur chasse au dehors et qui ne peuvent exister que dans une région plus tempérée que ne l'était alors la surface de la terre. Toutes ces matières volatiles s'étendaient donc autour du globe en forme d'atmosphère à une grande distance où la chaleur était moins forte, tandis que les matières fixes, fondues et vitrifiées, s'étant consolidées, formèrent la roche intérieure du globe et le noyau des grandes montagnes, dont les sommets, les masses intérieures et les bases, sont en effet composés de matières vitréscibles. Ainsi le premier établissement local des grandes chaînes de montagnes appartient à cette seconde époque, qui a précédé de plusieurs siècles celle de la formation des montagnes calcaires, lesquelles n'ont existé qu'après l'établissement des eaux, puisque leur composition suppose la production des coquillages et des autres substances que la mer fomente et nourrit (**). Tant que la surface du globe n'a pas été refroidie au point de permettre à l'eau d'y séjourner sans s'exhaler en vapeurs, toutes nos mers étaient dans l'atmosphère : elles n'ont pu tomber et s'établir sur la terre qu'au moment où sa surface s'est trouvée assez attiédie pour ne plus rejeter l'eau par une trop forte ébullition ; et ce temps de l'établissement des eaux sur la surface du globe n'a précédé que de peu de siècles le moment où l'on aurait pu toucher cette surface sans se brûler ; de sorte qu'en comptant soixante-quinze mille ans depuis la formation de la terre, et la moitié de ce temps pour son refroidissement au point de pouvoir la toucher, il s'est peut-être passé vingt-cinq mille des premières années avant que l'eau, toujours rejetée dans l'atmosphère, ait pu s'établir à demeure sur la surface du globe : car, quoiqu'il y ait une assez grande différence entre le degré auquel l'eau chaude cesse de nous offenser et celui où elle entre en ébullition, et qu'il y ait encore une distance considérable entre ce premier degré d'ébulli-

(*) Nous avons dit déjà que les montagnes ont été produites par des soulèvements lents de certains points de la surface de la terre.

(**) Buffon reproduit ici une idée de Linné, confirmée par les observations ultérieures. Linné considérait toutes les roches calcaires comme produites par les animaux; cette vue, admise par Buffon, est aujourd'hui adoptée par le plus grand nombre des naturalistes. (Voyez mon Introduction.)

tion et celui où elle se disperse subitement en vapeurs, on peut néanmoins assurer que cette différence de temps ne peut pas être plus grande que je l'admets ici.

Ainsi dans ces premières vingt-cinq mille années, le globe terrestre, d'abord lumineux et chaud comme le soleil, n'a perdu que peu à peu sa lumière et son feu : son état d'incandescence a duré pendant deux mille neuf cent trente-six ans, puisqu'il a fallu ce temps pour qu'il ait été consolidé jusqu'au centre ; ensuite les matières fixes dont il est composé sont devenues encore plus fixes en se resserrant de plus en plus par le refroidissement ; elles ont pris peu à peu leur nature et leur consistance telle que nous la reconnaissons aujourd'hui dans la roche du globe et dans les hautes montagnes, qui ne sont en effet composées, dans leur intérieur et jusqu'à leur sommet, que de matières de la même nature (a) : ainsi leur origine date de cette même époque.

C'est aussi dans les premiers trente-sept mille ans que se sont formées par la sublimation toutes les grandes veines et les gros filons de mines où se trouvent les métaux ; les substances métalliques ont été séparées des autres matières vitrescibles par la chaleur longue et constante qui les a sublimées et poussées de l'intérieur de la masse du globe dans toutes les éminences de sa surface, où le resserrement des matières, causé par un plus prompt refroidissement, laissait des fentes et des cavités, qui ont été incrustées et quelquefois remplies par ces substances métalliques que nous y trouvons aujourd'hui (b) : car il faut, à l'égard de l'origine des mines, faire la même distinction que nous avons indiquée pour l'origine des matières vitrescibles et des matières calcaires, dont les premières ont été produites par l'action du feu, et les autres par l'intermède de l'eau. Dans les mines métalliques, les principaux filons ou, si l'on veut, les masses primordiales, ont été produites par la fusion et par la sublimation, c'est-à-dire par l'action du feu ; et les autres mines, qu'on doit regarder comme des filons secondaires et parasites, n'ont été produites que postérieurement par le moyen de l'eau. Ces filons principaux, qui semblent présenter les troncs des arbres métalliques, ayant tous été formés soit par la fusion dans le temps du feu primitif, soit par la sublimation dans les temps subséquents, ils se sont trouvés et se trouvent encore aujourd'hui dans les fentes perpendiculaires des hautes montagnes, tandis que c'est au pied de ces mêmes montagnes que gisent les petit filons, que l'on prendrait d'abord pour les rameaux de ces arbres métalliques, mais dont l'origine est néanmoins bien différente : car ces mines secondaires n'ont pas été formées par le feu, elles ont été produites par l'action successive de l'eau, qui, dans des temps postérieurs aux premiers, a détaché de ces anciens

(a) Voyez ci-après les notes justificatives des faits.
(b) *Ibidem.*

filons des particules minérales qu'elle a charriées et déposées sous différentes formes, et toujours au-dessous des filons primitifs (*a*).

Ainsi la production de ces mines secondaires étant bien plus récente que celle des mines primordiales, et supposant le concours et l'intermède de l'eau, leur formation doit, comme celle des matières calcaires, se rapporter à des époques subséquentes, c'est-à-dire au temps où la chaleur brûlante s'étant attiédie, la température de la surface de la terre a permis aux eaux de s'établir, et ensuite au temps où ces mêmes eaux ayant laissé nos continents à découvert, les vapeurs ont commencé à se condenser contre les montagnes pour y produire des sources d'eau courante. Mais, avant ce second et ce troisième temps, il y a eu d'autres grands effets que nous devons indiquer.

Représentons-nous, s'il est possible, l'aspect qu'offrait la terre à cette seconde époque, c'est-à-dire immédiatement après que sa surface eut pris de la consistance, et avant que la grande chaleur permit à l'eau d'y séjourner ni même de tomber de l'atmosphère ; les plaines, les montagnes, ainsi que l'intérieur du globe, étaient également et uniquement composées de matières fondues par le feu, toutes vitrifiées, toutes de la même nature. Qu'on se figure pour un instant la surface actuelle du globe dépouillée de toutes ses mers, de toutes ses collines calcaires, ainsi que de toutes ses couches horitales de pierre, de craie, de tuf, de terre végétale, d'argile, en un mot de toutes les matières liquides ou solides qui ont été formées ou déposées par les eaux : quelle serait cette surface après l'enlèvement de ces immenses déblais ? Il ne resterait que le squelette de la terre, c'est-à-dire la roche vitrescible qui en constitue la masse intérieure ; il resterait les fentes perpendiculaires produites dans le temps de la consolidation, augmentées, élargies par le refroidissement ; il resterait les métaux et les minéraux fixes qui, séparés de la roche vitrescible par l'action du feu, ont rempli par fusion ou par sublimation les fentes perpendiculaires de ces prolongements de la roche intérieure du globe ; et enfin il resterait les trous, les anfractuosités et toutes les cavités intérieures de cette roche qui en est la base, et qui sert de soutien à toutes les matières terrestres amenées ensuite par les eaux.

Et comme ces fentes occasionnées par le refroidissement coupent et tranchent le plan vertical des montagnes non seulement de haut en bas, mais de devant en arrière, ou d'un côté à l'autre, et que dans chaque montagne elles ont suivi la direction générale de sa première forme, il en a résulté que les mines, surtout celles des métaux précieux, doivent se chercher à la boussole, en suivant toujours la direction qu'indique la découverte du premier filon. Car, dans chaque montagne, les fentes perpendiculaires qui la traversent sont à peu près parallèles ; néanmoins il n'en faut pas conclure,

---

(*a*) Voyez ci-après les notes justificatives des faits.

comme l'ont fait quelques minéralogistes, qu'on doive toujours chercher les métaux dans la même direction, par exemple, sur la ligne de onze heures ou sur celle de midi ; car souvent une mine de midi ou de onze heures se trouve coupée par un filon de huit ou neuf heures, etc., qui étend des rameaux sous différentes directions ; et d'ailleurs on voit que, suivant la forme différente de chaque montagne, les fentes perpendiculaires la traversent à la vérité parallèlement entre elles, mais que leur direction, quoique commune dans le même lieu, n'a rien de commun avec la direction des fentes perpendiculaires d'une autre montagne, à moins que cette seconde montagne ne soit parallèle à la première.

Les métaux et la plupart des minéraux métalliques sont donc l'ouvrage du feu, puisqu'on ne les trouve que dans les fentes de la roche vitrescible et que dans ces mines primordiales l'on ne voit jamais ni coquilles ni aucun autre débris de la mer mélangés avec elles : les mines secondaires, qui se trouvent au contraire, et en petite quantité, dans les pierres calcaires, dans les schistes, dans les argiles, ont été formées postérieurement aux dépens des premières, et par l'intermède de l'eau. Les paillettes d'or et d'argent, que quelques rivières charrient, viennent certainement de ces premiers filons métalliques renfermés dans les montagnes supérieures ; des particules métalliques encore plus petites et plus ténues peuvent, en se rassemblant, former de nouvelles petites mines des mêmes métaux ; mais ces mines parasites qui prennent mille formes différentes appartiennent, comme je l'ai dit, à des temps bien modernes en comparaison de celui de la formation des premiers filons qui ont été produits par l'action du feu primitif. L'or et l'argent, qui peuvent demeurer très longtemps en fusion sans être sensiblement altérés, se présentent souvent sous leur forme native : tous les autres métaux ne se présentent communément que sous une forme minéralisée, parce qu'ils ont été formés plus tard par la combinaison de l'air et de l'eau qui sont entrés dans leur composition. Au reste, tous les métaux sont susceptibles d'être volatilisés par le feu à différents degrés de chaleur, en sorte qu'ils se sont sublimés successivement pendant le progrès du refroidissement.

On peut penser que s'il se trouve moins de mines d'or et d'argent dans les terres septentrionales que dans les contrées du Midi, c'est que communément il n'y a dans les terres du Nord que de petites montagnes en comparaison de celles des pays méridionaux : la matière primitive, c'est-à-dire la roche vitreuse, dans laquelle seule se sont formés l'or et l'argent, est bien plus abondante, bien plus élevée, bien plus découverte dans les contrées du Midi. Ces métaux précieux paraissent être le produit immédiat du feu : les gangues et les autres matières qui les accompagnent dans leur mine sont elles-mêmes des matières vitrescibles ; et comme les veines de ces métaux se sont formées soit par la fusion, soit par la sublimation, dans les premiers temps du refroidissement, ils se trouvent en plus grande quantité dans les hautes montagnes du Midi. Les métaux moins parfaits, tels que le fer et le cuivre, qui sont moins fixes au feu, parce qu'ils contiennent des matières que le feu peut volatiliser plus aisément, se sont formés dans des temps postérieurs ; aussi les trouve-t-on en bien plus grande quantité dans les pays du Nord que dans ceux du Midi. Il semble même que la nature ait assigné aux différents climats du globe les différents métaux, l'or et l'argent, aux régions les plus chaudes ; le fer et le cuivre, aux pays les plus froids, et le plomb et l'étain, aux contrées tempérées. Il semble de même qu'elle ait établi l'or et l'argent dans les plus hautes montagnes ; le fer et le cuivre, dans les montagnes médiocres, et le plomb et l'étain, dans les plus basses. Il paraît encore que, quoique ces mines primordiales des différents métaux se trouvent toutes dans la roche vitrescible, celles d'or et d'argent sont quelquefois mélangées d'autres métaux ; que le fer et le cuivre sont souvent accompagnés de matières qui supposent l'intermède de l'eau, ce qui semble prouver qu'ils ont été produits en même temps ; et à l'égard de l'étain, du plomb et du mercure, il y a des différences qui semblent indiquer qu'ils ont été produits dans des temps très différents. Le plomb est le plus vitrescible de tous les métaux, et l'étain l'est le moins ; le mercure est le plus volatil de tous, et cependant il ne diffère de l'or, qui est le plus fixe de tous, que par le degré de feu que leur sublimation exige : car l'or ainsi que tous les autres métaux peuvent également être volatilisés par une plus ou moins grande chaleur. Ainsi tous les métaux ont été sublimés et volatilisés successivement, pendant le progrès du refroidissement. Et comme il ne faut qu'une très légère chaleur pour volatiliser le mercure, et qu'une chaleur médiocre suffit pour fondre l'étain et le plomb, ces deux métaux sont demeurés liquides et coulants bien plus longtemps que les quatre premiers ; et le mercure l'est encore, parce que la chaleur actuelle de la terre est plus que suffisante pour le tenir en fusion : il ne deviendra solide que quand le globe sera refroidi d'un cinquième de plus qu'il ne l'est aujourd'hui, puisqu'il faut 197 degrés au-dessous de la température actuelle de la terre, pour que ce métal fluide se consolide, ce qui fait à peu près la cinquième partie des 1,000 degrés au-dessous de la congélation.

Le plomb, l'étain et le mercure ont donc coulé successivement, par leur fluidité, dans les parties les plus basses de la roche du globe, et ils ont été, comme tous les autres métaux, sublimés dans les fentes des montagnes élevées. Les matières ferrugineuses qui pouvaient supporter une très violente chaleur, sans se fondre assez pour couler, ont formé dans les pays du Nord, des amas métalliques si considérables qu'il s'y trouve des montagnes entières de fer (a), c'est-à-dire d'une pierre vitrescible ferrugineuse, qui rend souvent soixante-dix livres de fer par quintal : ce sont là les mines de fer pri-

---

(a) Voyez ci-après les notes justificatives des faits.

1. FAISAN DORÉ MALE — 2 SA FEMELLE.

mitives; elles occupent de très vastes espaces dans les contrées de notre nord; et leur substance n'étant que du fer produit par l'action du feu, ces mines sont demeurées susceptibles de l'attraction magnétique, comme le sont toutes les matières ferrugineuses qui ont subi le feu.

L'aimant est de cette même nature; ce n'est qu'une pierre ferrugineuse, dont il se trouve de grandes masses et même des montagnes dans quelques contrées, et particulièrement dans celles de notre nord (a) : c'est par cette raison que l'aiguille aimantée se dirige toujours vers ces contrées où toutes les mines de fer sont magnétiques. Le magnétisme est un effet constant de l'électricité constante, produit par la chaleur intérieure et par la rotation du globe; mais, s'il dépendait uniquement de cette cause générale, l'aiguille aimantée pointerait toujours et partout directement au pôle : or, les différentes déclinaisons suivant les différents pays, quoique sous le même parallèle, démontrent que le magnétisme particulier des montagnes de fer et d'aimant influe considérablement sur la direction de l'aiguille, puisqu'elle s'écarte plus ou moins à droite ou à gauche du pôle, selon le lieu où elle se trouve, et selon la distance plus ou moins grande de ces montagnes de fer.

Mais revenons à notre objet principal, à la topographie du globe antérieure à la chute des eaux : nous n'avons que quelques indices encore subsistants de la première forme de sa surface; les plus hautes montagnes, composées de matières vitrescibles, sont les seuls témoins de cet ancien état; elles étaient alors encore plus élevées qu'elles ne le sont aujourd'hui : car, depuis ce temps et après l'établissement des eaux, les mouvements de la mer, et ensuite les pluies, les vents, les gelées, les courants d'eau, la chute des torrents, enfin toutes les injures des éléments de l'air et de l'eau, et les secousses des mouvements souterrains, n'ont pas cessé de les dégrader, de les trancher et même d'en renverser les parties les moins solides, et nous ne pouvons douter que les vallées qui sont au pied de ces montagnes ne fussent bien plus profondes qu'elles ne le sont aujourd'hui.

Tâchons de donner un aperçu plutôt qu'une énumération de ces éminences primitives du globe. 1° La chaine des Cordillères ou des montagnes de l'Amérique, qui s'étend depuis la pointe de la terre de Feu jusqu'au nord du nouveau Mexique, et aboutit enfin à des régions septentrionales que l'on n'a pas encore reconnues. On peut regarder cette chaîne de montagnes comme continue dans une longueur de plus de 120 degrés, c'est-à-dire de trois mille lieues : car le détroit du Magellan n'est qu'une coupure accidentelle et postérieure à l'établissement local de cette chaîne, dont les plus hauts sommets sont dans la contrée du Pérou, et se rabaissent à peu près également vers le nord et vers le midi; c'est donc sous l'équateur même que se trouvent les parties les plus élevées de cette chaîne primitive des plus hautes montagnes

(a) Voyez ci-après les notes justificatives des faits.

du monde ; et nous observerons, comme chose remarquable, que de ce poin
de l'équateur elles vont en se rabaissant à peu près également vers le nord
et vers le midi, et aussi qu'elles arrivent à peu près à la même distance,
c'est-à-dire à quinze cents lieues de chaque côté de l'équateur ; en sort
qu'il ne reste à chaque extrémité de cette chaîne de montagnes, qu'enviror
30 degrés, c'est-à-dire sept cent cinquante lieues de mer ou de terre inconnu
vers le pôle austral, et un égal espace dont on a reconnu quelques côtes ver
le pôle boréal. Cette chaîne n'est pas précisément sous le même méridien, e
ne forme pas une ligne droite ; elle se courbe d'abord vers l'est, depuis Bal
divia jusqu'à Lima, et sa plus grande déviation se trouve sous le tropique du
Capricorne ; ensuite elle avance vers l'ouest, retourne à l'est, auprès de
Popayan, et de là se courbe fortement vers l'ouest, depuis Panama jusqu'à
Mexico ; après quoi elle retourne vers l'est, depuis Mexico jusqu'à son extré
mité, qui est à 30 degrés du pôle, et qui aboutit à peu près aux îles décou
vertes par de Fonté. En considérant la situation de cette longue suite de
montagnes, on doit observer encore, comme chose très remarquable, qu'elle
sont toutes bien plus voisines des mers de l'Occident que de celles de l'Orient
2° Les montagnes d'Afrique, dont la chaîne principale, appelée par quelque
auteurs l'*Épine du monde*, est aussi fort élevée, et s'étend du sud au nord
comme celles des Cordillères en Amérique. Cette chaîne, qui forme en effe
l'épine du dos de l'Afrique, commence au cap de Bonne-Espérance, et cour
presque sous le même méridien jusqu'à la mer Méditerranée, vis-à-vis l
pointe de la Morée. Nous observerons encore, comme chose très remarquable
que le milieu de cette grande chaîne de montagnes, longue d'environ quinz
cents lieues, se trouve précisément sous l'équateur, comme le point milie
des Cordillères ; en sorte qu'on ne peut guère douter que les parties les plu
élevées des grandes chaînes de montagnes en Afrique et en Amérique ne s
trouvent également sous l'équateur.

Dans ces deux parties du monde, dont l'équateur traverse assez exacte
ment les continents, les principales montagnes sont donc dirigées du su
au nord ; mais elles jettent des branches très considérables vers l'orient e
vers l'occident. L'Afrique est traversée de l'est à l'ouest par une longu
suite de montagnes, depuis le cap Gardafui jusqu'aux îles du Cap-Vert : l
mont Atlas la coupe aussi d'orient en occident. En Amérique, un premie
rameau des Cordillères traverse les terres magellaniques de l'est à l'ouest
un autre s'étend à peu près dans la même direction au Paraguay et dan
toute la largeur du Brésil ; quelques autres branches s'étendent depui
Popayan dans la terre ferme, et jusque dans la Guyane : enfin si nous sui
vons toujours cette grande chaîne de montagnes, il nous paraîtra que l
péninsule de Yucatan, les îles de Cuba, de la Jamaïque, de Saint-Domingue
Porto-Rico et toutes les Antilles, n'en sont qu'une branche qui s'étend d
sud au nord, depuis Cuba et la pointe de la Floride, jusqu'aux lacs du Canada

et de là court de l'est à l'ouest pour rejoindre l'extrémité des Cordillères, au delà des lacs oioux. 3° Dans le grand continent de l'Europe et de l'Asie, qui non seulement n'est pas, comme ceux de l'Amérique et de l'Afrique, traversé par l'équateur, mais en est même fort éloigné, les chaînes des principales montagnes, au lieu d'être dirigées du sud au nord, le sont d'occident en orient : la plus longue de ces chaînes commence au fond de l'Espagne gagne les Pyrénées, s'étend en France par l'Auvergne et le Vivarais, passe ensuite par les Alpes, en Allemagne, en Grèce, en Crimée, et atteint le Caucase, le Taurus, l'Imaüs, qui environnent la Perse, Cachemire et le Mogol au nord, jusqu'au Thibet, d'où elle s'étend dans la Tartarie chinoise, et arrive vis-à-vis la terre d'Yeço. Les principales branches que jette cette chaîne principale sont dirigées du nord au sud en Arabie, jusqu'au détroit de la mer Rouge ; dans l'Indoustan, jusqu'au cap Comorin ; du Thibet, jusqu'à la pointe de Malaca : ces branches ne laissent pas de former des suites de montagnes particulières dont les sommets sont fort élevés. D'autre côté, cette chaîne principale jette du sud au nord quelques rameaux, qui s'étendent depuis les Alpes du Tyrol jusqu'en Pologne ; ensuite depuis le mont Caucase jusqu'en Moscovie, et depuis Cachemire jusqu'en Sibérie ; et ces rameaux qui sont du sud au nord de la chaîne principale, ne présentent pas de montagnes aussi élevées que celles des branches de cette même chaîne qui s'étendent du nord au sud.

Voilà donc à peu près la topographie de la surface de la terre, dans le temps de notre seconde Époque, immédiatement après la consolidation de la matière. Les hautes montagnes que nous venons de désigner sont les éminences primitives, c'est-à-dire les aspérités produites à la surface du globe au moment qu'il a pris sa consistance ; elles doivent leur origine à l'effet du feu, et sont aussi par cette raison composées, dans leur intérieur et jusqu'à leurs sommets, de matières vitrescibles : toutes tiennent par leur base à la roche intérieure du globe, qui est de même nature. Plusieurs autres éminences moins élevées ont traversé dans ce même temps et presque en tous sens la surface de la terre, et l'on peut assurer que, dans tous les lieux où l'on trouve des montagnes de roc vif ou de toute autre matière solide et vitrescible, leur origine et leur établissement local ne peuvent être attribués qu'à l'action du feu et aux effets de la consolidation, qui ne se fait jamais sans laisser des inégalités sur la superficie de toute masse de matière fondue.

En même temps que ces causes ont produit des éminences et des profondeurs à la surface de la terre, elles ont aussi formé des boursouflures et des cavités à l'intérieur, surtout dans les couches les plus extérieures : ainsi le globe, dès le temps de cette seconde époque, lorsqu'il eut pris sa consistance et avant que les eaux n'y fussent établies, présentait une surface hérissée de montagnes et sillonnée de vallées ; mais toutes les causes subséquentes et postérieures à cette époque ont concouru à combler toutes les profondeurs extérieures et même les cavités intérieures ; ces causes subséquentes ont aussi altéré presque partout la forme de ces inégalités primitives ; celles qui ne s'élevaient qu'à une hauteur médiocre ont été pour la plupart recouvertes dans la suite par les sédiments des eaux, et toutes ont été environnées à leurs bases, jusqu'à de grandes hauteurs, de ces mêmes sédiments ; c'est par cette raison que nous n'avons d'autres témoins apparents de la première forme de la terre que les montagnes composées de matière vitrescible, dont nous venons de faire l'énumération ; cependant ces temoins sont sûrs et suffisants : car, comme les plus hauts sommets de ces premières montagnes n'ont peut-être jamais été surmontés par les eaux, ou du moins qu'ils ne l'ont été que pendant un petit temps, attendu qu'on n'y trouve aucun débris des productions marines, et qu'ils ne sont composés que de matières vitrescibles, on ne peut pas douter qu'ils ne doivent leur origine au feu, et que ces éminences, ainsi que la roche intérieure du globe, ne fassent ensemble un corps continu de même nature, c'est-à-dire de matière vitrescible, dont la formation a précédé celle de toutes les autres matières.

En tranchant le globe par l'équateur et {comparant les deux hémisphères, on voit que celui de nos continents contient à proportion beaucoup plus de terre que l'autre, car l'Asie seule est plus grande que les parties de l'Amérique, de l'Afrique, de la Nouvelle-Hollande, et de tout ce qu'on a découvert de terre au delà. Il y avait donc moins d'éminences et d'aspérités sur l'hémisphère austral que sur le boréal, dès le temps même de la consolidation de la terre ; et si l'on considère pour un instant ce gisement général des terres et des mers, on reconnaîtra que tous les continents vont en se rétrécissant du côté du midi, et qu'au contraire toutes les mers vont en s'élargissant vers ce même côté du midi. La pointe étroite de l'Amérique méridionale, celle de Californie, celle du Groenland, la pointe de l'Afrique, celles des deux presqu'îles de l'Inde, et enfin celle de la Nouvelle-Hollande, démontrent évidemment ce rétrécissement des terres et cet élargissement des mers vers les régions australes. Cela semble indiquer que la surface du globe a eu originairement de plus profondes vallées dans l'hémisphère austral, et des éminences en plus grand nombre dans l'hémisphère boréal. Nous tirerons bientôt quelques inductions de cette disposition générale des continents et des mers.

La terre, avant d'avoir reçu les eaux, était donc irrégulièrement hérissée d'aspérités, de profondeurs et d'inégalités semblables à celles que nous voyons sur un bloc de métal ou de verre fondu ; elle avait de même des boursouflures et des cavités intérieures, dont l'origine, comme celle des inégalités extérieures, ne doit être attribuée qu'aux effets de la consolidation. Les plus grandes éminences, profondeurs extérieures et cavités intérieures, se sont trouvées dès lors et se trouvent encore aujourd'hui sous l'équateur entre les deux tropiques, parce que cette zone de la surface du globe est la dernière qui s'est consolidée, et que c'est dans cette zone où le mouvement de rotation étant le plus rapide il aura produit les plus grands effets; la matière en fusion s'y étant élevée plus que partout ailleurs, et s'étant refroidie la dernière, il a dû s'y former plus d'inégalités que dans toutes les autres parties du globe où le mouvement de rotation était plus lent et le refroidissement plus prompt. Aussi trouve-t-on sous cette zone les plus hautes montagnes, les mers les plus entrecoupées, semées d'un nombre infini d'îles, à la vue desquelles on ne peut douter que dès son origine cette partie de la terre ne fût la plus irrégulière et la moins solide de toutes (a).

Et, quoique la matière en fusion ait dû arriver également des deux pôles pour renfler l'équateur, il paraît, en comparant les deux hémisphères, que notre pôle en a un peu moins fourni que l'autre, puisqu'il y a beaucoup plus de terre et moins de mers depuis le tropique du Cancer au pôle boréal, et qu'au contraire il y a beaucoup plus de mers et moins de terres depuis celui du Capricorne à l'autre pôle. Les plus profondes vallées se sont formées dans les zones froides et tempérées de l'hémisphère austral, et les terres les plus solides et les plus élevées se sont trouvées dans celles de l'hémisphère septentrional.

Le globe était alors, comme il l'est encore aujourd'hui, renflé sur l'équateur d'une épaisseur de près de six lieues un quart; mais les couches superficielles de cette épaisseur y étaient à l'intérieur semées de cavités, et coupées à l'extérieur d'éminences et de profondeurs plus grandes que partout ailleurs : le reste du globe était sillonné et traversé en différents sens par des aspérités toujours moins élevées à mesure qu'elles approchaient des pôles; toutes n'étaient composées que de la même matière fondue, dont est aussi composée la roche intérieure du globe; toutes doivent leur origine à l'action du feu primitif et à la vitrification générale. Ainsi la surface de la terre, avant l'arrivée des eaux, ne présentait que ces premières aspérités qui forment encore aujourd'hui les noyaux de nos plus hautes montagnes, celles qui étaient moins élevées ayant été dans la suite recouvertes par les sédiments des eaux et par les débris des productions de la mer, elles ne nous sont pas aussi évidemment connues que les premières : on trouve souvent des bancs calcaires au-dessus des rochers de granit, de roc vif et des autres masses de matières vitrescibles, mais l'on ne voit pas des masses de roc vif au-dessus des bancs calcaires. Nous pouvons donc assurer, sans crainte de nous tromper, que la roche du globe est continue avec toutes les éminences hautes et basses qui se trouvent être de la même nature, c'est-à-dire de matières vitrescibles : ces éminences font masse avec le

(a) Voyez ci-après les notes justificatives des faits.

solide du globe; elles n'en sont que de très petits prolongements, dont les moins élevés ont ensuite été recouverts par les scories de verre, les sables, les argiles, et tous les débris des productions de la mer, amenés et déposés par les eaux dans les temps subséquents, qui font l'objet de notre troisième époque.

TROISIÈME PÉRIODE

LORSQUE LES EAUX ONT COUVERT NOS CONTINENTS.

A la date de trente ou trente-cinq mille ans de la formation des planètes (*), la terre se trouvait attiédie pour recevoir les eaux sans les rejeter en vapeurs. Le chaos de l'atmosphère avait commencé de se débrouiller : non seulement les eaux, mais toutes les matières volatiles que la trop grande chaleur y tenait reléguées et suspendues tombèrent successivement; elles remplirent toutes les profondeurs, couvrirent toutes les plaines, tous les intervalles qui se trouvaient entre les éminences de la surface du globe, et même elles surmontèrent toutes celles qui n'étaient pas successivement élevées. On a des preuves évidentes que les mers ont couvert le continent de l'Europe jusqu'à quinze cents toises au-dessus du niveau de la mer actuelle (a), puisqu'on trouve des coquilles et d'autres productions marines dans les Alpes et dans les Pyrénées jusqu'à cette même hauteur. On a les mêmes preuves pour les continents de l'Asie et de l'Afrique; et même dans celui de l'Amérique, où les montagnes sont plus élevées qu'en Europe, on a trouvé des coquilles marines à plus de deux mille toises de hauteur au-dessus du niveau de la mer du Sud. Il est donc certain que dans ces premiers temps le diamètre du globe avait deux lieues de plus, puisqu'il était enveloppé d'eau jusqu'à deux mille toises de hauteur. La surface de la terre en général était donc beaucoup plus élevée qu'elle ne l'est aujourd'hui; et pendant une longue suite de temps les mers l'ont recouverte en entier, à l'exception peut-être de quelques terres très élevées et des sommets des hautes montagnes, qui seuls surmontaient cette mer universelle, dont l'élévation était au moins à cette hauteur où l'on cesse de trouver des coquilles; d'où l'on doit inférer que les animaux auxquels ces dépouilles ont appartenu peuvent être regardés comme les premiers habitants du globe, et cette population était innombrable, à en juger par l'immense quantité de leurs dépouilles

(a) Voyez ci-après les notes justificatives des faits.

(*) Chiffre imaginaire.

et de leurs détriments, puisque c'est de leurs détriments qu'ont été formées toutes les couches des pierres calcaires, des marbres, des craies et des tufs qui composent nos collines et qui s'étendent sur de grandes contrées dans toutes les parties de la terre.

Or, dans les commencements de ce séjour des eaux sur la surface du globe, n'avaient-elles pas un degré de chaleur que nos poissons et nos coquillages actuellement existants n'auraient pu supporter? et ne devons-nous pas présumer que les premières productions d'une mer encore bouillante étaient différentes de celles qu'elle nous offre aujourd'hui (*)? Cette grande chaleur ne pouvait convenir qu'à d'autres natures de coquillages et de poissons ; et par conséquent c'est aux premiers temps de cette époque, c'est-à-dire depuis trente jusqu'à quarante mille ans de la formation de la terre, que l'on doit rapporter l'existence des espèces perdues dont on ne trouve nulle part les analogues vivants. Ces premières espèces, maintenant anéanties, ont subsisté pendant les dix ou quinze mille ans qui ont suivi le temps auquel les eaux venaient de s'établir.

Et l'on ne doit point être étonné de ce que j'avance ici qu'il y a eu des poissons et d'autres animaux aquatiques capables de supporter un degré de chaleur beaucoup plus grand que celui de la température actuelle de nos mers méridionales, puisque encore aujourd'hui, nous connaissons des espèces de poissons et de plantes qui vivent et végètent dans des eaux presque bouilles, ou du moins chaudes jusqu'à 50 et 60 degrés (*a*) du thermomètre (**).

Mais, pour ne pas perdre le fil des grands et nombreux phénomènes que nous avons à exposer, reprenons ces temps antérieurs, où les eaux jusqu'alors réduites en vapeurs se sont condensées et ont commencé de tomber sur la terre brûlante, aride, desséchée, crevassée par le feu : tâchons de nous représenter les prodigieux effets qui ont accompagné et suivi cette chute précipitée des matières volatiles, toutes séparées, combinées, sublimées dans le temps de la consolidation et pendant le progrès du premier refroidissement. La séparation de l'élément de l'air et de l'élément de l'eau, le choc des vents et des flots qui tombaient en tourbillons sur une terre fumante ; la dépuration de l'atmosphère, qu'auparavant les rayons du soleil ne pouvaient pénétrer ; cette même atmosphère obscurcie de nouveau par les nuages d'une épaisse fumée ; la cohobation mille fois répétée et le bouillon-

(*a*) Voyez ci-après les notes justificatives des faits.

(*) Il est difficile d'admettre qu'il y eût des organismes vivants dans la « mer encore bouillante » dont parle Buffon.

(**) On connaît, en effet, des organismes peu nombreux qui vivent dans des eaux ayant cette température, mais ce sont des organismes très inférieurs. Rien ne prouve d'ailleurs que la vie se soit montrée sur le globe au sein d'eaux ayant la température dont parle Buffon. Est-ce possible? Personne n'oserait répondre affirmativement à cette question ; personne non plus ne pourrait y répondre négativement avec une entière certitude.

nement continuel des eaux tombées et rejetées alternativement; enfin la lessive de l'air par l'abandon des matières volatiles précédemment sublimées, qui toutes s'en emparèrent et descendirent avec plus ou moins de précipitation : quels mouvements, quelles tempêtes ont dû précéder, accompagner et suivre l'établissement local de chacun de ces éléments ! Et ne devons-nous pas rapporter à ces premiers moments de choc et d'agitation les bouleversements, les premières dégradations, les irruptions et les changements qui ont donné une seconde forme à la plus grande partie de la surface de la terre ? Il est aisé de sentir que les eaux qui la couvraient alors presque tout entière, étant continuellement agitées par la rapidité de leur chute, par l'action de la lune sur l'atmosphère et sur les eaux déjà tombées, par la violence des vents, etc., auront obéi à toutes ces impulsions, et que dans leurs mouvements elles auront commencé par sillonner plus à fond les vallées de la terre, par renverser les éminences les moins solides, rabaisser les crêtes des montagnes, percer leurs chaînes dans les points les plus faibles ; et qu'après leur établissement, ces mêmes eaux se seront ouvert des routes souterraines, qu'elles ont miné les voûtes des cavernes, les ont fait écrouler, et que par conséquent ces mêmes eaux se sont abaissées successivement pour remplir les nouvelles profondeurs qu'elles venaient de former : les cavernes étaient l'ouvrage du feu ; l'eau dès son arrivée a commencé par les attaquer; elle les a détruites, et continue de les détruire encore ; nous devons donc attribuer l'abaissement des eaux à l'affaissement des cavernes, comme à la seule cause qui nous soit démontrée par les faits (*).

Voilà les premiers effets produits par la masse, par le poids et par le volume de l'eau ; mais elle en a produit d'autres par sa seule qualité : elle a saisi toutes les matières qu'elle pouvait délayer et dissoudre ; elle s'est combinée avec l'air, la terre et le feu pour former les acides, les sels, etc.; elle a converti les scories et les poudres du verre primitif en argiles ; ensuite elle a, par son mouvement, transporté de place en place ces mêmes scories, et toutes les matières qui se trouvaient réduites en petits volumes. Il s'est donc fait dans cette seconde période, depuis trente-cinq jusqu'à cinquante mille ans, un si grand changement à la surface du globe que la mer universelle, d'abord très élevée, s'est successivement abaissée pour remplir les profondeurs occasionnées par l'affaissement des cavernes, dont les voûtes naturelles, sapées ou percées par l'action et l'effet de ce nouvel élément, ne pouvaient plus soutenir le poids cumulé des terres et des eaux dont elles étaient chargées. A mesure qu'il se faisait quelque grand affaissement par la rupture d'une ou de plusieurs cavernes, la surface de la terre se déprimant

(*) Cette idée est purement hypothétique. Il suffit, pour expliquer la formation des lits des mers et l'abaissement du niveau des eaux en certains points du globe, d'admettre qu'alors comme aujourd'hui il se produisait des affaissements et des soulèvements lents de certains points de la surface de la terre, les eaux s'accumulant dans les parties affaissées.

en ces endroits, l'eau arrivait de toutes parts pour remplir cette nouvelle profondeur, et par conséquent la hauteur générale des mers diminuait d'autant; en sorte qu'étant d'abord à deux mille toises d'élévation, la mer a successivement baissé jusqu'au niveau où nous la voyons aujourd'hui.

On doit présumer que les coquilles et les autres productions marines que l'on trouve à de grandes hauteurs au-dessus du niveau actuel des mers sont les espèces les plus anciennes de la nature (*); et il serait important pour l'histoire naturelle de recueillir un assez grand nombre de ces productions de la mer qui se trouvent à cette plus grande hauteur, et de les comparer avec celles qui sont dans les terrains plus bas. Nous sommes assurés que les coquilles dont nos collines sont composées appartiennent en partie à des espèces inconnues, c'est-à-dire à des espèces dont aucune mer fréquentée ne nous offre les analogues vivants. Si jamais on fait un recueil de ces pétrifications prises à la plus grande élévation dans les montagnes, on sera peut-être en état de prononcer sur l'ancienneté plus ou moins grande de ces espèces, relativement aux autres. Tout ce que nous pouvons en dire aujourd'hui, c'est que quelques-uns des monuments qui nous démontrent l'existence de certains animaux terrestres et marins, dont nous ne connaissons pas les analogues vivants, nous montrent en même temps que ces animaux étaient beaucoup plus grands qu'aucune espèce du même genre actuellement subsistante : ces grosses dents molaires à pointes mousses, du poids de onze ou douze livres; ces cornes d'Ammon, de sept à huit pieds de diamètre sur un pied d'épaisseur, dont on trouve les moules pétrifiés, sont certainement des êtres gigantesques dans le genre des animaux quadrupèdes et dans celui des coquillages. La nature était alors dans sa première force, et travaillait la matière organique et vivante avec une puissance plus active dans une température plus chaude : cette matière organique était plus divisée, moins combinée avec d'autres matières, et pouvait se réunir et se combiner avec elle-même en plus grandes masses, pour se développer en plus grandes dimensions : cette cause est suffisante pour rendre raison de toutes les productions gigantesques qui paraissent avoir été fréquentes dans ces premiers âges du monde (a).

En fécondant les mers, la nature répandait aussi les principes de vie sur toutes les terres que l'eau n'avait pu surmonter ou qu'elle avait promptement abandonnées; et ces terres, comme les mers, ne pouvaient être peuplées que d'animaux et de végétaux capables de supporter une chaleur plus grande que celle qui convient aujourd'hui à la nature vivante. Nous avons

(a) Voyez ci-après les notes justificatives des faits.

(*) Beaucoup de ces espèces sont, au contraire, relativement peu anciennes, ce qui indique que le soulèvement des montagnes sur lesquelles on les trouve est de date beaucoup plus récente que ne l'admet Buffon. (Voyez mon Introduction.)

des monuments tirés du sein de la terre, et particulièrement du fond des minières de charbon et d'ardoise, qui nous démontrent que quelques-uns
des poissons et des végétaux que ces matières contiennent, ne sont pas des
espèces actuellement existantes (a). On peut donc croire que la population
de la mer en animaux n'est pas plus ancienne que celle de la terre en végétaux (*): les monuments et les témoins sont plus nombreux, plus évidents
pour la mer ; mais ceux qui déposent pour la terre sont aussi certains, et
semblent nous démontrer que ces espèces anciennes dans les animaux marins et dans les végétaux terrestres sont anéanties, ou plutôt ont cessé de se
multiplier dès que la terre et la mer ont perdu la grande chaleur nécessaire
à l'effet de leur propagation.

Les coquillages ainsi que les végétaux de ce premier temps s'étant prodigieusement multipliés pendant ce long espace de vingt mille ans, et la durée
de leur vie n'étant que de peu d'années, les animaux à coquilles, les polypes
des coraux, des madrépores, des astroïtes et tous les petits animaux qui
convertissent l'eau de la mer en pierre, ont, à mesure qu'ils périssaient,
abandonné leurs dépouilles et leurs ouvrages aux caprices des eaux : elles
auront transporté, brisé et déposé ces dépouilles en mille et mille endroits ;
car c'est dans ce même temps que le mouvement des marées et des vents
réglés a commencé de former les couches horizontales de la surface de la
terre par les sédiments et le dépôt des eaux ; ensuite les courants ont donné
à toutes les collines et à toutes les montagnes de médiocre hauteur des directions correspondantes, en sorte que leurs angles saillants sont toujours
opposés à des angles rentrants. Nous ne répéterons pas ici ce que nous avons
dit à ce sujet dans notre *Théorie de la terre*, et nous nous contenterons
d'assurer que cette disposition générale de la surface du globe par angles
correspondants, ainsi que sa composition par couches horizontales, ou
également et parallèlement inclinées, démontrent évidemment que la structure et la forme de la surface actuelle de la terre ont été disposées par les
eaux et produites par leurs sédiments (**). Il n'y a eu que les crêtes et les
pics des plus hautes montagnes qui, peut-être, se sont trouvés hors d'atteinte
aux eaux, ou n'en ont été surmontés que pendant un petit temps, et sur
lesquels par conséquent la mer n'a point laissé d'empreintes : mais ne pouvant
les attaquer par leur sommet, elle les a prises par la base ; elle a recouvert

(a) Voyez ci-après les notes justificatives des faits.

(*) Tous les faits que nous connaissons permettent, au contraire, de supposer, ou plutôt
d'affirmer que la mer a été peuplée d'animaux et de végétaux à une époque où la terre n'en
offrait pas encore, et que c'est dans l'eau que se sont formés les organismes les plus anciens.
(Voyez mon Introduction.)

(**) Buffon a dit plus haut que les montagnes avaient été formées par le soulèvement
de la surface de la terre à l'époque du refroidissement ; il semble revenir en partie, ici, à
l'opinion formulée dans sa *Théorie de la terre*, d'après laquelle les montagnes auraient été
produites par des sédiments aqueux.

ou miné les parties inférieures de ces montagnes primitives; elle les a environnées de nouvelles matières, ou bien elle a percé les voûtes qui les soutenaient; souvent elle les a fait pencher : enfin elle a transporté dans leurs cavités intérieures les matières combustibles provenant du détriment des végétaux, ainsi que les matières pyriteuses, bitumineuses et minérales, pures ou mêlées de terres et de sédiments de toute espèce.

La production des argiles paraît avoir précédé celle des coquillages : car la première opération de l'eau a été de transformer les scories et les poudres de verre en argiles : aussi les lits d'argiles se sont formés quelque temps avant les bancs de pierres calcaires ; et l'on voit que ces dépôts de matières argileuses ont précédé ceux des matières calcaires, car presque partout les rochers calcaires sont posés sur des glaises qui leur servent de base. Je n'avance rien ici qui ne soit démontré par l'expérience ou confirmé par les observations : tout le monde pourra s'assurer par des procédés aisés à répéter (a), que le verre et le grès en poudre se convertissent en peu de temps en argile, seulement en séjournant dans l'eau ; et c'est d'après cette connaissance que j'ai dit, dans ma *Théorie de la terre*, que les argiles n'étaient que des sables vitrescibles décomposés et pourris ; j'ajoute ici que c'est probablement à cette décomposition du sable vitrescible dans l'eau qu'on doit attribuer l'origine de l'acide : car le principe acide qui se trouve dans l'argile peut être regardé comme une combinaison de la terre vitrescible avec le feu, l'air et l'eau ; et c'est ce même principe acide qui est la première cause de la ductilité de l'argile et de toutes les autres matières, sans même en excepter les bitumes, les huiles et les graisses, qui ne sont ductiles et ne communiquent de la ductilité aux autres matières que parce qu'elles contiennent des acides.

Après la chute et l'établissement des eaux bouillantes sur la surface du globe, la plus grande partie des scories de verre qui la couvraient en entier ont donc été converties en assez peu de temps en argiles : tous les mouvements de la mer ont contribué à la prompte formation de ces mêmes argiles, en remuant et transportant les scories et les poudres de verre, et les forçant de se présenter à l'action de l'eau dans tous les sens. Et peu de temps après, les argiles, formées par l'intermède et l'impression de l'eau, ont successivement été transportées et déposées au-dessus de la roche primitive du globe, c'est-à-dire au-dessus de la masse solide de matières vitrescibles qui en fait le fond et qui, par sa ferme consistance et sa dureté, avait résisté à cette même action des eaux.

La décomposition des poudres et des sables vitrescibles, et la production des argiles, se sont faites en d'autant moins de temps que l'eau était plus chaude : cette décomposition a continué de se faire et se fait encore tous les

(a) Voyez ci-après les notes justificatives des faits.

jours, mais plus lentement et en bien moindre quantité : car quoique les argiles se présentent presque partout comme enveloppant le globe, quoique souvent ces couches d'argiles aient cent et deux cents pieds d'épaisseur, quoique les rochers de pierres calcaires et toutes les collines composées de ces pierres soient ordinairement appuyées sur des couches argileuses, on trouve quelquefois au-dessous de ces mêmes couches des sables vitrescibles qui n'ont pas été convertis, et qui conservent le caractère de leur première origine. Il y a aussi des sables vitrescibles à la superficie de la terre et sur celle du fond des mers, mais la formation de ces sables vitrescibles qui se présentent à l'extérieur est d'un temps bien postérieur à la formation des autres sables de même nature, qui se trouvent à de grandes profondeurs sous les argiles ; car ces sables, qui se présentent à la superficie de la terre, ne sont que les détriments des granits, des grès et de la roche vitreuse dont les masses forment les noyaux et les sommets des montagnes, desquelles les pluies, la gelée et les autres agents extérieurs, ont détaché et détachent encore tous les jours de petites parties, qui sont ensuite entraînées et déposées par les eaux courantes sur la surface de la terre : on doit donc regarder comme très·récente, en comparaison de l'autre, cette production des sables vitrescibles qui se présentent sur le fond de la mer ou à la superficie de la terre.

Ainsi les argiles et l'acide qu'elles contiennent ont été produits très peu de temps après l'établissement des eaux et peu de temps avant la naissance des coquillages (*) : car nous trouvons dans ces mêmes argiles une infinité de bélemnites, de pierres lenticulaires, de cornes d'Ammon et d'autres échantillons de ces espèces perdues dont on ne retrouve nulle part les analogues vivants. J'ai trouvé moi-même dans une fouille que j'ai fait creuser à cinquante pieds de profondeur, au plus bas d'un petit vallon (a) tout composé d'argile, et dont les collines voisines étaient aussi d'argile jusqu'à quatre-vingts pieds de hauteur ; j'ai trouvé, dis-je, des bélemnites qui avaient huit pouces de long sur près d'un pouce de diamètre, et dont quelques-unes étaient attachées à une partie plate et mince comme l'est le têt des crustacés. J'y ai trouvé de même un grand nombre de cornes d'ammon pyriteuses et bronzées, et des milliers de pierres lenticulaires. Ces anciennes dépouilles étaient, comme l'on voit, enfouies dans l'argile à cent trente pieds de profondeur : car, quoiqu'on n'eût creusé qu'à cinquante pieds dans cette argile au milieu du vallon, il est certain que l'épaisseur de cette argile était originairement de cent trente pieds, puisque les couches en sont élevées des deux côtés à quatre-vingts pieds de hauteur au-dessus : cela me fut démontré par la

(a) Ce petit vallon est tout voisin de la ville de Montbard, au midi.

(*) Certains zoologistes attribuent la production d'une partie au moins des argiles à l'action des animaux. (Voyez mon Introduction.)

correspondance de ces couches et par celle des bancs de pierres calcaires qui les surmontent de chaque côté du vallon. Ces bancs calcaires ont cinquante-quatre pieds d'épaisseur, et leurs différents lits se trouvent correspondants et posés horizontalement à la même hauteur au-dessus de la couche immense d'argile qui leur sert de base et s'étend sous les collines calcaires de toute cette contrée.

Le temps de la formation des argiles a donc immédiatement suivi celui de l'établissement des eaux : le temps de la formation des premiers coquillages doit être placé quelques siècles après ; et le temps du transport de leurs dépouilles a suivi presque immédiatement ; il n'y a eu d'intervalle qu'autant que la nature en a mis entre la naissance et la mort de ces animaux à coquilles. Comme l'impression de l'eau convertissait chaque jour les sables vitrescibles en argiles, et que son mouvement les transportait de place en place, elle entraînait en même temps les coquilles et les autres dépouilles et débris des productions marines, et, déposant le tout comme des sédiments, elle a formé dès lors les couches d'argile où nous trouvons aujourd'hui ces monuments, les plus anciens de la nature organisée, dont les modèles ne subsistent plus : ce n'est pas qu'il n'y ait aussi dans les argiles des coquilles dont l'origine est moins ancienne, et même quelques espèces que l'on peut comparer avec celles de nos mers, et mieux encore avec celles des mers méridionales ; mais cela n'ajoute aucune difficulté à nos explications, car l'eau n'a pas cessé de convertir en argiles toutes les scories de verre et tous les sables vitrescibles qui se sont présentés à son action ; elle a donc formé des argiles en grande quantité, dès qu'elle s'est emparée de la surface de la terre : elle a continué et continue encore de produire le même effet ; car la mer transporte aujourd'hui ses vases avec les dépouilles des coquillages actuellement vivants, comme elle a autrefois transporté ces mêmes vases avec les dépouilles des coquillages alors existants.

La formation des schistes, des ardoises, des charbons de terre et des matières bitumineuses, date à peu près du même temps : ces matières se trouvent ordinairement dans les argiles à d'assez grandes profondeurs ; elles paraissent même avoir précédé l'établissement local des dernières couches d'argile ; car au-dessous de cent trente pieds d'argile dont les lits contenaient des bélemnites, des cornes d'Ammon et d'autres débris des plus anciennes coquilles, j'ai trouvé des matières charbonneuses et inflammables, et l'on sait que la plupart des mines de charbon de terre sont plus ou moins surmontées par des couches de terres argileuses. Je crois même pouvoir avancer que c'est dans ces terres qu'il faut chercher les veines de charbon desquelles la formation est un peu plus ancienne que celle des couches extérieures des terres argileuses qui les surmontent : ce qui le prouve, c'est que les veines de ces charbons de terre sont presque toujours inclinées, tandis que celles des argiles, ainsi que toutes les autres couches extérieures du globe, sont ordinairement horizontales. Ces dernières ont donc été formées par le sédiment des eaux qui s'est déposé de niveau sur une base horizontale, tandis que les autres, puisqu'elles sont inclinées, semblent avoir été amenées par un courant sur un terrain en pente. Ces veines de charbon, qui toutes sont composées de végétaux mêlés de plus ou moins de bitume, doivent leur origine aux premiers végétaux que la terre a formés : toutes les parties du globe qui se trouvaient élevées au-dessus des eaux produisirent dès les premiers temps une infinité de plantes et d'arbres de toute espèce, lesquels, bientôt tombant de vétusté, furent entraînés par les eaux et formèrent des dépôts de matières végétales en une infinité d'endroits ; et comme les bitumes et les autres huiles terrestres paraissent provenir des substances végétales et animales, qu'en même temps l'acide provient de la décomposition du sable vitrescible par le feu, l'air et l'eau, et qu'enfin il entre de l'acide dans la composition des bitumes, puisque avec une huile végétale et de l'acide on peut faire du bitume, il paraît que les eaux se sont dès lors mêlées avec ces bitumes et s'en sont imprégnées pour toujours ; et comme elles transportaient incessamment les arbres et les autres matières végétales descendues des hauteurs de la terre, ces matières végétales ont continué de se mêler avec les bitumes déjà formés des résidus des premiers végétaux, et la mer, par son mouvement et par ses courants, les a remuées, transportées et déposées sur les éminences d'argile qu'elle avait formées précédemment.

Les couches d'ardoises, qui contiennent aussi des végétaux et même des poissons, ont été formées de la même manière, et l'on peut en donner des exemples, qui sont pour ainsi dire sous nos yeux (a). Ainsi les ardoisières et les mines de charbon ont ensuite été recouvertes par d'autres couches de terres argileuses que la mer a déposées dans des temps postérieurs : il y a même eu des intervalles considérables et des alternatives de mouvement entre l'établissement des différentes couches de charbon dans le même terrain ; car on trouve souvent au-dessous de la première couche de charbon une veine d'argile ou d'autre terre qui suit la même inclinaison ; et ensuite on trouve assez communément une seconde couche de charbon inclinée comme la première, et souvent une troisième, également séparées l'une de l'autre par des veines de terre, et quelquefois même par des bancs de pierres calcaires, comme dans les mines de charbon du Hainaut. L'on ne peut donc pas douter que les couches les plus basses de charbon n'aient été produites les premières par le transport des matières végétales amenées par les eaux ; et lorsque le premier dépôt d'où la mer enlevait ces matières végétales se trouvait épuisé, le mouvement des eaux continuait de transporter au même lieu les terres ou les autres matières qui environnaient ce dépôt : ce sont ces terres qui forment aujourd'hui la veine intermédiaire

---

(a) Voyez le numéro 13 des notes justificatives des faits.

entre les deux couches de charbon, ce qui suppose que l'eau amenait ensuite de quelque autre dépôt des matières végétales pour former la seconde couche de charbon. J'entends ici par couches la veine entière de charbon, prise dans toute son épaisseur, et non pas les petites couches ou feuillets dont la substance même du charbon est composée, et qui souvent sont extrêmement minces : ce sont ces mêmes feuillets, toujours parallèles entre eux, qui démontrent que ces masses de charbon ont été formées et déposées par le sédiment et même par la stillation des eaux imprégnées de bitume; et cette même forme de feuillets se trouve dans les nouveaux charbons dont les couches se forment par stillation aux dépens des couches plus anciennes. Ainsi les feuillets du charbon de terre ont pris leur forme par des causes combinées : la première est le dépôt toujours horizontal de l'eau; et la seconde, la disposition des matières végétales, qui tendent à faire des feuillets (a). Au surplus, ce sont les morceaux de bois, souvent entiers, et les détriments très reconnaissables d'autres végétaux, qui prouvent évidemment que la substance de ces charbons de terre n'est qu'un assemblage de débris de végétaux liés ensemble par des bitumes.

La seule chose qui pourrait être difficile à concevoir, c'est l'immense quantité de débris de végétaux que la composition de ces mines de charbon suppose, car elles sont très épaisses, très étendues, et se trouvent en une infinité d'endroits : mais si l'on fait attention à la production peut-être encore plus immense de végétaux qui s'est faite pendant vingt ou vingt-cinq mille ans, et si l'on pense en même temps que l'homme n'étant pas encore créé, il n'y avait aucune destruction des végétaux par le feu, on sentira qu'ils ne pouvaient manquer d'être emportés par les eaux, et de former en mille endroits différents des couches très étendues de matière végétale; on peut se faire une idée en petit de ce qui est alors arrivé en grand : quelle énorme quantité de gros arbres certains fleuves, comme le Mississipi, n'entraînent-ils pas dans la mer! Le nombre de ces arbres est si prodigieux qu'il empêche dans certaines saisons la navigation de ce large fleuve; il en est de même sur la rivière des Amazones et sur la plupart des grands fleuves des continents déserts ou mal peuplés. On peut donc penser, par cette comparaison, que toutes les terres élevées au-dessus des eaux étant dans le commencement couvertes d'arbres et d'autres végétaux que rien ne détruisait que leur vétusté, il s'est fait dans cette longue période de temps des transports successifs de tous ces végétaux et de leurs détriments, entraînés par les eaux courantes du haut des montagnes jusqu'aux mers. Les mêmes contrées inhabitées de l'Amérique nous en fournissent un autre exemple frappant : on voit à la Guyane des forêts de pal-

---

(a) Voyez l'expérience de M. de Morveau, sur une concrétion blanche qui est devenue du charbon de terre noir et feuilleté.

miers *lataniers* de plusieurs lieues d'étendue, qui croissent dans des
espèces de marais qu'on appelle des *savanes noyées*, qui ne sont que des
appendices de la mer : ces arbres, après avoir vécu leur âge, tombent de
vétusté et sont emportés par le mouvement des eaux. Les forêts, plus
éloignées de la mer et qui couvrent toutes les hauteurs de l'intérieur du
pays, sont moins peuplées d'arbres sains et vigoureux que jonchées d'arbres
décrépits et à demi pourris : les voyageurs qui sont obligés de passer la
nuit dans ces bois ont soin d'examiner le lieu qu'ils choisissent pour gîte,
afin de reconnaître s'il n'est environné que d'arbres solides, et s'ils ne
courent pas risque d'être écrasés pendant leur sommeil par la chute de
quelque arbre pourri sur pied; et la chute de ces arbres en grand nombre
est très fréquente : un seul coup de vent fait souvent un abatis si considérable qu'on en entend le bruit à de grandes distances. Ces arbres roulant du haut des montagnes en renversent quantité d'autres, et ils arrivent
ensemble dans les lieux les plus bas, où ils achèvent de pourrir pour former
de nouvelles couches de terre végétale, ou bien ils sont entraînés par les
eaux courantes dans les mers voisines, pour aller former au loin de nouvelles couches de charbon fossile.

Les détriments des substances végétales sont donc le premier fond des
mines de charbon; ce sont des trésors que la nature semble avoir accumulés d'avance pour les besoins à venir des grandes populations : plus les
hommes se multiplieront, plus les forêts diminueront : le bois ne pouvant
plus suffire à leur consommation, ils auront recours à ces immenses dépôts
de matières combustibles, dont l'usage leur deviendra d'autant plus nécessaire que le globe se refroidira davantage; néanmoins ils ne les épuiseront
jamais, car une seule de ces mines de charbon contient peut-être plus de
matière combustible que toutes les forêts d'une vaste contrée.

L'ardoise, qu'on doit regarder comme une argile durcie, est formée par
couches qui contiennent de même du bitume et des végétaux, mais en bien
plus petite quantité; et en même temps elles renferment souvent des
coquilles, des crustacés et des poissons qu'on ne peut rapporter à aucune
espèce connue; ainsi l'origine des charbons et des ardoises date du même
temps : la seule différence qu'il y ait entre ces deux sortes de matières,
c'est que les végétaux composent la majeure partie de la substance des
charbons de terre, au lieu que le fond de la substance de l'ardoise est le
même que celui de l'argile, et que les végétaux ainsi que les poissons ne
paraissent s'y trouver qu'accidentellement et en assez petit nombre; mais
toutes deux contiennent du bitume, et sont formées par feuillets ou par
couches très minces toujours parallèles entre elles, ce qui démontre clairement qu'elles ont également été produites par les sédiments successifs d'une
eau tranquille, et dont les oscillations étaient parfaitement réglées, telles que
sont celles de nos marées ordinaires ou des courants constants des eaux.

Reprenant donc pour un instant tout ce que je viens d'exposer, la masse du globe terrestre, composée de verre en fusion, ne présentait d'abord que les boursouflures et les cavités irrégulières qui se forment à la superficie de toute matière liquéfiée par le feu, et dont le refroidissement resserre les parties : pendant ce temps, et dans le progrès du refroidissement, les éléments se sont séparés, les liquations et les sublimations de substances métalliques et minérales se sont faites, elles ont occupé les cavités des terres élevées et les fentes perpendiculaires des montagnes : car ces pointes avancées au-dessus de la surface du globe s'étant refroidies les premières, elles ont aussi présenté aux éléments extérieurs les premières fentes produites par le resserrement de la matière qui se refroidissait. Les métaux et les minéraux ont été poussés par la sublimation ou déposés par les eaux dans toutes ces fentes, et c'est par cette raison qu'on les trouve presque tous dans les hautes montagnes, et qu'on ne rencontre dans les terres plus basses que des mines de nouvelle formation : peu de temps après, les argiles se sont formées, les premiers coquillages et les premiers végétaux ont pris naissance; et, à mesure qu'ils ont péri, leurs dépouilles et leurs détriments ont fait les pierres calcaires, et ceux des végétaux ont produit les bitumes et les charbons; et en même temps les eaux, par leur mouvement et par leurs sédiments, ont composé l'organisation de la surface de la terre par couches horizontales; ensuite les courants de ces mêmes eaux lui ont donné sa forme extérieure par angles saillants et rentrants; et ce n'est pas trop étendre le temps nécessaire pour toutes ces grandes opérations et ces immenses constructions de la nature que de compter vingt mille ans depuis la naissance des premiers coquillages et des premiers végétaux : ils étaient déjà très multipliés, très nombreux à la date de quarante-cinq mille ans de formation de la terre; et comme les eaux, qui d'abord étaient si prodigieusement élevées, s'abaissèrent successivement et abandonnèrent les terres qu'elles surmontaient auparavant, ces terres présentèrent dès lors une surface toute jonchée de productions marines.

La durée du temps pendant lequel les eaux couvraient nos continents a été très longue; l'on n'en peut pas douter en considérant l'immense quantité de productions marines qui se trouvent jusqu'à d'assez grandes profondeurs et à de très grandes hauteurs dans toutes les parties de la terre (*). Et combien ne devons-nous pas encore ajouter de durée à ce temps déjà si long, pour que ces mêmes productions marines aient été brisées, réduites en poudre et transportées par le mouvement des eaux, et former ensuite les marbres, les pierres calcaires et les craies! Cette longue suite de siècles,

(*) Buffon suppose ici que la présence de fossiles au sommet des montagnes provient de ce que la mer s'est élevée jusqu'à la hauteur de ces sommets. La vérité est que les montagnes se sont lentement soulevées après que la mer a eu déposé, à la surface de son fond, les squelettes de ses habitants.

cette durée de vingt mille ans, me paraît encore trop courte pour la succession des effets que tous ces monuments nous démontrent.

Car il faut se représenter ici la marche de la nature, et même se rappeler l'idée de ses moyens. Les molécules organiques vivantes (*) ont existé dès que les éléments d'une chaleur douce ont pu s'incorporer avec les substances qui composent les corps organisés ; elles ont produit sur les parties élevées du globe une infinité de végétaux, et dans les eaux un nombre immense de coquillages, de crustacés et de poissons, qui se sont bientôt multipliés par la voie de la génération. Cette multiplication des végétaux et des coquillages, quelque rapide qu'on puisse la supposer, n'a pu se faire que dans un grand nombre de siècles, puisqu'elle a produit des volumes aussi prodigieux que le sont ceux de leur détriments : en effet, pour juger de ce qui s'est passé, il faut considérer ce qui se passe. Or, ne faut-il pas bien des années pour que des huîtres qui s'amoncèlent dans quelques endroits de la mer s'y multiplient en assez grande quantité pour former une espèce de rocher ? Et combien n'a-t-il pas fallu de siècles pour que toute la matière calcaire de la surface du globe ait été produite ? Et n'est-on pas forcé d'admettre non seulement des siècles, mais des siècles de siècles, pour que ces productions marines aient été non seulement réduites en poudre, mais transportées et déposées par les eaux, de manière à pouvoir former les craies, les marnes, les marbres et les pierres calcaires ? Et combien de siècles encore ne faut-il pas admettre pour que ces mêmes matières calcaires, nouvellement déposées par les eaux, se soient purgées de leur humidité superflue, puis séchées et durcies au point qu'elles le sont aujourd'hui et depuis si longtemps ?

Comme le globe terrestre n'est pas une sphère parfaite, qu'il est plus épais sous l'équateur que sous les pôles, et que l'action du soleil est aussi bien plus grande dans les climats méridionaux, il en résulte que les contrées polaires ont été refroidies plutôt que celles de l'équateur. Ces parties polaires de la terre ont donc reçu les premières les eaux et les matières volatiles qui sont tombées de l'atmosphère ; le reste de ces eaux a dû tomber ensuite sur les climats que nous appelons tempérés, et ceux de l'équateur auront été les derniers abreuvés. Il s'est passé bien des siècles avant que les parties de l'équateur aient été assez attiédies pour admettre les eaux : l'équilibre et même l'occupation des mers a donc été longtemps à se former et à s'établir ; et les premières inondations ont dû venir des deux pôles. Mais nous avons remarqué (a) que tous les continents terrestres

(a) Voyez Hist. nat., t. Iᵉʳ, *Théorie de la terre*, art. Géographie.

(*) Buffon développe amplement sa théorie des « molécules organiques vivantes » dans son mémoire sur la génération. Voyez ce mémoire, les notes que j'y ai ajoutées et mon Introduction.

finissent en pointe vers les régions australes : ainsi les eaux sont venues en plus grande quantité du pôle austral que du pôle boréal, d'où elles ne pouvaient que refluer et non pas arriver, du moins avec autant de force ; sans quoi les continents auraient pris une forme toute différente de celle qu'ils nous présentent : ils se seraient élargis vers les plages australes au lieu de se rétrécir. En effet, les contrées du pôle austral ont dû se refroidir plus vite que celles du pôle boréal, et par conséquent recevoir plus tôt les eaux de l'atmosphère, parce que le soleil fait un peu moins de séjour sur cet hémisphère austral que sur le boréal ; et cette cause me paraît suffisante pour avoir déterminé le premier mouvement des eaux et le perpétuer ensuite assez longtemps pour avoir aiguisé les pointes de tous les continents terrestres.

D'ailleurs, il est certain que les deux continents n'étaient pas encore séparés vers notre nord, et que même leur séparation ne s'est faite que longtemps après l'établissement de la nature vivante dans nos climats septentrionaux, puisque les éléphants ont en même temps existé en Sibérie et au Canada ; ce qui prouve invinciblement la continuité de l'Asie ou de l'Europe avec l'Amérique, tandis qu'au contraire il paraît également certain que l'Afrique était dès les premiers temps séparée de l'Amérique méridionale, puisqu'on n'a pas trouvé dans cette partie du nouveau monde un seul des animaux de l'ancien continent, ni aucune dépouille qui puisse indiquer qu'ils y aient autrefois existé. Il paraît que les éléphants dont on trouve les ossements dans l'Amérique septentrionale y sont demeurés confinés, qu'ils n'ont pu franchir les hautes montagnes qui sont au sud de l'isthme de Panama, et qu'ils n'ont jamais pénétré dans les vastes contrées de l'Amérique méridionale : mais il est encore plus certain que les mers qui séparent l'Afrique et l'Amérique existaient avant la naissance des éléphants en Afrique : car si ces deux continents eussent été contigus, les animaux de Guinée se trouveraient au Brésil, et l'on eût trouvé des dépouilles de ces animaux dans l'Amérique méridionale comme l'on en trouve dans les terres de l'Amérique septentrionale.

Ainsi dès l'origine et dans le commencement de la nature vivante, les terres les plus élevées du globe et les parties de notre Nord ont été les premières peuplées par les espèces d'animaux auxquels la grande chaleur convient le mieux : les régions de l'équateur sont demeurées longtemps désertes, et même arides et sans mers. Les terres élevées de la Sibérie, de la Tartarie et de plusieurs autres endroits de l'Asie, toutes celles de l'Europe qui forment la chaîne des montagnes de Galice, des Pyrénées, de l'Auvergne, des Alpes, des Apennins, de Sicile, de la Grèce et de la Macédoine, ainsi que les monts Riphées, Rymniques, etc., ont été les premières contrées habitées, même pendant plusieurs siècles, tandis que toutes les terres moins élevées étaient encore couvertes par les eaux.

Pendant ce long espace de durée que la mer a séjourné sur nos terres, les sédiments et les dépôts des eaux ont formé les couches horizontales de la terre, les inférieures d'argiles, et les supérieures de pierres calcaires. C'est dans la mer que s'est opérée la pétrification des marbres et des pierres : d'abord ces matières étaient molles, ayant été successivement déposées les unes sur les autres, à mesure que les eaux les amenaient et les laissaient tomber en forme de sédiments ; ensuite elles se sont peu à peu durcies par la force de l'affinité de leurs parties constituantes, et enfin elles ont formé toutes les masses de rochers calcaires, qui sont composées de couches horizontales ou également inclinées, comme le sont toutes les autres matières déposées par les eaux.

C'est dès les premiers temps de cette même période de durée que se sont déposées les argiles où se trouvent les débris des anciens coquillages ; et ces animaux à coquilles n'étaient pas les seuls alors existants dans la mer : car, indépendamment des coquilles, on trouve des débris de crustacés, des pointes d'oursins, des vertèbres d'étoiles, dans ces mêmes argiles. Et dans les ardoises, qui ne sont que des argiles durcies et mêlées d'un peu de bitume, on trouve, ainsi que dans les schistes, des impressions entières et très bien conservées de plantes, de crustacés et de poissons de différentes grandeurs ; enfin dans les minières de charbon de terre, la masse entière de charbon ne paraît composée que de débris de végétaux. Ce sont là les plus anciens monuments de la nature vivante, et les premières productions organisées tant de la mer que de la terre.

Les régions septentrionales et les parties les plus élevées du globe, et surtout les sommets des montagnes dont nous avons fait l'énumération, et qui pour la plupart ne présentent aujourd'hui que des faces sèches et des sommets stériles, ont donc autrefois été des terres fécondes et les premières où la nature se soit manifestée, parce que ces parties du globe ayant été bien plus tôt refroidies que les terres plus basses ou plus voisines de l'équateur, elles auront les premières reçu les eaux de l'atmosphère et toutes les autres matières qui pouvaient contribuer à la fécondation. Ainsi l'on peut présumer qu'avant l'établissement fixe des mers, toutes les parties de la terre qui se trouvaient supérieures aux eaux ont été fécondées, et qu'elles ont dû dès lors et dans ce temps produire les plantes dont nous retrouvons aujourd'hui les impressions dans les ardoises, et toutes les substances végétales qui composent les charbons de terre.

Dans ce même temps où nos terres étaient couvertes par la mer, et tandis que les bancs calcaires de collines se formaient des détriments de ses productions, plusieurs monuments nous indiquent qu'il se détachait du sommet des montagnes primitives et des autres parties découvertes du globe une grande quantité de substances vitrescibles, lesquelles sont venues par alluvion, c'est-à-dire par le transport des eaux, remplir les fentes et les autres intervalles que les masses calcaires laissaient entre elles. Ces fentes perpendiculaires ou légèrement inclinées dans les bancs calcaires se sont formées par le resserrement de ces matières calcaires, lorsqu'elles se sont séchées et durcies, de la même manière que s'étaient faites précédemment les premières fentes perpendiculaires dans les montagnes vitrescibles produites par le feu, lorsque ces matières se sont resserrées par leur consolidation. Les pluies, les vents et les autres agents extérieurs avaient déjà détaché de ces masses vitrescibles une grande quantité de petits fragments que les eaux transportaient en différents endroits. En cherchant des mines de fer dans des collines de pierres calcaires, j'ai trouvé plusieurs fentes et cavités remplies de mines de fer en grains, mêlées de sable vitrescible et de petits cailloux arrondis. Ces sacs ou nids de fer ne s'étendent pas horizontalement, mais descendent presque perpendiculairement, et ils sont tous situés sur la crête la plus élevée des collines calcaires (a). J'ai reconnu plus d'une centaine de ces sacs, et j'en ai trouvé huit principaux et très considérables dans la seule étendue de terrain qui avoisine mes forges, à une ou deux lieues de distance : toutes ces mines étaient en grains assez menus, et plus ou moins mélangés de sable vitrescible et de petits cailloux. J'ai fait exploiter cinq de ces mines pour l'usage de mes fourneaux : on a fouillé les unes à cinquante ou soixante pieds, et les autres jusqu'à cent soixante-quinze pieds de profondeur ; elles sont toutes également situées dans les fentes des rochers calcaires, et il n'y a dans cette contrée ni roc vitrescible, ni quartz, ni grès, ni cailloux, ni granits ; en sorte que ces mines de fer, qui sont en grains plus ou moins gros, et qui sont toutes plus ou moins mélangées de sable vitrescible et de petits cailloux, n'ont pu se former dans les matières calcaires, où elles sont renfermées de tous côtés comme entre des murailles ; et par conséquent elles y ont été amenées de loin par le mouvement des eaux qui les y auront déposées en même temps qu'elles déposaient ailleurs des glaises et d'autres sédiments : car ces sacs de mine de fer en grains sont tous surmontés ou latéralement accompagés d'une espèce de terre limoneuse rougeâtre, plus pétrissable, plus pure et plus fine que l'argile commune. Il paraît même que cette terre limoneuse, plus ou moins colorée de la teinture rouge que le fer donne à la terre, est l'ancienne matrice de ces mines de fer, et que c'est dans cette même terre que les grains métalliques ont dû se former avant leur transport. Ces mines, quoique situées dans des collines entièrement calcaires, ne contiennent aucun gravier de cette même nature ; il se trouve seulement, à mesure qu'on descend, quelques masses isolées de pierres calcaires autour desquelles tournent les veines de la mine, toujours

(a) Je puis encore citer ici les mines de fer en pierre qui se trouvent en Champagne, et qui sont *ensachées* entre les rochers calcaires, dans des directions et des inclinaisons différentes, perpendiculaires ou obliques. Voyez le *Recueil des Mémoires de Physique et d'Histoire naturelle*, par M. de Grignon, in-4°. Paris, 1775, p. 35 et suiv.

accompagnées de la terre rouge, qui souvent traverse les veines de la mine, ou bien est appliquée contre les parois des rochers calcaires qui la renferment. Et ce qui prouve d'une manière évidente que ces dépôts de mines se sont faits par le mouvement des eaux, c'est qu'après avoir vidé les fentes et cavités qui les contiennent, on voit, à ne pouvoir s'y tromper, que les parois de ces fentes ont été usées et même polies par l'eau, et que par conséquent elle les a remplies et baignées pendant un assez long temps avant d'y avoir déposé la mine de fer, les petits cailloux, le sable vitrescible et la terre limoneuse, dont ces fentes sont actuellement remplies ; et l'on ne peut pas se prêter à croire que les grains de fer se soient formés dans cette terre limoneuse depuis qu'elle a été déposée dans ces fentes de rochers : car une chose tout aussi évidente que la première s'oppose à cette idée, c'est que la quantité des mines de fer paraît surpasser de beaucoup celle de la terre limoneuse. Les grains de cette substance métallique ont à la vérité tous été formés dans cette même terre, qui n'a elle-même été produite que par le résidu des matières animales et végétales, dans lequel nous démontrerons la production du fer en grains ; mais cela s'est fait avant leur transport et leur dépôt dans les fentes des rochers. La terre limoneuse, les grains de fer, le sable vitrescible et les petits cailloux ont été transportés et déposés ensemble ; et si depuis il s'est formé dans cette même terre des grains de fer, ce ne peut être qu'en petite quantité. J'ai tiré de chacune de ces mines plusieurs milliers de tonneaux, et, sans avoir mesuré exactement la quantité de terre limoneuse qu'on a laissée dans ces mêmes cavités, j'ai vu qu'elle était bien moins considérable que la quantité de la mine de fer dans chacune.

Mais ce qui prouve encore que ces mines de fer en grains ont été toutes amenées par le mouvement des eaux, c'est que dans ce même canton, à trois lieues de distance, il y a une assez grande étendue de terrain formant une espèce de petite plaine, au-dessus des collines calcaires, et aussi élevée que celles dont je viens de parler, et qu'on trouve dans ce terrain une grande quantité de mine de fer en grains, qui est très différemment mélangée et autrement située : car au lieu d'occuper les fentes perpendiculaires et les cavités intérieures de rochers calcaires, au lieu de former un ou plusieurs sacs perpendiculaires, cette mine de fer est au contraire déposée *en nappe*, c'est-à-dire par couches horizontales, comme tous les autres sédiments des eaux ; au lieu de descendre profondément comme les premières, elle s'étend presque à la surface du terrain, sur une épaisseur de quelques pieds ; au lieu d'être mélangée de cailloux et de sable vitrescible, elle n'est au contraire mêlée partout que de graviers et de sables calcaires. Elle présente de plus un phénomène remarquable : c'est un nombre prodigieux de cornes d'Ammon et d'autres anciens coquillages, en sorte qu'il semble que la mine entière en soit composée, tandis que dans les huit autres mines dont j'ai parlé ci-dessus, il n'existe pas le moindre vestige de coquilles, ni même

aucun fragment, aucun indice du genre calcaire, quoiqu'elles soient enfer-
mées entre des masses de pierres entièrement calcaires. Cette autre mine,
qui contient un nombre si prodigieux de débris de coquilles marines, même
des plus anciennes, aura donc été transportée avec tous ces débris de
coquilles, par le mouvement des eaux, et déposée en forme de sédiment par
couches horizontales; et les grains de fer qu'elle contient et qui sont encore
bien plus petits que ceux des premières mines, mêlées de cailloux, auront
été amenés avec les coquilles mêmes. Ainsi le transport de toutes ces matières et le dépôt de toutes ces mines de fer en grains se sont faits par alluvion
à peu près dans le même temps, c'est-à-dire lorsque les mers couvraient
encore nos collines calcaires.

Et le sommet de toutes ces collines, ni les collines elles-mêmes, ne nous
représentent plus à beaucoup près le même aspect qu'elles avaient lorsque
les eaux les ont abandonnées. A peine leur forme primitive s'est-elle maintenue; leurs angles saillants et rentrants sont devenus plus obtus, leurs
pentes moins rapides, leurs sommets moins élevés et plus chenus, les pluies
en ont détaché et entraîné les terres; les collines se sont donc rabaissées
peu à peu, et les vallons se sont en même temps remplis de ces terres
entraînées par les eaux pluviales ou courantes. Qu'on se figure ce que
devait être autrefois la forme du terrain à Paris et aux environs : d'une
part, sur les collines de Vaugirard jusqu'à Sèvres, on voit des carrières de
pierres calcaires remplies de coquilles pétrifiées; de l'autre côté vers Montmartre, des collines de plâtre et de matières argileuses; et ces collines, à
peu près également élevées au-dessus de la Seine, ne sont aujourd'hui que
d'une hauteur très médiocre; mais au fond des puits que l'on a faits à Bi-
cêtre et à l'École Militaire, on a trouvé des bois travaillés de main d'homme
à soixante-quinze pieds de profondeur; ainsi l'on ne peut douter que cette
vallée de la Seine ne se soit remplie de plus de soixante-quinze pieds seulement depuis que les hommes existent; et qui sait de combien les collines
adjacentes ont diminué dans le même temps par l'effet des pluies, et quelle
était l'épaisseur de terre dont elles étaient autrefois revêtues? Il en est de
même de toutes les autres collines et de toutes les autres vallées : elles
étaient peut-être du double plus élevées, et du double plus profondes dans
le temps que les eaux de la mer les ont laissées à découvert. On est même
assuré que les montagnes s'abaissent encore tous les jours, et que les vallées
se remplissent à peu près dans la même proportion; seulement cette diminution de la hauteur des montagnes, qui ne se fait aujourd'hui que d'une
manière presque insensible, s'est faite beaucoup plus vite dans les premiers
temps en raison de la plus grande rapidité de leur pente, et il faudra maintenant plusieurs milliers d'années pour que les inégalités de la surface de
la terre se réduisent encore autant qu'elles l'ont fait en peu de siècles dans
les premiers âges.

Mais revenons à cette époque antérieure où les eaux, après être arrivées des régions polaires, ont gagné celles de l'équateur. C'est dans ces terres de la zone torride où se sont faits les plus grands bouleversements : pour en être convaincu, il ne faut que jeter les yeux sur un globe géographique, on reconnaîtra que presque tout l'espace compris entre les cercles de cette zone ne présente que les débris de continents bouleversés et d'une terre ruinée. L'immense quantité d'îles, de détroits, de hauts et de bas-fonds, de bras de mer et de terre entrecoupés, prouve les nombreux affaissements qui se sont faits dans cette vaste partie du monde. Les montagnes y sont plus élevées, les mers plus profondes que dans tout le reste de la terre; et c'est sans doute lorsque ces grands affaissements se sont faits dans les contrées de l'équateur, que les eaux qui couvraient nos continents se sont abaissées et retirées en coulant à grands flots vers ces terres du midi dont elles ont rempli les profondeurs, en laissant à découvert d'abord les parties les plus élevées des terres et ensuite toute la surface de nos continents.

Qu'on se représente l'immense quantité des matières de toute espèce qui ont alors été transportées par les eaux : combien de sédiments de différente nature n'ont-elles pas déposés les uns sur les autres, et combien par conséquent la première face de la terre n'a-t-elle pas changé par ces révolutions? D'une part, le flux et le reflux donnait aux eaux un mouvement constant d'orient en occident; d'autre part, les alluvions venant des pôles croisaient ce mouvement et déterminaient les efforts de la mer autant et peut-être plus vers l'équateur que vers l'occident. Combien d'irruptions particulières se sont faites alors de tous côtés? A mesure que quelque grand affaissement présentait une nouvelle profondeur, la mer s'abaissait et les eaux couraient pour la remplir; et quoiqu'il paraisse aujourd'hui que l'équilibre des mers soit à peu près établi, et que toute leur action se réduise à gagner quelque terrain vers l'occident et en laisser à découvert vers l'orient, il est néanmoins très certain qu'en général les mers baissent tous les jours de plus en plus, et qu'elles baisseront encore à mesure qu'il se fera quelque nouvel affaissement, soit par l'effet des volcans et des tremblements terre, soit par des causes plus constantes et plus simples : car toutes les parties caverneuses de l'intérieur du globe ne sont pas encore affaissées ; les volcans et les secousses des tremblements de terre en sont une preuve démonstrative. Les eaux mineront peu à peu peu les voûtes et les remparts de ces cavernes souterraines, et lorsqu'il s'en écroulera quelques-unes, la surface de la terre se déprimant dans ces endroits, formera de nouvelles vallées dont la mer viendra s'emparer. Néanmoins comme ces événements, qui dans les commencements devaient être très fréquents, sont actuellement assez rares, on peut croire que la terre est à peu près parvenue à un état assez tranquille pour que ses habitants n'aient plus à redouter les désastreux effets de ces grandes convulsions.

L'établissement de toutes les matières métalliques et minérales a suivi d'assez près l'établissement des eaux ; celui des matières argileuses et calcaires a précédé leur retraite ; la formation, la situation, la position de toutes ces dernières matières, datent du temps où la mer couvrait les continents. Mais nous devons observer que le mouvement général des mers ayant commencé de se faire alors comme il se fait encore aujourd'hui d'orient en occident, elles ont travaillé la surface de la terre dans ce sens d'orient en occident autant et peut-être plus qu'elles ne l'avaient fait précédemment dans le sens du midi au nord ; l'on n'en doutera pas si l'on fait attention à un fait très général et très vrai (a), c'est que dans tous les continents du monde, la pente des terres, à la prendre du sommet des montagnes, est toujours beaucoup plus rapide du côté de l'occident que du côté de l'orient ; cela est évident dans le continent entier de l'Amérique, où les sommets de la chaîne des Cordillères sont très voisins partout des mers de l'ouest et sont très éloignés de la mer de l'est. La chaîne qui sépare l'Afrique dans sa longueur, et qui s'étend depuis le cap de Bonne-Espérance jusqu'aux monts de la Lune, est aussi plus voisine des mers à l'ouest qu'à l'est. Il en est de même des montagnes qui s'étendent depuis le cap Comorin dans la presqu'île de l'Inde, elles sont bien plus près de la mer à l'orient qu'à l'occident ; et si nous considérons les presqu'îles, les promontoires, les îles et toutes les terres environnées de la mer, nous reconnaîtrons partout que les pentes sont courtes et rapides vers l'occident et qu'elles sont douces et longues vers l'orient ; les revers de toutes les montagnes sont de même plus escarpés à l'ouest qu'à l'est, parce que le mouvement général des mers s'est toujours fait d'orient en occident, et qu'à mesure que les eaux se sont abaissées, elles ont détruit les terres et dépouillé les revers des montagnes dans le sens de leur chute, comme l'on voit dans une cataracte les rochers dépouillés et les terres creusées par la chute continuelle de l'eau. Ainsi tous les continents terrestres ont été d'abord aiguisés en pointe vers le midi par les eaux qui sont venues du pôle austral plus abondamment que du pôle boréal ; et ensuite ils ont été tous escarpés en pente plus rapide à l'occident qu'à l'orient dans le temps subséquent où ces mêmes eaux ont obéi au seul mouvement général qui les porte constamment d'orient en occident.

(a) Voyez ci-après les notes justificatives des faits.

QUATRIÈME ÉPOQUE

LORSQUE LES EAUX SE SONT RETIRÉES ET QUE LES VOLCANS ONT COMMENCÉ D'AGIR.

On vient de voir que les éléments de l'air et de l'eau se sont établis par le refroidissement, et que les eaux, d'abord reléguées dans l'atmosphère par la force expansive de la chaleur, sont ensuite tombées sur les parties du globe qui étaient assez attiédies pour ne les pas rejeter en vapeurs; et ces parties sont les régions polaires et toutes les montagnes. Il y a donc eu, à l'époque de trente-cinq mille ans, une vaste mer aux environs de chaque pôle et quelques lacs ou grandes mares sur les montagnes et les terres élevées qui, se trouvant refroidies au même degré que celles des pôles, pouvaient également recevoir et conserver les eaux; ensuite à mesure que le globe se refroidissait, les mers des pôles, toujours alimentées et fournies par la chute des eaux de l'atmosphère, se répandaient plus loin; et les lacs ou grandes mares, également fournies par cette pluie continuelle d'autant plus abondante que l'attiédissement était plus grand, s'étendaient en tous sens et formaient des bassins et de petites mers intérieures dans les parties du globe auxquelles les grandes mers des deux pôles n'avaient point encore atteint : ensuite les eaux continuant à tomber toujours avec plus d'abondance jusqu'à l'entière dépuration de l'atmosphère, elles ont gagné successivement du terrain et sont arrivées aux contrées de l'équateur, et enfin elles ont couvert toute la surface du globe à deux mille toises de hauteur au-dessus du niveau de nos mers actuelles; la terre entière était alors sous l'empire de la mer; à l'exception peut-être du sommet des montagnes primitives qui n'ont été, pour ainsi dire, que lavées et baignées pendant le premier temps de la chute des eaux, lesquelles se sont écoulées de ces lieux élevés pour occuper les terrains inférieurs dès qu'ils se sont trouvés assez refroidis pour les admettre sans les rejeter en vapeurs.

Il s'est donc formé successivement une mer universelle qui n'était interrompue et surmontée que par les sommets des montagnes d'où les premières eaux s'étaient déjà retirées en s'écoulant dans les lieux plus bas. Ces terres élevées, ayant été travaillées les premières par le séjour et le mouvement des eaux, auront aussi été fécondées les premières; et tandis que toute la surface du globe n'était, pour ainsi dire, qu'un archipel général, la nature organisée s'établissait sur ces montagnes, elle s'y déployait même avec grande énergie; car la chaleur et l'humidité, ces deux principes de toute fécondation, s'y trouvaient réunis et combinés à un plus haut degré qu'ils ne le sont aujourd'hui dans aucun climat de la terre.

Or, dans ce même temps où les terres élevées au-dessus des eaux se couvraient de grands arbres et de végétaux de toute espèce, la mer générale se couvrait partout de poissons et de coquillages, elle était aussi le réceptacle universel de tout ce qui se détachait des terres qui la surmontaient. Les scories du verre primitif et les matières végétales ont été entraînées des éminences de la terre dans les profondeurs de la mer, sur le fond de laquelle elles ont formé les premières couches de sable vitrescible, d'argile, de schiste et d'ardoise, ainsi que les minières de charbon, de sel et de bitumes, qui dès lors ont imprégné toute la masse des mers. La quantité de végétaux produits et détruits dans ces premières terres est trop immense pour qu'on puisse se la représenter : car quand nous réduirions la superficie de toutes les terres élevées alors au-dessus des eaux à la centième ou même à la deux centième partie de la surface du globe, c'est-à-dire à cent trente mille lieues carrées, il est aisé de sentir combien ce vaste terrain de cent trente mille lieues superficielles a produit d'arbres et de plantes pendant quelques milliers d'années, combien leurs détriments se sont accumulés, et dans quelle énorme quantité ils ont été entraînés et déposés sous les eaux, où ils ont formé le fond du volume tout aussi grand des mines de charbon qui se trouvent en tant de lieux. Il en est de même des mines de sel, de celles de fer en grains, de pyrites, et de toutes les autres substances dans la composition desquelles il entre des acides, et dont la première formation n'a pu s'opérer qu'après la chute des eaux ; ces matières auront été entraînées et déposées dans les lieux bas et dans les fentes de la roche du globe, où trouvant déjà les substances minérales sublimées par la grande chaleur de la terre, elles auront formé le premier fond de l'aliment des volcans à venir : je dis à venir, car il n'existait aucun volcan en action avant l'établissement des eaux, et ils n'ont commencé d'agir ou plutôt ils n'ont pu prendre une action permanente qu'après leur abaissement : car l'on doit distinguer les volcans terrestres des volcans marins ; ceux-ci ne peuvent faire que des explosions, pour ainsi dire, momentanées, parce qu'à l'instant que leur feu s'allume par l'effervescence des matières pyriteuses et combustibles, il est immédiatement éteint par l'eau qui les couvre et se précipite à flots jusque dans leur foyer par toutes les routes que le feu s'ouvre pour en sortir. Les volcans de la terre ont au contraire une action durable et proportionnée à la quantité de matières qu'ils contiennent : ces matières ont besoin d'une certaine quantité d'eau pour entrer en effervescence, et ce n'est ensuite que par le choc d'un grand volume de feu contre un volume d'eau que peuvent se produire leurs violentes éruptions ; et de même qu'un volcan sous-marin ne peut agir que par instants, un volcan terrestre ne peut durer qu'autant qu'il est voisin des eaux. C'est par cette raison que tous les volcans actuellement agissants sont dans les îles ou près des côtes de la mer, et qu'on pourrait en compter cent fois plus d'éteints que d'agissants : car à mesure que les eaux, en se retirant, se sont trop éloignées du pied de ces volcans, leurs éruptions ont diminué par degrés et enfin ont entièrement cessé, et les légères effervescences que l'eau fluviale aura pu causer dans leur ancien foyer n'aura produit d'effet sensible que par des circonstances particulières et très rares.

Les observations confirment parfaitement ce que je dis de l'action des volcans : tous ceux qui sont maintenant en travail sont situés près des mers (*) ; tous ceux qui sont éteints, et dont le nombre est bien plus grand, sont placés dans le milieu des terres, ou tout au moins à quelque distance de la mer ; et quoique la plupart des volcans qui subsistent paraissent appartenir aux plus hautes montagnes, il en a existé beaucoup d'autres dans les éminences de médiocre hauteur. La date de l'âge des volcans n'est donc pas partout la même : d'abord il est sûr que les premiers, c'est-à-dire les plus anciens, n'ont pu acquérir une action permanente qu'après l'abaissement des eaux qui couvraient leur sommet ; et ensuite, il paraît qu'ils ont cessé d'agir dès que ces mêmes eaux se sont trop éloignées de leur voisinage : car, je le répète, nulle puissance, à l'exception de celle d'une grande masse d'eau choquée contre un grand volume de feu, ne peut produire des mouvements aussi prodigieux que ceux de l'éruption des volcans (**).

(*) D'après John Herschel, « sur 225 volcans que l'on sait avoir été en éruption dans le cours des cent cinquante dernières années, on n'en cite qu'un seul, le mont Demawend, en Perse, qui soit à 512 kilomètres de la mer, et encore est-il situé sur les bords de la Caspienne, qui est la plus considérable de toutes les mers intérieures. » M. Lyell ajoute à cette observation : « Le Jorullo, au Mexique, qui fit éruption en 1759, n'est pas à moins de 192 kilomètres de l'océan le plus voisin ; mais, ainsi que le fait observer Daubeny, il fait partie d'une suite de volcans dont l'extrémité touche presque à la mer. Le volcan situé dans la Tartarie centrale et qui, dit-on, se montra en activité au vii° siècle, se trouve à 260 milles géographiques de l'océan, mais non loin d'un grand lac. »

(**) Buffon attribue, on le voit, les volcans au choc d'une grande masse d'eau avec une masse également considérable de matières en fusion. Cette manière de voir a été confirmée par les recherches de la science moderne. Voici ce que dit sur ce sujet M. Lyell : « On peut supposer qu'il existe à une profondeur de plusieurs kilomètres au-dessous de la surface de la terre de vastes cavités souterraines dans lesquelles s'accumule de la lave fondue, et que lorsque de l'eau, mêlée à de l'air dans les proportions ordinaires, vient à pénétrer dans ces cavités, il s'y produit de la vapeur qui exerce une certaine pression sur la lave et la force à monter dans le conduit d'un volcan de la même manière qu'une colonne d'eau est poussée de bas en haut dans le tube d'un geyser. Dans d'autres cas, on peut supposer une colonne continue de lave liquide mêlée avec de l'eau à la température de la chaleur rouge ou de la chaleur blanche (car l'eau, suivant le professeur Bunsen, peut se trouver en cet état lorsqu'elle est soumise à une certaine pression), et qui serait douée d'une température croissant de haut en bas d'une façon régulière. Que l'équilibre vienne à être rompu dans la masse, il se produit près de la surface, par suite de l'expansion et de la conversion en gaz de l'eau emprisonnée dans le sein des diverses substances qui constituent la lave, une éruption dont le résultat sera de diminuer la pression supportée par la colonne liquide ; une plus grande quantité de vapeur d'eau venant alors à se dégager, elle entraîne avec elle des jets de roche fondue qui, lancés dans l'air, retomberont en pluies de scories ou de cendres sur la contrée environnante. Enfin, l'arrivée de la lave et de l'eau, de plus en plus chauffées à l'orifice du

Il est vrai que nous ne voyons pas d'assez près la composition intérieure de ces terribles bouches à feu, pour pouvoir prononcer sur leurs effets en parfaite connaissance de cause ; nous savons que souvent il y a des communications souterraines de volcan à volcan ; nous savons seulement aussi que, quoique le foyer de leur embrasement ne soit peut-être pas à une grande distance de leur sommet, il y a néanmoins des cavités qui descendent beaucoup plus bas, et que ces cavités, dont la profondeur et l'étendue nous sont inconnues, peuvent être en tout ou en partie remplies des mêmes matières que celles qui sont actuellement embrasées.

D'autre part, l'électricité me paraît jouer un très grand rôle dans les tremblements de terre et dans les éruptions des volcans. Je me suis convaincu par des raisons très solides, et par la comparaison que j'ai faite des expériences sur l'électricité, que *le fond de la matière électrique est la chaleur propre du globe terrestre* (*) ; les émanations continuelles de cette chaleur, quoique sensibles, ne sont pas visibles, et restent sous la forme de chaleur obscure, tant qu'elles ont leur mouvement libre et direct ; mais elles produisent un feu très vif et de fortes explosions, dès qu'elles sont détournées de leur direction, ou bien accumulées par le frottement des corps. Les cavités intérieures de la terre contenant du feu, de l'air et de l'eau, l'action de ce premier élément doit y produire des vents impétueux, des orages

conduit ou du cratère du volcan, peut donner à la force d'expansion une puissance suffisante pour expulser un courant de lave massive. L'éruption terminée, survient une période de repos pendant laquelle de nouvelles provisions de calorique montent du foyer intérieur et fondent peu à peu des masses nouvelles de roche, en même temps que l'eau de la mer ou celle de l'atmosphère descend de la surface dans les cavités inférieures ; jusqu'à ce qu'enfin toutes les conditions requises pour une nouvelle explosion se trouvant parfaites, une autre série de phénomènes se reproduise dans un ordre tout à fait semblable. »

Le fait de la pénétration de l'eau dans les cavernes souterraines d'où s'échappent par les volcans les laves fondues a été démontré d'un grand nombre de façons. Fouqué a constaté que les vapeurs rejetées par l'Etna ont leur composition chimique identique à celle qui leur convient, quand on attribue leur formation à la décomposition de l'eau de la mer et de ses gaz. On a trouvé dans le tuf qui recouvre Pompéi et qui est formé de lave rejetée par le Vésuve, une quantité considérable de tests siliceux de diatomées et de protozoaires qui ne peuvent provenir que de l'eau ayant pénétré dans le volcan et ayant ensuite été rejetée par lui.

(*) Berzélius a émis la proposition inverse ; il a attribué la chaleur à l'union des deux électricités de nom contraire. Mais, à l'heure actuelle, l'hypothèse des deux électricités est à peu près généralement abandonnée et la manière de voir de Berzélius n'est plus admissible. Ce qui reste vrai, c'est que la chaleur peut produire l'électricité, de même que l'électricité peut produire de la chaleur, ou, pour mieux dire, l'électricité peut se transformer en chaleur et la chaleur peut se transformer en électricité, toutes les deux n'étant, comme la lumière, que des formes particulières du mouvement moléculaire de la matière.

Quoi qu'il en soit, l'électricité joue, sans nul doute, un rôle de la plus haute importance dans les phénomènes volcaniques comme dans tous les autres phénomènes chimiques. Des courants magnétiques d'une grande intensité sont produits dans le globe terrestre par les changements périodiques que l'on observe dans les taches solaires, et certains géologues pensent que ces courants pourraient bien être pour notre planète la cause d'une production de chaleur capable de compenser les pertes qu'elle subit par le rayonnement.

bruyants et des tonnerres souterrains dont les effets peuvent être comparés à ceux de la foudre des airs : ces effets doivent même être plus violents et plus durables, par la forte résistance que la solidité de la terre oppose de tous côtés à la force électrique de ces tonnerres souterrains. Le ressort d'un air mêlé de vapeurs denses et enflammées par l'électricité, l'effort de l'eau, réduite en vapeurs élastiques par le feu, toutes les autres impulsions de cette puissance électrique, soulèvent, entr'ouvrent la surface de la terre, ou du moins l'agitent par des tremblements, dont les secousses ne durent pas plus longtemps que le coup de la foudre intérieure qui les produit ; et ces secousses se renouvellent jusqu'à ce que les vapeurs expansives se soient fait une issue par quelque ouverture à la surface de la terre ou dans le sein des mers. Aussi les éruptions des volcans et les tremblements de terre sont précédés et accompagnés d'un bruit sourd et roulant, qui ne diffère de celui du tonnerre que par le ton sépulcral et profond que le son prend nécessairement en traversant une grande épaisseur de matière solide, lorsqu'il s'y trouve renfermé.

Cette électricité souterraine, combinée comme cause générale avec les causes particulières des feux allumés par l'effervescence des matières pyriteuses et combustibles que la terre recèle en tant d'endroits, suffit à l'explication des principaux phénomènes de l'action des volcans : par exemple, leur foyer paraît être assez voisin de leur sommet, mais l'orage est au-dessous. Un volcan n'est qu'un vaste fourneau, dont les soufflets, ou plutôt les ventilateurs, sont placés dans les cavités inférieures, à côté et au-dessous du foyer : ce sont ces mêmes cavités, lorsqu'elles s'étendent jusqu'à la mer, qui servent de tuyaux d'aspiration pour porter en haut, non seulement les vapeurs, mais les masses même de l'eau et de l'air (*) ; c'est dans ce transport que se produit la foudre souterraine, qui s'annonce par des mugissements, et n'éclate que par l'affreux vomissement des matières qu'elle a frappées, brûlées et calcinées : des tourbillons épais d'une noire fumée ou d'une flamme lugubre ; des nuages massifs de cendres et de pierres ; des torrents bouillants de lave en fusion, roulant au loin leurs flots brûlants et destructeurs, manifestent au dehors le mouvement convulsif des entrailles de la terre.

Ces tempêtes intestines sont d'autant plus violentes qu'elles sont plus voisines des montagnes à volcan et des eaux de la mer, dont le sel et les huiles grasses augmentent encore l'activité du feu ; les terres situées entre

---

(*) D'après M. Fouqué, dans l'éruption de l'Etna qui eut lieu en 1865, les gaz exhalés par le volcan étaient identiques, par leur composition chimique, à ceux qui auraient pris naissance si des masses énormes d'eau de mer « ayant pénétré dans les réservoirs de lave souterraine, s'y étaient décomposés et en avaient ensuite été expulsés avec la lave. Bien plus, il a calculé que la quantité de vapeur d'eau était parfaitement proportionnelle avec celle des autres gaz, et que les nombreuses bouches ouvertes à la surface de l'Etna avaient émis journellement non moins de 22,000 mètres cubes de vapeur aqueuse. » (Lyell.)

le volcan et la mer ne peuvent manquer d'éprouver des secousses fréquentes : mais pourquoi n'y a-t-il aucun endroit du monde où l'on n'ait ressenti, même de mémoire d'homme, quelques tremblements, quelque trépidation, causés par ces mouvements intérieurs de la terre? Ils sont à la vérité moins violents et bien plus rares dans le milieu des continents éloignés des volcans et des mers; mais ne sont-ils pas des effets dépendant des mêmes causes? Pourquoi donc se font-ils ressentir où ces causes n'existent pas, c'est-à-dire dans les lieux où il n'y a ni mers ni volcans? La réponse est aisée, c'est qu'il y a eu des mers partout et des volcans presque partout; et que, quoique leurs éruptions aient cessé lorsque les mers s'en sont éloignées, leur feu subsiste et nous est démontré par les sources des huiles terrestres, par les fontaines chaudes et sulfureuses, qui se trouvent fréquemment au pied des montagnes, jusque dans le milieu des plus grands continents : ces feux des anciens volcans, devenus plus tranquilles depuis la retraite des eaux, suffisent néanmoins pour exciter de temps en temps des mouvements intérieurs et produire de légères secousses, dont les oscillations sont dirigées dans le sens des cavités de la terre, et peut-être dans la direction des eaux ou des veines des métaux, comme conducteurs de cette électricité souterraine.

On pourra me demander encore, pourquoi tous les volcans sont situés dans les montagnes? pourquoi paraissent-ils être d'autant plus ardents que les montagnes sont plus hautes? quelle est la cause qui a pu disposer ces énormes cheminées dans l'intérieur des murs les plus solides et les plus élevés du globe? Si l'on a bien compris ce que j'ai dit au sujet des inégalités produites par le premier refroidissement, lorsque les matières en fusion se sont consolidées, on sentira que les chaînes des hautes montagnes nous représentent les plus grandes boursouflures qui se sont faites à la surface du globe dans le temps qu'il a pris sa consistance (*): la plupart des monta-

(*) Ainsi que je l'ai fait déjà observer à plusieurs reprises, Buffon commet une erreur en considérant les montagnes comme « les plus grandes boursouflures qui se sont faites à la surface du globe dans le temps qu'il a pris sa consistance ». Les principales chaînes de montagnes ont toutes un âge différent : aucune des chaînes actuelles ne date d'une époque aussi reculée que celle de la solidification de la planète. « Les chaînes de montagnes actuellement existantes, dit Lyell, appartiennent à des âges différents, et il en est peu qui doivent l'ensemble de leur présente conformation aux mouvements qui se sont manifestés dans une seule et même époque. Les forces agissant de haut en bas ou de bas en haut qui leur ont donné naissance et qui ont déterminé, dans le cours des siècles, la position variable des continents et des bassins océaniques, ont évidemment transporté leurs points principaux de développement d'une région à une autre, comme les volcans et les tremblements de terre, et sont toutes, dans le fait, le résultat des mêmes opérations intérieures auxquelles donnent lieu la chaleur, l'électricité, le magnétisme et l'affinité chimique. »

Quant à la situation des volcans dans les régions montagneuses, elle s'explique suffisamment si l'on admet que les montagnes sont des soulèvements produits par l'expansion des vapeurs contenues dans les cavités souterraines, pleines de matières en fusion, qui servent comme de chaudières aux laves. D'après la dilatation des principales roches, on a calculé qu'une masse de grès de 1,600 mètres d'épaisseur, dont la température serait élevée de

gnes sont donc situées sur des cavités, auxquelles aboutissent les fentes perpendiculaires qui les tranchent du haut en bas: ces cavernes et ces fentes contiennent des matières qui s'enflamment par la seule effervescence, ou qui sont allumées par les étincelles électriques de la chaleur intérieure du globe. Dès que le feu commence à se faire sentir, l'air attiré par la raréfaction en augmente la force et produit bientôt un grand incendie, dont l'effet est de produire à son tour les mouvements et les orages intestins, les tonnerres souterrains et toutes les impulsions, les bruits et les secousses qui précèdent et accompagnent l'éruption des volcans. On doit donc cesser d'être étonné que les volcans soient tous situés dans les hautes montagnes, puisque ce sont les seuls anciens endroits de la terre où les cavités intérieures se soient maintenues, les seuls où ces cavités communiquent de bas en haut, par des fentes qui ne sont pas encore comblées, et enfin les seuls où l'espace vide était assez vaste pour contenir la très grande quantité de matières qui servent d'aliment au feu des volcans permanents et encore subsistants. Au reste, ils s'éteindront comme les autres dans la suite des siècles; leurs éruptions cesseront; oserai-je même dire que les hommes pourraient y contribuer? En coûterait-il autant pour couper la communication d'un volcan avec la mer voisine, qu'il en a coûté pour construire les pyramides d'Égypte? Ces monuments inutiles d'une gloire fausse et vaine nous apprennent au moins qu'en employant les mêmes forces pour les monuments de sagesse, nous pourrions faire de très grandes choses, et peut-être maîtriser la nature, au point de faire cesser, ou du moins de diriger les ravages du feu comme nous savons déjà par notre art diriger et rompre les efforts de l'eau.

Jusqu'au temps de l'action des volcans, il n'existait sur le globe que trois sortes de matières : 1° les vitrescibles, produites par le feu primitif (*); 2° les calcaires, formées par l'intermède de l'eau; 3° toutes les substances produites par le détriment des animaux et des végétaux; mais le feu des volcans a donné naissance à des matières d'une quatrième sorte qui souvent participent de la nature des trois autres. La première classe renferme non seulement les matières premières solides et vitrescibles dont la nature n'a

93° 33 centigrades, soulèverait un lit sus-jacent de roches à une hauteur de 3 mètres. D'après ces données, si l'on suppose qu'une portion déterminée de la croûte terrestre d'une épaisseur de 8 kil. soit portée de 315° 55 à 426° 66 centigrades, il en résulterait un soulèvement de 300 à 450 mètres. Un abaissement égal de la température amènerait, bien entendu, un affaissement égal. Or cette élévation ou cet abaissement de la température peuvent parfaitement être expliqués par les seules actions chimiques et électriques qui se produisent sans cesse dans le sol. (Voyez mon Introduction.)

(*) Ainsi que je l'ai déjà fait remarquer dans d'autres notes, il n'existe plus, à notre époque, de roches qu'on puisse attribuer « au feu primitif ». Toutes les roches cristallines actuelles se sont formées par transformation des matériaux situés à la surface du globe ou par transformation de matières situées dans la profondeur de la croûte terrestre, sous l'influence des foyers de calorique contenus dans cette croûte.

point été altérée, et qui forment le fond du globe, ainsi que le noyau de toutes les montagnes primordiales, mais encore les sables, les schistes, les ardoises, les argiles et toutes les matières vitrescibles décomposées et transportées par les eaux. La seconde classe contient toutes les matières calcaires, c'est-à-dire toutes les substances produites par les coquillages et autres animaux de la mer ; elles s'étendent sur des provinces entières et couvrent même d'assez vastes contrées ; elles se trouvent aussi à des profondeurs assez considérables, et elles environnent les bases des montagnes les plus élevées jusqu'à une très grande hauteur. La troisième classe comprend toutes les substances qui doivent leur origine aux matières animales et végétales, et ces substances sont en très grand nombre ; leur quantité paraît immense, car elles recouvrent toute la superficie de la terre. Enfin la quatrième classe est celle des matières soulevées et rejetées par les volcans, dont quelques-unes paraissent être un mélange des premières, et d'autres, pures de tout mélange, ont subi une seconde action du feu qui leur a donné un nouveau caractère (*). Nous rapportons à ces quatre classes toutes les substances minérales, parce qu'en les examinant, on peut toujours reconnaître à laquelle de ces classes elles appartiennent, et par conséquent prononcer sur leur origine : ce qui suffit pour nous indiquer à peu près le temps de leur formation ; car, comme nous venons de l'exposer, il paraît clairement que toutes les matières vitrescibles solides, et qui n'ont pas changé de nature, ni de situation, ont été produites par le feu primitif, et que leur formation appartient au temps de notre seconde époque, tandis que la formation des matières calcaires, ainsi que celle des argiles, des charbons, etc., n'a eu lieu que dans des temps subséquents et doit être rapportée à notre troisième époque. Et comme dans les matières rejetées par les volcans, on trouve quelquefois des substances calcaires et souvent des soufres et des bitumes, on ne peut guère douter que la formation de ces substances rejetées par les volcans ne soit encore postérieure à la formation de toutes ces matières et n'appartienne à notre quatrième époque.

Quoique la quantité des matières rejetées par les volcans soit très petite en comparaison de la quantité des matières calcaires, elles ne laissent pas d'occuper d'assez grands espaces sur la surface des terres situées aux environs de ces montagnes ardentes et de celles dont les feux sont éteints et assoupis.

(*) Cette quatrième classe contient, par conséquent, toutes les roches que l'on désigne actuellement sous le nom de *métamorphiques*. Buffon est le premier qui en ait fait mention. On désigne ainsi toutes les roches qui ont subi, après leur dépôt, l'action de la chaleur ; ces roches appartiennent à des époques différentes et à des espèces minérales très diverses, aucune sorte de roches n'ayant échappé aux actions métamorphiques. « Leur transformation, dit Lyell, peut être attribuée à l'influence de la chaleur souterraine s'exerçant sous une forte pression, à laquelle est venue s'ajouter celle de l'eau ou de la vapeur chaude, et de plusieurs autres gaz qui, pénétrant les roches poreuses, ont donné lieu à diverses décompositions et à de nouvelles combinaisons chimiques. »

Par leurs éruptions réitérées, elles ont comblé les vallées, couvert les plaines et même produit d'autres montagnes. Ensuite, lorsque les éruptions ont cessé, la plupart des volcans ont continué de brûler, mais d'un feu paisible et qui ne produit aucune explosion violente, parce qu'étant éloignés des mers, il n'y a plus de choc de l'eau contre le feu ; les matières en effervescence et les substances combustibles anciennement enflammées continuent de brûler, et c'est ce qui fait aujourd'hui la chaleur de toutes nos eaux thermales ; elles passent sur les foyers de ce feu souterrain et sortent très chaudes du sein de la terre : il y a aussi quelques exemples de mines de charbon qui brûlent de temps immémorial, et qui se sont allumées par la foudre souterraine ou par le feu tranquille d'un volcan dont les éruptions ont cessé ; ces eaux thermales et ces mines allumées se trouvent souvent comme les volcans éteints dans les terres éloignées de la mer.

La surface de la terre nous présente en mille endroits les vestiges et les preuves de l'existence de ces volcans éteints : dans la France seule, nous connaissons les vieux volcans de l'Auvergne, du Velay, du Vivarais, de la Provence et du Languedoc. En Italie, presque toute la terre est formée de débris de matières volcanisées, et il en est de même de plusieurs autres contrées. Mais pour réunir les objets sous un point de vue général, et concevoir nettement l'ordre des bouleversements que les volcans ont produits à la surface du globe, il faut reprendre notre troisième époque à cette date où la mer était universelle et couvrait toute la surface du globe à l'exception des lieux élevés sur lesquels s'était fait le premier mélange des scories vitrées de la masse terrestre avec les eaux : c'est à cette même date que les végétaux ont pris naissance et qu'ils se sont multipliés sur les terres que la mer venait d'abandonner ; les volcans n'existaient pas encore, car les matières qui servent d'aliment à leur feu, c'est-à-dire les bitumes, les charbons de terre, les pyrites et même les acides, ne pouvaient s'être formés précédemment, puisque leur composition suppose l'intermède de l'eau et la destruction des végétaux.

Ainsi les premiers volcans ont existé dans les terres élevées du milieu des continents, et à mesure que les mers en s'abaissant se sont éloignées de leur pied, leurs feux se sont assoupis et ont cessé de produire ces éruptions violentes qui ne peuvent s'opérer que par le conflit d'une grande masse d'eau contre un grand volume de feu. Or, il a fallu vingt mille ans pour cet abaissement successif des mers et pour la formation de toutes nos collines calcaires ; et comme les amas des matières combustibles et minérales qui servent d'aliment aux volcans n'ont pu se déposer que successivement, et qu'il a dû s'écouler beaucoup de temps avant qu'elles se soient mises en action, ce n'est guère que sur la fin de cette période, c'est-à-dire à cinquante mille ans de la formation du globe, que les volcans ont commencé à ravager la terre ; comme les environs de tous les lieux découverts étaient encore baignés des eaux, il y a eu des volcans presque partout, et il s'est fait de fréquentes et prodigieuses éruptions qui n'ont cessé qu'après la retraite des mers; mais cette retraite ne pouvant se faire que par l'affaissement des boursouflures du globe, il est souvent arrivé que l'eau venant à flots remplir la profondeur de ces terres affaissées, elle a mis en action les volcans sous-marins qui, par leur explosion, ont soulevé une partie de ces terres nouvellement affaissées, et les ont quelquefois poussées au-dessus du niveau de la mer, où elles ont formé des îles nouvelles, comme nous l'avons vu dans la petite île formée auprès de celle de Santorin; néanmoins ces effets sont rares, et l'action des volcans sous-marins n'est ni permanente ni assez puissante pour élever un grand espace de terre au-dessus de la surface des mers : les volcans terrestres, par la continuité de leurs éruptions, ont au contraire couvert de leurs déblais tous les terrains que les environnaient; ils ont, par le dépôt successif de leurs laves, formé de nouvelles couches; ces laves, devenues fécondes avec le temps, sont une preuve invincible que la surface primitive de la terre, d'abord en fusion, puis consolidée, a pu de même devenir féconde; enfin les volcans ont aussi produit ces *mornes* ou tertres qui se voient dans toutes les montagnes à volcan, et ils ont élevé ces remparts de *basalte* qui servent de côtes aux mers dont ils sont voisins. Ainsi après que l'eau, par des mouvements uniformes et constants, eut achevé la construction horizontale des couches de la terre, le feu des volcans, par des explosions subites, a bouleversé, tranché et couvert plusieurs de ces couches; et l'on ne doit pas être étonné de voir sortir du sein des volcans des matières de toute espèce, des cendres, des pierres calcinées, des terres brûlées, ni de trouver ces matières mélangées des substances calcaires et vitrescibles dont ces mêmes couches sont composées.

Les tremblements de terre ont dû se faire sentir longtemps avant l'éruption des volcans : dès les premiers moments de l'affaissement des cavernes, il s'est fait de violentes secousses qui ont produit des effets tout aussi violents et bien plus étendus que ceux des volcans. Pour s'en former l'idée, supposons qu'une caverne soutenant un terrain de cent lieues carrées, ce qui ne ferait qu'une des petites boursouflures du globe, se soit tout à coup écroulée, cet écroulement n'aura-t-il pas été nécessairement suivi d'une commotion qui se sera communiquée et fait sentir très loin par un tremblement plus ou moins violent? Quoique cent lieues carrées ne fassent que la deux cent soixante millième partie de la surface de la terre, la chute de cette masse n'a pu manquer d'ébranler toutes les terres adjacentes et de faire peut-être écrouler en même temps les cavernes voisines : il ne s'est donc fait aucun affaissement un peu considérable qui n'ait été accompagné de violentes secousses de tremblement de terre, dont le mouvement s'est communiqué par la force du ressort dont toute matière est douée, et qui a dû se propager quelquefois très loin par les routes que peuvent offrir les vides de la terre, dans lesquels les vents souterrains, excités par ces commotions, auront peut-être allumé les feux des volcans ; en sorte que d'une seule cause, c'est-à-dire de l'affaissement d'une caverne, il a pu résulter plusieurs effets, tous grands, et la plupart terribles : d'abord, l'abaissement de la mer, forcée de courir à grands flots pour remplir cette nouvelle profondeur et laisser par conséquent à découvert de nouveaux terrains ; 2° l'ébranlement des terres voisines par la commotion de la chute des matières solides qui formaient les voûtes de la caverne ; et cet ébranlement fait pencher les montagnes, les fend vers leur sommet, et en détache des masses qui roulent jusqu'à leur base ; 3° le même mouvement, produit par la commotion et propagé par les vents et les feux souterrains, soulève au loin la terre et les eaux, élève des tertres et des mornes, forme des gouffres et des crevasses, change le cours des rivières, tarit les anciennes sources, en produit de nouvelles, et ravage, en moins de temps que je ne puis le dire, tout ce qui se trouve dans sa direction. Nous devons donc cesser d'être surpris de voir en tant de lieux l'uniformité de l'ouvrage horizontal des eaux détruite et tranchée par des fentes inclinées, des éboulements irréguliers, et souvent cachée par des déblais informes, accumulés sans ordre, non plus que de trouver de si grandes contrées toutes recouvertes de matières rejetées par les volcans : ce désordre, causé par les tremblements de terre, ne fait néanmoins que masquer la nature aux yeux de ceux qui ne la voient qu'en petit, et qui d'un effet accidentel et particulier font une cause générale et constante. C'est l'eau seule qui, comme cause générale et subséquente à celle du feu primitif, a achevé de construire et de figurer la surface actuelle de la terre (*); et ce qui manque à l'uniformité de cette construction universelle n'est que l'effet particulier de la cause accidentelle des tremblements de terre et de l'action des volcans.

(*) Buffon admet, dans l'histoire des transformations de la surface de la terre, deux périodes distinctes : l'une, pendant laquelle la chaleur seule agit ; l'autre, postérieure, pendant laquelle l'action de l'eau remplace celle de la chaleur. Si l'on admet, comme tout tend à le faire supposer, que la terre a d'abord été en fusion, il est bien évident que l'action de l'eau n'a pu se produire qu'après la solidification de la surface de la planète, et que les causes ignées de transformation de la surface ont agi avant les causes aqueuses ; mais Buffon suppose toujours que la mer a d'abord recouvert simultanément tous les points de la surface du globe ; or, on peut faire à cette manière de voir bien des objections. On pense généralement aujourd'hui qu'au contraire la mer n'a occupé d'abord que des parties limitées du globe, d'autres parties restant émergées, puis que ces dernières s'étant affaissées, tandis que les premières se soulevaient, la mer a changé de place. Or ces affaissements et ces soulèvements étant le fait de la dilatation ou de la contraction des roches souterraines, l'eau et la chaleur agissaient simultanément pour modifier l'aspect de la surface de notre globe. Il est facile de constater la simultanéité de ces deux actions pendant toute la période archaïque qui est la plus ancienne que nous puissions étudier. Certaines portions de notre Europe ont été, pendant cette phase de l'évolution de notre globe, plusieurs fois couvertes par les eaux et découvertes, et des éruptions considérables ont métamorphisé les roches déposées par les eaux. Pendant le même temps la pluie, les fleuves, les torrents, etc., agissaient de leur côté pour modifier l'aspect des portions immergées de la surface du globe terrestre.

Or, dans cette construction de la surface de la terre par le mouvement et le sédiment des eaux, il faut distinguer deux périodes de temps : la première a commencé après l'établissement de la mer universelle, c'est-à-dire après la dépuration parfaite de l'atmosphère, par la chute des eaux et de toutes les matières volatiles que l'ardeur du globe y tenait reléguées : cette période a duré autant qu'il était nécessaire pour multiplier les coquillages, au point de remplir de leurs dépouilles toutes nos collines calcaires ; autant qu'il était nécessaire pour multiplier les végétaux et pour former de leurs débris toutes nos mines de charbon ; enfin autant qu'il était nécessaire pour convertir les scories du verre primitif en argiles, et former les acides, les sels, les pyrites, etc. Tous ces premiers et grands effets ont été produits ensemble dans les temps qui se sont écoulés depuis l'établissement des eaux jusqu'à leur abaissement. Ensuite a commencé la seconde période. Cette retraite des eaux ne s'est pas faite tout à coup, mais par une longue succession de temps, dans laquelle il faut encore saisir des points différents. Les montagnes composées de pierres calcaires ont certainement été construites dans cette mer ancienne, dont les différents courants les ont tout aussi certainement figurées par angles correspondants. Or, l'inspection attentive des côtes de nos vallées nous démontre que le *travail particulier des courants a été postérieur à l'ouvrage général de la mer.* Ce fait, qu'on n'a pas même soupçonné, est trop important pour ne le pas appuyer de tout ce qui peut le rendre sensible à tous les yeux.

Prenons pour exemple la plus haute montagne calcaire de la France, celle de Langres, qui s'élève au-dessus de toutes les terres de la Champagne, s'étend en Bourgogne jusqu'à Montbard, et même jusqu'à Tonnerre, et qui, dans la direction opposée, domine de même sous les terres de la Lorraine et de la Franche-Comté. Ce cordon continu de la montagne de Langres qui, depuis les sources de la Seine jusqu'à celles de la Saône, a plus de quarante lieues en longueur, est entièrement calcaire, c'est-à-dire entièrement composé des productions de la mer ; et c'est par cette raison que je l'ai choisi pour nous servir d'exemple. Le point le plus élevé de cette chaîne de montagnes est très voisin de la ville de Langres, et l'on voit que, d'un côté, cette même chaîne verse ses eaux dans l'Océan par la Meuse, la Marne, la Seine, etc., et que, de l'autre côté, elle les verse dans la Méditerranée par les rivières qui aboutissent à la Saône. Le point où est situé Langres se trouve à peu près au milieu de cette longueur de quarante lieues, et les collines vont en s'abaissant à peu près également vers les sources de la Seine et vers celles de la Saône : enfin ces collines, qui forment les extrémités de cette chaîne de montagnes calcaires, aboutissent également à des contrées de matières vitrescibles ; savoir, au delà de l'Armanson près de Semur, d'une part ; et au delà des sources de la Saône et de la petite rivière du Conay, de l'autre part.

En considérant les vallons voisins de ces montagnes, nous reconnaîtrons que le point de Langres étant le plus élevé, il a été découvert le premier dans le temps que les eaux se sont abaissées : auparavant, ce sommet était recouvert comme tout le reste par les eaux, puisqu'il est composé de matières calcaires ; mais au moment qu'il a été découvert, la mer ne pouvant plus le surmonter, tous ses mouvements se sont réduits à battre ce sommet des deux côtés, et par conséquent à creuser par des courants constants les vallons et les vallées que suivent aujourd'hui les ruisseaux et les rivières qui coulent des deux côtés de ces montagnes. La preuve évidente que les vallées ont toutes été creusées par des courants réguliers et constants, c'est que leurs angles saillants correspondent partout à des angles rentrants : seulement on observe que les eaux ayant suivi les pentes les plus rapides, et n'ayant entamé d'abord que les terrains les moins solides et les plus aisés à diviser, il se trouve souvent une différence remarquable entre les deux coteaux qui bordent la vallée. On voit quelquefois un escarpement considérable et des rochers à pic d'un côté, tandis que de l'autre les bancs de pierre sont couverts de terres en pente douce ; et cela est arrivé nécessairement toutes les fois que la force du courant s'est portée plus d'un côté que de l'autre, et aussi toutes les fois qu'il aura été troublé ou secondé par un autre courant.

Si l'on suit le cours d'une rivière ou d'un ruisseau voisin des montagnes d'où descendent leurs sources, on reconnaîtra aisément la figure et même la nature des terres qui forment les coteaux de la vallée. Dans les endroits où elle est étroite, la direction de la rivière et l'angle de son cours indiquent au premier coup d'œil le côté vers lequel se doivent porter ses eaux, et par conséquent le côté où le terrain doit se trouver en plaine, tandis que, de l'autre côté, il continuera d'être en montagne. Lorsque la vallée est large, ce jugement est plus difficile : cependant on peut, en observant la direction de la rivière, deviner assez juste de quel côté les terrains s'élargiront ou se rétréciront. Ce que nos rivières font en petit aujourd'hui, les courants de la mer l'ont autrefois fait en grand : ils ont creusé tous nos vallons, ils les ont tranchés des deux côtés, mais en transportant ces déblais ils ont souvent formé des escarpements d'une part et des plaines de l'autre. On doit aussi remarquer que dans le voisinage du sommet de ces montagnes calcaires, et particulièrement dans le sommet de Langres, les vallons commencent par une profondeur circulaire, et que de là ils vont toujours en s'élargissant à mesure qu'ils s'éloignent du lieu de leur naissance ; les vallons paraissent aussi plus profonds à ce point où ils commencent et semblent aller toujours en diminuant de profondeur à mesure qu'ils s'élargissent et qu'ils s'éloignent de ce point ; mais c'est une apparence plutôt qu'une réalité : car dans l'origine la portion du vallon la plus voisine du sommet a été la plus étroite et la moins profonde ; le mouvement des eaux a commencé par y former une ra-

vine qui s'est élargie et creusée peu à peu ; les déblais ayant été transportés
et entraînés par le courant des eaux dans la portion inférieure de la vallée,
ils en auront comblé le fond, et c'est par cette raison que les vallons paraissent plus profonds à leur naissance que dans le reste de leur cours, et que
les grandes vallées semblent être moins profondes à mesure qu'elles s'éloignent davantage du sommet auquel leurs rameaux aboutissent : car l'on peut
considérer une grande vallée comme un tronc qui jette des branches par
d'autres vallées, lesquelles jettent des rameaux par d'autres petits vallons
qui s'étendent et remontent jusqu'au sommet auquel ils aboutissent.

En suivant cet objet dans l'exemple que nous venons de présenter, si l'on
prend ensemble tous les terrains qui versent leurs eaux dans la Seine, ce
vaste espace formera une vallée du premier ordre, c'est-à-dire de la plus
grande étendue ; ensuite, si nous ne prenons que les terrains qui portent
leurs eaux à la rivière d'Yonne, cet espace sera une vallée du second ordre ;
et, continuant à remonter vers le sommet de la chaîne des montagnes, les
terrains qui versent leurs eaux dans l'Armançon, le Serin et la Cure formeront des vallées du troisième ordre ; et ensuite la Brenne, qui tombe dans
l'Armançon, sera une vallée du quatrième ordre, et enfin l'Oze et l'Ozerain,
qui tombent dans la Brenne, et dont les sources sont voisines de celles de la
Seine, forment des vallées du cinquième ordre. De même, si nous prenons
les terrains qui portent les eaux de la Marne, cet espace sera une vallée du
second ordre ; et, continuant à remonter vers le sommet de la chaîne des
montagnes de Langres, si nous ne prenons que les terrains dont les eaux
s'écoulent dans la rivière de Rognon, ce sera une vallée du troisième ordre ;
enfin les terrains, qui versent leurs eaux dans les ruisseaux de Bussière et
d'Orguevaux, forment des vallées du quatrième ordre.

Cette disposition est générale dans tous les continents terrestres. A mesure que l'on remonte et qu'on s'approche du sommet des chaînes de montagnes, on voit évidemment que les vallées sont plus étroites ; mais, quoiqu'elles paraissent aussi plus profondes, il est certain néanmoins que l'ancien
fond des vallées inférieures était beaucoup plus bas autrefois que ne l'est
actuellement celui des vallons supérieurs. Nous avons dit que dans la vallée
de la Seine, à Paris, l'on a trouvé des bois travaillés de main d'homme à
soixante-quinze pieds de profondeur ; le premier fond de cette vallée était
donc autrefois bien plus bas qu'il ne l'est aujourd'hui, car au-dessous de ces
soixante-quinze pieds on doit encore trouver les déblais pierreux et terrestres entraînés par les courants depuis le sommet général des montagnes,
tant par les vallées de la Seine que par celles de la Marne, de l'Yonne et de
toutes les rivières qu'elles reçoivent. Au contraire, lorsque l'on creuse dans
les petits vallons voisins du sommet général, on ne trouve aucun déblai, mais
des bancs solides de pierre calcaire posée par lits horizontaux, et des argiles
au-dessous à une profondeur plus ou moins grande. J'ai vu, dans une gorge

assez voisine de la crête de ce long cordon de la montagne de Langres, un puits de deux cents pieds de profondeur creusé dans la pierre calcaire avant de trouver l'argile (a).

Le premier fond des grandes vallées, formées par le feu primitif ou même par les courants de la mer, a donc été recouvert et élevé successivement de tout le volume des déblais entraînés par le courant à mesure qu'il déchirait les terrains supérieurs : le fond de ceux-ci est demeuré presque nu, tandis que celui des vallées inférieures a été chargé de toute la matière que les autres ont perdue ; de sorte que, quand on ne voit que superficiellement la surface de nos continents, on tombe dans l'erreur en la divisant en bandes sablonneuses, marneuses, schisteuses, etc.; car toutes ces bandes ne sont que des déblais superficiels qui ne prouvent rien et qui ne font, comme je l'ai dit, que masquer la nature et nous tromper sur la vraie théorie de la terre. Dans les vallons supérieurs, on ne trouve d'autres déblais que ceux qui sont descendus, longtemps après la retraite des mers, par l'effet des eaux pluviales, et ces déblais ont formé les petites couches de terre qui recouvrent actuellement le fond et les coteaux de ces vallons. Ce même effet a eu lieu dans les grandes vallées, mais avec cette différence que dans les petits vallons, les terres, les graviers et les autres détriments amenés par les eaux pluviales et par les ruisseaux, se sont déposés immédiatement sur un fond nu et balayé par les courants de la mer, au lieu que dans les grandes vallées, ces mêmes détriments amenés par les eaux pluviales n'ont pu que se superposer sur les couches beaucoup plus épaisses des déblais entraînés et déposés précédemment par ces mêmes courants : c'est par cette raison que, dans toutes les plaines et les grandes vallées, nos observateurs croient trouver la nature en désordre, parce qu'ils y voient les matières calcaires mélangées avec les matières vitrescibles, etc. Mais n'est-ce pas vouloir juger d'un bâtiment par les gravois, ou de toute autre construction par les recoupes des matériaux ?

Ainsi, sans nous arrêter sur ces petites et fausses vues, suivons notre objet dans l'exemple que nous avons donné.

Les trois grands courants, qui se sont formés au-dessous des sommets de la montagne de Langres, nous sont aujourd'hui représentés par les vallées de la Meuse, de la Marne et de la Vingeanne. Si nous examinons ces terrains en détail, nous observerons que les sources de la Meuse sortent en partie des marécages du Bassigny et d'autres petites vallées très étroites et très escarpées ; que la Mance et la Vingeanne, qui toutes deux se jettent dans la Saône, sortent aussi de vallées très étroites de l'autre côté du sommet ; que la vallée de la Marne sous Langres a environ cent toises de profondeur ; que, dans tous ces premiers vallons, les coteaux sont voisins et escarpés ; que

______

(a) Au château de Rochefort. près d'Anières en Champagne.

dans les vallées inférieures, et à mesure que les courants se sont éloignés du sommet général et commun, ils se sont étendus en largeur, et ont par conséquent élargi les vallées, dont les côtes sont aussi moins escarpées, parce que le mouvement des eaux y était plus libre et moins rapide que dans les vallons étroits des terrains voisins du sommet.

L'on doit encore remarquer que la direction des courants a varié dans leur cours, et que la déclinaison des coteaux a changé par la même cause. Les courants dont la pente était vers le midi, et qui nous sont représentés par les vallons de la Tille, de la Venelle, de la Vingeanne, du Saulon et de la Mance, ont agi plus fortement contre les coteaux tournés vers le sommet de Langres, et à l'aspect du nord. Les courants, au contraire, dont la pente était vers le nord, et qui nous sont représentés par les vallons de l'Aujon, de la Suize, de la Marne et du Rognon, ainsi que par ceux de la Meuse, ont plus fortement agi contre les coteaux qui sont tournés vers ce même sommet de Langres, et qui se trouvent à l'aspect du midi.

Il y avait donc, lorsque les eaux ont laissé le sommet de Langres à découvert, une mer dont les mouvements et les courants étaient dirigés vers le nord, et, de l'autre côté de ce sommet, une autre mer, dont les mouvements étaient dirigés vers le midi; ces deux mers battaient les deux flancs opposés de cette chaîne de montagnes, comme l'on voit dans la mer actuelle les eaux battre les deux flancs opposés d'une longue île ou d'un promontoire avancé : il n'est donc pas étonnant que tous les coteaux escarpés de ces vallons se trouvent également des deux côtés de ce sommet général des montagnes; ce n'est que l'effet nécessaire d'une cause très évidente.

Si l'on considère le terrain qui environne l'une des sources de la Marne près de Langres, on reconnaîtra qu'elle sort d'un demi-cercle coupé presque à plomb; et, en examinant les lits de pierre de cette espèce d'amphithéâtre, on se démontrera que ceux des deux côtés et ceux du fond de l'arc de cercle qu'il présente, étaient autrefois continus et ne faisaient qu'une seule masse, que les eaux l'ont détruite dans la partie qui forme aujourd'hui ce demi-cercle. On verra la même chose à l'origine des deux autres sources de la Marne; savoir : dans le vallon de Balesme et dans celui de Saint-Maurice; tout ce terrain était continu avant l'abaissement de la mer; et cette espèce de promontoire, à l'extrémité duquel la ville de Langres est située, était dans de même temps continu non seulement avec ces premiers terrains, mais avec ceux de Breuvonne, de Peigney, de Noidan-le-Rocheux, etc. : il est aisé de se convaincre, par ses yeux, que la continuité de ces terrains n'a été détruite que par le mouvement et l'action des eaux.

Dans cette chaîne de la montagne de Langres, on trouve plusieurs collines isolées, les unes en forme de cônes tronqués, comme celles de Montsaugeon; les autres en forme elliptique, comme celles de Montbard, de Montréal; et d'autres tout aussi remarquables autour des sources de la Meuse, vers Clémont et Montigny-le-Roi, qui est situé sur un monticule adhérent au continent par une langue de terre très étroite. On voit encore une de ces collines isolées à Andilly, une autre auprès d'Heuilly-Coton, etc. Nous devons observer qu'en général ces collines calcaires isolées sont moins hautes que celles qui les environnent, et desquelles ces collines sont actuellement séparées, parce que le courant, remplissant toute la largeur du vallon, passait pardessus ces collines isolées avec un mouvement direct et les détruisait par le sommet, tandis qu'il ne faisait que baigner le terrain des coteaux du vallon, et ne les attaquait que par un mouvement oblique ; en sorte que les montagnes qui bordent les vallons sont demeurées plus élevées que les collines isolées qui se trouvent entre deux. A Montbard, par exemple, la hauteur de la colline isolée au-dessus de laquelle sont situés les murs de l'ancien château n'est que de cent quarante pieds, tandis que les montagnes qui bordent le vallon des deux côtés, au nord et au midi, en ont plus de trois cent cinquante ; et il en est de même des autres collines calcaires que nous venons de citer : toutes celles qui sont isolées sont en même temps moins élevées que les autres, parce qu'étant au milieu du vallon et au fil de l'eau, elles ont été minées sur leurs sommets par le courant, toujours plus violent et plus rapide dans le milieu que vers les bords de son cours.

Lorsqu'on regarde ces escarpements, souvent élevés à pic à plusieurs toises de hauteur ; lorsqu'on les voit composés du haut en bas de bancs de pierres calcaires très massives et fort dures, on est émerveillé du temps prodigieux qu'il faut supposer pour que les eaux aient ouvert et creusé ces énormes tranchées ; mais deux circonstances ont concouru à l'accélération de ce grand ouvrage : l'une de ces circonstances est que, dans toutes les collines et montagnes calcaires, les lits supérieurs sont les moins compacts et les plus tendres, en sorte que les eaux ont aisément entamé la superficie du terrain et formé la première ravine qui a dirigé leur cours ; la seconde circonstance est que, quoique ces bancs de matière calcaire se soient formés et même séchés et pétrifiés sous les eaux de la mer, il est néanmoins très certain qu'ils n'étaient d'abord que des sédiments superposés de matières molles, lesquelles n'ont acquis de la dureté que successivement par l'action de la gravité sur la masse totale, et par l'exercice de la force d'affinité de leurs parties constituantes. Nous sommes donc assurés que ces matières n'avaient pas acquis toute la solidité et la dureté que nous leur voyons aujourd'hui, et que dans ce temps de l'action des courants de la mer, elles devaient lui céder avec moins de résistance. Cette considération diminue l'énormité de la durée du temps de ce travail des eaux, et explique d'autant mieux la correspondance des angles saillants et rentrants des collines, qui ressemble parfaitement à la correspondance des bords de nos rivières dans tous les terrains aisés à diviser.

C'est pour la construction même de ces terrains calcaires, et non pour leur division, qu'il est nécessaire d'admettre une très longue période de temps; en sorte que dans les vingt mille ans, j'en prendrais au moins les trois premiers quarts pour la multiplication des coquillages, le transport de leurs dépouilles et la composition des masses qui les renferment, et le dernier quart pour la division et pour la configuration de ces mêmes terrains calcaires : il a fallu vingt mille ans pour la retraite des eaux, qui d'abord étaient élevées de deux mille toises au-dessus du niveau de nos mers actuelles; et ce n'est que vers la fin de cette longue marche en retraite que nos vallons ont été creusés, nos plaines établies, et nos collines découvertes : pendant tout ce temps le globe n'était peuplé que de poissons et d'animaux à coquilles; les sommets des montagnes et quelques terres élevées, que les eaux n'avaient pas surmontés ou qu'elles avaient abandonnés les premiers, étaient aussi couverts de végétaux; car leurs détriments en volume immense ont formé les veines de charbon, dans le même temps que les dépouilles des coquillages ont formé les lits de nos pierres calcaires. Il est donc démontré par l'inspection attentive de ces monuments authentiques de la nature, savoir, les coquilles dans les marbres, les poissons dans les ardoises, et les végétaux dans les mines de charbon, que tous ces êtres organisés ont existé longtemps avant les animaux terrestres; d'autant qu'on ne trouve aucun indice, aucun vestige de l'existence de ceux-ci dans toutes ces couches anciennes qui se sont formées par le sédiment des eaux de la mer. On n'a trouvé les os, les dents, les défenses des animaux terrestres que dans les couches superficielles ou bien dans ces vallées et dans ces plaines dont nous avons parlé, qui ont été comblées de déblais entraînés des lieux supérieurs par les eaux courantes : il y a seulement quelques exemples d'ossements trouvés dans des cavités sous des rochers, près des bords de la mer, et dans des terrains bas; mais ces rochers sous lesquels gisaient ces ossements d'animaux terrestres sont eux-mêmes de nouvelle formation, ainsi que toutes les carrières calcaires en pays bas, qui ne sont formées que des détriments des anciennes couches de pierre, toute situées au-dessus de ces nouvelles carrières; et c'est par cette raison que je les ai désignées par le nom de *carrières parasites*, parce qu'elles se forment en effet aux dépens des premières.

Notre globe, pendant trente-cinq mille ans, n'a donc été qu'une masse de chaleur et de feu, dont aucun être sensible ne pouvait approcher; ensuite, pendant quinze ou vingt mille ans, sa surface n'était qu'une mer universelle (*) : il a fallu cette longue succession de siècles pour le refroidissement de la terre et pour la retraite des eaux, et ce n'est qu'à la fin de cette seconde période que la surface de nos continents a été figurée.

Mais ces derniers effets de l'action des courants de la mer ont été précé-

---

(*) Ces chiffres, si forts qu'ils soient, sont de beaucoup inférieurs à la réalité.

dés de quelques autres effets encore plus généraux, lesquels ont influé sur quelques traits de la face entière de la terre. Nous avons dit que les eaux, venant en plus grande quantité du pôle austral, avaient aiguisé toutes les pointes des continents; mais après la chute complète des eaux, lorsque la mer universelle eut pris son équilibre, le mouvement du midi au nord cessa, et la mer n'eut plus à obéir qu'à la puissance constante de la lune, qui, se combinant avec celle du soleil, produisit les marées et le mouvement constant d'orient en occident; les eaux, dans leur premier avènement, avaient d'abord été dirigées des pôles vers l'équateur, parce que les parties polaires, plus refroidies que le reste du globe, les avaient reçues les premières; ensuite elles ont gagné successivement les régions de l'équateur; et lorsque ces régions ont été couvertes, comme toutes les autres, par les eaux, le mouvement d'orient en occident s'est dès lors établi pour jamais : car non seulement il s'est maintenu pendant cette longue période de la retraite des mers, mais il se maintient encore aujourd'hui. Or, ce mouvement général de la mer d'orient en occident a produit sur la surface de la masse terrestre un effet tout aussi général; c'est d'avoir escarpé toutes les côtes occidentales des continents terrestres et d'avoir en même temps laissé tous les terrains en pente douce du côté de l'orient.

A mesure que les mers s'abaissaient et découvraient les pointes les plus élevées des continents, ces sommets, comme autant de soupiraux qu'on viendrait de déboucher, commencèrent à laisser exhaler les nouveaux feux produits dans l'intérieur de la terre par l'effervescence des matières qui servent d'aliment aux volcans. Le domaine de la terre, sur la fin de cette seconde période de vingt mille ans, était partagé entre le feu et l'eau : également déchirée et dévorée par la fureur de ces deux éléments, il n'y avait nulle part ni sûreté ni repos; mais heureusement ces anciennes scènes, les plus épouvantables de la nature, n'ont point eu de spectateurs, et ce n'est qu'après cette seconde période entièrement révolue que l'on peut dater la naissance des animaux terrestres (*); les eaux étaient alors retirées, puisque les deux grands continents étaient unis vers le nord et également peuplés d'éléphants; le nombre des volcans était aussi beaucoup diminué, parce que leurs éruptions ne pouvant s'opérer que par le conflit de l'eau et du feu, elles avaient cessé dès que la mer en s'abaissant s'en était éloignée. Qu'on se représente encore l'aspect qu'offrait la terre immédiatement après cette seconde période, c'est-à-dire à cinquante-cinq ou soixante mille ans de sa formation. Dans toutes les parties basses, des mares profondes, des courants rapides et des tournoiements d'eau; des tremblements de terre presque continuels, produits par l'affaissement des cavernes et par les fréquentes explosions des volcans, tant sous mer que sur terre; des orages généraux

____

(*) Les végétaux et les animaux terrestres peuvent tous être considérés comme produits par la transformation d'espèces aquatiques préexistantes. (Voyez mon Introduction.)

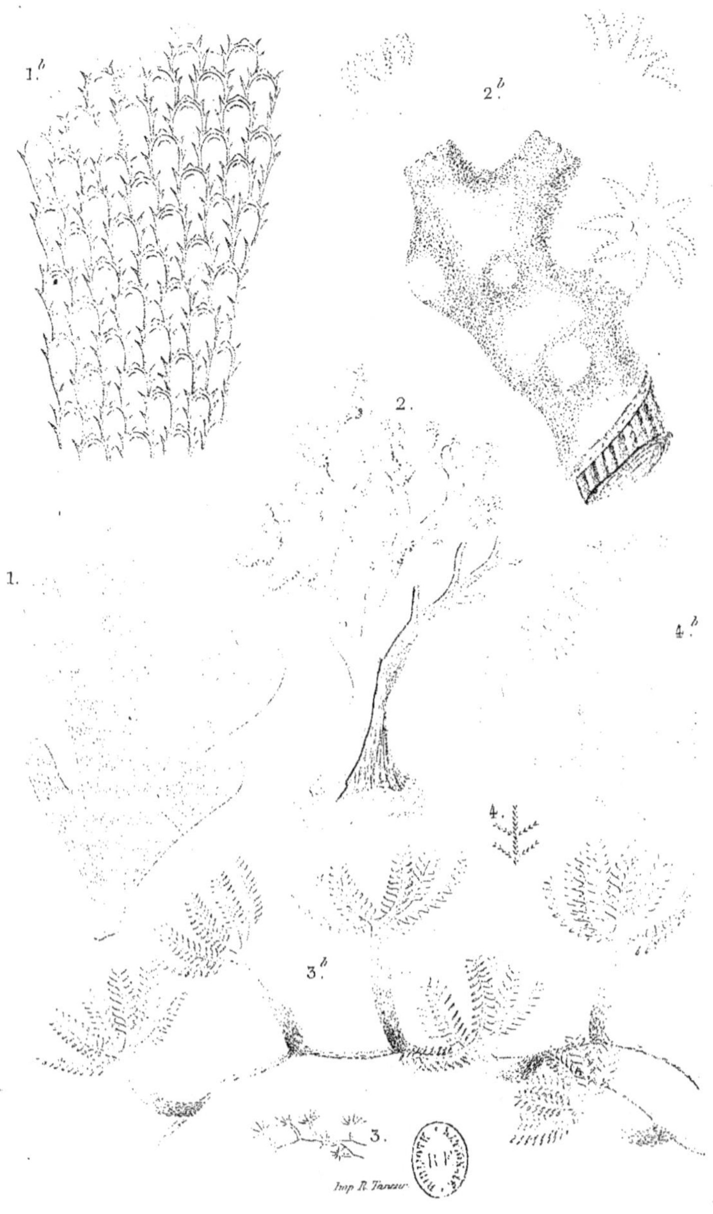

1. FLUSTRE FOLIACÉE _ 1ᵇ Portion de la même grossie et montrant quelques polypes épanouis
2. CORAIL ROUGE _ 2ᵇ Portion du même grossie _ 3. CORMULAIRE ÉLÉGANTE _ 3ᵇ la même grossie.
4. SERTULAIRE NAINE _ 4ᵇ Portion de la même grossie.

A. Le Vasseur, Éditeur.

et particuliers ; des tourbillons de fumée et des tempêtes excitées par les violentes secousses de la terre et de la mer ; des inondations, des débordements ; des déluges occasionnés par ces mêmes commotions ; des fleuves de verre fondu, de bitume et de soufre, ravageant les montagnes et venant dans les plaines empoisonner les eaux ; le soleil même presque toujours offusqué, non seulement par des nuages aqueux, mais par des masses épaisses de cendres et de pierres poussées par les volcans, et nous remercierons le Créateur de n'avoir pas rendu l'homme témoin de ces scènes effrayantes et terribles qui ont précédé, et pour ainsi dire annoncé la naissance de la nature intelligente et sensible (*).

CINQUIÈME ÉPOQUE

LORSQUE LES ÉLÉPHANTS ET LES AUTRES ANIMAUX DU MIDI ONT HABITÉ LES TERRES DU NORD.

Tout ce qui existe aujourd'hui dans la nature vivante a pu exister de même dès que la température de la terre s'est trouvée la même. Or, les contrées septentrionales du globe ont joui pendant longtemps du même degré de chaleur dont jouissent aujourd'hui les terres méridionales ; et dans le temps où ces contrées du nord jouissaient de cette température, les terres avancées vers le midi étaient encore brûlantes et sont demeurées désertes pendant un long espace de temps. Il semble même que la mémoire s'en soit conservée par la tradition, car les anciens étaient persuadés que les terres de la zone torride étaient inhabitées ; elles étaient en effet encore inhabitables longtemps après la population des terres du nord ; car, en supposant trente-cinq mille ans pour le temps nécessaire au refroidissement de la terre sous les pôles, seulement au point d'en pouvoir toucher la surface sans se brûler, et vingt ou vingt-cinq mille ans de plus, tant pour la retraite des mers que pour l'attiédissement nécessaire à l'existence des êtres aussi sensibles que le sont les animaux terrestres, on sentira bien qu'il faut compter quelques milliers d'années de plus pour le refroidissement du globe à l'équateur, tant à cause de la plus grande épaisseur de la terre que de l'accession de la chaleur solaire qui est considérable sur l'équateur et presque nulle sous le pôle.

(*) Ce tableau est fort beau, mais il est probablement inexact. Le plus grand nombre des phénomènes qui ont donné lieu aux transformations multiples de la surface de notre globe se sont effectués avec une telle lenteur, que les spectateurs, s'il en existait, ne pouvaient pas s'en apercevoir.

Et quand même ces deux causes réunies ne seraient pas suffisantes pour produire une si grande différence de temps entre ces deux populations, l'on doit considérer que l'équateur a reçu les eaux de l'atmosphère bien plus tard que les pôles, et que par conséquent cette cause secondaire du refroidissement agissant plus promptement et plus puissamment que les deux premières causes, la chaleur des terres du nord se sera considérablement attiédie par la recette des eaux, tandis que la chaleur des terres méridionales se maintenait et ne pouvait diminuer que par sa propre déperdition. Et quand même on m'objecterait que la chute des eaux, soit sur l'équateur, soit sur les pôles, n'étant que la suite du refroidissement à un certain degré de chacune de ces deux parties du globe, elle n'a eu lieu dans l'une et dans l'autre que quand la température de la terre et celle des eaux tombantes ont été respectivement les mêmes, et que par conséquent cette chute d'eau n'a pas autant contribué que je le dis à accélérer le refroidissement sous le pôle plus que sous l'équateur, on sera forcé de convenir que les vapeurs, et par conséquent les eaux tombantes sur l'équateur, avaient plus de chaleur à cause de l'action du soleil, et que par cette raison elles ont refroidi plus lentement les terres de la zone torride, en sorte que j'admettrais au moins neuf à dix mille ans entre le temps de la naissance des éléphants dans les contrées septentrionales et le temps où ils se sont retirés jusqu'aux contrées les plus méridionales : car le froid ne venait et ne vient encore que d'en haut; les pluies continuelles qui tombaient sur les parties polaires du globe en accéléraient incessamment le refroidissement, tandis qu'aucune cause extérieure ne contribuait à celui des parties de l'équateur. Or, cette cause qui nous paraît si sensible par les neiges de nos hivers et les grêles de notre été, ce froid qui des hautes régions de l'air nous arrive par intervalles, tombait à plomb et sans interruption sur les terres septentrionales, et les a refroidies bien plus promptement que n'ont pu se refroidir les terres de l'équateur, sur lesquelles ces ministres du froid, l'eau, la neige et la grêle, ne pouvaient agir ni tomber. D'ailleurs nous devons faire entrer ici une considération très importante sur les limites qui bornent la durée de la nature vivante : nous en avons établi le premier terme possible à trente-cinq mille ans de la formation du globe terrestre, et le dernier terme à quatre-vingt-treize mille ans à dater de ce jour, ce qui fait cent trente-deux mille ans pour la durée absolue de cette belle nature (*a*). Voilà les limites les plus éloignées et la plus grande étendue de durée que nous ayons donnée, d'après nos hypothèses, à la vie de la nature sensible; cette vie aura pu commencer à trente-cinq ou trente-six mille ans, parce qu'alors le globe était assez refroidi à ses parties polaires pour qu'on pût le toucher sans se brûler, et elle pourra ne finir que dans quatre-vingt-treize mille ans, lorsque le globe sera plus

(*a*) Voyez le tableau, t. Ier, p. 395.

froid que la glace. Mais entre ces deux limites si éloignées, il faut en admettre d'autres plus rapprochées : les eaux et toutes les matières qui sont tombées de l'atmosphère n'ont cessé d'être dans un état d'ébullition qu'au moment où l'on pouvait les toucher sans se brûler ; ce n'est donc que longtemps après cette période de trente-six mille ans que les êtres doués d'une sensibilité pareille à celle que nous leur connaissons ont pu naître et subsister ; car si la terre, l'air et l'eau prenaient tout à coup ce degré de chaleur qui ne nous permettrait de pouvoir les toucher sans en être vivement offensés, y aurait-il un seul des êtres actuels capables de résister à cette chaleur mortelle, puisqu'elle excéderait de beaucoup la chaleur vitale de leurs corps ? Il a pu exister alors des végétaux, des coquillages et des poissons d'une nature moins sensible à la chaleur dont les espèces ont été anéanties par le refroidissement dans les âges subséquents, et ce sont ceux dont nous trouvons les dépouilles et les détriments dans les mines de charbon, dans les ardoises, dans les schistes et dans les couches d'argile, aussi bien que dans les bancs de marbres et des autres matières calcaires ; mais toutes les espèces plus sensibles et particulièrement les animaux terrestres n'ont pu naître et se multiplier que dans des temps postérieurs et plus voisins du nôtre.

Et dans quelle contrée du nord les premiers animaux terrestres auront-ils pris naissance ? N'est-il pas probable que c'est dans les terres les plus élevées, puisqu'elles ont été refroidies avant les autres (*)? Et n'est-il pas également probable que les éléphants et les autres animaux actuellement habitant les terres du midi sont nés les premiers de tous, et qu'ils ont occupé ces terres du nord pendant quelques milliers d'années et longtemps avant la naissance des rennes qui habitent aujourd'hui ces mêmes terres du nord ?

Dans ce temps, qui n'est guère éloigné du nôtre que de quinze mille ans, les éléphants, les rhinocéros, les hippopotames, et probablement toutes les espèces qui ne peuvent se multiplier actuellement que sous la zone torride, vivaient donc et se multipliaient dans les terres du nord, dont la chaleur était au même degré, et par conséquent tout aussi convenable à leur nature : ils y étaient en grand nombre ; ils y ont séjourné longtemps ; la quantité d'ivoire et de leurs autres dépouilles que l'on a découvertes et que l'on découvre tous les jours dans ces contrées septentrionales, nous démontre évidemment qu'elles ont été leur patrie, leur pays natal et certainement la première terre qu'ils aient occupée ; mais, de plus, ils ont existé en même temps dans les contrées septentrionales de l'Europe, de

(*) Il n'est nullement démontré que les régions septentrionales aient été refroidies avant les autres. Si l'on admet, avec la majorité des géologues, que la distribution de la chaleur à la surface de notre globe est due à la distribution des continents et des mers, à celle des montagnes et des plaines, etc., et si, d'autre part, on se rappelle que cette distribution a considérablement varié aux diverses époques de l'évolution de notre globe, on conclura que l'opinion exposée ici par Buffon n'est probablement pas absolument exacte.

l'Asie et de l'Amérique ; ce qui nous fait connaître que les deux continents étaient alors contigus, et qu'ils n'ont été séparés que dans des temps subséquents. J'ai dit que nous avions au Cabinet du Roi des défenses d'éléphants trouvées en Russie et en Sibérie, et d'autres qui ont été trouvées au Canada, près de la rivière d'Ohio. Les grosses dents molaires de l'hippopotame et de l'énorme animal dont l'espèce est perdue (*), nous sont arrivées du Canada, et d'autres toutes semblables sont venues de Tartarie et de Sibérie. On ne peut donc pas douter que ces animaux, qui n'habitent aujourd'hui que les terres du midi de notre continent, n'existassent aussi dans les terres septentrionales de l'autre et dans le même temps, car la terre était également chaude ou refroidie au même degré dans tous deux. Et ce n'est pas seulement dans les terres du nord qu'on a trouvé ces dépouilles d'animaux du midi, mais elles se trouvent encore dans tous les pays tempérés, en France, en Allemagne, en Italie, en Angleterre, etc. Nous avons sur cela des monuments authentiques, c'est-à-dire des défenses d'éléphants et d'autres ossements de ces animaux trouvés dans plusieurs provinces de l'Europe.

Dans les temps précédents, ces mêmes terres septentrionales étaient recouvertes par les eaux de la mer, lesquelles, par leur mouvement, y ont produit les mêmes effets que partout ailleurs : elles en ont figuré les collines, elles les ont composées de couches horizontales, elles ont déposé les argiles et les matières calcaires en forme de sédiment : car on trouve dans ces terres du nord, comme dans nos contrées, les coquillages et les débris des autres productions marines enfouies à d'assez grandes profondeurs dans l'intérieur de la terre, tandis que ce n'est pour ainsi dire qu'à sa superficie, c'est-à-dire à quelques pieds de profondeur, que l'on trouve les squelettes d'éléphants, de rhinocéros, et les autres dépouilles des animaux terrestres.

Il paraît même que ces premiers animaux terrestres étaient, comme les premiers animaux marins, plus grands qu'ils ne le sont aujourd'hui. Nous avons parlé de ces énormes dents carrées à pointes mousses, qui ont appartenu à un animal plus grand que l'éléphant, et dont l'espèce ne subsiste plus ; nous avons indiqué ces coquillages en volutes, qui ont jusqu'à huit pieds de diamètre sur un pied d'épaisseur (**), et nous avons vu de même des défenses, des dents, des omoplates, des fémurs d'éléphants d'une taille supérieure à celle des éléphants actuellement existants. Nous avons reconnu, par la comparaison immédiate des dents mâchelières des hippopotames d'aujourd'hui avec les grosses dents qui nous sont venues de la Sibérie et du Canada, que les anciens hippopotames auxquels ces grosses dents ont autrefois appartenu, étaient au moins quatre fois plus volumineux que ne le

(*) L'animal fossile que Buffon désigne ici sous le nom d'hippopotame est le Mastodonte.
(**) Les ammonites. Il en existait des espèces énormes.

sont les hippopotames actuellement existants (*). Ces grands ossements et ces énormes dents sont des témoins subsistants de la grande force de la nature dans ces premiers âges. Mais pour ne pas perdre de vue notre objet principal, suivons nos éléphants dans leur marche progressive du nord au midi.

Nous ne pouvons douter qu'après avoir occupé les parties septentrionales de la Russie et de la Sibérie jusqu'au 60ᵉ degré (a), où l'on a trouvé leurs dépouilles en grande quantité, ils n'aient ensuite gagné les terres moins septentrionales, puisqu'on trouve encore de ces mêmes dépouilles en Moscovie, en Pologne, en Allemagne, en Angleterre, en France, en Italie; en sorte qu'à mesure que les terres du nord se refroidissaient, ces animaux cherchaient des terres plus chaudes; et il est clair que tous les climats, depuis le nord jusqu'à l'équateur, ont successivement joui du degré de chaleur convenable à leur nature. Ainsi, quoique de mémoire d'homme l'espèce de l'éléphant ne paraisse avoir occupé que les climats actuellement les plus chauds dans notre continent, c'est-à-dire les terres qui s'étendent à peu près à 20 degrés des deux côtés de l'équateur, et qu'ils y paraissent confinés depuis plusieurs siècles, les monuments de leurs dépouilles trouvées dans toutes les parties tempérées de ce même continent, démontrent qu'ils ont aussi habité pendant autant de siècles les différents climats de ce même continent; d'abord : du 60ᵉ au 50ᵉ degré, puis du 50ᵉ au 40ᵉ, ensuite du 40ᵉ au 30ᵉ, et du 30ᵉ au 20ᵉ, enfin, du 20ᵉ à l'équateur et au delà à la même distance. On pourrait même présumer qu'en faisant des recherches en Laponie, dans les terres de l'Europe et de l'Asie qui sont au delà du 60ᵉ degré, on pourrait y trouver de même des défenses et des ossements d'éléphants, ainsi que des autres animaux du midi, à moins qu'on ne veuille supposer (ce qui n'est pas sans vraisemblance) que la surface de la terre étant réellement encore plus élevée en Sibérie que dans toutes les provinces qui l'avoisinent du côté du nord, ces mêmes terres de la Sibérie ont été les premières abandonnées par les eaux, et par conséquent les premières où les animaux terrestres aient pu s'établir. Quoi qu'il en soit, il est certain que les éléphants ont vécu, produit, multiplié pendant plusieurs siècles dans cette même Sibérie et dans le nord de la Russie; qu'ensuite ils ont gagné les terres du 50ᵉ au 40ᵉ degré, et qu'ils y ont subsisté plus longtemps que dans leur terre natale, et encore plus longtemps dans les contrées du 40ᵉ au 30ᵉ degré, etc., parce que le refroidissement successif du globe a toujours été plus lent, à mesure que les climats se sont trouvés plus voisins de

(a) On a trouvé cette année même, 1776, des défenses et des ossements d'éléphant près de Saint-Pétersbourg, qui, comme l'on sait, est à très peu près sous cette latitude de 60 degrés.

(*) Nous avons déjà dit que l'animal dont parle Buffon est le mastodonte. Il en exagère beaucoup les dimensions, qui cependant étaient gigantesques.

l'équateur, tant par la plus forte épaisseur du globe que par la plus grande chaleur du soleil.

Nous avons fixé, d'après nos hypothèses, le premier instant possible du commencement de la nature vivante à trente-cinq ou trente-six mille ans, à dater de la formation du globe, parce que ce n'est qu'à cet instant qu'on aurait pu commencer à le toucher sans se brûler, en donnant vingt-cinq mille ans de plus pour achever l'ouvrage immense de la construction de nos montagnes calcaires, pour leur figuration par angles saillants et rentrants, pour l'abaissement des mers, pour les ravages des volcans et pour le desséchement de la surface de la terre, nous ne compterons qu'environ quinze mille ans depuis le temps où la terre, après avoir essuyé, éprouvé tant de bouleversements et de changements, s'est enfin trouvée dans un état plus calme et assez fixe pour que les causes de destruction ne fussent pas plus puissantes et plus générales que celles de la production. Donnant donc quinze mille ans d'ancienneté à la nature vivante telle qu'elle nous est parvenue, c'est-à-dire quinze mille ans d'ancienneté aux espèces d'animaux terrestres nées dans les terres du nord, et actuellement existantes dans celles du midi, nous pourrons supposer qu'il y a peut-être cinq mille ans que les éléphants sont confinés dans la zone torride, et qu'ils ont séjourné tout autant de temps dans les climats qui forment aujourd'hui les zones tempérées, et peut-être autant dans les climats du nord, où ils ont pris naissance.

Mais cette marche régulière qu'ont suivie les plus grands, les premiers animaux dans notre continent, paraît avoir souffert des obstacles dans l'autre : il est très certain qu'on a trouvé, et il est très probable qu'on trouvera encore des défenses et des ossements d'éléphants en Canada, dans le pays des Illinois, au Mexique et dans quelques autres endroits de l'Amérique septentrionale; mais nous n'avons aucune observation, aucun monument qui nous indiquent le même fait pour les terres de l'Amérique méridionale. D'ailleurs, l'espèce même de l'éléphant qui s'est conservée dans l'ancien continent ne subsiste plus dans l'autre : non seulement cette espèce ni aucune autre de toutes celles des animaux terrestres qui occupent actuellement les terres méridionales de notre continent ne se sont trouvées dans les terres méridionales du nouveau monde, mais même il paraît qu'ils n'ont existé que dans les contrées septentrionales de ce nouveau continent; et cela, dans le même temps qu'ils existaient dans celles de notre continent. Ce fait ne démontre-t-il pas que l'ancien et le nouveau continent n'étaient pas alors séparés vers le nord, et que leur séparation ne s'est faite que postérieurement au temps de l'existence des éléphants dans l'Amérique septentrionale, où leur espèce s'est probablement éteinte par le refroidissement, et à peu près dans le temps de cette séparation des continents, parce que ces animaux n'auront pu gagner les régions de l'équateur dans ce nouveau continent comme ils l'ont fait dans l'ancien, tant en Asie qu'en Afrique? En effet, si l'on considère la surface de ce nouveau continent, on voit que les parties méridionales voisines de l'isthme de Panama sont occupées par de très hautes montagnes : les éléphants n'ont pu franchir ces barrières invincibles pour eux, à cause du trop grand froid qui se fait sentir sur ces hauteurs; ils n'auront donc pas été au delà des terres de l'isthme, et n'auront subsisté dans l'Amérique septentrionale qu'autant qu'aura duré dans cette terre le degré de chaleur nécessaire à leur multiplication. Il en est de même de tous les autres animaux des parties méridionales de notre continent, aucun ne s'est trouvé dans les parties méridionales de l'autre. J'ai démontré cette vérité par un si grand nombre d'exemples, qu'on ne peut la révoquer en doute (a).

Les animaux, au contraire, qui peuplent actuellement nos régions tempérées et froides se trouvent également dans les parties septentrionales des deux continents; ils y sont nés postérieurement aux premiers et s'y sont conservés, parce que leur nature n'exige pas une aussi grande chaleur. Les rennes et les autres animaux qui ne peuvent subsister que dans les climats les plus froids sont venus les derniers, et qui sait si par succession de temps, lorsque la terre sera plus refroidie, il ne paraîtra pas de nouvelles espèces dont le tempérament différera de celui du renne autant que la nature du renne diffère à cet égard de celle de l'éléphant? Quoi qu'il en soit, il est certain qu'aucuns des animaux propres et particuliers aux terres méridionales de notre continent ne se sont trouvés dans les terres méridionales de l'autre, et que même dans le nombre des animaux communs à notre continent et à celui de l'Amérique septentrionale, dont les espèces se sont conservées dans tous deux, à peine en peut-on citer une qui soit arrivée à l'Amérique méridionale. Cette partie du monde n'a donc pas été peuplée comme toutes les autres ni dans le même temps; elle est demeurée pour ainsi dire isolée et séparée du reste de la terre par les mers et par ses hautes montagnes. Les premiers animaux terrestres, nés dans les terres du nord, n'ont donc pu s'établir par communication dans ce continent méridional de l'Amérique, ni subsister dans son continent septentrional qu'autant qu'il a conservé le degré de chaleur nécessaire à leur propagation; et cette terre de l'Amérique méridionale, réduite à ses propres forces, n'a enfanté que des animaux plus faibles et beaucoup plus petits que ceux qui sont venus du nord pour peupler nos contrées du midi.

Je dis que les animaux qui peuplent aujourd'hui les terres du midi de notre continent y sont venus du nord, et je crois pouvoir l'affirmer avec tout fondement : car, d'une part, les monuments que nous venons d'exposer le démontrent, et d'autre côté nous ne connaissons aucune espèce grande et

(a) Voyez les trois Discours sur les animaux des deux continents.

principale, actuellement subsistante dans ces terres du midi, qui n'ait existé précédemment dans les terres du nord, puisqu'on y trouve des défenses et des ossements d'éléphants, des squelettes de rhinocéros, des dents d'hippopotames et des têtes monstrueuses de bœufs, qui ont frappé par leur grandeur, et qu'il est plus que probable qu'on y a trouvé de même des débris de plusieurs autres espèces moins remarquales; en sorte que si l'on veux distinguer dans les terres méridionales de notre continent les animaux qui y sont arrivés du nord, de ceux que cette même terre a pu produire par ses propres forces, on reconnaîtra que tout ce qu'il y a de colossal et de grand dans la nature a été formé dans les terres du nord, et que si celles de l'équateur ont produit quelques animaux, ce sont des espèces inférieures, bien plus petites que les premières.

Mais ce qui doit faire douter de cette production, c'est que ces espèces que nous supposons ici produites par les propres forces des terres méridionales de notre continent auraient dû ressembler aux animaux des terres méridionales de l'autre continent, lesquels n'ont de même été produits que par la propre force de cette terre isolée; c'est néanmoins tout le contraire, car aucun des animaux de l'Amérique méridionale ne ressemble assez aux animaux des terres du midi de notre continent pour qu'on puisse les regarder comme de la même espèce; ils sont pour la plupart d'une forme si différente que ce n'est qu'après un long examen qu'on peut les soupçonner d'être les représentants de quelques-uns de ceux de notre continent. Quelle différence de l'éléphant au tapir, qui cependant est de tous le seul qu'on puisse lui comparer, mais qui s'en éloigne déjà beaucoup par la figure, et prodigieusement par la grandeur; car ce tapir, c'est éléphant du nouveau monde, n'a ni trompe ni défenses, et n'est guère plus grand qu'un âne. Aucun animal de l'Amérique méridionale ne ressemble au rhinocéros : aucun à l'hippopotame, aucun à la girafe; et quelle différence encore entre le lama et le chameau quoiqu'elle soit moins grande qu'entre le tapir et l'éléphant!

L'établissement de la nature vivante, surtout de celle des animaux terrestres, s'est donc fait dans l'Amérique méridionale, bien postérieurement à son séjour déjà fixé dans les terres du nord, et peut-être la différence du temps est-elle de plus de quatre ou cinq mille ans : nous avons exposé une partie des faits et des raisons qui doivent faire penser que le nouveau monde, surtout dans ses parties méridionales, est une terre plus réccememnt peuplée que celle de notre continent; que la nature, bien loin d'y être dégénérée par vétusté, y est au contraire née tard et n'y a jamais existé avec les mêmes forces, la même puissance active que dans les contrées septentrionales, car on ne peut douter, après ce qui vient d'être dit, que les grandes et premières formations des êtres animés ne soient faites dans les terres élevées du nord, d'où elles ont successivement passé dans les contrées du midi sous la même forme et sans avoir rien perdu que sur les dimensions de leur grandeur ; nos éléphants et nos hippopotames qui nous paraissent si gros, ont eu des ancêtres plus grands dans les temps qu'ils habitaient les terres septentrionales où ils ont laissé leurs dépouilles ; les cétacés d'aujourd'hui sont aussi moins gros qu'ils ne l'étaient anciennement, mais c'est peut-être par une autre raison (*).

Les baleines, les gibbars, molars, cachalots, narvals et autres grands cétacés, appartiennent aux mers septentrionales, tandis que l'on ne trouve dans les mers tempérées et méridionales que les lamantins, les dugons, les marsouins, qui tous sont inférieurs aux premiers en grandeur. Il semble donc, au premier coup d'œil, que la nature ait opéré d'une manière contraire et par une succession inverse, puisque tous les plus grands animaux terrestres se trouvent actuellement dans les contrées du midi, tandis que tous les plus grands animaux marins n'habitent que les régions de notre pôle. Et pourquoi ces grandes et presque monstrueuses espèces paraissent-elles confinées dans ces mers froides ? Pourquoi n'ont-elles pas gagné successivement, comme les éléphants, les régions les plus chaudes ? En un mot, pourquoi ne se trouvent-elles, ni dans les mers tempérées ni dans celles du midi ? Car, à l'exception de quelques cachalots qui viennent assez souvent autour des Açores et quelquefois échouer sur nos côtes, et dont l'espèce paraît la plus vagabonde de ces grands cétacés, toutes les autres sont demeurées et ont encore leur séjour constant dans les mers boréales des deux continents. On a bien remarqué, depuis qu'on a commencé la pêche, ou plutôt la chasse de ces grands animaux, qu'ils se sont retirés des endroits où l'homme allait les inquiéter. On a de plus observé que ces premières baleines, c'est-à-dire celles que l'on pêchait il y a cent cinquante et deux cents ans, étaient beaucoup plus grosses que celles d'aujourd'hui : elles avaient jusqu'à cent pieds de longueur, tandis que les plus grandes que l'on prend actuellement n'en ont que soixante ; on pourrait même expliquer d'une manière assez satisfaisante les raisons de cette différence de grandeur. Car les baleines, ainsi que tous les autres cétacés, et même la plupart des poissons, vivent sans com-

(*) Buffon commence par admettre que les régions septentrionales du globe ont été refroidies les premières ; il en déduit logiquement qu'elles ont été peuplées les premières et que les animaux produits dans ces contrées ne se sont portés vers le sud qu'au bout d'un temps fort long, nécessaire pour que les régions équatoriales se fussent refroidies ; enfin, il admet que l'Amérique du Sud n'a été peuplée que longtemps après l'Amérique du Nord, et surtout après l'ancien monde dans lequel il suppose que toutes les espèces ont pris naissance. J'ai déjà dit ce qu'il faut penser de la première partie de cette théorie, et j'ai rappelé que la distribution actuelle des climats ne peut nous donner aucune idée de ce qu'ils ont été aux diverses périodes de l'histoire de notre globe. En ce qui concerne l'apparition des êtres vivants, l'opinion la plus probable est qu'ils se sont montrés simultanément sur des points multiples du globe, mais chaque espèce ne se montrant à la fois que dans un seul point. Relativement à l'Amérique du Sud, je dois me borner à ajouter qu'à l'époque de Buffon on n'y avait trouvé encore que peu de fossiles. Ceux qu'on y a découverts depuis un siècle permettent de croire que cette portion du globe a été peuplée beaucoup plus tôt que ne le supposait Buffon ; mais elle ne s'est soulevée qu'après l'Amérique du Nord.

paraison bien plus longtemps qu'aucun des animaux terrestres ; et dès lors leur entier accroissement demande aussi un temps beaucoup plus long. Or, quand on a commencé la pêche des baleines, il y a cinquante ou deux cents ans, on a trouvé les plus âgées et celles qui avaient pris leur entier accroissement ; on les a poursuivies, chassées de préférence, enfin on les a détruites, et il ne reste aujourd'hui dans les mers fréquentées par nos pêcheurs, que celles qui n'ont pas encore atteint toutes leurs dimensions ; car, comme nous l'avons dit ailleurs, une baleine peut bien vivre mille ans, puisqu'une carpe en vit plus de deux cents.

La permanence du séjour de ces grands animaux dans les mers boréales semble fournir une nouvelle preuve de la continuité des continents vers les régions de notre nord, et nous indiquer que cet état de continuité a subsisté lontemps ; car si ces animaux marins, que nous supposerons pour un moment nés en même temps que les éléphants, eussent trouvé la route ouverte, ils auraient gagné les mers du midi, pour peu que le refroidissement des eaux leur eût été contraire ; et cela serait arrivé, s'ils eussent pris naissance dans le temps que la mer était encore chaude. On doit donc présumer que leur existence est postérieure à celle des éléphants et des autres animaux qui ne peuvent subsister que dans les climats du midi. Cependant il se pourrait aussi que la différence de température fût pour ainsi dire indifférente ou beaucoup moins sensible aux animaux aquatiques qu'aux animaux terrestres. Le froid et le chaud sur la surface de la terre et de la mer suivent à la vérité l'ordre des climats, et la chaleur de l'intérieur du globe est la même dans le sein de la mer et dans celui de la terre à la même profondeur, mais les variations de température, qui sont si grandes à la surface de la terre, sont beaucoup moindres et presque nulles à quelques toises de profondeur sous les eaux. Les injures de l'air ne s'y font pas sentir, et ces grands cétacés ne les éprouvent pas ou du moins peuvent s'en garantir : d'ailleurs, par la nature même de leur organisation, ils paraissent être plutôt munis contre le froid que contre la grande chaleur ; car, quoique leur sang soit à peu près aussi chaud que celui des animaux quadrupèdes, l'énorme quantité de lard et d'huile qui recouvre leur corps, en les privant du sentiment vif qu'ont les autres animaux, les défend en même temps de toutes les impressions extérieures, et il est à présumer qu'ils restent où ils sont, parce qu'ils n'ont pas même le sentiment qui pourrait les conduire vers une température plus douce, ni l'idée de se trouver mieux ailleurs, car il faut de l'instinct pour se mettre à son aise, il en faut pour se déterminer à changer de demeure, et il y a des animaux et même des hommes si brutes qu'ils préfèrent de languir dans leur ingrate terre natale, à la peine qu'il faudrait prendre pour se gîter plus commodément ailleurs (a) ; il est donc très pro-

(a) Voyez ci-après les notes justificatives des faits.

bable que ces cachalots, que nous voyons de temps en temps arriver des mers septentrionales sur nos côtes, ne se décident pas à faire ces voyages pour jouir d'une température plus douce, mais qu'ils y sont déterminés par les colonnes de harengs, de maquereaux et d'autres petits poissons qu'ils suivent et avalent par milliers (*a*).

Toutes ces considérations nous font présumer que les régions de notre nord, soit de la mer, soit de la terre, ont non seulement été les premières fécondées, mais que c'est encore dans ces mêmes régions que la nature vivante s'est élevée à ses plus grandes dimensions. Et comment expliquer cette supériorité de force et cette priorité de formation donnée à cette région du nord exclusivement à toutes les autres parties de la terre? car nous voyons par l'exemple de l'Amérique méridionale, dans les terres de laquelle il ne se trouve que de petits animaux, et dans les mers le seul lamantin, qui est aussi petit en comparaison de la baleine que le tapir l'est en comparaison de l'éléphant; nous voyons, dis-je, par cet exemple frappant, que la nature n'a jamais produit dans les terres du midi des animaux comparables en grandeur aux animaux du nord; et nous voyons de même, par un second exemple tiré des monuments, que dans les terres méridionales de notre continent les plus grands animaux sont ceux qui sont venus du nord, et que s'il s'en est produit dans ces terres de notre midi, ce ne sont que des espèces très inférieures aux premières en grandeur et en force. On doit même croire qu'il ne s'en est produit aucune dans les terres méridionales de l'ancien continent, quoiqu'il s'en soit formé dans celles du nouveau, et voici les motifs de cette présomption.

Toute production, toute génération, et même tout accroissement, tout développement, supposent le concours et la réunion d'une grande quantité de molécules organiques vivantes : ces molécules, qui animent tous les corps organisés, sont successivement employées à la nutrition et à la génération de tous les êtres (*). Si tout à coup la plus grande partie de ces êtres était supprimée on verrait paraître des espèces nouvelles, parce que ces molécules organiques, qui sont indestructibles et toujours actives, se réuniraient pour composer d'autres corps organisés; mais étant entièrement absorbées par les moules intérieurs des êtres actuellement existants, il ne peut se former d'espèces nouvelles, du moins dans les premières classes de la nature, telles que celles des grands animaux. Or, ces grands animaux sont arrivés du nord sur les terres du midi; ils s'y sont nourris, reproduits, multipliés, et ont par conséquent absorbé les molécules vivantes; en sorte qu'ils n'en ont point laissé de superflues qui auraient pu former des espèces nouvelles,

(*a*) Nous n'ignorons pas qu'en général les cétacés ne se tiennent pas au delà du 78 ou 79° degré, et nous savons qu'ils descendent en hiver à quelques degrés au-dessous; mais ils ne viennent jamais en nombre dans les mers tempérées ou chaudes.

(*) Voyez le Mémoire de Buffon sur la Génération, et les notes que j'y ai ajoutées.

tandis qu'au contraire dans les terres de l'Amérique méridionale, où les grands animaux du nord n'ont pu pénétrer, les molécules organiques vivantes ne se trouvant absorbées par aucun moule animal déjà subsistant, elles se seront réuunies pour former des espèces qui ne ressemblent point aux autres, et qui toutes sont inférieures, tant par la force que par la grandeur, à celles des animaux venus du nord.

Ces deux formations, quoique d'un temps différent, se sont faites de la même manière et par les mêmes moyens; et si les premières sont supérieures à tous égards aux dernières, c'est que la fécondité de la terre, c'est-à-dire la quantité de la matière organique vivante, était moins abondante dans ces climats méridionaux que dans celui du nord. On peut en donner la raison, sans la chercher ailleurs que dans notre hypothèse : car toutes les parties aqueuses, huileuses et ductibles, qui devaient entrer dans la composition des êtres organisés sont tombées avec les eaux sur les parties septentrionales du globe, bien plus tôt et en bien plus grande quantité que sur les parties méridionales : c'est dans ces matières aqueuses et ductiles que les molécules organiques vivantes ont commencé à exercer leur puissance pour modeler et développer les corps organisés; et comme les molécules organiques ne sont produites que par la chaleur sur les matières ductiles, elles étaient aussi plus abondantes dans les terres du nord qu'elles n'ont pu l'être dans les terres du midi, où ces mêmes matières étaient en moindre quantité, il n'est pas étonnant que les premières, les plus fortes et les plus grandes productions de la nature vivante se soient faites dans ces mêmes terres du nord, tandis que dans celles de l'équateur, et particulièrement dans celles de l'Amérique méridionale, où la quantité de ces mêmes matières ductiles était bien moindre, il ne s'est formé que des espèces inférieures plus petites et plus faibles que celles des terres du nord.

Mais revenons à l'objet principal de notre époque : dans ce même temps où les éléphants habitaient nos terres septentrionales, les arbres et les plantes qui couvrent actuellement nos contrées méridionales existaient aussi dans ces mêmes terres du nord. Les monuments semblent le démontrer; car toutes les impressions bien avérées des plantes qu'on a trouvées dans nos ardoises et nos charbons, présentent la figure de plantes qui n'existent actuellement que dans les Grandes Indes ou dans les autres parties du midi. On pourra m'objecter, malgré la certitude du fait par l'évidence de ces preuves, que les arbres et les plantes n'ont pu voyager comme les animaux, ni par conséquent se transporter du nord au midi. A cela je réponds : 1° que ce transport ne s'est pas fait tout à coup, mais successivement; les espèces de végétaux se sont semées de proche en proche dans les terres dont la température leur devenait convenable (*); et ensuite ces mêmes espèces,

(*) Le déplacement ou, si l'on veut, la migration des végétaux est aussi bien démontrée que celui des animaux; et Buffon a raison de dire que les plantes, comme les animaux, se

après avoir gagné jusqu'aux contrées de l'équateur, auront péri dans celles du nord, dont elles ne pouvaient supporter le froid; 2° ce transport, ou plutôt ces accrues successives de bois, ne sont pas mêmes nécessaires pour rendre raison de l'existence de ces végétaux dans les pays méridionaux; car en général la même température, c'est-à-dire le même degré de chaleur, produit partout les mêmes plantes sans qu'elles y aient été transportées (*). La population des terres méridionales par les végétaux est donc encore plus simple que par les animaux.

Il reste celle de l'homme : a-t-elle été contemporaine à celle des animaux? Des motifs majeurs et des raisons très solides se joignent ici pour prouver qu'elle s'est faite postérieurement à toutes nos époques, et que l'homme est en effet le grand et dernier œuvre de la création (**). On ne manquera pas de nous dire que l'analogie semble démontrer que l'espèce humaine a suivi la même marche et qu'elle date du même temps que les autres espèces;

sont lentement avancées vers les régions dont le climat leur convenait le mieux, tandis qu'elles disparaissaient dans celles dont la température cessait d'être adaptée à leurs besoins. Les plantes se déplacent, comme le dit Buffon, de proche en proche par les semis; mais elles peuvent aussi subir des migrations brusques, lointaines et rapides. Les fruits et les graines d'un grand nombre de plantes présentent des détails d'organisation admirablement adaptés à leur dispersion loin des pieds qui les ont produits. Les uns sont pourvus d'ailes ou d'aigrettes lisses qui permettent au vent de les emporter à de très grandes distances; d'autres sont armés de crochets qui se prennent dans les poils des mammifères ou dans le duvet des oiseaux, et qui facilitent leur transport en des localités souvent très éloignées de celles où ils se sont développés; certains fruits ont une pulpe gluante qui les fait adhérer aux plumes des oiseaux; d'autres ont leurs graines protégées par des noyaux très durs que les oiseaux ne peuvent ni broyer ni digérer et qu'ils rendent avec leurs excréments parfois très loin du lieu où ils ont fait leur repas. Grâce à ces traits spéciaux de leur organisation, les fruits et les graines d'un grand nombre de plantes sont disséminés sur une surface géographique d'autant plus considérable que les vents ont plus de force ou que les animaux qui servent à leur transport ont eux-mêmes une aire de dispersion plus étendue.

(*) Ainsi que je l'ai déjà fait remarquer dans des notes antérieures, il est à peu près certain que chaque espèce d'animaux ou de végétaux a une patrie unique, et qu'aucune espèce n'a apparu simultanément dans deux ou plusieurs régions distinctes. Quand on trouve une même espèce dans deux contrées, on peut être certain qu'elle a été transportée dans l'une des deux.

(**) De ce que l'homme est de beaucoup le plus parfait de tous les êtres vivants, il ne faudrait pas conclure qu'il soit le dernier né de tous ceux que nous connaissons et qui vivent à notre époque. Pour qu'il en fût ainsi, il faudrait que tous les animaux formassent une chaîne unique, à chaînons tous reliés uniquement avec le chaînon précédent et avec le chaînon suivant, et tous plus parfaits que le chaînon antérieur et moins parfaits que le chaînon postérieur. Ce n'est pas ce qui existe. Les animaux ne forment pas une chaîne unique, mais un nombre plus ou moins considérable de chaînes dont chacune se rattache à une autre par son extrémité initiale, tandis que son autre extrémité est libre. Il n'est pas probable, par exemple, que la chaîne des singes se continue avec la chaîne des hommes; ce qui est plus probable, c'est que ces deux chaînes ont un point de départ commun. Si l'on aime mieux cette comparaison, on peut considérer l'espèce humaine et le groupe des singes comme deux rameaux d'une même branche, rameaux qui se sont développés indépendamment l'un de l'autre, et qui n'ont de commun que leur origine. On voit par là que l'homme peut être le plus parfait de tous les animaux sans être le plus récent. On admet aujourd'hui qu'il date de l'époque tertiaire.

qu'elle s'est même plus universellement répandue, et que si l'époque de sa création est postérieure à celle des animaux, rien ne prouve que l'homme n'ait pas au moins subi les mêmes lois de la nature, les mêmes altérations, les mêmes changements. Nous conviendrons que l'espèce humaine ne diffère pas essentiellement des autres espèces par ses facultés corporelles, et qu'à cet égard son sort eût été le même à peu près que celui des autres espèces; mais pouvons-nous douter que nous ne différions prodigieusement des animaux par le rayon divin qu'il a plu au souverain Être de nous départir; ne voyons-nous pas que dans l'homme la matière est conduite par l'esprit : il a donc pu modifier les effets de la nature; il a trouvé le moyen de résister aux intempéries des climats; il a créé de la chaleur lorsque le froid l'a détruite : la découverte et les usages de l'élément du feu, dus à sa seule intelligence, l'ont rendu plus fort et plus robuste qu'aucun des animaux, et l'ont mis en état de braver les tristes effets du refroidissement. D'autres arts, c'est-à-dire d'autres traits de son intelligence, lui ont fourni des vêtements, des armes, et bientôt il s'est trouvé le maître du domaine de la terre : ces mêmes arts lui ont donné les moyens d'en parcourir toute la surface et de s'habituer partout; parce qu'avec plus ou moins de précautions tous les climats lui sont devenus pour ainsi dire égaux. Il n'est donc pas étonnant que, quoiqu'il n'existe aucun des animaux du midi de notre continent dans l'autre, l'homme seul, c'est-à-dire son espèce, se trouve également dans cette terre isolée de l'Amérique méridionale, qui paraît n'avoir eu aucune part aux premières formations des animaux, et aussi dans toutes les parties froides ou chaudes de la surface de la terre : car quelque part et quelque loin que l'on ait pénétré depuis la perfection de l'art de la navigation, l'homme a trouvé partout des hommes : les terres les plus disgraciées, les îles les plus isolées, les plus éloignées des continents, se sont presque toutes trouvées peuplées; et l'on ne peut pas dire que ces hommes, tels que ceux des îles Marianes ou ceux d'Othahiti et des autres petites îles situées dans le milieu des mers à de si grandes distances de toutes terres habitées, ne soient néanmoins des hommes de notre espèce puisqu'ils peuvent produire avec nous, et que les petites différences qu'on remarque dans leur nature ne sont que de légères variétés causées par l'influence du climat et de la nourriture.

Néanmoins, si l'on considère que l'homme, qui peut se munir aisément contre le froid, ne peut au contraire se défendre par aucun moyen contre la chaleur trop grande; que même il souffre beaucoup dans les climats que les animaux du midi cherchent de préférence, on aura une raison de plus pour croire que la création de l'homme a été postérieure à celle de ces grands animaux. Le souverain Être n'a pas répandu le souffle de vie dans le même instant sur toute la surface de la terre; il a commencé par féconder les mers et ensuite les terres les plus élevées, et il a voulu donner tout le temps nécessaire à la terre pour se consolider, se figurer, se refroidir, se découvrir, se sécher et arriver enfin à l'état de repos et de tranquillité où l'homme pouvait être le témoin intelligent, l'admirateur paisible du grand spectacle de la nature et des merveilles de la création. Ainsi, nous sommes persuadés, indépendamment de l'autorité des livres sacrés, que l'homme a été créé le dernier, et qu'il n'est venu prendre le sceptre de la terre que quand elle s'est trouvée digne de son empire. Il paraît néanmoins que son premier séjour a d'abord été, comme celui des animaux terrestres, dans les hautes terres de l'Asie, que c'est dans ces mêmes terres où sont nés les arts de première nécessité, et bientôt après les sciences, également nécessaires à l'exercice de la puissance de l'homme, et sans lesquelles il n'aurait pu former de société, ni compter sa vie, ni commander aux animaux, ni se servir autrement des végétaux que pour les brouter. Mais nous nous réservons d'exposer dans notre dernière époque les principaux faits qui ont rapport à l'histoire des premiers hommes.

SIXIÈME ÉPOQUE

LORSQUE S'EST FAITE LA SÉPARATION DES CONTINENTS.

Le temps de la séparation des continents (*) est certainement postérieur au temps où les éléphants habitaient les terres du nord, puisque alors leur espèce était également subsistante en Amérique, en Europe et en Asie. Cela nous est démontré par les monuments, qui sont les dépouilles de ces animaux trouvées dans les parties septentrionales du nouveau continent, comme dans celles de l'ancien. Mais comment est-il arrivé que cette séparation des continents paraisse s'être faite en deux endroits, par deux bandes de mer qui s'étendent depuis les contrées septentrionales, toujours en s'élargissant, jusqu'aux contrées les plus méridionales? Pourquoi ces bandes de mer ne se trouvent-elles pas, au contraire, presque parallèles à l'équateur, puisque le mouvement général des mers se fait d'orient en occident? N'est-ce pas une nouvelle preuve que les eaux sont primitivement venues des pôles, et qu'elles n'ont gagné les parties de l'équateur que successivement? Tant qu'a duré la chute des eaux, et jusqu'à l'entière dépuration de l'atmosphère, leur mouve-

(*) Buffon désigne ainsi l'époque pendant laquelle les continents ont pris la forme qu'ils présentent aujourd'hui. Les connaissances très rudimentaires que l'on avait à cette époque sur la constitution géologique du globe et la distribution des fossiles dans les divers points de sa surface ne permettaient que des hypothèses presque sans fondement. On ne doit donc attacher qu'une faible importance à tout ce chapitre. Buffon y fait cependant preuve, dans plus d'un passage, d'une grande sagacité.

ment général a été dirigé des pôles à l'équateur ; et comme elles venaient en
plus grande quantité du pôle austral, elles ont formé de vastes mers dans
cet hémisphère, lesquelles vont en se rétrécissant de plus en plus dans l'hémisphère boréal, jusque sous le cercle polaire ; et c'est par ce mouvement,
dirigé du sud au nord, que les eaux ont aiguisé toutes les pointes des continents ; mais après leur entier établissement sur la surface de la terre, qu'elles
surmontaient partout de deux milles toises (*) ; leur mouvement des pôles à
l'équateur ne se sera-t-il pas combiné, avant de cesser, avec le mouvement
d'orient en occident? Et lorsqu'il a cessé tout à coup, les eaux, entraînées
par le seul mouvement d'orient en occident, n'ont-elles pas escarpé tous les
revers occidentaux des continents terrestres, quand elles se sont successivement abaissées? Et enfin, n'est-ce pas après leur retraite que tous les continents ont paru et que leurs contours ont pris leur dernière forme?

Nous observerons d'abord que l'étendue des terres dans l'hémisphère boréal, en le prenant du cercle polaire à l'équateur, est si grande en comparaison de l'étendue des terres prises de même dans l'hémisphère austral, qu'on
pourrait regarder le premier comme l'hémisphère terrestre et le second comme
l'hémisphère maritime (**). D'ailleurs, il y a si peu de distance entre les deux
continents vers les régions de notre pôle qu'on ne peut guère douter qu'ils
ne fussent continus dans les temps qui ont succédé à la retraite des eaux. Si
l'Europe est aujourd'hui séparée du Groënland, c'est probablement parce
qu'il s'est fait un affaissement considérable entre les terres du Groënland et
celles de Norvège et de la pointe de l'Écosse, dont les Orcades, l'île de Shet-
land, celles de Feroë, de l'Islande et de Hola ne nous montrent plus que les
sommets des terrains submergés ; et si le continent de l'Asie n'est plus contigu à celui de l'Amérique vers le nord, c'est sans doute en conséquence d'un
effet tout semblable. Ce premier affaissement que les volcans d'Islande paraissent nous indiquer, a non seulement été postérieur aux affaissements des
contrées de l'équateur et à la retraite des mers, mais postérieur encore de
quelques siècles à la naissance des grands animaux terrestres dans les con-

(*) Buffon admet toujours que l'eau a pendant un certain laps de temps recouvert entièrement le globe terrestre. Cette manière de voir est fort contestée aujourd'hui. « Raison-
nant par analogie, dit Lyell, il est probable que la terre ferme, à aucune époque du passé,
n'occupa plus d'un quart de la surface d'aucune région donnée. »

(**) Non seulement les terres occupent plus d'étendue au voisinage du pôle boréal
qu'autour du pôle austral, mais encore l'étendue des terres polaires est beaucoup plus
grande que celle des terres intertropicales, et c'est à cette distribution de la terre ferme
qu'on doit attribuer l'abaissement de température que tous nos continents paraissent avoir
subi depuis le commencement de la période tertiaire. La température élevée dont jouissaient jadis les régions aujourd'hui tempérées du globe doit être attribuée à ce qu'alors,
dans les régions polaires, c'est-à-dire entre les pôles et le 60e degré de latitude, la terre
ferme et la mer étaient dans le rapport de 2 1/2 de terre pour 1 de mer. Aujourd'hui, ce
rapport est de 1 : 1. D'un autre côté, le rapport de la terre ferme à la mer dans les régions
intertropicales a probablement été jadis de 4 : 1, tandis qu'il est aujourd'hui seulement
de 2 1/2 : 1.

trées septentrionales ; et l'on ne peut douter que la séparation des continents vers le nord ne soit d'un temps assez moderne en comparaison de la division de ces mêmes continents vers les parties de l'équateur.

Nous présumons encore que non seulement le Groënland a été joint à la Norvège et à l'Écosse, mais aussi que le Canada pouvait l'être à l'Espagne par les bancs de Terre-Neuve, les Açores et les autres îles et hauts-fonds qui se trouvent dans cet intervalle de mers ; ils semblent nous présenter aujourd'hui les sommets les plus élevés de ces terres affaissées sous les eaux. La submersion en est peut-être encore plus moderne que celle du continent de l'Islande, puisque la tradition paraît s'en être conservée : l'histoire de l'île Atlantide, rapportée par Diodore et Platon, ne peut s'appliquer qu'à une très grande terre qui s'étendait fort au loin à l'occident de l'Espagne ; cette terre atlantide était très peuplée, gouvernée par des rois puissants qui commandaient à plusieurs milliers de combattants, et cela nous indique assez positivement le voisinage de l'Amérique avec ces terres atlantiques situées entre les deux continents (*). Nous avouerons néanmoins que la seule chose qui soit ici démontrée par le fait, c'est que les deux continents étaient réunis dans le temps de l'existence des éléphants dans les contrées septentrionales de l'un et de l'autre, et il y a, selon moi, beaucoup plus de probabilités pour cette continuité de l'Amérique avec l'Asie qu'avec l'Europe ; voici les faits et les observations sur lesquelles je fonde cette opinion.

1° Quoiqu'il soit probable que les terres du Groënland tiennent à celles de l'Amérique, l'on n'en est pas assuré, car cette terre du Groënland en est séparée d'abord par le détroit de Davis, qui ne laisse pas d'être fort large, et ensuite par la baie de Baffin, qui l'est encore plus ; et cette baie s'étend jusqu'au 78° degré, en sorte que ce n'est qu'au delà de ce terme que le Groënland et l'Amérique peuvent être contigus.

2° Le Spitzberg paraît être une continuité des terres de la côte orientale du Groënland, et il y a un assez grand intervalle de mer entre cette côte du Groënland et celle de la Laponie ; ainsi, l'on ne peut guère imaginer que les éléphants de Sibérie ou de Russie aient pu passer au Groënland : il en est de même de leur passage par la bande de terre que l'on peut supposer entre la

---

(*) On admet encore aujourd'hui assez volontiers qu'il a existé jadis, dans la région occupée par l'océan Atlantique, une terre d'une grande étendue, étalée entre l'Amérique et l'Europe, à la hauteur du tropique, mais on s'accorde généralement à penser que cette terre était une île. Les anthropologistes se plaisent à y placer le berceau de l'espèce humaine. L'existence de cette terre coïncidait, sans nul doute, avec un abaissement considérable des régions polaires, de sorte que les terres fermes étaient alors plus étendues entre les tropiques qu'elles ne le sont à notre époque, tandis que les terres polaires étaient au contraire moins étendues qu'elles ne le sont aujourd'hui. C'est à cette prédominance des terres intertropicales sur les terres polaires qu'il faut attribuer la température élevée dont tout notre globe jouissait à cette époque. Plus tard, tandis que les terres de l'Atlantique s'affaissaient, les terres du pôle se soulevaient et la température subissait un abaissement correspondant au changement qui s'effectuait dans le rapport des terres tropicales aux terres polaires.

Norvège, l'Écosse, l'Islande et le Groënland; car cet intervalle nous présente des mers d'une largeur assez considérable, et d'ailleurs ces terres, ainsi que celles du Groënland, sont plus septentrionales que celles où l'on trouve les ossements d'éléphants, tant au Canada qu'en Sibérie : il n'est donc pas vraisemblable que ce soit par ce chemin, actuellement détruit de fond en comble, que ces animaux aient communiqué d'un continent à l'autre.

3° Quoique la distance de l'Espagne au Canada soit beaucoup plus grande que celle de l'Écosse au Groënland, cette route me paraîtrait la plus naturelle de toutes, si nous étions forcés d'admettre le passage des éléphants d'Europe en Amérique; car ce grand intervalle de mer entre l'Espagne et les terres voisines du Canada est prodigieusement raccourci par les bancs et les îles dont il est semé, et ce qui pourrait donner quelque probabilité de plus à cette présomption, c'est la tradition de la submersion de l'Atlantide.

4° L'on voit que de ces trois chemins, les deux premiers paraissent impraticables, et le dernier si long qu'il y a peu de vraisemblance que les éléphants aient pu passer d'Europe en Amérique. En même temps, il y a des raisons très fortes qui me portent à croire que cette communication des éléphants d'un continent à l'autre a dû se faire par les contrées septentrionales de l'Asie, voisines de l'Amérique. Nous avons observé qu'en général toutes les côtes, toutes les pentes des terres sont plus rapides vers les mers à l'occident, lesquelles, par cette raison, sont ordinairement plus profondes que les mers à l'orient : nous avons vu qu'au contraire tous les continents s'étendent en longues pentes douces vers ces mers de l'orient. On peut donc présumer avec fondement que les mers orientales au delà et au-dessus de Kamtschatka n'ont que peu de profondeur; et l'on a déjà reconnu qu'elles sont semées d'une très grande quantité d'îles, dont quelques-unes forment des terrains d'une vaste étendue, c'est un archipel qui s'étend depuis Kamtschatka jusqu'à moitié de la distance de l'Asie à l'Amérique sous le 60° degré, et qui semble y toucher sous le cercle polaire, par les îles d'Anadir et par la pointe du continent de l'Asie (a).

D'ailleurs, les voyageurs qui ont également fréquenté les côtes occidentales du nord de l'Amérique et les terres orientales depuis Kamtschatka jusqu'au nord de cette partie de l'Asie, conviennent que les naturels de ces deux contrées d'Amérique et d'Asie se ressemblent si fort qu'on ne peut guère douter qu'ils ne soient issus les uns des autres; non seulement ils se ressemblent par la taille, par la forme des traits, la couleur des cheveux et la conformation du corps et des membres, mais encore par les mœurs et même par le langage : il y a donc une très grande probabilité que c'est de ces terres de l'Asie que l'Amérique a reçu ses premiers habitants de toutes espèces, à moins qu'on ne voulût prétendre que les éléphants et tous les autres ani-

(a) Voyez la carte des nouvelles découvertes au delà de Kamtschatka, gravée à Pétersbourg en 1773.

maux, ainsi que les végétaux, ont été créés en grand nombre dans tous les climats où la température pouvait leur convenir ; supposition hardie et plus que gratuite, puisqu'il suffit de deux individus ou même d'un seul, c'est-à-dire d'un ou deux moules une fois donnés et doués de la faculté de se reproduire, pour qu'en un certain nombre de siècles, la terre se soit peuplée de tous les êtres organisés dont la reproduction suppose ou non le concours des sexes (*).

En réfléchissant sur la tradition de la submersion de l'Atlantide, il m'a paru que les anciens Égyptiens, qui nous l'ont transmise, avaient des communications de commerce, par le Nil et la Méditerranée, jusqu'en Espagne et en Mauritanie, et que c'est par cette communication qu'ils auront été informés de ce fait qui, quelque grand et quelque mémorable qu'il soit, ne serait pas parvenu à leur connaissance s'ils n'étaient pas sortis de leur pays, fort éloigné du lieu de l'événement : il semblerait donc que la Méditerranée, et même le détroit qui la joint à l'Océan, existaient avant la submersion de l'Atlantide ; néanmoins l'ouverture du détroit pourrait bien être de la même date. Les causes qui ont produit l'affaissement subit de cette vaste terre ont dû s'étendre aux environs ; la même commotion qui l'a détruite a pu faire écrouler la petite portion de montagnes qui fermait autrefois le détroit ; les tremblements de terre qui, même de nos jours, se font encore sentir si violemment aux environs de Lisbonne, nous indiquent assez qu'ils ne sont que les derniers effets d'une ancienne et plus puissante cause, à laquelle on peut attribuer l'affaissement de cette portion de montagnes.

Mais qu'était la Méditerranée avant la rupture de cette barrière du côté de l'Océan et de celle qui fermait le Bosphore à son autre extrémité vers la mer Noire (**) ?

(*) Tout concourt à démontrer que, comme le pensait Buffon, l'Amérique du Nord et l'Asie septentrionale ont été jadis en communication.

(**) On admet aujourd'hui généralement que la mer Méditerranée ne date que d'une époque relativement récente, puisqu'on attribue en partie son affaissement à la période tertiaire. Pendant que le sol s'affaissait pour former la Méditerranée, les Pyrénées et les Alpes se soulevaient. « C'est ainsi, dit Lyell, que les Alpes ont acquis 1,200 mètres et même, sur certains points, plus de 3,000 mètres de leur altitude actuelle, depuis le commencement de la période éocène, et que les Pyrénées ont atteint leur présente hauteur qui, au mont Perdu, dépasse 3,300 mètres, depuis le dépôt de la division nummulitique ou éocène de la série tertiaire. Quelques-unes de ces couches tertiaires se trouvent au pied de la chaîne, à quelques mètres seulement au-dessus du niveau de la mer ; elles ont conservé une position horizontale, sans avoir participé, en général, aux dérangements qu'a subis la série la plus ancienne. Il résulte de là que la grande barrière qui sépare l'Espagne de la France a été presque entièrement soulevée pendant l'intervalle qui s'est écoulé entre le dépôt de certains groupes de couches tertiaires. D'un autre côté, il n'y aurait rien d'impossible à ce que, pendant le même laps de siècles, quelques chaînes de montagnes eussent été abaissées dans de semblables proportions, et des bas-fonds se fussent trouvés convertis en profonds abîmes, comme cela paraît être arrivé bien positivement dans la Méditerranée. » Si, au début de la période éocène, la Méditerranée existait déjà, elle continua à se creuser pendant la période tertiaire.

Pour répondre à cette question d'une manière satisfaisante, il faut réunir sous un même coup d'œil l'Asie, l'Europe et l'Afrique, ne les regarder que comme un seul continent, et se représenter la forme en relief de la surface de tout ce continent avec le cours de ses fleuves : il est certain que ceux qui tombent dans le lac Aral et dans la mer Caspienne, ne fournissent qu'autant d'eau que ces lacs en perdent par l'évaporation ; il est encore certain que la mer Noire reçoit, en proportion de son étendue, beaucoup plus d'eau par les fleuves que n'en reçoit la Méditerranée ; aussi la mer Noire se décharge-t-elle par le Bosphore de ce qu'elle a de trop, tandis qu'au contraire la Méditerranée, qui ne reçoit qu'une petite quantité d'eau par les fleuves, en tire de l'Océan et de la mer Noire. Ainsi, malgré cette communication avec l'Océan, la mer Méditerranée et ces autres mers intérieures ne doivent être regardées que comme des lacs dont l'étendue a varié, et qui ne sont pas aujourd'hui tels qu'ils étaient autrefois : la mer Caspienne devait être beaucoup plus grande et la Méditerranée plus petite, avant l'ouverture des détroits du Bosphore et de Gibraltar ; le lac Aral et la Caspienne ne faisaient qu'un seul grand lac, qui était le réceptacle commun du Volga, du Jaïk, du Sirderoias, de l'Oxus et de toutes les autres eaux qui ne pouvaient arriver à l'Océan : ces fleuves ont amené successivement les limons et les sables qui séparent aujourd'hui la Caspienne et l'Aral ; le volume d'eau a diminué dans ces fleuves à mesure que les montagnes dont ils entraînent les terres ont diminué de hauteur : il est donc très probable que ce grand lac, qui est au centre de l'Asie, était anciennement encore plus grand, et qu'il communiquait avec la mer Noire avant la rupture du Bosphore ; car dans cette supposition, qui me paraît bien fondée (a), la mer Noire, qui reçoit aujourd'hui plus d'eau qu'elle ne pourrait en perdre par l'évaporation, étant alors jointe avec la Caspienne, qui n'en reçoit qu'autant qu'elle en perd, la surface de ces deux mers réunies était assez étendue pour que toutes les eaux amenées par les fleuves fussent enlevées par l'évaporation (*).

D'ailleurs le Don et le Volga sont si voisins l'un de l'autre au nord de ces deux mers qu'on ne peut guère douter qu'elles ne fussent réunies dans le temps où le Bosphore encore fermé ne donnait à leurs eaux aucune issue vers la Méditerranée : ainsi celles de la mer Noire et de ses dépendances étaient alors répandues sur toutes les terres basses qui avoisinent le Don, le Donjec, etc., et celles de la mer Caspienne couvraient les terres voisines du Volga, ce qui formait un lac plus long que large qui réunissait ces deux mers. Si l'on compare l'étendue actuelle du lac Aral, de la mer Caspienne et de la

(a) Voyez ci-après les notes justificatives des faits.

(*) Il est, en effet, aujourd'hui bien démontré que la mer Caspienne et la mer Noire ont été confondues pendant la période tertiaire ; peut-être même ont-elles été en communication avec la vaste mer qui, pendant une portion de l'époque tertiaire, a recouvert la Russie, la Pologne, une partie de l'Allemagne et de la Norvège.

mer Noire, avec l'étendue que nous leur supposons dans le temps de leur continuité, c'est-à-dire avant l'ouverture du Bosphore, on sera convaincu que la surface de ces eaux étant alors plus que double de ce qu'elle est aujourd'hui, l'évaporation seule suffisait pour en maintenir l'équilibre sans débordement.

Ce bassin, qui était alors peut-être aussi grand que l'est aujourd'hui celui de la Méditerranée, recevait et contenait les eaux de tous les fleuves de l'intérieur du continent de l'Asie, lesquelles, par la position des montagnes, ne pouvaient s'écouler d'aucun côté pour se rendre dans l'Océan : ce grand bassin était le réceptacle commun des eaux du Danube, du Don, du Volga, du Jaïk, du Sirderoias et de plusieurs autres rivières très considérables, qui arrivent à ces fleuves ou qui tombent immédiatement dans ces mers intérieures. Ce bassin, situé au centre du continent, recevait les eaux des terres de l'Europe dont les pentes sont dirigées vers le cours du Danube, c'est-à-dire de la plus grande partie de l'Allemagne, de la Moldavie, de l'Ukraine et de la Turquie d'Europe ; il recevait de même les eaux d'une grande partie des terres de l'Asie au nord, par le Don, le Donjec, le Volga, le Jaïk, etc., et au midi par le Sirderoias et l'Oxus, ce qui présente une très vaste étendue de terre dont toutes les eaux se versaient dans ce réceptacle commun, tandis que le bassin de la Méditerranée ne recevait alors que celles du Nil, du Rhône, du Pô, et de quelques autres rivières : de sorte qu'en comparant l'étendue des terres qui fournissent les eaux à ces derniers fleuves, on reconnaîtra évidemment que cette étendue est de moitié plus petite. Nous sommes donc bien fondés à présumer qu'avant la rupture du Bosphore et celle du détroit de Gibraltar, la mer Noire, réunie avec la mer Caspienne et l'Aral, formait un bassin d'une étendue double de ce qu'il en reste, et qu'au contraire la Méditerranée était dans le même temps de moitié plus petite qu'elle ne l'est aujourd'hui.

Tant que les barrières du Bosphore et de Gibraltar ont subsisté, la Méditerranée n'était donc qu'un lac d'assez médiocre étendue, dont l'évaporation suffisait à la recette des eaux du Nil, du Rhône est des autres rivières qui lui appartiennent ; mais en supposant, comme les traditions semblent l'indiquer, que le Bosphore se soit ouvert le premier, la Méditerranée aura dès lors considérablement augmenté et en même proportion que le bassin supérieur de la mer Noire et de la Caspienne aura diminué : ce grand effet n'a rien que de très naturel, car les eaux de la mer Noire, supérieures à celles de la Méditerranée, agissant continuellement par leur poids et par leur mouvement contre les terres qui fermaient le Bosphore, elles les auront minées par la base, elles en auront attaqué les endroits les plus faibles, ou peut-être auront-elles été amenées par quelque affaissement causé par un tremblement de terre, et s'étant une fois ouvert cette issue, elles auront inondé toutes les terres inférieures et causé le plus ancien déluge de notre continent ; car il est nécessaire que cette rupture du Bosphore ait produit tout à coup une grande inondation permanente qui a noyé dès ce premier temps toutes les plus basses terres de la Grèce et des provinces adjacentes; et cette inondation s'est en même temps étendue sur les terres qui environnaient anciennement le bassin de la Méditerranée, laquelle s'est dès lors élevée de plusieurs pieds et aura couvert pour jamais les basses terres de son voisinage, encore plus du côté de l'Afrique que de celui de l'Europe : car les côtes de la Mauritanie et de la Barbarie sont très basses en comparaison de celles de l'Espagne, de la France et de l'Italie tout le long de cette mer; ainsi, le continent a perdu en Afrique et en Europe autant de terre qu'il en gagnait pour ainsi dire en Asie par la retraite des eaux entre la mer Noire, la Caspienne et l'Aral.

Ensuite il y a eu un second déluge lorsque la porte du détroit de Gibraltar s'est ouverte : les eaux de l'Océan ont dû produire dans la Méditerranée une seconde augmentation et ont achevé d'inonder les terres qui n'étaient pas submergées. Ce n'est peut-être que dans ce second temps que s'est formé le golfe Adriatique, ainsi que la séparation de la Sicile et des autres îles. Quoi qu'il en soit, ce n'est qu'après ces deux grands événements que l'équilibre de ces deux mers intérieures a pu s'établir, et qu'elles ont pris leurs dimensions à peu près telles que nous les voyons aujourd'hui.

Au reste, l'époque de la séparation des deux grands continents, et même celle de la rupture de ces barrières de l'Océan et de la mer Noire, paraissent être bien plus anciennes que la date des déluges dont les hommes ont conservé la mémoire; celui de Deucalion n'est que d'environ quinze cents ans avant l'ère chrétienne, et celui d'Ogygès de dix-huit cents ans; tous deux n'ont été que des inondations particulières dont la première ravagea la Thessalie, et la seconde les terres de l'Attique ; tous deux n'ont été produits que par une cause particulière et passagère comme leurs effets; quelques secousses d'un tremblement de terre ont pu soulever les eaux des mers voisines et les faire refluer sur les terres qui auront été inondées pendant un petit temps sans être submergées à demeure. Le déluge de l'Arménie et de l'Égypte, dont la tradition s'est conservée chez les Égyptiens et les Hébreux, quoique plus ancien d'environ cinq siècles que celui d'Ogygès, est encore bien récent en comparaison des événements dont nous venons de parler, puisque l'on ne compte qu'environ quatre mille cent années depuis ce premier déluge, et qu'il est très certain que le temps où les éléphants habitaient les terres du nord était bien antérieur à cette date moderne : car nous sommes assurés par les livres les plus anciens que l'ivoire se tirait des pays méridionaux; par conséquent nous ne pouvons douter qu'il n'y ait plus de trois mille ans que les éléphants habitent les terres où ils se trouvent aujourd'hui. On doit donc regarder ces trois déluges, quelque mémorables qu'ils soient, comme des inondations passagères qui n'ont point changé la surface

de la terre, tandis que la séparation des deux continents du côté de l'Europe
n'a pu se faire qu'en submergeant à jamais les terres qui les réunissaient ;
il en est de même de la plus grande partie des terrains actuellement couverts
par les eaux de la Méditerranée ; ils ont été submergés pour toujours dès les
temps où les portes se sont ouvertes aux deux extrémités de cette mer intérieure pour recevoir les eaux de la mer Noire et celles de l'Océan.

Ces événements, quoique postérieurs à l'établissement des animaux terrestres dans les contrées du nord, ont peut-être précédé leur arrivée dans les
terres du midi ; car nous avons démontré, dans l'époque précédente, qu'il
s'est écoulé bien des siècles avant que les éléphants de Sibérie aient pu
venir en Afrique ou dans les parties méridionales de l'Inde. Nous avons
compté dix mille ans pour cette espèce de migration qui ne s'est faite qu'à
mesure du refroidissement successif et fort lent des différents climats depuis
le cercle polaire à l'équateur. Ainsi la séparation des continents, la submersion des terres qui les réunissaient, celle des terrains adjacents à l'ancien
lac de la Méditerranée, et enfin la séparation de la mer Noire, de la Caspienne et de l'Aral, quoique toutes postérieures à l'établissement de ces animaux dans les contrées du nord, pourraient bien être antérieures à la population des terres du midi, dont la chaleur trop grande alors ne permettait pas
aux êtres sensibles de s'y habituer, ni même d'en approcher. Le soleil était
encore l'ennemi de la nature dans ces régions brûlantes de leur propre chaleur, et il n'en est devenu le père que quand cette chaleur intérieure de la
terre s'est attiédie pour ne pas offenser la sensibilité des terres qui nous
ressemblent. Il n'y a peut-être pas cinq mille ans que les terres de la zone
torride sont habitées, tandis qu'on en doit compter au moins quinze mille
depuis l'établissement des animaux terrestres dans les contrées du nord.

Les hautes montagnes, quoique situées dans les climats les plus chauds,
se sont refroidies peut-être aussi promptement que celles des pays tempérés,
parce qu'étant plus élevées que ces dernières, elles forment des pointes plus
éloignées de la masse du globe ; l'on doit donc considérer qu'indépendamment du refroidissement général et successif de la terre depuis les pôles
à l'équateur, il y a eu des refroidissements particuliers plus ou moins
prompts dans toutes les montagnes et dans les terres élevées des différentes
parties du globe et que, dans le temps de sa trop grande chaleur, les seuls
lieux qui fussent convenables à la nature vivante ont été les sommets des
montagnes et les autres terres devenues très élevées, telles que celles de la
Sibérie et de la haute Tartarie.

Lorsque toutes les eaux ont été établies sur le globe, leur mouvement
d'orient en occident a escarpé les revers occidentaux de tous les continents
pendant tout le temps qu'a duré l'abaissement des mers : ensuite ce même
mouvement d'orient en occident a dirigé les eaux contre les pentes douces
des terres orientales, et l'Océan s'est emparé de leurs anciennes côtes ; et de

plus, il paraît avoir tranché toutes les pointes des continents terrestres, et avoir formé les détroits de Magellan à la pointe de l'Amérique, de Ceylan à la pointe de l'Inde, de Forbisher à celle du Groënland, etc.

C'est à la date d'environ dix mille ans, à compter de ce jour, en arrière, que je placerais la séparation de l'Europe et de l'Amérique ; et c'est à peu près dans ce même temps que l'Angleterre a été séparée de la France, l'Irlande de l'Angleterre, la Sicile de l'Italie, la Sardaigne de la Corse, et toutes deux du continent de l'Afrique ; c'est peut-être aussi dans ce même temps que les Antilles, Saint-Domingue et Cuba ont été séparés du continent de l'Amérique : toutes ces divisions particulières sont contemporaines ou de peu postérieures à la grande séparation des deux continents ; la plupart même ne paraissent être que les suites nécessaires de cette grande division, laquelle, ayant ouvert une large route aux eaux de l'Océan, leur aura permis de refluer sur toutes les terres basses, d'en attaquer par leur mouvement les parties les moins solides, de les miner peu à peu et de les trancher enfin, jusqu'à les séparer des continents voisins.

On peut attribuer la division entre l'Europe et l'Amérique à l'affaissement des terres qui formaient autrefois l'Atlantide ; et la séparation entre l'Asie et l'Amérique (si elle existe réellement) supposerait un pareil affaissement dans les mers septentrionales de l'Orient, mais la tradition ne nous a conservé que la mémoire de la submersion de la Taprobane, terre située dans le voisinage de la zone torride, et par conséquent trop éloignée pour avoir influé sur cette séparation des continents vers le nord (a). L'inspection du globe nous indique à la vérité qu'il y a eu des bouleversements plus grands et plus fréquents dans l'océan Indien que dans aucune autre partie du monde, et que non seulement il s'est fait de grands changements dans ces contrées par l'affaissement des cavernes, les tremblements de terre et l'action des volcans, mais encore par l'effet continuel du mouvement général des mers qui, constamment dirigées d'orient en occident, ont gagné une grande étendue de terrain sur les côtes anciennes de l'Asie, et ont formé les petites mers intérieures de Kamtschatka, de la Corée, de la Chine, etc. Il paraît même qu'elles ont aussi noyé toutes les terres basses qui étaient à l'orient de ce continent : car si l'on tire une ligne depuis l'extrémité septentrionale de l'Asie, en passant par la pointe de Kamtschatka jusqu'à la Nouvelle-Guinée, c'est-à-dire depuis le cercle polaire jusqu'à l'équateur, on verra que les îles Marianes et celles des Callanos, qui se trouvent dans la direction de cette ligne sur une longueur de plus de deux cent cinquante lieues, sont les restes ou plutôt les anciennes côtes de ces vastes terres envahies par la mer : ensuite, si l'on considère les terres depuis celles du Japon à Formose, de Formose aux Philippines, des Philippines à la Nouvelle-Guinée, on sera porté à croire que le

(a) Voyez ci-après les notes justificatives des faits.

continent de l'Asie était autrefois contigu avec celui de la Nouvelle-Hollande, lequel s'aiguise et aboutit en pointe vers le midi, comme tous les autres grands continents.

Ces bouleversements si multipliés et si évidents dans les mers méridionales, l'envahissement tout aussi évident des anciennes terres orientales par les eaux de ce même Océan, nous indiquent assez les prodigieux changements qui sont arrivés dans cette vaste partie du monde, surtout dans les contrées voisines de l'équateur : cependant ni l'une ni l'autre de ces grandes causes n'a pu produire la séparation de l'Asie et de l'Amérique vers le nord ; il semblerait au contraire que si ces continents eussent été séparés au lieu d'être continus, les affaissements vers le midi et l'irruption des eaux dans les terres de l'orient, auraient dû attirer celles du nord, et par conséquent découvrir la terre de cette région entre l'Asie et l'Amérique : cette considération confirme les raisons que j'ai données ci-devant pour la contiguïté réelle des deux continents vers le nord en Asie.

Après la séparation de l'Europe et de l'Amérique, après la rupture des détroits, les eaux ont cessé d'envahir de grands espaces, et dans la suite la terre a plus gagné sur la mer qu'elle n'a perdu, car indépendamment des terrains de l'intérieur de l'Asie nouvellement abandonnés par les eaux, tels que ceux qui environnent la Caspienne et l'Aral, indépendamment de toutes les côtes en pente douce que cette dernière retraite des eaux laissait à découvert, les grandes fleuves ont presque tous formé des îles et de nouvelles contrées près de leurs embouchnres. On sait que le *Delta* de l'Égypte, dont l'étendue ne laisse pas d'être considérable, n'est qu'un atterrissement produit par les dépôts du Nil : il en est de même de la grande Isle à l'entrée du fleuve Amour, dans la mer orientale de la Tartarie chinoise. En Amérique, la partie méridionale de la Louisiane près du fleuve Mississipi, et la partie orientale située à l'embouchure de la rivière des Amazones, sont des terres nouvellement formées par le dépôt de ces grands fleuves. Mais nous ne pouvons choisir un exemple plus grand d'une contrée récente que celui des vastes terres de la Guyane : leur aspect nous rappellera l'idée de la nature brute, et nous présentera le tableau nuancé de la formation successive d'une terre nouvelle (*).

Dans une étendue de plus de cent vingt lieues, depuis l'embouchure de la rivière de Cayenne jusqu'à celle des Amazones, la mer, de niveau avec la terre, n'a d'autre fond que de la vase, et d'autres côtes qu'une couronne de bois aquatiques, de *mangles* ou *palétuviers*, dont les racines, les tiges et les branches courbées trempent également dans l'eau salée, et ne présentent que des halliers aqueux qu'on ne peut pénétrer qu'en canot et la hache à la main. Ce fond de vase s'étend en pente douce à plusieurs lieues sous les

(*) On va voir que Buffon avait très bien compris l'importance énorme du rôle joué par les fleuves dans la formation des terres.

eaux de la mer. Du côté de la terre, au delà de cette large lisière de palétuviers dont les branches, plus inclinées vers l'eau qu'élevées vers le ciel, forment un fort qui sert de repaire à des animaux immondes, s'étendent encore
des *savanes* noyées, plantées de *palmiers lataniers* et jonchées de leurs
débris : ces lataniers sont de grands arbres dont à la vérité le pied est encore
dans l'eau, mais dont la tête et les branches élevées et garnies de fruits,
invitent les oiseaux à s'y percher. Au delà des palétuviers et des lataniers
l'on ne trouve encore que des bois mous, des *comons*, des *pineaux* qui ne
croissent pas dans l'eau, mais dans les terrains bourbeux auxquels aboutissent les savanes noyées : ensuite commencent des forêts d'une autre essence;
les terres s'élèvent en pente douce et marquent, pour ainsi dire, leur élévation par la solidité et la dureté des bois qu'elles produisent ; enfin, après
quelques lieues de chemin en ligne directe depuis la mer, on trouve des
collines dont les coteaux, quoique rapides, et même les sommets, sont également garnis d'une grande épaisseur de bonne terre, plantée partout d'arbres
de tous âges, si pressés, si serrés les uns contre les autres, que leurs cimes
entrelacées laissent à peine passer la lumière du soleil, et sous leur ombre
épaisse entretiennent une humidité si froide que le voyageur est obligé
d'allumer du feu pour y passer la nuit, tandis qu'à quelque distance de ces
sombres forêts, dans les lieux défrichés, la chaleur, excessive pendant le
jour, est encore trop grande pendant la nuit. Cette vaste terre des côtes et
de l'intérieur de la Guyane n'est donc qu'une forêt tout aussi vaste, dans
laquelle des sauvages en petit nombre ont fait quelques clairières et de petits
abatis pour pouvoir s'y domicilier sans perdre la jouissance de la chaleur de
la terre et de la lumière du jour.

La grande épaisseur de terre végétale qui se trouve jusque sur le sommet
des collines démontre la formation récente de toute la contrée ; elle l'est en
effet au point qu'au-dessus de l'une de ces collines, nommée la *Gabrielle*, on
voit un petit lac peuplé de crocodiles *caïmans* que la mer y a laissés, à cinq
ou six lieues de distance, et à six ou sept cents pieds de hauteur au-dessus
de son niveau. Nulle part on ne trouve de la pierre calcaire, car on transporte
de France la chaux nécessaire pour bâtir à Cayenne : ce qu'on appelle
pierre à ravets n'est point une pierre, mais une lave de volcan, trouée
comme les scories des forges : cette lave se présente en blocs épars ou en
monceaux irréguliers dans quelques montagnes où l'on voit les bouches des
anciens volcans qui sont actuellement éteints, parce que la mer s'est retirée
et éloignée du pied de ces montagnes. Tout concourt donc à prouver qu'il
n'y a pas longtemps que les eaux ont abandonné ces collines, et encore moins
de temps qu'elles ont laissé paraître les plaines et les terres basses, car
celles-ci ont été presque entièrement formées par le dépôt des eaux courantes. Les fleuves, les rivières, les ruisseaux sont si voisins les uns des
autres et en même temps si larges, si gonflés, si rapides dans la saison des

pluies, qu'ils entraînent incessamment des limons immenses, lesquels se déposent, sur toutes les terres bases et sur le fond de la mer, en sédiments vaseux (a) : ainsi cette terre nouvelle s'accroîtra de siècle en siècle tant qu'elle ne sera pas peuplée : car on doit compter pour rien le petit nombre d'hommes qu'on y rencontre ; ils sont encore, tant au moral qu'au physique, dans l'état de pure nature ; ni vêtements, ni religion, ni société qu'entre quelques familles dispersées à de grandes distances, peut-être au nombre de trois ou quatre cents carbets, dans une terre dont l'étendue est quatre fois plus grande que celle de la France.

Ces hommes, ainsi que la terre qu'ils habitent, paraissent être les plus nouveaux de l'univers : ils y sont arrivés des pays les plus élevés et dans des temps postérieurs à l'établissement de l'espèce humaine dans les hautes contrées du Mexique, du Pérou et du Chili ; car en supposant les premiers hommes en Asie, ils auront passé par la même route que les éléphants, et se seront en arrivant répandus dans les terres de l'Amérique septentrionale et du Mexique ; ils auront ensuite aisément franchi les hautes terres au delà de l'isthme, et se seront établis dans celles du Pérou, et enfin ils auront pénétré jusque dans les contrées les plus reculées de l'Amérique méridionale. Mais n'est-il pas singulier que ce soit dans quelques-unes de ces dernières contrées qu'existent encore de nos jours les géants de l'espèce humaine, tandis qu'on n'y voit que des pigmées dans le genre des animaux (*) ? car on ne peut douter qu'on n'ait rencontré dans l'Amérique méridionale des hommes en grand nombre, tous plus grands, plus carrés, plus épais et plus forts que ne le sont tous les autres hommes de la terre. Les races de géants, autrefois si communes en Asie, n'y subsistent plus : pourquoi se trouvent-elles en Amérique aujourd'hui ? Ne pouvons-nous pas croire que quelques géants, ainsi que les éléphants, ont passé de l'Asie en Amérique, où, s'étant trouvés pour ainsi dire seuls, leur race s'est conservée dans ce continent désert, tandis qu'elle a été entièrement détruite par le nombre des autres hommes dans les contrées peuplées ; une circonstance me paraît avoir concouru au maintien de cette ancienne race de géants dans le continent du nouveau monde : ce sont les hautes montagnes qui le partagent dans toute sa longueur et sous tous les climats. Or, on sait qu'en général les habitants des montagnes sont plus grands et plus forts que ceux des vallées ou des plaines. Supposant donc quelques couples de géants passés d'Asie en Amérique, où ils auront trouvé la liberté, la tranquillité, la paix, ou d'autres avantages que peut-être ils n'avaient pas chez eux, n'auront-ils pas choisi dans les terres de leur nouveau domaine celles qui leur convenaient le mieux, tant

(a) Voyez ci-après les notes justificatives des faits.

(*) Il n'existe pas plus de « géants » en Amérique qu'ailleurs. Buffon adopte ici trop légèrement une croyance répandue de son temps.

pour la chaleur que pour la salubrité de l'air et des eaux? Ils auront fixé leur domicile à une hauteur médiocre dans les montagnes; ils se seront arrêtés sous le climat le plus favorable à leur multiplication; et comme ils avaient peu d'occasions de se mésallier, puisque toutes les terres voisines étaient désertes, ou du moins tout aussi nouvellement peuplées par un petit nombre d'hommes bien inférieurs en force, leur race gigantesque s'est propagée sans obstacles et presque sans mélange; elle a duré et subsisté jusqu'à ce jour, tandis qu'il y a nombre de siècles qu'elle a été détruite dans les lieux de son origine en Asie (a), par la très grande et plus ancienne population de cette partie du monde.

Mais autant les hommes se sont multipliés dans les terres qui sont actuellement chaudes et tempérées, autant leur nombre a diminué dans celles qui sont devenues trop froides. Le nord du Groenland, de la Laponie, du Spitzberg, de la Nouvelle-Zemble, de la terre des Samoïèdes, ausi bien qu'une partie de celles qui avoisinent la mer Glaciale jusqu'à l'extrémité de l'Asie, au nord de Kamtschatka, sont actuellement désertes ou plutôt dépeuplées depuis un temps assez moderne. On voit même, par les cartes russes, que depuis les embouchures des fleuves Olenek, Lena et Jana, sous les 73° et 74° degrés, la route, tout le long des côtes de cette mer Glaciale jusqu'à la terre des Tschutschis, était autrefois fort fréquentée, et qu'actuellement elle est impraticable, ou tout au moins si difficile qu'elle est abandonnée. Ces mêmes cartes nous montrent que des trois vaisseaux partis en 1648 de l'embouchure commune des fleuves de Kolima et Olomon, sous le 72° degré, un seul a doublé le cap de la terre des Tschutschis sous le 75° degré, et seul est arrivé, disent les mêmes cartes, aux îles d'Anadir, voisines de l'Amérique sous le cercle polaire; mais autant je suis persuadé de la vérité de ces premiers faits, autant je doute de celle du dernier; car cette même carte, qui présente par une *suite de points* la route de ce vaisseau russe autour de la terre des Tschutschis, porte en même temps *en toutes lettres* qu'on ne connaît pas l'étendue de cette terre; or, quand même on aurait en 1648 parcouru cette mer et fait le tour de cette pointe de l'Asie, il est sûr que depuis ce temps les Russes, quoique très intéressés à cette navigation pour arriver au Kamtschatka, et de là au Japon et à la Chine, l'ont entièrement abandonnée; mais peut-être aussi se sont-ils réservé pour eux seuls la connaissance de cette route autour de cette terre des Tschutschis, qui forme l'extrémité la plus septentrionale et la plus avancée du continent de l'Asie.

Quoi qu'il en soit, toutes les régions septentrionales au delà du 76° degré depuis le nord de la Norvège jusqu'à l'extrémité de l'Asie, sont actuellement dénuées d'habitants, à l'exception de quelques malheureux que les Danois et les Russes ont établis pour la pêche, et qui seuls entretiennent un

---

(a) Voyez ci-après les notes justificatives des faits.

reste de population et de commerce dans ce climat glacé. Les terres du nord autrefois assez chaudes pour faire multiplier les éléphants et les hippopotames, s'étant déjà refroidies au point de ne pouvoir nourrir que des ours blancs et des rennes, seront dans quelques milliers d'années entièrement dénuées et désertes par les seuls effets du refroidissement. Il y a même de très fortes raisons qui me portent à croire que la région de notre pôle qui n'a pas été reconnue ne le sera jamais : car ce refroidissement glacial me paraît s'être emparé du pôle jusqu'à la distance de sept ou huit degrés, et il est plus que probable que toute cette plage polaire, autrefois terre ou mer, n'est aujourd'hui que glace. Et si cette présomption est fondée, le circuit et l'étendue de ces glaces, loin de diminuer, ne pourront qu'augmenter avec le refroidissement de la terre.

Or, si nous considérons ce qui se passe sur les hautes montagnes, même dans nos climats, nous y trouverons une nouvelle preuve démonstrative de la réalité de ce refroidissement et nous en tirerons en même temps une comparaison qui me paraît frappante. On trouve au-dessus des Alpes, dans une longueur de plus de soixante lieues sur vingt, et même trente de largeur en certains endroits, depuis les montagnes de la Savoie et du canton de Berne jusqu'à celles du Tyrol, une étendue immense et presque continue de vallées, de plaines et d'éminences de glaces, la plupart sans mélange d'aucune autre matière et presque toutes permanentes et qui ne fondent jamais en entier. Ces grandes plages de glace, loin de diminuer dans leur circuit, augmentent et s'étendent de plus en plus; elles gagnent de l'espace sur les terres voisines et plus basses; ce fait est démontré par les cimes des grands arbres et même par une pointe de clocher, qui sont enveloppés dans ces masses de glaces, et qui ne paraissent que dans certains étés très chauds, pendant lesquels ces glaces diminuent de quelques pieds de hauteur; mais la masse intérieure, qui dans certains endroits est épaisse de cent toises, ne s'est pas fondue de mémoire d'homme (a). Il est donc évident que ces forêts et ce clocher enfouis dans ces glaces épaisses et permanentes étaient ci-devant situés dans des terres découvertes, habitées, et par conséquent moins refroidies qu'elles ne le sont aujourd'hui; il est de même très certain que cette augmentation successive de glaces ne peut être attribuée à l'augmentation de la quantité de vapeurs aqueuses, puisque tous les sommets des montagnes qui surmontent ces glacières ne se sont point élevés, et se sont au contraire abaissés avec le temps et par la chute d'une infinité de rochers et de masses en débris qui ont roulé, soit au fond des glacières, soit dans les vallées inférieures. Dès lors l'agrandissement de ces contrées de glace est déjà et sera dans la suite la preuve la plus palpable du refroidissement successif de la terre, duquel il est plus aisé de saisir les degrés dans ces

(a) Voyez ci-après les notes justificatives des faits.

pointes avancées du globe que partout ailleurs: si l'on continue donc d'observer les progrès de ces glacières permanentes des Alpes, on saura dans quelques siècles combien il faut d'années pour que le froid glacial s'empare d'une terre actuellement habitée, et de là on pourra conclure si j'ai compté trop ou trop peu de temps pour le refroidissement du globe.

Maintenant, si nous transportons cette idée sur la région du pôle, nous nous persuaderons aisément que non seulement elle est entièrement glacée, mais même que le circuit et l'étendue de ces glaces augmente de siècle en siècle, et continuera d'augmenter avec le refroidissement du globe. Les terres du Spitzberg, quoique à 10 degrés du pôle, sont presque entièrement glacées, même en été; et par les nouvelles tentatives que l'on a faites pour approcher du pôle de plus près, il paraît qu'on n'a trouvé que des glaces, que je regarde comme les appendices de la grande glacière qui couvre cette région tout entière, depuis le pôle jusqu'à 7 ou 8 degrés de distance. Les glaces immenses reconnues par le capitaine Phipps à 80 et 81 degrés, et qui partout l'on empêché d'avancer plus loin, semblent prouver la vérité de ce fait important: car l'on ne doit pas présumer qu'il y ait sous le pôle des sources et des fleuves d'eau douce qui puissent produire et amener ces glaces, puisqu'en toutes saisons ces fleuves seraient glacés. Il paraît donc que les glaces qui ont empêché ce navigateur intrépide de pénétrer au delà du 82e degré, sur une longueur de plus de 24 degrés de longitude, il paraît, dis-je, que ces glaces continues forment une partie de la circonférence de l'immense glacière de notre pôle, produite par le refroidissement successif du globe. Et si l'on veut supputer la surface de cette zone glacée depuis le pôle jusqu'au 82e degré de latitude, on verra qu'elle est de plus de cent trente mille lieues carrées, et que par conséquent voilà déjà la deux centième partie du globe envahie par le refroidissement, et anéantie pour la nature vivante. Et comme le froid est plus grand dans les régions du pôle austral, l'on doit présumer que l'envahissement des glaces y est aussi plus grand, puisqu'on en rencontre dans quelques-unes de ces plages australes dès le 47e degré: mais, pour ne considérer ici que notre hémisphère boréal, dont nous présumons que la glace a déjà envahi la centième partie, c'est-à-dire toute la surface de la portion de sphère qui s'étend depuis le pôle jusqu'à 8 degrés ou deux cents lieues de distance, l'on sent bien que s'il était possible de déterminer le temps où ces glaces ont commencé de s'établir sur le point du pôle, et ensuite le temps de la progression successive de leur envahissement jusqu'à deux cents lieues, on pourrait en déduire celui de leur progression à venir, et connaître d'avance quelle sera la durée de la nature vivante dans tous les climats jusqu'à celui de l'équateur. Par exemple, si nous supposons qu'il y ait mille ans que la glace permanente a commencé de s'établir sous le point même du pôle, et que dans la succession de ce millier d'années les glaces se soient étendues autour de ce point jusqu'à deux cents lieues, ce qui fait la centième partie de la surface de l'hémisphère depuis le pôle à l'équateur, on peut présumer qu'il s'écoulera encore quatre-vingt-dix-neuf mille ans avant qu'elles ne puissent l'envahir dans toute cette étendue, en supposant uniforme la progression du froid glacial, comme l'est celle du refroidissement du globe; et ceci s'accorde assez avec la durée de quatre-vingt-treize mille ans que nous avons donnée à la nature vivante, à dater de ce jour, et que nous avons déduite de la seule loi du refroidissement. Quoi qu'il en soit, il est certain que les glaces se présentent de tous côtés à 8 degrés du pôle comme des barrières et des obstacles insurmontables; car le capitaine Phipps a parcouru plus de la quinzième partie de cette circonférence vers le nord-est; et, avant lui, Baffin et Smith en avaient reconnu tout autant vers le nord-ouest, et partout ils n'ont trouvé que glace: je suis donc persuadé que, si quelques navigateurs aussi courageux entreprennent de reconnaître le reste de la circonférence, ils la trouveront de même bornée partout par des glaces qu'ils ne pourront pénétrer ni franchir; et que par conséquent cette région du pôle est entièrement et à jamais perdue pour nous. La brume continuelle qui couvre ces climats, et qui n'est que de la neige glacée dans l'air, s'arrêtant, ainsi que toutes les vapeurs, contre les parois de ces côtes de glace, elle y forme de nouvelles couches et d'autres glaces, qui augmentent incessamment et s'étendront de plus en plus, à mesure que le globe se refroidira davantage.

Au reste, la surface de l'hémisphère boréal présentant beaucoup plus de terre que celle de l'hémisphère austral, cette différence suffit, indépendamment des autres causes ci-devant indiquées, pour que ce dernier hémisphère soit plus froid que le premier: aussi trouve-t-on des glaces dès le 47° ou 50° degré dans les mers australes, au lieu qu'on n'en rencontre qu'à 20 degrés plus loin dans l'hémisphère boréal. On voit d'ailleurs que sous notre cercle polaire il y a moitié plus de terre que d'eau, tandis que tout est mer sous le cercle antarctique; l'on voit qu'entre notre cercle polaire et le tropique du Cancer il y a plus de deux tiers de terre sur un tiers de mer, au lieu qu'entre le cercle polaire antarctique et le tropique du Capricorne, il y a peut-être quinze fois plus de mer que de terre: cet hémisphère austral a donc été de tout temps, comme il l'est encore aujourd'hui, beaucoup plus aqueux et plus froid que le nôtre, et il n'y a pas d'apparence que passé le 50° degré l'on y trouve jamais des terres heureuses et tempérées. Il est donc presque certain que les glaces ont envahi une plus grande étendue sous le pôle antarctique, et que leur circonférence s'étend peut-être beaucoup plus loin que celle des glaces du pôle arctique. Ces immenses glacières des deux pôles, produites par le refroidissement, iront comme la glacière des Alpes, toujours en augmentant. La postérité ne tardera pas à le savoir, et nous nous croyons fondés à le présumer d'après notre théorie et d'après les faits que nous venons d'exposer, auxquels nous devons ajouter celui des glaces permanentes qui se sont formées depuis quelques siècles contre la côte orientale du Groenland; on peut encore y joindre l'augmentation des glaces près de la Nouvelle-Zemble dans le détroit de Weighats, dont le passage est devenu plus difficile et presque impraticable; et enfin l'impossibilité où l'on est de parcourir la mer Glaciale au nord de l'Asie; car, malgré ce qu'en ont dit les Russes (*a*), il est très douteux que les côtes de cette mer les plus avancées vers le nord aient été reconnues et qu'ils aient fait le tour de la pointe septentrionale de l'Asie.

Nous voilà, comme je me le suis proposé, descendus du sommet de l'échelle du temps jusqu'à des siècles assez voisins du nôtre; nous avons passé du chaos à la lumière, de l'incandescence du globe à son premier refroidissement, et cette période de temps a été de vingt-cinq mille ans (*). Le second degré de refroidissement a permis la chute des eaux et a produit la dépuration de l'atmosphère depuis vingt-cinq à trente-cinq mille ans. Dans la troisième époque s'est fait l'établissement de la mer universelle, la production des premiers coquillages et des premiers végétaux, la construction de la surface de la terre par lits horizontaux, ouvrages de quinze ou vingt autres milliers d'années. Sur la fin de la troisième époque et au commencement de la quatrième s'est faite la retraite des eaux, les courants de la mer ont creusé nos vallons, et les feux souterrains ont commencé de ravager la terre par leurs explosions. Tous ces derniers mouvements ont duré dix mille ans de plus, et en somme totale ces grands événements, ces opérations et ces constructions supposent au moins une succession de soixante mille années. Après quoi, la nature, dans son premier moment de repos, a donné ses productions les plus nobles; la cinquième époque nous présente la naissance des animaux terrestres. Il est vrai que ce repos n'était pas absolu, la terre n'était pas encore tout à fait tranquille, puisque ce n'est qu'après la naissance des premiers animaux terrestres que s'est faite la séparation des continents et que sont arrivés les grands changements que je viens d'exposer dans cette sixième époque.

Au reste, j'ai fait ce que j'ai pu pour proportionner dans chacune de ces périodes la durée du temps à la grandeur des ouvrages; j'ai tâché, d'après mes hypothèses, de tracer le tableau successif des grandes révolutions de la nature, sans néanmoins avoir prétendu la saisir à son origine et encore moins l'avoir embrassée dans toute son étendue. Et mes hypothèses fussent-elles contestées, et mon tableau ne fût-il qu'une esquisse très imparfaite de celui de la nature, je suis convaincu que tous ceux qui de bonne foi voudront examiner cette esquisse et la comparer avec le modèle, trouveront assez de ressemblance pour pouvoir au moins satisfaire leurs yeux et fixer leurs idées sur les plus grands objets de la philosophie naturelle.

(*a*) Voyez ci-après les notes justificatives de faits.

(*) Tous ces chiffres sont purement hypothétiques, mais certainement fort au-dessous de la vérité.

SEPTIÈME ET DERNIÈRE ÉPOQUE

LORSQUE LA PUISSANCE DE L'HOMME A SECONDÉ CELLE DE LA NATURE.

Les premiers hommes, témoins des mouvements convulsifs de la terre, encore récents et très fréquents, n'ayant que les montagnes pour asiles contre les inondations, chassés souvent de ces mêmes asiles par le feu des volcans, tremblants sur une terre qui tremblait sous leurs pieds, nus d'esprit et de corps, exposés aux injures de tous les éléments, victimes de la fureur des animaux féroces, dont ils ne pouvaient éviter de devenir la proie; tous également pénétrés du sentiment commun d'une terreur funeste, tous également pressés par la nécessité, n'ont-ils pas très promptement cherché à se réunir, d'abord pour se défendre par le nombre, ensuite pour s'aider et travailler de concert à se faire un domicile et des armes? Ils ont commencé par aiguiser en forme de haches ces cailloux durs, ces jades, ces *pierres de foudre*, que l'on a cru tombées des nues et formées par le tonnerre, et qui néanmoins ne sont que les premiers monuments de l'art de l'homme dans l'état de pure nature : il aura bientôt tiré du feu de ces mêmes cailloux en les frappant les uns contre les autres; il aura saisi la flamme des volcans, ou profité du feu de leurs laves brûlantes pour le communiquer, pour se faire jour dans les forêts, les broussailles; car avec le secours de ce puissant élément, il a nettoyé, assaini, purifié les terrains qu'il voulait habiter; avec la hache de pierre, il a tranché, coupé les arbres, menuisé le bois, façonné les armes et les instruments de première nécessité; et, après s'être munis de massues et d'autres armes pesantes et défensives, ces premiers hommes n'ont-ils pas trouvé le moyen d'en faire d'offensives plus légères pour atteindre de loin? Un nerf, un tendon d'animal, des fils d'aloès ou l'écorce souple d'une plante ligneuse leur ont servi de corde pour réunir les deux extrémités d'une branche élastique dont ils ont fait leur arc; ils ont aiguisé d'autres petits cailloux pour en armer la flèche; bientôt ils auront eu des filets, des radeaux, des canots, et s'en sont tenus là tant qu'ils n'ont formé que de petites nations composées de quelques familles, ou plutôt de parents issus d'une même famille, comme nous le voyons encore aujourd'hui chez les sauvages qui veulent demeurer sauvages, et qui le peuvent, dans les lieux où l'espace libre ne leur manque pas plus que le gibier, le poisson et les fruits. Mais dans tous ceux où l'espace s'est trouvé confiné par les eaux ou resserré par les hautes montagnes, ces petites nations devenues trop nombreuses, ont été forcées de partager leur terrain entre elles, et c'est de ce moment que la terre est devenue le domaine de l'homme; il en a pris possession par ses travaux de culture, et l'attachement à la patrie a suivi de très près les premiers actes de sa propriété : l'intérêt particulier faisant partie de l'intérêt national, l'ordre, la police et les lois ont dû succéder, et la société prendre de la consistance et des forces.

Néanmoins, ces hommes profondément affectés des calamités de leur premier état, et ayant encore sous leurs yeux les ravages des inondations, les incendies des volcans, les gouffres ouverts par les secousses de la terre, ont conservé un souvenir durable et presque éternel de ces malheurs du monde : l'idée qu'il doit périr par un déluge universel ou par un embrasement général ; le respect pour certaines montagnes (a) sur lesquelles ils s'étaient sauvés des inondations ; l'horreur pour ces autres montagnes qui lançaient des feux plus terribles que ceux du tonnerre ; la vue de ces combats de la terre contre le ciel, fondement de la fable des Titans et de leurs assauts contre les dieux ; l'opinion de l'existence réelle d'un être malfaisant, la crainte et la superstition qui en sont le premier produit ; tous ces sentiments, fondés sur la terreur, se sont dès lors emparés à jamais du cœur et de l'esprit de l'homme ; à peine est-il encore aujourd'hui rassuré par l'expérience des temps, par le calme qui a succédé à ces siècles d'orages, enfin par la connaissance des effets et des opérations de la nature ; connaissance qui n'a pu s'acquérir qu'après l'établissement de quelque grande société dans des terres paisibles.

Ce n'est point en Afrique, ni dans les terres de l'Asie les plus avancées vers le midi, que les grandes sociétés ont pu d'abord se former ; ces contrées étaient encore brûlantes et désertes : ce n'est point en Amérique, qui n'est évidemment, à l'exception de ses chaînes de montagnes, qu'une terre nouvelle ; ce n'est pas même en Europe, qui n'a reçu que fort tard les lumières de l'Orient, que se sont établis les premiers hommes civilisés ; puisque avant la fondation de Rome, les contrées les plus heureuses de cette partie du monde, telles que l'Italie, la France et l'Allemagne, n'étaient encore peuplées que d'hommes plus qu'à demi sauvages : lisez *Tacite*, sur les mœurs des Germains, c'est le tableau de celles des Hurons, ou plutôt des habitudes de l'espèce humaine entière sortant de l'état de nature. C'est donc dans les contrées septentrionales de l'Asie que s'est élevée la tige des connaissances de l'homme ; et c'est sur ce tronc de l'arbre de la science que s'est élevé le trône de sa puissance : plus il a su, plus il a pu ; mais aussi, moins il a fait, moins il a su. Tout cela suppose les hommes actifs dans un climat heureux, sous un ciel pur pour l'observer, sur une terre féconde pour la cultiver, dans une contrée privilégiée, à l'abri des inondations, éloignée des volcans, plus élevée, et par conséquent plus anciennement tempérée que les autres. Or, toutes ces conditions, toutes ces

(a) Voyez ci-après les notes justificatives des faits.

circonstances se sont trouvées réunies dans le centre du continent de l'Asie, depuis le 40e degré de latitude jusqu'au 55e. Les fleuves qui portent leurs eaux dans la mer du Nord, dans l'océan Oriental, dans les mers du midi et dans la Caspienne, partent également de cette région élevée qui fait aujourd'hui partie de la Sibérie méridionale et de la Tartarie : c'est donc dans cette terre plus élevée, plus solide que les autres, puisqu'elle leur sert de centre et qu'elle est éloignée de près de cinq cents lieues de tous les océans ; c'est dans cette contrée privilégiée que s'est formé le premier peuple digne de porter ce nom, digne de tous nos respects, comme créateur des sciences, des arts et de toutes nos institutions utiles : cette vérité nous est également démontrée par les monuments de l'histoire naturelle et par les progrès presque inconcevables de l'ancienne astronomie ; comment des hommes si nouveaux ont-ils pu trouver la période *lunisolaire* de six cents ans (*a*)? Je me borne à ce seul fait, quoiqu'on puisse en citer beaucoup d'autres tout aussi merveilleux et tout aussi constants. Ils savaient donc autant d'astronomie qu'en savait de nos jours Dominique Cassini, qui le premier a démontré la réalité et l'exactitude de cette période de six cents ans ; connaissance à laquelle ni les Chaldéens, ni les Égyptiens, ni les Grecs ne sont pas arrivés ; connaissance qui suppose celle des mouvements précis de la lune et de la terre, et qui exige une grande perfection dans les instruments nécessaires aux observations ; connaissance qui ne peut s'acquérir qu'après avoir tout acquis, laquelle n'étant fondée que sur une longue suite de recherches, d'études et de travaux astronomiques, suppose au moins deux ou trois mille ans de culture à l'esprit humain pour y parvenir.

Ce premier peuple a été très heureux, puisqu'il est devenu très savant ; il a joui pendant plusieurs siècles de la paix, du repos, du loisir nécessaires à cette culture de l'esprit de laquelle dépend le fruit de toutes les autres cultures : pour se douter de la période de six cents ans, il fallait au moins douze cents ans d'observations ; pour l'assurer comme fait certain, il en a fallu plus du double ; voilà donc déjà trois mille ans d'études astronomiques, et nous n'en serons pas étonnés, puisqu'il a fallu ce même temps aux astronomes en les comptant depuis les Chaldéens jusqu'à nous pour reconnaître cette période ; et ces premiers trois mille ans d'observations astronomiques n'ont-ils pas été nécessairement précédés de quelques siècles où la science n'était pas née? Six mille ans à compter de ce jour, sont-ils suffisants pour remonter à l'époque la plus noble de l'histoire de l'homme, et même pour le suivre dans les premiers progrès qu'il a faits dans les arts et dans les sciences?

Mais malheureusement elles ont été perdues, ces hautes et belles sciences?

(*a*) Voyez ci-après les notes justificatives des faits.

elles ne nous sont parvenues que par débris trop informes pour nous servir autrement qu'à reconnaître leur existence passée. L'invention de la formule d'après laquelle les *Brames* calculent les éclipses suppose autant de science que la construction de nos éphémérides, et cependant ces mêmes Brames n'ont pas la moindre idée de la composition de l'univers; ils n'en ont que de fausses sur le mouvement, la grandeur et la position des planètes, ils calculent les éclipses sans en connaître la théorie, guidés comme des machines par une gamme fondée sur des formules savantes qu'ils ne comprennent pas, et que probablement leurs ancêtres n'ont point inventées, puisqu'ils n'ont rien perfectionné et qu'ils n'ont pas transmis le moindre rayon de la science à leurs descendants : ces formules ne sont entre leurs mains que des méthodes de pratique, mais elles supposent des connaissances profondes dont ils n'ont pas les éléments, dont ils n'ont pas même conservé les moindres vestiges, et qui par conséquent ne leur ont jamais appartenu. Ces méthodes ne peuvent donc venir que de cet ancien peuple savant qui avait réduit en formules les mouvements des astres, et qui par une longue suite d'observations était parvenu non seulement à la prédiction des éclipses, mais à la connaissance bien plus difficile de la période de six cents ans et de tous les faits astronomiques que cette connaissance exige et suppose nécessairement.

Je crois être fondé à dire que les Brames n'ont pas imaginé ces formules savantes, puisque toutes leurs idées physiques sont contraires à la théorie dont ces formules dépendent, et que s'ils eussent compris cette théorie même dans le temps qu'ils en ont reçu les résultats, ils eussent conservé la science et ne se trouveraient pas réduits aujourd'hui à la plus grande ignorance, et livrés aux préjugés les plus ridicules sur le système du monde : car ils croient que la terre est immobile et appuyée sur la cime d'une montagne d'or ; ils pensent que la lune est éclipsée par des dragons aériens, que les planètes sont plus petites que la lune, etc. Il est donc évident qu'ils n'ont jamais eu les premiers éléments de la théorie astronomique, ni même la moindre connaissance des principes que supposent les méthodes dont ils se servent; mais je dois renvoyer ici à l'excellent ouvrage que M. Bailly vient de publier sur l'ancienne astronomie, dans lequel il discute à fond tout ce qui est relatif à l'origine et au progrès de cette science; on verra que ses idées s'accordent avec les miennes, et d'ailleurs il a traité ce sujet important avec une sagacité de génie et une profondeur d'érudition qui méritent les éloges de tous ceux qui s'intéressent au progrès des sciences.

Les Chinois, un peu plus éclairés que les Brames, calculent assez grossièrement les éclipses et les calculent toujours de même depuis deux ou trois mille ans; puisqu'ils ne perfectionnent rien, ils n'ont jamais rien inventé; la science n'est donc pas plus née à la Chine qu'aux Indes : quoique aussi voisins que les Indiens du premier peuple savant, les Chinois ne paraissent pas en avoir rien tiré; ils n'ont pas même ces formules astronomiques dont les Brames ont conservé l'usage, et qui sont néanmoins les premiers et grands monuments du savoir et du bonheur de l'homme. Il ne paraît pas non plus que les Chaldéens, les Perses, les Égyptiens et les Grecs aient rien reçu de ce premier peuple éclairé : car dans ces contrées du Levant, la nouvelle astronomie n'est due qu'à l'opiniâtre assiduité des observateurs chaldéens, et ensuite aux travaux des Grecs (a), qu'on ne doit dater que du temps de la fondation de l'école d'Alexandrie. Néanmoins cette science était encore bien imparfaite après deux mille ans de nouvelle culture et même jusqu'à nos derniers siècles. Il me paraît donc certain que ce premier peuple, qui avait inventé et cultivé si heureusement et si longtemps l'astronomie, n'en a laissé que des débris et quelques résultats qu'on pouvait retenir de mémoire, comme celui de la période de six cents ans que l'historien Josèphe nous a transmise sans la comprendre.

La perte des sciences, cette première plaie faite à l'humanité par la hache de la barbarie, fut sans doute l'effet d'une malheureuse révolution qui aura détruit peut-être en peu d'années l'ouvrage et les travaux de plusieurs siècles : car nous ne pouvons douter que ce premier peuple, aussi puissant d'abord que savant, ne se soit longtemps maintenu dans sa splendeur, puisqu'il a fait de si grands progrès dans les sciences, et par conséquent dans tous les arts qu'exige leur étude. Mais il y a toute apparence que, quand les terres situées au nord de cette heureuse contrée ont été trop refroidies, les hommes qui les habitaient, encore ignorants, farouches et barbares, auront reflué vers cette même contrée riche, abondante et cultivée par les arts; il est même assez étonnant qu'ils s'en soient emparés et qu'ils y aient détruit non seulement les germes, mais même la mémoire de toute science, en sorte que trente siècles d'ignorance ont peut-être suivi les trente siècles de lumière qui les avaient précédés. De tous ces beaux et premiers fruits de l'esprit humain, il n'en est resté que le marc : la métaphysique religieuse, ne pouvant être comprise, n'avait pas besoin d'étude et ne devait ni s'altérer ni se perdre que faute de mémoire, laquelle ne manque jamais dès qu'elle est frappée du merveilleux. Aussi cette métaphysique s'est-elle répandue de ce premier centre des sciences à toutes les parties du monde; les idoles de Calicut se sont trouvées les mêmes que celles de Séléginskoi. Les pèlerinages vers le grand Lama, établis à plus de deux mille lieues de distance; l'idée de la métempsycose portée encore plus loin, adoptée comme article de foi par les Indiens, les Éthiopiens, les Atlantes; ces mêmes idées défigurées, reçues par les Chinois, les Perses, les Grecs, et parvenues jusqu'à nous : tout semble nous démontrer que la première souche et la tige commune des

(a) Voyez ci-après les notes justificatives des faits.

connaissances humaines appartient à cette terre de la haute Asie (*a*), et que les rameaux stériles ou dégénérés des nobles branches de cette ancienne souche se sont étendus dans toutes les parties de la terre chez les peuples civilisés.

Et que pouvons-nous dire de ces siècles de barbarie qui se sont écoulés en pure perte pour nous? Ils sont ensevelis pour jamais dans une nuit profonde; l'homme d'alors, replongé dans les ténèbres de l'ignorance, a pour ainsi dire cessé d'être homme. Car la grossièreté, suivie de l'oubli des devoirs, commence par relâcher les liens de la société, la barbarie achève de les rompre; les lois méprisées ou proscrites, les mœurs dégénérées en habitudes farouches, l'amour de l'humanité, quoique gravé en caractères sacrés, effacé dans les cœurs; l'homme enfin sans éducation, sans morale, réduit à mener une vie solitaire et sauvage, n'offre, au lieu de sa haute nature, que celle d'un être dégradé au-dessous de l'animal.

Néanmoins, après la perte des sciences, les arts utiles auxquels elles avaient donné naissance se sont conservés; la culture de la terre, devenue plus nécessaire à mesure que les hommes se trouvaient plus nombreux, plus serrés; toutes les pratiques qu'exige cette même culture, tous les arts que supposent la construction des édifices, la fabrication des idoles et des armes, la texture des étoffes, etc., ont survécu à la science; ils se sont répandus de proche en proche, perfectionnés de loin en loin; ils ont suivi le cours des grandes populations; l'ancien empire de la Chine s'est élevé le premier, et presque en même temps celui des Atlantes en Afrique; ceux du continent de l'Asie, celui de l'Égypte, d'Éthiopie, se sont successivement établis, et enfin celui de Rome, auquel notre Europe doit son existence civile. Ce n'est donc que depuis environ trente siècles que la puissance de l'homme s'est réunie à celle de la nature et s'est étendue sur la plus grande partie de la terre; les trésors de sa fécondité jusqu'alors étaient enfouis, l'homme les a mis au grand jour; ses autres richesses, encore plus profondément enterrées, n'ont pu se dérober à ses recherches, et sont devenues le prix de ses travaux: partout, lorsqu'il s'est conduit avec sagesse, il a suivi les leçons de la nature, profité de ses exemples, employé ses moyens, et choisi dans son immensité tous les objets qui pouvaient lui servir ou lui plaire. Par son intelligence, les animaux ont été apprivoisés, subjugués, domptés, réduits à lui obéir à jamais; par ses travaux, les marais ont été desséchés, les fleuves contenus, leurs cataractes effacées, les forêts éclaircies, les landes cultivées; par sa réflexion, les temps ont été comptés, les espaces mesurés, les mouvements célestes

---

(*a*) Les cultures, les arts, les bourgs épars dans cette région (dit le savant naturaliste M. Pallas) sont les restes encore vivants d'un empire ou d'une société florissante, dont l'histoire même est ensevelie avec ses cités, ses temples, ses armes, ses monuments, dont on déterre à chaque pas d'énormes débris; ces peuplades sont les membres d'une énorme nation, à laquelle il manque une tête. *Voyage de Pallas en Sibérie,* etc.

reconnus, combinés, représentés, le ciel et la terre comparés, l'univers agrandi, et le Créateur dignement adoré ; par son art émané de la science, les mers ont été traversées, les montagnes franchies, les peuples rapprochés, un nouveau monde découvert, mille autres terres isolées sont devenues son domaine ; enfin la face entière de la terre porte aujourd'hui l'empreinte de la puissance de l'homme, laquelle, quoique subordonnée à celle de la nature, souvent a fait plus qu'elle, ou du moins l'a si merveilleusement secondée, que c'est à l'aide de nos mains qu'elle s'est développée dans toute son étendue, et qu'elle est arrivée par degrés au point de perfection et de magnificence où nous la voyons aujourd'hui.

Comparez en effet la nature brute à la nature cultivée (a) ; comparez les petites nations sauvages de l'Amérique avec nos grands peuples civilisés ; comparez même celles de l'Afrique, qui ne le sont qu'à demi ; voyez en même temps l'état des terres que ces nations habitent, vous jugerez aisément du peu de valeur de ces hommes par le peu d'impression que leurs mains ont faites sur leur sol : soit stupidité, soit paresse, ces hommes à demi brutes, ces nations non policées, grandes ou petites, ne font que peser sur le globe sans soulager la terre, l'affamer sans la féconder, détruire sans édifier, tout user sans rien renouveler. Néanmoins la condition la plus méprisable de l'espèce humaine n'est pas celle du sauvage, mais celle de ces nations au quart policées, qui de tout temps ont été les vrais fléaux de la nature humaine, et que les peuples civilisés ont encore peine à contenir aujourd'hui : ils ont, comme nous l'avons dit, ravagé la première terre heureuse, ils en ont arraché les germes du bonheur et détruit les fruits de la science. Et de combien d'autres invasions cette première irruption des barbares n'a-t-elle pas été suivie ! C'est de ces mêmes contrées du nord, où se trouvaient autrefois tous les biens de l'espèce humaine, qu'ensuite sont venus tous ses maux. Combien n'a-t-on pas vu de ces débordements d'animaux à face humaine, toujours venant du nord, ravager les terres du midi ? Jetez les yeux sur les annales de tous les peuples, vous y compterez vingt siècles de désolation pour quelques années de paix et de repos.

Il a fallu six cents siècles à la nature pour construire ses grands ouvrages, pour attiédir la terre, pour en façonner la surface et arriver à un état tranquille ; combien n'en faudra-t-il pas pour que les hommes arrivent au même point et cessent de s'inquiéter, de s'agiter et de s'entre-détruire ? Quand reconnaîtront-ils que la jouissance paisible des terres de leur patrie suffit à leur bonheur ? Quand seront-ils assez sages pour rabattre de leurs prétentions, pour renoncer à des dominations imaginaires, à des possessions éloignées, souvent ruineuses ou du moins plus à charge qu'utiles ? L'empire de l'Espagne, aussi étendu que celui de la France en Europe, et dix fois plus grand

(a) Voyez le Discours qui a pour titre : de la Nature, première vue.

en Amérique, est-il dix fois plus puissant? l'est-il même autant que si cette fière et grande nation se fût bornée à tirer de son heureuse terre tous les biens qu'elle pouvait lui fournir? Les Anglais, ce peuple si sensé, si profondément pensant, n'ont-ils pas fait une grande faute en étendant trop loin les limites de leurs colonies? Les anciens me paraissent avoir eu des idées plus saines de ces établissements; ils ne projetaient des émigrations que quand leur population les surchargeait, et que leurs terres et leur commerce ne suffisaient plus à leurs besoins. Les invasions des barbares, qu'on regarde avec horreur, n'ont-elles pas eu des causes encore plus pressantes lorsqu'ils se sont trouvés trop serrés dans des terres ingrates, froides et dénuées, et en même temps voisines d'autres terres cultivées, fécondes et couvertes de tous les biens qui leur manquaient? Mais aussi que de sang ont coûté ces funestes conquêtes, que de malheurs, que de pertes les ont accompagnées et suivies !

Ne nous arrêtons pas plus longtemps sur le triste spectacle de ces révolutions de mort et de dévastation, toutes produites par l'ignorance ; espérons que l'équilibre, quoique imparfait, qui se trouve actuellement entre les puissances des peuples civilisés, se maintiendra et pourra même devenir plus stable à mesure que les hommes sentiront mieux leurs véritables intérêts, qu'ils reconnaîtront le prix de la paix et du bonheur tranquille, qu'ils en feront le seul objet de leur ambition, que les princes dédaigneront la fausse gloire des conquérants et mépriseront la petite vanité de ceux qui, pour jouer un rôle, les excitent à de grands mouvements.

Supposons donc le monde en paix, et voyons de plus près combien la puissance de l'homme pourrait influer sur celle de la nature. Rien ne paraît plus difficile, pour ne pas dire impossible, que de s'opposer au refroidissement successif de la terre et de réchauffer la température d'un climat ; cependant l'homme le peut faire et l'a fait. Paris et Québec sont à peu près sous la même latitude et à la même élévation sur le globe; Paris serait donc aussi froid que Québec, si la France et toutes les contrées qui l'avoisinent étaient aussi dépourvues d'hommes, aussi couvertes de bois, aussi baignées par les eaux que le sont les terres voisines du Canada. Assainir, défricher et peupler un pays, c'est lui rendre de la chaleur pour plusieurs milliers d'années, et ceci prévient la seule objection raisonnable que l'on puisse faire contre mon opinion ou, pour mieux dire, contre le fait réel du refroidissement de la terre.

Selon votre système, me dira-t-on, toute la terre doit être plus froide aujourd'hui qu'elle ne l'était il y a deux mille ans : or, la tradition semble nous prouver le contraire. Les Gaules et la Germanie nourrissaient des élans, des loups-cerviers, des ours et d'autres animaux qui se sont retirés depuis dans les pays septentrionaux; cette progresssion est bien différente de celle que vous leur supposez du nord au midi. D'ailleurs, l'histoire nous apprend que tous les ans la rivière de Seine était ordinairement glacée pendant une partie de l'hiver : ces faits ne paraissent-ils pas être directement opposés au prétendu refroidissement successif du globe? Ils le seraient, je l'avoue, si la France et l'Allemagne d'aujourd'hui étaient semblables à la Gaule et à la Germanie ; si l'on n'eût pas abattu les forêts, desséché les marais, contenu les torrents, dirigé les fleuves et défriché toutes les terres trop couvertes et surchargées des débris même de leurs productions. Mais ne doit-on pas considérer que la déperdition de la chaleur du globe se fait d'une manière insensible ; qu'il a fallu soixante-seize mille ans pour l'attiédir au point de la température actuelle, et que dans soixante-seize autres mille ans il ne sera pas encore assez refroidi pour que la chaleur particulière de la nature vivante y soit anéantie (*); ne faut-il pas comparer ensuite à ce refroidissement si lent, le froid prompt et subit qui nous arrive des régions de l'air ; se rappeler qu'il n'y a néanmoins qu'un trente-deuxième de différence entre le plus grand chaud de nos étés et le plus grand froid de nos hivers ; et l'on sentira déjà que les causes extérieures influent beaucoup plus que la cause intérieure sur la température de chaque climat, et que dans tous ceux où le froid de la région supérieure de l'air est attiré par l'humidité ou poussé par des vents qui le rabattent vers la surface de la terre, les effets de ces causes particulières l'emportent de beaucoup sur le produit de la cause générale. Nous pouvons en donner un exemple qui ne laissera aucun doute sur ce sujet, et qui prévient en même temps toute objection de cette espèce.

Dans l'immense étendue des terres de la Guiane, qui ne sont que des forêts épaisses où le soleil peut à peine pénétrer, où les eaux répandues occupent de grands espaces, où les fleuves, très voisins les uns des autres, ne sont ni contenus ni dirigés, où il pleut continuellement pendant huit mois de l'année, l'on a commencé seulement depuis un siècle à défricher autour de Cayenne un très petit canton de ces vastes forêts ; et déjà la différence de température dans cette petite étendue de terrain défriché est si sensible qu'on y éprouve trop de chaleur, même pendant la nuit ; tandis que dans toutes les autres terres couvertes de bois, il fait assez froid la nuit pour qu'on soit forcé d'allumer du feu. Il en est de même de la quantité et de la continuité des pluies ; elles cessent plus tôt et commencent plus tard à Cayenne que dans l'intérieur des terres ; elles sont aussi moins abondantes et moins continues. Il y a quatre mois de sécheresse absolue à Cayenne, au lieu que, dans l'intérieur du pays, la saison sèche ne dure que trois mois, et encore y pleut-il tous les jours par un orage assez violent, qu'on appelle le *grain de midi,* parce que c'est vers le milieu du jour que cet orage se forme : de plus, il ne tonne presque jamais à Cayenne, tandis que les tonnerres sont violents et très fréquents dans l'intérieur du pays, où les nuages sont noirs, épais et

(*) Il faut ajouter que les êtres vivants reçoivent la chaleur qui leur est nécessaire non de la terre elle-même, mais du soleil.

très bas. Ces faits, qui sont certains, ne démontrent-ils pas qu'on ferait cesser ces pluies continuelles de huit mois, et qu'on augmenterait prodigieusement la chaleur dans toute cette contrée, si l'on détruisait les forêts qui la couvrent, si l'on y resserrait les eaux en dirigeant les fleuves, et si la culture de la terre, qui suppose le mouvement et le grand nombre des animaux et des hommes, chassait l'humidité froide et superflue, que le nombre infiniment trop grand des végétaux attire, entretient et répand?

Comme tout mouvement, toute action produit de la chaleur, et que tous les êtres doués du mouvement progressif sont eux-mêmes autant de petits foyers de chaleur, c'est de la proportion du nombre des hommes et des animaux à celui des végétaux que dépend (toutes choses égales d'ailleurs) la température locale de chaque terre en particulier (*); les premiers répandent de la chaleur, les seconds ne produisent que de l'humidité froide : l'usage habituel que l'homme fait du feu ajoute beaucoup à cette température artificielle dans tous les lieux où il habite en nombre. A Paris, dans les grands froids, les thermomètres, au faubourg Saint-Honoré, marquent 2 ou 3 degrés de froid de plus qu'au faubourg Saint-Marceau, parce que le vent du nord se tempère en passant sur les cheminées de cette grande ville. Une seule forêt de plus ou de moins dans un pays suffit pour en changer la température : tant que les arbres sont sur pied, ils attirent le froid, ils diminuent par leur ombrage la chaleur du soleil, ils produisent des vapeurs humides qui forment des nuages et retombent en pluie, d'autant plus froide qu'elle descend de plus haut; et si ces forêts sont abandonnées à la seule nature, ces mêmes arbres tombés de vétusté pourrissent froidement sur la terre, tandis qu'entre les mains de l'homme, ils servent d'aliment à l'élément du feu, et deviennent les causes secondaires de toute chaleur particulière. Dans les pays de prairies, avant la récolte des herbes, on a toujours des rosées abondantes et très souvent de petites pluies, qui cessent dès que ces herbes sont levées : ces petites pluies deviendraient donc plus abondantes et ne cesseraient pas, si nos prairies, comme les savanes de l'Amérique, étaient toujours couvertes d'une même quantité d'herbes qui, loin de diminuer, ne peut qu'augmenter par l'engrais de toutes celles qui se dessèchent et pourrissent sur la terre.

Je donnerais aisément plusieurs autres exemples (a), qui tous concourent

(a) Voyez ci-après les notes justificatives des faits.

(*) Buffon ne pouvait pas se rendre compte de toutes les relations qui existent au point de vue du calorique entre les animaux et les végétaux, et ce qu'il en dit ici n'a de valeur qu'à un point de vue restreint. Il est bien exact que la présence des forêts détermine la chute de pluies plus abondantes et la formation de ruisseaux qui déterminent un abaissement local de la température, mais ce n'est là qu'un point relativement peu important. Ce qui nous intéresse le plus au point de vue de la biologie générale, c'est que les végétaux emmagasinent de la chaleur que les animaux consomment ensuite et qu'ils transforment en mouvement. Ce sont, en effet, les végétaux qui, à l'aide de leur matière colorante verte et sous l'influence de la lumière solaire, fabriquent de toutes pièces, à l'aide des matériaux inorga-

à démontrer que l'homme peut modifier les influences du climat qu'il habite, et en fixer, pour ainsi dire, la température au point qu'il lui convient. Et ce qu'il y a de singulier, c'est qu'il lui serait plus difficile de refroidir la terre que de la réchauffer : maître de l'élément du feu, qu'il peut augmenter et propager à son gré, il ne l'est pas de l'élément du froid, qu'il ne peut saisir ni communiquer. Le principe du froid n'est pas même une substance réelle, mais une simple privation ou plutôt une diminution de chaleur, diminution qui doit être très grande dans les hautes régions de l'air, et qui l'est assez à une lieue de distance de la terre pour y convertir en grêle et en neige les vapeurs aqueuses. Car les émanations de la chaleur propre du globe suivent la même loi que toutes les autres quantités ou qualités physiques qui partent d'un centre commun; et leur intensité décroissant en raison inverse du carré de la distance, il paraît certain qu'il fait quatre fois plus froid à deux lieues qu'à une lieue de hauteur dans notre atmosphère, en prenant chaque point de la surface de la terre pour centre. D'autre part, la chaleur intérieure du globe est constante dans toutes les saisons à 10 degrés au-dessus de la congélation : ainsi tout froid plus grand, ou plutôt toute chaleur moindre de 10 degrés, ne peut arriver sur la terre que par la chute des matières refroidies dans la région supérieure de l'air, où les effets de cette chaleur propre du globe diminuent d'autant plus qu'on s'élève plus haut. Or, la puissance de l'homme ne s'étend pas si loin ; il ne peut faire descendre le froid comme il fait monter le chaud; il n'a d'autre moyen pour se garantir de la trop grande ardeur du soleil que de créer de l'ombre; mais il est bien plus aisé d'abattre des forêts à la Guiane pour en réchauffer la terre humide, que d'en planter en Arabie pour en rafraîchir les sables arides : cependant une seule forêt dans le milieu de ces déserts brûlants suffirait pour les tempérer, pour y amener les eaux du ciel, pour rendre à la terre tous les principes de sa fécondité, et par conséquent pour y faire jouir l'homme de toutes les douceurs d'un climat tempéré.

C'est de la différence de température que dépend la plus ou moins grande énergie de la nature; l'accroissement, le développement et la production même de tous les êtres organisés ne sont que des effets particuliers de cette cause générale : ainsi l'homme, en la modifiant, peut en même temps détruire ce qui lui nuit et faire éclore tout ce qui lui convient. Heureuses les contrées où tous les éléments de la température se trouvent balancés et assez avantageusement combinés pour n'opérer que de bons effets! Mais en est-il aucune qui dès son origine ait eu ce privilège? aucune où la puissance de

---

niques qu'ils puisent dans le sol, les aliments organiques dont se nourrissent ensuite les herbivores. Ces derniers servant, à leur tour, à l'alimentation des carnivores, on peut dire que toute la matière organique de l'univers est fabriquée par les végétaux; or, cette matière organique est brûlée par les animaux pour l'entretien de leur chaleur propre et pour la production de leurs mouvements.

l'homme n'ait pas secondé celle de la nature, soit en attirant ou détournant les eaux, soit en détruissnt les herbes inutiles et les végétaux nuisibles ou superflus, soit en se conciliant les animaux utiles et les multipliant? Sur trois cents espèces d'animaux quadrupèdes et quinze cents espèces d'oiseaux qui peuplent la surface de la terre, l'homme en a choisi dix-neuf ou vingt (*a*); et ces vingt espèces figurent seules plus grandement dans la nature et font plus de bien sur la terre que toutes les autres espèces réunies. Elles figurent plus grandement, parce qu'elles sont dirigées par l'homme, et qu'il les a prodigieusement multipliées; elles opèrent, de concert avec lui, tout le bien qu'on peut attendre d'une sage administration de forces et de puissance pour la culture de la terre, pour le transport et le commerce de ses productions, pour l'augmentation des subsistances, en un mot, pour tous les besoins, et même pour les plaisirs du seul maître qui puisse payer leurs services par ses soins.

Et dans ce petit nombre d'espèces d'animaux dont l'homme a fait choix, celles de la poule et du cochon, qui sont les plus fécondes, sont aussi les plus généralement répandues, comme si l'aptitude à la plus grande multiplication était accompagnée de cette vigueur de tempérament qui brave tous les inconvénients. On a trouvé la poule et le cochon dans les parties les moins fréquentées de la terre, à Otahiti et dans les autres îles de tous temps inconnues et les plus éloignées des continents; il semble que ces espèces aient suivi celle de l'homme dans toutes ses migrations. Dans le continent isolé de l'Amérique méridionale où nul de nos animaux n'a pu pénétrer, on a trouvé le pécari et la poule sauvage, qui, quoique plus petits et un peu différents du cochon et de la poule de notre continent, doivent néanmoins être regardés comme espèces très voisines, qu'on pourrait de même réduire en domesticité; mais l'homme sauvage, n'ayant point d'idée de la société, n'a pas même cherché celle des animaux. Dans toutes les terres de l'Amérique méridionale, les sauvages n'ont point d'animaux domestiques; ils détruisent indifféremment les bonnes espèces comme les mauvaises; ils ne font choix d'aucune pour les élever et les multiplier, tandis qu'une seule espèce féconde comme celle du *hocco* (*b*), qu'ils ont sous la main, leur fournirait sans peine et seulement avec un peu de soin, plus de subsistances qu'ils ne peuvent s'en procurer par leurs chasses pénibles.

Aussi le premier trait de l'homme qui commence à se civiliser est l'empire qu'il sait prendre sur les animaux, et ce premier trait de son intelligence devient ensuite le grand caractère de sa puissance sur la nature : car ce n'est qu'après se les être soumis qu'il a, par leurs secours, changé la face

---

(*a*) L'éléphant, le chameau, le cheval, l'âne, le bœuf, la brebis, la chèvre, le cochon, le chien, le chat, le lama, la vigogne, le buffle. Les poules, les oies, les dindons, les canards, les paons, les faisans, les pigeons.

(*b*) Gros oiseau très fécond, et dont la chair est aussi bonne que celle du faisan.

de la terre, converti les déserts en guérets et les bruyères en épis. En multipliant les espèces utiles d'animaux, l'homme augmente sur la terre la quantité de mouvement et de vie ; il ennoblit en même temps la suite entière des êtres et s'ennoblit lui-même en transformant le végétal en animal et tous deux en sa propre substance qui se répand ensuite par une nombreuse multiplication : partout il produit l'abondance, toujours suivie de la grande population ; des millions d'hommes existent dans le même espace qu'occupaient autrefois deux ou trois cents sauvages, des milliers d'animaux où il y avait à peine quelques individus ; par lui et pour lui les germes précieux sont les seuls développés, les productions de la classe la plus noble les seules cultivées ; sur l'arbre immense de la fécondité, les branches à fruit seules subsistantes et toutes perfectionnées.

Le grain dont l'homme fait son pain n'est point un don de la nature, mais le grand, l'utile fruit de recherches et de son intelligence dans le premier des arts ; nulle part sur la terre on n'a trouvé du blé sauvage, et c'est évidemment une herbe perfectionnée par ses soins ; il a donc fallu reconnaître et choisir entre mille et mille autres cette herbe précieuse ; il a fallu la semer, la recueillir nombre de fois pour s'apercevoir de sa multiplication, toujours proportionnée à la culture et à l'engrais des terres. Et cette propriété, pour ainsi dire unique, qu'a le froment de résister dans son premier âge aux froids de nos hivers, quoique soumis, comme toutes les plantes annuelles, à périr après avoir donné sa graine, et la qualité merveilleuse de cette graine qui convient à tous les hommes, à tous les animaux, à presque tous les climats, qui d'ailleurs se conserve longtemps sans altération, sans perdre la puissance de se reproduire, tout nous démontre que c'est la plus heureuse découverte que l'homme ait jamais faite, et que, quelque ancienne qu'on veuille la supposer, elle a néanmoins été précédée de l'art de l'agriculture fondé sur la science et perfectionné par l'observation.

Si l'on veut des exemples plus modernes et même récents de la puissance de l'homme sur la nature des végétaux, il n'y a qu'à comparer nos légumes, nos fleurs et nos fruits avec les mêmes espèces telles qu'elles étaient il y a cent cinquante ans : cette comparaison peut se faire immédiatement et très précisément en parcourant des yeux la grande collection de dessins coloriés, commencée dès le temps de *Gaston d'Orléans* et qui se continue encore aujourd'hui au Jardin du Roi ; on y verra peut-être avec surprise que les plus belles fleurs de ce temps, renoncules, œillets, tulipes, oreilles-d'ours, etc., seraient rejetées aujourd'hui, je ne dis pas par nos fleuristes, mais par les jardiniers de village. Ces fleurs, quoique déjà cultivées alors, n'étaient pas encore bien loin de leur état de nature : un simple rang de pétales, de longs pistils et des couleurs dures ou fausses, sans velouté, sans variété, sans nuances, tous caractères agrestes de la nature sauvage. Dans les plantes potagères, une seule espèce de chicorée et deux sortes de laitues, toutes deux assez mauvaises, tandis qu'aujourd'hui nous pouvons compter plus de cinquante laitues et chicorées, toutes très bonnes au goût. Nous pouvons de même donner la date très moderne de nos meilleurs fruits à pépins et à noyaux, tous différents de ceux des anciens auxquels ils ne ressemblent que de nom : d'ordinaire les choses restent et les noms changent avec le temps ; ici c'est le contraire, les noms sont demeurés et les choses ont changé ; nos pêches, nos abricots, nos poires sont des productions nouvelles auxquelles on a conservé les vieux noms des productions antérieures. Pour n'en pas douter, il ne faut que comparer nos fleurs et nos fruits avec les descriptions ou plutôt les notices que les auteurs grecs et latins nous en ont laissées ; toutes leurs fleurs étaient simples et tous leurs arbres fruitiers n'étaient que des sauvageons assez mal choisis dans chaque genre, dont les petits fruits âpres ou secs, n'avaient ni la saveur ni beauté des nôtres.

Ce n'est pas qu'il y ait aucune de ces bonnes et nouvelles espèces qui ne soit originairement issue d'un sauvageon ; mais combien de fois n'a-t-il pas fallu que l'homme ait tenté la nature pour en obtenir ces espèces excellentes ? combien de milliers de germes n'a-t-il pas été obligé de confier à la terre pour qu'elle les ait enfin produits ? Ce n'est qu'en semant, élevant, cultivant et mettant à fruit un nombre presque infini de végétaux de la même espèce, qu'il a pu reconnaître quelques individus portant des fruits plus doux et meilleurs que les autres ; et cette première découverte, qui suppose déjà tant de soins, serait encore demeurée stérile à jamais s'il n'en eût fait une seconde qui suppose autant de génie que la première exigeait de patience ; c'est d'avoir trouvé le moyen de multiplier par la greffe ces individus précieux, qui malheureusement ne peuvent faire une lignée aussi noble qu'eux ni propager par eux-mêmes leurs excellentes qualités ; et cela seul prouve que ce ne sont en effet que des qualités purement individuelles et non des propriétés spécifiques : car les pépins ou noyaux de ces excellents fruits ne produisent, comme les autres, que de simples sauvageons, et par conséquent ils ne forment pas des espèces qui en soient essentiellement différentes ; mais, au moyen de la greffe, l'homme a pour ainsi dire créé des espèces secondaires qu'il peut propager et multiplier à son gré : le bouton ou la petite branche qu'il joint au sauvageon renferme cette qualité individuelle qui ne peut se transmettre par la graine, et qui n'a besoin que de se développer pour produire les mêmes fruits que l'individu dont on les a séparés pour les unir au sauvageon, lequel ne leur communique aucune de ses mauvaises qualités, parce qu'il n'a pas contribué à leur formation, qu'il n'est pas une mère, mais une simple nourrice qui ne sert qu'à leur développement par la nutrition.

Dans les animaux, la plupart des qualités qui paraissent individuelles ne laissent pas de se transmettre et de se propager par la même voie que les propriétés spécifiques; il était donc plus facile à l'homme d'influer sur la nature des animaux que sur celle des végétaux (*). Les races dans chaque espèce d'animal ne sont que des variétés constantes qui se perpétuent par la génération, au lieu que dans les espèces végétales il n'y a point de races, point de variétés assez constantes pour être perpétuées par la reproduction (**). Dans les seules espèces de la poule et du pigeon, l'on a fait naître très récemment de nouvelles races en grand nombre, qui toutes peuvent se propager d'elles-mêmes; tous les jours dans les autres espèces on relève, on ennoblit les races en les croisant; de temps en temps on acclimate, on civilise quelques espèces étrangères ou sauvages. Tous ces exemples modernes et récents prouvent que l'homme n'a connu que tard l'étendue de sa puissance, et que même il ne la connaît pas encore assez; elle dépend en entier de l'exercice de son intelligence; ainsi, plus il observera, plus il cultivera la nature, plus il aura de moyens pour se la soumettre et de facilités pour tirer de son sein des richesses nouvelles, sans diminuer les trésors de son inépuisable fécondité.

Et que ne pourrait-il pas sur lui-même, je veux dire sur sa propre espèce, si la volonté était toujours dirigée par l'intelligence? Qui sait jusqu'à quel point l'homme pourrait perfectionner sa nature, soit au moral, soit au physique? Y a-t-il une seule nation qui puisse se vanter d'être arrivée au meilleur gouvernement possible, qui serait de rendre tous les hommes non pas également heureux, mais moins inégalement malheureux, en veillant à leur conservation, à l'épargne de leurs sueurs et de leur sang par la paix, par l'abondance des subsistances, par les aisances de la vie et les facilités pour leur propagation? voilà le but moral de toute société qui chercherait à s'améliorer. Et pour le physique, la médecine et les autres arts dont l'objet est de nous conserver, sont-ils aussi avancés, aussi connus que les arts destructeurs enfantés par la guerre? Il semble que de tout temps l'homme ait fait moins de réflexions sur le bien que de recherches pour le mal : toute société est mêlée de l'un et de l'autre; et comme de tous les sentiments qui affectent la multitude, la crainte est le plus puissant, les grands talents dans l'art de faire du mal ont été les premiers qui aient frappé l'esprit de l'homme, ensuite ceux qui l'ont amusé ont occupé son cœur, et ce n'est qu'après un trop long usage de ces deux moyens de faux honneur et de plaisir stérile, qu'enfin il a reconnu que sa vraie gloire est la science, et la paix son vrai bonheur.

(*) L'hérédité se manifeste aussi bien chez les végétaux que chez les animaux.

(**) Chez les végétaux, comme chez les animaux, les races et les variétés peuvent être perpétuées par la reproduction.

NOTES JUSTIFICATIVES

DES FAITS RAPPORTÉS

DANS LES ÉPOQUES DE LA NATURE

SUR LE PREMIER DISCOURS.

(1) Page 25, ligne 5. *La chaleur propre et intérieure de la terre paraît augmenter à mesure que l'on descend* (*).

« Il ne faut pas creuser bien avant pour trouver d'abord une chaleur constante et
» et qui ne varie plus, quelle que soit la température de l'air à la surface de la terre. On
» sait que la liqueur du thermomètre se soutient toujours sensiblement pendant toute
» l'année à la même hauteur dans les caves de l'Observatoire, qui n'ont pourtant que
» 84 pieds ou 14 toises de profondeur depuis le rez-de-chaussée. C'est pourquoi l'on fixe à
» ce point la hauteur moyenne ou tempérée de notre climat. Cette chaleur se soutient

(*) « Des observations ont été faites, non seulement sur la température de l'air dans les mines, mais aussi sur celle des roches et de l'eau qui en sort. Le taux moyen de l'augmentation, calculé d'après les expériences les plus exactes que l'on ait faites dans deux puits de mines situés, l'un aux environs de Durham, et l'autre près de Manchester, ayant chacun une profondeur de 600 mètres, est de 1° centigrade pour une profondeur de 35 à 38 mètres, évaluation bien moins considérable que celle que l'on avait d'abord trouvée dans les houillères des mêmes districts. Cette quantité s'accorde, toutefois, à très peu de chose près, avec celle qu'avaient fourni des observations antérieures faites dans plusieurs des principales mines de plomb et de cuivre de la Saxe, et qui était de 1° centigrade par 35 mètres. Pour ces expériences, on avait logé la boule du thermomètre dans des cavités préalablement creusées dans la roche solide, à des profondeurs variant entre 60 et 270 mètres; mais dans d'autres mines de la même contrée, on fut obligé de descendre trois fois aussi bas pour chaque degré de température. Un thermomètre fut placé par M. Fox dans la roche de la mine de Dolcoath (Cornouailles), à l'énorme profondeur de 421 mètres; il fut fréquemment observé pendant dix-huit mois, et il accusait en moyenne une température de 20° centigrades, celle de la surface étant de 10°, ce qui donne 1° centigrade environ pour chaque 22 mètres de profondeur. Kupffer, après avoir comparé un grand nombre de résultats obtenus dans différentes contrées, croit pouvoir établir que l'augmentation de la chaleur est d'environ 1° centigrade par 20 mètres. M. Cordier annonce, comme résultat de ses expériences et de ses observations sur la température de l'intérieur de la terre, que la chaleur augmente rapidement avec la profondeur; mais que l'accroissement ne suit pas la même loi par toute la terre, qu'il peut être double ou triple d'un pays à un autre, sans que ces différences soient en rapport constant ni avec les latitudes ni avec les longitudes des lieux. Il pense, toutefois, que l'augmentation de chaleur peut être fixée sans exagération à 1° centigrade par 25 mètres de profondeur. Le puits artésien qu'on a foré à l'abattoir de Grenelle, à Paris, donnait 1° centigrade d'accroissement de température par 31 mètres, lorsqu'il eut atteint une profondeur de 540 mètres. A Naples, suivant M. Mallet, l'eau du puits artésien qui se

» encore ordinairement et à peu de chose près la même, depuis une semblable profondeur
» de 14 ou 15 toises jusqu'à 60, 80 ou 100 toises et au delà, plus ou moins, selon les
» circonstances, comme on l'éprouve dans les mines; après quoi elle augmente et devient
» quelquefois si grande que les ouvriers ne sauraient y tenir et y vivre, si on ne leur
» procurait pas quelques rafraîchissements et un nouvel air, soit par des *puits de respira-
» tion*, soit par des chutes d'eau... M. de Gensanne a éprouvé dans les mines de Giroma-
» gny, à trois lieues de Béfort, que le thermomètre, étant porté à 52 toises de profondeur
» verticale, se soutint à 10 degrés, comme dans les caves de l'Observatoire; qu'à
» 100 toises de profondeur, il était à 10 $\frac{1}{2}$ degrés; qu'à 158 toises, il monta à 15 $\frac{1}{5}$ degrés,
» et qu'à 222 toises de profondeur, il s'éleva à 18 $\frac{1}{6}$ degrés. » *Dissertation sur la glace*,
par M. de Mairan. Paris, 1749, in-12, pages 60 et suivantes.

« Plus on descend à de grandes profondeurs dans l'intérieur de la terre, dit ailleurs
» M. de Gensanne, plus on éprouve une chaleur sensible, qui va toujours en augmentant
» à mesure qu'on descend plus bas : cela est au point qu'à 1,800 pieds de profondeur au-
» dessous du sol du Rhin, pris à Huningue en Alsace, j'ai trouvé que la chaleur est déjà
» assez forte pour causer à l'eau une évaporation sensible. On peut voir le détail de mes
» expériences à ce sujet dans la dernière édition de l'excellent *Traité de la glace*, de feu
» mon illustre ami M. Dortous de Mairan. » *Histoire naturelle du Languedoc*, tome Ier,
page 24.

« Tous les filons riches des mines de toute espèce, dit M. Eller, sont dans les fentes
» perpendiculaires de la terre, et l'on ne saurait déterminer la profondeur de ces fentes:
» il y en a en Allemagne où l'on descend au delà de 600 perches (lachters) (a); à mesure

(a) On m'assure que le *lachter* est une mesure à peu près égale à la brasse de 5 pieds
de longueur; ce qui donne 3,000 pieds de profondeur à ces mines.

trouve au Palais-Royal jouit, à la profondeur de 438 mètres, d'une température de 20° centigrades seulement, ce qui donne, déduction faite de la température de la surface du sol, qui
est de 16°, 11 centigrades, une augmentation de chaleur de 1° centigrade par 109 mètres.
Un autre puits de la même ville, profond de 273 mètres et qui a été creusé à 1,600 mètres
du premier, donne 1° centigrade par 45 mètres. On a supposé que la température basse du
premier puits est due probablement à l'influence réfrigérante de l'eau douce et de l'eau de
mer qui peuvent filtrer à travers les couches poreuses de tuf. » (LYELL, *Principes de Géologie*, II, p. 262.)

On a généralement attribué cette élévation de la température à ce que le centre de la
terre serait encore formé de matières en fusion. M. Lyell fait les remarques suivantes :
« Si nous adoptons, comme résultat moyen, l'évaluation de 1° centigrade pour 35 mètres
de profondeur, et si nous supposons, avec les partisans de la fluidité du noyau central, que
la température continue à s'accroître en descendant jusqu'à une distance indéfinie, nous
atteindrons le point d'ébullition de l'eau à plus de 3,218 mètres au-dessous de la surface, et
celui de la fusion du fer (plus de 1,500° centigrades suivant le pyromètre de Daniell) et de
presque toutes les substances connues, à la profondeur de 54,716 mètres. S'il est vrai que
la chaleur augmente dans la proportion que nous venons d'énoncer, nous devrions rencontrer, à peu de distance, une température plusieurs fois supérieure à celle qui suffit pour
fondre les substances les plus réfractaires connues. Dans ce cas, à des profondeurs bien
plus considérables, quoique encore très éloignées du noyau central, la chaleur devrait avoir
une intensité telle (160 fois celle du point de fusion du fer) qu'il serait impossible de concevoir comment la croûte terrestre peut résister à son action sans se fondre. »

D'après ces observations, il paraît difficile d'admettre que le centre de la terre soit encore en fusion. Du reste, cela n'entraînerait aucune conséquence contradictoire à l'opinion
qu'elle a été d'abord constituée par une masse de substances fondues, car, d'après les calculs de Poisson, c'est d'abord la partie centrale de ce globe en fusion qui aurait dû se
solidifier et se refroidir et non sa surface. (Voyez mon Introduction.)

» que les mineurs descendent, ils rencontrent une température d'air toujours plus
» chaude. » *Mémoire sur la génération des métaux.* Académie de Berlin, année 1733.

(2) Page 6, ligne 11. *La température de l'eau de la mer est à peu près égale à celle de
l'intérieur de la terre à la même profondeur.* « Ayant plongé un thermomètre dans la mer
» en différents lieux et en différents temps, il s'est trouvé que la température à 10, 20,
» 30 et 120 brasses, était également de 10 degrés ou $10\frac{3}{4}$ degrés. » Voyez l'*Histoire physique de la mer*, par Marsigli, page 16... M. de Mairan fait à ce sujet une remarque très
judicieuse : « C'est que les eaux les plus chaudes, qui sont à la plus grande profondeur,
» doivent, comme plus légères, continuellement monter au-dessus de celles qui le sont
» le moins, ce qui donnera à cette grande couche liquide du globe terrestre une tempé-
» rature à peu près égale, conformément aux obsesvations de Marsigli, excepté vers la
» superficie actuellement exposée aux impressions de l'air, et où l'eau se gèle quelquefois
» avant que d'avoir eu le temps de descendre par son poids et son refroidissement. »
Dissertation sur la glace, page 69.

(3) Page 6, ligne 14. *La lumière du soleil ne pénètre tout au plus qu'à 600 pieds de
profondeur dans l'eau de la mer.* Feu M. Bouguer, savant astronome, de l'Académie
royale des sciences, a observé qu'avec seize morceaux de verre ordinaire dont on fait
les vitres, appliqués les uns contre les autres, et faisant en tout une épaisseur de
$9\frac{1}{2}$ lignes, la lumière, passant au travers de ces seize morceaux de verre, diminuait
deux cent quarante-sept fois, c'est-à-dire qu'elle était deux cent quarante-sept fois plus
faible qu'avant d'avoir traversé ces seize morceaux de verre ; ensuite il a placé soixante-
quatorze morceaux de ce même verre à quelque distance les uns des autres dans un tuyau,
pour diminuer la lumière du soleil, jusqu'à extinction : cet astre était à 50 degrés de
hauteur sur l'horizon lorsqu'il fit cette expérience ; et les soixante-quatorze morceaux de
verre ne l'empêchaient pas de voir encore quelque apparence de son disque. Plusieurs
personnes qui étaient avec lui voyaient aussi une faible lueur, qu'ils ne distinguaient
qu'avec peine, et qui s'évanouissait aussitôt que leurs yeux n'étaient pas tout à fait dans
l'obscurité : mais lorsqu'on eut ajouté trois morceaux de verre aux soixante-quatorze
premiers, aucun des assistants ne vit plus la moindre lumière ; en sorte qu'en supposant
quatre-vingts morceaux de ce même verre, on a l'épaisseur de verre nécessaire pour
qu'il n'y ait plus aucune transparence par rapport aux vues même les plus délicates ; et
M. Bouguer trouve, par un calcul assez facile, que la lumière du soleil est alors rendue
900 milliards de fois plus faible : aussi toute matière transparente qui, par sa grande
épaisseur, fera diminuer la lumière du soleil 900 milliards de fois, perdra dès lors toute
sa transparence.
   En appliquant cette règle à l'eau de la mer, qui de toutes les eaux est la plus limpide,
M. Bouguer a trouvé que, pour perdre toute sa transparence, il faut 256 pieds d'épaisseur,
attendu que, par une autre expérience, la lumière d'un flambeau avait diminué dans le
rapport de 14 à 5, en traversant 115 pouces d'épaisseur d'eau de mer contenue dans un
canal de 9 pieds 7 pouces de longueur, et que, par un calcul qu'on ne peut contester, elle doit
perdre toute transparence à 256 pieds. Ainsi, selon M. Bouguer, il ne doit passer aucune
lumière sensible au delà de 256 pieds dans la profondeur de l'eau. *Essai d'optique sur la
gradation de la lumière.* Paris, 1729, page 85, in-12.
   Cependant, il me semble que ce résultat de M. Bouguer s'éloigne encore beaucoup de
la réalité ; il serait à désirer qu'il eût fait ses expériences avec des masses de verre de
différente épaisseur, et non pas avec des morceaux de verre mis les uns sur les autres ;
je suis persuadé que la lumière du soleil aurait percé une plus grande épaisseur que celle
de ces quatre-vingts morceaux, qui, tous ensemble, ne formaient que $47\frac{1}{2}$ lignes, c'est-

NIDIFICATION DES ÉPINOCHES.

1. Épinoche mâle construisant son nid   2. Épinoche femelle pondant et assistée par le mâle
propriétaire du nid — 3. Épinochette mâle agrandissant les ouvertures de son nid.

A Le Vasseur, Éditeur.

à-dire à peu près 4 pouces : or, quoique ces morceaux dont il s'est servi fussent de verre commun, il est certain qu'une masse solide de 4 pouces d'épaisseur de ce même verre, n'aurait pas entièrement intercepté la lumière du soleil, d'autant que je me suis assuré, par ma propre expérience, qu'une épaisseur de 6 pouces de verre blanc la laisse passer encore assez vivement, comme on le verra dans la note suivante. Je crois donc qu'on doit plus que doubler les épaisseurs données par M. Bouguer, et que la lumière du soleil pénètre au moins à 600 pieds à travers l'eau de la mer ; car il y a une seconde inattention dans les expériences de ce savant physicien, c'est de n'avoir pas fait passer la lumière du soleil à travers son tuyau rempli d'eau de mer, de 9 pieds 7 pouces de longueur ; il s'est contenté d'y faire passer la lumière d'un flambeau, et il en a conclu la diminution dans le rapport de 14 à 5 : or, je suis persuadé que cette diminution n'aurait pas été si grande sur la lumière du soleil, d'autant que celle du flambeau ne pouvait passer qu'obliquement, au lieu que celle du soleil, passant directement, aurait été plus pénétrante par la seule incidence, indépendamment de sa pureté et de son intensité. Ainsi, tout bien considéré, il me paraît que, pour approcher le plus près qu'il est possible de la vérité, on doit supposer que la lumière du soleil pénètre dans le sein de la mer jusqu'à 110 toises ou 600 pieds de profondeur, et la chaleur jusqu'à 150 pieds. Ce n'est pas à dire pour cela qu'il ne passe encore au delà quelques atomes de lumière et de chaleur ; mais seulement que leur effet serait absolument insensible, et ne pourrait être reconnu par aucun de nos sens.

(4) Page 6, ligne 16. *La chaleur du soleil ne pénètre peut-être pas à plus de 150 pieds de profondeur dans l'eau de la mer.* Je crois être assuré de cette vérité par une analogie tirée d'une expérience qui me paraît décisive : avec une loupe de verre massif de 27 pouces de diamètre sur 6 pouces d'épaisseur à son centre, je me suis aperçu, en couvrant la partie du milieu, que cette loupe ne brûlait, pour ainsi dire, que par les bords, jusqu'à 4 pouces d'épaisseur, et que toute la partie plus épaisse ne produisait presque point de chaleur ; ensuite, ayant couvert toute cette loupe, à l'exception de 1 pouce d'ouverture sur son centre, j'ai reconnu que la lumière du soleil était si fort affaiblie après avoir traversé cette épaisseur de 6 pouces de verre, qu'elle ne produisait aucun effet sur le thermomètre. Je suis donc bien fondé à présumer que cette même lumière affaiblie par 150 pieds d'épaisseur d'eau, ne donnerait pas un degré de chaleur sensible.

La lumière que la lune réfléchit à nos yeux est certainement la lumière réfléchie du soleil ; cependant cette lumière n'a point de chaleur sensible, et même lorsqu'on la concentre au foyer d'un miroir ardent, qui augmente prodigieusement la chaleur du soleil, cette lumière réfléchie par la lune n'a point encore de chaleur sensible ; et celle du soleil n'aura pas plus de chaleur, dès qu'en traversant une certaine épaisseur d'eau, elle deviendra aussi faible que celle de la lune. Je suis donc persuadé qu'en laissant passer les rayons du soleil dans un large tuyau rempli d'eau, de 50 pieds de longueur seulement, ce qui n'est que le tiers de l'épaisseur que j'ai supposée, cette lumière affaiblie ne produirait sur un thermomètre aucun effet, en supposant même la liqueur du thermomètre au degré de congélation ; d'où j'ai cru pouvoir conclure que, quoique la lumière du soleil perce jusqu'à 600 pieds dans le sein de la mer, sa chaleur ne pénètre pas au quart de cette profondeur.

(5) Page 7, ligne 4. *Toutes les matières du globe sont de la nature du verre.* Cette vérité générale, que nous pouvons démontrer par l'expérience, a été soupçonnée par Leibnitz, philosophe dont le nom fera toujours grand honneur à l'Allemagne. « Sanè » plerisque creditum et a sacris etiam scriptoribus insinuatum est, conditos in abdito » telluris ignis thesauros... Adjuyant vultus ; nam omnis ex fusione *scoriæ vitri* est

» *genus...* Talem verò esse globi nostri superficiem (neque enim ultrà penetrare nobis
» datum) reapse experimur ; omnes enim terræ et lapides igne vitrum reddunt... nobis
» satis est admoto igne omnia terrestria in *vitro finiri.* Ipsa magna telluris ossa nudæque
» illæ rupes atque immortales silices cùm tota ferè in vitrum abeant, quid nisi concreta
» sunt ex fusis olim corporibus et primâ illâ magnâque vi quam in facilem adhuc ma-
» teriam exercuit ignis naturæ... cùm igitur omniaque non avolant in auras, tandem fun-
» duntur et speculorum imprimis urentium ope vitrti naturam sumant, hinc facilè intel-
» liges vitrum esse velut *terræ basin* et naturam ejus cæterorum plerumque corporum
» larvis latere. » G. G. Leibnitii *Protogea.* Goettingæ, 1749, pages 4 et 5.

(6) Page 7, ligne 21. *Toutes les matières terrestres ont le verre pour base et peuvent
être réduites en verre par le moyen du feu.* J'avoue qu'il y a quelques matières que le
feu de nos fourneaux ne peut réduire en verre, mais, au moyen d'un bon miroir ardent,
ces mêmes matières s'y réduiront : ce n'est point ici le lieu de rapporter les expériences
faites avec les miroirs de mon invention, dont la chaleur est assez grande pour volatiliser ou vitrifier toutes les matières exposées à leur foyer. Mais il est vrai que jusqu'à ce
jour l'on n'a pas encore eu des miroirs assez puissants pour réduire en verre certaines
matières du genre vitrescible, telles que le cristal de roche, le *silex* ou la pierre à fusil ;
ce n'e.t donc pas que ces matières ne soient par leur nature réductibles en verre comme
les autres, mais seulement qu'elles exigent un feu plus violent.

(7) Page 14, ligne 9. *Les os et les défenses de ces anciens éléphants sont au moins
aussi grands et aussi gros que ceux des éléphants actuels.* On peut s'en assurer par les
descriptions et les dimensions qu'en a données M. Daubenton, à l'article de l'*éléphant* ;
mais depuis ce temps, on m'a envoyé une défense entière et quelques autres morceaux
d'ivoire fossile, dont les dimensions excèdent de beaucoup la longueur et la grosseur
ordinaire des défenses de l'éléphant ; j'ai même fait chercher chez tous les marchands de
Paris qui vendent de l'ivoire : on n'a trouvé aucune défense comparable à celle-ci, et il
ne s'en est trouvé qu'une seule, sur un très grand nombre, égale à celles qui nous sont
venues de Sibérie, dont la circonférence est de 19 pouces à la base. Les marchands
appellent *ivoire cru* celui qui n'a pas été dans la terre, et que l'on prend sur les éléphants
vivants ou qu'on trouve dans les forêts avec les squelettes récents de ces animaux ; et
ils donnent le nom d'*ivoire cuit* à celui qu'on tire de la terre, et dont la qualité se dénature plus ou moins par un plus ou moins long séjour, ou par la qualité plus ou moins
active des terres où il a été renfermé. La plupart des défenses qui nous sont venues du
Nord sont encore d'un ivoire très solide, dont on pourrait faire de beaux ouvrages ; les
plus grosses nous ont été envoyées par M. de l'Isle, astronome, de l'Académie royale des
sciences : il les a recueillies dans son voyage en Sibérie. Il n'y avait dans tous les
magasins de Paris qu'une seule défense d'ivoire cru qui eût 19 pouces de circonférence ;
toutes les autres étaient plus menues : cette grosse défense avait 6 pieds 1 pouce de
longueur, et il paraît que celles qui sont au Cabinet du Roi, et qui ont été trouvées en
Sibérie, avaient plus de 6 pieds ½ lorsqu'elles étaient entières ; mais comme les extrémités en sont tronquées, on ne peut en juger qu'à peu près.

Et si l'on compare les os fémurs, trouvés de même dans les terres du Nord, on s'assu-
rera qu'ils sont au moins aussi longs et considérablement plus épais que ceux des
éléphants actuels.

Au reste, nous avons, comme je l'ai dit, comparé exactement les os et les défenses
qui nous sont venus de Sibérie aux os et aux défenses d'un squelette d'éléphant, et nous
avons reconnu évidemment que tous ces ossements sont des dépouilles de ces animaux.
Les défenses venues de Sibérie ont non seulement la figure, mais aussi la vraie structure

de l'ivoire de l'éléphant, dont M. Daubenton donne la description dans les termes suivants :

« Lorsqu'une défense d'éléphant est coupée transversalement, on voit au centre, ou à
» peu près au centre, un point noir qui est appelé le *cœur* ; mais si la défense a été cou-
» pée à l'endroit de sa cavité, il n'y a au centre qu'un trou rond ou ovale : on aperçoit
» des lignes courbes qui s'étendent en sens contraires, depuis le centre à la circonférence,
» et qui, se croisant, forment de petits losanges ; il y a ordinairement à la circonférence
» une bande étroite et circulaire : les lignes courbes se ramifient à mesure qu'elles s'é-
» loignent du centre : et le nombre de ces lignes est d'autant plus grand, qu'elles appro-
» chent plus de la circonférence ; ainsi la grandeur des losanges est presque partout à
» peu près la même : leurs côtés, ou au moins leurs angles, ont une couleur plus vive
» que l'air, sans doute parce que leur substance est plus compacte : la bande de la circon-
» férence est quelquefois composée de fibres droites et transversales, qui aboutiraient au
» centre si elles étaient prolongées ; c'est l'apparence de ces lignes et de ces points que
» l'on regarde comme le grain de l'ivoire : on l'aperçoit dans tous les ivoires, mais il est
» plus ou moins sensible dans les différentes défenses ; et parmi les ivoires dont le grain est
» assez apparent pour qu'on leur donne le nom d'*ivoire grenu*, il y en a que l'on appelle
» *ivoire à gros grain*, pour le distinguer de l'ivoire dont le grain est fin. » Voyez l'*Histoire
naturelle*, à l'article *Éléphant*, et les *Mémoires de l'Académie des sciences*, année 1762.

(8) Page 14, ligne 17. *Le seul état de captivité aurait réduit ces éléphants au quart
ou au tiers de leur grandeur.* Cela nous est démontré par la comparaison que nous avons
faite du squelette entier d'un éléphant qui est au Cabinet du Roi, et qui avait vécu seize
ans dans la ménagerie de Versailles, avec les défenses des autres éléphants dans leur
pays natal : ce squelette et ces défenses, quoique considérables par la grandeur, sont certainement de moitié plus petits pour le volume, que ne le sont les défenses et les squelettes de ceux qui vivent en liberté, soit dans l'Asie, soit en Afrique, et en même temps
ils sont au moins de deux tiers plus petits que les ossements de ces mêmes animaux
trouvés en Sibérie.

(9) Page 16, ligne 28. *On trouve des défenses et des ossements d'éléphants, non
seulement en Sibérie, en Russie et au Canada, mais encore en Pologne, en Allemagne, en
France, en Italie.* Indépendamment de tous les morceaux qui nous ont été envoyés de
Russie et de Sibérie, et que nous conservons au Cabinet du Roi, il y en a plusieurs
autres dans les cabinets des particuliers de Paris ; il y en a un grand nombre dans le
Museum de Pétersbourg, comme on peut le voir dans le catalogue qui en a été imprimé
dès l'année 1742 ; il y en a de même dans le *Museum* de Londres, dans celui de Copenhague, et dans quelques autres collections, en Angleterre, en Allemagne et en Italie ; on
a même fait plusieurs ouvrages de tour avec cet ivoire trouvé dans les terres du Nord ;
ainsi l'on ne peut douter de la grande quantité de ces dépouilles d'éléphants en Sibérie et
en Russie.

M. Pallas, savant naturaliste, a trouvé dans son voyage en Sibérie, ces années dernières, une grande quantité d'ossements d'éléphants, et un squelette entier de rhinocéros,
qui n'était enfoui qu'à quelques pieds de profondeur.

« On vient de découvrir des os monstrueux d'éléphants à Swijatoki, à 17 verstes
» de Pétersbourg ; on les a tirés d'un terrain inondé depuis longtemps. On ne peut donc
» plus douter de la prodigieuse révolution qui a changé le climat, les productions et les
» animaux de toutes les contrées de la terre. Ces médailles naturelles prouvent que les
» pays, dévastés aujourd'hui par la rigueur du froid, ont eu autrefois tous les avantages
» du midi. » *Journal de politique et de littérature*, 5 janvier 1776, article de *Pétersbourg*.

La découverte des squelettes et des défenses d'éléphants dans le Canada est assez récente, et j'en ai été informé des premiers, par une lettre de feu M. Collinson, membre de la Société royale de Londres. Voici la traduction de cette lettre :

« M. George Croghan nous a assuré que dans le cours de ses voyages, en 1765 et 1766, » dans les contrées voisines de la rivière d'*Ohio*, environ à 4 milles sud-est de cette » rivière, éloignée de 640 milles du fort de Quesne (que nous appelons maintenant » *Pitsburgh*), il a vu, aux environs d'un grand marais salé, où les animaux sauvages » s'assemblent en certain temps de l'année, de grands os et de grosses dents; et qu'ayant » examiné cette place avec soin, il a découvert, sur un banc élevé du côté du marais, un » nombre prodigieux d'os de très grands animaux, et que, par la longueur et la forme de » ces os et de ces défenses, on doit conclure que ce sont des os d'éléphants.

» Mais les grosses dents que je vous envoie, Monsieur, ont été trouvées avec ces » défenses; d'autres, encore plus grandes que celles-ci, paraissent indiquer et même démontrer » qu'elles n'appartiennent pas à des éléphants. Comment concilier ce paradoxe ? Ne » pourrait-on pas supposer qu'il a existé autrefois un grand animal qui avait les défenses » de l'éléphant et les mâchelières de l'hippopotame ? car ces grosses dents mâchelières » sont très différentes de celles de l'éléphant. M. Croghan pense, d'après la grande quantité » de ces différentes sortes de dents, c'est-à-dire des défenses et des dents molaires qu'il a » observées dans cet endroit, qu'il y avait au moins trente de ces animaux. Cependant » les éléphants n'étaient point connus en Amérique, et probablement ils n'ont pu y être » apportés d'Asie : l'impossibilité qu'ils ont à vivre dans ces contrées, à cause de la » rigueur des hivers, et où cependant on trouve une si grande quantité de leurs os, fait » encore un paradoxe, que votre éminente sagacité doit déterminer.

» M. Croghan a envoyé à Londres, au mois de février 1767, les os et les dents qu'il » avait rassemblés dans les années 1765 et 1766 :

» 1° A mylord Shelburne, deux grandes défenses dont une était bien entière et avait » près de 7 pieds de long (6 pieds 7 pouces de France); l'épaisseur était comme celle » d'une défense ordinaire d'un éléphant qui aurait cette longueur.

» 2° Une mâchoire avec deux dents mâchelières qui y tenaient, et outre cela plusieurs » très grosses dents mâchelières séparées.

« Au docteur Franklin : 1° trois défenses d'éléphant, dont une d'environ 6 pieds de » long, était cassée par la moitié, gâtée ou rongée au centre, et semblable à de la craie; » les autres étaient très saines, le bout de l'une des deux était aiguisée en pointe et d'un » très bel ivoire.

» 2° Une petite défense d'environ trois pieds de long, grosse comme le bras, avec les » alvéoles qui reçoivent les muscles et les tendons, qui étaient d'une couleur marron » luisante, laquelle avait l'air aussi fraîche que si on venait de la tirer de la tête de » l'animal.

» 3° Quatre mâchelières, dont l'une des plus grandes avait plus de largeur et un rang » de pointes de plus que celles que je vous ai envoyées. Vous pouvez être assuré que » toutes celles qui ont été envoyées à mylord Shelburne et à M. Franklin étaient de » la même forme et avaient le même émail que celles que je mets sous vos yeux.

» Le docteur Franklin a dîné dernièrement avec un officier qui a rapporté de cette » même place, voisine de la rivière d'Ohio, une défense plus blanche, plus luisante, plus » unie que toutes les autres, et une mâchelière encore plus grande que toutes celles dont » je viens de faire mention. » *Lettre de M. Collison à M. de Buffon*, datée de Mill-hill, près de Londres, le 3 juillet 1767.

*Extrait du Journal du voyage de M. Croghan, fait sur la rivière d'Ohio
et envoyé à M. Franklin au mois de mai* 1765.

« Nous avons passé la grande rivière de Miame, et le soir nous sommes arrivés à
» l'endroit où l'on a trouvé des os d'éléphants ; il peut y avoir 640 milles de distance du
» fort Pitt. Dans la matinée, j'allai voir la grande place marécageuse où les animaux
» sauvages se rendent dans de certains temps de l'année ; nous arrivâmes à cet endroit
» par une route battue par les bœufs sauvages (*bisons*), éloigné d'environ quatre milles au
» sud-est du fleuve Ohio. Nous vîmes de nos yeux qu'il se trouve dans ces lieux une
» grande quantité d'ossements, les uns épars, les autres enterrés à cinq ou six pieds sous
» terre, que nous vîmes dans l'épaisseur du banc de terre qui borde cette espèce de
» route. Nous trouvâmes là deux défenses de six pieds de longueur, que nous transpor-
» tâmes à notre bord, avec d'autres os et des dents ; et, l'année suivante, nous retour-
» nâmes au même endroit prendre encore un plus grand nombre d'autres défenses et
» d'autres dents.
» Si M. de Buffon avait des doutes et des questions à faire sur cela, je le prie, dit
» M. Collinson, de me les envoyer : je ferais passer sa lettre à M. Croghan, homme très
» honnête et éclairé, qui serait charmé de satisfaire à ses questions. » Ce petit mémoire
était joint à la lettre que je viens de citer, et à laquelle je vais ajouter l'extrait de ce
que M. Collinson m'avait écrit auparavant, au sujet de ces mêmes ossements trouvés
en Amérique.
« Il y avait, à environ un mille et demi de la rivière d'Ohio, six squelettes monstrueux
» enterrés debout, portant des défenses de cinq à six pieds de long, qui étaient de la
» forme et de la substance des défenses d'éléphants ; elles avaient trente pouces de circon-
» férence à la racine ; elles allaient en s'amincissant jusqu'à la pointe ; mais on ne peut
» pas bien connaître comment elles étaient jointes à la mâchoire, parce qu'elles étaient
» brisées en pièces ; un fémur de ces mêmes animaux fut trouvé bien entier : il pesait cent
» livres, et avait 4 $\frac{1}{2}$ pieds de long : ces défenses et ces os de la cuisse font voir que
» l'animal était d'une prodigieuse grandeur. Ces faits ont été confirmés par M. Greenwood,
» qui, ayant été sur les lieux, a vu les six squelettes dans le marais salé ; il a de plus
» trouvé dans le même lieu de grosses dents mâchelières, qui ne paraissent pas appar-
» tenir à l'éléphant, mais plutôt à l'hippopotame ; et il a rapporté quelques-unes de ces
» dents à Londres, deux entre autres qui pesaient ensemble 9 $\frac{1}{4}$ livres. Il dit que l'os de
» la mâchoire avait près de trois pieds de longueur, et qu'il était trop lourd pour être
» porté par deux hommes : il avait mesuré l'intervalle entre l'orbite des deux yeux, qui
» était de 12 pouces. Une Anglaise faite prisonnière par les sauvages, et conduite à ce
» marais salé pour leur apprendre à faire du sel en faisant évaporer l'eau, a déclaré se
» souvenir, par une circonstance singulière, d'avoir vu ces ossements énormes ; elle ra-
» contait que trois Français, qui cassaient des noix, étaient tous trois assis sur un seul
» de ces grands os de la cuisse. »
Quelque temps après m'avoir écrit ces lettres, M. Collinson lut à la Société royale
de Londres deux petits mémoires sur ce même sujet et dans lesquels j'ai trouvé quelques faits de plus que je vais rapporter, en y joignant un mot d'explication sur les choses
qui en ont besoin.
« Le marais salé ou l'on a trouvé les os d'éléphants n'est qu'à quatre milles de
» distance des bords de la rivière d'Ohio, mais il est éloigné de plus de sept cents milles
» de la plus prochaine côte de la mer. Il y avait un chemin frayé par les bœufs sauvages
» (*bisons*), assez large pour deux chariots de front, qui menait droit à la place de ce grand

» marais salé où ces animaux se rendent, aussi bien que toutes les espèces de cerfs et
» de chevreuils, dans une certaine saison de l'année, pour lécher la terre et boire de l'eau
» salée... Les ossements d'éléphants se trouvent sous une espèce de levée ou plutôt sous
» la rive qui entoure et surmonte le marais à cinq ou six pieds de hauteur; on y voit un
» très grand nombre d'os et de dents qui ont appartenu à quelques animaux d'une gros-
» seur prodigieuse; il y a des défenses qui ont près de sept pieds de longueur, et qui sont
» d'un très bel ivoire; on ne peut donc guère douter qu'elles n'aient appartenu à des élé-
» phants; mais ce qu'il y a de singulier, c'est que jusqu'ici l'on n'a trouvé parmi ces
» défenses aucune dent molaire ou mâchelière d'éléphant, mais seulement un grand nom-
» bre de grosses dents dont chacune porte cinq ou six pointes mousses, lesquelles ne
» peuvent avoir appartenu qu'à quelque animal d'une énorme grandeur, et ces grosses
» dents carrées n'ont point de ressemblance aux mâchelières de l'éléphant, qui sont apla-
» ties, et quatre ou cinq fois aussi larges qu'épaisses; en sorte que ces grosses dents
» molaires ne ressemblent aux dents d'aucun animal connu. » Ce que dit ici M. Collinson
est très vrai : ces grosses dents molaires diffèrent absolument des dents mâchelières de
l'éléphant, et en les comparant à celles de l'hippopotame, auxquelles ces grosses dents
ressemblent par leur forme carrée, on verra qu'elles en diffèrent aussi par leur grosseur,
étant deux, trois ou quatre fois plus volumineuses que les plus grosses dents des anciens
hippopotames trouvées de même en Sibérie et au Canada, quoique ces dents soient elles-
mêmes trois ou quatre fois plus grosses que celles des hippopotames actuellement existants.
Toutes les dents que j'ai observées dans quatre têtes de ces animaux, qui sont au Cabinet
du Roi, ont la face qui broie creusée en forme de trèfle, et celles qui ont été trouvées au
Canada et en Sibérie ont ce même caractère et n'en diffèrent que par la grandeur; mais ces
énormes dents à grosses pointes mousses diffèrent de celles de l'hippopotame creusées en trèfle,
ont toujours quatre et quelquefois cinq rangs, au lieu que les plus grosses dents des
hippopotames n'en ont que trois, comme on peut le voir en comparant les figures des
planches I, III et IV, avec celles de la planche V. Il paraît donc certain que ces grosses dents
n'ont jamais appartenu à l'éléphant ni à l'hippopotame; la différence de grandeur, quoique
énorme, ne m'empêcherait pas de les regarder comme appartenant à cette dernière
espèce, si tous les caractères de la forme étaient semblables, puisque nous connaissons,
comme je viens de le dire, d'autres dents carrées, trois ou quatre fois plus grosses que
celles de nos hippopotames actuels, et qui néanmoins ayant les mêmes caractères pour la
forme, et particulièrement les creux en trèfle sur la face qui broie, sont certainement des
dents d'hippopotames trois fois plus grands que ceux dont nous avons les têtes (*); et
c'est de ces grosses dents (*pl.* V), qui sont vraiment des dents d'hippopotames, dont j'ai
parlé, lorsque j'ai dit qu'il s'en trouvait également dans les deux continents aussi bien
que des défenses d'éléphants; mais ce qu'il y a de très remarquable, c'est que non seulement on a trouvé de vraies défenses d'éléphants et de vraies dents de gros hippopotames
en Sibérie et au Canada, mais qu'on y a trouvé de même ces dents beaucoup plus énormes
à grosses pointes mousses et à quatre rangs; je crois donc pouvoir prononcer avec fondement que cette très grande espèce d'animal est perdue.

M. le comte de Vergennes, ministre et secrétaire d'Etat, a eu la bonté de me donner, en
1770, la plus grosse de toutes ces dents, laquelle est représentée (*pl.* I et II); elle pèse onze
livres quatre onces; cette énorme dent molaire a été trouvée dans la Petite-Tartarie en
faisant un fossé; il y avait d'autres os qu'on n'a pas recueillis, et entre autres un os fémur
dont il ne restait que la moitié bien entière, et la cavité de cette moitié contenait quinze
pintes de Paris. M. l'abbé Chappe, de l'Académie des sciences, nous a rapporté de Sibérie

(*) Nous avons déjà dit que l'animal dont parle ici Buffon n'est pas un hippopotame,
mais le mastodonte.

une autre dent toute pareille, mais moins grosse, et qui ne pèse que 3 livres 12 onces $\frac{1}{2}$ (*pl.* III, *fig.* 1 et 2). Enfin, la plus grosse de celles que M. Collinson m'avait envoyées, et qui est représentée (*pl.* IV), a été trouvée avec plusieurs autres semblables en Amérique, près de la rivière d'Ohio; et d'autres qui nous sont venues du Canada leur ressemblent parfaitement. L'on ne peut donc pas douter qu'indépendamment de l'éléphant et de l'hippopotame, dont on trouve également les dépouilles dans les deux continents, il n'y eût encore un autre animal commun aux deux continents d'une grandeur supérieure à celle même des plus grands éléphants; car la forme carrée de ces énormes dents mâchelières prouve qu'elles étaient en nombre dans la mâchoire de l'animal, et quand on n'y en supposerait que six ou même quatre de chaque côté, on peut juger de l'énormité d'une tête qui aurait au moins seize dents mâchelières pesant chacune dix ou onze livres (*). L'éléphant n'en a que quatre, deux de chaque côté (**); elles sont aplaties, elles occupent tout l'espace de la mâchoire, et ces deux dents molaires de l'éléphant fort aplaties ne surpassent que de deux pouces la largeur de la plus grosse dent carrée de l'animal inconnu, qui est du double plus épaisse que celle de l'éléphant: ainsi tout nous porte à croire que cette ancienne espèce, qu'on doit regarder comme la première et la plus grande de tous les animaux terrestres, n'a subsisté que dans les premiers temps et n'est pas parvenue jusqu'à nous; car un animal dont l'espèce serait plus grande que celle de l'éléphant, ne pourrait se cacher nulle part sur la terre au point de demeurer inconnu; et, d'ailleurs, il est évident par la forme même de ces dents, par leur émail et par la disposition de leurs racines, qu'elles n'ont aucun rapport aux dents des cachalots ou autres cétacés, et qu'elles ont réellement appartenu à un animal terrestre dont l'espèce était plus voisine de celle de l'hippopotame que d'aucune autre.

Dans la suite du mémoire que j'ai cité ci-dessus, M. Collinson dit que plusieurs personnes de la Société royale connaissent aussi bien que lui les défenses d'éléphant que l'on trouve tous les ans en Sibérie sur les bords du fleuve Obi et des autres rivières de cette contrée. Quel système établira-t-on, ajoute-t-il avec quelque degré de probabilité, pour rendre raison de ces dépôts d'ossements d'éléphants en Sibérie et en Amérique? Il finit par donner l'énumération, les dimensions et le poids de toutes ces dents, trouvées dans le marais salé de la rivière d'Ohio, dont la plus grosse dent carrée appartenait au capitaine Ourry, et pesait six livres et demie.

Dans le second petit Mémoire de M. Collinson, lu à la Société royale de Londres, le 10 décembre 1767, il dit que, s'étant aperçu qu'une des défenses trouvées dans le marais salé avait des stries près du gros bout, il avait eu quelques doutes si ces stries étaient particulières ou non à l'espèce de l'éléphant: pour se satisfaire, il alla visiter le magasin d'un marchand qui fait commerce de dents de toutes espèces, et qu'après les avoir bien examinées il trouva qu'il y avait autant de défenses striées au gros bout que d'unies, et que par conséquent il ne faisait plus aucune difficulté de prononcer que ces défenses trouvées en Amérique ne fussent semblables à tous égards aux défenses des éléphants d'Afrique et d'Asie: mais, comme les grosses dents carrées trouvées dans le même lieu n'ont aucun rapport avec les dents molaires de l'éléphant, il pense que ce sont les restes de quelque animal énorme qui avait les défenses de l'éléphant, avec des dents molaires particulières à son espèce, laquelle est d'une grandeur et d'une forme différente de celle d'aucun animal connu. Voyez les *Transactions philosophiques* de l'année 1767.

(*) Ces dents n'existent pas simultanément; elles apparaissent les unes après les autres d'avant en arrière, et il n'en existe jamais plus de deux simultanément de chaque côté. Il s'en développe ainsi, non pas seize comme le dit Buffon, mais vingt-quatre.

(**) C'est dix molaires et non quatre que présente l'éléphant de chaque côté et à chaque mâchoire; ce qui fait en tout vingt-quatre molaires.

Dès l'année 1748, M. Fabri, qui avait fait de grandes courses dans le nord de la Louisiane et dans le sud du Canada, m'avait informé qu'il avait vu des têtes et des squelettes d'un animal quadrupède d'une grandeur énorme, que les sauvages appelaient le *père-aux-bœufs*, et que les os fémurs de ces animaux avaient 5 et jusqu'à 6 pieds de hauteur. Peu de temps après, et avant l'année 1767, quelques personnes à Paris avaient déjà reçu quelques-unes des grosses dents de l'animal inconnu, d'autres d'hippopotames, et aussi des ossements d'éléphants trouvés en Canada : le nombre en est trop considérable pour qu'on puisse douter que ces animaux n'aient pas autrefois existé dans les terres septentrionales de l'Amérique, comme dans celles de l'Asie et de l'Europe.

Mais les éléphants ont aussi existé dans toutes les contrées tempérées de notre continent : j'ai fait mention des défenses trouvées en Languedoc, près de Simorre, et de celles trouvées à Cominges, en Gascogne ; je dois y ajouter la plus belle et la plus grande de toutes, qui nous a été donnée en dernier lieu pour le Cabinet du Roi, par M. le duc de La Rochefoucauld, dont le zèle pour le progrès des sciences est fondé sur les grandes connaissances qu'il a acquises dans tous les genres. Il a trouvé ce beau morceau en visitant, avec M. Desmarets, de l'Académie des sciences, les campagnes aux environs de Rome : cette défense était divisée en cinq fragments, que M. le duc de La Rochefoucauld fit recueillir ; l'un de ces fragments fut soustrait par le crocheteur qui en était chargé, et il n'en est resté que quatre, lesquels ont environ 8 pouces de diamètre ; en les rapprochant, ils forment une longueur de 7 pieds ; et nous savons par M. Desmarets que le cinquième fragment, qui a été perdu, avait près de 3 pieds : ainsi l'on peut assurer que la défense entière devait avoir environ 10 pieds de longueur. En examinant les cassures, nous y avons reconnu tous les caractères de l'ivoire de l'éléphant ; seulement cette ivoire, altéré par un long séjour dans la terre est devenu léger et friable comme les autres ivoires fossiles.

M. Tozzetti, savant naturaliste d'Italie, rapporte qu'on a trouvé, dans les vallées de l'Arno, des os d'éléphants et d'autres animaux terrestres en grande quantité, et épars çà et là dans les couches de la terre, et il dit qu'on peut conjecturer que les éléphants étaient anciennement des animaux indigènes à l'Europe, et surtout à la Toscane. — Extrait d'une lettre du docteur Tozzetti, *Journal étranger*, mois de décembre 1755.

« On trouva, dit M. Coltellini, vers la fin du mois de novembre 1759, dans un bien de
» campagne appartenant au marquis Pétrella et situé à Fusigliano, dans le territoire de
» Cortone, un morceau d'os d'éléphant incrusté en grande partie d'une matière pier-
» reuse... Ce n'est pas d'aujourd'hui qu'on a trouvé de pareils os fossiles dans nos en-
» virons.

» Dans le cabinet de M. Galeotto Corazzi, il y a un autre grand morceau de défense
» d'éléphant pétrifié et trouvé ces dernières années dans les environs de Cortone, au lieu
» appelé *la Selva*... Ayant comparé ces fragments d'os avec un morceau de défense
» d'éléphant venu depuis peu d'Asie, on a trouvé qu'il y avait entre eux une ressem-
» blance parfaite.

» M. l'abbé Mearini m'apporta, au mois d'avril dernier, une mâchoire entière d'élé-
» phant qu'il avait trouvée dans le district de Farneta, village de ce diocèse. Cette mâchoire
» est pétrifiée en grande partie, et surtout des deux côtés où l'incrustation pierreuse
» s'élève à la hauteur d'un pouce, et a toute la dureté de la pierre.

» Je dois enfin à M. Muzio Angelieri Alticozzi, gentilhomme de cette ville, un fémur
» presque entier d'éléphant, qu'il a découvert lui-même dans un de ses biens de cam-
» pagne appelé *la Rota*, situé dans le territoire de Cortone. Cet os, qui est long d'une
» brasse de Florence, est aussi pétrifié, surtout dans l'extrémité supérieure qu'on appelle
» la tête... » Lettre de M. Louis Coltellini, de Cortone. *Journal étranger*, mois de
juillet 1761.

(10) Page 17, ligne 35. *Ces grandes volutes pétrifiées, dont quelques-unes ont plusieurs pieds de diamètre.* La connaissance de toutes les pétrifications dont on ne trouve plus les analogues vivants, supposerait une étude longue et une comparaison réfléchie de toutes les espèces de pétrifications qu'on a trouvées jusqu'à présent dans le sein de la terre; et cette science n'est pas encore fort avancée : cependant nous sommes assurés qu'il y a plusieurs de ces espèces, telles que les cornes d'Ammon, les ortocératites, les pierres lenticulaires ou numismales, les bélemnites, les pierres judaïques, les anthropomorphites, etc., qu'on ne peut rapporter à aucune espèce actuellement existante. Nous avons vu des cornes d'Ammon pétrifiées, de 2 et 3 pieds de diamètre, et nous avons été assurés, par des témoins dignes de foi, qu'on en a trouvé une en Champagne plus grande qu'une meule de moulin, puisqu'elle avait 8 pieds de diamètre sur un pied d'épaisseur : on m'a même offert dans le temps de me l'envoyer, mais l'énormité du poids de cette masse, qui est d'environ huit milliers, et la grande distance de Paris, m'a empêché d'accepter cette offre. On ne connaît pas plus les espèces d'animaux auxquels ont appartenu les dépouilles dont nous venons d'indiquer les noms; mais ces exemples, et plusieurs autres que je pourrais citer, suffisent pour prouver qu'il existait autrefois dans la mer plusieurs espèces de coquillages et de crustacés qui ne subsistent plus. Il en est de même de quelques poissons à écailles; la plupart de ceux qu'on trouve dans les ardoises et dans certains schistes, ne ressemblent pas assez aux poissons qui nous sont connus, pour qu'on puisse dire qu'ils sont de telle ou telle espèce. Ceux qui sont au Cabinet du Roi, parfaitement conservés dans des masses de pierres, ne peuvent de même se rapporter précisément à nos espèces connues : il paraît donc que, dans tous les genres, la mer a autrefois nourri des animaux dont les espèces n'existent plus.

Mais, comme nous l'avons dit, nous n'avons jusqu'à présent qu'un seul exemple d'une espèce perdue dans les animaux terrestres, et il paraît que c'était la plus grande de toutes, sans même en excepter l'éléphant (*). Et puisque les exemples des espèces perdues dans les animaux terrestres sont bien plus rares que dans les animaux marins, cela ne semble-t-il pas prouver encore que la formation des premiers est postérieure à celle de ces derniers ?

NOTES SUR LA PREMIÈRE ÉPOQUE.

(11) Page 26, ligne 6. *Sur la matière dont le noyau des comètes est composé.* J'ai dit, dans l'article de la *Formation des planètes*, que les comètes sont composées d'une *matière très solide et très dense.* Ceci ne doit pas être pris comme une assertion positive et générale, car il doit y avoir de grandes différences entre la densité de telle ou telle comète, comme il y en a entre la densité des différentes planètes; mais on ne pourra déterminer cette différence de densité relative entre chacune des comètes, que quand on en connaîtra les périodes de révolution aussi parfaitement que l'on connaît les périodes des planètes. Une comète dont la densité serait seulement comme la densité de la planète de Mercure, double de celle de la terre, et qui aurait à son périhélie autant de vitesse que la comète de 1680, serait peut-être suffisante pour chasser hors du soleil toute la quantité de matière qui compose les planètes, parce que la matière de la comète étant dans ce cas huit fois plus dense que la matière solaire, elle communiquerait huit fois autant de mouvement, et chasserait une $\frac{8}{100}$ partie de la masse du soleil, aussi aisément qu'un corps dont la densité serait égale à celle de la matière solaire, pourrait en chasser une centième partie.

(*) Il est à peine nécessaire de faire observer que Buffon est fort au-dessous de la vérité quand il parle de « quelques espèces de poissons » perdues, et d' « une espèce perdue dans les animaux terrestres ». C'est par milliers que l'on compte aujourd'hui les espèces animales disparues.

(12) Page 32, ligne 15. *La terre est élevée sous l'équateur et abaissée sous les pôles, dans la proportion juste et précise qu'exigent les lois de la pesanteur, combinées avec celles de la force centrifuge.* J'ai supposé, dans mon *Traité de la formation des planètes*, que la différence des diamètres de la terre était dans le rapport de 174 à 175, d'après la détermination faite par nos mathématiciens envoyés en Laponie et au Pérou ; mais comme ils ont supposé une courbe régulière à la terre, j'ai averti, page 165, que cette supposition était hypothétique, et par conséquent je ne me suis point arrêté à cette détermination. Je pense donc qu'on doit préférer le rapport de 229 à 230, tel qu'il a été déterminé par Newton, d'après sa théorie et les expériences du pendule, qui me paraissent être bien plus sûres que les mesures. C'est par cette raison que, dans les Mémoires de la partie hypothétique, j'ai toujours supposé que le rapport des deux diamètres du sphéroïde terrestre était de 229 à 230. M. le docteur Irving, qui a accompagné M. Phipps dans son voyage au Nord en 1773, a fait des expériences très exactes sur l'accélération du pendule au 79e degré 50 minutes, et il a trouvé que cette accélération était de 72 à 73 secondes en 24 heures, d'où il conclut que le diamètre à l'équateur est à l'axe de la terre comme 212 à 211. Ce savant voyageur ajoute avec raison que son résultat approche de celui de Newton, beaucoup plus que celui de M. de Maupertuis, qui donne le rapport de 178 à 179, et plus aussi que celui de M. Bradley, qui, d'après les observations de M. Campbell, donne le rapport de 200 à 201 pour la différence des deux diamètres de la terre.

(13) Page 39, ligne 1. *La mer, sur les côtes voisines de la ville de Caen en Normandie, a construit et construit encore par son flux et reflux, une espèce de schiste composé de lames minces et déliées, et qui se forment journellement par le sédiment des eaux.* Chaque marée montante apporte et répand sur tout le rivage un limon impalpable qui ajoute une nouvelle feuille aux anciennes, d'où résulte par la succession des temps un *schiste tendre et feuilleté.*

NOTES SUR LA SECONDE ÉPOQUE.

(14) Page 41, ligne 13. *La roche du globe et les hautes montagnes, dans leur intérieur jusqu'à leur sommet, ne sont composées que de matières vitrescibles.* J'ai dit, dans ma *Théorie de la terre,* « que le globe terrestre pourrait être vide dans son intérieur, ou » rempli d'une substance plus dense que toutes celles que nous connaissons, sans qu'il » nous fût possible de le démontrer... et qu'à peine pouvions-nous former sur cela » quelques conjectures raisonnables. » Mais lorsque j'ai écrit ce *Traité de la Théorie de la terre* en 1744, je n'étais pas instruit de tous les faits par lesquels on peut reconnaître que la densité du globe terrestre, prise généralement, est moyenne entre les densités du fer, des marbres, des grès, de la pierre et du verre, telle que je l'ai déterminée dans mon premier Mémoire (*partie hypothétique*); je n'avais pas fait alors toutes les expériences qui m'ont conduit à ce résultat; il me manquait aussi beaucoup d'observations que j'ai recueillies dans ce long espace de temps : ces expériences, toutes faites dans la même vue, et ces observations, nouvelles pour la plupart, ont étendu mes premières idées et m'en ont fait naître d'autres accessoires et même plus élevées; en sorte que ces *conjectures raisonnables,* que je soupçonnais dès lors qu'on pouvait former, me paraissent être devenues des inductions très plausibles, desquelles il résulte que le globe de la terre est principalement composé, depuis la surface jusqu'au centre, d'une matière vitreuse un peu plus dense que le verre pur; la lune, d'une matière aussi dense que la pierre calcaire; Mars, d'une matière à peu près aussi dense que celle du marbre; Vénus, d'une matière un peu plus dense que l'émeril; Mercure, d'une matière un peu plus dense

que l'étain ; Jupiter, d'une matière moins dense que la craie ; et Saturne, d'une matière presque aussi légère que la pierre ponce ; et enfin, que les satellites de ces deux grosses planètes sont composés d'une matière encore plus légère que leur planète principale.

Il est certain que le centre de gravité du globe, ou plutôt du sphéroïde terrestre, coïncide avec son centre de grandeur, et que l'axe sur lequel il tourne passe par ces mêmes centres, c'est-à-dire par le milieu du sphéroïde, et que par conséquent il est de même densité dans toutes ses parties correspondantes : s'il en était autrement, et que le centre de grandeur ne coïncidât pas avec le centre de gravité, l'axe de rotation se trouverait alors plus d'un côté que de l'autre ; et, dans les différents hémisphères de la terre, la durée de la révolution paraîtrait inégale. Or, cette révolution est parfaitement la même pour tous les climats ; ainsi, toutes les parties correspondantes du globe sont de la même densité relative.

Et comme il est démontré, par son renflement à l'équateur et par sa chaleur propre, encore actuellement existante, que dans son origine le globe terrestre était composé d'une matière liquéfiée par le feu, qui s'est rassemblée par sa force d'attraction mutuelle, la réunion de cette matière en fusion n'a pu former qu'une sphère pleine, depuis le centre à la circonférence, laquelle sphère pleine ne diffère d'un globe parfait que par ce renflement sous l'équateur et cet abaissement sous les pôles, produits par la force centrifuge dès les premiers moments que cette masse encore liquide a commencé à tourner sur elle-même.

Nous avons démontré que le résultat de toutes les matières qui éprouvent la violente action du feu est l'état de vitrification ; et comme toutes se réduisent en verre plus ou moins pesant, il est nécessaire que l'intérieur du globe soit en effet une matière vitrée, de la même nature que la roche vitreuse, qui fait partout le fond de sa surface au-dessous des argiles, des sables vitrescibles, des pierres calcaires et de toutes les autres matières qui ont été remuées, travaillées et transportées par les eaux.

Ainsi l'intérieur du globe est une masse de matière vitrescible, peut-être spécifiquement un peu plus pesante que la roche vitreuse, dans les fentes de laquelle nous cherchons les métaux ; mais elle est de même nature, et n'en diffère qu'en ce qu'elle est plus massive et plus pleine : il n'y a de vides et de cavernes que dans les couches extérieures ; l'intérieur doit être plein, car ces cavernes n'ont pu se former qu'à la surface, dans le temps de la consolidation et du premier refroidissement : les fentes perpendiculaires qui se trouvent dans les montagnes ont été formées presque en même temps, c'est-à-dire lorsque les matières se sont resserrées par le refroissement : toutes ces cavités ne pouvaient se faire qu'à la surface, comme l'on voit dans une masse de verre ou de minéral. fondu les éminences et les trous se présenter à la superficie, tandis que l'intérieur du bloc est solide et plein.

Indépendamment de cette cause générale de la formation des cavernes et des fentes à la surface de la terre, la force centrifuge était une autre cause qui, se combinant avec celle du refroidissement, a produit dans le commencement de plus grandes cavernes, et de plus grandes inégalités dans les climats où elle agissait le plus puissamment. C'est par cette raison que les plus hautes montagnes et les plus grandes profondeurs se sont trouvées voisines des tropiques et de l'équateur ; c'est par la même raison qu'il s'est fait dans ces contrées méridionales plus de bouleversements que nulle part ailleurs. Nous ne pouvons déterminer le point de profondeur auquel les couches de la terre ont été bousourflées par le feu et soulevées en cavernes ; mais il est certain que cette profondeur doit être bien plus grande à l'équateur que dans les autres climats, puisque le globe avant sa consolidation s'y est élevé de six lieues un quart de plus que sous les pôles. Cette espèce de croûte ou de calotte va toujours en diminuant d'épaisseur depuis l'équateur, et se termine à rien sous les pôles ; la matière qui compose cette croûte est la seule qui ait été déplacée dans le temps de la liquéfaction, et refoulée par l'action de la force centrifuge ; le reste de la matière qui compose l'intérieur du globe est demeuré fixe dans son assiette, et n'a subi ni changement, ni soulèvement, ni transport. Les vides et les cavernes n'ont donc pu se former que dans cette croûte extérieure; elles se sont trouvées d'autant plus grandes et plus fréquentes, que cette croûte était plus épaisse, c'est-a-dire plus voisine de l'équateur. Aussi les plus grands affaissements se sont faits et se feront encore dans les parties méridionales, où se trouvent de même les plus grandes inégalités de la surface du globe, et par la même raison le plus grand nombre de cavernes, de fentes et de mines métalliques qui ont rempli ces fentes dans le temps de leur fusion ou de leur sublimation.

L'or et l'argent, qui ne font qu'une quantité, pour ainsi dire, infiniment petite, en comparaison de celle des autres matières du globe, ont été sublimés en vapeurs, et se sont séparés de la matière vitrescible commune, par l'action de la chaleur, de la même manière que l'on voit sortir d'une plaque d'or ou d'argent, exposée au foyer d'un miroir ardent, des particules qui s'en séparent par la sublimation, et qui dorent ou argentent les corps que l'on expose à cette vapeur métallique; ainsi l'on ne peut pas croire que ces métaux, susceptibles de sublimation, même à une chaleur médiocre, puissent être entrés en grande partie dans la composition du globe, ni qu'ils soient placés à de grandes profondeurs dans son intérieur. Il en est de même de tous les autres métaux et minéraux, qui sont encore plus susceptibles de se sublimer par l'action de la chaleur : et à l'égard des sables vitrescibles et des argiles, qui ne sont que les détriments des scories vitrées, dont la surface du globe était couverte immédiatement après le premier refroidissement, il est certain qu'elles n'ont pu se loger dans l'intérieur, et qu'elles pénètrent tout au plus aussi bas que les filons métalliques dans les fentes et dans les autres cavités de cette ancienne surface de la terre, maintenant recouverte par toutes les matières que les eaux ont déposées.

Nous sommes donc bien fondés à conclure que le globe de la terre n'est dans son intérieur qu'une masse solide de matière vitrescible, sans vides, sans cavités (*), et qu'il ne s'en trouve que dans les couches qui soutiennent celles de sa surface; que sous l'équateur et dans les climats méridionaux, ces cavités ont été et sont encore plus grandes que dans les climats tempérés ou septentrionaux, parce qu'il y a eu deux causes qui les ont produites sous l'équateur, savoir, la force centrifuge et le refroidissement, au lieu que sous les pôles, il n'y a eu que la seule cause de refroidissement : en sorte que dans les parties méridionales, les affaissements ont été bien plus considérables, les inégalités plus grandes, les fentes perpendiculaires plus fréquentes, et les mines des métaux précieux plus abondantes.

(15) Page 44, ligne 21. *Les fentes et les cavités des éminences du globe terrestre ont été incrustées, et quelquefois remplies par les substances métalliques que nous y trouvons aujourd'hui.*

« Les veines métalliques, dit M. Eller, se trouvent seulement dans les endroits élevés » en une longue suite de montagnes : cette chaîne de montagnes suppose toujours pour son » soutien une base de *roche dure.* Tant que ce roc conserve sa continuité, il n'y a guère » apparence qu'on y découvre quelques filons métalliques; mais quand on rencontre des » crevasses ou des fentes, on espère d'en découvrir. Les physiciens minéralogistes ont » remarqué qu'en Allemagne la situation la plus favorable est lorsque la chaîne de mon- » tagnes s'élevant petit à petit se dirige vers le sud-est, et qu'ayant atteint sa plus grande » élévation, elle descend insensiblement vers le nord-ouest....

» C'est ordinairement un *roc sauvage,* dont l'étendue est quelquefois presque sans » bornes, mais qui est fendu et entr'ouvert en divers endroits, qui contient les métaux » quelquefois purs, mais presque toujours minéralisés : ces fentes sont tapissées pour l'or-

(*) Ainsi que nous l'avons dit plus haut, Poisson conclut de ses calculs que la partie centrale du globe terrestre a dû se consolider et se refroidir la première.

» dinaire d'une terre blanche et luisante, que les mineurs appellent *quartz* et qu'ils
» nomment *spath* lorsque cette terre est plus pesante, mais mollasse et feuilletée à peu
» près comme le talc : elle est enveloppée en dehors, vers le roc, de l'espèce de limon qui
» paraît fournir la nourriture à ces terres quartzeuses ou spatheuses; ces deux enveloppes
» sont comme la gaine ou l'étui du filon; plus il est perpendiculaire, et plus on doit en
» espérer; et toutes les fois que les mineurs voient que le filon est perpendiculaire, ils
» disent qu'il va s'ennoblir.

» Les métaux sont formés dans toutes ces fentes et cavernes par une évaporation con-
» tinuelle et assez violente ; les vapeurs des mines démontrent cette évaporation encore
» subsistante ; les fentes qui n'en exhalent point sont ordinairement stériles : la marque la
» plus sûre que les vapeurs exhalantes portent des atomes ou des molécules minérales, et
» qu'elles les appliquent partout aux parois des crevases du roc, c'est cette incrustation
» successive qu'on remarque dans toute la circonférence de ces fentes ou de ces creux
» de rochers, jusqu'à ce que la capacité en soit entièrement remplie et le filon solidement
» formé; ce qui est encore confirmé par les outils qu'on oublie dans les creux, et qu'on
» retrouve ensuite couverts et incrustés de la mine, plusieurs années après.

» Les fentes du roc qui fournissent une veine métallique abondante inclinent toujours
» ou poussent leur direction vers la perpendiculaire de la terre : à mesure que les mineurs
» descendent, ils rencontrent une température d'air toujours plus chaude, et quelquefois
» des exhalaisons si abondantes et si nuisibles à la respiration, qu'ils se trouvent forcés
» de se retirer au plus vite vers les puits ou vers la galerie, pour éviter la suffocation que
» les parties sulfureuses et arsenicales leur causeraient à l'instant. Le soufre et l'arsenic
» se trouvent généralement dans toutes les mines des quatre métaux imparfaits et de tous
» les demi-métaux, et c'est par eux qu'ils sont minéralisés.

» Il n'y a que l'or, et quelquefois l'argent et le cuivre, qui se trouvent natifs en petite
» quantité; mais, pour l'ordinaire, le cuivre, le fer, le plomb et l'étain, lorsqu'ils se tirent
» des filons, sont minéralisés avec le soufre et l'arsenic : on sait, par l'expérience, que les
» métaux perdent leur forme métallique à un certain degré de chaleur relatif à chaque
» espèce de métal : cette destruction de la forme métallique, que subissent les quatre
» métaux imparfaits, nous apprend que la base des métaux est une matière terrestre; et
» comme ces chaux métalliques se vitrifient à un certain degré de chaleur, ainsi que les
» terres calcaires, gypseuses, etc., nous ne pouvons pas douter que la terre métallique ne
» soit du nombre des terres vitrifiables. » *Extrait du Mémoire de M. Eller, sur l'origine
» et la génération des métaux*, dans le Recueil de l'Académie de Berlin, année 1753.

(16) Page 42, ligne 2. M. Lehman, célèbre chimiste, est le seul qui ait soupçonné une
double origine aux mines métalliques ; il distingue judicieusement les montagnes à filons
des montagnes à couches : « L'or et l'argent, dit-il, ne se trouvent en masses que dans les
» montagnes à filons; le fer ne se trouve guère que dans les montagnes à couches : tous
» les morceaux ou petites parcelles d'or et d'argent qu'on trouve dans les montagnes à
» couches n'y sont que répandus, et ont été détachés des filons qui sont dans les monta-
» gnes supérieures et voisines de ces couches.

» L'or n'est jamais minéralisé; il se trouve toujours natif ou vierge, c'est-à-dire tout
» formé dans sa matrice, quoique souvent il y soit répandu en particules si déliées, qu'on
» chercherait vainement à le reconnaître, même avec les meilleurs microscopes. On ne
» trouve point d'or dans les montagnes à couches; il est aussi assez rare qu'on y trouve
» de l'argent; ces deux métaux appartiennent de préférence aux montagnes à filons : on
» a néanmoins trouvé quelquefois de l'argent en petits feuillets ou sous la forme de che-
» veux, dans de l'ardoise : il est moins rare de trouver du cuivre natif sur de l'ardoise,
» et communément ce cuivre natif est aussi en forme de filets ou de cheveux.

» Les mines de fer se reproduisent peu d'années après avoir été fouillées ; elles ne se » trouvent point dans les montagnes à filons, mais dans les montagnes à couches, ou du » moins c'est une chose très rare.

» Quant à l'étain natif, il n'en existe point qui ait été produit par la nature sans le » secours du feu ; et la chose est aussi très douteuse pour le plomb, quoiqu'on prétende que » les grains de plomb de Massel, en Silésie, sont de plomb-natif.

» On trouve le mercure vierge et coulant, dans les couches de terre argileuses et » grasses, ou dans les ardoises.

Les mines d'argent qu'on trouve dans les ardoises ne sont pas à beaucoup près aussi » riches que celles qui se trouvent dans les montagnes à filons ; ce métal ne se trouve » guère qu'en particules déliées, en filets ou en végétations, dans ces couches d'ardoise » ou de schistes, mais jamais en grosses mines ; et encore faut-il que ces couches d'ardoise » soient voisines des montagnes à filons. Toutes les mines d'argent qui se trouvent dans » les couches ne sont pas sous une forme solide et compacte ; toutes les autres mines, qui » contiennent de l'argent en abondance, se trouvent dans les montagnes à filons. Le cuivre » se trouve abondamment dans les couches d'ardoises, et quelquefois aussi dans les char- » bons de terre.

» L'étain est le métal qui se trouve le plus rarement répandu dans les couches : le » plomb s'y trouve plus communément ; on en rencontre sous la forme de galène, atta- » ché aux ardoises, mais on n'en trouve que très rarement avec les charbons de terre.

» Le fer est presque universellement répandu, et se trouve dans les couches, sous un » grand nombre de formes différentes.

» Le cinabre, le cobalt, le bismuth et la calamine, se trouvent aussi assez communé- » ment dans les couches. » Lehman, tome III, page 381 et suivantes.

« Les charbons de terre, le jayet, le succin, la terre alumineuse, ont été produits par » des végétaux, et surtout par des arbres résineux qui ont été ensevelis dans le sein de » la terre, et qui ont souffert une décomposition plus ou moins grande ; car on trouve, » au-dessus des mines de charbon de terre, très souvent du bois qui n'est point du tout » décomposé, et qui l'est davantage à mesure qu'il est plus enfoncé en terre. L'ardoise, qui » sert de toit ou de couverture au charbon, est souvent remplie des empreintes de plantes, » qui accompagnent ordinairement les forêts, telles que les fougères, les capillaires, etc.; » ce qu'il y a de remarquable, c'est que ces plantes, dont on trouve les empreintes, sont » toutes étrangères, et les bois paraissent aussi des bois étrangers. Le succin, qu'on doit » regarder comme une résine végétale, renferme souvent des insectes qui, considérés » attentivement, n'appartiennent point au climat où on les rencontre présentement : enfin, » la terre alumineuse est souvent feuilletée, et ressemble a du bois, tantôt moins décom- » posé. » *Idem, Ibidem.*

« Le soufre, l'alun, le sel ammoniac, se trouvent dans les couches formées par les » volcans.

» Le pétrole, le naphte, indiquent un feu actuellement allumé sous la terre, qui met, » pour ainsi dire, le charbon de terre en distillation : on a des exemples de ces embra- » sements souterrains, qui n'agissent qu'en silence dans des mines de charbon de terre, » en Angleterre et en Allemagne, lesquelles brûlent depuis très longtemps sans explosion, » et c'est dans le voisinage de ces embrasements souterrains qu'on trouve les eaux chaudes » thermales.

» Les montagnes qui contiennent des filons ne renferment point de charbon de terre, » ni des substances bitumineuses et combustibles ; ces substances ne se trouvent jamais » que dans les montagnes à couches. » *Notes sur Lehman*, par M. le baron d'Holbach, tome III, page 435.

(17) Page 44, ligne 37. *Il se trouve dans les pays de notre Nord des montagnes entières de fer, c'est-à-dire d'une pierre vitrescible, ferrugineuse,* etc. Je citerai pour exemple la mine de fer près de Taberg en Smoland, partie de l'île de Gothland en Suède : c'est l'une des plus remarquables de ces mines, ou plutôt de ces montagnes de fer, qui toutes ont la propriété de céder à l'attraction de l'aimant, ce qui prouve qu'elles ont été formées par le feu : cette montagne est dans un sol de sable extrêmement fin; sa hauteur est de plus de 400 pieds, et son circuit d'une lieue; elle est en entier composée d'une matière ferrugineuse très riche, et l'on y trouve même du fer natif; autre preuve qu'elle a éprouvé l'action d'un feu violent; cette mine étant brisée montre à sa fracture de petites parties brillantes, qui tantôt se croisent et tantôt sont disposées par écailles : les petits rochers les plus voisins sont de roc pur (*saxo puro*) : on travaille à cette mine depuis environ deux cents ans; on se sert pour l'exploiter de poudre à canon, et la montagne parait fort peu diminuée, excepté dans les puits qui sont au pied du côté du vallon.

Il paraît que cette mine n'a point de lits réguliers; le fer n'y est point non plus partout de la même bonté. Toute la montagne a beaucoup de fentes, tantôt perpendiculaires et tantôt horizontales : elles sont toutes remplies de sable qui ne contient aucun fer; ce sable est aussi pur et de même espèce que celui des bords de la mer; on trouve quelquefois dans ce sable des os d'animaux et des cornes de cerf; ce qui prouve qu'il a été amené par les eaux, et que ce n'est qu'après la formation de la montagne de fer par le feu, que les sables en ont rempli les crevasses, et les fentes perpendiculaires et horizontales.

Les masses de mine que l'on tire tombent aussitôt au pied de la montagne, au lieu que dans les autres mines il faut souvent tirer le minéral des entrailles de la terre : on doit concasser et griller cette mine avant de la mettre au fourneau, où on la fond avec la pierre calcaire et du charbon de bois.

Cette colline de fer est située dans un endroit montagneux fort élevé, éloigné de la mer de près de 80 lieues : il paraît qu'elle était autrefois entièrement couverte de sable. Extrait d'un article de l'ouvrage périodique qui a pour titre : *Nordische Beitrage, etc. Contribution du Nord pour les progrès de la physique, des sciences et des arts.* A Altone, chez David Ifers, 1756.

(18) Page 45, ligne 6. *Il se trouve des montagnes d'aimant dans quelques contrées, et particulièrement dans celles de notre Nord.* On vient de voir par l'exemple cité dans la note précédente, que la montagne de fer de Taberg s'élève de plus de 400 pieds au-dessus de la surface de la terre. M. Gmelin, dans son Voyage en Sibérie, assure que dans les contrées septentrionales de l'Asie presque toutes les mines des métaux se trouvent à la surface de la terre, tandis que dans les autres pays elles se trouvent profondément ensevelies dans son intérieur. Si ce fait était généralement vrai, ce serait une nouvelle preuve que les métaux ont été formés par le feu primitif, et que le globe de la terre ayant moins d'épaisseur dans les parties septentrionales, ils s'y sont formés plus près de la surface que dans les contrées méridionales.

Le même M. Gmelin a visité la grande montagne d'aimant qui se trouve en Sibérie, chez les *Baschkires*; cette montagne est divisée en huit parties, séparées par des vallons : la septième de ces parties produit le meilleur aimant; le sommet de cette portion de montagne est formé d'une pierre jaunâtre, qui paraît tenir de la nature du jaspe; on y trouve des pierres, que l'on prendrait de loin pour du grès, qui pèsent deux mille cinq cents ou trois milliers, mais qui ont toutes la vertu de l'aimant; quoiqu'elles soient couvertes de mousse, elles ne laissent pas d'attirer le fer et l'acier à la distance de plus d'un pouce : les côtés exposés à l'air ont la plus forte vertu magnétique; ceux qui sont enfoncés en terre en ont beaucoup moins; ces parties les plus exposées aux injures de l'air, sont moins dures, et par conséquent moins propres à être armées. Un gros quartier d'aimant de la grandeur qu'on vient de dire, est composé de quantité de petits quartiers d'aimant, qui opèrent en différentes directions; pour les bien travailler, il faudrait les séparer en les sciant, afin que tout le morceau qui renferme la vertu de chaque aimant particulier conservât son intégrité; on obtiendrait vraisemblablement de cette façon des aimants d'une grande force. Mais on coupe des morceaux à tout hasard, et il s'en trouve plusieurs qui ne valent rien du tout, soit parce qu'on travaille un morceau de pierre qui n'a point de vertu magnétique, ou qui n'en renferme qu'une petite portion, soit que dans un seul morceau il y ait deux ou trois aimants réunis. A la vérité, ces morceaux ont une vertu magnétique, mais comme elle n'a pas sa direction vers un même point, il n'est pas étonnant que l'effet d'un pareil aimant soit sujet à bien des variations.

L'aimant de cette montagne, à la réserve de celui qui est exposé à l'air, est d'une grande dureté, taché de noir, et rempli de tubérosités qui ont de petites parties anguleuses, comme on en voit souvent à la surface de la pierre sanguine, dont il ne diffère que par la couleur; mais souvent, au lieu de ces parties anguleuses, on ne voit qu'une espèce de terre d'ocre : en général, les aimants qui ont ces petites parties anguleuses ont moins de vertu que les autres. L'endroit de la montagne où sont les aimants, est presque entièrement composé d'une bonne mine de fer, qu'on tire par petits morceaux entre les pierres d'aimant. Toute la section de la montagne la plus élevée renferme une pareille mine; mais plus elle s'abaisse, moins elle contient de métal. Plus bas, au-dessous de la mine d'aimant, il y a d'autres pierres ferrugineuses, mais qui rendraient fort peu de fer, si on voulait les faire fondre : les morceaux qu'on en tire ont la couleur de métal, et sont très lourds; ils sont inégaux en dedans, et ont presque l'air de scories : ces morceaux ressemblent assez, par l'extérieur, aux pierres d'aimant; mais ceux qu'on tire à huit brasses au-dessous du roc, n'ont plus aucune vertu. Entre ces pierres, on trouve d'autres morceaux de roc, qui paraissent composés de très petites particules de fer; la pierre, par elle-même, est pesante, mais fort molle; les particules intérieures ressemblent à une matière brûlée, et elles n'ont que peu ou point de vertu magnétique. On trouve aussi de temps en temps un minerai brun de fer dans des couches épaisses d'un pouce, mais il rend peu de métal. Extrait de l'*Histoire générale des Voyages*, tome XVIII, page 141 et suivantes.

Il y a plusieurs autres mines d'aimant en Sibérie, dans les monts Poïas. A 10 lieues de la route qui mène de Catherinbourg à Solikamskaia, est la montagne Galazinski; elle a plus de 20 toises de hauteur, et c'est entièrement un rocher d'aimant, d'un brun couleur de fer dur et compact.

A 20 lieues de Solikamskaia, on trouve un aimant cubique et verdâtre; les cubes en sont d'un brillant vif : quand on les pulvérise, ils se décomposent en paillettes brillantes couleur de feu. Au reste, on ne trouve l'aimant que dans les chaînes de montagnes dont la direction est du sud au nord. Extrait de l'*Histoire générale des Voyages*, t. XIX, p. 472.

Dans les terres voisines des confins de la Laponie, sur les limites de la Bothnie, à deux lieues de Cokluanda, on voit une mine de fer, dans laquelle on tire des pierres d'aimant tout à fait bonnes. « Nous admirâmes avec bien du plaisir, dit le relateur, les effets surpre- » nants de cette pierre, lorsqu'elle est encore dans le lieu natal : il fallut faire beaucoup » de violence pour en tirer des pierres aussi considérables que celles que nous voulions » avoir; et le marteau dont on se servait, qui était de la grosseur de la cuisse, demeurait » si fixe en tombant sur le ciseau qui était dans la pierre, que celui qui frappait avait » besoin de secours pour le tirer. Je voulus éprouver cela moi-même, et ayant pris une » grosse pince de fer pareille à celle dont on se sert à remuer les corps les plus pesants, » et que j'avais de la peine à soutenir, je l'approchai du ciseau, qui l'attira avec une » violence extrême, et la soutenait avec une force inconcevable. Je mis une boussole au » milieu du trou où était la mine, et l'aiguille tournait continuellement d'une vitesse » incroyable. » *Œuvres de Regnard*, Paris, 1742, t. Ier, page 185.

19) Page 49, ligne 7. *Les plus hautes montagnes sont dans la zone torride, les plus basses dans les zones froides; et l'on ne peut douter que, dès l'origine, les parties voisines de l'équateur ne fussent les plus irrégulières et les moins solides du globe.* J'ai dit, volume Ier, page 49 de la *Théorie de la terre*, « que les montagnes du Nord ne sont que des collines » en comparaison de celles des pays méridionaux, et que le mouvement général des mers » avait produit ces plus grandes montagnes dans la direction d'orient en occident dans » l'ancien continent, et du nord au sud dans le nouveau, » Lorsque j'ai composé, en 1744, ce *Traité de la Théorie de la terre*, je n'étais pas aussi instruit que je le suis actuellement, et l'on n'avait pas fait les observations par lesquelles on a reconnu que les sommets des plus hautes montagnes sont composés de granit et de rocs vitrescibles, et qu'on ne trouve point de coquilles sur plusieurs de ces sommets : cela prouve que ces montagnes n'ont pas été composées par les eaux, mais produites par le feu primitif, et qu'elles sont aussi anciennes que le temps de la consolidation du globe. Toutes les pointes et les noyaux de ces montagnes étant composés de matières vitrescibles, semblables à la roche intérieure du globe, elles sont également l'ouvrage du feu primitif, lequel a le premier établi ces masses de montagnes, et formé les grandes inégalités de la surface de la terre (*). L'eau n'a travaillé qu'en second, postérieurement au feu, et n'a pu agir qu'à la hauteur où elle s'est trouvée après la chute entière des eaux de l'atmosphère et l'établissement de la mer universelle (**), laquelle a déposé successivement les coquillages qu'elle nourrissait et les autres matières qu'elle délayait; ce qui a formé les couches d'argiles et de matières calcaires qui composent nos collines, et qui enveloppent les montagnes vitrescibles jusqu'à une grande hauteur,

Au reste, lorsque j'ai dit que les montagnes du Nord ne sont que des collines en comparaison des montagnes du Midi, cela n'est vrai que pris généralement; car il y a dans le nord de l'Asie de grandes portions de terre qui paraissent fort élévées au-dessus du niveau de la mer; et en Europe, les Pyrénées, les Alpes, le mont Carpate, les montagnes de Norvège, les monts Riphées et Rymniques, sont de hautes montagnes; et toute la partie méridionale de la Sibérie. quoique composée de vastes plaines et de montagnes médiocres, paraît être encore plus élevée que le sommet des monts Riphées; mais ce sont peut-être les seules exceptions qu'il y ait à faire ici : car non seulement les plus hautes montagnes se trouvent dans les climats plus voisins de l'équateur que des pôles, mais il paraît que c'est dans ces climats méridionaux où se sont faits les plus grands bouleversements intérieurs et extérieurs, tant par la force centrifuge, dans le premier temps de la consolidation, que par l'action plus fréquente des feux souterrains et le mouvement plus violent du flux et du reflux, dans les temps subséquents. Les tremblements de terre sont si fréquents dans l'Inde méridionale que les naturels du pays ne donnent pas d'autre

(*) Nous avons dit que, d'après Lyell et quelques autres géologues, il ne se trouverait plus à la surface de notre globe aucune trace des roches primitives, ces dernières ayant été déjà plusieurs fois peut-être remaniées et transformées par l'eau et par le feu.

(**) Buffon suppose, dans ses Époques de la nature, que toutes les montagnes ont été produites au moment même de la solidification de la croûte terrestre et qu'elles ont d'abord été plus ou moins recouvertes par les eaux. Nous avons déjà relevé plusieurs fois cette erreur et indiqué que les chaînes de montagnes actuelles se sont soulevées à des époques différentes, et quelques-unes même, comme les Alpes et les Pyrénées, à des périodes relativement récentes de l'histoire du globe. La plupart de ces montagnes présentent des fossiles jusque sur leurs sommets et ont dû, par conséquent, se trouver sous l'eau avant d'être soulevées. « La hauteur, dit Lyell, à laquelle on a pu, dans les Alpes, les Andes et l'Himalaya, suivre la présence des Ammonites, des coquilles et des coraux, suffit à démontrer que les matériaux de toutes ces chaînes ont été élaborés sous l'eau et quelques-uns dans des mers d'une certaine profondeur. »

épithète à l'Être tout-puissant, que celui de *remueur de terre*. Tout l'archipel Indien ne semble être qu'une mer de volcans agissants ou éteints : on ne peut donc pas douter que les inégalités du globe ne soient plus grandes vers l'équateur que vers les pôles; on pourrait même assurer que cette surface de la zone torride a été entièrement bouleversée, depuis la côte orientale de l'Afrique jusqu'aux Philippines, et encore bien au delà dans la mer du Sud. Toute cette plage ne paraît être que les restes en débris d'un vaste continent, dont toutes les terres basses ont été submergées : l'action de tous les éléments s'est réunie pour la destruction de la plupart de ces terres équinoxiales ; car, indépendamment des marées qui y sont plus violentes que sur le reste du globe, il paraît aussi qu'il y a eu plus de volcans, puisqu'il en subsiste encore dans la plupart de ces îles, dont quelques-unes, comme les îles de France et de Bourbon, se sont trouvées ruinées par le feu, et absolument désertes lorsqu'on en a fait la découverte.

NOTES SUR LA TROISIÈME ÉPOQUE.

(20) Page 50, ligne 6. *Les eaux ont couvert toute l'Europe jusqu'à 1,500 toises au-dessus du niveau de la mer.*

Nous avons dit, dans la *Théorie de la terre*, « que la surface entière de la terre » actuellement habitée a été autrefois sous les eaux de la mer; que ces eaux étaient » supérieures au sommet des plus hautes montagnes, puisqu'on trouve sur ces montagnes, » et jusqu'à leur sommet, des productions marines et des coquilles. »

Ceci exige une explication, et demande même quelques restrictions. Il est certain et reconnu par mille et mille observations, qu'il se trouve des coquilles et d'autres productions de la mer sur toute la surface de la terre actuellement habitée, et même sur les montagnes, à une très grande hauteur. J'ai avancé, d'après l'autorité de Woodward, qui le premier a recueilli ces observations, qu'on trouvait des coquilles jusque sur les sommets des plus hautes montagnes; d'autant que j'étais assuré par moi-même et par d'autres observations assez récentes qu'il y en a dans les Pyrénées et les Alpes à 900, 1,000, 1,200 et 1,500 toises de hauteur au-dessus du niveau de la mer, qu'il s'en trouve de même dans les montagnes de l'Asie, et qu'enfin dans les Cordillères en Amérique, on en a nouvellement découvert un banc à plus de 2,000 toises au-dessus du niveau de la mer (a).

On ne peut donc pas douter que, dans toutes les différentes parties du monde, et jusqu'à la hauteur de 1,500 ou 2,000 toises au-dessus du niveau des mers actuelles, la surface du globe n'ait été couverte des eaux, et pendant un temps assez long pour y produire ces coquillages et les laisser multiplier; car leur quantité est si considérable que leurs débris forment des bancs de plusieurs lieues d'étendue, souvent de plusieurs toises

(a) M. le Gentil, de l'Académie des sciences, m'a communiqué par écrit, le 4 décembre 1771, le fait suivant : « Don Antonio de Ulloa, dit-il, me chargea, en passant par Cadiz, » de remettre de sa part à l'Académie deux coquilles pétrifiées, qu'il tira l'année 1761 de la » montagne où est le vif-argent, dans le gouvernement de *Ouanca-Velica* au Pérou, dont la » latitude méridionale est de 13 à 14 degrés. A l'endroit où ces coquilles ont été tirées, le » mercure se soutient à 17 pouces $1\frac{1}{4}$ ligne, ce qui répond à 2,222 toises $\frac{1}{3}$ de hauteur au » dessus du niveau de la mer.

» Au plus haut de la montagne, qui n'est pas à beaucoup près la plus élevée de ce can » ton, le mercure se soutient à 16 pouces 6 lignes, ce qui répond à 2,337 toises $\frac{2}{3}$.

» A la ville de *Ouanca-Velica*, le mercure se soutient à 18 pouces $1\frac{1}{2}$ ligne, qui répondent » à 1,949 toises.

» Don Antonio de Ulloa m'a dit qu'il a détaché ces coquilles d'un banc fort épais, dont » il ignore l'étendue, et qu'il travaillait actuellement à un Mémoire relatif à ces observa » tions : ces coquilles sont du genre des peignes ou des grandes pèlerines. »

d'épaisseur sur une largeur indéfinie; en sorte qu'ils composent une partie assez considérable des couches extérieures de la surface du globe, c'est-à-dire toute la matière calcaire qui, comme l'on sait, est très commune et très abondante en plusieurs contrées. Mais au-dessus des plus hauts points d'élévation, c'est-à-dire au-dessus de 1,500 ou 2,000 toises de hauteur, et souvent plus bas, on a remarqué que les sommets de plusieurs montagnes sont composés de roc vif, de granit et d'autres matières vitrescibles produites par le feu primitif, lesquelles ne contiennent en effet ni coquilles, ni madrépores, ni rien qui ait rapport aux matières calcaires. On peut donc en inférer que la mer n'a pas atteint, ou du moins n'a surmonté que pendant un petit temps, ces parties les plus élevées, et ces pointes les plus avancées de la surface de la terre (*)

Comme l'observation de don Ulloa, que nous venons de citer au sujet des coquilles trouvées sur les Cordillères, pourrait paraître encore douteuse, ou du moins comme isolée et ne faisant qu'un seul exemple, nous devons rapporter à l'appui de son témoignage celui d'Alphonse Barba, qui dit qu'au milieu de la partie la plus montagneuse du Pérou, on trouve des coquilles de toutes grandeurs, les unes concaves et les autres convexes, et très bien imprimées (a). Ainsi l'Amérique, comme toutes les autres parties du monde, a également été couverte par les eaux de la mer. Et si les premiers observateurs ont cru qu'on ne trouvait point de coquilles sur les montagnes des Cordillères, c'est que ces montagnes, les plus élevées de la terre, sont pour la plus part des volcans actuellement agissants, ou des volcans éteints, lesquels par leurs éruptions ont recouvert de matières brûlées toutes les terres adjacentes ; ce qui a non seulement enfoui, mais détruit toutes les coquilles qui pouvaient s'y touver (**) Il ne serait donc pas étonnant qu'on ne rencontrât point de productions marines autour de ces montagnes, qui sont aujourd'hui ou qui ont été autrefois embrasées; car le terrain qui les enveloppe ne doit être qu'un composé de cendres, de scories, de verre, de lave et d'autres matières brulées ou vitrifiées; ainsi il n'y a d'autre fondement à l'opinion de ceux qui prétendent que la mer n'a pas couvert les montagnes, si ce n'est qu'il y a plusieurs de leurs sommets où l'on ne voit aucune coquille ni autres productions marines. Mais comme on trouve en une infinité d'endroits et jusqu'à 1,500 et 2,000 toises de hauteur, des coquilles et d'autres productions de la mer, il est évident qu'il y a eu peu de pointes ou crêtes de montagnes qui n'aient été surmontées par les eaux, et que les endroits où on ne trouve point de coquilles, indiquent seulement que les animaux qui les ont produites ne s'y sont pas habitués, et que les mouvements de la mer n'y ont point amené les débris de ses productions, comme elle en a amené sur tout le reste de la surface du globe.

(21) Page 51, ligne 21. *Des espèces de poissons et de plantes qui vivent et végètent dans des eaux chaudes, jusqu'à 50 et 60 degrés du thermomètre.* On avait plusieurs exemples de plantes qui croissent dans les eaux thermales les plus chaudes, et M. Sonnerat a trouvé des poissons dans une eau dont la chaleur était si active, qu'il ne pouvait y plonger la

(a) *Métallurgie d'Alphonse Barba*, t. Ier, p. 64. Paris, 1751.

(*) Voyez la note de la page 155.
(**) Buffon avait compris, on le voit par ce passage, l'importance des phénomènes métamorphiques. La raison qu'il donne ici pour expliquer l'absence de fossiles dans une partie des roches qui forment les Cordillères a été utilisée par certains géologues en faveur de l'opinion que les roches sans fossiles actuelles ne sont pas des roches ignées primitives, mais simplement des roches sédimentaires d'origine plus ou moins ancienne, remaniées par les eaux, transformées par la chaleur et par des phénomènes chimiques, et devenues cristallines en même temps que disparaissaient les fossiles qu'elles avaient pu contenir, puis soulevées par la pression de bas en haut qui s'exerce dans l'épaisseur de la croûte terrestre.

main. Voici l'extrait de sa relation à ce sujet : « Je trouvai, dit-il, à deux lieux de Calamba,
» dans l'île de Luçon, près du village des Bally, un ruisseau dont l'eau était chaude, au point
» que le thermomètre, division de Réamur, plongé dans ce ruisseau à une lieu de sa source,
» marquait encore 69 degrés. J'imaginais, en voyant un pareil degré de chaleur, que toutes
» les productions de la nature devaient être éteintes sur les bords du ruisseau, et je fus
« très surpris de voir trois arbrisseaux très vigoureux, dont les racines trempaient dans
» cette eau bouillante, et dont les branches étaient environnées de sa vapeur ; elle était
» si considérable que les hirondelles qui osaient traverser ce ruisseau à la hauteur de
» sept ou huit pieds y tombaient sans mouvement : l'un de ces trois arbrisseaux était un
» *agnus castus*, et les deux autres, des *aspalatus*. Pendant mon séjour dans ce village, je
» ne bus d'autre eau que celle de ce ruisseau, que je faisais refroidir : son goût me parut
» terreux et ferrugineux ; on a construit différents bains sur ce ruisseau, dont les degrés
» de chaleur sont proportionnés à la distance de la source. Ma surprise redoubla lorsque
» je vis le premier bain : des poissons nageaient dans cette eau où je ne pouvais plonger
» la main ; je fis tout ce qu'il me fut possible pour me procurer quelques-uns de ces
» poissons, mais leur agilité et la maladresse des gens du pays ne me permirent pas d'en
» prendre un seul. Je les examinai nageant, mais la vapeur de l'eau ne me permit pas de
» les distinguer assez bien pour les rapprocher de quelques genres : je les reconnus ce-
» pendant pour des poissons à écailles brunes ; la longueur des plus grands était de
» quatre pouces. J'ignore comment ces poissons sont parvenus dans ces bains. » M. Sonnerat appuie son récit du témoignage de M. Prevost, commissaire de la marine, qui a
parcouru avec lui l'intérieur de l'île de Luçon. Voici comment est conçu ce témoignage :
» Vous avez eu raison, Monsieur, de faire part à M. Buffon des observations que vous
» avez rassemblées dans le voyage que nous avons fait ensemble. Vous désirez que je
» confirme par écrit celle qui nous a si fort surpris dans le village de Bally, situé sur le
» bord de la Laguna de Manille, à *Los-Bagnos* : je suis faché de n'avoir point ici la note de
» nos observations faites avec le thermomètre de M. de Réamur ; mais je me rappelle très
» bien que l'eau du petit ruisseau qui passe dans ce village pour se jeter dans le lac, fit
» monter le mercure à 66 ou 67 degrés, quoiqu'il n'eût été plongé qu'à une lieue de sa source ;
» les bords de ce ruisseau sont garnis d'un gazon toujours vert. Vous n'aurez sûrement
» pas oublié cet *agnus castus* que nous avons vu en fleurs, dont les racines étaient
» mouillées de l'eau de ce ruisseau, et la tige continuellement enveloppée de la fumée qui
» en sortait. Le Père fransciscain, curé de la paroisse de ce village, m'a aussi assuré avoir
» vu des poissons dans ce même ruisseau : quant à moi, je ne puis le certifier ; mais j'en
» ai vu dans l'un des bains, dont la chaleur faisait monter le mercure à 48 et 50 degrés.
» Voilà ce que vous pouvez certifier avec assurance. *Signé* Prevost. » *Voyage à la nouvelle-
Guinée*, par M. Sonnerat, correspondant de l'Académie des sciences et du Cabinet du Roi.
Paris 1776, page 38 et suivantes.

Je ne sache pas qu'on ait trouvé des poissons dans nos eaux thermales, mais il est
certain que, dans celles même qui sont les plus chaudes, le fond du terrain est tapissé de
plantes. M. l'abbé Mazéas dit expressément que, dans l'eau presque bouillante de la solfatare de Viterbe, le fond du bassin est couvert des mêmes plantes qui croissent au fond
des lacs et des marais. *Mémoires des savants étrangers*, tome V, page 325.

(22) Page 53, ligne 20. *Il paraît, par les monuments qui nous restent, qu'il y a eu des
géants dans plusieurs espèces d'animaux.* (*) Les grosses dents à pointes mousses dont

(*) La plupart des récits relatifs aux géants, écrits il y a quelques siècles, reposent sur
des erreurs de diagnostic ; on attribuait à l'homme ou à un animal déterminé des os ou des
dents d'un autre animal beaucoup plus grand.

nous avons parlé indiquent une espèce gigantesque relativement aux autres espèces, et même à celle de l'éléphant; mais cette espèce gigantesque n'existe plus. D'autres grosses dents, dont la face qui broie est figurée en trèfle, comme celles des hippopotames, et qui néanmoins sont quatre fois plus grosses que celles des hippopotames actuellement subsistants, démontrent qu'il y a eu des individus très gigantesques dans l'espèce de l'hippotame. D'énormes fémurs, plus grands et beaucoup plus épais que ceux de nos éléphants, démontrent la même chose pour les éléphants; et nous pouvons citer encore quelques exemples qui vont à l'appui de notre opinion sur les animaux gigantesques.

On a trouvé auprès de Rome, en 1772, une tête de bœuf putrifiée, dont le P. Jacquier a donné la description. « La longueur du front, comprise entre les deux cornes, est, dit-il,
» de 2 pieds 3 pouces; la distance entre les orbites des yeux, de 14 pouces; celle depuis
» la portion supérieure du front jusqu'à l'orbite de l'œil, de 1 pied 6 pouces; la circonfé-
» rence d'une corne mesurée dans le bourrelet inférieur, de 1 pied 6 pouces; la longueur
» d'une corne mesurée dans toute sa courbure, de 4 pieds; la distance des sommets des
» cornes, de 3 pieds; l'intérieur est d'une pétrification très dure. Cette tête a été trouvée
» dans un fonds de pouzzolane à la profondeur de plus de 20 pieds (a). »

» On voyait, en 1768, dans la cathédrale de Strasbourg, une très grosse corne de bœuf,
» suspendue par une chaîne à un pilier près du chœur; elle m'a paru excéder trois fois la
» grandeur ordinaire de celle des plus grands bœufs. Comme elle est fort élevée, je n'ai
» pu en prendre les dimensions; mais je l'ai jugée d'environ 4 pieds $\frac{1}{2}$ de longueur, sur 7
» à 8 pouces de diamètre au gros bout (b). »

Lionel Waffer rapporte qu'il a vu au Mexique des ossements et des dents d'une prodigieuse grandeur; entre autres une dent de 3 pouces de large sur 4 pouces de longueur, et que les plus habiles gens du pays, ayant été consultés, jugèrent que la tête ne pouvait pas avoir moins d'une aune de largeur. Waffer, *Voyage en Amérique*, page 367.

C'est peut-être la même dent dont parle le P. Acosta: « J'ai vu, dit-il, une dent molaire
» qui m'étonna beaucoup par son énorme grandeur, car elle était aussi grosse que le
» poing d'un homme. » Le P. Torquemado, franciscain, dit aussi qu'il a eu en son pouvoir une dent molaire deux fois aussi grosse que le poing et qui pesait plus de deux livres; il ajoute que dans cette même ville de Mexico, au couvent de Saint-Augustin, il avait vu un os fémur si grand, que l'individu auquel cet os avait appartenu devait avoir été haut de 11 à 12 coudées, c'est-à-dire 17 à 18 pieds, et que la tête dont la dent avait été tirée était aussi grosse qu'une de ces grandes cruches dont on se sert en Castille pour mettre le vin.

Philippe Hernandès rapporte qu'on trouve à Tezcaco et à Tosuca plusieurs os de grandeur extraordinaire, et que parmi ces os il y a des dents molaires larges de cinq pouces et hautes de dix; d'où l'on doit conjecturer que la grosseur de la tête à laquelle elles appartenaient était si énorme que deux hommes auraient à peine pu l'embrasser. Don Lorenzo Boturini Benaduci dit aussi que dans la Nouvelle-Espagne, surtout dans les hauteurs de Santa-Fé et dans le territoire de la Puebla et de Tlascallan, on trouve des os énormes et des dents molaires, dont une, qu'il conservait dans son cabinet, est cent fois plus grosse que les plus grosses dents humaines. *Gigantologie espagnole* par, le P. Torrubia, *Journal étranger*, novembre 1760.

L'auteur de cette *Gigantologie espagnole* attribue ces dents énormes et ces grands os à des géants de l'espèce humaine: mais est-il croyable qu'il y ait jamais eu des hommes dont la tête ait eu 8 ou 10 pieds de circonférence? N'est-il pas même assez étonnatn que, dans l'espèce de l'hippopotame ou de l'éléphant, il y en ait eu de cette grandeur? Nous pen-

(a) *Gazette de France* du 25 septembre 1772, article de Rome.
(b) Note communiquée à M. de Buffon, par M. Grignon, le 24 septembre 1777.

sons donc que ces énormes dents sont de la même espèce que celles qui ont été trouvées nouvellement en Canada, sur la rivière d'Othio, que nous avons dit appartenir à un animal inconnu dont l'espèce était autrefois existante en Tartarie, en Sibérie, au Canada, et s'est étendue depuis les Illinois jusqu'au [Mexique. Et comme ces auteurs espagnols ne disent pas que l'on ait trouvé dans la Nouvelle-Espagne des défenses d'éléphant mêlées avec ces grosses dents molaires, cela nous fait présumer qu'il y avait en effet une espèce différente de celle de l'éléphant à laquelle ces grosses dents molaires appartenaient, laquelle est parvenue jusqu'au Mexique. Au reste, les grosses dents d'hippopotame paraissent avoir été anciennement connues, car Saint-Augustin dit avoir vu une dent molaire si grosse, qu'en la divisant elle aurait fait cent dents molaires d'un homme ordinaire (lib, XV, *De civitate Dei*, cap. 9). Fulgose dit aussi qu'on a trouvé en Sicile, des dents dont chacune pesait trois livres (lib. Ier, cap. 6).

M. John Sommer rapporte avoir trouvé à Chatham, près de Cantorbery, à 17 pieds de profondeur, quelques os étrangers et monstrueux, les uns entiers, les autres rompus, et quatre dents saines et parfaites, pesant chacune un peu plus d'une demi-livre, grosses à peu près comme le poing d'un homme; toutes quatre étaient des dents molaires ressemblant assez aux dents molaires de l'homme, si ce n'est par la grosseur. Il dit que Louis Vives parle d'une dent encore plus grosse (*Di dens molaris pugno major*), qui lui fut montrée pour une dent de saint Christophe; il dit aussi qu'Acosta rapporte avoir vu, dans les Indes, une dent semblable qui avait été tirée de terre avec plusieurs autres os, lesquels, rassemblés et arrangés, représentaient un homme d'une stature prodigieuse ou plutôt monstrueuse (*deformed higness or greatess*). Nous aurions pu, dit judicieusement M. Sommer, juger de même des dents qu'on a tirées de la terre auprès de Cantorbery, si l'on n'eût pas trouvé avec ces mêmes dents des os qui ne pouvaient être des os d'hommes; quelques personnes qui les ont vues ont jugé que les os et les dents étaient d'un hippopotame. Deux de ces dents sont gravées dans une planche qui est à la tête du n° 272 des *Transactions philosophiques*, fig. 9.

On peut conclure de ces faits, que la plupart des grands os trouvés dans le sein de la terre, sont des os d'éléphants et d'hippopotames; mais il me parait certain, par la comparaison immédiate des énormes dents à pointes mousses avec les dents de l'éléphant et de l'hippopotame, qu'elles ont appartenu à un animal beaucoup plus gros que l'un et l'autre et que l'espèce de ce prodigieux animal ne subsiste plus aujourd'hui.

Dans les éléphants actuellement existants, il est extrêmement rare d'en trouver dont les défenses aient six pieds de longueur. Les plus grandes sont communément de cinq pieds à cinq pieds et demi, et par conséquent l'ancien éléphant auquel a appartenu la défense de dix pieds de longueur, dont nous avons les fragments, était un géant dans cette espèce aussi bien que celui dont nous avons un fémur d'un tiers plus gros et plus grand que les fémurs des éléphants ordinaires.

Il en est de même dans l'espèce de l'hippopotame; j'ai fait arracher les deux plus grosses dents molaires de la plus grande tête d'hippopotame que nous ayons au Cabinet du Roi: l'une de ces dents pèse 10 onces, et l'autre 9 $\frac{1}{2}$ onces. J'ai pesé ensuite deux dents, l'une trouvée en Sibérie et l'autre au Canada; le première pèse 2 livres 12 onces, et la seconde 2 livres 2 onces. Ces anciens hippopotames étaient, comme l'on voit, bien gigantesque en comparaison de ceux qui existent aujourd'hui.

L'exemple que nous avons cité de l'énorme tête de bœuf pétrifiée, trouvée aux environs de Rome, prouve aussi qu'il y a eu de prodigieux géants dans cette espèce, et nous pouvons le démontrer par plusieurs autres monuments. Nous avons au Cabinet du Roi: 1° une corne d'une belle couleur verdâtre, très lisse et bien contournée, qui est évidemment une corne de bœuf; elle porte 25 pouces de circonférence à la base, et sa longueur est de 42 pouces; sa cavité contient 11 $\frac{1}{4}$ pintes de Paris. 2° Un os de l'intérieur de la corne d'un bœuf, du poids de 7 livres, tandis que le plus grand os de nos bœufs, qui soutient la corne, ne pèse qu'une livre. Cet os a été donné pour le Cabinet du Roi par M. le comte de Tressan, qui joint au goût et aux talents beaucoup de connaissances en histoire naturelle. 3° Deux os de l'intérieur des cornes d'un bœuf réunis par un morceau de crâne, qui ont été trouvés à 25 pieds de profondeur, dans les couches de tourbes, entre Amiens et Abbeville, et qui m'ont été envoyés pour le Cabinet du Roi : ce morceau pèse 17 livres; ainsi chaque os de la corne, étant séparé de la portion du crâne, pèse au moins 7 ½ livres. J'ai comparé les dimensions comme les poids de ces différents os: celui du plus gros bœuf qu'on a pu trouver à la boucherie de Paris, n'avait que 13 pouces de longueur sur 7 pouces de circonférence à la base; tandis que les deux autres, tirés du sein de la terre, l'un a 24 pouces de longueur sur 12 pouces de circonférence à la base, et l'autre 27 pouces de longueur sur 13 de circonférence. En voilà plus qu'il n'en faut pour démontrer que dans l'espèce du bœuf, comme dans celles de l'hippopotame et de l'éléphant, il y a eu de prodigieux géants.

(23) Page 54, ligne 4. *Nous avons des monuments tirés du sein de la terre, et particulièrement du fond des minières de charbon et d'ardoises, qui nous démontrent que quelques-uns des poissons et des végétaux que ces matières contiennent, ne sont pas des espèces actuellement existantes.* Sur cela nous observerons, avec M. Lehman, qu'on ne trouve guère des empreintes de plantes dans les mines d'ardoise, à l'exception de celles qui accompagnent les mines de charbon de terre, et qu'au contraire, on ne trouve ordinairement les empreintes de poissons que dans les ardoises cuivreuses. Tome III, page 407.

On a remarqué que les bancs d'ardoise chargés de poissons pétrifiés, dans le comté de Mansfeld, sont surmontés d'un banc de pierres appelées *puantes;* c'est une espèce d'ardoise grise qui a tiré son origine d'une eau croupissante, dans laquelle les poissons avaient pourri avant de se pétrifier. Leeberoth, *Journal économique*, juillet 1752.

M. Hoffmann, en parlant des ardoises, dit que non seulement les poissons que l'on y trouve pétrifiés ont été des créatures vivantes, mais que les couches d'ardoises n'ont été que le dépôt d'une eau fangeuse, qui, après avoir fermenté et s'être pétrifiée, s'était précipitée par couches très minces.

« Les ardoises d'Angers, dit M. Guettard, présentent quelquefois des empreintes de
» plantes et de poissons, qui méritent d'autant plus d'attention que les plantes auxquelles
» ces empreintes sont dues, étaient des *fucus* de mer, et que celles des poissons repré-
» sentent différents crustacés ou animaux de la classe des écrevisses, dont les empreintes
» sont plus rares que celles des poissons et des coquillages. Il ajoute qu'après avoir
» consulté plusieurs auteurs qui ont écrit sur les poissons, les écrevisses et les crabes, il
» n'a rien trouvé de ressemblant aux empreintes en question, si ce n'est le *pou* de mer
» qui y a quelques rapports, mais qui en diffère néanmoins par le nombre de ses anneaux,
» qui sont au nombre de treize, au lieu que les anneaux ne sont qu'au nombre de sept
» ou huit dans les empreintes de l'ardoise : les empreintes de poissons se trouvent com-
» munément parsemées de matières pyriteuses et blanchâtres. Une singularité, qui ne
» regarde pas plus les ardoisières d'Angers que celles des autres pays, tombe sur la
» fréquence des empreintes de poissons et la rareté de celles des coquillages dans les
» ardoises, tandis qu'elles sont si communes dans les pierres à chaux ordinaires. » *Mémoires de l'Académie des sciences*, année 1757, page 52.

On peut donner des preuves démonstratives que tous les charbons de terre ne sont composés que de débris de végétaux, mêlés avec du bitume et du soufre, ou plutôt de l'acide vitriolique, qui se fait sentir dans la combustion : on reconnaît les végétaux souvent en grand volume dans les couches supérieures de veines de charbon de terre; et, à mesure que l'on descend, on voit les nuances de la décomposition de ces mêmes végétaux : il y a des espèces de charbon de terre qui ne sont que des bois fossiles; celui qui se trouve à Sainte-Agnès, près Lons-le-Saunier, ressemble parfaitement à des bûches ou tronçons de sapin; on y remarque très distinctement les veines de chaque crue annuelle, ainsi que le cœur : ces tronçons ne diffèrent des sapins ordinaires qu'en ce qu'ils sont ovales sur leur longueur, et que leurs veines forment autant d'ellipses concentriques. Ces bûches n'ont guère qu'environ un pied de tour, et leur écorce est très épaisse et fort crevassée, comme celle des vieux sapins, au lieu que les sapins ordinaires de pareille grosseur ont toujours une écorce assez lisse.

« J'ai trouvé, dit M. de Gensanne, plusieurs filons de ce même charbon dans le diocèse » de Montpellier : ici les tronçons sont très gros, leur tissu est très semblable à celui des » châtaigniers de trois à quatre pieds de tour. Ces sortes de fossiles ne donnent au feu » qu'une légère odeur d'asphalte; ils brûlent, donnent de la flamme et de la braise comme » le bois; c'est ce qu'on appelle communément en France de la *houille;* elle se trouve » près de la surface du terrain : ces houilles annoncent pour l'ordinaire du véritable » charbon de terre à de plus grandes profondeurs. » *Histoire naturelle du Languedoc,* par M. de Gensanne, tome 1er, page 20.

Ces charbons ligneux doivent être regardés comme des bois déposés dans une terre bitumineuse à laquelle est due leur qualité de charbons fossiles; on ne les trouve jamais que dans ces sortes de terres et toujours assez près de la surface du terrain : il n'est pas même rare qu'ils forment la tête des veines d'un véritable charbon; il y en a qui, n'ayant reçu que peu de substance bitumineuse, ont conservé leurs nuances de couleur de bois. « J'en ai trouvé de cette espèce, dit M. de Gensanne, aux Cazarets près de Saint-Jean- » de-Cucul, à quatre lieues de Montpellier; mais pour l'ordinaire la fracture de ce fossile » présente une surface lisse, entièrement semblable à celle du jayet. Il y a dans le même » canton, près d'Aseras, du bois fossile qui est en partie changé en une vraie pyrite » blanche ferrugineuse. La matière minérale y occupe le cœur du bois, et on y remarque » très distinctement la substance ligneuse, rongée en quelque sorte et dissoute par l'acide » minéralisateur. » *Hist. nat. du Languedoc,* tome 1er, page 54.

J'avoue que je suis surpris de voir qu'après de pareilles épreuves rapportées par M. de Gensanne lui-même, qui d'ailleurs est bon minéralogiste, il attribue néanmoins l'origine du charbon de terre à l'argile plus ou moins imprégnée de bitume : non seulement les faits que je viens de citer d'après lui démentent cette opinion, mais on verra, par ceux que je vais rapporter, qu'on ne doit attribuer qu'aux détriments des végétaux mêlés de bitumes la masse entière de toutes les espèces de charbon de terre.

Je sens bien que M. de Gensanne ne regarde pas ces bois fossiles, non plus que la tourbe et même la houille, comme de véritables charbons de terre entièrement formés, et en cela je suis de son avis : celui qu'on trouve auprès de Lons-le-Saunier a été examiné nouvellement par M. le président de Ruffey, savant académicien de Dijon. Il dit que ce bois fossile s'approche beaucoup de la nature des charbons de terre, mais qu'on le trouve à deux ou trois pieds de la surface de la terre dans une étendue de deux lieues sur trois à quatre pieds d'épaisseur, et que l'on reconnaît encore facilement les espèces de bois de chêne, charme, hêtre, tremble; qu'il y a du bois de corde et du fagotage, que l'écorce des bûches est bien conservée, qu'on y distingue les cercles des sèves et les coups de hache, et qu'à différente distance on voit des amas de copeaux; qu'au reste ce charbon, dans lequel le bois s'est changé, est excellent pour souder le fer, que néanmoins il répand, lorsqu'on le brûle, une odeur fétide et qu'on en a extrait de l'alun. *Mémoires de l'Académie de Dijon,* tome Ier, page 47.

« Près du village nommé Beichlitz, à une lieue environ de la ville de Halle, on exploite » deux couches composées d'une terre bitumineuse et de bois fossile (il y a plusieurs » mines de cette espèce dans le pays de Hesse), et celui-ci est semblable à celui que l'on

» trouve dans le village de Sainte-Agnès en Franche-Comté, à deux lieues de Lons-le-
» Saunier. Cette mine est dans le terrain de Saxe ; la première couche est à trois toises et
» demie de profondeur perpendiculaire, et de 8 à 9 pieds d'épaisseur : pour y parvenir, on
» traverse un sable blanc, ensuite une argile blanche et grise qui sert de toit et qui a
» 3 pieds d'épaisseur ; on rencontre encore au-dessous une bonne épaisseur, tant de sable
» que d'argile, qui recouvre la seconde couche, épaisse seulement de $3\frac{1}{2}$ à 4 pieds ; on a
» sondé beaucoup plus bas sans en trouver d'autres.

» Ces couches sont horizontales, mais elles plongent ou remontent à peu près comme
» les autres couches connues. Elles consistent en une terre brune, bitumineuse, qui est
» friable lorsqu'elle est sèche, et ressemble à du bois pourri. Il s'y trouve des pièces de
» bois de toute grosseur, qu'il faut couper à coups de hache, lorsqu'on les retire de la
» mine où elles sont encore mouillées. Ce bois étant sec se casse très facilement. Il est
» luisant dans sa cassure comme le bitume, mais on y reconnaît toute l'organisation du
» bois. Il est moins abondant que la terre ; les ouvriers le mettent à part pour leur usage.

» Un boisseau ou deux quintaux de terre bitumineuse se vend dix-huit à vingt sous de
» France. Il y a des pyrites dans ces couches ; la matière en est vitriolique ; elle refleurit
» et blanchit à l'air ; mais la matière bitumineuse n'est pas d'un grand débit, elle ne
» donne qu'une chaleur faible. » *Voyages métallurgiques de M. Jars*, page 320 et suivantes.

Tout ceci prouverait qu'en effet cette espèce de mine de bois fossile, qui se trouve si
près de la surface de la terre, serait bien plus nouvelle que les mines de charbon de terre
ordinaire, qui presque toutes s'enfoncent profondément ; mais cela n'empêche pas que les
anciennes mines de charbon n'aient été formées des débris de végétaux, puisque dans les
plus profondes on y reconnaît la substance ligneuse et plusieurs autres caractères qui
n'appartiennent qu'aux végétaux ; d'ailleurs on a quelques exemples de bois fossiles trouvés en grandes masses et en lits fort étendus, sous des bancs de grès et sous des rochers
calcaires. Voyez ce que j'en ai dit dans le premier volume, à l'article des *Additions sur les
bois souterrains*. Il n'y a donc d'autre différence entre le vrai charbon de terre et ces bois
charbonnifiés, que le plus ou moins de décomposition, et aussi le plus ou moins d'impré-
gnation par les bitumes ; mais le fond de leur substance est le même, et tous doivent
également leur origine aux détriments des végétaux.

M. Le Monnier, premier médecin ordinaire du roi et savant botaniste, a trouvé dans le
schiste ou fausse ardoise, qui traverse une masse de charbon de terre en Auvergne, les
impressions de plusieurs espèces de fougères qui lui étaient presque toutes inconnues ; il
croit seulement avoir remarqué l'impression des feuilles de l'osmonde royale, dont il dit
n'avoir jamais vu qu'un seul pied dans toute l'Auvergne. *Observations d'histoire naturelle
par M. Le Monnier*. Paris, 1739, page 193.

Il serait à désirer que nos botanistes fissent des observations exactes sur les impressions de plantes qui se trouvent dans les charbons de terre, dans les ardoises et dans
les schistes ; il faudrait même dessiner et graver ces impressions de plantes aussi bien
que celles des crustacés, des coquilles et des poissons que ces mines renferment, car ce
ne sera qu'après ce travail qu'on pourra prononcer sur l'existence actuelle ou passée de
toutes ces espèces, et même sur leur ancienneté relative. Tout ce que nous en savons
aujourd'hui, c'est qu'il y en a plus d'inconnues que d'autres, et que dans celles qu'on
a voulu rapporter à des espèces bien connues, l'on a toujours trouvé des différences
assez grandes pour n'être pas pleinement satisfait de la comparaison.

(24) Page 55, ligne 14. *Nous pouvons démontrer, par des expériences aisées à répéter,
que le verre et le grès en poudre se convertissent en peu de temps en argile par leur séjour
dans l'eau.*

« J'ai mis dans un vaisseau de faïence deux livres de grès en poudre, dit M. Nadault ;

» j'ai rempli le vaisseau d'eau de fontaine distillée, de façon qu'elle surnageait le grès d'en-
» viron trois ou quatre doigts de hauteur ; j'ai ensuite agité ce grès pendant l'espace de
» quelques minutes, et j'ai exposé le vaisseau en plein air : quelques jours après, je me
» suis aperçu qu'il s'était formé sur ce grès une couche de plus d'un quart de pouce
» d'épaisseur d'une terre jaunâtre très fine, très grasse et très ductile ; j'ai versé alors par
» inclinaison l'eau qui surnageait dans un autre vaisseau, et cette terre, plus légère que
» le grès, s'en est séparée, sans qu'il s'y soit mêlé : la quantité que j'en ai retirée par
» cette première lotion était trop considérable pour pouvoir penser que, dans un espace
» de temps aussi court, il eût pu se faire une assez grande décomposition de grès pour
» avoir produit autant de terre : j'ai donc jugé qu'il fallait que cette terre fût déjà dans le
» grès dans le même état que je l'en avais retirée, et qu'il se faisait peut-être ainsi conti-
» nuellement une décomposition du grès dans sa propre mine ; j'ai rempli ensuite le
» vaisseau de nouvelle eau distillée ; j'ai agité le grès pendant quelques instants, et, trois
» jours après, j'ai encore trouvé sur ce grès une couche de terre de la même qualité que la
» première, mais plus mince de moitié ; ayant mis à part ces espèces de sécrétions, j'ai
» continué, pendant le cours de plus d'une année, cette même opération et ces expériences
» que j'avais commencées dans le mois d'avril ; et la quantité de terre que m'a produit ce
» grès a diminué peu à peu, jusqu'à ce qu'au bout de deux mois, en transvidant l'eau du
» vaisseau qui le contenait, je ne trouvais plus sur le grès qu'une pellicule terreuse qui
» n'avait pas une ligne d'épaisseur ; mais aussi pendant tout le reste de l'année, et tant
» que le grès a été dans l'eau, cette pellicule n'a jamais manqué de se former dans l'espace
» de deux ou trois jours, sans augmenter ni diminuer en épaisseur, à l'exception du temps
» où j'ai été obligé, par rapport à la gelée, de mettre le vaisseau à couvert, qu'il m'a paru
» que la décomposition du grès se faisait un peu plus lentement. Quelque temps après
» avoir mis ce grès dans l'eau, j'y ai aperçu une grande quantité de paillettes brillantes
» et argentées, comme le sont celles du talc, qui n'y étaient pas auparavant, et j'ai jugé
» que c'était là son premier état de décomposition ; que ses molécules, formées de plu-
» sieurs petites couches, s'exfoliaient, comme j'ai observé qu'il arrivait au verre dans cer-
» taines circonstances, et que ces paillettes s'atténuaient ensuite peu à peu dans l'eau,
» jusqu'à ce que, devenues si petites qu'elles n'avaient plus assez de surface pour réflé-
» chir la lumière, elles acquéraient la forme et les propriétés d'une véritable terre : j'ai
» donc amassé et mis à part toutes les sécrétions terreuses que les deux livres de grès
» m'ont produites pendant le cours de plus d'une année ; et, lorsque cette terre a été bien
» séché, elle pesait environ cinq onces : j'ai aussi pesé le grès après l'avoir fait sécher, et il
» avait diminué en pesanteur dans la même proportion, de sorte qu'il s'en était décomposé
» un peu plus de la sixième partie : toute cette terre était au reste de la même qualité, et
» les dernières sécrétions étaient aussi grasses, aussi ductiles que les premières, et
» toujours d'un jaune tirant sur l'orangé ; mais comme j'y apercevais encore quelques
» paillettes brillantes, quelques molécules de grès qui n'étaient pas entièrement décompo-
» sées, j'ai remis cette terre avec de l'eau dans un vaisseau de verre, et je l'ai laissée
» exposée à l'air, sans la remuer, pendant tout un été, ajoutant de temps en temps de nou-
» velle eau à mesure qu'elle s'évaporait : un mois après cette eau a commencé à se cor-
» rompre, et elle est devenue verdâtre et de mauvaise odeur : la terre paraissait être aussi
» dans un état de fermentation ou de putréfaction, car il s'en élevait une grande quantité
» de bulles d'air ; et, quoiqu'elle eût conservé à sa superficie sa couleur jaunâtre, celle
» qui était au fond du vaisseau était brune, et cette couleur s'étendait de jour en jour, et
» paraissait plus foncée ; de sorte qu'à la fin de l'été, cette terre était devenue absolument
» noire : j'ai laissé évaporer l'eau sans en remettre de nouvelle dans le vaisseau, et en
» ayant tiré la terre, qui ressemblait assez à de l'argile grise lorsqu'elle est humectée, je
» l'ai fait sécher à la chaleur du feu, et, lorsqu'elle a été échauffée, il m'a paru qu'elle

» exhalait une odeur sulfureuse ; mais ce qui m'a surpris davantage, c'est qu'à proportion
» qu'elle s'est desséchée, la couleur noire s'est un peu effacée, et elle est devenue aussi
» blanche que l'argile la plus blanche ; d'où on peut conjecturer que c'était par conséquent
» une matière volatile qui lui communiquait cette couleur brune : les esprits acides n'ont
» fait aucune impression sur cette terre ; et, lui ayant fait éprouver un degré de chaleur
» assez violent, elle n'a point rougi comme l'argile grise, mais elle a conservé sa blan-
» cheur, de sorte qu'il me paraît évident que cette matière que m'a produite le grès, en
» s'atténuant et en se décomposant dans l'eau, est une véritable argile blanche. » *Note
communiquée* à M. de Buffon par M. Nadault, correspondant de l'Académie des sciences,
ancien avocat général de la chambre des comptes de Dijon.

(25) Page 63, ligne 8 et suiv. *Le mouvement des eaux d'orient en occident a travaillé
la surface de la terre dans ce sens : dans tous les continents du monde la pente est plus
rapide du côté de l'occident que du côté de l'orient.* Cela est évident dans le continent de
l'Amérique, dont les pentes sont extrêmement rapides vers les mers de l'ouest, et
dont toutes les terres s'étendent en pente douce et aboutissent presque toutes à de grandes
plaines du côté de la mer à l'orient. En Europe la ligne du sommet de la Grande-Bretagne,
qui s'étend du nord au sud, est bien plus proche du bord occidental que de l'oriental de
l'Océan ; et, par la même raison, les mers qui sont à l'occident de l'Irlande et l'Angleterre
sont plus profondes que la mer qui sépare l'Angleterre et la Hollande. La ligne du sommet
de la Norvège est bien plus proche de l'Océan que de la mer Baltique : les montagnes du
sommet général de l'Europe sont bien plus hautes vers l'occident que vers l'orient ; et,
si l'on prend une partie de ce sommet depuis la Suisse jusqu'en Sibérie, il est bien plus
près de la mer Baltique et de la mer Blanche qu'il ne l'est de la mer Noire et de la mer
Caspienne. Les Alpes et l'Apennin règnent bien plus près de la Méditerranée que de la mer
Adriatique. La chaîne de montagnes qui sort du Tyrol, et qui s'étend en Dalmatie et
jusqu'à la pointe de la Morée, côtoie pour ainsi dire la mer Adriatique, tandis que les
côtes orientales qui leur sont opposées sont plus basses. Si l'on suit en Asie la chaîne
qui s'étend depuis les Dardanelles jusqu'au détroit de Bab-el-Mandel, on trouve que les
sommets du mont Taurus, du Liban et de toute l'Arabie côtoient la Méditerranée et la
mer Rouge, et qu'à l'orient ce sont de vastes continents où coulent les fleuves d'un long
cours, qui vont se jeter dans le golfe Persique. Le sommet des fameuses montagnes de
Gattes s'approche plus des mers occidentales que des mers orientales. Le sommet qui
s'étend depuis les frontières occidentales de la Chine jusqu'à la pointe de Malaca est encore
plus près de la mer d'occident que de la mer d'orient. En Afrique, la chaîne du mont Atlas
envoie dans la mer des Canaries des fleuves moins longs que ceux qu'elle envoie dans
l'intérieur du continent, et qui vont se perdre au loin dans des lacs et de grands marais.
Les hautes montagnes qui sont à l'occident vers le cap Vert et dans toute la Guinée,
lesquelles, après avoir tourné autour de Congo, vont gagner les monts de la Lune et
s'allongent jusqu'au cap de Bonne-Espérance, occupent assez régulièrement le milieu de
l'Afrique : on reconnaîtra néanmoins, en considérant la mer à l'orient et à l'occident, que
celle à l'orient est peu profonde, avec grand nombre d'îles, tandis qu'à l'occident elle a plus
de profondeur et très peu d'îles : en sorte que l'endroit le plus profond de la mer occidentale
est bien plus près de cette chaîne que le plus profond des mers orientales ou des Indes.
On voit donc généralement, dans tous les grands continents, que les points de partage
sont toujours beaucoup plus près des mers de l'ouest que des mers de l'est ; que les revers
de ces continents sont tous allongés vers l'est et toujours raccourcis à l'ouest ; que les
mers des rives occidentales sont plus profondes et bien moins semées d'îles que les orientales ; et même l'on reconnaîtra que dans toutes ces mers les côtes des îles sont toujours
plus hautes et les mers qui les baignent plus profondes à l'occident qu'à l'orient.

NOTE SUR LA CINQUIÈME ÉPOQUE.

(26) Page 98, ligne 38. *Il y a des animaux et même des hommes si brutes qu'ils préfèrent de languir dans leur ingrate terre natale à la peine qu'il faudrait prendre pour se gîter plus commodément ailleurs.* Je puis en citer un exemple frappant; les Maillés, petite nation sauvage de a Guiane, à peu de distance de l'embouchure de la rivière *Ouassa*, n'ont pas d'autre domicile que les arbres, au-dessus desquels ils se tiennent toute l'année, parce que leur terrain est toujours plus ou moins couvert d'eau : ils ne descendent de ces arbres que pour aller en canot chercher leur subsistance. Voilà un singulier exemple du stupide attachement à la terre natale : car il ne tiendrait qu'à ces sauvages d'aller comme les autres habiter sur la terre, en s'éloignant de quelques lieues des savanes noyées, où ils ont pris naissance et où ils veulent mourir. Ce fait, cité par quelques voyageurs (*a*), m'a été confirmée par plusieurs témoins qui ont vu récemment cette petite nation, composée de trois ou quatre cents sauvages : ils se tiennent en effet sur les arbres au-dessus de l'eau, ils y demeurent toute l'année : leur terrain est une grande nappe d'eau pendant les huit ou neuf mois de pluie, et pendant les quatre mois d'été la terre n'est qu'une boue fangeuse, sur laquelle il se forme une petite croûte de cinq ou six pouces d'épaisseur, composée d'herbes plutôt que de terre, et sous lesquelles on trouve une grande épaisseur d'eau croupissante et fort infecte.

NOTE SUR LA SIXIÈME ÉPOQUE.

(27) Page 108, ligne 24. *La mer Caspienne était anciennement bien plus grande qu'elle ne l'est aujourd'hui ; cette supposition est bien fondée.* « En parcourant, dit M. Pallas, les
» immenses déserts qui s'étendent entre le Volga, le Jaïk, la mer Caspienne et le Don, j'ai
» remarqué que ces *steppes* ou déserts sablonneux sont de toutes parts environnés d'une
« côte élevée qui embrasse une grande partie du lit du Jaïk, du Volga et du Don, et que
» ces rivières très profondes, avant que d'avoir pénétré dans cette enceinte, sont remplies
» d'îles et de bas-fonds, dès qu'elles commencent à tomber dans les steppes, où la grande
» rivière de Kuman va se perdre elle-même dans les sables. De ces observations réunies,
» je conclus que la *mer Caspienne a couvert autrefois tous ces déserts*; qu'elle n'a eu an-
» ciennement d'autres bords que ces mêmes côtes élevées qui les environnent de toutes
» parts, et qu'elle a communiqué au moyen du Don avec la mer Noire, supposé même que
» cette mer, ainsi que celle d'Azoff, n'en ait pas fait partie (*b*). »

M. Pallas est sans contredit l'un de nos plus savants naturalistes, et c'est avec la plus grande satisfaction que je le vois ici entièrement de mon avis sur l'ancienne étendue de la mer Caspienne et sur la probabilité bien fondée qu'elle communiquait autrefois avec la mer Noire.

(28) Page 112, ligne 22. *La tradition ne nous a conservé que la mémoire de la submersion de la Taprobane... Il y a eu des bouleversements plus grands et plus fréquents dans l'océan Indien que dans aucune autre partie du monde.* La plus ancienne tradition qui

(*a*) Les Maillés, l'une des nations sauvages de la Guiane, habitent le long de la côte, et comme leur pays est souvent noyé, ils ont construit leurs cabanes sur les arbres, au pied desquels ils tiennent leurs canots, avec lesquels ils vont chercher ce qui leur est nécessaire pour vivre. *Voyage de Desmarchais*, t. IV, p. 352.

(*b*) *Journal historique et politique*, mois de novembre 1773, article *Pétersbourg*.

reste de ces affaissements dans les terres du midi est celle de la perte de la Taprobane, dont on croit que les Maldives et les Laquedives ont fait autrefois partie. Ces îles, ainsi que les écueils et les bancs qui règnent depuis Madagascar jusqu'à la pointe de l'Inde, semblent indiquer les sommets des terres qui réunissaient l'Afrique avec l'Asie, car ces îles ont presque toutes, du côté du nord, des terres et des bancs qui se prolongent très loin sous les eaux.

Il paraît aussi que les îles de Madagascar et de Ceylan étaient autrefois unies aux continents qui les avoisinent. Ces séparations et ces grands bouleversements dans les mers du midi ont la plupart été produits par l'affaissement des cavernes, par les tremblements de terre et par l'explosion des feux souterrains; mais il y a eu aussi beaucoup de terres envahies par le mouvement lent et successif de la mer d'orient en occident : les endroits du monde où cet effet est le plus sensible sont les régions du Japon, de la Chine et de toutes les parties orientales de l'Asie. Ces mers, situées à l'occident de la Chine et du Japon, ne sont pour ainsi dire qu'accidentelles et peut-être encore plus récentes que dans notre Méditerranée.

Les îles de la Sonde, les Moluques et les Philippines ne présentent que des terres bouleversées, et sont encore pleines de volcans; il y en a beaucoup aussi dans les îles du Japon, et l'on prétend que c'est l'endroit de l'univers le plus sujet aux tremblements de terre; on y trouve quantité de fontaines d'eau chaude. La plupart des autres îles de l'océan Indien ne nous offrent aussi que des pics ou des sommets de montagnes isolées qui vomissent le feu. L'île de France et l'île de Bourbon paraissent deux de ces sommets, presque entièrement couverts de matières rejetées par les volcans; ces deux îles étaient inhabitées lorsqu'on en a fait la découverte.

(29) Page 114, ligne 40. *A la Guyane, les fleuves sont si voisins les uns des autres, et en même temps si gonflés, si rapides dans la saison des pluies, qu'ils entraînent des limons immenses qui se déposent sur toutes les terres basses et sur le fond de la mer en sédiments vaseux.* Les côtes de la Guiane française sont si basses que ce sont plutôt des grèves toutes couvertes de vase en pente très douce, qui commence dans les terres et s'étend sur le fond de la mer à une très grande distance. Les gros navires ne peuvent approcher de la rivière de Cayenne sans toucher, et les vaisseaux de guerre sont obligés de rester à deux ou trois lieues en mer. Ces vases en pente douce s'étendent tout le long des rivages, depuis Cayenne jusqu'à la rivière des Amazones : l'on ne trouve dans cette grande étendue que de la vase et point de sable, et tous les bords de la mer sont couverts de palétuviers; mais à sept ou huit lieues au-dessus de Cayenne, du côté du nord-ouest jusqu'au fleuve Marony, on trouve quelques anses dont le fond est de sable et de rochers qui forment des brisants : la vase cependant les recouvre pour la plupart, aussi bien que les couches de sable, et cette vase a d'autant plus d'épaisseur qu'elle s'éloigne davantage du bord de la mer : les petits rochers n'empêchent pas que ce terrain ne soit en pente très douce à plusieurs lieues d'étendue dans les terres. Cette partie de la Guiane, qui est au nord-ouest de Cayenne, est une contrée plus élevée que celles qui sont au sud-est : on en a une preuve démonstrative, car tout le long des bords de la mer on trouve de grandes savanes noyées qui bordent la côte, et dont la plupart sont desséchées dans la partie du nord-ouest, tandis qu'elles sont couvertes des eaux de la mer dans les parties du sud-est. Outre ces terrains noyés actuellement par la mer, il y en a d'autres plus éloignés, et qui de même étaient noyés autrefois : on trouve aussi en quelques endroits des savanes d'eau douce, mais celles-ci ne produisent point de palétuviers, et seulement beaucoup de palmiers lataniers; on ne trouve pas une seule pierre sur toutes ces côtes basses; la marée ne laisse pas d'y monter de sept à huit pieds de hauteur, quoique les courants lui soient opposés, car ils sont tous dirigés vers les îles Antilles. La marée est fort sensible lorsque

les eaux du fleuve sont basses, et on s'en aperçoit alors jusqu'à quarante et même cinquante lieues dans ces fleuves ; mais en hiver, c'est-à-dire dans la saison des pluies, lorsque les fleuves sont gonflés, la marée y est à peine sensible à une ou deux lieues, tant le courant de ces fleuves est rapide, et il devient de la plus grande impétuosité à l'heure du reflux.

Les grosses tortues de mer viennent déposer leurs œufs sur le fond de ces anses de sable, et on ne les voit jamais fréquenter les terrains vaseux ; en sorte que, depuis Cayenne jusqu'à la rivière des Amazones, il n'y a point de tortues, et on va les pêcher depuis la rivière *Courou* jusqu'au fleuve Marony. Il semble que la vase gagne tous les jours du terrain sur les sables, et qu'avec le temps cette côte nord-ouest de Cayenne en sera recouverte comme la côte sud-est ; car les tortues, qui ne veulent que du sable pour y déposer leurs œufs, s'éloignent peu à peu de la rivière Courou, et depuis quelques années on est obligé de les aller chercher plus loin du côté du fleuve Marony, dont les sables ne sont pas encore couverts.

Au delà des savanes, dont les unes sont sèches et les autres noyées, s'étend un cordon de collines qui sont toutes couvertes d'une grande épaisseur de terre, plantées partout de vieilles forêts : communément ces collines ont 350 ou 400 pieds d'élévation ; mais en s'éloignant davantage on en trouve de plus élevées, et peut-être de plus du double, en s'avançant dans les terres jusqu'à dix ou douze lieues : la plupart de ces montagnes sont évidemment d'anciens volcans éteints. Il y en a pourtant une appelée *la Gabrielle*, au sommet de laquelle on trouve une grande mare ou petit lac, qui nourrit des caïmans en assez grand nombre, dont apparemment l'espèce s'y est conservée depuis le temps où la mer couvrait cette colline.

Au delà de cette montagne Gabrielle, on ne trouve que de petits vallons, des tertres, des mornes et des matières volcanisées qui ne sont point en grandes masses, mais qui sont brisées par petits blocs : la pierre la plus commune, et dont les eaux ont entraîné des blocs jusqu'à Cayenne, est celle que l'on appelle *pierre à ravets*, qui, comme nous l'avons dit, n'est point une pierre, mais une lave de volcan ; on l'a nommée pierre à ravets parce qu'elle est trouée, et que les insectes appelés *ravets* se logent dans les trous de cette lave.

(30) Page 116, ligne 8. *La race des géants dans l'espèce humaine a été détruite depuis nombre de siècles dans les lieux de son origine en Asie.* On ne peut pas douter qu'il n'y ait eu des individus géants dans tous les climats de la terre, puisque de nos jours on en voit encore naître en tout pays, et que récemment on en a vu un qui était né sur les confins de la Laponie, du côté de la Finlande. Mais on est pas également sûr qu'il y ait eu des races constantes, et moins encore des peuples entiers de géants (*) : cependant le témoignage de plusieurs auteurs anciens, et ceux de l'Écriture sainte, qui est encore plus ancienne, me paraissent indiquer assez clairement qu'il y a eu des races de géants en Asie, et nous croyons devoir présenter ici les passages les plus positifs à ce sujet. Il est dit, Nombres XIII, verset 34 : *Nous avons vu les géants de la race d'Hanak, aux yeux desquels nous ne devions pas paraître plus grands que des cigales.* Et par une autre version, il est dit : *Nous avons vu des monstres de la race d'Énac, auprès desquels nous n'étions pas plus grands que des sauterelles.* Quoique ceci ait l'air d'une exagération, assez ordinaire dans le style oriental, cela prouve néanmoins que ces géants étaient très grands.

Dans le Deutéronome, chapitre XXI, verset 20, il est parlé d'un homme très grand *de la race d'Arapha, qui avait six doigts aux pieds et aux mains.* Et l'on voit, par le verset 18, que cette race d'Arapha était *de genere gigantum*.

On trouve encore dans le Deutéronome plusieurs passages qui prouvent l'existence des

____

(*) On est même certain du contraire.

géants et leur destruction : *Un peuple nombreux*, est-il dit, *et d'une grande hauteur, comme ceux d'Énacim, que le Seigneur a détruit ;* chapitre II, verset 21. Et il est dit versets 19 et 20 : *Le pays d'Ammon est réputé pour un pays de géants, dans lequel ont autrefois habité les géants que les Ammonites appellent* Zomzommim.

Dans Josué, chapitre II, verset 22, il est dit : *Les seuls géants de la race d'Énacin, qui soient restés parmi les enfants d'Israël, étaient dans les villes de Gaza, de Geth et d'Azoth ; tous les autres géants de cette race ont été détruits.*

Philon, saint Cyrille et plusieurs autres auteurs, semblent croire que le mot de géants n'indique que des hommes superbes et impies, et non pas des hommes d'une grandeur de corps extraordinaire ; mais ce sentiment ne peut pas se soutenir, puisque souvent il est question de la hauteur et de la force de corps de ces mêmes hommes.

Dans le prophète Amos, il est dit que le peuple d'Amores était si haut qu'on les a comparés aux cèdres, sans donner d'autres mesures à leur grande hauteur.

Og, roi de Bazan, avait la hauteur de neuf coudées, et *Goliath*, de dix coudées et une palme. Le lit d'*Og* avait neuf coudées de longueur, c'est-à-dire treize pieds et demi, et de largeur quatre coudées, qui font six pieds.

Le corselet de Goliath pesait 208 livres 4 onces, et le fer de sa lance pesait 25 livres.

Ces témoignages me paraissent suffisants pour qu'on puisse croire avec quelque fondement qu'il a autrefois existé dans le continent de l'Asie non seulement des individus, mais des races de géants qui ont été détruites, et dont les derniers subsistaient encore du temps de David ; et quelquefois la nature, qui ne perd jamais ses droits, semble remonter à ce même point de force de production et de développement : car, dans presque tous les climats de la terre, il paraît de temps en temps des hommes d'une grandeur extraordinaire, c'est-à-dire de sept pieds et demi, huit et même neuf pieds ; car, indépendamment des géants bien avérés, et dont nous avons fait mention, tome II, page 232, nous pourrions citer un nombre infini d'autres exemples, rapportés par les auteurs anciens et modernes, de géants de dix, douze, quinze, dix-huit pieds de hauteur, et même encore au delà ; mais je suis bien persuadé qu'il faut beaucoup rabattre de ces dernières mesures : on a souvent pris des os d'éléphants pour des os humains ; et d'ailleurs la nature, telle qu'elle nous est connue, ne nous offre dans aucune espèce des disproportions aussi grandes, excepté peut-être dans l'espèce de l'hippopotame, dont les dents trouvées dans le sein de la terre sont au moins quatre fois plus grosses que les dents des hippopotames actuels.

Les os du prétendu roi *Teutobochus* (*), trouvés en Dauphiné, ont fait le sujet d'une dispute entre *Habicot*, chirurgien de Paris, et *Riolan*, docteur en médecine, célèbre anatomiste. Habicot a écrit dans un petit ouvrage qui a pour titre : *Gigantostéologie* (a), que ces os étaient dans un sépulcre de brique à 18 pieds en terre, entouré de sablon : il ne donne ni la description exacte, ni les dimensions, ni le nombre de ces os ; il prétend que ces os étaient vraiment des os humains, d'autant, dit-il, qu'aucun animal n'en possède de tels. Il ajoute que ce sont des maçons qui, travaillant chez le seigneur de Langon, gentilhomme du Dauphiné, trouvèrent, le 11 janvier 1613, ce tombeau, proche les masures du château de Chaumont ; que ce tombeau était de brique, qu'il avait 30 pieds de longueur, 12 de largeur et 8 de profondeur, en comptant le chapiteau, au milieu duquel était une pierre grise sur laquelle était gravé *Teutobochus Rex* ; que ce tombeau ayant été ouvert, on vit un squelette humain de 25 pieds $\frac{1}{2}$ de longueur, 10 de largeur à l'endroit des

(a) Paris, 1613, in-12.

(*) D'après Flourens, les os du prétendu roi Teutobochus sont des os de mastodonte. Ainsi que je l'ai déjà dit plus haut, ce sont des erreurs de cette nature qui ont servi de base à la plupart des écrits et des légendes relatifs aux géants.

épaules, et 5 d'épaisseur; qu'avant de toucher ces os, on mesura la tête, qui avait 5 pieds de rondeur et 10 en rondeur. (Je dois observer que la proportion de la longueur de la tête humaine avec celle du corps n'est pas d'un cinquième, mais d'un septième et demi; en sorte que cette tête de 5 pieds supposerait un corps humain de 37 pieds $\frac{1}{2}$ pieds de hauteur.) Enfin, il dit que la mâchoire inférieure avait 6 pieds de tour, les orbites des yeux 7 pouces de tour, chaque clavicule 4 pieds de long, et que la plupart de ces ossements se mirent en poudre après avoir été frappés de l'air.

Le docteur Riolan publia, la même année 1613, un écrit sous le nom de *Gigantomachie*, dans lequel il dit que le chirurgien Habicot a donné, dans sa *Gigantostéologie*, des mesures fausses de la grandeur du corps et des os du prétendu géant Teutobochus; que lui, Riolan, a mesuré l'os de la cuisse, celui de la jambe, avec l'astragale joint au calcanéum, et qu'il ne leur a trouvé que 6 $\frac{1}{2}$ pieds, y compris l'os pubis, ce qui ne ferait que 13 pieds au lieu de 25 pour la hauteur du géant.

Il donne ensuite les raisons qui lui font douter que ces os soient des os humains; et il conclut en disant que ces os présentés par Habicot ne sont pas des os humains, mais des os d'éléphant.

Un an ou deux après la publication de la *Gigantostéologie* d'Habicot et de la *Gigantomachie* de Riolan, il parut une brochure sous le titre de l'*Imposture découverte des os humains supposés, et faussement attribués au roi Teutobochus*; dans laquelle on ne trouve autre chose, sinon que ces os ne sont pas des os humains, mais des os fossiles engendrés par la vertu de la terre. Et encore un autre livret, sans nom d'auteur, dans lequel il est dit qu'à la vérité il y a parmi ces os des os humains, mais qu'il y en avait d'autres qui n'étaient pas humains.

Ensuite, en 1618, Riolan publia un écrit, sous le nom de *Gigantologie*, où il prétend non seulement que les os en question ne sont pas des os humains, mais encore que les hommes en général n'ont jamais été plus grands qu'ils ne le sont aujourd'hui.

Habicot répondit à Riolan dans la même année 1618; et il dit qu'il a offert au roi Louis XIII sa *Gigantostéologie*, et qu'en 1613, sur la fin de juillet, on exposa aux yeux du public les os énoncés dans cet ouvrage, et que ce sont vraiment des os humains : il cite un grand nombre d'exemples, tirés des auteurs anciens et modernes, pour prouver qu'il y a eu des hommes d'une grandeur excessive. Il persiste à dire que les os calcanéum, tibia et fémur du géant Teutobochus étant joints les uns avec les autres, portaient plus de 11 pieds de hauteur.

Il donne ensuite les lettres qui lui ont été écrites dans le temps de la découverte de ces os, et qui semblent confirmer la réalité du fait du tombeau et des os du géant Teutobochus. Il paraît par la lettre du seigneur de Langon, datée de Saint-Marcelin en Dauphiné, et par une autre du sieur Masurier, chirurgien à Beaurepaire, qu'on avait trouvé des monnaies d'argent avec les os. La première lettre est conçue dans les termes suivants : « Comme Sa Majesté désire d'avoir le reste des os du roi Teutobochus, avec la monnaie » d'argent qui s'y est trouvée, je puis vous dire d'avance que vos parties adverses sont » très mal fondées, et que s'ils savaient leur métier, ils ne douteraient pas que ces os ne » soient véritablement des os humains. Les docteurs en médecine de Montpellier se sont » transportés ici, et auraient bien voulu avoir ces os pour de l'argent. M. le maréchal de » Lesdiguières les a fait porter à Grenoble pour les voir, et les médecins et chirurgiens de » Grenoble les ont reconnus pour os humains; de sorte qu'il n'y a que les ignorants qui » puissent nier cette vérité, etc. » *Signé* LANGON.

Au reste, dans cette dispute, Riolan et Habicot, l'un médecin et l'autre chirurgien, se sont dit plus d'injures qu'ils n'ont écrit de faits et de raisons. Ni l'un ni l'autre n'ont eu assez de sens pour décrire exactement les os dont il est question; mais tous deux, emportés par l'esprit de corps et de parti, ont écrit de manière à ôter toute confiance. Il est donc très difficile de prononcer affirmativement sur l'espèce de ces os ; mais s'ils ont été en effet trouvés dans un tombeau de brique, avec un couvercle de pierre, sur lequel était l'inscription *Teutobochus Rex*; s'il s'est trouvé des monnaies dans ce tombeau ; s'il ne contenait qu'un seul cadavre de 24 ou 25 pieds de longueur ; si la lettre du seigneur de Langon contient vérité, on ne pourrait guère douter du fait essentiel, c'est-à-dire de l'existence d'un géant de 24 pieds de hauteur, à moins de supposer un concours fort extraordinaire de circonstances mensongères ; mais aussi le fait n'est pas prouvé d'une manière assez positive, pour qu'on ne doive pas en douter beaucoup. Il est vrai que plusieurs auteurs, d'ailleurs dignes de foi, ont parlé de géants aussi grands et encore plus grands. Pline (a) rapporte que par un tremblement de terre en Crète, une montagne s'étant entr'ouverte, on y trouva un corps de 16 coudées, que les uns ont dit être le corps d'*Otus*, et d'autres celui d'*Orion*. Les 16 coudées donnent 24 pieds de longueur ; c'est-à-dire la même que celle du roi Teutobochus.

On trouve dans un Mémoire de M. Le Cat, académicien de Rouen, une énumération de plusieurs géants d'une grandeur excessive, savoir, deux géants dont les squelettes furent trouvés par les Athéniens près de leur ville, l'un de 36 et l'autre de 34 pieds de hauteur ; un autre de 30 pieds trouvé en Sicile près de Palerme, en 1548 ; un autre de 33 pieds, trouvé de même en Sicile en 1550 ; encore un autre trouvé, de même en Sicile près de Mazarino, qui avait 30 pieds de hauteur.

Malgré tous ces témoignages, je crois qu'on aura bien de la peine à se persuader qu'il ait jamais existé des hommes de 30 ou 36 pieds de hauteur ; ce serait déjà bien trop que de ne pas se refuser à croire qu'il y en a eu de 24 : cependant les témoignages se multiplient, deviennent plus positifs, et vont pour ainsi dire par nuances d'accroissement à mesure que l'on descend. M. Le Cat rapporte qu'on trouva en 1705, près des bords de la rivière Morderi, au pied de la montagne de Crussol, le squelette d'un géant de 22 $\frac{1}{2}$ pieds de hauteur ; et que les dominicains de Valence ont une partie de sa jambe avec l'articulation du genou.

Platerus, médecin célèbre, atteste qu'il a vu à Lucerne le squelette d'un homme de 19 pieds au moins de hauteur.

Le géant Ferragus, tué par Rolland, neveu de Charlemagne, avait 18 pieds de hauteur.

Dans les cavernes sépulcrales de l'île de Ténériffe, on a trouvé le squelette d'un guanche qui avait 15 pieds de hauteur, et dont la tête avait quatre-vingts dents. Ces trois faits sont rapportés, comme les précédents, dans le Mémoire de M. Le Cat sur les géants. Il cite encore un squelette trouvé dans un fossé près du couvent des dominicains de Rouen, dont le crâne tenait un boisseau de blé, et dont l'os de la jambe avait environ 4 pieds de longueur, ce qui donne pour la hauteur du corps entier 17 à 18 pieds. Sur la tombe de ce géant était une inscription gravée où on lisait : *Ci-gît noble et puissant seigneur le chevalier Ricon de Valmont et ses os.*

On trouve, dans le Journal littéraire de l'abbé Nazari, que dans la haute Calabre, au mois de juin 1665, on déterra dans les jardins du seigneur de Tiviolo, un squelette de 18 pieds romains de longueur ; que la tête avait 2 $\frac{1}{2}$ pieds ; que chaque dent molaire pesait environ une once et un tiers, et les autres dents trois quarts d'once, et que ce squelette était couché sur une masse de bitume.

Hector Boëtius, dans son *Histoire de l'Écosse*, livre VII, rapporte que l'on conserve encore quelques os d'un homme, nommé par contre-vérité le *Petit-Jean*, qu'on croit avoir eu 14 pieds de hauteur, c'est-à-dire 13 pieds 2 pouces 6 lignes de France.

On trouve dans le *Journal des Savants*, année 1692, une lettre du P. Gentil, prêtre de l'Oratoire, professeur de philosophie à Angers, où il dit qu'ayant eu avis de la découverte qui s'était faite d'un cadavre gigantesque dans le bourg de Lassé, à neuf lieues de cette

---

(a) Livre VII, chap. XVI.

ville, il fut lui-même sur les lieux pour s'informer du fait. Il apprit que le curé du lieu ayant fait creuser dans son jardin, on avait trouvé un sépulcre qui renfermait un corps de 17 pieds 2 pouces de long qui n'avait plus de peau. Ce cadavre avait d'autres corps entre ses bras et ses jambes, qui pouvaient être ses enfants. On trouva dans le même lieu quatorze ou quinze autres sépulcres, les uns de 10 pieds, les autres de 12 et d'autres même de 15 pieds, qui renfermaient des corps de même longueur. Le sépulcre de ce géant resta exposé à l'air pendant plus d'un an; mais comme cela attirait trop de visites au curé, il l'a fait recouvrir de terre et planter trois arbres sur la place. Ces sépulcres sont d'une pierre semblable à la craie.

Thomas Molineux a vu, aux écoles de médecine de Leyde, un os frontal humain prodigieux; sa hauteur, prise depuis sa jonction aux os du nez jusqu'à la suture sagittale, était de 9 $\frac{1}{12}$ pouces, sa largeur de 12 $\frac{2}{10}$ pouces, son épaisseur d'un demi-pouce, c'est-à-dire que chacune de ces dimensions était double de la dimension correspondante à l'os frontal, tel qu'il est dans les hommes de taille ordinaire; en sorte que l'homme à qui cet os gigantesque a appartenu était probablement une fois plus grand que les hommes ordinaires, c'est-à-dire qu'il avait 11 pieds de haut. Cet os était très certainement un os frontal humain; et il ne paraît pas qu'il eût acquis ce volume par un vice morbifique; car son épaisseur était proportionnée à ses autres dimensions, ce qui n'a pas lieu dans les os viciés (a).

Dans le cabinet de M. Witreu à Amsterdam, M. Klein dit avoir vu un os frontal, d'après lequel il lui parut que l'homme auquel il avait appartenu avait 13 pieds 4 pouces de hauteur, c'est-à-dire environ 12 $\frac{1}{2}$ pieds de France (b).

D'après tous les faits que je viens d'exposer, et ceux que j'ai discutés ci-devant au sujet des Patagons, je laisse à mes lecteurs le même embarras où je suis pour pouvoir prononcer sur l'existence réelle de ces géants de 24 pieds: je ne puis me persuader qu'en aucun temps et par aucun moyen, aucune circonstance, le corps humain ait pu s'élever à des dimensions aussi démesurées; mais je crois en même temps qu'on ne peut guère douter qu'il n'y ait eu des géants de 10, 12 et peut-être de 15 pieds de hauteur; et qu'il est presque certain que dans les premiers âges de la nature vivante, il a existé non seulement des individus gigantesques en grand nombre, mais même quelques races constantes et successives de géants, dont celle des Patagons est la seule qui se soit conservée (*).

(31) Page 147, ligne 16. *On trouve au-dessus des Alpes une étendue immense et presque continue de vallées, de plaines et de montagnes de glace, etc.* (**). Voici ce que M. Grouner et quelques autres bons observateurs et témoins oculaires rapportent à ce sujet.

Dans les plus hautes régions des Alpes, les eaux provenant annuellement de la fonte

(a) *Transactions philosophiques,* n° 168, art. 2.
(b) *Idem,* n° 456, art. 3.

(*) Les Patagons n'ont pas une taille supérieure à la moyenne de l'humanité.
(**) Buffon n'avait pas saisi la grande importance du rôle joué par la glace dans les phénomènes dont la surface de la terre a été le théâtre. C'est seulement à une époque récente que ce problème a été sérieusement étudié. On sait aujourd'hui que certains points de notre globe, actuellement dépourvus de glaciers, ont été jadis entièrement envahis par des glaces d'une grande épaisseur. Il faut avoir soin de ne confondre les glaciers ni avec les neiges qui recouvrent les sommets des montagnes d'un manteau pour ainsi dire éternel, ni avec les glaces flottantes des mers polaires. Les glaciers peuvent être définis des ruisseaux, des rivières et des lacs en grande partie congelés. Ils sont formés par l'eau provenant de la fusion des neiges qui recouvrent les hauts sommets, eau qui s'écoule dans les ravins, les vallons et les vallées des montagnes, se congèle et se durcit sous l'influence de la pression des neiges qui tombent sur sa surface et finit par former de gigantesques fleuves

des neiges se gèlent dans tous les aspects et à tous les points de ces montagnes, depuis leurs bases jusqu'à leurs sommets, surtout dans les vallons et sur le penchant de celles qui sont groupées; en sorte que les eaux ont dans ces vallées formé des montagnes qui ont des roches pour noyau, et d'autres montagnes qui sont entièrement de glace, lesquelles ont six, sept à huit lieues d'étendue en longueur, sur une lieue de largeur, et souvent mille à douze cents toises de hauteur : elles réjoignent les autres montagnes par leur sommet. Ces énormes amas de glace gagnent de l'étendue en se prolongeant dans les vallées; en sorte qu'il est démontré que toutes les glacières s'accroissent successivement, quoique, dans les années chaudes et pluvieuses, non seulement leur progression soit arrêtée, mais même leur masse immense diminuée...

solidifiés, dont la plupart ont, en Suisse, une longueur de 20 à 50 kilomètres et peuvent acquérir, dans les vallées les plus ouvertes, une largeur de 3 à 5 kilomètres sur une épaisseur de 150 à 180 mètres. La surface de ces masses énormes de glace et la neige qui les recouvre fondent en partie pendant le jour; l'eau qui provient de cette fusion coule dans des rigoles où elle se congèle de nouveau pendant la nuit, ou filtre à travers les fissures et les pores du glacier, coule au-dessous de ce dernier, en entraînant du limon et des graviers et s'échappe, dans le bas du glacier, en cascades rapides, dans des voûtes superbes de glace. La glace qui forme ces rivières solides n'est pas immobile; elle glisse lentement sur son lit et se résout, au niveau de son extrémité inférieure, en un torrent liquide qui descend dans les plaines. La marche des glaciers suisses n'est que de 15 à 17 centimètres par douze heures, et Lyell calcule qu'un bloc de pierre emprisonné dans un glacier et provenant de l'extrémité supérieure d'un glacier de 32 kilomètres de long mettrait cent cinquante ans pour atteindre l'extrémité inférieure. La marche est un peu plus rapide au centre que sur les côtés, comme celle des rivières; elle est également plus rapide vers le milieu du glacier qu'à ses extré-mités. Comme le lit du glacier n'offre pas la même largeur dans toute son étendue, comme il présente, au contraire, des parties larges alternant avec des cols étroits, on voit, au niveau de ces derniers, la glace se rompre en blocs qui s'entassent les uns sur les autres, en for-mant des figures aussi variées que fantastiques, rendues plus bizarres encore par la neige qui s'accumule dans leurs anfractuosités, arrondit leurs arêtes et pend de leurs corniches en voiles déchiquetés. Sur le dos du glacier s'étendent toujours une ou plusieurs longues arêtes saillantes, formées de pierres, de blocs de rochers et de graviers, désignées sous le nom de *moraine médiane*. De chaque côté, ses flancs sont également bordés de pierres, de graviers, de rochers formant des *moraines latérales*. D'autres blocs de pierre sont incrustés dans la glace elle-même, qui entraîne tous les débris de son lit et des roches voisines pour les laisser tomber dans le torrent dans lequel se résout son extrémité inférieure; « effet comparable, dit Lyell, à celui qu'offrirait une file interminable de soldats qui, se dirigeant vers une brèche, y tomberaient morts aussitôt leur arrivée. » Enfin, les pierres incrustées dans la face infé-rieure et sur les faces latérales du glacier frottant contre les roches qui tapissent les parois de son lit, les usent, les rayent, les arrondissent et les creusent de sillons parallèles, caractéris-tiques, qui permettront plus tard au géologue de distinguer entre mille autres formes de roches celles qui ont été rayées par un glacier et les blocs qu'il a transportés, blocs aux-quels on a donné le nom de *blocs erratiques*. Plusieurs théories ont été proposées pour ex-pliquer la régularité de la marche des glaciers. Forbes supposait que la glace est un corps plastique, susceptible, quand elle est soumise à la pression, de se mouler sur les corps avec lesquels sa surface se trouve en contact, comme le font les corps visqueux; de telle sorte qu'un glacier pourrait s'élargir, se rétrécir, tout en continuant à avancer, en se moulant sur les parois qui le limitent, comme le ferait un sirop très épais. Cette manière de voir a été généralement adoptée jusqu'à ce que Tyndall eût objecté que, si la glace était susceptible de se courber, de se rétrécir, de changer de forme sous l'influence de la pression, elle était, au contraire, incapable de se laisser étirer et étendre comme les substances visqueuses aux-quelles on l'avait comparée. Tyndall rejeta donc l'hypothèse de Forbes et il chercha dans une propriété de la glace signalée par Faraday en 1750, sous le nom de *recongélation*, l'expli-cation de la régularité des mouvements des glaciers. Faraday avait constaté que quand on

La hauteur de la congélation, fixée à 2,440 toises sous l'équateur pour les hautes montagnes isolées, n'est point une règle pour les groupes de montagnes gelées depuis leur base jusqu'à leur sommet; elles ne dégèlent jamais. Dans les Alpes, la hauteur du degré de congélation pour les montagnes isolées est fixée à 1,500 toises d'élévation, et toute la partie au-dessous de cette hauteur se dégèle entièrement; tandis que celles qui sont entassées gèlent à une moindre hauteur, et ne dégèlent jamais dans aucun point de leur élévation depuis leur base, tant le degré de froid est augmenté par les masses de matières congelées réunies dans un même espace..

Toutes les montagnes glaciales de la Suisse réunies occupent une étendue de 66 lieues du levant au couchant, mesurées en ligne droite. depuis les bornes occidentales du canton de Vallis, vers la Savoie, jusqu'aux bornes orientales du canton de Bendner, vers le Tyrol; ce qui forme une chaîne interrompue, dont plusieurs bras s'étendent du midi au nord sur une longueur d'environ 36 lieues. Le grand Gothard, le Fourk et le Grimsel sont les montagnes les plus élevées de cette partie; elles occupent le centre de ces chaînes qui divisent la Suisse en deux parties : elles sont toujours couvertes de neige et de glace, ce qui leur a fait donner le nom générique de *Glacières*.

L'on divise les glacières en montagnes glacées, vallons de glace, champs de glace ou mers glaciales, et en gletchers ou amas de glaçons.

Les montagnes glacées sont ces grosses masses de rochers qui s'élèvent jusqu'aux nues, et qui sont toujours couvertes de neige et de glace.

Les vallons de glace sont des enfoncements qui sont beaucoup plus élevés entre les montagnes que les vallons inférieurs; ils sont toujours remplis de neige, qui s'y accumule

met en contact deux morceaux de glace à la température de zéro, c'est-à-dire dont la surface commence à fondre, la fusion s'arrête immédiatement et les deux morceaux de glace se trouvent soudés par la congélation des points de contact. Ce phénomène se produit même quand on tient les morceaux de glace en contact dans de l'eau chaude pendant une demi-minute. Il observa aussi que, si l'on soumet un grand nombre de morceaux de glace à la presse hydraulique, ils se soudent tous les uns aux autres en un seul bloc auquel on peut faire prendre toutes les formes possibles. Tyndall, appliquant ces faits aux glaciers, conclut: « Il est donc aisé de comprendre comment une substance ainsi douée peut passer, en se comprimant, à travers les gorges des Alpes, s'infléchir de manière à s'ajuster aux sinuosités des vallées, se prêter au mouvement inégal de ses diverses parties, sans, pour cela, présenter aucune trace sensible de viscosité. » Cette opinion est, aujourd'hui, généralement admise par les géologues.

Quant à l'explication des moraines latérales et médianes, elle ne souffre aucune difficulté. Les moraines latérales sont formées par les pierres, les fragments de roches, les graviers, etc., que la glace arrache aux parois du glacier et qu'elle entraîne avec elle. Les moraines médianes sont formées par les moraines latérales de deux glaciers qui convergent l'un vers l'autre, se rencontrent et s'unissent en un seul. Au niveau du point de fusion de deux glaciers, la moraine latérale gauche de l'un se confond avec la moraine latérale droite de l'autre pour former la moraine médiane du glacier unique formé par la réunion de deux glaciers primitifs.

Dans les régions voisines des pôles, les glaciers descendent jusqu'à la mer, s'y enfoncent d'abord en suivant le fond, puis sont brisés et divisés en blocs énormes de glace qui flottent à la surface de la mer et qui peuvent atteindre jusqu'à 100 mètres de hauteur au-dessous de son niveau. C'est que l'on nomme les montagnes de glace ou *eicebergs*.

Les glaciers sont intéressants au point de vue géologique par les blocs erratiques qu'ils entraînent et déposent sur leur parcours, dont ils servent de témoin aux âges ultérieurs, et par l'usure spéciale des roches qu'ils déterminent. C'est à l'aide de ces deux phénomènes qu'on a pu déterminer l'existence, l'étendue et la direction des glaciers anciens, de ceux, par exemple, qui ont occupé pendant la période tertiaire tout le nord de l'Europe et de l'Amérique. (Voyez mon Introduction.)

et forme des monceaux de glace qui ont plusieurs lieues d'étendue, et qui rejoignent les hautes montagnes.

Les champs de glace ou mers glaciales sont des terrains en pente douce, qui sont dans le circuit des montagnes; ils ne peuvent être appelés vallons, parce qu'ils n'ont pas assez de profondeur: ils sont couverts d'une neige épaisse. Ces champs reçoivent l'eau de la fonte des neiges qui descendent des montagnes et qui regèlent: la surface de ces glaces fond et gèle alternativement, et tous ces endroits sont couverts de couches épaisses de neige et de glace.

Les gletchers sont des amas de glaçons formés par les glaces et les neiges qui sont précipitées des montagnes: ces neiges se regèlent et s'entassent en différentes manières; ce qui fait qu'on divise les gletchers en monts, en revêtements et en murs de glace.

Les monts de glace s'élèvent entre les sommets des hautes montagnes: ils ont eux-mêmes la forme de montagnes; mais il n'entre point de rochers dans leur structure: ils sont composés entièrement de pure glace, qui a quelquefois plusieurs lieues en longueur, une lieue de largeur et une demi-lieue d'épaisseur.

Les revêtements de glaçons sont formés dans les vallées supérieures et sur les côtes des montagnes qui sont recouvertes comme des draperies de glaces taillées en pointes; elles versent leurs eaux superflues dans les vallées inférieures.

Les murs de glace sont des revêtements escarpés qui terminent les vallées de glace qui ont une forme aplatie, et qui paraissent de loin comme des mers agitées dont les flots ont été saisis et glacés dans le moment de leur agitation. Ces murs ne sont point hérissés de pointes de glace; souvent ils forment des colonnes, des pyramides et des tours énormes par leur hauteur et leur grosseur, taillées à plusieurs faces, quelquefois hexagones et de couleur bleue ou vert céladon.

Il se forme aussi sur les côtes et au pied des montagnes des amas de neige, qui sont ensuite arrosés par l'eau des neiges fondues et recouvertes de nouvelles neiges. L'on voit aussi des glaçons qui s'accumulent en tas, qui ne tiennent ni aux vallons, ni aux monts de glace: leur position est ou horizontale ou inclinée; tous ces amas détachés se nomment *lits* ou *couches de glaces...*

La chaleur intérieure de la terre mine plusieurs de ces montagnes de glaces par-dessous, et y entretient des courants d'eau qui fondent leurs surfaces inférieures; alors les masses s'affaissent insensiblement par leur propre poids, et leur hauteur est réparée par les eaux, les neiges et les glaces qui viennent successivement les recouvrir; ces affaissements occasionnent souvent des craquements horribles; les crevasses qui s'ouvrent dans l'épaisseur des glaces forment des précipices aussi fâcheux qu'ils sont multipliés. Ces abîmes sont d'autant plus perfides et funestes qu'ils sont ordinairement recouverts de neige. Les voyageurs, les curieux et les chasseurs qui courent les daims, les chamois, les bouquetins, ou qui font la recherche des mines de cristal, sont souvent engloutis dans les gouffres et rejetés sur la surface par les flots qui s'élèvent du fond de ces abîmes.

Les pluies douces fondent promptement les neiges; mais toutes les eaux qui en proviennent ne se précipitent pas dans les abîmes inférieurs par les crevasses; une grande partie se regèle, et, tombant sur la surface des glaces, en augmente le volume.

Les vents chauds du midi, qui règnent ordinairement dans le mois de mai, sont les agents les plus puissants qui détruisent les neiges et les glaces; alors leur fonte, annoncée par le bruissement des lacs glacés et par le fracas épouvantable du choc des pierres et des glaces qui se précipitent confusément du haut des montagnes, porte de toutes parts dans les vallées inférieures les eaux des torrents, qui tombent du haut des rochers de plus de 1,200 pieds de hauteur.

Le soleil n'a que peu de prise sur les neiges et sur les glaces pour en opérer la fonte. L'expérience a prouvé que ces glaces formées pendant un laps de temps très long, sous des fardeaux énormes, dans un degré de froid si multiplié et d'eau si pure, que ces glaces, dis-je, étaient d'une matière si dense et si purgée d'air que de petits glaçons exposés au soleil le plus ardent dans la plaine, pendant un jour entier, s'y fondaient à peine.

Quoique la masse de ces glacières fonde en partie tous les ans dans les trois mois de l'été, que les pluies, les vents et la chaleur, plus actifs dans certaines années, détruisent les progrès que les glaces ont faits pendant plusieurs autres années, cependant il est prouvé que ces *glacières prennent un accroissement constant et qu'elles s'étendent*; les annales du pays le prouvent; des actes authentiques le démontrent, et la tradition est invariable sur ce sujet. Indépendamment de ces autorités et des observations journalières, cette progression des glacières est prouvée par des *forêts de mélèzes qui ont été absorbées par les glaces, et dont la cime de quelques-uns de ces arbres surpasse encore la surface des glacières*; ce sont des témoins irréprochables qui attestent le progrès des glacières, ainsi que le *haut des clochers d'un village* qui a été englouti sous les neiges, et que l'on aperçoit lorsqu'il se fait des fontes extraordinaires. Cette progression des glacières ne peut avoir d'autre cause que l'augmentation de l'intensité du froid, qui s'accroît, dans les montagnes glacées, en raison des masses de glaces; et il est prouvé que dans les glacières de Suisse le froid est aujourd'hui plus vif, mais moins long que dans l'Islande, dont les glacières, ainsi que celles de Norvège, ont beaucoup de rapport avec celles de la Suisse.

Le massif des montagnes glacées de la Suisse est composé comme celui de toutes les hautes montagnes : le noyau est une roche vitreuse qui s'étend jusqu'à leur sommet; la partie au-dessous, à commencer du point où elles ont été couvertes des eaux de la mer, est composée en revêtement de pierre calcaire, ainsi que tout le massif des montagnes d'un ordre inférieur, qui sont groupées sur la base des montagnes primitives de ces glacières; enfin ces masses calcaires ont pour base des schistes produits par le dépôt du limon des eaux.

Les masses vitreuses sont des rocs vifs, des granits, des quartz; leurs fentes sont remplies de métaux, de demi-métaux, de substances minérales et de cristaux.

Les masses calcinables sont des pierres à chaux, des marbres de toutes les espèces en couleurs et variétés, des craies, des gypses, des spaths et des albâtres, etc.

Les masses schisteuses sont des ardoises de différentes qualités et couleur, qui contiennent des plantes et des poissons, et qui sont souvent posées à des hauteurs assez considérables : leur lit n'est pas toujours horizontal; il est souvent incliné, même sinueux et perpendiculaire en quelques endroits.

L'on ne peut révoquer en doute l'ancien séjour des eaux de la mer sur les montagnes qui forment aujourd'hui ces glacières; l'immense quantité de coquilles qu'on y trouve l'atteste, ainsi que les ardoises et les autres pierres de ce genre. Les coquilles y sont ou distribuées par familles, ou bien elles sont les unes avec les autres, et l'on y en trouve à de très grandes hauteurs.

Il y a lieu de penser que ces montagnes n'ont pas formé des glacières continues dans la haute antiquité, pas même depuis que les eaux de la mer les ont abandonnées, quoiqu'il paraisse par leur très grand éloignement des mers, qui est de près de cent lieues, et par leur excessive hauteur, qu'elles ont été les premières qui sont sorties des eaux sur le continent de l'Europe. Elles ont eu anciennement leurs volcans; il paraît que le dernier qui s'est éteint était celui de la montagne de Myssenberg, dans le canton de Schwitz : ces deux principaux sommets, qui sont très hauts et isolés, sont terminés coniquement, comme toutes les bouches de volcan; et l'on voit encore le cratère de l'un de ces cônes, qui est creusé à une très grande profondeur.

M. Bourrit, qui eut le courage de faire un grand nombre de courses dans les glacières de Savoie, dit « qu'on ne peut douter de l'accroissement de toutes les glacières des Alpes; » que la quantité de neige qui est tombée pendant les hivers l'a emporté sur la quantité

1. CROTALE COMMUN — 2. CÉRASTE CORNU.

» fondue pendant les étés; que non seulement la même cause subsiste, mais que ces amas
» de glaces déjà formés doivent l'augmenter toujours plus, puisqu'il en résulte et plus de
» neige et une moindre fonte..... Ainsi il n'y a pas de doute que les glacières n'aillent en
» augmentant, et même dans une progression croissante (a). »

Cet observateur infatigable a fait un grand nombre de courses dans les glacières, et en
parlant de celle du *Glatchers* ou glacières des *Bossons*, il dit « qu'il paraît s'augmenter
» tous les jours; que le sol qu'il occupe présentement était, il y a quelques années, un
» champ cultivé, et que les glaces augmentent encore tous les jours (b). Il rapporte que
» l'accroissement des glaces paraît démontré non seulement dans cet endroit, mais dans
» plusieurs autres; que l'on a encore le souvenir d'une communication qu'il y avait au-
» trefois de Chamouny à la Val-d'Aost, et que les glaces l'ont absolument fermée; que les
» glaces en général doivent s'être accrues en s'étendant d'abord de sommités en sommités,
» et ensuite de vallées en vallées, et que c'est ainsi que s'est faite la communication des
» glaces du mont Blanc avec celles des autres montagnes et glacières du Valais et de la
» Suisse (c). Il paraît, dit-il ailleurs, que tous ces pays de montagne n'étaient pas ancien-
» nement aussi remplis de neiges et de glaces qu'ils le sont aujourd'hui.... L'on ne date
» que depuis quelques siècles les désastres arrivés par l'accroissement des neiges et des
» glaces, par leur accumulation dans plusieurs vallées, par la chute des montagnes elles-
» mêmes et des rochers : ce sont ces accidents continuels et cette augmentation annuelle
» des glaces qui peuvent seuls rendre raison de ce que l'on sait de l'histoire de ce pays
touchant le peuple qui l'habitait anciennement (d).

(32) Page 120, ligne 6. *Car, malgré ce qu'en ont dit les Russes, il est très douteux
qu'ils aient doublé la pointe septentrionale de l'Asie.* M. Engel, qui regarde comme impossible le passage au nord-ouest par les baies de Hudson et de Baffin, paraît au contraire
persuadé qu'on trouvera un passage plus court et plus sûr par le nord-est, et il ajoute aux
raisons assez faibles qu'il en donne un passage de M. Gmelin qui, parlant des tentatives
faites par les Russes pour trouver ce passage au nord-est; dit *que la manière dont on a
procédé à ces découvertes sera en son temps le sujet du plus grand étonnement de tout le
monde, lorsqu'on en aura la relation authentique; ce qui dépend uniquement*, ajoute-t-il,
de la haute volonté de l'impératrice. « Quel sera donc, dit M. Engel, ce sujet d'étonnement,
» si ce n'est d'apprendre que le passage regardé jusqu'à présent comme impossible est très
» praticable? Voilà le seul fait, ajoute-t-il, qui puisse surprendre ceux qu'on a tâché
» d'effrayer par des relations publiées à dessein de rebuter les navigateurs, etc. (e) »

Je remarque d'abord qu'il faudrait être bien assuré des choses avant de faire à la nation
russe cette imputation : en second lieu, elle me paraît mal fondée, et les paroles de
M. Gmelin pourraient bien signifier tout le contraire de l'interprétation que leur donne
M. Engel, c'est-à-dire qu'on sera fort étonné, lorsque l'on saura qu'il n'existe point de passage
praticable au nord-est ; et ce qui me confirme dans cette opinion, indépendamment des
raisons générales que j'en ai données, c'est que les Russes eux-mêmes n'ont nouvellement
tenté des découvertes qu'en remontant de Kamtschatka, et point du tout en descendant de
la pointe de l'Asie. Les capitaines Behring et Tschirikow ont, en 1741, reconnu des parties
de côte de l'Amérique jusqu'au 59e degré; et ni l'un ni l'autre ne sont venus par la mer du
Nord le long des côtes de l'Asie. Cela prouve que le passage n'est pas aussi praticable que
le suppose M. Engel; ou, pour mieux dire, cela prouve que les Russes savent qu'il n'est

(a) *Description des glacières de Savoie*, par M. Bourrit. Genève, 1773, p. 111 et 112.
(b) *Description des aspects du mont Blanc*, par M. Bourrit. Lausanne, 1776, p. 8.
(c) *Ibid.*, p. 13 et 14.
(d) *Ibid.*, p. 62 et 63.
(e) *Histoire générale des Voyages*, t. XIX, p. 415 et suiv.

pas praticable ; sans quoi ils eussent préféré d'envoyer leurs navigateurs par cette route, plutôt que de les faire partir de Kamtschatka, pour faire la découverte de l'Amérique occidentale.

M. Muller, envoyé avec M. Gmelin par l'impératrice en Sibérie, est d'un avis bien différent de M. Engel. Après avoir comparé toutes les relations, M. Muller conclut par dire qu'il n'y a qu'une très petite séparation entre l'Asie et l'Amérique, et que ce détroit offre une ou plusieurs îles, qui servent de route ou de stations communes aux habitants des deux continents. Je crois cette opinion bien fondée, et M. Muller rassemble un grand nombre de faits pour l'appuyer. Dans les demeures souterraines des habitants de l'île Karaga, ont voit des poutres faites de grands arbres de sapin, que cette île ne produit point, non plus que les terres du Kamtschatka, dont elle est très voisine : les habitants disent que ce bois leur vient par un vent d'est qui l'amène sur leurs côtes. Celles du Kamtschatka reçoivent, du même coté, des glaces que la mer orientale y pousse en hiver, deux à trois jours de suite. On y voit en certains temps des vols d'oiseaux, qui, après un séjour de quelques mois, retournent à l'est, d'où ils étaient arrivés. Le continent opposé à celui de l'Asie vers le nord descend donc jusqu'à la latitude du Kamtschatka : ce continent doit être celui de l'Amérique occidentale. M. Muller (a), après avoir donné le précis de cinq ou six voyages tentés par la mer du Nord pour doubler la pointe septentrionale de l'Asie, finit par dire que tout annonce l'impossibilité de cette navigation, et il le prouve par les raisons suivantes. Cette navigation devrait se faire dans un été; or, l'intervalle depuis Archangel à l'Oby, et de ce fleuve au Jenisey, demande une belle saison tout entière : le passage du Waigat a coûté des peines infinies aux Anglais et aux Hollandais : au sortir de ce détroit glacial, on rencontre des îles qui ferment le chemin ; ensuite le continent, qui forme un cap entre les fleuves Piasida et Chatanga, s'avançant au delà du 76ᵉ degré de latitude, est de même bordé d'une chaine d'îles, qui laissent difficilement un passage à la navigation. Si l'on veut s'éloigner des côtes et gagner la haute mer vers le pôle, les montagnes de glaces presque immobiles qu'on trouve au Groënland et au Spitzberg, n'annoncent-elles pas une continuité de glaces jusqu'au pôle? Si l'on veut longer les côtes, *cette navigation est moins aisée qu'elle ne l'était il y a cent ans* : l'eau de l'Océan y a diminué sensiblement. On voit encore, loin des bords que baigne la mer Glaciale, les bois qu'elle a jetés sur des terres qui jadis lui servaient de rivage : ces bords y sont si peu profonds, qu'on ne pourrait y employer que des bateaux très plats, qui, trop faibles pour résister aux glaces, ne sauraient fournir une longue navigation, ni se charger des provisions qu'elle exige. Quoique les Russes aient des ressources et des moyens que n'ont pas la plupart des autres nations européennes pour fréquenter ces mers froides, on voit que les voyages tentés sur la mer Glaciale n'ont pas encore ouvert une route de l'Europe et de l'Asie à l'Amérique; et ce n'est qu'en partant de Kamtschatka ou d'un autre point de l'Asie la plus orientale qu'on a découvert quelques côtes de l'Amérique occidentale.

Le capitaine Behring partit du port d'Awatscha en Kamtschatka le 4 juin 1741. Après avoir couru au sud-est et remonté au nord-est, il aperçut le 18 du mois suivant le continent de l'Amérique à 58° 28′ de latitude : deux jours après, il mouilla près d'une île enfoncée dans une baie. De là voyant deux caps, il appela l'un, à l'orient, Saint-Élie, et l'autre, au couchant, Saint-Hermogène. Ensuite il dépêcha Chitrou, l'un de ses officiers, pour reconnaître et visiter le golfe où il venait d'entrer. On le trouva coupé ou parsemé d'îles : une, entre autres, offrit des cabanes désertes; elles étaient de planches bien unies, et même échancrées. On conjectura que cette île pouvait avoir été habitée par quelques peuples du continent de l'Amérique. M. Steller, envoyé pour faire des observations sur ces terres nouvellement découvertes, trouva une cave où l'on avait mis une provision de

____

(a) *Histoire générale des Voyages*, t. XVIII, p. 484.

saumon fumé et laissé des cordes, des meubles et des ustensiles; plus loin, il vit fuir des Américains à son aspect. Bientôt on aperçut du feu sur une colline assez éloignée : les sauvages sans doute s'y étaient retirés; un rocher escarpé y couvrait leur retraite (a).

D'après l'exposé de ces faits, il est aisé de juger que ce ne sera jamais qu'en partant de Kamtschatka que les Russes pourront faire le commerce de la Chine et du Japon, et qu'il est aussi difficile, pour ne pas dire impossible, qu'aux autres nations de l'Europe de passer par les mers du nord-est, dont la plus grande partie est entièrement glacée : je ne crains donc pas de répéter que le seul passage possible est par le nord-ouest, au fond de la baie d'Hudson, et que c'est l'endroit auquel les navigateurs doivent s'attacher pour trouver ce passage si désiré et si évidemment utile.

Comme j'avais déjà livré à l'impression toutes les feuilles précédentes de ce volume, j'ai reçu de la part de M. le comte Schouvaloff, ce grand homme d'État que toute l'Europe estime et respecte, j'ai reçu, dis-je, en date du 27 octobre 1877, un excellent Mémoire composé par M. Domascheneff, président de la Société impériale de Pétersbourg, et auquel l'impératrice a confié à juste titre le département qui a rapport aux sciences et aux arts. Cet illustre savant m'a en même temps envoyé une copie faite à la main de la carte du pilote Otcheredin, dans laquelle sont représentées les routes et les découvertes qu'il a faites, en 1770 et 1773, entre le Kamtschatka et le continent de l'Amérique ; M. de Domascheneff observe dans son Mémoire que cette carte du pilote Otcheredin est la plus exacte de toutes, et que celle qui a été donnée en 1773 par l'Académie de Pétersbourg doit être réformée en plusieurs points, et notamment sur la position des îles et le prétendu archipel, qu'on y a représenté entre les îles Aleutes ou Aleoutes et celles d'Anadir, autrement appelées îles d'Andrien. La carte du pilote Otcheredin semble démontrer en effet que ces deux groupes des îles Aleutes et des îles Andrien sont séparés par une mer libre de plus de cent lieues d'étendue. M. de Domascheneff assure que la grande carte générale de l'empire de Russie, qu'on vient de publier cette année 1777, représente exactement les côtes de toute l'extrémité septentrionale de l'Asie habitée par les Tschutschis; il dit que cette carte a été dressée d'après les connaissances les plus récentes, acquises par la dernière expédition du major Pawluzki contre ce peuple. « Cette côte, dit M. de Domascheneff, termine la grande
» chaîne de montagnes, laquelle sépare toute la Sibérie de l'Asie méridionale, et finit en
» se partageant entre la chaîne qui parcourt le Kamtschatka et celles qui remplissent toutes
» les terres entre les fleuves qui coulent à l'est du Léna. Les îles reconnues entre les
» côtes du Kamtschatka et celles de l'Amérique sont montagneuses, ainsi que les côtes de
» Kamtschatka et celles du continent de l'Amérique : il y a donc une continuation bien
» marquée entre les chaînes de montagnes de ces deux continents, dont les interruptions,
» jadis peut-être moins considérables, peuvent avoir été élargies par le dépérissement de
» la roche, par des courants continuels qui entrent de la mer Glaciale vers la grande mer
» du Sud, et par les catastrophes du globe. »

Mais cette chaîne sous-marine qui joint les terres du Kamtschatka avec celles de l'Amérique est plus méridionale de sept ou huit degrés que celle des îles Anadir ou Andrien, qui, de temps immémorial, ont servi de passage aux Tschutschis pour aller en Amérique.

M. de Domascheneff dit qu'il est certain que cette traversée de la pointe de l'Asie au continent de l'Amérique se fait à la rame, et que ces peuples y vont trafiquer des ferrailles russes avec des Américains ; que les îles qui sont sur ce passage sont si fréquentes, qu'on peut coucher toutes les nuits à terre, et que le continent de l'Amérique où les Tschutschis commercent est montagneux et couvert de forêts peuplées de renards, de martres et de zibelines, dont ils rapportent des fourrures de qualités et de couleurs toutes

(a) *Histoire générale des Voyages*, t. XIX, p. 371 et suiv.

différentes de celles de Sibérie. Ces îles septentrionales situées entre les deux continents ne sont guère connues que des Tschutschis ; elles forment une chaîne entre la pointe la plus orientale de l'Asie et le continent de l'Amérique, sous le 64e degré ; et cette chaîne est séparée, par une mer ouverte, de la seconde chaîne plus méridionale, dont nous venons de parler, située sous le 56e degré, entre le Kamtschatka et l'Amérique : ce sont les îles de cette seconde chaîne que les Russes et les habitants de Kamtschatka fréquentent pour la chasse des loutres marines et des renards noirs, dont les fourrures sont très précieuses. On avait connaissance de ces îles, même des plus orientales dans cette dernière chaîne, avant l'année 1750 : l'une de ces îles porte le nom du commandeur Behring, une autre assez voisine s'appelle l'île Medenoi ; ensuite on trouve les quatre îles Aleutes ou Alcoutes, les deux premières situées un peu au-dessus et les dernières un peu au-dessous du 55e degré ; ensuite on trouve, environ au 56e degré, les îles Atkhou et Amlaïgh, qui sont les premières de la chaîne des îles aux Renards, laquelle s'étend vers le nord-est jusqu'au 61e degré de latitude : le nom de ces îles est venu du nombre prodigieux de renards qu'on y a trouvés. Les deux îles du commandeur Behring et de Medenoi étaient inhabitées lorsqu'on en fit la découverte ; mais on a trouvé dans les îles Aleutes, quoique plus avancées vers l'orient, plus d'une soixantaine de familles, dont la langue ne se rapporte ni à celle de Kamtschatka, ni à aucune de celles de l'Asie orientale, et n'est qu'un dialecte de la langue que l'on parle dans les autres îles voisines de l'Amérique ; ce qui semblerait indiquer qu'elles ont été peuplées par les Américains, et non par les Asiatiques.

Les îles nommées par l'équipage de Behring l'île Saint-Julien, Saint-Théodore, Saint-Abraham, sont les mêmes que celles qu'on appelle aujourd'hui les îles Aleutes ; et de même l'île de Chommaghin, et celle de Saint-Dolmat, indiquées par ce navigateur, font partie de celles qu'on appelle îles aux Renards.

« La grande distance, dit M. de Domascheneff, et la mer ouverte et profonde qui se » trouve entre les îles Aleutes et les îles aux Renards, jointes au gisement différent de ces » dernières, peuvent faire présumer que ces îles ne forment pas une chaîne marine con- » tinue ; mais que les premières, avec celles de Medenoi et de Behring, font une chaîne » marine qui vient du Kamtschatka, et que les îles aux Renards en représentent une » autre issue de l'Amérique ; que l'une et l'autre de ces chaînes vont généralement se » perdre dans la profondeur de la grande mer, et sont des promontoires des deux conti- » nents. La suite des îles aux Renards, dont quelques-unes sont d'une grande étendue, » est entremêlée d'écueils et de brisants, et se continue sans interruption jusqu'au conti- » nent de l'Amérique ; mais celles qui sont les plus voisines de ce continent sont très peu » fréquentées par les barques de chasseurs russes, parce qu'elles sont fort peuplées, et » qu'il serait dangereux d'y séjourner : il y a plusieurs de ces îles voisines de la terre » ferme de l'Amérique qui ne sont pas encore bien reconnues. Quelques navires ont » cependant pénétré jusqu'à l'île de Kadjak, qui est très voisine du continent de l'Amé- » rique ; l'on en est assuré tant sur le rapport des insulaires que par d'autres raisons : » une de ces raisons est qu'au lieu que toutes les îles plus occidentales ne produisent que » des arbrisseaux rabougris et rampants que les vents de pleine mer empêchent de s'éle- » ver, l'île de Kadjak, au contraire, et les petites îles voisines produisent des bosquets » d'aunes qui semblent indiquer qu'elles se trouvent moins à découvert, et qu'elles sont » garanties au nord et à l'est par un continent voisin. De plus, on y a trouvé des loutres » d'eau douce qui ne se voient point aux autres îles, de même qu'une petite espèce de » marmotte, qui paraît être la marmotte du Canada ; enfin l'on y a remarqué des traces » d'ours et de loups, et les habitants se vêtissent de peaux de rennes, qui leur viennent » du continent de l'Amérique, dont ils sont très voisins.

» On voit par la relation d'un voyage poussé jusqu'à l'île de Kadjak, sous la conduite » d'un certain Geottof, que les insulaires nomment *Atakthan* le continent de l'Amérique :

» ils disent que cette grande terre est montagneuse et toute couverte de forêts; ils placent
» cette grande terre au nord de leur île, et nomment l'embouchure d'un grand fleuve
» *Alaghschak*, qui s'y trouve... D'autre part, l'on ne saurait douter que Behring, aussi
» bien que Tschirikow, n'aient effectivement touché à ce grand continent, puisqu'au cap
» Élie, où sa frégate mouilla, l'on vit des bords de la mer le terrain s'élever en montagne
» continue et toute revêtue d'épaisses forêts; le terrain y était d'une nature toute diffé-
» rente de celui du Kamtschatka; nombre de plantes américaines y furent recueillies par
» Steller. »

M. de Domascheneff observe de plus que toutes les îles aux Renards, ainsi que les îles
Aléutes et celles de Behring, sont montagneuses, que leurs côtes sont pour la plupart
hérissées de rochers, coupées par des précipices et environnées d'écueils jusqu'à une assez
grande distance; que le terrain s'élève depuis les côtes jusqu'au milieu de ces îles en
montagnes fort raides, qui forment de petites chaînes dans le sens de la longueur de
chaque île : au reste, il y a eu et il y a encore des volcans dans plusieurs de ces îles, et
celles où ces volcans sont éteints ont des sources d'eau chaude. On ne trouve point de
métaux dans ces îles à volcans, mais seulement des calcédoines et quelques autres pierres
colorées de peu de valeur. On n'a d'autre bois dans ces îles que les tiges ou branches
d'arbres flottées par la mer, et qui n'y arrivent pas en grande quantité; il s'en trouve
plus sur l'île Behring et sur les Aléutes : il paraît que ces bois flottés viennent pour la
plupart des plages méridionales, car on y a observé le bois de camphre du Japon.

Les habitants de ces îles sont assez nombreux, mais comme ils mènent une vie
errante, se transportant d'une île à l'autre, il n'est pas possible de fixer leur nombre. On
a généralement observé que plus les îles sont grandes, plus elles sont voisines de l'Amérique, et plus elles sont peuplées. Il paraît aussi que tous les insulaires des îles aux
Renards sont d'une même nation, à laquelle les habitants des Aléutes et des îles d'Andrien peuvent aussi se rapporter, quoiqu'ils en diffèrent par quelques coutumes. Tout ce
peuple a une très grande ressemblance, par les mœurs, la façon de vivre et de se nourrir,
avec les Esquimaux et les Groënlandais. Le nom de *Kanaghist*, dont ces insulaires s'appellent dans leur langue, peut-être corrompu par les marins, est encore très ressemblant
à celui de *Karalit*, dont les Esquimaux et leurs frères les Groënlandais se nomment. On
n'a trouvé aux habitants de toutes ces îles, entre l'Asie et l'Amérique, d'autres outils que
des haches de pierre, des cailloux taillés en scalpel et des omoplates d'animaux aiguisés
pour couper l'herbe : ils ont aussi des dards qu'ils lancent de la main à l'aide d'une
palette, et desquels la pointe est armée d'un caillou pointu et artistement taillé; aujour-
d'hui ils ont beaucoup de ferrailles volées ou enlevées aux Russes. Ils font des canots et
des espèces de pirogues comme les Esquimaux : il y en a d'assez grandes pour contenir
vingt personnes; la charpente en est de bois léger, recouvert partout de peaux de
phoques et d'autres animaux marins.

Il paraît, par tous ces faits, que de temps immémorial les Tschutschis qui habitent la
pointe la plus orientale de l'Asie, entre le 55° et le 70° degré, ont eu commerce avec les
Américains, et que ce commerce était d'autant plus facile pour ces peuples accoutumés à
la rigueur du froid, que l'on peut faire le voyage, qui n'est peut-être pas de cent lieues,
en se reposant tous les jours d'îles en îles, et dans de simples canots conduits à la rame
en été, et peut-être sur la glace en hiver. L'Amérique a donc pu être peuplée par l'Asie
sous ce parallèle; et tout semble indiquer que, quoiqu'il y ait aujourd'hui des interruptions de mer entre les terres de ces îles, elles ne faisaient autrefois qu'un même continent, par lequel l'Amérique était jointe à l'Asie : cela semble indiquer aussi qu'au delà
de ces îles Anadir ou Andrien, c'est-à-dire entre le 70° et le 75° degré, les deux continents sont absolument réunis par un terrain où il ne se trouve plus de mer, mais qui
est peut-être entièrement couvert de glace. La reconnaissance de ces plages au delà du

70e degré est une entreprise digne de l'attention de la grande souveraine des Russies, et il faudrait la confier à un navigateur aussi courageux que M. Phipps. Je suis bien persuadé qu'on trouverait les deux continents réunis; et s'il en est autrement, et qu'il y ait une mer ouverte au delà des îles Andrien, il me paraît certain qu'on trouverait les appendices de la grande glacière du pôle à 81 ou 82 degrés, comme M. Phipps les a trouvés à la même hauteur, entre le Spitzberg et le Groënland.

NOTES SUR LA SEPTIÈME ÉPOQUE.

(33) Page 22, ligne 10. *Le respect pour certaines montagnes sur lesquelles les hommes s'étaient sauvés des inondations; l'horreur pour ces autres montagnes qui lançaient des feux terribles*, etc. Les montagnes en vénération dans l'Orient sont le mont *Carmel*, et quelques endroits du Caucase; le mont *Pirpangel* au nord de l'Indoustan; la montagne *Pora* dans la province d'Aracan; celle de *Chaq-pechan* à la source du fleuve Saugari, chez les Tartares Mandchoux, d'où les Chinois croient qu'est venu *Fo-hi*; le mont *Altay* à l'orient des sources du Selinga en Tartarie; le mont *Pecha* au nord-ouest de la Chine, etc. Celles qui étaient en horreur étaient les montagnes à volcan, parmi lesquelles on peut citer le mont *Ararath*, dont le nom même signifie montagne de malheur, parce qu'en effet cette montagne était un des plus grands volcans de l'Asie, comme cela se reconnaît encore aujourd'hui par sa forme et par les matières qui environnent son sommet, où l'on voit les cratères et les autres signes de ses anciennes éruptions.

(34) Page 123, ligne 13. *Comment des hommes aussi nouveaux ont-ils pu trouver la période lunisolaire de six cents ans!* La période de six cents ans, dont Josèphe dit que se servaient les anciens patriarches avant le déluge, est une des plus belles et des plus exactes que l'on ait jamais inventées. Il est de fait que prenant le mois lunaire de 29 jours 12 heures 44 minutes 3 secondes, on trouve que 219 mille 146 jours $\frac{1}{2}$ font 7 mille 421 mois lunaires; et ce même nombre de 219 mille 146 jours $\frac{1}{2}$ donne 600 années solaires, chacune de 365 jours 5 heures 51 minutes 36 secondes; d'où résulte le mois lunaire à une seconde près, tel que les astronomes modernes l'ont déterminé, et l'année solaire plus juste qu'*Hipparque* et *Ptolémée* ne l'ont donnée plus de deux mille ans après le déluge. Josèphe a cité comme ses garants *Manéthon*, *Bérose* et plusieurs autres anciens auteurs dont les écrits sont perdus il y a longtemps.... Quel que soit le fondement sur lequel Josèphe a parlé de cette période, il faut qu'il y ait eu réellement et de temps immémorial une telle période ou grande année qu'on avait oubliée depuis plusieurs siècles, puisque les astronomes qui sont venus après cet historien s'en seraient servis préférablement à d'autres hypothèses moins exactes pour la détermination de l'année solaire et du mois lunaire, s'ils l'avaient connue, ou s'en seraient fait honneur, s'ils l'avaient imaginée (*a*).

« Il est constant, dit le savant astronome Dominique Cassini, que dès le premier âge » du monde, les hommes avaient déjà fait de grands progrès dans la science du mouve· » ment des astres : on pourrait même avancer qu'ils en avaient beaucoup plus de connais- » sances que l'on n'en a eu longtemps depuis le déluge, s'il est bien vrai que l'année dont » les anciens patriarches se servaient fût de la grandeur de celles qui composent la période » de six cents ans, dont il est fait mention dans les *Antiquités des Juifs* écrites par » Josèphe. Nous ne trouvons dans les monuments qui nous restent des autres nations » aucun vestige de cette période de six cents ans, qui est une des plus belles que l'on ait » encore inventées. »

(*a*) *Lettre de M. de Mairan au R. P. Parrenin.* Paris, 1769, in-12, p. 108 et 109.

M. Cassini s'en rapporte, comme on voit, à Josèphe, et Josèphe avait pour garants les historiographes égyptiens, babyloniens, phéniciens et grecs, Manéthon, Bérose, Mochus, Hestiëus, Jérôme l'Égyptien, Hésiode, Hécatée, etc., dont les écrits pouvaient subsister et subsistaient vraisemblablement de son temps.

Or, cela posé, et quoi qu'on puisse opposer au témoignage de ces auteurs, M. de Mairan dit avec raison que l'incompétence des juges ou des témoins ne saurait avoir lieu ici. Le fait dépose par lui-même son authenticité : il suffit qu'une semblable période ait été nommée ; il suffit qu'elle ait existé, pour qu'on soit en droit d'en conclure qu'il aura donc aussi existé des siècles d'observations et en grand nombre qui l'ont précédée ; que l'oubli dont elle fut suivie est aussi bien ancien : car on doit regarder comme temps d'oubli tout celui où l'on a ignoré la justesse de cette période, et où l'on a dédaigné d'en approfondir les éléments et de s'en servir pour rectifier la théorie des mouvements célestes, et où l'on s'est avisé d'y en substituer de moins exactes. Donc si Hipparque, Meton, Pythagore, Thalès et tous les anciens astronomes de la Grèce ont ignoré la période de six cents ans, on est fondé à dire qu'elle était oubliée non seulement chez les Grecs, mais aussi en Égypte, dans la Phénicie et dans la Chaldée, où les Grecs avaient tous été puiser leur grand savoir en astronomie.

(35) Page 125, ligne 4. *Les Chinois, les Brames, non plus que les Chaldéens, les Perses, les Égyptiens et les Grecs, n'ont rien reçu du premier peuple qui avait si fort avancé l'astronomie, et les commencements de la nouvelle astronomie sont dus à l'opiniâtre assiduité des observateurs chaldéens, et ensuite aux travaux des Grecs.*

Les astronomes et les philosophes grecs avaient puisé en Égypte et aux Indes la plus grande partie de leurs connaissances. Les Grecs étaient donc des gens très nouveaux en astronomie en comparaison des Indiens, des Chinois et des Atlantes, habitants de l'Afrique occidentale ; Uranus et Atlas chez ces derniers peuples, Fo-hi à la Chine, Mercure en Égypte, Zoroastre en Perse, etc.

Les Atlantes, chez qui régnait Atlas, paraissent être les plus anciens peuples de l'Afrique, et beaucoup plus anciens que les Egyptiens. La théogonie des Atlantes, rapportée par Diodore de Sicile, s'est probablement introduite en Egypte, en Ethiopie et en Phénicie dans le temps de cette grande éruption, dont il est parlé dans le *Timée* de Platon, d'un peuple innombrable qui sortit de l'île Atlantide et se jeta sur une grande partie de l'Europe, de l'Asie et de l'Afrique.

Dans l'occident de l'Asie, dans l'Europe, dans l'Afrique, tout est fondé sur les connaissances des Atlantes, tandis que les peuples orientaux, chaldéens, indiens et chinois n'ont été instruits que plus tard, et ont toujours formé des peuples qui n'ont pas eu relation avec les Atlantes dont l'irruption est plus ancienne que la première date d'aucun de ces derniers peuples.

Atlas, fils d'Uranus et frère de Saturne, vivait, selon Manéthon et Dicéarque, 3 mille 900 ans avant l'ère chrétienne.

Quoique Diogène Laërce, Hérodote, Diodore de Sicile, Pomponius Mela, etc., donnent à l'âge d'Uranus, les uns 48 mille 860 ans, les autres 23 mille ans, etc., cela n'empêche pas qu'en réduisant ces années à la vraie mesure du temps dont on se servait dans différents siècles chez ces peuples, ces mesures ne reviennent au même, c'est-à-dire à 3 mille 890 ans avant l'ère chrétienne.

Le temps du déluge, selon les Septante, a été 2 mille 256 ans après la création.

L'astronomie a été cultivée en Egypte plus de 3 mille ans avant l'ère chrétienne ; on peut le démontrer par ce que rapporte Ptolémée sur le lever héliaque de Sirius : ce lever de Sirius était très important chez les Egyptiens, parce qu'il annonçait le débordement du Nil.

Les Chaldéens paraissent plus nouveaux dans la carrière astronomique que les Egyptiens.

Les Egyptiens connaissaient le mouvement du soleil plus de 3 mille ans avant Jésus-Christ, et les Chaldéens plus de 2 mille 473 ans.

Il y avait chez les Phrygiens un temple dédié à Hercule, qui paraît avoir été fondé 2 mille 800 ans avant l'ère chrétienne, et l'on sait qu'Hercule a été dans l'antiquité l'emblème du soleil.

On peut aussi dater les connaissances astronomiques chez les anciens Perses plus de 3 mille 200 ans avant Jésus-Christ.

L'astronomie chez les Indiens est tout aussi ancienne ; ils admettent quatre âges, et c'est au commencement du quatrième qu'est liée leur première époque astronomique : cet âge durait, en 1762, depuis 4 mille 863 ans, ce qui remonte à l'année 3,102 avant Jésus-Christ. Ce dernier âge des Indiens est réellement composé d'années solaires, mais les trois autres, dont le premier est de 1 million 728 mille années, le second de 1 million 296 mille, et le troisième de 864 mille années, sont évidemment composés d'années ou plutôt de révolutions de temps beaucoup plus courtes que les années solaires.

Il est aussi démontré par les époques astronomiques que les Chinois avaient cultivé l'astronomie plus de 3 mille ans avant Jésus-Christ, et dès le temps de Fo-hi.

Il y a donc une espèce de niveau entre ces peuples égyptiens, chaldéens ou perses, indiens, chinois et tartares. Ils ne s'élèvent pas plus les uns que les autres dans l'antiquité, et cette époque remarquable de 3 mille ans d'ancienneté pour l'astronomie est à peu près la même partout (a).

(36) Page 130, ligne 33. *Je donnerais aisément plusieurs autres exemples, qui tous concourent à démontrer que l'homme peut modifier les influences du climat qu'il habite.* « Ceux qui résident depuis longtemps dans la Pensylvanie et dans les colonies voisines, » ont observé, dit M. Hugues Williamson, que leur climat a considérablement changé depuis » quarante ou cinquante ans, et que les hivers ne sont point aussi froids...

» La température de l'air dans la Pensylvanie est différente de celle des contrées de » l'Europe situées sous le même parallèle. Pour juger de la chaleur d'un pays, il faut non » seulement avoir égard à sa latitude, mais encore à sa situation et aux vents qui ont » coutume d'y régner; puisque ceux-ci ne sauraient changer sans que le climat ne change » aussi. La face d'un pays peut être entièrement métamorphosée par la culture ; et l'on se » convaincra, en examinant la cause des vents, que leur cours peut pareillement prendre » de nouvelles directions...

» Depuis l'établissement de nos colonies, continue M. Williamson, nous sommes par-» venus non seulement à donner plus de chaleur au terrain des cantons habités, mais » encore à changer en partie la direction des vents. Les marins, qui sont les plus inté-» ressés à cette affaire, nous ont dit qu'il leur fallait autrefois quatre ou cinq semaines » pour aborder sur nos côtes, tandis qu'aujourd'hui ils y abordent dans la moitié moins » de temps. On convient encore que le froid est moins rude, la neige moins abondante et » moins continue qu'elle ne l'a jamais été depuis que nous sommes établis dans cette » province...

» Il y a plusieurs autres causes qui peuvent augmenter et diminuer la chaleur de l'air; » mais on ne saurait m'alléguer cependant un seul exemple du changement de climat » qu'on ne puisse attribuer au défrichement du pays où il a lieu. On m'objectera celui qui » est arrivé depuis 1,700 ans dans l'Italie et dans quelques contrées de l'Orient, comme » une exception à cette règle générale. On nous dit que l'Italie était mieux cultivée du

(a) *Histoire de l'ancienne astronomie*, par M. Bailly.

» temps d'Auguste qu'elle ne l'est aujourd'hui, et que cependant le climat y est beaucoup
» plus tempéré... Il est vrai que l'hiver était plus rude en Italie, il y a 1,700 ans, qu'il ne
» l'est aujourd'hui ;... mais on peut en attribuer la cause aux vastes forêts dont l'Alle-
» magne, qui est au nord de Rome, était couverte dans ce temps-là... Il s'élevait de ces
» déserts incultes des vents du nord perçants, qui se répandaient comme un torrent dans
» l'Italie et y causaient un froid excessif ;... et l'air était autrefois si froid dans ces régions
» incultes qu'il devait détruire la balance dans l'atmosphère de l'Italie, ce qui n'est plus
» de nos jours...

» On peut donc raisonnablement conclure que dans quelques années d'ici, et lorsque
» nos descendants auront défriché la partie intérieure de ce pays, ils ne seront presque
» plus sujets à la gelée ni à la neige, et que leurs hivers seront extrêmement tempé-
» rés (a). » Ces vues de M. Williamson sont très justes, et je ne doute pas que notre postérité ne les voie confirmées par l'expérience.

(a) *Journal de physique*, par M. l'abbé Rozier, mois de juin 1773

EXPLICATION

DE LA CARTE GÉOGRAPHIQUE

Cette carte représente les deux parties polaires du globe depuis le 45ᵉ degré de latitude : on y a marqué les glaces, tant flottantes que fixes, aux points où elles ont été reconnues par les navigateurs.

Dans celle du pôle arctique, on voit les glaces flottantes trouvées par Barents, à 70 degrés de latitude près du détroit de Waïgatz, et les glaces immobiles qu'il trouva à 77 et 78 degrés de latitude à l'est de ce détroit qui est aujourd'hui entièrement obstrué par les glaces. On a aussi indiqué le grand banc de glaces immobiles reconnues par Wood, entre le Spitzberg et la Nouvelle-Zemble, et celui qui se trouve entre le Spitzberg et le Groënland, que les vaisseaux de la pêche de la baleine rencontrent constamment à la hauteur de 77 ou 78 degrés, et qu'ils nomment le *banc de l'ouest* en le voyant s'étendre sans bornes de ce côté, et vraisemblablement jusqu'aux côtes du vieux Groënland qu'on sait être aujourd'hui perdues dans les glaces. La route du capitaine Phipps est marquée sur cette carte avec la continuité des glaces qui l'ont arrêté au nord et à l'ouest de Spitzberg.

On a aussi tracé sur cette carte les glaces flottantes rencontrées par Ellis dès le 58 ou 59ᵉ degré, à l'est du cap Farewel; celles que Frobisher trouva dans son détroit qui est actuellement obstrué, et celles qu'il vit à 62 degrés vers la côte de Labrador : celles que rencontra Baffin dans la baie de son nom, par les 72 et 73ᵉ degrés, et celles qui se trouvent dans la baie d'Hudson dès le 63ᵉ degré, selon Ellis, et dont le Welcome est quelquefois couvert; celles de la baie de Répulse, qui en est remplie selon Middleton. On y voit aussi celles dont presque en tout temps le détroit de Davis est obstrué, et celles qui souvent assiègent celui d'Hudson, quoique plus méridional de 6 ou 7 degrés. L'île *Baeren* ou île aux Ours, qui est au-dessous du Spitzberg à 74 degrés, se voit ici au milieu des glaces flottantes. L'île de *Jean de Mayen*, située près du vieux Groënland à 70 ½ degrés, est engagée dans les glaces par ses côtes occidentales.

On a aussi désigné sur cette carte les glaces flottantes le long des côtes de la Sibérie et aux embouchures de toutes les grandes rivières qui arrivent à

cette mer Glaciale, depuis l'*Irtisch* joint à l'*Oby* jusqu'au fleuve *Kolyma*;
ces glaces flottantes incommodent la navigation, et dans quelques endroits
la rendent impraticable. Le banc de la glace solide du pôle descend déjà à
76 degrés sur le cap *Piasida*, et engage cette pointe de terre qui n'a pu
être doublée, ni par l'ouest du côté de l'Oby, ni par l'est du côté de la *Léna*
dont les bouches sont semées de glaces flottantes; d'autres glaces immobiles au nord-est de l'embouchure de la *Jana*, ne laissent aucun passage ni
à l'est ni au nord. Les glaces flottantes devant l'*Olench* et le *Chatanga* descendent jusqu'aux 73ᵉ et 74ᵉ degrés : on les trouve à la même hauteur devant
l'Indigirka et vers les embouchures du Kolyma, qui paraît être le dernier
terme où aient atteint les Russes par ces navigations coupées sans cesse par
les glaces. C'est d'après leurs expéditions que ces glaces ont été tracées sur
notre carte : il est plus que probable que des glaces permanentes ont engagé
le cap Szalaginski, et peut-être aussi la côte nord-est de la terre des
Tschutschis : car ces dernières côtes n'ont pas été découvertes par la navigation, mais par des expéditions sur terre d'après lesquelles on les a figurées;
les navigations qu'on prétend s'être faites autrefois autour de ce cap et de la
terre des Tschutschis ont toujours été suspectes, et vraisemblablement sont
impraticables aujourd'hui : sans cela les Russes, dans leurs tentatives pour
la découverte des terres de l'Amérique, seraient partis des fleuves de la
Sibérie, et n'auraient pas pris la peine de faire par terre la traversée immense
de ce vaste pays pour s'embarquer à Kamtschatka, où il est extrêmement
difficile de construire des vaisseaux, faute de bois, de fer et de presque tout
ce qui est nécessaire pour l'équipement d'un navire.

Ces glaces qui viennent gagner les côtes du nord de l'Asie; celles qui ont
déjà envahi les parages de la Zemble, du Spitzberg et du vieux Groënland;
celles qui couvrent en partie les baies de Baffin, d'Hudson et leurs détroits,
ne sont que comme les bords ou les appendices de la glacière de ce pôle qui
en occupe toutes les régions adjacentes jusqu'au 80 et 81ᵉ degré, comme
nous l'avons représenté en jetant une ombre sur cette portion de la terre à
jamais perdue pour nous.

La carte du pôle antarctique présente la reconnaissance des glaces faite
par plusieurs navigateurs, et particulièrement par le célèbre capitaine Cook
dans ces deux voyages, le premier en 1769 et 1770, et le second en 1773,
1774 et 1775; la relation de ce second voyage n'a été publiée en français que
cette année 1778, et je n'en ai eu connaissance qu'au mois de juin après
l'impression de ce volume entièrement achevée; mais j'ai vu avec la plus
grande satisfaction mes conjectures confirmées par les faits; on vient de lire
dans plusieurs endroits de ce même volume les raisons que j'ai données du
froid plus grand dans les régions australes que dans les boréales; j'ai dit et
répété que la portion de sphère, depuis le pôle arctique jusqu'à 9 degrés de
distance, n'est qu'une région glacée, une calotte de glace solide et continue,

et que, selon toutes les analogies, la portion glacée de même dans les régions australes est bien plus considérable, et s'étend à 18 ou 20 degrés. Cette présomption était donc bien fondée, puisque M. Cook, le plus grand de tous les navigateurs, ayant fait le tour presque entier de cette zone australe, a trouvé partout des glaces, et n'a pu pénétrer nulle part au delà du 71° degré, et cela dans un seul point au nord-ouest de l'extrémité de l'Amérique; les appendices de cette immense glacière du pôle antarctique s'étendent même jusqu'au 60° degré en plusieurs lieux, et les énormes glaçons qui s'en détachent voyagent jusqu'au 50° et même jusqu'au 48° degré de latitude en certains endroits. On verra que les glaces les plus avancées vers l'équateur se trouvent vis-à-vis les mers les plus étendues et les terres les plus éloignées du pôle; on en trouve aux 48, 49, 50 et 51° degrés, sur une étendue de dix degrés en longitude à l'ouest, et de 35 de longitude à l'est; et tout l'espace entre le 50° et le 60° degré de latitude est rempli de glaces brisées, dont quelques-unes forment des îles d'une grandeur considérable; on voit que sons ces mêmes longitudes les glaces deviennent encore plus fréquentes et presque continues aux 60 et 61° degrés de latitude; et enfin que tout passage est fermé par la continuité de la glace aux 66 et 67° degrés, où M. Cook a fait une autre pointe, et s'est trouvé forcé de retourner pour ainsi dire sur ses pas; en sorte que la masse continue de cette glace solide et permanente, qui couvre le pôle austral et toute la zone adjacente, s'étend dans ces parages jusque au delà du 66° degré de latitude.

On trouve de même des îles et des plaines de glaces, dès le 49° degré de latitude, à 60 degrés de longitude est (a), et en plus grand nombre à 80 et 90 degrés de longitude sous la latitude de 58 degrés; et encore en plus grand nombre sous le 60 et le 61° degré de latitude, dans tout l'espace compris depuis le 90° jusqu'au 145° degré de longitude est.

De l'autre côté, c'est-à-dire à 30 degrés environ de longitude ouest, M. Cook a fait la découverte de la terre de Sandwich à 59 degrés de latitude, et de l'île Géorgie sous le 55°; et il a reconnu des glaces au 59° degré de latitude, dans une étendue de dix ou douze degrés de longitude ouest, avant d'arriver à la terre Sandwich, qu'on peut regarder comme le Spitzberg des régions australes, c'est-à-dire comme la terre la plus avancée vers le pôle antarctique; il a trouvé de pareilles glaces en beaucoup plus grand nombre aux 60 et 61° degrés de latitude, depuis le 29° degré de longitude ouest jusqu'au 51°, et le capitaine Furneaux en a trouvé sous le 63° degré, à 65 et 70 degrés de longitude ouest.

On a aussi marqué les glaces immobiles, que Davis a vues sous les 65 et 66° degrés de latitude, vis-à-vis du cap Horn, et celles dans lesquelles le

(a) Ces positions données par le capitaine Cook, sur le méridien de Londres, sont réduites sur la carte à celui de Paris, et doivent s'y rapporter, par le changement facile de deux degrés et demi en *moins* du côté de l'est, et en *plus* du côté de l'ouest.

capitaine Cook a fait une pointe jusqu'au 71° degré de latitude ; ces glaces s'étendent depuis le 110° degré de longitude ouest jusqu'au 120° ; ensuite on voit les glaces flottantes depuis le 130° degré de longitude ouest jusqu'au 170°? sous les latitudes de 60 à 70 degrés ; en sorte que dans toute l'étendue de la circonférence de cette grande zone polaire antarctique, il n'y a qu'environ 40 ou 45 degrés en longitude dont l'espace n'ai pas été reconnu, ce qui ne fait pas la huitième partie de cette immense calotte de glace : tout le reste de ce circuit a été vu et bien reconnu par M. Cook, dont nous ne pourrons jamais louer assez la sagesse, l'intelligence et le courage : car le succès d'une pareille entreprise suppose toutes ces qualités réunies.

On vient d'observer que les glaces les plus avancées du côté de l'équateur, dans ces régions australes, se trouvent sur les mers les plus éloigées des terres, comme dans la mer des grandes Indes et vis-à-vis le cap de Bonne-Espérance ; et qu'au contraire les glaces les moins avancées se trouvent dans le voisinage des terres, comme à la pointe de l'Amérique et des deux côtés de cette pointe, tant dans la mer Atlantique que dans la mer Pacifique : ainsi la partie la moins froide de cette grande zone antarctique est vis-à-vis l'extrémité de l'Amérique qui s'étend jusqu'au 56° degré de latitude, tandis que la partie la plus froide de cette même zone est vis-à-vis de la pointe de l'Afrique qui ne s'avance qu'au 34° degré, et vers la mer de l'Inde où il n'y a point de terre : or s'il en est de même du côté du pôle arctique, la région la moins froide serait celle de Spitzberg et du Groënland, dont les terres s'étendent à peu près jusqu'au 80° degré ; et la région la plus froide serait celle de la partie de mer entre l'Asie et l'Amérique, en supposant que cette région soit en effet une mer.

De toutes les reconnaissances faites par M. Cook, on doit inférer que la portion du globe envahie par les glaces depuis le pôle antarctique jusqu'à la circonférence de ces régions glacées est en superficie au moins cinq ou six fois plus étendue que l'espace envahi par les glaces autour du pôle arctique, ce qui provient de deux causes assez évidentes : la première est le séjour du soleil plus court de sept jours trois quarts par an dans l'hémisphère austral que dans le boréal ; la seconde et plus puissante cause est la quantité de terres infiniment plus grande dans cette portion de l'hémisphère boréal que dans la portion égale et correspondante de l'hémisphère austral : car les continents de l'Europe, de l'Asie et de l'Amérique s'étendent jusqu'au 70° degré et au delà vers le pôle arctique, tandis que dans les régions australes il n'existe aucune terre, depuis le 50° ou même le 45° degré, que celle de la pointe de l'Amérique qui ne s'étend qu'au 56° avec les îles Falkland, la petite île Géorgie et celle de Sandwich, qui est moitié terre et moitié glace ; en sorte que cette grande zone australe étant entièrement maritime et aqueuse, et la boréale presque entièrement terrestre, il n'est pas étonnant que le froid soit beaucoup plus grand, et que les glaces occupent une bien plus vaste étendue dans ces régions australes que dans les boréales.

Et comme ces glaces ne feront qu'augmenter par le refroidissement successif de la terre, il sera dorénavant plus inutile et plus téméraire qu'il ne l'était ci-devant, de chercher à faire des découvertes au delà du 80e degré vers le pôle boréal, et au delà du 55e vers le pôle austral. La Nouvelle-Zélande, la pointe de la Nouvelle-Hollande et celles des terres Magellaniques, doivent être regardées comme les seules et dernières terres habitables dans cet hémisphère austral.

J'ai fait représenter toutes les îles et plaines de glaces reconnues par les différents navigateurs, et notamment par les capitaines Cook et Furneaux, en suivant les points de longitude et de latitude indiqués dans leurs cartes de navigation ; toutes ces reconnaissances des mers australes ont été faites dans les mois de novembre, décembre, janvier et février, c'est-à-dire dans la saison d'été de cet hémisphère austral : car quoique ces glaces ne soient pas toutes permanentes, et qu'elles voyagent selon qu'elles sont entraînées par les courants ou poussées par les vents, il est néanmoins presque certain que, comme elles ont été vues dans cette saison d'été, elles s'y trouveraient de même et en bien plus grande quantité dans les autres saisons, et que par conséquent on doit les regarder comme permanentes, quoiqu'elles ne soient pas stationnaires aux mêmes points.

Au reste, il est indifférent qu'il y ait des terres ou non dans cette vaste région australe, puisqu'elle est entièrement couverte de glaces depuis le 60e degré de latitude jusqu'au pôle, et l'on peut concevoir aisément que toutes les vapeurs aqueuses qui forment les brumes et les neiges se convertissant en glaces, elles se gèlent et s'accumulent sur la surface de la mer comme sur celle de la terre. Rien ne peut donc s'opposer à la formation ni même à l'augmentation successive de ces glacières polaires, et, au contraire, tout s'oppose à l'idée qu'on avait ci-devant de pouvoir arriver à l'un ou à l'autre pôle par une mer ouverte ou par des terres praticables.

Toute la partie des côtes du pôle boréal a été réduite et figurée d'après les cartes les plus étendues, les plus nouvelles et les plus estimées. Le nord de l'Asie, depuis la Nouvelle-Zemble et Archangel au cap Szalaginski, la côte des Tschutschis et du Kamtschatka, ainsi que les îles Aleutes, ont été réduites sur la grande carte de l'empire de Russie, publiée l'année dernière, 1777. Les îles aux Renards (a) ont été relevées sur la carte manuscrite de

(a) Il est aussi fait mention de ces îles aux Renards, dans un voyage fait en 1776 par les Russes, sous la conduite de M. Solowiew : il nomme *Unataschka* l'une de ces îles, et dit qu'elle est à dix-huit cents werstes de Kamtschatka, et qu'elle est longue d'environ deux cents werstes ; la seconde de ces îles s'appelle *Umnack*, elle est longue d'environ cent cinquante werstes ; une troisième, *Akuten*, a environ quatre-vingt werstes de longueur ; enfin, une quatrième, qui s'appelle *Radjack* ou *Kadjak*, est la plus voisine de l'Amérique. Ces quatre îles sont accompagnées de quatre autres îles plus petites ; ce voyageur dit aussi

l'expédition du pilote Otcheredin en 1774, qui m'a été envoyée par M. de Domascheneff, président de l'Académie de Saint-Pétersbourg, celles d'*Anadir*, ainsi que la *Stachta nitada*, grande terre à l'est où les Tschutschis commercent, et les pointes des côtes de l'Amérique reconnues par Tschirikow et Behring, qui ne sont pas représentées dans la grande carte de l'empire de Russie, le sont ici d'après celle que l'Académie de Pétersbourg a publiée en 1773; mais il faut avouer que la longitude de ces points est encore incertaine, et que cette côte occidentale de l'Amérique est bien peu connue au delà du cap Blanc qui gît environ sous le 43° degré de latitude. La position du Kamtschatka est aujourd'hui bien déterminée dans la carte russe de 1777; mais celle des terres de l'Amérique vis-à-vis Kamtschatka, n'est pas aussi certaine; cependant on ne peut guère douter que la grande terre désignée sous le nom de *Stachta nitada*, et les terres découvertes par Behring et Tschirikow, ne soient des portions du continent de l'Amérique; on assure que le roi d'Espagne a envoyé nouvellement quelques personnes pour reconnaître cette côte occidentale de l'Amérique depuis le cap Mandocin jusqu'au 56° degré de latitude; ce projet me paraît bien conçu, car c'est depuis le 43° au 56° degré qu'il est.à présumer qu'on trouvera une communication de la mer Pacifique avec la baie d'Hudson.

La position et la figure du Spitzberg sont tracées sur notre carte d'après celle du capitaine Philipps; le Groënland, les baies de Baffin et d'Hudson et les grands lacs de l'Amérique le sont d'après les meilleures cartes des différents voyageurs qui ont découvert ou fréquenté ces parages. Par cette réunion, on aura sous les yeux les gisements relatifs de toutes les parties des continents polaires et des passages tentés pour tourner par le nord et à l'est de l'Asie; on y verra les nouvelles découvertes qui se sont faites dans cette partie de mer, entre l'Asie et l'Amérique jusqu'au cercle polaire; et l'on remarquera que la terre avancée de Szalaginski s'étendant jusqu'au 73° ou 74° degré de latitude, il n'y a nulle apparence qu'on puisse doubler ce cap, et qu'on le tenterait sans succès, soit en venant par la mer Glaciale le long des côtes septentrionales de l'Asie, soit en remontant du Kamtschatka et tournant autour de la terre des Tschutschis, de sorte qu'il est plus que probable que toute cette région au delà du 74° degré est actuellement glacée et inabordable : d'ailleurs tout nous porte à croire que les deux continents de l'Amérique et de l'Asie peuvent être contigus à cette hauteur, puisqu'ils sont voisins aux environs du cercle polaire, n'étant séparés que par des bras de mer, entre les îles qui se trouvent dans cet espace, et dont l'une paraît être d'une très grande étendue.

J'observerai encore qu'on ne voit pas sur la nouvelle carte de l'empire de

qu'elles sont toutes assez peuplées, et il décrit les habitudes naturelles de ces insulaires qui vivent sous terre la plus grande partie de l'année; on a donné le nom d'*îles aux Renards* à ces îles, parce qu'on y trouve beaucoup de renards noirs, bruns et roux.

Russie la navigation faite en 1646 par trois vaisseaux russes, dont on prétend que l'un est arrivé au Kamtschatka par la mer Glaciale : la route de ce vaisseau est même tracée par des points dans la carte publiée par l'Académie de Pétersbourg en 1773 ; j'ai donné ci-devant les raisons qui faisaient regarder comme très suspecte cette navigation, et aujourd'hui ces mêmes raisons me paraissent bien confirmées, puisque dans la nouvelle carte russe faite en 1777, on a supprimé la route de ce vaisseau, quoique donnée dans la carte de 1773 ; et quand même, contre toute apparence, ce vaisseau unique aurait fait cette route en 1646, l'augmentation des glaces depuis cent trente-deux ans pourrait bien la rendre impraticable aujourd'hui, puisque dans le même espace de temps le détroit de Waigatz s'est entièrement glacé, et que la navigation de la mer du nord de l'Asie, à commencer de l'embouchure de l'Oby jusqu'à celle du Kolyma, est devenue bien plus plus difficile qu'elle ne l'était alors, au point que les Russes l'ont pour ainsi dire abandonnée, et que ce n'est qu'en partant de Kamtschatka qu'ils ont tenté des découvertes sur les côtes occidentales de l'Amérique. Ainsi nous présumons que, si l'on a pu passer autrefois de la mer Glaciale dans celle du Kamtschatka, ce passage doit être ajourd'hui fermé par les glaces. On assure que M. Cook a entrepris un troisième voyage, et que ce passage est l'un des objets de ses recherches : nous attendons avec impatience le résultat de ces découvertes, quoique je sois persuadé d'avance qu'il ne reviendra pas en Europe par la mer Glaciale de l'Asie ; mais ce grand homme de mer fera peut-être la découverte du passage au nord-ouest depuis la mer Pacifique à la baie d'Hudson.

Nous avons ci-devant exposé les raisons qui semblent prouver que les eaux de la baie d'Hudson communiquent avec cette mer : les grandes marées venant de l'ouest dans cette baie suffisent pour le démontrer ; il ne s'agit donc que de trouver l'ouverture de cette baie vers l'ouest ; mais on a jusqu'à ce jour vainement tenté cette découverte par les obstacles que les glaces opposent à la navigation dans le détroit d'Hudson et dans la baie même. Je suis donc persuadé que M. Cook ne la tentera pas de ce côté-là, mais qu'il se portera au-dessus de la côte de Californie, et qu'il trouvera le passage sur cette côte au delà du 43° degré : dès l'année 1592, *Juen de Fuca*, pilote espagnol, trouva une grande ouverture sur cette côte sous les 47° et 48° degrés, et y pénétra si loin qu'il crut être arrivé dans la mer du Nord. En 1602, *d'Aguilar* trouva cette côte ouverte sous le 43° degré, mais il ne pénétra pas bien avant dans ce détroit ; enfin on voit, par une relation publiée en anglais, qu'en 1640 l'amiral *de Fonte*, Espagnol, trouva sous le 54° degré un détroit ou large rivière, et qu'en la remontant il arriva à un grand archipel, et ensuite à un lac de cent soixante lieues de longueur sur soixante de largeur, aboutissant à un détroit de deux ou trois lieues de largeur, où la marée portant à l'est était très violente, et où il rencontra un vaisseau venant de Boston ; quoique l'on ait regardé cette relation comme très suspecte, nous ne la rejetterons pas en entier, et nous avons cru devoir présenter ici ces reconnaissances d'après la carte de M. de l'Isle, sans prétendre les garantir ; mais en réunissant la probabilité de ces découvertes de de Fonte avec celles de d'Aguilar et de Juen de Fuca, il en résulte que la côte occidentale de l'Amérique septentrionale au-dessus du cap Blanc est ouverte par plusieurs détroits ou bras de mer, depuis le 43° degré jusqu'au 54° ou 55°, et que c'est dans cet intervalle où il est presque certain que M. Cook trouvera la communication avec la baie d'Hudson, et cette découverte achèverait de le combler de gloire.

Ma présomption à ce sujet est non seulement fondée sur les reconnaissances faites par d'Aguilar, Juen de Fuca et de Fonte, mais encore sur une analogie physique qui ne se dément dans aucune partie du globe : c'est que toutes les grandes côtes des continents sont, pour ainsi dire, hachées et entamées du midi au nord, et qu'ils finissent tous en pointe vers le midi. La côte nord-ouest de l'Amérique présente une de ces hachures, et c'est la mer Vermeille ; mais, au-dessus de la Californie, nos cartes ne nous offrent sur une étendue de quatre cents lieues qu'une terre continue, sans rivières et sans autres coupures que les trois ouvertures reconnues par d'Aguilar, Fuca et de Fonte ; or, cette continuité des côtes, sans anfractuosités ni baies ni rivières, est contraire à la nature ; et cela seul suffit pour démontrer que ces côtes n'ont été tracées qu'au hasard sur toutes nos cartes, sans avoir été reconnues, et que, quand elles le seront, on y trouvera plusieurs golfes et bras de mer par lesquels on arrivera à la baie d'Hudson, ou dans les mers intérieures qui la précèdent du côté de l'ouest.

VUES DE LA NATURE

Avertissement. — Comme les détails de l'histoire naturelle ne sont intéressants que pour ceux qui s'appliquent uniquement à cette science, et que dans une exposition aussi longue que celle de l'histoire particulière de tous les animaux il règne nécessairement trop d'uniformité, nous avons cru que la plupart de nos lecteurs nous sauraient gré de couper de temps en temps le fil d'une méthode qui nous contraint, par des Discours, dans lesquels nous donnerons nos réflexions sur la nature en général, et traiterons de ses effets en grand. Nous retournerons ensuite à nos détails avec plus de courage : car j'avoue qu'il en faut pour s'occuper continuellement de petits objets dont l'examen exige la plus froide patience et ne permet rien au génie.

PREMIÈRE VUE (*)

La nature est le système des lois établies par le Créateur pour l'existence des choses et pour la succession des êtres. La nature n'est point une chose, car cette chose serait tout; la nature n'est point un être, car cet être serait Dieu; mais on peut la considérer comme une puissance vive, immense, qui embrasse tout, qui anime tout, et qui, subordonnée à celle du premier Être, n'a commencé d'agir que par son ordre, et n'agit encore que par son concours ou son consentement. Cette puissance est, de la Puissance divine, la partie qui se manifeste; c'est en même temps la cause et l'effet, le mode et la substance, le dessein et l'ouvrage : bien différente de l'art humain, dont les productions ne sont que des ouvrages morts, la nature est elle-même un ouvrage perpétuellement vivant, un ouvrier sans cesse actif, qui sait tout employer, qui travaillant d'après soi-même, toujours sur le même fonds, bien loin de l'épuiser le rend inépuisable : le temps, l'espace et la matière sont ses moyens, l'univers son objet, le mouvement et la vie son but.

Les effets de cette puissance sont les phénomènes du monde; les ressorts qu'elle emploie sont des forces vives que l'espace et le temps ne peuvent que mesurer et limiter sans jamais les détruire; des forces qui se balancent, qui se confondent, qui s'opposent sans pouvoir s'anéantir : les unes pénètrent et transportent les corps, les autres les échauffent et les animent;

(*) Cette « Vue de la nature » a été publiée par Buffon en 1764, au début du XIIᵉ volume de l'édition in-4° de l'Imprimerie royale.

l'attraction et l'impulsion sont les deux principaux instruments de l'action de cette puissance sur les corps bruts ; la chaleur et les molécules organiques vivantes sont les principes actifs qu'elle met en œuvre pour la formation et le développement des êtres organisés.

Avec de tels moyens, que ne peut la nature ? Elle pourrait tout si elle pouvait anéantir et créer ; mais Dieu s'est réservé ces deux extrêmes de pouvoir : anéantir et créer sont les attributs de la toute-puissance ; altérer, changer, détruire, développer, renouveler, produire, sont les seuls droits qu'il a voulu céder. Ministre de ses ordres irrévocables, dépositaire de ses immuables décrets, la nature ne s'écarte jamais des lois qui lui ont été prescrites ; elle n'altère rien aux plans qui lui ont été tracés, et dans tous ses ouvrages elle présente le sceau de l'Éternel , cette empreinte divine, prototype inaltérable des existences, est le modèle sur lequel elle opère, modèle dont tous les traits sont exprimés en caractères ineffaçables, et prononcés pour jamais ; modèle toujours neuf, que le nombre des moules ou des copies, quelque infini qu'il soit, ne fait que renouveler.

Tout a donc été créé, et rien encore ne s'est anéanti ; la nature balance entre ces deux limites sans jamais approcher ni de l'une ni de l'autre : tâchons de la saisir dans quelques points de cet espace immense qu'elle remplit et parcourt depuis l'origine des siècles.

Quels objets ! Un volume immense de matière qui n'eût formé qu'une inutile, une épouvantable masse, s'il n'eût été divisé en parties séparées par des espaces mille fois plus immenses ; mais des milliers de globes lumineux, placés à des distances inconcevables, sont les bases qui servent de fondement à l'édifice du monde ; des millions de globes opaques, circulant autour des premiers, en composent l'ordre et l'architecture mouvante : deux forces primitives agitent ces grandes masses, les roulent, les transportent et les animent ; chacune agit à tout instant, et toutes deux, combinant leurs efforts, tracent les zones des sphères célestes, établissent dans le milieu du vide des lieux fixes et des routes déterminées ; et c'est du sein même du mouvement que naît l'équilibre des mondes et le repos de l'univers.

La première de ces forces est également répartie ; la seconde a été distribuée en mesure inégale ; chaque atome de matière a une même quantité de force d'attraction, chaque globe a une quantité différente de force d'impulsion ; aussi est-il des astres fixes et des astres errants, des globes qui ne semblent être faits que pour attirer, et d'autres pour pousser ou pour être poussés, des sphères qui ont reçu une impulsion commune dans le même sens, et d'autres une impulsion particulière, des astres solitaires et d'autres accompagnés de satellites, des corps de lumière et des masses de ténèbres, des planètes dont les différentes parties ne jouissent que successivement d'une lumière empruntée, des comètes qui se perdent dans l'obscurité des profondeurs de l'espace, et reviennent après des siècles se parer de nouveaux feux ;

des soleils qui paraissent, disparaissent et semblent alternativement se rallumer et s'éteindre, d'autres qui se montrent une fois et s'évanouissent ensuite pour jamais. Le ciel est le pays des grands événements; mais à peine l'œil humain peut-il les saisir : un soleil qui périt et qui cause la catastrophe d'un monde, ou d'un système de mondes, ne fait d'autre effet à nos yeux que celui d'un feu follet qui brille et qui s'éteint; l'homme, borné à l'atome terrestre sur lequel il végète, voit cet atome comme un monde, et ne voit les mondes que comme des atomes.

Car cette terre qu'il habite, à peine reconnaissable parmi les autres globes, et tout à fait invisible pour les sphères éloignées, est un million de fois plus petite que le soleil qui l'éclaire, et mille fois plus petite que d'autres planètes qui, comme elle, sont subordonnées à la puissance de cet astre, et forcées à circuler autour de lui. Saturne, Jupiter, Mars, la Terre, Vénus, Mercure et le Soleil occupent la petite partie des cieux que nous appelons *notre univers*. Toutes ces planètes, avec leurs satellites, entraînées par un mouvement rapide dans le même sens et presque dans le même plan, composent une roue d'un vaste diamètre dont l'essieu porte toute la charge, et qui tournant lui-même avec rapidité a dû s'échauffer, s'embraser et répandre la chaleur et la lumière jusqu'aux extrémités de la circonférence : tant que ces mouvements dureront (et ils seront éternels, à moins que la main du premier moteur ne s'oppose et n'emploie autant de force pour les détruire qu'il en a fallu pour les créer), le soleil brillera et remplira de sa splendeur toutes les sphères du monde; et comme dans un système où tout s'attire, rien ne peut ni se perdre ni s'éloigner sans retour, la quantité de matière restant toujours la même, cette source féconde de lumière et de vie ne s'épuisera, ne tarira jamais : car les autres soleils, qui lancent aussi continuellement leurs feux, rendent à notre soleil tout autant du lumière qu'ils en reçoivent de lui.

Les comètes, en beaucoup plus grand nombre que les planètes, et dépendantes comme elles de la puissance du soleil, pressent aussi sur ce foyer commun, en augmentent la charge, et contribuent de tout leur poids à son embrasement : elles font partie de notre univers, puisqu'elles sont sujettes, comme les planètes, à l'attraction du soleil; mais elles n'ont rien de commun entre elles, ni avec les planètes, dans leur mouvement d'impulsion; elles circulent chacune dans un plan différent et décrivent des orbes plus ou moins allongés dans des périodes différentes de temps, dont les unes sont de plusieurs années, et les autres de quelques siècles : le soleil tournant sur lui-même, mais au reste immobile au milieu du tout (*), sert en même temps de flambeau, de foyer, de pivot à toutes ces parties de la machine du monde.

(*) Le soleil n'est pas, comme le dit Buffon, « immobile au milieu du tout », il se meut dans l'espace, en décrivant une immense ellipse et entraînant après lui la terre et toutes les planètes qui font partie de son système.

C'est par sa grandeur même qu'il demeure immobile et qu'il régit les autres globes; comme la force a été donnée proportionnellement à la masse, qu'il est incomparablement plus grand qu'aucune des comètes, et qu'il contient mille fois plus de matière que la plus grosse planète, elles ne peuvent ni le déranger, ni se soustraire à sa puissance, qui s'étendant à des distances immenses les contient toutes, et lui ramène au bout d'un temps celles qui s'éloignent le plus; quelques-unes même à leur retour s'en approchent de si près, qu'après avoir été refroidies pendant des siècles, elles éprouvent une chaleur inconcevable; elles sont sujettes à des vicissitudes étranges par ces alternatives de chaleur et de froid extrêmes, aussi bien que par les inégalités de leur mouvement, qui tantôt est prodigieusement accéléré, et ensuite infiniment retardé : ce sont, pour ainsi dire, des mondes en désordre, en comparaison des planètes, dont les orbites étant plus régulières, les mouvements plus égaux, la température toujours la même, semblent être des lieux de repos, où, tout étant constant, la nature peut établir un plan, agir uniformément, se développer successivement dans toute son étendue. Parmi ces globes choisis entre les astres errants, celui que nous habitons paraît encore être privilégié; moins froid, moins éloigné que Saturne, Jupiter, Mars, il est aussi moins brûlant que Vénus et Mercure, qui paraissent trop voisins de l'astre de lumière.

Aussi, avec quelle magnificence la nature ne brille-t-elle pas sur la terre? une lumière pure, s'étendant de l'orient au couchant, dore successivement les hémisphères de ce globe; un élément transparent et léger l'environne; une chaleur douce et féconde anime, fait éclore tous les germes de vie; des eaux vives et salutaires servent à leur entretien, à leur accroissement; des éminences distribuées dans le milieu des terres arrêtent les vapeurs de l'air, rendent ces sources intarissables et toujours nouvelles; des cavités immenses faites pour les recevoir partagent les continents : l'étendue de la mer est aussi grande que celle de la terre; ce n'est point un élément froid et stérile, c'est un nouvel empire aussi riche, aussi peuplé que le premier. Le doigt de Dieu a marqué leurs confins; si la mer anticipe sur les plages de l'occident, elle laisse à découvert celles de l'orient : cette masse immense d'eau, inactive par elle-même, suit les impressions des mouvements célestes, elle balance par des oscillations régulières de flux et de reflux, elle s'élève et s'abaisse avec l'astre de la nuit; elle s'élève encore plus lorsqu'il concourt avec l'astre du jour, et que tous deux, réunissant leurs forces dans le temps des équinoxes, causent les grandes marées : notre correspondance avec le ciel n'est nulle part mieux marquée. De ces mouvements constants et généraux résultent des mouvements variables et particuliers, des transports de terre, des dépôts qui forment au fond des eaux des éminences semblables à celles que nous voyons sur la surface de la terre; des courants qui, suivant la direction de ces chaînes de montagnes, leur donnent une figure dont tous les angles se correspondent, et coulant au milieu des ondes comme les eaux coulent sur la terre, sont en effet les fleuves de la mer.

L'air, encore plus léger, plus fluide que l'eau, obéit aussi à un plus grand nombre de puissances ; l'action éloignée du soleil et de la lune, l'action immédiate de la mer, celle de la chaleur, qui le raréfie, celle du froid, qui le condense, y causent des agitations continuelles ; les vents sont ses courants, ils poussent, ils assemblent les nuages, ils produisent les météores et transportent au-dessus de la surface aride des continents terrestres les vapeurs humides des plages maritimes ; ils déterminent les orages, répandent et distribuent les pluies fécondes et les rosées bienfaisantes ; ils troublent les mouvements de la mer, ils agitent la surface mobile des eaux, arrêtent ou précipitent les courants ; les font rebrousser, soulèvent les flots, excitent les tempêtes, la mer irritée s'élève vers le ciel, et vient en mugissant se briser contre des digues inébranlables qu'avec tous ses efforts elle ne peut ni détruire ni surmonter.

La terre élevée au-dessus du niveau de la mer est à l'abri de ses irruptions ; sa surface émaillée de fleurs, parée d'une verdure toujours renouvelée, peuplée de mille et mille espèces d'animaux différents, est un lieu de repos, un séjour de délices où l'homme, placé pour seconder la nature, préside à tous les êtres ; seul entre tous, capable de connaître et digne d'admirer, Dieu l'a fait spectateur de l'univers et témoin de ses merveilles ; l'étincelle divine dont il est animé le rend participant aux mystères divins : c'est par cette lumière qu'il pense et réfléchit, c'est par elle qu'il voit et lit dans le livre du monde comme dans un exemplaire de la Divinité.

La nature est le trône extérieur de la magnificence divine ; l'homme qui la contemple, qui l'étudie, s'élève par degrés au trône intérieur de la toute-puissance : fait pour adorer le Créateur, il commande à toutes les créatures ; vassal du ciel, roi de la terre, il l'ennoblit, la peuple et l'enrichit ; il établit entre les êtres vivants l'ordre, la subordination, l'harmonie ; il embellit la nature même, il la cultive, l'étend et la polit, en élague le chardon et la ronce, y multiplie le raisin et la rose. Voyez ces plages désertes, ces tristes contrées où l'homme n'a jamais résidé : couvertes, ou plutôt hérissées de bois épais et noirs dans toutes les parties élevées, des arbres sans écorce et sans cime, courbés, rompus, tombant de vétusté ; d'autres, en plus grand nombre, gisant au pied des premiers pour pourrir sur des monceaux déjà pourris, étouffent, ensevelissent les germes prêts à éclore. La nature, qui partout ailleurs brille par sa jeunesse, paraît ici dans la décrépitude ; la terre, surchargée par le poids, surmontée par les débris de ses productions, n'offre, au lieu d'une verdure florissante, qu'un espace encombré, traversé de vieux arbres chargés de plantes parasites, de lichens, d'agarics, fruits impurs de la corruption : dans toutes les parties basses, des eaux mortes et croupissantes, faute d'être conduites et dirigées ; des terrains fangeux, qui, n'étant ni solides ni liquides, sont inabordables, et demeurent également inutiles aux habitants de la terre et des eaux ; des marécages qui, couverts de plantes aquatiques et fétides, ne nourrissent que des insectes vénéneux et servent de repaire aux animaux immondes. Entre ces marais infects qui occupent les lieux bas, et les forêts décrépites qui couvrent les terres élevées, s'étendent des espèces de landes, des savanes, qui n'ont rien de commun avec nos prairies ; les mauvaises herbes y surmontent, y étouffent les bonnes : ce n'est point ce gazon fin qui semble faire le duvet de la terre, ce n'est point cette pelouse émaillée qui annonce sa brillante fécondité ; ce sont des végétaux agrestes, des herbes dures, épineuses, entrelacées les unes dans les autres, qui semblent moins tenir à la terre qu'elles ne tiennent entre elles, et qui, se desséchant et repoussant successivement les unes sur les autres, forment une bourre grossière épaisse de plusieurs pieds. Nulle route, nulle communication, nul vestige d'intelligence dans ces lieux sauvages ; l'homme, obligé de suivre les sentiers de la bête farouche, s'il veut les parcourir ; contraint de veiller sans cesse pour éviter d'en devenir la proie ; effrayé de leurs rugissements, saisi du silence même de ces profondes solitudes, il rebrousse chemin et dit : La nature brute est hideuse et mourante ; c'est moi, moi seul qui peux la rendre agréable et vivante : desséchons ces marais, animons ces eaux mortes en les faisant couler, formons-en des ruisseaux, des canaux ; employons cet élément actif et dévorant qu'on nous avait caché et que nous ne devons qu'à nous-mêmes ; mettons le feu à cette bourre superflue, à ces vieilles forêts déjà à demi consommées ; achevons de détruire avec le fer ce que le feu n'aura pu consumer : bientôt, au lieu du jonc, du nénuphar, dont le crapaud composait son venin, nous verrons paraître la renoncule, le trèfle, les herbes douces et salutaires ; des troupeaux d'animaux bondissants fouleront cette terre jadis impraticable ; ils y trouveront une subsistance abondante, une pâture toujours renaissante ; ils se multiplieront pour se multiplier encore : servons-nous de ces nouveaux aides pour achever notre ouvrage ; que le bœuf soumis au joug emploie ses forces et le poids de sa masse à sillonner la terre, qu'elle rajeunisse par la culture : une nature nouvelle va sortir de nos mains.

Qu'elle est belle, cette nature cultivée ! que par les soins de l'homme elle est brillante et pompeusement parée ! Il en fait lui-même le principal ornement, il en est la production la plus noble, en se multipliant il en multiplie le germe le plus précieux, elle-même aussi semble se multiplier avec lui ; il met au jour par son art tout ce qu'elle recélait dans son sein : que de trésors ignorés, que de richesses nouvelles ! Les fleurs, les fruits, les grains, perfectionnés, multipliés à l'infini ; les espèces utiles d'animaux transportées, propagées, augmentées sans nombre ; les espèces nuisibles réduites, confinées, reléguées : l'or et le fer, plus nécessaire que l'or, tirés des entrailles de la terre : les torrents contenus, les fleuves dirigés, resserrés ; la mer même soumise, reconnue, traversée d'un hémisphère à l'autre; la terre accessible partout, partout rendue aussi vivante que féconde; dans les vallées de riantes prairies, dans les plaines de riches pâturages, ou des moissons encore plus riches; les collines chargées de vignes et de fruits, leurs sommets couronnés d'arbres utiles et de jeunes forêts; les déserts devenus des cités habitées par un peuple immense, qui, circulant sans cesse, se répand de ces centres jusqu'aux extrémités; des routes ouvertes et fréquentées, des communications établies partout comme autant de témoins de la force et de l'union de la société : mille autres monuments de puissance et de gloire démontrent assez que l'homme, maître du domaine de la terre, en a changé, renouvelé la surface entière, et que de tout temps il partage l'empire avec la nature.

Cependant il ne règne que par droit de conquête; il jouit plutôt qu'il ne possède, il ne conserve que par ses soins toujours renouvelés; s'ils cessent, tout languit, tout s'altère, tout change, tout rentre sous la main de la nature; elle reprend ses droits, efface les ouvrages de l'homme, couvre de poussière et de mousse ses plus fastueux monuments, les détruit avec le temps, et ne lui laisse que le regret d'avoir perdu par sa faute ce que ses ancêtres avaient conquis par leurs travaux. Ces temps où l'homme perd son domaine, ces siècles de barbarie pendant lesquels tout périt, sont toujours préparés par la guerre, et arrivent avec la disette et la dépopulation. L'homme, qui ne peut que par le nombre, qui n'est fort que par sa réunion, qui n'est heureux que par la paix, a la fureur de s'armer pour son malheur et de combattre pour sa ruine : excité par l'insatiable avidité, aveuglé par l'ambition encore plus insatiable, il renonce aux sentiments d'humanité, tourne toutes ses forces contre lui-même, cherche à s'entre-détruire, se détruit en effet; et après ces jours de sang et de carnage, lorsque la fumée de la gloire s'est dissipée, il voit d'un œil triste la terre dévastée, les arts ensevelis, les nations dispersées, les peuples affaiblis, son propre bonheur ruiné, et sa puissance réelle anéantie.

« Grand Dieu ! dont la seule présence soutient la nature et maintient l'har-
» monie des lois de l'univers; vous qui, du trône immobile de l'empyrée
» voyez rouler sous vos pieds toutes les sphères célestes sans choc et sans
» confusion; qui, du sein du repos, reproduisez à chaque instant leurs mou-
» vements immenses, et seul régissez dans une paix profonde ce nombre
» infini de cieux et de mondes, rendez, rendez enfin le calme à la terre agi-
» tée! qu'elle soit dans le silence? qu'à votre voix la discorde et la guerre
» cessent de faire retentir leurs clameurs orgueilleuses! Dieu de bonté, au-
» teur de tous les êtres, vos regards paternels embrassent tous les objets de
» la création; mais l'homme est votre être de choix, vous avez éclairé son
» âme d'un rayon de votre lumière immortelle; comblez vos bienfaits en pé-
» nétrant son cœur d'un trait de votre amour : ce sentiment divin se répan-
» dant partout réunira les natures ennemies; l'homme ne craindra plus l'as-

» pect de l'homme, le fer homicide n'armera plus sa main ; le feu dévorant
» de la guerre ne fera plus tarir la source des générations ; l'espèce humaine,
» maintenant affaiblie, mutilée, moissonnée dans sa fleur, germera de nou-
» veau et se multipliera sans nombre ; la nature, accablée sous le poids des
» fléaux, stérile, abandonnée, reprendra bientôt avec une nouvelle vie son
» ancienne fécondité ; et nous, Dieu bienfaiteur, nous la seconderons, nous
» la cultiverons, nous l'observerons sans cesse pour vous offrir à chaque
» instant un nouveau tribut de reconnaissance et d'admiration. »

SECONDE VUE (*)

Un individu, de quelque espèce qu'il soit, n'est rien dans l'univers ; cent
individus, mille, ne sont encore rien : les espèces sont les seuls êtres de la
nature ; êtres perpétuels, aussi anciens, aussi permanents qu'elle (**) ; que
pour mieux juger, nous ne considérons plus comme une collection ou une
suite d'individus semblables, mais comme un tout indépendant du nombre,
indépendant du temps ; un tout toujours vivant, toujours le même ; un tout
qui a été compté pour un dans les ouvrages de la création, et qui par conséquent ne fait qu'une unité dans la nature. De toutes ces unités, l'espèce humaine est la première ; les autres, de l'éléphant jusqu'à la mite, du cèdre
jusqu'à l'hysope, sont en seconde et en troisième ligne ; et quoique différentes
par la forme, par la substance et même par la vie, chacune tient sa place,
subsiste par elle-même, se défend des autres, et toutes ensemble composent
et représentent la nature vivante, qui se maintient et se maintiendra comme
elle s'est maintenue : un jour, un siècle, un âge, toutes les portions du temps
ne font pas partie de sa durée ; le temps lui-même n'est relatif qu'aux individus, aux êtres dont l'existence est fugitive ; mais celle des espèces étant
constante, leur permanence fait la durée, et leur différence le nombre. Comp-
tons donc les espèces comme nous l'avons fait, donnons-leur à chacune un
droit égal à la mense de la nature : elles lui sont toutes également chères,
puisqu'à chacune elle a donné les moyens d'être et de durer aussi longtemps
qu'elle.

(*) Cette seconde vue a été publiée par Buffon en 1765, en tête du XIIIᵉ volume de
l'édition in-4º de l'Imprimerie royale.

(**) Les idées émises ici par Buffon relativement à l'espèce sont tout à fait contradictoires de celles qu'il expose en maints endroits de ses œuvres. Il considère ici l'espèce
comme « perpétuelle » et « permanente », tandis que dans tous les autres Mémoires, il insiste sur la facilité avec laquelle les espèces se transforment sous l'influence du climat, de
la nourriture, etc. Pour ce motif et vu le style très ampoulé des « Vues de la nature », je
pense qu'il ne faut voir dans ce que dit ici Buffon de l'espèce comparée l'individu qu'une
simple antithèse littéraire.

Faisons plus, mettons aujourd'hui l'espèce à la place de l'individu ; nous avons vu quel était pour l'homme le spectacle de la nature, imaginons quelle en serait la vue pour un être qui représenterait l'espèce humaine entière. Lorsque dans un beau jour de printemps nous voyons la verdure renaître, les fleurs s'épanouir, tous les germes éclore, les abeilles revivre, l'hirondelle arriver, le rossignol chanter l'amour, le bélier en bondir, le taureau en mugir, tous les êtres vivants se chercher et se joindre pour en produire d'autres, nous n'avons d'autre idée que celle d'une reproduction et d'une nouvelle vie. Lorsque dans la saison noire du froid et des frimas l'on voit les natures devenir indifférentes, se fuir au lieu de se chercher, les habitants de l'air déserter nos climats, ceux de l'eau perdre leur liberté sous des voûtes de glace, tous les insectes disparaître ou périr, la plupart des animaux s'engourdir, se creuser des retraites, la terre se durcir, les plantes se sécher, les arbres dépouillés se courber, s'affaisser sous le poids de la neige et du givre, tout présente l'idée de la langueur et de l'anéantissement. Mais ces idées de renouvellement et de destruction, ou plutôt ces images de la mort et de la vie, quelque grandes, quelque générales qu'elles nous paraissent, ne sont qu'individuelles et particulières : l'homme, comme individu, juge ainsi la nature, l'être que nous avons mis à la place de l'espèce la juge plus grandement, plus généralement ; il ne voit dans cette destruction, dans ce renouvellement, dans toutes ces successions, que permanence et durée ; la saison d'une année est pour lui la même que celle de l'année précédente, la même que celle de tous les siècles ; le millième animal dans l'ordre des générations est pour lui le même que le premier animal. Et en effet, si nous vivions, si nous subsistions à jamais, si tous les êtres qui nous environnent subsistaient aussi tels qu'ils sont pour toujours, et que tout fût perpétuellement comme tout est aujourd'hui, l'idée du temps s'évanouirait, et l'individu deviendrait l'espèce.

Eh ! pourquoi nous refuserions-nous de considérer la nature pendant quelques instants sous ce nouvel aspect ? A la vérité, l'homme en venant au monde arrive des ténèbres ; l'âme aussi nue que le corps, il naît sans connaissance comme sans défense, il n'apporte que des qualités passives, il ne peut que recevoir les impressions des objets et laisser affecter ses organes, la lumière brille longtemps à ses yeux avant que de l'éclairer : d'abord il reçoit tout de la nature et ne lui rend rien ; mais dès que ses sens sont affermis, dès qu'il peut comparer ses sensations, il se réfléchit vers l'univers, il forme des idées, il les conserve, les étend, les combine ; l'homme, et surtout l'homme instruit, n'est plus un simple individu, il représente en grande partie l'espèce humaine entière, il a commencé par recevoir de ses pères les connaissances qui leur avaient été transmises par ses aïeux ; ceux-ci ayant trouvé l'art divin de tracer la pensée et de la faire passer à la postérité, se sont, pour ainsi dire, identifiés avec leurs neveux ; les nôtres s'identifieront avec nous : cette réunion, dans un seul homme, de l'expérience de plusieurs siècles, recule à l'infini les limites de son être ; ce n'est plus un individu simple, borné, comme les autres, aux sensations de l'instant présent, aux expériences du jour actuel ; c'est à peu près l'être que nous avons mis à la place de l'espèce entière ; il lit dans le passé, voit le présent, juge de l'avenir ; et dans le torrent des temps qui amène, entraîne, absorbe tous les individus de l'univers, il trouve les espèces constantes, la nature invariable : la relation des choses étant toujours la même, l'ordre des temps lui paraît nul ; les lois du renouvellement ne font que compenser à ses yeux celles de la permanence ; une succession continuelle d'êtres, tous semblables entre eux, n'équivaut, en effet, qu'à l'existence perpétuelle d'un seul de ces êtres.

A quoi se rapporte donc ce grand appareil des générations, cette immense profusion de germes dont il en avorte mille et mille pour un qui réussit ? Qu'est-ce que cette propagation, cette multiplication des êtres, qui, se détruisant et se renouvelant sans cesse, n'offrent toujours que la même scène, et ne remplissent ni plus ni moins la nature ? D'où viennent ces alternatives de mort et de vie, ces lois d'accroissement et de dépérissement, toutes ces vicissitudes individuelles, toutes ces représentations renouvelées d'une seule et même chose ? elles tiennent à l'essence même de la nature, et dépendent du premier établissement de la machine du monde : fixe dans son tout et mobile dans chacune de ses parties, les mouvements généraux des corps célestes ont produit les mouvements particuliers du globe de la terre ; les forces pénétrantes dont ces grands corps sont animés, par lesquels ils agissent au loin et réciproquement les uns sur les autres, animent aussi chaque atome de matière, et cette propension mutuelle de toutes ces parties les unes vers les autres est le premier lien des êtres, le principe de la consistance des choses, et le soutien de l'harmonie de l'univers (*). Les grandes combinaisons ont produit tous les petits rapports ; le mouvement de la terre sur son axe ayant partagé en jours et en nuits les espaces de la durée, tous les êtres vivants qui habitent la terre ont leur temps de lumière et leur temps de ténèbres, la veille et le sommeil : une grande portion de l'économie animale, celle de l'action des sens et du mouvement des membres, est relative à cette première combinaison. Y aurait-il des sens ouverts à la lumière dans un monde où la nuit serait perpétuelle ?

L'inclinaison de l'axe de la terre produisant, dans son mouvement annuel autour du soleil, des alternatives durables de chaleur et de froid, que nous avons appelées *des saisons*, tous les êtres végétants ont aussi, en tout ou en partie, leur saison de vie et leur saison de mort. La chute des feuilles et des fruits. le dessèchement des herbes, la mort des insectes, dépendent en entier de cette seconde combinaison : dans les climats où elle n'a pas lieu, la vie

---

(*) Cette pensée est très juste.

des végétaux n'est jamais suspendue, chaque insecte vit son âge; et ne voyons-nous pas sous la ligne, où les quatre saisons n'en font qu'une, la terre toujours fleurie, les arbres continuellement verts, et la nature toujours au printemps ?

La constitution particulière des animaux et des plantes est relative à la température générale du globe de la terre, et cette température dépend de sa situation, c'est-à-dire de la distance à laquelle il se trouve de celui du soleil : à une distance plus grande, nos animaux, nos plantes, ne pourraient ni vivre ni végéter; l'eau, la sève, le sang, toutes les autres liqueurs, perdraient leur fluidité; à une distance moindre, elles s'évanouiraient et se dissiperaient en vapeurs; la glace et le feu sont les éléments de la mort; la chaleur tempérée est le premier germe de la vie.

Les molécules vivantes répandues dans tous les corps organisés sont relatives, et pour l'action et pour le nombre, aux molécules de la lumière, qui frappent toute matière et la pénètrent de leur chaleur; partout où les rayons du soleil peuvent échauffer la terre, sa surface se vivifie, se couvre de verdure et se peuple d'animaux : la glace même, dès qu'elle se résout en eau, semble se féconder; cet élément est plus fertile que celui de la terre, il reçoit avec la chaleur le mouvement et la vie; la mer produit à chaque saison plus d'animaux que la terre n'en nourrit; elle produit moins de plantes; et tous ces animaux qui nagent à la surface des eaux, ou qui en habitent les profondeurs, n'ayant pas, comme ceux de la terre, un fond de subsistance assuré sur les substances végétales, sont forcés de vivre les uns sur les autres, et c'est à cette combinaison que tient leur immense multiplication, ou plutôt leur pullulation sans nombre.

Chaque espèce et des uns et des autres ayant été créée, les premiers individus ont servi de modèle à tous leurs descendants. Le corps de chaque animal ou de chaque végétal est un moule auquel s'assimilent indifféremment les molécules organiques de tous les animaux ou végétaux détruits par la mort et consumés par le temps; les parties brutes qui étaient entrées dans leur composition retournent à la masse commune de la matière brute; les parties organiques, toujours subsistantes, sont reprises par les corps organisés (*): d'abord repompées par les végétaux, ensuite absorbées par les animaux qui se nourrissent de végétaux, elles servent au développement, à l'entretien, à l'accroissement et des uns et des autres; elles constituent leur vie, et circulant continuellement de corps en corps, elles animent tous les êtres organisés. Le fond des substances vivantes est donc toujours le même, elle ne varient que par la forme, c'est-à-dire par la différence des représentations : dans les siècles d'abondance, dans les temps de la plus grande population, le nombre des hommes, des animaux domestiques et des plantes

(*) On voit que Buffon est resté fidèle pendant toute sa vie à sa théorie des « molécules organiques »

utiles, semble occuper et couvrir en entier la surface de la terre ; celui des animaux féroces, des insectes nuisibles, des plantes parasites, des herbes inutiles, reparaît et domine à son tour dans les temps de disette et de dépopulation. Ces variations, si sensibles pour l'homme, sont indifférentes à la nature ; le ver à soie, si précieux pour lui, n'est pour elle que la chenille du mûrier : que cette chenille du luxe disparaisse, que d'autres chenilles dévorent les herbes destinées à engraisser nos bœufs, que d'autres enfin minent, avant la récolte, la substance de nos épis, qu'en général l'homme et les espèces majeures dans les animaux soit affamées par les espèces infimes, la nature n'en est ni moins remplie, ni moins vivante ; elle ne protège pas les unes aux dépens des autres, elle les soutient toutes ; mais elle méconnaît le nombre dans les individus, et ne les voit que comme des images successives d'une seule et même empreinte, des ombres fugitives dont l'espèce est le corps.

Il existe donc sur la terre, et dans l'air et dans l'eau, une quantité déterminée de matière organique que rien ne peut détruire ; il existe en même temps un nombre déterminé de moules capables de se l'assimiler, qui se détruisent et se renouvellent à chaque instant ; et ce nombre de moules ou d'individus, quoique variable dans chaque espèce, est au total toujours le même, toujours proportionné à cette quantité de matière vivante. Si elle était surabondante, si elle n'était pas, dans tous les temps, également employée et entièrement absorbée par les moules existants, il s'en formerait d'autres, et l'on verrait paraître des espèces nouvelles, parce que cette matière vivante ne peut demeurer oisive, parce qu'elle est toujours agissante, et qu'il suffit qu'elle s'unisse avec des parties brutes pour former des corps organisés. C'est à cette grande combinaison, ou plutôt à cette invariable proportion, que tient la forme même de la nature.

Et comme son ordonnance est fixe pour le nombre, le maintien et l'équilibre des espèces, elle se présenterait toujours sous la même face, et serait, dans tous les temps et sous tous les climats, absolument et relativement la même, si son habitude ne variait pas autant qu'il est possible dans toutes les formes individuelles. L'empreinte de chaque espèce est un type dont les principaux traits sont gravés en caractères ineffaçables et permanents à jamais ; mais toutes les touches accessoires varient, aucun individu ne ressemble parfaitement à un autre, aucune espèce n'existe sans un grand nombre de variétés (*) : dans l'espèce humaine, sur laquelle le sceau divin a le plus appuyé, l'empreinte ne laisse pas de varier du blanc au noir, du petit au grand, etc.; le Lapon, le Patagon, le Hottentot, l'Européen, l'Américain, le Nègre, quoique tous issus du même père, sont bien éloignés de se ressembler comme frères.

(*) Cela est très exact; ajoutons que les variétés servent à relier les espèces les unes aux autres.

Toutes les espèces sont donc sujettes aux différences purement individuelles; mais les variétés constantes, et qui se perpétuent par les générations, n'appartiennent pas également à toutes : plus l'espèce est élevée, plus le type en est ferme, et moins elle admet de ces variétés (*). L'ordre, dans la multiplication des animaux, étant en raison inverse de l'ordre de grandeur, et la possibilité des différences en raison directe du nombre dans le produit de leur génération, il était nécessaire qu'il y eût plus de variétés dans les petits animaux que dans les grands, il y a aussi, et par la même raison, plus d'espèces voisines; l'unité de l'espèce étant plus resserrée dans les grands animaux, la distance qui la sépare des autres est aussi plus étendue : que de variétés et d'espèces voisines accompagnent, suivent ou précèdent l'écureuil, le rat et les autres petits animaux, tandis que l'éléphant marche seul et sans pair à la tête de tous!

La matière brute qui compose la masse de la terre n'est pas un limon vierge, une substance intacte et qui n'ait pas subi des altérations; tout a été remué par la force des grands et des petits agents, tout a été manié plus d'une fois par la main de la nature; le globe de la terre a été pénétré par le feu, et ensuite recouvert et travaillé par les eaux; le sable, qui en remplit le dedans, est une matière vitrée; les lits épais de glaise qui le recouvrent au dehors ne sont que ce même sable décomposé par le séjour des eaux; le roc vif, le granit, le grès, tous les cailloux, tous les métaux, ne sont encore que cette même matière vitrée, dont les parties se sont réunies, pressées ou séparées selon les lois de leur affinité. Toutes ces substances sont parfaitement brutes, elles existent et existeraient indépendamment des animaux et des végétaux; mais d'autres substances en très grand nombre, et qui paraissent également brutes, tirent leur origine du détriment des corps organisés; les marbres, les pierres à chaux, les graviers, les craies, les marnes, ne sont composés que de débris de coquillages et des dépouilles de ces petits animaux, qui, transformant l'eau de la mer en pierre, produisent le corail et tous les madrépores, dont la variété est innombrable et la quantité presque immense. Les charbons de terre, les tourbes et les autres matières qui se trouvent aussi dans les couches extérieures de la terre, ne sont que le résidu des végétaux plus ou moins détériorés, pourris et consumés. Enfin d'autres matières en moindre nombre, telles que les pierres ponces, les soufres, les mâchefers, les amiantes, les laves, ont été jetées par les volcans, et produites par une seconde action du feu sur les matières premières. L'on peut réduire à ces trois grandes combinaisons tous les rapports des corps bruts, et toutes les substances du règne minéral.

(*) Cela est faux. Les espèces les plus élevées, c'est-à-dire les plus parfaites, sont soumises comme les autres à la variation, mais à la condition qu'elles soient d'origine relativement récente. Les espèces qui ne varient plus ou qui ne varient que difficilement sont des espèces anciennes, des espèces vieilles, si l'on peut leur appliquer ce mot.

Les lois d'affinités par lesquelles les parties constituantes de ces différentes substances se séparent des autres pour se réunir entre elles et former des matières homogènes, sont les mêmes que la loi générale par laquelle tous les corps célestes agissent les uns sur les autres (*); elles s'exercent également et dans les mêmes rapports des masses et des distances; un globule d'eau, de sable ou de métal, agit sur un autre globule comme le globe de la terre agit sur celui de la lune : et si jusqu'à ce jour l'on a regardé ces lois d'affinité comme différentes de celles de la pesanteur, c'est faute de les avoir bien conçues, bien saisies, c'est faute d'avoir embrassé cet objet dans toute son étendue. La figure, qui dans les corps célestes ne fait rien ou presque rien à la loi de l'action des uns sur les autres, parce que la distance est très grande, fait au contraire presque tout lorsque la distance est très petite ou nulle. Si la lune et la terre, au lieu d'une figure sphérique, avaient toutes deux celle d'un cylindre court et d'un diamètre égal à celui de leurs sphères, la loi de leur action réciproque ne serait pas sensiblement altérée par cette différence de figure, parce que la distance de toutes les parties de la lune à celles de la terre n'aurait aussi que très peu varié; mais si ces mêmes globes devenaient des cylindres très étendus et voisins l'un de l'autre, la loi de l'action réciproque de ces deux corps paraîtrait fort différente, parce que la distance de chacune de leurs parties entre elles, et relativement aux parties de l'autre, aurait prodigieusement changé : ainsi, dès que la figure entre comme élément dans la distance, la loi paraît varier, quoiqu'au fond elle soit toujours la même.

D'après ce principe, l'esprit humain peut encore faire un pas, et pénétrer plus avant dans le sein de la nature : nous ignorons quelle est la figure des parties constituantes des corps; l'eau, l'air, la terre, les métaux, toutes les matières homogènes sont certainement composées de parties élémentaires semblables entre elles, mais dont la forme est inconnue; nos neveux pourront, à l'aide du calcul, s'ouvrir ce nouveau champ de connaissances et savoir à peu près de quelle figure sont les éléments des corps; ils partiront du principe que nous venons d'établir, ils le prendront pour base : « Toute matière s'attire en raison inverse du carré de la distance, et cette loi générale » ne paraît varier, dans les attractions particulières, que par l'effet de la » figure des parties constituantes de chaque substance, parce que cette figure » entre comme élément dans la distance. » Lorsqu'ils auront donc acquis, par des expériences réitérées, la connaissance de la loi d'attraction d'une substance particulière, ils pourront trouver par le calcul la figure de ses parties constituantes. Pour le faire mieux sentir, supposons, par exemple, qu'en mettant du vif-argent sur un plan parfaitement poli, on reconnaisse par des expériences que ce métal fluide s'attire toujours en raison inverse du cube

----

(*) Pensée très exacte. L'affinité n'est qu'une forme de l'attraction, et celle-ci n'est elle-même qu'une forme du mouvement.

de la distance, il faudra chercher par des règles de fausse position quelle est la figure qui donne cette expression; et cette figure sera celle des parties constituantes du vif-argent; si l'on trouvait par ces expériences que ce métal s'attire en raison inverse du carré de la distance, il serait démontré que ses parties constituantes sont sphériques, puisque la sphère est la seule figure qui donne cette loi, et qu'à quelque distance que l'on place des globes, la loi de leur attraction est toujours la même.

Newton a bien soupçonné que les affinités chimiques, qui ne sont autre chose que les attractions particulières dont nous venons de parler, se faisaient par des lois assez semblables à celles de la gravitation; mais il ne paraît pas avoir vu que toutes ces lois particulières n'étaient que de simples modifications de la loi générale, et qu'elles n'en paraissaient différentes que parce qu'à une très petite distance la figure des atomes qui s'attirent fait autant et plus que la masse pour l'expression de la loi, cette figure entrant alors pour beaucoup dans l'élément de la distance.

C'est cependant à cette théorie que tient la connaissance intime de la composition des corps bruts; le fond de toute matière est le même, la masse et le volume, c'est-à-dire la forme, serait aussi la même, si la figure des parties constituantes était semblable. Une substance homogène ne peut différer d'une autre qu'autant que la figure de ses parties primitives est différente; celle dont toutes les molécules sont sphériques doit être spécifiquement une fois plus légère qu'une autre dont les molécules seraient cubiques, parce que les premières ne pouvant se toucher que par des points, laissent des intervalles égaux à l'espace qu'elles remplissent, tandis que les parties supposées cubiques peuvent se réunir toutes sans laisser le moindre intervalle, et former par conséquent une matière une fois plus pesante que la première. Et quoique les figures puissent varier à l'infini, il paraît qu'il n'en existe pas autant dans la nature que l'esprit pourrait en concevoir : car elle a fixé les limites de la pesanteur et de la légèreté : l'or et l'air sont les deux extrêmes de toute densité; toutes les figures admises, exécutées par la nature, sont donc comprises entre ces deux termes, et toutes celles qui auraient pu produire des substances plus pesantes ou plus légères ont été rejetées.

Au reste, lorsque je parle des figures employées par la nature, je n'entends pas qu'elles soient nécessairement ni même exactement semblables aux figures géométriques qui existent dans notre entendement : c'est par supposition que nous les faisons régulières, et par abstraction que nous les rendons simples. Il n'y a peut-être ni cubes exacts, ni sphères parfaites dans l'univers; mais comme rien n'existe sans forme, et que selon la diversité des substances les figures de leurs éléments sont différentes, il y en a nécessairement qui approchent de la sphère ou du cube et de toutes les autres figures régulières que nous avons imaginées : le précis, l'absolu, l'abstrait, qui se présentent si souvent à notre esprit, ne peuvent se trouver dans le réel, parce que tout y est relatif, tout s'y fait par nuances, tout s'y combine par approximation. De même, lorsque j'ai parlé d'une substance qui serait entièrement pleine, parce qu'elle serait composée de parties cubiques, et d'une autre substance qui ne serait qu'à moitié pleine, parce que toutes ses parties constituantes seraient sphériques, je ne l'ai dit que par comparaison, et je n'ai pas prétendu que ces substances existassent dans la réalité ; car l'on voit par l'expérience des corps transparents, tels que le verre, qui ne laisse pas d'être dense et pesant, que la quantité de matière y est très petite en comparaison de l'étendue des intervalles ; et l'on peut démontrer que l'or, qui est la matière la plus dense, contient beaucoup plus de vide que de plein.

La considération des forces de la nature est l'objet de la mécanique rationnelle ; celui de la mécanique sensible n'est que la combinaison de nos forces particulières, et se réduit à l'art de faire des machines : cet art a été cultivé de tout temps par la nécessité et pour la commodité ; les anciens y ont excellé comme nous ; mais la mécanique rationnelle est une science née, pour ainsi dire, de nos jours ; tous les philosophes, depuis Aristote à Descartes, ont raisonné comme le peuple sur la nature du mouvement ; ils ont unanimement pris l'effet pour la cause ; ils ne connaissaient d'autres forces que celle de l'impulsion, encore la connaissaient-ils mal, ils lui attribuaient les effets des autres forces, ils voulaient y ramener tous les phénomènes du monde ; pour que le projet eût été plausible et la chose possible, il aurait au moins fallu que cette impulsion, qu'ils regardaient comme cause unique, fût un effet général et constant qui appartînt à toute matière, qui s'exerçât continuellement dans tous les lieux, dans tous les temps : le contraire leur était démontré ; ne voyaient-ils pas que dans les corps en repos cette force n'existe pas, que dans les corps lancés son effet ne subsiste qu'un petit temps, qu'il est bientôt détruit par les résistances, que pour le renouveler il faut une nouvelle impulsion, que par conséquent bien loin qu'elle soit une cause générale, elle n'est au contraire qu'un effet particulier et dépendant d'effets plus généraux ?

Or, un effet général est ce qu'on doit appeler une cause, car la cause réelle de cet effet général ne nous sera jamais connue, parce que nous ne connaissons rien que par comparaison, et que l'effet étant supposé général et appartenant également à tout, nous ne pouvons le comparer à rien, ni par conséquent le connaître autrement que par le fait : ainsi l'attraction, ou, si l'on veut, la pesanteur, étant un effet général et commun à toute matière, et démontré par le fait, doit être regardée comme une cause, et c'est à elle qu'il faut rapporter les autres causes particulières et même l'impulsion, puisqu'elle est moins générale et moins constante. La difficulté ne consiste qu'à voir en quoi l'impulsion peut dépendre en effet de l'attraction ;

si l'on réfléchit à la communication du mouvement par le choc, on sentira bien qu'il ne peut se transmettre d'un corps à un autre que par le moyen du ressort, et l'on reconnaîtra que toutes les hypothèses que l'on a faites sur la transmission du mouvement dans les corps durs, ne sont que des jeux de notre esprit qui ne pourraient s'exécuter dans la nature : un corps parfaitement dur n'est en effet qu'un être de raison, comme un corps parfaitement élastique n'est encore qu'un autre être de raison : ni l'un ni l'autre n'existent dans la réalité, parce qu'il n'y existe rien d'absolu, rien d'extrême, et que le mot et l'idée de parfait n'est jamais que l'absolu ou l'extrême de la chose.

S'il n'y avait point de ressort dans la matière, il n'y aurait donc nulle force d'impulsion ; lorsqu'on jette une pierre, le mouvement qu'elle conserve ne lui a-t-il pas été communiqué par le ressort du bras qui l'a lancée ? Lorsqu'un corps en mouvement en rencontre un autre en repos, comment peut-on concevoir qu'il lui communique son mouvement, si ce n'est en comprimant le ressort des parties élastiques qu'il renferme, lequel se rétablissant immédiatement après la compression, donne à la masse totale la même force qu'il vient de recevoir ; on ne comprend point comment un corps parfaitement dur pourrait admettre cette force, ni recevoir du mouvement ; et d'ailleurs il est très inutile de chercher à le comprendre, puisqu'il n'en existe point de tel. Tous les corps au contraire sont doués de ressort ; les expériences sur l'électricité prouvent que sa force élastique appartient généralement à toute matière ; quand il n'y aurait donc dans l'intérieur des corps d'autre ressort que celui de cette matière électrique, il suffirait pour la communication du mouvement, et par conséquent c'est à ce grand ressort, comme effet général, qu'il faut attribuer la cause particulière de l'impulsion.

Maintenant si nous réfléchissons sur la mécanique du ressort nous trouverons que sa force dépend elle-même de celle de l'attraction ; pour le voir clairement, figurons-nous le ressort le plus simple, un angle solide de fer ou de toute autre matière dure : qu'arrive-t-il lorsque nous le comprimons ? nous forçons les parties voisines du sommet de l'angle de fléchir, c'est-à-dire de s'écarter un peu les unes des autres ; et dans le moment que la compression cesse, elles se rapprochent et se rétablissent comme elles étaient auparavant ; leur adhérence, de laquelle résulte la cohésion du corps, est, comme l'on sait, un effet de leur attraction mutuelle ; lorsque l'on presse le ressort, on ne détruit pas cette adhérence, parce que, quoiqu'on écarte les parties, on ne les éloigne pas assez les unes des autres pour les mettre hors de leur sphère d'attraction mutuelle, et par conséquent dès qu'on cesse de presser, cette force qu'on remet pour ainsi dire en liberté s'exerce, les parties séparées se rapprochent, et le ressort se rétablit : si au contraire, par une pression trop forte on les écarte au point de les faire sortir de leur sphère d'attraction, le ressort se rompt, parce que la force de la compression a été plus grande que celle de la cohérence, c'est-à-dire plus grande que celle de l'attraction mutuelle qui réunit les parties ; le ressort ne peut donc s'exercer qu'autant que les parties de la matière ont de la cohérence , c'est-à-dire, autant qu'elles sont unies par la force de leur attraction mutuelle, et par conséquent le ressort en général, qui seul peut produire l'impulsion, et l'impulsion elle-même, se rapportent à la force d'attraction, et en dépendent comme des effets particuliers d'un effet général.

Quelque nettes que me paraissent ces idées, quelque fondées que soient ces vues, je ne m'attends pas à les voir adopter ; le peuple ne raisonnera jamais que d'après ses sensations, et le vulgaire des physiciens d'après des préjugés : or il faut mettre à part les unes, et renoncer aux autres pour juger de ce que nous proposons ; peu de gens en jugeront donc, et c'est le lot de la vérité ; mais aussi très peu de gens lui suffisent, elle se perd dans la foule ; et quoique toujours auguste et majestueuse, elle est souvent obscurcie par de vieux fantômes, ou totalement effacée par des chimères brillantes. Quoi qu'il en soit, c'est ainsi que je vois, que j'entends la nature (et peut-être est-elle encore plus simple que ma vue); une seule force est la cause de tous les phénomènes de la matière brute, et cette force, réunie avec celle de la chaleur, produit les molécules vivantes desquelles dépendent tous les effets des substances organisées.

INTRODUCTION A L'HISTOIRE DES MINÉRAUX

DES ÉLÉMENTS

PREMIÈRE PARTIE

DE LA LUMIÈRE, DE LA CHALEUR ET DU FEU

Les puissances de la nature, autant qu'elles nous sont connues, peuvent se réduire à deux forces primitives, celle qui cause la pesanteur et celle qui produit la chaleur. La force d'impulsion leur est subordonnée; elle dépend de la première pour ses effets particuliers, et tient à la seconde pour l'effet général : comme l'impulsion ne peut s'exercer qu'au moyen du ressort, et que le ressort n'agit qu'en vertu de la force qui rapproche les parties éloignées, il est clair que l'impulsion a besoin, pour opérer, du concours de l'attraction; car si la matière cessait de s'attirer, si les corps perdaient leur cohérence, tout ressort ne serait-il pas détruit, toute communication de mouvement interceptée, toute impulsion nulle, puisque, dans le fait (*a*), le mouvement ne se communique et ne peut se transmettre d'un corps à un autre que par l'élasticité, qu'enfin on peut démontrer qu'un corps parfaitement dur, c'est-à-dire absolument inflexible, serait en même temps absolument immobile et tout à fait incapable de recevoir l'action d'un autre corps (*b*)? L'attrac-

---

(*a*) Pour une plus grande intelligence, je prie mes lecteurs de revoir la seconde partie de l'article de cet ouvrage qui a pour titre : *De la Nature, seconde vue.*

(*b*) La communication du mouvement a toujours été regardée comme une vérité d'expérience : les plus grands mathématiciens se sont contentés d'en calculer les résultats dans les différentes circonstances, et nous ont donné sur cela des règles et des formules où ils ont employé beaucoup d'art; mais personne, ce me semble, n'a jusqu'ici considéré la nature intime du mouvement, et n'a tâché de se représenter et de présenter aux autres la manière physique dont le mouvement se transmet et passe d'un corps à un autre corps. On a prétendu que les corps durs pouvaient le recevoir comme les corps à ressort, et, sur cette hypothèse dénuée de preuves, on a fondé des propositions et des calculs dont on a tiré une infinité de fausses conséquences; car les corps supposés durs et parfaitement inflexibles ne pourraient recevoir le mouvement. Pour le prouver, soit un globe parfaitement dur, c'est-à-dire inflexible dans toutes ses parties, chacune de ces parties ne pourra par conséquent être rapprochée ou éloignée de la partie voisine, sans quoi cela serait contre la supposition ; donc, dans un globe parfaitement dur, les parties ne peuvent recevoir aucun déplacement, aucun changement, aucune action, car si elles recevaient une action, elles auraient une réaction, les corps ne pouvant réagir qu'en agissant. Puis donc que toutes les parties prises

tion étant un effet général, constant et permanent, l'impulsion qui, dans la plupart des corps, est particulière, et n'est ni constante ni permanente, en dépend donc comme un effet particulier dépend d'un effet général : car au contraire, si toute impulsion était détruite, l'attraction subsisterait et n'en agirait pas moins, tandis que celle-ci venant à cesser, l'autre serait non seulement sans exercice, mais même sans existence ; c'est donc cette différence essentielle qui subordonne l'impulsion à l'attraction dans toute matière brute et purement passive.

Mais cette impulsion qui ne peut ni s'exercer ni se transmettre dans les corps bruts qu'au moyen du ressort, c'est-à-dire du secours de la force d'attraction, dépend encore plus immédiatement, plus généralement de la force qui produit la chaleur, car c'est principalement par le moyen de la chaleur que l'impulsion pénètre dans les corps organisés, c'est par la chaleur qu'ils se forment, croissent et se développent. On peut rapporter à l'attraction seule tous les effets de la matière brute, et à cette même force d'attraction, jointe à celle de la chaleur (*), tous les phénomènes de la matière vive.

J'entends par matière vive, non seulement tous les êtres qui vivent ou végètent, mais encore toutes les molécules organiques vivantes, dispersées et répandues dans les détriments ou résidus des corps organisés ; je comprends encore dans la matière vive celle de la lumière, du feu, de la chaleur, en un mot toute matière qui nous paraît être active par elle-même. Or cette matière vive tend toujours du centre à la circonférence, au lieu que la matière brute tend au contraire de la circonférence au centre ; c'est une force expansive qui anime la matière vive, et c'est une force attractive à laquelle obéit la matière brute : quoique les directions de ces deux forces soient diamétralement opposées, l'action de chacune ne s'en exerce pas moins ; elles se balancent sans jamais se détruire, et de la combinaison de ces deux forces également actives résultent tous les phénomènes de l'univers.

Mais, dira-t-on, vous réduisez toutes les puissances de la nature à deux forces, l'une attractive et l'autre expansive, sans donner la cause ni de l'une ni de l'autre, et vous subordonnez à toutes deux l'impulsion qui est la seule force dont la cause nous soit connue et démontrée par le rapport de nos sens ; n'est-ce pas abandonner une idée claire, et y substituer deux hypothèses obscures ?

A cela je réponds, que, ne connaissant rien que par comparaison, nous n'aurons jamais d'idée de ce qui produit un effet général, parce que cet effet appartenant à tout, on ne peut dès lors le comparer à rien. Demander quelle est la cause de la force attractive,

séparément ne peuvent recevoir aucune action, elles ne peuvent en communiquer ; la partie postérieure, qui est frappée la première, ne pourra pas communiquer le mouvement à la partie antérieure, puisque cette partie postérieure qui a été supposée inflexible ne peut pas changer, eu égard aux autres parties ; donc il serait impossible de communiquer aucun mouvement à un corps inflexible. Mais l'expérience nous apprend qu'on communique le mouvement à tous les corps ; donc tous les corps sont à ressort, donc il n'y a point de corps parfaitement durs et inflexibles dans la nature. Un de mes amis (M. Gueneau de Montbeillard), homme d'un excellent esprit, m'a écrit à ce sujet dans les termes suivants : « De » la supposition de l'immobilité absolue des corps absolument durs, il suit qu'il ne faudrait » peut-être qu'un pied cube de cette matière pour arrêter tout le mouvement de l'univers » connu ; et si cette immobilité absolue était prouvée, il semble que ce n'est point assez de » dire qu'il n'existe point de ces corps dans la nature, et qu'on peut les traiter d'impos- » sibles, et dire que la supposition de leur existence est absurde : car le mouvement pro- » venant du ressort leur ayant été refusé, ils ne peuvent dès lors être capables du mouve- » ment provenant de l'attraction, qui est par hypothèse la cause du ressort. »

(*) Buffon considère la chaleur comme une « force » indépendante de l'attraction et de l'impulsion ; nous savons aujourd'hui que la chaleur n'est pas autre chose qu'une manifestation spéciale du mouvement moléculaire de la matière.

c'est exiger qu'on nous dise la raison pourquoi toute la matière s'attire (*). Or ne nous suffit-il pas de savoir que réellement toute la matière s'attire, et n'est-il pas aisé de concevoir que cet effet étant général, nous n'avons nul moyen de le comparer, et par conséquent nulle espérance d'en connaître jamais la cause ou la raison. Si l'effet, au contraire, était particulier comme celui de l'attraction de l'aimant et du fer, on doit espérer d'en trouver la cause, parce qu'on peut le comparer à d'autres effets particuliers, ou le ramener à l'effet général. Ceux qui exigent qu'on leur donne la raison d'un effet général ne connaissent ni l'étendue de la nature, ni les limites de l'esprit humain : demander pourquoi la matière est étendue, pesante, impénétrable, sont moins des questions que des propos mal conçus, et auxquels on ne doit aucune réponse. Il en est de même de toute propriété particulière lorsqu'elle est essentielle à la chose : demander, par exemple, pourquoi le rouge est rouge serait une interrogation puérile à laquelle on ne doit pas répondre. Le philosophe est tout près de l'enfant lorsqu'il fait de semblables demandes, et autant on peut les pardonner à la curiosité non réfléchie du dernier, autant le premier doit les rejeter et les exclure de ses idées.

Puis donc que la force d'attraction et la force d'expansion sont deux effets généraux, on ne doit pas nous en demander les causes ; il suffit qu'ils soient généraux et tous deux réels, tous deux bien constatés, pour que nous devions les prendre eux-mêmes pour causes des effets particuliers ; et l'impulsion est un de ces effets qu'on ne doit pas regarder comme une cause générale connue ou démontrée par le rapport de nos sens, puisque nous avons prouvé que cette force d'impulsion ne peut exister ni agir qu'au moyen de l'attraction, qui ne tombe point sous nos sens. Rien n'est plus évident, disent certains philosophes, que la communication du mouvement par l'impulsion, il suffit qu'un corps en choque un autre pour que cet effet suive ; mais dans ce sens même la cause de l'attraction n'est-elle pas encore plus évidente et plus générale, puisqu'il suffit d'abandonner un corps pour qu'il tombe et prenne du mouvement sans choc ? Le mouvement appartient donc, dans tous les cas, encore plus à l'attraction qu'à l'impulsion.

Cette première réduction étant faite, il serait peut-être possible d'en faire une seconde et de ramener la puissance même de l'expansion à celle de l'attraction, en sorte que toutes les forces de la matière dépendraient d'une seule force primitive : du moins cette idée me paraîtrait bien digne de la sublime simplicité du plan sur lequel opère la nature. Or ne pouvons-nous pas concevoir que cette attraction se change en répulsion toutes les fois que les corps s'approchent d'assez près pour éprouver un frottement ou un choc des uns contre les autres ? L'impénétrabilité qu'on ne doit pas regarder comme une force, mais comme une résistance essentielle à la matière, ne permettant pas que deux corps puissent occuper le même espace, que doit-il arriver lorsque deux molécules, qui s'attirent d'autant plus puissamment qu'elles s'approchent de plus près, viennent tout à coup se heurter ? Cette résistance invincible de l'impénétrabilité ne devient-elle pas alors une force active ou plutôt réactive, qui, dans le contact, repousse les corps avec autant de vitesse qu'ils en avaient acquis au moment de se toucher ? et dès lors la force expansive ne sera point une force particulière opposée à la force attractive, mais un effet qui en dérive et qui se manifeste toutes les fois que les corps se choquent ou frottent les uns contre les autres.

J'avoue qu'il faut supposer dans chaque molécule de matière, dans chaque atome quelconque, un ressort parfait pour concevoir clairement comment s'opère ce changement de l'attraction en répulsion ; mais cela même nous est assez indiqué par les faits : plus la matière s'atténue et plus elle prend du ressort ; la terre et l'eau, qui en sont les agrégats

(*) On a cherché, de nos jours, l'explication de l'attraction dans les phénomènes dont l'éther est le siège. (Voyez mon Introduction.)

les plus grossiers, ont moins de ressort que l'air; et le feu, qui est le plus subtil des éléments, est aussi celui qui a le plus de force expansive : les plus petites molécules de la matière, les plus petits atomes que nous connaissions sont ceux de la lumière (*), et l'on sait qu'ils sont parfaitement élastiques, puisque l'angle sous lequel la lumière se réfléchit est toujours égal à celui sous lequel elle arrive : nous pouvons donc en inférer que toutes les parties constitutives de la matière en général sont à ressort parfait, et que ce ressort produit tous les effets de la force expansive toutes les fois que les corps se heurtent ou se frottent en se rencontrant dans des directions opposées.

L'expérience me paraît parfaitement d'accord avec ces idées : nous ne connaissons d'autres moyens de produire du feu que par le choc ou le frottement des corps (**) : car le feu que nous produisons par la réunion des rayons de la lumière ou par l'application du feu déjà produit à des matières combustibles, n'a-t-il pas néanmoins la même origine, à laquelle il faudra toujours remonter, puisqu'en supposant l'homme sans miroirs ardents et sans feu actuel, il n'aura d'autres moyens de produire le feu qu'en frottant ou choquant des corps solides les uns contre les autres (a)?

La force expansive pourrait donc bien n'être dans le réel que la réaction de la force attractive, réaction qui s'opère toutes les fois que les molécules primitives de la matière, toujours attirées les unes par les autres, arrivent à se toucher immédiatement : car dès lors il est nécessaire qu'elles soient repoussées avec autant de vitesse qu'elles en avaient acquis en direction contraire au moment du contact (b); et lorsque ces molécules sont abso-

(a) Le feu que produit quelquefois la fermentation des herbes entassées, celui qui se manifeste dans les effervescences, ne sont pas une exception qu'on puisse m'opposer, puisque cette production du feu par la fermentation et par l'effervescence dépend, comme toute autre, de l'action ou du choc des parties de la matière les unes contre les autres.

(b) Il est certain, me dira-t-on, que les molécules rejailliront après le contact, parce que leur vitesse à ce point, et qui leur est rendue par le ressort, est la somme des vitesses acquises dans tous les moments précédents par l'effet continuel de l'attraction, et par conséquent doit l'emporter sur l'effort instantané de l'attraction dans le seul moment du contact. Mais ne sera-t-elle pas continuellement retardée, et enfin détruite, lorsqu'il y aura équilibre entre la somme des efforts de l'attraction avant le contact et la somme des efforts de l'attraction après le contact? Comme cette question pourrait faire naître des doutes ou laisser quelques nuages sur cet objet, qui par lui-même est difficile à saisir, je vais tâcher d'y satisfaire en m'expliquant encore plus clairement. Je suppose deux molécules, ou, pour rendre l'image plus sensible, deux grosses masses de matière, telles que la lune et la terre, toutes deux douées d'un ressort parfait dans toutes les parties de leur intérieur : qu'arriverait-il à ces deux masses isolées de toute autre matière, si tout leur mouvement progressif était tout à coup arrêté, et qu'il ne restât à chacune d'elles que leur force d'attraction réciproque? Il est clair que, dans cette supposition, la lune et la terre se précipiteraient l'une vers l'autre, avec une vitesse qui augmenterait à chaque moment, dans la même raison que diminuerait le carré de leur distance. Les vitesses acquises seront donc immenses au point de contact, ou, si l'on veut, au moment de leur choc, et dès lors ces deux corps que nous avons supposés à ressort parfait et libres de tous autres empêchements, c'est-à-dire entièrement isolés, rejailliront chacun, et s'éloigneront l'un de l'autre dans la direction opposée, et avec la même vitesse qu'ils avaient acquise au point du contact : vitesse qui, quoique diminuée continuellement par leur attraction réciproque, ne laisserait pas de les porter d'abord au même lieu d'où ils sont partis, mais encore infiniment plus loin, parce que la retardation du mouvement est ici en ordre inverse de celui de l'accélération, et que la vitesse acquise au

(*) La lumière n'est pas un corps matériel, mais une simple manifestation du mouvement moléculaire de l'éther.

(**) Les combinaisons chimiques, les phénomènes électriques sont encore susceptibles de produire de la chaleur.

lument libres de toute cohérence, et qu'elles n'obéissent qu'au seul mouvement produit par leur attraction, cette vitesse acquise est immense dans le point du contact. La chaleur, la lumière, le feu, qui sont les grands effets de la force expansive, seront produits toutes les fois qu'artificiellement ou naturellement les corps seront divisés en parties très petites et qu'ils se rencontreront dans des directions opposées ; et la chaleur serait d'autant plus sensible, la lumière d'autant plus vive, le feu d'autant plus violent, que les molécules se seront précipitées les unes contre les autres avec plus de vitesse par leur force d'attraction mutuelle.

De là on doit conclure que toute matière peut devenir lumière, chaleur, feu ; qu'il suffit que les molécules d'une substance quelconque se trouvent dans une situation de liberté, c'est-à-dire dans un état de division assez grande et de séparation telle qu'elles puissent obéir sans obstacle à toute la force qui les attire les unes vers les autres ; car dès qu'elles se rencontreront elles réagiront les unes contre les autres, et se fuiront en s'éloignant avec autant de vitesse qu'elles en avaient acquis au moment du contact, qu'on doit regarder comme un vrai choc, puisque deux molécules qui s'attirent mutuellement ne peuvent se rencontrer qu'en direction contraire. Ainsi la lumière, la chaleur et le feu ne sont pas des matières particulières, des matières différentes de toute autre matière ; ce n'est toujours que la même matière qui n'a subi d'autre altération, d'autre modification qu'une grande division de parties, et une direction de mouvement en sens contraire par l'effet du choc et de la réaction (*).

Ce qui prouve assez évidemment que cette matière du feu et de la lumière n'est pas une substance différente de toute autre matière, c'est qu'elle conserve toutes les qualités essentielles, et même la plupart des attributs de la matière commune : 1º la lumière, quoique composée de particules presque infiniment petites, est néanmoins encore divisible, puisque avec le prisme on sépare les uns des autres les rayons, ou, pour parler plus clairement, les atomes différemment colorés ; 2º la lumière, quoique douée en apparence d'une qualité tout opposée à celle de la pesanteur, c'est-à-dire d'une volatilité qu'on croirait lui être essentielle, est néanmoins pesante (**) comme toute autre matière, puisqu'elle fléchit toutes les fois qu'elle passe auprès des autres corps, et qu'elle se trouve à portée de leur sphère d'attraction ; je dois même dire qu'elle est fort pesante, relativement à son volume qui est d'une petitesse extrême, puisque la vitesse immense avec laquelle la lumière se meut en ligne directe ne l'empêche pas d'éprouver assez d'attraction près des autres corps pour que sa direction s'incline et change d'une manière très sensible à nos yeux ; 3º la substance de la lumière n'est pas plus simple que celle de toute autre matière, puisqu'elle est composée de parties d'inégale pesanteur, que le rayon rouge est beaucoup plus pesant que le rayon violet, et qu'entre ces deux extrêmes elle contient une infinité de rayons

point du choc étant immense, les efforts de l'attraction ne pourront la réduire à zéro qu'à une distance dont le carré serait également immense ; en sorte que, si le contact était absolu et que la distance des deux corps qui se choquent fût absolument nulle, ils s'éloigneraient l'un de l'autre jusqu'à une distance infinie ; et c'est à peu près ce que nous voyons arriver à la lumière et au feu, dans le moment de l'inflammation des matières combustibles : car dans l'instant même elles lancent leur lumière à une très grande distance, quoique les particules qui se sont converties en lumière fussent auparavant très voisines les unes des autres.

(*) « La lumière, la chaleur et le feu » ne sont pas des corps matériels, mais simplement des formes particulières du mouvement moléculaire de la matière. (Voyez mon Introduction.)

(**) La lumière, n'étant qu'un « mouvement », ne peut pas être « pesante ». Tout ce qui suit est également faux. (Voyez sur les questions traitées dans ce mémoire mon Introduction.) Il serait trop long et trop difficile de relever ici les unes après les autres toutes les erreurs de détail commises par notre auteur.

intermédiaires qui approchent plus ou moins de la pesanteur du rayon rouge ou de la légèreté du rayon violet : toutes ces conséquences dérivent nécessairement des phénomènes de l'inflexion de la lumière et de sa réfraction (a), qui, dans le réel, n'est qu'une inflexion qui s'opère lorsque la lumière passe à travers les corps transparents ; 4° on peut démontrer que la lumière est massive, et qu'elle agit, dans quelques cas, comme agissent tous les autres corps ; car, indépendamment de son effet ordinaire qui est de briller à nos yeux, et de son action propre toujours accompagnée d'éclat et souvent de chaleur, elle agit par sa masse lorsqu'on la condense en la réunissant ; et elle agit au point de mettre en mouvement des corps assez pesants placés au foyer d'un bon miroir ardent ; elle fait tourner une aiguille sur un pivot placé à son foyer ; elle pousse, déplace et chasse les feuilles d'or ou d'argent qu'on lui présente avant de les fondre, et même avant de les échauffer sensiblement. Cette action produite par sa masse est la première, et précède celle de la chaleur ; elle s'opère entre la lumière condensée et les feuilles de métal, de la même façon qu'elle s'opère entre deux autres corps qui deviennent contigus, et par conséquent la lumière a encore cette propriété commune avec toute autre matière ; 5° enfin, on sera forcé de convenir que la lumière est un mixte, c'est-à-dire une matière composée comme la matière commune non seulement de parties plus grosses et plus petites, plus ou moins pesantes, plus ou moins mobiles, mais encore différemment figurées ; quiconque aura réfléchi sur les phénomènes que Newton appelle *les accès de facile réflexion et de facile transmission de la lumière*, et sur les effets de la double réfraction du cristal de roche et du spath appelé cristal d'Islande, ne pourra s'empêcher de reconnaître que les atomes de la lumière ont plusieurs côtés, plusieurs faces différentes, qui, selon qu'elles se présentent, produisent constamment des effets différents (b).

(a) L'attraction universelle agit sur la lumière ; il ne faut, pour s'en convaincre, qu'examiner les cas extrêmes de la réfraction : lorsqu'un rayon de lumière passe à travers un cristal, sous un certain angle d'obliquité, la direction change tout à coup, et, au lieu de continuer sa route, il rentre dans le cristal et se réfléchit. Si la lumière passe du verre dans le vide, toute la force de cette puissance s'exerce, et le rayon est contraint de rentrer, et rentre dans le verre par un effet de son attraction que rien ne balance ; si la lumière passe du cristal dans l'air, l'attraction du cristal, plus forte que celle de l'air, la ramène encore, mais avec moins de force, parce que cette attraction du verre est en partie détruite par celle de l'air qui agit en sens contraire sur le rayon de lumière ; si ce rayon passe du cristal dans l'eau, l'effet est bien moins sensible, le rayon rentre à peine, parce que l'attraction du cristal est presque toute détruite par celle de l'eau, qui s'oppose à son action ; enfin, si la lumière passe du cristal dans le cristal, comme les deux attractions sont égales, l'effet s'évanouit et le rayon continue sa route. D'autres expériences démontrent que cette puissance attractive, ou cette force réfringente, est toujours à très peu près proportionnelle à la densité des matières transparentes, à l'exception des corps onctueux et sulfureux, dont la force réfringente est plus grande, parce que la lumière a plus d'analogie, plus de rapport de nature avec les matières inflammables qu'avec les autres matières. — Mais s'il restait quelque doute sur cette attraction de la lumière vers les corps, qu'on jette les yeux sur les inflexions que souffre un rayon lorsqu'il passe fort près de la surface d'un corps : un trait de lumière ne peut entrer par un très petit trou, dans une chambre obscure, sans être puissamment attiré vers les bords du trou ; ce petit faisceau de rayons se divise, chaque rayon voisin de la circonférence du trou se plie vers cette circonférence, et cette inflexion produit des franges colorées, des apparences constantes, qui sont l'effet de l'attraction de la lumière vers les corps voisins ; il en est de même des rayons qui passent entre deux lames de couteaux : les uns se plient vers la lame supérieure, les autres vers la lame inférieure ; il n'y a que ceux du milieu qui, souffrant une égale attraction des deux côtés, ne sont pas détournés, et suivent leur direction.

(b) Chaque rayon de lumière a deux côtés opposés, doués originairement d'une propriété d'où dépend la réfraction extraordinaire du cristal, et deux autres côtés opposés qui n'ont

En voilà plus qu'il n'en faut pour démontrer que la lumière n'est pas une matière particulière ni différente de la matière commune, que son essence est la même, ses propriétés essentielles les mêmes ; qu'enfin elle n'en diffère que parce qu'elle a subi dans le point du contact la répulsion d'où provient sa volatilité. Et de la même manière que l'effet de la force d'attraction s'étend à l'infini, toujours en décroissant comme l'espace augmente, les effets de la répulsion s'étendent et décroissent de même, mais en ordre inverse ; en sorte que l'on peut appliquer à la force expansive tout ce que l'on sait de la force attractive : ce sont pour la nature deux instruments de même espèce, ou plutôt ce n'est que le même instrument qu'elle manie dans deux sens opposés.

Toute matière deviendra lumière dès que, toute cohérence étant détruite, elle se trouvera divisée en molécules suffisamment petites, et que ces molécules étant en liberté seront déterminées par leur attraction mutuelle à se précipiter les unes contre les autres : dans l'instant du choc la force répulsive s'exercera, les molécules se fuiront en tout sens avec une vitesse presque infinie, laquelle néanmoins n'est qu'égale à leur vitesse acquise au moment du contact ; car la loi de l'attraction étant d'augmenter comme l'espace diminue, il est évident qu'au contact l'espace, toujours proportionnel au carré de la distance, devient nul, et que par conséquent la vitesse acquise en vertu de l'attraction doit à ce point devenir presque infinie ; cette vitesse serait même infinie si le contact était immédiat, et par conséquent la distance entre les deux corps absolument nulle ; mais, comme nous l'avons souvent répété, il n'y a rien d'absolu, rien de parfait dans la nature, et de même rien d'absolument grand, rien d'absolument petit, rien d'entièrement nul, rien de vraiment infini, et tout ce que j'ai dit de la petitesse *infinie* des atomes qui constituent la lumière, de leur ressort *parfait*, de la distance *nulle* dans le moment du contact, ne doit s'entendre qu'avec restriction. Si l'on pouvait douter de cette vérité métaphysique, il serait possible d'en donner une démonstration physique sans même nous écarter de notre sujet. Tout le monde sait que la lumière emploie environ sept minutes et demie de temps à venir du soleil jusqu'à nous ; supposant donc le soleil à trente-six millions de lieues, la lumière parcourt cette énorme distance en sept minutes et demie, ou ce qui revient au même (supposant son mouvement uniforme), quatre-vingt mille lieues en une seconde ; cette vitesse quoique prodigieuse, est néanmoins bien éloignée d'être infinie, puisqu'elle est déterminable par les nombres ; elle cessera même de paraître prodigieuse lorsqu'on réfléchira que la nature semble marcher en grand presque aussi vite qu'en petit ; il ne faut pour cela que supputer la célérité du mouvement des comètes à leur périhélie, ou même celle des planètes qui se meuvent le plus rapidement, et l'on verra que la vitesse de ces masses immenses, quoique moindre, se peut néanmoins comparer d'assez près avec celle de nos atomes de lumière.

Et de même que toute matière peut se convertir en lumière par la division et la répulsion de ses parties excessivement divisées lorsqu'elles éprouvent un choc des unes contre les autres, la lumière peut aussi se convertir en toute autre matière par l'addition de ses propres parties, accumulées par l'attraction des autres corps. Nous verrons dans la suite que tous les éléments sont convertibles ; et si l'on a douté que la lumière, qui paraît être l'élément le plus simple, pût se convertir en substance solide, c'est que d'une part, on n'a pas fait assez d'attention à tous les phénomènes, et que d'autre part on était dans le préjugé, qu'étant essentiellement volatile, elle ne pouvait jamais devenir fixe. Mais n'avons-nous pas prouvé que la fixité et la volatilité dépendent de la même force, attractive

pas cette propriété. *Optique* de Newton, question XXVI, traduction de Coste. — *Nota.* Cette propriété dont parle ici Newton ne peut dépendre que de l'étendue ou de la figure de chacun des côtés des rayons, c'est-à-dire des atomes de lumière. Voyez cet article en entier dans Newton.

dans le premier cas, devenue répulsive dans le second ? Et dès lors ne sommes-nous pas fondés à croire que ce changement de la matière fixe en lumière, et de la lumière en matière fixe, est une des plus fréquentes opérations de la nature ?

Après avoir montré que l'impulsion dépend de l'attraction, que la force expansive est la même que la force attractive devenue négative, que la lumière, et à plus forte raison la chaleur et le feu ne sont que des manières d'être de la matière commune; qu'il n'existe, en un mot, qu'une seule force et une seule matière toujours prête à s'attirer ou à se repousser suivant les circonstances, recherchons comment, avec ce seul ressort et ce seul sujet, la nature peut varier ses œuvres à l'infini. Nous mettrons de la méthode dans cette recherche, et nous en présenterons les résultats avec plus de clarté, en nous abstenant de comparer d'abord les objets les plus éloignés, les plus opposés, comme le feu et l'eau, l'air et la terre, et en nous conduisant au contraire par les mêmes degrés, par les mêmes nuances douces que suit la nature dans toutes ses démarches. Comparons donc les choses les plus voisines, et tâchons d'en saisir les différences, c'est-à-dire les particularités, et de les présenter avec encore plus d'évidence que leurs généralités. Dans le point de vue général, la lumière, la chaleur et le feu ne font qu'un seul objet, mais dans le point de vue particulier, ce sont trois objets distincts, trois choses qui, quoique se ressemblant par un grand nombre de propriétés, diffèrent néanmoins par un petit nombre d'autres propriétés assez essentielles pour qu'on puisse les regarder comme trois choses différentes, et qu'on doive les comparer une à une.

Quelles sont d'abord les propriétés communes de la lumière et du feu, quelles sont aussi leurs propriétés différentes ? La lumière, dit-on, et le feu élémentaire ne sont qu'une même chose, une seule substance : cela peut être, mais comme nous n'avons pas encore d'idée nette du feu élémentaire, abstenons-nous de prononcer sur ce premier point. La lumière et le feu, tels que nous les connaissons, ne sont-ils pas au contraire deux choses différentes, deux substances distinctes et composées différemment ? Le feu est à la vérité très souvent lumineux, mais quelquefois aussi le feu existe sans aucune apparence de lumière; le feu, soit lumineux, soit obscur, n'existe jamais sans une grande chaleur, tandis que la lumière brille souvent avec éclat sans la moindre chaleur sensible. La lumière paraît être l'ouvrage de la nature, le feu n'est que le produit de l'industrie de l'homme; la lumière subsiste, pour ainsi dire, par elle-même, et se trouve répandue dans les espaces immenses de l'univers entier; le feu ne peut subsister qu'avec des aliments, et ne se trouve qu'en quelques points de l'espace ou l'homme le conserve, et dans quelques endroits de la profondeur de la terre, où il se trouve également entretenu par des aliments convenables. La lumière, à la vérité lorsqu'elle est condensée, réunie par l'art de l'homme, peut produire du feu; mais ce n'est qu'autant qu'elle tombe sur des matières combustibles. La lumière n'est donc tout au plus, et dans ce seul cas, que le principe du feu, et non pas le feu; ce principe même n'est pas immédiat, il en suppose un intermédiaire, et c'est celui de la chaleur qui paraît tenir encore de plus près que la lumière à l'essence du feu. Or, la chaleur existe tout aussi souvent sans lumière que la lumière existe sans chaleur; ces deux principes ne paraissent donc pas nécessairement liés ensemble; leurs effets ne sont ni simultanés ni contemporains, puisque dans de certaines circonstances on sent de la chaleur longtemps avant que la lumière paraisse, et que dans d'autres circonstances on voit de la lumière longtemps avant de sentir de la chaleur, et même sans en sentir aucune.

Dès lors la chaleur n'est-elle pas une autre manière d'être, une modification de la matière qui diffère, à la vérité, moins que toute autre de celle de la lumière, mais qu'on peut néanmoins considérer à part, et qu'on devrait concevoir encore plus aisément? Car la facilité plus ou moins grande que nous avons à concevoir les opérations différentes de la nature dépend de celle que nous avons d'y appliquer nos sens : lorsqu'un effet de la

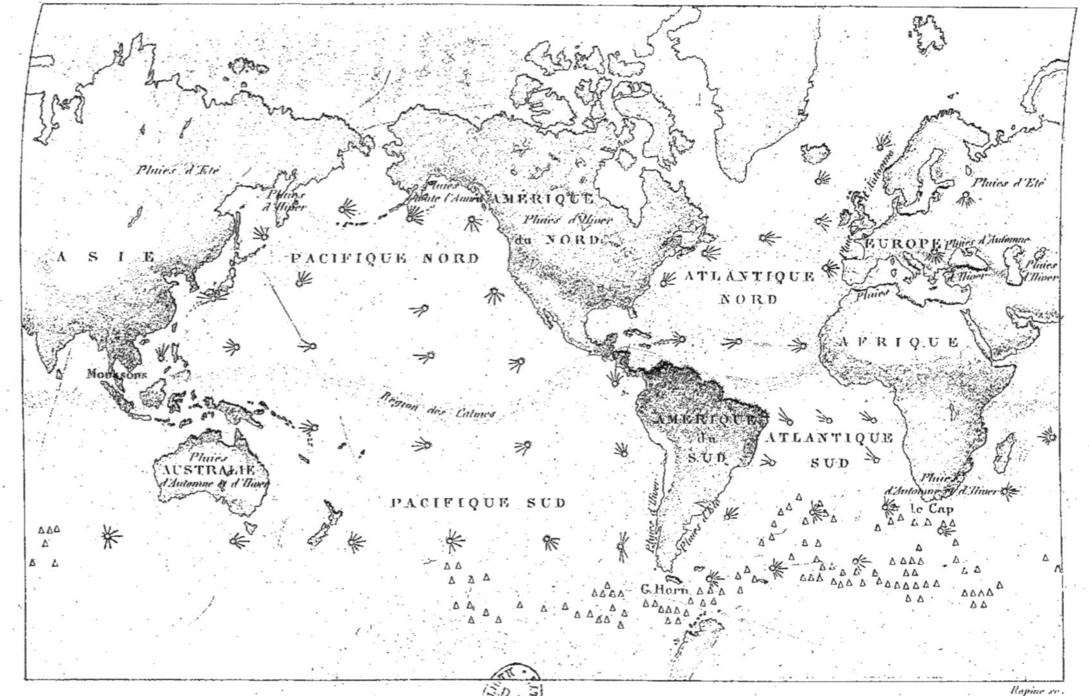

CIRCULATION DE L'ATMOSPHÈRE ET DES MERS

→ Direction des courants marins lesquels sont indiqués par des lignes blanches — ⇉ ⪤ Signes marquant la direction des vents.
△△ Signes indiquant les régions des glaces flottantes. La teinte des continents est graduée en proportion de l'abondance des pluies.

A. Le Vasseur, Éditeur.

Imp. R. Taneur.

nature tombe sous deux de nos sens, la vue et le toucher, nous croyons en avoir une pleine connaissance; un effet qui n'affecte que l'un ou l'autre de ces deux sens, nous paraît plus difficile à connaître, et, dans ce cas, la facilité ou la difficulté d'en juger dépend du degré de supériorité qui se trouve entre nos sens; la lumière que nous n'apercevons que par le sens de la vue (sens le plus fautif et le plus incomplet), ne devrait pas nous être aussi bien connue que la chaleur qui frappe le toucher, et affecte par conséquent le plus sûr de nos sens. Cependant il faut avouer qu'avec cet avantage on a fait beaucoup moins de découvertes sur la nature de la chaleur que sur celle de la lumière, soit que l'homme saisisse mieux ce qu'il voit que ce qu'il sent, soit que la lumière se présentant ordinairement comme une substance distincte et différente de toutes les autres, elle ait paru digne d'une considération particulière, au lieu que la chaleur, dont l'effet est plus obscur, se présentant comme un objet moins isolé, moins simple, n'a pas été regardée comme une substance distincte, mais comme un attribut de la lumière et du feu.

Quand même cette opinion qui fait de la chaleur un pur attribut, une simple qualité, se trouverait fondée, il serait toujours utile de considérer la chaleur en elle-même et par les effets qu'elle produit toute seule, c'est-à-dire lorsqu'elle nous paraît indépendante de la lumière et du feu. La première chose qui me frappe et qui me paraît bien digne de remarque, c'est que le siège de la chaleur est tout différent de celui de la lumière; celle-ci occupe et parcourt les espaces vides de l'univers; la chaleur, au contraire, se trouve généralement répandue dans toute la matière solide. Le globe de la terre et toutes les matières dont il est composé ont un degré de chaleur bien plus considérable qu'on ne pourrait l'imaginer. L'eau a son degré de chaleur qu'elle ne perd qu'en changeant son état, c'est-à-dire en perdant sa fluidité; l'air a aussi sa chaleur, que nous appelons sa température, qui varie beaucoup, mais qu'il ne perd jamais en entier, puisque son ressort subsiste même dans le plus grand froid; le feu a aussi ses différents degrés de chaleur, qui paraissent moins dépendre de sa nature propre que de celle des aliments qui le nourrissent. Ainsi toute la matière connue est chaude, et dès lors la chaleur est une affection bien plus générale que celle de la lumière.

La chaleur pénètre tous les corps qui lui sont exposés, et cela sans aucune exception; tandis qu'il n'y a que les corps transparents qui laissent passer la lumière, et qu'elle est arrêtée et en partie repoussée par tous les corps opaques. La chaleur semble donc agir d'une manière bien plus générale et plus palpable que n'agit la lumière, et quoique les molécules de la chaleur soient excessivement petites, puisqu'elles pénètrent les corps les plus compactes, il me semble néanmoins que l'on peut démontrer qu'elles sont bien plus grosses que celles de la lumière : car on fait de la chaleur avec la lumière en la réunissant en grande quantité; d'ailleurs la chaleur agissant sur le sens du toucher, il est nécessaire que son action soit proportionnée à la grossièreté de ce sens, comme la délicatesse des organes de la vue paraît l'être à l'extrême finesse des parties de la lumière : celles-ci se meuvent avec la plus grande vitesse, agissent dans l'instant à des distances immenses, tandis que celles de la chaleur n'ont qu'un mouvement progressif assez lent qui ne paraît s'étendre qu'à de petits intervalles du corps dont elles émanent.

Le principe de toute chaleur paraît être l'attrition des corps; tout frottement, c'est-à-dire tout mouvement en sens contraire entre des matières solides, produit de la chaleur, et si ce même effet n'arrive pas dans les fluides, c'est parce que leurs parties ne se touchent pas d'assez près pour pouvoir être frottées les unes contre les autres, et qu'ayant peu d'adhérence entre elles, leur résistance au choc des autres corps est trop faible pour que la chaleur puisse naître ou se manifester à un degré sensible; mais dans ce cas, on voit souvent de la lumière produite par ce frottement d'un fluide sans sentir de la chaleur. Tous les corps, soit en petit ou en grand volume, s'échauffent dès qu'ils se rencontrent en sens contraire : la chaleur est donc produite par le mouvement de toute matière palpable et d'un volume quelconque, au lieu que la production de la lumière qui se fait aussi par le mouvement en sens contraire, suppose de plus la division de la matière en parties très petites; et comme cette opération de la nature est la même pour la production de la chaleur et celle de la lumière, que c'est le mouvement en sens contraire, la rencontre des corps qui produisent l'un et l'autre, on doit en conclure que les atomes de la lumière sont solides par eux-mêmes, et qu'ils sont chauds au moment de leur naissance; mais on ne peut pas également assurer qu'ils conservent leur chaleur au même degré que leur lumière, ni qu'ils ne cessent pas d'être chauds avant de cesser d'être lumineux. Des expériences familières paraissent indiquer que la chaleur de la lumière du soleil augmente en passant à travers une glace plane, quoique la quantité de la lumière soit diminuée considérablement par la réflexion qui se fait à la surface extérieure de la glace, et que la matière même du verre en retienne une certaine quantité. D'autres expériences plus recherchées (a) semblent prouver que la lumière augmente de chaleur à mesure qu'elle traverse une plus grande épaisseur de notre atmosphère.

(a) Un habile physicien (M. de Saussure, citoyen de Genève) a bien voulu me communiquer le résultat des expériences qu'il a faites dans les montagnes sur la différente chaleur des rayons du soleil, et je vais rapporter ici ses propres expressions. — « J'ai fait faire,
» en mars 1767, sept caisses rectangulaires de verre blanc de Bohême, chacune desquelles
» est la moitié d'un cube coupé parallèlement à sa base : la première a un pied de largeur
» en tout sens, sur six pouces de hauteur; la seconde dix pouces sur cinq, et ainsi de suite
» jusqu'à la cinquième, qui a deux pouces sur un. Toutes ces caisses sont ouvertes par le
» bas, et s'emboîtent les unes dans les autres, sur une table fort épaisse de bois de poirier
» noirci, à laquelle elles sont fixées. J'emploie sept thermomètres à cette expérience : l'un
» suspendu en l'air et parfaitement isolé à côté des boîtes et à la même distance du sol; un
» autre posé sur la caisse extérieure en dehors de cette caisse, et à peu près au milieu; le
» suivant posé de même sur la seconde caisse, et ainsi des autres jusqu'au dernier, qui est
» sous la cinquième caisse, et à demi noyé dans le bois de la table.
» Il faut observer que tous ces thermomètres sont de mercure, et que tous, excepté le
» dernier, ont la boule nue, et ne sont pas engagés, comme les thermomètres ordinaires,
» dans une planche ou dans une boîte, dont le plus ou le moins d'aptitude à prendre et à
» conserver la chaleur fait entièrement varier le résultat des expériences.
» Tout cet appareil exposé au soleil, dans un lieu découvert, par exemple sur le mur de
» clôture d'une grande terrasse, je trouve que le thermomètre suspendu à l'air libre monte
» le moins haut de tous; que celui qui est sur la caisse extérieure monte un peu plus haut;
» ensuite celui qui est sur la seconde caisse, et ainsi des autres; en observant cependant
» que le thermomètre qui est posé sur la cinquième caisse monte plus haut que celui qui
» est sous elle et à demi noyé dans le bois de la table : j'ai vu celui-là monter à 70 degrés
» de Réaumur (en plaçant le 0 à la congélation, et le 80e degré à l'eau bouillante). Les
» fruits exposés à cette chaleur s'y cuisent et y rendent leur jus.
» Quand cet appareil est exposé au soleil dès le matin, on observe communément la plus
» grande chaleur vers les deux heures et demie après midi, et lorsqu'on le retire des rayons
» du soleil, il emploie plusieurs heures à son entier refroidissement.
» J'ai fait porter ce même appareil sur une montagne élevée d'environ cinq cents toises
» au-dessus du lieu où se faisaient ordinairement les expériences, et j'ai trouvé que le re-
» froidissement causé par l'élévation agissait beaucoup plus sur les thermomètres suspendus
» à l'air libre que sur ceux qui étaient enfermés dans les caisses de verre, quoique j'eusse
» eu soin de remplir les caisses de l'air même de la montagne, par égard pour la fausse
» hypothèse de ceux qui croient que le froid des montagnes tient de la pureté de l'air qu'on
» y respire. »
Il serait à désirer que M. de Saussure, de la sagacité duquel nous devons attendre d'excellentes choses, suivît encore plus loin ces expériences, et voulût en publier les résultats.

On sait de tout temps que la chaleur devient d'autant moindre ou le froid d'autant plus grand qu'on s'élève plus haut dans les montagnes. Il est vrai que la chaleur qui provient du globe entier de la terre doit être moins sensible sur ces pointes avancées qu'elle ne l'est dans les plaines, mais cette cause n'est point du tout proportionnelle à l'effet, l'action de la chaleur qui émane du globe terrestre ne pouvant diminuer qu'en raison du carré de la distance, il ne paraît pas qu'à la hauteur d'une demi-lieue, qui n'est que de la trois millième partie du demi-diamètre du globe, dont le centre doit être pris pour le foyer de la chaleur; il ne paraît pas, dis-je, que cette différence, qui dans cette supposition n'est que d'une unité sur neuf millions, puisse produire une diminution de chaleur aussi considérable, à beaucoup près, que celle qu'on éprouve en s'élevant à cette hauteur; car le thermomètre y baisse dans tous les temps de l'année, jusqu'au point de la congélation de l'eau; la neige ou la glace subsistent aussi sur ces grandes montagnes à peu près à cette hauteur dans toutes les saisons : il n'est donc pas probable que cette grande différence de chaleur provienne uniquement de la différence de la chaleur de la terre : l'on en sera pleinement convaincu si l'on fait attention qu'au haut des volcans, où la terre est plus chaude qu'en aucun autre endroit de la surface du globe, le froid de l'air est à très peu près le même que dans les autres montagnes à la même hauteur.

On pourrait donc penser que les atomes de la lumière, quoique très chauds au moment de leur naissance et au sortir du soleil, se refroidissent beaucoup pendant les sept minutes et demie de temps que dure leur traversée du soleil à la terre, d'autant que la durée de la chaleur, ou, ce qui revient au même, le temps du refroidissement des corps étant en raison de leur diamètre, il semblerait qu'il ne faut qu'un très petit moment pour le refroidissement des atomes presque infiniment petits de la lumière; et cela serait en effet s'ils étaient isolés, mais comme ils se succèdent presque immédiatement, et qu'ils se propagent en faisceaux d'autant plus serrés qu'ils sont plus près du lieu de leur origine, la chaleur que chaque atome perd tombe sur les atomes voisins; et cette communication réciproque de la chaleur qui s'évapore de chaque atome entretient plus longtemps la chaleur générale de la lumière; et comme sa direction constante est toujours en rayons divergents, que leur éloignement l'un de l'autre augmente comme l'espace qu'ils ont parcouru, et qu'en même temps la chaleur qui part de chaque atome, comme centre, diminue aussi dans la même raison, il s'ensuit que l'action de la lumière des rayons solaires décroissant en raison inverse du carré de la distance, celle de leur chaleur décroît en raison inverse du carré-carré de cette même distance.

Prenons donc pour unité le demi-diamètre du soleil, et supposant l'action de la lumière comme 1000 à la distance d'un demi-diamètre de la surface de cet astre, elle ne se sera plus que comme $\frac{1000}{4}$ à la distance de deux demi-diamètres, que comme $\frac{1000}{9}$ à celle de trois demi-diamètres, comme $\frac{1000}{16}$ à la distance de quatre demi-diamètres; et enfin, en arrivant à nous, qui sommes éloignés du soleil de trente-six millions de lieues, c'est-à-dire d'environ deux cent vingt-quatre de ses demi-diamètres, l'action de la lumière ne sera plus que comme $\frac{1000}{50625}$, c'est-à-dire, plus de cinquante mille fois plus faible qu'au sortir du soleil, et la chaleur de chaque atome de lumière étant aussi supposée 1000 au sortir du soleil, ne sera plus que comme $\frac{1000}{16}$, $\frac{1000}{81}$, $\frac{1000}{256}$ à la distance successive de 1, 2, 3 demi-diamètres, et en arrivant à nous, comme $\frac{1000}{2562890625}$, c'est-à-dire, plus de deux mille cinq cents millions de fois plus faible qu'au sortir du soleil.

Quand même on ne voudrait pas admettre cette diminution de la chaleur de la lumière en raison du carré-carré de la distance au soleil, quoique cette estimation me paraisse fondée sur un raisonnement assez clair, il sera toujours vrai que la chaleur, dans sa propagation, diminue beaucoup plus que la lumière, au moins quant à l'impression qu'elles font l'une et l'autre sur nos sens. Qu'on excite une très forte chaleur, qu'on allume un grand feu dans un point de l'espace, on ne le sentira qu'à une distance médiocre, au lieu qu'on en voit la lumière à de très grandes distances ; qu'on approche peu à peu la main d'un corps excessivement chaud, on s'apercevra par la seule sensation que la chaleur augmente beaucoup plus que l'espace ne diminue : car on se chauffe souvent avec plaisir à une distance qui ne diffère que de quelques pouces de celle où l'on se brûlerait. Tout paraît donc nous indiquer que la chaleur diminue en plus grande raison que la lumière, à mesure que toutes deux s'éloignent du foyer dont elles partent.

Ainsi l'on peut croire que les atomes de la lumière sont fort refroidis lorsqu'ils arrivent à la surface de notre atmosphère, mais qu'en traversant la grande épaisseur de cette masse transparente, ils reprennent par le frottement une nouvelle chaleur. La vitesse infinie avec laquelle les particules de la lumière frôlent celles de l'air doit produire une chaleur d'autant plus grande, que le frottement est plus multiplié ; et c'est probablement par cette raison que la chaleur des rayons solaires se trouve, par l'expérience, beaucoup plus grande dans les couches inférieures de l'atmosphère, et que le froid de l'air paraît augmenter si considérablement à mesure qu'on s'élève. Peut-être aussi que comme la lumière ne prend de la chaleur qu'en se réunissant, il faut un grand nombre d'atomes de lumière pour constituer un seul atome de chaleur, et que c'est par cette raison que la lumière faible de la lune, quoique frôlée dans l'atmosphère comme celle du soleil, ne prend aucun degré de chaleur sensible. Si, comme le dit M. Bouguer (a), l'intensité de la lumière du soleil à la surface de la terre est trois cent mille fois plus grande que celle de la lumière de la lune, celle-ci ne peut qu'être presque absolument insensible, même en la réunissant au foyer des plus puissants miroirs ardents, qui ne peuvent la condenser qu'environ deux mille fois, dont, ôtant la moitié pour la perte par la réflexion ou la réfraction, il ne reste qu'une trois centième partie d'intensité au foyer du miroir. Or, y a-t-il des thermomètres assez sensibles pour indiquer le degré de chaleur contenu dans une lumière trois cents fois plus faible que celle du soleil, et pourra-t-on faire des miroirs assez puissants pour la condenser davantage ?

Ainsi l'on ne doit pas inférer de tout ce que j'ai dit que la lumière puisse exister sans aucune chaleur, mais seulement que les degrés de cette chaleur sont très différents, selon les différentes circonstances, et toujours insensibles lorsque la lumière est très faible (b). La chaleur, au contraire, paraît exister habituellement, et même se faire sentir vivement sans lumière ; ce n'est ordinairement que quand elle devient excessive que la lumière l'accompagne. Mais ce qui mettrait encore une différence bien essentielle entre ces deux modifications de la matière, c'est que la chaleur qui pénètre tous les corps ne paraît se fixer dans aucun et ne s'y arrêter que peu de temps, au lieu que la

(a) *Essai d'Optique sur la gradation de la lumière.*

(b) On pourrait même présumer que la lumière en elle-même est composée des parties plus ou moins chaudes : le rayon rouge, dont les atomes sont bien plus massifs et probablement plus gros que ceux du rayon violet, doit en toute circonstance conserver beaucoup plus de chaleur, et cette présomption me paraît assez fondée pour qu'on doive chercher à la constater par l'expérience ; il ne faut pour cela que recevoir, au sortir du prisme, une égale quantité de rayons rouges et de rayons violets, sur deux petits miroirs concaves ou deux lentilles réfringentes, et voir au thermomètre le résultat de la chaleur des uns et des autres. — Je me rappelle une autre expérience qui semble démontrer que les atomes bleus de la lumière sont plus petits que ceux des autres couleurs ; c'est qu'en recevant sur une feuille très mince d'or battu la lumière du soleil, elle se réfléchit toute, à l'exception des rayons bleus qui passent à travers la feuille d'or, et peignent d'un beau bleu le papier blanc qu'on met à quelque distance derrière la feuille d'or. Ces atomes bleus sont donc plus petits que les autres, puisqu'ils passent où les autres ne peuvent passer ; mais je n'insiste pas sur les conséquences qu'on doit tirer de cette expérience, parce que cette couleur bleue, produite en apparence par la feuille d'or, peut tenir au phénomène des ombres bleues, dont je parlerai dans un des Mémoires suivants.

lumière s'incorpore, s'amortit et s'éteint dans tous ceux qui ne la réfléchissent pas, ou qui ne la laissent pas passer librement. Faites chauffer à tous degrés des corps de toute sorte, tous perdront en assez peu de temps la chaleur acquise, tous reviendront au degré de la température générale, et n'auront par conséquent que la même chaleur qu'ils avaient auparavant. Recevez de même la lumière en plus ou moins grande quantité sur des corps noirs ou blancs, bruts ou polis, vous reconnaîtrez aisément que les uns l'admettent, les autres la repoussent, et qu'au lieu d'être affectés d'une manière uniforme comme ils le sont par la chaleur, ils ne le sont que d'une manière relative à leur nature, à leur couleur, à leur poli ; les noirs absorberont plus la lumière que les blancs, les bruts que les polis. Cette lumière une fois absorbée reste fixe et demeure dans les corps qui l'ont admise, elle ne reparait plus, elle n'en sort pas comme le fait la chaleur : d'où l'on devrait conclure que les atomes de la lumière peuvent devenir parties constituantes des corps en s'unissant à la matière qui les compose ; au lieu que la chaleur, ne se fixant pas, semble empêcher au contraire l'union de toutes les parties de la matière, et n'agir que pour les tenir séparées.

Cependant il y a des cas où la chaleur se fixe à demeure dans les corps, et d'autres cas où la lumière qu'ils ont absorbée reparaît et en sort comme la chaleur. Les diamants, les autres pierres transparentes qui s'imbibent de la lumière du soleil ; les pierres opaques, comme celles de Bologne, qui, par la calcination, reçoivent les particules d'un feu brillant ; tous les phosphores naturels rendent la lumière qu'ils ont absorbée, et cette restitution ou déperdition de lumière se fait successivement, et avec le temps, à peu près comme se fait celle de la chaleur. Et peut-être la même chose arrive dans les corps opaques en tout ou en partie. Quoi qu'il en soit, il paraît d'après tout ce qui vient d'être dit que l'on doit reconnaître deux sortes de chaleur, l'une lumineuse, dont le soleil est le foyer immense, et l'autre obscure, dont le grand réservoir est le globe terrestre. Notre corps, comme faisant partie du globe, participe à cette chaleur obscure ; et c'est par cette raison qu'étant obscure par elle-même, c'est-à-dire sans lumière, elle est encore obscure pour nous, parce que nous ne nous en apercevons par aucun de nos sens. Il en est de cette chaleur du globe comme de son mouvement, nous y sommes soumis, nous y participons sans le sentir et sans nous en douter. De là il est arrivé que les physiciens ont porté d'abord toutes leurs vues, toutes leurs recherches sur la chaleur du soleil, sans soupçonner qu'elle ne faisait qu'une très petite partie de celle que nous éprouvons réellement (*) ; mais ayant fait des instruments pour reconnaître la différence de chaleur immédiate des rayons du soleil en été à celle de ces mêmes rayons en hiver, ils ont trouvé avec étonnement que cette chaleur solaire est, en été, soixante-six fois plus grande qu'en hiver dans notre climat, et que néanmoins la plus grande chaleur de notre été ne différait que d'un septième du plus grand froid de notre hiver : d'où ils ont conclu avec grande raison qu'indépendamment de la chaleur que nous recevons du soleil, il en émane une autre du globe même de la terre, bien plus considérable, et dont celle du soleil n'est que le complément ; en sorte qu'il est aujourd'hui démontré que cette chaleur qui s'échappe de l'intérieur de la terre (a) est, dans notre climat, au moins vingt-neuf fois en été et quatre cents fois en hiver, plus grande que la chaleur qui nous vient du soleil (**) ; je dis au moins, car

(a) Voyez l'*Histoire de l'Académie des sciences*, année 1702, p. 7 ; et le *Mémoire* de M. Amontons, p. 155. — Les *Mémoires* de M. de Mairan, année 1710, p. 104 ; année 1721, p. 8 ; année 1765, p. 143.

(*) C'est le contraire qui est vrai. La plus grande partie de la chaleur de la surface de notre globe provient du soleil ; une partie très minime seulement provient des foyers de calorique terrestres.

(**) Voyez la note précédente.

quelque exactitude que les physiciens, et en particulier M. de Mairan, aient apportée dans ces recherches, quelque précision qu'ils aient pu mettre dans leurs observations et dans leur calcul, j'ai vu en les examinant que le résultat pouvait en être porté plus haut (a).

Cette grande chaleur qui réside dans l'intérieur du globe, qui sans cesse en émane à l'extérieur, doit entrer comme élément dans la combinaison de tous les autres éléments. Si le soleil est le père de la nature, cette chaleur de la terre en est la mère, et toutes deux se réunissent pour produire, entretenir, animer les êtres organisés, et pour travailler, assimiler, composer les substances inanimées (*). Cette chaleur intérieure du globe, qui tend

(a) Les physiciens ont pris pour le degré du froid absolu mille degrés au-dessous de la congélation; il fallait plutôt le supposer de dix mille que de mille : car, quoique je sois très persuadé qu'il n'existe rien d'absolu dans la nature, et que peut-être un froid de dix mille degrés n'existe que dans les espaces les plus éloignés de tout soleil, cependant, comme il s'agit ici de prendre pour unité le plus grand froid possible, je l'aurais au moins supposé plus grand que celui dont nous pouvons produire la moitié ou les trois cinquièmes; car on a produit artificiellement cinq cent quatre-vingt-douze degrés de froid à Pétersbourg, le 6 janvier 1760, le froid naturel étant de trente et un degrés au-dessous de la congélation; et si l'on eût fait la même expérience en Sibérie, où le froid naturel est quelquefois de soixante-dix degrés, on eût produit un froid de plus de mille degrés : car on a observé que le froid artificiel suivait la même proportion que le froid naturel. Or, $31 : 592 :: 70 : 1336 \frac{24}{31}$; il serait donc possible de produire en Sibérie un froid de treize cent trente-six degrés au-dessous de la congélation; donc le plus grand degré de froid possible doit être supposé bien au delà de mille ou même de treize cent trente-six pour en faire l'unité à laquelle on rapporte les degrés de la chaleur, tant solaire que terrestre, ce qui ne laissera pas d'en rendre la différence encore plus grande. — Une autre remarque que j'ai faite, en examinant la construction de la table dans laquelle M. de Mairan donne les rapports de la chaleur des émanations du globe terrestre à ceux de la chaleur solaire pour tous les climats de la terre, c'est qu'il n'a pas pensé ou qu'il a négligé d'y faire entrer la considération de l'épaisseur du globe, plus grande sous l'équateur que sous les pôles. Cela néanmoins devrait être mis en compte, et aurait un peu changé les rapports qu'il donne pour chaque latitude. — Enfin une troisième remarque, et qui tient à la première, c'est qu'il dit (page 160) qu'ayant fait construire une machine qui était comme un extrait de mes miroirs brûlants, et ayant fait tomber la lumière réfléchie du soleil sur des thermomètres, il avait toujours trouvé que, si un miroir plan avait fait monter la liqueur, par exemple, de trois degrés, deux miroirs dont on réunissait la lumière la faisaient monter de six degrés, et trois miroirs de neuf degrés. Or, il est aisé de sentir que ceci ne peut pas être généralement vrai, car la grandeur des degrés du thermomètre n'est fondée que sur la division en mille parties, et sur la supposition que mille degrés au-dessous de la congélation fond le froid absolu; et comme il s'en faut bien que ce terme soit celui du plus grand froid possible, il est nécessaire qu'une augmentation de chaleur double ou triple par la réunion de deux ou trois miroirs, élève la liqueur à des hauteurs différentes de celle des degrés du thermomètre, selon que l'expérience sera faite dans un temps plus ou moins chaud, que celui où ces hauteurs s'accorderont le mieux ou différeront le moins sera celui des jours chauds de l'été, et que, les expériences ayant été faites sur la fin de mai, ce n'est que par hasard qu'elles ont donné le résultat des augmentations de chaleur par les miroirs, proportionnelles aux degrés de l'échelle du thermomètre. Mais j'abrège cette critique, en renvoyant à ce que j'ai dit, près de vingt ans avant ce Mémoire de M. de Mairan, sur la construction d'un thermomètre réel, et sa graduation par le moyen de mes miroirs brûlants. Voyez les *Mémoires de l'Académie des sciences,* année 1747.

(*) La chaleur intérieure du globe ne joue aucun rôle dans le développement et le maintien de la vie à la surface de la nature. Toute la chaleur nécessaire aux êtres vivants vient du soleil.

toujours du centre à la circonférence, et qui s'éloigne perpendiculairement de la surface de la terre est, à mon avis, un grand agent dans la nature; l'on ne peut guère douter qu'elle n'ait la principale influence sur la perpendicularité de la tige des plantes, sur les phénomènes de l'électricité, dont la principale cause est le frottement ou mouvement en sens contraire, sur les effets du magnétisme, etc. Mais comme je ne prétends pas faire ici un traité de physique, je me bornerai aux effets de cette chaleur sur les autres éléments. Elle suffit seule, elle est même bien plus grande qu'il ne faut pour maintenir la raréfaction de l'air au degré que nous respirons ; elle est plus que suffisante pour entretenir l'eau dans son état de liquidité, car on a descendu des thermomètres jusqu'à 120 brassses de profondeur (a), et les retirant promptement, on a vu que la température de l'eau y était à très peu près la même que dans l'intérieur de la terre à pareille profondeur, c'est-à-dire, de 10 degrés $\frac{2}{3}$. Et comme l'eau la plus chaude monte toujours à la surface et que le sel l'empêche de geler, on ne doit pas être surpris de ce qu'en général la mer ne gèle pas, et que les eaux douces ne gèlent que d'une certaine épaisseur, l'eau du fond restant toujours liquide, lors même qu'il fait le plus grand froid et que les couches supérieures sont en glace de dix pieds d'épaisseur.

Mais la terre est celui de tous les éléments sur lequel cette chaleur intérieure a dû produire et produit encore les plus grands effets. On ne peut pas douter, après les preuves que j'en ai données (b), que cette chaleur n'ait été originairement bien plus grande qu'elle ne l'est aujourd'hui ; ainsi on doit lui rapporter, comme à la cause première, toutes les sublimations, précipitations, agrégations, séparations, en un mot, tous les mouvements qui se sont faits et se font chaque jour dans l'intérieur du globe, et surtout dans la couche extérieure où nous avons pénétré, et dont la matière a été remuée par les agents de la nature, ou par les mains de l'homme : car à une ou peut être deux lieues de profondeur on ne peut guère présumer qu'il y ait eu des conversions de matière, ni qu'il s'y fasse encore des changements réels : toute la masse du globe ayant été fondue, liquéfiée par le feu, l'intérieur n'est qu'un verre ou concret ou discret, dont la substance simple ne peut recevoir aucune altération par la chaleur seule; il n'y a donc que la couche supérieure et superficielle qui, étant exposée à l'action des causes extérieures, aura subi toutes les modifications, toutes les différences, toutes les formes, en un mot, des substances minérales.

Le feu qui ne paraît être, à la première vue, qu'un composé de chaleur et de lumière, ne serait-il pas encore une modification de la matière qu'on doive considérer à part, quoiqu'elle ne diffère pas essentiellement de l'une ou de l'autre, et encore moins des deux prises ensemble ? Le feu n'existe jamais sans chaleur, mais il peut exister sans lumière. On verra, par mes expériences, que la chaleur seule, et dénuée de toute apparence de lumière, peut produire les mêmes effets que le feu le plus violent : on voit aussi que la lumière seule, lorsqu'elle est réunie, produit les mêmes effets; elle semble porter en elle-même une substance qui n'a pas besoin d'aliment; le feu ne peut subsister au contraire qu'en absorbant de l'air, et il devient d'autant plus violent qu'il en absorbe davantage (*), tandis que la lumière concentrée et reçue dans un vase purgé d'air agit comme le feu dans l'air, et que la chaleur resserrée, retenue dans un espace clos, subsiste et même augmente avec une très petite quantité d'aliments. La différence la plus générale entre le feu, la chaleur et la lumière me paraît donc consister dans la quantité, et peut-être dans la qualité de leurs aliments.

(a) *Histoire physique de la mer*, par M. le comte Marsigli, p. 16.
(b) Voyez dans cet ouvrage l'article de la Formation des planètes, et ci-après les articles des Époques de la nature.

(*) Le feu est produit par l'oxydation rapide, intense et destructive des matériaux que l'on désigne par l'épithète de combustibles.

L'air est le premier aliment du feu (*), les matières combustibles ne sont que le second ; j'entends par premier aliment celui qui est toujours nécessaire, et sans lequel le feu ne pourrait faire aucun usage des autres. Des expériences connues de tous les physiciens, nous démontrent qu'un petit point de feu, tel que celui d'une bougie placée dans un vase bien fermé, absorbe en peu de temps une grande quantité d'air, et qu'elle s'éteint aussitôt que la quantité ou la qualité de cet aliment lui manque. D'autres expériences bien connues des chimistes prouvent que les matières les plus combustibles, telles que les charbons, ne se consument pas dans des vaisseaux bien clos, quoique exposés à l'action du plus grand feu. L'air est donc le premier, le véritable aliment du feu, et les matières combustibles ne peuvent lui en fournir que par le secours et la médiation de cet élément, dont il est nécessaire, avant d'aller plus loin, que nous considérions ici quelques propriétés.

Nous avons dit que toute fluidité avait la chaleur pour cause, et en comparant quelques fluides ensemble nous voyons qu'il faut beaucoup plus de chaleur pour tenir le fer en fusion que l'or, beaucoup plus pour y tenir l'or que l'étain, beaucoup moins pour y tenir la cire, beaucoup moins pour y tenir l'eau, encore beaucoup moins pour y tenir l'esprit-de-vin, et enfin excessivement moins pour y tenir le mercure, puisqu'il ne perd sa fluidité qu'au cent quatre-vingt-septième degré au-dessous de celui où l'eau perd la sienne (**). Cette matière, le mercure, serait donc le plus fluide des corps si l'air ne l'était encore plus. Or, que nous indique cette fluidité plus grande dans l'air que dans aucune matière? Il me semble qu'elle suppose le moindre degré possible d'adhérence entre ses parties constituantes ; ce qu'on peut concevoir en les supposant de figure à ne pouvoir se toucher qu'en un point. On pourrait croire aussi qu'étant douées de si peu d'énergie apparente, et de si peu d'attraction mutuelle des unes vers les autres, elles sont par cette raison moins massives et plus légères que celles de tous les autres corps. Mais cela me paraît démenti par la comparaison du mercure, le plus fluide des corps après l'air, et dont néanmoins les parties constituantes paraissent être plus massives et plus pesantes que celles de toutes les autres matières à l'exception de l'or. La plus ou moins grande fluidité n'indique donc pas que les parties du fluide soient plus ou moins pesantes, mais seulement que leur adhérence est d'autant moindre, leur union d'autant moins intime, et leur séparation d'autant plus aisée. S'il faut mille degrés de chaleur pour entretenir la fluidité de l'eau, il n'en faudra peut-être qu'un pour maintenir celle de l'air.

L'air est donc de toutes les matières connues, celle que la chaleur divise le plus facilement, celle dont les parties lui obéissent avec le moins de résistance, celle qu'elle met le plus aisément en mouvement expansif, et contraire à celui de la force attractive. Ainsi l'air est tout près de la nature du feu, dont la principale propriété consiste dans ce mouvement expansif ; et quoique l'air ne l'ait pas par lui-même, la plus petite particule de chaleur ou de feu suffisant pour le lui communiquer, on doit cesser d'être étonné de ce que l'air augmente si fort l'activité du feu, et de ce qu'il est si nécessaire à sa subsistance (***). Car étant de toutes les substances celle qui prend le plus aisément le mouvement expansif, ce sera celle aussi que le feu entraînera, enlèvera de préférence à toute autre, ce sera celle qu'il s'appropriera le plus intimement comme étant de la nature la plus voisine de la sienne, et par conséquent l'air doit être du feu l'adminicule le plus puissant, l'aliment le plus convenable, l'*ami* le plus intime et le plus nécessaire.

Les matières combustibles que l'on regarde vulgairement comme les vrais aliments du feu, ne lui servent néanmoins, ne lui profitent en rien dès qu'elles sont privées du secours

---

(*) Ce n'est pas l'air lui-même, mais l'oxygène de l'air.

(**) Ce chiffre est trop fort. L'eau, perdant sa fluidité à 0° centigrade, le mercure perd la sienne à 40° centigrade au-dessous de zéro.

(***) A l'époque de Buffon, on était totalement ignorant des phénomènes d'oxydation.

de l'air, le feu le plus violent ne les consume pas, et même ne leur cause aucune altération sensible, au lieu qu'avec de l'air une seule étincelle de feu les embrase, et qu'à mesure qu'on fournit de l'air en plus ou moins grande quantité, le feu devient dans la même proportion plus vif, plus étendu, plus dévorant. De sorte qu'on peut mesurer la célérité ou la lenteur avec laquelle le feu consume les matières combustibles, par la quantité plus ou moins grande de l'air qu'on lui fournit. Ces matières ne sont donc, pour le feu, que des aliments secondaires qu'il ne peut s'approprier par lui-même, et dont il ne peut faire usage qu'autant que l'air s'y mêlant, les rapproche de la nature du feu en les modifiant, et leur sert d'intermède pour les y réunir.

On pourra (ce me semble) concevoir clairement cette opération de la nature, en considérant que le feu ne réside pas dans les corps d'une manière fixe, qu'il n'y fait ordinairement qu'un séjour instantané, qu'étant toujours en mouvement expansif, il ne peut subsister dans cet état qu'avec les matières susceptibles de ce même mouvement; que l'air s'y prêtant avec toute facilité, la somme de ce mouvement devient plus grande, l'action du feu plus vive, et que dès lors les parties les plus volatiles des matières combustibles, telles que les molécules aériennes, huileuses, etc., obéissant sans effort à ce mouvement expansif qui leur est communiqué, elles s'élèvent en vapeurs; que ces vapeurs se convertissent en flamme par le même secours de l'air extérieur; et qu'enfin, tant qu'il subsiste dans les corps combustibles quelques parties capables de recevoir par le secours de l'air ce mouvement d'expansion, elles ne cessent de s'en séparer pour suivre l'air et le feu dans leur route, et par conséquent se consumer en s'évaporant avec eux.

Il y a de certaines matières, telles que le phosphore artificiel, le pyrophore, la poudre à canon, qui paraissent à la première vue faire une exception à ce que je viens de dire car elles n'ont pas besoin, pour s'enflammer et se consumer en entier, du secours d'un air renouvelé; leur combustion peut s'opérer dans les vaisseaux les mieux fermés; mais c'est par la raison que ces matières, qu'on doit regarder comme les plus combustibles de toutes, contiennent dans leur substance tout l'air nécessaire à leur combustion. Leur feu produit d'abord cet air et le consume à l'instant, et comme il est en très grande quantité dans ces matières, il suffit à leur pleine combustion, qui dès lors n'a pas besoin, comme toutes les autres, du secours d'un étranger.

Cela semble nous indiquer que la différence la plus essentielle qu'il y ait entre les matières combustibles et celles qui ne le sont pas, c'est que celles-ci ne contiennent que peu ou point de ces matières légères, aériennes, huileuses, susceptibles du mouvement expansif, ou que, si elles en contiennent, elles s'y trouvent fixées et retenues; en sorte que, quoique volatiles en elles-mêmes, elles ne peuvent exercer leur volatilité toutes les fois que la force du feu n'est pas assez grande pour surmonter la force d'adhésion qui les retient unies aux parties fixes de la matière. On peut même dire que cette induction, qui se tire immédiatement de mes principes, se trouve confirmée par un grand nombre d'observations bien connues des chimistes et des physiciens; mais ce qui paraît l'être moins, et qui cependant en est une conséquence nécessaire, c'est que toute matière pourra devenir volatile dès que l'homme pourra augmenter assez la force expansive du feu, pour la rendre supérieure à la force attractive qui tient unies les parties de la matière que nous appelons fixes : car, d'une part, il s'en faut bien que nous ayons un feu aussi fort que nous pourrions l'avoir par des miroirs mieux conçus que ceux dont on s'est servi jusqu'à ce jour; et, d'autre côté, nous sommes assurés que la fixité n'est qu'une qualité relative, et qu'aucune matière n'est d'une fixité absolue ou invincible, puisque la chaleur dilate les corps les plus fixes. Or, cette dilatation n'est-elle pas l'indice d'un commencement de séparation qu'on augmente avec le degré de chaleur jusqu'à la fusion, et qu'avec une chaleur encore plus grande on augmenterait jusqu'à la volatilisation?

La combustion suppose quelque chose de plus que la volatilisation; il suffit pour celle-ci que les parties de la matière soient assez divisées, assez séparées les unes des autres, pour pouvoir être enlevées par celles de la chaleur; au lieu que pour la combustion, il faut encore qu'elles soient d'une nature analogue à celle du feu; sans cela le mercure, qui est le plus fluide après l'air, serait aussi le plus combustible, tandis que l'expérience nous démontre que, quoique très volatil, il est incombustible. Or, quelle est donc l'analogie ou plutôt le rapport de nature que peuvent avoir les matières combustibles avec le feu? La matière en général est composée de quatre substances principales, qu'on appelle *éléments*, la terre, l'eau, l'air et le feu entrent tous quatre en plus ou moins grande quantité dans la composition de toutes les matières particulières; celles où la terre et l'eau dominent seront fixes, et ne pourront devenir que volatiles par l'action de la chaleur; celles au contraire qui contiennent beaucoup d'air et de feu seront les seules vraiment combustibles. La grande difficulté qu'il y ait ici, c'est de concevoir nettement comment l'air et le feu, tous deux si volatils, peuvent se fixer et devenir parties constituantes de tous les corps; je dis de tous les corps, car nous prouverons que, quoiqu'il y ait une plus grande quantité d'air et de feu fixes dans les matières combustibles, et qu'ils y soient combinés d'une manière différente que dans les autres matières, toutes néanmoins contiennent une quantité considérable de ces deux éléments; et que les matières les plus fixes et les moins combustibles sont celles qui retiennent ces éléments fugitifs avec le plus de force. Le fameux phlogistique des chimistes (être de leur méthode plutôt que de la nature) n'est pas un principe simple et identique, comme ils nous le présentent; c'est un composé, un produit de l'alliage, un résultat de la combinaison des deux éléments, de l'air et du feu fixés dans les corps. Sans nous arrêter donc sur les idées obscures et incomplètes que pourrait nous fournir la considération de cet être précaire, tenons-nous-en à celle de nos quatre éléments réels, auxquels les chimistes, avec tous leurs nouveaux principes, seront toujours forcés de revenir ultérieurement.

Nous voyons clairement que le feu, en absorbant de l'air, en détruit le ressort. Or, il n'y a que deux manières de détruire un ressort, la première en le comprimant assez pour le rompre, la seconde en l'étendant assez pour qu'il soit sans effet. Ce n'est pas de la première manière que le feu peut détruire le ressort de l'air, puisque le moindre degré de chaleur le raréfie, que cette raréfaction augmente avec elle, et que l'expérience nous apprend qu'à une très forte chaleur, la raréfaction de l'air est si grande qu'il occupe alors un espace treize fois plus étendu que celui de son volume ordinaire; le ressort dès lors en est d'autant plus faible, et c'est dans cet état qu'il peut devenir fixe et s'unir sans résistance sous cette nouvelle forme avec les autres corps. On entend bien que cet air, transformé et fixé, n'est point du tout le même que celui qui se trouve dispersé, disséminé dans la plupart des matières, et qui conserve dans leurs pores sa nature entière; celui-ci ne leur est que mélangé et non pas uni; il ne leur tient que par une très faible adhérence, au lieu que l'autre leur est si étroitement attaché, si intimement incorporé, que souvent on ne peut l'en séparer.

Nous voyons de même que la lumière, en tombant sur les corps, n'est pas, à beaucoup près, entièrement réfléchie, qu'il en reste en grande quantité dans la petite épaisseur de la surface qu'elle frappe; que par conséquent elle y perd son mouvement, s'y éteint, s'y fixe, et devient dès lors partie constituante de tout ce qu'elle pénètre. Ajoutez à cet air, à cette lumière, transformés et fixés dans les corps, et qui peuvent être en quantité variable; ajoutez-y, dis-je, la quantité constante du feu que toutes les matières, de quelque espèce que ce soit, possèdent également; cette quantité constante de feu ou de chaleur actuelle du globe de la terre, dont la somme est bien plus grande que celle de la chaleur qui nous vient du soleil, me paraît être non seulement un des grands ressorts du mécanisme de la nature, mais en même temps un élément dont toute la matière du globe est pénétrée; c'est le feu élémentaire qui, quoique toujours en mouvement expansif, doit, par sa longue résidence dans la matière et par son choc contre ses parties fixes, s'unir, s'incorporer avec elles, et s'éteindre par parties comme le fait la lumière (a).

Si nous considérons plus particulièrement la nature des matières combustibles, nous verrons que toutes proviennent originairement des végétaux, des animaux, des êtres en un mot qui sont placés à la surface du globe que le soleil éclaire, échauffe et vivifie; les bois, les charbons, les tourbes, les bitumes, les résines, les huiles, les graisses, les suifs, qui sont les vraies matières combustibles, puisque toutes les autres ne le sont qu'autant qu'elles en contiennent, ne proviennent-ils pas tous des corps organisés ou de leurs détriments? Le bois et même le charbon ordinaire, les graisses, les huiles par expression, la cire et le suif, ne sont que des substances extraites immédiatement des végétaux et des animaux; les tourbes, les charbons fossiles, les succins, les bitumes liquides ou concrets, sont des produits de leur mélange et de leur décomposition, dont les détriments ultérieurs forment les soufres et les parties combustibles du fer, du zinc, des pyrites et de tous les minéraux que l'on peut enflammer. Je sens que cette dernière assertion ne sera pas admise, et pourra même être rejetée, surtout par ceux qui n'ont étudié la nature que par la voie de la chimie; mais je les prie de considérer que leur méthode n'est pas celle de la nature, qu'elle ne pourra le devenir ou même s'en approcher qu'autant qu'elle s'accordera avec la saine physique, autant qu'on en bannira non seulement les expressions obscures et techniques, mais surtout les principes précaires, les êtres fictifs auxquels on fait jouer le plus grand rôle, sans néanmoins les connaître. Le soufre, *en chimie*, n'est que le composé de l'acide vitriolique et du phlogistique (*); quelle apparence y a-t-il donc qu'il puisse, comme les autres matières combustibles, tirer son origine du détriment des végétaux ou des animaux? A cela je réponds, même en admettant cette définition chimique, que l'acide vitriolique, et en général tous les acides, tous les alcalis, sont moins des substances de la nature que des produits de l'art. La nature forme des sels et du soufre, elle emploie à leur composition, comme à celle de toutes les autres substances, les quatre éléments; beaucoup de terre et d'eau, un peu d'air et de feu entrent en quantité variable dans chaque différente substance saline; moins de terre et d'eau, et beaucoup plus d'air et de feu, semblent entrer dans la composition du soufre (**). Les sels et les soufres doivent être regardés comme des êtres de la nature dont on extrait, par le secours de l'art de la chimie et par le moyen du feu, les différents acides qu'ils contiennent; et puisque nous avons employé le feu, et par conséquent de l'air et des matières combustibles pour extraire ces acides, pouvons-nous douter qu'ils n'aient retenu et qu'ils ne contiennent réellement des parties de matière combustible qui y seront entrées pendant l'extraction?

Le phlogistique est encore bien moins que l'acide un être naturel; ce ne serait même qu'un être de raison si on ne le regardait pas comme un composé d'air et de feu devenu fixe et inhérent aux autres corps. Le soufre peut en effet contenir beaucoup de ce phlogistique, beaucoup aussi d'acide vitriolique; mais il a, comme toute autre matière, et sa terre et son eau; d'ailleurs son origine indique qu'il faut une grande consommation de matières

(a) Ceci même pourrait se prouver par une expérience qui mériterait d'être poussée plus loin. J'ai recueilli sur un miroir ardent par réflexion une assez forte chaleur sans aucune lumière au moyen d'une plaque de tôle mise entre le brasier et le miroir; une partie de la chaleur s'est réfléchie au foyer du miroir, tandis que tout le reste de la chaleur l'a pénétré; mais je n'ai pu m'assurer si l'augmentation de chaleur dans la matière du miroir n'était pas aussi grande que s'il n'en eût pas réfléchi.

(*) Le soufre est un corps dit « simple ».
(**) Il n'entre dans la composition du soufre pur ni terre ni eau. Tout ce passage traduit exactement l'ignorance de Buffon et de ses contemporains en matière de chimie.

combustibles pour sa production; il se trouve dans les volcans, et il semble que la nature ne le produise que par effort et par le moyen du plus grand feu; tout concourt donc à nous prouver qu'il est de la même nature que les autres matières combustibles, et que par conséquent il tire, comme elles, sa première origine du détriment des êtres organisés.

Mais je vais plus loin : les acides eux-mêmes viennent en grande partie de la décomposition des substances animales ou végétales, et contiennent en conséquence des principes de la combustion. Prenons pour exemple le salpêtre : ne doit-il pas son origine à ces matières? n'est-il pas formé par la putréfaction des végétaux, ainsi que des urines et des excréments des animaux? Il me semble que l'expérience le démontre, puisqu'on ne cherche, on ne trouve le salpêtre que dans les habitations où l'homme et les animaux ont longtemps résidé; et puisqu'il est immédiatement formé du détriment des substances animales et végétales, ne doit-il pas contenir une prodigieuse quantité d'air et de feux fixes? aussi en contient-il beaucoup, et même beaucoup plus que le soufre, le charbon, l'huile, etc. Toutes ces matières combustibles ont besoin, comme nous l'avons dit, du secours de l'air pour brûler, et se consument d'autant plus vite, qu'elles en reçoivent en plus grande quantité; le salpêtre n'en a pas besoin dès qu'il est mêlé avec quelques-unes de ces matières combustibles; il semble porter en lui-même le réservoir de tout l'air nécessaire à sa combustion : en le faisant détonner lentement, on le voit souffler son propre feu, comme le ferait un soufflet étranger; en le renfermant le plus étroitement, son feu, loin de s'éteindre, n'en prend que plus de force, et produit les explosions terribles sur lesquelles sont fondés nos arts meurtriers. Cette combustion si prompte est en même temps si complète qu'il ne reste presque rien après l'inflammation, tandis que toutes les autres matières enflammées laissent des cendres ou d'autres résidus qui démontrent que leur combustion n'est pas entière, ou, ce qui revient au même, qu'elles contiennent un assez grand nombre de parties fixes qui ne peuvent ni se brûler ni même se volatiliser. On peut de même démontrer que l'acide vitriolique contient aussi beaucoup d'air et de feu fixes, quoique en moindre quantité que l'acide nitreux; et dès lors il tire, comme celui-ci, son origine de la même source, et le soufre, dans la composition duquel cet acide entre si abondamment, tire des animaux et des végétaux tous les principes de sa combustibilité.

Le phosphore artificiel, qui est le premier dans l'ordre des matières combustibles, et dont l'acide est différent de l'acide nitreux et de l'acide vitriolique, ne se tire aussi que du règne animal, ou, si l'on veut, en partie du règne végétal élaboré dans les animaux, c'est-à-dire des deux sources de toute matière combustible. Le phosphore s'enflamme de lui-même, c'est-à-dire sans communication de matière ignée, sans frottement, sans autre addition que celle du contact de l'air; autre preuve de la nécessité de cet élément pour la combustion même d'une matière qui ne paraît être composée que de feu. Nous démontrerons dans la suite que l'air est contenu dans l'eau sous une forme moyenne, entre l'état d'élasticité et celui de fixité; le feu paraît être dans le phosphore à peu près dans ce même état moyen, car, de même que l'air se dégage de l'eau dès que l'on diminue la pression de l'atmosphère, le feu se dégage du phosphore lorsqu'on fait cesser la pression de l'eau où l'on est obligé de le tenir submergé pour pouvoir le garder et empêcher son feu de s'exalter. Le phosphore semble contenir cet élément sous une forme obscure et condensée, et il paraît être pour le feu obscur ce qu'est le miroir ardent pour le feu lumineux, c'est-à-dire un moyen de condensation.

Mais sans nous soutenir plus longtemps à la hauteur de ces considérations générales, auxquelles je pourrai revenir lorsqu'il sera nécessaire, suivons d'une manière plus directe et plus particulière l'examen du feu; tâchons de saisir ses effets et de les présenter sous un point de vue plus fixe qu'on ne l'a fait jusqu'ici.

L'action du feu sur les différentes substances dépend beaucoup de la manière dont on l'applique, et le produit de son action sur une même substance paraîtra différent selon la façon dont il est administré. J'ai pensé qu'on devait considérer le feu dans trois états différents, le premier relatif à sa vitesse, le second à son volume, et le troisième à sa masse: sous chacun de ces points de vue, cet élément si simple, si uniforme en apparence, paraîtra, pour ainsi dire, un élément différent. On augmente la vitesse du feu sans en augmenter le volume apparent, toutes les fois que dans un espace donné et rempli de matières combustibles on presse l'action et le développement du feu en augmentant la vitesse de l'air par des soufflets, des trompes, des ventilateurs, des tuyaux d'aspiration, etc., qui tous accélèrent plus ou moins la rapidité de l'air dirigé sur le feu : ce qui comprend, comme l'on voit, tous les instruments, tous les fourneaux à vent, depuis les grands fourneaux de forges jusqu'à la lampe des émailleurs.

On augmente l'action du feu par son volume toutes les fois qu'on accumule une grande quantité de matières combustibles et qu'on en fait rouler la chaleur et la flamme dans des fourneaux de réverbère: ce qui comprend, comme l'on sait, les fourneaux de nos manufactures de glaces, de cristal, de verre, de porcelaine, de poterie, et aussi ceux où l'on fond tous les métaux et les minéraux, à l'exception du fer; le feu agit ici par son volume et n'a que sa propre vitesse, puisqu'on n'en augmente pas la rapidité par des soufflets ou d'autres instruments qui portent l'air sur le feu. Il est vrai que la forme des *tisards*, c'est-à-dire des ouvertures principales par où ces fourneaux tirent l'air, contribue à l'attirer plus puissamment qu'il ne le serait en espace libre; mais cette augmentation de vitesse est très peu considérable en comparaison de la grande rapidité que lui donnent les soufflets : par ce dernier procédé on accélère l'action du feu qu'on aiguise par l'air autant qu'il est possible; par l'autre procédé on l'augmente en concentrant sa flamme en grand volume.

Il y a, comme l'on voit, plusieurs moyens d'augmenter l'action du feu, soit qu'on veuille le faire agir par sa vitesse ou par son volume; mais il n'y en a qu'un seul par lequel on puisse augmenter sa masse, c'est de le réunir au foyer d'un miroir ardent. Lorsqu'on reçoit sur un miroir réfringent ou réflexif les rayons du soleil, ou même ceux d'un feu bien allumé, on les réunit dans un espace d'autant moindre que le miroir est plus grand et le foyer plus court. Par exemple, avec un miroir de quatre pieds de diamètre et d'un pouce de foyer, il est clair que la quantité de lumière ou de feu qui tombe sur le miroir de quatre pieds se trouvant réunie dans l'espace d'un pouce, serait deux mille trois cent quatre fois plus dense qu'elle ne l'était, si toute la matière incidente arrivait sans perte à ce foyer. Nous verrons ailleurs ce qui s'en perd effectivement, mais il nous suffit ici de faire sentir que quand même cette perte serait des deux tiers ou des trois quarts, la masse du feu concentré au foyer de ce miroir sera toujours six ou sept cents fois plus dense qu'elle ne l'était à la surface du miroir. Ici, comme dans tous les autres cas, la masse accroît par la contraction du volume, et le feu dont on augmente la densité a toutes les propriétés d'une masse de matière : car indépendamment de l'action de la chaleur par laquelle il pénètre les corps, il les pousse et les déplace comme le ferait un corps solide en mouvement qui en choquerait un autre. On pourra donc augmenter par ce moyen la densité ou la masse du feu, d'autant plus qu'on perfectionnera davantage la construction des miroirs ardents.

Or, chacune de ces trois manières d'administrer le feu et d'en augmenter ou la vitesse, ou le volume, ou la masse, produit sur les mêmes substances des effets souvent très différents; on calcine par l'un de ces moyens ce que l'on fond par l'autre; on volatilise par le dernier ce qui paraît réfractaire au premier : en sorte que la même matière donne des résultats si peu semblables qu'on ne peut compter sur rien, à moins qu'on ne la travaille en même temps ou successivement par ces trois moyens ou procédés que nous venons d'indiquer, ce qui est une route plus longue, mais la seule qui puisse nous conduire à la connaissance exacte de tous les rapports que les diverses substances peuvent avoir avec l'élément du feu. Et de la même manière que je divise en trois procédés généraux l'administration de cet élément, je divise de même en trois classes toutes les matières que l'on peut soumettre à son action. Je mets à part pour un moment celles qui sont purement combustibles et qui proviennent immédiatement des animaux et des végétaux, et je divise toutes les matières minérales en trois classes relativement à l'action du feu: la première est celle des matières que cette action, longtemps continuée, rend plus légères, comme le fer (*); la seconde, celle des matières que cette même action du feu rend plus pesantes, comme le plomb; et la troisième classe est celle des matières sur lesquelles, comme sur l'or, cette action du feu ne paraît produire aucun effet sensible, puisqu'elle n'altère point leur pesanteur; toutes les matières existantes et possibles, c'est-à-dire toutes les substances simples et composées, seront nécessairement comprises dans l'une de ces trois classes. Ces expériences par les trois procédés, qui ne sont pas difficiles à faire et qui ne demandent que de l'exactitude et du temps, pourraient nous découvrir plusieurs choses utiles et seraient très nécessaires pour fonder sur des principes réels la théorie de la chimie: cette belle science, jusqu'à nos jours, n'a porté que sur une nomenclature précaire et sur des mots d'autant plus vagues qu'ils sont plus généraux. Le feu étant, pour ainsi dire, le seul instrument de cet art, et sa nature n'étant point connue non plus que ses rapports avec les autres corps, on ne sait ni ce qu'il y met ni ce qu'il en ôte; on travaille donc à l'aveugle, et l'on ne peut arriver qu'à des résultats obscurs que l'on rend encore plus obscurs en les érigeant en principes. Le phlogistique, le minéralisateur, l'acide, l'alcali, etc., ne sont que des termes créés par la méthode, dont les définitions sont adoptées par convention, et ne répondent à aucune idée claire et précise, ni même à aucun être réel. Tant que nous ne connaîtrons pas mieux la nature du feu, tant que nous ignorerons ce qu'il ôte ou donne aux matières qu'on soumet à son action, il ne sera pas possible de prononcer sur la nature de ces mêmes matières d'après les opérations de la chimie, puisque chaque matière à laquelle le feu ôte ou donne quelque chose n'est plus la substance simple que l'on voudrait connaître, mais une matière composée et mélangée, ou dénaturée et changée par l'addition ou la soustraction d'autres matières que le feu en enlève ou y fait entrer.

Prenons pour exemple de cette addition et de cette soustraction le plomb et le marbre; par la simple calcination l'on augmente le poids du plomb de près d'un quart, et l'on diminue celui du marbre de près de moitié; il y a donc un quart de matière inconnue que le feu donne au premier, et une moitié d'autre matière également inconnue qu'il enlève au second; tous les raisonnements de la chimie ne nous ont pas démontré jusqu'ici ce que c'est que cette matière donnée ou enlevée par le feu; et il est évident que lorsqu'on travaille sur le plomb et sur le marbre après leur calcination, ce ne sont plus ces matières simples que l'on traite, mais d'autres matières dénaturées et composées par l'action du feu. Ne serait-il donc pas nécessaire avant tout de procéder d'après les vues que je viens d'indiquer, de voir d'abord sous un même coup d'œil toutes les matières que le feu ne change ni n'altère, ensuite celles que le feu détruit ou diminue, et enfin celles qu'il augmente et compose en s'incorporant avec elles?

Mais examinons de plus près la nature du feu, considéré en lui-même. Puisque c'est une substance matérielle, il doit être sujet à la loi générale à laquelle toute matière est soumise, il est le moins pesant de tous les corps, mais cependant il pèse; et quoique ce que nous avons dit précédemment suffise pour le prouver évidemment, nous le démontrerons encore par des expériences palpables, et que tout le monde sera en état de répéter aisément. On pourrait d'abord soupçonner par la pesanteur réciproque des astres que le

---

(*) Le fer, pas plus qu'aucune autre substance, n'est rendu « plus léger » par le feu; celui-ci ne rend non plus aucune substance plus pesante. Cette classification est donc aussi fausse qu'inutile.

feu en grande masse est pesant ainsi que toute autre matière, car les astres qui sont lumineux comme le soleil, dont toute la substance paraît être de feu, n'en exercent pas moins leur force d'attraction à l'égard des astres qui ne le sont pas; mais nous démontrerons que le feu même en très petit volume est réellement pesant, qu'il obéit comme toute autre matière à la loi générale de la pesanteur, et que par conséquent il doit avoir de même des rapports d'affinité avec les autres corps; en avoir plus ou moins avec telle ou telle substance, et n'en avoir que peu ou point du tout avec beaucoup d'autres. Toutes celles qu'il rendra plus pesantes, comme le plomb, seront celles avec lesquelles il aura le plus d'affinité, et en le supposant appliqué au même degré et pendant un temps égal, celles de ces matières qui gagneront le plus en pesanteur seront aussi celles avec lesquelles cette affinité sera la plus grande. Un des effets de cette affinité dans chaque matière est de retenir la substance même du feu et de se l'incorporer, et cette incorporation suppose que non seulement le feu perd sa chaleur et son élasticité, mais même tout son mouvement, puisqu'il se fixe dans ces corps et en devient partie constituante. Il y a donc lieu de croire qu'il en est du feu comme de l'air, qui se trouve sous une forme fixe et concrète dans presque tous les corps, et l'on peut espérer qu'à l'exemple du docteur Hales (a), qui a su dégager cet air fixé dans tous les corps et en évaluer la quantité, il viendra quelque jour un physicien habile qui trouvera les moyens de distraire le feu de toutes les matières où il se trouve sous une forme fixe; mais il faut auparavant faire la table de ces matières, en établissant par l'expérience les différents rapports dans lesquels le feu se combine avec toutes les substances qui lui sont analogues, et se fixe en plus ou moins grande quantité, selon que ces substances ont plus ou moins de force pour le retenir.

Car il est évident que toutes les matières dont la pesanteur augmente par l'action du feu sont douées d'une force attractive, telle que son effet est supérieur à celui de la force expansive dont les particules du feu sont animées; puisque celle-ci s'amortit et s'éteint, que son mouvement cesse, et que d'élastiques et fugitives qu'étaient ces particules ignées, elles deviennent fixes, solides et prennent une forme concrète. Ainsi les matières qui augmentent de poids par le feu comme l'étain, le plomb, les fleurs de zinc, etc., et toutes les autres qu'on pourra découvrir, sont des substances qui, par leur affinité avec le feu, l'attirent et se l'incorporent. Toutes les matières, au contraire, qui, comme le fer, le cuivre, etc., deviennent plus légères à mesure qu'on les calcine, sont des substances dont la force attractive, relativement aux particules ignées, est moindre que la force expansive du feu; et c'est ce qui fait que le feu, au lieu de se fixer dans ces matières, en enlève au contraire et en chasse les parties les moins liées qui ne peuvent résister à son impulsion. Enfin celles qui, comme l'or, le platine, l'argent, le grès, etc., ne perdent ni n'acquièrent par l'application du feu, et qu'il ne fait, pour ainsi dire, que traverser sans en rien enlever et sans y rien laisser, sont des substances qui, n'ayant aucune affinité avec le feu et ne pouvant se joindre avec lui, ne peuvent par conséquent ni le retenir ni l'accompagner en se laissant enlever. Il est évident que les matières des deux premières classes ont avec le feu un certain degré d'affinité, puisque celles de la seconde classe se chargent du feu qu'elles retiennent, et que le feu se charge de celles de la première classe et qu'il les emporte, au lieu que les matières de la troisième classe auxquelles il ne donne ni n'ôte rien, n'ont aucun rapport d'affinité ou d'attraction avec lui, et sont, pour ainsi dire, indifférentes à son action, qui ne peut ni les dénaturer ni même les altérer.

Cette division de toutes les matières en trois classes relatives à l'action du feu, n'exclut

(a) Le phosphore, qui n'est, pour ainsi dire, qu'une matière ignée, une substance qui conserve et condense le feu, serait le premier objet des expériences qu'il faudrait faire pour traiter le feu comme M. Hales a traité l'air, et le premier instrument qu'il faudrait employer pour ce nouvel art.

pas la division plus particulière et moins absolue de toutes les matières en deux autres classes, qu'on a jusqu'ici regardées comme relatives à leur propre nature, qui, dit-on, est toujours vitrescible ou calcaire. Notre nouvelle division n'est qu'un point de vue plus élevé, sous lequel il faut les considérer pour tâcher d'en déduire la connaissance même de l'agent qu'on emploie par les différens rapports que le feu peut avoir avec toutes les substances auxquelles on l'applique : faute de comparer ou de combiner ces rapports, ainsi que les moyens qu'on emploie pour appliquer le feu, je vois qu'on tombe tous les jours dans des contradictions apparentes, et même dans des erreurs très préjudiciables (a).

(a) Je vais en donner un exemple récent. Deux habiles chimistes (MM. Pott et d'Arcet) ont soumis un grand nombre de substances à l'action du feu ; le premier s'est servi d'un fourneau que je suis étonné que le second n'ait point entendu, puisque rien ne m'a paru si clair dans tout l'ouvrage de M. Pott, et qu'il ne faut qu'un coup d'œil sur la planche gravée de ce fourneau pour reconnaître que, par sa construction, il peut, quoique sans soufflets, faire à peu près autant d'effet que s'il en était garni : car, au moyen des longs tuyaux qui sont adaptés au fourneau par le haut et par le bas, l'air y arrive et circule avec une rapidité d'autant plus grande, que les tuyaux sont mieux proportionnés : ce sont des soufflets constants, et dont on peut augmenter l'effet à volonté. Cette construction est si bonne et si simple, que je ne puis concevoir que M. d'Arcet dise *que ce fourneau est un problème pour lui... qu'il est persuadé que M. Pott a dû se servir de soufflets,* etc., tandis qu'il est évident que son fourneau équivaut par sa construction à l'action des soufflets, et que par conséquent il n'avait pas besoin d'y avoir recours; que d'ailleurs ce fourneau est encore exempt du vice que M. d'Arcet reproche aux soufflets, dont il a raison de dire que *l'action alterne, sans cesse renaissante et expirante, jette du trouble et de l'inégalité sur celle du feu,* ce qui ne peut arriver ici, puisque, pour la construction du fourneau, l'on voit évidemment que le renouvellement de l'air est constant, et que son action ne renaît ni n'expire, mais est continue et toujours uniforme. Ainsi M. Pott a employé l'un des moyens dont on se doit servir pour appliquer le feu, c'est-à-dire un moyen par lequel, comme par soufflets, on augmente la vitesse du feu, en le pressant incessamment par un air toujours renouvelé; et toutes les fusions qu'il a faites par ce moyen et dont j'ai répété quelques-unes, comme celle du grès, du quartz, etc., sont très réelles, quoique M. d'Arcet les nie; car pourquoi les nie-t-il? c'est que de son côté, au lieu d'employer, comme M. Pott, le premier de nos procédés généraux, c'est-à-dire le feu par sa vitesse, accélérée autant qu'il est possible par le mouvement rapide de l'air, moyen par lequel il eût obtenu les mêmes résultats, il s'est servi du second procédé, et n'a employé que le feu en grand volume dans un fourneau sans soufflets et sans équivalent, dans lequel par conséquent le feu ne devait pas produire les mêmes effets, mais devait en donner d'autres, que par la même raison le premier procédé ne pouvait pas produire; ainsi les contradictions entre les résultats de ces deux habiles chimistes ne sont qu'apparentes et fondées sur deux erreurs évidentes. La première consiste à croire que le feu le plus violent est celui qui est en plus grand volume; et la seconde, que l'on doit obtenir du feu violent les mêmes résultats, de quelque manière qu'on l'applique : cependant ces deux idées sont fausses; la considération des vérités contraires est encore une des premières pierres qu'il faudrait poser aux fondements de la chimie; car ne serait-il pas très nécessaire avant tout, et pour éviter de pareilles contradictions à l'avenir, que les chimistes ne perdissent pas de vue qu'il y a trois moyens généraux et très différents l'un de l'autre d'appliquer le feu violent? Le premier, comme je l'ai dit, par lequel on n'emploie qu'un petit volume de feu, mais que l'on agite, aiguise, exalte au plus haut degré par la vitesse de l'air, soit par des soufflets, soit par un fourneau semblable à celui de M. Pott, qui tire l'air avec rapidité: on voit, par l'effet de la lampe d'émailleur, qu'avec une quantité de feu presque infiniment petite, on fait de plus grands effets en petit que le fourneau de verrerie ne peut en faire en grand. Le second moyen est d'appliquer le feu, non pas en petite, mais en très grande quantité, comme on le fait dans les fourneaux de porcelaine et de verrerie, où le feu n'est fort que par son volume, où son action est tranquille, et n'est pas exaltée par un renouvellement très rapide de l'air. Le troisième moyen est d'appliquer le feu en très petit volume, mais en augmentant sa masse et son in-

On pourrait donc dire avec les naturalistes que tout est vitrescible dans la nature, à l'exception de ce qui est calcaire; que les quartz, les cristaux, les pierres précieuses, les cailloux, les grès, les granites, porphyres, agates, ardoises, gypses, argiles, les pierres ponces, les laves, les amiantes avec tous les métaux et autres minéraux, sont vitrifiables par le feu de nos fourneaux, ou par celui des miroirs ardents; tandis que les marbres, les albâtres, les pierres, les craies, les marnes et les autres substances qui proviennent du détriment des coquilles et des madrépores ne peuvent se réduire en fusion par ces moyens. Cependant je suis persuadé que si l'on vient à bout d'augmenter encore la force des four-

tensité au point de le rendre plus fort que par le second moyen, et plus violent que par le premier; et ce moyen de concentrer le feu et d'en augmenter la masse par les miroirs ardents est encore le plus puissant de tous.

Or, chacun de ces trois moyens doit fournir un certain nombre de résultats différents; si par le premier moyen on fond et vitrifie telles et telles matières, il est très possible que par le second moyen on ne puisse vitrifier ces mêmes matières, et qu'on contraire on en puisse fondre d'autres, qui n'ont pu l'être par le premier moyen, et enfin il est tout aussi possible que par le troisième moyen on obtienne encore plusieurs résultats semblables ou différents de ceux qu'ont fournis les deux premiers moyens. Dès lors un chimiste qui, comme M. Pott, n'emploie que le premier moyen, doit se borner à donner les résultats fournis par ce moyen, faire, comme il l'a fait, l'énumération des matières qu'il a fondues, mais ne pas prononcer sur la non-fusibilité des autres, parce qu'elles peuvent l'être par le second ou le troisième moyen; enfin ne pas dire affirmativement et exclusivement, en parlant de son fourneau, *qu'en une heure de temps, ou deux au plus, il met en fonte tout ce qui est fusible dans la nature.* Et par la même raison, un autre chimiste qui, comme M. d'Arcet, ne s'est servi que du second moyen, tombe dans l'erreur, s'il se croit en contradiction avec celui qui ne s'est servi que du premier moyen, et cela parce qu'il n'a pu fondre plusieurs matières que l'autre a fait couler, et qu'au contraire il a mis en fusion d'autres matières que le premier n'avait pu fondre; car si l'un ou l'autre se fût avisé d'employer successivement les deux moyens, il aurait bien senti qu'il n'était point en contradiction avec lui-même, et que la différence des résultats ne provenait que de la différence des moyens employés. Que résulte-t-il donc de réel de tout ceci, sinon qu'il faut ajouter à la liste des matières fondues par M. Pott celles de M. d'Arcet, et se souvenir seulement que, pour fondre les premières, il faut le premier moyen, et le second pour fondre les autres? Il n'y par conséquent aucune contradiction entre les expériences de M. Pott et celles de M. d'Arcet, que je crois également bonnes; mais tous deux, après cette conciliation, auraient encore tort de conclure qu'ils ont fondu par ces deux moyens tout ce qui est fusible dans la nature, puisque l'on peut démontrer que par le troisième moyen, c'est-à-dire par les miroirs ardents, on fond et vitrifie, on volatilise et même on brûle quelques matières qui leur ont également paru fixes et réfractaires au feu de leurs fourneaux. Je ne m'arrêterai pas sur plusieurs choses de détail, qui cependant mériteraient animadversion, parce qu'il est toujours utile de ne pas laisser germer des idées erronées ou des faits mal vus, et dont on peut tirer de fausses conséquences. M. d'Arcet dit qu'il a remarqué constamment que la flamme fait plus d'effet que le feu de charbon : oui, sans doute, si ce feu n'est pas excité par le vent, mais toutes les fois que le charbon ardent sera vivifié par un air rapide, il y aura de la flamme qui sera plus active, et produira de bien plus grands effets que la flamme tranquille. De même lorsqu'il dit que les fourneaux donnent de la chaleur en raison de leur épaisseur, cela ne peut être vrai que dans le seul cas où les fourneaux étant supposés égaux, le feu qu'ils contiennent serait en même temps animé par deux courants d'air, égaux en volume et en rapidité; la violence du feu dépend presque en entier de cette rapidité du courant de l'air qui l'anime, je puis le démontrer par ma propre expérience : j'ai vu le grès que M. d'Arcet croit infusible, couler et se couvrir d'émail par le moyen de deux bons soufflets, mais sans le secours d'aucun fourneau et à feu ouvert. L'effet des fourneaux épais n'est pas d'augmenter la chaleur, mais de la conserver, et ils la conservent d'autant plus longtemps qu'ils sont plus épais.

neaux, et surtout la puissance des miroirs ardents, on arrivera au point de faire fondre ces matières calcaires qui paraissent être d'une nature différente de celle des autres ; puisqu'il y a mille et mille raisons de croire qu'au fond leur substance est la même, et que le verre est la base commune de toutes les matières terrestres.

Par les expériences que j'ai pu faire moi-même pour comparer la force du feu selon qu'on emploie, ou sa vitesse ou son volume ou sa masse, j'ai trouvé que le feu des plus grands et des plus puissants fourneaux de verrerie, n'est qu'un feu faible en comparaison de celui des fourneaux à soufflets, et que le feu produit au foyer d'un bon miroir ardent est encore plus fort que celui des plus grands fourneaux de forge. J'ai tenu pendant trente-six heures dans l'endroit le plus chaud du fourneau de Rouelle en Bourgogne, où l'on fait des glaces aussi grandes et aussi belles qu'à Saint-Gobain en Picardie, et où le feu est aussi violent ; j'ai tenu, dis-je, pendant trente-six heures à ce feu, de la mine de fer, sans qu'elle se soit fondue, ni agglutinée, ni même altérée en aucune manière ; tandis qu'en moins de douze heures cette mine coule en fonte dans les fourneaux de ma forge : ainsi ce dernier feu est bien supérieur à l'autre. De même j'ai fondu ou volatilisé au miroir ardent plusieurs matières que, ni le feu des fourneaux de réverbère, ni celui des plus puissants soufflets n'avait pu faire fondre, et je me suis convaincu que ce dernier moyen est le plus puissant de tous ; mais je renvoie à la partie expérimentale de mon ouvrage le détail de ces expériences importantes, dont je me contente d'indiquer ici le résultat général.

On croit vulgairement que la flamme est la partie la plus chaude du feu ; cependant rien n'est plus mal fondé que cette opinion, car on peut démontrer le contraire par les expériences les plus aisées et les plus familières. Présentez à un feu de paille ou même à la flamme d'un fagot qu'on vient d'allumer, un linge pour le sécher ou le chauffer, il vous faudra le double et le triple du temps pour lui donner le degré de sécheresse ou de chaleur que vous lui donnerez en l'exposant à un brasier sans flamme, ou même à un poêle bien chaud. La flamme a été très bien caractérisée par Newton, lorsqu'il l'a définie une fumée brûlante (*flamma est fumus candens*) (*), et cette fumée ou vapeur qui brûle n'a jamais la même quantité, la même intensité de chaleur que le corps combustible duquel elle s'échappe ; seulement en s'élevant et s'étendant au loin elle a la propriété de communiquer le feu, et de le porter plus loin que ne s'étend la chaleur du brasier, qui seule ne suffirait pas pour le communiquer même de près.

Cette communication du feu mérite une attention particulière. J'ai vu, après y avoir réfléchi, que pour la bien entendre il fallait s'aider non seulement des faits qui paraissent y avoir rapport, mais encore de quelques expériences nouvelles dont le succès ne me paraît laisser aucun doute sur la manière dont se fait cette opération de la nature. Qu'on reçoive dans un moule deux ou trois milliers de fer au sortir du fourneau, ce métal perd en peu de temps son incandescence, et cesse d'être rouge après une heure ou deux, suivant l'épaisseur plus ou moins grande du lingot. Si dans ce moment qu'il cesse de nous paraître rouge on le tire du moule, les parties inférieures seront encore rouges, mais perdront cette couleur en peu de temps. Or, tant que le rouge subsiste on pourra enflammer, allumer les matières combustibles qu'on appliquera sur ce lingot ; mais dès qu'il a perdu cet état d'incandescence, il y a des matières en grand nombre qu'il ne peut plus enflammer ; et cependant la chaleur qu'il répand est peut-être cent fois plus grande que celle d'un feu de paille qui néanmoins communiquerait l'inflammation à toutes ces matières ; cela

(*) La flamme est formée en partie de gaz et en partie de molécules solides en combustion. La portion la plus extérieure, la plus claire, mais la moins chaude de la flamme, est formée de gaz, tandis que la partie interne, plus chaude, est formée de molécules solides rougies par la combustion. La composition de la flamme explique très facilement la communication du feu par son intermédiaire dont parle ensuite Buffon.

m'a fait penser que la flamme étant nécessaire à la communication du feu, il y avait de la flamme dans toute incandescence : la couleur rouge semble en effet nous l'indiquer ; mais par l'habitude où l'on est de ne regarder comme flamme que cette matière légère qu'agite et qu'emporte l'air, on n'a pas pensé qu'il pouvait y avoir de la flamme assez dense pour ne pas obéir comme la flamme commune à l'impulsion de l'air ; et c'est ce que j'ai voulu vérifier par quelques expériences, en approchant par degrés de ligne ou de demi-ligne, des matières combustibles près de la surface du métal en incandescence et dans l'état qui suit l'incandescence (a).

Je suis donc convaincu que les matières incombustibles et même les plus fixes, telles que l'or et l'argent, sont, dans l'état d'incandescence, environnées d'une flamme dense qui ne s'étend qu'à une très petite distance et qui, pour ainsi dire, est attachée à leur surface, et je conçois aisément que, quand la flamme devient dense à un certain degré elle cesse d'obéir à la fluctuation de l'air. Cette couleur blanche ou rouge, qui sort de tous les corps en incandescence et vient frapper nos yeux, est l'évaporation de cette flamme dense qui environne le corps en se renouvelant incessamment à sa surface ; et la lumière du soleil même n'est-elle pas l'évaporation de cette flamme dense dont brille sa surface avec si grand éclat ? Cette lumière ne produit-elle pas, lorsqu'on la condense, les mêmes effets que la flamme la plus vive ? ne communique-t-elle pas le feu avec autant de promptitude et d'énergie ? ne résiste-t-elle pas comme notre flamme dense à l'impulsion de l'air ? ne suit-elle pas toujours une route directe que le mouvement de l'air ne peut ni contrarier ni changer, puisqu'en soufflant, comme je l'ai éprouvé, avec un fort soufflet sur le cône lumineux d'un miroir ardent, on ne diminue point du tout l'action de la lumière dont il est composé, et qu'on doit la regarder comme une vraie flamme plus pure et plus dense que toutes les flammes de nos matières combustibles ?

C'est donc par la lumière que le feu se communique, et la chaleur seule ne peut produire le même effet que quand elle devient assez forte pour être lumineuse. Les métaux, les cailloux, les grès, les briques, les pierres calcaires, quel que puisse être leur degré différent de chaleur, ne pourront enflammer d'autres corps que quand ils seront devenus lumineux. L'eau elle-même, cet élément destructeur du feu, et par lequel seul nous pouvons en empêcher la communication, le communique néanmoins lorsque dans un vaisseau bien fermé, tel que celui de la marmite de *Papin* (b), on la pénètre d'une assez grande quantité de feu pour la rendre lumineuse, et capable de fondre le plomb et l'étain, tandis que quand elle n'est que bouillante, loin de propager et de communiquer le feu, elle l'éteint sur-le-champ. Il est vrai que la chaleur seule suffit pour préparer et disposer les corps combustibles à l'inflammation, et les autres à l'incandescence ; la chaleur chasse des corps toutes les parties humides, c'est-à-dire l'eau qui de toutes les matières est celle qui s'oppose le plus à l'action du feu ; et ce qui est remarquable, c'est que cette même chaleur qui dilate tous les corps ne laisse pas de les durcir en les séchant ; je l'ai reconnu cent fois, en examinant les pierres de mes grands fourneaux, surtout les pierres calcaires, elles prennent une augmentation de dureté proportionnée au temps qu'elles ont éprouvé la chaleur ; celles, par exemple, des parois extérieures du fourneau, et qui ont reçu sans interruption, pendant cinq ou six mois de suite, quatre-vingts ou quatre-vingt-cinq degrés de chaleur constante, deviennent si dures qu'on a de la peine à les entamer avec les instruments ordinaires du tailleur de pierre ; on dirait qu'elles ont changé de qualité, quoique néanmoins elles la conservent à tous autres égards, car ces mêmes pierres n'en

---

(a) Voyez le détail de ces expériences dans la partie expérimentale de cet ouvrage.

(b) Dans le *Digesteur* de Papin, la chaleur de l'eau est portée au point de fondre le plomb et l'étain qu'on y a suspendus avec du fil de fer ou de laiton. Musschenbrœk, *Essai de physique*, p. 434, cité par M. de Mairan, *Dissertation sur la glace*, p. 192.

font pas moins de la chaux comme les autres lorsqu'on leur applique le degré de feu nécessaire à cette opération.

Ces pierres devenues dures par la longue chaleur qu'elles ont éprouvée, deviennent en même temps spécifiquement plus pesantes (a); de là, j'ai cru devoir tirer une induction qui prouve et même confirme pleinement que la chaleur, quoique en apparence toujours fugitive, et jamais stable dans les corps qu'elle pénètre, et dont elle semble constamment s'efforcer de sortir, y dépose néanmoins d'une manière très stable beaucoup de parties qui s'y fixent et remplacent en quantité, même plus grande, les parties aqueuses et autres qu'elle en a chassées. Mais ce qui paraît contraire ou du moins très difficile à concilier ici, c'est que cette même pierre calcaire qui devient spécifiquement plus pesante par l'action d'une chaleur modérée, longtemps continuée, devient tout à coup plus légère de près d'une moitié de son poids dès qu'on la soumet au grand feu nécessaire à sa calcination (*), et qu'elle perd en même temps non seulement toute la dureté qu'elle avait acquise par l'action de la simple chaleur, mais même sa dureté naturelle, c'est-à-dire la cohérence de ses parties constituantes; effet singulier dont je renvoie l'explication à l'article suivant où je traiterai de l'air, de l'eau et de la terre; parce qu'il me paraît tenir encore plus à la nature de ces trois éléments qu'à celle de l'élément du feu.

Mais c'est ici le lieu de parler de la calcination prise généralement, elle est pour les corps fixes et incombustibles ce qu'est la combustion pour les matières volatiles et inflammables; la calcination a besoin, comme la combustion, du secours de l'air; elle s'opère d'autant plus vite qu'on lui fournit une plus grande quantité d'air, sans cela le feu le plus violent ne peut rien calciner rien enflammer que les matières qui contiennent en elles-mêmes, et qui fournissent à mesure qu'elles brûlent ou se calcinent tout l'air nécessaire à la combustion ou à la calcination des substances avec lesquelles on les mêle. Cette nécessité du concours de l'air dans la calcination comme dans la combustion, indique qu'il y a plus de choses communes entre elles qu'on ne l'a soupçonné (**). L'application du feu est le principe de toutes deux, celle de l'air en est la cause seconde et presque aussi nécessaire que la première; mais ces deux causes se combinent inégalement, selon qu'elles agissent en plus ou moins de temps, avec plus ou moins de force sur des substances différentes; il faut pour en raisonner juste se rappeler les effets de la calcination, et les comparer entre eux et avec ceux de la combustion.

La combustion s'opère promptement et quelquefois se fait en un instant; la calcination est toujours plus lente, et quelquefois si longue qu'on la croit impossible : à mesure que les matières sont plus inflammables et qu'on leur fournit plus d'air, la combustion s'en fait avec plus de rapidité; et par la raison inverse, à mesure que les matières sont plus incombustibles la calcination s'en fait avec plus de lenteur. Et lorsque les parties constituantes d'une substance telle que l'or, sont non seulement incombustibles, mais paraissent si fixes qu'on ne peut les volatiliser, la calcination ne produit aucun effet, quelque violente qu'elle puisse être. On doit donc considérer la calcination et la combustion comme des effets du même ordre, dont les extrèmes nous sont désignés par le phosphore qui est le plus inflammable de tous les corps, et par l'or qui de tous est le plus fixe et le moins combustible; toutes les substances comprises entre ces deux extrèmes seront plus ou moins sujettes aux effets de la combustion ou de la calcination, selon qu'elles s'approcheront plus ou moins de ces deux extrèmes; de sorte que dans les points milieux, il se trouvera

(a) Voyez sur cela les expériences dont je rends compte dans la partie expérimentale de cet ouvrage.

(*) Dans la calcination, les matières calcaires subissent une diminution de poids résultant de la perte de leur eau.

(**) Elles consistent réellement l'une et l'autre en un phénomène d'oxydation.

des substances qui éprouveront au feu combustion et calcination en degré presque égal : d'où nous pouvons conclure, sans craindre de nous tromper, que toute calcination est toujours accompagnée d'un peu de combustion, et que de même toute combustion est accompagnée d'un peu de calcination. Les cendres et autres résidus des matières les plus combustibles ne démontrent-ils pas que le feu a calciné toutes les parties qu'il n'a pas brûlées, et que par conséquent un peu de calcination se trouve ici avec beaucoup de combustion? La petite flamme qui s'élève de la plupart des matières qu'on calcine, ne démontre-t-elle pas de même qu'il s'y fait un peu de combustion? Ainsi nous ne devons pas séparer ces deux effets si nous voulons bien saisir les résultats de l'action du feu sur les différentes substances auxquelles on l'applique.

Mais, dira-t-on, la combustion détruit les corps ou du moins en diminue toujours le volume ou la masse en raison de la quantité de matière qu'elle enlève ou consume ; la calcination fait souvent le contraire, et augmente la pesanteur d'un grand nombre de matières ; doit-on dès lors considérer ces deux effets, dont les résultats sont si contraires, comme des effets du même ordre? L'objection paraît fondée et mérite réponse, d'autant que c'est ici le point le plus difficile de la question. Je crois néanmoins pouvoir y satisfaire pleinement. Considérons pour cela une matière dans laquelle nous supposerons moitié de parties fixes et moitié de parties volatiles ou combustibles ; il arrivera, par l'application du feu, que toutes ces parties volatiles ou combustibles seront enlevées ou brûlées, et par conséquent séparées de la masse totale; dès lors cette masse ou quantité de matière se trouvera diminuée de moitié, comme nous le voyons dans les pierres calcaires qui perdent au feu près de la moitié de leur poids. Mais si l'on continue à appliquer le feu pendant un très long temps à cette moitié toute composée de parties fixes, n'est-il pas facile de concevoir que toute combustion, toute volatilisation étant cessées, cette matière, au lieu de continuer à perdre de sa masse, doit au contraire en acquérir aux dépens de l'air et du feu dont on ne cesse de la pénétrer : et celles qui, comme le plomb, ne perdent rien, mais gagnent par l'application du feu, sont des matières déjà calcinées, préparées par la nature au degré où la combustion a cessé, et susceptibles par conséquent d'augmenter de pesanteur dès les premiers instants de l'application du feu? Nous avons vu que la lumière s'amortit et s'éteint à la surface de tous les corps qui ne la réfléchissent pas ; nous avons vu que la chaleur par sa longue résidence, se fixe en partie dans les matières qu'elle pénètre; nous savons que l'air presque aussi nécessaire à la calcination qu'à la combustion, et toujours d'autant plus nécessaire à la calcination que les matières ont plus de fixité, se fixe lui-même dans l'intérieur des corps et en devient partie constituante ; dès lors n'est-il pas très naturel de penser que cette augmentation de pesanteur ne vient que de l'addition des particules de lumière, de chaleur et d'air qui se sont enfin fixées et unies à une matière, contre laquelle elles ont fait tant d'efforts sans pouvoir ni l'enlever ni la brûler (*) ? Cela est si vrai, que, quand on leur présente ensuite une substance combustible avec laquelle elles ont bien plus d'analogie ou plutôt de conformité de nature, elles s'en saisissent avidement, quittent la matière fixe à laquelle elles n'étaient, pour ainsi dire, attachées que par force, reprennent par conséquent leur mouvement naturel, leur élasticité, et partent toutes avec la matière combustible à laquelle elles viennent de se joindre. Dès lors le métal ou la matière calcinée, à laquelle vous avez rendu ces parties volatiles qu'elle avait perdues par sa combustion, reprend sa première forme, et sa pesanteur se trouve diminuée de toute la quantité des particules de feu et d'air qui s'étaient fixées, et qui viennent d'être enlevées par cette nouvelle combustion. Tout cela s'opère par la seule loi des affinités ; et

(*) Ni la lumière, ni la chaleur ne se fixent dans les corps en combustion, puisqu'elles ne sont que des mouvements, mais l'oxygène de l'air se combine avec ces corps, d'où leur augmentation de poids.

après ce qui vient d'être dit, il me semble qu'il n'y a plus de difficulté à concevoir comment la chaux d'un métal se réduit, que d'entendre comment il se précipite en dissolution : la cause est la même et les effets sont pareils. Un métal, dissous par un acide, se précipite lorsqu'on présente à cet acide une autre substance avec laquelle il a plus d'affinité qu'avec le métal, l'acide le quitte alors et le laisse tomber ; de même ce métal calciné, c'est-à-dire chargé de parties d'air, de chaleur et de feu qui, s'étant fixées, le tiennent sous la forme d'une chaux se précipitera, ou si l'on veut se réduira lorsqu'on présentera à ce feu et à cet air fixés des matières combustibles avec lesquelles ils ont bien plus d'affinité qu'avec le métal qui reprendra sa première forme dès qu'il sera débarrassé de cet air et de ce feu superflus (*), et qu'il aura repris, aux dépens des matières combustibles qu'on lui présente, les parties volatiles qu'il avait perdues.

Cette explication me parait si simple et si claire, que je ne vois pas ce qu'on peut y opposer. L'obscurité de la chimie vient en grande partie de ce qu'on en a peu généralisé les principes, et qu'on ne les a pas réunis à ceux de la haute physique. Les chimistes ont adopté les affinités sans les comprendre, c'est-à-dire sans entendre le rapport de la cause à l'effet, qui, néanmoins, n'est autre que celui de l'attraction universelle ; ils ont créé leur phlogistique sans savoir ce que c'est, et cependant c'est de l'air et du feu fixes ; ils ont formé, à mesure qu'ils en ont eu besoin, des êtres idéaux (**), des *minéralisateurs*, des *terres mercurielles*, des noms, des termes d'autant plus vagues que l'acception en est plus générale. J'ose dire que M. Macquer (*a*) et M. de Morveau (*b*) sont les premiers de nos chimistes qui aient commencé à parler français (*c*). Cette science va donc naître, puisqu'on commence à la parler ; et on la parlera d'autant mieux, on l'entendra d'autant plus aisément, qu'on en bannira le plus de mots techniques, qu'on renoncera de meilleure foi à tous ces petits principes secondaires tirés de la méthode, qu'on s'occupera davantage de les déduire des principes généraux de la mécanique rationnelle, qu'on cherchera avec plus de soin à les ramener aux lois de la nature, et qu'on sacrifiera plus volontiers la commodité d'expliquer d'une manière précaire et selon l'art les phénomènes de la composition ou de la décomposition des substances à la difficulté de les présenter pour tels qu'ils sont, c'est-à-dire pour des effets particuliers dépendant d'effets plus généraux qui sont les seules vraies causes, les seuls principes réels auxquels on doive s'attacher si l'on veut avancer la science de la philosophie naturelle.

Je crois avoir démontré (*d*) que toutes les petites lois des affinités chimiques, qui paraissent si variables, si différentes entre elles, ne sont cependant pas autres que la loi générale de l'attraction commune à toute la matière ; que cette grande loi, toujours constante, toujours la même, ne parait varier que par son expression, qui ne peut pas être la même lorsque la figure des corps entre comme élément dans leur distance. Avec cette nouvelle clef, on pourra scruter les secrets les plus profonds de la nature, on pourra parvenir à connaitre la figure des parties primitives des différentes substances, assigner

(*a*) *Dictionnaire de chimie.* Paris, 1766.

(*b*) *Digressions académiques.* Dijon, 1772.

(*c*) Dans le moment même qu'on imprime ces feuilles parait l'ouvrage de M. Baumé, qui a pour titre : *Chimie expérimentale et raisonnée.* L'auteur non seulement y parle une langue intelligible, mais il s'y montre partout aussi bon physicien que grand chimiste, et j'ai eu la satisfaction de voir que quelques-unes de ses idées générales s'accordent avec les miennes.

(*d*) Voyez, dans cet ouvrage, l'article qui a pour titre : *De la nature, seconde vue.*

(*) La vérité est que l'oxygène combiné avec la matière qui a subi la combustion peut être enlevé par un autre corps ayant plus d'affinité pour ce gaz.

(**) Expression très juste et pensée très élevée.

les lois et les degrés de leurs affinités, déterminer les formes qu'elles prendront en se réunissant, etc. (*) Je crois de même avoir fait entendre comment l'impulsion dépend de l'attraction, et que, quoiqu'on puisse la considérer comme une force différente, elle n'est néanmoins qu'un effet particulier de cette force unique et générale. J'ai présenté la communication du mouvement comme impossible autrement que par le ressort; d'où j'ai conclu que tous les corps de la nature sont plus ou moins élastiques, et qu'il n'y en a aucun qui soit parfaitement dur, c'est-à-dire entièrement privé de ressort, puisque tous sont susceptibles de recevoir du mouvement. J'ai tâché de faire connaître comment cette force unique pouvait changer de direction, et d'attractive devenir tout à coup répulsive. Et de ces grands principes, qui tous sont fondés sur la mécanique rationnelle, j'ai essayé de déduire les principales opérations de la nature, telle que la production de la lumière, de la chaleur, du feu et de leur action sur les différentes substances : ce dernier objet, qui nous intéresse le plus, est un champ vaste, dont le défrichement suppose plus d'un siècle, et dont je n'ai pu cultiver qu'un espace médiocre, en remettant à des mains plus habiles ou plus laborieuses les instruments dont je me suis servi. Ces instruments sont les trois moyens d'employer le feu par sa vitesse, par son volume et par sa masse, en l'appliquant concurremment aux trois classes des substances, qui toutes, ou perdent ou gagnent, ou ne perdent ni ne gagnent par l'application du feu. Les expériences que j'ai faites sur le refroidissement des corps, sur la pesanteur réelle du feu, sur la nature de la flamme, sur le progrès de la chaleur, sur sa communication, sa déperdition, sa concentration, sur sa violente action sans flamme, etc., sont encore autant d'instruments qui épargneront beaucoup de travail à ceux qui voudront s'en servir, et produiront une très ample moisson de connaissances utiles.

—————

SECONDE PARTIE

DE L'AIR, DE L'EAU ET DE LA TERRE

Nous avons vu que l'air est l'adminicule nécessaire et le premier aliment du feu (**), qui ne peut ni subsister, ni se propager, ni s'augmenter, qu'autant qu'il se l'assimile, le consomme ou l'emporte; tandis que de toutes les substances matérielles, l'air est au contraire celle qui paraît exister le plus indépendamment et subsister le plus aisément, le plus constamment, sans le secours ou la présence du feu; car, quoiqu'il ait habituellement la même chaleur à peu près que les autres matières à la surface de la terre, il pourrait s'en passer, et il lui en faut infiniment moins qu'à toute autre pour entretenir sa fluidité, puisque les froids les plus excessifs, soit naturels, soit artificiels, ne lui font rien perdre de sa nature; que les condensations les plus fortes ne sont pas capables de

(*) On voit de quel admirable génie de synthèse Buffon était doué. Ses efforts sont constamment dirigés vers la simplification des théories et la réduction des forces.

(**) Buffon revient ici sur le rôle joué par l'air dans les phénomènes caloriques. Il avait parfaitement saisi la nécessité de son intervention dans ces phénomènes, et il est le premier qui ait réuni la calcination, la combustion et la chaleur animale dans la même classe de phénomènes. Mais on ne connaissait à son époque ni la composition de l'air lui-même, ni celle de la plupart des corps avec lesquels son oxygène se combine pour produire de la chaleur, et le Mémoire de Buffon se ressent de son ignorance au point de n'avoir qu'un intérêt purement historique.

rompre son ressort; que le feu actif, ou plutôt actuellement en exercice sur les matières combustibles, est le seul agent qui puisse altérer sa nature en la raréfiant, c'est-à-dire en affaiblissant, en étendant son ressort jusqu'au point de le rendre sans effet et de détruire ainsi son élasticité. Dans cet état de trop grande expansion et d'affaiblissement extrême de son ressort, et dans toutes les nuances qui précèdent cet état, l'air est capable de reprendre son élasticité, à mesure que les vapeurs des matières combustibles qui l'avaient affaiblie s'évaporeront et s'en sépareront. Mais si le ressort a été totalement affaibli et si prodigieusement étendu qu'il ne puisse plus se resserrer ni se restituer, ayant perdu toute sa puissance élastique, l'air, de volatil qu'il était auparavant, devient une substance fixe qui s'incorpore avec les autres substances, et fait dès lors partie constituante de toutes celles auxquelles il s'unit par le contact ou dans lesquelles il pénètre à l'aide de la chaleur. Sous cette nouvelle forme, il ne peut plus abandonner le feu que pour s'unir comme matière fixe à d'autres matières fixes; et, s'il en reste quelques parties inséparables du feu, elles font dès lors portion de cet élément, elles lui servent de base et se déposent avec lui dans les substances qu'ils échauffent et pénètrent ensemble. Cet effet, qui se manifeste dans toutes les calcinations, est d'autant plus sûr et d'autant plus sensible, que la chaleur est appliquée plus longtemps; la combustion ne demande que peu de temps pour se faire même complètement, au lieu que toute calcination suppose beaucoup de temps; il faut pour l'accélérer amener à la surface, c'est-à-dire présenter successivement à l'air les matières que l'on veut calciner, il faut les fondre ou les diviser en parties impalpables pour qu'elles offrent à cet air plus de superficie; il faut même se servir de soufflets, moins pour augmenter l'ardeur du feu que pour établir un courant d'air sur la surface des matières si l'on veut presser leur calcination; et pour la compléter avec tous ces moyens, il faut souvent beaucoup de temps (a), d'où l'on doit conclure qu'il faut aussi une assez longue résidence de l'air devenu fixe dans les substances terrestres pour qu'il s'établisse à demeure sous cette nouvelle forme.

Mais il n'est pas nécessaire que le feu soit violent pour faire perdre à l'air son élasticité; le plus petit feu et même une chaleur très médiocre, dès qu'elle est immédiatement et constamment appliquée sur une petite quantité d'air, suffisent pour en détruire le ressort; et pour que cet air sans ressort se fixe ensuite dans les corps il ne faut qu'un peu plus ou un peu moins de temps, selon le plus ou moins d'affinité qu'il peut avoir sous cette nouvelle forme avec les matières auxquelles il s'unit. La chaleur du corps des animaux et même des végétaux est encore assez puissante pour produire cet effet : les degrés de chaleur sont différents dans les différents genres d'animaux, et à commencer par les oiseaux, qui sont les plus chauds de tous, on passe successivement aux quadrupèdes, à l'homme, aux cétacés, qui le sont moins, aux reptiles, aux poissons, aux insectes, qui le sont beaucoup moins; et enfin aux végétaux, dont la chaleur est si petite, qu'elle a paru nulle aux observateurs (b); quoiqu'elle soit très réelle et qu'elle surpasse

(a) Je ne sais si l'on ne calcinerait pas l'or, non pas en le tenant, comme Boyle ou Kunkel, pendant un très long temps dans un fourneau de verrerie, où la vitesse de l'air n'est pas grande, mais en le mettant près de la tuyère d'un bon fourneau à vent, et le tenant en fusion dans un vaisseau ouvert, où l'on plongerait une petite spatule, qu'on ajusterait de manière qu'elle tournerait incessamment et remuerait continuellement l'or en fusion; car il n'y a pas de comparaison entre la force de ces feux, parce que l'air est ici bien plus accéléré que dans les fourneaux de verrerie.

(b) « Dans toutes les expériences que j'ai tentées (dit le docteur Martine), je n'ai pu découvrir qu'aucun des végétaux acquît en vertu du principe de vie un degré de chaleur supérieur à celui du milieu environnant, et qui pût être distingué; au contraire, tous les animaux, quelque peu que leur vie soit animée, ont un degré de chaleur plus considérable que celui de l'air ou de l'eau où ils vivent. » *Essais sur les thermomètres*, art. 57,

en hiver celle de l'atmosphère, j'ai observé sur un grand nombre de gros arbres coupés dans un temps froid que leur intérieur était très sensiblement chaud, et que cette chaleur durait pendant plusieurs minutes après leur abatage (*) : ce n'est pas le mouvement violent de la cognée ou le frottement brusque et réitéré de la scie qui produisent seuls cette chaleur : car en fendant ensuite ce bois avec des coins, j'ai vu qu'il était chaud à deux ou trois pieds de distance de l'endroit où l'on avait placé les coins, et que par conséquent il avait un degré de chaleur assez sensible dans tout son intérieur. Cette chaleur n'est que très médiocre tant que l'arbre est jeune et qu'il se porte bien; mais dès qu'il commence à vieillir, le cœur s'échauffe par la fermentation de la sève, qui n'y circule plus avec la même liberté; cette partie du centre prend en s'échauffant une teinte rouge qui est le premier indice du dépérissement de l'arbre et de la désorganisation du bois; j'en ai manié des morceaux dans cet état qui étaient aussi chauds que si on les eût fait chauffer au feu (**). Si les observateurs n'ont pas trouvé qu'il y eût aucune différence entre la température de l'air et la chaleur des végétaux, c'est qu'ils ont fait leurs observations en mauvaise saison, et qu'ils n'ont pas fait attention qu'en été la chaleur de l'air est aussi grande et plus grande que celle de l'intérieur d'un arbre, tandis qu'en hiver c'est tout le contraire : ils ne se sont pas souvenus que les racines ont constamment au moins le degré de chaleur de la terre qui les environne, et que cette chaleur de l'intérieur de la terre est pendant tout l'hiver considérablement plus grande que celle de l'air et de la surface de la terre refroidie par l'air; ils ne se sont pas rappelé que les rayons du soleil tombant trop vivement sur les feuilles et sur les autres parties délicates des végétaux, non seulement les échauffent, mais les brûlent, qu'ils échauffent de même à un très grand degré l'écorce et le bois dont ils pénètrent la surface, dans laquelle ils s'amortissent et se fixent; ils n'ont pas pensé que le mouvement seul de la sève, déjà chaude, est une cause nécessaire de chaleur, et que ce mouvement venant à augmenter par l'action du soleil ou d'une autre chaleur extérieure, celle des végétaux doit être d'autant plus grande que le mouvement de leur sève est plus accéléré, etc. Je n'insiste si longtemps sur ce point qu'à cause de son importance, l'uniformité du plan de la nature serait violée si ayant accordée à tous les animaux un degré de chaleur supérieur à celui des matières brutes, elle l'avait refusé aux végétaux qui, comme les animaux, ont leur espèce de vie (***).

Mais ici l'air contribue encore à la chaleur animale et vitale, comme nous avons vu plus haut qu'il contribuait à l'action du feu dans la combustion et la calcination des matières combustibles et calcinables (****). Les animaux qui ont des poumons, et qui par conséquent respirent l'air, ont toujours plus de chaleur que ceux qui en sont privés; et plus la

édition in-12. Paris, 1751. — « On ne découvre au toucher aucun degré de chaleur dans » les plantes, soit dans leurs larmes, soit dans le cœur de leur tiges. » Bacon, *Nov. Organ.*, 11, 12.

(*) Les végétaux possèdent, en effet, une chaleur propre qui est, comme celle des animaux, due aux oxydations et autres combinaisons chimiques qui se produisent dans leurs éléments anatomiques.

(**) Il faut distinguer la chaleur qui se dégage du bois mort et pourrissant de celle des végétaux vivants. La première est due aux phénomènes chimiques qui se produisent dans la putréfaction; la seconde est la conséquence de la respiration. Toutes les deux cependant ont cela de commun qu'elles sont produites par des oxydations et autres combinaisons chimiques; la nature seule des produits est différente.

(***) Pensée d'une très grande justesse.

(****) Buffon avait bien vu que l'air est nécessaire à la calcination, à la combustion et à l'entretien de la chaleur animale, mais il ignore absolument la façon dont il agit; de là, dans tout ce passage, qui est fort remarquable et qui dénote une puissance considérable d'induction, des obscurités profondes.

surface intérieure des poumons est étendue et ramifiée en un plus grand nombre de cellules ou de bronches, plus en un mot elle présente de superficie à l'air que l'animal tire par l'inspiration, plus aussi son sang devient chaud et plus il communique de chaleur à toutes les parties du corps qu'il abreuve ou nourrit, et cette proportion a lieu dans tous les animaux connus. Les oiseaux ont, relativement au volume de leur corps, les poumons considérablement plus étendus que l'homme ou les quadrupèdes; les reptiles, même ceux qui ont de la voix, comme les grenouilles, n'ont au lieu de poumons qu'une simple vessie; les insectes qui n'ont que peu ou point de sang ne pompent l'air que par quelques trachées, etc. Aussi en prenant le degré de la température de la terre pour terme de comparaison, j'ai vu que cette chaleur étant supposée de 10 degrés, celle des oiseaux était de près de 33 degrés, celle de quelques quadrupèdes de plus de 31 $\frac{1}{2}$ degrés, celle de l'homme de 30 $\frac{1}{2}$ ou 31 (a), tandis que celle des grenouilles n'est que de 15 ou 16, celle des poissons

(a) « A mon thermomètre (dit le docteur Martine) où le terme de la congélation est » marqué 32, j'ai trouvé que ma peau, partout où elle était bien couverte, élevait le mer- » cure au degré 96 ou 97..... que l'urine, nouvellement rendue et reçue dans un vase de la » même température qu'elle, est à peine d'un degré plus chaude que la peau, et nous pou- » vons supposer qu'elle est à peu près au degré des viscères voisins... Dans les quadru- » pèdes ordinaires, tels que les chiens, les chats, les brebis, les bœufs, les cochons, etc., » la chaleur de la peau élève le thermomètre 4 ou 5 degrés plus haut que dans l'homme, et » le porte aux degrés 100, 101, 102; et dans quelques-uns au degré 103, ou même un peu » plus haut... La chaleur des cétacés est égale à celle des quadrupèdes... J'ai trouvé que la » chaleur de la peau du veau marin était proche du degré 102, et celle de la cavité de » l'abdomen environ un degré plus haut... Les oiseaux sont les plus chauds de tous les » animaux, et surpassent de 3 ou 4 degrés les quadrupèdes, suivant l'expérience que j'en ai » faite moi-même sur les canards, les oies, les poules, les pigeons, les perdrix, les hiron- » delles; la boule du thermomètre placée entre leurs cuisses, le mercure s'élevait aux de- » grés 103, 104, 105, 106, 107. » Le même observateur a reconnu que les chenilles n'avaient que très peu de chaleur, environ 2 ou 3 degrés au-dessus de l'air dans lequel elles vivent. « Ainsi, dit-il, la classe des animaux froids est formée par toute la famille des insectes, » hormis les abeilles, qui font une exception singulière... — (Nota. Je ne sais pas s'il faut faire ici une exception pour les abeilles, comme l'ont fait la plupart de nos observateurs, qui prétendent que ces mouches ont autant de chaleur que les animaux qui respirent, parce que leur ruche est aussi chaude que le corps de ces animaux : il me semble que cette chaleur de l'intérieur de la ruche n'est point du tout la chaleur de chaque abeille ; mais la somme totale de la chaleur qui s'évapore des corps de neuf ou dix mille individus réunis dans cet espace où leur mouvement continuel doit l'augmenter encore, et en divisant cette somme générale de chaleur par la quantité particulière de chaleur que s'évapore de chaque individu, on trouverait peut-être que l'abeille n'a pas plus de chaleur qu'une autre mouche.) — « J'ai » trouvé, par des expériences fréquentes, que la chaleur d'un essaim d'abeilles élevait le » thermomètre qui en était entouré, au degré 97, chaleur qui ne le cède point à la nôtre. La » chaleur des autres animaux d'une vie faible excède peu la chaleur du milieu environnant; » à peine distingue-t-on quelques différences dans les moules et dans les huîtres, très peu » dans les carrelets, les merlans, les merlus et autres poissons à ouïes, qui m'ont tous paru » avoir à peine un degré de plus que l'eau de mer dans laquelle ils vivaient, et qui était » lors de mon observation au degré 41. Enfin, il n'y en a guère plus dans les poissons de » rivière, et quelques truites que j'ai examinées étaient au degré 62, pendant que l'eau de » la rivière était au degré 61... Suivant le résultat de plusieurs expériences, j'ai trouvé que » les limaçons étaient de 2 degrés plus chauds que l'air. Les grenouilles et les tortues de » de terre m'ont paru avoir quelque chose de plus, et environ 5 degrés de plus que l'air » qu'elles respiraient... J'ai aussi examiné la chaleur d'une carpe et celle d'une anguille, » et j'ai trouvé qu'elles excédaient à peine la chaleur de l'eau où ces poissons vivaient, » et qui était au degré 54. » *Essais sur les thermomètres*, art. 38, 39, 40, 41, 44, 45, 46 et 47.

et des insectes de 11 à 12, c'est-à-dire la moindre de toutes, et à très peu près la même que celle des végétaux. Ainsi le degré de chaleur dans l'homme et dans les animaux dépend de la force et de l'étendue des poumons (*) : ce sont les soufflets de la machine animale, ils en entretiennent et augmentent le feu selon qu'ils sont plus ou moins puissants, et que leur mouvement est plus ou moins prompt. La seule difficulté est de concevoir comment ces espèces de soufflets (dont la construction est aussi supérieure à celle de nos soufflets d'usage que la nature est au-dessus de nos arts), peuvent porter l'air sur le feu qui nous anime (**) : feu dont le foyer paraît assez indéterminé, feu qu'on n'a pas même voulu qualifier de ce nom parce qu'il est sans flamme, sans fumée apparente, et que sa chaleur n'est que très médiocre et assez uniforme. Cependant si l'on considère que la chaleur et le feu sont des effets et même des éléments du même ordre; si l'on se rappelle que la chaleur raréfie l'air, et qu'en étendant son ressort elle peut l'affaiblir au point de le rendre sans effet, on pourra penser que cet air tiré par nos poumons s'y raréfiant beaucoup doit perdre son ressort dans les bronches et dans les petites vésicules, où il ne peut pénétrer qu'en petit volume, et en bulles dont le ressort, déjà très étendu, sera bientôt détruit par la chaleur du sang artériel et veineux : car ces vaisseaux du sang ne sont séparés des vésicules pulmonaires qui reçoivent l'air que par des cloisons si minces, qu'elles laissent aisément passer cet air dans le sang, où il ne peut manquer de produire le même effet que sur le feu commun, parce que le degré de chaleur de ce sang est plus que suffisant pour détruire en entier l'élasticité des particules d'air, les fixer et les entraîner sous cette nouvelle forme dans toutes les voies de la circulation. Le feu du corps animal ne diffère du feu commun que du moins au plus, le degré de chaleur est moindre : dès lors il n'y a point de flamme, parce que les vapeurs qui s'élèvent et qui représentent la fumée de ce feu n'ont pas assez de chaleur pour s'enflammer ou devenir ardentes, et qu'étant d'ailleurs mêlées de beaucoup de parties humides qu'elles enlèvent avec elles, ces vapeurs ou cette fumée ne peuvent ni s'allumer ni brûler (a) : tous les autres effets sont

(a) J'ai fait une grande expérience au sujet de l'inflammation de la fumée. J'ai rempli de charbon sec et conservé à couvert depuis plus de six mois deux de mes fourneaux, qui ont également 14 pieds de hauteur, et qui ne diffèrent dans leur construction que par les proportions des dimensions en largeur, le premier contenant juste un tiers de plus que le second. J'ai rempli l'un avec 1,200 livres de ce charbon, et l'autre avec 800 livres, et j'ai adapté au plus grand un tuyau d'aspiration, construit avec un châssis de fer, garni de tôle, qui avait 13 pouces en carré sur 10 pieds de hauteur; je lui avais donné 13 pouces sur les quatre côtés, pour qu'il remplît exactement l'ouverture supérieure du fourneau, qui était carrée, et qui avait 13 pouces $\frac{1}{2}$ de toutes faces; avant de remplir ces fourneaux, on avait préparé dans le bas une petite cavité en forme de voûte, soutenue par des bois secs, sous lesquels on mit le feu au moment qu'on commença de charger de charbon; ce feu, qui d'abord était vif, se ralentit à mesure qu'on chargeait, cependant il subsista toujours sans s'éteindre, et lorsque les fourneaux furent remplis en entier, j'en examinai le progrès et le produit, sans le remuer et sans y rien ajouter; pendant les six premières heures, la fumée qui avait commencé à s'élever au moment qu'on avait commencé de charger, était très humide, ce que je reconnaissais aisément par les gouttes d'eau qui paraissaient sur les parties extérieures du tuyau d'aspiration, et ce tuyau n'était encore au bout de six heures que médiocrement chaud, car je pouvais le toucher aisément. On laissa le feu, le tuyau et les fourneaux pendant toute la nuit dans cet état; la fumée, continuant toujours, devint si abondante, si épaisse et si noire que le lendemain, en arrivant à mes forges, je crus qu'il y

(*) Pour parler plus exactement, il faut dire que le degré de chaleur dépend de l'activité de la respiration.

(**) Les poumons ne portent pas l'air « sur le feu qui nous anime »; ils servent à l'introduction dans le sang de l'oxygène qui produit « le feu », ou mieux la chaleur animale.

absolument les mêmes; la respiration d'un petit animal absorbe autant d'air que la lumière d'une chandelle; dans des vaisseaux fermés, de capacités égales, l'animal meurt en même temps que la chandelle s'éteint; rien ne peut démontrer plus évidemment que le feu de l'animal et celui de la chandelle ou de toute autre matière combustible allumée, sont des feux non seulement du même ordre, mais d'une seule et même nature, auxquels le secours de l'air est également nécessaire, et qui tous deux se l'approprient de la même manière, l'absorbent comme aliment, l'entraînent dans leur route ou le déposent sous une forme fixe dans les substances qu'ils pénètrent (*).

avait un incendie. L'air était calme, et comme le vent ne dissipait pas la fumée, elle enveloppait les bâtiments et les dérobait à ma vue; elle durait déjà depuis vingt-six heures. J'allai à mes fourneaux, je trouvai que le feu qui n'était allumé qu'à la partie du bas, n'avait pas augmenté, qu'il se soutenait au même degré, mais la fumée qui avait donné de l'humidité dans les six premières heures, était devenue plus sèche, et paraissait néanmoins tout aussi noire. Le tuyau d'aspiration ne pompait pas davantage, il était seulement un peu plus chaud, et la fumée ne formait plus de gouttes sur sa surface extérieure; la cavité des fourneaux, qui avait 14 pieds de hauteur, se trouva vide au bout des vingt-six heures, d'environ 3 pieds; je les fis remplir, l'un avec 50, et l'autre avec 75 livres de charbon, et je fis remettre tout de suite le tuyau d'aspiration qu'on avait été obligé d'enlever pour charger. Cette augmentation d'aliment n'augmenta pas le feu ni même la fumée, elle ne changea rien à l'état précédent; j'observai le tout pendant huit heures de suite, m'attendant à tout instant à voir paraître la flamme, et ne concevant pas pourquoi cette fumée d'un charbon si sec, et si sèche elle-même qu'elle ne déposait pas la moindre humidité, ne s'enflammait pas d'elle-même, après trente-quatre heures de feu toujours subsistant au bas des fourneaux. Je les abandonnai donc une seconde fois dans cet état, et donnai ordre de n'y pas toucher. Le jour suivant, douze heures après les trente-quatre, je trouvai le même brouillard épais, la même fumée noire couvrant mes bâtiments; et ayant visité mes fourneaux, je vis que le feu d'en bas était toujours le même, la fumée la même et sans aucune humidité, et que la cavité des fourneaux était vide de 3 pieds 2 pouces dans le plus petit, et de 2 pieds 9 pouces seulement dans le plus grand, auquel était adapté le tuyau d'aspiration; je le remplis avec 66 livres de charbon, et l'autre avec 54, et je résolus d'attendre aussi longtemps qu'il serait nécessaire pour savoir si cette fumée ne viendrait pas enfin à s'enflammer; je passai neuf heures à l'examiner de temps à autre; elle était très sèche, très suffocante, très sensiblement chaude, mais toujours noire et sans flamme au bout de cinquante-cinq heures. Dans cet état, je la laissai pour la troisième fois. Le jour suivant, treize heures après les cinquante-cinq, je la retrouvai encore de même, le charbon de mes fourneaux baissé de même; et comme je réfléchissais sur cette consommation de charbon sans flamme, qui était d'environ moitié de la consommation qui s'en fait dans le même temps et dans les mêmes fourneaux, lorsqu'il y a de la flamme, je commençai à croire que je pourrais bien user beaucoup de charbon, sans avoir de flamme, puisque depuis trois jours on avait chargé trois fois les fourneaux (car j'oubliais de dire que ce jour même on venait de remplir la cavité vide du grand fourneau, avec 80 livres de charbon, et celle du petit avec 60 livres); je les laissai néanmoins fumer encore plus de cinq heures. Après avoir perdu l'espérance de voir cette fumée s'enflammer d'elle-même, je la vis tout d'un coup prendre feu, et faire une espèce d'explosion dans l'instant même qu'on lui présenta la flamme légère d'une poignée de paille; le tourbillon entier de la fumée s'enflamma jusqu'à 8 à 10 pieds de distance et autant de hauteur; la flamme pénétra la masse du charbon, et descendit dans le même moment jusqu'au bas du fourneau, et continua de brûler à la manière ordinaire; le charbon se consommait une fois plus vite, quoique le feu d'en bas ne parût guère plus animé; mais je suis convaincu que mes fourneaux auraient éternellement fumé, si l'on n'eût pas allumé la fumée; et rien ne me prouva mieux que la flamme n'est que de la fumée qui brûle, et que la communication du feu ne peut se faire que par la flamme.

(*) L'oxygène de l'air se fixe, dans les animaux supérieurs, sur les globules sanguins en s'y combinant avec l'hémoglobine pour former de l'oxyhémoglobine; la circulation entraîne

Les végétaux et la plupart des insectes n'ont, au lieu de poumons, que des tuyaux aspiratoires, des espèces de trachées par lesquelles ils ne laissent pas de pomper tout l'air qui leur est nécessaire : on le voit passer en bulles très sensibles dans la sève de la vigne ; il est non seulement pompé par les racines, mais souvent même par les feuilles ; il fait partie, et partie très essentielle, de la nourriture du végétal qui dès lors se l'assimile, le fixe et le conserve. Le petit degré de la chaleur végétale, joint à celui de la chaleur du soleil, suffit pour détruire le ressort de l'air contenu dans la sève, surtout lorsque cet air qui n'a pu être admis dans le corps de la plante et arriver à la sève qu'après avoir passé par des tuyaux très serrés, se trouve divisé en particules presque infiniment petites que le moindre degré de chaleur suffit pour rendre fixes. L'expérience confirme pleinement tout ce que je viens d'avancer : les matières animales et végétales contiennent toutes une très grande quantité de cet air fixe, et c'est en quoi consiste l'un des principes de leur inflammabilité ; toutes les matières combustibles contiennent beaucoup d'air, tous les animaux et les végétaux, toutes leurs parties, tous leurs détriments, toutes les matières qui en proviennent, toutes les mêmes substances où ces détriments se trouvent mélangés, contiennent plus ou moins d'air fixe, et la plupart renferment aussi une certaine quantité d'air élastique. On ne peut douter de ces faits, dont la certitude est acquise par les belles expériences du docteur Hales, et dont les chimistes ne me paraissent pas avoir senti toute la valeur, car ils auraient reconnu depuis longtemps que l'air fixe doit jouer en grande partie le rôle de leur phlogistique, ils n'auraient pas adopté ce terme nouveau qui ne répond à aucune idée précise, et ils n'en auraient pas fait la base de toutes leurs explications des phénomènes chimiques, ils ne l'auraient pas donné pour un être identique et toujours le même, puisqu'il est composé d'air et de feu, tantôt dans un état fixe et tantôt dans celui de la plus grande volatilité. Et ceux d'entre eux qui ont regardé le phlogistique comme le produit du feu élémentaire ou de la lumière se sont moins éloignés de la vérité, parce que le feu ou la lumière produisent, par le secours de l'air, tous les effets du phlogistique.

Les minéraux qui, comme les soufres et les pyrites contiennent dans leur substance une quantité plus ou moins grande des détriments ultérieurs des animaux et des végétaux, renferment dès lors des parties combustibles qui, comme toutes les autres, contiennent plus ou moins d'air fixe, mais toujours beaucoup moins que les substances purement animales ou végétales : on peut également leur enlever cet air fixe par la combustion ; on peut aussi le dégager par le moyen de l'effervescence, et dans les matières animales et végétales on le dégage par la simple fermentation, qui, comme la combustion, a toujours besoin d'air pour s'opérer. Ceci s'accorde si parfaitement avec l'expérience, que je ne crois pas devoir insister sur la preuve des faits. Je me contenterai d'observer que les soufres et les pyrites ne sont pas les seuls minéraux qu'on doive regarder comme combustibles, qu'il y en a beaucoup d'autres dont je ne ferai point ici l'énumération, parce qu'il suffit de dire que leur degré de combustibilité dépend ordinairement de la quantité de soufre qu'ils contiennent. Tous les minéraux combustibles tirent donc originairement cette propriété ou du mélange des parties animales et végétales qui sont incorporées avec eux, ou des particules de lumière, de chaleur et d'air qui, par le laps de temps, se sont fixées dans leur intérieur. (*) Rien selon moi, n'est combustible que ce qui a été formé par une

les globules, devenus riches en oxyhémoglobine, dans toutes les parties de l'organisme. Au contact des éléments anatomiques, les globules perdent l'excès d'oxygène qu'ils contiennent ; celui-ci se combine avec les principes chimiques constituant des tissus en déterminant une production de chaleur.

(*) Buffon suppose qu'un corps n'est combustible que parce qu'il contient des éléments combustibles distincts de sa propre substance, ou parce qu'il contient « des particules de lumière, de chaleur et d'air ». Il montre par là qu'il ignorait complètement en quoi consiste

chaleur douce, c'est-à-dire par ces mêmes éléments combinés dans toutes les substances que le soleil (*a*) éclaire et vivifie, ou dans celles que la chaleur intérieure de la terre fomente et réunit.

C'est cette chaleur intérieure du globe de la terre que l'on doit regarder comme le vrai feu élémentaire, et il faut le distinguer de celui du soleil qui ne nous parvient qu'avec la lumière; tandis que l'autre, quoique bien plus considérable, n'est ordinairement que sous la forme d'une chaleur obscure, et que ce n'est que dans quelques circonstances, comme celles de l'électricité, qu'il prend de la lumière. Nous avons déjà dit que cette chaleur, observée pendant un grand nombre d'années de suite, est trois ou quatre cents fois plus grande en hiver, et vingt-neuf fois plus grande en été dans notre climat que la chaleur qui nous vient du soleil pendant le même temps : c'est une vérité qui peut paraître singulière, mais qui n'en est pas moins évidemment démontrée (*b*) (*). Comme nous en avons parlé disertement, nous nous contenterons de remarquer ici que cette chaleur constante, et toujours subsistante, entre comme élément dans toutes les combinaisons des autres éléments, et qu'elle est plus que suffisante pour produire sur l'air les mêmes effets que le feu actuel ou la chaleur animale; que par conséquent cette chaleur intérieure de la terre détruira l'élasticité de l'air, et le fixera toutes les fois qu'étant divisé en parties très petites, il se trouvera saisi par cette chaleur dans le sein de la terre ; que sous cette nouvelle forme il entrera comme partie fixe dans un grand nombre de substances, lesquelles contiendront dès lors des particules d'air fixe et de chaleur fixe qui sont les premiers principes de la combustibilité. Mais ils se trouveront en plus ou moins grande quantité dans les différentes substances, selon le degré d'affinité qu'ils auront avec elles; et ce degré dépendra beaucoup de la quantité que ces substances contiendront de parties animales et végétales qui paraissent être la base de toute matière combustible : si elle y sont abondamment répandues ou faiblement incorporées, on pourra toujours les dégager de ces substances par

(*a*) Voici une observation qui semble démontrer que la lumière a plus d'affinité avec les substances combustibles qu'avec toutes les autres matières. On sait que la puissance réfractive des corps transparents est proportionnelle à leur densité; le verre, plus dense que l'eau, a proportionnellement une plus grande force réfringente, et en augmentant la densité du verre et de l'eau, l'on augmente à mesure leur force de réfraction. Cette proportion s'observe dans toutes les matières transparentes, et qui sont en même temps incombustibles. Mais les matières inflammables, telles que l'esprit-de-vin, les huiles transparentes, l'ambre, etc., ont une puissance réfringente plus grande que les autres; en sorte que l'attraction que ces matières exercent sur la lumière, et qui provient de leur masse ou densité, est considérablement augmentée par l'affinité particulière qu'elles ont avec la lumière. Si cela n'était pas, leur force réfringente serait, comme celle de toutes les autres matières, proportionnelle à leur densité; mais les matières inflammables attirent plus puissamment la lumière, et ce n'est que par cette raison qu'elles ont plus de puissance réfractive que les autres. Le diamant même ne fait pas une exception à cette loi; on doit le mettre au nombre des matières combustibles, on le brûle au miroir ardent; il a avec la lumière autant d'affinité que les matières inflammables, car sa puissance réfringente est plus grande qu'elle ne devrait l'être à proportion de sa densité. Il a en même temps la propriété de s'imbiber de la lumière et de la conserver assez longtemps; les phénomènes de sa réfraction doivent tenir en partie à ces propriétés.

(*b*) Voyez le Mémoire de M. de Mairan, dans ceux de l'*Académie royale des sciences*, année 1765, p. 143.

la combustion. Il avait bien compris que l'air est nécessaire à la combustion; il avait aussi saisi l'analogie qui existe entre la calcination, la combustion et la chaleur animale, mais il n'était pas allé plus loin.

(*) C'est tout le contraire qui est démontré. La chaleur intérieure du globe n'agit presque pas à la surface du globe, tandis que celle-ci est échauffée par la chaleur du soleil.

le moyen de la combustion. La plupart des minéraux métalliques et même des métaux contiennent une assez grande quantité de parties combustibles; le zinc, l'antimoine, le fer, le cuivre, etc., brûlent et produisent une flamme évidente et très vive tant que dure la combustion de ces parties inflammables qu'ils contiennent (*). Après quoi, si on continue le feu, la combustion finie, commence la calcination, pendant laquelle il rentre dans ces matières de nouvelles parties d'air et de chaleur qui s'y fixent, et qu'on ne peut en dégager qu'en leur présentant quelque matière combustible avec laquelle ces parties d'air et de chaleur fixes ont plus d'affinité qu'avec celles du minéral, auxquelles en effet elles ne sont unies que par force, c'est-à-dire par l'effort de la calcination. Il me semble que la conversion des substances métalliques en chaux et leur réduction pourront maintenant être très clairement entendues sans qu'il soit besoin de recourir à des principes secondaires ou à des hypothèses arbitraires pour leur explication (**). La réduction, comme je l'ai déjà insinué, n'est dans le réel qu'une seconde combustion par laquelle on dégage les parties d'air et de chaleur fixes que la calcination avait forcées d'entrer dans le métal et de s'unir à sa substance fixe, à laquelle ont rend en même temps les parties volatiles et combustibles que la première action du feu lui avait enlevées.

Après avoir présenté le grand rôle que l'air fixe joue dans les opérations les plus secrètes de la nature, considérons-le pendant quelques instants lorsque, sous la forme élastique, il réside dans les corps : ses effets sont alors alors aussi variables que les degrés de son élasticité; son action, quoique toujours la même, semble donner des produits différents dans les substances différentes. Pour en ramener la considération à un point de vue général, nous le comparerons avec l'eau et la terre, comme nous l'avons déjà comparé avec le feu; les résultats de cette comparaison entre les quatre éléments s'appliqueront ensuite aisément à toutes les substances de quelque nature qu'elles puissent être, puisque toutes ne sont composées que de ces quatre principes réels.

Le plus grand froid connu ne peut détruire le ressort de l'air, et la moindre chaleur suffit pour cet effet, surtout lorsque ce fluide est divisé en parties très petites. Mais il faut observer qu'entre son état de fixité et celui de sa pleine élasticité, il y a toutes les nuances des états moyens, et que c'est presque toujours dans quelques-uns de ces états moyens qu'il réside dans la terre et dans l'eau, ainsi que dans toutes les substances qui en sont composées : par exemple, on ne pourra pas douter que l'eau, qui nous paraît une substance si simple, ne contienne une certaine quantité d'air qui n'est ni fixe ni élastique (***), mais entre la fixité et l'élasticité, si l'on fait attention aux différents phénomènes qu'elle nous présente dans sa congélation, dans son ébullition, dans sa résistance à toute compression, etc., car la physique expérimentale nous démontre que l'eau est incompressible : au lieu de s'affaisser et de rentrer en elle-même lorsqu'on la force par la presse, elle passe à travers les vaisseaux les plus solides et les plus épais (****). Or, si l'air qu'elle contient en assez grande quantité y était dans son état de pleine élasticité, l'eau serait compressible en raison de cette quantité d'air élastique qu'elle contient et qui se comprimerait : donc l'air contenu dans l'eau n'y est pas simplement mêlé et n'y conserve pas sa forme élastique, mais y est plus intimement uni dans un état où son ressort ne s'exerce plus d'une manière sensible; et néanmoins ce ressort n'y est pas entièrement détruit, car,

(*) Ces corps brûlent parce qu'ils s'oxydent; ils ne contiennent pas des parties combustibles; ils sont eux-mêmes combustibles, c'est-à-dire oxydables.

(**) La « conversion des substances métalliques en chaux » est une oxydation de ces substances.

(***) L'eau pure ne contient pas d'air; elle n'est pas non plus aussi simple que le pensaient Buffon et ses contemporains; elle est formée par la combinaison de deux corps : l'hydrogène et l'oxygène.

(****) L'eau est peu compressible, mais elle n'est pas totalement incompressible.

si l'on expose l'eau à la congélation, on voit cet air sortir de son intérieur et se réunir à sa surface en bulles élastiques (*). Ceci seul suffirait pour prouver que l'air n'est pas contenu dans l'eau sous sa forme ordinaire, puisque, étant spécifiquement huit cent cinquante fois plus léger, il serait forcé d'en sortir par la seule nécessité de la prépondérance de l'eau ; il est donc évident que l'air contenu dans l'eau n'y est pas dans son état ordinaire, c'est-à-dire de pleine élasticité, et en même temps il est démontré que cet état dans lequel il réside dans l'eau n'est pas celui de sa plus grande fixité, où son ressort absolument détruit ne peut se rétablir que par la combustion, puisque la chaleur ou le froid peuvent également le rétablir ; il suffit de faire chauffer ou geler de l'eau pour que l'air qu'elle contient reprenne son élasticité et s'élève en bulles sensibles à sa surface, il s'en dégage de même lorsque l'eau cesse d'être pressée par le poids de l'atmosphère sous le récipient de la machine pneumatique ; il n'est donc pas contenu dans l'eau sous une forme fixe, mais seulement dans un état moyen où il peut aisément reprendre son ressort ; il n'est pas simplement mêlé dans l'eau, puisqu'il ne peut y résider sous sa forme élastique, mais aussi il ne lui est pas intimement uni sous sa forme fixe, puisqu'il s'en sépare plus aisément que de toute autre matière.

On pourra m'objecter avec raison que le froid et le chaud n'ont jamais opéré de la même façon ; que si l'une de ces causes rend à l'air son élasticité, l'autre doit la détruire, et j'avoue que, pour l'ordinaire, le froid et le chaud produisent des effets différents ; mais, dans la substance particulière que nous considérons, ces deux causes, quoique opposées, donnent le même effet : on pourra le concevoir aisément en faisant attention à la chose même et au rapport de ses circonstances. L'on sait que l'eau, soit gelée, soit bouillie, reprend l'air qu'elle avait perdu dès qu'elle se liquéfie ou qu'elle se refroidit ; le degré d'affinité de l'air avec l'eau dépend donc en grande partie de celui de sa température ; ce degré, dans son état de liquidité, est à peu près le même que celui de la chaleur générale à la surface de la terre ; l'air, avec lequel elle a beaucoup d'affinité, la pénètre aussitôt qu'elle est divisée en parties très ténues, et le degré de la chaleur élémentaire et générale suffit pour affaiblir le ressort de ces petites parties, au point de le rendre sans effet tant que l'eau conserve cette température ; mais si le froid vient à la pénétrer, ou, pour parler plus précisément, si ce degré de chaleur nécessaire à cet état de l'air vient à diminuer, alors son ressort, qui n'est pas entièrement détruit, se rétablira par le froid, et l'on verra les bulles élastiques s'élever à la surface de l'eau prête à se congeler. Si, au contraire, l'on augmente le degré de la température de l'eau par une chaleur extérieure, on en divise trop les parties intégrantes, on les rend volatiles, et l'air, qui ne leur était que faiblement uni, s'élève et s'échappe avec elles ; car il faut se rappeler que, quoique l'eau prise en masse soit incompressible et sans aucun ressort, elle est très élastique dès qu'elle est divisée ou réduite en petites parties ; et en ceci elle paraît être d'une nature contraire à celle de l'air, qui n'est compressible qu'en masse et qui perd son ressort dès qu'il est trop divisé. Néanmoins l'air et l'eau ont beaucoup plus de rapports entre eux que de propriétés opposées, et comme je suis très persuadé que toute la matière est convertible, et que les quatre éléments peuvent se transformer, je serais porté à croire que l'eau peut se changer en air lorsqu'elle est assez raréfiée pour se changer en vapeurs, car le ressort de la vapeur de l'eau est aussi et même plus puissant que le ressort de l'air ; on voit le prodigieux effet de cette puissance dans les pompes à feu, on voit la terrible explosion qu'elle produit lorsqu'on laisse tomber du métal fondu sur quelques gouttes d'eau ; et si l'on ne veut pas convenir avec moi que l'eau puisse dans cet état de vapeurs se transformer en air, on ne pourra du moins nier qu'elle n'en ait alors les principales propriétés.

(*) L'air qui se dégage, quand on fait congeler de l'eau, est de l'air tenu en dissolution dans l'eau, à l'état d'air, quoi qu'en disc Buffon.

L'expérience m'a même appris que la vapeur de l'eau peut entretenir et augmenter le feu, comme le fait l'air ordinaire (*), et cet air, que nous pourrions regarder comme pur, est toujours mêlé avec une très grande quantité d'eau; mais il faut remarquer comme chose importante que la proportion du mélange n'est pas, à beaucoup près, la même dans ces deux éléments. L'on peut dire en général qu'il y a beaucoup moins d'air dans l'eau que d'eau dans l'air; seulement, il faut considérer qu'il y a deux unités très différentes, auxquelles on pourrait rapporter les termes de cette proportion : ces deux unités sont le volume et la masse. Si on estime la quantité d'air contenue dans l'eau par le volume, elle paraîtra nulle, puisque le volume de l'eau n'en est point du tout augmenté; et de même l'air plus ou moins humide ne nous paraît pas changer de volume, cela n'arrive que quand il est plus ou moins chaud : ainsi, ce n'est point au volume qu'il faut rapporter cette proportion, c'est à la masse seule, c'est-à-dire à la quantité réelle de matière dans l'un et dans l'autre de ces deux éléments, qu'on doit comparer celle de leur mélange, et l'on verra que l'air est beaucoup plus *aqueux* que l'eau n'est *aérienne* peut-être dans la proportion de la masse, c'est-à-dire huit cent cinquante fois davantage. Quoi qu'il en soit de cette estimation, qui est peut-être ou trop forte ou trop faible, nous pouvons en tirer l'induction que l'eau doit se changer plus aisément en air que l'air ne peut se transformer en eau. Les parties de l'air, quoique susceptibles d'être extrêmement divisées, paraissent être plus grosses que celles de l'eau, puisque celle-ci passe à travers plusieurs filtres que l'air ne peut pénétrer; puisque, quand elle est raréfiée par la chaleur, son volume, quoique fort augmenté, n'est qu'égal ou un peu plus grand que celui des parties de l'air à la surface de la terre, car les vapeurs de l'eau ne s'élèvent dans l'air qu'à une certaine hauteur; enfin, puisque l'air semble s'imbiber d'eau comme une éponge, la contenir en grande quantité, et que le contenant est nécessairement plus grand que le contenu Au reste, l'air, qui s'imbibe si volontiers de l'eau, semble la rendre de même lorsqu'on lui présente des sels ou d'autres substances avec lesquelles l'eau a encore plus d'affinité qu'avec lui. L'effet que les chimistes appellent *défaillance*, et même celui des *efflorescences*, démontrent non seulement qu'il y a une très grande quantité d'eau contenue dans l'air, mais encore que cette eau n'y est attachée que par une simple affinité, qui cède aisément à une affinité plus grande, et qui même cesse d'agir sans être combattue ou balancée par aucune autre affinité, mais par la seule raréfaction de l'air, puisqu'il se dégage de l'eau dès qu'elle cesse d'être pressée par le poids de l'atmosphère, sous le récipient de la machine pneumatique.

Dans l'ordre de la conversion des éléments, il me semble que l'eau est pour l'air ce que l'air est pour le feu, et que toutes les transformations de la nature dépendent de celles-ci. L'air, comme aliment du feu, s'assimile avec lui et se transforme en ce premier élément; l'eau, raréfiée par la chaleur, se transforme en une espèce d'air capable d'alimenter le feu comme l'air ordinaire; ainsi le feu a un double fonds de subsistance assurée; s'il consomme beaucoup d'air, il peut aussi en produire beaucoup par la raréfaction de l'eau, et réparer ainsi dans la masse de l'atmosphère toute la quantité qu'il en détruit, tandis qu'ultérieurement il se convertit lui-même en matière fixe dans les substances terrestres qu'il pénètre par sa chaleur ou par sa lumière.

Et de même que, d'une part, l'eau se convertit en air ou en vapeurs aussi volatils que l'air par sa raréfaction, elle se convertit en une substance solide par une espèce de condensation différente des condensations ordinaires. Tout fluide se raréfie par la chaleur et se condense par le froid; l'eau suit elle-même cette loi commune, et se condense à mesure qu'elle refroidit; qu'on en remplisse un tube de verre jusqu'aux trois quarts, on la verra descendre à mesure que le froid augmente, et se condenser comme font tous les autres

_____

(*) Pour cela, il faut qu'il y ait de l'air contenu dans l'eau ou bien que l'eau se décompose et que son oxygène soit mis en liberté.

fluides ; mais, quelque temps avant l'instant de la congélation, on la verra remonter au-dessus du point des trois quarts de la hauteur du tube, et s'y renfler encore considérable-ment en se convertissant en glace. Mais si le tube est bien bouché et parfaitement en repos, l'eau continuera de baisser et ne se gèlera pas, quoique le degré de froid soit de 6, 8 ou 10 degrés au-dessous du terme de la glace, et l'eau ne gèlera que quand on ouvrira le tube ou qu'on le remuera. Il semble donc que la congélation nous présente d'une ma-nière inverse les mêmes phénomènes que l'inflammation. Quelque intense, quelque grande que soit la chaleur renfermée dans un vaisseau bien clos, elle ne produira l'inflammation que quand elle touchera quelque matière enflammée ; et de même, à quelque degré qu'un fluide soit refroidi, il ne gèlera pas sans toucher quelque substance déjà gelée ; et c'est ce qui arrive lorsqu'on remue ou débouche le tube : les particules de l'eau qui sont gelées dans l'air extérieur ou dans l'air contenu dans le tube viennent, lorsqu'on le débouche ou le remue, frapper la surface de l'eau et lui communiquent leur glace. Dans l'inflammation, l'air, d'abord très raréfié par la chaleur, perd de son volume et se fixe tout à coup ; dans la congélation, l'eau, d'abord condensée par le froid, reprend plus de volume et se fixe de même. Car la glace est une substance solide, plus légère que l'eau, et qui conserverait sa solidité si le froid était toujours le même. Et je suis porté à croire qu'on viendrait à bout de fixer le mercure à un moindre degré de froid en le sublimant en vapeurs dans un air très froid. Je suis de même très porté à croire que l'eau, qui ne doit sa liquidité qu'à la chaleur et qui la perd avec elle, deviendrait une substance d'autant plus solide et d'autant moins fusible qu'elle éprouverait plus fort et plus longtemps la rigueur du froid. On n'a pas fait assez d'expériences sur ce sujet important.

Mais sans nous arrêter à cette idée, c'est-à-dire sans admettre ni sans exclure la possi-bilité de la conversion de la glace en matière infusible ou terre fixe et solide, passons à des vues plus étendues sur les moyens que la nature emploie pour la transformation de l'eau. Le plus puissant de tous et le plus évident est le filtre animal ; le corps des animaux à coquille en se nourrissant des particules de l'eau en travaille en même temps la substance au point de la dénaturer ; la coquille est certainement une substance terrestre, une vraie pierre, dont toutes les pierres que les chimistes appellent *calcaires* et plusieurs autres matières tirent leur origine ; cette coquille paraît à la vérité faire partie constitutive de l'animal qu'elle couvre, puisqu'elle se perpétue par la génération (*), et qu'on la voit dans les petits coquillages qui viennent de naître, comme dans ceux qui ont pris tout leur accroissement ; mais ce n'en est pas moins une substance terrestre, formée par la sécrétion ou l'exsudation du corps de l'animal (**) ; on la voit s'agrandir, s'épaissir par anneaux et par couches à mesure qu'il prend de la croissance ; et souvent cette matière pierreuse excède cinquante ou soixante fois la masse ou matière réelle du corps de l'animal qui la produit. Qu'on se représente pour un instant le nombre des espèces de ces animaux à coquille, ou pour les tous comprendre, de ces animaux à transsudation pierreuse, elles sont peut-être en plus grand nombre dans la mer, que ne l'est sur la terre le nombre des espèces d'insectes ; qu'on se représente ensuite leur prompt accroissement, leur prodigieuse multiplication, le peu de durée de leur vie, dont nous supposerons néanmoins le terme moyen à dix ans (a), qu'ensuite on considère qu'il faut multiplier par cinquante ou soixante

(a) La plus longue vie des escargots ou gros limaçons terrestres s'étend jusqu'à quatorze ans ; on peut présumer que les gros coquillages de mer vivent plus longtemps, mais aussi

(*) La coquille « ne se perpétue pas par la génération » ; les jeunes mollusques naissent nus, sans coquille ; ils ne commencent à en sécréter une que quand ils ont atteint un cer-tain âge.

(**) L'animal puise la substance constituante de sa coquille, c'est-à-dire le carbonate de chaux, dans l'eau, où cette substance est tenue en dissolution sous la forme de bicarbonate.

le nombre presque immense de tous les individus de ce genre pour se faire une idée de toute la matière pierreuse produite en dix ans; qu'enfin on considère que ce bloc déjà si gros de matière pierreuse doit être augmenté d'autant de pareils blocs qu'il y a de fois dix dans tous les siècles qui se sont écoulés depuis le commencement du monde, et l'on se familiarisera avec cette idée ou plutôt cette vérité, d'abord repoussante, que toutes nos collines, tous nos rochers de pierre calcaire, de marbre, de craie, etc., ne viennent originairement que de la dépouille de ces petits animaux (*). On n'en pourra douter à l'inspection des matières même, qui toutes contiennent encore des coquilles ou des détriments de coquilles très aisément reconnaissables.

Les pierres calcaires ne sont donc en très grande partie que de l'eau et de l'air contenus dans l'eau transformés par le filtre animal; les sels, les bitumes, les huiles, les graisses de la mer n'entrent que peu ou pour rien dans la composition de la coquille; aussi la pierre calcaire ne contient-elle aucune de ces matières; cette pierre n'est que de l'eau transformée (**), jointe à quelque petite portion de terre vitrifiable et à une très grande quantité d'air fixe qui s'en dégage par la calcination. Cette opération produit les mêmes effets sur les coquilles qu'on prend dans la mer que sur les pierres qu'on tire des carrières, elles forment également de la chaux, dans laquelle on ne remarque d'autre différence que celle d'un peu plus ou d'un peu moins de qualité; la chaux faite avec des écailles d'huître ou d'autres coquilles est plus faible que la chaux faite avec du marbre ou de la pierre dure; mais le procédé de la nature est le même, les résultats de son opération les mêmes : les coquilles et les pierres perdent également près de moitié de leur poids par l'action du feu dans la calcination; l'eau qui a conservé sa nature en sort la première, après quoi l'air fixe se dégage et ensuite l'eau fixe dont ces substances pierreuses sont composées reprend sa première nature et s'élève en vapeurs poussées et raréfiées par le feu, et il ne reste que les parties les plus fixes de cet air et de cette eau qui peut-être sont si fort unies entre elles, et à la petite quantité de terre fixe de la pierre que le feu ne peut les séparer. La masse se trouve donc réduite de près de moitié, et se réduirait peut-être encore plus si l'on donnait un feu plus violent. Et ce qui me semble prouver évidemment que cette matière chassée hors de la pierre par le feu n'est autre chose que de l'air et de l'eau, c'est la rapidité, l'avidité avec laquelle cette pierre calcinée reprend l'eau qu'on lui donne (***), et la force avec laquelle elle la tire de l'atmosphère lorsqu'on la lui refuse. La chaux, par son extinction ou dans l'air ou dans l'eau, reprend en grande partie la masse qu'elle avait perdue par la calcination; l'eau avec l'air qu'elle contient vient remplacer l'eau et l'air qu'elle contenait précédemment, la pierre reprend dès lors sa première nature; car en mêlant sa chaux avec des détriments d'autres pierres, on fait un mortier qui se durcit et devient avec le temps une substance solide et pierreuse comme celle dont on l'a composé.

Après cette exposition, je ne crois pas qu'on puisse douter de la transformation de l'eau en terre ou en pierre (****) par l'intermède des coquilles. Voilà donc d'une part toutes les

les petits et les très petits, tels que ceux qui forment le corail, et tous les madrépores, vivent beaucoup moins de temps; et c'est par cette raison que j'ai pris le terme moyen de dix ans.

(*) Cela est très exact.

(**) Ce n'est pas « de l'eau transformée », c'est du carbonate de chaux puisé par l'animal dans l'eau où il était tenu en dissolution.

(***) Par la calcination, le calcaire est privé de l'eau qui entrait dans sa constitution moléculaire.

(****) Nous avons dit déjà que l'eau ne se transforme pas en « terre ou en pierre », mais qu'elle peut être privée du carbonate de chaux, c'est-à-dire « de la pierre » que, dans la nature, elle tient presque toujours en dissolution.

matières calcaires dont on doit rapporter l'origine aux animaux, et d'autre part toutes les matières combustibles qui ne proviennent que des substances animales ou végétales ; elles occupent ensemble un assez grand espace à la surface de la terre, et l'on peut juger par leur volume immense combien la nature vivante a travaillé pour la nature morte, car ici le brut n'est que le mort.

Mais les matières calcaires et les substances combustibles, quelque grand qu'en soit le nombre, quelque immense que nous en paraisse le volume, ne font qu'une très petite portion du globe de la terre, dont le fond principal et la majeure et très majeure quantité consiste en une matière de la nature du verre, matière qu'on doit regarder comme l'élément terrestre, à l'exclusion de toutes les autres substances auxquelles elle sert de base comme terre, lorsqu'elles se forment par le moyen ou par le détriment des animaux, des végétaux et par la transformation des autres éléments. Non seulement cette matière première, qui est la vraie terre élémentaire, sert de base à toutes les autres substances, et en constitue les parties fixes, mais elle est en même temps le terme ultérieur auquel on peut les ramener et les réduire toutes. Avant de présenter les moyens que la nature et l'art peuvent employer pour opérer cette espèce de réduction de toute substance en verre, c'est-à-dire en terre élémentaire, il est bon de rechercher si les moyens que nous avons indiqués sont les seuls par lesquels l'eau puisse se transformer en substance solide ; il me semble que le filtre animal la convertissant en pierre, le filtre végétal peut également la transformer lorsque toutes les circonstances se trouvent être les mêmes ; la chaleur propre des animaux à coquille étant un peu plus grande que celle des végétaux, et les organes de de la vie plus puissants que ceux de la végétation, le végétal ne pourra produire qu'une petite quantité de pierres qu'on trouve assez souvent dans son fruit ; mais il peut convertir, et convertit réellement en sa substance une grande quantité d'air et une quantité encore plus grande d'eau ; la terre fixe qu'il s'approprie, et qui sert de base à ces deux éléments, est en si petite quantité, qu'on peut assurer, sans craindre de se tromper, qu'elle ne fait pas la centième partie de sa masse : dès lors le végétal n'est presque entièrement composé que d'air et d'eau transformés en bois, substance solide qui se réduit ensuite en terre par la combustion ou la putréfaction (*). On doit dire la même chose des animaux : ils fixent

(*) Ce passage est un de ceux dans lesquels Buffon expose le plus clairement ses idées sur le phénomène que l'on a désigné plus récemment sous le nom de circulation de la matière. D'après sa manière de voir, les végétaux prennent dans le milieu ambiant de l'air et de l'eau qu'ils transforment en bois, puis le bois, sous l'influence de la combustion ou de la putréfaction, se transforme en terre. Celle-ci n'est donc, en réalité, qu'un produit de transformation de l'air et de la terre. Il est inutile de faire remarquer la fausseté de cette théorie. La seule chose qu'il faille en retenir, c'est l'effort fait par Buffon pour expliquer le fait le plus intéressant peut-être qu'il soit donné à la science d'étudier. Diderot exprimait la même préoccupation dans son *Entretien entre Diderot et d'Alembert*, etc. « Je voudrais bien, fait-il dire à d'Alembert, que vous me disiez quelle différence vous mettez entre l'homme et la statue, entre le marbre et la chair » ; et Diderot de répondre : « Assez peu. On fait du marbre avec de la chair et de la chair avec du marbre... Je prends la statue que vous voyez et je la mets dans un mortier, et... lorsque le bloc de marbre est réduit en une poudre impalpable, je mêle cette poudre à l'humus ou terre végétale ; je les pétris bien ensemble ; j'arrose le mélange ; je le laisse putréfier un an, deux ans, un siècle, le temps ne me fait rien. Lorsque le tout s'est transformé en une matière homogène, ou humus, savez-vous ce que je fais ? J'y sème des pois, des fèves, des choux. Les plantes se nourrissent de la terre et je me nourris des plantes. » D'Alembert réplique : « Vrai ou faux, j'aime ce passage du marbre à l'humus, de l'humus au règne végétal et du règne végétal au règne animal, à la chair. »

Il était réservé à la science moderne de résoudre le grave problème soulevé par le naturaliste et par le philosophe du XVIIIᵉ siècle, ou du moins d'indiquer les termes principaux de

et transforment non seulement l'air et l'eau, mais le feu en plus grande quantité que les végétaux ; il me paraît donc que les fonctions des corps organisés sont l'un des plus puissants moyens que la nature emploie pour la conversion des éléments. On peut regarder chaque animal ou chaque végétal comme un petit centre particulier de chaleur ou de feu qui s'approprie l'air et l'eau qui l'environnent, se les assimile pour végéter ou pour se nourrir et vivre des productions de la terre, qui ne sont elles-mêmes que de l'air et de l'eau précédemment fixés ; il s'approprie en même temps une petite quantité de terre, et recevant les impressions de la lumière et celles de la chaleur du soleil et du globe terrestre, il tourne en sa substance tous ces différents éléments, les travaille, les combine, les réunit, les oppose, jusqu'à ce qu'ils aient subi la forme nécessaire à son développement, c'est-à-dire à l'entretien de la vie et de l'accroissement de l'organisation, dont le moule, une fois donné, modèle toute la matière qu'il admet, et de brute qu'elle était la rend organisée.

L'eau qui s'unit si volontiers avec l'air, et qui entre en si grande quantité dans les corps organisés, s'unit aussi de préférence avec quelques matières solides, telles que les sels, et c'est souvent par leur moyen qu'elle entre dans la composition des minéraux. Le sel, au premier coup d'œil, ne paraît être qu'une terre dissoluble dans l'eau et d'une saveur piquante ; mais les chimistes, en recherchant sa nature, ont très bien reconnu qu'elle consiste principalement dans la réunion de ce qu'ils nomment le *principe terreux* et le *principe aqueux* (*) ; l'expérience de l'acide nitreux, qui ne laisse après sa combustion qu'un peu de terre et d'eau, leur a même fait penser que ce sel et peut-être tous les autres sels n'étaient absolument composés que de ces deux éléments : néanmoins, il me paraît qu'on peut démontrer aisément que l'air et le feu entrent dans leur composition, puisque le nitre produit une grande quantité d'air dans la combustion, et que cet air fixe suppose du feu fixe qui s'en dégage en même temps ; que d'ailleurs toutes les explications qu'on donne de la dissolution ne peuvent se soutenir à moins qu'elles n'admettent deux forces opposées, l'une attractive et l'autre expansive, et par conséquent la présence des éléments de l'air et du feu, qui sont seuls doués de cette seconde force ; qu'enfin ce serait contre toute analogie que le sel ne se trouverait composé que de deux éléments de la terre et de l'eau, tandis que toutes les autres substances sont composées des quatre éléments. Ainsi l'on ne doit pas prendre à la rigueur ce que les grands chimistes, MM. Stahl et Macquer, ont dit à ce sujet ; les expériences de M. Hales démontrent que le vitriol et le sel marin contiennent beaucoup plus et jusqu'à concurrence du huitième de son poids, et le sel de tartre encore plus. On peut donc assurer que l'air entre comme principe dans la composition de tous les sels, et que comme il ne peut se fixer dans aucune substance qu'à l'aide de la chaleur ou du feu qui se fixent en même temps, il doit être compté au nombre de leurs parties constitutives. Mais cela n'empêche pas que le sel ne doive aussi être regardé comme la substance moyenne entre la terre et l'eau : ces deux éléments entrent en proportion différente dans les différents sels ou substances salines dont la variété et le nombre sont si grands qu'on ne peut en faire l'énumération, mais qui, présentées généralement sous les dénominations

sa solution. On sait aujourd'hui que les végétaux verts décomposent, sous l'influence de la lumière solaire, l'acide carbonique de l'atmosphère et combinent son carbone avec l'eau puisée dans le sol et l'azote des azotates minéraux qu'elle tient en dissolution, pour former toutes les substances qui entrent dans la constitution des végétaux. Celles-ci sont ensuite mangées par les animaux qui leur font subir de nouvelles transformations ; puis, quand le végétal et l'animal se décomposent après leur mort, les principes complexes qui entraient dans la constitution de leurs cellules et de leurs tissus retournent à l'état d'acide carbonique, d'eau et d'azotates minéraux sous laquelle ils avait été primitivement absorbés par les végétaux. (Pour plus de détails, voyez mon Introduction.)

(*) Il me paraît inutile de mettre en relief les erreurs qui foisonnent dans toute la fin de ce mémoire.

d'acides et d'alcalis, nous montrent qu'en général il y a plus de terre et moins d'eau dans ces derniers sels, et au contraire plus d'eau et moins de terre dans les premiers.

Néanmoins l'eau, quoique intimement mêlée dans les sels, n'y est ni fixée ni réunie par une force assez grande pour la transformer en matière solide comme dans la pierre calcaire; elle réside dans le sel ou dans son acide sous sa forme primitive, et l'acide le mieux concentré, le plus dépouillé d'eau, qu'on pourrait regarder ici comme de la terre liquide, ne doit cette liquidité qu'à la quantité de l'air et du feu qu'il contient; toute liquidité et même toute fluidité suppose la présence d'une certaine quantité de feu; et quand on attribuerait celle des acides à un reste d'eau qu'on ne peut en séparer, quand même on pourrait les réduire tous sous une forme concrète, il n'en serait pas moins vrai que leurs saveurs, ainsi que les odeurs et les couleurs, ont toutes également pour principe celui de la force expansive, c'est-à-dire la lumière et les émanations de la chaleur et du feu, car il n'y a que ces principes actifs qui puissent agir sur nos sens et les affecter d'une manière différente et diversifiée selon les vapeurs ou particules des différentes substances qu'ils nous apportent et nous présentent : c'est donc à ces principes qu'on doit rapporter non seulement la liquidité des acides, mais aussi leur saveur. Une expérience que j'ai eu occasion de faire un grand nombre de fois m'a pleinement convaincu que l'alcali est produit par le feu ; la chaux faite à la manière ordinaire et mise sur la langue, même avant d'être éteinte par l'air ou par l'eau, a une saveur qui indique déjà la présence d'une certaine quantité d'alcali. Si l'on continue le feu, cette chaux, qui a subi une plus longue calcination, devient plus piquante sur la langue, et celle que l'on tire des fourneaux de forges où la calcination dure cinq ou six mois de suite, l'est encore davantage. Or, ce sel n'était pas contenu dans la pierre avant sa calcination; il augmente en force ou en quantité à mesure que le feu est appliqué plus violemment et plus longtemps à la pierre, il est donc le produit immédiat du feu et de l'air qui se sont incorporés dans sa substance pendant la calcination, et qui par ce moyen sont devenus parties fixes de cette pierre de laquelle ils ont chassé la plus grande partie des molécules d'eau, liquides et solides; qu'elle contenait auparavant. Cela seul me paraît suffisant pour prononcer que le feu est le principe de la formation de l'alcali minéral, et l'on doit en conclure, par analogie, que les autres alcalis doivent également leur formation à la chaleur constante de l'animal et du végétal dont on les tire.

A l'égard des acides, la démonstration de leur formation par le feu et l'air fixes, quoique moins immédiate que celle des alcalis, ne m'en paraît pas moins certaine : nous avons prouvé que le nitre et le phosphore tirent leur origine des matières végétales et animales, que le vitriol tire la sienne des pyrites, des soufres et des autres matières combustibles; on sait d'ailleurs que ces acides, soit vitrioliques, ou nitreux, ou phosphoriques, contiennent toujours une quantité d'alcali : on doit donc rapporter leur formation et leur saveur au même principe, et, réduisant tous les acides à un seul acide et tous les alcalis à un seul alcali, ramener tous les sels à une origine commune, et ne regarder leurs différentes saveurs et leurs propriétés particulières et diverses que comme le produit varié des différentes quantités de terre, d'eau, et surtout d'air et de feu fixes qui sont entrées dans leur composition. Ceux qui contiendront le plus de ces principes actifs d'air et de feu seront ceux qui auront le plus de puissance et le plus de saveur. J'entends par puissance la force dont les sels nous paraissent animés pour dissoudre les autres substances : on sait que la dissolution suppose la fluidité, qu'elle ne s'opère jamais entre deux matières sèches ou solides, et que par conséquent elle suppose aussi dans le dissolvant le principe de la fluidité, c'est-à-dire le feu; la puissance du dissolvant sera donc d'autant plus grande, que d'une part il contiendra ce principe actif en plus grande quantité, et que d'autre part ses parties aqueuses et terreuses auront plus d'affinité avec les parties de même espèce contenues dans les substances à dissoudre : et comme les degrés d'affinité dépendent absolument de la figure des parties intégrantes des corps, ils doivent, comme ces figures, varier à l'infini; on ne doit donc pas être surpris de l'action plus ou moins grande ou nulle de certains sels sur certaines substances, ni des effets contraires d'autres sels sur d'autres substances. Leur principe actif est le même, leur puissance pour dissoudre la même, mais elle demeure sans exercice lorsque la substance qu'on lui présente repousse celle du dissolvant, ou n'a aucun degré d'affinité avec lui, tandis qu'au contraire elle le saisit avidement toutes les fois qu'il se trouve assez de force d'affinité pour vaincre celle de la cohérence, c'est-à-dire, toutes les fois que les principes actifs contenus dans le dissolvant sous la forme de l'air et de feu, se trouvent plus puissamment attirés par la substance à dissoudre qu'ils ne le sont par la terre et l'eau qu'il contient : car dès lors ces principes actifs s'en séparent, se développent et pénètrent la substance, qu'ils divisent et décom- posent au point de la rendre susceptible, par cette division, d'obéir en liberté à toutes les forces attractives de la terre et de l'eau contenues dans le dissolvant, et de s'unir avec elles assez intimement pour ne pouvoir en être séparées que par d'autres substances qui auraient avec ce même dissolvant un degré encore plus grand d'affinité. Newton est le premier qui ait donné les affinités pour causes des précipitations chimiques; Stahl, adoptant cette idée, l'a transmise à tous les chimistes, et il me paraît qu'elle est aujourd'hui universellement reçue comme une vérité dont on ne peut douter. Mais ni Newton ni Stahl ne se sont élevés au point de voir que toutes ces affinités, en apparence si différentes entre elles, ne sont au fond que les effets particuliers de la force générale de l'attraction universelle; et, faute de cette vue, leur théorie ne pouvait être ni lumineuse ni complète, parce qu'ils étaient forcer de supposer autant de petites lois d'affinités différentes qu'il y avait de phénomènes différents, au lieu qu'il n'y a réellement qu'une seule loi d'affinité, loi qui est exactement la même que celle de l'attraction universelle, et par conséquent l'explication de tous les phénomènes doit être déduite de cette seule et même cause.

Les sels concourent donc à plusieurs opérations de la nature par la puissance qu'ils ont de dissoudre les autres substances : car, quoiqu'on dise vulgairement que l'eau dissout le sel, il est aisé de sentir que c'est une erreur d'expression fondée sur ce qu'on appelle communément le liquide, le *dissolvant*, et le solide, le *corps à dissoudre;* mais dans le réel lorsqu'il y a dissolution, les deux corps sont actifs et peuvent être également appelés *dissolvants :* seulement regardant le sel comme le dissolvant, le corps dissous peut être indifféremment ou liquide ou solide; et pourvu que les parties du sel soient assez divisées pour toucher immédiatement celles des autres substances, elles agiront et produiront tous les effets de la dissolution. On voit par là combien l'action propre des sels et l'action de l'élément de l'eau qui les contient doivent influer sur la composition des matières miné- rales. La nature peut produire par ce moyen tout ce que nos arts produisent par le moyen du feu; il ne faut que du temps pour que les sels et l'eau opèrent sur les substances les plus compactes et les plus dures la division la plus complète et l'atténuation la plus grande de leurs parties, ce qui les rend alors susceptibles de toutes les combinaisons possibles, et capables de s'unir avec toutes les substances analogues et de se séparer de toutes les autres. Mais ce temps, qui n'est rien pour la nature et qui ne lui manque pas, est de toutes les choses nécessaires celle qui nous manque le plus; c'est faute de temps que nous ne pouvons imiter ses procédés ni suivre sa marche; le plus grand de nos arts serait donc l'art d'abréger le temps, c'est-à-dire de faire en un jour ce qu'elle fait en un siècle : quelque vaine que paraisse cette prétention, il ne faut pas y renoncer; nous n'avons à la vérité ni les grandes forces ni le temps encore plus grand de la nature, mais nous avons au-dessus d'elle la liberté de les employer comme il nous plaît; notre volonté est une force qui commande à toutes les autres forces lorsque nous la dirigeons avec intelligence. Ne sommes-nous pas venus à bout de créer à notre usage l'élément du feu, qu'elle nous avait caché? Ne l'avons-nous pas tiré des rayons qu'elle ne nous envoyait que pour nous éclairer?

N'avons-nous pas, par ce même élément, trouvé le moyen d'abréger le temps en divisant les corps par une fusion aussi prompte que leur division serait lente par tout autre moyen? etc.

Mais cela ne doit pas nous faire perdre de vue que la nature ne puisse faire et ne fasse réellement, par le moyen de l'eau, tout ce que nous faisons par celui du feu. Pour le voir clairement, il faut considérer que la décomposition de toute substance ne pouvant se faire que par la division, plus cette division sera grande, et plus la décomposition sera complète; le feu semble diviser autant qu'il est possible les matières qu'il met en fusion; cependant on peut douter si celles que l'eau et les acides tiennent en dissolution ne sont pas encore plus divisées, et les vapeurs que la chaleur élève ne contiennent-elles pas des matières encore plus atténuées? Il se fait donc dans l'intérieur de la terre, au moyen de la chaleur qu'elle renferme et de l'eau qui s'y insinue, une infinité de sublimations, de distillations, de cristallisations, d'agrégations, de disjonctions de toute espèce. Toutes les substances peuvent être avec le temps composées et décomposées par ces moyens; l'eau peut les diviser et en atténuer les parties autant et plus que le feu lorsqu'il les fond, et ces parties atténuées, divisées à ce point, se joindront, se réuniront de la même manière que celles du métal fondu se réunissent en se refroidissant. Pour nous faire mieux entendre, arrêtons-nous un instant sur la cristallisation : cet effet, dont les sels nous ont donné l'idée, ne s'opère jamais que quand une substance, étant dégagée de toute autre substance, se trouve très divisée et soutenue par un fluide qui, n'ayant avec elle que peu ou point d'affinité, lui permet de se réunir et de former, en vertu de sa force d'attraction, des masses d'une figure à peu près semblable à la figure de ses parties primitives ; cette opération, qui suppose toutes les circonstances que je viens d'énoncer, peut se faire par l'intermède du feu aussi bien que par celui de l'eau, et se fait très souvent par le concours des deux, parce que tout cela ne suppose ou n'exige qu'une division assez grande de la matière, pour que ses parties primitives puissent, pour ainsi dire, se trier et former, en se réunissant, des corps figurés comme elles : or, le feu peut tout aussi bien, et mieux qu'aucun autre dissolvant, amener plusieurs substances à cet état, et l'observation nous le démontre dans les régules, dans les amiantes, les basaltes et autres productions du feu dont les figures sont régulières, et qui toutes doivent être regardées comme de vraies cristallisations.

Et ce degré de grande division, nécessaire à la cristallisation, n'est pas encore celui de la plus grande division possible ni réelle, puisque dans cet état les petites parties de la matière sont encore assez grosses pour constituer une masse qui, comme toutes les autres masses, n'obéit qu'à la seule force attractive, et dont les volumes, ne se touchant que par des points, ne peuvent acquérir la force répulsive, qu'une beaucoup plus grande division ne manquerait pas d'opérer par un contact plus immédiat, et c'est aussi ce que l'on voit arriver dans les effervescences, où tout d'un coup la chaleur et la lumière sont produites par le mélange de deux liqueurs froides. Ce degré de division de la matière est ici fort au-dessus du degré nécessaire à la cristallisation, et l'opération s'en fait aussi rapidement que l'autre s'exécute avec lenteur.

La lumière, la chaleur, le feu, l'air, l'eau, les sels, sont les degrés par lesquels nous venons de descendre du haut de l'échelle de la nature à sa base, qui est la terre fixe ; et ce sont en même temps les seuls principes que l'on doive admettre et combiner pour l'explication de tous les phénomènes. Ces principes sont réels, indépendants de toute hypothèse et de toute méthode; leur conversion, leur transformation est tout aussi réelle, puisqu'elle est démontrée par l'expérience. Il en est de même de l'élément de la terre : il peut se convertir en se volatilisant, et prendre la forme des autres éléments, comme ceux-ci prennent la sienne en se fixant. Mais de la même manière que les parties primitives du feu, de l'air ou de l'eau ne formeront jamais seules des corps ou des masses qu'on puisse regarder comme du feu, de l'air ou de l'eau purs, de même il me paraît très inutile de chercher dans les matières terrestres une substance de terre pure : la fixité, l'homogénéité, l'éclat transparent du diamant a ébloui les yeux de nos chimistes lorsqu'ils ont donné cette pierre pour la terre élémentaire et pure ; on pourrait dire avec autant et aussi peu de fondement que c'est au contraire de l'eau pure, dont toutes les parties se sont fixées pour composer une substance solide diaphane comme elle. Ces idées n'auraient pas été mises en avant, si l'on eût pensé que l'élément terreux n'a pas plus le privilège de la simplicité absolue que les autres éléments ; que même, comme il est le plus fixe de tous, et par conséquent le plus constamment passif, il reçoit comme base toutes les impressions des autres ; il les attire, les admet dans son sein, s'unit, s'incorpore avec eux, les suit et se laisse entraîner par leur mouvement, et par conséquent il n'est ni plus simple ni moins convertible que les autres. Ce ne sont jamais que les grandes masses qu'il faut considérer lorsqu'on veut définir la nature : les quatre éléments ont été bien saisis par les philosophes, même les plus anciens ; le soleil, l'atmosphère, la mer et la terre sont les grandes masses sur lesquelles ils les ont établis ; s'il existait un astre de phlogistique, une atmosphère d'alcali, un océan d'acide et des montagnes de diamant, on pourrait alors les regarder comme les principes généraux et réels de tous les corps, mais ce ne sont, au contraire, que des substances particulières, produites comme toutes les autres, par la combinaison des véritables éléments.

Dans la grande masse de matière solide qui nous représente l'élément de la terre, la couche superficielle est la terre la moins pure ; toutes les matières déposées par la mer en forme de sédiments, toutes les pierres produites par les animaux à coquille, toutes les substances composées par la combinaison des détriments du règne animal et végétal ; toutes celles qui ont été altérées par le feu des volcans ou sublimées par la chaleur intérieure du globe, sont des substances mixtes et transformées ; et quoiqu'elles composent de très grandes masses, elles ne nous représentent pas assez purement l'élément de la terre : ce sont les matières vitrifiables, dont la masse est mille et cent mille fois plus considérable que celle de toutes ces autres substances, qui doivent être regardées comme le vrai fond de cet élément ; ce sont en même temps celles qui sont composées de la terre la plus fixe, celles qui sont les plus anciennes, et cependant les moins altérées : c'est de ce fond commun dont toutes ces autres substances ont tiré la base de leur solidité ; car toute matière fixe, décomposée autant qu'elle peut l'être, se réduit ultérieurement en verre par la seule action du feu ; elle reprend sa première nature lorsqu'on la dégage des matières fluides ou volatiles qui s'y étaient unies, et ce verre ou matière vitrée qui compose la masse de notre globe représente d'autant mieux l'élément de la terre, qu'il n'a ni couleur, ni odeur, ni saveur, ni liquidité, ni fluidité, qualités qui toutes proviennent des autres éléments ou leur appartiennent.

Si le verre n'est pas précisément l'élément de la terre, il en est au moins la substance la plus ancienne ; les métaux sont plus récents et moins nobles ; la plupart des autres minéraux se forment sous nos yeux ; la nature ne produit plus de verre que dans les foyers particuliers de ses volcans, tandis que tous les jours elle forme d'autres substances par la combinaison du verre avec les autres éléments. Si nous voulons nous former une idée juste de ses procédés dans la formation des minéraux, il faut d'abord remonter à l'origine de la formation du globe, qui nous démontre qu'il a été fondu, liquéfié par le feu ; considérer ensuite que de ce degré immense de chaleur il a passé successivement au degré de sa chaleur actuelle ; que, dans les premiers moments où sa surface a commencé de prendre de la consistance, il a dû s'y former des inégalités, telles que nous en voyons sur la surface des matières fondues et refroidies ; que les plus hautes montagnes, toutes composées de matières vitrifiables, existent et datent de ce moment, qui est aussi celui de la séparation des grandes masses de l'air, de l'eau et de la terre : qu'ensuite, pendant le long espace de temps que suppose le refroidissement ou, si l'on veut, la diminution de la chaleur du globe au point de la température actuelle, il s'est fait dans ces mêmes montagnes, qui étaient les parties les plus exposées à l'action des causes extérieures, une infinité de fusions, de sublimations, d'agrégations et de transformations de toute espèce par le feu de la terre, combiné avec la chaleur du soleil, et toutes les autres causes que cette grande chaleur rendait plus actives qu'elles ne le sont aujourd'hui ; que, par conséquent, on doit rapporter à cette date la formation des métaux et des minéraux que nous trouvons en grandes masses et en filons épais et continus. Le feu violent de la terre embrasée, après avoir élevé et réduit en vapeurs tout ce qui était volatil, après avoir chassé de son intérieur les matières qui composent l'atmosphère et les mers, a dû sublimer en même temps toutes les parties les moins fixes de la terre, les élever et les déposer dans tous les espaces vides, dans toutes les fentes qui se formaient à la surface à mesure qu'elle se refroidissait. Voilà l'origine et la gradation du gisement et de la formation des matières vitrifiables, qui toutes forment le noyau des plus grandes montagnes et renferment dans leurs fentes toutes les mines des métaux et des autres matières que le feu a pu diviser, fondre et sublimer. Après ce premier établissement encore subsistant des matières vitrifiables et des minéraux en grande masse qu'on ne peut attribuer qu'à l'action du feu, l'eau, qui jusqu'alors ne formait avec l'air qu'un vaste volume de vapeurs, commença de prendre son état actuel dès que la superficie du globe fut assez refroidie pour ne la plus repousser et dissiper en vapeurs ; elle se rassembla donc et couvrit la plus grande partie de la surface terrestre, sur laquelle se trouvant agitée par un mouvement continuel de flux et de reflux, par l'action des vents, par celle de la chaleur, elle commença d'agir sur les ouvrages du feu, elle altéra peu à peu la superficie des matières vitrifiables, elle en transporta les débris, les déposa en forme de sédiments ; elle put nourrir les animaux à coquilles, elle ramassa leurs dépouilles, produisit les pierres calcaires, en forma des collines et des montagnes, qui, se desséchant ensuite, reçurent dans leurs fentes toutes les matières minérales qu'elle pouvait dissoudre ou charrier.

Pour établir une théorie générale sur la formation des minéraux, il faut donc commencer par distinguer avec la plus grande attention : 1° ceux qui ont été produits par le feu primitif de la terre, lorsqu'elle était encore brûlante de chaleur ; 2° ceux qui ont été formés du détriment des premiers par le moyen de l'eau, et 3° ceux qui, dans les volcans ou dans d'autres incendies postérieurs au feu primitif, ont une seconde fois subi l'épreuve d'une violente chaleur. Ces trois objets sont très distincts et comprennent tout le règne minéral ; en ne le perdant pas de vue et y rapportant chaque substance minérale, on ne pourra guère se tromper sur son origine et même sur les degrés de sa formation. Toutes les mines que l'on trouve en masses ou gros filons dans nos hautes montagnes doivent se rapporter à la sublimation du feu primitif ; toutes celles, au contraire, que l'on trouve en petites ramifications, en filets, en végétations, n'ont été formées que du détriment des premières, entraîné par la stillation des eaux. On le voit évidemment en comparant, par exemple, la matière des mines de fer de Suède avec celle de nos mines de fer en grains ; celles-ci sont l'ouvrage immédiat de l'eau, et nous les voyons se former sous nos yeux, elles ne sont point attirables par l'aimant, elles ne contiennent point de soufre, et ne se trouvent que dispersées dans les terres ; les autres sont toutes plus ou moins sulfureuses, toutes attirables par l'aimant, ce qui seul suppose qu'elles ont subi l'action du feu ; elles sont disposées en grandes masses dures et solides, leur substance est mêlée d'une grande quantité d'asbeste, autre indice de l'action du feu. Il en est de même des autres métaux ; leur ancien fond vient du feu, et toutes leurs grandes masses ont été réunies par son action, mais toutes leurs cristallisations, végétations, granulations, etc., sont dues à des causes secondaires où l'eau a la plus grande part. Je borne ici mes réflexions sur la conversion des éléments, parce que ce serait anticiper sur celles qu'exige en particulier chaque substance minérale, et qu'elles seront mieux placées dans les articles de l'histoire naturelle des minéraux.

bilités, cette théorie doit subsister puisqu'il y a un nombre très considérable de choses où elle s'accorde parfaitement avec la nature, qu'il n'y a qu'un seul cas où elle en diffère, et qu'il est fort aisé de se tromper dans l'énumération des cause d'un seul phénomène particulier. Il me paraît donc que la première idée qui doit se présenter est qu'il faut chercher la raison particulière de ce phénomène singulier, et il me semble qu'on pourrait en imaginer quelqu'une; par exemple, si la force magnétique de la terre pouvait, comme le dit Newton, entrer dans le calcul, on trouverait peut-être qu'elle influe sur le mouvement de la lune, et qu'elle pourrait produire cette accélération dans le mouvement de l'apogée, et c'est dans ce cas où en effet il faudrait employer deux termes pour exprimer la mesure des forces qui produisent le mouvement de la lune. Le premier terme de l'expression serait toujours celui de la loi de l'attraction universelle, c'est-à-dire la raison inverse et exacte du carré de la distance, et le second terme représenterait la mesure de la force magnétique.

Cette supposition est sans doute mieux fondée que celle de M. Clairaut, qui me paraît plus hypothétique, et sujette d'ailleurs à des difficultés invincibles: exprimer la loi d'attraction par deux ou plusieurs termes, ajouter à la raison inverse du carré de la distance une fraction du carré-carré, au lieu de $\frac{1}{xx}$ mettre $\frac{1}{xx} + \frac{1}{mxt}$ me paraît n'être autre chose que d'ajuster une expression de telle façon qu'elle corresponde à tous les cas; ce n'est plus une loi physique que cette expression représente, car en se permettant une fois de mettre un second, un troisième, un quatrième terme, etc., on pourrait trouver une expression qui, dans toutes les lois d'attraction, représenterait les cas dont-il s'agit, en l'ajustant en même temps aux mouvements de l'apogée de la lune et aux autres phénomènes; et par conséquent cette supposition, si elle était admise, non seulement anéantirait la loi de l'attraction en raison inverse du carré de la distance, mais même donnerait entrée à toutes les lois possibles et imaginables: une loi en physique n'est loi que parce que sa mesure est simple, et que l'échelle qui la représente est non seulement toujours la même, mais encore qu'elle est unique, et qu'elle ne peut être représentée par une autre échelle; or, toutes les fois que l'échelle d'une loi ne sera pas représentée par un seul terme, cette simplicité et cette unité d'échelle, qui fait l'essence de la loi, ne subsiste plus, et par conséquent il n'y a plus aucune loi pyhsique.

Comme ce dernier raisonnement pourrait paraître n'être que de la métaphysique, et qu'il y a peu de gens qui la sachent apprécier, je vais tâcher de le rendre sensible en m'expliquant davantage. Je dis donc que toutes les fois qu'on voudra établir une loi sur l'augmentation ou la diminution d'une qualité ou d'une quantité physique, on est strictement assujetti à n'employer qu'un terme pour expliquer cette loi: ce terme est la représentation de la mesure qui doit varier, comme en effet la quantité à mesurer varie; en sorte que si la quantité, n'étant d'abord qu'un pouce, devient ensuite une aune, une toise, une lieue, etc., le terme qui l'exprime devient successivement toutes ces choses, ou plutôt les représente dans le même ordre de grandeur, et il en est de même de toutes les autres raisons dans lesquelles une quantité peut varier.

De quelque façon que nous puissions donc supposer qu'une qualité physique puisse varier, comme cette qualité est une, sa variation sera simple et toujours exprimable par un seul terme qui en sera la mesure; et dès qu'on voudra employer deux termes, on détruira l'unité de la qualité physique, parce que ces deux termes représenteront deux variations différentes dans la même qualité, c'est-à-dire deux qualités au lieu d'une: deux termes sont en effet deux mesures, toutes deux variables et inégalement variables, et dès lors elles ne peuvent être appliquées à un sujet simple, à une seule qualité; et si on admet deux termes pour représenter l'effet de la force centrale d'un astre, il est nécessaire d'avouer qu'au lieu d'une force il y en a deux, dont l'une sera relative au premier terme, et l'autre relative au second terme, d'où l'on voit évidemment qu'il faut, dans le cas présent, que

M. Clairaut admette nécessairement un autre force différente de l'attraction, s'il emploie deux termes pour représenter l'effet total de la force centrale d'une planète.

Je ne sais comment on peut imaginer qu'une loi physique, telle qu'est celle de l'attraction, puisse être exprimée par deux termes par rapport aux distances, car s'il y avait, par exemple, une masse M dont la vertu attractive fut exprimée par $\frac{aa}{xx} + \frac{b}{x^4}$, n'en résulterait-il pas le même effet que si cette masse était composée de deux matières différentes, comme, par exemple, de $\frac{1}{2} M$, dont la loi d'attraction fût exprimée par $\frac{2aa}{xx}$ et de $\frac{1}{2} M$, dont l'attraction fût $\frac{2b}{x^4}$? cela me paraît absurde.

Mais indépendamment de ces impossibilités qu'implique la supposition de M. Clairaut, qui détruit aussi l'unité de loi sur laquelle est fondée la vérité et la belle simplicité du système du monde, cette supposition souffre bien d'autres difficultés que M. Clairaut devait, ce me semble, se proposer avant que de l'admettre, et commencer au moins par examiner d'abord toutes les causes qui pourraient produire le même effet. Je sens que si j'eusse résolu, comme M. Clairaut, le problème des trois corps, et que j'eusse trouvé que la théorie de la gravitation ne donne en effet que la moitié du mouvement de l'apogée, je n'en aurais pas tiré la conclusion qu'il en tire contre la loi de l'attraction; aussi est-ce cette conclusion que je contredis, et à laquelle je ne crois pas qu'on soit obligé de souscrire, quand même M. Clairaut aurait pu démontrer l'insuffisance de toutes les autres causes particulières.

Newton dit, tome III, page 547 : « In his computationibus attractionem magneticam » terræ non consideravi, cujus itaque quantitas perparva est et ignoratur; si quando » verò hæc attractio investigari poterit, et mensura graduum in meridiano, ac longitudi- » nes pendulorum isochronorum in diversis parallelis, legesque motuum maris et parallaxis » lunæ cum diametris apparentibus solis et lunæ ex phænomenis accuratiùs determi- » natæ fuerint, licebit calculum hunc omnem accuratiùs repetere. » Ce passage ne prouve-t-il pas clairement que Newton n'a pas prétendu avoir fait l'énumération de toutes les causes particulières , et n'indiquerait-il pas en effet que si on trouve quelques différences avec sa théorie et les observations, cela peut venir de la force magnétique de la terre ou de quelque autre cause secondaire, et par conséquent si le mouvement des apsides ne s'accorde pas aussi exactement avec sa théorie que le reste, faudra-t-il pour cela ruiner sa théorie par le fondement, en changeant la loi générale de la gravitation? ou plutôt ne faudra-t-il pas attribuer à d'autres causes cette différence qui ne se trouve que dans ce seul phénomène? M. Clairaut a proposé une difficulté contre le système de Newton, mais ce n'est tout au plus qu'une difficulté qui ne doit ni ne peut devenir un principe, il faut chercher à la résoudre et non pas en faire une théorie dont toutes les conséquences ne sont appuyées que sur un calcul; car, comme je l'ai dit, on peut tout représenter avec un calcul, et on ne réalise rien; et si on se permet de mettre un ou plusieurs termes à la suite de l'expression d'une loi physique, comme l'est celle de l'attraction, on ne nous donne plus que de l'arbitraire au lieu de nous représenter la réalité.

Au reste, il me suffit d'avoir établi les raisons qui me font rejeter la supposition de M. Clairaut; celles que j'ai de croire que, bien loin qu'il ait pu donner atteinte à la loi de l'attraction et renverser l'astronomie physique, elle me paraît au contraire demeurer dans toute sa vigueur et avoir des forces pour aller encore bien loin, et cela sans que je prétende avoir dit, à beaucoup près, tout ce qu'on peut dire sur cette matière, à laquelle je désirerais qu'on donnât sans prévention toute l'attention qu'il faut pour la bien juger.

JAGUAR

A. Le Vasseur, Éditeur

RÉFLEXIONS SUR LA LOI DE L'ATTRACTION

Le mouvement des planètes dans leurs orbites est un mouvement composé de deux forces : la première est une force de projection, dont l'effet s'exercerait dans la tangente de l'orbite si l'effet continu de la seconde cessait un instant; cette seconde force tend vers le soleil, et par son effet précipiterait les planètes vers le soleil, si la première force venait à son tour à cesser un seul instant.

La première de ces forces peut être regardée comme une impulsion, dont l'effet est uniforme et constant, et qui a été communiquée aux planètes dès la formation du système planétaire; la seconde peut être considérée comme une attraction vers le soleil, et se doit mesurer comme toutes les qualités qui partent d'un centre, par la raison inverse du carré de la distance, comme en effet on mesure les quantités de lumière, d'odeur, etc., et toutes les autres quantités ou qualités qui se propagent en ligne droite, et se rapportent à un centre. Or, il est certain que l'attraction se propage, en ligne droite, puisqu'il n'y a rien de plus droit qu'un fil à plomb, et que, tombant perpendiculairement à la surface de la terre, il tend directement au centre de la force, et ne s'éloigne que très peu de la direction du rayon centre. Donc on peut dire que la loi de l'attraction doit être la raison inverse du carré de la distance, uniquement parce qu'elle part d'un centre ou qu'elle y tend, ce qui revient au même.

Mais, comme ce raisonnement préliminaire, quelque bien fondé que je le croie, pourrait être contredit par les gens qui font peu de cas de la force des analogies, et qui ne sont accoutumés à se rendre qu'à des démonstrations mathématiques, Newton a cru qu'il valait beaucoup mieux établir la loi de l'attraction par les phénomènes mêmes que par toute autre voie, et il a, en effet, démontré géométriquement que, si plusieurs corps se meuvent dans des cercles concentriques, et que les carrés des temps de leurs révolutions soient comme les cubes de leurs distances à leur centre commun, les forces centripètes de ces corps sont réciproquement comme les carrés des distances, pourvu que les apsides de ces orbites soient immobiles. Ainsi, les forces par lesquelles les planètes tendent aux centres ou aux foyers de leurs orbites suivent en effet la loi du carré de la distance, et je ne crois pas que personne doute de la loi de Képler, et qu'on puisse nier que cela ne soit ainsi pour Mercure, pour Vénus, pour la terre, pour Mars, pour Jupiter et pour Saturne, surtout en les considérant à part et comme ne pouvant se troubler les uns et les autres, et en ne faisant attention qu'à leur mouvement autour du soleil.

Toutes les fois donc qu'on ne considérera qu'une planète ou qu'un satellite se mouvant dans son orbite autour du soleil ou d'une autre planète, ou qu'on n'aura que deux corps tous deux en mouvement, ou dont l'un est en repos et l'autre en mouvement, on pourra assurer que la loi de l'attraction suit exactement la raison inverse du carré de la distance, puisque par toutes les observations la loi de Képler se trouve vraie, tant pour les planètes principales que pour les satellites de Jupiter et de Saturne. Cependant on pourrait dès ici faire une objection tirée des mouvements de la lune, qui sont irréguliers au point que M. Halley l'appelle *sidus contumax*, et principalement du mouvement de ses apsides, qui ne sont pas immobiles comme le demande la supposition géométrique, sur laquelle est fondé le résultat qu'on a trouvé de la raison inverse du carré de la distance pour la mesure de la force d'attraction dans les planètes.

A cela il y a plusieurs manières de répondre : d'abord on pourrait dire que la loi s'observant généralement dans toùtes les autres planètes avec exactitude, un seul phénomène où cette même exactitude ne se trouve pas ne doit pas détruire cette loi ; on peut le regarder comme une exception dont on doit rechercher la raison particulière. En second lieu, on pourrait répondre, comme l'a fait M. Cotes, que, quand même on accorderait que la loi d'attraction n'est pas exactement, dans ce cas, en raison inverse du carré de la distance, et que cette raison est un peu plus grande, cette différence peut s'estimer par le calcul, et qu'on trouvera qu'elle est presque insensible, puisque la raison de la force centripète de la lune, qui de toutes est celle qui doit être la plus troublée, approche soixante fois plus près de la raison du carré que la raison du cube de la distance : « Responderi » potest, etiamsi concedamus hunc motum tardissimum exindè profectum quòd vis centri- » petæ proportio aberret aliquantulùm a duplicatâ, aberrationem illam per computum » mathematicum inveniri posse, et planè insensibilem esse; ista enim ratio vis centri- » petæ lunaris, quæ omnium maximè turbari debet, paululùm quidem duplicatam supera- » bit; ad hanc verò sexaginta ferè vicibus propiùs accedet quàm ad triplicatam. Sed verior » erit responsio, etc. » *Editoris præf. in edit 2 Newton.* Auctores Roger Cotes.

Et, en troisième lieu, on doit répondre plus positivement que ce mouvement des apsides ne vient point de ce que la loi d'attraction est un peu plus grande que dans la raison inverse du carré de la distance, mais de ce qu'en effet le soleil agit sur la lune par une force d'attraction qui doit troubler son mouvement et produire celui des apsides, et que par conséquent cela seul pourrait bien être la cause qui empêche la lune de suivre exactement la règle de Képler. Newton a calculé dans cette vue les effets de cette force perturbatrice, et il a tiré de sa théorie les équations et les autres mouvements de la lune avec une telle précision, qu'ils répondent très exactement et à quelques secondes près aux observations faites par les meilleurs astronomes; mais, pour ne parler que du mouvement des apsides, il fait sentir dès la xLVᵉ proposition du premier livre que la progression de l'apogée de la lune vient de l'action du soleil; en sorte que jusqu'ici tout s'accorde, et sa théorie se trouve aussi vraie et aussi exacte dans tous les cas les plus compliqués comme dans ceux qui le sont moins.

Cependant un de nos grands géomètres a prétendu (a) que la quantité absolue du mouvement de l'apogée ne pouvait pas se tirer de la théorie de la gravitation, telle qu'elle est établie par Newton, parce qu'en employant les lois de cette théorie, on trouve que ce mouvement ne devrait s'achever qu'en dix-huit ans, au lieu qu'il s'achève en neuf ans. Malgré l'autorité de cet habile mathématicien et les raisons qu'il a données pour soutenir son opinion, j'ai toujours été convaincu, comme je le suis encore aujourd'hui, que la théorie de Newton s'accorde avec les observations ; je n'entreprendrai pas ici de faire l'examen qui serait nécessaire pour prouver qu'il n'est pas tombé dans l'erreur qu'on lui reproche, je trouve qu'il est plus court d'assurer la loi de l'attraction telle qu'elle est, et de faire voir que la loi que M. Clairaut a voulu substituer à celle de Newton n'est qu'une supposition qui implique contradiction.

Car admettons pour un instant ce que M. Clairaut prétend avoir démontré, que, par la théorie de l'attraction mutuelle, le mouvement des apsides devrait se faire en dix-huit ans, au lieu de se faire en neuf ans, et souvenons-nous en même temps qu'à l'exception de ce phénomène, tous les autres, quelque compliqués qu'ils soient, s'accordent dans cette même théorie très exactement avec les observations : à en juger d'abord par les proba-

(a) M. Clairaut. Voyez les *Mémoires de l'Académie des sciences*, année 1745.

ADDITION

Je me suis borné à démontrer que la loi de l'attraction, par rapport à la distance, ne peut être exprimée que par un terme, et non pas deux ou plusieurs termes; que par conséquent l'expression que M. Clairaut a voulu substituer à la loi du carré des distances n'est qu'une supposition qui renferme une contradiction, c'est là le seul point auquel je me suis attaché; mais comme il parait par sa réponse qu'il ne m'a pas assez entendu (a), je vais tâcher de rendre mes raisons plus intelligibles en les traduisant en calcul: ce sera la seule réplique que je ferai à sa réponse.

LA LOI DE L'ATTRACTION, PAR RAPPORT A LA DISTANCE, NE PEUT PAS ÊTRE EXPRIMÉE PAR DEUX TERMES.

Première démonstration.

Supposons que $\frac{1}{x^2} + \frac{1}{x^4}$ représente l'effet de cette force par rapport à la distance x, ou, ce qui revient au même, supposons que $\frac{1}{x^2} + \frac{1}{x^4}$, qui représente la force accélératrice, soit égale à une quantité donnée A pour une certaine distance; en résolvant cette équation, la racine x sera ou imaginaire, ou bien elle aura deux valeurs différentes: donc, à différentes distances, l'attraction serait la même, ce qui est absurde: donc la loi de l'attraction, par rapport à la distance, ne peut pas être exprimée par deux termes. *Ce qu'il fallait démontrer.*

Deuxième démonstration.

La même expression $\frac{1}{x^2} + \frac{1}{x^4}$, si x devient très grand pourra se réduire à $\frac{1}{x^2}$; et si x devient très petit, elle se réduira à $+ \frac{1}{x^4}$, de sorte que si $\frac{1}{x^2} + \frac{1}{x^4} = \frac{1}{x^n}$, l'exposant n doit être un nombre compris entre 2 et 4; cependant ce même exposant n doit nécessairement renfermer x puisque la quantité d'attraction doit, de façon ou d'autre, être mesurée par la distance; cette expression prendra donc alors une forme comme $\frac{1}{x^2} + \frac{1}{x^4} = \frac{1}{x^x}$, ou $= \frac{1}{x + \frac{1}{x}}$; donc, une quantité qui doit être nécessairement un nombre compris entre 2 et 4 pourrait cependant devenir infinie, ce qui est absurde: donc, l'attraction ne peut pas être exprimée par deux termes. *Ce qu'il fallait démontrer.*

On voit que les démonstrations seraient les mêmes contre toutes les expressions possibles qui seraient composées de plusieurs termes: donc, la loi d'attraction ne peut être exprimée que par un seul terme.

SECONDE ADDITION

Je ne voulais rien ajouter à ce que j'ai dit au sujet de la loi d'attraction, ni faire aucune réponse au nouvel écrit de M. Clairaut (b); mais comme je crois qu'il est utile pour les sciences d'établir d'une manière certaine la proposition que j'ai avancée, savoir que la loi

(a) Voyez les *Mémoires de l'Académie des sciences*, année 1745, p. 493, 529, 531, 577 et 580.

(b) Voyez les *Mémoires de l'Académie des sciences*, année 1745, p. 577 et 578.

de l'attraction, et même toute autre loi physique, ne peut jamais être exprimée que par un seul terme, et qu'une nouvelle vérité de cette espèce peut prévenir un grand nombre d'erreurs et de fausses applications dans les sciences physico-mathématiques, j'ai cherché plusieurs moyens de la démontrer.

On a vu dans mon Mémoire les raisons métaphysiques par lesquelles j'établis que la mesure d'une qualité physique et générale dans la nature est toujours simple; que la loi qui représente cette mesure ne peut donc jamais être composée; qu'elle n'est réellement que l'expression de l'effet simple d'une qualité simple; que l'on ne peut donc exprimer cette loi par deux termes, parce qu'une qualité qui est une ne peut jamais avoir deux mesures. Ensuite, dans l'*Addition à ce Mémoire*, j'ai prouvé démonstrativement cette même vérité par la réduction à l'absurde et par le calcul; ma démonstration est vraie, car il est certain en général que si l'on exprime la loi de l'attraction par une fonction de la distance, et que cette fonction soit composée de deux ou plusieurs termes, comme $\frac{1}{x^m} \pm \frac{1}{x^n} \pm \frac{1}{x^r}$, etc., et que l'on égale cette fonction à une quantité constante A pour une certaine distance, il est certain, dis-je, qu'en résolvant cette équation la racine x aura des valeurs imaginaires dans tous les cas, et aussi des valeurs réelles différentes dans presque tous les cas, et que ce n'est que dans quelques cas, comme dans celui de $\frac{1}{x^2} + \frac{1}{x^4} = A$, où il y aura deux racines réelles égales, dont l'une sera positive et l'autre négative; cette exception particulière ne détruit donc pas la vérité de ma démonstration, qui est pour une fonction quelconque : car si en général l'expression de la loi d'attraction est $\frac{1}{xx} + mx^n$, l'exposant n ne peut pas être négatif et plus grand que 2, puisque alors la pesanteur deviendrait infinie dans le point de contact; l'exposant n est donc nécessairement positif, et le coefficient m doit être négatif pour faire avancer l'apogée de la lune : par conséquent, le cas particulier $\frac{1}{xx} + \frac{1}{x^4}$ ne peut jamais représenter la loi de la pesanteur; et si on se permet une fois d'exprimer cette loi par une fonction de deux termes, pourquoi le second de ces termes serait-il nécessairement positif? Il y a, comme l'on voit, beaucoup de raisons pour que cela ne soit pas, et aucune raison pour que cela soit.

Dès le temps que M. Clairaut proposa pour la première fois de changer la loi de l'attraction et d'y ajouter un terme, j'avais senti l'absurdité qui résultait de cette supposition, et l'avais fait mes efforts pour la faire sentir aux autres; mais j'ai depuis trouvé une nouvelle manière de la démontrer qui ne laissera, à ce que j'espère, aucun doute sur ce sujet important. Voici mon raisonnement, que j'ai abrégé autant qu'il m'a été possible :

Si la loi de l'attraction, ou telle autre loi physique que l'on voudra, pouvait être exprimée par deux ou plusieurs termes, le premier terme étant, par exemple, $\frac{1}{xx}$, il serait nécessaire que le second terme eût un coefficient indéterminé, et qu'il fût, par exemple, $\frac{1}{mx^4}$; et de même, si cette loi était exprimée par trois termes, il y aurait deux coefficients indéterminés, l'un au second et l'autre au troisième terme, etc.; dès lors cette loi d'attraction qui serait exprimée par deux termes, $\frac{1}{xx} + \frac{1}{mx^4}$, renfermerait donc une quantité m, qui entrerait nécessairement dans la mesure de la force.

Or, je demande ce que c'est que ce coefficient m : il est clair qu'il ne dépend ni de la masse ni de la distance; que ni l'une ni l'autre ne peuvent jamais donner sa valeur : comment peut-on donc supposer qu'il y ait en effet une telle quantité physique? Existe-t-il dans la nature un coefficient comme un 4, un 5, un 6, etc., et n'y a-t-il pas de l'absurdité à supposer qu'un nombre puisse exister réellement ou qu'un coefficient puisse être une qualité essentielle à la matière? Il faudrait pour cela qu'il y eût dans la nature des phénomènes purement numériques et du même genre que ce coefficient m; sans cela il est impossible d'en déterminer la valeur, puisqu'une quantité quelconque ne peut jamais être mesurée que par une autre quantité du même genre; il faut donc que M. Clairaut commence par nous prouver que les nombres sont des êtres réels actuellement existants dans la nature, ou que les coefficients sont des qualités physiques, s'il veut que nous convenions avec lui que la loi d'attraction ou toute autre loi physique puisse être exprimée par deux ou plusieurs termes.

Si l'on veut une démonstration plus particulière, je crois qu'on en peut donner une qui sera à la portée de tout le monde, c'est que la loi de la raison inverse du carré de la distance convient également à une sphère et à toutes les particules de matière dont cette sphère est composée. Le globe de la terre exerce son attraction dans la raison inverse du carré de la distance, et toutes les particules de matière dont ce globe est composé exercent aussi leur attraction dans cette même raison, comme Newton l'a démontré; mais si l'on exprime cette loi de l'attraction d'une sphère par deux termes, la loi de l'attraction des particules qui composent cette sphère ne sera point la même que celle de la sphère : par conséquent cette loi, composée de deux termes, ne sera pas générale, ou plutôt ne sera jamais la loi de la nature.

Les raisons métaphysiques, mathématiques et physiques, s'accordent donc toutes à prouver que la loi de l'attraction ne peut être exprimée que par un seul terme, et jamais par deux ou plusieurs termes : c'est la proposition que j'ai avancée et que j'avais à démontrer.

PARTIE EXPÉRIMENTALE

Depuis vingt-cinq ans que j'ai jeté sur le papier mes idées sur la théorie de la terre et sur la nature des matières minérales dont le globe est principalement composé, j'ai eu la satisfaction de voir cette théorie confirmée par le témoignage unanime des navigateurs, et par de nouvelles observations que j'ai eu soin de recueillir; il m'est aussi venu dans ce long espace de temps quelques pensées neuves dont j'ai cherché à constater la valeur et la réalité par des expériences; de nouveaux faits acquis par ces expériences, des rapports plus ou moins éloignés, tirés de ces mêmes faits, des réflexions en conséquence, le tout lié à mon système général et dirigé par une vue constante vers les grands objets de la nature, voilà ce que je crois devoir présenter aujourd'hui à mes lecteurs, surtout à ceux qui, m'ayant honoré de leur suffrage, aiment assez l'histoire naturelle pour chercher avec moi les moyens de l'étendre et de l'approfondir.

Je commencerai par la partie expérimentale de mon travail, parce que c'est sur les résultats de mes expériences que j'ai fondé tous mes raisonnements, et que les idées mêmes les plus conjecturales et qui pourraient paraître trop hasardées, ne laissent pas d'y tenir par des rapports qui seront plus ou moins sensibles à des yeux plus ou moins attentifs, plus ou moins exercés, mais qui n'échapperont pas à l'esprit de ceux qui savent évaluer la force des inductions et apprécier la valeur des analogies.

Et comme il s'est écoulé bien des années depuis que j'ai commencé de publier mon ouvrage sur l'histoire naturelle, et que le nombre des volumes s'est beaucoup augmenté, j'ai cru que, pour ne pas rendre mon livre trop à charge au public, je devais m'interdire la liberté d'en donner une nouvelle édition corrigée et augmentée : aussi dans le grand nombre de réimpressions qui se sont faites de cet ouvrage il n'y a pas eu un seul mot de changé. Pour ne pas rendre aujourd'hui toutes ces éditions superflues, j'ai pris le parti de mettre en deux ou trois volumes de supplément les corrections, additions, développements et explications que j'ai jugées nécessaires à l'intelligence des sujets que j'ai traités. Ces suppléments contiendront beaucoup de choses nouvelles et d'autres plus anciennes dont quelques-unes ont été imprimées soit dans les Mémoires de l'Académie des sciences, soit ailleurs; je les ai divisés par parties relatives aux différents objets de l'histoire de la nature, et j'en ai formé plusieurs Mémoires qui peuvent être lus indépendamment les uns des autres, mais que j'ai seulement rapprochés selon l'ordre des matières.

PREMIER MÉMOIRE

EXPÉRIENCES SUR LE PROGRÈS DE LA CHALEUR DANS LES CORPS.

J'ai fait dix boulets de fer forgé et battu :

	Pouces.
Le premier d'un demi-pouce de diamètre.....	$\frac{1}{2}$
Le second d'un pouce......................	1
Le troisième d'un pouce et demi.............	$1\ \frac{1}{2}$
Le quatrième de deux pouces...............	2
Le cinquième de deux pouces et demi...... ..	$2\ \frac{1}{2}$
Le sixième de trois pouces.................	3
Le septième de trois pouces et demi........	$3\ \frac{1}{2}$
Le huitième de quatre pouces.....	4
Le neuvième de quatre pouces et demi.......	$4\ \frac{1}{2}$
Le dixième de cinq pouces.................	5

Ce fer venait de la forge de Chameçon, près Châtillon-sur-Seine, et comme tous les boulets ont été faits du fer de cette même forge, leurs poids se sont trouvés à très peu près proportionnels aux volumes.

Le boulet d'un demi-pouce pesait 190 grains, ou 2 gros 46 grains.
Le boulet d'un pouce pesait 1,522 grains, ou 2 onces 5 gros 10 grains.
Le boulet d'un pouce et demi pesait 5,136 grains, ou 8 onces 7 gros 24 grains.
Le boulet de deux pouces pesait 12,173 grains, ou 1 livre 5 onces 1 gros 5 grains.
Le boulet de deux pouces et demi pesait 23,781 grains, ou 2 livres 9 onces 2 gros 21 grains.
Le boulet de trois pouces pesait 41,083 grains, ou 4 livres 7 onces 2 gros 45 grains.
Le boulet de trois pouces et demi pesait 65,234 grains, ou 7 livres 1 once 2 gros 22 grains.
Le boulet de quatre pouces pesait 97,388 grains, ou 10 livres 9 onces 44 grains.
Le boulet de quatre pouces et demi pesait 138,179 grains, ou 14 livres 15 onces 7 gros 11 grains.
Le boulet de cinq pouces pesait 190,211 grains, ou 20 livres 10 onces 1 gros 59 grains.

Tous ces poids ont été pris juste avec de très bonnes balances, en faisant limer peu à peu ceux des boulets qui se sont trouvés un peu trop forts.

Avant de rapporter les expériences, j'observerai :

1° Que pendant tout le temps qu'on les a faites le thermomètre exposé à l'air libre était à la congélation ou à quelques degrés au-dessous (a), mais qu'on a laissé refroidir les boulets dans une cave où le thermomètre était à peu près à dix degrés au-dessus de la congélation, c'est-à-dire au degré de la température des caves de l'Observatoire, et c'est ce degré que je prends ici pour celui de la température actuelle de la terre.

2° J'ai cherché à saisir deux instants dans le refroidissement : le premier où les boulets cessaient de brûler, c'est-à-dire le moment où on pouvait les toucher et les tenir avec la main, pendant une seconde, sans se brûler; le second temps de ce refroidissement était celui où les boulets se sont trouvés refroidis jusqu'au point de la température actuelle. c'est-à-dire à dix degrés au-dessus de la congélation. Et, pour connaître le moment de ce refroidissement jusqu'à la température actuelle, on s'est servi d'autres boulets de comparaison de même matière et de mêmes diamètres qui n'avaient pas été chauffés, et que

(a) Division de Réaumur.

l'on touchait en même temps que ceux qui avaient été chauffés. Par cet attouchement immédiat et simultané de la main ou des deux mains sur les deux boulets, on pouvait juger assez bien du moment où ces boulets étaient également froids; cette manière simple est non seulement plus aisée que le thermomètre qu'il eût été difficile d'appliquer ici, mais elle est encore plus précise, parce qu'il ne s'agit que de juger de l'égalité et non pas de la proportion de la chaleur, et que nos sens sont meilleurs juges que les instruments de tout ce qui est absolument égal ou parfaitement semblable. Au reste, il est plus aisé de reconnaître l'instant où les boulets cessent de brûler que celui où ils se sont refroidis à la température actuelle, parce qu'une sensation vive est toujours plus précise qu'une sensation tempérée, attendu que la première nous affecte d'une manière plus forte.

3° Comme le plus ou le moins de poli ou de brut sur le même corps fait beaucoup à la sensation du toucher, et qu'un corps poli semble être plus froid s'il est froid, et plus chaud s'il est chaud, qu'un corps brut de même matière, quoiqu'ils le soient tous deux également, j'ai eu soin que les boulets froids fussent bruts et semblables à ceux qui avaient été chauffés, dont la surface était semée de petites éminences produites par l'action du feu.

EXPÉRIENCES.

I. — Le boulet d'un demi-pouce a été chauffé à blanc en 2 minutes.
Il s'est refroidi au point de le tenir dans la main en 12 minutes.
Refroidi au point de la température actuelle en 39 minutes.

II. — Le boulet d'un pouce a été chauffé à blanc en 5 minutes $\frac{1}{2}$.
Il s'est refroidi au point de le tenir dans la main en 35 minutes $\frac{1}{2}$.
Refroidi au point de la température actuelle en 1 heure 33 minutes.

III. — Le boulet d'un pouce et demi a été chauffé à blanc en 9 minutes.
Il s'est refroidi au point de le tenir dans la main en 58 minutes.
Refroidi au point de la température actuelle en 2 heures 25 minutes.

IV. — Le boulet de 2 pouces a été chauffé à blanc en 13 minutes.
Il s'est refroidi au point de le tenir dans la main en 1 heure 20 minutes.
Refroidi au point de la température actuelle en 3 heures 16 minutes.

V. — Le boulet de 2 pouces et demi a été chauffé à blanc en 16 minutes.
Il s'est refroidi au point de le tenir dans la main en 1 heure 42 minutes.
Refroidi au point de la température actuelle en 4 heures 30 minutes.

VI. — Le boulet de 3 pouces a été chauffé à blanc en 19 minutes $\frac{1}{2}$.
Il s'est refroidi au point de le tenir dans la main en 2 heures 7 minutes.
Refroidi au point de la température actuelle en 5 heures 8 minutes.

VII. — Le boulet de 3 pouces et demi a été chauffé à blanc en 23 minutes $\frac{1}{2}$.
Il s'est refroidi au point de le tenir dans la main en 2 heures 36 minutes.
Refroidi au point de la température actuelle en 5 heures 56 minutes.

VIII. — Le boulet de 4 pouces a été chauffé à blanc en 27 minutes $\frac{1}{2}$.
Il s'est refroidi au point de le tenir dans la main en 3 heures 2 minutes.
Refroidi au point de la température actuelle en 6 heures 55 minutes.

IX. — Le boulet de 4 pouces et demi a été chauffé à blanc en 31 minutes.
Il s'est refroidi au point de le tenir dans la main en 3 heures 25 minutes.
Refroidi au point de la température actuelle en 7 heures 46 minutes.

X. — Le boulet de 5 pouces a été chauffé à blanc en 34 minutes.
Il s'est refroidi au point de le tenir dans la main en 3 heures 52 minutes.
Refroidi au point de la température actuelle en 8 heures 42 minutes.

La différence la plus constante que l'on puisse prendre entre chacun des termes qui expriment le temps du refroidissement, depuis l'instant où l'on tire les boulets du feu jusqu'à celui où on peut les toucher sans se brûler, se trouve être de vingt-quatre minutes : car, en supposant chaque terme augmenté de vingt-quatre, on aura :

$$12', 36', 60', 84', 108', 132', 156', 180', 204', 228',$$

et la suite des temps réels de ces refroidissements trouvés par les expériences précédentes est :

$$12', 35', \tfrac{1}{2}, 58', 80', 102', 127', 156', 182', 205', 232',$$

ce qui approche de la première autant que l'expérience peut approcher du calcul.

De même la différence la plus constante que l'on puisse prendre entre chacun des termes du refroidissement jusqu'à la température actuelle, se trouve être de cinquante-quatre minutes : car, en supposant chaque terme augmenté de cinquante-quatre, on aura :

$$39', 93', 147', 201', 255', 309', 363', 417', 471', 525',$$

et la suite des temps réels de ce refroidissement, trouvés par les expériences précédentes, est :

$$39', 93', 145', 196', 248', 308', 356', 415', 466', 522',$$

ce qui approche aussi beaucoup de la première suite supposée.

J'ai fait une seconde et un : troisième fois les mêmes expériences sur les mêmes boulets; mais j'ai vu que je ne pouvais compter que sur les premières, parce que je me suis aperçu qu'à chaque fois qu'on chauffait les boulets, ils perdaient considérablement de leur poids; car

Le boulet d'un demi-pouce après avoir été chauffé trois fois avait perdu environ la dix-huitième partie de son poids.

Le boulet d'un pouce après avoir été chauffé trois fois avait perdu environ la seizième partie de son poids.

Le boulet d'un pouce et demi après avoir été chauffé trois fois avait perdu la quinzième partie de son poids.

Le boulet de deux pouces après avoir été chauffé trois fois avait perdu à peu près la quatorzième partie de son poids.

Le boulet de deux pouces et demi après avoir été chauffé trois fois avait perdu à peu près la treizième partie de son poids.

Le boulet de trois pouces après avoir été chauffé trois fois avait perdu à peu près la treizième partie de son poids.

Le boulet de trois pouces et demi après avoir été chauffé trois fois avait perdu encore un peu plus de la treizième partie de son poids.

Le boulet de quatre pouces après avoir été chauffé trois fois avait perdu la douzième partie et demie de son poids.

Le boulet de quatre pouces et demi après avoir été chauffé trois fois avait perdu un peu plus de la douzième partie et demie de son poids.

Le boulet de cinq pouces après avoir été chauffé trois fois avait perdu à très peu près la douzième partie de son poids, car il pesait, avant d'avoir été chauffé, vingt livres dix onces un gros cinquante-neuf grains (a).

(a) Je n'ai pas eu occasion de faire les mêmes expériences sur des boulets de fonte de fer; mais M. de Montbeillard, lieutenant-colonel du régiment Royal-Artillerie, m'a communiqué la note suivante qui y supplée parfaitement. On a pesé plusieurs boulets avant de les chauffer, qui se sont trouvés du poids de vingt-sept livres et plus. Après l'opération, ils ont été réduits à vingt-quatre livres et un quart et vingt-quatre livres et demie. On a vérifié, sur une grande quantité de boulets, que plus on les a chauffés et plus ils ont augmenté de vo-

On voit que cette perte sur chacun des boulets est extrêmement considérable, et qu'elle paraît aller en augmentant à mesure que les boulets sont plus gros, ce qui vient, à ce que je présume, de ce que l'on est obligé d'appliquer le feu violent d'autant plus longtemps que les corps sont plus grands; mais en tout cette perte de poids, non seulement est occasionnée par le détachement des parties de la surface qui se réduisent en scories, et qui tombent dans le feu, mais encore par une espèce de desséchement ou de calcination intérieure qui diminue la pesanteur des parties constituantes du fer; en sorte qu'il paraît que le feu violent rend le fer spécifiquement plus léger à chaque fois qu'on le chauffe. Au reste, j'ai trouvé par des expériences ultérieures que cette diminution de pesanteur varie beaucoup selon la différente qualité du fer.

Ayant donc fait faire six nouveaux boulets depuis un demi-pouce jusqu'à trois pouces de diamètre, et du même poids que les premiers, j'ai trouvé les mêmes progressions tant pour l'entrée que pour la sortie de la chaleur, et je me suis assuré que le fer s'échauffe et se refroidit en effet comme je viens de l'exposer.

Un passage de Newton (a) a donné naissance à ces expériences.

« Globus ferri candentis, digitum unum latus, calorem suum omnem spatio horæ unius » in aere consistens vix amitteret. Globus autem major calorem diutiùs conservaret in ra- » tione diametri, proptereà quod superficies (ad cujus mensuram per contactum aeris am- » bientis refrigeratur) in illà ratione minor est pro quantitate materiæ suæ calidæ inclusæ. » Ideòque globus ferri candentis huic terræ æqualis, id est, pedes plus minus 40000000 » latus, diebus totidem et idcircò annis 50000, vix refrigesceret. Suspicor tamen quòd du- » ratio caloris ob causas latentes augeatur in minori ratione quàm eâ diametri; et optarim » rationem veram per experimenta investigari. »

Newton désirait donc qu'on fît les expériences que je viens d'exposer, et je me suis déterminé à les tenter non seulement parce que j'en avais besoin pour des vues semblables aux siennes, mais encore parce j'ai cru m'apercevoir que ce grand homme pouvait s'être trompé en disant que la durée de la chaleur devait n'augmenter, par l'effet des causes cachées, qu'en *moindre* raison que celle du diamètre; il m'a paru au contraire en y réfléchissant que ces causes cachées ne pouvaient que rendre cette raison plus grande au lieu de la faire plus petite.

Il est certain, comme le dit Newton, qu'un globe plus grand conserverait sa chaleur plus longtemps qu'un plus petit en raison du diamètre, si on supposait ces globes composés d'une matière parfaitement perméable à la chaleur, en sorte que la sortie de la chaleur fût absolument libre, et que les particules ignées ne trouvassent aucun obstacle qui pût les arrêter ni changer le cours de leur direction : ce n'est que dans cette supposition mathématique que la durée de la chaleur serait en effet en raison du diamètre; mais les causes cachées dont parle Newton, et dont les principales sont les obstacles qui résultent de la perméabilité non absolue, imparfaite et inégale de toute matière solide, au lieu de diminuer le temps de la durée de la chaleur, doivent au contraire l'augmenter; cela m'a paru si clair, même avant d'avoir tenté mes expériences, que je serais porté à croire que Newton, qui voyait clair aussi jusque dans les choses même qu'il ne faisait que soupçonner, n'est pas tombé dans cette erreur, et que le mot *minori ratione* au lieu *de majori*, n'est qu'une faute de sa main ou de celle d'un copiste qui s'est glissée dans toutes les éditions de son ouvrage, du moins dans toutes celles que j'ai pu consulter : ma conjecture est d'autant mieux fondée que Newton paraît dire ailleurs précisément le contraire de ce qu'il dit ici;

lume et diminué de poids; enfin sur quarante mille boulets chauffés et râpés pour les réduire au calibre des canons, on a perdu dix mille, c'est-à-dire, un quart, en sorte qu'à tous égards cette pratique est mauvaise.

(a) *Princip. mathém.* Londres, 1726, p. 509.

c'est dans la onzième question de son Traité d'optique (a) : « Les corps d'un volume, dit-il.
» ne conservent-ils pas plus longtemps (Nota. *Ce mot* PLUS LONGTEMPS *ne peut signifier ici*
» *qu'en raison plus grande que celle du diamètre*) leur chaleur parce que leurs parties
» s'échauffent réciproquement ? et un corps vaste, dense et fixe, étant une fois échauffé au
» delà d'un certain degré, ne peut-il pas jeter de la lumière en telle abondance que par
» l'émission et la réaction de sa lumière, par les réflexions et les réfractions de ses rayons
» au-dedans de ses pores, il devienne toujours plus chaud jusqu'à ce qu'il parvienne à
» un certain degré de chaleur qui égale la chaleur du soleil ? et le soleil et les étoiles fixes
» ne sont-ce pas de vastes terres violemment échauffées dont la chaleur se conserve par
» la grosseur de ces corps, et par l'action et la réaction réciproques entre eux et la lu-
» mière qu'ils jettent, leurs parties étant d'ailleurs empêchées de s'évaporer en fumée, non
» seulement par leur fixité, mais encore par le vaste poids et la grande densité des atmo-
» sphères qui, pesant de tous côtés, les compriment très fortement et condensent les
» vapeurs et les exhalaisons qui s'élèvent de ces corps-là ? »

Par ce passage on voit que Newton non seulement est ici de mon avis sur la durée de
la chaleur, qu'il suppose en raison plus grande que celle du diamètre, mais encore qu'il
renchérit beaucoup sur cette augmentation en disant qu'un grand corps, par cela même
qu'il est grand, peut augmenter sa chaleur.

Quoi qu'il en soit, l'expérience a pleinement confirmé ma pensée. La durée de la chaleur,
ou, si l'on veut, le temps employé au refroidissement du fer n'est point en plus *petite*,
mais en plus *grande* raison que celle du diamètre ; il n'y a pour s'en assurer qu'à comparer
les progressions suivantes :

Diamètres :

1, 2, 3, 4, 5, 6, 7, 8, 9, 10 demi-pouces.

Temps du premier refroidissement, supposés en raison du diamètre :

12', 24', 36', 48', 60', 72', 84', 96', 108', 120', minutes.

Temps réels de ce refroidissement, trouvés par l'expérience :

12', 35' $\frac{1}{2}$, 58' 80', 102', 127', 156', 182', 205', 232'.

Temps du second refroidissement, supposés en raison du diamètre :

39', 78', 117', 156', 195', 234', 273', 312', 351', 390'.

Temps réels de ce second refroidissement, trouvés par l'expérience :

39', 93', 145', 196', 248', 308', 356', 415'., 466', 522'.

On voit, en comparant ces progressions terme à terme, que dans tous les cas la durée
de la chaleur non seulement n'est pas en raison plus petite que celle du diamètre (comme
il est écrit dans Newton), mais qu'au contraire cette durée est en raison considérablement
plus grande.

Le docteur Martine, qui a fait un bon ouvrage sur les thermomètres, rapporte ce
passage de Newton, et il dit qu'il avait commencé de faire quelques expériences qu'il se
proposait de pousser plus loin ; qu'il croit que l'opinion de Newton est conforme à la
vérité, et que les corps semblables conservent en effet la chaleur dans la proportion de
leurs diamètres ; mais que quant au doute que Newton forme, si dans les grands corps
cette proportion n'est pas *moindre* que celle des diamètres, il ne le croit pas suffisament
fondé Le docteur Martine avait raison à cet égard, mais en même temps il avait tort de
croire, d'après Newton, que tous les corps semblables, solides ou fluides, conservent leur

____

(a) Traduction de Coste.

chaleur en raison de leurs diamètres; il rapporte à la vérité des expériences faites avec de l'eau dans des vases de porcelaine, par lesquelles il trouve que les temps du refroidissement de l'eau sont presque proportionnels aux diamètres des vases qui la contiennent; mais nous venons de voir que c'est par cette raison même que dans les corps solides la chose se passe différemment, car l'eau doit être regardée comme une matière presque entièrement perméable à la chaleur, puisque c'est un fluide homogène et qu'aucunes de ses parties ne peuvent faire obstacle à la circulation de la chaleur: ainsi, quoique les expériences du docteur Martine donnent à peu près la raison du diamètre pour le refroidissement de l'eau, on ne doit en rien conclure pour le refroidissement des corps solides.

Maintenant, si l'on voulait chercher, avec Newton, combien il faudrait de temps à un globe gros comme la terre pour se refroidir, on trouverait, d'après les expériences précédentes, qu'au lieu de cinquante mille ans qu'il assigne pour le temps du refroidissement de la terre jusqu'à la température actuelle, il faudrait déjà quarante-deux mille neuf cent soixante-quatre ans et deux cent vingt-un jours pour la refroidir seulement jusqu'au point où elle cesserait de brûler, et quatre-vingt-seize mille six cent soixante-dix ans, et cent trente-deux jours pour la refroidir à la température actuelle.

Car la suite des diamètres des globes étant

1, 2, 3, 4, 5......... N demi-pouces, celles des temps du refroidissement jusqu'à pouvoir toucher les globes sans se brûler sera :

12, 36, 60, 84, 108...... 24 N — 12 minutes; et le diamètre de la terre étant de 2,865 lieues de 25 au degré, ou de 6,537,930 toises de 6 pieds.

En faisant la lieue de..................	2,282 toises.
ou de.........................	39,227,580 pieds,
ou de......'...................	941,461,920 demi-pouces.
nous avons $N =$..................	941,461,920 demi-pouces.

Et 24 N — 12 = 22,595,086,068 minutes, c'est-à-dire quarante-deux mille neuf cent soixante-quatre ans et deux cent vingt-un jours pour le temps nécessaire au refroidissement d'un globe gros comme la terre, seulement jusqu'au point de pouvoir le toucher sans se brûler.

Et de même, la suite des temps du refroidissement jusqu'à la température actuelle sera :

$$39'\ 93'\ 147'\ 201',\ 255'............ 54\ N — 15'.$$

Et comme N est toujours = 941,461,920 demi-pouces, nous aurons 54 N — 15 = 50,838,943,662 minutes, c'est-à-dire quatre-vingt-seize mille six cent soixante-dix ans et cent trente-deux jours pour le temps nécessaire au refroidissement d'un globe gros comme la terre au point de la température actuelle.

Seulement, on pourrait croire que celui du refroidissement de la terre devrait encore être considérablement augmenté, parce que l'on imagine que le refroidissement ne s'opère que par le contact de l'air, et qu'il y a une grande différence entre le temps du refroidissement dans l'air et le temps du refroidissement dans le vide; et comme l'on doit supposer que la terre et l'air se seraient en même temps refroidis dans le vide, on dira qu'il faut faire état de ce surplus de temps; mais il est aisé de faire voir que cette différence est très peu considérable; car, quoique la densité du milieu dans lequel un corps se refroidit fasse quelque chose sur la durée du refroidissement, cet effet est bien moindre qu'on ne pourrait l'imaginer, puisque dans le mercure, qui est onze mille fois plus dense que l'air, il ne faut, pour refroidir les corps qu'on y plonge, qu'environ neuf fois autant de temps qu'il en faut pour produire le même refroidissement dans l'air.

La principale cause du refroidissement n'est donc pas le contact du milieu ambiant, mais la force expansive qui anime les parties de la chaleur et du feu, qui les chasse hors des corps où elles résident, et les pousse directement du centre à la circonférence.

En comparant, dans les expériences précédentes, les temps employés à chauffer les globes de fer avec les temps nécessaires pour les refroidir, on verra qu'il faut environ la sixième partie et demie du temps pour les chauffer à blanc de ce qu'il en faut pour les refroidir au point de pouvoir les tenir à la main, et environ la quinzième partie et demie du temps qu'il faut pour les refroidir au point de la température actuelle (a) : en sorte qu'il y a encore une très grande correction à faire dans le texte de Newton sur l'estime qu'il fait de la chaleur que le soleil a communiquée à la comète de 1680 ; car cette comète n'ayant été exposée à la violente chaleur du soleil que pendant un petit temps, elle n'a pu la recevoir qu'en proportion de ce temps, et non pas en entier, comme Newton paraît le supposer dans le passage que je vais rapporter :

« Es calor solis ut radiorum densitas, hoc est reciprocè ut quadratum distantiæ loco-
» rum a sole. Ideèque cùm distantia cometæ à centro solis decemb. 8, ubi in perihelio
» versabatur, esset ad distantiam terræ à centro solis ut 6 ad 1,000 circiter, calor solis apud
» cometam eo tempore erat ad calorem solis æstivi apud nos ut 1,000,000 ad 36, seu
» 28,000 ad 1. Sed calor aquæ ebullientis est quasi triplo major quàm calor quem terra
» arida concipit ad æstivum solem ut expertus sum, etc. Calor ferri candentis (si rectè con-
» jector) quasi triplò vel quadruplò major quàm calor aquæ ebullientis ; ideòque calor
» quem terra arida apud cometam in perihelio versantem ex radiis solaribus concipere
» posset, quasi 2,000 vicibus major quàm calor ferri candentis. Tanto autem calore vapores
» et exhalationes, omnisque materia volatilis statim consumi ac dissipari debuissent.

» Cometa igitur in perihelio suo calorem immensum ad solem concepit, et calorem illum
» diutissimè conservare potest. »

Je remarquerai d'abord que Newton fait ici la chaleur du fer rougi beaucoup moindre qu'elle n'est en effet, et qu'il le dit lui-même dans un Mémoire qui a pour titre *Échelle de la chaleur*, et qu'il a publié dans les *Transactions philosophiques* de 1701, c'est-à-dire plusieurs années après la publication de son *Livre des Principes*. On voit dans ce Mémoire, qui est excellent et qui renferme le germe de toutes les idées sur lesquelles on a depuis construit les thermomètres, on y voit, dis-je, que Newton, après des expériences très exactes, fait la chaleur de l'eau bouillante trois fois plus grande que celle du soleil d'été, celle de l'étain fondant six fois plus grande, celle du plomb fondant huit fois plus grande, celle du régule fondant douze fois plus grande, et celle d'un feu de cheminée ordinaire, seize ou dix-sept fois plus grande que celle du soleil d'été ; et de là on ne peut s'empêcher de conclure que la chaleur du fer rougi à blanc ne soit encore bien plus 'grande, puisqu'il faut un feu constamment animé par le soufflet pour chauffer le fer à ce point. Newton paraît lui-même le sentir et donner à entendre que cette chaleur du fer rougi paraît être sept ou huit fois plus grande que celle de l'eau bouillante ; ainsi il faut, suivant Newton lui-même, changer trois mots au passage précédent et lire : « Calor ferri candentis est quasi
» triplò (septuplò) vel quadruplò (octuplò) major quàm calor aquæ ebullientis ; ideòque
» calor apud cometam in perihelio versantem quasi 2,000 (1,000) vicibus major quàm calor
» ferri candentis. » Cela diminue de moitié la chaleur de cette comète, comparée à celle du fer rougi à blanc.

Mais cette diminution, qui n'est que relative, n'est rien en elle-même ni rien en comparaison de la diminution réelle et très grande qui résulte de notre première considération : il faudrait, pour que la comète eût reçu cette chaleur mille fois plus grande que celle

(a) Le boulet d'un pouce et celui d'un demi-pouce surtout ont été chauffés en bien moins de temps, et ne suivent point cette proportion de quinze et demi à un, et c'est par la raison qu'étant très petits et placés dans un grand feu, la chaleur les pénétrait, pour ainsi dire, tout à coup ; mais à commencer par les boulets d'un pouce et demi de diamètre, la proportion que j'établis ici se trouve assez exacte pour qu'on puisse y compter.

du fer rougi, qu'elle eût séjourné pendant un temps très long dans le voisinage du soleil, au lieu qu'elle n'a fait que passer très rapidement, surtout à la plus petite distance, sur laquelle seule, néanmoins, Newton établit son calcul de comparaison. Elle était, le 6 décembre 1680, à $\frac{6}{1000}$ de la distance de la terre au centre du soleil ; mais la veille ou le lendemain, c'est-à-dire vingt-quatre heures avant et vingt-quatre après, elle était déjà à une distance six fois plus grande, et où la chaleur était par conséquent trente-six fois moindre.

Si l'on voulait donc connaître la quantité de cette chaleur communiquée à la comète par le soleil, voici comment on pourrait faire cette estimation assez juste et en faire en même temps la comparaison avec celle du fer ardent, au moyen de mes expériences.

Nous supposerons comme un fait que cette comète a employé six cent soixante-six heures à descendre du point où elle était encore éloignée du soleil d'une distance égale à celle de la terre à cet astre, auquel point la comète recevait par conséquent une chaleur égale à celle que le terre reçoit du soleil, et que je prends ici pour l'unité ; nous supposerons de même que la comète a employé six cent soixante-six autres heures à remonter du point le plus bas de son périhélie à cette même distance ; et supposant aussi son mouvement uniforme, on verra que la comète, étant au point le plus bas de son périhélie, c'est-à-dire à $\frac{6}{1000}$ de distance de la terre au soleil, la chaleur qu'elle a reçue dans ce moment était vingt-sept mille sept cent soixante-seize fois plus grande que celle que reçoit la terre ; en donnant à ce moment une durée de 80 minutes, savoir : 40 minutes en descendant et 40 minutes en montant, on aura :

A 6 de distance, 27,776 de chaleur pendant 80 minutes.

A 7 de distance, 20,408 de chaleur aussi pendant 80 minutes.

A 8 de distance, 15,625 de chaleur toujours pendant 80 minutes, et ainsi de suite jusqu'à la distance 1,000, où la chaleur est 1. En sommant toutes les chaleurs à chaque distance, on trouvera 363,410 pour le total de la chaleur que la comète a reçu du soleil, tant en descendant qu'en remontant, qu'il faut multiplier par le temps, c'est-à-dire par $\frac{3}{4}$ d'heure ; on aura donc 484,547, qu'on divisera par 2,000, qui représente la chaleur totale que la terre a reçue dans ce même temps de 1,332 heures, puisque la distance est toujours 1,000, et la chaleur toujours $= 1$; ainsi l'on aura $242\,\frac{547}{2000}$ pour la chaleur que la comète a reçue de plus que la terre pendant tout le temps de son périhélie, au lieu de 28,000, comme Newton le suppose, parce qu'il ne prend que le point extrême, et ne fait nulle attention à la très petite durée du temps.

Et encore faudrait-il diminuer cette chaleur $242\,\frac{547}{2000}$, parce que la comète parcourait par son accélération d'autant plus de chemin dans le même temps, qu'elle était plus près du soleil.

Mais, en négligeant cette diminution et en admettant que la comète a en effet reçu une chaleur à peu près deux cent quarante-deux fois plus grande que celle de notre soleil d'été, et par conséquent $17\,\frac{2}{7}$ fois plus grande que celle du fer ardent, suivant l'estime de Newton, ou seulement dix fois plus grande suivant la correction qu'il faut faire à cette estime ; on doit supposer que pour donner une chaleur dix fois plus grande que celle du fer rougi, il faudrait dix fois plus de temps, c'est-à-dire 13,320 heures au lieu de 1,332. Par conséquent, on peut comparer à la comète un globe de fer qu'on aurait chauffé à un feu de forge pendant 13,320 heures pour pouvoir le rougir à blanc.

Or, on voit, par mes expériences, que la suite des temps nécessaires pour chauffer des globes dont les diamètres croissent, comme :

$$1,\ 2,\ 3,\ 4,\ 5 \ldots\ldots\ldots n \text{ demi-pouces,}$$

est à très peu près

$$2'\ 5\,\tfrac{1}{2},\ 9',\ 12'\,\tfrac{1}{2},\ 16' \ldots\ldots\ldots \frac{7\,n-3}{2}\ \text{minutes.}$$

On aura donc $\dfrac{7\,n-3}{2} = 769{,}200$ minutes.

D'où l'on tirera $n = 228{,}342$ demi-pouces.

Ainsi avec le feu de forge on ne pourrait chauffer à blanc, en 799,200 minutes, ou 13,320 heures, qu'un globe dont le diamètre serait de 228,342 demi-pouces, et par conséquent il faudrait, pour que toute la masse de la comète soit échauffée au point du fer rougi à blanc pendant le peu de temps qu'elle a été exposée aux ardeurs du soleil, qu'elle n'eût eu que 228,342 demi-pouces de diamètre, et supposer encore qu'elle eût été frappée de tous côtés et en même temps par la lumière du soleil. D'où il résulte que si on la suppose plus grande, il faut nécessairement supposer plus de temps dans la même raison de n à $\frac{7\,n - 3}{2}$; en sorte, par exemple, que si l'on veut supposer la comète égale à la terre, on aura $n = 941,461,920$ demi-pouces, et $\frac{7\,n - 3}{2} = 3,295,116,718$ minutes, c'est-à-dire qu'au lieu de 13,320 heures, il en faudrait 54,918,612, ou si l'on veut, au lieu de 1 an 190 jours, il faudrait 6,269 ans pour chauffer à blanc un globe gros comme la terre; et par la même raison il faudrait que la comète, au lieu de n'avoir séjourné que 1,332 heures ou 55 jours 12 heures dans tout son périhélie, y eût demeuré pendant 392 ans. Ainsi les comètes, lorsqu'elles approchent du soleil, ne reçoivent pas une chaleur immense, ni très longtemps durable, comme le dit Newton, et comme on serait porté à le croire à la première vue; leur séjour est si court dans le voisinage de cet astre, que leur masse n'a pas le temps de s'échauffer, et qu'il n'y a guère que la partie de la surface exposée au soleil qui soit brûlée par ces instants de chaleur extrême, laquelle, en calcinant et volatilisant la matière de cette surface, la chasse au dehors en vapeurs et en poussière du côté opposé au soleil; et ce qu'on appelle *la queue d'une comète* n'est autre chose que la lumière même du soleil rendue sensible, comme dans une chambre obscure, par ces atomes que la chaleur pousse d'autant plus loin qu'elle est plus violente.

Mais une autre considération bien différente de celle-ci et encore plus importante, c'est que, pour appliquer le résultat de nos expériences et notre calcul à la comète et à la terre, il faut les supposer composées de matières qui demanderaient autant de temps que le fer pour se refroidir; tandis que, dans le réel, les matières principales dont le globe terrestre est composé, telles que les glaises, les grès, les pierres, etc., doivent se refroidir en bien moins de temps que le fer.

Pour me satisfaire sur cet objet, j'ai fait faire des globes de glaise et de grès, et, les ayant fait chauffer à la même forge jusqu'à les faire rougir à blanc, j'ai trouvé que les boulets de glaise de deux pouces se sont refroidis au point de pouvoir les tenir dans la main en trente-huit minutes, ceux de deux pouces et demi en quarante-huit minutes, et ceux de trois pouces en soixante minutes; ce qui, étant comparé avec le temps du refroidissement des boulets de fer de ces mêmes diamètres de deux pouces, deux pouces et demi et trois pouces, donne les rapports de 38 à 80 pour deux pouces, 48 à 102 pour deux pouces et demi, et 60 à 127 pour trois pouces, ce qui fait un peu moins de 1 à 2; en sorte que, pour le refroidissement de la glaise, il ne faut pas la moitié du temps qu'il faut pour celui du fer.

J'observerai, au sujet de ces expériences, que les globes de glaise chauffés à feu blanc ont perdu de leur pesanteur encore plus que les boulets de fer et jusqu'à la neuvième ou dixième partie de leur poids; au lieu que le grès chauffé au même feu ne perd presque rien du tout de son poids, quoique toute la surface se couvre d'émail et se réduise en verre. Comme ce petit fait m'a paru singulier, j'ai répété l'expérience plusieurs fois, en faisant même pousser le feu et le continuer plus longtemps que pour le fer; et quoiqu'il ne fallût guère que le tiers du temps pour rougir le fer, je l'ai tenu à ce feu le double et le triple du temps, pour voir s'il perdrait davantage, et je n'ai trouvé que de très légères diminutions; car le globe de deux pouces, chauffé pendant huit minutes, qui pesait sept onces deux gros trente grains avant d'être mis au feu, n'a perdu que quarante et un grains, ce qui ne fait pas la centième partie de son poids; celui de deux pouces et demi, qui pesait quatorze onces deux gros huit grains, ayant été chauffé pendant douze minutes, n'a perdu que la cent-cinquante-quatrième partie de son poids ; et trois pouces, qui pesait vingt-quatre onces cinq gros treize grains, ayant été chauffé pendant dix-huit minutes, c'est-à-dire presque autant que le fer, n'a perdu que soixante-dix-huit grains, ce qui ne fait que la cent quatre-vingt et unième partie de son poids. Ces pertes sont si petites, qu'on pourrait les regarder comme nulles, et assurer en général que le grès pur ne perd rien de sa pesanteur au feu : car il m'a paru que ces petites diminutions que je viens de rapporter ont été occasionnées par les parties ferrugineuses qui se sont trouvées dans ces grès, et qui ont été en partie détruites par le feu.

Une chose plus générale et qui mérite bien d'être remarquée, c'est que les durées de la chaleur dans différentes matières exposées au même feu, pendant un temps égal, sont toujours dans la même proportion, soit que le degré de chaleur soit plus grand ou plus petit ; en sorte, par exemple, que si on chauffe le fer, le grès et la glaise à un feu violent, et tel qu'il faille quatre-vingts minutes pour refroidir le fer au point de pouvoir le toucher, quarante-six minutes pour refroidir le grès au même point, et trente-huit minutes pour refroidir la glaise, et qu'à une chaleur moindre il ne faille, par exemple, que dix-huit minutes pour refroidir le fer à ce même point de pouvoir le toucher avec la main, il ne faudra proportionnellement qu'un peu plus de dix minutes pour refroidir le grès, et environ huit minutes et demie pour refroidir la glaise à ce même point.

J'ai fait de semblables expériences sur des globes de marbre, de pierre, de plomb et d'étain, à une chaleur telle seulement que l'étain commençait à fondre, et j'ai trouvé que le fer se refroidissant en dix-huit minutes au point de pouvoir le tenir à la main, le marbre se refroidit au même point en douze minutes, la pierre en onze, le plomb en neuf, et l'étain en huit minutes.

Ce n'est donc pas proportionnellement à leur densité, comme on le croit vulgairement (a), que les corps reçoivent et perdent plus ou moins vite la chaleur, mais dans un rapport bien différent et qui est en raison inverse de leur solidité, c'est-à-dire de leur plus ou moins grande *non-fluidité* ; en sorte qu'avec la même chaleur, il faut moins de temps pour échauffer ou refroidir le fluide le plus dense qu'il n'en faut pour échauffer ou refroidir au même degré le solide le moins dense. Je donnerai dans les Mémoires suivants le développement entier de ce principe, duquel dépend toute la théorie du progrès de la chaleur ; mais pour que mon assertion ne paraisse pas vaine, voici en peu de mots le fondement de cette théorie.

J'ai trouvé, par la vue de l'esprit, que les corps qui s'échaufferaient en raison de leurs diamètres ne pourraient être que ceux qui seraient parfaitement perméables à la chaleur, et que ce seraient en même temps ceux qui s'échaufferaient ou se refroidiraient en moins de temps. Dès lors j'ai pensé que les fluides dont toutes les parties ne se tiennent que par un faible lien approchaient plus de cette perméabilité parfaite que les solides dont les parties ont beaucoup plus de cohésion que celles des fluides.

En conséquence, j'ai fait des expériences par lesquelles j'ai trouvé qu'avec la même chaleur, tous les fluides, quelque denses qu'ils soient, s'échauffent et se refroidissent plus promptement qu'aucun solide, quelque léger qu'il soit ; en sorte, par exemple, que le mercure, comparé avec le bois, s'échauffe beaucoup plus promptement que le bois, quoiqu'il soit quinze ou seize fois plus dense.

Cela m'a fait reconnaître que le progrès de la chaleur dans les corps ne devait en aucun cas se faire relativement à leur densité ; et en effet j'ai trouvé, par l'expérience, que, tant dans les solides que dans les fluides, ce progrès se fait plutôt en raison de leur fluidité, ou, si l'on veut, en raison inverse de leur solidité.

(a) Voyez la *Chimie* de Boerhaave. Partie première, p. 266 et 267, et aussi 160, 264 et 267. — Musschenbrock, *Essais de physique*, p. 94 et 969, etc.

Comme ce mot *solidité* a plusieurs acceptions, il faut voir nettement le sens dans lequel je l'emploie ici : *solide* et *solidité* se disent en géométrie relativement à la grandeur, et se prennent pour le volume du corps ; *solidité* se dit souvent en physique relativement à la densité, c'est-à-dire à la masse contenue sous un volume donné ; *solidité* se dit quelquefois encore relativement à la dureté, c'est-à-dire à la résistance que font les corps lorsque nous voulons les entamer. Or, ce n'est dans aucun de ces sens que j'emploie ici ce mot, mais dans une acception qui devrait être la première, parce qu'elle est la plus propre. J'entends uniquement par *solidité* la qualité opposé à la fluidité, et je dis que c'est en raison inverse de cette qualité que se fait le progrès de la chaleur dans la plupart des corps, et qu'ils s'échauffent ou se refroidissent d'autant plus vite qu'ils sont beaucoup plus fluides, et d'autant plus lentement qu'ils sont plus solides, toutes les autres circonstances étant égales d'ailleurs.

Et, pour prouver que la solidité prise dans ce sens est tout à fait indépendante de la densité, j'ai trouvé par expérience que des matières plus ou moins denses s'échauffent et se refroidissent plus promptement que d'autres matières plus ou moins denses ; que, par exemple, l'or et le plomb, qui sont beaucoup plus denses que le fer et le cuivre, néanmoins s'échauffent et se refroidissent aussi beaucoup plus vite, et que l'étain et le marbre, qui sont au contraire moins denses, s'échauffent et se refroidissent plus promptement que d'autres qui sont beaucoup moins denses ou plus denses ; en sorte que la densité n'est nullement relative à l'échelle du progrès de la chaleur dans les corps solides.

Et, pour le prouver de même dans les fluides, j'ai vu que le mercure qui est treize ou quatorze fois plus dense que l'eau, néanmoins s'échauffe et se refroidit en moins de temps que l'eau ; et que l'esprit-de-vin, qui est moins dense que l'eau, s'échauffe et se refroidit aussi plus vite que l'eau ; en sorte que généralement le progrès de la chaleur dans les corps, tant pour l'entrée que pour la sortie, n'a aucun rapport à leur densité, et se fait principalement en raison de leur fluidité, en étendant la fluidité jusqu'au solide, c'est-à-dire en regardant la solidité comme une *non-fluidité* plus ou moins grande. De là j'ai cru devoir conclure que l'on connaîtrait en effet le degré réel de fluidité dans les corps en les faisant chauffer à la même chaleur ; car leur fluidité sera dans la même raison que celle du temps pendant lequel ils recevront et perdront cette chaleur ; et il en sera de même des corps solides : ils seront d'autant plus solides, c'est-à-dire d'autant plus *non-fluides*, qu'il leur faudra plus de temps pour recevoir cette même chaleur et la perdre ; et cela presque généralement, à ce que je présume, car j'ai déjà tenté ces expériences sur un grand nombre de matières différentes, et j'en ai fait une table que j'ai tâché de rendre aussi complète et aussi exacte qu'il m'a été possible, et qu'on trouvera dans le Mémoire suivant.

SECOND MÉMOIRE

SUITE DES EXPÉRIENCES SUR LE PROGRÈS DE LA CHALEUR DANS LES DIFFÉRENTES SUBSTANCES MINÉRALES.

J'ai fait faire un grand nombre de globes, tous d'un pouce de diamètre, le plus précisément qu'il a été possible, des matières suivantes, qui peuvent représenter ici à peu près le règne minéral.

	Onces.	Gros.	Grains.
Or le plus pur, affiné par les soins de M. Tillet, de l'Académie des sciences, qui a fait travailler ce globe à ma prière, pèse.......	6	2	17
Plomb, pèse....................................	3	6	27
Argent le plus pur, travaillé de même, pèse..................	3	3	22
Bismuth, pèse....................................	3	0	3
Cuivre rouge, pèse................................	2	7	56
Fer, pèse..	2	5	10
Étain, pèse......................................	2	3	48
Antimoine fondu et qui avait des petites cavités à sa surface, pèse.	2	1	34
Zinc, pèse.......................................	2	1	2
Émeril, pèse.....................................	1	2	$24\frac{1}{2}$
Marbre blanc, pèse................................	1	0	25
Grès pur, pèse...................................	0	7	24
Marbre commun de Montbard, pèse.....	0	7	20
Pierre calcaire dure et grise de Montbard, pèse..............	0	7	20
Gypse blanc, improprement appelé *albâtre*, pèse............	0	6	36
Pierre calcaire blanche, statuaire, de la carrière d'Asnières près de Dijon, pèse.....................................	0	6	36
Cristal de roche : il était un peu trop petit, et il y avait plusieurs défauts et quelques petites fêlures à sa surface ; je présume que, sans cela, il aurait pesé plus d'un gros de plus ; il pèse........	0	6	22
Verre commun, pèse...............................	0	6	21
Terre glaise pure non cuite, mais très sèche, pèse.............	0	6	16
Ocre, pèse......................................	0	5	9
Porcelaine de M. le comte de Lauraguais, pèse...............	0	5	$2\frac{1}{2}$
Craie blanche, pèse...............................	0	4	49
Pierre ponce avec plusieurs petites cavités à sa surface, pèse.....	0	1	69
Bois de cerisier, qui, quoique plus léger que le chêne et la plupart des autres bois, est celui de tous qui s'altère le moins au feu, pèse..	0	1	55

Je dois avertir qu'il ne faut pas compter assez sur les poids rapportés dans cette table pour en conclure la pesanteur spécifique exacte de chaque matière, car, quelque précaution que j'aie prise pour rendre les globes égaux, comme il a fallu employer des ouvriers de différents métiers, les uns me les ont rendus trop gros et les autres trop petits. On a diminué ceux qui avaient plus d'un pouce de diamètre, mais quelques-uns qui étaient un tant soit peu trop petits, comme ceux de cristal de roche, de verre et de porcelaine, sont demeurés tels qu'ils étaient : j'ai seulement rejeté ceux d'agate, de jaspe, de porphyre et de jade, qui étaient sensiblement trop petits. Néanmoins ce degré de précision de grosseur, très difficile à saisir, n'était pas absolument nécessaire, car il ne pouvait changer que très peu le résultat de mes expériences.

Avant d'avoir commandé tous ces globes d'un pouce de diamètre, j'avais exposé à un même degré de feu une masse carrée de fer, et une autre de plomb de deux pouces dans toutes leurs dimensions, et j'avais trouvé, par des essais réitérés, que le plomb s'échauffait plus vite, et se refroidissait en beaucoup moins de temps que le fer. Je fis la même épreuve sur le cuivre rouge : il faut aussi plus de temps pour l'échauffer et pour le refroidir qu'il n'en faut pour le plomb, et moins que pour le fer. En sorte que, de ces trois matières, le fer me parut celle qui est la moins accessible à la chaleur, et en même temps celle qui la retient le plus longtemps. Ceci me fit connaître que la loi du progrès de la chaleur, c'est-à-dire de son entrée et de sa sortie dans les corps, n'était point du tout proportionnelle à leur densité, puisque le plomb, qui est plus dense que le fer et le cuivre, s'échauffe néanmoins et se refroidit en moins de temps que ces deux autres métaux. Comme cet objet me parut important, je fis faire mes petits globes pour m'assurer plus exactement, sur un grand nombre de différentes matières, du progrès de la chaleur dans chacune. J'ai toujours placé les globes à un pouce de distance les uns des autres devant le même feu ou dans le même four, deux ou trois, ou quatre, ou cinq, etc., ensemble, pendant le même temps avec un globe d'étain au milieu des autres. Dans la plupart des expériences, je les laissais exposés à la même action du feu jusqu'à ce que le globe d'étain commençait à fondre, et dans ce moment on les enlevait tous ensemble et on les posait sur une table dans de petites cases préparées pour les recevoir; je les y laissais refroidir sans les bouger, en essayant assez souvent de les toucher, et au moment qu'ils commençaient à ne plus brûler les doigts, et que je pouvais les tenir dans ma main pendant une demi-seconde, je marquais le nombre des minutes qui s'étaient écoulées depuis qu'ils étaient retirés du feu; ensuite je les laissais tous refroidir au point de la température actuelle, dont je tâchais de juger par le moyen d'autres petits globes de même matière qui n'avaient pas été chauffés, et que je touchais en même temps que ceux qui se refroidissaient. De toutes les matières que j'ai mises à l'épreuve, il n'y a que le soufre qui fond à un moindre degré de chaleur que l'étain; et malgré la mauvaise odeur de sa vapeur je l'aurais pris pour terme de comparaison, mais comme c'est une matière friable et qui se diminue par le frottement, j'ai préféré l'étain, quoiqu'il exige près du double de chaleur pour se fondre, de celle qu'il faut pour fondre le soufre.

I. — Par une première expérience, le boulet de plomb et le boulet de cuivre, chauffés pendant le même temps, se sont refroidis dans l'ordre suivant :

Refroidis à les tenir pendant une demi-seconde.		*Refroidis à la température actuelle.*	
	Minutes.		Minutes.
Plomb, en	8	En	23
Cuivre, en	12	En	33

II. — Ayant fait chauffer ensemble, au même feu, des boulets de fer, de cuivre, de plomb, d'étain, de grès et de marbre de Montbard, ils se sont refroidis dans l'ordre suivant :

Refroidis à les tenir pendant une demi-seconde.		*Refroidis à la température actuelle.*	
	Minutes.		Minutes.
Étain, en	$6\frac{1}{2}$	En	16
Plomb, en	8	En	17
Grès, en	9	En	19
Marbre commun, en	10	En	21
Cuivre, en	$11\frac{1}{2}$	En	30
Fer, en	13	En	38

III. — Par une seconde expérience à un feu plus ardent et au point d'avoir fondu le boulet d'étain, les cinq autres boulets se sont refroidis dans les proportions suivantes :

Refroidis à les tenir pendant une demi-seconde.	Minutes.	*Refroidis à la température.*	Minutes.
Plomb, en............................	$10\frac{1}{2}$	En................................	42
Grès, en.............................	$12\frac{1}{2}$	En................................	46
Marbre commun, en................	$13\frac{1}{2}$	En................................	50
Cuivre, en..........................	$19\frac{1}{2}$	En................................	51
Fer, en..............................	$23\frac{1}{2}$	En................................	54

IV. — Par une troisième expérience à un degré de feu moindre que le précédent, les mêmes boulets, avec un nouveau boulet d'étain, se sont refroidis dans l'ordre suivant :

Refroidis à les tenir pendant une demi-seconde.	Minutes.	*Refroidis à la température.*	Minutes.
Étain, en............................	$7\frac{1}{2}$	En................................	25
Plomb, en...........................	$9\frac{1}{2}$	En................................	35
Grès, en.............................	$10\frac{1}{2}$	En................................	37
Marbre commun, en................	12	En................................	39
Cuivre, en..........................	14	En................................	44
Fer, en..............................	17	En................................	50

De ces expériences que j'ai faites avec autant de précision qu'il m'a été possible, on peut conclure :

1° Que le temps du refroidissement du fer est à celui du refroidissement du cuivre au point de les tenir : : $53\frac{1}{2}$: 45, et au point de la température : : 142 : 125;

2° Que le temps du refroidissement du fer est à celui du premier refroidissement du marbre commun : : $53\frac{1}{2}$: $35\frac{1}{2}$, et au point de leur refroidissement entier : : 142 : 110;

3° Que le temps du refroidissement du fer est à celui du refroidissement du grès au point de pouvoir les tenir : : $53\frac{1}{2}$: 32, et : : 142 : $102\frac{1}{2}$ pour leur entier refroidissement;

4° Que le temps du refroidissement du fer est à celui du refroidissement du plomb, au point de les tenir : : $53\frac{1}{2}$: 27, et : : 142 : $94\frac{1}{2}$ pour leur entier refroidissement.

V. — Comme il n'y avait que deux expériences pour la comparaison du fer à l'étain, j'ai voulu en faire une troisième dans laquelle l'étain s'est refroidi à le tenir dans la main en 8 minutes, et en entier, c'est-à-dire à la température, en 32 minutes; et le fer s'est refroidi à le tenir sur la main en 18 minutes, et refroidi en entier en 48 minutes; au moyen de quoi la proportion trouvée par trois expériences est :

1° Pour le premier refroidissement du fer, comparé à celui de l'étain : : 48 : 22, et : : 136 : 73 pour leur refroidissement;

2° Que les temps du refroidissement du cuivre sont à ceux du refroidissement du marbre commun : : 45 : $35\frac{1}{2}$ pour le premier refroidissement, et : : 125 : 110 pour le refroidissement à la température;

3° Que les temps du refroidissement du cuivre sont à ceux du refroidissement du grès : : 45 : 33 pour le premier refroidissement, et : : 125 : 102 pour le refroidissement à la température actuelle;

4° Que les temps du refroidissement du cuivre sont à ceux du refroidissement du plomb : : 45 : 27 pour le premier refroidissement, et : : 125 : $94\frac{1}{2}$ pour le refroidissement en entier.

VI. — Comme il n'y avait pour la comparaison du cuivre et de l'étain que deux expériences, j'en ai fait une troisième dans laquelle le cuivre s'est refroidi à le tenir dans la main en 18 minutes, et en entier en 49 minutes; et l'étain s'est refroidi au premier point en 8 ½ minutes, et au dernier en 30 minutes; d'où l'on peut conclure :

1° Que le temps du refroidissement du cuivre est à celui du refroidissement de l'étain, au point de pouvoir les tenir : : 43 ½ : 22 ½, et : : 123 : 71 pour leur entier refroidissement;

2° On peut de même conclure des expériences précédentes que le temps du refroidissement du marbre commun est à celui du refroidissement du grès, au point de pouvoir les tenir : : 36 ½ : 32, et : : 110 : 102 pour leur entier refroidissement;

3° Que le temps du refroidissement du marbre commun est à celui du refroidissement du plomb au point de pouvoir les tenir : : 36 ½ : 28, et : : 110 : 94 ½ pour le refroidissement entier.

VII. — Comme il n'y avait pour la comparaison du marbre commun et de l'étain que deux expériences, j'en ai fait une troisième dans laquelle l'étain s'est refroidi, à le tenir dans la main, en 9 minutes, et le marbre en 11 minutes; et l'étain s'est refroidi en entier en 22 ½ minutes, et le marbre en 33 minutes. Ainsi les temps du refroidissement du marbre sont à ceux du refroidissement de l'étain comme 33 est à 24 ½ pour le premier refroidissement, et : : 93 : 64 pour le second refroidissement.

VIII. — Comme il n'y avait que deux expériences pour la comparaison du grès et du plomb avec l'étain, j'en ai fait une troisième en faisant chauffer ensemble ces trois boulets de grès, de plomb et d'étain, qui se sont refroidis dans l'ordre suivant :

Refroidis à les tenir pendant une demi-seconde.		*Refroidis à la température.*	
	Minutes.		Minutes.
Étain, en....................	7 ½	En....................	23
Plomb, en....................	8 ½	En....................	27
Grès, en....................	10 ½	En....................	28

Ainsi on peut en conclure :

1° Que le temps du refroidissement du plomb est à celui du refroidissement de l'étain, au point de pouvoir les tenir : : 25 ½ : 21 ½, et : : 79 ½ : 64 pour le refroidissement entier ;

2° Que le temps du refroidissement du grès est à celui du refroidissement de l'étain, au point de pouvoir les tenir : : 30 : 21 ½, et : : 84 : 64 pour leur entier refroidissement;

3° De même, on peut conclure par les quatre expériences précédentes que le temps du refroidissement du grès est à celui du refroidissement du plomb au point de pouvoir les tenir : : 42 ½ : 35 ½, et : : 130 : 121 ½ pour leur entier refroidissement.

IX. — Dans un four chauffé au point de fondre l'étain, quoique toute la braise et les cendres en eussent été tirées, j'ai fait placer sur un support de fer-blanc, traversé de fil de fer, cinq boulets éloignés les uns des autres d'environ 9 lignes, après quoi on a fermé le four; et les ayant retirés au bout de 15 minutes, ils se sont refroidis dans l'ordre suivant :

Refroidis à les tenir pendant une demi-seconde.		*Refroidis à la température.*	
	Minutes.		Minutes.
Étain fondu par sa partie d'en bas, en.	8	En....................	24
Argent, en....................	14	En....................	40
Or, en....................	15	En....................	46
Cuivre, en....................	16 ½	En....................	50
Fer, en....................	18	En....................	56

X. — Dans le même four, mais à un moindre degré de chaleur, les mêmes boulets, avec un autre boulet d'étain, se sont refroidis dans l'ordre suivant :

Refroidis à les tenir pendant une demi-seconde.		*Refroidis à la température.*	
	Minutes.		Minutes.
Étain, en..........................	7	En...............................	20
Argent, en........................	11	En...............................	31
Or, en.............................	$22\frac{1}{2}$	En...............................	40
Cuivre, en........................	14	En...............................	43
Fer, en............................	$16\frac{1}{2}$	En...............................	47

XI. — Dans le même four, et à un degré de chaleur encore moindre, les mêmes boulets se sont refroidis dans les proportions suivantes :

Refroidis à les tenir pendant une demi-seconde.		*Refroidis à la température.*	
	Minutes.		Minutes.
Étain, en..........................	6	En...............................	17
Argent, en........................	9	Eu...............................	26
Or, en.............................	$9\frac{1}{2}$	En...............................	28
Cuivre, en........................	10	En...............................	31
Fer, en............................	11	En...............................	35

On doit conclure de ces expériences :

1° Que le temps du refroidissement du fer est à celui du refroidissement du cuivre, au point de les tenir : : $11 + 16\frac{1}{2} + 18 : 10 + 14 + 16\frac{1}{2}$, ou : : $45\frac{1}{2} : 40\frac{1}{2}$ par les trois expériences présentes ; et comme ce rapport a été trouvé par les expériences précédentes (art. IV) : : $53\frac{1}{2} : 48$, on aura, en ajoutant ces temps, 99 à $85\frac{1}{2}$ pour le rapport encore plus précis du premier refroidissement du fer et du cuivre ; et pour le second, c'est-à-dire pour le refroidissement entier, le rapport donné par les présentes expériences étant : : $35 + 47 + 56 : 31 + 43 + 50$, ou : : $138 : 24$, et : : $142 : 125$. Par les expériences précédentes (art. IV), on aura, en ajoutant ces temps, 280 à 249 pour le rapport encore plus précis du refroidissement entier du fer et du cuivre ;

2° Que le temps du refroidissement du fer est à celui du refroidissement de l'or, au point de pouvoir les tenir : : $45\frac{1}{2} : 37$, et au point de la température : : $138 : 144$.

3° Que le temps du refroidissement du fer est à celui du refroidissement de l'argent, au point de pouvoir les tenir : : $45\frac{1}{2} : 34$, et au point de la température : : $138 : 97$;

4° Que le temps du refroidissement du fer est à celui du refroidissement de l'étain, au point de pouvoir les tenir : $45\frac{1}{2} : 21$ par les présentes expériences, et : : $24 : 11$ par les expériences précédentes (art. V) ; ainsi l'on aura, en ajoutant ces temps, $69\frac{1}{2}$ à 32 pour le rapport encore plus précis de leur refroidissement ; et pour le second, le rapport donné par les expériences présentes étant : : $138 : 61$, et par les expériences précédentes (art. V) : : $136 : 73$, on aura, en ajoutant ces temps, 274 à 134 pour le rapport encore plus précis de l'entier refroidissement du fer et de l'étain ;

5° Que le temps du refroidissement du cuivre est à celui de l'or, au point de pouvoir les tenir : $40\frac{1}{2} : 37$, et : : $124 : 114$ pour leur entier refroidissement ;

6° Que le temps du refroidissement du cuivre est à celui du refroidissement de l'argent au point de pouvoir les tenir : : $40\frac{1}{2} : 34$, et : : $124 : 97$ pour leur entier refroidissement ;

7° Que le temps du refroidissement du cuivre est à celui du refroidissement de l'étain, au point de pouvoir les tenir : : $40\frac{1}{2} : 21$ par les présentes expériences, et : : $43\frac{1}{2} : 22\frac{1}{2}$ par les expériences précédentes (art. VI) ; ainsi on aura, en ajoutant ces temps, 84 à $43\frac{1}{2}$ pour le rapport encore plus précis de leur premier refroidissement ; et pour le second, le rapport donné par les présentes expériences étant : : 124 : 61, et : : 123 : 71 par les expériences précédentes (art. VI), on aura, en ajoutant ces temps, 247 à 152 pour le rapport encore plus précis de l'entier refroidissement du cuivre et de l'étain ;

8° Que le temps du refroidissement de l'or est à celui du refroidissement de l'argent, au point de pouvoir les tenir : : 37 : 34, et : : 114 : 97 pour leur entier refroidissement ;

9° Que le temps du refroidissement de l'or est à celui du refroidissement de l'étain, au point de pouvoir les tenir : : 37 : 21, et : : 114 : 61 pour leur entier refroidissement ;

10° Que le temps du refroidissement de l'argent est à celui du refroidissement de l'étain, au point de pouvoir les tenir : : 34 : 21, et : : 97 : 61 pour leur entier refroidissement.

XII. — Ayant mis dans le même four cinq boulets, placés de même et séparés les uns des autres, leur refroidissement s'est fait dans les proportions suivantes :

Refroidis à les tenir pendant une demi-seconde.	Minutes.	*Refroidis à la température.*	Minutes.
Antimoine, en	$6\frac{1}{2}$	En	25
Bismuth, en	7	En	26
Plomb, en	8	En	27
Zinc, en	$10\frac{1}{2}$	En	30
Émeril, en	$11\frac{1}{2}$	En	28

XIII. — Ayant répété cette expérience avec un degré de chaleur plus fort, et auquel l'étain et le bismuth se sont fondus, les autres boulets se sont refroidis dans la progression suivante :

Refroidis à les tenir pendant une demi-seconde.	Minutes.	*Refroidis à la température.*	Minutes.
Antimoine, en	$7\frac{1}{2}$	En	28
Plomb, en	$9\frac{1}{2}$	En	39
Zinc, en	14	En	44
Émeril, en	16	En	50

XIV. — On a placé dans le même four et de la même manière un autre boulet de bismuth, avec six autres boulets qui se sont refroidis dans la progression suivante :

Refroidis à les tenir pendant une demi-seconde.	Minutes.	*Refroidis à la température.*	Minutes.
Antimoine, en	6	En	23
Bismuth, en	6	En	25
Plomb, en	$7\frac{1}{2}$	En	28
Argent, en	$9\frac{1}{2}$	En	30
Zinc, en	$10\frac{1}{2}$	En	32
Or, en	11	En	32
Émeril, en	$13\frac{1}{2}$	En	39

XV. — Ayant répété cette expérience avcc les sept mêmes boulets, ils se sont refroidis dans l'ordre suivant :

Refroidis à les tenir pendant une demi-seconde.	Minutes.	*Refroidis à la température.*	Minutes.
Antimoine, en...............	$6\frac{1}{2}$	En...............	23
Bismuth, en...............	$7\frac{1}{2}$	En...............	31
Plomb, en...............	$7\frac{1}{2}$	En...............	29
Argent, en...............	$11\frac{1}{2}$	En...............	32
Zinc, en...............	$12\frac{1}{2}$	En...............	38
Or, en...............	14	En...............	41
Émeril, en...............	15	En...............	44

Toutes ces expériences ont été faites avec soin et en présence de deux ou trois personnes qui ont jugé comme moi par le tact, et en serrant dans la main pendant une demi-seconde les différents boulets ; ainsi l'on doit en conclure :

1° Que le temps du refroidissement de l'émeril est à celui du refroidissement de l'or, au point de pouvoir les tenir : : 28 $\frac{1}{2}$: 25, et : : 83 : 73 pour leur entier refroidissement ;

2° Que le temps du refroidissement de l'émeril est à celui du refroidissement du zinc, au point de pouvoir les toucher : : 56 : 48 $\frac{1}{2}$, et : : 171 : 144 pour leur entier refroidissement ;

3° Que le temps du refroidissement de l'émeril est à celui du refroidissement de l'argent, au point de pouvoir les tenir : : 28 $\frac{1}{2}$: 21, et : : 83 : 62 pour leur entier refroidissement ;

4° Que le temps du refroidissement de l'émeril est à celui du refroidissement du plomb, au point de les tenir : : 56 : 32 et $\frac{1}{2}$, et : : 171 : 123 pour leur entier refroidissement ;

5° Que le temps du refroidissement de l'émeril est à celui du refroidissement du bismuth, au point de les tenir : : 40 : 20 $\frac{1}{2}$, et : : 121 : 80 pour leur entier refroidissoment ;

6° Que le temps du refroidissement de l'émeril est à celui du refroidissement de l'antimoine, au point de pouvoir les tenir : 56 : 26 $\frac{1}{2}$, et à la température : 171 : 99 ;

7° Que le temps du refroidissement de l'or est à celui du refroidissement du zinc, au point de les tenir : : 25 : 24, et : : 73 : 70 pour leur entier refroidissement ;

8° Que le temps du refroidissement de l'or est à celui du refroidissement de l'argent, au point de pouvoir les tenir : : 25 : 21 par les présentes expériences, et : : 37 : 34 par les expériences précédentes (art. XI) ; ainsi l'on aura, en ajoutant ces temps, 62 à 55 pour le rapport plus précis de leur premier refroidissement ; et pour le second, le rapport donné par les présentes expériences étant : : 73 : 62, et : : 114 : 97 par les expériences précédentes (art. XI); on aura, en ajoutant ces temps; 187 à 159 pour le rapport plus précis de leur entier refroidissement ;

9° Que le temps du refroidissement de l'or est à celui du refroidissement du plomb, au point de pouvoir les tenir : : 25 : 15, et : : 73 : 58 pour leur entier refroidissement ;

10° Que le temps du refroidissement de l'or est à celui du refroidissement du bismuth, au point de pouvoir les tenir : 25 : 13 $\frac{1}{2}$, et : : 73 : 56 pour leur entier refroidissement ;

11° Que le temps du refroidissement de l'or est à celui du refroidissement de l'antimoine, au point de les tenir : : 25 : 12 $\frac{1}{2}$, et : : 73 : 47 pour leur entier refroidissement ;

12° Que le temps du refroidissement du zinc est à celui du refroidissement de l'argent, au point de pouvoir les tenir : : 24 : 21, et : : 70 : 62 pour leur entier refroidissement ;

13° Que le temps du refroidissement du zinc est à celui du refroidissement du plomb, au point de pouvoir les tenir : : 48 ½ : 32 ½, et : : 144 : 123 pour leur entier refroidissement ;

14° Que le temps du refroidissement du zinc est à celui du refroidissement du bismuth, au point de pouvoir les tenir : : 34 ½ : 20 ½, et 100 : 80 pour leur entier refroidissement ;

15° Que le temps du refroidissement du zinc est à celui du refroidissement de l'antimoine, au point de les tenir : : 48 ½ : 26 ½, et à la température 144 : 99 ;

16° Que le temps du refroidissement de l'argent est à celui du refroidissement du bismuth, au point de pouvoir les tenir : : 21 : 13 ½, et : : 62 : 56 pour leur entier refroidissement ;

17° Que le temps du refroidissement de l'argent est à celui du refroidissement de l'antimoine, au point de les tenir : : 21 : 12 ½, et : : 62 : 46 pour leur entier refroidissement ;

18° Que le temps du refroidissement du plomb est à celui du refroidissement du bismuth, au point de les tenir : : 23 : 20 ½, et : : 84 : 80 pour leur entier refroidissement ;

19° Que le temps du refroidissement du plomb est à celui du refroidissement de l'antimoine, au point de les toucher : : 32 ½ : 26 ½, et à la température : 123 : 99 ;

20° Que le temps du refroidissement du bismuth est à celui du refroidissement de l'antimoine, au point de pouvoir les tenir : : 20 ½ : 19, et : : 80 : 71 pour leur entier refroidissement.

Je dois observer qu'en général, dans toutes ces expériences, les premiers rapports sont bien plus justes que les derniers, parce qu'il est difficile de juger du refroidissement jusqu'à la température actuelle, et que cette température étant variable, les résultats doivent varier aussi ; au lieu que le point du premier refroidissement peut être saisi assez juste par la sensation que produit sur la même main la chaleur du boulet, lorsqu'on peut le tenir ou le toucher pendant une demi-seconde.

XVI. — Comme il n'y avait que deux expériences pour la comparaison de l'or avec l'émeril, le zinc, le plomb, le bismuth et l'antimoine, que le bismuth s'était fondu en entier, et que le plomb et l'antimoine étaient fort endommagés, je me suis servi d'autres boulets de bismuth, d'antimoine et de plomb, et j'ai fait une troisième expérience en mettant ensemble, dans le même four bien chauffé, ces six boulets ; ils se sont refroidis dans l'ordre suivant :

Refroidis à les tenir pendant une demi-seconde.	Minutes.	*Refroidis à la température.*	Minutes.
Antimoine, en...	7	En...	27
Bismuth, en...	7	En...	29
Plomb, en...	9	En...	33
Zinc, en...	12	En...	37
Or, en...	13	En...	42
Émeril, en...	15 ½	En...	48

D'où l'on doit conclure, ainsi que des expériences XIV et XV : 1° Que le temps du refroidissement de l'émeril est à celui du refroidissement de l'or au point de pouvoir les tenir : : 44 : 38, et au point de la température : : 131 : 115 ;

2° Que le temps du refroidissement de l'émeril est à celui du refroidissement du zinc, au point de pouvoir les tenir : : 15 : ½ : 12 ; mais le rapport trouvé par les expériences précédentes (art. XV) étant : : 56 : 48 ½, on aura, en ajoutant ces temps, 71 ½ à 60 ½ pour leur premier refroidissement ; et pour le second, le rapport trouvé par l'expérience

11.   19

présente étant : : 48 : 37, et par les expériences précédentes (art. xv) : : 171 ; 144 ; ainsi, en ajoutant ces temps, on aura 239 à 181 pour le rapport encore plus précis de l'entier refroidissement de l'émeril et du zinc ;

3° Que le temps du refroidissement de l'émeril est à celui du refroidissement du plomb, au point de pouvoir les tenir : : 15 $\frac{1}{2}$: 9 ; mais le rapport trouvé par les expériences précédentes (art. xv) étant : : 56 : 32 $\frac{1}{2}$; ainsi on aura, en ajoutant ces temps, 74 $\frac{1}{2}$ à 41 $\frac{1}{2}$ pour le rapport plus précis de leur refroidissement ; et pour le second, le rapport donné par l'expérience précédente étant : : 48 : 33, et par les expériences précédentes (art. xv) : : 171 : 123, on aura, en ajoutant ces temps, 239 à 156 pour le rapport encore plus précis de l'entier refroidissement de l'émeril et du plomb ;

4° Que le temps du refroidissement de l'émeril est à celui du refroidissement du bismuth, au point de pouvoir les tenir : : 15 $\frac{1}{2}$: 8, et par les expériences précédentes (art. xv) : : 40 : 20 $\frac{1}{2}$; ainsi on aura, en ajoutant ces temps, 55 $\frac{1}{2}$ à 28 $\frac{1}{2}$, pour le rapport plus précis de leur premier refroidissement ; et, pour le second, le rapport donné par l'expérience présente étant : : 48 : 29, et : : 121 : 80 par les expériences précédentes (art. xv), on aura, en ajoutant ces temps, 169 à 109 pour le rapport encore plus précis de l'entier refroidissement de l'émeril et du bismuth ;

5° Que le temps du refroidissement de l'émeril est à celui du refroidissement de l'antimoine, au point de pouvoir les tenir : : 15 $\frac{1}{2}$: 7 ; mais le rapport trouvé par les expériences précédentes (art. xv) étant : : 56 : 26 $\frac{1}{2}$; on aura, en ajoutant ces temps, 71 $\frac{1}{2}$ à 33 $\frac{1}{2}$ pour le rapport encore plus précis de leur premier refroidissement ; et pour le second, le rapport donné par l'expérience présente, étant : : 48 : 27, et : : 171 : 99 par les expériences précédentes (art. xv) ; on aura, en ajoutant ces temps, 219 à 126 pour le rapport encore plus précis de l'entier refroidissement de l'émeril et de l'antimoine ;

6° Que le temps du refroidissement de l'or est à celui du refroidissement du zinc, au point de pouvoir les tenir : : 38 : 36, et : : 115 : 107 pour leur entier refroidissement ;

7° Que le temps du refroidissement de l'or est à celui du refroidissement du plomb, au point de les toucher : : 38 : 24, et à la température : : 115 : 90 ;

8° Que le temps du refroidissement de l'or est à celui du refroidissement du bismuth, au point de pouvoir les tenir : : 38 : 21 $\frac{1}{2}$, et à la température : : 115 : 85 ;

9° Que le temps du refroidissement de l'or est à celui du refroidissement de l'antimoine, au point de les toucher : : 38 21 : $\frac{1}{2}$, et à la température : : 115 : 69 ;

10° Que le temps du refroidissement du zinc est à celui du refroidissement du plomb, au point de pouvoir les tenir : : 12 : 9. Mais le rapport trouvé par les expériences précédentes (art. xv) étant : : 48 $\frac{1}{2}$: 32 $\frac{1}{2}$, on aura, en ajoutant ces temps, 60 $\frac{1}{2}$ à 41 $\frac{1}{2}$ pour le rapport plus précis de leur premier refroidissement ; et pour le second, le rapport donné par l'expérience présente étant : : 37 : 33, et par les expériences précédentes (art. xv) : : 144 : 123 ; on aura, en ajoutant ces temps, 181 à 156 pour le rapport encore plus précis de l'entier refroidissement du zinc et du plomb ;

11° Que le temps du refroidissement du zinc et celui du refroidissement du bismuth, au point de les toucher : : 12 : 8 par la présente expérience ; mais le rapport trouvé par les expériences précédentes (art. xv) étant : : 34 $\frac{1}{2}$: 20 $\frac{1}{2}$; en ajoutant ces temps, on aura 46 $\frac{1}{2}$ à 28 $\frac{1}{2}$ pour le rapport plus précis de leur premier refroidissement ; et pour le second, le rapport donné par l'expérience présente : : 37 : 29, et par les expériences précédentes (art. xv) : : 100 : 80 ; on aura, en ajoutant ces temps, 137 à 109 pour le rapport encore plus précis de l'entier refroidissement du zinc et du bismuth ;

12° Que le temps du refroidissement du zinc est à celui du refroidissement de l'antimoine pour pouvoir les tenir : : 12 : 7 par la présente expérience ; mais comme le rapport trouvé par les expériences précédentes (art. xv) est : : 48 $\frac{1}{2}$: 26 $\frac{1}{2}$; on aura, en ajoutant ces temps, 60 $\frac{1}{2}$ à 33 $\frac{1}{2}$ pour le rapport encore plus précis de leur premier refroidissement ;

et pour le second, le rapport donné par l'expérience présente étant : : 37 : 27, et : : 144 : 99 par les expériences précédentes (art. xv); on aura, en ajoutant ces temps, 181 à 126 pour le rapport plus précis de l'entier refroidissement du zinc et de l'antimoine ;

13° Que le temps du refroidissement du plomb est à celui du refroidissement du bismuth, au point de pouvoir les tenir : : 9 : 8 par l'expérience présente, et : : 23 : 20 $\frac{1}{2}$ par les expériences précédentes (art. xv); ainsi, on aura, en ajoutant ces temps, 32 à 28 $\frac{1}{2}$ pour le rapport plus précis de leur premier refroidissement; et pour le second, le rapport donné par la présente expérience étant : : 33 : 29 et : : 84 : 80 par les expériences précédentes (art. xv); on aura, en ajoutant ces temps, 117 à 109 pour le rapport encore plus précis de de l'entier refroidissement du plomb et du bismuth ;

14° Que le temps du refroidissement du plomb est à celui du refroissement de l'antimoine, au point de les tenir : : 9 : 7 par la présente expérience, et : : 32 $\frac{1}{2}$: 26 $\frac{1}{2}$ par les expériences précédentes (art. xv); ainsi on aura, en ajoutant ces temps, 41 $\frac{1}{2}$ à 33 $\frac{1}{2}$ pour le rapport plus précis de leur premier refroidissement; et pour le second, le rapport donné par l'expérience présente étant : : 33 : 27, et : : 123 : 99 par les expériences précédentes (art. xv); on aura, en ajoutant ces temps, 156 à 126 pour le rapport encore plus précis de l'entier refroidissement du plomb et de l'antimoine ;

15° Que le temps du refroidissement du bismuth est à celui du refroidissement de l'antimoine, au point de pouvoir les tenir : : 8 : 7 par l'expérience présente, et : : 20 $\frac{1}{2}$: 19 par les expériences précédentes (art. xv); ainsi on aura, en ajoutant ces temps, 28 $\frac{1}{2}$ à 26 pour le rapport plus précis de leur premier refroidissement; et pour le second, le rapport donné par l'expérience présente étant : : 29 : 27, et : : 80 : 74 par les expériences précédentes (art. xv); on aura, en ajoutant ces temps, 109 à 98, pour le rapport encore plus précis de l'entier refroidissement du bismuth et de l'antimoine.

XVII. — Comme il n'y avait de même que deux expériences pour la comparaison de l'argent avec l'émeril, le zinc, le plomb, le bismuth et l'antimoine, j'en ai fait une troisième en mettant dans le même four, qui s'était un peu refroidi, les six boulets ensemble, et après les en avoir tirés tous en même temps, comme on l'a toujours fait, ils se sont refroidis dans l'ordre suivant :

Refroidis à les tenir pendant une demi-seconde.		*Refroidis à la température.*	
	Minutes.		Minutes.
Antimoine, en....................	6	En....................................	29
Bismuth, en......................	7	En....................................	31
Plomb, en........................	8 $\frac{1}{4}$	En....................................	34
Argent, en.......................	11 $\frac{1}{2}$	En....................................	36
Zinc, en.........................	12 $\frac{1}{2}$	En....................................	39
Émeril, en.......................	15 $\frac{1}{2}$	En....................................	47

On doit conclure de cette expérience et de celles des articles xiv et xv :

1° Que le temps du refroidissement de l'émeril est à celui du refroidissement du zinc, au point de les tenir, par l'expérience présente : : 15 $\frac{1}{2}$: 12 $\frac{1}{2}$, et : : 74 $\frac{1}{2}$: 60 $\frac{1}{2}$ par les expériences précédentes (art. xvi); ainsi on aura, en ajoutant ces temps, 87 à 73 pour le rapport plus précis de leur premier refroidissement; et pour le second, le rapport donné par l'expérience présente étant : : 47 : 39, et par les expériences précédentes (art. xvi) : : 239 : 181; on aura, en ajoutant ces temps, 286 à 220 pour le rapport encore plus précis de l'entier refroidissement de l'émeril et du zinc;

2° Que le temps du refroidissement de l'émeril est à celui du refroidissement de l'argent : : 44 : 32 $\frac{1}{2}$ au point de les tenir, et : : 130 : 98 pour leur entier refroidissement;

3° Que le temps du refroidissement de l'émeril est à celui du refroidissement du plomb, au point de les tenir : : 15 $\frac{1}{2}$: 8 $\frac{1}{2}$ par l'expérience présente, et : : 74 $\frac{1}{2}$: 44 $\frac{1}{2}$ par les expériences précédentes (art. XVI); ainsi on aura, en ajoutant ces temps, 87 à 49 $\frac{3}{4}$ pour le rapport plus précis de leur premier refroidissement; et pour le second, le rapport donné par l'expérience présente étant : : 47 : 34, et : : 239 : 156 par les expériences précédentes (art. XVI); on aura, en ajoutant ces temps, 286 à 190 pour le rapport encore plus précis de l'entier refroidissement de l'émeril et du plomb :

4° Que le temps du refroidissement de l'émeril est à celui du refroidissement du bismuth, au point de pouvoir les tenir : : 15 $\frac{1}{2}$: 7 par l'expérience présente; et : : 55 $\frac{1}{2}$: 28 $\frac{1}{2}$ par les expériences précédentes (art. XVI); ainsi on aura, en ajoutant ces temps, 71 à 35 $\frac{1}{2}$ pour le rapport plus précis de leur premier refroidissement; et pour le second, le rapport donné par l'expérience présente étant : : 47 : 31, et : : 169 : 109 par les expériences précédentes (art. XVI); on aura, en ajoutant ces temps, 216 à 140 pour le rapport encore plus précis de l'entier refroidissement de l'émeril et du bismuth ;

5° Que le temps du refroidissement de l'émeril est à celui du refroidissement de l'antimoine, au point de les tenir : : 15 $\frac{1}{2}$: 6 par l'expérience présente, et : : 74 $\frac{1}{2}$: 33 $\frac{1}{2}$ par les expériences précédentes (art. XVI); ainsi en ajoutant ces temps, on aura 87 à 39 $\frac{1}{2}$ pour le rapport plus précis de leur premier refroidissement; et pour le second, le rapport donné par l'expérience présente étant : : 47 : 29, et par les expériences précédentes (art. XVI) : : 219 : 126; on aura, en ajoutant ces temps, 266 à 155 pour le rapport encore plus précis de l'entier refroidissement de l'émeril et de l'antimoine ;

6° Que le temps du refroidissement du zinc est à celui du refroidissement de l'argent, au point de pouvoir les tenir : : 36 $\frac{1}{2}$: 32 $\frac{1}{2}$; et : : 109 : 98 pour leur entier refroidissement;

7° Que le temps du refroidissement du zinc est à celui du refroidissement du plomb, au point de pouvoir les tenir : : 12 $\frac{1}{2}$: 8 $\frac{1}{4}$ par l'expérience présente, et : : 60 $\frac{1}{2}$: 44 $\frac{1}{2}$ par les expériences précédentes (art. XVI); ainsi on aura, en ajoutant ces temps, 73 à 43 $\frac{3}{4}$ pour le rapport plus précis de leur premier refroidissement; et pour le second, le rapport donné par l'expérience présente étant : : 39 : 33, et par les expériences précédentes (art. XVI) : : 181 : 156, on aura, en ajoutant ces temps, 220 à 189 pour le rapport encore plus précis de l'entier refroidissement du zinc et du plomb ;

8° Que le temps du refroidissement du zinc est à celui du refroidissement du bismuth, au point de pouvoir les tenir : : 12 $\frac{1}{2}$: 7 par la présente expérience, et : : 46 $\frac{1}{2}$: 28 $\frac{1}{2}$ par les expériences précédentes (art. XVI); ainsi on aura, en ajoutant ces temps, 59 à 35 $\frac{1}{2}$ pour le rapport plus précis de leur premier refroidissement; et pour le second, le rapport donné par l'expérience présente étant : : 39 : 31, et : : 137 : 109 par les expériences précédentes (art. XVI); on aura, en ajoutant ces temps, 176 à 140 pour le rapport encore plus précis de l'entier refroidissement du zinc et du bismuth ;

9° Que le temps du refroidissement du zinc est à celui du refroidissement de l'antimoine, au point de les tenir : : 12 $\frac{1}{2}$: 6 par la présente expérience, et : : 60 $\frac{1}{2}$: 33 $\frac{1}{2}$ par les expériences précédentes (art. XVI); ainsi on aura, en ajoutant ces temps, 73 à 39 $\frac{1}{2}$ pour le rapport plus précis de leur premier refroidissement; et pour le second, le rapport trouvé par l'expérience présente étant : : 39 : 29, et : : 181 : 126 par les expériences précédentes (art. XVI); on aura, en ajoutant ces temps, 220 à 155 pour le rapport encore plus précis de l'entier refroidissement du zinc et de l'antimoine ;

10° Que le temps du refroidissement de l'argent est à celui du refroidissement du plomb, au point de pouvoir les tenir : : 32 $\frac{1}{2}$: 23 $\frac{1}{2}$, et : : 98 : 90 pour leur entier refroidissement;

11° Que le temps du refroidissement de l'argent est à celui du refroidissement du bismuth, au point de les tenir : : 32 $\frac{1}{2}$: 20 $\frac{1}{2}$, et : : 98 : 87 pour leur entier refroidissement;

12° Que le temps du refroidissement de l'argent est à celui du refroidissement de l'antimoine, au point de pouvoir les tenir : : 32 $\frac{1}{2}$: 18 $\frac{1}{2}$, et : : 98 : 75 pour leur entier refroidissement ;

13° Que le temps du refroidissement du plomb est à celui du refroidissement du bismuth, au point de les tenir : : 8 $\frac{1}{2}$: 7 par la présente expérience, et : : 32 : 28 $\frac{1}{2}$ par les expériences précédentes (art. XVI); on aura, en ajoutant ces temps 40 $\frac{1}{2}$ à 35 $\frac{1}{2}$ pour le rapport plus précis de leur premier refroidissement ; et pour le second, le rapport donné par l'expérience présente étant : : 34 : 31, et : : 117 : 109 par les expériences précédentes (art. XVI); on aura, en ajoutant ces temps, 141 à 140 pour le rapport encore plus précis de l'entier refroidissement du plomb et du bismuth ;

14° Que le temps du refroidissement du plomb est à celui du refroidissement de l'antimoine, au point de pouvoir les tenir : : 8 $\frac{1}{4}$: 6 par l'expérience présente, et par les expériences précédentes (art. XVI) : : 41 $\frac{1}{2}$: 33 $\frac{1}{2}$, ainsi on aura, en ajoutant ces temps, 49 $\frac{3}{4}$ à 39 $\frac{1}{2}$ pour le rapport plus précis de leur premier refroidissement ; et pour le second, le rapport donné par la présente expérience étant : : 34 : 29, et : : 156 : 126 par les expériences précédentes (art. XVI); on aura, en ajoutant ces temps, 190 à 155 pour le rapport encore plus précis de l'entier refroidissement du plomb et de l'antimoine ;

15° Que le temps du refroidissement du bismuth est à celui du refroidissement de l'antimoine, au point de pouvoir les tenir : : 7 : 6 par la présente expérience, et : : 28 $\frac{1}{2}$: 26 par les expériences précédentes (art. XVI); ainsi on aura, en ajoutant ces temps, 35 $\frac{1}{2}$ à 32 pour le rapport plus précis de leur premier refroidissement ; et pour le second, le rapport donné par la présente expérience étant : : 31 : 29, et : : 109 : 98 par les expériences précédentes (art. XVI); on aura, en ajoutant ces temps, 140 à 127 pour le rapport encore plus précis de l'entier refroidissement du bismuth et de l'antimoine.

XVIII. — On a mis dans le même four un boulet de verre, un nouveau boulet d'étain, un de cuivre et un de fer pour en faire une première comparaison; ils se sont refroidis dans l'ordre suivant :

Refroidis à les tenir pendant une demi-seconde.	Minutes.	*Refroidis à la température.*	Minutes.
Étain, en........................	8	En...........................	27
Verre, en........................	8 $\frac{1}{2}$	En...........................	22
Cuivre, en.......................	14	En...........................	42
Fer, en..........................	16	En...........................	50

XIX. — La même expérience répétée, les boulets se sont refroidis dans l'ordre suivant :

Refroidis à les tenir pendant une demi-seconde.	Minutes.	*Refroidis à la température.*	Minutes.
Étain, en........................	7 $\frac{1}{2}$	En...........................	21
Verre, en........................	8	En...........................	33
Cuivre, en.......................	12	En...........................	36
Fer, en..........................	15	En...........................	47

XX. — Par une troisième expérience, les boulets chauffés pendant un plus long temps, mais à une chaleur un peu moindre, se sont refroidis dans l'ordre suivant :

Refroidis à les tenir pendant une demi-seconde.	Minutes.	*Refroidis à la température.*	Minutes.
Étain, en........................	8 $\frac{1}{2}$	En...........................	22
Verre, en........................	9	En...........................	24
Cuivre, en.......................	15	En...........................	43
Fer, en..........................	17	En...........................	46

XXI. — Par une quatrième expérience répétée, les mêmes boulets chauffés à un feu plus ardent, se sont refroidis dans l'ordre suivant :

Refroidis à les tenir pendant une demi-seconde.	Minutes.	*Refroidis à la température.*	Minutes.
Étain, en.........	$8\frac{1}{2}$	En...........................	35
Verre, en......................	9	En...........................	25
Cuivre, en.....................	$11\frac{1}{2}$	En...........................	35
Fer, en........................	14	En...........................	43

Il résulte de ces expériences répétées quatre fois :

1° Que le temps du refroidissement du fer est à celui du refroidissement du cuivre, au point de les tenir : : 62 : 52 $\frac{1}{2}$ par les présentes expériences, et : : 99 : 85 $\frac{1}{2}$ par les expériences précédentes (art. XI); ainsi on aura, en ajoutant ces temps, 161 à 138 pour le rapport plus précis de leur premier refroidissement; et pour le second, le rapport donné par les présentes expériences étant : : 186 : 156, et par les expériences précédentes (art. XI) : : 280 : 249; on aura, en ajoutant ces temps, 466 à 405 pour le rapport encore plus précis de l'entier refroidissement du fer et du cuivre;

2° Que le temps du refroidissement du fer est à celui du refroidissement du verre, au point de les tenir : : 62 : 34 $\frac{1}{2}$, et : : 186 : 97 pour leur entier refroidissement;

3° Que le temps du refroidissement du fer est à celui du refroidissement de l'étain, au point de pouvoir les tenir : : 62 : 32 $\frac{1}{2}$ par les présentes expériences; et : : 69 $\frac{1}{2}$: 32 par les expériences précédentes (art. XI); ainsi on aura, en ajoutant ces temps, 131 $\frac{1}{2}$ à 64 $\frac{1}{2}$ pour le rapport plus précis de leur premier refroidissement; et pour le second, le rapport donné par les expériences présentes (art. XI); on aura, en ajoutant ces temps, 460 à 226 pour le rapport encore plus précis de l'entier refroidissement du fer et de l'étain;

4° Que le temps du refroidissement du cuivre est à celui du refroidissement du verre, au point de les tenir : : 51 $\frac{1}{2}$: 34 $\frac{1}{2}$, et : : 157 : 97 pour leur entier refroidissement;

5° Que le temps du refroidissement du cuivre est à celui du refroidissement de l'étain, au point de pouvoir les tenir : : 52 $\frac{1}{2}$: 32 $\frac{1}{2}$ par les expériences présentes; et : : 84 : 43 $\frac{1}{2}$ par les expériences précédentes (art. XI); ainsi on aura, en ajoutant ces temps, 136 $\frac{1}{2}$ à 76 pour le rapport plus précis de leur premier refroidissement; et pour le second, le rapport donné par les expériences présentes étant : : 157 : 92, et par les expériences précédentes (art. XI) : : 247 : 132; on aura, en ajoutant ces temps, 304 à 224 pour le rapport encore plus précis de l'entier refroidissement du cuivre et de l'étain;

6° Que le temps du refroidissement du verre est à celui du refroidissement de l'étain, au point de les tenir : : 24 $\frac{1}{2}$: 32 $\frac{1}{2}$, et : : 97 : 92 pour leur entier refroidissement;

XXII. — On a fait chauffer ensemble les boulets d'or, de verre, de porcelaine, de gypse et de grès, ils se sont refroidis dans l'ordre suivant :

Refroidis à les tenir pendant une demi-seconde.	Minutes.	*Refroidis à la température.*	Minutes.
Gypse, en......................	5	En...........................	14
Porcelaine, en.................	$8\frac{1}{2}$	En...........................	25
Verre, en......................	9	En...........................	26
Grès, en.......................	10	En...........................	32
Or, en.........................	$14\frac{1}{2}$	En...........................	45

XXIII. — La même expérience répétée sur les mêmes boulets, ils se sont refroidis dans l'ordre suivant :

Refroidis à les tenir pendant une demi-seconde.		*Refroidis à la température.*	
	Minutes.		Minutes.
Gypse, en	4	En	13
Porcelaine, en	7	En	22
Verre, en	$9\frac{1}{2}$	En	24
Grès, en	$9\frac{1}{2}$	En	33
Or, en	$13\frac{1}{2}$	En	41

XXIV. — La même expérience répétée, les boulets se sont refroidis dans l'ordre suivant :

Refroidis à les tenir pendant une demi-seconde.		*Refroidis à la température.*	
	Minutes.		Minutes.
Gypse, en	$2\frac{1}{2}$	En	12
Porcelaine, en	$5\frac{1}{2}$	En	19
Verre, en	$8\frac{1}{2}$	En	20
Grès, en	$8\frac{1}{2}$	En	25
Or, en	10	En	32

Il résulte de ces trois expériences :

1° Que le temps du refroidissement de l'or est à celui du refroidissement du grès, au point de les tenir : : 38 : 28, et : : 118 : 90 pour leur entier refroidissement ;

2° Que le temps du refroidissement de l'or est à celui du refroidissement du verre, au point de les tenir : : 38 : 27, et : : 118 : 70 pour leur entier refroidissement ;

3° Que le temps du refroidissement de l'or est à celui du refroidissement de la porcelaine, au point de les tenir : : 38 : 24, et : : 118 : 66 pour leur entier refroidissement ;

4° Que le temps du refroidissement de l'or est à celui du refroidissement du gypse, au point de les tenir : : 38 : $12\frac{1}{2}$, et : : 118 : 39 pour leur entier refroidissement ;

5° Que le temps du refroidissement du grès est à celui du refroidissement du verre, au point de les tenir : : $28\frac{1}{2}$: 27, et : : 90 : 70 pour leur entier refroidissement ;

6° Que le temps du refroidissement du grès est à celui du refroidissement de la porcelaine, au point de pouvoir les tenir : : $28\frac{1}{2}$: 24, et : : 90 : 66 pour leur entier refroidissement ;

7° Que le temps du refroidissement du grès est à celui du refroidissement du gypse, au point de les tenir : : $28\frac{1}{2}$: $12\frac{1}{2}$, et : : 90 : 39 pour leur entier refroidissement ;

8° Que le temps du refroidissement du verre est à celui du refroidissement de la porcelaine, au point de les tenir : : 27 : 24, et : : 70 : 67 pour leur entier refroidissement ;

9° Que le temps du refroidissement du verre est à celui du refroidissement du gypse, au point de les tenir : : 27 : $12\frac{1}{2}$, et : : 70 : 39 pour leur entier refroidissement ;

10° Que le temps du refroidissement de la porcelaine est à celui du refroidissement du gypse, au point de les tenir : : 24 : $12\frac{1}{2}$, et : : 66 : 39 pour leur entier refroidissement.

XXV. — On a fait chauffer de même les boulets d'argent, de marbre commun, de pierre dure, de marbre blanc et de pierre calcaire tendre d'Aniérés près de Dijon.

Refroidis à les tenir pendant une demi-seconde.		*Refroidis à la température.*	
	Minutes.		Minutes.
Pierre calcaire tendre, en	8	En	25
Pierre dure, en	10	En	34
Marbre commun, en	11	En	35
Marbre blanc, en	12	En	36
Argent, en	$13\frac{1}{2}$	En	40

XXVI. — La même expérience répétée, les boulets se sont refroidis dans l'ordre suivant :

Refroidis à les tenir pendant une demi-seconde.	Minutes.	*Refroidis à la température.*	Minutes.
Pierre calcaire tendre, en	9	En	27
Pierre calcaire dure, en	11	En	37
Marbre commun, en	13	En	40
Marbre blanc, en	14	En	40
Argent, en	16	En	43

XXVII. — La même expérience répétée, les boulets se sont refroidis dans l'ordre suivant :

Refroidis à les tenir pendant une demi-seconde.	Minutes.	*Refroidis à la température.*	Minutes.
Pierre calcaire tendre, en	9	En	26
Pierre calcaire dure, en	$10\frac{1}{2}$	En	36
Marbre commun, en	$12\frac{1}{2}$	En	38
Marbre blanc, en	$13\frac{1}{2}$	En	39
Argent, en	16	En	42

Il résulte de ces trois expériences :

1° Que le temps du refroidissement de l'argent est à celui du refroidissement du marbre blanc, au point de les tenir : : $45\frac{1}{2}$: $39\frac{1}{2}$, et : : 125 : 115 pour leur entier refroidissement ;

2° Que le temps du refroidissement de l'argent est à celui du refroidissement du marbre commun, au point de les tenir : : $45\frac{1}{2}$: 36, et : : 125 : 113 pour leur entier refroidissement ;

3° Que le temps du refroidissement de l'argent est à celui du refroidissement de la pierre dure, au point de les tenir : : $45\frac{1}{2}$: $34\frac{1}{2}$, et : : 125 : 107 pour leur entier refroidissement ;

4° Que le temps du refroidissement de l'argent est à celui du refroidissement de la pierre tendre, au point de les tenir : : $45\frac{1}{2}$: 26, et : : 125 : 78 pour leur entier refroidissement ;

5° Que le temps du refroidissement du marbre blanc est à celui du refroidissement du marbre commun, au point de les tenir : : $39\frac{1}{2}$: 36, et : : 115 : 113 pour leur entier refroidissement ;

6° Que le temps du refroidissement du marbre blanc est à celui du refroidissement de la pierre dure, au point de les tenir : : $39\frac{1}{2}$: $34\frac{1}{2}$, et : : 115 : 107 pour leur entier refroidissement ;

7° Que le temps du refroidissement du marbre blanc est à celui du refroidissement de la pierre tendre, au point de les tenir : : $39\frac{1}{2}$: 26, et : : 115 : 78 pour leur entier refroidissement ;

8° Que le temps du refroidissement du marbre commun est à celui du refroidissement de la pierre dure, au point de les tenir : : 36 : $34\frac{1}{2}$, et : : 113 : 109 pour leur entier refroidissement ;

9° Que le temps du refroidissement du marbre commun est à celui du refroidissement de la pierre tendre, au point de les tenir : : 36 : 26, et : : 113 : 78 pour leur entier refroidissement ;

10° Que le temps du refroidissement de la pierre dure est à celui du refroidissement de la pierre tendre, au point de les tenir : : 31 $\frac{1}{2}$: 26, et : : 107 : 78 pour leur entier refroidissement;

XXVIII. — On a mis dans le même four bien chauffé, des boulets d'or, de marbre blanc, de marbre commun, de pierre dure et de pierre tendre; ils se sont refroidis dans l'ordre suivant :

Refroidis à les tenir pendant une demi-seconde.		*Refroidis à la température.*	
	Minutes.		Minutes.
Pierre calcaire tendre, en.....	9	En...........................	29
Marbre commun, en.................	11 $\frac{1}{2}$	En...........................	35
Pierre dure, en..................	11 $\frac{1}{2}$	En...........................	35
Marbre blanc, en................	13	En...........................	35
Or, en......................	15 $\frac{1}{2}$	En...........................	45

XXIX. — La même expérience répétée à une moindre chaleur, les boulets se sont refroidis dans l'ordre suivant :

Refroidis à les tenir pendant une demi-seconde.		*Refroidis à la température.*	
	Minutes.		Minutes.
Pierre calcaire tendre, en.........	6	En...........................	19
Pierre dure, en..................	8	En...........................	25
Marbre commun, en.............	9 $\frac{1}{2}$	En...........................	26
Marbre blanc, en...............	10	En...........................	29
Or, en......................	12	En...........................	37

XXX. — La même expérience répétée une troisième fois, les boulets chauffés à un feu plus ardent, ils se sont refroidis dans l'ordre suivant :

Refroidis à les tenir pendant une demi-seconde.		*Refroidis à la température.*	
	Minutes.		Minutes.
Pierre tendre, en................	7	En...........................	20
Pierre dure, en.................	8	En...........................	24
Marbre commun, en.............	8 $\frac{1}{2}$	En...........................	20
Marbre blanc, en...............	9	En...........................	28
Or, en......................	12	En...........................	35

Il résulte de ces trois expériences :

1° Que le temps du refroidissement de l'or est à celui du refroidissement du marbre blanc, au point de les tenir : 39 $\frac{1}{2}$: 32, et : : 117 : 92 pour leur entier refroidissement;

2° Que le temps du refroidissement de l'or est à celui du refroidissement du marbre commun, au point de les tenir : : 39 $\frac{1}{2}$: 29 $\frac{1}{2}$, et : : 117 : 87 pour leur entier refroidissement;

3° Que le temps du refroidissement de l'or est à celui du refroidissement de la pierre dure, au point de les tenir : : 39 $\frac{1}{2}$: 27 $\frac{1}{2}$, et : : 117 : 86 pour leur entier refroidissement;

4° Que le temps du refroidissement de l'or est à celui du refroidissement de la pierre tendre, au point de les tenir : : 39 $\frac{1}{2}$: 22, et : : 117 : 68 pour leur entier refroidissement.

5° Que le temps du refroidissement du marbre blanc est à celui du refroidissement du marbre commun, au point de les tenir : : 32 : 29, et : : 92 : 87 pour leur entier refroidissement;

6° Que le temps du refroidissement du marbre blanc est à celui du refroidissement de la pierre dure, au point de les tenir : : 32 : 27 $\frac{1}{2}$, et : : 92 : 84 pour leur entier refroidissement ;

7° Que le temps du refroidissement du marbre blanc est à celui du refroidissement de la pierre tendre, au point de les tenir : : 32 : 22, et : : 92 : 68 pour leur entier refroidissement ;

8° Que le temps du refroidissement du marbre commun est à celui du refroidissement de la pierre dure, au point de les tenir : : 29 : 27 $\frac{1}{2}$, et : : 87 : 84 pour leur entier refroidissement ;

9° Que le temps du refroidissement du marbre commun est à celui du refroidissement de la pierre tendre, au point de les tenir : : 29 : 22, et : : 87 : 68 pour leur entier refroidissement ;

10° Que le temps du refroidissement de la pierre dure est à celui du refroidissement de la pierre tendre, au point de les tenir : : 27 $\frac{1}{2}$: 22, et : : 84 : 68 pour leur entier refroidissement.

XXXI. — On a mis dans le même four les boulets d'argent, de grès, de verre, de porcelaine et de gypse, ils se sont refroidis dans l'ordre suivant :

Refroidis à les tenir pendant une demi-seconde.	*Refroidis à la température.*
Minutes.	Minutes.
Gypse, en.......................... 3	En................................ 14
Porcelaine, en..................... 6 $\frac{1}{2}$	En................................ 17
Verre, en.......................... 8 $\frac{3}{4}$	En................................ 20
Grès, en........................... 9	En................................ 27
Argent, en......................... 12 $\frac{1}{2}$	En................................ 35

XXXII. — La même expérience répétée et les boulets chauffés à une chaleur moindre, ils se sont refroidis dans l'ordre suivant :

Refroidis à les tenir pendant une demi-seconde.	*Refroidis à la température.*
Minutes.	Minutes.
Gypse, en.......................... 3	En................................ 13
Porcelaine, en..................... 7	En................................ 19
Verre, en.......................... 8 $\frac{1}{2}$	En................................ 22
Grès, en........................... 9 $\frac{1}{2}$	En................................ 26
Argent, en......................... 12	En................................ 34

XXXIII. — La même expérience répétée une troisième fois, les boulets se sont refroidis dans l'ordre suivant :

Refroidis à les tenir pendant une demi-seconde.	*Refroidis à la température.*
Minutes.	Minutes.
Gypse, en.......................... 3	En................................ 12
Porcelaine, en..................... 6	En................................ 17
Verre, en.......................... 7 $\frac{3}{4}$	En................................ 20
Grès, en........................... 8	En................................ 27
Argent, en......................... 11 $\frac{1}{2}$	En................................ 34

Il résulte de ces expériences :

1° Que le temps du refroidissement de l'argent est à celui du refroidissement du grès, au point de les tenir : : 36 : 26 $\frac{1}{2}$, et 103 : 80 pour leur entier refroidissement ;

2° Que le temps du refroidissement de l'argent est à celui du refroidissement du verre, au point de les tenir : : 36 : 25, et : : 103 : 62 pour leur entier refroidissement ;

3° Que le temps du refroidissement de l'argent est à celui du refroidissement de la porcelaine, au point de les tenir : : 36 : 20, et : : 103 : 51 pour leur entier refroidissement ;

4° Que le temps du refroidissement de l'argent est à celui du refroidissement du gypse, au point de les tenir : : 36 : 9, et : : 103 : 39 pour leur entier refroidissement ;

5° Que le temps du refroidissement du grès est à celui du refroidissement du verre, au point de les tenir : : 26 $\frac{1}{3}$: 25 par les expériences présentes, et : : 28 $\frac{1}{2}$: 27 par les expériences précédentes (art. XXIV) ; ainsi on aura, en ajoutant ces temps, 55 à 52 pour le rapport plus précis de leur premier refroidissement ; et pour le second, le rapport donné par les présentes expériences, étant : : 80 : 62, et : : 90 : 70 par les expériences précédentes (art. XXIV) ; on aura, en ajoutant ces temps, 170 à 132 pour le rapport encore plus précis de l'entier refroidissement du grès et du verre ;

6° Que le temps du refroidissement du grès est à celui du refroidissement de la porcelaine, au point de pouvoir les tenir : : 26 $\frac{1}{2}$: 19 $\frac{1}{2}$ par les présentes expériences, et : : 28 $\frac{1}{2}$: 21 par les expériences précédentes (art. XXIV) ; ainsi on aura, en ajoutant ces temps, 55 à 40 $\frac{1}{2}$ pour le rapport plus précis de leur premier refroidissement ; et pour le second, le rapport par les présentes expériences étant : : 80 : 54, et : : 90 : 66 par les précédentes expériences (art. XXIV) ; on aura, en ajoutant ces temps, 170 à 120 pour le rapport encore plus précis de l'entier refroidissement du grès et de la porcelaine ;

7° Que le temps du refroidissement du grès est à celui du refroidissement du gypse, au point de les tenir : : 26 $\frac{1}{2}$: 9 par les expériences présentes, et : : 28 $\frac{1}{2}$: 12 $\frac{1}{2}$ par les expériences précédentes (art. XXIV) ; ainsi on aura, en ajoutant ces temps, 55 à 21 $\frac{1}{2}$ pour le rapport plus précis de leur premier refroidissement ; et pour le second, le rapport donné par la présente expérience, étant : : 80 : 39, et : : 90 : 39 par les expériences précédentes (art. XXIV) ; on aura, en ajoutant ces temps, 170 à 78 pour le rapport encore plus précis de l'entier refroidissement du grès et du gypse ;

8° Que le temps du refroidissement du verre est à celui du refroidissement de la porcelaine, au point de les tenir : : 25 : 19 par les présentes expériences, et : : 27 : 21 par les expériences précédentes (art. XXIV) ; ainsi en ajoutant ces temps, on aura 52 à 40 $\frac{1}{2}$ pour le rapport plus précis de leur premier refroidissement ; et pour le second, le rapport donné par les expériences présentes étant : : 62 : 51, et : : 70 : 66 par les expériences précédentes (art. XXIV) ; on aura, en ajoutant ces temps, 132 à 117 pour le rapport encore plus précis de l'entier refroidissement du verre et de la porcelaine ;

9° Que le temps du refroidissement du verre est à celui du refroidissement du gypse, au point de les tenir : : 25 : 9 par les présentes expériences, et : : 27 : 12 $\frac{1}{2}$ par les expériences précédentes (art. XXIV) ; ainsi on aura, en ajoutant ces temps 52 à 21 $\frac{1}{2}$ pour le rapport encore plus précis de leur premier refroidissement ; et pour le second, le rapport donné par les présentes expériences, étant : : 62 : 39, et : : 70 : 39 par les expériences précédentes (art. XXIV) ; on aura, en ajoutant ces temps, 132 à 78 pour le rapport encore plus précis de l'entier refroidissement du verre et du gypse ;

10° Que le temps du refroidissement de la porcelaine est à celui du refroidisssement du gypse au point de les tenir : : 19 $\frac{1}{2}$: 9 par les présentes expériences, et : : 21 : 12 $\frac{1}{2}$ par les expériences précédentes (art. XXIV) ; ainsi on aura en ajoutant ces temps, 40 $\frac{1}{2}$ à 21 $\frac{1}{2}$ pour le rapport plus précis de leur premier refroidissement ; et pour le second, le rapport donné par l'expérience présente étant : : 54 : 39, et par les expériences précédentes (art. XXIV) : : 66 : 39 ; on aura, en ajoutant ces temps, 120 à 78 pour le rapport encore plus précis de l'entier refroidissement de la porcelaine et du gypse.

XXXIV. — On a mis dans le même four les boulets d'or, de craie blanche, d'ocre et de glaise, ils se sont refroidis dans l'ordre suivant.

Refroidis à les tenir pendant une demi-seconde.	Minutes.	*Refroidis à la température.*	Minutes.
Craie, en..........................	6	En....................................	15
Ocre, en..........................	$6\frac{1}{2}$	En....................................	16
Glaise, en..........................	7	En....................................	18
Or, en..........................	12	En....................................	36

XXXV. — La même expérience répétée avec les mêmes boulets et un boulet de plomb, leur refroidissement s'est fait dans l'ordre suivant.

Refroidis à les tenir pendant une demi-seconde.	Minutes.	*Refroidis à la température.*	Minutes.
Craie, en..........................	4	En....................................	11
Ocre, en..........................	5	En....................................	23
Glaise, en..........................	$5\frac{1}{2}$	En....................................	15
Plomb, en..........................	7	En....................................	18
Or, en..........................	$9\frac{1}{2}$	En....................................	29

Il résulte de ces deux expériences :

1° Que le temps du refroidissement de l'or est à celui du refroidissement du plomb, au point de pouvoir les tenir : : $9\frac{1}{2}$: 7 par l'expérience présente, et : : 38 : 24 par les expériences précédentes (art. XVI) ; ainsi on aura, en ajoutant ces temps $47\frac{1}{2}$ à 31 pour le rapport plus précis de leur premier refroidissement ; et pour le second, le rapport donné par l'expérience présente étant : : 29 : 18, et : : 115 : 90 par les expériences précédentes (art. XVI) ; on aura, en ajoutant ces temps, 144 à 108 pour le rapport encore plus précis de l'entier refroidissement de l'or et du plomb ;

2° Que le temps du refroidissement de l'or est à celui du refroidissement de la glaise au point de les tenir : : $21\frac{1}{2}$: $12\frac{1}{2}$, et : : 65 : 33 pour leur entier refroidissement ;

3° Que le temps du refroidissement de l'or est à celui du refroidissement de l'ocre, au point de les tenir : : $21\frac{1}{2}$: $11\frac{1}{2}$, et : : 65 : 29 pour leur entier refroidissement ;

4° Que le temps du refroidissement de l'or est à celui du refroidissement de la craie, au point de pouvoir les tenir : : $21\frac{1}{2}$: 10, et : : 65 : 26 pour leur entier refroidissement ;

5° Que le temps du refroidissement du plomb est à celui du refroidissement de la glaise, au point de pouvoir les tenir : : 7 : $5\frac{1}{2}$, et : : 18 : 15 pour leur entier refroidissement ;

6° Que le temps du refroidissement du plomb est à celui du refroidissement de l'ocre, au point de les tenir : : 7 : 5, et : : 18 : 13 pour leur entier refroidissement ;

7° Que le temps du refroidissement du plomb est à celui du refroidissement de la craie, au point de les tenir : : 7 : 4, et : : 18 : 11 pour leur entier refroidissement ;

8° Que le temps du refroidissement de la glaise est à celui du refroidissement de l'ocre, au point de pouvoir les tenir : : $12\frac{1}{2}$: $11\frac{1}{2}$, et : : 33 : 29 pour leur entier refroidissement ;

9° Que le temps du refroidissement de la glaise est à celui du refroidissement de la craie, au point de pouvoir les tenir : : $12\frac{1}{2}$: 10, et : : 33 : 26 pour leur entier refroidissement ;

10° Que le temps du refroidissement de l'ocre est à celui du refroidissement de la craie, au point de pouvoir les tenir : : $11\frac{1}{2}$: 10, et : : 29 : 26 pour leur entier refroidissement ;

XXXVI. — On a mis dans le même four les boulets de fer, d'argent, de gypse, de pierre ponce et de bois, mais à un degré de chaleur moindre, pour ne point faire brûler le bois, et ils se sont refroidis dans l'ordre suivant :

Refroidis à les tenir pendant une demi-seconde.	Minutes.		*Refroidis à la température.*	Minutes.
Pierre ponce, en	2		En	5
Bois, en	2		En	6
Gypse, en	$2\frac{1}{2}$		En	11
Argent, en	10		En	33
Fer, en	13		En	40

XXXVII. — La même expérience répétée à une moindre chaleur, les boulets se sont refroidis dans l'ordre suivant :

Refroidis à les tenir pendant une demi-seconde.	Minutes.		*Refroidis à la température.*	Minutes.
Pierre ponce, en	$1\frac{1}{2}$		En	4
Bois, en	2		En	5
Gypse, en	$2\frac{1}{2}$		En	9
Argent, en	7		En	24
Fer, en	$8\frac{1}{2}$		En	31

Il résulte de ces expériences :

1° Que le temps du refroidissement du fer est à celui du refroidissement de l'argent, au point de pouvoir les tenir : : $21\frac{1}{2}$: 17 par les présentes expériences, et : : $45\frac{1}{2}$: 34 par les expériences précédentes (art. XI); ainsi on aura, en ajoutant ces temps, 67 à 51 pour le rapport plus précis de leur premier refroidissement; et pour le second, le rapport donné par les expériences présentes, étant : : 71 : 59, et : : 138 : 97 par les expériences précédentes (art. XI); on aura, en ajoutant ces temps, 209 à 156 pour le rapport encore plus précis de l'entier refroidissement du fer et de l'argent;

2° Que le temps du refroidissement du fer est à celui du refroidissement du gypse, au point de pouvoir les tenir : : $21\frac{1}{2}$: 5, et : : 71 : 20 pour leur entier refroidissement;

3° Que le temps du refroidissement du fer est à celui du refroidissement du bois, au point de pouvoir les tenir : : $21\frac{1}{2}$: 4, et : : 71 : 11 pour leur entier refroidissement;

4° Que le temps du refroidissement du fer est à celui du refroidissement de la pierre ponce, au point de les tenir : : $21\frac{1}{2}$: $3\frac{1}{2}$, et : : 71 : 9 pour leur entier refroidissement;

5° Que le temps du refroidissement de l'argent est à celui du refroidissement du gypse, au point de les tenir : : 17 : 5, et : : 59 : 30 pour leur entier refroidissement;

6° Que le temps du refroidissement de l'argent est à celui du refroidissement du bois, au point de pouvoir les tenir : : 17 : 4, et : : 59 : 11 pour leur entier refroidissement;

7° Que le temps du refroidissement de l'argent est à celui du refroidissement de la pierre ponce, au point de pouvoir les tenir : : 17 : $3\frac{1}{2}$, et : : 59 : 9 pour leur entier refroidissement;

8° Que le temps du refroidissement du gypse est à celui du refroidissement du bois, au point de pouvoir les tenir : : 5 : 4, et : : 20 : 11 pour leur entier refroidissement;

9° Que le temps du refroidissement du gypse est à celui du refroidissement de la pierre ponce, au point de pouvoir les tenir : : 5 : $3\frac{1}{2}$, et : : 20 : 9 pour leur entier refroidissement;

10° Que le temps du refroidissement du bois est à celui du refroidissement de la pierre ponce, au point de les tenir : : 4 : $3\frac{1}{2}$, et : : 11 : 9 pour leur entier refroidissement.

XXXVIII. — Ayant fait chauffer ensemble les boulets d'or, d'argent, de pierre tendre et de gypse, ils se sont refroidis dans l'ordre suivant :

Refroidis à les tenir pendant une demi-seconde.	Minutes.	*Refroidis à la température.*	Minutes.
Gypse, en........................	$4\frac{1}{2}$	En.............................	14
Pierre tendre, en................	12	En.............................	27
Argent, en.......................	16	En.............................	42
Or, en...........................	18	En.............................	47

Il résulte de cette expérience :

1° Que le temps du refroidissement de l'or est à celui du refroidissement de l'argent, au point de pouvoir les tenir : : 18 : 16 par l'expérience présente, et : : 62 : 55 par les expériences précédentes (art. xv); ainsi on aura, en ajoutant ces temps, 98 à 71 pour le rapport plus précis de leur premier refroidissement; et pour le second, le rapport donné par l'expérience présente étant : : 35 : 42, et : : 187 : 159 par les expériences précédentes (art. xv); on aura, en ajoutant ces temps, 234 à 201 pour le rapport encore plus précis de l'entier refroidissement de l'or et de l'argent;

2° Que le temps du refroidissement de l'or est à celui du refroidissement de la pierre tendre, au point de les tenir : : 18 : 12, et : : $39\frac{1}{2}$: 23 par les expériences précédentes (art. xxx); ainsi on aura, en ajoutant ces temps, $57\frac{1}{2}$ à 35 pour le rapport plus précis de leur premier refroidissement; et pour le second, le rapport donné par l'expérience présente étant : : 47 : 27, et par les expériences précédentes (art. xxx) : : 117 : 68; on aura, en ajoutant ces temps, 164 à 95 pour le rapport encore plus précis de l'entier refroidissement de l'or et de la pierre tendre;

3° Que le temps du refroidissement de l'or est à celui du refroidissement du gypse, au point de les tenir : : 18 : $4\frac{1}{2}$, et : : 38 : $12\frac{1}{2}$ par les expériences précédentes (art. xxiv); ainsi on aura, en ajoutant ces temps, 56 à 17 pour le rapport plus précis de leur premier refroidissement; et pour le second, le rapport donné par la présente expérience : : 47 : 14, et : : 118 : 39 par les expériences précédentes (art. xxiv); on aura, en ajoutant ces temps, 165 à 53 pour le rapport encore plus précis de leur entier refroidissement;

4° Que le temps du refroidissement de l'argent est à celui du refroidissement de la pierre tendre, au point de les tenir : : 16 : 12 par la présente expérience, et : : $45\frac{1}{2}$: 26 par les expériences précédentes (art. xxvii); ainsi on aura, en ajoutant ces temps, $61\frac{1}{2}$ à 38 pour le rapport plus précis de leur premier refroidissement; et pour le second, le rapport donné par la présente expérience étant : : 42 : 27, et : : 125 : 78 par les expériences précédentes (art. xxvii); on aura, en ajoutant ces temps, 167 à 105 pour le rapport encore plus précis de l'entier refroidissement de l'argent et de la pierre tendre;

5° Que le temps du refroidissement de l'argent est à celui du refroidissement du gypse, au point de les tenir : : 16 : $4\frac{1}{2}$ par la présente expérience, et : : 17 : 5 par les expériences précédentes (art. xxxvi); ainsi on aura, en ajoutant ces temps, 33 à $9\frac{1}{2}$ pour le rapport plus précis de leur premier refroidissement; et pour le second, le rapport donné par l'expérience présente étant : : 42 : 14, et : : 59 : 20 par les expériences précédentes (art. xxxvi); on aura, en ajoutant ces temps, 101 à 34 pour le rapport encore plus précis de l'entier refroidissement de l'argent et du gypse;

6° Que le temps du refroidissement de la pierre tendre est à celui du refroidissement du gypse, au point de les tenir : : 12 : $4\frac{1}{2}$, et : : 72 : 14 pour leur entier refroidissement.

XXXIX. — Ayant fait chauffer pendant vingt minutes, c'est-à-dire pendant un temps à peu près double de celui qu'on tenait ordinairement les boulets au feu, qui était commu-

nément de dix minutes, les boulets de fer, de cuivre, de verre, de plomb et d'étain, ils
se sont refroidis dans l'ordre suivant :

Refroidis à les tenir pendant une demi-seconde.		*Refroidis à la température.*	
	Minutes.		Minutes.
Étain, en....................	10	En........................	25
Plomb, en...................	11	En........................	30
Verre, en....................	12	En........................	35
Cuivre, en...................	$16\frac{1}{2}$	En........................	44
Fer, en......................	$20\frac{1}{2}$	En........................	50

Il résulte de cette expérience, qui a été faite avec la plus grande précaution :

1° Que le temps du refroidissement du fer est à celui du refroidissement du cuivre, au
point de les tenir : : $20\frac{1}{2}$: $16\frac{1}{2}$ par la présente expérience, et : : 161 : 138 par les expériences précédentes (art. XXI); ainsi on aura, en ajoutant ces temps, $181\frac{1}{2}$ à $154\frac{1}{2}$ pour le
rapport plus précis de leur premier refroidissement; et pour le second, le rapport donné
par l'expérience présente étant : : 50 : 44, et : : 466 : 405 par les expériences précédentes
(art. XXI); on aura, en ajoutant ces temps, 516 à 449 pour le rapport encore plus précis de
l'entier refroidissement du fer et du cuivre;

2° Que le temps du refroidissement du fer est à celui du refroidissement du verre, au
point de pouvoir les tenir : : $20\frac{1}{2}$: 12 par l'expérience précédente, et : : 62 : $35\frac{1}{2}$ par les
expériences précédentes (art. XXI); ainsi on aura, en ajoutant ces temps, $82\frac{1}{2}$ à 46 pour le
rapport encore plus précis de leur premier refroidissement; et pour le second, le rapport
donné par l'expérience présente étant : : 50 : 35, et : : 486 : 97 par les expériences précédentes (art. XXI); on aura, en ajoutant ces temps, 236 à 132 pour le rapport encore plus
précis de l'entier refroidissement du fer et du verre;

3° Que le temps du refroidissement du fer est à celui du refroidissement du plomb, au
point de pouvoir les tenir : : $20\frac{1}{2}$: 11 par la présente expérience, et : : $53\frac{1}{2}$: 27 par les
expériences précédentes (art. IV); ainsi on aura, en ajoutant ces temps, 74 à 38 pour le
rapport plus précis de leur premier refroidissement; et pour le second, le rapport donné
par la présente expérience étant : : 50 : 30, et : : 142 : $94\frac{1}{2}$ par les expériences précédentes
(art. IV); on aura, en ajoutant ces temps, 192 à $124\frac{1}{2}$ pour le rapport encore plus précis
de l'entier refroidissement du fer et du plomb;

4° Que le temps du refroidissement du fer est à celui du refroidissement de l'étain, au
point de pouvoir les tenir : : $20\frac{1}{2}$: 10, et : : 131 : $64\frac{1}{2}$ par les expériences précédentes
(art. XXI); ainsi on aura, en ajoutant ces temps, 152 à $74\frac{1}{2}$ pour le rapport plus précis de
leur premier refroidissement; et pour le second, le rapport donné par l'expérience présente étant : : 50 : 25, et : : 460 : 226 par les expériences précédentes (art. XXI); on aura,
en ajoutant ces temps, 510 à 251 pour le rapport encore plus précis de l'entier refroidissement du fer et de l'étain;

5° Que le temps du refroidissement du cuivre est à celui du refroidissement du verre,
au point de pouvoir les tenir : : $16\frac{1}{2}$: 12 par la présente expérience, et : : $52\frac{1}{2}$: $34\frac{1}{2}$ par
les expériences précédentes (art. XXI); ainsi on aura, en ajoutant ces temps, 69 à 46
pour le rapport plus précis de leur premier refroidissement; et pour le second, le rapport
donné par la présente expérience étant : : 44 : 35, et : : 157 : 97 par les expériences précédentes (art. XXI); on aura, en ajoutant ces temps, 201 à 132 pour le rapport encore plus
précis de l'entier refroidissement du cuivre et du verre;

6° Que le temps du refroidissement du cuivre est à celui du refroidissement du plomb,
au point de les tenir : : $16\frac{1}{2}$: 11 par la présente expérience, et : : 45 : 27 par les expériences précédentes (art. V); ainsi on aura, en ajoutant ces temps, $61\frac{1}{2}$ à 38 pour le rap-

port plus précis de leur premier refroidissement; et pour le second, le rapport donné par la présente expérience étant : : 44 : 30, et : : 125 : 94 $\frac{1}{2}$ par les expériences précédentes art. v); on aura, en ajoutant ces temps, 169 à 124 $\frac{1}{2}$ pour le rapport encore plus précis de l'entier refroidissement du cuivre et du plomb;

7° Que le temps du refroidissement du cuivre est à celui du refroidissement de l'étain, au point de les tenir : : 16 $\frac{1}{2}$: 10 par l'expérience présente, et : : 136 $\frac{1}{2}$: 76 par les expériences précédentes (art. xxi); ainsi on aura, en ajoutant ces temps, 153 à 86 pour le rapport plus précis de leur premier refroidissement; et pour le second, le rapport donné par la présente expérience étant : : 44 : 25, et : : 304 : 224 par les expériences précédentes (art. xxi); on aura, en ajoutant ces temps, 348 à 249 pour le rapport encore plus précis de l'entier refroidissement du cuivre et de l'étain;

8° Que le temps du refroidissement du verre est à celui du refroidissement du plomb, au point de pouvoir les tenir : : 12 : 11, et : : 35 : 30 pour leur entier refroidissement;

9° Que le temps du refroidissement du verre est à celui du refroidissement de l'étain, au point de les tenir : : 12 : 10 par la présente expérience, et : : 34 $\frac{1}{2}$: 32 $\frac{1}{2}$ par les expériences précédentes (art. xxi); ainsi on aura, en ajoutant ces temps, 46 à 42 $\frac{1}{2}$ pour le rapport plus précis de leur premier refroidissement; et pour le second, le rapport donné par l'expérience présente étant : : 35 : 25, et : : 97 : 92 par les expériences précédentes (art. xxi); on aura, en ajoutant ces temps, 132 à 117 pour le rapport encore plus précis de l'entier refroidissement du verre et de l'étain;

10° Que le temps du refroidissement du plomb est à celui du refroidisssement de l'étain, au point de les tenir : : 11 : 10 par la présente expérience, et : : 25 $\frac{1}{2}$: 21 $\frac{1}{2}$ par les expériences précédentes (art. viii); ainsi on aura, en ajoutant ces temps, 36 $\frac{1}{2}$ à 31 $\frac{1}{2}$ pour le rapport plus précis de leur premier refroidissement; et pour le second, le rapport donné par la présente expérience étant : : 30 : 25, et : : 79 $\frac{1}{2}$: 64 par les expériences précédentes (art. viii); on aura, en ajoutant ces temps, 109 $\frac{1}{2}$ à 89 pour le rapport encore plus précis de l'entier refroidissement du plomb et de l'étain.

XL. — Ayant mis chauffer ensemble les boulets de cuivre, de zinc, de bismuth, d'étain et d'antimoine, ils se sont refroidis dans l'ordre suivant :

Refroidis à les tenir pendant une demi-seconde.	Minutes.	*Refroidis à la température.*	Minutes.
Antimoine, en..................	8	En............................	24
Bismuth, en....................	8	En............................	23
Étain, en......................	8 $\frac{1}{2}$	En............................	25
Zinc, en.......................	22	En............................	30
Cuivre, en.....................	14	En............................	40

XLI. — La même expérience répétée, les boulets se sont refroidis dans l'ordre suivant :

Refroidis à les tenir pendant une demi-seconde.	Minutes.	*Refroidis à la température.*	Minutes.
Antimoine, en..................	8	En............................	23
Bismuth, en....................	8	En............................	24
Étain, en......................	9 $\frac{1}{2}$	En............................	25
Zinc, en.......................	12	En............................	38
Cuivre, en.....................	11	En............................	40

Il résulte de ces deux expériences :

1° Que le temps du refroidissement du cuivre est à celui du refroidissement du zinc, au point de les tenir : : 28 : 24, et : : 80 : 68 pour leur entier refroidissement :

2° Que le temps du refroidissement du cuivre est à celui du refroidissement de l'étain, au point de les tenir : : 28 : 18 par les présentes expériences, et : : 153 : 86 par les expériences précédentes (art. XXXIX); ainsi on aura, en ajoutant ces temps, 181 à 104 pour le rapport plus précis de leur premier refroidissement; et pour le second, le rapport donné par la présente expérience étant : : 80 : 47, et par les expériences précédentes (art. XXXIX) : : 348 : 249; on aura, en ajoutant ces temps, 428 à 296 pour le rapport plus précis de l'entier refroidissement du cuivre et de l'étain;

3° Que le temps du refroidissement du cuivre est à celui du refroidissement de l'antimoine, au point de pouvoir les tenir : : 28 : 16, et : : 80 : 47 pour leur entier refroidissement;

4° Que le temps du refroidissement du cuivre est à celui du refroidissement du bismuth, au point de les tenir : : 28 : 16, et : : 80 : 47 pour leur entier refroidissement;

5° Que le temps du refroidissement du zinc est à celui du refroidissement de l'étain, au point de les tenir : 24 : 18, et : : 68 : 47 pour leur entier refroidissement;

6° Que le temps du refroidissement du zinc est à celui du refroidissement de l'antimoine, au point de les tenir : : 24 : 16 par les présentes expériences, et : : 73 : 39 $\frac{1}{2}$ par les expériences précédentes (art. XVII); ainsi, en ajoutant ces temps, on aura 97 à 55 $\frac{1}{2}$ pour le rapport plus précis de leur premier refroidissement; et pour le second, le rapport donné par les expériences présentes : : 68 : 47, et : : 220 : 155 par les expériences précédentes (art. XVII); on aura, en ajoutant ces temps, 288 à 292 pour le rapport encore plus précis de l'entier refroidissement du zinc et de l'antimoine;

7° Que le temps du refroidissement du zinc est à celui du refroidissement du bismuth, au point de pouvoir les tenir : : 24 : 16, et : : 59 : 35 $\frac{1}{2}$ par les expériences précédentes (art. XVII); ainsi on aura, en ajoutant ces temps, 83 à 51 $\frac{1}{2}$ pour le second rapport encore plus précis de leur premier refroidissement; et pour le second, le rapport donné par la présente expérience étant : : 68 : 47, et : : 176 : 140 par les expériences précédentes (art. XVII); on aura, en ajoutant ces temps, 244 à 187 pour le rapport encore plus précis de l'entier refroidissement du zinc et du bismuth;

8° Que le temps du refroidissement de l'étain est à celui du refroidissement de l'antimoine, au point de les tenir : : 18 : 16, et : : 50 : 47 pour leur entier refroidissement;

9° Que le temps du refroidissement de l'étain est à celui du refroidissement du bismuth, au point de les tenir : : 18 : 16, et : : 50 : 47 pour leur entier refroidissement;

10° Que le temps du refroidissement du bismuth est à celui du refroidissement de l'antimoine, au point de pouvoir les tenir : : 16 : 16 par la présente expérience, et : : 35 $\frac{1}{2}$: 32 par les expériences précédentes (art. XVII); ainsi on aura, en ajoutant ces temps, 51 $\frac{1}{2}$ à 48 pour le rapport plus précis de leur premier refroidissement; et pour le second, le rapport donné par l'expérience présente étant : : 47 : 47, et par les expériences précédentes (art. XVII) : : 140 : 127, on aura, en ajoutant ces temps, 187 à 174 pour le rapport encore plus précis de l'entier refroidissement du bismuth et de l'antimoine.

XLII. — Ayant fait chauffer ensemble les boulets d'or, d'argent, de fer, d'émeril et de pierre dure, ils se sont refroidis dans l'ordre suivant :

Refroidis à les tenir pendant une demi-seconde.	Minutes.	*Refroidis à la température.*	Minutes.
Pierre calcaire dure, en............	11 $\frac{1}{4}$	En...........................	32
Argent, en......................	13	En...........................	37
Or, en.........................	14	En...........................	40
Émeril, en......................	15 $\frac{1}{2}$	En...........................	46
Fer, en.........................	17	En...........................	51

II.

Il résulte de cette expérience :

1° Que le temps du refroidissement du fer est à celui du refroidissement de l'émeril, au point de pouvoir les tenir : : 17 : 15 $\frac{1}{2}$, et : : 51 : 46 pour leur entier refroidissement;

2° Que le temps du refroidissement du fer est à celui du refroidissement de l'or, au point de pouvoir les tenir : : 17 : 14 par la présente expérience, et : : 45 $\frac{1}{2}$: 37 par les expériences précédentes (art. XI); ainsi on aura, en ajoutant ces temps, 62 $\frac{1}{2}$ à 51 pour le rapport plus précis de leur premier refroidissement; et pour le second, le rapport donné par la présente expérience étant : : 51 : 40, et : : 138 : 114 par les expériences précédentes (art. XI); on aura, en ajoutant ces temps, 189 à 154 pour le rapport encore plus précis de l'entier refroidissement du fer et de l'or;

3° Que le temps du refroidissement du fer est à celui du refroidissement de l'argent, au point de les tenir : : 17 : 13 par la présente expérience et : : 67 : 51 par les expériences précédentes (art. XXXVII); ainsi on aura, en ajoutant ces temps, 84 à 64 pour le rapport plus précis de leur premier refroidissement; et pour le second, le rapport donné par la présente expérience étant : : 51 : 37, et : · 209 : 156 par les expériences précédentes (art. XXXVII); on aura, en ajoutant ces temps, 260 à 193 pour le rapport encore plus précis de l'entier refroidissement du fer et de l'argent;

4° Que le temps du refroidissement du fer est à celui du refroidissement de la pierre dure, au point de les tenir : : 17 : 11 $\frac{1}{4}$, et : : 51 : 52 pour leur entier refroidissement;

5° Que le temps du refroidissement de l'émeril est à celui du refroidissement de l'or, au point de les tenir : : 15 $\frac{1}{2}$: 14 par la présente expérience, et : : 44 : 38 par les expériences précédentes (art. XVI); ainsi on aura, en ajoutant ces temps, 59 $\frac{1}{2}$ à 52 pour le rapport encore plus précis de leur premier refroidissement; et pour le second, le rapport donné par la présente expérience étant : : 46 : 40, et : : 131 : 115 par les expériences précédentes (art. XVI); on aura, en ajoutant ces temps, 177 à 115 pour le rapport encore plus précis de l'entier refroidissement de l'émeril et de l'or;

6° Que le temps du refroidissement de l'émeril est à celui du refroidissement de l'argent, au point de pouvoir les tenir : : 15 $\frac{1}{2}$: 13 par la présente expérience, et : : 43 : 32 $\frac{1}{2}$ par les expériences précédentes (art. XVII); ainsi on aura, en ajoutant ces temps, 58 $\frac{1}{2}$ à 45 $\frac{1}{2}$ pour le rapport plus précis du premier refroidissement de l'émeril et de l'argent; et pour le second, le rapport donné par la présente expérience étant : : 46 : 37, et : : 125 : 98 par les expériences précédentes (art. XVII); on aura, en ajoutant ces temps, 171 à 135 pour le rapport encore plus précis de leur entier refroidissement;

7° Que le temps du refroidissement de l'émeril est à celui du refroidissement de la pierre dure, au point de les tenir : : 15 $\frac{1}{2}$: 12, et : : 46 : 32 pour leur entier refroidissement;

8° Que le temps du refroidissement de l'or est à celui du refroidissement de l'argent, au point de les tenir : : 14 : 13 par la présente expérience, et : : 80 : 71 par les expériences précédentes (art. XXXVIII); ainsi on aura, en ajoutant ces temps, 94 à 84 pour le rapport encore plus précis de leur premier établissement; et pour le second, le rapport donné par la présente expérience étant : : 40 : 37, et : : 234 : 201 par les expériences précédentes (art. XXXVIII); on aura, en ajoutant ces temps, 274 à 238 pour le rapport encore plus précis de l'entier refroidissement de l'or et de l'argent;

9° Que le temps du refroidissement de l'or est à celui du refroidissement de la pierre dure, au point de les tenir : : 14 : 12 par la présente expérience, et : : 39 $\frac{1}{2}$: 27 $\frac{1}{2}$ par les expériences précédentes (art. XXX); ainsi on aura, en ajoutant ces temps, 53 $\frac{1}{2}$ à 39 $\frac{1}{2}$ pour le rapport plus précis de leur premier refroidissement; et pour le second, le rapport donné par la présente expérience étant : : 40 : 32, et : : 117 : 86 par les expériences précédentes (art. XXX); on aura, en ajoutant ces temps, 157 à 118 pour le rapport encore plus précis de l'entier refroidissement de l'or et de la pierre dure;

10° Que le temps du refroidissement de l'argent est à celui du refroidissement de la pierre dure, au point de pouvoir les tenir :: 13 : 12 par la présente expérience, et :: 45 $\frac{1}{2}$: 31 $\frac{1}{2}$ par les expériences précédentes (art. XXVII); ainsi en ajoutant ces temps, on aura 58 $\frac{1}{2}$ à 43 $\frac{1}{2}$ pour le rapport encore plus précis de leur premier refroidissement; et pour le second, le rapport donné par l'expérience présente étant :: 37 : 32, et :: 125 : 107 par les expériences précédentes (art. XXVIII); on aura, en ajoutant ces temps, 162 à 139 pour le rapport encore plus précis de l'entier refroidissement de l'argent et de la pierre dure.

XLIII. — Ayant fait chauffer ensemble les boulets de plomb, de fer, de marbre blanc, de grès, de pierre tendre, ils se sont refroidis dans l'ordre suivant:

Refroidis à les tenir pendant une demi-seconde.	Minutes.	*Refroidis à la température.*	Minutes.
Pierre calcaire tendre, en..........	6 $\frac{1}{2}$	En.............................	20
Plomb, en.....................	8	En.............................	29
Grès, en.....................	8 $\frac{1}{2}$	En.............................	29
Marbre blanc, en.................	10 $\frac{1}{2}$	En.............................	29
Fer, en.......................	16	En.............................	43

XLIV. — La même expérience répétée, les boulets se sont refroidis dans l'ordre suivant:

Refroidis à les tenir pendant une demi-seconde.	Minutes.	*Refroidis à la température.*	Minutes.
Pierre calcaire tendre, en..........	7	En.............................	21
Plomb, en.....................	8	En.............................	28
Grès, en.....................	8 $\frac{1}{2}$	En.............................	28
Marbre blanc, en.................	10 $\frac{1}{2}$	En.............................	30
Fer, en.......................	16	En.............................	45

Il résulte de ces deux expériences :

1° Que le temps du refroidissement du fer est à celui du refroidissement du marbre blanc, au point de les tenir :: 31 : 21, et :: 88 : 59 pour leur entier refroidissement;

2° Que le temps du refroidissement du fer est à celui du refroidissement du grès, au point de les tenir :: 31 : 17 par la présente expérience, et :: 53 $\frac{1}{2}$: 32 par les expériences précédentes (art. IV); ainsi on aura, en ajoutant ces temps 84 $\frac{1}{2}$ à 49 pour le rapport plus précis de leur premier refroidissement; et pour le second, le rapport donné par la présente expérience étant :: 88 : 57, et :: 142 : 102 $\frac{1}{2}$ par les expériences précédentes (art. IV); on aura, en ajoutant ces temps, 230 à 59 $\frac{1}{2}$ pour le rapport encore plus précis de l'entier refroidissement du fer et du grès;

3° Que le temps du refroidissement du fer est à celui du refroidissement du plomb, au point de pouvoir les tenir :: 31 : 16 par les expériences présentes, et :: 74 : 38 par les expériences précédentes (art. XXXIX); ainsi on aura, en ajoutant ces temps, 105 à 54 pour le rapport encore plus précis de leur premier refroidissement; et pour le second, le rapport donné par les expériences présentes étant :: 88 : 57, et :: 192 : 124 $\frac{1}{2}$ par les expériences précédentes (art. XXXIX); on aura, en ajoutant ces temps, 280 à 181 $\frac{1}{2}$ pour le rapport encore plus précis de l'entier refroidissement du fer et du plomb;

4° Que le temps du refroidissement du fer est à celui du refroidissement de la pierre tendre, au point de pouvoir les tenir :: 31 : 13, et :: 88 : 44 pour leur entier refroidissement;

5° Que le temps du refroidissement du marbre blanc est à celui du refroidissement du grès, au point de les tenir : : 21 : 17, et : : 59 : 57 pour leur entier refroidissement;

6° Que le temps du refroidissement du marbre blanc est à celui du refroidissement du plomb, au point de les tenir : : 21 : 16, et : : 59 : 57 pour leur entier refroidissement;

7° Que le temps du refroidissement du marbre blanc est à celui du refroidissement de la pierre calcaire tendre, au point de les tenir : : 21 : 13 $\frac{1}{2}$ par les présentes expériences, et : : 32 : 23 par les expériences précédentes (art. xxx); ainsi, en ajoutant ces temps, on aura 53 à 36 $\frac{1}{2}$ pour le rapport plus précis de leur premier refroidissement; et pour le second, le rapport donné par les expériences présentes étant : : 59 : 41, et : : 92 : 68 par les expériences précédentes (art. xxx); on aura, en ajoutant ces temps, 151 à 159 pour le rapport encore plus précis de l'entier refroidissement du marbre blanc et de la pierre calcaire tendre;

8° Que le temps du refroidissement du grès est à celui du refroidissement du plomb, au point de les tenir : : 17 : 16 par les expériences présentes, et : : 42 $\frac{1}{2}$: 35 $\frac{1}{2}$ par les expériences précédentes (art. viii); ainsi on aura, en ajoutant ces temps, 59 $\frac{1}{2}$ à 51 $\frac{1}{2}$ pour le rapport plus précis de leur premier refroidissement, et pour le second, le rapport donné par les présentes expériences étant : : 57 : 57, et : : 130 : 121 $\frac{1}{2}$ par les expériences précédentes (art. viii); on aura, en ajoutant ces temps, 187 à 178 $\frac{1}{2}$ pour le rapport encore plus précis de l'entier refroidissement du grès et du plomb;

9° Que le temps du refroidissement du grès est à celui du refroidissement de la pierre tendre, au point de pouvoir les tenir : : 17 : 13 $\frac{1}{2}$, et : : 57 : 41 pour leur entier refroidissement;

10° Que le temps du refroidissement du plomb est à celui du refroidissement de la pierre tendre, au point de les tenir : : 16 : 13 $\frac{1}{2}$, et : : 57 : 41 pour leur entier refroidissement;

XLV. — On a fait chauffer ensemble les boulets de gypse, d'ocre, de craie, de glaise et de verre, et voici l'ordre dans lequel ils se sont refroidis :

Refroidis à les tenir pendant une demi-seconde.	Minutes.	*Refroidis à la température.*	Minutes.
Gypse, en......................	3 $\frac{1}{2}$	En.....................	15
Ocre, en......................	5 $\frac{1}{2}$	En.....................	16
Craie, en......................	5 $\frac{1}{2}$	En.....................	16
Glaise, en......................	7	En.....................	18
Verre, en......................	8 $\frac{1}{2}$	En.....................	24

XLVI. — La même expérience répétée, les boulets se sont refroidis dans l'ordre suivant :

Refroidis à les tenir pendant une demi-seconde.	Minutes.	*Refroidis à la température.*	Minutes.
Gypse, en......................	3 $\frac{1}{2}$	En.....................	14
Ocre, en......................	5 $\frac{1}{2}$	En.....................	16
Craie, en......................	5 $\frac{1}{2}$	En.....................	16
Glaise, en......................	6 $\frac{1}{2}$	En.....................	18
Verre, en......................	8	En.....................	22

Il résulte de ces deux expériences :

1° Que le temps du refroidissement du verre est à celui du refroidissement de la glaise au point de les tenir : : 16 $\frac{1}{2}$: 13 $\frac{1}{2}$, et : : 46 : 36 pour leur entier refroidissement;

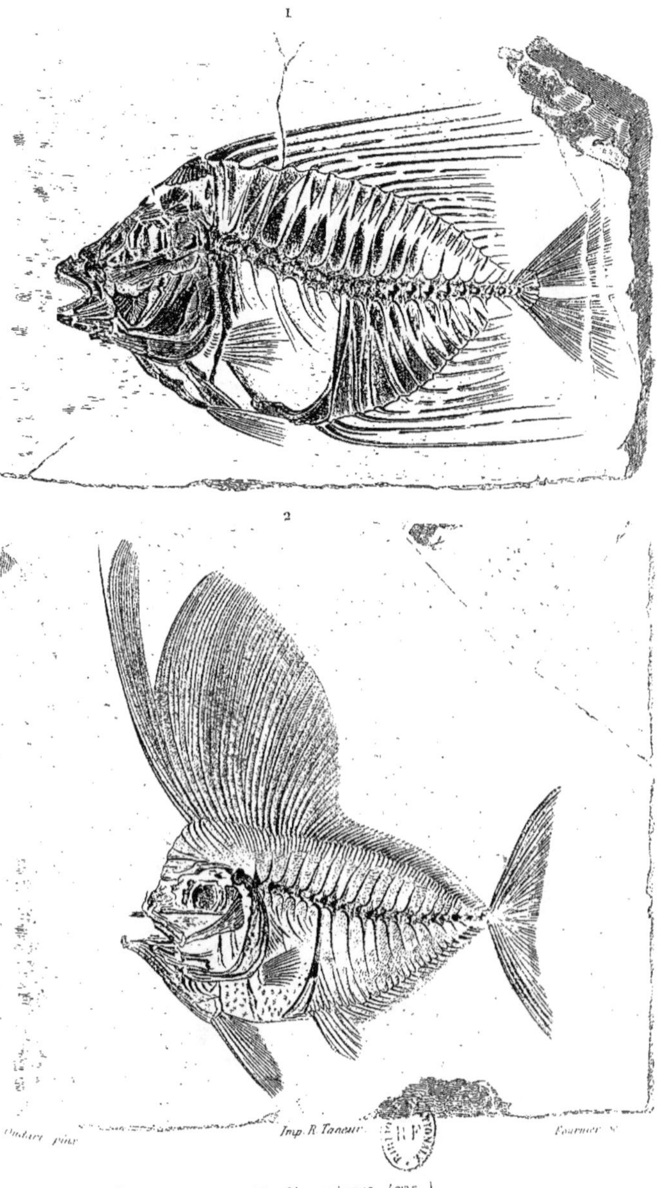

1. ACANTHONEMUS filamentosus. Agas.
2. SEMIOPHORUS velifer. Agassiz

DE MONTE BOLCA

A. Le Vasseur, Editeur

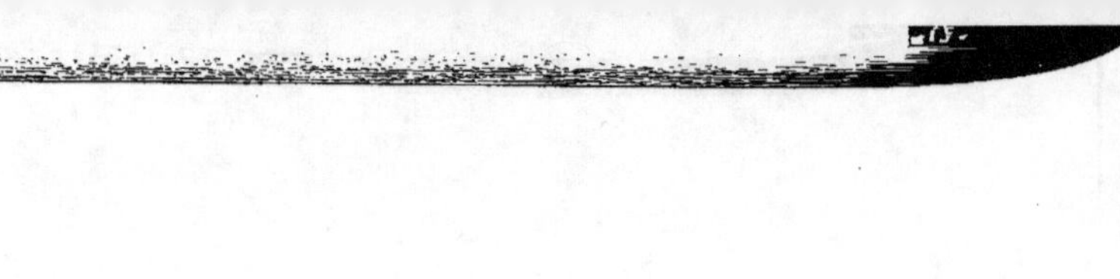

2° Que le temps du refroidissement du verre est à celui du refroidissement de la craie, au point de les tenir : : 16 $\frac{1}{2}$: 11, et : : 46 : 32 pour leur entier refroidissement;

3° Que le temps du refroidissement du verre est à celui du refroidissement de l'ocre, au point de les tenir : : 16 $\frac{1}{2}$: 11, et : : 46 : 32 pour leur entier refroidissement;

4° Que le temps du refroidissement du verre est à celui du refroidissement du gypse, au point de pouvoir les tenir : : 16 $\frac{1}{2}$: 7 par la présente expérience, et : : 52 : 21 $\frac{1}{2}$ par les expériences précédentes (art. XXXIII); ainsi on aura, en ajoutant ces temps, 68 $\frac{1}{2}$ à 28 $\frac{1}{2}$ pour le rapport plus précis de leur premier refroidissement; et pour le second, le rapport donné par les expériences présentes étant : : 46 : 29, et : : 32 : 70 par les expériences précédentes (art. XXXIII); on aura, en ajoutant ces temps, 178 à 107 pour le rapport encore plus précis de l'entier refroidissement du verre et du gypse;

5° Que le temps du refroidissement de la glaise est à celui du refroidissement de la craie, au point de les tenir : : 13 $\frac{1}{2}$: 11 par la présente expérience, et : : 12 $\frac{1}{2}$: 10 par les expériences précédentes (art. XXXV); ainsi on aura, en ajoutant ces temps, 26 à 21 pour le rapport plus précis de leur premier refroidissement; et pour le second, le rapport donné par les précédentes expériences étant : : 36 : 32, et : : 33 : 26 par les expériences précédentes (art. XXXV); on aura, en ajoutant ces temps, 69 à 58 pour le rapport encore plus précis de l'entier refroidissement de la glaise et de la craie;

6° Que le temps du refroidissement de la glaise est à celui du refroidissement de l'ocre, au point de les tenir : : 13 $\frac{1}{2}$: 11 par les précédentes expériences, et : : 12 $\frac{1}{2}$: 11 $\frac{1}{2}$ par les expériences précédentes (art. XXXV); ainsi on aura, en ajoutant ces temps, 26 à 22 $\frac{1}{2}$ pour le rapport plus précis de leur premier refroidissement; et pour le second, le rapport donné par les présentes expériences étant : : 36 : 32, et : : 33 : 29 par les expériences précédentes (art. XXXV); on aura, en ajoutant ces temps, 69 à 61 pour le rapport encore plus précis de l'entier refroidissement de la glaise et de l'ocre;

7° Que le temps du refroidissement de la glaise est à celui du refroidissement du gypse, au point de les tenir : : 13 $\frac{1}{2}$: 17, et : : 36 : 29 pour leur entier refroidissement;

8° Que le temps du refroidissement de la craie est à celui du refroidissement de l'ocre, au point de les tenir : : 11 : 11 par les présentes expériences, et : : 10 : 11 $\frac{1}{2}$ par les précédentes expériences (art. XXXV); ainsi on aura, en ajoutant ces temps, 21 à 22 $\frac{1}{2}$ pour le rapport plus précis de leur premier refroidissement; et pour le second, le rapport donné par les expériences présentes, étant : : 32 : 32, et : : 26 : 29 par les expériences précédentes (art. XXXV); on aura, en ajoutant ces temps, 58 à 61 pour le rapport encore plus précis de l'entier refroidissement de la craie et de l'ocre;

9° Que le temps du refroidissement de la craie est à celui du refroidissement du gypse, au point de les tenir : : 11 : 7, et : : 32 : 29 pour leur entier refroidissement;

10° Que le temps du refroidissement de l'ocre est à celui du refroidissement du gypse, au point de les tenir : : 11 : 7, et : : 32 : 29 pour leur entier refroidissement.

XLVII. — Ayant fait chauffer ensemble les boulets de zinc, d'étain, d'antimoine, de grès et de marbre blanc, ils se sont refroidis dans l'ordre suivant :

Refroidis à les tenir pendant une demi-seconde.	Minutes.	*Refroidis à la température.*	Minutes.
Antimoine, en....................	6	En..........................	16
Étain, en....................	6 $\frac{1}{2}$	En..........................	20
Grès, en....................	8	En..........................	26
Marbre blanc, en....................	9 $\frac{1}{2}$	En..........................	29
Zinc, en....................	11 $\frac{1}{2}$	En..........................	35

XLVIII. — La même expérience répétée, les boulets se sont refroidis dans l'ordre suivant :

<table>
<tr><td colspan="2">Refroidis à les tenir pendant une demi-seconde.</td><td colspan="2">Refroidis à la température.</td></tr>
<tr><td></td><td>Minutes.</td><td></td><td>Minutes.</td></tr>
<tr><td>Antimoine, en....................</td><td>5</td><td>En........................</td><td>13</td></tr>
<tr><td>Étain, en........................</td><td>6</td><td>En........................</td><td>16</td></tr>
<tr><td>Grès, en........................</td><td>7</td><td>En........................</td><td>24</td></tr>
<tr><td>Marbre blanc, en................</td><td>8</td><td>En........................</td><td>24</td></tr>
<tr><td>Zinc, en........................</td><td>$9\frac{1}{2}$</td><td>En........................</td><td>30</td></tr>
</table>

Il résulte de ces deux expériences :

1° Que le temps du refroidissement du zinc est à celui du refroidissement du marbre blanc, au point de les tenir : : 21 : 17 $\frac{1}{2}$, et : : 65 : 53 pour leur entier refroidissement;

2° Que le temps du refroidissement du zinc est à celui du refroidissement du grès, au point de les tenir : : 21 : 15, et : : 65 : 47 pour leur entier refroidissement;

3° Que le temps du refroidissement du zinc est à celui du refroidissement de l'étain, au point de les tenir : : 21 : 12 $\frac{1}{2}$ par les présentes expériences, et : : 24 : 18 par les expériences précédentes (art. XLI); ainsi, en ajoutant ces temps, on aura 45 à 30 $\frac{1}{2}$ pour le rapport encore plus précis de leur premier refroidissement; et pour le second, le rapport donné par les expériences présentes étant : : 65 : 36, et par les expériences précédentes (art. XLI) : : 68 : 47; on aura, en ajoutant ces temps, 133 à 83 pour le rapport encore plus précis de l'entier refroidissement du zinc et de l'étain;

4° Que le temps du refroidissement du zinc est à celui du refroidissement de l'antimoine, au point de les tenir : : 21 : 12 par les présentes expériences, et : : 73 : 39 $\frac{1}{2}$ par les expériences précédentes (art. XVII); ainsi, en ajoutant ces temps, on aura 94 à 50 $\frac{1}{2}$ pour le rapport plus précis de leur premier refroidissement; et pour le second, le rapport donné par les présentes expériences étant : : 65 : 29, et : : 220 : 155 par les expériences précédentes (art. XVII); on aura, en ajoutant ces temps, 285 à 184 pour le rapport encore plus précis de l'entier refroidissement du zinc et de l'antimoine;

5° Que le temps du refroidissement du marbre blanc est à celui du refroidissement du grès, au point de pouvoir les tenir : : 17 $\frac{1}{2}$: 15 par les présentes expériences, et : : 21 : 17 par les expériences précédentes (art. XLIV); ainsi on aura, en ajoutant ces temps, 38 $\frac{1}{2}$ à 32 pour le rapport plus précis de leur premier refroidissement; et pour le second, le rapport donné par les présentes expériences étant : : 53 : 47, et : : 59 : 57 par les expériences précédentes (art. XLIV); on aura, en ajoutant ces temps, 112 à 104 pour le rapport encore plus précis de l'entier refroidissement du marbre blanc et du grès;

6° Que le temps du refroidissement du marbre blanc est à celui du refroidissement de l'étain, au point de les tenir : : 17 $\frac{1}{2}$: 12 $\frac{1}{2}$, et : : 53 : 36 pour leur entier refroidissement;

7° Que le temps du refroidissement du marbre blanc est à celui du refroidissement de l'antimoine, au point de les tenir : : 17 $\frac{1}{2}$: 11, et : : 53 : 36 pour leur entier refroidissement;

8° Que le temps du refroidissement du grès est à celui du refroidissement de l'étain, au point de les tenir : : 15 : 12 $\frac{1}{2}$ par les présentes expériences, et : : 30 : 21 $\frac{1}{2}$ par les expériences précédentes (art. VIII); ainsi on aura, en ajoutant ces temps, 45 a 34 pour le rapport plus précis de leur premier refroidissement; et pour le second, le rapport donné par les présentes expériences étant : : 47 : 36, et : : 84 : 64 par les expériences précédentes (art. VIII); on aura, en ajoutant ces temps, 131 à 100 pour le rapport encore plus précis de l'entier refroidissement du grès et de l'étain;

9° Que le temps du refroidissement du grès est à celui du refroidissement de l'antimoine, au point de les tenir : : 15 : 11, et : : 47 : 29 pour leur entier refroidissement;

10° Que le temps du refroidissement de l'étain est à celui du refroidissement de l'antimoine, au point de pouvoir les tenir :: $12\frac{1}{2}$: 11 par les présentes expériences, et :: 18 : 16 par les expériences précédentes (art. XL) ; ainsi on aura, en ajoutant ces temps, $30\frac{1}{2}$ à 27 pour le rapport plus précis de leur premier refroidissement ; et pour le second, le rapport donné par les expériences présentes étant :: 36 : 29, et :: 47 : 47 par les expériences précédentes (art. LX) ; on aura, en ajoutant ces temps, 83 à 76 pour le rapport encore plus précis de l'entier refroidissement de l'étain et de l'antimoine.

XLIX. — On a fait chauffer ensemble les boulets de cuivre, d'émeril, de bismuth, de glaise et d'ocre, et ils se sont refroidis dans l'ordre suivant :

Refroidis à les tenir pendant une demi-seconde.	Minutes.	*Refroidis à la température.*	Minutes.
Ocre, en	6	En	18
Bismuth, en	7	En	22
Glaise, en	7	En	23
Cuivre, en	13	En	36
Émeril, en	$13\frac{1}{2}$	En	43

L. — La même expérience répétée, les boulets se sont refroidis dans l'ordre suivant :

Refroidis à les tenir pendant une demi-seconde.	Minutes.	*Refroidis à la température.*	Minutes.
Ocre, en	$5\frac{1}{2}$	En	13
Bismuth, en	6	En	18
Glaise, en	6	En	19
Cuivre, en	10	En	30
Émeril, en	$11\frac{1}{2}$	Eu	38

Il résulte de ces deux expériences :

1° Que le temps du refroidissement de l'émeril est à celui du refroidissement du cuivre, au point de les tenir :: 27 : 23, et :: 81 : 66 pour leur entier refroidissement ;

2° Que le temps du refroidissement de l'émeril est à celui du refroidissement de la glaise, au point de les tenir :: 27 : 13, et :: 81 : 42 pour leur entier refroidissement ;

3° Que le temps du refroidissement de l'émeril est à celui du refroidissement du bismuth, au point de les tenir :: 27 : 13 par les présentes expériences, et :: 71 : $35\frac{1}{2}$ par les expériences précédentes (art. XVII) ; ainsi on aura, en ajoutant ces temps, 98 à $48\frac{1}{2}$ pour le rapport plus précis de leur premier refroidissement ; et pour le second, le rapport donné par les expériences présentes étant :: 81 : 40, et par les expériences précédentes (art. XVII) :: 216 : 140 ; on aura, en ajoutant ces temps, 297 à 180 pour le rapport encore plus précis de l'entier refroidissement de l'émeril et du bismuth ;

4° Que le temps du refroidissement de l'émeril est à celui du refroidissement de l'ocre, au point de les tenir :: 27 : $11\frac{1}{2}$, et :: 81 : 31 pour leur entier refroidissement ;

5° Que le temps du refroidissement du cuivre est à celui du refroidissement de la glaise, au point de les tenir :: 23 : 13, et :: 66 : 42 pour leur entier refroidissement ;

6° Que le temps de refroidissement du cuivre est à celui du refroidissement du bismuth, au point de pouvoir tenir :: 23 : 13 par les présentes expériences, et :: 28 : 16 par les expériences précédentes (art. XLI) ; ainsi on aura, en ajoutant ces temps, 51 à 39 pour le rapport plus précis de leur premier refroidissement ; et pour le second, le rapport donné par les présentes expériences étant :: 66 : 40, et :: 80 : 47 par les expériences précédentes (art. XLI) ; on aura, en ajoutant ces temps, 146 à 87 pour le rapport encore plus précis de l'entier refroidissement du cuivre et du bismuth ;

7° Que le temps du refroidissement du cuivre est à celui du refroidissement de l'ocre, au point de les tenir : : 33 : 11$\frac{1}{2}$, et : : 66 : 31 pour leur entier refroidissement ;

8° Que le temps du refroidissement de la glaise est à celui du refroidissement du bismuth, au point de pouvoir les tenir : : 13 : 13, et : : 42 : 41 pour leur entier refroidissement ;

9° Que le temps du refroidissement de la glaise est à celui du refroidissement de l'ocre, au point de les tenir : : 13 : 11 $\frac{1}{2}$ par les expériences présentes, et : : 26 : 22$\frac{1}{2}$ par les expériences précédentes (art. XLVI) ; ainsi on aura, en ajoutant ces temps, 39 à 34 pour le rapport plus précis de leur premier refroidissement ; et pour le second, le rapport donné par les expériences présentes étant : : 42 : 31, et : : 69 : 61 par les expériences précédentes (art. XLVI) ; on aura, en ajoutant ces temps, 111 à 92 pour le rapport encore plus précis de l'entier refroidissement de la glaise et de l'ocre ;

10° Que le temps du refroidissement du bismuth est à celui du refroidissement de l'ocre, pour pouvoir les tenir : : 13 : 11 $\frac{1}{2}$, et : : 42 : 31 pour leur entier refroidissement.

LI. — Ayant fait chauffer ensemble les boulets de fer, de zinc, de bismuth, de glaise et de craie, ils se sont refroidis dans l'ordre suivant :

Refroidis à les tenir pendant une demi-seconde.		*Refroidis à la température.*	
	Minutes.		Minutes.
Craie, en..........................	6 $\frac{1}{2}$	En..........................	18
Bismuth, en......................	7	En..........................	19
Glaise, en.........................	8	Eu..........................	20
Zinc, en...........................	15	En..........................	25
Fer, en............................	19	En..........................	45

LII. — La même expérience répétée, les boulets se sont refroidis dans l'ordre suivant :

Refroidis à les tenir pendant une demi-seconde.		*Refroidis à la température.*	
	Minutes.		Minutes.
Craie, en..........................	7	En..........................	20
Bismuth, en......................	7 $\frac{1}{2}$	En..........................	21
Glaise, en.........................	9	En..........................	24
Zinc, en...........................	16	En..........................	34
Fer, en............................	21 $\frac{1}{2}$	En..........................	53

On peut conclure de ces deux expériences :

1° Que le temps du refroidissement du fer est à celui du refroidissement du zinc, au point de les tenir : : 40 $\frac{1}{2}$: 31, et : : 98 : 59 pour leur entier refroidissement ;

2° Que le temps du refroidissement du fer est à celui du refroidissement du bismuth, au point de les tenir : : 40 $\frac{1}{2}$: 14 $\frac{1}{2}$, et : : 98 : 40 pour leur entier refroidissement ;

3° Que le temps du refroidissement du fer est à celui du refroidissement de la glaise, au point de les tenir : : 40 $\frac{1}{2}$: 17, et : : 98 : 44 pour leur entier refroidissement ;

4° Que le temps du refroidissement du fer est à celui du refroidissement de la craie, au point de les tenir : : 40 $\frac{1}{2}$: 12 $\frac{1}{2}$, et : : 98 : 38 pour leur entier refroidissement ;

5° Que le temps du refroidissement du zinc est à celui du refroidissement du bismuth, au point de les tenir : : 31 : 14 $\frac{1}{2}$ par les présentes expériences, et : : 34 $\frac{1}{2}$: 20 $\frac{1}{2}$ par les expériences précédentes (art. XV) ; ainsi on aura, en ajoutant ces temps, 65 $\frac{1}{2}$ à 35 pour le rapport plus précis de leur premier refroidissement ; et pour le second, le rapport donné par les présentes expériences étant : : 59 : 40, et : : 100 : 80 par les expériences précédentes (art. XV) ; on aura, en ajoutant ces temps, 159 à 120 pour le rapport encore plus précis de l'entier refroidissement du zinc et du bismuth ;

6° Que le temps du refroidissement du zinc est à celui du refroidissement de la glaise, au point de les tenir : : 31 : 17, et : : 59 : 44 pour leur entier refroidissement ;

7° Que le temps du refroidissement du zinc est à celui du refroidissement de la craie, au point de les tenir : : 31 : 12 $\frac{1}{2}$, est : : 59 : 39 pour leur entier refroidissement ;

8° Que le temps du refroidissement du bismuth est à celui du refroidissement de la glaise, au point de les tenir : : 14 $\frac{1}{2}$: 17 par les présentes expériences, et : : 13 : 13 par les expériences précédentes (art. L) ; ainsi on aura, en ajoutant ces temps, 27 $\frac{1}{2}$ à 30 pour le rapport plus précis de leur premier refroidissement ; et pour le second, le rapport donné par les expériences présentes étant : : 40 : 44, et : : 41 : 42 par les expériences précédentes (art. L) ; on aura, en ajoutant ces temps, 81 à 86 pour le rapport encore plus précis de l'entier refroidissement du bismuth et de la glaise ;

9° Que le temps du refroidissement du bismuth est à celui du refroidissement de la craie, au point de les tenir : : 14 $\frac{1}{2}$: 13 $\frac{1}{2}$, et : : 40 : 38 pour leur entier refroidissement ;

10° Que le temps du refroidissement de la glaise est à celui du refroidissement de la craie, au point de les tenir : : 17 : 13 $\frac{1}{2}$ par les expériences présentes, et : : 26 : 21 par les expériences précédentes (art. XLVI) ; ainsi on aura, en ajoutant ces temps, 43 à 34 $\frac{1}{2}$ pour le rapport plus précis de leur premier refroidissement ; et pour le second, le rapport donné par les présentes expériences étant : : 44 : 38, et : : 69 : 58 par les expériences précédentes (art. XLVI) ; on aura, en ajoutant ces temps, 113 à 96 pour le rapport encore plus précis de l'entier refroidissement de la glaise et de la craie.

LIII. — Ayant fait chauffer ensemble les boulets d'émeril, de verre, de pierre calcaire dure et de bois, ils se sont refroidis dans l'ordre suivant :

Refroidis à les tenir pendant une demi-seconde.	Minutes.	*Refroidis à la température.*	Minutes.
Bois, en............................	2 $\frac{1}{2}$	En............................	15
Verre, en............................	9 $\frac{1}{2}$	En............................	28
Grès, en............................	11	En............................	34
Pierre calcaire dure, en............	12	En............................	36
Émeril, en............................	15	En............................	47

LIV. — La même expérience répétée, les boulets se sont refroidis dans l'ordre suivant :

Refroidis à les tenir pendant une demi-seconde.	Minutes.	*Refroidis à la température.*	Minutes.
Bois, en............................	2	En............................	13
Verre, en............................	7 $\frac{1}{2}$	En............................	21
Grès, en............................	8	En............................	24
Pierre dure, en............	8 $\frac{1}{2}$	En............................	26
Émeril, en............................	14	En............................	42

Il résulte de ces deux expériences :

1° Que le temps du refroidissement de l'émeril est à celui du refroidissement de la pierre dure, au point de les tenir : : 29 : 20 $\frac{1}{2}$ par les présentes expériences, et : : 15 $\frac{1}{2}$: 12 par les expériences précédentes (art. XLII) ; ainsi, en ajoutant ces temps, on aura 44 $\frac{1}{2}$ à 32 $\frac{1}{2}$ pour le rapport plus précis de leur premier refroidissement ; et pour le second, le rapport donné par les présentes expériences étant : : 89 : 62, et : : 46 : 32 par les expériences précédentes (art. XLII) ; on aura, en ajoutant ces temps, 135 à 94 pour le rapport encore plus précis de l'entier refroidissement de l'émeril et de la pierre dure ;

2° Que le temps du refroidissement de l'émeril est à celui du refroidissement du grès, au point de les tenir : · 29 · 19, et : : 89 · 58 pour leur entier refroidissement ;

3° Que le temps du refroidissement de l'émeril est à celui du refroidissement du verre, au point de les tenir : : 29 : 17, et : : 89 : 49 pour leur entier refroidissement ;

4° Que le temps du refroidissement de l'émeril est à celui du refroidissemeut du bois, au point de les tenir : : 29 : 4 $\frac{1}{2}$, et : : 89 : 28 pour leur entier refroidissement ;

5° Que le temps du refroidissement de la pierre dure est à celui du refroidissement du grès, au point de les tenir : : 20 $\frac{1}{2}$: 19, et : : 62 : 58 pour leur entier refroidissement ;

6° Que le temps du refroidissement de la pierre dure est à celui du refroidissement du verre, au point de les tenir : : 20 $\frac{1}{2}$: 17, et : : 62 : 49 pour leur entier refroidissement ;

7° Que le temps du refroidissement de la pierre dure est à celui du refroidissement du bois, au point de les tenir : : 20 $\frac{1}{2}$: 4 $\frac{1}{2}$, et : : 62 : 28 pour leur entier refroidissement ;

8° Que le temps du refroidissement du grès est à celui du refroidissement du verre, au point de les tenir : : 19 : 17 par les présentes expériences, et : : 55 : 52 par les expériences précédentes (art. XXXIII) ; ainsi on aura, en ajoutant ces temps, 74 à 69 pour le rapport plus précis de leur premier refroidissement ; et pour le second, le rapport donné par les présentes expériences étant : : 58 : 49, et : : 170 : 132 par les expériences précédentes (art. XXXIII) ; on aura, en ajoutant ces temps, 228 à 181 pour le rapport encore plus précis de l'entier refroidissement du grès et du verre ;

9° Que le temps du refroidissement du grès est à celui du refroidissement du bois, au point de pouvoir les tenir : : 15 : 4 $\frac{1}{2}$, et : : 58 : 28 pour leur entier refroidissement ;

10° Que le temps du refroidissement du verre est à celui du refroidissement du bois, au point de les tenir : : 17 : 4 $\frac{1}{2}$, et 49 : 28 pour leur entier refroidissement.

LV. — Ayant fait chauffer ensemble les boulets d'or, d'étain, d'émeril, de gypse et de craie, ils se sont refroidis dans l'ordre suivant :

Refroidis à les tenir pendant une demi-seconde.	Minutes.	*Refroidis à la température.*	Minutes.
Gypse, en....................	5	En....................	15
Craie, en....................	7 $\frac{1}{2}$	En....................	21
Étain, en....................	11 $\frac{1}{2}$	En....................	30
Or, en....................	16	En....................	41
Émeril, en....................	20	En....................	49

LVI. — La même expérience répétée, les boulets se sont refroidis dans l'ordre suivant :

Refroidis à les tenir pendant une demi-seconde.	Minutes.	*Refroidis à la température.*	Minutes.
Gypse, en....................	4	En....................	13
Craie, en....................	6 $\frac{1}{2}$	En....................	18
Étain, en....................	10	En....................	27
Or, en....................	15	En....................	40
Émeril, en....................	18	En....................	46

On peut conclure de ces expériences :

1° Que le temps du refroidissement de l'émeril est à celui du refroidissement de l'or, au point de les tenir : : 38 : 31 par les expériences présentes ; et : : 59 $\frac{1}{2}$: 52 par les expériences précédentes (art. XLII) ; ainsi on aura, en ajoutant ces temps, 97 $\frac{1}{2}$ à 83 pour le rapport plus précis de leur premier refroidissement ; et pour le second, le rapport donné par les présentes expériences étant : : 93 : 84, et : : 166 : 155 par les expériences précédentes (art. XLII), on aura, en ajoutant ces temps, 261 à 336 pour le rapport encore plus précis de l'entier refroidissement de l'émeril et de l'or ;

2° Que le temps du refroidissement de l'émeril est à celui du refroidissement de l'étain, au point de les tenir : : 38 : 21 $\frac{1}{2}$, et : : 95 : 57 pour leur entier refroidissement ;

3° Que le temps du refroidissement de l'émeril est à celui du refroidissement de la craie, au point de les tenir : : 38 : 14, et : : 95 : 39 pour leur entier refroidissement ;

4° Que le temps du refroidissement de l'émeril est à celui du refroidissement du gypse, au point de les tenir : : 38 : 9, et : : 95 : 28 pour leur entier refroidissement ;

5° Que le temps du refroidissement de l'or est à celui du refroidissement de l'étain, au point de les tenir : : 31 : 32 par les présentes expériences, et : : 37 : 21 par les expériences précédentes (art. XI); ainsi on aura, en ajoutant ces temps, 68 à 43 pour le rapport plus précis de leur premier refroidissement; et pour le second, le rapport donné par les présentes expériences étant : : 81 : 57, et : : 114 : 61 par les expériences précédentes (art. XI); on aura, en ajoutant ces temps, 195 à 118 pour le rapport encore plus précis de l'entier refroidissement de l'or et de l'étain ;

6° Que le temps du refroidissement de l'or est à celui du refroidissement de la craie, au point de les tenir : : 31 : 14 par les présentes expériences, et : : 21 $\frac{1}{2}$: 10 par les expériences précédentes (art. XXXV); ainsi on aura, en ajoutant ces temps, 52 $\frac{1}{2}$ à 24 pour le rapport plus précis de leur premier refroidissement; et pour le second, le rapport donné par les présentes expériences étant : : 81 : 39, et : : 65 : 26 par les expériences précédentes (art. XXXV); on aura, en ajoutant ces temps, 146 à 65 pour le rapport encore plus précis de l'entier refroidissement de l'or et de la craie;

7° Que le temps du refroidissement de l'or est à celui du gypse, au point de pouvoir les tenir : : 31 : 9 par les présentes expériences, et : : 56 : 17 par les expériences précédentes (art. XXXVIII); ainsi on aura, en ajoutant ces temps, 87 à 26 pour le rapport plus précis de leur premier refroidissement; et pour le second, le rapport donné par les présentes expériences étant : : 81 : 28, et : : 165 : 53 par les expériences précédentes (art. XXXVIII), on aura, en ajoutant ces temps, 246 à 81 pour le rapport encore plus précis de l'entier refroidissement de l'or et du gypse ;

8° Que le temps du refroidissement de l'étain est à celui de la craie, au point de les tenir : : 22 : 14, et : : 57 : 39 pour leur entier refroidissement ;

9° Que le temps du refroidissement de l'étain est à celui du refroidissement du gypse, au point de les tenir : : 22 : 9, et : : 57 : 28 pour leur entier refroidissement ;

10° Que le temps du refroidissement de la craie est à celui du refroidissement du gypse, au point de les tenir : : 14 : 9 par les présentes expériences, et : : 11 : 7 par les expériences précédentes (art. XLVI); ainsi on aura, en ajoutant ces temps, 25 à 16 pour le rapport plus précis de leur premier refroidissement; et pour le second, le rapport donné par les présentes expériences étant : : 39 : 28, et : : 32 : 29 par les expériences précédentes (art. XLVI), on aura, en ajoutant ces temps, 71 à 57 pour le rapport encore plus précis de l'entier refroidissement de la craie et du gypse.

LVII. — Ayant fait chauffer ensemble les boulets de marbre blanc, de marbre commun, d'ocre et de bois, ils se sont refroidis dans l'ordre suivant:

Refroidis à les tenir pendant une demi-seconde.		*Refroidis à la température.*	
	Minutes.		Minutes.
Bois, en................................	2 $\frac{1}{2}$	En................................	9
Ocre, en................................	6 $\frac{1}{2}$	En................................	19
Glaise, en................................	7 $\frac{1}{2}$	En................................	21
Marbre commun, en..............	10 $\frac{1}{2}$	En................................	29
Marbre blanc, en.................	12	En................................	34

LVIII. — La même expérience répétée, les boulets se sont refroidis dans l'orde suivant :

Refroidis à les tenir pendant une demi-seconde.	Minutes.	*Refroidis à la température.*	Minutes.
Bois, en......................	3	En......................	11
Ocre, en......................	7	En......................	20
Glaise, en......................	$8\frac{1}{2}$	Eu......................	23
Marbre commun, en..............	$12\frac{1}{2}$	En......................	32
Marbre blanc, en...............	13	En......................	36

On peut conclure de ces deux expériences :

1° Que le temps du refroidissement du marbre blanc est à celui du refroidissement du marbre commun, au point de pouvoir les tenir : : 25 : 22 par les présentes expériences, et : : 39 $\frac{1}{2}$: 36 par les expériences précédentes (art. XXVII); ainsi on aura, en ajoutant ces temps, 64 $\frac{1}{2}$ à 58 pour le rapport plus précis de leur premier refroidissement; et pour le second, le rapport donné par les présentes expériences étant : : 70 : 64, et : : 115 : 113 par les expériences précédentes (art. XXVII), on aura, en ajoutant ces temps, 185 à 174 pour le rapport encore plus précis de l'entier refroidissement du marbre blanc et du marbre commun;

2° Que le temps du refroidissement du marbre blanc est à celui du refroidissement de la glaise, au point de pouvoir les tenir : : 25 : 16, et : : 70 : 44 pour leur entier refroidissement;

3° Que le temps du refroidissement du marbre blanc est à celui du refroidissement de l'ocre, au point de les tenir : : 25 : 13 $\frac{1}{2}$, et : : 70 : 39 pour leur entier refroidissement;

4° Que le temps du refroidissement du marbre blanc est à celui du refroidissement du bois, au point de les tenir : : 25 : 5 $\frac{1}{2}$, et : : 70 : 20 pour leur entier refroidissement;

5° Que le temps du refroidissement du marbre commun est à celui du refroidissement de la glaise, au point de les tenir : : 22 : 16, et : : 64 : 44 pour leur entier refroidissement;

6° Que le temps du refroidissement du marbre commun est à celui du refroidissement de l'ocre, au point de les tenir : : 22 : 13 $\frac{1}{2}$, et : : 64 : 39 pour leur entier refroidissement;

7° Que le temps du refroidissement du marbre commun est à celui du refroidissement du bois, au point de les tenir : : 22 : 5 $\frac{1}{2}$, et : : 64 : 20 pour leur entier refroidissement;

8° Que le temps du refroidissement de la glaise est à celui du refroidissement de l'ocre, au point de les tenir : : 16 : 13 $\frac{1}{2}$ par les présentes expériences, et : : 12 $\frac{1}{2}$: 11 $\frac{1}{2}$ par les expériences précédentes (art. XXXV); ainsi on aura, en ajoutant ces temps, 28 $\frac{1}{2}$ à 20 pour le rapport le plus précis de leur premier refroidissement; et pour le second, le rapport donné par les présentes expériences étant : : 44 : 39, et : : 33 : 29 par les expériences précédentes (art. XXXV), on aura, en ajoutant ces temps, 77 à 68 pour le rapport encore plus précis de l'entier refroidissement de la glaise et de l'ocre;

9° Que le temps du refroidissement de la glaise est à celui du refroidissement du bois, au point de les tenir : : 16 : 5 $\frac{1}{2}$, et : : 44 : 20 pour leur entier refroidissement.

10° Que le temps du refroidissement de l'ocre est à celui du refroidissement du bois, au point de les tenir : : 13 $\frac{1}{2}$: 5 $\frac{1}{2}$, et : : 39 : 20 pour leur entier refroidissement.

LIX. — Ayant mis chauffer ensemble les boulets d'argent, de verre, de glaise, d'ocre et de craie, ils se sont refroidis dans l'ordre suivant :

Refroidis à les tenir pendant une demi-seconde.		*Refroidis à la température.*	
	Minutes.		Minutes.
Craie, en	$5\frac{1}{2}$	En	16
Ocre, en	6	En	18
Glaise, en	8	En	22
Verre, en	$9\frac{1}{2}$	En	29
Argent, en	$12\frac{1}{2}$	En	35

LX. — La même expérience répétée, les boulets chauffés plus longtemps se sont refroidis dans l'ordre suivant :

Refroidis à les tenir pendant une demi-seconde.		*Refroidis à la température.*	
	Minutes.		Minutes.
Craie, en	7	En	22
Ocre, en	$8\frac{1}{2}$	En	25
Glaise, en	$9\frac{1}{2}$	En	29
Verre, en	$12\frac{1}{2}$	En	38
Argent, en	$16\frac{1}{2}$	En	41

On peut conclure de ces deux expériences :

1° Que le temps du refroidissement de l'argent est à celui du refroidissement du verre, au point de les tenir : : 29 : 22 par les présentes expériences, et : : 36 : 25 par les expériences précédentes (art. XXXIII); ainsi on aura, en ajoutant ces temps, 65 à 47 pour le rapport plus précis de leur premier refroidissement; et pour le second, le rapport donné par les présentes expériences étant : : 76 : 67, et : : 103 : 62 par les expériences précédentes (art. XXXIII); on aura, en ajoutant ces temps, 179 à 129 pour le rapport encore plus précis de l'entier refroidissement de l'argent et du verre;

2° Que le temps du refroidissement de l'argent est à celui du refroidissement de la glaise, au point de pouvoir les tenir : : 29 : 14 $\frac{1}{2}$, et : : 76 : 51 pour leur entier refroidissement;

3° Que le temps du refroidissement de l'argent est à celui du refroidissement de l'ocre, au point de les tenir : : 29 : 14 $\frac{1}{2}$, et : : 76 : 43 pour leur entier refroidissement;

4° Que le temps du refroidissement de l'argent est à celui du refroidissement de la craie, au point de pouvoir les tenir : : 29 : 12 $\frac{1}{2}$, et : : 76 : 38 pour leur entier refroidissement;

5° Que le temps du refroidissement du verre est à celui du refroidissement de la glaise, au point de les tenir : : 22 : 17 $\frac{1}{2}$ par les expériences présentes, et : : 16 $\frac{1}{2}$: 13 $\frac{1}{2}$ par les expériences précédentes (art. XLVI); ainsi on aura, en ajoutant ces temps, 38 $\frac{1}{2}$ à 31 pour le rapport plus précis de leur premier refroidissement; et pour le second, le rapport donné par les présentes expériences étant : : 67 : 51, et : : 46 : 36 par les expériences précédentes (art. XLVI); on aura, en ajoutant ces temps, 113 à 87 pour le rapport encore plus précis de l'entier refroidissement du verre et de la glaise;

6° Que le temps du refroidissement du verre est à celui du refroidissement de l'ocre, au point de pouvoir les tenir : : 22 : 14 $\frac{1}{2}$ par les présentes expériences, et : : 16 $\frac{1}{2}$: 11 par les expériences précédentes (art. XLVI); ainsi on aura, en ajoutant ces temps, 38 $\frac{1}{2}$ à 25 $\frac{1}{2}$ pour le rapport plus précis de leur premier refroidissement; et pour le second, le rapport donné par les présentes expériences étant : : 67 : 43, et : : 46 : 32 par les expériences précédentes (art. XLVI); on aura, en ajoutant ces temps, 113 à 75 pour le rapport encore plus précis de l'entier refroidissement du verre et de l'ocre;

7° Que le temps du refroidissement du verre est à celui du refroidissement de la craie, au point de pouvoir les tenir : : 22 : 12 $\frac{1}{2}$ par les présentes expériences, et : : 16 $\frac{1}{2}$: 11 par les expériences précédentes (art. XLVI); ainsi on aura, en ajoutant ces temps, 38 $\frac{1}{2}$ à 23 $\frac{1}{2}$ pour le rapport encore plus précis de leur premier refroidissement; et pour le second, le rapport donné par les présentes expériences étant : : 67 : 38, et : : 46 : 32 par les expériences précédentes (art. XLVI); on aura, en ajoutant ces temps, 113 à 70 pour le rapport encore plus précis de l'entier refroidissement du verre et de la craie;

8° Que le temps du refroidissement de la glaise est à celui du refroidissement de l'ocre, au point de les tenir : : 17 $\frac{1}{2}$: 14 $\frac{1}{2}$ par les présentes expériences, et : : 26 : 22 $\frac{1}{2}$ par les expériences précédentes (art. XLVI); ainsi on aura, en ajoutant ces temps, 43 $\frac{1}{2}$ à 37 pour le rapport plus précis de leur premier refroidissement; et pour le second, le rapport donné par l'expérience étant : : 51 : 43, et : : 69 : 63 par les expériences précédentes (art. XLVI); on aura, en ajoutant ces temps, 120 à 104 pour le rapport encore plus précis de l'entier refroidissement de la glaise et de l'ocre;

9° Que le temps du refroidissement de la glaise est à celui du refroidissement de la craie, au point de pouvoir les tenir : : 17 $\frac{1}{2}$: 12 $\frac{1}{2}$ par les présentes expériences, et : : 26 : 21 par les expériences précédentes (art. XLVI); ainsi on aura, en ajoutant ces temps, 43 $\frac{1}{2}$ à 33 $\frac{1}{2}$ pour le rapport plus précis de leur premier refroidissement; et pour le second, le rapport donné par les présentes expériences : : 51 : 38, et : : 69 : 58 par les expériences précédentes (art. XLVI); on aura, en ajoutant ces temps, 120 à 96 pour le rapport encore plus précis de l'entier refroidissement de la glaise et de la craie;

10° Que le temps du refroidissement de l'ocre est à celui du refroidissement de la craie, au point de pouvoir les tenir : : 14 $\frac{1}{2}$: 12 $\frac{1}{2}$ par les présentes expériences, et : : 11 $\frac{1}{2}$: 10 par les expériences précédentes (art. XXXV); ainsi on aura, en ajoutant ces temps, 26 à 22 $\frac{1}{2}$ pour le rapport plus précis de leur premier refroidissement; et pour le second, le rapport donné par les présentes expériences étant : : 43 : 38, et : : 29 : 26 par les précédentes expériences (art. XXXV); on aura, en ajoutant ces temps, 72 à 64 pour le rapport encore plus précis de l'entier refroidissement de l'ocre et de la craie.

LXI. — Ayant mis chauffer ensemble à un grand degré de chaleur les boulets de zinc, de bismuth, de marbre blanc, de grès et de gypse, le bismuth s'est fondu tout à coup, et il n'est resté que les quatre autres, qui se sont refroidis dans l'ordre suivant :

Refroidis à les tenir pendant une demi-seconde.	Minutes.	*Refroidis à la température.*	Minutes.
Gypse, en	11	En	28
Grès, en	16	En	42
Marbre blanc, en	19	En	50
Zinc, en	23	En	57

LXII. — La même expérience répétée avec les quatre boulets ci-dessus et un boulet de plomb, à un feu moins ardent, ils se sont refroidis dans l'ordre suivant :

Refroidis à les tenir pendant une demi-seconde.	Minutes.	*Refroidis à la température.*	Minutes.
Gypse, en	4 $\frac{1}{2}$	En	16
Plomb, en	9 $\frac{1}{2}$	En	28
Grès, en	10	En	33
Marbre blanc, en	12 $\frac{1}{2}$	En	36
Zinc, en	15	En	43

On peut conclure de ces deux expériences :

1° Que le temps du refroidissement du zinc est à celui du refroidissement du marbre blanc, au point de pouvoir les tenir : : 38 : 34 $\frac{1}{2}$ par les présentes expériences, et : : 21 : 17 $\frac{1}{2}$ par les expériences précédentes (art. XLVIII); ainsi, en ajoutant ces temps, on aura 59 à 49 pour le rapport plus précis de leur premier refroidissement; et pour le second, le rapport donné par l'expérience présente étant : : 100 : 86, et : : 65 : 53 par les expériences précédentes (art. XLVIII); on aura, en y ajoutant ces temps, 165 à 139 pour le rapport encore plus précis de l'entier refroidissement du zinc et du marbre blanc;

2° Que le temps du refroidissement du zinc est à celui du refroidissement du grès, au point de les tenir : : 38 : 26 par les présentes expériences, et : : 21 : 115 par les expériences précédentes (art. XLVIII); ainsi on aura, en ajoutant ces temps, 59 à 41 pour le rapport plus précis de leur premier refroidissement; et pour le second, le rapport donné par les présentes expériences étant : : 100 : 74, et : : 65 : 47 par les expériences précédentes (art. XLVIII); on aura, en ajoutant ces temps, 165 à 121 pour le rapport encore plus précis de l'entier refroidissement du zinc et du grès;

3° Que le temps du refroidissement du zinc est à celui du refroidissement du plomb, au point de pouvoir les tenir : : 15 : 9 $\frac{1}{2}$ par la présente expérience, et : : 73 : 43 $\frac{3}{4}$ par les expériences précédentes (art. XVII); ainsi on aura, en ajoutant ces temps, 89 à 53 $\frac{1}{4}$ pour le rapport plus précis de leur premier refroidissement; et pour le second, le rapport donné par l'expérience présente étant : : 43 : 20, et : : 220 : 189 par les expériences précédentes (art. XVII); on aura, en ajoutant ces temps, 263 à 209 pour le rapport encore plus précis de l'entier refroidissement du zinc et du plomb;

4° Que le temps du refroidissement du zinc est à celui du refroidissement du gypse, au point de les tenir : : 38 : 15 $\frac{1}{2}$, et : : 100 : 44 pour leur entier refroidissement;

5° Que le temps du refroidissement du marbre blanc est à celui du refroidissement du grès, au point de les tenir : : 31 $\frac{1}{2}$: 26 par les présentes expériences, et : : 38 $\frac{1}{2}$: 32 par les expériences précédentes (art. XLVIII); ainsi on aura, en ajoutant ces temps, 70 à 58 pour le rapport plus précis de leur premier refroidissement; et pour le second, le rapport donné par les présentes expériences étant : : 86 : 74, et : : 112 : 104 par les expériences précédentes (art. XLVIII); on aura, en ajoutant ces temps, 198 à 178 pour le rapport encore plus précis de l'entier refroidissement du marbre blanc et du grès;

6° Que le temps du refroidissement du marbre blanc est à celui du refroidissement du plomb, au point de les tenir : : 12 $\frac{1}{2}$: 9 $\frac{1}{2}$, et : : 36 : 20 pour leur entier refroidissement;

7° Que le temps du refroidissement du marbre blanc est à celui du refroidissement du gypse, au point de pouvoir les tenir : : 31 : 15 $\frac{1}{2}$, et : : 86 : 44 pour leur entier refroidissement;

8° Que le temps du refroidissement du grès est à celui du refroidissement du plomb, au point de pouvoir les tenir : : 10 : 9 $\frac{1}{4}$ par la présente expérience, et : : 59 : 51 $\frac{1}{2}$ par les expériences précédentes (art. XLIV); ainsi on aura, en ajoutant ces temps, 69 $\frac{1}{4}$ à 61 pour le rapport plus précis de leur premier refroidissement; et pour le second, le rapport donné par les présentes expériences étant : : 32 : 20, et 187 : 178 par les expériences précédentes (art. XLIV); on aura, en ajoutant ces temps, 211 à 96 pour le rapport encore plus précis de l'entier refroidissement du grès et du plomb;

9° Que le temps du refroidissement du grès est à celui du refroidissement du gypse, au point de pouvoir les tenir : : 26 : 15 $\frac{1}{2}$ par les présentes expériences, et : : 55 : 21 $\frac{1}{2}$ par les expériences précédentes (art. XXXIII); ainsi on aura, en ajoutant ces temps, 81 à 37 pour le rapport plus précis de leur premier refroidissement; et pour le second, le rapport donné par les présentes expériences étant : : 74 : 44, et : : 170 : 78 par les expériences précédentes (art. xxxiii); on aura, en ajoutant ces temps, 244 à 122 pour le rapport encore plus précis de l'entier refroidissement du grès et du gypse;

10° Que le temps du refroidissement du plomb est à celui du refroidissement du gypse, au point de pouvoir les tenir : : $9\frac{1}{2}$: $4\frac{1}{2}$, et : : 28 : 16 pour leur entier refroidissement.

LXIII. — Ayant fait chauffer ensemble les boulets de cuivre, d'antimoine, de marbre commun, de pierre calcaire tendre et de craie, ils se sont refroidis dans l'ordre suivant :

Refroidis à les tenir pendant une demi-seconde.	Minutes.	*Refroidis à la température.*	Minutes.
Craie, en....................	$6\frac{1}{2}$	En........................	20
Antimoine, en....................	$7\frac{1}{2}$	En........................	26
Pierre tendre, en....................	$7\frac{1}{2}$	En........................	26
Marbre commun, en....................	$11\frac{1}{2}$	En........................	31
Cuivre, en....................	16	En........................	49

LXIV. — La même expérience répétée, les boulets se sont refroidis dans l'ordre suivant :

Refroidis à les tenir pendant une demi-seconde.	Minutes.	*Refroidis à la température.*	Minutes.
Craie, en....................	$5\frac{1}{2}$	En........................	18
Antimoine, en....................	6	En........................	24
Pierre tendre, en....................	8	En........................	23
Marbre commun, en....................	10	En........................	29
Cuivre, en....................	$13\frac{1}{2}$	En........................	38

On peut conclure de ces deux expériences :

1° Que le temps du refroidissement du cuivre est à celui du refroidissement du marbre commun, au point de pouvoir les tenir : : $29\frac{1}{2}$: $21\frac{1}{2}$ par les présentes expériences, et : : 45 : $35\frac{1}{2}$ par les expériences précédentes (art. v); ainsi on aura, en ajoutant ces temps, $74\frac{1}{2}$ à 57 pour le rapport plus précis de leur premier refroidissement; et pour le second, le rapport donné par les présentes expériences étant : : 87 : 60, et : : 125 : 111 par les expériences précédentes (art. v); on aura, en ajoutant ces temps, 212 à 170 pour le rapport encore plus précis de l'entier refroidissement du cuivre et du marbre commun;

2° Que le temps du refroidissement du cuivre est à celui du refroidissement de la pierre tendre, au point de pouvoir les tenir : : $29\frac{1}{2}$: $15\frac{1}{2}$, et : : 87 : 49 pour leur entier refroidissement;

3° Que le temps du refroidissement du cuivre est à celui du refroidissement de l'antimoine, au point de pouvoir les tenir : : $29\frac{1}{2}$: $13\frac{1}{2}$ par les présentes expériences, et : : 28 : 16 par les expériences précédentes (art. xli); ainsi on aura, en ajoutant ces temps, $57\frac{1}{2}$ à $29\frac{1}{2}$ pour le rapport plus précis de leur premier refroidissement; et pour le second, le rapport donné par les expériences présentes étant : : 87 : 50, et : : 80 : 47 par les expériences précédentes (art. xli); on aura, en ajoutant ces temps, 167 à 97 pour le rapport encore plus précis de l'entier refroidissement du cuivre et de l'antimoine;

4° Que le temps du refroidissement du cuivre est à celui du refroidissement de la craie, au point de pouvoir les tenir : : $29\frac{1}{2}$: 12, et : : 87 : 38 pour leur entier refroidissement;

5° Que le temps du refroidissement du marbre commun est à celui du refroidissement de la pierre tendre, au point de pouvoir les tenir : : 21 $\frac{1}{2}$: 14 par les expériences présentes, et : : 29 : 23 par les expériences précédentes (art. XXX); ainsi on aura, en ajoutant ces temps, 50 $\frac{1}{2}$ à 37 pour le rapport plus précis de leur premier refroidissement; et pour le second, le rapport donné par les présentes expériences étant : : 60 : 49, et : : 87 : 68 par les expériences précédentes (art. XX); on aura, en ajoutant ces temps, 147 à 117 pour le rapport encore plus précis de l'entier refroidissement du marbre commun et de la pierre tendre;

6° Que le temps du refroidissement du marbre commun est à celui du refroidissement de l'antimoine, au point de les tenir : : 21 $\frac{1}{2}$: 13 $\frac{1}{2}$, et : : 60 : 50 pour leur entier refroidissement;

7° Que le temps du refroidissement du marbre commun est à celui du refroidissement de la craie, au point de pouvoir les tenir : : 21 $\frac{1}{2}$: 12, et : : 60 : 38 pour leur entier refroidissement;

8° Que le temps du refroidissement de la pierre tendre est à celui du refroidissement de l'antimoine, au point de pouvoir les tenir : : 14 : 13 $\frac{1}{2}$, et : : 49 : 50 pour leur entier refroidissement;

9° Que le temps du refroidissement de la pierre tendre est à celui du refroidissement de la craie, au point de pouvoir les tenir : : 14 : 12, et : : 49 : 38 pour leur entier refroidissement;

10° Que le temps du refroidissement de l'antimoine est à celui du refroidissement de la craie, au point de pouvoir les tenir : : 13 $\frac{1}{2}$: 12, et : : 50 : 38 pour leur entier refroidissement.

LXV. — Ayant fait chauffer ensemble les boulets de plomb, d'étain, de verre, de pierre calcaire dure, d'ocre et et de glaise, ils se sont refroidis dans l'ordre suivant:

Refroidis à les tenir pendant une demi-seconde.	Minutes.	*Refroidis à la température.*	Minutes.
Ocre, en	5	En	16
Glaise, en	7 $\frac{1}{2}$	En	20
Étain, en	8 $\frac{1}{2}$	En	21
Plomb, en	9 $\frac{1}{2}$	En	23
Verre, en	10	En	27
Pierre dure, en	10 $\frac{1}{2}$	En	29

Il résulte de cette expérience :

1° Que le temps du refroidissement de la pierre dure est à celui du refroidissement du verre, au point de les tenir : : 10 $\frac{1}{2}$: 10 par la présente expérience, et : : 20 $\frac{1}{2}$: 17 par les expériences précédentes (art. LIV); ainsi on aura, en ajoutant ces temps, 31 à 27 pour le rapport plus précis de leur premier refroidissement; et pour le second, le rapport donné par la présente expérience étant : : 29 : 27, et : : 62 : 49 par les expériences précédentes (art. LIV); on aura, en ajoutant ces temps, 91 à 76 pour le rapport encore plus précis de l'entier refroidissement de la pierre dure et du verre;

2° Que le temps du refroidissement du verre est à celui du refroidissement du plomb, au point de pouvoir les tenir : : 10 : 9 $\frac{1}{2}$ par la présente expérience, et : : 12 : 11 par les expériences précédentes (art. XXXIX); ainsi on aura, en ajoutant ces temps, 22 à 20 $\frac{1}{2}$ pour le rapport plus précis de leur premier refroidissement; et pour le second, le rapport donné par l'expérience présente étant : : 27 : 23, et : : 35 : 38 par les expériences précédentes (art. xxxix); on aura, en ajoutant ces temps, 62 à 53 pour le rapport encore plus précis de l'entier refroidissement du verre et du plomb;

3° Que le temps du refroidissement du verre est à celui du refroidissement de l'étain, au point de pouvoir les tenir : : 10 : 8 $\frac{1}{2}$ par la présente expérience, et : : 46 : 42 $\frac{1}{2}$ par les expériences précédentes (art. xxxix); ainsi on aura, en ajoutant ces temps, 56 à 51 pour le rapport plus précis de leur premier refroidissement; et pour le second, le rapport donné par les expériences présentes étant : : 27 : 21, et par les expériences précédentes (art. xxxix) : : 132 : 117, on aura, en ajoutant ces temps, 159 à 138 pour le rapport encore plus précis de l'entier refroidissement du verre et de l'étain;

4° Que le temps du refroidissement du verre est à celui du refroidissement de la glaise, au point de pouvoir les tenir : : 10 : 7 $\frac{1}{2}$, et : : 38 $\frac{1}{2}$: 31 par les expériences précédentes (art. lx); ainsi on aura, en ajoutant ces temps, 48 $\frac{1}{2}$ à 38 $\frac{1}{2}$ pour le rapport plus précis de leur premier refroidissement; et pour le second, le rapport donné par la présente expérience étant : : 27 : 20, et : : 113 : 87 par les expériences précédentes (art. lx); on aura, en ajoutant ces temps, 140 à 107 pour le rapport encore plus précis de l'entier refroidissement du verre et de la glaise;

5° Que le temps du refroidissement du verre est à celui du refroidissement de l'ocre, au point de pouvoir les tenir : : 10 : 5 par les présentes expériences, et : : 38 $\frac{1}{2}$: 25 $\frac{1}{2}$ par les expériences précédentes (art. lx); ainsi on aura, en ajoutant ces temps, 48 $\frac{1}{2}$ à 30 $\frac{1}{2}$ pour le rapport plus précis de leur premier refroidissement; et pour le second, le rapport donné par la présente expérience étant : : 27 : 16, et par les expériences précédentes (art. lx) : : 113 : : 75; on aura, en ajoutant ces temps, 140 à 91 pour le rapport encore plus précis de l'entier refroidissement du verre et de l'ocre;

6° Que le temps du refroidissement de la pierre dure est à celui du refroidissement du plomb, au point de pouvoir les tenir : : 10 $\frac{1}{2}$: 9 $\frac{1}{2}$, et : : 29 : 23 pour leur entier refroidissement;

7° Que le temps du refroidissement de la pierre dure est à celui du refroidissement de l'étain, au point de les tenir : : 10 $\frac{1}{2}$: 8 $\frac{1}{2}$, et : : 29 : 21 pour leur entier refroidissement;

8° Que le temps du refroidissement de la pierre dure est à celui du refroidissement de la glaise, au point de les tenir : : 10 $\frac{1}{2}$: 7 $\frac{1}{2}$, et : : 29 : 20 pour leur entier refroidissement;

9° Que le temps du refroidissement de la pierre dure est à celui du refroidissement de l'ocre, au point de les tenir : : 10 $\frac{1}{2}$: 5, et : : 29 : 16 pour leur entier refroidissement;

10° Que le temps du refroidissement du plomb est à celui du refroidissement de l'étain, au point de les tenir : : 9 $\frac{1}{2}$: 8 $\frac{1}{2}$ par la présente expérience, et : : 36 $\frac{1}{2}$: 31 $\frac{1}{2}$ par les expériences précédentes (art. xxxix); ainsi on aura, en ajoutant ces temps, 46 à 40 pour le rapport plus précis de leur premier refroidissement; et pour le second, le rapport donné par la présente expérience étant : : 23 : 21, et : : 109 : 89 par les expériences précédentes (art. xxxix); on aura, en ajoutant ces temps, 132 à 110 pour le rapport encore plus précis de l'entier refroidissement du plomb et de l'étain;

11° Que le temps du refroidissement du plomb est à celui du refroidissement de la glaise, au point de pouvoir les tenir : : 9 $\frac{1}{2}$: 7 $\frac{1}{2}$ par la présente expérience, et : : 7 : 5 $\frac{1}{2}$ par les expériences précédentes (art. xxxv); ainsi on aura, en ajoutant ces temps, 16 $\frac{1}{2}$ à 13 pour le rapport plus précis de leur premier refroidissement; et pour le second, le rapport donné par la présente expérience étant : : 23 : 20, et : : 18 : 15 par les expériences précédentes (art. xxxv); on aura, en ajoutant ces temps, 41 à 35 pour le rapport encore plus précis de l'entier refroidissement du plomb et de la glaise;

12° Que le temps du refroidissement du plomb est à celui du refroidissement de l'ocre, au point de pouvoir les tenir : : 9 $\frac{1}{2}$: 5 par la présente expérience, et : : 7 : 5 par les expériences précédentes (art. xxxv); ainsi on aura, en ajoutant ces temps, 16 $\frac{1}{2}$ à 10 pour le rapport plus précis de leur refroidissement; et pour le second, le rapport donné par la présente expérience étant : : 23 : 16, et : : 18 : 13 par les expériences précédentes (art. XXXV); on aura, en ajoutant ces temps, 41 à 29 pour le rapport encore plus précis de l'entier refroidissement du plomb et de l'ocre;

13° Que le temps du refroidissement de l'étain est à celui du refroidissement de la glaise, au point de les tenir : : 8 $\frac{1}{2}$: 7 $\frac{1}{2}$, et : : 21 : 20 pour leur entier refroidissement;

14° Que le temps du refroidissement de l'étain est à celui du refroidissement de l'ocre, au point de les tenir : : 8 $\frac{1}{2}$: 5, et : : 21 : 16 pour leur entier refroidissement;

15° Que le temps du refroidissement de la glaise est à celui du refroidissement de l'ocre, au point de pouvoir les tenir : : 7 $\frac{1}{2}$: 5 par la présente expérience, et : : 43 $\frac{1}{2}$: 37 par les expériences précédentes (art. LX); ainsi on aura, en ajoutant ces temps, 50 à 42 pour le rapport plus précis de leur premier refroidissement; et pour le second, le rapport donné par la présente expérience étant : : 20 : 16, et : : 120 : 104 par les expériences précédentes (art. LX); on aura, en ajoutant ces temps, 140 à 120 pour le rapport encore plus précis de l'entier refroidissement de la glaise et de l'ocre.

LXVI. — Ayant fait chauffer ensemble les boulets de zinc, d'antimoine, de pierre calcaire tendre, de craie et de gypse, il se sont refroidis dans l'ordre suivant :

Refroidis à les tenir pendant une demi-seconde.	Minutes.	*Refroidis à la température.*	Minutes.
Gypse, en	3 $\frac{1}{2}$	En	11
Craie, en	5	En	16
Antimoine, en	6	En	22
Pierre tendre, en	7 $\frac{1}{2}$	En	23
Zinc, en	14 $\frac{1}{2}$	En	29

LXVII. — La même expérience répétée, les boulets se sont refroidis dans l'ordre suivant :

Refroidis à les tenir pendant une demi-seconde.	Minutes.	*Refroidis à la température.*	Minutes.
Gypse, en	3 $\frac{1}{2}$	En	12
Craie, en	4 $\frac{3}{4}$	En	14
Antimoine, en	6	En	20
Pierre tendre, en	8	En	21
Zinc, en	13 $\frac{1}{2}$	En	28

On peut conclure de ces deux expériences :

1° Que les temps du refroidissement du zinc est à celui du refroidissement de la pierre tendre, au point de pouvoir les tenir : : 28 : 15 $\frac{1}{2}$, et : : 57 : 44 pour leur entier refroidissement;

2° Que le temps du refroidissement du zinc est à celui du refroidissement de l'antimoine, au point de pouvoir les tenir : : 28 : 12 par les présentes expériences, et : : 94 : 52 par les expériences précédentes (art. XXLVIII); ainsi, en ajoutant ces temps, on aura 122 à 64 pour le rapport plus précis de leur premier refroidissement; et pour le second, le rapport donné par les présentes expériences étant : : 57 : 42, et : : 285 : 184 par les expériences précédentes (art. XLVIII); on aura, en ajoutant ces temps, 342 à 226 pour le rapport encore plus précis de l'entier refroidissement du zinc et de l'antimoine;

3° Que le temps du refroidissement du zinc est à celui du refroidissement de la craie, au point de pouvoir les tenir : : 28 : 9 $\frac{1}{2}$ par les présentes expériences, et : : 31 : 12 $\frac{1}{2}$ par les expériences précédentes (art. LII); ainsi on aura, en ajoutant ces temps, 59 à 22 pour le rapport plus précis de leur premier refroidissement; et pour le second, le rapport donné par les présentes expériences étant : : 57 : 30, et : : 59 : 38 par les expériences précédentes (art. LII); on aura, en ajoutant ces temps, 116 à 68 pour le rapport encore plus précis de l'entier refroidissement du zinc et de la craie;

4° Que le temps du refroidissement du zinc est à celui du refroidissement du gypse, au point de pouvoir les tenir : : 28 : 7 par les présentes expériences, et : : 38 : 15 $\frac{1}{2}$ par les expériences précédentes (art. LXII); ainsi on aura, en ajoutant ces temps, 66 à 22 $\frac{1}{2}$ pour le rapport plus précis de leur premier refroidissement; et pour le second, le rapport donné par les présentes expériences étant : : 57 : 23, et : : 100 : 44 par les expériences précédentes (art. LXII); on aura, en ajoutant ces temps, 157 à 67 pour le rapport encore plus précis de l'entier refroidissement du zinc et du gypse;

5° Que le temps du refroidissement de l'antimoine est à celui du refroidissement de la pierre calcaire tendre, au point de les tenir : : 12 : 15 $\frac{1}{2}$, et : : 42 : 44 pour leur entier refroidissement;

6° Que le temps du refroidissement de l'antimoine est à celui du refroidissement de la craie, au point de pouvoir les tenir : : 12 : 9 $\frac{1}{2}$ par les présentes expériences, et : : 13 $\frac{1}{2}$: 12 par les expériences précédentes (art. LXIV); ainsi on aura, en ajoutant ces temps, 25 $\frac{1}{2}$ à 21 $\frac{1}{2}$ pour le rapport plus précis de leur premier refroidissement; et pour le second, le rapport donné par les présentes expériences étant : : 42 : 30, et : : 50 : 38 par les expériences précédentes (art. LXIV); on aura, en ajoutant ces temps, 92 à 68 pour le rapport encore plus précis de l'entier refroidissement de l'antimoine et de la craie;

7° Que le temps de refroidissement de l'antimoine est à celui du refroidissement du gypse, au point de pouvoir les tenir : : 12 : 7, et : : 42 : 23 pour leur entier refroidissement;

8° Que le temps du refroidissement de la pierre tendre est à celui du refroidissement de la craie, au point de pouvoir les tenir : : 15 $\frac{1}{2}$: 9 $\frac{1}{2}$ par les présentes expériences, et : : 14 : 12 par les expériences précédentes (art. LXIV); ainsi on aura, en ajoutant ces temps, 29 $\frac{1}{2}$ à 21 $\frac{1}{2}$ pour le rapport plus précis de leur premier refroidissement; et pour le second, le rapport donné par les présentes expériences étant : : 30, et : : 49 : 38 par les expériences précédentes (art. LXIV); on aura, en ajoutant ces temps, 93 à 68 pour le rapport encore plus précis de l'entier refroidissement de la pierre tendre et de la craie;

9° Que le temps du refroidissement de la pierre calcaire tendre est à celui du refroidissement du gypse, au point de les tenir : : 15 $\frac{1}{2}$: 7 par les présentes expériences, et : : 12 : 4 $\frac{1}{2}$ par les expériences précédentes (art. XXXVIII); ainsi on aura, en ajoutant ces temps, 27 $\frac{1}{2}$ à 11 $\frac{1}{2}$ pour le rapport plus précis de leur premier refroidissement; et pour le second, le rapport donné par les expériences présentes étant : : 44 : 23, et : : 27 : 14 par les expériences précédentes (art. XXXVIII); on aura, en ajoutant ces temps, 71 à 37 pour le rapport encore plus précis de l'entier refroidissement de la pierre tendre et du gypse;

10° Que le temps du refroidissement de la craie est à celui du refroidissement du gypse, au point de pouvoir les tenir : : 9 $\frac{1}{2}$: 7 par les présentes expériences, et : : 25 : 16 par les expériences précédentes (art. LVI); ainsi on aura, en ajoutant ces temps, 34 $\frac{1}{2}$ à 23 pour le rapport plus précis de leur premier refroidissement; et pour le second, le rapport donné par les présentes expériences étant : : 30 : 23, et : : 71 à 57 par les expériences précédences (art. LVI); on aura, en ajoutant ces temps, 108 à 80 pour le rapport encore plus précis de l'entier refroidissement de la craie et du gypse.

Je borne ici cette suite d'expériences assez longues à faire et fort ennuyeuses à lire; j'ai cru devoir les donner telles que les ai faites à plusieurs reprises dans l'espace de six ans : si je m'étais contenté d'en additionner les résultats, j'aurais à la vérité fort abrégé ce Mémoire ; mais on n'aurait pas été en état de les répéter, et c'est cette considération qui m'a fait préférer de donner l'énumération et le détail des expériences mêmes, au lieu d'une table abrégée que j'aurai pu faire de leurs résultats accumulés. Je vais néanmoins donner par forme de récapitulation la table générale de ces rapports, tous comparés à 10,000, afin que d'un coup d'œil on puisse en saisir les différences.

TABLE

DES RAPPORTS DU REFROIDISSEMENT DES DIFFÉRENTES SUBSTANCES MINÉRALES.

FER.

	Premier refroidissement.	Entier refroidissement.
Émeril	10000 à 9117	9020
Cuivre	10000 à 8512	8702
Or	10000 à 8160	8148
Zinc	10000 à 7654	6020
	6804	
Argent	10000 à 7619	7423
Marbre blanc	10000 à 6774	6704
Marbre commun	10000 à 6636	6746
Pierre calcaire dure	10000 à 6617	6274
Grès	10000 à 5796	6926
Verre	10000 à 5576	5805
Plomb	10000 à 5143	6482
Étain	10000 à 4898	4921
Pierre calcaire tendre	10000 à 4194	4659
Glaise	10000 à 4198	4490
Bismuth	10000 à 3580	4081
Craie	10000 à 3086	3878
Gypse	10000 à 2335	2817
Bois	10000 à 1860	1549
Pierre ponce	10000 à 1627	1268

Fer et........

ÉMERIL.

	Premier refroidissement.	Entier refroidissement.
Cuivre	10000 à 8519	8148
Or	10000 à 8513	8560
Zinc	10000 à 8390	7692
	7458	
Argent	10000 à 7778	7895
Pierre calcaire dure	10000 à 7304	6963
Grès	10000 à 6552	6517
Verre	10000 à 5862	5504
Plomb	10000 à 5718	6643
Étain	10000 à 5658	6000
Glaise	10000 à 5185	5185
Bismuth	10000 à 4949	6060
Antimoine	10000 à 4540	5827
Ocre	10000 à 4259	3827
Craie	10000 à 3684	4105
Gypse	10000 à 2368	2947
Bois	10000 à 1552	3146

Émeril et........

CUIVRE.

	Premier refroidissement.	Entier refroidissement.
Or	10000 à 9135	9194
Zinc	10000 à 8571	9250
	7619	
Argent	10000 à 8395	7823
Marbre commun	10000 à 7638	8049
Grès	10000 à 7333	8160
Verre	10000 à 6667	6567
Cuivre et... { Plomb	10000 à 6179	7367
Étain	10000 à 5746	6916
Pierre calcaire tendre	10000 à 5168	5633
Glaise	10000 à 5652	6363
Bismuth	10000 à 3686	5959
Antimoine	10000 à 5130	5808
Ocre	10000 à 5000	4697
Craie	10000 à 4068	4368

OR.

	Premier refroidissement.	Entier refroidissement.
Zinc	10000 à 9474	9304
	8422	
Argent	10000 à 8936	8686
Marbre blanc	10000 à 8101	7863
Marbre commun	10000 à 7342	7435
Pierre calcaire dure	10000 à 7383	7516
Grès	10000 à 7368	7687
Verre	10000 à 7103	5932
Or... { Plomb	10000 à 6526	7500
Étain	10000 à 6324	6051
Pierre calcaire tendre	10000 à 6087	5841
Glaise	10000 à 5814	5077
Bismuth	10000 à 5658	7043
Porcelaine	10000 à 5526	5593
Antimoine	10000 à 5395	6348
Ocre	10000 à 5349	4462
Craie	10000 à 4371	4452
Gypse	10000 à 2989	3293

ZINC.

	Premier refroidissement.	Entier refroidissement.
Argent	10000 à 8904	8990
	10015	
Marbre blanc	10000 à 8305	8424
	7194	
Grès	10000 à 6949	7333
	5838	
Plomb	10000 à 6051	7947
	4940	
Étain	10000 à 6777	6240
	5666	
Zinc et... { Pierre calcaire tendre	10000 à 5536	7719
	4425	
Glaise	10000 à 5484	7458
	4373	
Bismuth	10000 à 5343	7547
	4332	
Antimoine	10000 à 5246	6608
	4135	
Craie	10000 à 3729	5862
	2618	
Gypse	10000 à 3409	4268
	2298	

ARGENT.

		Premier refroidissement.	Entier refroidissement.
Argent et	Marbre blanc	10000 à 8681	9200
	Marbre commun	10000 à 7912	9048
	Pierre calcaire dure	10000 à 7436	8580
	Grès	10000 à 7361	7767
	Verre	10000 à 7230	7212
	Plomb	10000 à 7154	9184
	Étain	10000 à 6176	6289
	Pierre calcaire tendre	10000 à 6178	6287
	Glaise	10000 à 6034	6710
	Bismuth	10000 à 6308	8877
	Porcelaine	10000 à 5556	5242
	Antimoine	10000 à 5692	7653
	Ocre	10000 à 5000	5658
	Craie	10000 à 4310	5000
	Gypse	10000 à 2879	3366
	Bois	10000 à 2353	1864
	Pierre ponce	10000 à 2059	1525

MARBRE BLANC.

		Premier refroidissement.	Entier refroidissement.
Marbre blanc et	Marbre commun	10000 à 8992	9405
	Pierre dure	10000 à 8594	9130
	Grès	10000 à 8286	8990
	Plomb	10000 à 7604	5555
	Étain	10000 à 7143	6792
	Pierre calcaire tendre	10000 à 6792	7218
	Glaise	10000 à 6400	6286
	Antimoine	10000 à 6286	6792
	Ocre	10000 à 5400	5571
	Gypse	10000 à 4920	5116
	Bois	10000 à 2200	2857

MARBRE COMMUN.

		Premier refroidissement.	Entier refroidissement.
Marbre commun et	Pierre dure	10000 à 9483	9655
	Grès	10000 à 8767	9273
	Plomb	10000 à 7671	8590
	Étain	10000 à 7424	6666
	Pierre tendre	10000 à 7327	7959
	Glaise	10000 à 7272	7213
	Antimoine	10000 à 6279	8333
	Ocre	10000 à 6136	6393
	Craie	10000 à 5581	6333
	Bois	10000 à 2500	3279

PIERRE CALCAIRE DURE.

		Premier refroidissement.	Entier refroidissement.
Pierre dure et	Grès	10000 à 9268	9355
	Verre	10000 à 8710	8352
	Plomb	10000 à 8571	7931
	Étain	10000 à 8095	7931
	Pierre tendre	10000 à 8000	8095
	Glaise	10000 à 6190	6897
	Ocre	10000 à 4762	5517
	Bois	10000 à 2195	4516

GRÈS.

		Premier refroidissement.	Entier refroidissement.
	Verre...............	10000 à 9324	7939
	Plomb.............	10000 à 8561	8950
	Étain..............	10000 à 7667	7633
Grès et............	Pierre tendre.........	10000 à 7647	7193
	Porcelaine............	10000 à 7364	7059
	Antimoine............	10000 à 7333	6170
	Gypse..............	10000 à 4568	5000
	Bois...............	10000 à 2368	4888

VERRE.

		Premier refroidissement.	Entier refroidissement.
	Plomb.............	10000 à 9318	8548
	Étain	10000 à 9107	8679
	Glaise..............	10000 à 7938	7643
Verre et...	Porcelaine	10000 à 7692	8863
	Ocre...............	10000 à 6289	6500
	Craie..............	10000 à 6104	6195
	Gypse.............	10000 à 4160	6011
	Bois...............	10000 à 2647	5514

PLOMB.

		Premier refroidissement.	Entier refroidissement.
	Étain..............	10000 à 8695	8333
	Pierre tendre.........	10000 à 8437	7192
	Glaise..............	10000 à 7878	8536
Plomb et.	Bismuth.............	10000 à 8698	8750
	Antimoine..........	10000 à 8241	8201
	Ocre...............	10000 à 6060	7073
	Craie..............	10000 à 5714	6111
	Gypse.............	10000 à 4736	5714

ÉTAIN.

		Premier refroidissement.	Entier refroidissement.
	Glaise.......	10000 à 8823	9524
	Bismuth.............	10000 à 8888	9400
Étain et............	Antimoine...........	10000 à 8710	9156
	Ocre	10000 à 5882	7619
	Craie..............	10000 à 6364	6842
	Gypse..............	10000 à 4090	4912

PIERRE CALCAIRE TENDRE.

		Premier refroidissement.	Entier refroidissement.
	Antimoine	10000 à 7742	9545
Pierre tendre et.....	Craie	10000 à 7288	7312
	Gypse...............	10000 à 4182	5211

GLAISE.

		Premier refroidissement.	Entier refroidissement.
	Bismuth.............	10000 à 8870	9419
	Ocre	10000 à 8400	8571
Glaise et......... .	Craie..............	10000 à 7701	8000
	Gypse..............	10000 à 5185	8055
	Bois	10000 à 3437	4545

BISMUTH.

		Premier refroidissement.	Entier refroidissement.
	Antimoine............	10000 à 9349	9572
Bismuth et..	Ocre	10000 à 8846	7380
	Craie.......	10000 à 8620	9500

PORCELAINE.

		Premier refroidissement.	Entier refroidissement.
Porcelaine et gypse......................		10000 à 5308	6500

ANTIMOINE.

			Premier refroidissement.	Entier refroidissement.
Antimoine et........	{	Craie...............	10000 à 8431	7391
		Gypse...............	10000 à 5833	5476

OCRE.

			Premier refroidissement.	Entier refroidissement.
Ocre et...........	{	Craie...............	10000 à 8654	8889
		Gypse...............	10000 à 6364	9062
		Bois	10000 à 4074	5128

CRAIE.

	Premier refroidissement.	Entier refroidissement.
Craie et gypse	10000 à 6667	7920

GYPSE.

			Premier refroidissement.	Entier refroidissement.
Gypse et..........	{	Bois	10000 à 8000	5250
		Pierre ponce.........	10000 à 7000	4500

BOIS.

	Premier refroidissement.	Entier refroidissement.
Bois et pierre ponce......................	10000 à 8750	8182

Quelque attention que j'aie donnée à mes expériences, quelque soin que j'aie pris pour en rendre les rapports plus exacts, j'avoue qu'il y a encore quelques imperfections dans cette table qui les contient tous; mais ces défauts sont légers et n'influent pas beaucoup sur les résultats généraux: par exemple, on s'apercevra aisément que le rapport du zinc au plomb, étant de 10,000 à 6,051, celui du zinc à l'étain devrait être moindre de 6,000, tandis qu'il se trouve dans la table de 6,777. Il en est de même de celui de l'argent au bismuth, qui devrait être moindre que 6,308; et encore de celui du plomb à la glaise, qui devrait être de plus de 8,000, et qui ne se trouve être dans la table que de 7,878; mais cela provient de ce que les boulets de plomb et de bismuth n'ont pas toujours été les mêmes, ils se sont fondus aussi bien que ceux d'étain et d'antimoine, ce qui n'a pu manquer de produire des variations, dont les plus grandes sont les trois que je viens de remarquer. Il ne m'a pas été possible de faire mieux: les différents boulets de plomb, d'étain, de bismuth et d'antimoine dont je me suis successivement servi étaient faits, à la vérité, sur le même calibre, mais la matière de chacun pouvait être un peu différente, selon la quantité d'alliage du plomb et de l'étain, car je n'ai eu de l'étain pur que pour les deux premiers boulets; d'ailleurs il reste assez souvent une petite cavité dans ces boulets fondus, et ces petites causes suffisent pour produire les petites différences qu'on pourra remarquer dans ma table.

Il en est de même du rapport de l'étain à l'ocre, qui devrait être de plus de 6,088, et qui ne se trouve dans la table que de 5,882, parce que l'ocre étant une matière friable qui diminue par le frottement, j'ai été obligé de changer trois ou quatre fois les boulets d'ocre. J'avoue qu'en donnant à ces expériences le double du très long temps que j'y ai employé, j'aurais pu parvenir à un plus grand degré de précision, mais je me flatte qu'il y en a suffisamment pour qu'on soit convaincu de la vérité des résultats que l'on peut en tirer. Il n'y a guère que les personnes accoutumées à faire des expériences qui sachent combien il est difficile de constater un seul fait de la nature par tous les moyens que l'art peut nous fournir ; il faut joindre la patience au génie, et souvent cela ne suffit pas encore ; il faut quelquefois renoncer malgré soi au degré de précision que l'on désirerait, parce que cette précision en exigerait une tout aussi grande dans toutes les mains dont on se sert, et demanderait en même temps une parfaite égalité dans toutes les matières que l'on emploie ; aussi tout ce que l'on peut faire en physique expérimentale ne peut pas nous donner des résultats rigoureusement exacts, et ne peut aboutir qu'à des approximations plus ou moins grandes ; et quand l'ordre général de ces approximations ne se dément que par de légères variations, on doit être satisfait.

Au reste, pour tirer de ces nombreuses expériences tout le fruit que l'on doit en attendre, il faut diviser les matières qui en font l'objet en quatre classes ou genres différents.

4° Les métaux ; 2° les demi-métaux et minéraux métalliques ; 3° les substances vitrées et vitrescibles ; 4° les substances calcaires et calcinables ; comparer ensuite les matières de chaque genre entre elles, pour tâcher de reconnaître la cause ou les causes de l'ordre que suit le progrès de la chaleur dans chacune ; et enfin comparer les genres même entre eux, pour essayer d'en déduire quelques résultats généraux.

1. — L'ordre des six métaux, suivant leur densité, est étain, fer, cuivre, argent, plomb, or ; tandis que l'ordre dans lequel ces métaux reçoivent et perdent la chaleur est étain, plomb, argent, or, cuivre, fer, dans lequel il n'y a que l'étain qui conserve sa place.

Le progrès et la durée de la chaleur dans les métaux ne suit donc pas l'ordre de leur densité, si ce n'est pour l'étain qui, étant le moins dense de tous, est en même temps celui qui perd le plus tôt sa chaleur ; mais l'ordre des cinq autres métaux nous démontre que c'est dans le rapport de leur fusibilité que tous reçoivent et perdent la chaleur, car le fer est plus difficile à fondre que le cuivre, le cuivre l'est plus que l'or, l'or plus que l'argent, l'argent plus que le plomb, et le plomb plus que l'étain ; on doit donc en conclure que ce n'est qu'un hasard si la densité et la fusibilité de l'étain se trouvent ici réunies pour le placer au dernier rang.

Cependant ce serait trop s'avancer que de prétendre qu'on doit tout attribuer à la fusibilité et rien du tout à la densité : la nature ne se dépouille jamais d'une de ses propriétés en faveur d'une autre d'une manière absolue, c'est-à-dire de façon que la première n'influe en rien sur la seconde ; ainsi la densité peut bien entrer pour quelque chose dans le progrès de la chaleur, mais au moins nous pouvons prononcer affirmativement que dans les six métaux elle n'y fait que très peu, au lieu que la fusibilité y fait presque le tout.

Cette première vérité n'était connue ni des chimistes ni des physiciens ; on n'aurait pas même imaginé que l'or, qui est plus de deux fois et demie plus dense que le fer, perd néanmoins sa chaleur un demi-tiers plus vite. Il en est du même du plomb, de l'argent et du cuivre, qui tous sont plus denses que le fer, et qui, comme l'or, s'échauffent et se refroidissent plus promptement : car, quoiqu'il ne soit question que du refroidissement dans ce second Mémoire, les expériences du Mémoire qui précède celui-ci démontrent, a n'en pouvoir douter, qu'il en est de l'entrée de la chaleur dans les corps comme de sa sortie, et que ceux qui la reçoivent le plus vite sont en même temps ceux qui la perdent le plus tôt.

Si l'on réfléchit sur les principes réels de la densité et sur la cause de la fusibilité, on sentira que la densité dépend absolument de la quantité de matière que la nature place dans un espace donné, que plus elle peut y en faire entrer, plus il y a de densité, et que l'or est à cet égard la substance qui de toutes contient le plus de matière relativement à son volume. C'est pour cette raison que l'on avait cru jusqu'ici qu'il fallait plus de temps pour échauffer ou refroidir l'or que les autres métaux ; il est en effet assez naturel de penser que, contenant sous le même volume le double ou le triple de matière, il faudrait le double ou le triple du temps pour la pénétrer de chaleur, et cela serait vrai, si dans toutes les substances les parties constituantes étaient de la même figure, et en conséquence toutes arrangées de même. Mais dans les unes comme dans les plus denses, les molécules de la matière sont probablement de figure assez régulière pour ne pas laisser entre elles de très grands espaces vides ; dans d'autres moins denses, leurs figures plus irrégulières laissent de vides plus nombreux et plus grands, et dans les plus légères les molécules étant en petit nombre et probablement de figure très irrégulière, il se trouve mille et mille fois plus de vide que de plein : car on peut démontrer par d'autres expériences que le volume de la substance, même la plus dense, contient encore beaucoup plus d'espace vide que de matière pleine.

Or, la principale cause de la fusibilité est la facilité que les particules de la chaleur trouvent à séparer les unes des autres ces molécules de la matière pleine : que la somme des vides soit plus ou moins grande, ce qui fait la densité ou la légèreté, cela est indifférent à la séparation des molécules qui constituent le plein, et la plus ou moins grande fusibilité dépend en entier de la force de cohérence qui tient unies ces parties massives et s'oppose plus ou moins à leur séparation. La dilatation du volume total est le premier degré de l'action de la chaleur, et dans les différents métaux elle se fait dans le même ordre que la fusion de la masse qui s'opère par un plus grand degré de chaleur ou de feu. L'étain, qui de tous se fond le plus promptement, est aussi celui qui se dilate le plus vite, et le fer, qui est de tous le plus difficile à fondre, est de même celui dont la dilatation est la plus lente.

D'après ces notions générales, qui paraissent claires, précises, et fondées sur des expériences que rien ne peut démentir, on serait porté à croire que la ductilité doit suivre l'ordre de la fusibilité, parce que la plus ou moins grande ductilité semble dépendre de la plus ou moins grande adhésion des parties dans chaque métal ; cependant cet ordre de la ductilité des métaux parait avoir autant de rapport à l'ordre de la densité qu'à celui de leur fusibilité. Je dirais volontiers qu'il est en raison composée des deux autres, mais ce n'est que par estime et par une présomption qui n'est peut-être pas assez fondée ! car il n'est pas aussi facile de déterminer au juste les différents degrés de la fusibilité que ceux de la densité ; et comme la ductilité participe des deux, et qu'elle varie suivant les circonstances, nous n'avons pas encore acquis les connaissances nécessaires pour prononcer affirmativement sur ce sujet, qui est d'une assez grande importance pour mériter des recherches particulières. Le même métal traité à froid ou à chaud donne des résultats tout différents : la malléabilité est le premier indice de la ductilité, mais elle ne nous donne néanmoins qu'une notion assez imparfaite du point auquel la ductilité peut s'étendre. Le plomb, le plus souple, le plus malléable des métaux, ne peut se tirer à la filière en fils aussi fins que l'or, ou même que le fer, qui de tous est le moins malléable. D'ailleurs il faut aider la ductilité des métaux par l'addition du feu, sans quoi ils s'écrouissent et deviennent cassants ; le fer même, quoique le plus robuste de tous, s'écrouit comme les autres. Ainsi, la ductilité d'un métal et l'étendue de continuité qu'il peut supporter dépendent non seulement de sa densité et de sa fusibilité, mais encore de la manière dont on le traite, de la percussion plus lente ou plus prompte, et de l'addition de chaleur ou de feu qu'on lui donne à propos.

II. — Maintenant, si nous comparons les substances qu'on appelle *demi-métaux et minéraux métalliques* qui manquent de ductilité, nous verrons que l'ordre de leur densité est émeril, zinc, antimoine, bismuth, et que celui dans lequel ils reçoivent et perdent la chaleur est antimoine, bismuth, zinc, émeril, ce qui ne suit en aucune façon l'ordre de leur densité, mais plutôt celui de leur fusibilité. L'émeril, qui est un minéral ferrugineux, quoique une fois moins dense que le bismuth, conserve la chaleur une fois plus longtemps ;

le zinc, plus léger que l'antimoine et le bismuth, conserve aussi la chaleur plus long-temps; l'antimoine et le bismuth la reçoivent et la gardent à peu près également. Il en est donc des demi-métaux et des minéraux métalliques comme des métaux : le rapport dans lequel ils reçoivent et perdent la chaleur est à peu près le même que celui de leur fusibilité, et ne tient que très peu ou point du tout à celui de leur densité.

Mais en joignant ensemble les six métaux et les quatre demi-métaux ou minéraux métalliques que j'ai soumis à l'épreuve, on verra que l'ordre des densités de ces dix substances est :

Émeril, zinc, antimoine, étain, fer, cuivre, bismuth, argent, plomb, or ;

Et que l'ordre dans lequel ces substances s'échauffent et se refroidissent est

Antimoine, bismuth, étain, plomb, argent, zinc, or cuivre, émeril, fer,

Dans lequel il y a deux choses qui ne paraissent pas bien d'accord avec l'ordre de la fusibilité :

1º L'antimoine qui devrait s'échauffer et se refroidir plus lentement que le plomb, puisqu'on a vu par les expériences de Newton, citées dans le Mémoire précédent, que l'antimoine demande pour se fondre dix degrés de la même chaleur dont il n'en faut que huit pour fondre le plomb; au lieu que, par mes expériences, il se trouve que l'antimoine s'échauffe et se refroidit plus vite que le plomb. Mais on observera que Newton s'est servi de régule d'antimoine, et que je n'ai employé dans mes expériences que de l'antimoine fondu; or, le régule d'antimoine ou l'antimoine naturel est bien plus difficile à fondre que l'antimoine qui a déjà subi une première fusion; ainsi cela ne fait point une exception à la règle. Au reste, j'ignore quel rapport il y aurait entre l'antimoine naturel ou régule d'antimoine et les autres matières que j'ai fait chauffer et refroidir; mais je présume, d'après l'expérience de Newton, qu'il s'échaufferait et se refroidirait plus lentement que le plomb ;

2º L'on prétend que le zinc se fond bien plus aisément que l'argent : par conséquent il devrait se trouver avant l'argent dans l'ordre indiqué par mes expériences, si cet ordre était dans tous les cas relatif à celui de la fusibilité; et j'avoue que ce demi-métal semble, au premier coup d'œil, faire une exception à cette loi que suivent tous les autres; mais il faut observer : 1º que la différence donnée par mes expériences entre le zinc et l'argent est fort petite; 2º que le petit globe d'argent dont je me suis servi était de l'argent le plus pur, sans la moindre partie de cuivre, ni d'autre alliage, et l'argent pur doit se fondre plus aisément et s'échauffer plus vite que l'argent mêlé de cuivre; 3º quoique le petit globe de zinc m'ait été donné par un de nos habiles chimistes (a), ce n'est peut-être pas du zinc absolument pur et sans mélange de cuivre, ou de quelque autre matière encore moins fusible. Comme ce soupçon m'était resté après toutes mes expériences faites, j'ai remis le globe de zinc à M. Rouelle qui me l'avait donné, en le priant de s'assurer s'il ne contenait pas du fer ou du cuivre, ou quelque autre matière qui s'opposerait à sa fusibilité. Les épreuves en ayant été faites, M. Rouelle a trouvé dans ce zinc une quantité assez considérable de fer ou safran de mars : j'ai donc eu la satisfaction de voir que non seulement mon soupçon était bien fondé, mais encore que mes expériences ont été faites avec assez de précision pour faire reconnaître un mélange dont il n'était pas aisé de se douter; ainsi le zinc suit aussi exactement que les autres métaux et demi-métaux dans le progrès de la chaleur l'ordre de la fusibilité, et ne fait point une exception à la règle. On peut donc dire, en général, que le progrès de la chaleur dans les métaux, demi-métaux et minéraux métalliques est en même raison, ou du moins en raison très voisine de celle de leur fusibilité (b).

(a) M. Rouelle, démonstrateur de chimie aux écoles du Jardin du Roi.

(b) Le globe de zinc sur lequel ont été faites toutes ces expériences s'étant trouvé mêlé d'une portion de fer, j'ai été obligé de substituer dans la table générale aux premiers rap-

III. — Les matières vitrescibles et vitrées que j'ai mises à l'épreuve, étant rangées suivant l'ordre de leur densité, sont :

Pierre ponce, porcelaine, ocre, glaise, verre, cristal de roche et grès : car je dois observer que, quoique le cristal ne soit porté dans la table des poids de chaque matière que pour 6 gros 22 grains, il doit être supposé d'environ 1 gros, parce qu'il était sensiblement trop petit, et c'est par cette raison que je l'ai exclu de la table générale des rapports, ayant rejeté toutes les expériences que j'ai faites avec ce globe trop petit. Néanmoins le résultat général s'accorde assez avec les autres pour que je puisse le présenter. Voici donc l'ordre dans lequel ces différentes substances se sont refroidies :

Pierre ponce, ocre, porcelaine, glaise, verre, cristal et grès, qui, comme l'on voit, est le même que celui de la densité, car l'ocre ne se trouve ici avant la porcelaine que parce qu'étant une matière friable, il s'est diminué par le frottement qu'il a subi dans les expériences, et d'ailleurs sa densité diffère si peu de la porcelaine, qu'on peut les regarder comme égales.

Ainsi la loi du progrès de la chaleur dans les matières vitrescibles et vitrées est relative à l'ordre de leur densité, et n'a que peu ou point de rapport avec leur fusibilité, par la raison qu'il faut, pour fondre toutes ces substances, un degré presque égal du feu le plus violent, et que les degrés particuliers de leur différente fusibilité sont si près les uns des autres qu'on ne peut pas en faire un ordre composé de termes distincts. Ainsi leur fusibilité presque égale ne faisant qu'un terme, qui est l'extrême de cet ordre de fusibilité, on ne doit pas être étonné de ce que le progrès de la chaleur suit ici l'ordre de la densité, et que ces différentes substances, qui toutes sont également difficiles à fondre, s'échauffent et se refroidissent plus lentement et plus vite, à proportion de la quantité de matière qu'elles contiennent.

On pourra m'objecter que le verre se fond plus aisément que la glaise, la porcelaine, l'ocre et la pierre ponce, qui néanmoins s'échauffent et se refroidissent en moins de temps que le verre; mais l'objection tombera lorsqu'on réfléchira qu'il faut, pour fondre le verre, un feu très violent dont le degré est si éloigné des degrés de chaleur que reçoit le verre dans nos expériences sur le refroidissement qu'il ne peut influer sur ceux-ci. D'ailleurs, en pulvérisant la glaise, la porcelaine, l'ocre et la pierre ponce, et leur donnant des fondants analogues, comme l'on en donne au sable pour le convertir en verre, il est plus que probable qu'on ferait fondre toutes ces matières au même degré de feu, et que par conséquent on doit regarder comme égale ou presque égale leur résistance à la fusion, et c'est par cette raison que la loi du progrès de la chaleur dans ces matières se trouve proportionnelle à l'ordre de leur densité.

IV. — Les matières calcaires rangées suivant l'ordre de leur densité, sont :

Craie, pierre tendre, pierre dure, marbre commun, marbre blanc.

L'ordre dans lequel elles s'échauffent et se refroidissent est craie, pierre tendre, pierre dure, marbre commun et marbre blanc, qui, comme l'on voit, est le même que celui de leur densité. La fusibilité n'y entre pour rien, parce qu'il faut d'abord un très grand degré de feu pour les calciner, et que, quoique la calcination en divise les parties, on ne doit en regarder l'effet que comme un premier degré de fusion, et non pas comme une fusion complète; toute la puissance des meilleurs miroirs ardents suffit à peine pour

ports, de nouveaux rapports que j'ai placés sous les autres : par exemple, le rapport du fer au zinc de 10,000 à 7,654 n'est pas le vrai rapport, et c'est celui de 10,000 à 6,804 écrit au-dessous qu'il faut adopter; il en est de même de toutes les autres corrections que j'ai faites d'un neuvième sur chaque nombre, parce que j'ai reconnu que la portion de fer contenue dans ce zinc, avait diminué au moins d'un neuvième le progrès de la chaleur.

l'opérer : j'ai fondu et réduit en une espèce de verre quelques-unes de ces matières calcaires au foyer d'un de mes miroirs, et je me suis convaincu que ces matières peuvent, comme toutes les autres, se réduire ultérieurement en verre, sans y employer aucun fondant, et seulement par la force d'un feu bien supérieur à celui de nos fourneaux. Par conséquent le terme commun de leur fusibilité est encore plus éloigné et plus extrême que celui des matières vitrées, et c'est par cette raison qu'elles suivent aussi plus exactement dans le progrès de la chaleur l'ordre de la densité.

Le gypse blanc, qu'on appelle improprement albâtre, est une matière qui se calcine comme tous les autres plâtres, à un degré de feu plus médiocre que celui qui est nécessaire pour la calcination des matières calcaires ; aussi ne suit-il pas l'ordre de la densité dans le progrès de la chaleur qu'il reçoit ou qu'il perd, car, quoique beaucoup plus dense que la craie, et un peu plus dense que la pierre calcaire blanche, il s'échauffe et se refroidit néanmoins bien plus promptement que l'une et l'autre de ces matières. Ceci nous démontre que la calcination et la fusion plus ou moins facile produisent le même effet relativement au progrès de la chaleur. Les matières gypseuses ne demandent pas pour se calciner autant de feu que les matières calcaires, et c'est par cette raison que, quoique plus denses, elles s'échauffent et se refroidissent plus vite.

Ainsi on peut assurer, en général, que le *progrès de la chaleur dans toutes les substances minérales est toujours à très peu près en raison de leur plus ou moins grande facilité à se calciner ou à se fondre ;* mais que, quand leur calcination ou leur fusion sont *également difficiles, et qu'elles exigent un degré de chaleur extrême,* alors le *progrès de la chaleur se fait suivant l'ordre de leur densité.*

Au reste, j'ai déposé au Cabinet du Roi les globes d'or, d'argent et de toutes les autres substances métalliques et minérales qui ont servi aux expériences précédentes, afin de les rendre plus authentiques, en mettant à portée de les vérifier ceux qui voudraient douter de la vérité de leurs résultats et de la conséquence générale que je viens d'en tirer.

TROISIÈME MÉMOIRE

OBSERVATIONS SUR LA NATURE DU PLATINE (*).

On vient de voir que de toutes les substances minérales que j'ai mises à l'épreuve, ce ne sont pas les plus denses, mais les moins fusibles auxquelles il faut le plus de temps pour recevoir et perdre la chaleur ; le fer et l'émeri, qui sont les matières métalliques les plus difficiles à fondre, sont en même temps celles qui s'échauffent et se refroidissent le plus lentement. Il n'y a dans la nature que le platine qui pourrait être encore moins accessible à la chaleur, et qui la conserverait plus longtemps que le fer. Ce minéral, dont on ne parle que depuis peu, paraît être encore plus difficile à fondre ; le feu des meilleurs fourneaux n'est pas assez violent pour produire cet effet, ni même pour en agglutiner les petits grains qui sont tous anguleux, émoussés, durs, et assez semblables pour la forme à de la grosse limaille de fer, mais d'une couleur un peu jaunâtre ; et quoiqu'on puisse les faire couler sans addition de fondants, et les réduire en masse au foyer d'un bon miroir brûlant, le platine semble exiger plus de chaleur que la mine et la limaille de fer, que nous faisons aisément fondre à nos fourneaux de forge. D'ailleurs la densité du pla-

---

(*) Buffon met platine au féminin ; j'ai cru devoir corriger son texte et remplacer partout le féminin par le masculin qui est le genre aujourd'hui donné au platine.

tine étant beaucoup plus grande que celle du fer, les deux qualités de densité et de non-fusibilité se réunissent ici pour rendre cette matière la moins accessible de toutes au progrès de la chaleur. Je présume donc que le platine serait à la tête de ma table et avant le fer, si je l'avais mis en expérience; mais il ne m'a pas été possible de m'en procurer un globe d'un pouce de diamètre : on ne le trouve qu'en grains (a), et celui qui est en masse n'est pas pur, parce qu'on y a mêlé, pour la fondre, d'autres matières qui en ont altéré la nature. Un de mes amis (b) homme de beaucoup d'esprit, qui a la bonté de partager souvent mes vues, m'a mis à portée d'examiner cette substance métallique encore rare, et qu'on ne connaît pas assez. Les chimistes qui ont travaillé sur le platine l'ont regardé comme un métal nouveau, parfait, propre, particulier et différent de tous les autres métaux ; ils ont assuré que sa pesanteur spécifique était à très peu près égale à celle de l'or, que néanmoins ce huitième métal différait d'ailleurs essentiellement de l'or, n'en ayant ni la ductilité ni la fusibilité. J'avoue que je suis dans une opinion différente et même tout opposée. Une matière qui n'a ni ductilité ni fusibilité ne doit pas être mise au nombre des métaux, dont les propriétés essentielles et communes sont d'être fusibles et ductiles. Et le platine, d'après l'examen que j'en ai pu faire, ne me paraît pas être un nouveau métal différent de tous les autres, mais un mélange, un alliage de fer et d'or formé par la nature, dans lequel la quantité d'or semble dominer sur la quantité de fer ; et voici les faits sur lesquels je crois pouvoir fonder cette opinion (*).

De huit onces trente-cinq grains de platine que m'a fournis M. d'Angivillers, et que j'ai présentés à une forte pierre d'aimant, il ne m'en est resté qu'une once un gros vingt-neuf grains ; tout le reste a été enlevé par l'aimant à deux gros près, qui ont été réduits en poudre qui s'est attachée aux feuilles de papier, et qui les a profondément noircies, comme je le dirai tout à l'heure ; cela fait donc à très peu près six septièmes du total qui ont été attirés par l'aimant, ce qui est une quantité si considérable, relativement au tout, qu'il est impossible de se refuser à croire que le fer ne soit contenu dans la substance intime du platine, et qu'il n'y soit même en assez grande quantité. Il y a plus : c'est que si je ne m'étais pas lassé de ces expériences, qui ont duré plusieurs jours, j'aurais encore tiré par l'aimant une grande partie du restant de mes huit onces de platine, car l'aimant en attirait encore quelques grains un à un, et quelquefois deux quand on a cessé de le présenter. Il y a donc beaucoup de fer dans le platine; et il n'y est pas simplement mêlé comme matière étrangère, mais intimement uni, et faisant partie de sa substance, ou, si l'on veut le nier, il faudra supposer qu'il existe dans la nature une seconde matière qui, comme le fer, est attirable par l'aimant; mais cette supposition gratuite tombera par les autres faits que je vais rapporter.

Tout le platine que j'ai eu occasion d'examiner m'a paru mélangé de deux matières différentes, l'une noire et très attirable par l'aimant, l'autre en plus gros grains d'un blanc livide un peu jaunâtre et beaucoup moins magnétique que la première; entre ces deux matières, qui sont les deux extrêmes de cet espèce de mélange, se trouvent toutes les nuances intermédiaires, soit pour le magnétisme, soit pour la couleur et la grosseur des

(a) Un homme digne de foi m'a néanmoins assuré qu'on trouve quelquefois du platine en masse, et qu'il en avait vu un morceau de vingt livres pesant qui n'avait point été fondu, mais tiré de la mine même.

(b) M. le comte de la Billarderie d'Angivillers, de l'Académie des Sciences, intendant en *survivance* du Jardin et du Cabinet du Roi.

(*) Le platine est un corps simple et non un alliage de fer et d'or, comme le pensait Buffon.

grains. Les plus magnétiques, qui sont en même temps les plus noirs et les plus petits, se réduisent aisément en poudre par un frottement assez léger, et laissent sur le papier blanc la même couleur que le plomb frotté. Sept feuilles de papier dont on s'est servi successivement pour exposer le platine à l'action de l'aimant ont été noircies sur toute l'étendue qu'occupait le platine, les dernières feuilles moins que les premières à mesure qu'il se triait, et que les grains qui restaient étaient moins noirs et moins magnétiques. Les plus gros grains, qui sont les plus colorés et les moins magnétiques, au lieu de se réduire en poussière comme les petits grains noirs, sont au contraire très durs et résistent à toute trituration ; néanmoins ils sont susceptibles d'extension dans un mortier d'agate (a), sous les coups réitérés d'un pilon de même matière, et j'en ai aplati et étendu plusieurs grains au double et au triple de l'étendue de leur surface ; cette partie du platine a donc un certain degré de malléabilité et de ductilité, tandis que la partie noire ne paraît être ni malléable ni ductile. Les grains intermédiaires participent des qualités des deux extrêmes ; ils sont aigres et durs, ils se cassent ou s'étendent plus difficilement sous les coups du pilon, et donnent un peu de poudre noire, mais moins noire que la première.

Ayant recueilli cette poudre noire et les grains les plus magnétiques que l'aimant avait attirés les premiers, j'ai reconnu que le tout était du vrai fer, mais dans un état différent du fer ordinaire. Celui-ci, réduit en poudre et en limaille, se charge de l'humidité et se rouille aisément ; à mesure que la rouille le gagne, il devient moins magnétique et finit absolument par perdre cette qualité magnétique lorsqu'il est entièrement et intimement rouillé : au lieu que cette poudre de fer, ou, si l'on veut, ce sablon ferrugineux qui se trouve dans le platine, est au contraire inaccessible à la rouille, quelque longtemps qu'il soit exposé à l'humidité ; il est aussi plus infusible et beaucoup moins dissoluble que le fer ordinaire, mais ce n'en est pas moins du fer, qui ne m'a paru différer du fer connu que par une plus grande pureté. Ce sablon est en effet du fer absolument dépouillé de toutes les parties combustibles, salines et terreuses qui se trouvent dans le fer ordinaire et même dans l'acier ; il paraît enduit et recouvert d'un vernis vitreux qui le défend de toute altération. Et ce qu'il y a de très remarquable, c'est que ce sablon de fer pur n'appartient pas exclusivement à beaucoup près à la mine de platine ; j'en ai trouvé, quoique toujours en petite quantité, dans plusieurs endroits où l'on a fouillé les mines de fer qui se consomment à mes forges. Comme je suis dans l'usage de soumettre à plusieurs épreuves toutes les mines que je fais exploiter avant de me déterminer à les faire travailler en grand pour l'usage de mes fourneaux, je fus assez surpris de voir que dans quelques-unes de ces mines, qui toutes sont en grains, et dont aucune n'est attirable par l'aimant, il se trouvait néanmoins des particules de fer un peu arrondies et luisantes comme de la limaille de fer, et tout à fait semblables au sablon ferrugineux du platine ; elles sont tout aussi magnétiques, tout aussi peu fusibles, tout aussi difficilement dissolubles. Tel fut le résultat de la comparaison que je fis du sablon du platine et de ce sablon trouvé dans deux de mes mines de fer à trois pieds de profondeur, dans des terrains où l'eau pénètre assez facilement : j'avais peine à concevoir d'où pouvaient provenir ces particules de fer, comment elles avaient pu se défendre de la rouille, depuis des siècles qu'elles sont exposées à l'humidité de la terre, enfin comment ce fer très magnétique pouvait avoir été produit dans des veines de mines qui ne le sont point du tout. J'ai appelé l'expérience à mon secours, et je me suis assez éclairé sur tous ces points pour être satisfait. Je savais, par un grand nombre d'observations, qu'aucune de nos mines de fer en grains n'est attirable par l'aimant ; j'étais bien persuadé, comme je le suis encore, que toutes les mines de fer qui sont magnétiques n'ont acquis cette propriété que par l'action du feu ; que les mines

(a) Je n'ai pas voulu les étendre sur le tas d'acier, dans la crainte de leur communiquer plus de magnétisme qu'ils n'en ont naturellement

du Nord, qui sont assez magnétiques pour qu'on les cherche avec la boussole, doivent leur origine à l'élément du feu, tandis que toutes nos mines en grains, qui ne sont point du tout magnétiques, n'ont jamais subi l'action du feu, et n'ont été formées que par le moyen ou l'intermède de l'eau. Je pensai donc que ce sablon ferrugineux et magnétique que je trouvais en petite quantité dans mes mines de fer devait son origine au feu, et ayant examiné le local, je me confirmai dans cette idée. Le terrain où se trouve ce sablon magnétique est en bois; de temps immémorial, on y a fait très anciennement et on y fait tous les jours des fourneaux de charbon; il est aussi plus que probable qu'il y a eu dans ces bois des incendies considérables. Le charbon et le bois brûlé, surtout en grande quantité, produisent du mâchefer, et ce mâchefer renferme la partie la plus fixe du fer que contiennent les végétaux; c'est ce fer fixe qui forme le sablon dont il est question lorsque le mâchefer se décompose par l'action de l'air, du soleil et des pluies, car alors ces particules de fer pur, qui ne sont point sujettes à la rouille ni à aucune autre espèce d'altération, se laissent entraîner par l'eau et pénètrent dans la terre avec elle à quelques pieds de profondeur. On pourra vérifier ce que j'avance ici en faisant broyer du mâchefer bien brûlé; on y trouvera toujours une petite quantité de ce fer pur, qui, ayant résisté à l'action du feu, résiste également à celle des dissolvants, et ne donne point de prise à la rouille (a).

M'étant satisfait sur ce point, et après avoir comparé le sablon tiré de mes mines de fer et du mâchefer avec celui du platine assez pour ne pouvoir douter de leur identité, je ne fus pas longtemps à penser, vu la pesanteur spécifique du platine, que si ce sablon de fer pur, provenant de la décomposition du mâchefer, au lieu d'être dans une mine de fer, se trouvait dans le voisinage d'une mine d'or, il aurait, en s'unissant à ce dernier métal, formé un alliage qui serait absolument de la même nature que le platine. On sait que l'or et le fer ont un grand degré d'affinité; on sait que la plupart des mines de fer contiennent une petite quantité d'or; on sait donner à l'or la teinture, la couleur et même l'aigre du fer en les faisant fondre ensemble; on emploie cet or couleur de fer sur différents bijoux d'or, pour en varier les couleurs; et cet or mêlé de fer est plus ou moins gris et plus ou moins aigre, suivant la quantité de fer qui entre dans le mélange. J'en ai vu d'une teinte absolument semblable à la couleur du platine. Ayant demandé à un orfèvre quelle était la proportion de l'or et du fer dans ce mélange qui était de la couleur du platine, il me dit que l'or de 24 karats n'était plus qu'à 18 karats, et qu'il y entrait un quart de fer. On verra que c'est à peu près la proportion qui se trouve dans le platine naturel, si l'on en juge par la pesanteur spécifique. Cet or mêlé de fer est plus dur, plus aigre et spécifiquement moins pesant que l'or pur; toutes ces convenances, toutes ces qualités communes avec le platine m'ont persuadé que ce prétendu métal n'est dans le vrai qu'un alliage d'or et de fer, et non pas une substance particulière, un métal nouveau, parfait et différent de tous les autres métaux, comme les chimistes l'ont avancé.

On peut d'ailleurs se rappeler que l'alliage aigrit tous les métaux, et que quand il y a

(a) J'ai reconnu, dans le cabinet d'Histoire naturelle, des sablons ferrugineux de même espèce que celui de mes mines, qui m'ont été envoyés de différents endroits et qui sont également magnétiques. On en trouve à Quimper en Bretagne, en Danemark, en Sibérie, à Saint-Domingue, et les ayant tous comparés, j'ai vu que le sablon ferrugineux de Quimper était celui qui ressemblait le plus au mien, et qu'il n'en différait que par un peu plus de pesanteur spécifique. Celui de Saint-Domingue est plus léger, celui de Danemark est moins pur et plus mélangé de terre, et celui de Sibérie est en masse et en morceaux gros comme le pouce, solides, pesants, et que l'aimant soulève à peu près comme si c'était une masse de fer pur. On peut donc présumer que ces sablons magnétiques provenant du mâchefer se trouvent aussi communément que le mâchefer même, mais seulement en bien plus petite quantité. Il est rare qu'on en trouve des amas un peu considérables, et c'est par cette raison qu'ils ont échappé, pour la plupart, aux recherches des minéralogistes.

pénétration, c'est-à-dire augmentation dans la pesanteur spécifique, l'alliage en est d'autant plus aigre que la pénétration est plus grande, et le mélange devenu plus intime, comme on le reconnaît dans l'alliage appelé *métal des cloches*, quoiqu'il soit composé de deux métaux très ductiles. Or, rien n'est plus aigre ni plus pesant que le platine; cela seul aurait dû faire soupçonner que ce n'est qu'un alliage fait par la nature, un mélange de fer et d'or, qui doit sa pesanteur spécifique en partie à ce dernier métal, et peut-être aussi en grande partie à la pénétration des deux matières dont il est composé.

Néanmoins cette pesanteur spécifique du platine n'est pas aussi grande que nos chimistes l'ont publié. Comme cette matière traitée seule et sans addition de fondants est très difficile à réduire en masse, qu'on n'en peut obtenir au feu du miroir brûlant que de très petites masses et que les expériences hydrostatiques faites sur des petits volumes sont si défectueuses qu'on n'en peut rien conclure, il me paraît qu'on s'est trompé sur l'estimation de la pesanteur spécifique de ce minéral. J'ai mis de la poudre d'or dans un petit tuyau de plume que j'ai pesé très exactement, j'ai mis dans le même tuyau un égal volume de platine, il pesait près d'un dixième de moins, mais cette poudre d'or était beaucoup trop fine en comparaison du platine. M. Tillet, qui joint à une connaissance approfondie des métaux, le talent rare de faire des expériences avec la plus grande précision, a bien voulu répéter, à ma prière, celle de la pesanteur spécifique du platine comparé à l'or pur. Pour cela, il s'est servi comme moi d'un tuyau de plume, et il a fait couper à la cisaille de l'or à 24 karats, réduit autant qu'il était possible à la grosseur des grains du platine, et il a trouvé par huit expériences, que la pesanteur du platine différait de celle de l'or pur d'un quinzième à très peu près; mais nous avons observé tous deux que les grains d'or coupés à la cisaille avaient les angles beaucoup plus vifs que le platine; celui-ci, vu à la loupe, est à peu près de la forme des galets roulés par l'eau, tous les angles sont émoussés, il est même doux au toucher, au lieu que les grains de cet or coupés à la cisaille avaient des angles vifs et des pointes tranchantes, en sorte qu'ils ne pouvaient pas s'ajuster ni s'entasser les uns sur les autres aussi aisément que ceux du platine; tandis qu'au contraire la poudre d'or dont je me suis servi était de l'or en paillettes, telles que les arpailleurs les trouvent dans le sable des rivières. Ces paillettes s'ajustent beaucoup mieux les unes contre les autres; j'ai trouvé environ un dixième de différence entre le poids spécifique de ces paillettes et celui du platine; néanmoins ces paillettes ne sont pas ordinairement d'or pur, il s'en faut souvent plus de deux ou trois karats, ce qui en doit diminuer en même rapport la pesanteur spécifique; ainsi tout bien considéré et comparé, nous avons cru qu'on pouvait maintenir le résultat de mes expériences, et assurer que le platine en grains et tel que la nature le produit, est au moins d'un onzième ou d'un douzième moins pesant que l'or. Il y a toute apparence que cette erreur de fait sur la densité du platine, vient de ce qu'on ne l'aura pas pesé dans son état de nature, mais seulement après l'avoir réduit en masse: et comme cette fusion ne peut se faire que par l'addition d'autres matières et à un feu très violent, ce n'est plus du platine pur, mais un composé dans lequel sont entrées des matières fondantes, et duquel le feu a enlevé toutes les parties les plus légères.

Ainsi le platine, au lieu d'être d'une densité égale ou presque égale à celle de l'or pur, comme l'ont avancé les auteurs qui en ont écrit, n'est que d'une densité moyenne entre celle de l'or et celle du fer, et seulement plus voisine de celle de ce premier métal que de celle du dernier. Supposons donc que le pied cube d'or pèse treize cent vingt-six livres, et celui du fer pur cinq cent quatre-vingts livres, celui du platine en grains se trouvera peser environ onze cent quatre-vingt-quatorze livres, ce qui supposerait plus des trois quarts d'or sur un quart de fer dans cet alliage, s'il n'y a pas de pénétration; mais comme on en tire six septièmes à l'aimant, on pourrait croire que le fer y est en quantité de plus d'un quart, d'autant plus qu'en s'obstinant à cette expérience, je suis persuadé qu'on viendrait á bout d'enlever avec un fort aimant tout le platine jusqu'au dernier grain. Néanmoins, on n'en doit pas conclure que le fer y soit contenu en si grande quantité : car, lorsqu'on le mêle par la fonte avec l'or, la masse qui résulte de cet alliage est attirable par l'aimant, quoique le fer n'y soit qu'en petite quantité; j'ai vu, entre les mains de M. Baumé, un bouton de cet alliage, pesant soixante-six grains, dans lequel il n'était entré que six grains, c'est-à-dire un onzième de fer, et ce bouton se laissait enlever aisément par un bon aimant. Dès lors, le platine pourrait bien ne contenir qu'un onzième de fer sur dix onzièmes d'or, et donner néanmoins tous les mêmes phénomènes, c'est-à-dire être attiré en entier par l'aimant; et cela s'accorderait parfaitement avec la pesanteur spécifique, qui est d'un dixième ou d'un douzième moindre que celle de l'or.

Mais ce qui me fait présumer que le platine contient plus d'un onzième de fer sur dix onzièmes d'or, c'est que l'alliage qui résulte de cette proportion est encore couleur d'or et beaucoup plus jaune que ne l'est le platine le plus coloré, et qu'il faut un quart de fer sur trois quarts d'or pour que l'alliage ait précisément la couleur naturelle du platine. Je suis donc très porté à croire qu'il pourrait bien y avoir cette quantité d'un quart de fer dans le platine. Nous nous sommes assurés, M. Tillet et moi, par plusieurs expériences, que le sablon de ce fer pur, que contient le platine, est plus pesant que la limaille de fer ordinaire; ainsi, cette cause ajoutée à l'effet de la pénétration suffit pour rendre raison de cette grande quantité de fer contenue sous le petit volume indiqué par la pesanteur spécifique du platine.

Au reste, il est très possible que je me trompe dans quelques-unes des conséquences que j'ai cru devoir tirer de mes observations sur cette substance métallique; je n'ai pas été à portée d'en faire un examen aussi approfondi que j'aurais voulu; ce que j'en dis n'est que ce que j'ai vu, et pourra peut-être servir à faire voir mieux.

PREMIÈRE ADDITION

Comme j'étais sur le point de livrer ces feuilles à l'impression, le hasard fit que je parlai de mes idées sur le platine à M. le comte de Milly, qui a beaucoup de connaissances en physique et en chimie; il me répondit qu'il pensait à peu près comme moi sur la nature de ce minéral; je lui donnai le Mémoire ci-dessus pour l'examiner, et deux jours après il eut la bonté de m'envoyer les observations suivantes, que je crois aussi bonnes que les miennes, et qu'il m'a permis de publier ensemble.

« J'ai pesé exactement trente-six grains de platine; je l'ai étendu sur une feuille de pa-
» pier blanc pour pouvoir mieux l'observer avec une bonne loupe, j'y ai aperçu ou j'ai cru
» y apercevoir très distinctement trois substances différentes : la première avait le brillant
» métallique, elle était la plus abondante; la seconde vitriforme, tirant sur le noir, res-
» semble assez à une matière métallique ferrugineuse qui aurait subi un degré de feu con-
» sidérable, telles que les scories de fer, appelées vulgairement *mâchefer*; la troisième,
» moins abondante que les deux premières, est du sable de toutes couleurs où cependant
» le jaune, couleur de topaze, domine; chaque grain de sable, considéré à part, offre à la
» vue des cristaux réguliers de différentes couleurs; j'en ai remarqué de cristallisé en
» aiguilles hexagones, se terminant en pyramide comme le cristal de roche, et il m'a sem-
» blé que ce sable n'était qu'un *détritus* de cristaux de roche ou de quartz de différentes
» couleurs.

» Je formai le projet de séparer, le plus exactement possible, ces différentes substances
» par le moyen de l'aimant, et de mettre à part la partie la plus attirable à l'aimant d'avec

» celle qui l'était moins, et enfin de celle qui ne l'était pas du tout; ensuite d'examiner
» chaque substance en particulier et de les soumettre à différentes épreuves chimiques et
» mécaniques.

» Je mis à part les parties du platine qui furent attirées avec vivacité à la distance de
» deux ou trois lignes, c'est-à-dire sans le contact de l'aimant, et je me servis, pour cette
» expérience, d'un bon aimant factice de M. l'abbé ...; ensuite, je touchai avec ce même
» aimant le métal, et j'en enlevai tout ce qui voulut céder à l'effort magnétique, que je mis
» à part; je pesai ce qui était resté et qui n'était presque plus attirable; cette matière non
» attirable, et que je nommerai n° 4, pesait vingt-trois grains; n° 1er, qui était le plus sen-
» sible à l'aimant, pesait quatre grains; n° 2 pesait de même quatre grains; et n° 3 cinq
» grains.

» N° 1er, examiné à la loupe, n'offrait à la vue qu'un mélange de parties métalliques
» d'un blanc sale tirant sur le gris, aplaties et arrondies en forme de galets et de sable
» noir vitriforme, ressemblant à du mâchefer pilé, dans lequel on aperçoit des parties très
» rouillées, enfin telles que les scories de fer en présentent lorsqu'elles ont été exposées à
» l'humidité.

» N° 2 présentait à peu près la même chose, à l'exception que les parties métalliques
» dominaient, et qu'il n'y en avait que très peu de rouillées.

» N° 3 était la même chose, mais les parties métalliques étaient plus volumineuses :
» elles ressemblaient à du métal fondu, et qui a été jeté dans l'eau pour le diviser en gre-
» nailles; elles sont aplaties, elles affectent toutes sortes de figures, mais arrondies sur les
» bords, à la manière des galets qui ont été roulés et polis par les eaux.

» N° 4, qui n'avait point été enlevé par l'aimant, mais dont quelques parties donnaient
» encore des marques de sensibilité au magnétisme, lorsqu'on passait l'aimant sous le pa-
» pier où elles étaient étendues, était un mélange de sable, de parties métalliques et de
» vrai mâchefer friable sous les doigts, qui noircissait à la manière du mâchefer ordinaire.
» Le sable semblait être composé de petits cristaux de topaze, de cornaline et de cristal de
» roche; j'en écrasai quelques cristaux sur un tas d'acier, et la poudre qui en résulta était
» comme du vernis réduit en poudre; je fis la même chose au mâchefer, il s'écrasa avec
» la plus grande facilité, et il m'offrit une poudre noire ferrugineuse qui noircissait le pa-
» pier comme le mâchefer ordinaire.

» Les parties métalliques de ce dernier (n° 4) me parurent plus ductiles sous le mar-
» teau que celles du n° 1er, ce qui me fit croire qu'elles contenaient moins de fer que les
» premières; d'où il s'ensuit que le platine pourrait fort bien n'être qu'un mélange de fer
» et d'or fait par la nature, ou peut-être de la main des hommes, comme je le dirai par la
» suite.

» Je tâcherai d'examiner, par tous les moyens qui me seront possibles, la nature du
» platine, si je peux en avoir à ma disposition en suffisante quantité; en attendant, voici
» les expériences que j'ai faites.

» Pour m'assurer de la présence du fer dans le platine par des moyens chimiques, je
» pris les deux extrêmes, c'est-à-dire n° 1er, qui était très attirable à l'aimant, et n° 4, qui
» ne l'était pas; je les arrosai avec de l'esprit de nitre un peu fumant, j'observai avec la
» loupe ce qui en résulterait, mais je n'y aperçus aucun mouvement d'effervescence; j'y
» ajoutai de l'eau distillée, et il ne se fit encore aucun mouvement, mais les parties métal-
» liques se décapèrent, et elles prirent un brillant nouveau semblable à celui de l'argent;
» j'ai laissé ce mélange tranquille pendant cinq ou six minutes, et ayant encore ajouté de
» l'eau, j'y laissai tomber quelques gouttes de la liqueur alcaline saturée de la matière colo-
» rante du bleu de Prusse, et sur-le-champ le n° 1er me donna un très beau bleu de Prusse.

» Le n° 4 ayant été traité de même, et quoiqu'il se fût refusé à l'action de l'aimant et à
» celle de l'esprit de nitre, me donna, de même que le n° 1er, du très beau bleu de Prusse.

» Il y a deux choses fort singulières à remarquer dans ces expériences : 1° il passe
» pour constant, parmi les chimistes qui ont traité le platine, que l'eau forte ou l'esprit
» de nitre n'a aucune action sur lui; cependant, comme on vient de le voir, il s'en dissout
» assez, quoique sans effervescence, pour donner du bleu de Prusse lorsqu'on y ajoute de la
» liqueur alcaline phlogistiquée et saturée de la matière colorante, qui, comme on sait,
» précipite le fer en bleu de Prusse.

» 2° Le platine, qui n'est pas sensible à l'aimant, n'en contient pas moins du fer, puis-
» que l'esprit de nitre en dissout assez, sans occasionner d'effervescence, pour former du
» bleu de Prusse.

» D'où il s'ensuit que cette substance que les chimistes modernes, peut-être trop avides
» du merveilleux et de vouloir donner du nouveau, regardent comme un huitième métal,
» pourrait bien n'être, comme je l'ai dit, qu'un mélange d'or et de fer.

» Il reste sans doute bien des expériences à faire pour pouvoir déterminer comment ce
» mélange a pu avoir lieu; si c'est l'ouvrage de la nature et comment; ou si c'est le pro-
» duit de quelque volcan, ou simplement le produit des travaux que les Espagnols ont
» fait dans le nouveau monde pour retirer l'or du Pérou; je ferai mention par la suite de
» mes conjectures là-dessus.

» Si l'on frotte du platine naturel sur un linge blanc, il le noircit comme pourrait le
» faire le mâchefer ordinaire, ce qui m'a fait soupçonner que ce sont les parties de fer
» réduit en mâchefer qui se trouve dans le platine qui donnent cette couleur, et qui ne
» sont dans cet état que pour avoir éprouvé l'action d'un feu violent. D'ailleurs, ayant
» examiné une seconde fois le platine avec ma loupe, j'y aperçus différents globules de
» mercure coulant, ce qui me fit imaginer que le platine pourrait bien être un produit de
» la main des hommes, et voici comment :

» Le platine, à ce qu'on m'a dit, se tire des mines les plus anciennes du Pérou, que
» les Espagnols ont exploitées après la conquête du nouveau monde : dans ces temps
» reculés on ne connaissait guère que deux manières d'extraire l'or des sables qui le con-
» tenaient : 1° par l'amalgame du mercure ; 2° par le départ à sec : on triturait le sable
» aurifère avec du mercure, et lorsqu'on jugeait qu'il s'était chargé de la plus grande
» partie de l'or, on rejetait le sable, qu'on nommait *crasse*, comme inutile et de nulle valeur.

» Le départ à sec se faisait avec aussi peu d'intelligence : pour y vaquer, on commen-
» çait par minéraliser les métaux aurifères par le moyen du soufre qui n'a point d'action
» sur l'or, dont la pesanteur spécifique est plus grande que celle des autres métaux ; mais
» pour faciliter sa précipitation on ajoute du fer en limaille qui s'empare du soufre
» surabondant, méthode qu'on suit encore aujourd'hui (a). La force du feu vitrifie une
» partie du fer ; l'autre se combine avec une petite portion d'or et même d'argent qui le
» mêle avec les scories, d'où on ne peut le retirer que par plusieurs fontes, et sans être
» bien instruit des intermèdes convenables que les docimasites emploient. La chimie, qui
» s'est perfectionnée de nos jours, donne à la vérité les moyens de retirer cet or et cet
» argent en plus grande partie ; mais dans le temps où les Espagnols exploitaient les
» mines du Pérou, ils ignoraient sans doute l'art de traiter les mines avec le plus grand
» profit; et d'ailleurs ils avaient de si grandes richesses à leur disposition qu'ils négli-
» geaient vraisemblablement les moyens qui leur auraient coûté de la peine, des soins et
» du temps; ainsi il y a apparence qu'ils se contentaient d'une première fonte et jetaient
» les scories comme inutiles, ainsi que le sable qui avait passé par le mercure, peut-être
» même ne faisaient-ils qu'un tas de ces deux mélanges qu'ils regardaient comme de
» nulle valeur.

(a) Voyez les *Éléments docimastiques* de Cramer; l'*Art de traiter les mines*, par Schul-
ter, Schindeler, etc.

» Ces scories contenaient encore de l'or, beaucoup de fer sous différents état, et cela
» en des proportions différentes qui nous sont inconnues, mais qui sont telles peut-être
» qu'elles peuvent avoir donné l'existence au platine. Les globules de mercure que j'ai
» observés, et les paillettes d'or que j'ai vues distinctement, à l'aide d'une bonne loupe,
» dans le platine que j'ai eu entre les mains, m'ont fait naître les idées que je viens
» d'écrire sur l'origine de ce métal ; mais je ne les donne que comme conjectures hasar-
» dées ; il faudrait, pour en acquérir quelque certitude, savoir au juste où sont situées
» les mines du platine ; si elles ont été exploitées anciennement, si on le tire d'un terrain
» neuf ou si ce ne sont que des décombres, à quelle profondeur on le trouve, et enfin si
» la main des hommes y est exprimée ou non. Tout cela pourrait aider à vérifier ou à
» détruire les conjectures que j'ai avancées (a). »

REMARQUES.

Ces observations de M. le comte Milly confirment les miennes dans presque tous les
points. La nature est une, et se présente toujours la même à ceux qui la savent observer ;
ainsi l'on ne doit pas être surpris que sans aucune communication M. de Milly ait vu
les mêmes choses que moi, et qu'il en ait tiré la même conséquence : que le platine n'est
point un nouveau métal, différent de tous les autres métaux, mais un mélange de fer et
d'or. Pour concilier encore de plus près ses observations avec les miennes et pour éclair-
cir en même temps les doutes qui restent en grand nombre sur l'origine et sur la formation du platine, j'ai cru devoir ajouter les remarques suivantes.

1° M. le comte de Milly distingue dans le platine trois espèces de matières, savoir,
deux métalliques et la troisième non métallique, de substances et de forme quartzeuse
ou cristalline ; il a observé comme moi que des deux matières métalliques, l'une est très
attirable par l'aimant, et que l'autre est très peu ou point du tout. J'ai fait mention de
ces deux matières comme lui, mais je n'ai pas parlé de la troisième qui n'est pas métallique, parce qu'il n'y en avait point ou très peu dans le platine sur lequel j'ai fait mes
observations. Il y a apparence que le platine dont s'est servi M. de Milly était moins pur
que le mien que j'ai observé avec soin, et dans lequel je n'ai vu que quelques petits globules transparents comme du verre blanc fondu, qui étaient unis à des particules de platine ou de sablon ferrugineux, et qui se laissaient enlever ensemble par l'aimant. Ces
globules transparents étaient en très petit nombre, et dans huit onces de platine que j'ai
bien regardé et fait regarder à d'autres avec une loupe très forte, on n'a point aperçu de
cristaux réguliers. Il m'a paru au contraire que toutes les particules transparentes étaient
globuleuses comme du verre fondu, et toutes attachées à des parties métalliques, comme
le laitier s'attache au fer lorsqu'on le fond. Néanmoins comme je ne doutais point du tout
de la vérité de l'observation de M. de Milly, qui avait vu dans son platine des particules
quartzeuses et cristallines de forme régulière et en grand nombre, j'ai cru ne devoir pas
me borner à l'examen du seul platine dont j'ai parlé ci-devant ; j'en ai trouvé au Cabinet
du Roi, que j'ai examiné avec M. Daubenton de l'Académie des Sciences, et qui nous a
paru à tous deux bien moins pur que le premier, et nous y avons en effet remarqué
un grand nombre de petits cristaux prismatiques et transparents, les uns couleur de rubis
balais, d'autres couleur de topaze, et d'autres enfin parfaitement blancs : ainsi M. le comte
de Milly ne s'était point trompé dans son observation ; mais ceci prouve seulement qu'il

(a) M. le baron de Sickingen, ministre de l'électeur Palatin, a dit à M. de Milly avoir
actuellement entre les mains deux mémoires qui lui ont été remis par M. Kellner, chimiste
et métallurgiste, attaché à M. le prince de Birckenfeld, à Manheim, qui offre à la cour
d'Espagne de rendre à peu près autant d'or pesant qu'on lui livrera de platine.

y a des mines de platine bien plus pures les unes que les autres, et que dans celles qui le sont le plus, il ne se trouve point de ces corps étrangers. M. Daubenton a aussi remarqué quelques grains aplatis par-dessous et renflés par-dessus, comme serait une goutte de métal fondu qui se serait refroidie sur un plan. J'ai vu très distinctement un de ces grains hémisphériques, et cela pourrait indiquer que le platine est une matière qui a été fondue par le feu ; mais il est bien singulier que dans cette matière fondue par le feu, on trouve de petits cristaux, des topazes et des rubis, et je ne sais si l'on ne doit pas soupçonner de la fraude de la part de ceux qui ont fourni ce platine, et qui, pour en augmenter la quantité, auront pu le mêler avec ces sables cristallins, car, je le répète, je n'ai point trouvé de ces cristaux dans plus d'une demi-livre de platine que m'a donnée M. le comte d'Angivillers.

2° J'ai trouvé, comme M. de Milly, des paillettes d'or dans le platine ; elles sont aisées à reconnaître par leur couleur, et parce qu'elles ne sont point du tout magnétiques ; mais j'avoue que je n'ai pas aperçu les globules de mercure qu'a vus M. de Milly. Je ne veux pas pour cela nier leur existence ; seulement il me semble que les paillettes d'or se trouvant avec ces globules de mercure dans la même matière, elles seraient bientôt amalgamées, et ne conserveraient pas la couleur jaune de l'or que j'ai remarqué dans toutes les paillettes d'or que j'ai pu trouver dans une demi-livre de platine (a). Dailleurs les globules transparents, dont je viens de parler, ressemblent beaucoup à des globules de mercure vif et brillant, en sorte qu'au premier coup d'œil il est aisé de s'y tromper.

3° Il y avait beaucoup moins de parties ternes et rouillées dans mon premier platine que dans celui de M. de Milly, et ce n'est pas proprement de la rouille qui couvre la surface de ces particules ferrugineuses, mais une substance noire produite par le feu, et tout à fait semblable à celle qui couvre la surface du fer brûlé ; mais mon second platine, c'est-à-dire celui que j'ai pris au Cabinet du Roi, avait encore de commun avec celui de M. le comte de Milly, d'être mélangé de quelques parties ferrugineuses, qui, sous le marteau, se réduisaient en poussière jaune et avaient tous les caractères de la rouille. Ainsi ce platine du Cabinet du Roi et celui de M. de Milly se ressemblant à tous égards, il est vraisemblable qu'ils sont venus du même endroit et par la même voie ; je soupçonne même que tous deux ont été sophistiqués et mélangés de près de moitié, avec des matières étrangères cristallines et ferrugineuses rouillées, qui ne se trouvent pas dans le platine naturel.

4° La production du bleu de Prusse par le platine me parait prouver évidemment la présence du fer dans la partie même de ce minéral qui est la moins attirable à l'aimant, et confirmer en même temps ce que j'ai avancé du mélange intime du fer dans sa substance. Le décapement du platine par l'esprit de nitre prouve que, quoiqu'il n'y ait point d'effervescence sensible, cet acide ne laisse pas d'agir sur le platine d'une manière évidente, et que les auteurs qui ont assuré le contraire ont suivi leur routine ordinaire, qui consiste à regarder comme nulle toute action qui ne produit pas l'effervescence. Ces deux expériences de M. de Milly me paraissent très importantes ; elles seraient même décisives si elles réussissaient toujours également.

5° Il nous manque en effet beaucoup de connaissances qui seraient nécessaires pour pouvoir prononcer affirmativement sur l'origine du platine. Nous ne savons rien de l'histoire naturelle de ce minéral, et nous ne pouvons trop exhorter ceux qui sont à portée de l'examiner sur les lieux, de nous faire part de leurs observations. En attendant, nous sommes forcés de nous borner à des conjectures, dont quelques-unes me paraissent

---

(a) J'ai trouvé depuis dans d'autre platine des paillettes d'or qui n'étaient pas jaunes, mais brunes et mêmes noires comme le sablon ferrugineux du platine, qui probablement leur avait donné cette couleur noirâtre.

seulement plus vraisemblables que les autres. Par exemple, je ne crois pas que le platine soit l'ouvrage des hommes : les Mexicains et les Péruviens savaient fondre et travailler l'or avant l'arrivée des Espagnols, et ils ne connaissaient pas le fer qu'il aurait néanmoins fallu employer dans le départ à sec en grande quantité. Les Espagnols eux-mêmes n'ont point établi de fourneaux à fondre les mines de fer en cette contrée, dans les premiers temps qu'ils l'ont habitée ; il y a donc toute apparence qu'ils ne se sont pas servis de limaille de fer pour le départ de l'or, du moins dans les commencements de leurs travaux, qui d'ailleurs ne remontent pas à deux siècles et demi, temps beaucoup trop court pour une production aussi abondante que celle du platine, qu'on ne laisse pas de trouver en assez grande quantité et dans plusieurs endroits.

D'ailleurs lorsqu'on mêle de l'or avec du fer en les faisant fondre ensemble, on peut toujours, par les voies chimiques, les séparer et retirer l'or en entier ; au lieu que jusqu'à présent les chimistes n'ont pu faire cette séparation dans le platine, ni déterminer la quantité d'or contenue dans ce minéral : cela semble prouver que l'or y est uni d'une manière plus intime que dans l'alliage ordinaire, et que le fer y est aussi, comme je l'ai dit, dans un état différent de celui du fer commun. Le platine me parait donc pas être l'ouvrage de l'homme, mais le produit de la nature, et je suis très porté à croire qu'il doit sa première origine au feu des volcans. Le fer brûlé, autant qu'il est possible, intimement uni avec l'or par la sublimation ou par la fusion, peut avoir produit ce minéral, qui, d'abord ayant été formé par l'action du feu le plus violent, aura ensuite éprouvé les impressions de l'eau et les frottements réitérés qui lui ont donné la forme qu'ils donnent à tous les autres corps, c'est-à-dire celle des galets et des angles émoussés. Mais il se pourrait aussi que l'eau seule eût produit le platine : car en supposant l'or et le fer tous deux divisés autant qu'ils peuvent l'être par la voie humide, leurs molécules, en se réunissant, auront pu former les grains qui le composent, et qui depuis les plus pesants jusqu'aux plus légers, contiennent tous de l'or et du fer. La proposition du chimiste qui offre de rendre à peu près autant d'or qu'on lui fournira de platine semblerait indiquer qu'il n'y a eu effet qu'un onzième de fer sur dix onzièmes d'or dans ce minéral ou peut-être encore moins ; mais l'à peu près de ce chimiste est probablement d'un cinquième ou d'un quart, et ce serait toujours beaucoup si sa promesse pouvait se réaliser à un quart près.

SECONDE ADDITION

M'étant trouvé à Dijon, cet été 1773, l'Académie des sciences et belles-lettres de cette ville, dont j'ai l'honneur d'être membre, me parut désirer d'entendre la lecture de mes observations sur le platine ; je m'y prêtai d'autant plus volontiers, que sur une matière aussi neuve on ne peut trop s'informer ni consulter assez, et que j'avais lieu d'espérer de tirer quelques lumières d'une compagnie qui rassemble beaucoup de personnes instruites en tous genres. M. de Morveau, avocat général au parlement de Bourgogne, aussi savant physicien que grand jurisconsulte, prit la résolution de travailler sur le platine ; je lui donnai une portion de celui que j'avais attiré par l'aimant, et une autre portion de celui qui avait paru insensible au magnétisme, en le priant d'exposer ce minéral singulier au plus grand feu qu'il lui serait possible de faire, et quelque temps après il m'a remis les expériences suivantes, que j'ai trouvé bon de joindre ici avec les miennes.

EXPÉRIENCES FAITES PAR M. DE MORVEAU EN SEPTEMBRE 1773.

« M. le comte de Buffon, dans un voyage qu'il a fait à Dijon, cet été 1773, m'ayant
» fait remarquer, dans un demi-gros de platine que M. Baumé m'avait remis en 1768, des
» grains en forme de boutons, d'autres plus plats et quelques-uns noirs et écailleux, et
» ayant séparé avec l'aimant ceux qui étaient attirables de ceux qui ne donnaient aucun
» signe sensible de magnétisme, j'ai essayé de former le bleu de Prusse avec les uns et
» les autres. J'ai versé de l'acide nitreux fumant sur les parties non attirables qui pesaient
» deux grains et demi; six heures après, j'ai étendu l'acide par de l'eau distillée, et j'y ai
» versé de la liqueur alcaline saturée de matière colorante : il n'y a pas eu un atome de
» bleu, le platine avait seulement un coup d'œil plus brillant. J'ai pareillement versé de
» l'acide fumant sur les 33 grains $\frac{1}{2}$ de platine restant, dont partie était attirable; la liqueur
» étendue après le même intervalle de temps, le même alcali prussien en a précipité une
» fécule bleue qui couvrait le fond d'un vase assez large. Le platine, après cette opération.
» était bien décapé comme le premier; je l'ai lavé et séché, et j'ai vérifié qu'il n'avait
» perdu qu'un quart de grain ou $\frac{1}{138}$; l'ayant examiné en cet état, j'y ai aperçu un grain
» d'un beau jaune qui s'est trouvé une paillette d'or.
» M. de Fourcy avait nouvellement publié que la dissolution d'or était aussi précipitée
» en bleu par l'alcali prussien, et avait consigné ce fait dans une table d'affinités; je fus
» tenté de répéter cette expérience : je versai en conséquence de la liqueur alcaline phlo-
» gistiquée dans de la dissolution d'or de départ, mais la couleur de cette dissolution ne
» changea pas, ce qui me fait soupçonner que la dissolution d'or employée par M. de
» Fourcy pouvait bien n'être pas aussi pure.
» Et dans le même temps, M. le comte de Buffon m'ayant donné une assez grande
» quantité d'autre platine pour en faire quelques essais, j'ai entrepris de le séparer de tous
» les corps étrangers par une bonne fonte : voici la manière dont j'ai procédé et les résul-
» tats que j'ai eus.

PREMIÈRE EXPÉRIENCE.

» Ayant mis un gros de platine dans une petite coupelle, sous le moufle du fourneau
» donné par M. Macquer dans les *Mémoires de l'Académie des Sciences*, année 1758, j'ai sou-
» tenu le feu pendant deux heures; le moufle s'est affaissé, les supports avaient coulé;
» cependant le platine s'est trouvé seulement agglutiné, il tenait à la coupelle et y avait
» laissé des taches couleur de rouille; le platine était alors terne, même un peu noir, et
» n'avait pris qu'un quart de grain d'augmentation de poids, quantité bien faible en com-
» paraison de celle que d'autres chimistes ont observée; ce qui me surprit d'autant plus.
» que ce gros de platine ainsi que tout celui que j'ai employé aux autres expériences avait
» été enlevé successivement par l'aimant, et faisait portion des six septièmes de 8 onces
» dont M. de Buffon a parlé dans le Mémoire ci-dessus.

DEUXIÈME EXPÉRIENCE.

» Un demi-gros du même platine, exposé au même feu dans une coupelle, s'est aussi
» agglutiné; il était adhérent à la coupelle, sur laquelle il avait laissé des taches de couleur
» de rouille; l'augmentation de poids s'est trouvée à peu près dans la même proportion,
» et la surface aussi noire.

TROISIÈME EXPÉRIENCE.

» J'ai remis ce même demi-gros dans une nouvelle coupelle, mais au lieu de moufle
» j'ai renversé sur le support un creuset de plomb noir de Passaw; j'avais eu l'attention
» de n'employer pour support que des têts d'argile pure très réfractaire; par ce moyen je
» pouvais augmenter la violence du feu et prolonger sa durée, sans craindre de voir
» couler les vaisseaux ni obstruer l'argile par les scories. Cet appareil ainsi placé dans le
» fourneau, j'y ai entretenu pendant quatre heures un feu de la dernière violence; lorsque
» tout a été refroidi, j'ai trouvé le creuset bien conservé, soudé au support; ayant brisé
» cette soudure vitreuse, j'ai reconnu que rien n'avait pénétré dans l'intérieur du creuset,
» qui paraissait seulement plus luisant qu'il n'était auparavant. La coupelle avait conservé
» sa forme et sa position; elle était un peu fendillée, mais pas assez pour se laisser péné-
» trer; aussi le bouton de platine n'y était-il pas adhérent. Ce bouton n'était encore
» qu'aggluliné, mais d'une manière bien plus serrée que la première fois : les grains
» étaient moins saillants, la couleur en était plus claire, le brillant plus métallique; et ce
» qu'il y eut de plus remarquable, c'est qu'il s'était élancé de sa surface, pendant l'opéra-
» tion, et probablement dans les premiers instants du refroidissement, trois jets de verre,
» dont l'un plus élevé, parfaitement sphérique, était porté sur un pédicule d'une ligne de
» hauteur, de la même matière transparente et vitreuse; ce pédicule avait à peine un
» sixième de ligne, tandis que le globule avait une ligne de diamètre, d'une couleur uni-
» forme, avec une légère teinte de rouge qui ne dérobait rien à sa transparence; des deux
» autres jets de verre, le plus petit avait un pédicule comme le plus gros, et le moyen
» n'avait point de pédicule, et était seulement attaché au platine par sa surface extérieure.

QUATRIÈME EXPÉRIENCE.

» J'ai essayé de coupeller le platine, et pour cela j'ai mis dans une coupelle 1 gros
» des mêmes grains enlevés par l'aimant, avec 2 gros de plomb. Après avoir donné
» un très grand feu pendant deux heures, j'ai trouvé dans la coupelle un bouton adhérent,
» couvert d'une croûte jaunâtre et un peu spongieuse, du poids de 2 gros 12 grains, ce qui
» annonçait que le platine avait retenu 1 gros 12 grains de plomb.

» J'ai remis ce bouton dans une autre coupelle au même fourneau, observant de le
» retourner : il n'a perdu que 12 grains dans un feu de deux heures; sa couleur et sa
» forme avaient très peu changé.

» Je lui ai appliqué ensuite le vent du soufflet, après l'avoir placé dans une nouvelle
» coupelle couverte d'un creuset de Passaw, dans la partie inférieure d'un fourneau de
» fusion dont j'avais ôté la grille; le bouton a pris alors un coup d'œil plus métallique,
» toujours un peu terne, et cette fois il a perdu 18 grains.

» Le même bouton ayant été remis dans le fourneau de M. Macquer, toujours placé
» dans une coupelle couverte d'un creuset de Passaw, je soutins le feu pendant trois
» heures, après lesquelles je fus obligé de l'arrêter, parce que les briques qui servaient de
» support avaient entièrement coulé; le bouton était devenu de plus en plus métallique,
» il adhérait pourtant à la coupelle; il avait perdu cette fois 34 grains. Je le jetai dans
» l'acide nitreux fumant pour essayer de le décaper; il y eut un peu d'effervescence lors-
» que j'ajoutai de l'eau distillée; le bouton y perdit effectivement 2 grains, et j'y remar-
» quai quelques petits trous, comme ceux que laisse le départ.

» Il ne restait plus que 22 grains de plomb alliés au platine, à en juger par l'excédant
» de son poids; je commençai à espérer de vitrifier cette dernière portion de plomb, et

» pour cela je mis ce bouton dans une coupelle neuve ; je disposai le tout comme dans la
» troisième expérience, je me servis du même fourneau, en observant de dégager conti-
» nuellement la grille, d'entretenir au-devant, dans le courant d'air qu'il attirait, une
» évaporation continuelle par le moyen d'une capsule que je remplissais d'eau de temps
» en temps, et de laisser un moment la chape entr'ouverte lorsqu'on venait de remplir le
» fourneau de charbon ; ces précautions augmentèrent tellement l'activité du feu, qu'il fal-
» lait recharger de dix minutes en dix minutes ; je le soutins au même degré pendant
» quatre heures, et je laissai refroidir.

» Je reconnus le lendemain que le creuset de plomb noir avait résisté, que les supports
» n'étaient que faïencés par les cendres ; je trouvai dans la coupelle un bouton bien ras-
» semblé, nullement adhérent, d'une couleur continue et uniforme, approchant plus de la
» couleur de l'étain que de tout autre métal, seulement un peu raboteux ; en un mot pesant
» 1 gros très juste, rien de plus, rien de moins.

» Tout annonçait donc que ce platine avait éprouvé une fusion parfaite, qu'il était
» parfaitement pur, car, pour supposer qu'il tenait encore du plomb, il faudrait supposer
» aussi que ce minéral avait justement perdu de sa propre substance autant qu'il avait
» retenu de matière étrangère, et une telle précision ne peut être l'effet d'un pur hasard.

» Je devais passer quelques jours avec M. le comte de Buffon, dont la société a, je puis
» le dire, le même charme que son style, dont la conversation est aussi pleine que ses
» livres ; je me fis un plaisir de lui porter les produits de ces essais, et je me remis à les
» examiner ultérieurement avec lui.

» 1° Nous avons observé que le gros de platine agglutiné de la première expérience
» n'était pas attiré en bloc par l'aimant, que cependant le barreau magnétique avait une
» action marquée sur les grains que l'on en détachait.

» 2° Le demi-gros de la troisième expérience n'était non seulement pas attirable en
» masse, mais les grains que l'on en séparait ne donnaient plus eux-mêmes aucun signe
» de magnétisme.

» 3° Le bouton de la quatrième expérience était aussi absolument insensible à l'approche
» de l'aimant, ce dont nous nous assurâmes en mettant le bouton en équilibre dans une
» balance très sensible, et en lui présentant un très fort aimant jusqu'au contact, sans que
» son approche ait le moindrement dérangé l'équilibre.

» 4° La pesanteur spécifique de ce bouton fut déterminée par une bonne balance hydro-
» statique, et, pour plus de sûreté, comparée à l'or de monnaie et au globe d'or très pur
» employé par M. de Buffon à ses belles expériences sur le progrès de la chaleur ; leur
» densité se trouva avoir les rapports suivants avec l'eau dans laquelle ils furent plongés :

> » Le globe d'or.................. $19\frac{1}{31}$
>
> » L'or de monnaie.............. $17\frac{1}{2}$
>
> » Le bouton de platine.......... $14\frac{2}{3}$

» 5° Ce bouton fut porté sur un tas d'acier pour essayer sa ductilité ; il soutint fort
» bien quelques coups de marteau ; sa surface devint plane et même un peu polie dans
» les endroits frappés, mais il se fendit bientôt après, et il s'en détacha une portion, fai-
» sant à peu près le sixième de la totalité ; la fracture présenta plusieurs cavités, dont
» quelques-unes d'environ une ligne de diamètre avaient la blancheur et le brillant de
» l'argent ; on remarquait dans d'autres de petites pointes élancées, comme les cristalli-
» sations dans les géodes ; le sommet de l'une de ces pointes, vu à la loupe, était un glo-
» bule absolument semblable, pour la forme, à celui de la troisième expérience et aussi
» de matière vitreuse transparente, autant que son extrême petitesse permettrait d'en
» juger. Au reste, toutes les parties du bouton étaient compactes, bien liées, et le grain

» plus fin, plus serré que celui du meilleur acier après la plus forte trempe, auquel il
» ressemblait d'ailleurs par la couleur.

» 6° Quelques portions de ce bouton, ainsi réduites en parcelles à coups de marteau
» sur le tas d'acier, nous leur avons présenté l'aimant, et aucune n'a été attirée; mais les
» ayant encore pulvérisées dans un mortier d'agate, nous avons remarqué que le barreau
» magnétique en enlevait quelques-unes des plus petites toutes les fois qu'on le posait
» immédiatement dessus.

» Cette nouvelle apparition du magnétisme était d'autant plus surprenante, que les
» grains détachés de la masse agglutinée de la deuxième expérience nous avaient paru
» avoir perdu eux-mêmes toute sensibilité à l'approche et au contact de l'aimant; nous
» reprîmes en conséquence quelques-uns de ces grains, ils furent de même réduits en
» poussière dans le mortier d'agate, et nous vîmes bientôt les parties les plus petites s'atta-
» cher sensiblement au barreau aimanté; il n'est pas possible d'attribuer cet effet au poli
» de la surface du barreau ni à aucune autre cause étrangère au magnétisme : un morceau
» de fer aussi poli, appliqué de la même manière sur les parties de ce platine n'en a jamais
» pu enlever une seule.

» Par le récit exact de ces expériences et des observations auxquelles elles ont donné
» lieu, on peut juger de la difficulté de déterminer la nature du platine; il est bien certain
» que celui-ci contenait quelques parties vitrifiables, et vitrifiables même sans addition
» à un grand feu; il est bien sûr que tout platine contient du fer et des parties attirables;
» mais si l'alcali prussien ne donnait jamais du bleu qu'avec les grains que l'aimant a
» enlevés, il semble qu'on en pourrait conclure que ceux qui lui résistent absolument sont
» du platine pur, qui n'a par lui-même aucune vertu magnétique, et que le fer n'en fait
» pas partie essentielle. On devait espérer qu'une fusion aussi avancée, une coupellation
» aussi parfaite, décideraient au moins cette question; tout annonçait qu'en effet ces opé-
» rations l'avaient dépouillé de toute vertu magnétique en le séparant de tous corps
» étrangers; mais la dernière observation prouve, d'une manière invincible, que cette
» propriété magnétique n'y était réellement qu'affaiblie, et peut-être masquée ou ensevelie,
» puisqu'elle a reparu lorsqu'on l'a broyé. »

REMARQUES.

De ces expériences de M. de Morveau, et des observations que nous avons ensuite faites
ensemble, il résulte :

1° Qu'on peut espérer de fondre le platine sans addition dans nos meilleurs fourneaux,
en lui appliquant le feu plusieurs fois de suite, parce que les meilleurs creusets ne pourraient résister à l'action d'un feu aussi violent, pendant tout le temps qu'exigerait l'opération complète;

2° Qu'en le fondant avec le plomb, et le coupellant successivement et à plusieurs reprises, on vient à bout de vitrifier tout le plomb, et que cette opération pourrait à la fin
le purger d'une partie des matières étrangères qu'il contient;

3° Qu'en le fondant sans addition, il parait se purger lui-même en partie des matières
vitrescibles qu'il renferme, puisqu'il s'élance à sa surface de petits jets de verre qui
forment des masses assez considérables, et qu'on en peut séparer aisément après le
refroidissement;

4° Qu'en faisant l'expérience du bleu de Prusse avec les grains de platine qui paraissent
les plus insensibles à l'aimant, on n'est pas toujours sûr d'obtenir de ce bleu, comme cela
ne manque jamais d'arriver avec les grains qui ont plus ou moins de sensibilité au magnétisme; mais comme M. de Morveau a fait cette expérience sur une très petite quantité
de platine, il se propose de la répéter.

5° Il paraît que ni la fusion ni la coupellation ne peuvent détruire dans le platine tout le fer dont il est intimement pénétré; les boutons fondus ou coupellés paraissaient à la vérité également insensibles à l'action de l'aimant, mais les ayant brisés dans un mortier d'agate et sur un tas d'acier, nous y avons retrouvé des parties magnétiques, d'autant plus abondantes que le platine était réduit en poudre plus fine : le premier bouton, dont les grains ne s'étaient qu'agglutinés, rendit, étant broyé, beaucoup plus de parties magné-tiques que le second et le troisième, dont les grains avaient subi une plus forte fusion; mais néanmoins tous deux, étant broyés, fournirent des parties magnétiques, en sorte qu'on ne peut douter qu'il n'y ait encore du fer dans le platine, après qu'il a subi les plus violents efforts du feu et l'action dévorante du plomb dans la coupelle : ceci semble achever de démontrer que ce minéral est réellement un mélange intime d'or et de fer, que jusqu'à présent l'art n'a pu séparer;

6° Je fis encore, avec M. de Morveau, une autre observation sur ce platine fondu et ensuite broyé, c'est qu'il reprend, en se brisant, précisément la forme de galets arrondis et aplatis qu'il avait avant d'être fondu; tous les grains de ce platine fondu et brisé sont semblables à ceux du platine naturel, tant pour la forme que pour la variété de grandeur, et ils ne paraissent en différer que parce qu'il n'y a que les plus petits qui se laissent enlever à l'aimant, et en quantité d'autant moindre que le platine a subi plus de feu. Cela paraît prouver aussi que, quoique le feu ait été assez fort, non seulement pour brûler et vitrifier, mais même pour chasser au dehors une partie du fer avec les autres matières vitrescibles qu'il contient, la fusion néanmoins n'est pas aussi complète que celle des autres métaux parfaits, puisqu'en le brisant les grains reprennent la même figure qu'ils avaient avant la fonte.

QUATRIÈME MÉMOIRE

EXPÉRIENCES SUR LA TÉNACITÉ ET SUR LA DÉCOMPOSITION DU FER.

On a vu, dans le premier Mémoire, que le fer perd de sa pesanteur à chaque fois qu'on le chauffe à un feu violent, et des boulets, chauffés trois fois jusqu'au blanc, ont perdu la douzième partie de leur poids; on serait d'abord porté à croire que cette perte ne doit être attribuée qu'à la diminution du volume du boulet, par les scories qui se détachent de la surface et tombent en petites écailles; mais si l'on fait attention que les petits boulets, dont par conséquent la surface est plus grande, relativement au volume, que celle des gros, perdent moins, et que les gros boulets perdent proportionnellement plus que les petits, on sentira bien que la perte totale de poids ne doit pas être simplement attribuée à la chute des écailles qui se détachent de la surface, mais encore à une altération intérieure de toutes les parties de la masse que le feu violent diminue, et rend d'autant plus légère qu'il est appliqué plus souvent et plus longtemps (a).

Et en effet, si l'on recueille à chaque fois les écailles qui se détachent de la surface des boulets, on trouvera que sur un boulet de cinq pouces qui, par exemple aura perdu huit onces par une première chaude, il n'y aura pas une once de ces écailles détachées, et que

---

(a) Une expérience familière et qui semble prouver que le fer perd de sa masse à mesure qu'on le chauffe, même à un feu très médiocre, c'est que les fers à friser, lorsqu'on les a souvent trempés dans l'eau pour les refroidir, ne conservent pas le même degré de chaleur au bout d'un temps. Il s'en élève aussi des écailles lorsqu'on les a souvent chauffés et trempés; ces écailles sont du véritable fer.

tout le reste de la perte de poids ne peut être attribué qu'à cette altération intérieure de la substance du fer qui perd de sa densité à chaque fois qu'on le chauffe; en sorte que si l'on réitérait souvent cette même opération, on réduirait le fer à n'être plus qu'une matière friable et légère dont on ne pourrait faire aucun usage : car j'ai remarqué que les boulets non seulement avaient perdu de leur poids, c'est-à-dire de leur densité, mais qu'en même temps ils avaient aussi beaucoup perdu de leur solidité, c'est-à-dire de cette qualité dont dépend la cohérence des parties; car j'ai vu, en les faisant frapper, qu'on pouvait les casser d'autant plus aisément qu'il avaient été chauffés plus souvent et plus longtemps.

C'est sans doute parce que l'on ignorait jusqu'à quel point va cette altération du fer, ou plutôt parce qu'on ne s'en doutait point du tout, que l'on imagina, il y a quelques années, dans notre artillerie, de chauffer les boulets dont il était question de diminuer le volume (a). On m'a assuré que le calibre des canons nouvellement fondus étant plus étroit que celui des anciens canons, il a fallu diminuer les boulets, et que pour y parvenir on a fait rougir ces boulets à blanc afin de les ratisser ensuite plus aisément en les faisant tourner; on m'a ajouté que souvent on est obligé de les faire chauffer cinq, six et même huit et neuf fois, pour les réduire autant qu'il est nécessaire. Or il est évident, par mes expériences, que cette pratique est mauvaise, car un boulet chauffé à blanc neuf fois doit perdre au moins le quart de son poids, et peut-être les trois quarts de sa solidité. Devenu cassant et friable, il ne peut servir pour faire brèche, puisqu'il se brise contre les murs; et, devenu léger, il a aussi pour les pièces de campagne le grand désavantage de ne pouvoir aller aussi loin que les autres.

En général, si l'on veut conserver au fer sa solidité et son nerf, c'est-à-dire sa masse et sa force, il ne faut l'exposer au feu ni plus souvent ni plus longtemps qu'il est nécessaire il suffira, pour la plupart des usages, de le faire rougir sans pousser le feu jusqu'au blanc; ce dernier degré de chaleur ne manque jamais de le détériorer; et dans les ouvrages où il importe de lui conserver tout son nerf, comme dans les bandes que l'on forge pour les canons de fusil, il faudrait, s'il était possible, ne les chauffer qu'une fois pour les battre, plier et souder par une seule opération : car, quand le fer a acquis sous le marteau toute la force dont il est susceptible, le feu ne fait plus que la diminuer; c'est aux artistes à voir jusqu'à quel point ce métal doit être malléé pour acquérir tout son nerf, et cela ne serait pas impossible à déterminer par des expériences; j'en ai fait quelques-unes que je vais rapporter ici.

I. — Une boucle de fer de 18 lignes $\frac{2}{3}$ de grosseur, c'est-à-dire 348 lignes carrées pour chaque montant de fer, ce qui fait pour le tout 696 lignes carrées de fer, a cassé sous le poids de 28 milliers qui tirait perpendiculairement : cette boucle de fer avait environ 10 pouces de largeur, sur 13 pouces de hauteur, et elle était à très peu près de la même grosseur partout. Cette boucle a cassé presque au milieu des branches perpendiculaires, et non pas dans les angles.

Si l'on voulait conclure du grand au petit sur la force du fer par cette expérience, il se trouverait que chaque ligne carrée de fer tirée perpendiculairement, ne pourrait porter qu'environ 40 livres.

II. — Cependant ayant mis à l'épreuve un fil de fer d'une ligne un peu forte de diamètre, ce morceau de fil de fer a porté, avant de se rompre, 482 livres. Et un pareil morceau de fil de fer n'a rompu que sous la charge 495 livres; en sorte qu'il est à présumer qu'une verge carrée d'une ligne de ce même fer aurait porté encore davantage, puisqu'elle

(a) M. le marquis de Vallière ne s'occupait point alors des travaux de l'artillerie.

aurait contenu quatre segments aux quatre coins du carré inscrit au cercle, de plus que le fil de fer rond, d'une ligne de diamètre.

Or cette disproportion dans la force du fer en gros et du fer en petit est énorme. Le gros fer, que j'avais employé, venait de la forge d'Aisy-sous-Rougemont; il était sans nerf et à gros grain, et j'ignore de quelle forge était mon fil de fer; mais la différence de la qualité du fer, quelque grande qu'on voulût la supposer, ne peut pas faire celle qui se trouve ici dans leur résistance, qui, comme l'on voit, est douze fois moindre dans le gros fer que dans le petit.

III. — J'ai fait rompre une autre boucle de fer de 18 lignes $\frac{1}{2}$ de grosseur, du même fer de la forge d'Aisy; elle ne supporta de même 28,450 livres, et rompit encore presque dans le milieu des deux montants.

IV. — J'avais fait faire en même temps une boucle du même fer que j'avais fait reforger pour le partager en deux, en sorte qu'il se trouva réduit à une barre de 9 lignes sur 18; l'ayant mise à l'épreuve, elle supporta avant de rompre, la charge de 17,300 livres, tandis qu'elle n'aurait dû porter, tout au plus que 14 milliers, si elle n'eût pas été forgée une seconde fois.

V. — Une autre boucle de fer de 16 lignes $\frac{3}{4}$ de grosseur, ce qui fait pour chaque montant à peu près 280 lignes carrées, c'est-à-dire 560, a porté 24,600 livres, au lieu qu'elle n'aurait dû porter que 22,400 livres, si je ne l'eusse pas fait forger une seconde fois.

VI. — Un cadre de fer de la même qualité, c'est-à-dire sans nerf et à gros grains, et venant de la même forge d'Aisy, que j'avais fait établir pour empêcher l'écartement des murs du haut fourneau de mes forges, et qui avait 26 pieds d'un côté sur 22 pieds de l'autre, ayant cassé par l'effort de la chaleur du fourneau dans les deux points milieux des deux plus longs côtés, j'ai vu que je pouvais comparer ce cadre aux boucles des expériences précédentes, parce qu'il était du même fer, et qu'il a cassé de la même manière : or ce fer avait 21 lignes de gros, ce qui fait 441 lignes carrées, et ayant rompu comme les boucles aux deux côtés opposés, cela fait 882 lignes carrées qui se sont séparées par l'effort de la chaleur. Et comme nous avons trouvé par les expériences précédentes, que 696 lignes carrées du même fer ont cassé sous le poids de 28 milliers, on doit en conclure que 882 lignes de ce même fer n'auraient rompu que sous un poids de 35,480 livres, et que par conséquent l'effort de la chaleur devait être estimé comme un poids de 35,480 livres. Ayant fait fabriquer pour contenir le mur intérieur de mon fourneau, dans le fondage qui se fit après la rupture de ce cadre, un cercle de 26 pieds $\frac{1}{2}$ de circonférence, avec du fer nerveux provenant de la fonte et de la fabrique de mes forges, cela m'a donné le moyen de comparer la ténacité du bon fer avec celle du fer commun. Ce cercle de 26 pieds $\frac{1}{2}$ de circonférence était de deux pièces, retenues et jointes ensemble par deux clavettes de fer passées dans les anneaux forgés au bout des deux bandes de fer; la largeur de ces bandes était de 30 lignes sur 5 d'épaisseur : cela fait 150 lignes carrées qu'on ne doit pas doubler, parce que si ce cercle eût rompu, ce n'aurait été qu'en un seul endroit, et non pas en deux endroits opposés comme les boucles et le grand cadre carré. Mais l'expérience me démontra que pendant un fondage de quatre mois, où la chaleur était même plus grande que dans le fondage précédent, ces 150 lignes de bon fer résistèrent à son effort qui était de 35,480 livres; d'où l'on doit conclure avec certitude entière, que le bon fer, c'est-à-dire le fer qui est presque tout nerf, est au moins cinq fois aussi tenace que le fer sans nerf à gros grains.

Que l'on juge par là de l'avantage qu'on trouverait à n'employer que du fer nerveux dans les bâtiments et dans la construction des vaisseaux, il en faudrait les trois quarts moins, et l'on aurait encore un quart de solidité de plus.

Par de semblables expériences, et en faisant malléer une fois, deux fois, trois fois des verges de fer de différentes grosseurs, on pourrait s'assurer du *maximum* de la force du fer, combiner d'une matière certaine la légèreté des armes avec leur solidité, ménager la matière dans les autres ouvrages sans craindre la rupture, en un mot, travailler ce métal sur des principes uniformes et constants. Ces expériences sont le seul moyen de perfectionner l'art de la manipulation du fer; l'État en tirerait de très grands avantages, car il ne faut pas croire que la qualité du fer dépende de celle de la mine, que, par exemple, le fer d'Angleterre, ou d'Allemagne, ou de Suède soit meilleur que celui de France; que le fer de Berri soit plus doux que celui de Bourgogne : la nature des mines n'y fait rien; c'est la manière de les traiter qui fait tout, et ce que je puis assurer pour l'avoir vu par moi-même, c'est qu'en malléant beaucoup et chauffant peu, on donne au fer plus de force, et qu'on approche de ce *maximum* dont je ne puis que recommander la recherche, et auquel on peut arriver par les expériences que je viens d'indiquer.

Dans les boulets que j'ai soumis plusieurs fois à l'épreuve du plus grand feu, j'ai vu que le fer perd de son poids et de sa force d'autant plus qu'on le chauffe plus souvent et plus longtemps; sa substance se décompose, sa qualité s'altère, et enfin il dégénère en une espèce de mâchefer ou de matière poreuse, légère, qui se réduit en une sorte de chaux par la violence et la longue application du feu : le mâchefer commun est d'une autre espèce, et, quoique vulgairement on croie que le mâchefer ne provient et même ne peut provenir que du fer, j'ai la preuve du contraire. Le mâchefer est, à la vérité, une matière produite par le feu, mais, pour le former, il n'est pas nécessaire d'employer du fer ni aucun autre métal : avec du bois et du charbon brûlé et poussé à un feu violent, on obtiendra du mâchefer en assez grande quantité; et si l'on prétend que ce mâchefer ne vient que du fer contenu dans le bois (parce que tous les végétaux en contiennent plus ou moins), je demande pourquoi l'on ne peut pas en tirer du fer même une plus grande quantité qu'on en tire du bois, dont la substance est si différente de celle du fer. Dès que ce fait me fut connu par l'expérience, il me fournit l'intelligence d'un autre fait qui m'avait paru inexplicable jusqu'alors. On trouve dans les terres élevées, et surtout dans des forêts où il n'y a ni rivières ni ruisseaux, et où par conséquent il n'y a jamais eu de forges, non plus qu'aucun indice de volcans ou de feux souterrains; on trouve, dis-je, souvent de gros blocs de mâchefer que deux hommes auraient peine à enlever : j'en ai vu pour la première fois en 1745, à Montigny-l'Encoupe, dans les forêts de M. de Trudaine; j'en ai fait chercher et trouvé depuis dans nos bois de Bourgogne, qui sont encore plus éloignés de l'eau que ceux de Montigny; on en a trouvé en plusieurs endroits : les petits morceaux m'ont paru provenir de quelques fourneaux de charbon qu'on aura laissés brûler, mais les gros ne peuvent venir que d'un incendie dans la forêt lorsqu'elle était en pleine venue, et que les arbres y étaient assez voisins pour produire un feu très violent et très longtemps nourri.

Le mâchefer qu'on peut regarder comme un résidu de la combustion du bois, contient du fer; et l'on verra, dans un autre Mémoire, les expériences que j'ai faites pour reconnaître par ce résidu la quantité de fer qui entre dans la composition des végétaux. Et cette terre morte ou cette chaux dans laquelle le fer se réduit par la trop longue action du feu, ne m'a pas paru contenir plus de fer que le mâchefer du bois, ce qui semble prouver que le fer est comme le bois une matière combustible que le feu peut également dévorer en l'appliquant seulement plus violemment et plus longtemps. Pline dit, avec grande raison, *ferrum accensum igni, nisi duretur ictibus, corrumpitur* (a). On en sera

(a) *Hist. nat.*, lib. xxxiv, cap. xv.

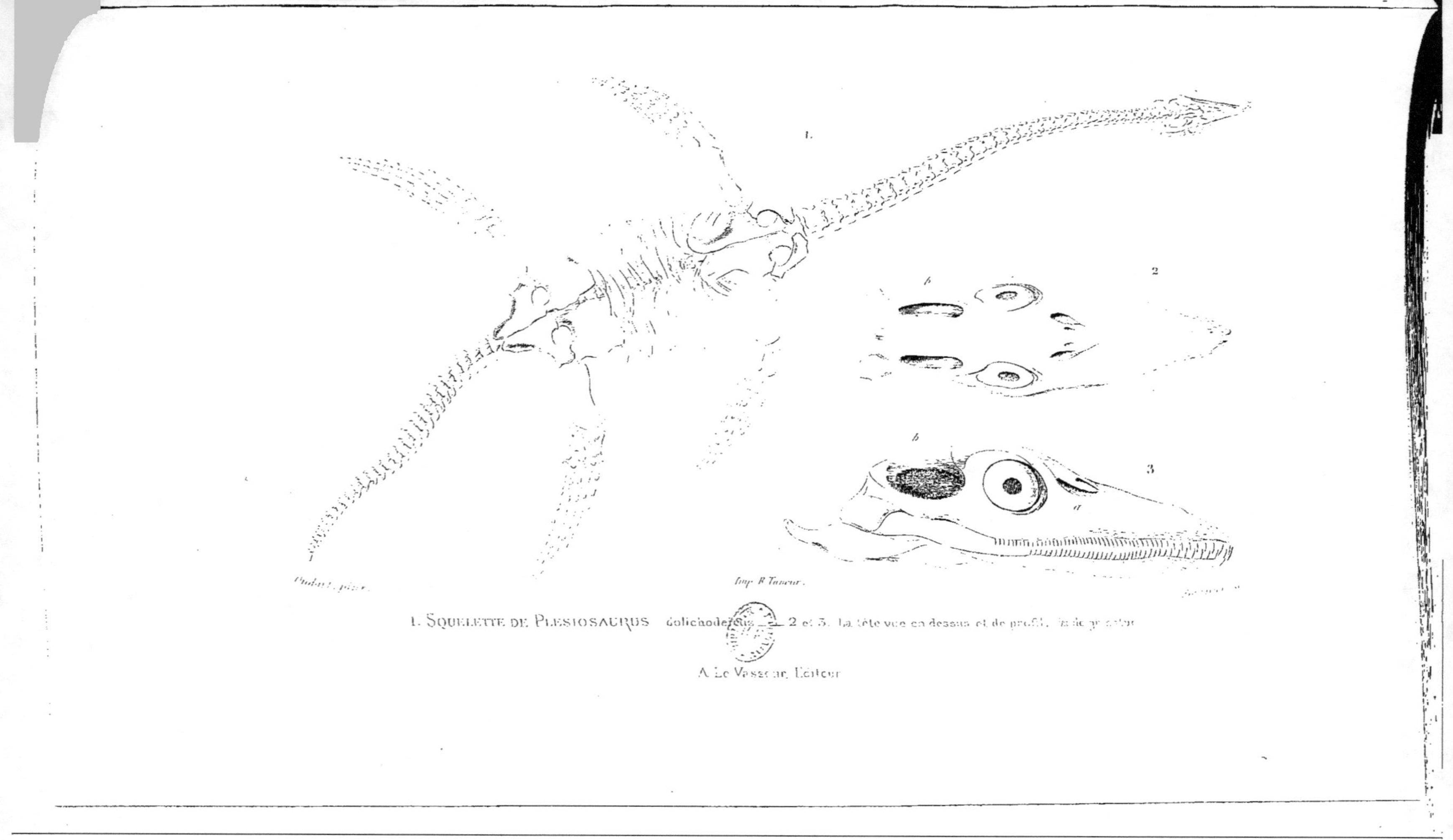

1. SQUELETTE DE PLESIOSAURUS dolichodeirus — 2 et 3. La tête vue en dessus et de profil, la de grandeur
Imp. R Tancur.
A. Le Vasseur, Éditeur

persuadé, si l'on observe dans une forge la première loupe que l'on tire de la gueuse : cette loupe est un morceau de fer fondu pour la seconde fois, et qui n'a pas encore été forgé, c'est-à-dire consolidé par le marteau; lorsqu'on le tire de la chaufferie où il vient de subir le feu le plus violent, il est rougi à blanc, il jette non seulement des étincelles ardentes, mais il brûle réellement d'une flamme très vive qui consommerait une partie de sa substance, si on tardait trop de temps à porter cette loupe sous le marteau; ce fer serait, pour ainsi dire, détruit avant que d'être formé, il subirait l'effet complet de la combustion si le coup du marteau, en rapprochant ses parties trop divisées par le feu, ne commençait à lui faire prendre le premier degré de sa ténacité. On le tire dans cet état et encore tout rouge de dessous le marteau, et on le reporte au foyer de l'affinerie où il se pénètre d'un nouveau feu; lorsqu'il est blanc, on le transporte de même et le plus prompte-ment possible au marteau, sous lequel il se consolide et s'étend beaucoup plus que la première fois; enfin on remet encore cette pièce au feu et on la reporte au marteau, sous lequel on l'achève en entier. C'est ainsi qu'on travaille tous les fers communs; on ne leur donne que deux ou tout au plus trois volées de marteau : aussi n'ont-ils pas à beaucoup près la ténacité qu'ils pourraient acquérir si on les travaillait moins précipitamment. La force du marteau non seulement comprime les parties du fer trop divisées par le feu, mais en les rapprochant elle chasse les matières étrangères et le purifie en le consolidant. Le déchet du fer en gueuse est ordinairement d'un tiers, dont la plus grande partie se brûle, et le reste coule en fusion et forme ce qu'on appelle *les crasses du fer* : ces crasses sont plus pesantes que le mâchefer du bois, et contiennent encore une assez grande quantité de fer, qui est, à la vérité, très impur et très aigre, mais dont on peut néanmoins tirer parti en mêlant ces crasses broyées et en petite quantité avec la mine que l'on jette au fourneau; j'ai l'expérience qu'en mêlant un sixième de ces crasses avec cinq sixièmes de mine épurée par mes cribles, la fonte ne change pas sensiblement de qualité, mais si l'on en met davantage elle devient plus cassante, sans néanmoins changer de couleur ni de grain. Mais si les mines sont moins épurées, ces crasses gâtent absolument la fonte, parce qu'étant déjà très aigre et très cassante par elle-même, elle le devient encore plus par cette addition de mauvaise matière, en sorte que cette pratique, qui peut devenir utile entre les mains d'un habile maître de l'art, produira dans d'autres mains de si mauvais effets qu'on ne pourra se servir ni des fers ni des fontes qui en proviendront.

Il y a néanmoins des moyens, je ne dis pas de changer, mais de corriger un peu la mauvaise qualité de la fonte et d'adoucir à la chaufferie l'aigreur du fer qui en provient. Le premier de ces moyens est de diminuer la force du vent, soit en changeant l'inclinai-son de la tuyère, soit en ralentissant le mouvement des soufflets, car plus on presse le feu plus le fer devient aigre. Le second moyen, et qui est encore plus efficace, c'est de jeter sur la loupe de fer qui se sépare de la gueuse une certaine quantité de gravier calcaire ou même de chaux toute faite; cette chaux sert de fondant aux parties vitrifiables que le fer aigre contient en trop grande quantité, et le purge de ses impuretés. Mais ce sont de petites ressources auxquelles il ne faut pas se mettre dans le cas d'avoir recours, ce qui n'arriverait jamais si l'on suivait les procédés que j'ai donnés pour faire de bonne fonte (a).

Lorsqu'on fait travailler les affineurs à leur compte et qu'on les paye au millier, ils font, comme les fondeurs, le plus de fer qu'ils peuvent dans leur semaine, ils construisent le foyer de leur chaufferie de la manière la plus avantageuse pour eux; ils pressent le feu, trouvent que les soufflets ne donnent jamais assez de vent, ils travaillent moins la loupe et font ordinairement en deux chaudes ce qui en exigerait au moins trois; on ne sera donc jamais sûr d'avoir du fer d'une bonne et même qualité qu'en payant les

(a) On trouvera ces procédés dans mes Mémoires sur la fusion des mines de fer.

ouvriers au mois, et en faisant casser à la fin de chaque semaine quelques barres du fer qu'ils livrent, pour reconnaître s'ils ne sont pas ou trop pressés ou négligés. Le fer en bandes plates est toujours plus nerveux que le fer en barreaux; s'il se trouve deux tiers de nerf sur un tiers de grain dans les bandes, on ne trouvera dans les barreaux, quoique faits de même étoffe, qu'environ un tiers de nerf sur deux tiers de grain, ce qui prouve bien clairement que la plus ou moins grande force du fer vient de la différente application du marteau; s'il frappe plus constamment, plus fréquemment sur un même plan, comme celui des bandes plates, il en rapproche et en réunit mieux les parties que s'il frappe presque alternativement sur deux plans différents pour faire les barreaux carrés : aussi est-il plus difficile de bien souder du barreau que de la bande, et lorsqu'on veut faire du fer de *tirerie,* qui doit être en barreaux de 13 lignes et d'un fer très nerveux et assez ductile pour être converti en fil de fer, il faut le travailler plus lentement à l'affinerie, ne le tirer du feu que quand il est presque fondant et le faire suer sous le marteau le mieux qu'il est possible, afin de lui donner tout le nerf dont il est susceptible sous cette forme carrée, qui est la plus ingrate, mais qui paraît nécessaire ici, parce qu'il faut ensuite tirer de ces barreaux, qu'on coupe environ à 4 pieds, une verge de 18 ou 20 pieds par le moyen du martinet, sous lequel on l'allonge après l'avoir chauffée; c'est ce qu'on appelle de la *verge crénelée* : elle est carrée comme le barreau dont elle provient, et porte sur les quatre faces des enfoncements successifs, qui sont les empreintes profondes de chaque coup du martinet ou petit marteau sous lequel on la travaille. Ce fer doit être de la plus grande ductilité pour passer jusqu'à la plus petite filière, et en même temps il ne faut pas qu'il soit trop doux, mais assez ferme pour ne pas donner trop de déchet; ce point est assez difficile à saisir, aussi n'y a-t-il en France que deux ou trois forges dont on puisse tirer ces fers pour les fileries.

La bonne fonte est, à la vérité, la base de tout bon fer, mais il arrive souvent que par des mauvaises pratiques on gâte ce bon fer. Une de ces mauvaises pratiques, la plus généralement répandue, et qui détruit le plus le nerf et la ténacité du fer, c'est l'usage où sont les ouvriers de presque toutes les forges de tremper dans l'eau la première portion de la pièce qu'ils viennent de travailler, afin de pouvoir la manier et la reprendre plus promptement; j'ai vu, avec quelque surprise, la prodigieuse différence qu'occasionne cette trempe, surtout en hiver et lorsque l'eau est froide : non seulement elle rend cassant le meilleur fer, mais même elle en change le grain et en détruit le nerf, au point qu'on n'imaginerait pas que c'est le même fer, si l'on n'en était pas convaincu par ses yeux en faisant casser l'autre bout du même barreau, qui, n'ayant point été trempé, conserve son nerf et son grain ordinaire. Cette trempe, en été, fait beaucoup moins de mal, mais en fait toujours un peu : et, si l'on veut avoir du fer toujours de la même bonne qualité, il faut absolument proscrire cet usage, ne jamais tremper le fer chaud dans l'eau, et attendre, pour le manier, qu'il se refroidisse à l'air.

Il faut que la fonte soit bonne pour produire du fer aussi nerveux, aussi tenace que celui qu'on peut tirer des vieilles ferrailles refondues, non pas en les jetant au fourneau de fusion, mais en les mettant au feu de l'affinerie; tous les ans on achète pour mes forges une assez grande quantité de ces vieilles ferrailles, dont, avec un peu de soin, l'on fait d'excellent fer. Mais il y a du choix dans ces ferrailles : celles qui proviennent des rognures de la tôle ou des morceaux cassés du fil de fer, qu'on appelle des *riblons,* sont les meilleures de toutes, parce qu'elles sont d'un fer plus pur que les autres : on les achète aussi quelque chose de plus, mais en général ces vieux fers, quoique de qualité médiocre, en produisent de très bon lorsqu'on sait les traiter. Il ne faut jamais les mêler avec la fonte; si même il s'en trouve quelques morceaux parmi les ferrailles, il faut les séparer; il faut aussi mettre une certaine quantité de crasses dans le foyer, et le feu doit être moins poussé, moins violent, que pour le travail du fer en gueuse, sans quoi l'on brûlerait une grande partie de sa ferraille, qui, quand elle est bien traitée et de bonne qualité, ne donne qu'un cinquième de déchet, et consomme moins de charbon que le fer de la gueuse. Les crasses qui sortent de ces vieux fers sont en bien moindre quantité, et ne conservent pas à beaucoup près autant de particules de fer que les autres. Avec des riblons qu'on renvoie des fileries que fournissent mes forges, et des rognures de tôle cisaillées que je fais fabriquer, j'ai souvent fait du fer qui était tout nerf, et dont le déchet n'était presque que d'un sixième; tandis que le déchet du fer en gueuse est communément du double, c'est-à-dire d'un tiers, et souvent de plus du tiers si on veut obtenir du fer d'excellente qualité.

M. de Montbeillard, lieutenant-colonel au régiment royal d'artillerie, ayant été chargé pendant plusieurs années de l'inspection des manufactures d'armes à Charleville, Maubeuge et Saint-Étienne, a bien voulu me communiquer un Mémoire qu'il a présenté au ministre, et dans lequel il traite de cette fabrication du fer avec de vieilles ferrailles; il dit, avec grande raison, « que les ferrailles qui ont beaucoup de surface, et celles qui proviennent » des vieux fers et clous de chevaux ou fragments de petits cylindres ou carrés tors, ou » des anneaux et boucles, toutes pièces qui supposent que le fer qu'on a employé pour les » fabriquer était souple, liant et susceptible d'être plié, étendu ou tordu, doivent être » préférées et recherchées pour la fabrication des canons de fusil. » On trouve, dans ce même Mémoire de M. de Montbeillard, d'excellentes réflexions sur les moyens de perfectionner les armes à feu et d'en assurer la résistance par le choix du bon fer et par la manière de le traiter : l'auteur rapporte une très bonne expérience (a), qui prouve clairement que les vieilles ferrailles et même les écailles ou exfoliations qui se détachent de la surface du fer, et que bien des gens prennent pour des scories, se soudent ensemble de la manière la plus intime, et que par conséquent le fer qui en provient est d'aussi bonne, et peut-être de meilleure qualité qu'aucun autre. Mais en même temps il conviendra avec moi, et il observe même, dans la suite de son Mémoire, que cet excellent fer ne doit pas être employé seul, par la raison même qu'il est trop parfait; et en effet, un fer qui, sortant de la forge, a toute sa perfection, n'est excellent que pour être employé tel qu'il est, ou pour des ouvrages qui ne demandent que des chaudes douces : car toute chaude vive, toute chaleur à blanc la dénature; j'en ai fait des épreuves plus que réitérées sur des morceaux de toute grosseur; le petit fer se dénature un peu moins que le gros, mais tous deux perdent la plus grande partie de leur nerf dès la première chaude à blanc; une seconde chaude pareille change et achève de détruire le nerf; elle altère même la qualité du grain, qui, de fin qu'il était, devient grossier et brillant comme celui du fer le plus commun; une troisième chaude rend ces grains encore plus gros, et laisse déjà voir entre leurs interstices des parties noires de matière brûlée; enfin, en continuant de lui donner des chaudes, on arrive au dernier degré de sa décomposition, et on le réduit en une terre morte qui ne paraît plus contenir de substance métallique, et dont on ne peut faire aucun usage : car

(a) Qu'on prenne une barre de fer, large de deux à trois pouces, épaisse de deux à trois lignes, qu'on la chauffe au rouge, et qu'avec la panne du marteau on y pratique dans sa longueur une cannelure ou cavité, qu'on la plie sur elle-même pour la doubler et corroyer, l'on remplira ensuite la cannelure des écailles ou pailles en question, on lui donnera une chaude douce d'abord en rabattant les bords, pour empêcher qu'elles ne s'échappent, et on battra la barre comme on le pratique pour corroyer le fer avant de la chauffer au blanc; on la chauffera ensuite blanche et fondante, et la pièce soudera à merveille; on la cassera à froid et l'on n'y verra rien qui annonce que la soudure n'ait pas été complète et parfaite, et que toutes les parties du fer ne se soient pas pénétrées réciproquement sans laisser aucun espace vide. J'ai fait cette expérience aisée à répéter, qui doit rassurer sur les pailles, soit qu'elles soient plates ou qu'elles aient la forme d'aiguilles, puisqu'elles ne sont autre chose que du fer, comme la barre avec laquelle on les incorpore, où elles ne forment plus qu'une même masse avec elle.

cette terre morte n'a pas, comme la plupart des autres chaux métalliques, la propriété de se revivifier par l'application des matières combustibles; elle ne contient guère plus de fer que le mâchefer commun tiré du charbon des végétaux, au lieu que les chaux des autres métaux se revivifient presque en entier ou du moins en très grande partie, et cela achève de démontrer que le fer est une matière presque entièrement combustible.

Ce fer, que l'on tire tant de cette terre ou chaux de fer que du mâchefer provenant du charbon, m'a paru d'une singulière qualité; il est très magnétique et très infusible; j'ai trouvé du petit sable noir aussi magnétique, aussi indissoluble, et presque infusible dans quelques-unes des mines que j'ai fait exploiter : ce sablon ferrugineux et magnétique se trouve mêlé avec les grains de mine qui ne le sont point du tout, et provient certainement d'une cause tout autre; le feu a produit ce sablon magnétique et l'eau les grains de mine; et lorsque par hasard ils se trouvent mélangés, c'est que le hasard a fait qu'on a brûlé de grands amas de bois, ou qu'on a fait des fourneaux de charbon sur le terrain qui renferme les mines, et que ce sablon ferrugineux, qui n'est que le détriment du mâchefer que l'eau ne peut ni rouiller ni dissoudre, a pénétré par la filtration des eaux auprès des lits de mine en grains, qui souvent ne sont qu'à deux ou trois pieds de profondeur. On a vu, dans le Mémoire précédent que ce sablon ferrugineux, qui provient du mâchefer des végétaux, ou, si l'on veut, du fer brûlé autant qu'il peut l'être, paraît être le même à tous égards que celui qui se trouve dans le platine.

Le fer le plus parfait est celui qui n'a presque point de grain et qui est entièrement d'un nerf de gris cendré; le fer à nerf noir est encore très bon, et peut-être est-il préférable au premier pour tous les usages où il faut chauffer plus d'une fois ce métal avant de l'employer; le fer de la troisième qualité, et qui est moitié nerf et moitié grain, est le fer par excellence pour le commerce, parce qu'on peut le chauffer deux ou trois fois sans le dénaturer; le fer sans nerf, mais à grain fin, sert aussi pour beaucoup d'usages, mais les fers sans nerf et à gros grains devraient être proscrits et font le plus grand tort dans la société, parce que malheureusement ils y sont cent fois plus communs que les autres. Il ne faut qu'un coup d'œil à un homme exercé pour connaître la bonne ou la mauvaise qualité du fer; mais les gens qui le font employer, soit dans leurs bâtiments, soit à leurs équipages, ne s'y connaissent ou n'y regardent pas, et payent souvent comme très bon du fer que le fardeau fait rompre ou que la rouille détruit en peu de temps.

Autant les chaudes vives et poussées jusqu'au blanc détériorent le fer, autant les chaudes douces, où l'on ne le rougit que couleur de cerise, semblent l'améliorer : c'est par cette raison que les fers destinés à passer à la fenderie ou à la batterie ne demandent pas à être fabriqués avec autant de soin que ceux qu'on appelle *fers marchands*, qui doivent avoir toute leur qualité. Le fer de tirerie fait une classe à part, il ne peut être trop pur; s'il contenait des parties hétérogènes, il deviendrait très cassant aux dernières filières : or, il n'y a d'autre moyen de le rendre pur que de le faire bien suer en le chauffant la première fois jusqu'au blanc et le martelant avec autant de force que de précaution, et ensuite en le faisant encore chauffer à blanc, afin d'achever de le dépurer sous le martinet en l'allongeant pour en faire de la verge crénelée. Mais les fers destinés à être refendus pour en faire de la verge ordinaire, des fers aplatis, des languettes pour la tôle, tous les fers, en un mot, qu'on doit passer sous les cylindres n'exigent pas le même degré de perfection, parce qu'ils s'améliorent au four de la fenderie, où l'on n'emploie que du bois, et dans lequel tous ces fers ne prennent une chaleur que du second degré, d'un rouge couleur de feu, qui est suffisant pour les amollir, et leur permet de s'aplatir et de s'étendre sous les cylindres et de se fendre ensuite sous les taillants. Néanmoins, si l'on veut avoir de la verge bien douce, comme celle qui est nécessaire pour les clous à maréchal; si l'on veut des fers aplatis qui aient beaucoup de nerf, comme doivent être ceux qu'on emploie pour les roues, et particulièrement les bandages qu'on fait d'une pièce, dans lesquels il faut au moins un tiers de nerf; les fers qu'on livre à la fenderie doivent être de bonne qualité, c'est-à-dire avoir au moins un tiers de nerf, car j'ai observé que le feu doux du four et la forte compression des cylindres rendent, à la vérité, le grain de fer un peu plus fin et donnent même du nerf à celui qui n'avait que du grain très fin, mais ils ne convertissent jamais en nerf le gros grain des fers communs; en sorte qu'avec du mauvais fer à gros grain on pourra faire de la verge et des fers aplatis dont le grain sera moins gros, mais qui seront toujours trop cassants pour être employés aux usages dont je viens de parler.

Il en est de même de la tôle : on ne peut pas employer de trop bonne étoffe pour la faire, et il est bien fâcheux qu'on fasse tout le contraire, car presque toutes nos tôles, en France, se font avec du fer commun ; elles se rompent en les pliant, et se brûlent et pourrissent en peu de temps; tandis que de la tôle faite, comme celle de Suède et d'Angleterre, avec du bon fer bien nerveux, se tordra cent fois sans rompre, et durera peut-être vingt fois plus que les autres. On en fait à mes forges de toute grandeur et de toute épaisseur ; on en emploie à Paris pour les casseroles et autres pièces de cuisine qu'on étame, et qu'on a raison de préférer aux casseroles de cuivre. On a fait, avec cette même tôle, grand nombre de poêles, de chaîneaux, de tuyaux, et j'ai, depuis quatre ans, l'expérience mille fois réitérée qu'elle peut durer comme je viens de le dire, soit au feu, soit à l'air, beaucoup plus que les tôles communes; mais comme elle est un peu plus chère, le débit en est moindre, et l'on n'en demande que pour de certains usages particuliers auxquels les autres tôles ne pourraient être employées. Lorsqu'on est au fait, comme j'y suis, du commerce des fers, on dirait qu'en France on a fait un pacte général de ne se servir que de ce qu'il y a de plus mauvais en ce genre.

Avec du fer nerveux on pourra toujours faire d'excellente tôle, en faisant passer le fer des languettes sous les cylindres de la fenderie : ceux qui aplatissent ces languettes sous le martinet, après les avoir fait chauffer au charbon, sont dans un très mauvais usage; le feu de charbon poussé par les soufflets gâte le fer de ces languettes, celui du four de la fenderie ne fait que le perfectionner. D'ailleurs, il en coûte plus de moitié moins pour faire les languettes au cylindre que pour les faire au martinet; ici l'intérêt s'accorde avec la théorie de l'art : il n'y a donc que l'ignorance qui puisse entretenir cette pratique, qui néanmoins est la plus générale, car il y a peut-être, sur toutes les tôles qui se fabriquent en France, plus des trois quarts dont les languettes ont été faites au martinet. Cela ne peut pas être autrement, me dira-t-on : toutes les batteries n'ont pas à côté d'elles une fenderie et des cylindres montés, je l'avoue, et c'est ce dont je me plains. On a tort de permettre ces petits établissements particuliers, qui ne subsistent qu'en achetant dans les grosses forges les fers au meilleur marché, c'est-à-dire tous les plus médiocres, pour les fabriquer ensuite en tôle et en petits fers de la plus mauvaise qualité.

Un autre objet fort important sont les fers de charrue : on ne saurait croire combien la mauvaise qualité du fer dont on les fabrique fait de tort aux laboureurs. On leur livre inhumainement des fers qui cassent au moindre effort, et qu'ils sont forcés de renouveler presque aussi souvent que leurs cultures; on leur fait payer bien cher du mauvais acier dont on arme la pointe de ces fers encore plus mauvais, et le tout est perdu pour eux au bout d'un an, et souvent en moins de temps; tandis qu'en employant pour ces fers de charrue, comme pour la tôle, le fer le meilleur et le plus nerveux, on pourrait les garantir pour un usage de vingt ans, et même se dispenser d'en aciérer la pointe : car j'ai fait faire plusieurs centaines de ces fers de charrue, dont j'ai fait essayer quelques-uns sans acier, et ils se sont trouvés d'une étoffe assez ferme pour résister au labour. J'ai fait la même expérience sur un grand nombre de pioches : c'est la mauvaise qualité de nos fers qui a établi chez les taillandiers l'usage général de mettre de l'acier à ces instruments de campagne, qui n'en auraient pas besoin s'ils étaient de bon fer fabriqué avec des languettes passées sous les cylindres.

J'avoue qu'il y a de certains usages pour lesquels on pourrait fabriquer du fer aigre. mais encore ne faut-il pas qu'il soit à trop gros grain ni trop cassant ; les clous pour les petites lattes à tuile, les broquettes et autres petits clous plient lorsqu'ils sont faits d'un fer trop doux, mais à l'exception de ce seul emploi, qu'on ne remplira toujours que trop, je ne vois pas qu'on doive se servir de fer aigre. Et si, dans une bonne manufacture, on en veut faire une certaine quantité, rien n'est plus aisé : il ne faut qu'augmenter d'une mesure ou d'une mesure et demie de mine au fourneau, et mettre à part les gueuses qui en proviendront, la fonte en sera moins bonne et plus blanche. On les fera forger à part en ne donnant que deux chaudes à chaque bande, et l'on aura du fer aigre, qui se fendra plus aisément que l'autre et qui donnera de la verge cassante.

Le meilleur fer, c'est-à-dire celui qui a le plus de nerf, et par conséquent le plus de ténacité, peut éprouver cent et deux cents coups de masse sans se rompre ; et comme il faut néanmoins le casser pour tous les usages de la fenderie et de la batterie, et que cela demanderait beaucoup de temps, même en s'aidant du ciseau d'acier, il vaut mieux faire couper sous le marteau de la forge les barres encore chaudes à moitié de leur épaisseur, cela n'empêche pas le marteleur de les achever, et épargne beaucoup de temps au fendeur et au platineur. Tout le fer que j'ai fait casser à froid et à grands coups de masse s'échauffe d'autant plus qu'il est plus fortement et plus souvent frappé ; non seulement il s'échauffe au point de brûler très vivement, mais il s'aimante comme s'il eût été frotté sur un très bon aimant. M'étant assuré de la constance de cet effet par plusieurs observations successives, je voulus voir si sans percussion je pourrais de même produire dans le fer la vertu magnétique : je fis prendre pour cela une verge de 3 lignes de grosseur de mon fer le plus liant, et que je connaissais pour être très difficile à rompre, et l'ayant fait plier et replier, par les mains d'un homme fort, sept ou huit fois de suite sans pouvoir la rompre, je trouvai le fer très chaud au point où on l'avait plié, et il avait en même temps toute la vertu d'un barreau bien aimanté. J'aurai occasion dans la suite de revenir à ce phénomène, qui tient de très près à la théorie du magnétisme et de l'électricité, et que je ne rapporte ici que pour démontrer que plus une matière est tenace, c'est-à-dire plus il faut d'efforts pour la diviser, plus elle est près de produire de la chaleur et tous les autres effets qui peuvent en dépendre, et prouver en même temps que la simple pression, produisant le frottement des parties intérieures, équivaut à l'effet de la plus violente percussion.

On soude tous les jours le fer avec lui-même ou sur lui-même, mais il faut la plus grande précaution pour qu'il ne se trouve pas un peu plus faible aux endroits des soudures : car, pour réunir et souder les deux bouts d'une barre, on les chauffe jusqu'au blanc le plus vif ; le fer dans cet état est tout prêt à fondre, il n'y arrive pas sans perdre toute sa ténacité et par conséquent tout son nerf ; il ne peut donc en reprendre, dans toute cette partie qu'on soude, que par la percussion des marteaux dont deux ou trois ouvriers font succéder les coups le plus vite qu'il leur est possible, mais cette percussion est très faible et même lente en comparaison de celle du marteau de la forge ou même de celle du martinet : ainsi l'endroit soudé, quelque bonne que soit l'étoffe, n'aura que peu de nerf et souvent point du tout, si l'on a pas bien saisi l'instant où les deux morceaux sont également chauds, et si le mouvement du marteau n'a pas été assez prompt et assez fort pour les bien réunir. Aussi, quand on a des pièces importantes à souder, on fera bien de le faire sous les martinets les plus prompts. La soudure, dans les canons des armes à feu, est une des choses les plus importantes : M. de Montbeillard, dans le Mémoire que j'ai cité ci-dessus, donne de très bonnes vues sur cet objet, et même des expériences décisives. Je crois avec lui que, comme il faut chauffer à blanc nombre de fois la bande ou *maquette* pour souder le canon dans toute sa longueur, il ne faut pas employer du fer qui serait au dernier degré de sa perfection, parce qu'il ne pourrait que se détériorer par ces fréquentes chaudes vives; qu'il faut au contraire choisir le fer qui, n'étant pas encore aussi épuré qu'il peut l'être, gagnera plutôt de la qualité qu'il n'en perdra par ces nouvelles chaudes; mais cet article seul demanderait un grand travail fait et dirigé par un homme aussi éclairé que M. de Montbeillard, et l'objet en est d'une si grande importance pour la vie des hommes et pour la gloire de l'État qu'il mérite la plus grande attention.

Le fer se décompose par l'humidité comme par le feu; il attire l'humidité de l'air, s'en pénètre et se rouille, c'est-à-dire se convertit en une espèce de terre sans liaison, sans cohérence; cette conversion se fait en assez peu de temps dans les fers qui sont de mauvaise qualité ou mal fabriqués : ceux dont l'étoffe est bonne, et dont les surfaces sont bien lisses ou polies, se défendent plus longtemps, mais tous sont sujets à cette espèce de mal, qui de la superficie gagne assez promptement l'intérieur, et détruit avec le temps le corps entier du fer. Dans l'eau, il se conserve beaucoup mieux qu'à l'air, et quoiqu'on s'aperçoive de son altération par la couleur noire qu'il y prend après un long séjour, il n'est point dénaturé, il peut être forgé, au lieu que celui qui a été exposé à l'air pendant quelques siècles, et que les ouvriers appellent du *fer luné*, parce qu'ils s'imaginent que la lune le mange, ne peut ni se forger ni servir à rien, à moins qu'on ne le revivifie comme les rouilles et les safrans de mars, ce qui coûte communément plus que le fer ne vaut. C'est en ceci que consiste la différence des deux décompositions du fer : dans celle qui se fait par le feu, la plus grande partie du fer se brûle et s'exhale en vapeurs comme les autres matières combustibles; il ne reste qu'un mâchefer qui contient, comme celui du bois, une petite quantité de matière très attirable par l'aimant, qui est bien du vrai fer, mais qui m'a paru d'une nature singulière et semblable, comme je l'ai dit, au sablon ferrugineux qui se trouve en si grande quantité dans le platine. La décomposition par l'humidité ne diminue pas à beaucoup près autant que la combustion la masse du fer, mais elle en altère toutes les parties au point de leur faire perdre leur vertu magnétique, leur cohérence et leur couleur métallique; c'est de cette rouille ou terre de fer que sont en grande partie composées les mines en grain : l'eau, après avoir atténué ces particules de rouille et les avoir réduites en molécules insensibles, les charrie et les dépose par filtration dans le sein de la terre, où elles se réunissent en grain par une sorte de cristallisation qui se fait, comme toutes autres, par l'attraction mutuelle des molécules analogues; et comme cette rouille de fer était privée de la vertu magnétique, il n'est pas étonnant que les mines en grain qui en proviennent en soient également dépourvues. Ceci me paraît démontrer d'une manière assez claire que le magnétisme suppose l'action précédente du feu, que c'est une qualité particulière que le feu donne au fer, et que l'humidité de l'air lui enlève en le décomposant.

Si l'on met dans un vase une grande quantité de limaille de fer pure qui n'a pas encore pris de rouille, et si on la couvre d'eau, on verra, en la laissant sécher, que cette limaille se réunit par ce seul intermède, au point de faire une masse de fer assez solide pour qu'on ne puisse la casser qu'à coups de masse; ce n'est donc pas précisément l'eau qui décompose le fer et qui produit la rouille, mais plutôt les sels et les vapeurs sulfureuses de l'air, car on sait que le fer se dissout très aisément par les acides et par le soufre. En présentant une verge de fer bien rouge à une bille de soufre, le fer coule dans l'instant, et, en le recevant dans l'eau, on obtient des grenailles qui ne sont plus du fer ni même de la fonte, car j'ai éprouvé qu'on ne pouvait pas les réunir au feu pour les forger; c'est une matière qu'on ne peut comparer qu'à la pyrite martiale, dans laquelle le fer paraît être également décomposé par le soufre; et je crois que c'est par cette raison que l'on trouve presque partout à la surface de la terre et sous les premiers lits de ses couches extérieures une assez grande quantité de ces pyrites, dont le grain ressemble à celui du mauvais fer, mais qui n'en contiennent qu'une très petite quantité, mêlée avec beaucoup d'acide vitriolique et plus ou moins de soufre.

CINQUIÈME MÉMOIRE

EXPÉRIENCES SUR LES EFFETS DE LA CHALEUR OBSCURE.

Pour reconnaître les effets de la chaleur obscure, c'est-à-dire de la chaleur privée de lumière, de flamme et de feu libre, autant qu'il est possible, j'ai fait quelques expériences en grand, dont les résultats m'ont paru très intéressants.

PREMIÈRE EXPÉRIENCE.

On a commencé, sur la fin d'août 1772, à mettre des braises ardentes dans le creuset du grand fourneau qui sert à fondre la mine de fer pour la couler en gueuses ; ces braises ont achevé de sécher les mortiers qui étaient faits de glaise mêlée par égale portion avec du sable vitrescible. Le fourneau avait 23 pieds de hauteur. On a jeté par le gueulard (c'est ainsi qu'on appelle l'ouverture supérieure du fourneau) les charbons ardents que l'on tirait des petits fourneaux d'expériences ; on a mis successivement une assez grande quantité de ces braises pour remplir le bas du fourneau jusqu'à la cuve (c'est ainsi qu'on appelle l'endroit de la plus grande capacité du fourneau), ce qui dans celui-ci montait à 7 pieds 2 pouces de hauteur perpendiculaire depuis le fond du creuset. Par ce moyen, on a commencé de donner au fourneau une chaleur modérée qui ne s'est pas fait sentir dans la partie la plus élevée.

Le 10 septembre, on a vidé toutes ces braises réduites en cendres par l'ouverture du creuset, et lorsqu'il a été bien nettoyé on y a mis quelques charbons ardents et d'autres charbons par-dessus, jusqu'à la quantité de 600 livres pesant ; ensuite on a laissé prendre le feu, et le lendemain 11 septembre, on a achevé de remplir le fourneau avec 4,000 livres de charbon : ainsi il contient en tout 5,400 livres de charbon, qui ont été portées en cent trente-cinq corbeilles de 40 livres chacune, tare faite.

On a laissé pendant ce temps l'entrée du creuset ouverte, et celle de la tuyère bien bouchée pour empêcher le feu de se communiquer aux soufflets. La première impression de la grande chaleur, produite par le long séjour des braises ardentes et par cette première combustion du charbon, s'est marquée par une petite fente qui s'est faite dans la pierre du fond à l'entrée du creuset, et par une autre fente qui s'est faite dans la pierre de la tympe. Le charbon, néanmoins, quoique fort allumé dans le bas, ne l'était encore qu'à une très petite hauteur, et le fourneau ne donnait au gueulard qu'assez peu de fumée, ce même jour 12 septembre à six heures du soir : car cette ouverture supérieure n'était pas bouchée, non plus que l'ouverture du creuset.

A neuf heures du soir du même jour, la flamme a percé jusque au-dessus du fourneau, et comme elle est devenue très vive en peu de temps, on a bouché l'ouverture du creuset à dix heures du soir. La flamme, quoique fort ralentie par cette suppression du courant d'air, s'est soutenue pendant la nuit et le jour suivant ; en sorte que le lendemain 13 septembre, vers les quatre heures du soir, le charbon avait baissé d'un peu plus de 4 pieds. On a rempli ce vide à cette même heure avec onze corbeilles de charbon, pesant ensemble 440 livres ; ainsi le fourneau a été chargé en tout de 5,840 livres de charbon.

Ensuite on a bouché l'ouverture supérieure du fourneau avec un large couvercle de forte tôle, garni tout autour avec du mortier de glaise et sable mêlé de poudre de charbon, et chargé d'un pied d'épaisseur de cette poudre de charbon mouillée; pendant que l'on bouchait, on a remarqué que la flamme ne laissait pas de retentir assez fortement dans l'intérieur du fourneau; mais en moins d'une minute la flamme a cessé de retentir, et l'on n'entendait plus aucun bruit ni murmure, en sorte qu'on aurait pu penser que l'air n'ayant point d'accès dans la cavité du fourneau, le feu y était entièrement étouffé.

On a laissé le fourneau ainsi bouché partout, tant au-dessus qu'au-dessous, depuis le 13 septembre jusqu'au 28 du même mois, c'est-à-dire pendant quinze jours. J'ai remarqué pendant ce temps, que, quoiqu'il n'y eût point de flamme dans le fourneau, ni même de feu lumineux, la chaleur ne laissait pas d'augmenter et de se communiquer autour de la cavité du fourneau.

Le 28 septembre, à dix heures du matin, on a débouché l'ouverture supérieure du fourneau avec précaution, dans la crainte d'être suffoqué par la vapeur du charbon; j'ai remarqué, avant de l'ouvrir, que la chaleur avait gagné jusqu'à 4 pieds $\frac{1}{2}$ dans l'épaisseur du massif qui forme la tour du fourneau; cette chaleur n'était pas fort grande aux environs de la *bure* (c'est ainsi qu'on appelle la partie supérieure du fourneau qui s'élève au-dessus de son terre-plein). Mais à mesure qu'on approchait de la cavité, les pierres étaient déjà si fort échauffées, qu'il n'était pas possible de les toucher un instant: les mortiers dans les joints des pierres étaient en partie brûlés, et il paraissait que la chaleur était beaucoup plus grande encore dans le bas du fourneau, car les pierres du dessus de la tympe et de la tuyère étaient excessivement chaudes dans toute leur épaisseur jusqu'à 4 ou 5 pieds.

Au moment qu'on a débouché le gueulard du fourneau, il en est sorti une vapeur suffocante, dont il a fallu s'éloigner, et qui n'a pas laissé de faire mal à la tête à la plupart des assistants. Lorsque cette vapeur a été dissipée, on a mesuré de combien le charbon enfermé et privé d'air courant pendant quinze jours avait diminué, et l'on a trouvé qu'il avait baissé de 14 pieds 5 pouces de hauteur; en sorte que le fourneau était vide dans toute sa partie supérieure jusqu'auprès de la cuve.

Ensuite j'ai observé la surface de ce charbon, et j'y ai vu une petite flamme qui venait de naître; il était absolument noir et sans flamme auparavant. En moins d'une heure cette petite flamme bleuâtre est devenue rouge dans le centre, et s'élevait alors d'environ 2 pieds au-dessus du charbon.

Une heure après avoir débouché le gueulard, j'ai fait déboucher l'entrée du creuset : la première chose qui s'est présentée à cette ouverture n'a pas été du feu comme on aurait pu le présumer, mais des scories provenant du charbon, et qui ressemblaient à du mâchefer léger ; ce mâchefer était en assez grande quantité et remplissait tout l'intérieur du creuset, depuis la tympe à la rustine ; et ce qu'il y a de singulier, c'est que, quoiqu'il ne se fût formé que par une grande chaleur, il avait intercepté cette même chaleur au-dessus du creuset, en sorte que les parties de ce mâchefer qui étaient au fond n'étaient, pour ainsi dire, que tièdes ; néanmoins elles s'étaient attachées au fond et aux parois du creuset, et elles en avaient réduit en chaux quelques portions jusqu'à plus de 3 ou 4 pouces de profondeur.

J'ai fait tirer ce mâchefer et l'ai fait mettre à part pour l'examiner; on a aussi tiré la chaux du creuset et des environs, qui était en assez grande quantité. Cette calcination, qui s'est faite par ce feu sans flamme, m'a paru provenir en partie de l'action de ces scories du charbon. J'ai pensé que ce feu sourd et sans flamme était trop sec, et je crois que si j'avais mêlé quelque portion de laitier ou de terre vitrescible avec le charbon, cette terre aurait servi d'aliment à la chaleur, et aurait rendu des matières fondantes qui auraient préservé de la calcination la surface de l'ouvrage du fourneau.

Quoi qu'il en soit, il résulte de cette expérience, que la chaleur seule, c'est-à-dire la chaleur obscure, renfermée et privée d'air autant qu'il est possible, produit néanmoins avec le temps des effets semblables à ceux du feu le plus actif et le plus lumineux. On sait qu'il doit être violent pour calciner la pierre. Ici c'était de toutes les pierres calcaires la moins calcinable, c'est-à-dire la plus résistante au feu, que j'avais choisie pour faire construire l'ouvrage et la cheminée de mon fourneau : toute cette pierre d'ailleurs avait été taillée et posée avec soin ; les plus petits quartiers avaient 1 pied d'épaisseur, 1 pied 1/2 de largeur, sur 3 et 4 pieds de longueur, et dans ce gros volume la pierre est encore bien plus difficile à calciner que quand elle est réduite en moellons. Cependant cette seule chaleur a non seulement calciné ces pierres à près de 1/2 pied de profondeur dans la partie la plus étroite et la plus froide du fourneau, mais encore a brûlé en même temps les mortiers faits de glaise et de sable sans les faire fondre, ce que j'aurais mieux aimé, parce qu'alors les joints de la bâtisse du fourneau se seraient conservés pleins, au lieu que la chaleur ayant suivi la route de ces joints a encore calciné les pierres sur toutes les faces des joints. Mais pour faire mieux entendre les effets de cette chaleur obscure et concentrée, je dois observer : 1° que le massif du fourneau étant de 28 pieds d'épaisseur de deux faces et de 24 pieds d'épaisseur des deux autres faces, et la cavité où était contenu le charbon n'ayant que 6 pieds dans sa plus grande largeur, les murs pleins qui environnent cette cavité avaient 9 pieds d'épaisseur de maçonnerie à chaux et sable aux parties les moins épaisses ; que par conséquent on ne peut pas supposer qu'il ait passé de l'air à travers ces murs de 9 pieds ; 2° que cette cavité qui contenait le charbon, ayant été bouchée en bas à l'endroit de la coulée avec un mortier de glaise mêlé de sable d'un pied d'épaisseur, et à la tuyère qui n'a que quelques pouces d'ouverture, avec ce même mortier dont on se sert pour tous les bouchages, il n'est pas à présumer qu'il ait pu entrer de l'air par ces ouvertures ; 3° que le gueulard du fourneau ayant de même été fermé avec une plaque de forte tôle lutée, et recouverte avec le même mortier, sur environ 6 pouces d'épaisseur, et encore environnée et surmontée de poussière de charbon mêlée avec ce mortier, sur 6 autres pouces de hauteur, tout accès à l'air par cette dernière ouverture était interdit. On peut donc assurer qu'il n'y avait point d'air circulant dans toute cette cavité, dont la capacité était de 330 pieds cubes, et que l'ayant remplie de 5,400 livres de charbon, le feu étouffé dans cette cavité n'a pu se nourrir que de la petite quantité d'air contenue dans les intervalles que laissaient entre eux les morceaux de charbon ; et comme cette matière jetée l'une sur l'autre laisse de très grands vides, supposons moitié ou même trois quarts, il n'y a donc eu dans cette cavité que 165 ou tout au plus 248 pieds cubes d'air. Or, le fer du fourneau, excité par les soufflets, consomme cette quantité d'air en moins d'une demi-minute ; et cependant il semblerait qu'elle a suffi pour entretenir pendant quinze jours la chaleur, et l'augmenter à peu près au même point que celle du feu libre, puisqu'elle a produit la calcination des pierres à 4 pouces de profondeur dans le bas, et à plus de 2 pieds de profondeur dans le milieu et dans toute l'étendue du fourneau, ainsi que nous le dirons tout à l'heure. Comme cela me paraissait assez inconcevable, j'ai d'abord pensé qu'il fallait ajouter à ces 248 pieds cubes d'air contenus dans la cavité du fourneau, toute la vapeur de l'humidité des murs que la chaleur concentrée n'a pu manquer d'attirer, et de laquelle il n'est guère possible de faire une juste estimation. Ce sont là les seuls aliments, soit en air, soit en vapeurs aqueuses, que cette très grande chaleur a consommés pendant quinze jours ; car il ne se dégage que peu ou point d'air du charbon dans sa combustion, quoiqu'il s'en dégage plus d'un tiers du poids total du bois de chêne bien séché (a) ; cet air fixe contenu dans le bois en est chassé par la première opération du feu qui le convertit en charbon ; et, s'il en reste, ce n'est qu'en si petite quantité qu'on ne peut pas la regarder comme le supplé-

(a) Hales, *Statistique des végétaux*, p. 152.

ment de l'air qui manquait ici à l'entretien du feu. Ainsi cette chaleur très grande, et qui s'est augmentée au point de calciner profondément les pierres, n'a été entretenue que par 248 pieds cubes d'air et par les vapeurs de l'humidité des murs ; et quand nous supposerions le produit successif de cette humidité cent fois plus considérable que le volume d'air contenu dans la cavité du fourneau, cela ne ferait toujours que 24,800 pieds cubes de vapeurs propres à entretenir la combustion : quantité que le feu libre et animé par les soufflets consommerait en moins de trente minutes, tandis que la chaleur sourde ne la consomme qu'en quinze jours.

Et ce qu'il est nécessaire d'observer encore, c'est que le même feu, libre et animé, aurait consumé en onze ou douze heures les 3,600 livres de charbon que la chaleur obscure n'a consommées qu'en quinze jours ; elle n'a donc eu que la trentième partie de l'aliment du feu libre, puisqu'il y a eu trente fois autant de temps employé à la consommation de la matière combustible, et en même temps il y a eu environ sept cent vingt fois moins d'air ou de vapeurs employées à la combustion. Néanmoins les effets de cette chaleur obscure ont été les mêmes que ceux du feu libre, car il aurait fallu quinze jours de ce feu violent et animé pour calciner les pierres au même degré qu'elles l'ont été par la chaleur seule : ce qui nous démontre, d'une part, l'immense déperdition de la chaleur lorsqu'elle s'exhale avec les vapeurs et la flamme, et d'autre part les grands effets qu'on peut attendre de sa concentration ou, pour mieux dire, de sa coercition, de sa détention ; car cette chaleur retenue et concentrée ayant produit les mêmes effets que le feu libre et violent, avec trente fois moins de matière combustible, et sept cent vingt fois moins d'air, et étant supposée en raison composée de ces deux éléments, on doit en conclure que dans nos grands fourneaux à fondre les mines de fer, il se perd vingt-un mille fois plus de chaleur qu'il ne s'en applique soit à la mine, soit aux parois du fourneau, en sorte qu'on imaginerait que les fourneaux de réverbère, où la chaleur est plus concentrée, devraient produire le feu le plus puissant. Cependant j'ai acquis la preuve du contraire, nos mines de fer ne s'étant pas même agglutinées par le feu du réverbère de la glacerie de Rouelles en Bourgogne, tandis qu'elles fondent en moins de douze heures au feu de mes fourneaux à soufflets. Cette différence tient au principe que j'ai donné : le feu, par sa vitesse ou par son volume, produit des effets tout différents sur certaines substances telles que la mine de fer, tandis que sur d'autres substances, telles que la pierre calcaire, il peut en produire de semblables. La fusion est en général une opération prompte qui doit avoir plus de rapport avec la vitesse du feu que la calcination, qui est presque toujours lente, et qui doit, dans bien des cas, avoir plus de rapport au volume du feu ou à son long séjour qu'à sa vitesse. On verra, par l'expérience suivante, que cette même chaleur, retenue et concentrée, n'a fait aucun effet sur la mine de fer.

DEUXIÈME EXPÉRIENCE.

Dans ce même fourneau de 33 pieds de hauteur, après avoir fondu de la mine de fer pendant environ quatre mois, je fis couler les dernières gueuses en remplissant toujours avec du charbon, mais sans mine, afin d'en tirer toute la matière fondue ; et quand je me fus assuré qu'il n'en restait plus, je fis cesser le vent, boucher exactement l'ouverture de la tuyère et celle de la coulée, qu'on maçonna avec de la brique et du mortier de glaise mêlé de sable. Ensuite je fis porter sur le charbon autant de mine qu'il pouvait en entrer dans le vide qui était au-dessus du fourneau ; il y entra cette première fois vingt-sept mesures de 60 livres, c'est-à-dire 1,620 livres pour affleurer le niveau du gueulard ; après quoi je fis boucher cette ouverture avec la même plaque de forte tôle et du mortier de glaise et sable, et encore de la poudre de charbon en grande quantité : on imagine bien quelle immense chaleur je renfermais ainsi dans le fourneau ; tout le charbon en était allumé du haut en bas lorsque je fis cesser le vent; toutes les pierres des parois étaient rouges du feu qui les pénétrait depuis quatre mois. Toute cette chaleur ne pouvait s'exhaler que par deux petites fentes qui s'étaient faites au mur du fourneau, et que je fis remplir de bon mortier afin de lui ôter encore ces issues; trois jours après je fis déboucher le gueulard, et je vis avec quelque surprise que, malgré cette chaleur immense renfermée dans le fourneau, le charbon ardent, quoique comprimé par la mine et chargé de 1,620 livres, n'avait baissé que de 16 pouces en trois jours ou soixante-douze heures. Je fis sur-le-champ remplir ces 16 pouces de vide avec vingt-cinq mesures de mine, pesant ensemble 1,500 livres. Trois jours après je fis déboucher cette même ouverture du gueulard, et je trouvai le même vide de 16 pouces, et par conséquent la même diminution, ou, si l'on veut, le même affaissement du charbon; je fis remplir de même avec 1,500 livres de mine; ainsi il y en avait déjà 4,620 livres sur le charbon, qui était tout embrasé lorsqu'on avait commencé de fermer le fourneau. Six jours après je fis déboucher le gueulard pour la troisième fois, et je trouvai que pendant ces six jours le charbon n'avait baissé que de 20 pouces, que l'on remplit avec 1,860 livres de mine; enfin neuf jours après on déboucha pour la quatrième fois, et je vis que pendant ces neuf derniers jours le charbon n'avait baissé que de 11 pouces, que je fis remplir de 1,920 livres de mine; ainsi il y en avait en tout 8,400 livres: on referma le gueulard avec les mêmes précautions, et le lendemain, c'est-à-dire vingt-deux jours après avoir bouché pour la première fois, je fis rompre la petite maçonnerie de briques qui bouchait l'ouverture de la coulée en laissant toujours fermée celle du gueulard, afin d'éviter le courant d'air qui aurait enflammé le charbon. La première chose que l'on tira par l'ouverture de la coulée furent des morceaux réduits en chaux dans l'ouvrage du fourneau; on y trouva aussi quelques petits morceaux de mâchefer, quelques autres d'une fonte mal dirigée, et environ 1 livre 1/2 de très bon fer qui s'était formé par coagulation. On tira près d'un tombereau de toutes ces matières, parmi lesquelles il y avait aussi quelques morceaux de mine brûlée, et presque réduite en mauvais laitier: cette mine brûlée ne provenait pas de celle que j'avais fait imposer sur les charbons après avoir fait cesser le vent, mais de celle qu'on y avait jetée sur la fin du fondage, qui s'était attachée aux parois du fourneau, et qui ensuite était tombée dans le creuset avec les parties de pierres calcinées auxquelles elle était unie.

Après avoir tiré ces matières on fit tomber le charbon; le premier qui parut était à peine rouge, mais dès qu'il eut de l'air il devint très rouge; on ne perdit pas un instant à le tirer, et on l'éteignait en même temps en jetant de l'eau dessus. Le gueulard étant toujours bien fermé, on tira tout le charbon par l'ouverture de la coulée, et aussi toute la mine dont je l'avais fait charger. La quantité de ce charbon tiré du fourneau montait à cent quinze corbeilles; en sorte que pendant ces vingt-deux jours d'une chaleur si violente, il paraissait qu'il ne s'en était consumé que dix-sept corbeilles, car toute la capacité du fourneau n'en contient que cent trente-cinq; et comme il y avait 16 pouces $\frac{1}{2}$ de vide lorsqu'on le boucha, il faut déduire deux corbeilles qui auraient été nécessaires pour remplir le vide.

Étonné de cette excessivement petite consommation du charbon pendant vingt-deux jours de l'action de la plus violente chaleur qu'on eût jamais enfermée, je regardai ces charbons de plus près, et je vis que quoiqu'ils eussent aussi peu perdu sur leur volume, ils avaient beaucoup perdu sur leur masse, et que, quoique l'eau avec laquelle on les avait éteints leur eût rendu du poids, ils étaient encore d'environ un tiers plus légers que quand on les avait jetés au fourneau; cependant les ayant fait transporter aux petites chaufferies des martinets et de la batterie, ils se trouvèrent encore assez bons pour chauffer, même à blanc, les petites barres de fer qu'on fait passer sous ces marteaux.

On avait tiré la mine en même temps que le charbon, et on l'avait soigneusement séparée et mise à part: la très violente chaleur qu'elle avait essuyée pendant un si long temps ne l'avait ni fondue, ni brûlée, ni même agglutinée ; le grain en était seulement devenu plus propre et plus luisant ; le sable vitrescible et les petits cailloux dont elle était mêlée ne s'étaient point fondus, et il me parut qu'elle n'avait perdu que l'humidité qu'elle contenait auparavant, car elle n'avait guère diminué que d'un cinquième en poids et d'environ un vingtième en volume, et cette dernière quantité s'était perdue dans les charbons.

Il résulte de cette expérience : 1° que la plus violente chaleur, et la plus concentrée pendant un très long temps, ne peut, sans le secours et le renouvellement de l'air, fondre la mine de fer, ni même le sable vitrescible, tandis qu'une chaleur de même espèce, et beaucoup moindre, peut calciner toutes les matières calcaires ; 2° que le charbon, pénétré de chaleur ou de feu, commence à diminuer de masse longtemps avant de diminuer de volume, et que ce qu'il perd le premier sont les parties les plus combustibles qu'il contient. Car en comparant cette seconde expérience avec la première, comment se pourrait-il que la même quantité de charbon se consomme plus vite avec une chaleur très médiocre qu'à une chaleur de la dernière violence, toutes deux également privées d'air, également retenues et concentrées dans le même vaisseau clos ? Dans la première expérience, le charbon, qui, dans une cavité presque froide, n'avait éprouvé que la légère impression d'un feu qu'on avait étouffé au moment que la flamme s'était montrée, avait néanmoins diminué des deux tiers en quinze jours : tandis que le même charbon, enflammé autant qu'il pouvait l'être par le vent des soufflets, et recevant encore la chaleur immense des pierres rouges de feu dont il était environné, n'a pas diminué d'un sixième pendant vingt-deux jours. Cela serait inexplicable si l'on ne faisait pas attention que, dans le premier cas, le charbon avait toute sa densité et contenait toutes ses parties combustibles, au lieu que dans le second cas, où il était dans l'état de la plus forte incandescence, toutes ses parties les plus combustibles étaient déjà brûlées. Dans la première expérience, la chaleur, d'abord très médiocre, allait toujours en augmentant à mesure que la combustion augmentait et se communiquait de plus en plus à la masse entière du charbon. Dans la seconde expérience, la chaleur excessive allait en diminuant à mesure que le charbon achevait de brûler, et il ne pouvait plus donner autant de chaleur, parce que sa combustion était fort avancée au moment qu'on l'avait enfermé : c'est là la vraie cause de cette différence d'effets. Le charbon, dans la première expérience, contenant toutes ses parties combustibles, brûlait mieux et se consumait plus vite que celui de la seconde expérience, qui ne contenait presque plus de matière combustible et ne pouvait augmenter son feu ni même l'entretenir au même degré que par l'emprunt de celui des murs du fourneau ; c'est par cette seule raison que la combustion allait toujours en diminuant, et qu'au total elle a été beaucoup moindre et plus lente que l'autre, qui allait toujours en augmentant et qui s'est faite en moins de temps. Lorsque tout accès est fermé à l'air et que les matières renfermées n'en contiennent que peu ou point dans leur substance, elles ne se consumeront pas, quelque violente que soit la chaleur ; mais s'il reste une certaine quantité d'air entre les interstices de la matière combustible, elle se consumera d'autant plus vite et d'autant plus qu'elle pourra fournir elle-même une plus grande quantité d'air. 3° Il résulte encore de ces expériences que la chaleur la plus violente, dès qu'elle n'est pas nourrie, produit moins d'effet que la plus petite chaleur qui trouve de l'aliment : la première est, pour ainsi dire, une chaleur morte qui ne se fait sentir que par sa déperdition ; l'autre est un feu vivant qui s'accroît à proportion des éléments qu'il consume. Pour reconnaître ce que cette chaleur morte, c'est-à-dire cette chaleur dénuée de tout aliment pouvait produire, j'ai fait l'expérience suivante.

TROISIÈME EXPÉRIENCE.

Après avoir tiré du fourneau, par l'ouverture de la coulée, tout le charbon qui y était contenu et l'avoir entièrement vidé de mine et de toute autre matière, je fis maçonner de nouveau cette ouverture et boucher avec le plus grand soin celle du gueulard en haut, toutes les pierres des parois du fourneau étant encore excessivement chaudes; l'air ne pouvait donc entrer dans le fourneau pour le rafraîchir, et la chaleur ne pouvait en sortir qu'à travers des murs de plus de 9 pieds d'épaisseur; d'ailleurs il n'y avait dans sa cavité, qui était absolument vide, aucune matière combustible, ni même aucune autre matière. Observant donc ce qui arriverait, je m'aperçus que tout l'effet de la chaleur se portait en haut, et que, quoique cette chaleur ne fût pas du feu vivant ou nourri par aucune matière combustible, elle fît rougir en peu de temps la forte plaque de tôle qui couvrait le gueulard; que cette incandescence donnée par la chaleur obscure à cette large pièce de fer se communiqua par le contact à toute la masse de poudre de charbon qui recouvrait les mortiers de cette plaque et enflamma du bois que je fis mettre dessus. Ainsi la seule évaporation de cette chaleur obscure et morte, qui ne pouvait sortir que des pierres du fourneau, produisit ici le même effet que le feu vif et nourri. Cette chaleur, tendant toujours en haut et se réunissant toute à l'ouverture du gueulard au-dessous de la plaque de fer, la rendit rouge, lumineuse et capable d'enflammer des matières combustibles. D'où l'on doit conclure qu'en augmentant la masse de la chaleur obscure, on peut produire de la lumière de la même manière qu'en augmentant la masse de la lumière on produit de la chaleur; que dès lors ces deux substances sont réciproquement convertibles de l'une en l'autre, et toutes deux nécessaires à l'élément du feu.

Lorsqu'on enleva cette plaque de fer qui couvrait l'ouverture supérieure du fourneau et que la chaleur avait fait rougir, il en sortit une vapeur légère et qui parut enflammée, mais qui se dissipa dans un instant : j'observai alors les pierres des parois du fourneau; elles me parurent calcinées en très grande partie et très profondément; et en effet, ayant laissé refroidir le fourneau pendant dix jours, elles se sont trouvées calcinées jusqu'à 2 pieds, et même 2 pieds 1/2 de profondeur, ce qui ne pouvait provenir que de la chaleur que j'y avait renfermée pour faire mes expériences, attendu que dans les autres fondages le feu animé par les soufflets n'avait jamais calciné les mêmes pierres à plus de 8 pouces d'épaisseur dans les endroits où il est le plus vif, et seulement à 2 ou 3 pouces dans tout le reste, au lieu que toutes les pierres, depuis le creuset jusqu'au terre-plein du fourneau, ce qui fait une hauteur de 20 pieds, étaient généralement réduites en chaux de 1 pied 1/2, de 2 pieds, et même de 2 pieds 1/2 d'épaisseur : comme cette chaleur renfermée n'avait pu trouver d'issue, elle avait pénétré les pierres bien plus profondément que la chaleur courante.

On pourrait tirer de cette expérience les moyens de cuire la pierre et de faire de la chaux à moindres frais, c'est-à-dire de diminuer de beaucoup la quantité de bois en se servant d'un fourneau bien fermé au lieu de fourneaux ouverts; il ne faudrait qu'une petite quantité de charbon pour convertir en chaux, dans moins de quinze jours, toutes les pierres contenues dans le fourneau, et les murs même du fourneau à plus d'un pied d'épaisseur, s'il était bien exactement fermé.

Dès que le fourneau fut assez refroidi pour permettre aux ouvriers d'y travailler, on fut obligé d'en démolir tout l'intérieur du haut en bas, sur une épaisseur circulaire de 4 pieds; on en tira cinquante-quatre muids de chaux, sur laquelle je fis les observations suivantes : 1° toute cette pierre, dont la calcination s'était faite à feu lent et concentré, n'était pas devenue aussi légère que la pierre calcinée à la manière ordinaire : celle-ci, comme je l'ai dit, perd à très peu près la moitié de son poids, et celle de mon fourneau n'en avait perdu qu'environ trois huitièmes; 2° elle ne saisit pas l'eau avec la même avidité que la chaux vive ordinaire : lorqu'on l'y plonge, elle ne donne d'abord aucun signe de chaleur ni d'ébullition, mais peu après elle se gonfle, se divise et s'élève, en sorte qu'on n'a pas besoin de la remuer comme on remue la chaux vive ordinaire pour l'éteindre; 3° cette chaux a une saveur beaucoup plus âcre que la chaux commune, elle contient par conséquent beaucoup plus d'alcali fixe; 4° elle est infiniment meilleure, plus liante et plus forte que l'autre chaux, et tous les ouvriers n'en emploient qu'environ les deux tiers de l'autre, et assurent que le mortier est encore excellent; 5° cette chaux ne s'éteint à l'air qu'après un temps très long, tandis qu'il ne faut qu'un jour ou deux pour réduire la chaux vive commune en poudre à l'air libre : celle-ci résiste à l'impression de l'air pendant un mois ou cinq semaines; 6° au lieu de se réduire en farine ou en poussière sèche comme la chaux commune, elle conserve son volume, et lorsqu'on la divise en l'écrasant, toute la masse paraît ductile et pénétrée d'une humidité grasse et liante, qui ne peut provenir que de l'humidité de l'air que la pierre a puissamment attiré et absorbé pendant les cinq semaines de temps employées à son extinction. Au reste, la chaux que l'on tire communément des fourneaux de forge a toutes ces mêmes propriétés: ainsi la chaleur obscure et lente produit encore ici les mêmes effets que le feu le plus vif et le plus violent.

Il sortit de cette démolition de l'intérieur du fourneau deux cent trente-deux quartiers de pierre de taille, tous calcinés plus ou moins profondément; ces quartiers avaient communément 4 pieds de longueur, la plupart étaient en chaux jusqu'à 18 pouces, et les autres à 2 pieds, et même 2 pieds 1/2, et cette portion calcinée se séparait aisément du reste de la pierre qui était saine et même plus dure que quand on l'avait posée pour bâtir le fourneau. Cette observation m'engagea à faire les expériences suivantes.

QUATRIÈME EXPÉRIENCE.

Je fis peser dans l'air et dans l'eau trois morceaux de ces pierres qui, comme l'on voit, avaient subi la plus grande chaleur qu'elles pussent éprouver sans se réduire en chaux, et j'en comparai la pesanteur spécifique avec celle de trois autres morceaux à peu près du même volume, que j'avais fait prendre dans d'autres quartiers de cette même pierre qui n'avaient point été employés à la construction du fourneau, ni par conséquent chauffés, mais qui avaient été tirés de la même carrière neuf mois auparavant, et qui étaient restés à l'exposition du soleil et de l'air. Je trouvai que la pesanteur spécifique des pierres échauffées à ce grand feu pendant cinq mois avait augmenté, qu'elle était constamment plus grande que celle de la même pierre non échauffée, d'un 81e sur le premier morceau, d'un 90e sur le second et d'un 85e sur le troisième : donc la pierre chauffée au degré voisin de celui de sa calcination gagne au moins un 86e de masse, au lieu qu'elle en perd trois huitièmes par la calcination qui ne suppose que 1 degré de chaleur de plus. Cette différence ne peut venir que de ce qu'à un certain degré de violente chaleur ou de feu, tout l'air et toute l'eau transformés en matière fixe dans la pierre reprennent leur première nature, leur élasticité, leur volatilité, et que dès lors ils se dégagent de la pierre et s'élèvent en vapeurs, que le feu enlève et entraine avec lui. Nouvelle preuve que la pierre calcaire est en très grande partie composée d'air fixe et d'eau fixe saisis et transformés en matière solide par le filtre animal.

Après ces expériences, j'en fis d'autres sur cette même pierre échauffée à un moindre degré de chaleur, mais pendant un temps aussi long; je fis détacher pour cela trois morceaux des parois extérieures de la lunette de la tuyère, dans un endroit ou la chaleur était à peu près de 95 degrés, parce que le soufre appliqué contre la muraille s'y ramollissait et commençait à fondre, et que ce degré de chaleur est à très peu près celui auquel le soufre entre en fusion. Je trouvai, par trois épreuves semblables aux précédentes, que cette même pierre, chauffée à ce degré pendant cinq mois, avait augmenté en pesanteur spécifique d'un 63ᵉ, c'est-à-dire de presque un quart de plus que celle qui avait éprouvé le degré de chaleur voisin de celui de la calcination, et je conclus de cette différence que l'effet de la calcination commençait à se préparer dans la pierre qui avait subi le plus grand feu, au lieu que celle qui n'avait éprouvé qu'une moindre chaleur avait conservé toutes les parties fixes qu'elle y avait déposées.

Pour me satisfaire pleinement sur ce sujet et reconnaître si toutes les pierres calcaires augmentent en pesanteur spécifique par une chaleur constamment et longtemps appliquée, je fis six nouvelles épreuves sur deux autres espèces de pierres. Celle dont était construit l'intérieur de mon fourneau, et qui a servi aux expériences précédentes, s'appelle dans le pays *pierre à feu*, parce qu'elle résiste plus à l'action du feu que toutes les autres pierres calcaires. Sa substance est composée de petits graviers calcaires liés ensemble par un ciment pierreux qui n'est pas fort dur, et qui laisse quelques interstices vides; sa pesanteur est néanmoins plus grande que celle des autres pierres calcaires d'environ un 20ᵉ. En ayant éprouvé plusieurs morceaux au feu de mes chaufferies, il a fallu pour les calciner plus du double du temps de celui qu'il fallait pour réduire en chaux les autres pierres : on peut donc être assuré que les expériences précédentes ont été faites sur la pierre calcaire la plus résistante au feu. Les pierres auxquelles je vais la comparer étaient aussi de très bonnes pierres calcaires dont on fait la plus belle taille pour les bâtiments : l'une a le grain fin et presque aussi serré que le marbre; l'autre a le grain un peu plus gros, mais toutes deux sont compactes et pleines, toutes deux font de l'excellente chaux grise, plus liante et plus forte que la chaux commune, qui est plus blanche.

En pesant dans l'air et dans l'eau trois morceaux chauffés et trois autres non chauffés de cette première pierre dont le grain était le plus fin, j'ai trouvé qu'elle avait gagné un 56ᵉ en pesanteur spécifique, par l'application constante pendant cinq mois d'une chaleur d'environ 90 degrés, ce que j'ai reconnu, parce qu'elle était voisine de celle dont j'avais fait casser les morceaux dans la voûte extérieure du fourneau, et que le soufre ne fondait plus contre ses parois : en ayant donc fait enlever trois morceaux encore chauds pour les peser et comparer avec d'autres morceaux de la même pierre qui étaient restés exposés à l'air libre, j'ai vu que l'un des morceaux avait augmenté d'un 60ᵉ, le second d'un 62ᵉ, le troisième d'un 56ᵉ. Ainsi cette pierre à grain très fin a augmenté en pesanteur spécifique de près d'un tiers de plus que la pierre à feu chauffée au degré voisin de celui de la calcination, et aussi d'environ un 7ᵉ de plus que cette même pierre à feu chauffée à 95 degrés, c'est-à-dire à une chaleur à peu près égale.

La seconde pierre, dont le grain était moins fin, formait une assise entière de la voûte extérieure du fourneau, et je fus maître de choisir les morceaux dont j'avais besoin pour l'expérience, dans un quartier qui avait subi pendant le même temps de cinq mois le même degré 95 de chaleur que la pierre à feu : en ayant donc fait casser trois morceaux, et m'étant muni de trois autres qui n'avaient pas été chauffés, je trouvai que l'un de ces morceaux chauffés avait augmenté d'un 54ᵉ, le second d'un 63ᵉ et le troisième d'un 66ᵉ; ce qui donne pour la mesure moyenne un 61ᵉ d'augmentation en pesanteur spécifique.

Il résulte de ces expériences : 1° que toute pierre calcaire, chauffée pendant longtemps, acquiert de la masse et devient plus pesante; cette augmentation ne peut venir que des particules de chaleur qui la pénètrent et s'y unissent par leur longue résidence, et qui dès lors en deviennent partie constituante sous une forme fixe; 2° que cette augmentation de pesanteur spécifique étant d'un 61ᵉ ou d'un 56ᵉ ou d'un 65ᵉ ne se trouve varier ici que par la nature des différentes pierres; que celles dont le grain est le plus fin, sont celles dont la chaleur augmente le plus la masse, et dans lesquelles les pores étant plus petits, elle se fixe plus aisément et en plus grande quantité; 3° que la quantité de chaleur qui se fixe dans la pierre est encore bien plus grande que ne le désigne ici l'augmentation de la masse; car la chaleur, avant de se fixer dans la pierre, a commencé par en chasser toutes les parties humides qu'elle contenait : on sait qu'en distillant la pierre calcaire dans une cornue bien fermée, on tire de l'eau pure jusqu'à concurrence d'un seizième de son poids ; mais comme une chaleur de 95 degrés, quoique appliquée pendant cinq mois, pourrait néanmoins produire à cet égard de moindres effets que le feu violent qu'on applique au vaisseau dans lequel on distille la pierre, réduisons de moitié et même des trois quarts cette quantité d'eau enlevée à la pierre par la chaleur de 95 degrés, on ne pourra pas disconvenir que la quantité de chaleur qui s'est fixée dans cette pierre, ne soit d'abord d'un 60e indiqué par l'augmentation de la pesanteur spécifique, et encore d'un 64e pour le quart de la quantité d'eau qu'elle contenait, et que cette chaleur aura fait sortir ; en sorte qu'on peut assurer, sans craindre de se tromper, que la chaleur qui pénètre dans la pierre lui étant appliquée pendant longtemps, s'y fixe en assez grande quantité pour en augmenter la masse tout au moins d'un trentième, même dans la supposition qu'elle n'ait chassé pendant ce long temps que le quart de l'eau que la pierre contenait.

CINQUIÈME EXPÉRIENCE.

Toutes les pierres calcaires dont la pesanteur spécifique augmente par la longue application de la chaleur acquièrent, par cette espèce de dessèchement, plus de dureté qu'elles n'en avaient auparavant. Voulant reconnaître si cette dureté serait durable, et si elles ne perdraient avec le temps non seulement cette qualité, mais celle de l'augmentation de densité qu'elles avaient acquise par la chaleur, je fis exposer aux injures de l'air plusieurs parties des trois espèces de pierres qui avaient servi aux expériences précédentes, et qui toutes avaient été plus ou moins chauffées pendant cinq mois. Au bout de quinze jours, pendant lesquels il y avait eu des pluies, je les fis sonder et frapper au marteau par le même ouvrier qui les avait trouvées très dures quinze jours auparavant; il reconnut avec moi que la pierre à feu qui était la plus poreuse, et dont le grain était le plus gros, n'était déjà plus aussi dure et qu'elle se laissait travailler plus aisément. Mais les deux autres espèces, et surtout celle dont le grain était le plus fin, avaient conservé la même dureté; néanmoins elles la perdirent en moins de six semaines. Et les ayant fait alors éprouver à à la balance hydrostatique, je reconnus qu'elles avaient aussi perdu une assez grande quantité de la matière fixe que la chaleur y avait déposée. Néanmoins au bout de plusieurs mois elles étaient toujours spécifiquement plus pesantes d'un 150e ou d'un 160e que celles qui n'avaient point été chauffées. La différence devenant alors trop difficile à saisir entre ces morceaux et ceux qui n'avaient pas été chauffés, et qui tous étaient également exposés à l'air, je fus forcé de borner là cette expérience, mais je suis persuadé qu'avec beaucoup de temps ces pierres auraient perdu toute leur pesanteur acquise. Il en est de même de la dureté : après quelques mois d'exposition à l'air, les ouvriers les ont traitées tout aussi aisément que les autres pierres de même espèce qui n'avaient point été chauffées.

Il résulte de cette expérience, que les particules de chaleur qui se fixent dans la pierre, n'y sont, comme je l'ai dit, unies que par force; que, quoiqu'elle les conserve après son entier refroidissement et pendant assez longtemps, si on la préserve de toute humidité, elle les perd néanmoins peu à peu par les impressions de l'air et de la pluie, sans doute parce que l'air et l'eau ont plus d'affinité avec la pierre que les parties de la chaleur qui s'y étaient logées. Cette chaleur fixe n'est plus active; elle est pour ainsi dire morte et entièrement passive : dès lors loin de pouvoir chasser l'humidité, celle-ci la chasse à son tour et reprend toutes les places qu'elle lui avait cédées. Mais dans d'autres matières qui n'ont pas avec l'eau autant d'affinité que la pierre calcaire, cette chaleur une fois fixée n'y demeure-t-elle pas constamment et à toujours? C'est ce que j'ai cherché à constater par l'expérience suivante.

J'ai pris plusieurs morceaux de fonte de fer que j'ai fait casser dans les gueuses qui avaient servi plusieurs fois à soutenir les parois de la cheminée de mon fourneau, et qui par conséquent avaient été chauffées trois fois pendant quatre ou cinq mois de suite au degré de chaleur qui calcine la pierre, car ces gueuses avaient soutenu les pierres ou les briques de l'intérieur du fourneau, et n'étaient défendues de l'action immédiate du feu que par une pierre épaisse de 3 ou 4 pouces qui formait le dernier rang des étalages du fourneau ; ces dernières pierres, ainsi que toutes les autres dont les étalages étaient construits, s'étaient réduites en chaux à chaque fondage, et la calcination avait toujours pénétré de près de 8 pouces dans celles qui étaient exposées à la plus violente action du feu : ainsi les gueuses, qui n'étaient recouvertes que de 4 pouces par ces pierres, avaient certainement subi le même degré de feu que celui qui produit la parfaite calcination de la pierre, et l'avaient, comme je l'ai dit, subi trois fois pendant quatre ou cinq mois de suite. Les morceaux de cette fonte de fer que je fis casser ne se séparèrent du reste de la gueuse qu'à coups de masse très réitérés, au lieu que des gueuses de cette même fonte, mais qui n'avaient pas subi l'action du feu, étaient très cassantes et se séparaient en morceaux aux premiers coups de masse ; je reconnus dès lors que cette fonte, chauffée à un aussi grand feu et pendant si longtemps, avait acquis beaucoup plus de dureté et de ténacité qu'elle n'en avait auparavant, beaucoup plus même à proportion que n'en avaient acquis les pierres calcaires. Par ce premier indice je jugeai que je trouverais une différence encore plus grande dans la pesanteur spécifique de cette fonte si longtemps chauffée. Et en effet, le premier morceau que j'éprouvai à la balance hydrostatique pesait dans l'air 4 livres 4 onces 3 gros, ou 547 gros ; le même morceau pesait dans l'eau 3 livres 11 onces 2 gros $\frac{1}{2}$, c'est-à-dire 474 gros $\frac{1}{2}$: la différence est de 72 $\frac{1}{2}$; l'eau dont je me servais pour mes expériences pesait exactement 70 livres le pied cube et le volume d'eau déplacé par celui du morceau de cette fonte pesait 72 gros $\frac{1}{2}$: ainsi 72 gros $\frac{1}{2}$, poids du volume de l'eau déplacée par le morceau de fonte, sont à 70 livres, poids du pied cube de l'eau, comme 547 gros, poids du morceau de fonte, sont à 528 livres 2 onces 1 gros 47 grains, poids du pied cube de cette fonte, et ce poids excède beaucoup celui de cette même fonte lorsqu'elle n'a pas été chauffée : c'est une fonte blanche qui communément est très cassante et dont le poids n'est que de 495 ou 500 livres tout au plus. Ainsi la pesanteur spécifique se trouve augmentée de 28 sur 500 par cette très longue application de la chaleur, ce qui fait environ un dix-huitième de la masse ; je me suis assuré de cette grande différence par cinq épreuves successives pour lesquelles j'ai eu attention de prendre toujours des morceaux pesant chacun 4 livres au moins, et comparés un à un avec des morceaux de même figure et d'un volume à peu près égal : car quoiqu'il paraisse qu'ici la différence du volume, quelque grande qu'elle soit, ne devrait rien faire, et ne peut influer sur le résultat de l'opération de la balance hydrostatique, cependant ceux qui sont exercés à la manier se seront aperçus, comme moi, que les résultats sont toujours plus justes lorsque les volumes des matières qu'on compare ne sont pas bien plus grands l'un que l'autre. L'eau, quelque fluide qu'elle nous paraisse, a néanmoins un certain petit degré de ténacité qui influe plus ou moins sur des volumes plus ou moins grands. D'ailleurs il y a très peu de matières qui soient parfaitement homogènes ou égales en pesanteur dans toutes les parties extérieures du volume qu'on soumet à l'épreuve : ainsi, pour obtenir un résultat sur lequel on puisse compter précisément, il faut toujours comparer des morceaux d'un volume approchant, et d'une figure qui ne soit pas bien différente ; car si d'une part on pesait un globe de fer de 2 livres, et d'autre part une feuille de tôle du même poids, on trouverait à la balance hydrostatique leur pesanteur spécifique, quoiqu'elle fût réellement la même.

Je crois que quiconque réfléchira sur les expériences précédentes et sur leurs résultats, ne pourra disconvenir que la chaleur très longtemps appliquée aux différents corps qu'elle pénètre ne dépose dans leur intérieur une très grande quantité de particules qui deviennent parties constituantes de leur masse, et qui s'y unissent et y adhèrent d'autant plus que les matières se trouvent avoir avec elles plus d'affinité et d'autres rapports de nature. Aussi me trouvant muni de ces expériences, je n'ai pas craint d'avancer, dans mon Traité des éléments, que les molécules de la chaleur se fixaient dans tous les corps, comme s'y fixent celles de la lumière et celles de l'air dès qu'il est accompagné de chaleur ou de feu.

SIXIÈME MÉMOIRE

EXPÉRIENCES SUR LA LUMIÈRE ET SUR LA CHALEUR QU'ELLE PEUT PRODUIRE.

ARTICLE PREMIER

INVENTION DE MIROIRS POUR BRULER A DE GRANDES DISTANCES.

L'histoire des miroirs ardents d'Archimède est fameuse : il les inventa pour la défense de sa patrie, et il lança, disent les anciens, le feu du soleil sur la flotte ennemie, qu'il réduisit en cendres lorsqu'elle approcha des remparts de Syracuse; mais cette histoire, dont on n'a pas douté pendant quinze ou seize siècles, a d'abord été contredite, et ensuite traitée de fable pendant ces derniers temps. Descartes, né pour juger et même pour surpasser Archimède, a prononcé contre lui d'un ton de maître; il a nié la possibilité de l'invention, et son opinion a prévalu sur les témoignages et sur la croyance de toute l'antiquité : les physiciens modernes, soit par respect pour leur philosophes, soit par complaisance pour leurs contemporains, ont été de même avis. On n'accorde guère aux anciens que ce qu'on ne peut leur ôter : déterminés peut-être par ces motifs, dont l'amour-propre ne se sert que trop souvent sans qu'on s'en aperçoive, n'avons-nous pas naturellement trop de penchant à refuser ce que nous devons à ceux qui nous ont précédés? Et si notre siècle refuse plus qu'un autre, ne serait-ce pas, qu'étant plus éclairé, il croit avoir plus de droits à la gloire, plus de prétentions à la supériorité?

Quoi qu'il en soit, cette invention était dans le cas de plusieurs autres découvertes de l'antiquité qui se sont évanouies, parce qu'on a préféré la facilité de les nier à la difficulté de les retrouver; et les miroirs ardents d'Archimède étaient si décriés qu'il ne paraissait pas possible d'en rétablir la réputation; car, pour rappeler du jugement de Descartes, il fallait quelque chose de plus fort que des raisons, et il ne restait qu'un moyen sûr et décisif, à la vérité, mais difficile et hardi, c'était d'entreprendre de trouver les miroirs, c'est-à-dire d'en faire qui pussent produire les mêmes effets : j'en avais conçu depuis longtemps l'idée, et j'avouerai volontiers que le plus difficile de la chose était de la voir possible, puisque dans l'exécution j'ai réussi au delà de mes espérances (*).

(*) Les premières expériences de Buffon sur les miroirs ardents furent faites en 1747. L'une d'elles eut lieu à la Muette en présence de Louis XV auquel Buffon offrit le miroir

J'ai donc cherché le moyen de faire des miroirs pour brûler à de grandes distances, comme de 100, de 200 et 300 pieds : je savais en général qu'avec les miroirs par réflexion l'on n'avait jamais brûlé qu'à 15 ou 20 pieds tout au plus, et qu'avec ceux qui sont réfringents, la distance était encore plus courte, et je sentais bien qu'il était impossible, dans la pratique, de travailler un miroir de métal ou de verre avec assez d'exactitude pour brûler à ces grandes distances; que pour brûler, par exemple, à 200 pieds, la sphère ayant dans ce cas 800 pieds de diamètre, on ne pouvait rien espérer de la méthode ordinaire de travailler les verres, et je me persuadai bientôt que, quand même on pourrait en trouver une nouvelle pour donner à de grandes pièces de verre ou de métal une courbure aussi légère, il n'en résulterait encore qu'un avantage très peu considérable, comme je le dirai dans la suite.

Mais, pour aller par ordre, je cherchai d'abord combien la lumière du soleil perdait par la réflexion à différentes distances, et quelles sont les matières qui la réfléchissent le plus fortement. Je trouvai premièrement que les glaces étamées, lorsqu'elles sont polies avec un peu de soin, réfléchissent plus puissamment la lumière que les métaux les mieux polis, et même mieux que le métal composé dont on se sert pour faire des miroirs de télescopes; et que, quoiqu'il y ait dans les glaces deux réflexions, l'une à la surface et l'autre à l'intérieur, elles ne laissent pas de donner une lumière plus vive et plus nette que le métal, qui produit une lumière colorée.

En second lieu, en recevant la lumière du soleil dans un endroit obscur, et en la comparant avec cette même lumière du soleil réfléchie par une glace, je trouvai qu'à de petites distances, comme 4 ou 5 pieds, elle ne perdait qu'environ moitié par la réflexion: ce que je jugeai en faisant tomber sur la première lumière réfléchie une seconde lumière aussi réfléchie : car la vivacité de ces deux lumières réfléchies me parut égale à celle de la lumière directe.

Troisièmement, ayant reçu à de grandes distances, comme à 100, 200 et 300 pieds, cette même lumière réfléchie par de grandes glaces, je reconnus qu'elle ne perdait presque rien de sa force par l'épaisseur de l'air qu'elle avait à traverser.

Ensuite je voulus essayer les mêmes choses sur la lumière des bougies; et, pour m'assurer plus exactement de la quantité d'affaiblissement que la réflexion cause à cette lumière, je fis l'expérience suivante :

Je me mis vis-à-vis une glace de miroir, avec un livre à la main, dans une chambre où l'obscurité de la nuit était entière, et où je ne pouvais distinguer aucun objet : je fis allumer dans une chambre voisine, à 40 pieds de distance environ, une seule bougie, et je la fis approcher peu à peu, jusqu'à ce que je pusse distinguer les caractères et lire le livre que j'avais à la main; la distance se trouva de 24 pieds du livre à la bougie : ensuite ayant retourné le livre du côté du miroir, je cherchai à lire par cette même lumière réfléchie, et je fis intercepter par un paravent la partie de la lumière directe qui ne tombait pas sur le miroir, afin de n'avoir sur mon livre que la lumière réfléchie. Il fallut approcher la bougie, ce qu'on fit peu à peu, jusqu'à ce que je pusse lire les mêmes caractères éclairés par la lumière réfléchie; et alors la distance du livre à la bougie, y compris celle du livre au miroir, qui n'était que de 1/2 pied, se trouva être en tout de 15 pieds; je répétai cela plusieurs fois, et j'eus toujours les mêmes résultats à très peu près : d'où je conclus que la force ou la quantité de la lumière directe est à celle de la lumière réfléchie comme 576 à 225 : ainsi l'effet de la lumière de cinq bougies reçues par une glace plane est à peu près égal à celui de la lumière directe de deux bougies.

La lumière des bougies perd donc plus par la réflexion que la lumière du soleil; et

qui venait de servir. Ces expériences firent à l'époque beaucoup de bruit, un grand nombre de personnes les renouvelèrent et Buffon en retira une grande popularité.

cette différence vient de ce que les rayons de lumière qui partent de la bougie comme d'un centre tombent plus obliquement sur le miroir que les rayons du soleil, qui viennent presque parallèlement. Cette expérience confirma donc ce que j'avais trouvé d'abord, et je tins pour sûr que la lumière du soleil ne perd qu'environ moitié par sa réflexion sur une glace de miroir.

Ces premières connaissances dont j'avais besoin étant acquises, je cherchai ensuite ce que deviennent en effet les images du soleil lorsqu'on les reçoit à de grandes distances. Pour bien entendre ce que je vais dire, il ne faut pas, comme on le fait ordinairement, considérer les rayons du soleil comme parallèles ; et il faut se souvenir que le corps du soleil occupe à nos yeux une étendue d'environ 32 minutes ; que par conséquent les rayons qui partent du bord supérieur du disque, venant à tomber sur un point d'une surface réfléchissante, les rayons qui partent du bord inférieur, venant à tomber aussi sur le même point de cette surface, ils forment entre eux un angle de 32 minutes dans l'incidence et ensuite dans la réflexion, et que pas conséquent l'image doit augmenter de grandeur à mesure qu'elle s'éloigne. Il faut de plus faire attention à la figure de ces images : par exemple, une glace plane carrée de 1/2 pied, exposée aux rayons du soleil, formera une image carrée de 6 pouces lorsqu'on recevra cette image à une petite distance de la glace, comme de quelques pieds ; en s'éloignant peu à peu, on voit l'image augmenter, ensuite se déformer, enfin s'arrondir et demeurer ronde, toujours en s'agrandissant à mesure qu'elle s'éloigne du miroir. Cette image est composée d'autant de disques du soleil qu'il y a de points physiques dans la surface réfléchissante ; le point du milieu forme une image du disque ; les points voisins en forment de semblables et de même grandeur qui excèdent un peu le disque du milieu ; il en est de même de tous les autres points, et l'image est composée d'une infinité de disques qui, se surmontant régulièrement et anticipant circulairement les uns sur les autres, forment l'image réfléchie dont le point du milieu de la glace est le centre.

Si l'on reçoit l'image composée de tous ces disques à une petite distance, alors l'étendue qu'ils occupent n'étant qu'un peu plus grande que celle de la glace, cette image est de la même figure et à peu près de la même étendue que la glace : si la glace est carrée, l'image est carrée ; si la glace est triangulaire, l'image est triangulaire ; mais lorsqu'on reçoit l'image à une grande distance de la glace, où l'étendue qu'occupent les disques est beaucoup plus grande que celle de la glace, l'image ne conserve plus la figure carrée ou triangulaire de la glace, elle devient nécessairement circulaire ; et, pour trouver le point de distance où l'image perd sa figure carrée, il n'y a qu'à chercher à quelle distance la glace nous paraît sous un angle égal à celui que forme le corps du soleil à nos yeux, c'est-à-dire sous un angle de 32 minutes, cette distance sera celle où l'image perdra sa figure carrée et deviendra ronde ; car les disques ayant toujours pour diamètre une ligne égale à la corde de l'arc de cercle qui mesure un angle de 32 minutes, on trouvera par cette règle qu'une glace carrée de 6 pouces perd sa figure carrée à la distance d'environ 60 pieds, et qu'une glace de 1 pied en carré ne la perd qu'à 120 pieds environ, et ainsi des autres.

En réfléchissant un peu sur cette théorie, on ne sera plus étonné de voir qu'à de très grandes distances, une grande et une petite glace donnent à peu près une image de la même grandeur, et qui ne diffère que par l'intensité de la lumière ; on ne sera plus surpris qu'une glace ronde, ou carrée, ou longue, ou triangulaire, ou de telle autre figure que l'on voudra (a), donne toujours des images rondes, et on verra clairement que les images

(a) C'est par cette même raison que les petites images du soleil qui passent entre les feuilles des arbres élevés et touffus, qui tombent sur le sable d'une allée, sont toutes ovales ou rondes.

ne s'agrandissent et ne s'affaiblissent pas par la dispersion de la lumière ou par la perte qu'elle fait en traversant l'air, comme l'ont cru quelques physiciens, et que cela n'arrive au contraire que par l'augmentation des disques, qui occupent toujours un espace de 32 minutes, à quelque éloignement qu'on les porte.

De même on sera convaincu, par la simple exposition de cette théorie, que les courbes, de quelque espèce qu'elles soient, ne peuvent être employées avec quelque avantage pour brûler de loin, parce que le diamètre du foyer de toutes les courbes ne peut jamais être plus petit que la corde de l'arc qui mesure un angle de 32 minutes, et que par conséquent le miroir concave le plus parfait dont le diamètre serait égal à cette corde ne ferait jamais le double de l'effet de ce miroir plan de même surface (a); et si le diamètre de ce miroir courbe était plus petit que cette corde, il ne ferait guère plus d'effet qu'un miroir plan de même surface.

Lorsque j'eus bien compris ce que je viens d'exposer, je me persuadai bientôt, à n'en pouvoir douter, qu'Archimède n'avait pu brûler de loin qu'avec des miroirs plans : car, indépendamment de l'impossibilité où l'on était alors et où l'on serait encore aujourd'hui d'exécuter des miroirs concaves d'un aussi long foyer, je sentis bien que les réflexions que je viens de faire ne pouvaient pas avoir échappé à ce grand mathématicien. D'ailleurs je pensai que, selon toutes les apparences, les anciens ne savaient pas faire de grandes masses de verre, qu'ils ignoraient l'art de le couler pour en faire de grandes glaces, qu'ils n'avaient tout au plus que celui de le souffler et d'en faire des bouteilles et des vases; et je me persuadai aisément que c'était avec des miroirs plans de métal poli et par la réflexion des rayons du soleil qu'Archimède avait brûlé au loin; mais comme j'avais reconnu que les miroirs de glace réfléchissent plus puissamment la lumière que les miroirs du métal le plus poli, je pensai à faire construire une machine pour faire coïncider au même point les images réfléchies par un grand nombre de ces glaces planes, bien convaincu que ce moyen était le seul par lequel il fût possible de réussir.

Cependant j'avais encore des doutes, et qui me paraissaient même très bien fondés, car voici comment je raisonnais. Supposons que la distance à laquelle je veux brûler soit de 240 pieds, je vois clairement que le foyer de mon miroir ne peut avoir moins de 2 pieds de diamètre à cette distance; dès lors quelle sera l'étendue que je serai obligé de donner à mon assemblage de miroirs plans pour produire du feu dans un aussi grand foyer? Elle pouvait être si grande que la chose eût été impraticable dans l'exécution; car en comparant le diamètre du foyer au diamètre du miroir, dans les meilleurs miroirs par réflexion que nous ayons, par exemple avec le miroir de l'Académie, j'avais observé que le diamètre de ce miroir, qui est de 3 pieds, était cent huit fois plus grand que le diamètre de son foyer, qui n'a qu'environ 4 lignes, et j'en concluais que, pour brûler aussi vivement à 240 pieds, il eût été nécessaire que mon assemblage de miroirs eût eu 216 pieds de diamètre, puisque le foyer aurait 2 pieds; or, un miroir de 216 pieds de diamètre était assurément une chose impossible.

A la vérité, ce miroir de 3 pieds de diamètre brûle assez vivement pour fondre l'or, et je voulus voir combien j'avais à gagner en réduisant son action à n'enflammer que du bois : pour cela, j'appliquai sur le miroir des zones circulaires de papier pour en diminuer le diamètre, et je trouvai qu'il n'avait plus assez de force pour enflammer du bois sec lorsque son diamètre fut réduit à 4 pouces 8 ou 9 lignes : prenant donc 5 pouces ou 60 lignes pour l'étendue du diamètre nécessaire pour brûler avec un foyer de 4 lignes, je ne pouvais me dispenser de conclure que, pour brûler également à 240 pieds,

_(a)_ Si l'on se donne la peine de le supputer, on trouvera que le miroir courbe le plus parfait n'a d'avantage sur un miroir plan que dans la raison de 17 à 10, du moins à très peu près.

où le foyer aurait nécessairement 2 pieds de diamètre, il me faudrait un miroir de 30 pieds de diamètre ; ce qui me paraissait encore une chose impossible, ou du moins impraticable.

A des raisons si positives, et que d'autres auraient regardées comme des démonstrations de l'impossibilité du miroir, je n'avais rien à opposer qu'un soupçon, mais un soupçon ancien, et sur lequel plus j'avais réfléchi, plus je m'étais persuadé qu'il n'était pas sans fondement : c'est que les effets de la chaleur pouvaient bien n'être pas proportionnels à la quantité de lumière, ou, ce qui revient au même, qu'à égale intensité de lumière les grands foyers devaient brûler plus vivement que les petits.

En estimant la chaleur mathématiquement, il n'est pas douteux que la force des foyers de même longueur ne soit proportionnelle à la surface des miroirs. Un miroir dont la surface est double de celle d'un autre doit avoir un foyer de la même grandeur, si la courbure est la même ; et ce foyer de même grandeur doit contenir le double de la quantité de lumière que contient le premier foyer ; et dans la supposition que les effets sont toujours proportionnels à leurs causes, on avait toujours cru que la chaleur de ce second foyer devait être double de celle du premier.

De même, et par la même estimation mathématique, on a toujours cru qu'à égale intensité de lumière un petit foyer devait brûler autant qu'un grand, et que l'effet de la chaleur devait être proportionnel à cette intensité de lumière ; *en sorte*, disait Descartes, *qu'on peut faire des verres ou des miroirs extrêmement petits qui brûleront avec autant de violence que les plus grands.* Je pensai d'abord, comme je l'ai dit ci-dessus, que cette conclusion, tirée de la théorie mathématique, pourrait bien se trouver fausse dans la pratique, parce que la chaleur étant une qualité physique de l'action et de la propagation de laquelle nous ne connaissons pas bien les lois, il me semblait qu'il y avait quelque espèce de témérité à en estimer ainsi les effets par un raisonnement de simple spéculation.

J'eus donc recours une fois à l'expérience : je pris des miroirs de métal de différents foyers et de différents degrés de poliment ; et en comparant l'action des différents foyers sur les mêmes matières fusibles ou combustibles, je trouvai qu'à égale intensité de lumière les grands foyers font constamment beaucoup plus d'effet que les petits, et produisent souvent l'inflammation ou la fusion, tandis que les petits ne produisent qu'une chaleur médiocre ; je trouvai la même chose avec les miroirs par réfraction. Pour le faire mieux sentir, prenons, par exemple, un grand miroir ardent par réfraction, tel que celui du sieur Segard, qui a 32 pouces de diamètre et un foyer de 8 lignes de largeur à 6 pieds de distance, auquel foyer le cuivre se fond en moins d'une minute, et faisons dans les mêmes proportions un petit verre ardent de 32 lignes de diamètre, dont le foyer sera de $\frac{8}{17}$ ou $\frac{2}{3}$ de ligne, et la distance à 6 pouces : puisque le grand miroir fond le cuivre en une minute dans l'étendue entière de son foyer, qui est de 8 lignes, le petit verre devrait, selon la théorie, fondre dans le même temps la même matière dans l'étendue de son foyer, qui est de $\frac{2}{3}$ de ligne. Ayant fait l'expérience, j'ai trouvé, comme je m'y attendais bien que, loin de fondre le cuivre, ce petit verre ardent pouvait à peine donner un peu de chaleur à cette matière.

La raison de cette différence est aisée à donner, si l'on fait attention que la chaleur se communique de proche en proche et se disperse, pour ainsi dire, lors même qu'elle est appliquée continuellement sur le même point : par exemple, si l'on fait tomber le foyer d'un verre ardent sur le centre d'un écu, et que ce foyer n'ait que 1 ligne de diamètre, la chaleur qu'il produit sur le centre de l'écu se disperse et s'étend dans le volume entier de l'écu, et il devient chaud jusqu'à la circonférence ; dès lors toute la chaleur, quoique employée d'abord contre le centre de l'écu, ne s'y arrête pas et ne peut pas produire un aussi grand effet que si elle y demeurait tout entière. Mais si, au lieu d'un foyer de 1 ligne qui tombe sur le milieu de l'écu, on fait tomber sur l'écu tout entier un foyer d'égale intensité, toutes les parties de l'écu étant également échauffées dans ce dernier cas, non seulement il n'y a pas de perte de chaleur comme dans le premier, mais même il y a du gain et de l'augmentation de chaleur, car le point du milieu profitant de la chaleur des autres points qui l'environnent, l'écu séra fondu dans ce dernier cas, tandis que dans le premier il ne sera que légèrement échauffé.

Après avoir fait ces expériences et ces réflexions, je sentis augmenter prodigieusement l'espérance que j'avais de réussir à faire des miroirs qui brûleraient au loin; car je commençai à ne plus craindre autant que je l'avais craint d'abord la grande étendue des foyers; je me persuadai au contraire qu'un foyer d'une largeur considérable, comme de 2 pieds, et dans lequel l'intensité de la lumière ne serait pas à beaucoup près aussi grande que dans un petit foyer, comme de 4 lignes, pourrait cependant produire avec plus de force l'inflammation et l'embrasement, et que par conséquent ce miroir qui, par la théorie mathématique, devait avoir au moins 30 pieds de diamètre, se réduirait sans doute à un miroir de 8 ou 10 pieds tout au plus : ce qui est non seulement une chose possible, mais même très praticable.

Je pensai donc sérieusement à exécuter mon projet : d'abord j'avais dessein de brûler à 200 ou 300 pieds avec des glaces circulaires ou hexagones de 1 pied carré de surface, et je voulais faire quatre châssis de fer pour les porter, avec trois vis à chacune pour les mouvoir en tout sens, et un ressort pour les assujettir; mais la dépense trop considérable qu'exigeait cet ajustement me fit abandonner cette idée, et je me rabattis à des glaces communes de 6 pouces sur 8 pouces, et un ajustement en bois qui, à la vérité, est moins solide et moins précis, mais dont la dépense convenait mieux à une tentative. M. Passemant, dont l'habileté dans les mécaniques est connue même de l'Académie, se chargea de ce détail, et je n'en ferai pas la description, parce qu'un coup d'œil sur le miroir en fera mieux entendre la construction qu'un long discours (a).

Il suffira de dire qu'il a d'abord été composé de cent soixante-huit glaces étamées de 6 pouces sur 8 pouces chacune, éloignées les unes des autres d'environ 4 lignes : que chacune de ces glaces se peut mouvoir en tout sens, et indépendamment de toutes, et que les 4 lignes d'intervalle qui sont entre elles servent non seulement à la liberté de ce mouvement, mais aussi à laisser voir à celui qui opère l'endroit où il faut conduire ses images. Au moyen de cette construction l'on peut faire tomber sur le même point les cent soixante-huit images et par conséquent brûler à plusieurs distances, comme à 20, 30, et jusqu'à 150 pieds, et à toutes les distances intermédiaires; et en augmentant la grandeur du miroir, ou en faisant d'autres miroirs semblables au premier, on est sûr de porter le feu à de plus grandes distances encore, ou d'en augmenter autant qu'on voudra la force ou l'activité à ces premières distances.

Seulement il faut observer que le mouvement dont j'ai parlé n'est point trop aisé à exécuter, et que d'ailleurs il y a un grand choix à faire dans les glaces : elles ne sont pas toutes à beaucoup près également bonnes, quoiqu'elles paraissent telles à la première inspection; j'ai été obligé d'en prendre plus de cinq cents pour avoir les cent soixante-huit dont je me suis servi; la manière de les essayer est de recevoir à une grande distance, par exemple à 150 pieds, l'image réfléchie du soleil comme un plan vertical; il faut choisir celles qui donnent une image ronde et bien terminée, et rebuter toutes les autres qui sont en beaucoup plus grand nombre, et dont les épaisseurs étant inégales en différents endroits, ou la surface un peu concave ou convexe au lieu d'être plane, donnent des images mal terminées, doubles, triples, oblongues, chevelues, etc., suivant les différentes défectuosités qui se trouvent dans les glaces.

(a) Voyez les planches VII, VIII et IX, avec l'explication des figures 1, 2, 3, 4, 5, 6 et 7.

Pour la première expérience que j'ai faite le 2? mars 1747 à midi, j'ai mis le feu, à 66 pieds de distance, à une planche de hêtre goudronnée, avec quarante glaces seulement, c'est-à-dire avec le quart du miroir environ ; mais il faut observer que, n'étant pas encore monté sur son pied, il était posé très désavantageusement, faisant avec le soleil un angle de près de 20 degrés de déclinaison, et un autre de plus de 10 degrés de déclinaison.

Le même jour j'ai mis le feu à une planche goudronnée et soufrée, à 126 pieds de distance, avec quatre-vingt-dix-huit glaces, le miroir étant posé encore plus désavantageusement. On sent bien que, pour brûler avec le plus d'avantage, il faut que le miroir soit directement opposé au soleil, aussi bien que les matières qu'on veut enflammer ; en sorte qu'en supposant un plan perpendiculaire sur le plan du miroir, il faut qu'il passe par le soleil, et en même temps par le milieu des matières combustibles.

Le 3 avril, à quatre heures du soir, le miroir étant monté et posé sur son pied, on a produit une légère inflammation sur une planche couverte de laine hachée, à 138 pieds de distance, avec cent douze glaces, quoique le soleil fût faible et que la lumière en fût fort pâle. Il faut prendre garde à soi lorsqu'on approche de l'endroit où sont les matières combustibles, et il ne faut pas regarder le miroir, car si malheureusement les yeux se trouvaient au foyer, on serait aveuglé par l'éclat de la lumière.

Le 4 avril, à onze heures du matin, le soleil étant fort pâle et couvert de vapeurs et de nuages légers, on n'a pas laissé de produire, avec cent cinquante-quatre glaces, à 150 pieds de distance, une chaleur si considérable qu'elle a fait en moins de deux minutes fumer une planche goudronnée qui se serait certainement enflammée, si le soleil n'avait pas disparu tout à coup.

Le lendemain 5 avril, à trois heures après midi, par un soleil encore plus faible que le jour précédent, on a enflammé, à 150 pieds de distance, des copeaux de sapin soufrés et mêlés de charbon, en moins d'une minute et demie, avec cent cinquante-quatre glaces. Lorsque le soleil est vif, il ne faut que quelques secondes pour produire l'inflammation.

Le 10 avril après midi, par un soleil assez net, on a mis le feu à une planche de sapin goudronnée, à 150 pieds, avec cent vingt-huit glaces seulement : l'inflammation a été très subite, et elle s'est fait dans toute l'étendue du foyer qui avait environ 16 pouces de diamètre à cette distance.

Le même jour, à deux heures et demie, on a porté le feu sur une planche de hêtre, goudronnée en partie et couverte en quelques endroits de laine hachée ; l'inflammation s'est faite très promptement, elle a commencé par les parties du bois qui étaient découvertes ; et le feu était si violent, qu'il a fallu tremper dans l'eau la planche pour l'éteindre : il y avait cent quarante-huit glaces, et la distance était de 150 pieds.

Le 11 avril, le foyer n'étant qu'à 20 pieds de distance du miroir, il n'a fallu que douze glaces pour enflammer de petites matières combustibles : avec vingt-une glaces on a mis le feu à une planche de hêtre qui avait déjà été brûlée en partie ; avec quarante-cinq glaces on a fondu un gros flocon d'étain qui pesait environ 6 livres ; et avec cent dix-sept glaces on a fondu des morceaux d'argent mince et rougi une plaque de tôle ; et je suis persuadé qu'à 50 pieds on fondra les métaux aussi bien qu'à 20, en employant toutes les glaces du miroir ; et comme le foyer à cette distance est large de 6 à 7 pouces, on pourra faire des épreuves en grand sur les métaux (a), ce qu'il n'était pas possible de faire

(a) Par des expériences subséquentes, j'ai reconnu que la distance la plus avantageuse pour faire commodément avec ces miroirs des épreuves sur les métaux était à 40 ou 45 pieds. Les assiettes d'argent que j'ai fondues à cette distance avec deux cent vingt-quatre glaces, étaient bien nettes, en sorte qu'il n'était pas possible d'attribuer la fumée très abondante qui en sortait à la graisse, ou à d'autres matières dont l'argent se serait imbibé, et comme se le persuadaient les gens témoins de l'expérience. Je la répétai néanmoins sur des plaques d'argent toutes neuves et j'eus le même effet. Le métal fumait très abondamment, quelque-

avec les miroirs ordinaires, dont le foyer est ou très faible, ou cent fois plus petit que celui de mon miroir. J'ai remarqué que les métaux, et surtout l'argent, fument beaucoup avant de se fondre : la fumée en était si sensible qu'elle faisait ombre sur le terrain ; et c'est là où je l'observai attentivement, car il n'est pas possible de regarder un instant le foyer, lorsqu'il tombe sur du métal : l'éclat en est beaucoup plus vif que celui du soleil.

Les expériences que j'ai rapportées ci-dessus, et qui ont été faites dans les premiers temps de l'invention de ces miroirs, ont été suivies d'un grand nombre d'autres expériences qui confirment les premières. J'ai enflammé du bois jusqu'à 200 et même 210 pieds avec ce même miroir, par le soleil d'été, toutes les fois que le ciel était pur ; et je crois pouvoir assurer qu'avec quatre semblables miroirs on brûlerait à 400 pieds et peut-être plus loin. J'ai de même fondu tous les métaux et minéraux métalliques à 24, 30 et 40 pieds. On trouvera, dans la suite de cet article, les usages auxquels on peut appliquer ces miroirs, et les limites qu'on doit assigner à leur puissance pour la calcination, la combustion, la fusion, etc.

Il faut environ une demi-heure pour monter le miroir et pour faire coïncider toutes les images au même point ; mais, lorsqu'il est une fois ajusté, on peut s'en servir à toute heure, en tirant seulement un rideau ; il mettra le feu aux matières combustibles très promptement, et on ne doit pas le déranger à moins qu'on ne veuille changer la distance : par exemple, lorsqu'il est arrangé pour brûler à 100 pieds, il faut une demi-heure pour l'ajuster à la distance de 150 pieds, et ainsi des autres.

Ce miroir brûle en haut, en bas et horizontalement, suivant la différente inclinaison qu'on lui donne ; les expériences que je viens de rapporter ont été faites publiquement au Jardin du Roi, sur un terrain horizontal, contre des planches posées verticalement : je crois qu'il n'est pas nécessaire d'avertir qu'il aurait brûlé avec plus de force en haut, et moins de force en bas ; et, de même, il est plus avantageux d'incliner le plan des matières combustibles parallèlement au plan du miroir : ce qui fait qu'il a cet avantage de brûler en haut, en bas et horizontalement, sur les miroirs ordinaires de réflexion qui ne brûlent qu'en haut, c'est que son foyer est fort éloigné, et qu'il a si peu de courbure qu'elle est insensible à l'œil ; il est large de 7 pieds et haut de 8 pieds, ce qui ne fait qu'environ la 150ᵉ partie de la circonférence de la sphère, lorsqu'on brûle à 150 pieds.

La raison qui m'a déterminé à préférer des glaces de 6 pouces de largeur sur 8 pouces de hauteur à des glaces carrées de 6 ou 8 pouces, c'est qu'il est beaucoup plus commode de faire des expériences sur un terrain horizontal et de niveau, que de les faire de bas en haut, et qu'avec cette figure plus haute que large, les images étaient plus rondes, au lieu qu'avec des glaces carrées, elles auraient été raccourcies surtout pour les petites distances, dans cette situation horizontale.

Cette découverte nous fournit plusieurs choses utiles pour la physique, et peut-être pour les arts. On sait que ce qui rend les miroirs ordinaires de réflexion presque inutiles pour les expériences, c'est qu'ils brûlent toujours en haut, et qu'on est fort embarrassé de trouver des moyens pour suspendre ou soutenir à leur foyer les matières qu'on veut fondre ou calciner. Au moyen de mon miroir, on fera brûler en bas les miroirs concaves, et avec

fois pendant plus de huit ou dix minutes avant de se fondre. J'avais dessein de recueillir cette fumée d'argent par le moyen d'un chapiteau et d'un ajustement semblable à celui dont on se sert dans les distillations, et j'ai toujours eu regret que mes autres occupations m'en aient empêché ; car cette manière de tirer l'eau du métal est peut-être la seule que l'on puisse employer. Et si l'on prétend que cette fumée qui m'a paru humide ne contient pas de l'eau, il serait toujours très utile de savoir ce que c'est, car il se peut aussi que ce ne soit que du métal volatilisé. D'ailleurs je suis persuadé qu'en faisant les mêmes épreuves sur l'or, on le verra fumer comme l'argent, peut-être moins, peut-être plus.

un avantage si considérable qu'on aura une chaleur de tel degré qu'on voudra : par exemple, en opposant à mon miroir un miroir concave de 1 pied carré de surface, la chaleur que ce dernier miroir produira à son foyer, en employant cent cinquante-quatre glaces, sera plus de douze fois plus grande que celle qu'il produit ordinairement, et l'effet sera le même que s'il existait douze soleils au lieu d'un, ou plutôt que si le soleil avait douze fois plus de chaleur.

Secondement, on aura par le moyen de mon miroir la vraie échelle de l'augmentation de la chaleur, et on fera un thermomètre réel, dont les divisions n'auront plus rien d'arbitraire, depuis la température de l'air jusqu'à tel degré de chaleur qu'on voudra, en faisant tomber une à une successivement les images du soleil les unes sur les autres, et en graduant les intervalles, soit au moyen d'une liqueur expansive, soit au moyen d'une machine de dilatation; et de là nous saurons en effet ce que c'est qu'une augmentation, double, triple, quadruple, etc., de chaleur (a), et nous connaîtrons les matières dont l'expansion ou les autres effets seront les plus convenables pour mesurer les augmentations de chaleur.

Troisièmement, nous saurons au juste combien de fois il faut la chaleur du soleil pour brûler, fondre ou calciner différentes matières, ce qu'on ne savait estimer jusqu'ici que d'une manière vague et fort éloignée de la vérité; et nous serons en état de faire des comparaisons précises de l'activité de nos feux avec celle du soleil, et d'avoir sur cela des rapports exacts, et des mesures fixes et invariables.

Enfin, on sera convaincu lorsqu'on aura examiné la théorie que j'ai donnée, et qu'on aura vu l'effet de mon miroir, que le moyen que j'ai employé était le seul par lequel il fût possible de réussir à brûler au loin : car, indépendamment de la difficulté physique de faire de grands miroirs concaves sphériques, paraboliques, ou d'une autre courbure quelconque assez régulière pour brûler à 150 pieds, on se démontrera aisément à soi-même qu'ils ne produiraient qu'à peu près autant d'effet que le mien, parce que le foyer en serait presque aussi large ; que, de plus, ces miroirs courbes, quand même il serait possible de les exécuter, auraient le désavantage très grand de ne brûler qu'à une seule distance, au lieu que le mien brûle à toutes les distances; et par conséquent on abandonnera le projet de faire, par le moyen des courbes, des miroirs pour brûler au loin, ce qui a occupé inutilement un grand nombre de mathématiciens et d'artistes qui se trompaient toujours parce qu'ils considéraient les rayons du soleil comme parallèles, au lieu qu'il faut les considérer ici tels qu'ils sont, c'est-à-dire comme faisant des angles de toute grandeur, depuis zéro jusqu'à 32 minutes, ce qui fait qu'il est impossible, quelque courbure qu'on donne à un miroir, de rendre le diamètre du foyer plus petit que la corde de l'arc qui mesure cet angle de 32 minutes. Ainsi, quand même on pourrait faire un miroir concave pour brûler à une grande distance, par exemple, à 150 pieds, en le travaillant dans tous ses points sur une sphère de 600 pieds de diamètre, et en employant une masse énorme de verre ou de métal, il est clair qu'on aura à peu près autant d'avantage à n'employer au contraire que de petits miroirs plans.

Au reste, comme tout a des limites, quoique mon miroir soit susceptible d'une plus grande perfection, tant pour l'ajustement que pour plusieurs autres choses, et que je compte bien en faire un autre dont les effets seront supérieurs, cependant il ne faut pas espérer qu'on puisse jamais brûler à de très grandes distances; car pour brûler, par

---

(a) Feu M. de Mairan a fait une épreuve avec trois glaces seulement, et a trouvé que les augmentations du double et du triple de chaleur étaient comme les divisions du thermomètre de Réaumur; mais on ne doit rien conclure de cette expérience, qui n'a donné lieu à ce résultat que par une espèce de hasard. Voyez, sur ce sujet, ce que j'ai dit dans mon *Traité des éléments.*

exemple, à une demi-lieue, il faudrait un miroir deux mille fois plus grand que le mien; et tout ce qu'on pourra jamais faire est de brûler à 8 ou 900 pieds tout au plus. Le foyer dont le mouvement correspond toujours à celui du soleil marche d'autant plus vite qu'il est plus éloigné du miroir, et à 900 pieds de distance il ferait un chemin d'environ 6 pieds par minute.

Il n'est pas nécessaire d'avertir qu'on peut faire avec de petits morceaux plats de glace ou de métal des miroirs dont les foyers seront variables, et qui brûleront à de petites distances avec une grande vivacité; et en les montant à peu près comme l'on monte les parasols, il ne faudrait qu'un seul mouvement pour en ajuster le foyer.

Maintenant que j'ai rendu compte de ma découverte et du succès de mes expériences, je dois rendre à Archimède et aux anciens la gloire qui leur est due. Il est certain qu'Archimède a pu faire avec des miroirs de métal ce que je fais avec des miroirs de verre; il est sûr qu'il avait plus de lumières qu'il n'en faut pour imaginer la théorie qui m'a guidé et la mécanique que j'ai fait exécuter, et que par conséquent on ne peut lui refuser le titre du premier inventeur de ces miroirs, que l'occasion où il sut les employer rendit sans doute plus célèbres que le mérite de la chose même.

Pendant le temps que je travaillais à ces miroirs, j'ignorais le détail de tout ce qu'en ont dit les anciens; mais, après avoir réussi à les faire, je fus bien aise de m'en instruire. Feu M. Melot, de l'Académie des belles-lettres, et l'un des gardes de la Bibliothèque du Roi, dont la grande érudition et les talents étaient connus de tous les savants, eut la bonté de me communiquer une excellente dissertation qu'il avait faite sur ce sujet, dans laquelle il rapporte les témoignages de tous les auteurs qui ont parlé des miroirs ardents d'Archimède : ceux qui en parlent le plus clairement sont Zonaras et Tzetzès, qui vivaient tous deux dans le XII⁰ siècle. Le premier dit qu'Archimède, avec ses miroirs ardents, mit en cendres toute la flotte des Romains : « Ce géomètre, dit-il, ayant reçu les rayons du » soleil sur un miroir, à l'aide de ces rayons rassemblés et réfléchis par l'épaisseur et le » poli du miroir, il embrasa l'air et alluma une grande flamme qu'il lança tout entière » sur les vaisseaux qui mouillaient dans la sphère de son activité, et qui furent tous » réduits en cendres. » Le même Zonaras rapporte aussi qu'au siège de Constantinople, sous l'empire d'Anastase, l'an 514 de Jésus-Christ, Proculus brûla, avec des miroirs d'airain, la flotte de Vitalien qui assiégeait Constantinople; et il ajoute que ces miroirs étaient une découverte ancienne, et que l'historien Dion en donne l'honneur à Archimède qui la fit, et s'en servit contre les Romains lorque Marcellus fit le siège de Syracuse.

Tzetzès non seulement rapporte et assure le fait des miroirs, mais même il en explique en quelque façon la construction. « Lorsque les vaisseaux romains, dit-il, furent à la » portée du trait, Archimède fit faire une espèce de miroir hexagone, et d'autres plus » petits de vingt-quatre angles chacun, qu'il plaça dans une distance proportionnée et » qu'on pouvait mouvoir à l'aide de leurs charnières et de certaines lames de métal; il » plaça le miroir hexagone de façon qu'il était coupé par le milieu par le méridien d'hiver » et d'été, en sorte que les rayons du soleil reçus sur ce miroir venant à se briser allu- » mèrent un grand feu qui réduisit en cendres les vaisseaux romains, quoiqu'ils fussent » éloignés de la portée d'un trait. » Ce passage me paraît assez clair; il fixe la distance à laquelle Archimède a brûlé : la portée du trait ne peut guère être que de 151 ou 200 pieds; il donne l'idée de la construction, et fait voir que le miroir d'Archimède pouvait être, comme le mien, composé de petits miroirs qui se mouvaient par des mouvements de charnières et de ressorts, et enfin il indique la position du miroir, en disant que le miroir hexagone, autour duquel étaient sans doute les miroirs plus petits, coupé par le méridien, ce qui veut dire apparemment que le miroir doit être opposé directement au soleil; d'ail-leurs le miroir hexagone était probablement celui dont l'image servait de mire pour ajuster les autres, et cette figure n'est pas tout à fait indifférente, non plus que celle des vingt-quatre angles en vingt-quatre côtés des petits miroirs. Il est aisé de sentir qu'il y a en effet de l'avantage à donner à ces miroirs une figure polygone d'un grand nombre de côtés égaux, afin que la quantité de lumière soit moins inégalement répartie dans l'image réfléchie, et elle sera répartie le moins inégalement qu'il est possible, lorsque les miroirs seront circulaires. J'ai bien vu qu'il y avait de la perte à employer des miroirs quadrangulaires, longs de 6 pouces sur 8 pouces; mais j'ai préféré cette forme parce qu'elle est, comme je l'ai dit, plus avantageuse pour brûler horizontalement.

J'ai aussi trouvé, dans la même dissertation de M. Melot, que le P. Kircher avait écrit qu'Archimède avait pu brûler à une grande distance avec des miroirs plans, et que l'expérience lui avait appris qu'en réunissant de cette façon les images du soleil, on produisait une chaleur considérable au point de réunion.

Enfin, dans les *Mémoires de l'Académie*, année 1726, M. du Fay, dont j'honorerai toujours la mémoire et les talents, paraît avoir touché à cette découverte : il dit « qu'ayant » reçu l'image du soleil sur un miroir plan de 1 pied carré, et l'ayant portée jusqu'à » 600 pieds sur un miroir concave de 17 pouces de diamètre, elle avait encore la force de » brûler des matières combustibles au foyer de ce dernier miroir. » Et à la fin de son Mémoire il dit « que quelques auteurs (il veut sans doute parler du P. Kircher) ont pro- » posé de former un miroir d'un très long foyer par un grand nombre de petits miroirs » plans que plusieurs personnes tiendraient à la main, et dirigeraient de façon que les » images du soleil formées par chacun de ces miroirs concourraient en un même point, » et que ce serait peut-être la façon de réussir la plus sûre et la moins difficile à exécuter. » Un peu de réflexion sur l'expérience du miroir concave et sur ce projet aurait porté M. du Fay à la découverte du miroir d'Archimède, qu'il traite cependant de fable un peu plus haut; car il me paraît qu'il était tout naturel de conclure de son expérience que, puisqu'un miroir concave de 17 pouces de diamètre sur lequel l'image du soleil ne tombait pas tout entière, à beaucoup près, peut cependant brûler par cette seule partie de l'image du soleil réfléchie à 600 pieds, dans un foyer que je suppose large de 3 lignes, onze cent cinquante-six miroirs plans, semblables au premier miroir réfléchissant, doivent à plus forte raison brûler directement à cette distance de 600 pieds, et que par conséquent deux cent quatre-vingt-neuf miroirs plans auraient été plus que suffisants pour brûler à 300 pieds, en réunissant les deux cent quatre-vingt-neuf images; mais, en fait de découverte, le dernier pas, quoique souvent le plus facile, est cependant celui qu'on fait le plus rarement.

Mon Mémoire, tel qu'on vient de le lire, a été imprimé dans le volume de l'*Académie des sciences*, année 1747, sous le titre : *Invention des miroirs pour brûler à une grande distance*. Feu M. Bouguer, et quelques autres membres de cette savante compagnie, m'ayant fait quelques objections, tirées principalement de la doctrine de Descartes, dans son *Traité de Dioptrique*, je crois devoir y répondre par le Mémoire suivant, qui fut lu à l'Académie la même année, mais que je ne fis pas imprimer par ménagement pour mes adversaires en opinion. Cependant, comme il contient plusieurs choses utiles, et qu'il pourra servir de préservatif contre les erreurs contenues dans quelques livres d'optique, surtout dans celui de la Dioptrique de Descartes, que d'ailleurs il sert d'explication et de suite au Mémoire précédent, j'ai jugé à propos de les joindre ici et de les publier ensemble.

ARTICLE SECOND

RÉFLEXIONS SUR LE JUGEMENT DE DESCARTES
AU SUJET DES MIROIRS D'ARCHIMÈDE, AVEC LE DÉVELOPPEMENT DE LA THÉORIE
DE CES MIROIRS ET L'EXPLICATION DE LEURS PRINCIPAUX USAGES.

La *Dioptrique* de Descartes, cet ouvrage qu'il a donné comme le premier et le principal essai de sa méthode de raisonner dans les sciences, doit être regardée comme un chef-d'œuvre pour son temps; mais les plus belles spéculations sont souvent démenties par l'expérience, et tous les jours les sublimes mathématiques sont obligées de se plier sous de nouveaux faits; car, dans l'application qu'on en fait aux plus petites parties de la physique, on doit se défier de toutes les circonstances, et ne pas se confier assez aux choses qu'on croit savoir pour prononcer affirmativement sur celles qui sont inconnues. Ce défaut n'est cependant que trop ordinaire, et j'ai cru que je ferais quelque chose d'utile pour ceux qui veulent s'occuper d'optique que de leur exposer ce qui manquait à Descartes pour pouvoir donner une théorie de cette science qui fût susceptible d'être réduite en pratique.

Son *Traité de Dioptrique* est divisé en dix Discours. Dans le premier, notre philosophe parle de la lumière : et comme il ignorait son mouvement progressif, qui n'a été découvert que quelque temps après par Rœmer, il faut modifier tout ce qu'il dit à cet égard, et on ne doit adopter aucune des explications qu'il donne au sujet de la nature et de la propagation de la lumière, non plus que les comparaisons et les hypothèses qu'il emploie pour tâcher d'expliquer les causes et les effets de la vision. On sait actuellement que la lumière est environ 7 minutes $\frac{1}{2}$ à venir du soleil jusqu'à nous, que cette émission du corps lumineux se renouvelle à chaque instant, et que ce n'est pas par la pression continue et par l'action, ou plutôt l'ébranlement instantané d'une matière subtile que ses effets s'opèrent : ainsi toutes les parties de ce Traité, où l'auteur emploie cette théorie, sont plus que suspectes, et les conséquences ne peuvent être qu'erronées.

Il en est de même de l'explication que Descartes donne de la réfraction : non seulement sa théorie est hypothétique pour la cause, mais la pratique est contraire dans tous les effets. Les mouvements d'une balle qui traverse de l'eau sont très différents de ceux de la lumière qui traverse le même milieu; et s'il eût comparé ce qui arrive en effet à une balle avec ce qui arrive à la lumière, il en aurait tiré des conséquences tout à fait opposées à celles qu'il a tirées.

Et pour ne pas omettre une chose très essentielle, et qui pourrait induire en erreur, il faut bien se garder, en lisant cet article, de croire avec notre philosophe que le mouvement rectiligne peut se changer naturellement en un mouvement circulaire : cette assertion est fausse, et le contraire est démontré depuis que l'on connaît les lois du mouvement.

Comme le second Discours roule en grande partie sur cette théorie hypothétique de la réfraction, je me dispenserai de parler en détail des erreurs qui en sont les conséquences : un lecteur averti ne peut manquer de les remarquer.

Dans les troisième, quatrième et cinquième Discours, il est question de la vision, et l'explication que Descartes donne au sujet des images qui se forment au fond de l'œil est assez juste; mais ce qu'il dit sur les couleurs ne peut pas se soutenir, ni même s'entendre : car comment concevoir qu'une certaine proportion entre le mouvement rectiligne et un prétendu mouvement circulaire puisse produire des couleurs? Cette partie a été, comme l'on sait, traitée à fond et d'une manière démonstrative par Newton, et l'expérience a fait voir l'insuffisance de tous les systèmes précédents.

Je ne dirai rien du sixième Discours, où il tâche d'expliquer comment se font nos sensations : quelque ingénieuses que soient ses hypothèses, il est de aisé sentir qu'elles sont gratuites ; et comme il n'y a presque rien de mathématique dans cette partie, il est inutile de nous y arrêter.

Dans le septième et le huitième Discours, Descartes donne une belle théorie géométrique sur les formes que doivent avoir les verres pour produire les effets qui peuvent servir à la perfection de la vision, et, après avoir examiné ce qui arrive aux rayons qui traversent ces verres de différentes formes, il conclut que les verres elliptiques et hyperboliques sont les meilleurs de tous pour rassembler les rayons ; et il finit par donner, dans le neuvième Discours, la manière de construire les lunettes de longue vue, et dans le dixième et dernier Discours, celle de tailler les verres.

Cette partie de l'ouvrage de Descartes, qui est proprement la seule partie mathématique de son Traité, est plus fondée et beaucoup mieux raisonnée que les précédentes ; cependant on n'a point appliqué sa théorie à la pratique, on n'a pas taillé des verres elliptiques ou hyperboliques, et l'on a oublié ces fameuses ovales qui font le principal objet du second livre de sa géométrie : la différènte réfrangibilité des rayons, qui était inconnue à Descartes, n'a pas été découverte que cette théorie géométrique a été abandonnée. Il est en effet démontré qu'il n'y a pas autant à gagner par le choix de ces formes qu'il y a à perdre par la différente réfrangibilité des rayons, puisque, selon leur différent degré de réfrangibilité, ils se rassemblent plus ou moins près ; mais comme l'on est parvenu à faire des lunettes achromatiques, dans lesquelles on compense la différente réfrangibilité des rayons par des verres de différente densité, il serait très utile aujourd'hui de tailler des verres hyperboliques ou elliptiques, si l'on veut donner aux lunettes achromatiques toute la perfection dont elles sont susceptibles.

Après ce que je viens d'exposer, il me semble que l'on ne devrait pas être surpris que Descartes eût mal prononcé au sujet des miroirs d'Archimède, puisqu'il ignorait un si grand nombre de choses qu'on a découvertes depuis ; mais comme c'est ici le point particulier que je veux examiner, il faut rapporter ce qu'il en a dit, afin qu'on soit plus en état d'en juger.

« Vous pouvez aussi remarquer, par occasion, que les rayons du soleil, ramassés par
» le verre elliptique, doivent brûler avec plus de force qu'étant rassemblés par l'hyper-
» bolique, car il ne faut pas seulement prendre garde aux rayons qui viennent du centre
» du soleil, mais aussi à tous les autres qui, venant des autres points de la superficie,
» n'ont pas sensiblement moins de force que ceux du centre ; en sorte que la violence de
» la chaleur qu'ils peuvent causer se doit mesurer par la grandeur du corps qui les
» assemble, comparée avec celle de l'espace où il les assemble . . . . sans que la gran-
» deur du diamètre de ce corps y puisse rien ajouter, ni sa figure particulière, qu'environ
» un quart ou un tiers tout au plus ; il est certain que cette ligne brûlante à l'infini, que
» quelques-uns ont imaginée, n'est qu'une rêverie. »

Jusqu'ici il n'est question que de verres brûlants par réfraction, mais ce raisonnement doit s'appliquer de même aux miroirs par réflexion, et avant que de faire voir que l'auteur n'a pas tiré de cette théorie les conséquences qu'il devait en tirer, il est bon de lui répondre d'abord par l'expérience. Cette ligne brûlante à l'infini, qu'il regarde comme une rêverie, pourrait s'exécuter par des miroirs de réflexion semblables au mien, non pas à une distance infinie, parce que l'homme ne peut rien faire d'infini, mais à une distance indéfinie assez considérable. Car supposons que mon miroir au lieu d'être composé de deux cent vingt-quatre petites glaces, fût composé de deux mille, ce qui est possible ; il n'en faut que vingt pour brûler à 20 pieds, et le foyer étant comme une colonne de lumière, ces vingt glaces brûlent en même temps à 17 et à 23 pieds : avec vingt-cinq autres glaces, je ferai un foyer qui brûlera depuis 23 jusqu'à 30 ; avec vingt-neuf glaces, un foyer qui brûlera depuis 30 jusqu'à 40; avec trente-quatre glaces, un foyer qui brûlera depuis 40 jusqu'à 52; avec quarante glaces, depuis 52 jusqu'à 64; avec cinquante glaces, depuis 64 jusqu'à 76; avec soixante glaces, depuis 76 jusqu'à 88; avec soixante-dix glaces, depuis 88 jusqu'à 100 pieds. Voilà donc déjà une ligne brûlante, depuis 17 jusqu'à 100 pieds, où je n'aurai employé que trois cent vingt-huit glaces; et, pour la continuer, il n'y a qu'à faire d'abord un foyer de quatre-vingts glaces, il brûlera depuis 100 pieds jusqu'à 116; et quatre-vingt-douze glaces, depuis 116 jusqu'à 134 pieds; et cent huit glaces, depuis 134 jusqu'à 150; et cent vingt-quatre glaces, depuis 150 jusqu'à 170; et cent cinquante-quatre glaces, depuis 170 jusqu'à 200 pieds : ainsi voilà ma ligne brûlante prolongée de 100 pieds, en sorte que depuis 17 pieds jusqu'à 200 pieds, en quelque endroit de cette distance qu'on puisse mettre un corps combustible, il sera brûlé; et, pour cela, il ne faut en tout que huit cent quatre-vingt-six glaces de 6 pouces; et en employant le reste des deux mille glaces, je prolongerai de même la ligne brûlante jusqu'à 3 ou 400 pieds; et avec un plus grand nombre de glaces, par exemple, avec quatre mille, je la prolongerai beaucoup plus loin, à une distance indéfinie. Or, tout ce qui, dans la pratique, est indéfini, peut être regardé comme infini dans la théorie : donc notre célèbre philosophe a eu tort de dire que cette ligne brûlante à l'infini n'était qu'une rêverie.

Maintenant, venons à la théorie. Rien n'est plus vrai que ce que dit ici Descartes au sujet de la réunion des rayons du soleil, qui ne se fait pas dans un point, mais dans un espace ou foyer dont le diamètre augmente à proportion de la distance. Mais ce grand philosophe n'a pas senti l'étendue de ce principe qu'il ne donne que comme une remarque; car, s'il y eût fait attention, il n'aurait pas considéré dans tout le reste de son ouvrage les rayons du soleil comme parallèles, il n'aurait pas établi comme le fondement de la théorie de sa construction des lunettes, la réunion des rayons dans un point, et il se serait bien gardé de dire affirmativement (p. 131) : « Nous pourrons, par cette invention, voir des » objets aussi particuliers et aussi petits dans les astres, que ceux que nous voyons » communément sur la terre. » Cette assertion ne pouvait être vraie qu'en supposant le parallélisme des rayons et leur réunion en un seul point, et par conséquent elle est opposée à sa propre théorie, ou plutôt il n'a pas employé la théorie comme il le fallait; et en effet, s'il n'eût pas perdu de vue cette remarque, il eût supprimé les deux derniers livres de sa *Dioptrique;* car il aurait vu que, quand même les ouvriers eussent pu tailler les verres comme il l'exigeait, ces verres n'auraient pas produit les effets qu'il leur a supposés, de nous faire distinguer les plus petits objets dans les astres; à moins qu'il n'eût en même temps supposé dans ces objets une intensité de lumière infinie, ou, ce qui revient au même, qu'ils eussent, malgré leur éloignement, pu former un angle sensible à nos yeux.

Comme ce point d'optique n'a jamais été bien éclairci, j'entrerai dans quelque détail à cet égard. On peut démontrer que deux objets également lumineux et dont les diamètres sont différents, ou bien que deux objets dont les diamètres sont égaux et dont l'intensité de lumière est différente, doivent être observés avec des lunettes différentes; que, pour observer avec le plus grand avantage possible, il faudrait des lunettes différentes pour chaque planète; que, par exemple, Vénus, qui nous paraît bien plus petite que la lune, et dont je suppose pour un instant la lumière égale à celle de la lune, doit être observée avec une lunette d'un plus long foyer que la lune; et que la perfection des lunettes, pour en tirer le plus grand avantage possible, dépend d'une combinaison qu'il faut faire non seulement entre les diamètres et les courbures des verres, comme Descartes l'a fait, mais encore entre ces mêmes diamètres et l'intensité de la lumière de l'objet qu'on observe. Cette intensité de la lumière de chaque objet est un élément que les auteurs qui ont écrit sur l'optique n'ont jamais employé, et cependant il fait plus que l'augmentation de l'angle sous lequel un objet doit nous paraître, en vertu de la courbure des verres. Il en est de même d'une chose qui semble être un paradoxe, c'est que les miroirs ardents, soit par réflexion, soit par réfraction, feraient un effet toujours égal, à quelque distance qu'on les mit du soleil. Par exemple, mon miroir, brûlant à 150 pieds du bois sur la terre, brûlerait de même à 150 pieds et avec autant de force du bois dans Saturne, où cependant la chaleur du soleil est environ cent fois moindre que sur la terre. Je crois que les bons esprits sentiront bien, sans autre démonstration, la vérité de ces deux propositions, quoique toutes deux nouvelles et singulières.

Mais pour ne pas m'écarter du sujet que je me suis proposé, et pour démontrer que Descartes n'ayant pas la théorie qui est nécessaire pour construire des miroirs d'Archimède, il n'était pas en état de prononcer qu'ils étaient impossibles, je vais faire sentir, autant que je le pourrai, en quoi consistait la difficulté de cette invention.

Si le soleil, au lieu d'occuper à nos yeux un espace de 32 minutes de degré, était réduit en un point, alors il est certain que ce point de lumière, réfléchie par un point d'une surface polie, produirait à toutes les distances une lumière et une chaleur égales, parce que l'interposition de l'air ne fait rien ou presque rien ici; que par conséquent un miroir dont la surface serait égale à celle d'un autre brûlerait à dix lieues à peu près aussi bien que le premier brûlerait à 10 pieds, s'il était possible de le travailler sur une sphère de quarante lieues, comme on peut travailler l'autre sur une sphère de 40 pieds, parce que chaque point de la surface du miroir réfléchissant le point lumineux auquel nous avons réduit le disque du soleil, on aurait, en variant la courbure des miroirs, une égale chaleur ou une égale lumière à toutes les distances, sans changer leurs diamètres : ainsi, pour brûler à une grande distance, dans ce cas, il faudrait en effet un miroir très exactement travaillé sur une sphère, ou une hyperboloïde proportionnée à la distance, ou bien un miroir brisé en une infinité de points physiques plans, qu'il faudrait faire coïncider au même point; mais le disque du soleil occupant un espace de 32 minutes de degré, il est clair que le même miroir sphérique ou hyperbolique, ou d'une autre figure quelconque, ne peut jamais, en vertu de cette figure, réduire l'image du soleil en un espace plus petit que de 32 minutes; que dès lors l'image augmentera toujours à mesure qu'on s'éloignera; que, de plus, chaque point de la surface nous donnera une image d'une même largeur, par exemple de 1/2 pied à 60 pieds. Or, comme il est nécessaire, pour produire tout l'effet possible, que toutes ces images coïncident dans cet espace de 1/2 pied, alors, au lieu de briser le miroir en une infinité de parties, il est évident qu'il est à peu près égal et beaucoup plus commode de ne le briser qu'en un petit nombre de parties planes de 1/2 pied de diamètre chacune, parce que chaque petit miroir plan de 1/2 pied donnera une image d'environ 1/2 pied, qui sera à peu près aussi lumineuse qu'une pareille surface de 1/2 pied, prise dans le miroir sphérique ou hyperbolique.

La théorie de mon miroir ne consiste donc pas, comme on l'a dit ici, à avoir trouvé l'art d'inscrire aisément des plans dans une surface sphérique et le moyen de changer à volonté la courbure de cette surface sphérique; mais elle suppose cette remarque plus délicate et qui n'avait jamais été faite, c'est qu'il y a presque autant d'avantage à se servir de miroirs plans que de miroirs de toute autre figure, dès qu'on veut brûler à une certaine distance, et que la grandeur du miroir plan est déterminée par la grandeur de l'image à cette distance, en sorte qu'à la distance de 60 pieds, où l'image du soleil a environ 1/2 pied de diamètre, on brûlera à peu près aussi bien avec les miroirs plans de 1/2 pied qu'avec des miroirs hyperboliques les mieux travaillés, pourvu qu'ils n'aient que la même grandeur. De même, avec des miroirs plans de 1 pouce 1/2, on brûlera à 15 pieds à peu près avec autant de force qu'avec un miroir exactement travaillé dans toutes ses parties, et, pour le dire en un mot, un miroir à facettes plates produira à peu près autant d'effet qu'un miroir travaillé avec la dernière exactitude dans toutes ses parties, pourvu que la grandeur de chaque facette soit égale à la grandeur de l'image du soleil; et c'est par cette raison qu'il y a une certaine proportion entre la grandeur des miroirs plans et les distances, et que, pour brûler plus loin, on peut employer, même avec avantage, de plus grandes glaces dans mon miroir que pour brûler plus près.

Car, si cela n'était pas, on sent bien qu'en réduisant, par exemple, mes glaces de 6 pouces à 3 pouces, et employant quatre fois autant de ces glaces que des premières, ce qui revient au même pour l'étendue de la surface du miroir, j'aurais eu quatre fois plus d'effet, et que plus les glaces seraient petites, et plus le miroir produirait d'effet; et c'est à ceci que se serait réduit l'art de quelqu'un qui aurait seulement tenté d'inscrire une surface polygone dans une sphère, et qui aurait imaginé l'ajustement dont je me suis servi pour faire changer à volonté la courbure de cette surface : il aurait fait les glaces les plus petites qu'il aurait été possible; mais le fond et la théorie de la chose est d'avoir reconnu qu'il n'était pas seulement question d'inscrire une surface polygone dans une sphère avec exactitude, et d'en faire varier la courbure à volonté, mais encore que chaque partie de cette surface devait avoir une certaine grandeur déterminée pour produire aisément un grand effet, ce qui fait un problème fort différent, et dont la solution m'a fait voir qu'au lieu de travailler ou de briser un miroir dans toutes ses parties pour faire coïncider les images au même endroit, il suffisait de le briser ou de le travailler à facettes planes en grandes portions égales à la grandeur de l'image, et qu'il y avait peu à gagner en le brisant en de trop petites parties, ou, ce qui est la même chose, en le travaillant exactement dans tous ses points. C'est pour cela que j'ai dit, dans mon Mémoire, que, pour brûler à de grandes distances, il fallait imaginer quelque chose de nouveau et tout à fait indépendant de ce qu'on avait pensé et pratiqué jusqu'ici; et ayant supputé géométriquement la différence, j'ai trouvé qu'un miroir parfait, de quelque courbure qu'il puisse être, n'aura jamais plus d'avantage sur le mien que de 17 à 10, et qu'en même temps l'exécution en serait impossible pour ne brûler même qu'à une petite distance, comme de 25 ou 30 pieds. Mais revenons aux assertions de Descartes.

Il dit ensuite « qu'ayant deux verres ou miroirs ardents, dont l'un soit beaucoup plus » grand que l'autre, de quelque façon qu'ils puissent être, pourvu que leurs figures soient » toutes pareilles, le plus grand doit bien ramasser les rayons du soleil en un plus grand » espace et plus loin de soi que le plus petit, mais que ces rayons ne doivent point avoir » plus de force en chaque partie de cet espace qu'en celui où le plus petit les ramasse, en » sorte qu'on peut faire des verres ou miroirs extrêmement petits, qui brûleront avec » autant de violence que les plus grands. »

Ceci est absolument contraire aux expériences que j'ai rapportées dans mon Mémoire, où j'ai fait voir qu'à égale intensité de lumière un grand foyer brûle beaucoup plus qu'un petit; et c'est en partie sur cette remarque, tout opposée au sentiment de Descartes, que j'ai fondé la théorie de mes miroirs; car voici ce qui suit de l'opinion de ce philosophe. Prenons un grand miroir ardent, comme celui du sieur Segard, qui a 32 pouces de diamètre et un foyer de 9 lignes de largeur à 6 pieds de distance, auquel foyer le cuivre se fond en une minute, et faisons dans les mêmes proportions un petit miroir ardent de 32 lignes de diamètre, dont le foyer sera de $\frac{9}{12}$ ou de $\frac{3}{4}$ de ligne de diamètre, et la distance de 6 pouces : puisque le grand miroir fond le cuivre en une minute dans l'étendue de son foyer, qui est de 9 lignes, le petit doit, selon Descartes, fondre dans le même temps la même matière dans l'étendue de son foyer, qui est de $\frac{3}{4}$ de ligne; or, j'en appelle à l'expérience, et on verra que, bien loin de fondre le cuivre, à peine ce petit verre brûlant pourra-t-il lui donner un peu de chaleur.

Comme ceci est une remarque physique et qui n'a pas peu servi à augmenter mes espérances lorsque je doutais encore si je pourrais produire du feu à une grande distance, je crois devoir communiquer ce que j'ai pensé à ce sujet.

La première chose à laquelle je fis attention, c'est que la chaleur se communique de proche en proche et se disperse, quand même elle est appliquée continuellement sur le même point : par exemple, si on fait tomber le foyer d'un verre ardent sur le centre d'un écu, et que ce foyer n'ait que 1 ligne de diamètre, la chaleur qu'il produit sur le centre de l'écu se disperse et s'étend dans le volume entier de l'écu, et il devient chaud jusqu'à la circonférence ; dès lors toute la chaleur, quoique employée d'abord contre le centre de l'écu, ne s'y arrête pas et ne peut pas produire un aussi grand effet que si elle y demeurait tout entière. Mais si, au lieu d'un foyer d'une ligne qui tombe sur le milieu de l'écu, je fais tomber sur l'écu tout entier un foyer d'égale force au premier, toutes les parties de l'écu étant également échauffées dans ce dernier cas, il n'y a pas de perte de chaleur comme dans le premier, et le point du milieu profitant de la chaleur des autres points autant que ces points profitent de la sienne, l'écu sera fondu par la chaleur dans ce dernier cas, tandis que dans le premier il n'aura été que légèrement échauffé. De là je conclus que toutes les fois qu'on peut faire un grand foyer on est sûr de produire de plus grands effets qu'avec un petit foyer, quoique l'intensité de lumière soit la même dans tous deux ; et qu'un petit miroir ardent ne peut jamais faire autant d'effet qu'un grand ; et même qu'avec une moindre intensité de lumière, un grand miroir doit faire plus d'effet qu'un petit, la figure de ces deux miroirs étant toujours supposée semblable. Ceci, qui, comme l'on voit, est directement opposé à ce que dit Descartes, s'est trouvé confirmé par les expériences rapportées dans mon Mémoire ; mais je ne me suis pas borné à savoir d'une manière générale que les grands foyers agissaient avec plus de force que les petits : j'ai déterminé à très peu près de combien est cette augmentation de force, et j'ai vu qu'elle était très considérable, car j'ai trouvé que s'il faut dans un miroir cent quarante-quatre fois la surface d'un foyer de 6 lignes de diamètre pour brûler, il faut au moins le double, c'est-à-dire deux cent quatre-vingt-huit fois cette surface pour brûler à un foyer de 2 lignes ; et qu'à un foyer de 6 pouces il ne faut pas trente fois cette même surface du foyer pour brûler, ce qui fait, comme l'on voit, une prodigieuse différence et sur laquelle j'ai compté lorsque j'ai entrepris de faire mon miroir ; sans cela il y aurait eu de la témérité à l'entreprendre, et il n'aurait pas réussi. Car supposons un instant que je n'eusse pas eu cette connaissance de l'avantage des grands foyers sur les petits, voici comme j'aurais été obligé de raisonner. Puisqu'il faut à un miroir deux cent quatre-vingt-huit fois la surface du foyer pour brûler dans un espace de 2 lignes, il faudra de même deux cent quatre-vingt-huit glaces ou miroirs de 6 pouces pour brûler dans un espace de 6 pouces, et dès lors, pour brûler seulement à 100 pieds, il aurait fallu un miroir composé d'environ onze cent cinquante-deux glaces de 6 pouces, ce qui était une grandeur énorme pour un petit effet, et cela était plus que suffisant pour me faire abandonner mon projet ; mais connaissant l'avantage considérable des grands foyers sur les petits, qui dans ce cas est de 288 à 30, je sentis qu'avec cent vingt glaces de 6 pouces je brûlerais très certainement à 100 pieds, et c'est sur cela que j'entrepris avec confiance la construction de mon miroir, qui, comme l'on voit, suppose une théorie tant mathématique que physique, fort différente de ce qu'on pouvait imaginer au premier coup d'œil.

Descartes ne devait donc pas affirmer qu'un petit miroir ardent brûlait aussi violemment qu'un grand.

Il dit ensuite : « Et un miroir ardent dont le diamètre n'est pas plus grand qu'environ
» la centième partie de la distance qui est entre lui et le lieu où il doit rassembler les
» rayons du soleil, c'est-à-dire qui a même proportion avec cette distance qu'a le diamètre
» du soleil avec celle qui est entre lui et nous, fût-il poli par un ange, ne peut faire que
» les rayons qu'il assemble échauffent plus en l'endroit où il les assemble que ceux qui
» viennent directement du soleil, ce qui se doit aussi entendre des verres brûlants à pro-
» portion : d'où vous pouvez voir que ceux qui ne sont qu'à demi savants en l'optique se
» laissent persuader beaucoup de choses qui sont impossibles, et que ces miroirs, dont on

» a dit qu'Archimède brûlait des navires de fort loin, devaient être extrêmement grands
» ou plutôt qu'ils sont fabuleux. »

C'est ici où je bornerai mes réflexions : si notre illustre philosophe eût su que les grands foyers brûlent plus que les petits à égale intensité de lumière, il aurait jugé bien différemment, et il aurait mis une forte restriction à cette conclusion.

Mais, indépendamment de cette connaissance qui lui manquait, son raisonnement n'est point du tout exact; car un miroir ardent dont le diamètre n'est pas plus grand qu'environ la centième partie qui est entre lui et le lieu où il doit rassembler les rayons n'est plus un miroir ardent, puisque le diamètre de l'image est environ égal au diamètre du miroir dans ce cas, et par conséquent il ne peut rassembler les rayons, comme le dit Descartes, qui semble n'avoir pas vu qu'on doit réduire ce cas à celui des miroirs plans. Mais de plus, en n'employant que ce qu'il savait et ce qu'il avait prévu, il est visible que, s'il eût réfléchi sur l'effet de ce prétendu miroir qu'il suppose poli par un ange, et qui ne doit pas rassembler, mais seulement réfléchir la lumière avec autant de force qu'elle en a en venant directement du soleil, il aurait vu qu'il était possible de brûler à de grandes distances avec un miroir de médiocre grandeur s'il eût pu lui donner la figure convenable, car il aurait trouvé que dans cette hypothèse un miroir de 5 pieds aurait brûlé à plus de 200 pieds, parce qu'il ne faut pas six fois la chaleur du soleil pour brûler à cette distance; et de même, qu'un miroir de 7 pieds aurait brûlé à près de 400 pieds, ce qui ne fait pas des miroirs assez grands pour qu'on puisse les traiter de fabuleux.

Il me reste à observer que Descartes ignorait combien il fallait de fois la lumière du soleil pour brûler; qu'il ne dit pas un mot des miroirs plans; qu'il était fort éloigné de soupçonner la mécanique par laquelle on pouvait les disposer pour brûler au loin, et que par conséquent il a prononcé sans avoir assez de connaissances sur cette matière, et même sans avoir fait assez de réflexions sur ce qu'il en savait.

Au reste, je ne suis pas le premier qui ait fait quelques reproches à Descartes sur ce sujet, quoique j'en aie acquis le droit plus qu'un autre; car, pour ne pas sortir du sein de cette Compagnie (a), je trouve que M. du Fay en a presque dit autant que moi. Voici ses paroles : « Il ne s'agit pas, dit-il, si un tel miroir qui brûlerait à 600 pieds est pos-
» sible ou non, mais si, physiquement parlant, cela peut arriver. Cette opinion a été ex-
» trêmement contredite, et je dois mettre Descartes à la tête de ceux qui l'ont com-
» battue. » Mais quoique M. du Fay regardât la chose comme impossible à exécuter, il n'a pas laissé de sentir que Descartes avait eu tort d'en nier la possibilité dans la théorie. J'avouerai volontiers que Descartes a entrevu ce qui arrive aux images réfléchies ou réfractées à différentes distances, et qu'à cet égard sa théorie est peut-être aussi bonne que celle de M. du Fay, que ce dernier n'a pas développée : mais les inductions qu'il en tire sont trop générales et trop vagues, et les dernières conséquences sont fausses; car si Descartes eût bien compris toute cette matière, au lieu de traiter le miroir d'Archimède de chose impossible et fabuleuse, voici ce qu'il aurait dû conclure de sa propre théorie. Puisqu'un miroir ardent dont le diamètre n'est pas plus grand que la centième partie de la distance qui est entre le lieu où il doit rassembler les rayons du soleil, fût-il poli par un ange, ne peut faire que les rayons qu'il assemble échauffent plus en l'endroit où il les assemble que ceux qui viennent directement du soleil, ce miroir ardent doit être considéré comme un miroir plan parfaitement poli, et par conséquent, pour brûler à une grande distance, il faut autant de ces miroirs plans qu'il faut de fois la lumière directe du soleil pour brûler; en sorte que les miroirs dont on dit qu'Archimède s'est servi pour brûler des vaisseaux de loin, devaient être composés de miroirs plans dont il fallait au moins un nombre égal au

(a) L'Académie royale des sciences.

nombre de fois qu'il faut la lumière directe du soleil pour brûler : cette conclusion qui eût été la vraie, selon ses principes, est, comme l'on voit, fort différente de celle qu'il a donnée.

On est maintenant en état de juger si je n'ai pas traité le célèbre Descartes avec tous les égards que mérite son grand nom, lorsque j'ai dit dans mon Mémoire : « Descartes, » né pour juger et même pour surpasser Archimède, a prononcé contre lui d'un ton de » maître : il a nié la possibilité de l'invention, et son opinion a prévalu sur les témoi- » gnages et la croyance de toute l'antiquité. »

Ce que je viens d'exposer suffit pour justifier ces termes que l'on m'a reprochés ; et peut-être même sont-ils trop forts, car Archimède était un très grand génie, et lorsque j'ai dit que Descartes était né pour le juger, et même pour le surpasser, j'ai senti qu'il pouvait bien y avoir un peu de compliment national dans mon expression.

J'aurais encore beaucoup de choses à dire sur cette matière, mais comme ceci est déjà bien long, quoique j'aie fait tous mes efforts pour être court, je me bornerai pour le fond du sujet à ce que je viens d'exposer ; mais je ne puis me dispenser de parler encore un moment au sujet de l'historique de la chose, afin de satisfaire, par ce seul Mémoire, à toutes les objections et difficultés qu'on m'a faites.

Je ne prétends pas prononcer affirmativement qu'Archimède se soit servi de pareils miroirs au siège de Syracuse, ni même que ce soit lui qui les ait inventés, et je ne les ai appelés *les miroirs d'Archimède* que parce qu'ils étaient connus sous ce nom depuis plusieurs siècles : les auteurs contemporains et ceux des temps qui suivent celui d'Archimède, et qui sont parvenus jusqu'à nous, ne font pas mention de ces miroirs. Tite-Live, à qui le merveilleux fait tant de plaisir à raconter, n'en parle pas ; Polybe, à l'exactitude de qui les grandes inventions n'auraient pas échappé, puisqu'il entre dans le détail des plus petites, et qu'il décrit très soigneusement les plus légères circonstances du siège de Syracuse, garde un silence profond au sujet de ces miroirs. Plutarque, ce judicieux et grave auteur, qui a rassemblé un si grand nombre de faits particuliers de la vie d'Archimède, parle aussi peu des miroirs que les deux précédents. En voilà plus qu'il n'en faut pour se croire fondé à douter de la vérité de cette histoire ; cependant ce ne sont ici que des témoignages négatifs, et, quoiqu'ils ne soient pas indifférents, ils ne peuvent jamais donner une probabilité équivalente à celle d'un seul témoignage positif.

Galien, qui vivait dans le IIe siècle, est le premier qui en ait parlé, et après avoir raconté l'histoire d'un homme qui enflamma de loin un monceau de bois résineux, mêlé avec de la fiente de pigeon, il dit que c'est de cette façon qu'Archimède brûla les vaisseaux des Romains ; mais comme il ne décrit pas ce moyen de brûler de loin, et que son expression peut signifier aussi bien un feu qu'on aurait lancé à la main, ou par quelque machine, qu'une lumière réfléchie par un miroir, son témoignage n'est pas assez clair pour qu'on puisse en rien conclure d'affirmatif : cependant on doit présumer, et même avec une grande probabilité, qu'il ne rapporte l'histoire de cet homme qui brûla au loin, que parce qu'il le fit d'une manière singulière, et que s'il n'eût brûlé qu'en lançant le feu à la main, ou en le jetant par le moyen d'une machine, il n'y aurait eu rien d'extraordinaire dans cette façon d'enflammer, rien par conséquent qui fût digne de remarque et qui méritât d'être rapporté et comparé à ce qu'avait fait Archimède, et dès lors Galien n'en eût pas fait mention.

On a aussi des témoignages semblables de deux ou trois autres auteurs du IIIe siècle, qui disent seulement qu'Archimède brûla de loin les vaisseaux des Romains, sans expliquer les moyens dont il se servit ; mais les témoignages des auteurs du XIIe siècle ne sont point équivoques, et surtout ceux de Zonoras et de Tzetzès que j'ai cités, c'est-à-dire ils nous font voir clairement que cette invention était connue des anciens, car la description qu'en fait ce dernier auteur suppose nécessairement ou qu'il eût trouvé lui-même le moyen de construire ces miroirs, ou qu'il l'eût appris et cité d'après quelque auteur qui en avait fait une très exacte description, et que l'inventeur, quel qu'il fût, entendait à fond la théorie de ces miroirs, ce qui résulte de ce que dit Tzetzès de la figure de vingt-quatre angles ou vingt-quatre côtés qu'avaient les petits miroirs, ce qui est en effet la figure la plus avantageuse : ainsi on ne peut pas douter que ces miroirs n'aient été inventés et exécutés autrefois, et le témoignage de Zonaras au sujet de Proculus n'est pas suspect : « Proculus s'en » servit, dit-il, au siège de Constantinople, l'an 514, et il brûla la flotte de Vitalien. » Et même ce que Zonaras ajoute me paraît une espèce de preuve qu'Archimède était le premier inventeur de ces miroirs ; car il dit précisément que cette découverte était ancienne, et que l'historien Dion en attribue l'honneur à Archimède qui la fit et s'en servit contre les Romains au siège de Syracuse. Les livres de Dion, où il est parlé du siège de Syracuse, ne sont pas parvenus jusqu'à nous, mais il y a grande apparence qu'ils existaient encore du temps de Zonaras, et que sans cela il ne les eût pas cités comme il l'a fait. Ainsi toutes les probabilités de part et d'autre étant évaluées, il reste une forte présomption qu'Archimède avait en effet inventé ces miroirs, et qu'il s'en était servi contre les Romains. Feu M. Melot, que j'ai cité dans mon Mémoire, et qui avait fait des recherches particulières et très exactes sur ce sujet, était de ce sentiment, et il pensait qu'Archimède avait en effet brûlé les vaisseaux à une distance médiocre, et, comme le dit Tzetzès, à la portée du trait. J'ai évalué la portée du trait à 150 pieds, d'après ce que m'en ont dit des savants très versés dans la connaissance des usages anciens ; ils m'ont assuré que toutes les fois qu'il est question, dans les auteurs, de la portée du trait, on doit entendre la distance à laquelle un homme lançait à la main un trait ou un javelot, et, si cela est, je crois avoir donné à cette distance toute l'étendue qu'elle peut comporter.

J'ajouterai qu'il n'est question, dans aucun auteur ancien, d'une plus grande distance, comme de trois stades, et j'ai déjà dit que l'auteur qu'on m'avait cité, Diodore de Sicile, n'en parle pas, non plus que du siège de Syracuse, et que ce qui nous reste de cet auteur finit à la guerre d'Ipsus et d'Antigonus, environ soixante ans avant le siège de Syracuse : ainsi on ne peut pas excuser Descartes, en supposant qu'il a cru que la distance à laquelle on a prétendu qu'Archimède avait brûlé était très grande, comme, par exemple, de trois stades, puisque cela n'est dit dans aucun auteur ancien, et qu'au contraire il est dit dans Tzetzès que cette distance n'était que de la portée du trait ; mais je suis convaincu que c'est cette même distance que Descartes a regardée comme fort grande, et qu'il était persuadé qu'il n'était pas possible de faire des miroirs pour brûler à 150 pieds, qu'enfin c'est pour cette raison qu'il a traité ceux d'Archimède de fabuleux.

Au reste, les effets du miroir que j'ai construit ne doivent être regardés que comme des essais sur lesquels, à la vérité, on peut statuer, toutes proportions gardées, mais qu'on ne doit pas considérer comme les plus grands effets possibles, car je suis convaincu que si on voulait faire un miroir semblable, avec toutes les attentions nécessaires, il produirait plus du double de l'effet : la première attention serait de prendre des glaces de figure hexagone ou même de vingt-quatre côtés, au lieu de les prendre barlongues, comme celles que j'ai employées, et cela afin d'avoir des figures qui pussent s'ajuster ensemble sans laisser de grands intervalles, et qui approchassent en même temps de la figure circulaire ; la seconde serait de faire polir ces glaces jusqu'au dernier degré par un lunetier, au lieu de les employer telles qu'elles sortent de la manufacture, où le poliment se faisant par une portion de cercle, les glaces sont toujours un peu concaves et irrégulières ; la troisième attention serait de choisir parmi un grand nombre de glaces, celles qui donneraient à une grande distance une image plus vive et mieux terminée, ce qui est extrêmement important, et au point qu'il y a dans mon miroir des glaces qui font seules trois fois plus d'effet que d'autres à une grande distance, quoiqu'à une petite distance, comme de 20 à 25 pieds, l'effet en paraisse absolument le même. Quatrièmement, il faudrait des glaces de 1/2 pied tout au plus de surface pour brûler à 150 ou 200 pieds, et de 1 pied de surface pour brûler à 3 ou 400 pieds. Cinquièmement, il faudrait les faire étamer avec plus de soin qu'on ne le fait ordinairement : j'ai remarqué qu'en général les glaces fraîchement étamées réfléchissent plus de lumière que celles qui le sont anciennement; l'étamage en se séchant, se gerce, se divise et laisse de petits intervalles qu'on aperçoit en y regardant de près avec une loupe, et ces petits intervalles donnant passage à la lumière, la glace en réfléchit d'autant moins. On pourrait trouver le moyen de faire un meilleur étamage, et je crois qu'on y parviendrait en employant de l'or et du vif-argent : la lumière serait peut-être un peu jaune par la réflexion de cet étamage; mais bien loin que cela fût un désavantage, j'imagine au contraire qu'il y aurait à gagner, parce que les rayons jaunes sont ceux qui ébranlent le plus fortement la rétine et qui brûlent le plus violemment, comme je crois m'en être assuré en réunissant, au moyen d'un verre lenticulaire, une quantité de rayons jaunes qui m'étaient fournis par un grand prisme, et en comparant leur action avec une égale quantité de rayons de toute autre couleur réunis par le même verre lenticulaire, et fournis par le même prisme.

Sixièmement, il faudrait un châssis de fer et des vis de cuivre, et un ressort pour assujettir chacune des petites planches qui portent les glaces, tout cela conforme à un modèle que j'ai fait exécuter par le sieur Chopitel, afin que la sécheresse et l'humidité qui agissent sur le châssis et les vis en bois ne causassent pas d'inconvénient, et que le foyer, lorsqu'il est une fois formé, ne fût pas sujet à s'élargir et à se déranger lorsqu'on fait rouler le miroir sur son pivot, ou qu'on le fait tourner autour de son axe pour suivre le soleil : il faudrait aussi y ajouter une alidade avec deux pinnules au milieu de la partie inférieure du châssis, afin de s'assurer de la position du miroir par rapport au soleil, et une autre alidade semblable, mais dans un plan vertical au plan de la première pour suivre le soleil à ses différentes hauteurs.

Au moyen de toutes ces attentions, je crois pouvoir assurer, par l'expérience que j'ai acquise en me servant de mon miroir, qu'on pourrait en réduire la grandeur à moitié, et qu'au lieu d'un miroir de 7 pieds avec lequel j'ai brûlé du bois à 150 pieds, on produirait le même effet avec un miroir de 5 pieds 1/2, ce qui n'est, comme l'on voit, qu'une très médiocre grandeur pour un très grand effet; et de même, je crois pouvoir assurer qu'il ne faudrait alors qu'un miroir de 4 pieds 1/2 pour brûler à 100 pieds, et qu'un miroir de 3 pieds 1/2 brûlerait à 60 pieds, ce qui est une distance bien considérable en comparaison du diamètre du miroir.

Avec un assemblage de petits miroirs plans hexagones et d'acier poli, qui auraient plus de solidité, plus de durée que les glaces étamées, et qui ne seraient point sujets aux altérations que la lumière du soleil fait subir à la longue à l'étamage, on pourrait produire des effets très utiles, et qui dédommageraient amplement des dépenses de la construction du miroir.

1° Pour toutes les évaporations des eaux salées, où l'on est obligé de consommer du bois et du charbon, ou d'employer l'art des bâtiments de graduation qui coûtent beaucoup plus que la construction de plusieurs miroirs tels que je les propose, il ne faudrait, pour l'évaporation des eaux salées, qu'un assemblage de douze miroirs plans de 1 pied carré chacun : la chaleur qu'ils réfléchiront à leur foyer, quoique dirigée au-dessous de leur niveau, et à 15 ou 16 pieds de distance, sera encore assez grande pour faire bouillir l'eau, et produire par conséquent une prompte évaporation, car la chaleur de l'eau bouillante n'est que triple de la chaleur du soleil d'été; et comme la réflexion d'une surface plane bien polie ne diminue la chaleur que de moitié, il ne faudrait que six miroirs pour produire au foyer une chaleur égale à celle de l'eau bouillante, mais j'en double le nombre afin que la chaleur se communique plus vite, et aussi à cause de la perte occasionnée par l'obliquité, sous laquelle le faisceau de la lumière tombe sur la surface de l'eau qu'on veut faire évaporer, et encore parce que l'eau salée s'échauffe encore plus lentement que l'eau douce. Ce miroir, dout l'assemblage ne formerait qu'un carré de 4 pieds de largeur sur 3 de hauteur, serait aisé à manier et à transporter; et si l'on voulait en doubler ou tripler les effets dans le même temps, il vaudrait mieux faire plusieurs miroirs semblables, c'est-à-dire doubler ou tripler le nombre de ces mêmes miroirs de 4 pieds sur 3 que d'en augmenter l'étendue; car l'eau ne peut recevoir qu'un certain degré de chaleur déterminée, et l'on ne gagnerait presque rien à augmenter ce degré, et par conséquent la grandeur du miroir; au lieu qu'en faisant deux foyers par deux miroirs égaux, on doublera l'effet de l'évaporation, et on le triplera par trois miroirs dont les foyers tomberont séparément les uns des autres sur la surface de l'eau qu'on veut faire évaporer. Au reste, l'on ne peut éviter la perte causée par l'obliquité, et, si l'on veut y remédier, ce ne peut être que par une autre perte encore plus grande, en recevant d'abord les rayons du soleil sur une grande glace qui les réfléchirait sur le miroir brisé, car alors il brûlerait en bas, au lieu de brûler en haut, mais il perdrait moitié de la chaleur par la première réflexion, et moitié du reste par la seconde, en sorte qu'au lieu de six petits miroirs, il en faudrait douze pour obtenir une chaleur égale à celle de l'eau bouillante.

Pour que l'évaporation se fasse avec plus de succès, il faudra diminuer l'épaisseur de l'eau autant qu'il sera possible. Une masse d'eau de 1 pied d'épaisseur ne s'évaporera pas aussi vite, à beaucoup près, que la même masse réduite à 6 pouces d'épaisseur et augmentée du double en superficie. D'ailleurs le fond étant plus près de la surface, il s'échauffe plus promptement, et cette chaleur que reçoit le fond du vaisseau contribue encore à la célérité de l'évaporation.

2° On pourra se servir avec avantage de ces miroirs pour calciner les plâtres et même les pierres calcaires, mais il les faudrait plus grands, et placer les matières en haut, afin de ne rien perdre par l'obliquité de la lumière. On a vu, par les expériences détaillées dans le second de ces Mémoires, que le gypse s'échauffe plus d'une fois plus vite que la pierre calcaire tendre, et près de deux fois plus vite que le marbre ou la pierre calcaire dure: leur calcination respective doit être en même raison. J'ai trouvé, par une expérience répétée trois fois, qu'il faut un peu plus de chaleur pour calciner le gypse blanc qu'on appelle *albâtre* que pour fondre le plomb. Or, la chaleur nécessaire pour fondre le plomb, est suivant les expériences de Newton, huit fois plus grande que la chaleur du soleil d'été: il faudrait donc au moins seize petits miroirs pour calciner le gypse, et à cause des pertes occasionnées, tant par l'obliquité de la lumière que par l'irrégularité du foyer, qu'on n'éloignera pas au delà de 15 pieds, je présume qu'il faudrait vingt et peut-être vingt-quatre miroirs de 1 pied carré chacun pour calciner le gypse en peu de temps; par conséquent il faudrait un assemblage de quarante-huit de ces petits miroirs pour opérer la calcination sur la pierre calcaire la plus tendre, et soixante-douze des mêmes miroirs de 1 pied en carré pour calciner les pierres calcaires dures. Or, un miroir de 12 pieds de largeur sur 6 pieds de hauteur ne laisse pas d'être une grosse machine embarrassante et difficile à mouvoir, à monter et à maintenir. Cependant on viendrait à bout de ces difficultés, si le produit de la calcination était assez considérable pour équivaloir et même surpasser la dépense de la consommation du bois; il faudrait, pour s'en assurer, commencer par calciner le plâtre avec un miroir de vingt-quatre pièces, et, si cela réussissait, faire deux autres miroirs pareils, au lieu d'en faire un grand de soixante-douze pièces; car en faisant coïncider les foyers de ces trois miroirs de vingt-quatre pièces, on produira une chaleur égale, et qui serait assez forte pour calciner le marbre ou la pierre dure.

Mais une chose très essentielle reste douteuse, c'est de savoir combien il faudrait de temps pour calciner, par exemple, 1 pied cube de matière, surtout si ce pied cube n'était frappé de chaleur que par une face. Je vois qu'il se passerait du temps avant que la chaleur n'eût pénétré toute son épaisseur ; je vois que pendant tout ce temps il s'en perdrait une assez grande partie, qui sortirait de ce bloc de matière après y être entrée ; je crains donc beaucoup que, la pierre n'étant pas saisie par la chaleur de tous les côtés à la fois, la calcination ne fût très lente et le produit en chaux très petit. L'expérience seule peut ici décider ; mais il faudrait au moins la tenter sur les matières gypseuses, dont la calcination doit être une fois plus prompte que celle des pierres calcaires (a).

En concentrant cette chaleur du soleil dans un four qui n'aurait d'autre ouverture que celle qui laisserait entrer la lumière, on empêcherait en grande partie la chaleur de s'évaporer ; et en mêlant avec les pierres calcaires une petite quantité de brasque ou poudre de charbon qui, de toutes les matières combustibles est la moins chère, cette légère quantité d'aliments suffirait pour nourrir et augmenter de beaucoup la quantité de chaleur, ce qui produirait une plus ample et plus prompte calcination, et à très peu de frais, comme on l'a vu par la seconde expérience du quatrième Mémoire.

3° Ces miroirs d'Archimède peuvent servir en effet à mettre le feu dans des voiles de vaisseaux et même dans le bois goudronné, à plus de 150 pieds de distance ; on pourrait s'en servir aussi contre ses ennemis en brûlant les blés et les autres productions de la terre ; cet effet, qui serait assez prompt, serait très dommageable ; mais ne nous occupons pas des moyens de faire du mal, et ne pensons qu'à ceux qui peuvent procurer quelque bien à l'humanité.

4° Ces miroirs fournissent le seul et unique moyen qu'il y ait de mesurer exactement la chaleur : il est évident que deux miroirs dont les images lumineuses se réunissent produisent une chaleur double dans tous les points de la surface qu'elles occupent ; que trois, quatre, cinq, etc., miroirs donneront de même une chaleur triple, quadruple, quintuple, etc., et que par conséquent on peut par ce moyen faire un thermomètre dont les divisions ne seront point arbitraires et les échelles différentes, comme le sont celles de tous les thermomètres dont on s'est servi jusqu'à ce jour. La seule chose arbitraire qui entrerait dans la construction de ce thermomètre serait la supposition du nombre total des parties du mercure en partant du degré du froid absolu ; mais en le prenant à 10,000 au-dessous de la congélation de l'eau, au lieu de 1,000, comme dans nos thermomètres ordinaires, on approcherait beaucoup de la réalité, surtout en choisissant les jours de l'hiver les plus froids pour graduer le thermomètre ; chaque image du soleil lui donnerait un degré de chaleur au-dessus de la température que nous supposerons à celui de la glace. Le point auquel s'élèverait le mercure par la chaleur de la première image du soleil serait marqué 1. Le point où il s'élèverait par la chaleur de deux images égales et réunies sera marqué 2. Celui où trois images le feront monter sera marqué 3, et ainsi de suite jusqu'à la plus grande hauteur, qu'on pourrait étendre jusqu'au degré 36. On aurait à ce degré une augmentation de chaleur trente-six fois plus grande que celle du premier degré ; dix-huit fois plus grande que celle du second ; douze fois plus grande que celle du troisième ; neuf fois plus grande que celle du quatrième, etc. Cette augmentation 36 de chaleur au-dessus de celle de la glace serait assez grande pour fondre le plomb, et il y a toute apparence que le mercure, qui se volatilise à une bien moindre chaleur ferait par sa vapeur casser le thermomètre. On ne pourra donc étendre la division que jusqu'à 12, et peut-être même à 9 degrés si l'on se sert du mercure pour ces thermomètres ; et l'on n'aura par ce moyen que les degrés d'une augmentation de chaleur jusqu'à 9. C'est une des raisons qui avaient

---

(a) Il vient de paraître un petit ouvrage rempli de grandes vues, de M. l'abbé Scipion Bexon, qui a pour titre : *Système de la fertilisation*. Il propose mes miroirs comme un moyen facile pour réduire en chaux toutes les matières calcaires ; mais il leur attribue plus de puissance qu'ils n'en ont réellement, et ce n'est qu'en les multipliant qu'on pourrait obtenir les grands effets qu'il s'en promet.

déterminé Newton à se servir d'huile de lin au lieu de mercure, et en effet on pourra, en se servant de cette liqueur, étendre la division non seulement à 12 degrés, mais jusqu'au point de cette huile bouillante. Je ne propose pas de remplir ces thermomètres avec de l'esprit-de-vin coloré ; il est universellement reconnu que cette liqueur se décompose au bout d'un assez petit temps (a), et que d'ailleurs elle ne peut servir aux expériences d'une chaleur un peu forte.

Lorsqu'on aura marqué sur l'échelle de ces thermomètres remplis d'huile ou de mercure les premières divisions 1, 2, 3, 4, etc., qui indiqueront le double, le triple, le quadruple, etc., des augmentations de la chaleur, il faudra chercher les parties aliquotes de chaque division, par exemple les points $1\frac{1}{4}$, $2\frac{1}{4}$, $3\frac{1}{4}$, etc., ou de $1\frac{1}{2}$, $2\frac{1}{2}$, $3\frac{1}{2}$, etc. ; et de $1\frac{3}{4}$, $2\frac{3}{4}$, $3\frac{3}{4}$, etc., ce que l'on obtiendra par un moyen facile, qui sera de couvrir la moitié, ou le quart, ou les trois quarts de la superficie d'un des petits miroirs, car alors l'image qu'il réfléchira ne contiendra que le quart, la moitié ou les trois quarts de la chaleur que contient l'image entière ; et par conséquent les divisions des parties aliquotes seront aussi exactes que celles des nombres entiers.

Si l'on réussit une fois à faire ce thermomètre réel, et que j'appelle ainsi parce qu'il marquerait réellement la proportion de la chaleur, tous les autres thermomètres, dont les échelles sont arbitraires et différentes entre elles, deviendraient non seulement superflus, mais même nuisibles, dans bien des cas, à la précision des vérités physiques qu'on cherche par leur moyen. On peut se rappeler l'exemple que j'en ai donné en parlant de l'estimation de la chaleur qui émane du globe de la terre, comparée à la chaleur qui nous vient du soleil.

5° Au moyen de ces miroirs brisés, on pourra aisément recueillir dans leur entière pureté les parties volatiles de l'or et de l'argent et des autres métaux et minéraux ; car en exposant au large foyer de ces miroirs une grande plaque de métal, comme une assiette ou un plat d'argent, on en verra sortir une fumée très abondante pendant un temps considérable, jusqu'au moment où le métal tombe en fusion ; et, en ne donnant qu'une chaleur un peu moindre que celle qu'exige la fusion, on fera évaporer le métal au point d'en diminuer le poids assez considérablement. Je me suis assuré de ce premier fait, qui peut fournir des lumières sur la composition intime des métaux : j'aurais bien désiré recueillir cette vapeur abondante que le feu pur du soleil fait sortir du métal ; mais je n'avais pas les instruments nécessaires, et je ne puis que recommander aux chimistes et aux physiciens de suivre cette expérience importante, dont les résultats seraient d'autant moins équivoques, que la vapeur métallique est ici très pure ; au lieu que, dans toute opération semblable qu'on voudrait faire avec le feu commun, la vapeur métallique serait nécessairement mêlée d'autres vapeurs provenant des matières combustibles qui servent d'aliment à ce feu.

D'ailleurs ce moyen est peut-être le seul que nous ayons pour volatiliser les métaux fixes, tels que l'or et l'argent ; car je présume que cette vapeur que j'ai vue s'élever en si grande quantité de ces métaux échauffés au large foyer de mon miroir n'est pas de l'eau ni quelque autre liqueur, mais des parties mêmes du métal que la chaleur en détache en les volatilisant. On pourrait, en recevant ainsi les vapeurs pures des différents métaux, les mêler ensemble et faire par ce moyen des alliages plus intimes et plus purs qu'on ne l'a fait par la fusion et par la mixtion de ces mêmes métaux fondus, qui ne se marient jamais parfaitement à cause de l'inégalité de leur pesanteur spécifique et de plusieurs autres circonstances qui s'opposent à l'intimité et à l'égalité parfaite du mélange. Comme

(a) Plusieurs voyageurs m'ont écrit que les thermomètres à l'esprit-de-vin, de Réaumur, leur étaient devenus tout à fait inutiles, parce que cette liqueur se décolore et se charge d'une espèce de boue en assez peu de temps.

les parties constituantes de ces vapeurs métalliques sont dans un état de division bien plus grande que dans l'état de fusion, elles se joindraient et se réuniraient de bien plus près et plus facilement. Enfin on arriverait peut-être par ce moyen à la connaissance d'un fait général, et que plusieurs bonnes raisons me font soupçonner depuis longtemps, c'est qu'il y aurait pénétration dans tous les alliages faits de cette manière, et que leur pesanteur spécifique serait toujours plus grande que la somme des pesanteurs spécifiques des matières dont ils seraient composés : car la pénétration n'est qu'un degré plus grand d'intimité, et l'intimité, toutes choses égales d'ailleurs, sera d'autant plus grande que les matières seront dans un état de division plus parfaite.

En réfléchissant sur l'appareil des vaisseaux qu'il faudrait employer pour recevoir et recueillir ces vapeurs métalliques, il m'est venu une idée qui me paraît trop utile pour ne pas la publier : elle est aussi trop aisée à réaliser pour que les bons chimistes ne la saisissent pas ; je l'ai même communiquée à quelques-uns d'entre eux, qui m'en ont paru très satisfaits. Cette idée est de geler le mercure dans ce climat-ci, et avec un degré de froid beaucoup moindre que celui des expériences de Pétersbourg ou de Sibérie : il ne faut pour cela que recevoir la vapeur du mercure, qui est le mercure même volatilisé par une très médiocre chaleur dans une cucurbite ou dans un vase auquel on donnera un certain degré de froid artificiel : ce mercure en vapeur, c'est-à-dire extrêmement divisé, offrira à l'action de ce froid des surfaces si grandes et des masses si petites, qu'au lieu de 187 degrés de froid qu'il faut pour geler le mercure en masse, il n'en faudrait peut-être que 18 ou 20 degrés, peut-être même moins, pour le geler en vapeurs. Je recommande cette expérience importante à tous ceux qui travaillent de bonne foi à l'avancement des sciences.

Je pourrais ajouter à ces usages principaux du miroir d'Archimède plusieurs autres usages particuliers, mais j'ai cru devoir me borner à ceux qui m'ont paru les plus utiles et les moins difficiles à réduire en pratique. Néanmoins je crois devoir joindre ici quelques expériences que j'ai faites sur la transmission de la lumière à travers les corps transparents, et donner en même temps quelques idées nouvelles sur les moyens d'apercevoir de loin les objets à l'œil simple, ou par le moyen d'un miroir semblable à celui dont les anciens ont parlé, par l'effet duquel on apercevait du port d'Alexandrie les vaisseaux d'aussi loin que la courbure de la terre pouvait le permettre.

Tous les physiciens savent aujourd'hui qu'il y a trois causes qui empêchent la lumière de se réunir dans un point lorsque ses rayons ont traversé le verre objectif d'une lunette ordinaire. La première est la courbure sphérique de ce verre qui répand une partie des rayons dans un espace terminé par une courbe. La seconde est l'angle sous lequel nous paraît à l'œil simple l'objet que nous observons, car la largeur du foyer de l'objectif a toujours à très peu près pour diamètre une ligne égale à la corde de l'arc qui mesure cet angle. La troisième est la différente réfrangibilité de la lumière, car les rayons les plus réfrangibles ne se rassemblent pas dans le même lieu où se rassemblent les rayons les moins réfrangibles.

On peut remédier à l'effet de la première cause en substituant, comme Descartes l'a proposé, des verres elliptiques ou hyperboliques aux verres sphériques. On remédie à l'effet de la seconde par le moyen d'un second verre placé au foyer de l'objectif, dont le diamètre est à peu près égal à la largeur de ce foyer, et dont la surface est travaillée sur une sphère d'un rayon fort court. On a trouvé de nos jours le moyen de remédier à la troisième en faisant des lunettes qu'on appelle *achromatiques*, et qui sont composées de deux sortes de verres qui dispersent différemment les rayons colorés, de manière que la dispersion de l'un est corrigée par la dispersion de l'autre, sans que la réfraction générale moyenne, qui constitue la lunette, soit anéantie. Une lunette de 3 pieds $\frac{1}{2}$ de longueur, faite sur ce principe, équivaut pour l'effet aux anciennes lunettes de 25 pieds de longueur.

Au reste, le remède à l'effet de la première cause est demeuré tout à fait inutile jusqu'à ce jour, parce que l'effet de la dernière, étant beaucoup plus considérable, influe si fort sur l'effet total qu'on ne pouvait rien gagner à substituer des verres hyperboliques ou elliptiques à des verres sphériques, et que cette substitution ne pouvait devenir avantageuse que dans le cas où l'on pourrait trouver le moyen de corriger l'effet de la différente réfrangibilité des rayons de la lumière : il semble donc qu'aujourd'hui l'on ferait bien de combiner les deux moyens, et de substituer, dans les lunettes achromatiques, des verres elliptiques aux sphériques.

Pour rendre ceci plus sensible, supposons que l'objet qu'on observe soit un point lumineux sans étendue, tel qu'est une étoile fixe par rapport à nous : il est certain qu'avec un objectif, par exemple, de 30 pieds de foyer, toutes les images de ce point lumineux s'étendront en forme de courbe au foyer de ce verre s'il est travaillé par une sphère, et qu'au contraire elles se réuniront en un point si ce verre est hyperbolique; mais si l'objet qu'on observe a une certaine étendue, comme la lune, qui occupe environ 1/2 degré d'espace à nos yeux, alors l'image de cet objet occupera un espace d'environ 3 pouces de diamètre au foyer de l'objectif de 30 pieds, et l'aberration causée par la sphéricité produisant une confusion dans un point lumineux quelconque, elle la produit de même sur tous les points lumineux du disque de la lune, et par conséquent la défigure en entier. Il y aurait donc, dans tous les cas, beaucoup d'avantage à se servir de verres elliptiques ou hyperboliques pour de longues lunettes, puisqu'on a trouvé le moyen de corriger en grande partie le mauvais effet produit par la différente réfrangibilité des rayons.

Il suit de ce que nous venons de dire, que, si l'on veut faire une lunette de 30 pieds pour observer la lune et la voir en entier, le verre oculaire doit avoir au moins 3 pouces de diamètre pour recueillir l'image entière que produit l'objectif à son foyer, et que, si on voulait observer cet astre avec une lunette de 60 pieds, l'oculaire doit avoir au moins 6 pouces de diamètre, parce que la corde de l'arc qui mesure l'angle sous lequel nous paraît la lune est dans ce cas de 3 pouces et de 6 pouces à peu près : aussi les astronomes ne font jamais usage de lunettes qui renferment le disque entier de la lune, parce qu'elles grossiraient trop peu; mais si on veut observer Vénus avec une lunette de 60 pieds, comme l'angle sous lequel elle nous paraît n'est que d'environ 60 secondes, le verre oculaire pourra n'avoir que 4 lignes de diamètre, et si on se sert d'un objectif de 120 pieds, un oculaire de 8 lignes de diamètre suffirait pour réunir l'image entière que l'objectif forme à son foyer.

De là on voit que, quand même les rayons de lumière seraient également réfrangibles, on ne pourrait pas faire d'aussi fortes lunettes pour voir la lune en entier que pour voir les autres planètes, et que plus une planète est petite à nos yeux, et plus nous pouvons augmenter la longueur de la lunette avec laquelle on peut la voir en entier. Dès lors on conçoit bien que dans cette même supposition des rayons également réfrangibles, il doit y avoir une certaine longueur déterminée plus avantageuse qu'aucune autre pour telle ou telle planète, et que cette longueur de la lunette dépend non seulement de l'angle sous lequel la planète paraît à notre œil, mais encore de la quantité de lumière dont elle est éclairée.

Dans les lunettes ordinaires, les rayons de la lumière étant différemment réfrangibles, tout ce qu'on pourrait faire dans cette vue pour les perfectionner ne serait pas fort avantageux, parce que sous quelque angle que paraisse à notre œil l'objet ou l'astre que nous voulons observer, et quelque intensité de lumière qu'il puisse avoir, les rayons ne se rassembleront jamais dans le même endroit : plus la lunette sera longue, plus il y aura d'intervalle (a) entre le foyer des rayons rouges et celui des rayons violets, et par conséquent plus sera confuse l'image de l'objet observé.

(a) Cet intervalle est de 1 pied sur 27 de foyer.

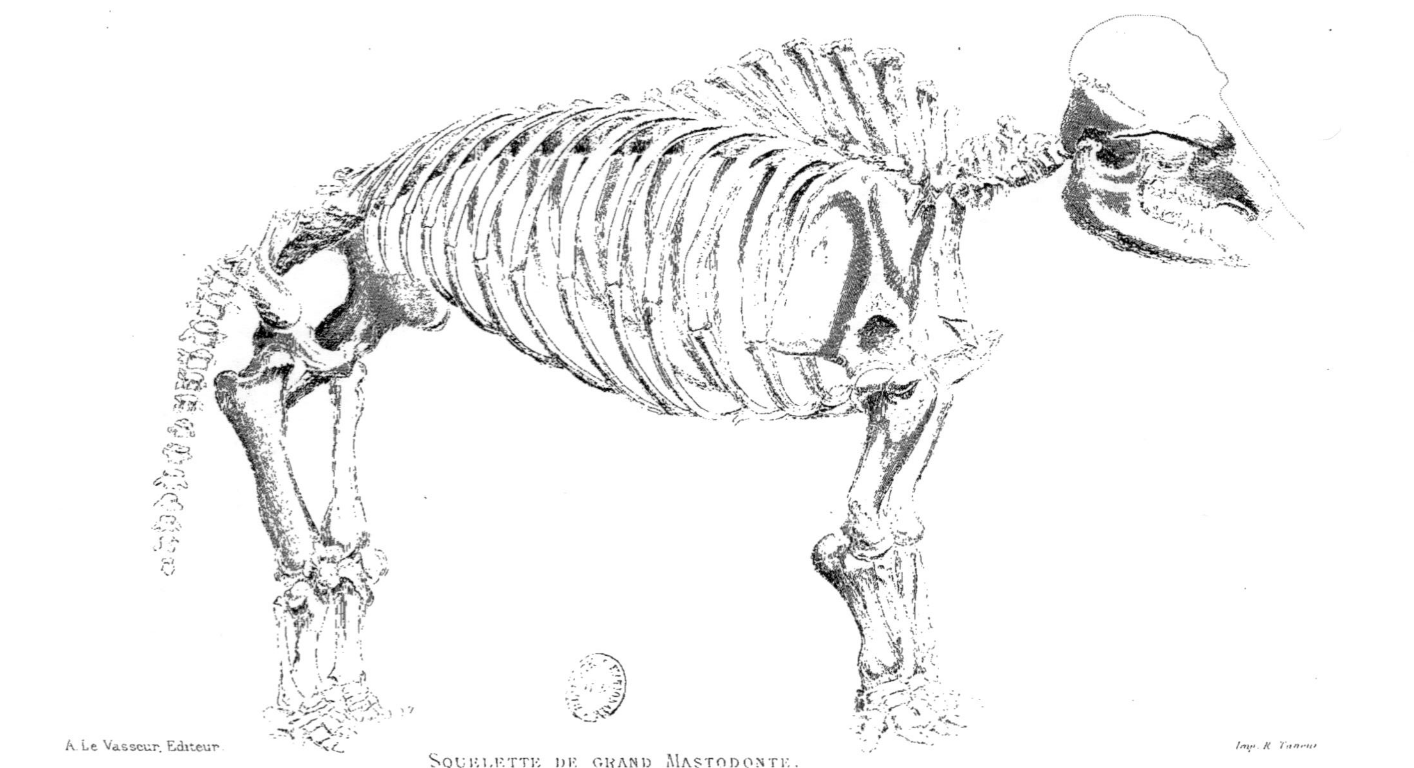

A. Le Vasseur, Éditeur.

SQUELETTE DE GRAND MASTODONTE.

On ne peut donc perfectionner les lunettes par réfraction qu'en cherchant, comme on l'a fait, les moyens de corriger cet effet de la différente réfrangibilité, soit en composant la lunette de verres de différente densité, soit par d'autres moyens particuliers, et qui seraient différents selon les différents objets et les différentes circonstances : supposons, par exemple, une courte lunette composée de deux verres, l'un convexe et l'autre concave des deux côtés, il est certain que cette lunette peut se réduire à une autre, dont les deux verres soient plans d'un côté et travaillés de l'autre côté sur des sphères dont le rayon serait une fois plus court que celui des sphères sur lesquelles auraient été travaillés les verres de la première lunette. Maintenant, pour éviter une grande partie de l'effet de la différente réfrangibilité des rayons, on peut faire cette seconde lunette d'une seule pièce de verre massif, comme je l'ai fait exécuter avec deux morceaux de verre blanc, l'un de 2 pouces 1/2 de longueur, et l'autre de 1 pouce 1/2 ; mais alors la perte de la transparence est un plus grand inconvénient que celui de la différente réfrangibilité qu'on corrige par ce moyen ; car ces deux petites lunettes massives de verre sont plus obscures qu'une petite lunette ordinaire du même verre et des mêmes dimensions : elles donnent à la vérité moins d'iris, mais elles n'en sont pas meilleures ; et si on les faisait plus longues, toujours en verre massif, la lumière, après avoir traversé cette épaisseur de verre, n'aurait plus assez de force pour peindre l'image de l'objet à notre œil. Ainsi, pour faire des lunettes de 10 ou 30 pieds, je ne vois que l'eau qui ait assez de transparence pour laisser passer la lumière sans l'éteindre en entier dans cette grande épaisseur : en employant donc de l'eau pour remplir l'intervalle entre l'objectif et l'oculaire, on diminuera en partie l'effet de la différente réfrangibilité (a), parce que celle de l'eau approche plus de celle du verre que celle de l'air, et si on pouvait, en chargeant l'eau de différents sels, lui donner le même degré de puissance réfringente qu'au verre, il n'est pas douteux qu'on ne corrigeât davantage par ce moyen l'effet de la différente réfrangibilité des rayons. Il s'agirait donc d'employer une liqueur transparente qui aurait à peu près la même puissance réfrangible que le verre ; car alors il sera sûr que les deux verres, avec cette liqueur entredeux, corrigeront en partie l'effet de la différente réfrangibilité des rayons, de la même façon qu'elle est corrigée dans la petite lunette massive dont je viens de parler.

Suivant les expériences de M. Bouguer, une ligne d'épaisseur de verre détruit $\frac{2}{7}$ de la lumière, et par conséquent la diminution s'en ferait dans la proportion suivante :

Épaisseurs. . . . .   1, 2, 3, 4, 5,   6 lignes ;

Diminutions. . . . . . . $\frac{2}{7}$, $\frac{10}{49}$, $\frac{50}{343}$, $\frac{250}{2401}$, $\frac{1250}{16807}$, $\frac{6250}{117649}$, en sorte que par la somme

de ces six termes on trouverait que la lumière qui passe à travers ces 6 lignes de verre, aurait déjà perdu $\frac{102024}{117649}$, c'est-à-dire environ le $\frac{10}{11}$ de sa quantité. Mais il faut considérer que M. Bouguer s'est servi de verres bien peu transparents, puisqu'il a vu que 1 ligne d'épaisseur de ces verres détruisait $\frac{2}{7}$ de la lumière. Par les expériences que j'ai faites sur différentes espèces de verre blanc, il m'a paru que la lumière diminuait beaucoup moins. Voici ces expériences, qui sont assez faciles à faire, et que tout le monde est en état de répéter.

(a) M. de Lalande, l'un de nos plus savants astronomes, après avoir lu cet article, a bien voulu me communiquer quelques remarques qui m'ont paru très justes et dont j'ai profité. Seulement je ne suis pas d'accord avec lui sur ces lunettes remplies d'eau : il croit *qu'on diminuerait très peu la différente réfrangibilité, parce que l'eau disperse les rayons colorés d'une manière différente du verre, et qu'il y aurait des couleurs qui proviendraient de l'eau et d'autres du verre.* Mais en se servant du verre le moins dense, et en augmentant par les sels la densité de l'eau, on rapprocherait de très près leur puissance réfractive.

Dans une chambre obscure dont les murs étaient noircis, qui me servait à faire des expériences d'optique, j'ai fait allumer une bougie de cinq à la livre : la chambre était fort vaste et la lumière de la bougie était la seule dont elle fût éclairée. J'ai d'abord cherché à quelle distance je pouvais lire un caractère d'impression, tel que celui de la *Gazette de Hollande*, à la lumière de cette bougie, et j'ai trouvé que je lisais assez facilement ce caractère à 24 pieds 4 pouces de distance de la bougie. Ensuite, ayant placé devant la bougie, à 2 pouces de distance, un morceau de verre provenant d'une glace de Saint-Gobain, réduite à 1 ligne d'épaisseur, j'ai trouvé que je lisais encore tout aussi facilement à 22 pieds 9 pouces, et, en substituant à cette glace de 1 ligne d'épaisseur un autre morceau de 2 lignes d'épaisseur et du même verre, j'ai lu aussi facilement à 21 pieds de distance de la bougie. Deux de ces mêmes glaces de 2 lignes d'épaisseur, jointes l'une contre l'autre et mises devant la bougie, en ont diminué la lumière au point que je n'ai pu lire avec la même facilité qu'à 17 pieds $\frac{1}{2}$ de distance de la bougie. Et enfin, avec trois glaces de 2 lignes d'épaisseur chacune, je n'ai lu qu'à la distance de 15 pieds. Or, la lumière de la bougie diminuant comme le carré de la distance augmente, sa diminution aurait été dans la progression suivante, s'il n'y avait point eu de glaces interposées :

$$\overline{24 \tfrac{1}{3}}^2. \quad \overline{22 \tfrac{3}{4}}^2. \quad \overline{21}^2. \quad \overline{17 \tfrac{1}{2}}^2. \quad \overline{15}^2. \text{ ou}$$

$$592 \tfrac{1}{9}. \quad 517 \tfrac{9}{16}. \quad 441. \quad 306 \tfrac{1}{4}. \quad 225.$$

Donc les pertes de la lumière, par l'interposition de glaces, sont dans la progression suivante : $84 \frac{79}{144}$. 151. $285 \frac{7}{9}$. $367 \frac{1}{4}$.

D'où l'on doit conclure que 1 ligne d'épaisseur de ce verre ne diminue la lumière que de $\frac{84}{592}$ ou d'environ $\frac{1}{7}$; que 2 lignes d'épaisseur la diminuent de $\frac{151}{592}$, pas tout à fait de $\frac{1}{4}$; et trois glaces de 2 lignes de $\frac{367}{592}$, c'est-à-dire moins de $\frac{2}{3}$.

Comme ce résultat est très différent de celui de celui de M. Bouguer, et que néanmoins je n'avais garde de douter de la vérité de ses expériences, je répétai les miennes en me servant de verre à vitre commun ; je choisis des morceaux d'une épaisseur égale, de $\frac{3}{4}$ de ligne chacun. Ayant lu de même à 24 pieds 4 pouces de distance de la bougie, l'interposition d'un de ces morceaux de verre me fit rapprocher à 21 pieds $\frac{1}{2}$; avec deux morceaux interposés et appliqués l'un sur l'autre, je ne pouvais plus lire qu'à 18 pieds $\frac{1}{4}$, et avec trois morceaux à 16 pieds; ce qui, comme l'on voit, se rapproche de la détermination de M. Bouguer; car la perte de la lumière, en traversant ce verre de $\frac{3}{4}$ de ligne, étant ici de $592 \frac{1}{4} - 462 \frac{1}{4} = 130$, le résultat $\frac{130}{392 \frac{1}{4}}$ ou $\frac{65}{299}$, ne s'éloigne pas beaucoup de $\frac{3}{14}$, à quoi l'on doit réduire les $\frac{2}{7}$ donnés par M. Bouguer pour une ligne d'épaisseur, parce que mes verres n'avaient que $\frac{3}{4}$ de ligne, car $3 : 14 :: 65 : 303 \frac{1}{8}$, terme qui ne diffère pas beaucoup de 296.

Mais avec du verre communément appelé *verre de Bohême*, j'ai trouvé, par les mêmes essais, que la lumière ne perdait qu'un huitième en traversant une épaisseur de 1 ligne, et qu'elle diminuait dans la progression suivante :

$$
\begin{array}{lccccccc}
\text{Épaisseurs.} \ldots & 1, & 2, & 3, & 4, & 5, & 6. & \ldots n. \\[4pt]
\text{Diminutions.} \ldots & \tfrac{1}{8}. & \tfrac{7}{64}. & \tfrac{49}{512}. & \tfrac{343}{4096}. & \tfrac{2401}{32768}. & \tfrac{16807}{262144}. & \\[10pt]
 & \overline{0} & \overline{1} & \overline{2} & \overline{3} & \overline{4} & \overline{5} & \qquad n-1 \\[4pt]
\text{ou} \ldots & \dfrac{7}{8.^1} & \dfrac{7}{8.^2} & \dfrac{7}{8.^3} & \dfrac{7}{8.^4} & \dfrac{7}{8.^5} & \dfrac{7}{8.^6} & \ldots \dfrac{7}{8.\,n}
\end{array}
$$

Prenant la somme de ces termes, on aura le total de la diminution de la lumière à travers une épaisseur de verre d'un nombre donné de lignes; par exemple, la somme des six premiers termes est $\frac{144495}{262144}$. Donc la lumière ne diminue que d'un peu plus de moitié en traversant une épaisseur de 6 lignes de verre de Bohême, et elle en perdrait encore moins si, au lieu de trois morceaux de 2 lignes appliqués l'un sur l'autre, elle n'avait à traverser qu'un seul morceau de 6 lignes d'épaisseur.

Avec le verre que j'ai fait fondre en masse épaisse, j'ai vu que la lumière ne perdait pas plus à travers 4 pouces $\frac{1}{2}$ d'épaisseur de ce verre qu'à travers une glace de Saint-Gobain de 2 lignes $\frac{1}{2}$ d'épaisseur : il me semble donc qu'on pourrait en conclure que la transparence de ce verre étant, à celle de la glace, comme 4 pouces $\frac{1}{2}$ sont à 2 lignes $\frac{1}{2}$, ou 54 à 2 $\frac{1}{2}$, c'est-à-dire plus de vingt et une fois plus grande, on pourrait faire de très bonnes petites lunettes massives de 5 ou 6 pouces de longueur avec ce verre.

Mais pour des lunettes longues, on ne peut employer que de l'eau, et encore est-il à craindre que le même inconvénient ne subsiste, car quelle sera l'opacité qui résultera de cette quantité de liqueur que je suppose remplir l'intervalle entre les deux verres? Plus les lunettes seront longues et plus on perdra de lumière; en sorte qu'il paraît au premier coup d'œil qu'on ne peut pas se servir de ce moyen, surtout pour les lunettes un peu longues; car, en suivant ce que dit M. Bouguer dans son *Essai d'optique* sur la gradation de la lumière, 9 pieds 7 pouces d'eau de mer font diminuer la lumière dans le rapport de 14 à 5; ou, ce qui revient à peu près au même, supposons que 10 pieds d'épaisseur d'eau diminuent la lumière dans le rapport de 3 à 1, alors 20 pieds d'épaisseur d'eau la diminueront dans le rapport de 9 à 1; 30 pieds la diminueront dans celui de 27 à 1. etc. Il paraît donc qu'on ne pourrait se servir de ces longues lunettes pleines d'eau que pour observer le soleil, et que les autres astres n'auraient pas assez de lumière pour qu'il fût possible de les apercevoir à travers une épaisseur de 20 à 30 pieds de liqueur intermédiaire.

Cependant, si l'on fait attention qu'en ne donnant que 1 pouce ou 1 pouce 1/2 d'ouverture à un objectif de 40 pieds, on ne laisse pas d'apercevoir très nettement les planettes dans les lunettes ordinaires de cette longueur, on doit penser qu'en donnant un plus grand diamètre à l'objectif, on augmenterait la quantité de lumière dans la raison du carré de ce diamètre, et par conséquent si un pouce d'ouverture suffit pour voir distinctement un astre dans une lunette ordinaire, $\sqrt{3}$ pouces d'ouverture, c'est-à-dire 21 lignes environ de diamètre suffiront pour qu'on le voie aussi distinctement à travers une épaisseur de 10 pieds d'eau; et qu'avec un verre de 3 pouces de diamètre, on le verrait également à travers une épaisseur de 20 pieds d'eau; qu'avec un verre de $\sqrt{27}$ ou 5 pouces $\frac{1}{4}$ de diamètre, on le verrait à travers une épaisseur de 30 pieds, et qu'il ne faudrait qu'un verre de 9 pouces de diamètre pour une lunette remplie de 40 pieds d'eau, et un verre de 27 pouces pour une lunette de 60 pieds.

Il semble donc qu'on pourrait, avec espérance de réussir, faire construire une lunette sur ces principes; car en augmentant le diamètre de l'objectif, on regagne en partie la lumière que l'on perd par le défaut de transparence de la liqueur.

On ne doit pas craindre que les objectifs, quelque grands qu'ils soient, fassent une trop grande partie de la sphère sur laquelle ils seront travaillés, et que par cette raison les rayons de la lumière ne puissent se réunir exactement; car en supposant même ces objectifs sept ou huit fois plus grands que je ne les ai déterminés, ils ne feraient pas encore à beaucoup près une assez grande partie de leur sphère pour ne pas réunir les rayons avec exactitude.

Mais ce qui ne me paraît pas douteux, c'est qu'une lunette construite de cette façon serait très utile pour observer le soleil; car en la supposant même longue de 100 pieds, la lumière de cet astre ne serait encore que trop forte après avoir traversé cette épaisseur d'eau, et on observerait à loisir et aisément la surface de cet astre immédiatement, sans qu'il fût nécessaire de se servir de verres enfumés ou d'en recevoir l'image sur un carton, avantage qu'aucune autre espèce de lunette ne peut avoir.

Il y aurait seulement quelque petite différence dans la construction de cette lunette solaire, si l'on veut qu'elle nous présente la face entière du soleil, car en la supposant longue de 100 pieds, il faudra dans ce cas que le verre oculaire ait au moins 10 pouces de diamètre, parce que le soleil occupant plus de 1/2 [degré céleste, l'image formée par l'objectif à son foyer à 100 pieds, aura au moins cette longueur de 10 pouces, et que, pour la réunir tout entière, il faudra un oculaire de cette largeur auquel on ne donnerait que 20 pouces de foyer pour le rendre aussi fort qu'il se pourrait. Il faudrait aussi que l'objectif, ainsi que l'oculaire, eût 10 pouces de diamètre, afin que l'image de l'astre et l'image de l'ouverture de la lunette se trouvassent d'égale grandeur au foyer.

Quand même cette lunette que je propose ne servirait qu'à observer exactement le soleil, ce serait déjà beaucoup : il serait, par exemple, fort curieux de pouvoir reconnaître s'il y a dans cet astre des parties plus ou moins lumineuses que d'autres, s'il y a sur sa surface des inégalités, et de quelle espèce elles seraient, si les taches flottent sur sa surface (a), ou si elles y sont toutes constamment attachées, etc. La vivacité de sa lumière nous empêche de l'observer à l'œil simple, et la différente réfrangibilité de ses rayons rend son image confuse lorsqu'on la reçoit au foyer d'un objectif sur un carton : aussi la surface du soleil nous est-elle moins connue que celle des autres planètes. Cette différente réfrangibilité des rayons ne serait pas à beaucoup près entièrement corrigée dans cette longue lunette remplie d'eau ; mais si cette liqueur pouvait, par l'addition des sels, être rendue aussi dense que le verre, ce serait alors la même chose que s'il n'y avait qu'un seul verre à traverser, et il me semble qu'il y aurait plus d'avantage à se servir de ces lunettes remplies d'eau, que de lunettes ordinaires avec des verres enfumés.

Quoi qu'il en soit, il est certain qu'il faut, pour observer le soleil, une lunette bien différente de celles dont on doit se servir pour les autres astres, et il est encore très certain qu'il faut pour chaque planète une lunette particulière, et proportionnée à leur intensité de lumière, c'est-à-dire à la quantité réelle de lumière dont elles nous paraissent éclairées. Dans toutes les lunettes il faudrait donc l'objectif aussi grand, et l'oculaire aussi fort qu'il est possible, et en même temps proportionner la distance du foyer à l'intensité de la lumière de chaque planète. Par exemple, Vénus et Saturne sont deux planètes dont la lumière est fort différente : lorsqu'on les observe avec la même lunette on augmente également l'angle sous lequel on les voit ; dès lors la lumière totale de la planète paraît s'étendre sur toute sa surface d'autant plus qu'on la grossit davantage. Ainsi à mesure qu'on agrandit son image on la rend sombre, à peu près dans la proportion du carré de son diamètre : Saturne ne peut donc, sans devenir obscur, être observé avec une lunette aussi forte que Vénus. Si l'intensité de la lumière de celle-ci permet de la grossir cent ou deux cents fois avant de devenir sombre, l'autre ne souffrira peut-être pas la moitié ou le tiers de cette augmentation sans devenir tout à fait obscure. Il s'agit donc de faire une lunette pour chaque planète proportionnée à leur intensité de lumière ; et, pour le faire avec plus d'avantage, il me semble qu'il n'y faut employer qu'un objectif d'autant plus grand, et d'un foyer d'autant moins long que la planète a moins de lumière. Pourquoi jusqu'à ce jour n'a-t-on pas fait des objectifs de 2 et 3 pieds de diamètre ? L'aberration des rayons, causée par la sphéricité des verres, en est la seule cause ; elle produit

(a) M. de Lalande m'a fait sur ceci la remarque qui suit : « Il est constant, dit-il, qu'il » n'y a sur le soleil que des taches qui changent de forme et disparaissent entièrement, mais » qui ne changent point de place, si ce n'est par la rotation du soleil ; sa surface est très » unie et homogène. » Ce savant astronome pouvait même ajouter que ce n'est que par le moyen de ces taches, toujours supposées fixes, qu'on a déterminé le temps de la révolution du soleil sur son axe : mais ce point d'astronomie physique ne me paraît pas encore absolument démontré ; car ces taches, qui toutes changent de figure, pourraient bien aussi quelquefois changer de lieu.

une confusion qui est comme le carré du diamètre de l'ouverture (a), et c'est par cette raison que les verres sphériques, qui sont très bons avec une petite ouverture, ne valent plus rien quand on l'augmente : on a plus de lumière, mais moins de distinction et de netteté. Néanmoins les verres sphériques larges sont très bons pour faire des lunettes de nuit; les Anglais ont construit des lunettes de cette espèce, et ils s'en servent avec grand avantage pour voir de fort loin les vaisseaux dans une nuit obscure. Mais maintenant que l'on sait corriger en grande partie les effets de la différente réfrangibilité des rayons, il me semble qu'il faudrait s'attacher à faire des verres elliptiques ou hyperboliques qui ne produiraient pas cette aberration causée par la sphéricité, et qui par conséquent pourraient être trois ou quatre fois plus larges que les verres sphériques. Il n'y a que ce moyen d'augmenter à nos yeux la quantité de lumière que nous envoient les planètes, car nous ne pouvons pas porter sur les planètes une lumière additionnelle comme nous le faisons sur les objets que nous observons au microscope; mais il faut au moins employer le plus avantageusement qu'il est possible la quantité de lumière dont elles sont éclairées, en la recevant sur une surface aussi grande qu'il se pourra. Cette lunette hyperbolique qui ne serait composée que d'un seul grand verre objectif et d'un oculaire proportionné, exigerait une matière de la plus grande transparence. On réunirait par moyen tous les avantages possibles, c'est-à-dire ceux des lunettes achromatiques à celui des lunettes elliptiques ou hyperboliques, et l'on mettrait à profit toute la quantité de lumière que chaque planète réfléchit à nos yeux. Je puis me tromper, mais ce que je propose me paraît assez fondé pour en recommander l'exécution aux personnes zélées pour l'avancement des sciences.

Me laissant aller à ces espèces de rêveries, dont quelques-unes néanmoins se réaliseront un jour, et que je ne publie que dans cette espérance, j'ai songé au miroir du port d'Alexandrie, dont quelques auteurs anciens ont parlé, et par le moyen duquel on voyait de très loin les vaisseaux en pleine mer. Le passage le plus positif qui me soit tombé sous les yeux est celui que je vais rapporter : « Alexandria. . . . . . . in Pharo verò » erat speculum e ferro *sinico*, per quod a longè videbantur naves Græcorum adve- » nientes; paulò postquam Islamismus invaluit, scilicet tempore califatùs Walidi, filii » Abd-el-Melek, Christiani, fraude adhibità, illud deleverunt. » Abul-l-feda, etc. *Descriptio Ægypti.*

J'ai pensé : 1° que ce miroir par lequel on voyait de loin les vaisseaux arriver n'était pas impossible; 2° que même, sans miroir ni lunette, on pourrait, par de certains dispo- tions, obtenir le même effet, et voir depuis le port des vaisseaux peut-être d'aussi loin que la courbure de la terre le permet. Nous avons dit que les personnes qui ont bonne vue aperçoivent les objets éclairés par le soleil à plus de trois mille quatre cents fois leur diamètre, et en même temps nous avons remarqué que la lumière intermédiaire nuisait si fort à celle des objets éloignés qu'on apercevait la nuit un objet lumineux de dix, vingt et peut-être cent fois plus de distance qu'on le voit pendant le jour. Nous savons que du fond d'un puits très profond l'on voit les étoiles en plein jour (b) : pourquoi donc ne verrait-on pas de même les vaisseaux éclairés des rayons du soleil, en se mettant au fond d'une longue galerie fort obscure et située sur le bord de la mer, de manière qu'elle ne recevrait aucune lumière que celle de la mer lointaine et des vaisseaux qui pourraient s'y trouver; cette galerie n'est qu'un puits horizontal qui ferait le même effet pour la vue des vaisseaux que le puits vertical pour la vue des étoiles; et cela me paraît si simple, que je suis étonné qu'on n'y ait pas songé. Il me semble qu'en prenant, pour faire l'observa- tion, les heures du jour où le soleil serait derrière la galerie, c'est-à-dire le temps où les

(a) Smith's *Optick.* Book II, cap. VII, art. 346.
(b) Aristote est, je crois, le premier qui ait fait mention de cette observation, et j'en ai cité le passage à l'article du *Sens de la vue*, t. II, p. 111, de cette Histoire naturelle.

vaisseaux seraient bien éclairés, on les verrait du fond de cette galerie obscure dix fois au moins mieux qu'on ne peut les voir en pleine lumière. Or, comme nous l'avons dit, on distingue aisément un homme ou un cheval à une lieue de distance lorsqu'ils sont éclairés des rayons du soleil; et, en supprimant la lumière intermédiaire qui nous environne et offusque nos yeux, nous les verrions au moins dix fois plus loin, c'est-à-dire à dix lieues : donc on verrait les vaisseaux, qui sont beaucoup plus gros, d'aussi loin que la courbure de la terre le permettrait (a), sans autre instrument que nos yeux.

Mais un miroir concave d'une assez grand diamètre et d'un foyer quelconque, placé au fond d'un long tuyau noirci, ferait pendant le jour à peu près le même même effet que nos grands objectifs de même diamètre et de même foyer feraient pendant la nuit, et c'était probablement un de ces miroirs concaves d'acier poli (e ferro sinico) qu'on avait établi au port d'Alexandrie (b) pour voir de loin arriver les vaisseaux grecs. Au reste, si ce miroir d'acier ou de fer poli a réellement existé, comme il y a toute apparence, on ne peut refuser aux anciens la gloire de la première invention des télescopes, car ce miroir de métal poli ne pouvait avoir d'effet qu'autant que la lumière réfléchie par sa surface était recueillie par un autre miroir concave placé à son foyer, et c'est en cela que consiste l'essence du télescope et la facilité de sa construction. Néanmoins, cela n'ôte rien à la gloire du grand Newton, qui, le premier, a ressuscité cette invention entièrement oubliée. Il paraît même que ce sont ses belles découvertes sur la différente réfrangibilité des rayons de la lumière qui l'ont conduit à celle du télescope. Comme les rayons de la lumière sont par leur nature différemment réfrangibles, il était fondé à croire qu'il n'y avait nul moyen de corriger cet effet; ou s'il a entrevu ces moyens, il les a jugés si difficiles qu'il a mieux aimé tourner ses vues d'un autre côté, et produire, par le moyen de la réflexion des rayons, les grands effets qu'il ne pouvait obtenir par leur réfraction. Il a donc fait construire son télescope, dont l'effet est réellement bien supérieur à celui des lunettes ordinaires; mais les lunettes achromatiques inventées de nos jours sont aussi supérieures au télescope qu'il l'est aux lunettes ordinaires. Le meilleur télescope est toujours sombre en comparaison de la lunette achromatique, et cette obscurité dans les télescopes ne vient pas seulement du défaut de poli ou de la couleur du métal des miroirs, mais de la nature même de la lumière, dont les rayons, différemment réfrangibles, sont aussi différemment réflexibles, quoique en degrés beaucoup moins inégaux. Il reste donc, pour perfectionner les télescopes autant qu'ils peuvent l'être, à trouver le moyen de compenser cette différente réflexibilité, comme l'on a trouvé celui de compenser la différente réfrangibilité.

Après tout ce qui vient d'être dit, je crois qu'on sentira bien que l'on peut faire une très bonne lunette de jour sans employer ni verres ni miroirs, et simplement en supprimant la lumière environnante au moyen d'un tuyau de 150 ou 200 pieds de long, et en se plaçant dans un lieu obscur où aboutirait l'une des extrémités de ce tuyau : plus la lumière du jour serait vive, plus serait grand l'effet de cette lunette si simple et si facile à exécuter. Je suis persuadé qu'on verrait distinctement à quinze et peut-être vingt lieues les bâtiments et les arbres sur le haut des montagnes. La seule différence qu'il y ait entre

(a) La courbure de la terre pour 1 degré, ou 25 lieues de 2,283 toises, est de 2,988 pieds; elle croît comme le carré des distances : ainsi, pour 5 lieues, elle est vingt-cinq fois moindre, c'est-à-dire d'environ 120 pieds. Un vaisseau, qui a plus de 120 pieds de mâture, peut donc être vu de cinq lieues étant même au niveau de la mer; mais si l'on s'élevait de 120 pieds au-dessus du niveau de la mer, on verrait de cinq lieues le corps entier du vaisseau jusqu'à la ligne de l'eau, et, en s'élevant encore davantage, on pourrait apercevoir le haut des mâts de plus de dix lieues.

(b) De temps immémorial les Chinois et surtout les Japonais savent travailler et polir l'acier en grand et en petit volume, et c'est ce qui m'a fait penser qu'on doit interpréter e ferro sinico par acier poli.

ce long tuyau et la galerie obscure que j'ai proposée, c'est que le *champ*, c'est-à-dire l'espace vu, serait bien plus petit, et précisément dans la raison du carré de l'ouverture du tuyau à celle de la galerie.

ARTICLE TROISIÈME

INVENTION D'AUTRES MIROIRS POUR BRULER A DE MOINDRES DISTANCES.

I. — *Miroirs d'une seule pièce à foyer mobile.*

J'ai remarqué que le verre fait ressort, et qu'il peut plier jusqu'à un certain point; et comme, pour brûler à des distances un peu grandes, il ne faut qu'une légère courbure, et que toute courbure régulière y est à peu près également convenable, j'ai imaginé de prendre des glaces de miroir ordinaire de 1 pied 1/2, de 2 pieds et 3 pieds de diamètre, de les faire arrondir et de les soutenir sur un cercle de fer bien égal et bien tourné, après avoir fait dans le centre de la glace un trou de 2 ou 3 lignes de diamètre pour y passer une vis (a) dont les pas sont très fins, et qui entre dans un petit écrou posé de l'autre côté de la glace. En serrant cette vis, j'ai courbé assez les glaces de 3 pieds pour brûler depuis 50 pieds jusqu'à 30, et les glaces de 18 pouces ont brûlé à 25 pieds; mais ayant répété plusieurs fois ces expériences, j'ai cassé les glaces de 3 pieds et de 2 pieds, et il ne m'en reste qu'une de 18 pouces, que j'ai gardée pour modèle de ce miroir (b).

e qui fait casser ces glaces si aisément, c'est le trou qui est au milieu; elles se courberaient beaucoup plus sans rompre s'il n'y avait point de solution de continuité, et qu'on pût les presser également sur toute la surface : cela m'a conduit à imaginer de les faire courber par le poids même de l'atmosphère; et pour cela il ne faut que mettre une glace circulaire sur une espèce de tambour de fer ou de cuivre, et ajouter à ce tambour une pompe pour en tirer de l'air; on fera de cette manière courber la glace plus ou moins, et par conséquent elle brûlera à de plus ou moins grandes distances.

Il y aurait encore un autre moyen, ce serait d'ôter l'étamage dans le centre de la glace, de la largeur de 9 ou 10 lignes, façonner avec une molette cette partie du centre en portion de sphère, comme un verre convexe de 1 pouce de foyer, mettre dans le tambour une petite mèche soufrée; il arriverait que, quand on présenterait ce miroir au soleil, les rayons, transmis à travers cette partie du centre de la glace et réunis au foyer de 1 pouce allumeraient la mèche soufrée dans le tambour; cette mèche en brûlant absorberait de l'air, et par conséquent le poids de l'atmosphère ferait plier la glace plus ou moins, selon que la mèche soufrée brûlerait plus ou moins de temps. Ce miroir serait fort singulier, parce qu'il se courberait de lui-même à l'aspect du soleil sans qu'il fût nécessaire d'y toucher; mais l'usage n'en serait pas facile, et c'est pour cette raison que je ne l'ai pas fait exécuter, la seconde manière étant préférable à tous égards.

Ces miroirs d'une seule pièce à foyer mobile peuvent servir à mesurer plus exactement que par aucun autre moyen la différence des effets de la chaleur du soleil, reçue dans des

---

(a) Voyez les planches X, XI et XII.

(b) Ces glaces de 3 pieds ont mis le feu à des matières légères jusqu'à 50 pieds de distance, et alors elles n'avaient plié que de 1 ligne $\frac{5}{8}$; pour brûler à 40 pieds, il fallait les faire plier de 2 lignes; pour brûler à 30 pieds, de 2 lignes $\frac{3}{4}$, et c'est en voulant les faire brûler à 20 pieds qu'elles se sont cassées.

foyers plus ou moins grands. Nous avons vu que les grands foyers font toujours proportionnellement beaucoup plus d'effet que les petits, quoique l'intensité de chaleur soit égale dans les uns et les autres : on aurait ici, en contractant successivement les foyers, toujours une égale quantité de lumière ou de chaleur, mais dans des espaces successivement plus petits ; et, au moyen de cette quantité constante, on pourrait déterminer, par l'expérience, le minimum de l'espace du foyer, c'est-à-dire l'étendue nécessaire pour qu'avec la même quantité de lumière on eût le plus grand effet ; cela nous conduirait en même temps à une estimation plus précise de la déperdition de la chaleur dans les différentes substances, sous un même volume ou dans une égale étendue.

A cet usage près, il m'a paru que ces miroirs d'une seule pièce à foyer mobile étaient plus curieux qu'utiles : celui qui agit seul et se courbe à l'aspect du soleil est assez ingénieusement conçu pour avoir place dans un cabinet de physique.

II. — *Miroirs d'une seule pièce pour brûler très vivement à des distances médiocres et à de petites distances.*

J'ai cherché les moyens de courber régulièrement de grandes glaces ; et, après avoir fait construire deux fourneaux différents qui n'ont pas réussi, je suis parvenu à en faire un troisième (a), dans lequel j'ai courbé très régulièrement des glaces circulaires de 3, 4 et 4 pieds 1/2 de diamètre ; j'en ai même fait courber deux de 56 pouces, mais quelque précaution qu'on ait prise pour laisser refroidir lentement ces grandes glaces de 56 et 54 pouces de diamètre, et pour les manier doucement, elles se sont cassées en les appliquant sur les moules sphériques que j'avais fait construire pour leur donner la forme régulière et le poli nécessaire ; la même chose est arrivée à trois autres glaces de 48 et 50 pouces de diamètre, et je n'en ai conservé qu'une seule de 46 pouces et deux de 37 pouces. Les gens qui connaissent les arts n'en seront pas surpris ; ils savent que les grandes pièces de verre exigent des précautions infinies pour ne pas se fêler au sortir du fourneau, où on les laisse recuire et refroidir ; ils savent que plus elles sont minces et plus elles sont sujettes à se fendre non seulement par le premier coup de l'air, mais encore par ses impressions ultérieures. J'ai vu plusieurs de mes glaces courbées se fendre toutes seules au bout de trois, quatre et cinq mois, quoiqu'elles eussent résisté aux premières impressions de l'air et qu'on les eût placées sur des moules de plâtre bien séché, sur lesquels la surface concave de ces glaces portait également partout ; mais ce qui m'en a fait perdre un grand nombre, c'est le travail qu'il fallait faire pour leur donner une forme régulière. Ces glaces que j'ai achetées toutes polies à la manufacture du faubourg Saint-Antoine, quoique choisies parmi les plus épaisses, n'avaient que 5 lignes d'épaisseur : en les courbant, le feu leur faisait perdre en partie leur poli. Leur épaisseur, d'ailleurs, n'était pas bien égale partout ; et néanmoins il était nécessaire, pour l'objet auquel je les destinais, de rendre les deux surfaces concave et convexe parfaitement concentriques, et par conséquent de les travailler avec des molettes convexes dans des moules creux, et des molettes concaves sur des moules convexes. De vingt-quatre glaces que j'avais courbées, et dont j'en avais livré quinze à feu M. Passemant pour les faire travailler par ses ouvriers, je n'en ai conservé que trois : toutes les autres, dont les moindres avaient au moins 3 pieds de diamètre, se sont cassées, soit avant d'être travaillées, soit après. De ces trois glaces que j'ai sauvées, l'une a 46 pouces de diamètre, et les deux autres 37 pouces ; elles étaient bien travaillées, leurs surfaces bien concentriques, et par conséquent l'épaisseur bien égale ; il ne s'agissait plus que de les étamer sur leur surface convexe, et je fis pour cela plusieurs essais et un assez grand nombre d'expériences qui ne me réussirent point.

(a) Voyez les planches I, II, III, IV, V et VI.

M. de Bernières, beaucoup plus habile que moi dans cet art de l'étamage, vint à mon secours, et me rendit en effet deux de mes glaces étamées : j'eus l'honneur d'en présenter au Roi la plus grande, c'est-à-dire celle de 46 pouces, et de faire devant Sa Majesté les expériences de la force de ce miroir ardent qui fond aisément tous les métaux ; on l'a déposé au château de la Muette, dans un cabinet qui est sous la direction du Père Noël ; c'est certainement le plus fort miroir ardent qu'il y ait en Europe (a). J'ai déposé au Jardin du Roi, dans le Cabinet d'Histoire naturelle, la glace de 37 pouces de diamètre, dont le foyer est beaucoup plus court que celui du miroir de 46 pouces. Je n'ai pas encore eu le temps d'essayer la force de ce second miroir, que je crois aussi très bon. Je fis, dans le temps, quelques expériences au château de la Muette sur la lumière de la lune, reçue par le miroir de 46 pouces, et réfléchie sur un thermomètre très sensible ; je crus d'abord m'apercevoir de quelque mouvement, mais cet effet ne se soutint pas, et depuis je n'ai pas eu occasion de répéter l'expérience. Je ne sais même si l'on obtiendrait un degré de chaleur sensible en réunissant les foyers de plusieurs miroirs, et les faisant tomber ensemble sur un thermomètre aplati et noirci ; car il se peut que la lune nous envoie du froid plutôt que du chaud, comme nous l'expliquerons ailleurs. Du reste, ces miroirs sont supérieurs à tous les miroirs de réflexion dont on avait connaissance : ils servent aussi à voir en grand les petits tableaux, et à distinguer toutes les beautés et tous les défauts ; et si on en fait étamer de pareils dans leur concavité, ce qui serait bien plus aisé que sur la convexité, ils serviraient à voir les plafonds et autres peintures qui sont trop grandes et trop perpendiculaires sur la tête pour pouvoir être regardées aisément.

Mais ces miroirs ont l'inconvénient commun à tous les miroirs de ce genre, qui est de brûler en haut, ce qui fait qu'on ne peut travailler de suite à leur foyer, et qu'ils deviennent presque inutiles pour toutes les expériences qui demandent une longue action du feu et des opérations suivies. Néanmoins, en recevant d'abord les rayons du soleil sur une glace plane de 4 pieds 1/2 de hauteur et d'autant de largeur qui les réfléchit contre ces miroirs concaves, ils sont assez puissants pour que cette perte, qui est de la moitié de la chaleur, ne les empêche pas de brûler très vivement à leur foyer, qui par ce moyen se trouve en bas comme celui des miroirs de réfraction, et auquel par conséquent on pourrait travailler de suite et avec une égale facilité. Seulement il serait nécessaire que la glace plane et le miroir concave fussent tous deux montés parallèlement sur un même support, où ils pourraient recevoir également les mêmes mouvements de direction et d'inclinaison, soit horizontalement, soit verticalement. L'effet que le miroir de 46 pouces de diamètre ferait en bas, n'étant que de moitié de celui qu'il produit en haut, c'est comme si la surface de ce miroir était réduite de moitié, c'est-à-dire comme s'il n'avait qu'un peu plus de 32 pouces de diamètre au lieu de 46 ; et cette dimension de 32 pouces de diamètre pour un foyer de 6 pieds ne laisse pas de donner une chaleur plus grande que celle des lentilles de Tschirnaüs ou du sieur Segard, dont je me suis autrefois servi, et qui sont les meilleures que l'on connaisse.

Enfin, par la réunion de ces deux miroirs, on aurait aux rayons du soleil une chaleur immense à leur foyer commun, surtout en le recevant en haut, qui ne serait diminuée que de moitié en le recevant en bas, et qui par conséquent serait beaucoup plus grande qu'aucune autre chaleur connue, et pourrait produire des effets dont nous n'avons aucune idée.

(a) On m'a dit que l'étamage de ce miroir, qui a été fait il y a plus de vingt ans, s'était gâté : il faudrait le remettre entre les mains de M. de Bernières, qui seul a le secret de cet étamage pour le bien réparer.

III. — *Lentilles ou Miroirs à l'eau.*

Au moyen des glaces courbées et travaillées régulièrement dans leur concavité et sur leur convexité, on peut faire un miroir réfringent, en joignant par opposition deux de ces glaces, et en remplissant d'eau tout l'espace qu'elles contiennent.

Dans cette vue, j'ai fait courber deux glaces de 37 pouces de diamètre, et les ai fait user de 8 ou 9 lignes sur les bords pour les bien joindre. Par ce moyen, l'on n'aura pas besoin de mastic pour empêcher l'eau de fuir.

Au zénith du miroir il faut pratiquer un petit goulot (*a*), par lequel on en remplira la capacité avec un entonnoir; et comme les vapeurs de l'eau échauffée par le soleil pourraient faire casser les glaces, on laissera ce goulot ouvert pour laisser échapper les vapeurs, et afin de tenir le miroir toujours absolument plein d'eau, on ajustera dans ce goulot une petite bouteille pleine d'eau, et cette bouteille finira elle-même en haut par un goulot étroit, afin que, dans les différentes inclinaisons du miroir, l'eau qu'elle contiendra ne puisse pas se répandre en trop grande quantité.

Cette lentille, composée de deux glaces de 37 pouces, chacune de 2 pieds 1/2 de foyer, brûlerait à 5 pieds, si elle était de verre; mais l'eau ayant une moindre réfraction que le verre, le foyer sera plus éloigné; il ne laissera pas néanmoins de brûler vivement. J'ai supputé qu'à la distance de 5 pieds $\frac{1}{2}$, cette lentille à l'eau produirait au moins deux fois autant de chaleur que la lentille du Palais-Royal, qui est de verre solide, et dont le foyer est à 12 pieds.

J'avais conservé une assez forte épaisseur aux glaces, afin que le poids de l'eau qu'elles devaient renfermer ne pût en altérer la courbure. On pourrait essayer de rendre l'eau plus réfringente, en y faisant fondre des sels : comme l'eau peut successivement fondre plusieurs sels, et s'en charger en plus grande quantité qu'elle ne se chargerait d'un seul sel, il faudrait en fondre de plusieurs espèces, et on rendrait par ce moyen la réfraction de l'eau plus approchante que celle du verre.

Tel était mon projet; mais, après avoir travaillé et ajusté ces glaces de 37 pouces, celle du dessous s'est cassée dès la première expérience, et comme il ne m'en restait qu'une, j'en ai fait le miroir concave de 37 pouces dont j'ai parlé dans l'article précédent.

Ces loupes, composées de deux glaces sphériquement courbées et remplies d'eau, brûleront en bas, et produiront de plus grands effets que les loupes de verre massif, parce que l'eau laisse passer plus aisément la lumière que le verre le plus transparent; mais l'exécution ne laisse pas d'en être difficile, et demande des attentions infinies. L'expérience m'a fait connaître qu'il fallait des glaces épaisses de 9 ou 8 lignes au moins, c'est-à-dire des glaces faites exprès, car on n'en coule point aux manufactures d'aussi épaisses à beaucoup près; toutes celles qui sont dans le commerce n'ont qu'environ moitié de cette épaisseur : il faut ensuite courber ces glaces dans un fourneau pareil à celui dont j'ai donné la figure, planche I et suivantes; avoir attention de bien sécher le fourneau, de ne pas presser le feu et d'employer au moins trente heures à l'opération. La glace se ramollira et pliera par son poids sans se dissoudre, et s'affaissera sur le moule concave qui lui donnera sa forme : on la laissera recuire et refroidir par degrés dans ce fourneau, qu'on aura soin de boucher au moment qu'on aura vu la glace bien affaissée partout également. Deux jours après, lorsque le fourneau aura perdu toute sa chaleur, on en tirera la glace, qui ne sera que légèrement dépolie, on examinera avec un grand compas courbe si son épaisseur est à peu près égale partout, et si cela n'était pas et qu'il y eût dans de certaines parties de la glace une inégalité sensible, on commencera par l'atténuer avec une

(*a*) Voyez la planche XII.

molette de même sphère que la courbure de la glace. On commencera de travailler de même les deux surfaces concave et convexe, qu'il faut rendre parfaitement concentriques, en sorte que la glace ait partout exactement la même épaisseur. Et pour parvenir à cette précision, qui est absolument nécessaire, il faudra faire courber de plus petites glaces de 2 ou 3 pieds de diamètre, en observant de faire ces petits moules sur un rayon de 4 ou 5 lignes plus long que ceux du foyer de la grande glace : par ce moyen on aura des glaces courbes dont on se servira, au lieu de molettes, pour travailler les deux surfaces concave et convexe, ce qui avancera beaucoup le travail; car ces petites glaces, en frottant contre la grande, l'useront et s'useront également; et comme leur courbure est plus forte de 4 lignes, c'est-à-dire de moitié de l'épaisseur de la grande glace, le travail de ces petites glaces, tant au dedans qu'au dehors, rendra concentriques les deux surfaces de la grande glace aussi précisément qu'il est possible. C'est là le point le plus difficile, et j'ai souvent vu que pour l'obtenir on était obligé d'user la glace de plus de 1 ligne 1/2 sur chaque surface, ce qui la rendait trop mince, et dès lors inutile, du moins pour notre objet. Ma glace de 37 pouces, que le poids de l'eau, joint à la chaleur du soleil, a fait casser, avait néanmoins, toute travaillée, plus de 3 lignes 1/2 d'épaisseur, et c'est pour cela que je recommande de les tenir encore plus épaisses.

J'ai observé que ces glaces courbées sont plus cassantes que les glaces ordinaires : la seconde fusion ou demi-fusion que le verre éprouve pour se courber est peut-être la cause de cet effet, d'autant que, pour prendre la forme sphérique, il est nécessaire qu'il s'étende inégalement dans chacune de ses parties, et que leur adhérence entre elles change dans des proportions inégales, et même différentes, pour chaque point de la courbe, relativement au plan horizontal de la glace, qui s'abaisse successivement pour prendre la courbure sphérique.

En général, le verre a du ressort et peut plier sans se casser d'environ 1 pouce par pied, surtout quand il est mince; je l'ai même éprouvé sur des glaces de 2 et 3 lignes d'épaisseur et de 5 pieds de hauteur. On peut les faire plier de plus de 4 pouces sans les rompre, surtout en ne les comprimant qu'en un sens ; mais si on les courbe en deux sens à la fois, comme pour produire une surface sphérique, elles cassent à moins de 1/2 pouce par pied sous cette double flexion : la glace inférieure de ces lentilles a l'eau obéissant donc à la pression causée par le poids de l'eau, elle cassera ou prendra une plus forte courbure, à moins qu'elle ne soit fort épaisse ou qu'elle ne soit soutenue par une croix de fer, ce qui fait ombre au foyer et rend désagréable l'aspect de ce miroir. D'ailleurs le foyer de ces lentilles à l'eau n'est jamais franc, ni bien terminé, ni réduit à sa plus petite étendue : les différentes réfractions que souffre la lumière en passant du verre dans l'eau, et de l'eau dans le verre, causent une aberration des rayons beaucoup plus grande qu'elle ne l'est par une réfraction simple dans les loupes de verre massif. Tous ces inconvénients m'ont fait tourner mes vues sur les moyens de perfectionner les lentilles de verre, et je crois avoir enfin trouvé tout ce qu'on peut faire de mieux en ce genre, comme je l'expliquerai dans les paragraphes suivants.

Avant de quitter les lentilles à l'eau, je crois devoir encore proposer un moyen de construction nouvelle qui serait sujette à moins d'inconvénients, et dont l'exécution serait assez facile. Au lieu de courber, travailler et polir de grandes glaces de 4 ou 5 pieds de diamètre, il ne faudrait que de petits morceaux carrés de 2 pouces, qui ne coûteraient presque rien, et les placer dans un châssis de fer traversé de verges minces de ce même métal, et ajustées comme les vitres en plomb; ce châssis et ces verges de fer, auxquelles on donnerait la courbure sphérique, et 4 pieds de diamètre, contiendraient chacun trois cent quarante-six de ces petits morceaux de 2 pouces, et en laissant quarante-six pour l'équivalent de l'espace que prendraient les verges de fer, il y aurait toujours trois cents disques du soleil qui coïncideraient au même foyer que je suppose à 10 pieds :

chaque morceau laisserait passer un disque de 2 pouces de diamètre, auquel, ajoutant la lumière des parties du carré circonscrit à ce cercle de 2 pouces de diamètre, le foyer n'aurait à 10 pieds que 2 pouces $\frac{1}{2}$ ou 2 pouces $\frac{3}{4}$ si la monture de ces petites glaces était régulièrement exécutée. Or, en diminuant la perte que souffre la lumière en passant à travers l'eau et les doubles verres qui la contiennent, et qui serait ici à peu près de moitié, on aurait encore au foyer de ce miroir, tout composé de facettes planes, une chaleur cent cinquante fois plus grande que celle du soleil. Cette construction ne serait pas chère, et je n'y vois d'autre inconvénient que la fuite de l'eau qui pourrait percer par les joints des verges de fer qui soutiendraient les petits trapèzes de verre ; il faudrait prévenir cet inconvénient en pratiquant de petites rainures de chaque côté dans ces verges et enduire ces rainures de mastic ordinaire des vitriers, qui est impénétrable à l'eau.

IV. — *Lentilles de verre solide.*

J'ai vu dans ces lentilles, celle du Palais-Royal et celle du sieur Segard : toutes deux ont été tirées d'une masse de verre d'Allemagne, qui est beaucoup plus transparent que le verre de nos glaces de miroirs. Mais personne ne sait en France fondre le verre en larges masses épaisses, et la composition d'un verre transparent comme celui de Bohême, n'est connue que depuis peu d'années.

J'ai donc d'abord cherché les moyens de fondre le verre en masses épaisses, et j'ai fait en même temps différents essais pour avoir une matière bien transparente. M. de Romilly, qui dans ce temps était l'un des directeurs de la manufacture de Saint-Gobain, m'ayant aidé de ses conseils, nous fondîmes deux masses de verre d'environ 7 pouces de diamètre sur 5 à 6 pouces d'épaisseur dans des creusets à un fourneau où l'on cuisait de la faïence au faubourg Saint-Antoine. Après avoir fait user et polir les deux surfaces de ces morceaux de verre pour les rendre parallèles, je trouvai qu'il n'y en avait qu'un des deux qui fût parfaitement net. Je livrai le second morceau, qui était le moins parfait, à des ouvriers qui ne laissèrent pas que d'en tirer d'assez bons prismes de toutes grosseurs, et j'ai gardé pendant plusieurs années le premier morceau, qui avait 4 pouces $\frac{1}{2}$ d'épaisseur et dont la transparence était telle qu'en posant ce verre de 4 pouces $\frac{1}{2}$ d'épaisseur sur un livre, on pouvait lire à travers très aisément les caractères les plus petits et les écritures de l'encre la plus blanche. Je comparai le degré de transparence de cette matière avec celle des glaces de Saint-Gobain, prises et réduites à différentes épaisseurs : un morceau de la matière de ces glaces de 2 pouces $\frac{1}{2}$ d'épaisseur sur environ 1 pied de longueur et de largeur, que M. de Romilly me procura, était vert comme du marbre vert, et l'on ne pouvait lire à travers ; il fallut le diminuer de plus de 1 pouce pour commencer à distinguer les caractères à travers son épaisseur, et enfin le réduire à 2 lignes $\frac{1}{2}$ d'épaisseur pour que sa transparence fût égale à celle de mon morceau de 4 pouces $\frac{1}{2}$ d'épaisseur ; car on voyait aussi clairement les caractères du livre à travers ces 4 pouces $\frac{1}{2}$, qu'à travers la glace qui n'avait que 2 lignes $\frac{1}{2}$. Voici la composition de ce verre (*) dont la transparence est si grande :

> Sable blanc cristallin, une livre.
> Minium ou chaux de plomb, une livre.
> Potasse, une demi-livre.
> Salpêtre, une demi-once.
> Le tout mêlé et mis au feu suivant l'art.

J'ai donné à M. Cassini de Thury ce morceau de verre, dont on pouvait espérer de

(*) Ce verre est celui que l'on désigne sous le nom de cristal.

faire d'excellents verres de lunette achromatique, tant à cause de sa très grande transparence que de sa force réfringente, qui était très considérable, vu la quantité de plomb qui était entrée dans sa composition; mais M. de Thury ayant confié ce beau morceau de verre à des ouvriers ignorants, ils l'ont gâté au feu où ils l'ont remis mal à propos; je me suis repenti de ne l'avoir pas fait travailler moi-même, car il ne s'agissait que de le trancher en lames, et la matière en était encore plus transparente et plus nette que celle *flint-glass* d'Angleterre, et elle avait plus de force de réfraction.

Avec 600 livres de cette même composition, je voulais faire une lentille de 26 ou 27 pouces de diamètre et de 5 pieds de foyer. J'espérais pouvoir la fondre dans mon fourneau, dont à cet effet j'avais fait changer la disposition intérieure; mais je reconnus bientôt que cela n'était possible que dans les plus grands fourneaux de verrerie : il me fallait une masse de 3 pouces d'épaisseur sur 27 ou 28 pouces de diamètre, ce qui fait environ 1 pied cube de verre; je demandai la liberté de la faire couler à mes frais à la manufacture de Saint-Gobain, mais les administrateurs de cet établissement ne voulurent pas me le permettre, et la lentille n'a pas été faite. J'avais supputé que la chaleur de cette lentille de 27 pouces serait à celle de la lentille du Palais-Royal, comme 19 sont à 6; ce qui est un très grand effet, attendu la petitesse du diamètre de cette lentille, qui aurait eu 11 pouces de moins que celle du Palais-Royal.

Cette lentille, dont l'épaisseur au point du milieu ne laisse pas d'être considérable, est néanmoins ce qu'on peut faire de mieux pour brûler à 5 pieds : on pourrait même en augmenter le diamètre; car je suis persuadé qu'on pourrait fondre et couler également des pièces plus larges et plus épaisses dans les fourneaux où l'on fond les grandes glaces, soit à Saint-Gobain, soit à Rouelle en Bourgogne : j'observe seulement ici qu'on perdrait plus par l'augmentation de l'épaisseur qu'on ne gagnerait par celle de la surface du miroir, et que c'est pour cela que, tout compensé, je m'étais borné à 26 ou 27 pouces.

Newton a fait voir que, quand les rayons de lumière tombaient sur le verre sous un angle de plus de 47 ou 48 degrés, ils sont réfléchis au lieu d'être réfractés : on ne peut donc pas donner à un miroir réfringent un diamètre plus grand que la corde d'un arc de 47 ou 48 degrés de la sphère sur laquelle il a été travaillé; ainsi dans le cas présent, pour brûler à 5 pieds, la sphère ayant environ 32 pieds de circonférence, le miroir ne peut avoir qu'un peu plus de 4 pieds de diamètre; mais, dans ce cas, il aurait le double d'épaisseur de ma lentille de 26 pouces, et d'ailleurs les rayons trop obliques ne se réunissent jamais bien.

Ces loupes de verre solide sont, de tous les miroirs que je viens de proposer, les plus commodes, les plus solides, les moins sujets à se gâter, et même les plus puissants lorsqu'ils sont bien transparents, bien travaillés, et que leur diamètre est bien proportionné à la distance de leur foyer. Si l'on veut donc se procurer une loupe de cette espèce, il faut combiner ces différents objets, et ne lui donner, comme je l'ai dit, que 27 pouces de diamètre pour brûler à 5 pieds, qui est une distance commode pour travailler de suite et fort à l'aise au foyer. Plus le verre sera transparent et pesant, plus seront grands les effets; la lumière passera en plus grande quantité en raison de la transparence, et sera d'autant moins dispersée, d'autant moins réfléchie, et par conséquent d'autant mieux saisie par le verre, et d'autant plus réfractée qu'il sera plus massif, c'est-à-dire spécifiquement plus pesant : ce sera donc un avantage que de faire entrer dans la composition de ce verre une grande quantité de plomb; et c'est par cette raison que j'en ai mis moitié, c'est-à-dire autant de minium que de sable. Mais, quelque transparent que soit le verre de ces lentilles, leur épaisseur dans le milieu est non seulement un très grand obstacle à la transmission de la lumière, mais encore un empêchement aux moyens qu'on pourrait trouver pour fondre des masses aussi épaisses et aussi grandes qu'il le faudrait : par exemple, pour une loupe de 4 pieds de diamètre, à laquelle on donnerait un foyer de 5 ou 6 pieds, qui est la distance la plus commode, et à laquelle la lumière, plongeant avec moins d'obliquité, aura plus de force qu'à de plus grandes distances, il faudrait fondre une masse de verre de 4 pieds sur 6 pouces 1/2 ou 7 pouces d'épaisseur, parce qu'on est obligé de la travailler et de l'user même dans la partie la plus épaisse. Or, il serait très difficile de fondre et couler d'un seul jet ce gros volume, qui serait, comme l'on voit, de 5 ou 6 pieds cubes; car les plus amples cuvettes des manufactures de glaces ne contiennent pas 2 pieds cubes; les plus grandes glaces de 60 pouces sur 120, en leur supposant 5 lignes d'épaisseur, ne font qu'un volume d'environ 4 pied cube 3/4 : l'on sera donc forcé de se réduire à ce moindre volume, et à n'employer en effet que 1 pied cube 1/2, ou tout au plus 1 pied cube 3/4 de verre pour en former la loupe; et encore aura-t-on bien de la peine à obtenir des maîtres de ces manufactures de faire couler du verre à cette grande épaisseur, parce qu'ils craignent, avec quelque raison, que la chaleur trop grande de cette masse épaisse de verre ne fasse fendre ou boursoufler la table de cuivre sur laquelle on coule les glaces, lesquelles, n'ayant au plus que 5 lignes d'épaisseur (a), ne communiquent à la table qu'une chaleur très médiocre en comparaison de celle que lui ferait subir une masse de 6 pouces d'épaisseur.

V. — *Lentilles à échelons pour brûler avec la plus grande vivacité possible (b).*

Je viens de dire que les fortes épaisseurs qu'on est obligé de donner aux lentilles, lorsqu'elles ont un grand diamètre et un foyer court, nuisent beaucoup à leur effet : une lentille de 6 pouces d'épaisseur dans le milieu et de la matière des glaces ordinaires ne brûle, pour ainsi dire, que par les bords. Avec du verre plus transparent, l'effet sera plus grand; mais la partie du milieu reste toujours en pure perte, la lumière ne pouvant en pénétrer et traverser la trop grande épaisseur. J'ai rapporté les expériences que j'ai faites sur la diminution de la lumière qui passe à travers différentes épaisseurs du verre, et l'on a vu que cette diminution est très considérable : j'ai donc cherché les moyens de parer à cet inconvénient, et j'ai trouvé une manière simple et assez aisée de diminuer réellement les épaisseurs des lentilles autant qu'il me plaît, sans pour cela diminuer sensiblement leur diamètre et sans allonger leur foyer.

Ce moyen consiste à travailler ma pièce de verre par échelons. Supposons, pour me faire mieux entendre, que je veuille diminuer de deux pouces l'épaisseur d'une lentille de verre qui a 26 pouces de diamètre, 5 pieds de foyer et 3 pouces d'épaisseur au centre; je divise l'arc de cette lentille en trois parties, et je rapproche concentriquement chacune de ces portions d'arc, en sorte qu'il ne reste que 1 pouce d'épaisseur au centre; et je forme de chaque côté un échelon de 1/2 pouce pour rapprocher de même les parties correspondantes : par ce moyen, en faisant un second échelon, j'arrive à l'extrémité du diamètre, et j'ai une lentille à échelons qui est à très peu près du même foyer, et qui a le même diamètre et près de deux fois moins d'épaisseur que la première, ce qui est un très grand avantage.

(a) On a néanmoins coulé à Saint-Gobain, et à ma prière, des glaces de 7 lignes, dont je me suis servi pour différentes expériences, il y a plus de vingt ans; j'ai remis dernièrement une de ces glaces de 38 pouces en carré et de 7 lignes d'épaisseur à M. de Bernières, qui a entrepris de faire des loupes à l'eau pour l'Académie des sciences, et j'ai vu chez lui des glaces de 10 lignes d'épaisseur qui ont été coulées de même à Saint-Gobain : cela doit faire présumer qu'on pourrait, sans aucun risque pour la table, en couler d'encore plus épaisses.

(b) Voyez les planches XIV, XV et XVI.

Si l'on vient à bout de fondre une pièce de verre de 4 pieds de diamètre sur 2 pouces 1/2 d'épaisseur et de la travailler par échelons sur un foyer de 8 pieds, j'ai supputé qu'en laissant même 1 pouce 1/2 d'épaisseur au centre de cette lentille et à la couronne intérieure des échelons, la chaleur de cette lentille sera à celle de la lentille du Palais-Royal comme 28 sont à 6, sans compter l'effet de la différence des épaisseurs, qui est très considérable et que je ne puis estimer d'avance.

Cette dernière espèce de miroir réfringent est tout ce qu'on peut faire de plus parfait en ce genre; et quand même nous le réduirions à 3 pieds de diamètre sur 15 lignes d'épaisseur au centre et 6 pieds de foyer, ce qui en rendra l'exécution moins difficile, on aurait toujours un degré de chaleur quatre fois au moins plus grand que celui des plus fortes lentilles que l'on connaisse. J'ose dire que ce miroir à échelons serait l'un des plus utiles instruments de physique; je l'ai imaginé il y a plus de vingt-cinq ans, et tous les savants auxquels j'en ai parlé désireraient qu'il fût exécuté. On en tirerait de grands avantages pour l'avancement des sciences; et y adaptant un héliomètre, on pourrait faire à son foyer toutes les opérations de la chimie aussi commodément qu'on le fait au feu des fourneaux, etc.

SEPTIÈME MÉMOIRE

OBSERVATIONS SUR LES COULEURS ACCIDENTELLES ET SUR LES OMBRES COLORÉES.

Quoiqu'on se soit beaucoup occupé, dans ces derniers temps, de la physique des couleurs, il ne paraît pas qu'on ait fait de grands progrès depuis Newton : ce n'est pas qu'il ait épuisé la matière, mais la plupart des physiciens ont plus travaillé à le combattre qu'à l'entendre, et, quoique ses principes soient clairs et ses expériences incontestables, il y a si peu de gens qui se soient donné la peine d'examiner à fond les rapports et l'ensemble de ses découvertes, que je ne crois pas devoir parler d'un nouveau genre de couleurs, sans avoir auparavant donné des idées nettes sur la production des couleurs en général.

Il y a plusieurs moyens de produire les couleurs : le premier est la réfraction. Un trait de lumière, qui passe à travers un prisme, se rompt et se divise de façon qu'il produit une image colorée, composée d'un nombre infini de couleurs; et les recherches qu'on a faites sur cette image colorée du soleil ont appris que la lumière de cet astre est l'assemblage d'une infinité de rayons de lumière différemment colorés; que ces rayons ont autant de différents degrés de réfrangibilité que de couleurs différentes, et que la même couleur a constamment le même degré de réfrangibilité. Tous les corps diaphanes dont les surfaces ne sont pas parallèles produisent des couleurs par la réfraction; l'ordre de ces couleurs est invariable, et leur nombre, quoique infini, a été réduit à sept dénominations principales, *violet, indigo, bleu, vert, jaune, orangé, rouge :* chacune de ces dénominations répond à un intervalle déterminé dans l'image colorée qui contient toutes les nuances de la couleur dénommée, de sorte que dans l'intervalle rouge on trouve toutes les nuances de rouge, dans l'intervalle jaune toutes les nuances de jaune, etc., et dans les confins de ces intervalles les couleurs intermédiaires qui ne sont ni jaunes ni rouges, etc. C'est par de bonnes raisons que Newton a fixé à sept le nombre des dénominations des couleurs : l'image colorée du soleil, qu'il appelle *le spectre solaire,* n'offre à la première vue que cinq couleurs, violet, bleu, vert, jaune et rouge; ce n'est encore qu'une décomposition imparfaite de la lumière et une représentation confuse des couleurs. Comme cette image est composée d'une infinité de cercles différemment colorés qui répondent à autant de disques du soleil, et que ces cercles anticipent beaucoup les uns sur les autres, le milieu de tous ces cercles est l'endroit où le mélange des couleurs est le plus grand, et il n'y a que les côtés rectilignes de l'image où les couleurs soient pures; mais, comme elles sont en même temps très faibles, on a peine à les distinguer, et on se sert d'un autre moyen pour épurer les couleurs : c'est en rétrécissant l'image du disque du soleil, ce qui diminue l'anticipation des cercles colorés les uns sur les autres, et par conséquent le mélange des couleurs. Dans ce spectre de lumière épurée et homogène, on voit très bien les sept couleurs; on en voit même beaucoup plus de sept avec un peu d'art, car, en recevant successivement sur un fil blanc les différentes parties de ce spectre de lumière épurée, j'ai compté souvent jusqu'à dix-huit ou vingt couleurs dont la différence était sensible à mes yeux. Avec de meilleurs organes ou plus d'attention, on pourrait encore en compter davantage : cela n'empêche pas qu'on ne doive fixer le nombre de leurs dénominations à sept, ni plus ni moins; et cela par une raison bien fondée, c'est qu'en divisant le spectre de lumière épurée en sept intervalles, et suivant la proportion donnée par Newton, chacun de ces intervalles contient des couleurs qui, quoique prises toutes ensemble, sont indécomposables par le prisme et par quelque art que ce soit; ce qui leur a fait donner le nom de *couleurs primitives*. Si, au lieu de diviser le spectre en sept, on ne le divise qu'en six, ou cinq, ou quatre, ou trois intervalles, alors les couleurs contenues dans chacun de ces intervalles se décomposent par le prisme, et par conséquent ces couleurs ne sont pas pures, et ne doivent pas être regardées comme couleurs primitives. On ne peut donc pas réduire les couleurs primitives à moins de sept dénominations, et on ne doit pas en admettre un plus grand nombre, parce qu'alors on diviserait inutilement les intervalles en deux ou plusieurs parties, dont les couleurs seraient de la même nature, et ce serait partager mal à propos une même espèce de couleur, et donner des noms différents à des choses semblables.

Il se trouve, par un hasard singulier, que l'étendue proportionnelle de ces sept intervalles de couleurs répond assez juste à l'étendue proportionnelle des sept tons de la musique, mais ce n'est qu'un hasard dont on ne doit tirer aucune conséquence : ces deux résultats sont indépendants l'un de l'autre, et il faut se livrer bien aveuglément à l'esprit de système pour prétendre, en vertu d'un rapport fortuit, soumettre l'œil et l'oreille à des lois communes, et traiter l'un de ces organes par les règles de l'autre, en imaginant qu'il est possible de faire un concert aux yeux ou un paysage aux oreilles.

Ces sept couleurs, produites par la réfraction, sont inaltérables et contiennent toutes les couleurs et toutes les nuances de couleurs qui sont au monde; les couleurs du prisme, celles des diamants, celles de l'arc-en-ciel, des images des halos, dépendent toutes de la réfraction, et en suivent exactement les lois.

La réfraction n'est cependant pas le seul moyen pour produire des couleurs : la lumière a de plus que sa qualité réfrangible d'autres propriétés qui, quoique dépendantes de la même cause générale, produisent des effets différents. De la même façon que la lumière se rompt et se divise en couleurs en passant d'un milieu dans un autre milieu transparent, elle se rompt aussi en passant auprès des surfaces d'un corps opaque : cette espèce de réfraction, qui se fait dans le même milieu, s'appelle *inflexion*, et les couleurs qu'elle produit sont les mêmes que celles de la réfraction ordinaire; les rayons violets, qui sont les plus réfrangibles, sont aussi les plus flexibles, et la frange colorée par l'inflexion de la lumière ne diffère du spectre coloré produit par la réfraction que dans la forme; et, si l'intensité des couleurs est différente, l'ordre en est le même, les propriétés toutes semblables, le nombre égal, la qualité primitive et inaltérable commune à toutes, soit dans la réfraction, soit dans l'inflexion, qui n'est en effet qu'une espèce de réfraction.

Mais le plus puissant moyen que la nature emploie pour produire des couleurs, c'est la réflexion (a) : toutes les couleurs matérielles en dépendent ; le vermillon n'est rouge que parce qu'il réfléchit abondamment les rayons rouges de la lumière, et qu'il absorbe les autres ; l'outre-mer ne paraît bleu que parce qu'il réfléchit fortement les rayons bleus, et qu'il reçoit dans ses pores tous les autres rayons qui s'y perdent (*). Il en est de même des autres couleurs des corps opaques et transparents ; la transparence dépend de l'uniformité de densité : lorsque les parties composantes d'un corps sont d'égale densité, de quelque figure que soient ces mêmes parties, le corps sera toujours transparent. Si l'on réduit un corps transparent à une fort petite épaisseur, cette plaque mince produira des

(a) J'avoue que je ne pense pas comme Newton, au sujet de la réflexibilité des différents rayons de la lumière. Sa définition de la réflexibilité n'est pas assez générale pour être satisfaisante : il est sûr que la plus grande facilité à être réfléchi est la même chose que la plus grande réflexibilité ; il faut que cette plus grande facilité soit générale pour tous les cas · or, qui sait si le rayon violet se réfléchit le plus aisément dans tous les cas, à cause que dans un cas particulier il rentre plutôt dans le verre que les autres rayons ; la réflexion de la lumière suit les mêmes lois que le rebondissement de tous les corps à ressort ; de là on doit conclure que les particules de lumière sont élastiques, et par conséquent la réflexibilité de la lumière sera toujours proportionnelle à son ressort, et dès lors les rayons les plus réflexibles seront ceux qui auront le plus de ressort, qualité difficile à mesurer dans la matière de la lumière, parce qu'on ne peut mesurer l'intensité d'un ressort que par la vitesse qu'il produit ; il faudrait donc, pour qu'il fût possible de faire une expérience sur cela, que les satellites de Jupiter fussent illuminés successivement par toutes les couleurs du prisme, pour reconnaître par leurs éclipses s'il y aurait plus ou moins de vitesse dans le mouvement de la lumière violette que dans le mouvement de la lumière rouge ; car ce n'est que par la comparaison de la vitesse de ces différents rayons qu'on peut savoir si l'un a plus de ressort que l'autre ou plus de réflexibilité. Mais on n'a jamais observé que les satellites, au moment de leur émersion, aient d'abord paru violets, et ensuite éclairés successivement de toutes les couleurs du prisme ; donc il est à présumer que les rayons de lumière ont à peu près tous un ressort égal, et par conséquent autant de réflexibilité. D'ailleurs le cas particulier où le violet paraît être plus réflexible ne vient que de la réfraction, et ne paraît pas tenir à la réflexion : cela est aisé à démontrer. Newton a fait voir, à n'en pouvoir douter, que les rayons différents sont inégalement réfrangibles, que le rouge l'est le moins et le violet le plus de tous ; il n'est donc pas étonnant qu'à une certaine obliquité le rayon violet se trouvant, en sortant du prisme, plus oblique à la surface que tous les autres rayons, il soit le premier saisi par l'attraction du verre et contraint d'y rentrer, tandis que les autres rayons, dont l'obliquité est moindre, continuent leur route sans être assez attirés pour être obligés de rentrer dans le verre : ceci n'est donc pas, comme le prétend Newton, une vraie réflexion, c'est seulement une suite de réfraction. Il me semble qu'il ne devait donc pas assurer en général que les rayons les plus réfrangibles étaient les plus réflexibles. Cela ne me paraît vrai qu'en prenant cette suite de la réfraction pour une réflexion, ce qui n'en est pas une ; car il est évident qu'une lumière qui tombe sur un miroir et qui en rejaillit en formant un angle de réflexion égal à celui d'incidence est dans un cas bien différent de celui où elle se trouve au sortir d'un verre si oblique à la surface qu'elle est contrainte d'y rentrer : ces deux phénomènes n'ont rien de commun, et ne peuvent, à mon avis, s'expliquer par la même cause.

(*) Cela n'est pas tout à fait exact. Les corps qui nous paraissent rouges ne réfléchissent pas que les seuls rayons rouges ; ils réfléchissent encore en certaine quantité les autres rayons colorés, mais ils en absorbent la majeure partie, tandis qu'ils réfléchissent presque tous les rayons rouges. Notre œil reçoit donc de ces corps une quantité beaucoup plus considérable de rayons rouges que d'autres, ce qui fait que nous les voyons rouges. De même les corps bleus sont ceux qui renvoient à notre œil une grande quantité de rayons bleus, tandis qu'ils absorbent la majeure partie des autres rayons colorés.

couleurs dont l'ordre et les principales apparences sont fort différentes des phénomènes du spectre ou de la frange colorée : aussi ce n'est pas par la réfraction que ces couleurs sont produites, c'est par la réflexion. Les plaques minces des corps transparents, les bulles de savon, les plumes des oiseaux, etc., paraissent colorées parce qu'elles réfléchissent certains rayons et laissent passer ou absorbent les autres ; ces couleurs ont leurs lois et dépendent de l'épaisseur de la plaque mince : une certaine épaisseur produit constamment une certaine couleur ; toute autre épaisseur ne peut la produire, mais en produit une autre ; et lorsque cette épaisseur est diminuée à l'infini, en sorte qu'au lieu d'une plaque mince et transparente on n'a plus qu'une surface polie sur un corps opaque, ce poli, qu'on peut regarder comme le premier degré de la transparence, produit aussi des couleurs par la réflexion, qui ont encore d'autres lois ; car lorsqu'on laisse tomber un trait de lumière sur un miroir de métal, ce trait de lumière ne se réfléchit pas tout entier sous le même angle, il s'en disperse une partie qui produit des couleurs dont les phénomènes, aussi bien que ceux des plaques minces, n'ont pas encore été assez observés.

Toutes les couleurs dont je viens de parler sont naturelles et dépendent uniquement des propriétés de la lumière ; mais il en est d'autres qui me paraissent accidentelles et qui dépendent autant de notre organe que de l'action de la lumière. Lorsque l'œil est frappé ou pressé, on voit des couleurs dans l'obscurité ; lorsque cet organe est mal disposé ou fatigué, on voit encore des couleurs : c'est ce genre de couleurs que j'ai cru devoir appeler *couleurs accidentelles*, pour les distinguer des couleurs naturelles, et parce qu'en effet elles ne paraissent jamais que lorsque l'organe est forcé ou qu'il a été trop fortement ébranlé.

Personne n'a fait, avant le Dr Jurin (a), la moindre observation sur ce genre de couleurs ; cependant elles tiennent aux couleurs naturelles par plusieurs rapports, et j'ai découvert une suite de phénomènes singuliers sur cette matière, que je vais rapporter le plus succinctement qu'il me sera possible.

Lorsqu'on regarde fixement et longtemps une tache ou une figure rouge sur un fond blanc, comme un petit carré de papier rouge sur un papier blanc, on voit naître autour du petit carré rouge une espèce de couronne d'un vert faible : en cessant de regarder le carré rouge, si l'on porte l'œil sur le papier blanc, on voit très distinctement un carré de vert tendre, tirant un peu sur le bleu ; cette apparence subsiste plus ou moins longtemps, selon que l'impression de la couleur rouge a été plus ou moins forte. La grandeur du carré vert imaginaire est la même que celle du carré réel rouge, et ce vert ne s'évanouit qu'après que l'œil s'est rassuré et s'est porté successivement sur plusieurs autres objets dont les images détruisent l'impression trop forte causée par le rouge.

En regardant fixement et longtemps une tache jaune sur un fond blanc, on voit naître autour de la tache une couronne d'un bleu pâle, et en cessant de regarder la tache jaune et portant son œil sur un autre endroit du fond blanc, on voit distinctement une tache bleue de la même figure et de la même grandeur que la tache jaune, et cette apparence dure au moins aussi longtemps que l'apparence du vert produit par le rouge. Il m'a même paru, après avoir fait moi-même, et après avoir fait répéter cette expérience à d'autres dont les yeux étaient meilleurs et plus forts que les miens, que cette impression du jaune était plus forte que celle du rouge, et que la couleur bleue qu'elle produit s'effaçait plus difficilement et subsistait plus longtemps que la couleur verte produite par le rouge : ce qui semble prouver ce qu'a soupçonné Newton, que le jaune est de toutes les couleurs celle qui fatigue le plus nos yeux.

Si l'on regarde fixement et longtemps une tache verte sur un fond blanc, on voit

____

(a) *Essai upon distinct and indistinct vision*, p. 115 des notes sur l'Optique de Smith. t. II, imprimé à Cambridge en 1739.

naître autour de la tache verte une couleur blanchâtre, qui est à peine colorée d'une petite teinte de pourpre ; mais, en cessant de regarder la tache verte et en portant l'œil sur un autre endroit du fond blanc, on voit distinctement une tache d'un pourpre pâle, semblable à la couleur d'une améthyste pâle : cette apparence est plus faible et ne dure pas, à beaucoup près, aussi longtemps que les couleurs bleues et vertes produites par le jaune et par le rouge.

De même en regardant fixement et longtemps une tache bleue sur un fond blanc, on voit naître autour de la tache bleue une couronne blanchâtre un peu teinte de rouge, et en cessant de regarder la tache bleue et portant l'œil sur le fond blanc, on voit une tache d'un rouge pâle, toujours de la même figure et de la même grandeur que la tache bleue, et cette apparence ne dure pas plus longtemps que l'apparence pourpre produite par la tache verte.

En regardant de même avec attention une tache noire sur un fond blanc, on voit naître autour de la tache noire une couronne d'un blanc vif; et cessant de regarder la tache noire et portant l'œil sur un autre endroit du fond blanc, on voit la figure de la tache exactement dessinée et d'un blanc beaucoup plus vif que celui du fond : ce blanc n'est pas mat, c'est un blanc brillant semblable au blanc du premier ordre des anneaux colorés décrits par Newton; et au contraire, si on regarde longtemps une tache blanche sur un fond noir, on voit la tache blanche se décolorer, et en portant l'œil sur un autre endroit du fond noir, on y voit une tache d'un noir plus vif que celui du fond.

Voilà donc une suite de couleurs accidentelles qui a des rapports avec la suite des couleurs naturelles : le rouge naturel produit le vert accidentel, le jaune produit le bleu, le vert produit le pourpre, le bleu produit le rouge, le noir produit le blanc, et le blanc produit le noir. Ces couleurs accidentelles n'existent que dans l'organe fatigué, puisqu'un autre œil ne les aperçoit pas : elles ont même une apparence qui les distingue des couleurs naturelles, c'est qu'elles sont tendres, brillantes, et qu'elles paraissent être à différentes distances, selon qu'on les rapporte à des objets voisins ou éloignés.

Toutes ces expériences ont été faites sur des couleurs mates avec des morceaux de papiers ou d'étoffes colorées ; mais elles réussissent encore mieux, lorsqu'on les fait sur des couleurs brillantes, comme avec de l'or brillant et poli, au lieu de papier ou d'étoffe jaune ; avec de l'argent brillant, au lieu de papier blanc; avec du lapis, au lieu de papier bleu, etc. : l'impression de ces couleurs brillantes est plus vive et dure beaucoup plus longtemps.

Tout le monde sait qu'après avoir regardé le soleil, on porte quelquefois pendant longtemps l'image colorée de cet astre sur tous les objets ; la lumière trop vive du soleil produit en un instant ce que la lumière ordinaire des corps ne produit qu'au bout d'une minute ou deux d'application fixe de l'œil sur les couleurs. Ces images colorées du soleil, que l'œil ébloui et trop fortement ébranlé porte partout, sont des couleurs du même genre que celles que nous venons de décrire, et l'explication de leurs apparences dépend de la même théorie.

Je n'entreprendrai pas de donner ici les idées qui me sont venues sur ce sujet : quelque assuré que je sois de mes expériences, je ne suis pas assez certain des conséquences qu'on en doit tirer, pour oser rien hasarder encore sur la théorie de ces couleurs, et je me contenterai de rapporter d'autres observations qui confirment les expériences précédentes, et qui serviront sans doute à éclairer cette matière.

En regardant fixement et fort longtemps un carré d'un rouge vif sur un fond blanc, on voit d'abord naître la petite couronne de vert tendre dont j'ai parlé ; ensuite, en continuant à regarder fixement le carré rouge, on voit le milieu du carré se décolorer et les côtés se charger de couleur et former comme un cadre d'un rouge plus fort et beaucoup plus foncé que le milieu; ensuite, en s'éloignant un peu et continuant à regarder toujours fixement, on voit le cadre de rouge foncé se partager en deux dans les quatre côtés, et former une croix d'un rouge aussi foncé; le carré rouge paraît alors comme une fenêtre traversée dans son milieu par une grosse croisée et quatre panneaux blancs, car le cadre de cette espèce de fenêtre est d'un rouge aussi fort que la croisée; continuant toujours à regarder avec opiniâtreté, cette apparence change encore, et tout se réduit à un rectangle d'un rouge si foncé, si fort et si vif, qu'il offusque entièrement les yeux; ce rectangle est de la même hauteur que le carré, mais il n'a pas la sixième partie de sa largeur: ce point est le dernier degré de fatigue que l'œil peut supporter; et lorsque enfin on détourne l'œil de cet objet, et qu'on le porte sur un autre endroit du fond blanc, on voit, au lieu du carré rouge réel, l'image du rectangle rouge imaginaire, exactement dessinée et d'une couleur verte brillante; cette impression subsiste fort longtemps, ne se décolore que peu à peu; elle reste dans l'œil même après l'avoir fermé. Ce que je viens de dire du carré rouge arrive aussi lorsqu'on regarde très longtemps un carré jaune ou noir, ou de toute autre couleur; on voit de même le cadre jaune ou noir, la croix et le rectangle; et l'impression qui reste est un rectangle bleu, si on a regardé du jaune; un rectangle blanc brillant, si on a regardé un carré noir, etc.

J'ai fait faire les expériences que je viens de rapporter à plusieurs personnes: elles ont vu, comme moi, les mêmes couleurs et les mêmes apparences. Un de mes amis m'a assuré, à cette occasion, qu'ayant regardé un jour une éclipse de soleil par un petit trou, il avait porté pendant plus de trois semaines l'image colorée de cet astre sur tous les objets; que, quand il fixait ses yeux sur du jaune brillant, comme sur une bordure dorée, il voyait une tache pourpre, et sur du bleu, comme sur un toit d'ardoises, une tache verte. J'ai moi-même souvent regardé le soleil, et j'ai vu les mêmes couleurs; mais, comme je craignais de me faire mal aux yeux en regardant cet astre, j'ai mieux aimé continuer mes expériences sur des étoffes colorées, et j'ai trouvé qu'en effet ces couleurs accidentelles changent en se mêlant avec les couleurs naturelles, et qu'elles suivent les mêmes règles pour les apparences; car lorsque la couleur verte accidentelle, produite par le rouge naturel, tombe sur un fond rouge brillant, cette couleur verte devient jaune; si la couleur accidentelle bleue, produite par le jaune vif, tombe sur un fond jaune, elle devient verte; en sorte que les couleurs qui résultent du mélange de ces couleurs accidentelles avec les couleurs naturelles suivent les mêmes règles et ont les mêmes apparences que les couleurs naturelles dans leur composition et dans leur mélange avec d'autres couleurs naturelles.

Ces observations pourront être de quelque utilité pour la connaissance des incommodités des yeux, qui viennent probablement d'un grand ébranlement causé par l'impression trop vive de la lumière: une de ces incommodités est de voir toujours devant ses yeux des taches colorées, des cercles blancs ou des points noirs comme des mouches qui voltigent. J'ai ouï bien des personnes se plaindre de cette espèce d'incommodité, et j'ai lu dans quelques auteurs de médecine que la goutte sereine est toujours précédée de ces points noirs. Je ne sais pas si leur sentiment est fondé sur l'expérience, car j'ai éprouvé moi-même cette incommodité: j'ai vu des points noirs, pendant plus de trois mois, en si grande quantité que j'en étais fort inquiet; j'avais apparemment fatigué mes yeux en faisant et en répétant trop souvent les expériences précédentes et en regardant quelquefois le soleil, car les points noirs ont paru dans ce même temps, et je n'en avais jamais vu de ma vie; mais enfin ils m'incommodaient tellement, surtout lorsque je regardais au grand jour des objets fortement éclairés, que j'étais contraint de détourner les yeux; le jaune surtout m'était insupportable, et j'ai été obligé de changer les rideaux jaunes dans la chambre que j'habitais et d'en mettre de verts; j'ai évité de regarder toutes les couleurs trop fortes et tous les objets brillants; peu à peu le nombre des points noirs a

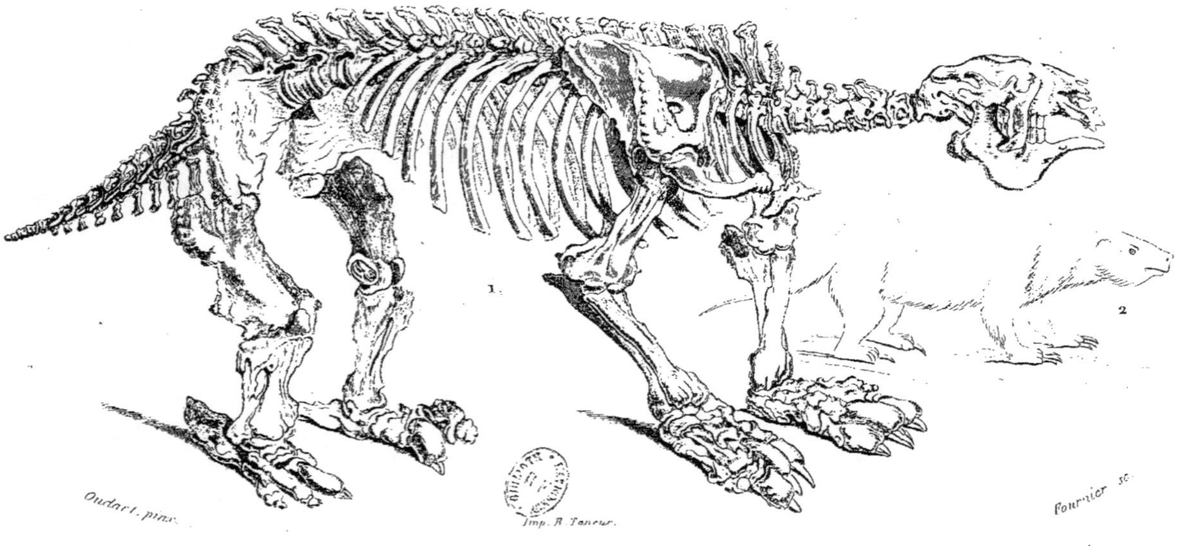

1. SQUELETTE DE MÉGATHERIUM. 2. MÉGATHERIUM RESTAURÉ.

A Le Vasseur Éditeur

diminué, et actuellement je n'en suis plus incommodé. Ce qui m'a convaincu que ces points noirs viennent de la trop forte impression de la lumière, c'est qu'après avoir regardé le soleil, j'ai toujours vu une image colorée que je portais plus ou moins longtemps sur tous les objets ; et, suivant avec attention les différentes nuances de cette image colorée, j'ai reconnu qu'elle se décolorait peu à peu, et qu'à la fin je ne portais plus sur les objets qu'une tache noire, d'abord assez grande, qui diminuait ensuite peu à peu, et se réduisait enfin à un point noir.

Je vais rapporter à cette occasion un fait qui est assez remarquable, c'est que je n'étais jamais plus incommodé de ces points noirs que quand le ciel était couvert de nuées blanches : ce jour me fatiguait beaucoup plus que la lumière d'un ciel serein, et cela parce qu'en effet la quantité de lumière réfléchie par un ciel couvert de nuées blanches est beaucoup plus grande que la quantité de lumière réfléchie par l'air pur, et qu'à l'exception des objets éclairés immédiatement par les rayons du soleil, tous les autres objets qui sont dans l'ombre sont beaucoup moins éclairés que ceux qui le sont par la lumière réfléchie d'un ciel couvert de nuées blanches.

Avant que de terminer ce Mémoire, je crois devoir annoncer un fait qui paraîtra peut-être extraordinaire, mais qui n'en est pas moins certain, et que je suis fort étonné qu'on n'ait pas observé ; c'est que les ombres des corps qui par leur essence doivent être noires, puisqu'elles ne sont que la privation de la lumière, que les ombres, dis-je, sont toujours colorées au lever et au coucher du soleil. J'ai observé, pendant l'été 1743, plus de trente aurores et autant de soleils couchants : toutes les ombres qui tombaient sur du blanc, comme sur une muraille blanche, étaient quelquefois vertes, mais le plus souvent bleues, et d'un bleu aussi vif que le plus bel azur. J'ai fait voir ce phénomène à plusieurs personnes qui ont été aussi surprises que moi : la saison n'y fait rien, car il n'y a pas huit jours (15 novembre 1743) que j'ai vu des ombres bleues, et quiconque voudra se donner la peine de regarder l'ombre de l'un de ses doigts au lever ou au coucher du soleil, sur un morceau de papier blanc, verra comme moi cette ombre bleue. Je ne sache pas qu'aucun astronome, qu'aucun physicien, que personne, en un mot, ait parlé de ce phénomène, et j'ai cru qu'en faveur de la nouveauté on me permettrait de donner le précis de cette observation.

Au mois de juillet 1743, comme j'étais occupé de mes couleurs accidentelles, et que je cherchais à voir le soleil, dont l'œil soutient mieux la lumière à son coucher qu'à toute autre heure du jour, pour reconnaître ensuite les couleurs et les changements de couleurs causés par cette impression, je remarquai que les ombres des arbres qui tombaient sur une muraille blanche étaient vertes ; j'étais dans un lieu élevé et le soleil se couchait dans une gorge de montagnes, en sorte qu'il me paraissait fort abaissé au-dessous de mon horizon ; le ciel était serein, à l'exception du couchant, qui, quoique exempt de nuages, était chargé d'un rideau transparent de vapeurs d'un jaune rougeâtre, le soleil lui-même était fort rouge, et sa grandeur apparente au moins quadruple de ce qu'elle est à midi ; je vis donc très distinctement les ombres des arbres qui étaient à 20 et 30 pieds de la muraille blanche, colorées d'un vert tendre tirant un peu sur le bleu ; l'ombre d'un treillage qui était à 3 pieds de la muraille, était parfaitement dessinée sur cette muraille, comme si on l'avait nouvellement peinte en vert-de-gris : cette apparence dura près de cinq minutes, après quoi la couleur s'affaiblit avec la lumière du soleil, et ne disparut entièrement qu'avec les ombres. Le lendemain, au lever du soleil, j'allai regarder d'autres ombres sur une muraille blanche, mais au lieu de les trouver vertes, comme je m'y attendais, je les trouvai bleues ou plutôt de la couleur de l'indigo le plus vif ; le ciel était serein, et il n'y avait qu'un petit rideau de vapeurs jaunâtres au levant, le soleil se levait sur une colline, en sorte qu'il me paraissait élevé au-dessus de mon horizon : les ombres bleues ne durèrent que trois minutes, après quoi elles me parurent noires ; le même jour je revis au coucher du soleil les ombres vertes, comme je les avais vues la veille. Six jours se passèrent ensuite sans pouvoir observer les ombres au coucher du soleil, parce qu'il était toujours couvert de nuages. Le septième jour je vis le soleil à son coucher ; les ombres n'étaient plus vertes, mais d'un beau bleu d'azur : je remarquai que les vapeurs n'étaient pas fort abondantes, et que le soleil, ayant avancé pendant sept jours, se couchait derrière un rocher qui le faisait disparaître avant qu'il pût s'abaisser au-dessous de mon horizon. Depuis ce temps j'ai très souvent observé les ombres, soit au lever, soit au coucher du soleil, et je ne les ai vues que bleues, quelquefois d'un bleu fort vif, d'autres fois d'un bleu pâle, d'un bleu foncé, mais constamment bleues.

Ce Mémoire a été imprimé dans ceux de l'Académie royale des sciences, année 1743. Voici ce que je crois devoir y ajouter aujourd'hui (année 1773).

Des observations plus fréquentes m'ont fait reconnaître que les ombres ne paraissent jamais vertes au lever ou au coucher du soleil, que quand l'horizon est chargé de beaucoup de vapeurs rouges : dans tout autre cas les ombres sont toujours bleues, et d'autant plus bleues que le ciel est plus serein. Cette couleur bleue des ombres n'est autre chose que la couleur même de l'air ; et je ne sais pourquoi quelques physiciens ont défini l'air *un fluide invisible* (a), *inodore, insipide,* puisqu'il est certain que l'azur céleste n'est autre chose que la couleur de l'air ; qu'à la vérité il faut une grande épaisseur d'air pour que notre œil s'aperçoive de la couleur de cet élément, mais que néanmoins lorsqu'on regarde de loin des objets sombres, on les voit toujours plus ou moins bleus. Cette observation, que les physiciens n'avaient pas faite sur les ombres et sur les objets sombres vus de loin, n'avait pas échappé aux habiles peintres, et elle doit en effet servir de base à la couleur des objets lointains, qui tous auront une nuance bleuâtre d'autant plus sensible qu'ils seront supposés plus éloignés du point de vue.

On pourra me demander comment cette couleur bleue, qui n'est sensible à notre œil que quand il y a une très grande épaisseur d'air, se marque néanmoins si fortement à quelques pieds de distance au lever et au coucher du soleil ; comment il est possible que cette couleur de l'air, qui est à peine sensible à 10,000 toises de distance, puisse donner à l'ombre noire d'un treillage, qui n'est éloigné de la muraille blanche que de 3 pieds, une couleur du plus beau bleu : c'est en effet de la solution de cette question que dépend l'explication du phénomène. Il est certain que la petite épaisseur d'air, qui n'est que de 3 pieds entre le treillage et la muraille, ne peut pas donner à la couleur noire de l'ombre une nuance aussi forte de bleu : si cela était, on verrait à midi et dans tous les autres temps du jour, les ombres bleues comme on les voit au lever et au coucher du soleil. Ainsi cette apparence ne dépend pas uniquement, ni même presque point du tout, de l'épaisseur de l'air entre l'objet et l'ombre. Mais il faut considérer qu'au lever et au coucher du soleil, la lumière de cet astre étant affaiblie à la surface de la terre, autant qu'elle peut l'être par la plus grande obliquité de cet astre, les ombres sont moins denses, c'est-à-dire moins noires dans la même proportion, et qu'en même temps la terre n'étant plus éclairée que par cette faible lumière du soleil qui ne fait qu'en raser la superficie, la masse de l'air qui est plus élevée, et qui par conséquent reçoit encore la lumière du soleil bien moins obliquement, nous renvoie cette lumière, et nous éclaire alors autant et peut-être plus que le soleil. Or, cet air pur et bleu ne peut nous éclairer qu'en nous renvoyant une grande quantité de rayons de sa même couleur bleue ; et lorsque ces rayons bleus, que l'air réfléchit, tomberont sur des objets privés de toute autre couleur comme les ombres, ils les teindront d'une plus ou moins forte nuance de bleu, selon qu'il y aura moins de lumière directe du soleil, et plus de lumière réfléchie de l'atmosphère. Je pourrais ajouter plusieurs autres choses qui viendraient à l'appui de cette explication, mais je

(a) *Dictionnaire de chimie,* article *de l'Air.*

pense que ce que je viens de dire est suffisant pour que les bons esprits l'entendent et en soient satisfaits.

Je crois devoir citer ici quelques faits observés par M. l'abbé Millot, ancien grand vicaire de Lyon, qui a eu la bonté de me les communiquer par ses lettres des 18 août 1754 et 10 février 1755, dont voici l'extrait : « Ce n'est pas seulement au lever et au coucher du » soleil que les ombres se colorent. A midi, le ciel étant couvert de nuages, excepté en » quelques endroits, vis-à-vis d'une de ces ouvertures que laissaient entre eux les nuages, » j'ai fait tomber des ombres d'un fort beau bleu sur du papier blanc, à quelques pas » d'une fenêtre. Les nuages s'étant joints, le bleu disparut. J'ajouterai en passant que plus » d'une fois j'ai vu l'azur du ciel se peindre, comme dans un miroir, sur une muraille » où la lumière tombait obliquement. Mais voici d'autres observations plus importantes » à mon avis : avant que d'en faire le détail, je suis obligé de tracer la topographie de » ma chambre ; elle est à un troisième étage ; la fenêtre près d'un angle au couchant, la » porte presque vis-à-vis. Cette porte donne dans une galerie, au bout de laquelle, à deux » pas de distance, est une fenêtre située au midi. Les jours des deux fenêtres se réunissent, » la porte étant ouverte, contre une des murailles ; et c'est là que j'ai vu des ombres » colorées presque à toute heure, mais principalement sur les dix heures du matin. Les » rayons du soleil, que la fenêtre de la galerie reçoit encore obliquement, ne tombent » point par celle de la chambre sur la muraille dont je viens de parler. Je place à quelques » pouces de cette muraille des chaises de bois à dossier percé. Les ombres en sont alors » de couleurs quelquefois très vives. J'en ai vu qui, quoique projetées du même côté, » étaient l'une d'un vert foncé, l'autre d'un bel azur. Quand la lumière est tellement » ménagée que les ombres soient également sensibles de part et d'autre, celle qui est » opposée à la fenêtre de la chambre est ou bleue ou violette ; l'autre tantôt verte, tantôt » jaunâtre. Celle-ci est accompagnée d'une espèce de pénombre bien colorée, qui forme » comme une double bordure bleue d'un côté, et de l'autre verte ou rouge ou jaune, selon » l'intensité de la lumière. Que je ferme les volets de ma fenêtre, les couleurs de cette » pénombre n'en ont souvent que plus d'éclat ; elles disparaissent si je ferme la porte à » moitié. Je dois ajouter que le phénomène n'est pas, à beaucoup près, si sensible en » hiver. Ma fenêtre est au couchant d'été : je fis mes premières expériences dans cette » saison, dans un temps où les rayons du soleil tombaient obliquement sur la muraille » qui fait angle avec celle où les ombres se coloraient. »

On voit, par ces observations de M. l'abbé Millot, qu'il suffit que la lumière du soleil tombe très obliquement sur une surface pour que l'azur du ciel, dont la lumière tombe toujours directement, s'y peigne et colore les ombres. Mais les autres apparences dont il fait mention ne dépendent que de la position des lieux et d'autres circonstances accessoires.

HUITIÈME MÉMOIRE

EXPÉRIENCES SUR LA PESANTEUR DU FEU ET SUR LA DURÉE DE L'INCANDESCENCE.

Je crois devoir rappeler ici quelques-unes des choses que j'ai dites dans l'introduction qui précède ces Mémoires, afin que ceux qui ne les auraient pas bien présentes puissent néanmoins entendre ce qui fait l'objet de celui-ci. Le feu ne peut guère exister sans lumière et jamais sans chaleur, tandis que la lumière existe souvent sans chaleur sensible, comme la chaleur existe encore plus souvent sans lumière : l'on peut donc considérer la lumière et la chaleur comme deux propriétés du feu, ou plutôt comme les deux seuls effets par lesquels nous le reconnaissons ; mais nous avons montré que ces deux effets ou ces deux propriétés ne sont pas toujours essentiellement liés ensemble, que souvent ils ne sont ni simultanés ni contemporains, puisque dans certaines circonstances on sent de la chaleur longtemps avant que la lumière paraisse, et que dans d'autres circonstances on voit de la lumière longtemps avant de sentir de la chaleur, et même souvent sans en sentir aucune, et nous avons dit que, pour raisonner juste sur la nature du feu, il fallait auparavant tâcher de reconnaître celle de la lumière et celle de la chaleur, qui sont les principes réels dont l'élément du feu nous paraît être composé.

Nous avons vu que la lumière est une matière mobile, élastique et pesante, c'est-à-dire susceptible d'attraction comme toutes les autres matières (*) ; on a démontré qu'elle est mobile, et même on a déterminé le degré de sa vitesse immense par le très petit temps qu'elle emploie à venir des satellites de Jupiter jusqu'à nous. On a reconnu son élasticité, qui est presque infinie, par l'égalité de l'angle de son incidence et de celui de sa réflexion ; enfin sa pesanteur ou, ce qui revient au même, son attraction vers les autres matières, est aussi démontrée par l'inflexion qu'elle souffre toutes les fois qu'elle passe auprès des autres corps. On ne peut donc pas douter que la substance de la lumière ne soit une vraie matière, laquelle, indépendamment de ses qualités propres et particulières, a aussi les propriétés générales et communes à toute autre matière. Il en est de même de la chaleur (**) : c'est une matière qui ne diffère pas beaucoup de celle de la lumière, et ce n'est peut-être que la lumière elle-même qui, quand elle est très forte ou réunie en grande quantité, change de forme, diminue de vitesse, et, au lieu d'agir sur le sens de la vue, affecte les organes du toucher. On peut donc dire que, relativement à nous, la chaleur n'est que le toucher de la lumière, et qu'en elle-même la chaleur n'est qu'un des effets du feu sur les corps, effet qui se modifie suivant les différentes substances, et produit dans toutes une dilatation, c'est-à-dire une séparation de leurs parties constituantes. Et lorsque, par cette dilatation ou séparation, chaque partie se trouve assez éloignée de ses voisines pour être hors de leur sphère d'attraction, les matières solides, qui n'étaient d'abord que dilatées par la chaleur, deviennent fluides et ne peuvent reprendre leur solidité qu'autant que la chaleur se dissipe et permet aux parties désunies de se rapprocher et se joindre d'aussi près qu'auparavant (a).

Ainsi toute fluidité a la chaleur pour cause, et toute dilatation dans les corps doit être regardée comme une fluidité commençante : or nous avons trouvé, par l'expérience, que les temps du progrès de la chaleur dans les corps, soit pour l'entrée, soit pour la sortie,

(a) Je sais que quelques chimistes prétendent que les métaux, rendus fluides par le feu, ont plus de pesanteur spécifique que quand ils sont solides ; mais j'ai de la peine à le croire, car il s'ensuivrait que leur état de dilatation, où cette pesanteur spécifique est moindre, ne serait pas le premier degré de leur état de fusion, ce qui néanmoins paraît indubitable. L'expérience sur laquelle ils fondent leur opinion, c'est que le métal en fusion supporte le même métal solide, et qu'on le voit nager à la surface du métal fondu ; mais je pense que cet effet ne vient que de la répulsion causée par la chaleur, et ne doit point être attribué à la pesanteur spécifique plus grande du métal en fusion : je suis au contraire très persuadé qu'elle est moindre que celle du métal solide.

(*) Nous avons déjà relevé cette erreur à diverses reprises. La lumière n'est pas « une matière », mais simplement un mouvement de la matière qui se transmet par l'intermédiaire de l'éther.

(**) Comme la lumière, la chaleur n'est pas « une matière », mais un mouvement de la matière.

sont toujours en raison de leur fluidité ou de leur fusibilité, et il doit s'ensuivre que leurs dilatations respectives doivent être en même raison. Je n'ai pas eu besoin de tenter de nouvelles expériences pour m'assurer de la vérité de cette conséquence générale : M. Musschenbroek en ayant fait de très exactes sur la dilatation des différents métaux, j'ai comparé ses expériences avec les miennes, et j'ai vu, comme je m'y attendais, que les corps les plus lents à recevoir et perdre la chaleur sont aussi ceux qui se dilatent le moins promptement, et que ceux qui sont les plus prompts à s'échauffer et à se refroidir sont ceux qui se dilatent le plus vite ; en sorte qu'à commencer par le fer, qui est le moins fluide de tous les corps, et finir par le mercure, qui est le plus fluide, la dilatation dans toutes les différentes matières se fait en même raison que le progrès de la chaleur dans ces mêmes matières.

Lorsque je dis que le fer est le plus solide, c'est-à-dire le moins fluide de tous les corps, je n'avance rien que l'expérience ne m'ait jusqu'à présent démontré ; cependant il pourrait se faire que le platine, comme je l'ai remarqué ci-devant, étant encore moins fusible que le fer, la dilatation y serait moindre, et le progrès de la chaleur plus lent que dans le fer ; mais je n'ai pu avoir de ce minéral qu'en grenaille, et, pour faire l'expérience de la fusibilité et la comparer à celle des autres métaux, il faudrait en avoir une masse d'un pouce de diamètre, trouvée dans la mine même : tout le platine que j'ai pu trouver en masse a été fondu par l'addition d'autres matières, et n'est pas assez pur pour qu'on puisse s'en servir à des expériences qu'on ne doit faire que sur des matières pures et simples ; et celui que j'ai fait fondre moi-même sans addition était encore en trop petit volume pour pouvoir le comparer exactement.

Ce qui me confirme dans cette idée que le platine pourrait être l'extrême en *non-fluidité* de toutes les matières connues, c'est la quantité de fer pur qu'il contient, puisqu'il est presque tout attirable par l'aimant : ce minéral, comme je l'ai dit, pourrait donc bien n'être qu'une matière ferrugineuse plus condensée et spécifiquement plus pesante que le fer ordinaire, intimement unie avec une grande quantité d'or, et par conséquent, étant moins fusible que le fer, recevoir encore plus difficilement la chaleur.

De même, lorsque je dis que le mercure est le plus fluide de tous les corps, je n'entends que les corps sur lesquels on peut faire des expériences exactes ; car je n'ignore pas, puisque tout le monde le sait, que l'air ne soit encore beaucoup pluis fluide que le mercure ; et, en cela même, la loi que j'ai donnée sur le progrès de la chaleur est encore confirmée, car l'air s'échauffe et se refroidit, pour ainsi dire, en un instant ; il se condense par le froid, et se dilate par la chaleur plus qu'aucun autre corps, et néanmoins le froid le plus excessif ne le condense pas assez pour lui faire perdre sa fluidité, tandis que le mercure perd la sienne à 187 degrés de froid au-dessous de la congélation de l'eau, et pourrait la perdre à un degré de froid beaucoup moindre, si on le réduisait en vapeur. Il subsiste donc encore un peu de chaleur au-dessous de ce froid excessif de 187 degrés, et par conséquent le degré de la congélation de l'eau, que tous les constructeurs de thermomètres ont regardé comme la limite de la chaleur, et comme un terme où l'on doit la supposer égale à zéro, est au contraire un degré réel de l'échelle de la chaleur, degré où non seulement la quantité de chaleur subsistante n'est pas nulle, mais où cette quantité de chaleur est très considérable, puisque c'est à peu près le point milieu entre le degré de la congélation du mercure et celui de la chaleur nécessaire pour fondre le bismuth, qui est de 190 degrés, lequel ne diffère guère de 187 au-dessus du terme de la glace que comme l'autre en diffère au-dessous.

Je regarde donc la chaleur comme une matière réelle qui doit avoir son poids, comme toute autre matière, et j'ai dit en conséquence que, pour reconnaître si le feu a une pesanteur sensible, il faudrait faire l'expérience sur de grandes masses pénétrées de feu, et les peser dans cet état, et qu'on trouverait peut-être une différence assez sensible pour qu'on en pût conclure la pesanteur du feu ou de la chaleur, qui m'en paraît être la substance la plus matérielle. La lumière et la chaleur sont les deux éléments matériels du feu : ces deux éléments réunis ne sont que le feu même, et ces deux matières nous affectent chacune sous leur forme propre, c'est-à-dire d'une manière différente. Or, comme il n'existe aucune forme sans matière, il est clair que, quelque subtile qu'on suppose la substance de la lumière, de la chaleur ou du feu, elle est sujette comme toute autre matière à la loi générale de l'attraction universelle; car, comme nous l'avons dit, quoique la lumière soit douée d'un ressort presque parfait, et que par conséquent ses parties tendent, avec une force presque infinie, à s'éloigner des corps qui la produisent, nous avons démontré que cette force expansive ne détruit pas celle de la pesanteur : on le voit par l'exemple de l'air, qui est très élastique, et dont les parties tendent avec force à s'éloigner les unes des autres, qui ne laisse pas d'être pesant. Ainsi la force par laquelle les parties de l'air ou du feu tendent à s'éloigner, et s'éloignent en effet les unes des autres, ne fait que diminuer la masse, c'est-à-dire la densité de ces matières, et leur pesanteur sera toujours proportionnelle à cette densité. Si donc l'on vient à bout de reconnaître la pesanteur du feu par l'expérience de la balance, on pourra peut-être quelque jour en déduire la densité de cet élément, et raisonner ensuite sur la pesanteur et l'élasticité du feu avec autant de fondement que sur la pesanteur et l'élasticité de l'air.

J'avoue que cette expérience, qui ne peut être faite qu'en grand, paraît d'abord assez difficile, parce qu'une forte balance, et telle qu'il la faudrait pour supporter plusieurs milliers, ne pourrait être assez sensible pour indiquer une petite différence qui ne serait que de quelques gros. Il y a ici, comme en tout, un *maximum* de précision, qui probablement ne se trouve ni dans la plus petite, ni dans la plus grande balance possible. Par exemple, je crois que si, dans une balance avec laquelle on peut peser 1 livre, l'on arrive à un point de précision d'un douzième de grain, il n'est pas sûr qu'on pût faire une balance pour peser dix milliers, qui pencherait aussi sensiblement pour 1 once 3 gros 41 grains, ce qui est la différence proportionnelle de 1 à 10,000; ou qu'au contraire, si cette grosse balance indiquait clairement cette différence, la petite balance n'indiquerait pas également bien celle d'un douzième de grain, et que, par conséquent, nous ignorons quelle doit être, pour un poids donné, la balance la plus exacte.

Les personnes qui s'occupent de physique expérimentale devraient faire la recherche de ce problème, dont la solution, qu'on ne peut obtenir que par l'expérience, donnerait le *maximum* de précision de toutes les balances. L'un des plus grands moyens d'avancer les sciences, c'est d'en perfectionner les instruments. Nos balances le sont assez pour peser l'air : avec un degré de perfection de plus, on viendrait à bout de peser le feu et même la chaleur.

Les boulets rouges de 4 pouces $\frac{1}{2}$ et de 5 pouces de diamètre, que j'avais laissé refroidir dans ma balance (a), avaient perdu 7, 8 et 10 grains chacun en se refroidissant; mais plusieurs raisons m'ont empêché de regarder cette petite diminution comme la quantité réelle du poids de la chaleur : car 1º le fer, comme on l'a vu par le résultat de mes expériences, est une matière que le feu dévore, puisqu'il la rend spécifiquement plus légère : ainsi l'on peut attribuer cette diminution de poids à l'évaporation des parties du fer enlevées par le feu. 2º Le fer jette des étincelles en grande quantité lorsqu'il est rougi à blanc; il en jette encore quelques-unes lorsqu'il n'est que rouge, et ces étincelles sont des parties de matière dont il faut défalquer le poids de celui de la diminution totale; et comme il n'est pas possible de recueillir toutes ces étincelles, ni d'en connaître le poids, il n'est pas possible non plus de savoir combien cette perte diminue la pesanteur des boulets. 3º Je me suis aperçu que le fer demeure rouge et jette de petites étincelles bien

(a) Voyez les expériences du premier Mémoire.

plus longtemps qu'on ne l'imagine; car, quoique au grand jour il perde sa lumière et paraisse noir au bout de quelques minutes, si on le transporte dans un lieu obscur, on le voit lumineux, et on aperçoit les petites étincelles qu'il continue de lancer pendant quelques autres minutes. 4º Enfin les expériences sur les boulets me laissaient quelque scrupule, parce que la balance dont je me servais alors, quoique bonne, ne me paraissait pas assez précise pour saisir au juste le poids réel d'une matière aussi légère que le feu. Ayant donc fait construire une balance capable de porter aisément 50 livres de chaque côté, à l'exécution de laquelle M. Le Roy, de l'Académie des sciences, a bien voulu, à ma prière, donner toute l'attention nécessaire, j'ai eu la satisfaction de reconnaître à peu près la pesanteur relative du feu. Cette balance, chargée de 50 livres de chaque côté, penchait assez sensiblement par l'addition de 24 grains; et, chargée de 25 livres, elle penchait par l'addition de 8 grains seulement.

Pour rendre cette balance plus ou moins sensible, M. Le Roy a fait visser sur l'aiguille une masse de plomb, qui, s'élevant et s'abaissant, change le centre de gravité, de sorte qu'on peut augmenter de près de moitié la sensibilité de la balance. Mais, par le grand nombre d'expériences que j'ai faites de cette balance et de quelques autres, j'ai reconnu qu'en général plus une balance est sensible et moins elle est *sage* : les caprices, tant au physique qu'au moral, semblent être des attributs inséparables de la grande sensibilité. Les balances très sensibles sont si capricieuses qu'elles ne parlent jamais de la même façon : aujourd'hui elles vous indiquent le poids à un millième près, et demain elles ne le donnent qu'à une moitié, c'est-à-dire à un cinq centième près, au lieu d'un millième. Une balance moins sensible est plus constante, plus fidèle; et, tout considéré, il vaut mieux, pour l'usage froid qu'on fait d'une balance, la choisir sage que de la prendre ou la rendre trop sensible.

Pour peser exactement des masses pénétrées de feu, j'ai commencé par faire garnir de tôle les bassins de cuivre et les chaînes de la balance afin de ne pas les endommager, et, après en avoir bien établi l'équilibre à son moindre degré de sensibilité, j'ai fait porter sur l'un des bassins une masse de fer rougi à blanc, qui provenait de la seconde chaude qu'on donne à l'affinerie après avoir battu au marteau la loupe qu'on appelle *renard* : je fais cette remarque parce que mon fer, dès cette seconde chaude, ne donne presque plus de flamme et ne paraît pas se consumer comme il se consume et brûle à la première chaude, et que, quoiqu'il soit blanc de feu, il ne jette qu'un petit nombre d'étincelles avant d'être mis sous le marteau.

I. — Une masse de fer rougi à blanc s'est trouvée peser précisément 49 livres 9 onces : l'ayant enlevée doucement du bassin de la balance et posée sur une pièce d'autre fer où on la laissait refroidir sans la toucher, elle s'est trouvée, après son refroidissement, au degré de la température de l'air, qui était alors celui de la congélation, ne peser que 49 livres 7 onces juste : ainsi elle a perdu 2 onces pendant son refroidissement; on observera qu'elle ne jetait aucune étincelle, aucune vapeur assez sensible pour ne devoir pas être regardée comme la pure émanation du feu. Ainsi l'on pourrait croire que la quantité de feu contenue dans cette masse de 49 livres 9 onces étant de 2 onces, elle formait environ $\frac{1}{396}$ ou $\frac{1}{397}$ du poids de la masse totale. On a remis ensuite cette masse refroidie au feu de l'affinerie, et l'ayant fait chauffer à blanc comme la première fois, et porter au marteau, elle s'est trouvée, après avoir été malléée et refroidie, ne peser que 47 livres 12 onces 3 gros : ainsi le déchet de cette chaude, tant au feu qu'au marteau, était de 1 livre 10 onces 5 gros; et ayant fait donner une seconde et une troisième chaude à cette pièce pour achever la barre, elle ne pesait plus que 43 livres 7 onces 7 gros; ainsi son déchet total, tant par l'évaporation du feu que par la purification du fer à l'affinerie et sous le marteau, s'est trouvé de 6 livres 1 once 1 gros, sur 49 livres 9 onces, ce qui ne va pas tout à fait au huitième.

Une seconde pièce de fer, prise de même au sortir de l'affinerie à la première chaude et pesée rouge blanc, s'est trouvée du poids de 38 livres 15 onces 5 gros 36 grains; et ensuite, pesée froide, de 38 livres 14 onces 36 grains : ainsi elle a perdu 1 once 5 gros en se refroidissant, ce qui fait environ $\frac{1}{384}$ du poids total de sa masse.

Une troisième pièce de fer, prise de même au sortir du feu de l'affinerie après la première chaude, et pesée rouge blanc, s'est trouvée du poids de 45 livres 12 onces 6 gros, et, pesée froide, de 45 livres 11 onces 2 gros : ainsi elle a perdu 1 once 4 gros en se refroidissant, ce qui fait environ $\frac{1}{489}$ de son poids total.

Une quatrième pièce de fer, prise de même après la première chaude et pesée rouge blanc, s'est trouvée du poids de 48 livres 11 onces 6 gros; et, pesée après son refroidissement, de 48 livres 10 onces juste; ainsi elle a perdu en se refroidissant 14 gros, ce qui fait environ $\frac{1}{457}$ du poids de sa masse totale.

Enfin une cinquième pièce de fer, prise de même après la première chaude et pesée rouge blanc, s'est trouvée du poids de 49 livres 11 onces; et, pesée après son refroidissement, de 49 livres 9 onces 1 gros : ainsi elle a perdu en se refroidissant 15 gros, ce qui fait $\frac{1}{424}$ du poids total de sa masse.

En réunissant les résultats des cinq expériences pour en prendre la mesure commune, on peut assurer que le fer chauffé à blanc, et qui n'a reçu que deux volées de coups de marteau, perd en se refroidissant $\frac{1}{428}$ de sa masse.

II. — Une pièce de fer qui avait reçu quatre volées de coups de marteau, et par conséquent toutes les chaudes nécessaires pour être entièrement et parfaitement forgée, et qui pesait 14 livres 4 gros, ayant été chauffée à blanc, ne pesait plus que 13 livres 12 onces dans cet état d'incandescence, et 13 livres 11 onces 4 gros après son entier refroidissement. D'où l'on peut conclure que la quantité de feu dont cette pièce de fer était pénétrée faisait $\frac{1}{440}$ de son poids total.

Une seconde pièce de fer entièrement forgée, et de même qualité que la précédente, pesait, froide, 13 livres 7 onces 6 gros : chauffée à blanc, 13 livres 6 onces 7 gros, et refroidie, 13 livres 6 onces 3 gros, ce qui donne $\frac{1}{430}$ à très peu près dont elle a diminué en se refroidissant.

Une troisième pièce de fer forgée de même que les précédentes pesait, froide, 13 livres 1 gros; et chauffée au dernier degré, en sorte qu'elle était non seulement blanche, mais bouillonnante et pétillante de feu, s'est trouvée peser 12 livres 9 onces 7 gros dans cet état d'incandescence; et refroidie à la température actuelle, qui était de 16 degrés au-dessus de la congélation. elle ne pesait plus que 12 livres 9 onces 3 gros, ce qui donne $\frac{1}{404}$ à très peu près pour la quantité qu'elle a perdue en se refroidissant.

Prenant le terme moyen des résultats de ces trois expériences, on peut assurer que le fer parfaitement forgé et de la meilleure qualité, chauffé à blanc, perd en se refroidissant environ $\frac{1}{425}$ de sa masse.

III. — Un morceau de fer en gueuse, pesé très rouge environ vingt minutes après sa coulée, s'est trouvé du poids de 33 livres 10 onces, et lorsqu'il a été refroidi il ne pesait plus que 33 livres 9 onces : ainsi il a perdu 1 once, c'est-à-dire $\frac{1}{338}$ de son poids ou masse totale en se refroidissant.

Un second morceau de fonte, pris de même très rouge, pesait 22 livres 8 onces 3 gros, et lorsqu'il a été refroidi il ne pesait plus que 22 livres 7 onces 5 gros, ce qui donne $\frac{1}{480}$ pour la quantité qu'il a perdue en se refroidissant.

Un troisième morceau de fonte, qui pesait, chaud, 16 livres 6 onces 3 gros $\frac{1}{2}$, ne pesait que 16 livres 5 onces 7 gros $\frac{1}{2}$ lorsqu'il fut refroidi, ce qui donne $\frac{1}{525}$ pour la quantité qu'il a perdue en se refroidissant.

Prenant le terme moyen des résultats de ces trois expériences sur la fonte pesée chaude couleur de cerise, on peut assurer qu'elle perd en se refroidissant environ $\frac{1}{514}$ de sa masse, ce qui fait une moindre diminution que celle du fer forgé; mais la raison èn est que le fer forgé a été chauffé à blanc dans toutes nos expériences, au lieu que la fonte n'était que d'un rouge couleur de cerise lorsqu'on l'a pesée, et que par conséquent elle n'était pas pénétrée d'autant de feu que le fer, car on observera qu'on ne peut chauffer à blanc la fonte de fer sans l'enflammer et la brûler en partie; en sorte que je me suis déterminé à la faire peser seulement rouge et au moment où elle vient de prendre sa consistance dans le moule au sortir du fourneau de fusion.

IV. — On a pris sur la dame du fourneau des morceaux du laitier le plus pur, et qui formait du très beau verre de couleur verdâtre.

Le premier morceau pesait, chaud, 6 livres 14 onces 2 gros $\frac{1}{2}$, et refroidi il ne pesait que 6 livres 14 onces 1 gros, ce qui donne $\frac{1}{588}$ pour la quantité qu'il a perdue en se refroidissant.

Un second morceau de laitier semblable au précédent a pesé, chaud, 5 livres 8 onces 6 gros $\frac{1}{4}$, et refroidi, 5 livres 8 onces 5 gros, ce qui donne $\frac{1}{568}$ pour la quantité dont il a diminué en se refroidissant.

Un troisième morceau pris de même sur la dame du fourneau, mais un peu moins ardent que le précédent, a pesé chaud 4 livres 7 onces 4 gros $\frac{1}{2}$, et refroidi, 4 livres 7 onces 3 gros $\frac{1}{3}$, ce qui donne $\frac{1}{572}$ pour la quantité dont il a diminué en se refroidissant.

Un quatrième morceau de laitier qui était de verre solide et pur, et qui pesait froid 2 livres 14 onces 1 gros, ayant été chauffé jusqu'au rouge couleur de feu, s'est trouvé peser 2 livres 14 onces 1 gros $\frac{2}{3}$; ensuite, après son refroidissement, il a pesé, comme avant d'avoir été chauffé, 2 livres 14 onces 1 gros juste, ce qui donne $\frac{1}{553\frac{1}{2}}$ pour le poids de la quantité de feu dont il était pénétré.

Prenant le terme moyen des résultats de ces quatre expériences sur le verre, pesé chaud couleur de feu, on peut assurer qu'il perd, en se refroidissant, $\frac{1}{570}$, ce qui me paraît être le vrai poids du feu relativement au poids total des matières qui en sont pénétrées, car ce verre ou laitier ne se brûle ni ne se consume au feu; il ne perd rien de son poids, et se trouve seulement peser $\frac{1}{570}$ de plus lorsqu'il est pénétré de feu.

V. — J'ai tenté plusieurs expériences semblables sur le grès, mais elles n'ont pas si bien réussi. La plupart des espèces de grès s'égrenant au feu, on ne peut les chauffer qu'à demi, et ceux qui sont assez durs et d'une assez bonne qualité pour supporter, sans s'égrener, un feu violent, se couvrent d'émail : il y a d'ailleurs dans presque tous des espèces de clous noirs et ferrugineux qui brûlent dans l'opération. Le seul fait certain que j'ai pu tirer de sept expériences sur différents morceaux de grès dur, c'est qu'il ne gagne rien au feu, et qu'il n'y perd que très peu. J'avais déjà trouvé la même chose par les expériences rapportées dans le premier Mémoire.

De toutes ces expériences, je crois qu'on doit conclure :

1° Que le feu a, comme toute autre matière (*), une pesanteur réelle, dont on peut connaître le rapport à la balance dans les substances qui, comme le verre, ne peuvent être altérées par son action, et dans lesquelles il ne fait, pour ainsi dire, que passer, sans y rien laisser et sans en rien enlever;

(*) Le « feu » c'est-à-dire la chaleur n'est pas une matière, mais un mouvement de la matière.

2° Que la quantité de feu nécessaire pour rougir une masse quelconque, et lui donner sa couleur et sa chaleur, pèse $\frac{1}{570}$, ou, si l'on veut, une six centième partie de cette masse; en sorte que, si elle pèse froide 600 livres, elle pèsera chaude 601 livres, lorsqu'elle sera rouge couleur de feu;

3° Que dans les matières qui, comme le fer, sont susceptibles d'un plus grand degré de feu, et peuvent être chauffées à blanc sans se fondre, la quantité de feu dont elles sont alors pénétrées est environ d'un sixième plus grande; en sorte que, sur 500 livres de fer, il se trouve 1 livre de feu : nous avons même trouvé plus par les expériences précédentes, puisque leur résultat commun donne $\frac{1}{425}$; mais il faut observer que le fer, ainsi que toutes les substances métalliques, se consume un peu en se refroidissant, et qu'il diminue toutes les fois qu'on y applique le feu. Cette différence entre $\frac{1}{500}$ et $\frac{1}{425}$ provient donc de cette diminution : le fer, qui perd une quantité très sensible dans le feu, continue à perdre un peu tant qu'il en est pénétré, et par conséquent sa masse totale se trouve plus diminuée que celle du verre, que le feu ne peut consumer, ni brûler, ni volatiliser.

Je viens de dire qu'il en est de toutes les substances métalliques comme du fer, c'est-à-dire que toutes perdent quelque chose par la longue ou la violente action du feu (*); et je puis le prouver par des expériences incontestables sur l'or et sur l'argent, qui, de tous les métaux, sont les plus fixes et les moins sujets à être altérés par le feu. J'ai exposé au foyer du miroir ardent des plaques d'argent pur et des morceaux d'or aussi pur; je les ai vu fumer abondamment et pendant un très long temps : il n'est donc pas douteux que ces métaux ne perdent quelque chose de leur substance par l'application du feu, et j'ai été informé depuis que cette matière qui s'échappe de ces métaux et s'élève en fumée n'est autre chose que le métal même volatilisé, puisqu'on peut dorer ou argenter à cette fumée métallique les corps qui la reçoivent.

Le feu, surtout appliqué longtemps, volatilise donc peu à peu ces métaux, qu'il semble ne pouvoir ni brûler, ni détruire d'aucune autre manière, et, en les volatilisant, il n'en change pas la nature, puisque cette fumée qui s'en échappe est encore du métal qui conserve toutes ses propriétés. Or, il ne faut pas un feu bien violent pour produire cette fumée métallique : elle paraît à un degré de chaleur au-dessous de celui qui est nécessaire pour la fusion des métaux. C'est de cette même matière que l'or et l'argent se sont sublimés dans le sein de la terre; ils ont d'abord été fondus par la chaleur excessive du premier état du globe, où tout était en liquéfaction, et ensuite la chaleur moins forte, mais constante, de l'intérieur de la terre les a volatilisés, et a poussé ces fumées métalliques jusqu'au sommet des plus hautes montagnes, où elles se sont accumulées en grains ou attachées en vapeurs aux sables et aux autres matières dans lesquelles on les trouve aujourd'hui. Les paillettes d'or, que l'eau roule avec les sables, tirent leur origine, soit des masses d'or fondues par le feu primitif, soit des surfaces dorées par cette sublimation, desquelles l'action de l'air et de l'eau les détachent et les séparent.

Mais revenons à l'objet immédiat de nos expériences. Il me paraît qu'elles ne laissent aucun doute sur la pesanteur réelle du feu, et qu'on peut assurer, en conséquence de leurs résultats, que toute matière solide, pénétrée de cet élément autant qu'elle peut l'être par l'application que nous savons en faire, est au moins d'une six centième partie plus pesante que dans l'état de la température actuelle, et qu'il faut 1 livre de matière ignée pour donner à 600 livres de toute autre matière l'état d'incandescence jusqu'au rouge couleur

---

(*) L'action seule de la chaleur, du « feu » comme dit Buffon, est incapable d'augmenter ou de diminuer le poids d'une substance; pour que le poids de cette dernière soit altéré, il faut qu'il y ait, en même temps, combinaison ou décomposition. Si, par exemple, sous l'action du feu, le fer s'oxyde, c'est-à-dire se combine avec de l'oxygène, il augmente forcément de poids. Si, au contraire, il diminue de poids, c'est parce qu'il perd une partie de l'oxyde qui s'est formé.

de feu, et environ 1 livre sur 500 pour que l'incandescence soit jusqu'au blanc ou jusqu'à la fusion; en sorte que le fer chauffé à blanc ou le verre en fusion contiennent dans cet état $\frac{1}{500}$ de matière ignée dont leur propre substance est pénétrée.

Mais cette grande vérité, qui paraîtra nouvelle aux physiciens, et de laquelle on pourra tirer des conséquences utiles, ne nous apprend pas encore ce qu'il serait cependant le plus important de savoir : je veux dire le rapport de la pesanteur du feu à la pesanteur de l'air ou de la matière ignée à celle des autres matières. Cette recherche suppose de nouvelles découvertes auxquelles je ne suis pas parvenu, et dont je n'ai donné que quelques indications dans mon *Traité des Éléments;* car, quoique nous sachions, par mes expériences, qu'il faut une cinq centième partie de matière ignée pour donner à toute autre matière l'état de la plus forte incandescence, nous ne savons pas à quel point cette matière ignée y est condensée, comprimée, ni même accumulée, parce que nous n'avons jamais pu la saisir dans un état constant pour la peser ou la mesurer; en sorte que nous n'avons point d'unité à laquelle nous puissions rapporter la mesure de l'état d'incandescence. Tout ce que j'ai donc pu faire à la suite de mes expériences, c'est de rechercher combien il fallait consommer de matière combustible pour faire entrer dans une masse de matière solide cette quantité de matière ignée, qui est la cinq centième partie de la masse en incandescence, et j'ai trouvé, par des essais réitérés, qu'il fallait brûler 300 livres de charbon, au vent de deux soufflets de 10 pieds de longueur, pour chauffer à blanc une pièce de fonte de fer de 500 livres pesant. Mais comment mesurer, ni même estimer à peu près la quantité totale de feu produite par ces 300 livres de matière combustible? comment pouvoir comparer la quantité de feu qui se perd dans les airs avec celle qui s'attache à la pièce de fer et qui pénètre dans toutes les parties de sa substance? Il faudrait pour cela bien d'autres expériences, ou plutôt il faut un art nouveau dans lequel je n'ai pu faire que les premiers pas.

VI. — J'ai fait quelques expériences pour reconnaître combien il faut de temps aux matières qui sont en fusion pour prendre leur consistance, et passer de l'état de fluidité à celui de la solidité; combien de temps il faut pour que la surface prenne sa consistance; combien il en faut de plus pour produire cette même consistance à l'intérieur, et savoir par conséquent combien le centre d'un globe, dont la surface serait consistante et même refroidie à un certain point, pourrait néanmoins être de temps dans l'état de liquéfaction. Voici ces expériences.

SUR LE FER.

Nº 1. — Le 29 juillet, à 5 heures 43 minutes, moment auquel la fonte de fer a cessé de couler, on a observé que la gueuse a pris de la consistance sur sa face supérieure en 3 minutes à sa tête, c'est-à-dire à la partie la plus éloignée du fourneau, et en 5 minutes à sa queue, c'est-à-dire à la partie la plus voisine du fourneau. L'ayant alors fait soulever du moule et casser en cinq endroits, on n'a vu aucune marque de fusibilité intérieure dans les quatre premiers morceaux : seulement, dans le morceau cassé le plus près du fourneau, la matière s'est trouvée intérieurement molle, et quelques parties se sont attachées au bout d'un petit ringard, à 5 heures 55 minutes, c'est-à-dire 12 minutes après la fin de la coulée : on a conservé ce morceau numéroté, ainsi que les suivants.

Nº 2. — Le lendemain 30 juillet, on a coulé une autre gueuse à 8 heures 1 minute; et à 8 heures 4 minutes, c'est-à-dire 3 minutes après, la surface de sa tête était consolidée; et, ayant fait casser deux morceaux, il est sorti de leur intérieur une petite quantité de fonte coulante; à 8 heures 7 minutes, il y avait encore dans l'intérieur des marques évidentes de fusion, en sorte que la surface a pris consistance en 3 minutes, et l'intérieur ne l'avait pas encore prise en 6 minutes.

N° 3. — Le 31 juillet, la gueuse a cessé de couler à midi 35 minutes; sa surface dans la partie du milieu avait pris sa consistance à 39 minutes, c'est-à-dire en 4 minutes, et l'ayant cassée dans cet endroit à midi 44 minutes, il s'en est écoulé une grande quantité de fonte encore en fusion; on avait remarqué que la fonte de cette gueuse était plus liquide que celle du numéro précédent, et on a conservé un morceau cassé dans lequel l'écoulement de la matière intérieure a laissé une cavité profonde de 26 pouces dans l'intérieur de la gueuse. Ainsi la surface ayant pris en 4 minutes sa consistance solide, l'intérieur était encore en grande liquéfaction après 8 minutes $\frac{1}{2}$.

N° 4. — Le 2 août, à 4 heures 47 minutes, la gueuse qu'on a coulée s'est trouvée d'une fonte très épaisse : aussi sa surface dans le milieu a pris sa consistance en 3 minutes; et 1 minute $\frac{1}{2}$ après, lorsqu'on l'on cassée, toute la fonte de l'intérieur s'est écoulée, et n'a laissé qu'un tuyau de 6 lignes d'épaisseur sous la face supérieure, et de 1 pouce environ d'épaisseur aux autres faces.

N° 5. — Le 3 août, dans une gueuse de fonte très liquide, on a cassé trois morceaux d'environ 2 pieds $\frac{1}{2}$ de long, à commencer du côté de la tête de la gueuse, c'est-à-dire dans la partie la plus froide du moule et la plus éloignée du fourneau, et l'on a reconnu, comme il était naturel de s'y attendre, que la partie intérieure de la gueuse était moins consistante à mesure qu'on approchait du fourneau, et que la cavité intérieure, produite par l'écoulement de la fonte encore liquide, était à peu près en raison inverse de la distance au fourneau. Deux causes évidentes concourent à produire cet effet : le moule de la gueuse, formé par les sables, est d'autant plus échauffé qu'il est plus près du fourneau, et en second lieu il reçoit d'autant plus de chaleur qu'il y passe une plus grande quantité de fonte. Or, la totalité de la fonte qui constitue la gueuse passe dans la partie du moule où se forme la queue, auprès de l'ouverture de la coulée, tandis que la tête de la gueuse n'est formée que de l'excédent qui a parcouru le moule entier et s'est déjà refroidi avant d'arriver dans cette partie la plus éloignée du fourneau, la plus froide de toutes, et qui n'est échauffée que par la seule matière qu'elle contient. Aussi des trois morceaux pris à la tête de cette gueuse, la surface du premier, c'est-à-dire du plus éloigné du fourneau, a pris sa consistance en 1 minute $\frac{1}{2}$, mais tout l'intérieur a coulé au bout de 3 minutes $\frac{1}{2}$. La surface du second a de même pris sa consistance en 1 minute $\frac{1}{2}$, et l'intérieur coulait de même au bout de 3 minutes $\frac{1}{2}$; enfin la surface du troisième morceau, qui était le plus loin de la tête et qui approchait du milieu de la gueuse, a pris sa consistance en 1 minute $\frac{1}{2}$, et l'intérieur coulait encore très abondamment au bout de 4 minutes.

Je dois observer que toutes ces gueuses étaient triangulaires, et que leur face supérieure, qui était la plus grande, avait environ 6 pouces $\frac{1}{2}$ de largeur. Cette face supérieure, qui est exposée à l'action de l'air, se consolide néanmoins plus lentement que les deux faces qui sont dans le sillon où la matière a coulé; l'humidité des sables qui forment cette espèce de moule refroidit et consolide la fonte plus promptement que l'air, car dans tous les morceaux que j'ai fait casser, les cavités formées par l'écoulement de la fonte encore liquide étaient bien plus voisines de la face supérieure que des deux autres faces.

Ayant examiné tous ces morceaux après leur refroidissement, j'ai trouvé : 1° que les morceaux du n° 4 ne s'étaient consolidés que de 6 lignes d'épaisseur sous la face supérieure; 2° que ceux du n° 5 se sont consolidés de 9 lignes d'épaisseur sous cette même face supérieure; 3° que les morceaux du n° 2 s'étaient consolidés de 1 pouce d'épaisseur sous cette même face; 4° que les morceaux du n° 3 s'étaient consolidés de 1 pouce $\frac{1}{2}$ d'épaisseur sous la même face; et enfin que les morceaux du n° 1 s'étaient consolidés jusqu'à 2 pouces 3 lignes sous cette même face supérieure.

Les épaisseurs consolidées sont donc 6, 9, 12, 18, 27 lignes, et les temps employés à cette consolidation sont 1 $\frac{1}{2}$, 2 ou 2 $\frac{1}{2}$, 3, 4 $\frac{1}{2}$, 7 minutes : ce qui fait à très peu près le quart numérique des épaisseurs. Ainsi les temps nécessaires pour consolider le métal fluide sont précisément en même raison que celle de leur épaisseur : en sorte que si nous supposons un globe isolé de toutes parts, dont la surface aura pris sa consistance en un temps donné, par exemple en 3 minutes, il faudra 1 minute $\frac{1}{2}$ de plus pour le consolider à 6 lignes de profondeur, 2 minutes $\frac{1}{4}$ pour le consolider à 9 lignes, 3 minutes pour le consolider à 12 lignes, 4 minutes pour le consolider à 18 lignes, et 7 minutes pour le consolider à 27 ou 28 lignes de profondeur, et par conséquent 36 minutes pour le consolider à 10 pieds de profondeur, etc.

SUR LE VERRE.

Ayant fait couler du laitier dans des moules très voisins du fourneau, à environ 2 pieds de l'ouverture de la coulée, j'ai reconnu, par plusieurs essais, que la surface de ces morceaux de laitier prend sa consistance en moins de temps que la fonte de fer, et que l'intérieur se consolidait aussi beaucoup plus vite, mais je n'ai pu déterminer, comme je l'ai fait sur le fer, les temps nécessaires pour consolider l'intérieur du verre à différentes épaisseurs ; je ne sais même si l'on en viendrait à bout dans un fourneau de verrerie où l'on aurait le verre en masses fort épaisses : tout ce que je puis assurer, c'est que la consolidation du verre, tant à l'extérieur qu'à l'intérieur, est à peu près une fois plus prompte que celle de la fonte du fer. Et en même temps que le premier coup de l'air condense la surface du verre liquide et lui donne une sorte de consistance solide, il la divise et la fèle en une infinité de petites parties, en sorte que le verre saisi par l'air frais ne prend pas une solidité réelle, et qu'il se brise au moindre choc ; au lieu qu'en le laissant recuire dans un four très chaud, il acquiert peu à peu la solidité que nous lui connaissons. Il paraît donc bien difficile de déterminer par l'expérience les rapports du temps qu'il faut pour consolider le verre à différentes épaisseurs au-dessous de sa surface. Je crois seulement qu'on peut, sans se tromper, prendre le même rapport pour la consolidation que celui du refroidissement du verre au refroidissement du fer, lequel rapport est de 132 à 236 par les expériences du second Mémoire (page 124).

VII. — Ayant déterminé, par les expériences précédentes, les temps nécessaires pour la consolidation du fer en fusion, tant à sa surface qu'aux différentes profondeurs de son intérieur, j'ai cherché à reconnaître, par des observations exactes, quelle était la durée de l'incandescence dans cette même matière.

1. Un renard, c'est-à-dire une loupe détachée de la gueuse par le feu de la chaufferie et prête à être portée sous le marteau, a été mise dans un lieu dont l'obscurité était égale à celle de la nuit quand le ciel est couvert : cette loupe, qui était fort enflammée, n'a cessé de donner la flamme qu'au bout de 24 minutes ; d'abord la flamme était blanche, ensuite rouge et bleuâtre sur la fin ; elle ne paraissait plus alors qu'à la partie inférieure de la loupe qui touchait la terre et ne se montrait que par ondulations ou par reprises, comme celles d'une chandelle qui s'éteint. Ainsi la première incandescence, accompagnée de flamme, a duré 24 minutes : ensuite la loupe, qui était encore bien rouge, a perdu cette couleur peu à peu et a cessé de paraître rouge au bout de 74 minutes, non compris les 24 premières, ce qui fait en tout 98 minutes ; mais il n'y avait que les surfaces supérieures et latérales qui avaient absolument perdu leur couleur rouge ; la surface inférieure, qui touchait à la terre, l'était encore aussi bien que l'intérieur de la loupe. Je commençai alors, c'est-à-dire au bout de 98 minutes, à laisser tomber quelques grains de poudre à tirer sur la surface supérieure ; ils s'enflammèrent avec explosion. On continuait de jeter de temps en temps de la poudre sur la loupe, et ce ne fut qu'au bout de 42 minutes de plus qu'elle cessa de faire explosion : à 43, 44 et 45 minutes la poudre se fondait et fusait sans explosion, en donnant seulement une petite flamme bleue. De là je crus devoir con-

clure que l'incandescence à l'intérieur de la loupe n'avait fini qu'alors, c'est-à-dire 42 minutes après celle de la surface, et qu'en tout elle avait duré 140 minutes.

Cette loupe était de figure à peu près ovale et aplatie sur deux faces parallèles; son grand diamètre était de 13 pouces, et le petit de 8 pouces; elle avait aussi, à très peu près, 8 pouces d'épaisseur partout, et elle pesait 91 livres 4 onces après avoir été refroidie.

2. Un autre renard, mais plus petit que le premier, tout aussi blanc de flamme et pétillant de feu, au lieu d'être porté sous le marteau, a été mis dans le même lieu obscur où il n'a cessé de donner de la flamme qu'au bout de 22 minutes; ensuite il n'a perdu sa couleur rouge qu'après 43 minutes, ce qui fait 65 minutes pour la durée des deux états d'incandescence à la surface, sur laquelle ayant ensuite jeté des grains de poudre, ils n'ont cessé de s'enflammer avec explosion qu'au bout de 40 minutes, ce qui fait en tout 105 minutes pour la durée de l'incandescence, tant à l'extérieur qu'à l'intérieur.

Cette loupe était à peu près circulaire, sur 9 pouces de diamètre, elle avait environ 6 pouces d'épaisseur partout; et elle s'est trouvée du poids de 54 livres après son refroidissement.

J'ai observé que la flamme et la couleur rouge suivent la même marche dans leur dégradation : elles commencent par disparaître à la surface supérieure de cette loupe, tandis qu'elles durent encore aux surfaces latérales, et continuent de paraître assez longtemps autour de la surface inférieure, qui, étant constamment appliquée sur la terre, se refroidit plus lentement que les autres surfaces qui sont exposées à l'air.

3. Un troisième renard tiré du feu très blanc, brûlant et pétillant d'étincelles et de flamme, ayant été porté dans cet état sous le marteau, n'a conservé cette incandescence enflammée que 6 minutes; les coups précipités dont il a été frappé pendant ces 6 minutes, ayant comprimé la matière, en ont en même temps réprimé la flamme qui aurait subsisté plus longtemps sans cette opération, par laquelle on en a fait une pièce de fer de 12 pouces $\frac{1}{2}$ de longueur, sur 4 pouces en carré, qui s'est trouvée peser 48 livres 4 onces après avoir été refroidie. Mais, ayant mis auparavant cette pièce encore toute rouge dans le même lieu obscur, elle n'a cessé de paraître rouge à sa surface qu'au bout de 46 minutes, y compris les 6 premières. Ayant ensuite fait l'épreuve avec de la poudre à tirer qui n'a cessé de s'enflammer avec explosion que 26 minutes après les 46, il en résulte que l'incandescence intérieure et totale a duré 72 minutes.

En comparant ensemble ces trois expériences, on peut conclure que la durée de l'incandescence totale est, comme celle de la prise de consistance, proportionnelle à l'épaisseur de la matière. Car la première loupe, qui avait 8 pouces d'épaisseur, a conservé son incandescence pendant 140 minutes : la seconde, qui avait 6 pouces d'épaisseur, l'a conservée pendant 105 minutes; et la troisième, qui n'avait que 4 pouces, ne l'a conservée que pendant 72 minutes. Or, 105 : 140 : : 6 : 8, et de même 72 : 140 à peu près : : 4 : 8, en sorte qu'il paraît y avoir même rapport entre les temps qu'entre les épaisseurs.

4. Pour m'assurer encore mieux de ce fait important, j'ai cru devoir répéter l'expérience sur une loupe, prise, comme la précédente, au sortir de la chaufferie. On l'a portée tout enflammée sous le marteau; la flamme a cessé au bout de 6 minutes, et dans ce moment on a cessé de la battre; on l'a mise tout de suite dans le même lieu obscur; le rouge n'a cessé qu'au bout de 39 minutes, ce qui donne 45 minutes pour les deux états d'incandescence à la surface; ensuite la poudre n'a cessé de s'enflammer avec explosion qu'au bout de 28 minutes : ainsi l'incandescence intérieure et totale a duré 73 minutes. Or, cette pièce avait, comme la précédente, 4 pouces juste d'épaisseur, sur deux faces en carré, et 10 pouces $\frac{1}{4}$ de longueur : elle pesait 39 livres 4 onces après avoir été refroidie.

Cette dernière expérience s'accorde si parfaitement avec celle qui la précède et avec les deux autres, qu'on ne peut pas douter qu'en général la durée de l'incandescence ne soit à très peu près proportionnelle à l'épaisseur de la masse, et que par conséquent ce grand degré de feu ne suive la même loi que celle de la chaleur médiocre; en sorte que, dans des globes de même matière, la chaleur ou le feu du plus haut degré, pendant tout le temps de l'incandescence, s'y conservent et y durent précisément en raison de leur diamètre. Cette vérité, que je voulais acquérir et démontrer par le fait, semble nous indiquer que les causes cachées (*causæ latentes*) de Newton, desquelles j'ai parlé dans le premier de ces Mémoires, ne s'opposent que très peu à la sortie du feu, puisqu'elle se fait de la même manière que si les corps étaient entièrement et parfaitement perméables, et que rien ne s'opposât à son issue. Cependant on serait porté à croire que plus la même matière est comprimée, plus elle doit retenir de temps le feu; en sorte que la durée de l'incandescence devrait être alors en plus grande raison que celle des épaisseurs ou des diamètres. J'ai donc essayé de reconnaître cette différence par l'expérience suivante.

5. J'ai fait forger une masse cubique de fer de 5 pouces 9 lignes de toutes faces; elle a subi trois chaudes successives, et l'ayant laissée refroidir, son poids s'est trouvé de 48 livres 9 onces. Après l'avoir pesée, on l'a mise de nouveau au feu de l'affinerie, où elle n'a été chauffée que jusqu'au rouge couleur de feu, parce qu'alors elle commençait à donner un peu de flamme, et qu'en la laissant au feu plus longtemps le fer aurait brûlé. De là on l'a transportée tout de suite dans le même lieu obscur, où j'ai vu qu'elle ne donnait aucune flamme; néanmoins elle n'a cessé de paraître rouge qu'au bout de 52 minutes, et la poudre n'a cessé de s'enflammer à sa surface avec explosion que 43 minutes après : ainsi l'incandescence totale a duré 95 minutes. On a pesé cette masse une seconde fois après son entier refroidissement; elle s'est trouvée peser 48 livres 1 once : ainsi elle avait perdu au feu 8 onces de son poids, et elle en aurait perdu davantage, si on l'eût chauffée jusqu'au blanc.

En comparant cette expérience avec les autres, on voit que l'épaisseur de la masse étant de 5 pouces $\frac{3}{4}$, l'incandescence totale a duré 95 minutes dans cette pièce de fer, comprimée autant qu'il est possible, et que dans les premières masses qui n'avaient point été comprimées par le marteau, l'épaisseur étant de 7 pouces, l'incandescence a duré 105 minutes, et l'épaisseur étant de 8 pouces, elle a duré 140 minutes. Or, $140 : 8$ ou $105 : 6 : : 95 : 5\frac{0}{21}$, au lieu que l'expérience nous donne $5\frac{3}{4}$. Les causes cachées, dont la principale est la compression de la matière, et les obstacles qui en résultent pour l'issue de la chaleur, semblent donc produire cette différence de $5\frac{3}{4}$ à $5\frac{0}{21}$, ce qui fait $\frac{27}{84}$ ou un peu plus d'un tiers sur $\frac{15}{3}$, c'est-à-dire environ $\frac{1}{16}$ sur le tout. En sorte que le fer bien battu, bien *sué*, bien comprimé, ne perd son incandescence qu'en 17 de temps, tandis que le même fer qui n'a point été comprimé la perd en 16 du même temps. Et ceci paraît se confirmer par les expériences 3 et 4, où les masses de fer, ayant été comprimées par une seule volée de coups de marteau, n'ont perdu leur incandescence qu'au bout de 72 et 73 minutes, au lieu de 70 qu'a duré celle des loupes non comprimées, ce qui fait $2\frac{1}{2}$ sur 70 ou $\frac{5}{140}$ ou $\frac{1}{28}$ de différence produite par cette compression. Ainsi l'on ne doit pas être étonné que la seconde et la troisième compression qu'a subies la masse de fer de la cinquième expérience, qui a été battue par trois volées de coups de marteau, aient produit $\frac{1}{16}$ au lieu de $\frac{1}{28}$ de différence dans la durée de l'incandescence. On peut donc assurer en général que la plus forte compression qu'on puisse donner à la matière, pénétrée de feu autant qu'elle peut l'être, ne diminue que d'une seizième partie la durée de son incandescence, et que dans la matière qui ne reçoit point de compression extérieure, cette durée est précisément en même raison que son épaisseur.

Maintenant, pour appliquer au globe de la terre le résultat de ces expériences, nous considérerons qu'il n'a pu prendre sa forme élevée sous l'équateur, et abaissée sous les pôles, qu'en vertu de la force centrifuge, combinée avec celle de la pesanteur; que, par conséquent, il a dû tourner sur son axe pendant un petit temps avant que sa surface ait pris sa consistance, et qu'ensuite la matière intérieure s'est consolidée dans les mêmes rapports de temps indiqués par nos expériences; en sorte qu'en partant de la supposition d'un jour au moins pour le petit temps nécessaire à la prise de consistance à sa surface, et en admettant, comme nos expériences l'indiquent, un temps de 3 minutes pour en consolider la matière intérieure à 1 pouce de profondeur, il se trouvera 36 minutes pour 1 pied, 216 minutes pour 1 toise, 342 jours pour 1 lieue, et 490,086 jours, ou environ 1,342 ans, pour qu'un globe de fonte de fer qui aurait, comme celui de la terre, 1,432 lieues $\frac{1}{2}$ de demi-diamètre, eût pris sa consistance jusqu'au centre.

La supposition que je fais ici d'un jour de rotation pour que le globe terrestre ait pu s'élever régulièrement sous l'équateur et s'abaisser sous les pôles, avant que sa surface ne fût consolidée, me paraît plutôt trop faible que trop forte; car il a peut-être fallu un grand nombre de révolutions de vingt-quatre heures chacune sur son axe, pour que la matière fluide se soit solidement établie, et l'on voit bien que, dans ce cas, le temps nécessaire pour la prise de consistance de la matière au centre se trouvera plus grand (*). Pour le réduire autant qu'il est possible, nous n'avons fait aucune attention à l'effet de la force centrifuge qui s'oppose à celui de la réunion des parties, c'est-à-dire à la prise de consistance de la matière en fusion. Nous avons supposé encore, dans la même vue de diminuer le temps, que l'atmosphère de la terre, alors toute en feu, n'était néanmoins pas plus chaude que celle de mon fourneau, à quelques pieds de distance, où se sont faites les expériences, et c'est en conséquence de ces deux suppositions trop gratuites que nous ne trouvons que 1,342 ans pour le temps employé à la consolidation du globe jusqu'au centre. Mais il me paraît certain que cette estimation du temps est de beaucoup trop faible, par l'observation constante que j'ai faite sur la prise de consistance des gueuses à la tête et à la queue; car il faut trois fois autant de temps et plus pour que la partie de la gueuse qui est à 18 pieds du fourneau prenne consistance, c'est-à-dire que, si la surface de la tête de la gueuse, qui est à 18 pieds du fourneau, prend consistance en 1 minute $\frac{1}{2}$, celle de la queue, qui n'est qu'à 2 pieds de fourneau, ne prend consistance qu'en 4 minutes $\frac{1}{2}$ ou 5 minutes; en sorte que la chaleur plus grande de l'air contribue prodigieusement au maintien de la fluidité; et l'on conviendra sans peine avec moi que, dans ce premier temps de liquéfaction du globe de la terre, la chaleur de l'atmosphère de vapeurs qui l'environnait était plus grande que celle de l'air à 2 pieds de distance du feu de mon fourneau, et que par conséquent il a fallu beaucoup plus de temps pour consolider le globe jusqu'au centre. Or, nous avons démontré, par les expériences du premier Mémoire (a), qu'un globe de fer gros comme la terre, pénétré de feu seulement jusqu'au rouge, serait plus de quatre-vingt-seize mille six cent soixante-dix ans à se refroidir, auxquels, ajoutant deux ou trois mille ans pour le temps de sa consolidation jusqu'au centre, il résulte qu'en tout il faudrait environ cent mille ans pour refroidir au point de la température actuelle un globe de fer gros comme la terre, sans compter la durée du premier état de liquéfaction, ce qui recule encore les limites du temps, qui semble fuir et s'étendre à mesure que nous cherchons à le saisir. Mais tout ceci sera plus amplement discuté et déterminé plus précisément dans les Mémoires suivants.

(a) Voyez ci-devant, p. 89.

(*) D'après Poisson, en admettant que le globe terrestre ait d'abord été fluide, comme on le pense généralement, c'est par son centre et non par sa surface que le refroidissement et la consolidation auraient commencé.

NEUVIÈME MÉMOIRE

EXPÉRIENCES SUR LA FUSION DES MINES DE FER (*).

Je ne pourrai guère mettre d'autre liaison entre ces Mémoires, ni d'autre ordre entre mes différentes expériences, que celui du temps ou plutôt de la succession de mes idées. Comme je ne me trouvais pas assez instruit dans la connaissance des minéraux, que je n'étais pas satisfait de ce qu'on en dit dans les livres, que j'avais bien de la peine à entendre ceux qui traitent de la chimie, où je voyais d'ailleurs des principes précaires, toutes les expériences faites en petit et toujours expliquées dans l'esprit d'une même méthode, j'ai voulu travailler par moi-même ; et, consultant plutôt mes désirs que ma force, j'ai commencé par faire établir sous mes yeux des forges et des fourneaux en grand, que je n'ai pas cessé d'exercer continuellement depuis sept ans.

Le petit nombre d'auteurs qui ont écrit sur les mines de fer ne donnent, pour ainsi dire, qu'une nomenclature assez inutile, et ne parlent point des différents traitements de chacune de ces mines. Ils comprennent dans les mines de fer : l'aimant, l'émeril, l'hématite, etc., etc., qui sont en effet des minéraux ferrugineux en partie, mais qu'on ne doit pas regarder comme de vraies mines de fer, propres à être fondues et converties en ce métal ; nous ne parlerons ici que de celles dont on doit faire usage, et on peut les réduire à deux espèces principales.

La première est la mine en roche, c'est-à-dire en masses dures, solides et compactes, qu'on ne peut tirer et séparer qu'à force de coins, de marteaux et de masses, et qu'on pourrait appeler *pierre de fer*. Ces mines ou roches de fer se trouvent en Suède, en Allemagne, dans les Alpes, dans les Pyrénées, et généralement dans la plupart des hautes montagnes de la terre, mais en bien plus grande quantité vers le nord que du côté du midi. Celles de Suède sont de couleur de fer pour la plupart, et paraissent être du fer presque à demi préparé par la nature ; il y en a aussi de couleur brune, rousse ou jaunâtre ; il y en a même de toutes blanches à Allevard en Dauphiné, ainsi que d'autres couleurs : ces dernières mines semblent être composées comme du spath, et on ne reconnaît qu'à leur pesanteur, plus grande que celle des autres spaths, qu'elles contiennent une grande quantité de métal. On peut aussi s'en assurer en les mettant au feu ; car, de quelque couleur qu'elles soient, blanches, grises, jaunes, rousses, verdâtres, bleuâtres, violettes ou rouges, toutes deviennent noires à une légère calcination. Les mines de Suède, qui, comme je l'ai dit, semblent être de la pierre de fer, sont attirées par l'aimant ; il en est de même de la plupart des autres mines en roche, et généralement de toute matière ferrugineuse qui a subi l'action du feu. Les mines de fer en grain, qui ne sont point du tout magnétiques, le deviennent lorsqu'on les fait griller au feu : ainsi les mines de fer en roche et en grandes masses étant magnétiques, doivent leur origine à l'élément du feu. Celles de Suède, qui ont été les mieux observées, sont très étendues et très profondes ; les filons sont perpendi-

(*) Buffon avait installé à Montbard des forges importantes dans lesquelles il fit, tant pour son compte que pour celui du gouvernement français, des expériences nombreuses. Il se piquait de fabriquer des fers de qualité égale, sinon supérieure, à tous ceux de l'Angleterre et de la Suède, qui jouissaient alors comme aujourd'hui d'une réputation incontestée. C'est dans ces forges que furent fabriquées la plupart des grillés qui, à l'heure actuelle, entourent les jardins du Muséum.

Il n'y a pas de sacrifices que Buffon ne fît pour améliorer sa fabrication, et il fut un temps où les étrangers eux-mêmes venaient visiter ses ateliers.

culaires, toujours épais de plusieurs pieds, et quelquefois de quelques toises : on les travaille comme on travaillerait de la pierre très dure dans une carrière. On y trouve souvent de l'asbeste, ce qui prouve encore que ces mines ont été formées par le feu.

Les mines de la seconde espèce ont, au contraire, été formées par l'eau, tant du détriment des premières que de toutes les particules de fer que les végétaux et les animaux rendent à la terre par la décomposition de leur substance : ces mines, formées par l'eau, sont le plus ordinairement en grains arrondis, plus ou moins gros, mais dont aucun n'est attirable par l'aimant avant d'avoir subi l'action du feu, ou plutôt celle de l'air par le moyen du feu ; car ayant grillé plusieurs de ces mines dans des vaisseaux ouverts, elles sont toutes devenues très attirables à l'aimant, au lieu que dans les vaisseaux clos, quoique chauffées à un plus grand feu et pendant plus de temps, elles n'avaient point du tout acquis la vertu magnétique.

On pourrait ajouter à ces mines en grain, formées par l'eau, une seconde espèce de mine souvent plus pure, mais bien plus rare, qui se forme également par le moyen de l'eau : ce sont les mines de fer cristallisées. Mais comme je n'ai pas été à portée de traiter par moi-même les mines de fer en roche, produites par le feu, non plus que les mines de fer cristallisées par l'eau, je ne parlerai que de la fusion des mines en grain, d'autant que ces dernières mines sont celles qu'on exploite plus communément dans nos forges de France.

La première chose que j'ai trouvée, et qui me paraît être une découverte utile, c'est qu'avec une mine qui donnait le plus mauvais fer de la province de Bourgogne, j'ai fait du fer aussi ductile, aussi nerveux, aussi ferme que les fers du Berri, qui sont réputés les meilleurs de France. Voici comment j'y suis parvenu : le chemin que j'ai tenu est bien plus long, mais personne avant moi n'ayant frayé la route, on ne sera pas étonné que j'aie fait du circuit.

J'ai pris le dernier jour d'un fondage, c'est-à-dire le jour où l'on allait faire cesser le feu d'un fourneau à fondre la mine de fer, qui durait depuis plus de quatre mois. Ce fourneau, d'environ 20 pieds de hauteur et de 5 pieds $\frac{1}{2}$ de largeur à sa cuve, était bien échauffé, et n'avait été chargé que de cette mine qui avait la fausse réputation de ne pouvoir donner que des fontes très blanches, très cassantes, et par conséquent du fer à très gros grain, sans nerf et sans ductilité. Comme j'étais dans l'idée que la trop grande violence du feu ne peut qu'aigrir le fer, j'employai ma méthode ordinaire, et que j'ai suivie constamment dans toutes mes recherches sur la nature, qui consiste à voir les extrèmes avant de considérer les milieux : je fis donc, non pas ralentir, mais enlever les soufflets, et ayant fait en même temps découvrir le toit de la halle, je substituai aux soufflets un ventilateur simple, qui n'était qu'un cône creux, de 24 pieds de longueur sur 4 pieds de diamètre au gros bout, et 3 pouces seulement à sa pointe, sur laquelle on adapta une buse de fer, et qu'on plaça dans le trou de la tuyère ; en même temps on continuait à charger de charbon et de mine, comme si l'on eût voulu continuer à couler ; les charges descendaient bien plus lentement, parce que le feu n'était plus animé par le vent des soufflets ; il l'était seulement par un courant d'air que le ventilateur tirait d'en haut, et qui, étant plus frais et plus dense que celui du voisinage de la tuyère, arrivait avec assez de vitesse pour produire un murmure constant dans l'intérieur du fourneau. Lorsque j'eus fait charger environ deux milliers de charbon et quatre milliers de mine, je fis discontinuer pour ne pas trop embarrasser le fourneau, et, le ventilateur étant toujours à la tuyère, je laissai baisser les charbons et la mine sans remplir le vide qu'ils laissaient au-dessus. Au bout de quinze ou seize heures, il se forma de petites loupes, dont on tira quelques-unes par le trou de la tuyère, et quelques autres par l'ouverture de la coulée : le feu dura quatre jours de plus, avant que le charbon ne fût entièrement consumé, et dans cet intervalle de temps on tira des loupes plus grosses que les premières ; et, après les quatre jours, on en trouva de plus grosses encore en vidant le fourneau.

Après avoir examiné ces loupes, qui me parurent être d'une très bonne étoffe, et dont la plupart portaient à leur circonférence un grain fin et tout semblable à celui de l'acier, je les fis mettre au feu de l'affinerie et porter sous le marteau : elles en soutinrent le coup sans se diviser, sans s'éparpiller en étincelles, sans donner une grande flamme, sans laisser couler beaucoup de laitier, choses qui toutes arrivent lorsqu'on forge du mauvais fer. On les forgea à la manière ordinaire : les barres qui en provenaient n'étaient pas toutes de la même qualité; les unes étaient de fer, les autres d'acier, et le plus grand nombre de fer par un bout ou par un côté, et d'acier par l'autre. J'en ai fait faire des poinçons et des ciseaux par des ouvriers, qui trouvèrent cet acier aussi bon que celui d'Allemagne. Les barres qui n'étaient que de fer étaient si fermes, qu'il fut impossible de les rompre avec la masse, et qu'il fallut employer le ciseau d'acier pour les entamer profondément des deux côtés avant de pouvoir les rompre; ce fer était tout nerf, et ne pouvait se séparer qu'en se déchirant par le plus grand effort. En le comparant au fer que donne cette même mine fondue en gueuses à la manière ordinaire, on ne pouvait se persuader qu'il provenait de la même mine, dont on n'avait jamais tiré que du fer à gros grain, sans nerf et très cassant.

La quantité de mine que j'avais employée dans cette expérience aurait dù produire au moins 4,200 livres de fonte, c'est-à-dire environ 800 livres de fer, si elle eût été fondue par la méthode ordinaire, et je n'avais obtenu que 280 livres, tant d'acier que de fer, de toutes les loupes que j'avais réunies; et en supposant un déchet de moitié du mauvais fer au bon, et de trois quarts du mauvais fer à l'acier, je voyais que ce produit ne pouvait équivaloir qu'à 500 livres de mauvais fer, et que par conséquent il y avait eu plus du quart de mes quatre milliers de mine qui s'était consumé en pure perte, et en même temps près du tiers du charbon brûlé sans produit.

Ces expériences étant donc excessivement chères, et voulant néanmoins les suivre, je pris le parti de faire construire deux fourneaux plus petits, tous deux cependant de 14 pieds de hauteur, mais dont la capacité intérieure du second était d'un tiers plus petite que celle premier. Il fallait, pour charger et remplir en entier mon grand fourneau de fusion, cent trente-cinq corbeilles de charbon de 40 livres chacune, c'est-à-dire 5,400 livres de charbon, au lieu que dans mes petits fourneaux il ne fallait que 900 livres de charbon pour remplir le premier, et 600 livres pour remplir le second, ce qui diminuait considérablement les trop grands frais de ces expériences. Je fis adosser ces fourneaux l'un à l'autre, afin qu'ils pussent profiter de leur chaleur mutuelle : ils étaient séparés par un mur de 3 pieds, et environnés d'un autre mur de 4 pieds d'épaisseur, le tout bâti en bon moellon et de la même pierre calcaire dont on se sert dans le pays pour faire les étalages des grands fourneaux. La forme de la cavité de ces petits fourneaux était pyramidale sur une base carrée, s'élevant d'abord perpendiculairement à 3 pieds de hauteur, et ensuite s'inclinant en dedans sur le reste de leur élévation, qui était de 11 pieds : de sorte que l'ouverture supérieure se trouvait réduite à 14 pouces au plus grand fourneau, et 11 pouces au plus petit. Je ne laissai dans le bas qu'une seule ouverture à chacun de mes fourneaux; elle était surbaissée en forme de voûte ou de lunette, dont le sommet ne s'élevait qu'à 2 pieds $\frac{1}{2}$ dans la partie intérieure, et à 4 pieds en dehors; je faisais remplir cette ouverture par un petit mur de briques, dans lequel on laissait un trou de quelques pouces en bas pour écouler le laitier, et un autre trou à 1 pied $\frac{1}{2}$ de hauteur pour pomper l'air : je ne donne point ici la figure de ces fourneaux, parce qu'ils n'ont pas assez bien réussi pour que je prétende les donner pour modèles, et que d'ailleurs j'y ai fait et j'y fais encore des changements essentiels à mesure que l'expérience m'apprend quelque chose de nouveau. D'ailleurs, ce que je viens de dire suffit pour en donner une idée, et aussi pour l'intelligence de ce qui suit.

Ces fourneaux étaient placés de manière que leur face antérieure, dans laquelle étaient les ouvertures en lunette, se trouvait parallèle au courant d'eau qui fait mouvoir les roues des soufflets de mon grand fourneau et de mes affineries, en sorte que le grand entonnoir ou ventilateur dont j'ai parlé pouvait être posé de manière qu'il recevait sans cesse un air frais par le mouvement des roues; il portait cet air au fourneau auquel il aboutissait par sa pointe, qui était une buse ou tuyau de fer de forme conique, et de 1 pouce $\frac{1}{2}$ de diamètre à son extrémité. Je fis faire en même temps deux tuyaux d'aspiration, l'un de 10 pieds de longueur sur 14 pouces de largeur pour le plus grand de mes petits fourneaux, et l'autre de 7 pieds de longueur et de 11 pouces de côté pour le plus petit. Je fis ces tuyaux d'aspiration carrés, parce que les ouvertures du dessus des fourneaux étaient carrées, et que c'était sur ces ouvertures qu'il fallait les poser; et quoique ces tuyaux fussent faits d'une tôle assez légère, sur un châssis de fer mince, ils ne laissaient pas d'être pesants, et même embarrassants par leur volume, surtout quand ils étaient fort échauffés: quatre hommes avaient assez de peine pour les déplacer et les replacer, ce qui cependant était nécessaire toutes les fois qu'il fallait charger les fourneaux.

J'y ai fait dix-sept expériences, dont chacune durait ordinairement deux ou trois jours et deux ou trois nuits. Je n'en donnerai pas le détail, non seulement parce qu'il serait fort ennuyeux, mais même assez inutile, attendu que je n'ai pu parvenir à une méthode fixe, tant pour conduire le feu que pour le forcer à donner toujours le même produit. Je dois donc me borner aux simples résultats de ces expériences, qui m'ont démontré plusieurs vérités que je crois très utiles.

La première, c'est qu'on peut faire de l'acier de la meilleure qualité sans employer du fer comme on le fait communément, mais seulement en faisant fondre la mine à un feu long et gradué. De mes dix-sept expériences il y en a eu six où j'ai eu de l'acier bon et médiocre, sept où je n'ai eu que du fer, tantôt très bon et tantôt mauvais, et quatre où j'ai eu une petite quantité de fonte et du fer environné d'excellent acier. On ne manquera pas de me dire : Donnez-nous donc au moins le détail de celles qui vous ont produit du bon acier. Ma réponse est aussi simple que vraie, c'est qu'en suivant les mêmes procédés aussi exactement qu'il m'était possible, en chargeant de la même façon, mettant la même quantité de mine et de charbon, ôtant et mettant le ventilateur et les tuyaux d'aspiration pendant un temps égal, je n'en ai pas moins eu des résultats tout différents. La seconde expérience me donnera de l'acier par les mêmes procédés que la première, qui ne m'avait produit que du fer d'une qualité assez médiocre; la troisième, par les mêmes procédés, m'a donné de très bon fer; et quand après cela j'ai voulu varier la suite des procédés et changer quelque chose à mes fourneaux, le produit en a peut-être moins varié par ces grands changements qu'il n'avait fait par le seul caprice du feu, dont les effets et la conduite sont si difficiles à suivre qu'on ne peut les saisir ni même les deviner qu'après une infinité d'épreuves et de tentatives qui ne sont pas toujours heureuses. Je dois donc me borner à dire ce que j'ai fait, sans anticiper sur ce que des artistes plus habiles pourront faire; car il est certain qu'on parviendra à une méthode sûre de tirer de l'acier de toute mine de fer sans la faire couler en gueuses et sans convertir la fonte en fer.

C'est ici la seconde vérité, aussi utile que la première. J'ai employé trois différentes sortes de mines dans ces expériences; j'ai cherché, avant de les employer, le moyen d'en bien connaître la nature. Ces trois espèces de mines étaient, à la vérité, toutes les trois en grains plus ou moins fins; je n'étais pas à portée d'en avoir d'autres, c'est-à-dire des mines en roche, en assez grande quantité pour faire mes expériences; mais je suis bien convaincu, après avoir fait les épreuves de mes trois différents mines en grain, et qui toutes trois m'ont donné de l'acier sans fusion précédente, que les mines en roche, et toutes les mines de fer en général, pourraient donner également de l'acier en les traitant comme j'ai traité les mines en grain. Dès lors il faut donc bannir de nos idées le préjugé si anciennement, si universellement reçu, que *la qualité du fer dépend de celle de la mine.*

Rien n'est plus mal fondé que cette opinion ; c'est au contraire uniquement de la conduite du feu et de la manipulation de la mine que dépend la bonne ou la mauvaise qualité de la fonte, du fer et de l'acier. Il faut encore bannir un autre préjugé, c'est qu'*on ne peut avoir de l'acier qu'en le tirant du fer* ; tandis qu'il est très possible, au contraire, d'en tirer immédiatement de toutes sortes de mines. On rejettera donc en conséquence les idées de M. Yonge et de quelques autres chimistes qui ont imaginé qu'il y avait des mines qui avaient la qualité particulière de pouvoir donner de l'acier à l'exclusion de toutes les autres.

Une troisième vérité que j'ai recueillie de mes expériences, c'est que toutes nos mines de fer en grain, telles que celles de Bourgogne, de Champagne, de Franche-Comté, de Lorraine, du Nivernais, de l'Angoumois, etc., c'est-à-dire presque toutes les mines dont on fait nos fers en France, ne contiennent point de soufre comme les mines en roche de Suède ou d'Allemagne, et que par conséquent elles n'ont pas besoin d'être grillées ni traitées de la même manière : le préjugé du soufre contenu en grande quantité dans les mines de fer nous est venu des métallurgistes du Nord, qui, ne connaissant que leurs mines en roche qu'on tire de la terre à de grandes profondeurs, comme nous tirons des pierres d'une carrière, ont imaginé que toutes les mines de fer étaient de la même nature et contenaient, comme elles, une grande quantité de soufre. Et comme les expériences sur les mines de fer sont très difficiles à faire, nos chimistes s'en sont rapportés aux métallurgistes du Nord, et ont écrit, comme eux, qu'il y avait beaucoup de soufre dans nos mines de fer, tandis que toutes les mines en grain que je viens de citer n'en contiennent point du tout, ou si peu qu'on n'en sent pas l'odeur de quelque façon qu'on les brûle. Les mines en roche ou en pierre, dont j'ai fait venir des échantillons de Suède et d'Allemagne, répandent au contraire une forte odeur de soufre lorsqu'on les fait griller, et en contiennent réellement une très grande quantité dont il faut les dépouiller avant de les mettre au fourneau pour les fondre.

Et de là suit une quatrième vérité tout aussi intéressante que les autres, c'est que nos mines en grain valent mieux que ces mines en roche tant vantées, et que si nous ne faisons pas du fer aussi bon ou meilleur que celui de Suède, c'est purement notre faute et point du tout celle de nos mines, qui toutes nous donneraient des fers de la première qualité si nous les traitions avec le même soin que prennent les étrangers pour arriver à ce but. Il nous est même plus aisé de l'atteindre, nos mines ne demandant pas, à beaucoup près, autant de travaux que les leurs. Voyez, dans Swedenborg, le détail de ces travaux : la seule extraction de la plupart de ces mines en roche qu'il faut aller arracher du sein de la terre à 3 ou 400 pieds de profondeur, casser à coups de marteaux, de masses et de leviers, enlever ensuite par des machines jusqu'à la hauteur de terre, doit coûter beaucoup plus que le tirage de nos mines en grain, qui se fait, pour ainsi dire, à fleur de terrain et sans autre instrument que la pioche et la pelle. Ce premier avantage n'est pas encore le plus grand, car il faut reprendre ces quartiers, ces morceaux de pierres de fer, les porter sous les maillets d'un bocard pour les concasser, les broyer et les réduire au même état de division où nos mines en grain se trouvent naturellement ; et comme cette mine concassée contient une grande quantité de soufre, elle ne produirait que de très mauvais fer si on ne prenait pas la précaution de lui enlever la plus grande partie de ce soufre surabondant avant de la jeter au fourneau. On la répand à cet effet sur des bûchers d'une vaste étendue où elle se grille pendant quelques semaines : cette consommation très considérable de bois, jointe à la difficulté de l'extraction de la mine, rendrait la chose impraticable en France à cause de la cherté des bois. Nos mines, heureusement, n'ont pas besoin d'être grillées, et il suffit de les laver pour les séparer de la terre avec laquelle elles sont mêlées ; la plupart se trouvent à quelques pieds de profondeur : l'exploitation de nos mines se fait donc à beaucoup moins de frais, et cependant nous ne profitons pas de tous ces avantages, ou du moins nous n'en avons pas profité jusqu'ici, puisque les étrangers nous apportent leurs fers qui leur coûtent tant de peines, et que nous les achetons de préférence aux nôtres, sur la réputation qu'ils ont d'être de meilleure qualité.

Ceci tient à une cinquième vérité, qui est plus morale que physique : c'est qu'il est plus aisé, plus sûr et plus profitable de faire, surtout en ce genre, de la mauvaise marchandise que de la bonne. Il est bien plus commode de suivre la routine qu'on trouve établie dans les forges que de chercher à en perfectionner l'art. Pourquoi vouloir faire du bon fer? disent la plupart des maîtres de forges; on ne le vendra pas une pistole au-dessus du fer commun, et il nous reviendra peut-être à trois ou quatre de plus, sans compter les risques et les frais des expériences et des essais, qui ne réussissent pas tous à beaucoup près. Malheureusement cela n'est que trop vrai : nous ne profiterons jamais de l'avantage naturel de nos mines, ni même de notre intelligence, qui vaut bien celle des étrangers, tant que le gouvernement ne donnera pas à cet objet plus d'attention, tant qu'on ne favorisera pas le petit nombre de manufactures où l'on fait du bon fer, et qu'on permettra l'entrée des fers étrangers. Il me semble que l'on peut démontrer avec la dernière évidence le tort que cela fait aux arts et à l'État; mais je m'écarterais trop de mon sujet si j'entrais ici dans cette discussion.

Tout ce que je puis assurer comme une sixième vérité, c'est qu'avec toutes sortes de mines on peut toujours obtenir du fer de même qualité : j'ai fait brûler et fondre successivement dans mon plus grand fourneau, qui a 23 pieds de hauteur, sept espèces de mines différentes, tirées à deux, trois et quatre lieues de distance les unes des autres, dans des terrains tous différents, les unes en grains plus gros que des pois, les autres en grains gros comme des chevrotines, plomb à lièvre, et les autres plus menues que le plus petit plomb à tirer; et de ces sept différentes espèces de mine, dont j'ai fait fondre plusieurs centaines de milliers, j'ai toujours eu le même fer : ce fer est bien connu, non seulement dans la province de Bourgogne où sont situées mes forges, mais même à Paris, où s'en fait le principal débit, et il est regardé comme de très bonne qualité. On serait donc fondé à croire que j'ai toujours employé la même mine, qui, toujours traitée de la même façon, m'aurait constamment donné le même produit, tandis que, dans le vrai, j'ai usé de toutes les mines que j'ai pu découvrir, et que ce n'est qu'en vertu des précautions et des soins que j'ai pris de les traiter différemment que je suis parvenu à en tirer un résultat semblable, et un produit de même qualité. Voici les observations et les expériences que j'ai faites à ce sujet : elles seront utiles et même nécessaires à tous ceux qui voudront connaître la qualité des mines qu'ils emploient.

Nos mines de fer en grain ne se trouvent jamais pures dans le sein de la terre : toutes sont mélangées d'une certaine quantité de terre qui peut se délayer dans l'eau, et d'un sable plus ou moins fin, qui, dans de certaines mines, est de nature calcaire, dans d'autres de nature vitrifiable, et quelquefois mêlée l'une de l'autre; je n'ai pas vu qu'il n'y eût aucun autre mélange dans les sept espèces de mines que j'ai traitées et fondues avec un égal succès. Pour reconnaître la quantité de terre qui doit se délayer dans l'eau, et que l'on peut espérer de séparer de la mine au lavage, il faut en peser une petite quantité dans l'état même où elle sort de la terre, la faire ensuite sécher, et mettre en compte le poids de l'eau qui se sera dissipée par le dessèchement. On mettra cette terre séchée dans un vase que l'on remplira d'eau, et on la remuera : dès que l'eau sera jaune ou bourbeuse, on la versera dans un vase plat pour en faire évaporer l'eau par le moyen du feu; après l'évaporation, on mettra à part le résidu terreux. On réitérera cette même manipulation jusqu'à ce que la mine ne colore plus l'eau qu'on verse dessus, ce qui n'arrive jamais qu'après un grand nombre de lotions. Alors on réunit ensemble tous ces résidus terreux, et on les pèse pour connaître leur quantité relative à celle de la mine.

Cette première partie du mélange étant connue et son poids constaté, il restera les grains de mines et les sables que l'eau n'a pu délayer : si ces sables sont calcaires, il faudra les faire dissoudre à l'eau-forte, et on en connaîtra la quantité en les faisant précipiter après les avoir dissous ; on les pèsera, et dès lors on saura au juste combien la mine contient de terre, de sable calcaire et de fer en grain. Par exemple, la mine dont je me suis servi pour la première expérience de ce Mémoire contenait, par once, 1 gros $\frac{1}{2}$ de terre délayée par l'eau, 1 gros 55 grains de sable dissous par l'eau-forte, 3 gros 66 grains de mine de fer, et il y a eu 59 grains de perdus dans les lotions et dissolutions. C'est M. Daubenton, de l'Académie des sciences, qui a bien voulu faire cette expérience à ma prière, et qui l'a faite avec toute l'exactitude qu'il apporte à tous les sujets qu'il traite.

Après cette épreuve, il faut examiner attentivement la mine dont on vient de séparer la terre et le sable calcaire, et tâcher de reconnaître, à la seule inspection, s'il ne se trouve pas encore parmi les grains de fer des particules d'autres matières que l'eau-forte n'aurait pu dissoudre, et qui par conséquent ne seraient pas calcaires. Dans celle dont je viens de parler, il n'y en avait point du tout, et dès lors j'étais assuré que, sur une quantité de 576 livres de cette mine, il y avait 282 parties de mines de fer, 127 de matière calcaire, et le reste de terre qui peut se délayer à l'eau. Cette connaissance une fois acquise, il sera aisé d'en tirer les procédés qu'il faut suivre pour faire fondre la mine avec avantage et avec certitude d'en obtenir du bon fer, comme nous le dirons dans la suite.

Dans les six autres espèces de mines que j'ai employées, il s'en est trouvé quatre dont le sable n'était point dissoluble à l'eau-forte, et dont par conséquent la nature n'était pas calcaire, mais vitrifiable ; et les deux autres, qui étaient à plus gros grains de fer que les cinq premières, contenaient des graviers calcaires en assez petite quantité, et de petits cailloux arrondis qui étaient de la nature de la calcédoine, et qui ressemblaient par la forme aux chrysalides des fourmis : les ouvriers employés à l'extraction et au lavage de mes mines les appelaient *œufs de fourmis*. Chacune de ces mines exige une suite de procédés différents pour les fondre avec avantage et pour en tirer du fer de même qualité.

Ces procédés, quoique assez simples, ne laissent pas d'exiger une grande attention : comme il s'agit de travailler sur des milliers de quintaux de mine, on est forcé de chercher tous les moyens et de prendre toutes les voies qui peuvent aller à l'économie ; j'ai acquis sur cela de l'expérience à mes dépens, et je ne ferai pas mention des méthodes qui, quoique plus précises et meilleures que celles dont je vais parler, seraient trop dispendieuses pour pouvoir être mises en pratique. Comme je n'ai pas eu d'autre but dans mon travail que celui de l'utilité publique, j'ai tâché de réduire ces procédés à quelque chose d'assez simple pour pouvoir être entendu et exécuté par tous les maîtres de forges qui voudront faire du bon fer : mais néanmoins en les prévenant d'avance que ce bon fer leur coûtera plus que le fer commun qu'ils ont coutume de fabriquer, par la même raison que le pain blanc coûte plus que le pain bis ; car il ne s'agit de même que de cribler, trier et séparer le bon grain de toutes les matières hétérogènes dont il se trouve mélangé.

Je parlerai ailleurs de la recherche et de la découverte des mines, mais je suppose ici les mines toutes trouvées et triées ; je suppose aussi que, par des épreuves semblables à celles que je viens d'indiquer, on connaisse la nature des sables qui y sont mélangés. La première opération qu'il faut faire, c'est de les transporter aux lavoirs, qui doivent être d'une construction différente selon les différentes mines : celles qui sont en grains plus gros que les sables qu'elles contiennent, doivent être lavées dans des lavoirs foncés de fer et percés de petits trous comme ceux qu'a proposés M. Robert (*a*), et qui sont très bien

(*a*) *Méthode pour laver les mines de fer*, in-12. Paris, 1757.

imaginés, car ils servent en même temps de lavoirs et de cribles ; l'eau emmène avec elle toute la terre qu'elle peut délayer, et les sablons plus menus que les grains de la mine passent en même temps par les petits trous dont le fond du lavoir est percé ; et, dans le cas où les sablons sont aussi gros, mais moins durs que le grain de la mine, le râble de fer les écrase, et ils tombent avec l'eau au-dessous du lavoir ; la mine reste nette et assez dure pour qu'on la puisse fondre avec économie. Mais ces mines, dont les grains sont plus gros et plus durs que ceux des sables ou petits cailloux qui y sont mélangés, sont assez rares. Des sept espèces de mine que j'ai eu occasion de traiter, il ne s'en est trouvé qu'une qui fût dans le cas d'être lavée à ce lavoir, que j'ai fait exécuter et qui a bien réussi : cette mine est celle qui ne contenait que du sable calcaire, qui communément est moins dur que le grain de la mine. J'ai néanmoins observé que les râbles de fer, en frottant contre le fond du lavoir, qui est aussi de fer, ne laissaient pas d'écraser une assez grande quantité de grains de mine, qui dès lors passaient avec le sable et tombaient en pure perte sous le lavoir, et je crois cette perte inévitable dans les lavoirs foncés de fer. D'ailleurs la quantité de castine que M. Robert était obligé de mêler à ses mines, et qu'il dit être d'un tiers de la mine (a), prouve qu'il restait encore après le lavage une portion considérable de sablon vitrifiable ou de terre vitrescible dans ces mines ainsi lavées ; car il n'aurait eu besoin que d'un sixième ou même d'un huitième de castine, si les mines eussent été plus épurées, c'est-à-dire plus dépouillées de la terre grasse ou du sable vitrifiable qu'elles contenaient.

Au reste, il n'était pas possible de se servir de ce même lavoir pour les autres six espèces de mines que j'ai eu à traiter : de ces six, il y en avait quatre qui se sont trouvées mêlées d'un sablon vitrescible aussi dur et même plus dur, et en même temps plus gros ou aussi gros que les grains de la mine. Pour épurer ces quatre espèces de mine, je me suis servi de lavoirs ordinaires et foncés de bois plein, avec un courant d'eau plus rapide qu'à l'ordinaire ; on les passait neuf fois de suite à l'eau, et à mesure que le courant vif de l'eau emportait la terre et le sablon le plus léger et le plus petit, on faisait passer la mine dans les cribles de fil de fer assez serrés pour retenir tous les petits cailloux plus gros que les grains de la mine. En lavant ainsi neuf fois et en criblant trois fois, on parvenait à ne laisser dans ces mines qu'environ un cinquième ou un sixième de ces petits cailloux ou sablons vitrescibles, et c'était ceux qui, étant de la même grosseur que les grains de la mine, étaient aussi de la même pesanteur, en sorte qu'on ne pouvait les séparer ni par le lavoir ni par le crible. Après cette première préparation, qui est tout ce qu'on peut faire par le moyen du lavoir et des cribles à l'eau, la mine était assez nette pour pouvoir être mise au fourneau ; et comme elle était encore mélangée d'un cinquième ou d'un sixième de matières vitrescibles, on pouvait la fondre avec un quart de castine ou matière calcaire, et en obtenir de très bon fer en ménageant les charges, c'est-à-dire en mettant moins de mine que l'on n'en met ordinairement ; mais comme alors on ne fond pas à profit, parce qu'on use une grande quantité de charbon, il faut encore tâcher d'épurer sa mine avant de la jeter au fourneau. On ne pourra guère en venir à bout qu'en la faisant vanner et cribler à l'air, comme l'on vanne et crible le blé. J'ai séparé par ces moyens encore plus d'une moitié des matières hétérogènes qui restaient dans mes mines, et, quoique cette dernière opération soit longue et même assez difficile à exécuter en grand, j'ai reconnu, par l'épargne du charbon, qu'elle était profitable ; il en coûtait vingt sous pour vanner et cribler quinze cents pesants de mine, mais on épargnait au fourneau trente-cinq sous de charbon pour la fondre : je crois donc que, quand cette pratique sera connue, on ne manquera pas de l'adopter. La seule difficulté qu'on y trouvera, c'est de faire sécher assez les mines pour les faire passer aux

____

(a) *Méthode pour laver les fers*, p. 12 et 13.

cribles et les vanner avantageusement. Il y a très peu de matières qui retiennent l'humidité aussi longtemps que les mines de fer en grain (a). Une seule pluie les rend humides pour plus d'un mois; il faut donc des hangars couverts pour les déposer, il faut les étendre par petites couches de 3 ou 4 pouces d'épaisseur, les remuer, les exposer au soleil, en un mot les sécher autant qu'il est possible; sans cela, le van ni le crible ne peuvent faire leur effet. Ce n'est qu'en été qu'on peut y travailler, et quand il s'agit de faire passer au crible quinze ou dix-huit cent milliers de mine que l'on brûle au fourneau dans cinq ou six mois, on sent bien que le temps doit toujours manquer, et il manque en effet; car je n'ai pu, par chaque été, faire traiter ainsi qu'environ cinq ou six cents milliers. Cependant, en augmentant l'espace des hangars, et en doublant les machines et les hommes, on en viendrait à bout, et l'économie qu'on trouverait par la moindre consommation de charbon dédommagerait et au delà de tous ces frais.

On doit traiter de même les mines qui sont mélangées de graviers calcaires et de petits cailloux ou de sable vitrescible; en séparer le plus que l'on pourra de cette seconde matière à laquelle la première sert de fondant, et que par cette raison il n'est pas nécessaire d'ôter, à moins qu'elle ne fût en trop grande quantité : j'en ai travaillé deux de cette espèce; elles sont plus fusibles que les autres, parce qu'elles contiennent une bonne quantité de castine, et qu'il ne leur en faut ajouter que peu ou même point du tout, dans le cas où il n'y aurait que peu ou point de matières vitrescibles.

Lorsque les mines de fer ne contiennent point de matières vitrescibles et ne sont mélangées que de matières calcaires, il faut tâcher de reconnaître la proportion du fer et de la matière calcaire, en séparant les grains de mine un à un sur une petite quantité, ou en dissolvant à l'eau-forte les parties calcaires, comme je l'ai dit ci-devant. Lorsqu'on se sera assuré de cette proportion, on saura tout ce qui est nécessaire pour fondre ces mines avec succès : par exemple, la mine qui a servi à la première expérience, et qui contenait 1 gros 55 grains de sable calcaire sur 3 gros 66 grains de fer en grain, et dont il s'était perdu 59 grains dans les lotions et la dissolution, était par conséquent mélangée d'environ un tiers de castine ou de matière calcaire, sur deux tiers de fer en grain. Cette mine porte donc naturellement sa castine, et on ne peut que gâter la fonte si on ajoute encore de la matière calcaire pour la fondre. Il faut au contraire y mêler des matières vitrescibles, et choisir celles qui se fondent le plus aisément : en mettant un quinzième ou même un seizième de terre vitrescible qu'on appelle *aubue*, j'ai fondu cette mine avec un grand succès, et elle m'a donné d'excellent fer, tandis qu'en la fondant avec une addition de castine, comme c'était l'usage dans le pays avant moi, elle ne produisait qu'une mauvaise fonte qui cassait par son propre poids sur les rouleaux en la conduisant à l'affinerie.

Ainsi, toutes les fois qu'une mine de fer se trouve naturellement surchargée d'une grande quantité de matières calcaires, il faut, au lieu de castine, employer de l'aubue pour la fondre avec avantage. On doit préférer cette terre aubue à toutes les autres matières vitrescibles, parce qu'elle fond plus aisément que le caillou, le sable cristallin et les autres matières du genre vitrifiable qui pourraient faire le même effet, mais qui exigeraient plus de charbon pour se fondre. D'ailleurs, cette terre aubue se trouve presque partout, et est la terre la plus commune dans nos campagnes. En se fondant elle saisit les sablons calcaires, les pénètre, les ramollit et les fait couler avec elle plus promptement que ne pour-

(a) Pour reconnaître la quantité d'humidité qui réside dans la mine de fer, j'ai fait sécher, et, pour ainsi dire, griller dans un four très chaud 300 livres de celle qui avait été la mieux lavée, et qui s'était déjà séchée à l'air; et ayant pesé cette mine au sortir du four, elle ne pesait plus que 252 livres : ainsi la quantité de la matière humide ou volatile que la chaleur lui enlève est à très peu près d'un sixième de son poids total, et je suis persuadé que si on la grillait à un feu plus violent, elle perdrait encore plus.

rait faire le petit caillou ou le sable vitrescible, auxquels il faut beaucoup plus de feu pour les fondre.

On est dans l'erreur lorsqu'on croit que la mine de fer ne peut se fondre sans castine. On peut la fondre, non seulement sans castine, mais même sans aubue et sans aucun autre fondant lorsqu'elle est nette et pure ; mais il est vrai qu'alors il se brûle une quantité assez considérable de mine qui tombe en mauvais laitier et qui diminue le produit de la fonte ; il s'agit donc, pour fondre le plus avantageusement qu'il est possible, de trouver d'abord quel est le fondant qui convient à la mine, et ensuite dans quelle proportion il faut lui donner ce fondant pour qu'elle se convertisse entièrement en fonte de fer, et qu'elle ne brûle pas avant d'entrer en fusion. Si la mine est mêlée d'un tiers ou d'un quart de matières vitrescibles, et qu'il ne s'y trouve aucune matière calcaire, alors un demi-tiers ou un demi-quart de matières calcaires suffira pour la fondre ; et si, au contraire, elle se trouve naturellement mélangée d'un tiers ou d'un quart de sable ou de graviers calcaires, un quinzième ou un dix-huitième d'aubue suffira pour la faire couler et la préserver de l'action trop subite du feu qui ne manquerait pas de la brûler en partie. On pèche presque partout par l'excès de castine qu'on met dans les fourneaux ; il y a même des maîtres de cet art assez peu instruits pour mettre de la castine et de l'aubue tout ensemble ou séparément, suivant qu'ils imaginent que leur mine est trop froide ou trop chaude, tandis que dans le réel toutes les mines de fer, du moins toutes les mines en grain, sont également fusibles, et ne diffèrent les unes des autres que par les matières dont elles sont mélangées, et point du tout par leurs qualités intrinsèques, qui sont absolument les mêmes et qui m'ont démontré que le fer, comme tout autre métal, est un dans la nature.

On reconnaîtra par les laitiers si la proportion de la castine ou de l'aubue que l'on jette au fourneau pèche par excès ou par défaut : lorsque les laitiers sont trop légers, spongieux et blancs, presque semblables à la pierre ponce, c'est une preuve certaine qu'il y a trop de matière calcaire ; en diminuant la quantité de cette matière on verra le laitier prendre plus de solidité, et former un verre ordinairement de couleur verdâtre qui file, s'étend et coule lentement au sortir du fourneau. Si au contraire le laitier est trop visqueux, s'il ne coule que très difficilement, s'il faut l'arracher du sommet de la dame, on peut être sûr qu'il n'y a pas assez de castine, ou peut-être pas assez de charbon proportionnellement à la mine ; la consistance et même la couleur du laitier sont les indices les plus sûrs du bon ou du mauvais état du fourneau, et de la bonne ou mauvaise proportion des matières qu'on y jette ; il faut que le laitier coule seul et forme un ruisseau lent sur la pente qui s'étend du sommet de la dame au terrain ; il faut que sa couleur ne soit pas d'un rouge trop vif ou trop foncé, mais d'un rouge pâle et blanchâtre, et lorsqu'il est refroidi on doit trouver un verre solide, transparent et verdâtre, aussi pesant et même plus que le verre ordinaire. Rien ne prouve mieux le mauvais travail du fourneau ou la disproportion des mélanges que les laitiers trop légers, trop pesants, trop obscurs ; et ceux dans lesquels on remarque plusieurs petits trous ronds, gros comme les grains de mine, ne sont pas des laitiers proprement dits, mais de la mine brûlée qui ne s'est pas fondue.

Il y a encore plusieurs attentions nécessaires, et quelques précautions à prendre pour fondre les mines de fer avec la plus grande économie. Je suis parvenu, après un grand nombre d'essais réitérés, à ne consommer que 1 livre 7 onces $\frac{1}{2}$ ou tout au plus 1 livre 8 onces de charbon pour 1 livre de fonte ; car avec 2,880 livres de charbon, lorsque mon fourneau est pleinement animé, j'obtiens constamment des gueuses de 1,875, 1,900 et 1,950 livres, et je crois que c'est le plus haut point d'économie auquel on puisse arriver ; car M. Robert, qui, de tous les maîtres de cet art, est peut-être celui qui, par le moyen de son lavoir, a le plus épuré ses mines, consommait néanmoins 1 livre 10 onces de charbon pour chaque livre de fonte, et je doute que la qualité de ses fontes fût aussi parfaite que celle des miennes; mais cela dépend, comme je viens de le dire, d'un grand nombre d'observations et de précautions dont je vais indiquer les principales.

1° La cheminée du fourneau, depuis la cuve jusqu'au gueulard, doit être circulaire et non pas à huit pans, comme était le fourneau de M. Robert, ou carrée, comme le sont les cheminées de la plupart des fourneaux en France : il est bien aisé de sentir que dans un carré la chaleur se perd dans les angles sans réagir sur la mine, et que par conséquent on brûle plus de charbon pour en fondre la même quantité.

2° L'ouverture du gueulard ne doit être que de la moitié du diamètre de la largeur de la cuve du fourneau : j'ai fait des fondages avec de très grands et de très petits gueulards, par exemple, de 3 pieds $\frac{1}{2}$ de diamètre, la cuve n'ayant que 5 pieds de diamètre, ce qui est à peu près la proportion des fourneaux de Suède; et j'ai vu que chaque livre de fonte consommait près de 2 livres de charbon. Ensuite, ayant rétréci la cheminée du fourneau, et laissant toujours à la cuve un diamètre de 5 pieds, j'ai réduit le gueulard à 2 pieds de diamètre, et dans ce fondage j'ai consommé 1 livre 13 onces de charbon pour chaque livre de fonte. La proportion qui m'a le mieux réussi, et à laquelle je me suis tenu, est celle de 2 pieds $\frac{1}{2}$ de diamètre au gueulard, sur 5 pieds à la cuve, la cheminée formant un cône droit, portant sur des gueuses circulaires depuis la cuve au gueulard, le tout construit avec des briques capables de résister au plus grand feu. Je donnerai ailleurs la composition de ces briques, et les détails de la construction du fourneau, qui est toute différente de ce qui s'est pratiqué jusqu'ici, surtout pour la partie qu'on appelle *l'ouvrage dans le fourneau*.

3° La manière de charger le fourneau ne laisse pas d'influer beaucoup plus qu'on ne croit sur le produit de la fusion : au lieu de charger, comme c'est l'usage, toujours du côté de la rustine, et de laisser couler la mine en pente, de manière que ce côté de rustine est constamment plus chargé que les autres, il faut la placer au milieu du gueulard, l'élever en cône obtus, et ne jamais interrompre le cours de la flamme qui doit toujours envelopper le tas de mine tout autour, et donner constamment le même degré de feu. Par exemple, je fais charger communément six paniers de charbon de 40 livres chacun, sur huit mesures de mine de 55 livres chacune, et je fais couler à douze charges; j'obtiens communément 1,925 livres de fonte de la meilleure qualité; on commence, comme partout ailleurs, à mettre le charbon; j'observe seulement de ne me servir au fourneau que de charbon de bois de chêne, et je laisse pour les affineries le charbon des bois plus doux. On jette d'abord cinq paniers de ce gros charbon de bois de chêne, et le dernier panier qu'on impose sur les cinq autres doit être d'un charbon plus menu que l'on entasse et brise avec un râble, pour qu'il remplisse exactement les vides que laissent entre eux les gros charbons : cette précaution est nécessaire pour que la mine, dont les grains sont très menus, ne perce pas trop vite, et n'arrive pas trop tôt au bas du fourneau; c'est aussi par la même raison, qu'avant d'imposer la mine sur ce dernier charbon, qui doit être non pas à fleur du gueulard, mais à 2 pouces au-dessous, il faut, suivant la nature de la mine, répandre une portion de la castine ou de l'aubuc, nécessaire à la fusion, sur la surface du charbon : cette couche de matière soutient la mine et l'empêche de percer. Ensuite on impose au milieu de l'ouverture une mesure de mine qui doit être mouillée, non pas assez pour tenir à la main, mais assez pour que les grains aient entre eux quelque adhérence, et fassent quelques petites pelotes : sur cette première mesure de mine, on en met une seconde et on relève le tout en cône, de manière que la flamme l'enveloppe en entier, et, s'il y a quelques points dans cette circonférence où la flamme ne perce pas, on enfonce un petit ringard pour lui donner jour, afin d'en entretenir l'égalité tout autour de la mine. Quelques minutes après, lorsque le cône de mine est affaissé de moitié ou des deux tiers, on impose de la même façon une troisième et une quatrième mesure qu'on relève de même, et ainsi de suite jusqu'à la huitième mesure. On emploie quinze ou vingt minutes à charger successivement la mine : cette manière est meilleure et bien plus profitable que la façon ordinaire qui est en usage, par laquelle on se presse de jeter, et toujours du même côté, la mine tout ensemble en moins de trois ou quatre minutes.

4° La conduite du vent contribue beaucoup à l'augmentation du produit de la mine et de l'épargne du charbon ; il faut, dans le commencement du fondage, donner le moins de vent qu'il est possible, c'est-à-dire à peu près six coups de soufflets par minute, et augmenter peu à peu le mouvement pendant les quinze premiers jours, au bout desquels on peut aller jusqu'à onze et même jusqu'à douze coups de soufflets par minute ; mais il faut encore que la grandeur des soufflets soit proportionnée à la capacité du fourneau, et que l'orifice de la tuyère soit placé d'un tiers plus près de la rustine que de la tympe, afin que le vent ne se porte pas trop du côté de l'ouverture qui donne passage au laitier. Les buses des soufflets doivent être posées à 6 ou 7 pouces en dedans de la tuyère, et le milieu du creuset doit se trouver à l'aplomb du centre du gueulard ; de cette manière, le vent circule à peu près également dans toute la cavité du fourneau, et la mine descend, pour ainsi dire, à plomb, et ne s'attache que très rarement et en petite quantité aux parois du fourneau : dès lors il s'en brûle très peu, et l'on évite les embarras qui se forment souvent par cette mine attachée, et les bouillonnements qui arrivent dans le creuset lorsqu'elle vient à se détacher et y tomber en masse ; mais je renvoie les détails de la construction et de la conduite des fourneaux à un autre Mémoire, parce que ce sujet exige une très longue discussion. Je pense que j'en ai dit assez pour que les maîtres de forges puissent m'entendre et changer ou perfectionner leurs méthodes d'après la mienne. J'ajouterai seulement que, par les moyens que je viens d'indiquer et en ne pressant pas le feu, en ne cherchant point à accélérer les coulées, en n'augmentant de mine qu'avec précaution, en se tenant toujours au-dessous de la quantité qu'on pourrait charger, on sera sûr d'avoir de très bonne fonte grise dont on tirera d'excellent fer, et qui sera toujours de même qualité, de quelque mine qu'il provienne ; je puis l'assurer de toutes les mines en grain, puisque j'ai sur cela l'expérience la plus constante et les faits les plus réitérés. Mes fers, depuis cinq ans, n'ont jamais varié pour la qualité, et néanmoins j'ai employé sept espèces de mine différentes ; mais je n'ai garde d'assurer de même que les mines de fer en roche donneraient, comme celles en grain, du fer de même qualité, car celles qui contiennent du cuivre ne peuvent guère produire que du fer aigre et cassant, de quelque manière qu'on voulût les traiter, parce qu'il est comme impossible de les purger de ce métal, dont le moindre mélange gâte beaucoup la qualité du fer ; celles qui contiennent des pyrites et beaucoup de soufre demandent à être traitées dans de petits fourneaux presque ouverts, ou à la manière des forges des Pyrénées ; mais comme toutes les mines en grain, du moins toutes celles que j'ai eu occasion d'examiner (et j'en ai vu beaucoup, m'en étant procuré d'un grand nombre d'endroits), ne contiennent ni cuivre ni soufre, on sera certain d'avoir du très bon fer, et de la même qualité, en suivant les procédés que je viens d'indiquer. Et comme ces mines en grain sont, pour ainsi dire, les seules que l'on exploite en France, et qu'à l'exception des provinces du Dauphiné, de Bretagne, du Roussillon, du pays de Foix, etc., où l'on se sert de mine en roche, presque toutes nos autres provinces n'ont que des mines en grain, les procédés que je viens de donner pour le traitement de ces mines en grain seront plus généralement utiles au royaume que les manières particulières de traiter les mines en roche, dont d'ailleurs on peut s'instruire dans Swedenborg et dans quelques autres auteurs.

. Ces procédés, que tous les gens qui connaissent les forges peuvent entendre aisément, se réduisent à séparer d'abord autant qu'il sera possible toutes les matières étrangères qui se trouvent mêlées avec la mine : si l'on pouvait en avoir le grain pur et sans aucun mélange, tous les fers, dans tous les pays, seraient exactement de la même qualité. Je me suis assuré, par un grand nombre d'essais, que toutes les mines en grain, ou plutôt tous les grains des différentes mines, sont à très peu près de la même substance. Le fer est un dans la nature, comme l'or et tous les autres métaux ; et dans les mines en grain les différences qu'on y trouve ne viennent pas de la matière qui compose le grain, mais de celles qui se trouvent mêlées avec les grains et que l'on ne sépare pas avant de les faire fondre. La seule différence que j'aie observée entre les grains des différentes mines que j'ai fait trier un à un pour faire mes essais, c'est que les plus petits sont ceux qui ont la plus grande pesanteur spécifique, et par conséquent ceux qui, sous le même volume, contiennent le plus de fer ; il y a communément une petite cavité au centre de chaque grain ; plus ils sont gros plus ce vide est grand ; il n'augmente pas comme le volume seulement, mais en bien plus grande proportion, en sorte que les plus gros grains sont à peu près comme les géodes ou pierres d'aigle, qui sont elles-mêmes de gros grains de mine de fer, dont la cavité intérieure est très grande : ainsi les mines en grain très menus sont ordinairement les plus riches ; j'en ai tiré jusqu'à quarante-neuf et cinquante par cent de fer en gueuse, et je suis persuadé que, si je les avais épurées en entier, j'aurais obtenu plus de soixante par cent ; car il y restait environ un cinquième de sable vitrescible aussi gros et à peu près aussi pesant que le grain, et que je n'avais pu séparer ; ce cinquième déduit sur cent, reste quatre-vingts, dont ayant tiré cinquante, on aurait par conséquent obtenu soixante-deux et demi. On demandera peut-être comment je devais m'assurer qu'il ne restait qu'un cinquième de matières hétérogènes dans la mine, et comment il faut faire en général pour reconnaître cette quantité ; cela n'est point du tout difficile : il suffit de peser exactement une demi-livre de la mine, la livrer ensuite à une petite personne attentive, once par once, et lui en faire trier tous les grains un à un ; ils sont toujours très reconnaissables par leur luisant métallique ; et lorsqu'on les a tous triés, on pèse les grains d'un côté et les sablons de l'autre pour reconnaître la proportion de leurs quantités.

Les métallurgistes qui ont parlé des mines de fer en roche disent qu'il y en a quelques-unes de si riches, qu'elles donnent soixante-dix et même soixante-quinze et davantage de fer en gueuse par cent ; cela semble prouver que ces mines en roche sont en effet plus abondantes en fer que les mines en grain. Cependant j'ai quelque peine à le croire, et ayant consulté les Mémoires de feu M. Jars, qui a fait en Suède des observations exactes sur les mines, j'ai vu que, selon lui, les plus riches ne donnent que cinquante pour cent de fonte en gueuse. J'ai fait venir des échantillons de plusieurs mines de Suède, de celles des Pyrénées et de celles d'Allevard en Dauphiné, que M. le comte de Baral a bien voulu me procurer en m'envoyant la note ci-jointe (a), et les ayant comparées à la balance hydrostatique avec nos mines en grain, elles se sont à la vérité trouvées plus pesantes ; mais cette épreuve n'est pas concluante, à cause de la cavité qui se trouve dans chaque grain de nos

(a) « La terre d'Allevard est composée du bourg d'Allevard et de cinq paroisses, dans
» lesquelles il peut y avoir près de six mille personnes toutes occupées, soit à l'exploitation
» des mines, soit à convertir les bois en charbon et aux travaux des fourneaux, forges et
» martinets : la hauteur des montagnes est pleine de rameaux de mines de fer, et elles y
» sont si abondantes qu'elles fournissent des mines à toute la province du Dauphiné. Les
» qualités en sont si fines et si pures qu'elles ont toujours été absolument nécessaires pour
» la fabrique royale de canons de Saint-Gervais, d'où l'on vient les chercher à grands frais ;
» ces mines sont toutes répandues dans le cœur des roches, où elles forment des rameaux,
» et dans lesquelles elles se renouvellent par une végétation continuelle.

» Le fourneau est situé dans le centre des bois et des mines, c'est l'eau qui souffle le
» feu, et les courants d'eau sont immenses. Il n'y a par conséquent aucun soufflet, mais l'eau
» tombe dans des arbres creusés dans de grands tonneaux, y attire une quantité d'air immense qui va par un conduit souffler le fourneau ; l'eau, plus pesante, s'enfuit par d'autres
» conduits. »

mines, dont on ne peut pas estimer au juste, ni même à peu près, le rapport avec le volume total du grain; et l'épreuve chimique que M. Sage a faite, à ma prière, d'un morceau de mine de fer cubique, semblable à celui de Sibérie, que mes tireurs de mine ont trouvé dans le territoire de Montbard, semble confirmer mon opinion, M. Sage n'en ayant tiré que cinquante pour cent (a). Cette mine est toute différente de nos mines en grain, le fer y étant contenu en masses de figure cubique, au lieu que tous nos grains sont toujours plus ou moins arrondis, et que, quand ils forment une masse, ils ne sont pour ainsi dire qu'agglutinés par un ciment terreux facile à diviser; au lieu que dans cette mine cubique, ainsi que dans toutes les autres vraies mines en roche, le fer est intimement uni avec les autres matières qui composent leur masse. J'aurais bien désiré faire l'épreuve en grand de cette mine cubique; mais on n'en a trouvé que quelques petits morceaux dispersés çà et là dans les fouilles des autres mines, et il m'a été impossible d'en rassembler assez pour en faire l'essai dans mes fourneaux.

Les essais en grand des différentes mines de fer sont plus difficiles et demandent plus d'attention qu'on ne l'imaginerait. Lorsque l'on veut fondre une nouvelle mine, et en comparer au juste le produit avec celui des mines dont on usait précédemment, il faut prendre le temps où le fourneau est en plein exercice, et, s'il consomme dix mesures de mine par charge, ne lui en donner que sept ou huit de la nouvelle mine. Il m'est arrivé d'avoir fort embarrassé mon fourneau faute d'avoir pris cette précaution, parce qu'une mine dont on n'a point encore usé peut exiger plus de charbon qu'une autre ou plus ou moins de vent, plus ou moins de castine, et pour ne rien risquer il faut commencer par une moindre quantité, et changer ainsi jusqu'à la première coulée. Le produit de cette première coulée est une fonte mélangée environ par moitié de la mine ancienne et de la nouvelle; et ce n'est qu'à la seconde, et quelquefois même à la troisième coulée que l'on a sans mélange la fonte produite par la nouvelle mine; si la fusion s'en fait avec succès, c'est-à-dire sans embarrasser le fourneau, et si les charges descendent promptement, on augmentera la quantité de mine par demi-mesure, non pas de charge en charge, mais seulement de coulées en coulées, jusqu'à ce qu'on parvienne au point d'en mettre la plus grande quantité qu'on puisse employer sans gâter sa fonte. C'est ici le point essentiel, et auquel tous les gens de cet art manquent par raison d'intérêt: comme ils ne cherchent qu'à faire la plus grande quantité de fonte, sans trop se soucier de la qualité; qu'ils paient même leur fondeur au millier, et qu'ils en sont d'autant plus contents, que cet ouvrier coule plus de fonte toutes les vingt-quatre heures, ils ont coutume de faire charger le fourneau d'autant de mine qu'il faut en supporter sans s'obstruer; et, par ce moyen, au lieu de quatre cents milliers de bonne fonte qu'ils feraient en quatre mois, ils en font, dans ce même espace de temps, cinq à six cents milliers. Cette fonte, toujours très cassante et très blanche, ne

(a) Cette mine est brune, fait feu avec le briquet, et est minéralisée par l'acide marin : on remarque dans sa fracture de petits points brillants de pyrites martiales; dans les fontes, on trouve des cubes de fer de 2 lignes de diamètre, dont les surfaces sont striées; les stries sont opposées suivant les faces. Ce caractère se remarque dans les mines de fer de Sibérie; cette mine est absolument semblable à celles de ce pays, par la couleur, la configuration des cristaux et les minéralisations; elle en diffère en ce qu'elle ne contient point d'or.

Par la distillation au fourneau de réverbère, j'ai retiré de six cents grains de cette mine vingt gouttes d'eau insipide et très claire : j'avais enduit d'huile de tartre par défaillance le récipient que j'avais adapté à la cornue; la distillation finie, je l'ai trouvé obscurci par des cristaux cubiques de sel fébrifuge de Sylvius.

Le résidu de la distillation était d'un rouge pourpre, et avait diminué de 10 livres par quintal.

J'ai retiré de cette mine 52 livres de fer par quintal; il était très ductile.

peut produire que du fer très médiocre ou mauvais : mais comme le débit en est plus assuré que celui du bon fer qu'on ne peut pas donner au même prix, et qu'il y a beaucoup plus à gagner, cette mauvaise pratique s'est introduite dans presque toutes les forges, et rien n'est plus rare que les fourneaux où l'on fait de bonnes fontes. On verra dans le Mémoire suivant, où je rapporte les expériences que j'ai faites au sujet des canons de la marine, combien les bonnes fontes sont rares, puisque celle même dont on se sert pour les canons n'est pas à beaucoup près d'une aussi bonne qualité qu'on pourrait et qu'on devrait la faire.

Il en coûte à peu près un quart de plus pour faire de la bonne fonte que pour en faire de la mauvaise : ce quart, que dans la plupart de nos provinces on peut évaluer à dix francs par millier, produit une différence de quinze francs sur chaque millier de fer ; et ce bénéfice qu'on ne fait qu'en trompant le public, c'est-à-dire en lui donnant de la mauvaise marchandise, au lieu de lui en fournir de la bonne, se trouve encore augmenté de près du double par la facilité avec laquelle ces mauvaises fontes coulent à l'affinerie ; elles demandent beaucoup moins de charbon et encore moins de travail pour être converties en fer ; de sorte qu'entre la fabrication du bon fer et du mauvais fer, il se trouve nécessairement, et tout au moins une différence de vingt-cinq francs. Et néanmoins dans le commerce, tel qu'il est aujourd'hui et depuis plusieurs années, on ne peut espérer de vendre le bon fer que dix francs tout au plus au-dessus du mauvais : il n'y a donc que les gens qui veulent bien, pour l'honneur de leur manufacture, perdre quinze francs par millier de fer, c'est-à-dire environ deux mille écus par an, qui fassent de bon fer. Perdre, c'est-à-dire gagner moins ; car avec de l'intelligence, et en se donnant beaucoup de peine, on peut encore trouver quelque bénéfice en faisant du bon fer, mais ce bénéfice est si médiocre, en comparaison du gain qu'on fait sur le fer commun, qu'on doit être étonné qu'il y ait encore quelques manufactures qui donnent du bon fer. En attendant qu'on réforme cet abus, suivons toujours notre objet : si l'on n'écoute pas ma voix aujourd'hui, quelque jour on obéira en consultant mes écrits, et l'on sera fâché d'avoir attendu si longtemps à faire un bien qu'on pourrait faire dès demain, en proscrivant l'entrée des fers étrangers dans le royaume, ou en diminuant les droits de la marque des fers.

Si l'on veut donc avoir, je ne dis pas de la fonte parfaite et telle qu'il la faudrait pour les canons de la marine, mais seulement de la fonte assez bonne pour faire du fer liant, moitié nerf et moitié grain, du fer et en un mot aussi bon et meilleur que les fers étrangers, on y parviendra très aisément par les procédés que je viens d'indiquer. On a vu dans le quatrième Mémoire, où j'ai traité de la ténacité du fer, combien il y a de différence pour la force et pour la durée entre le bon et le mauvais fer, mais je me borne dans celui-ci à ce qui a rapport à la fusion des mines et à leur produit en fonte : pour m'assurer de leur qualité et reconnaître en même temps si elle ne varie pas, mes gardes-fourneaux ne manquent jamais de faire un petit enfoncement horizontal d'environ 3 pouces de profondeur à l'extrémité antérieure du moule de la gueuse ; on casse le petit morceau lorsqu'on la sort du moule, et on l'enveloppe d'un morceau de papier portant le même numéro que celui de la gueuse ; j'ai de chacun de mes fondages deux ou trois cents de ces morceaux numérotés, par lesquels je connais non seulement le grain et la couleur de mes fontes, mais aussi la différence de leur pesanteur spécifique, et par là je suis en état de prononcer d'avance sur la qualité du fer que chaque gueuse produira ; car quoique la mine soit la même et qu'on suive les mêmes procédés au fourneau, le changement de la température de l'air, le haussement ou le baissement des eaux, le jeu des soufflets plus ou moins soutenu, les retardements causés par les glaces ou par quelque accident aux roues, aux harnais ou à la tuyère, et au creuset du fourneau, rendent la fonte assez différente d'elle-même, pour qu'on soit forcé d'en faire un choix si l'on veut avoir du fer toujours de même qualité. En général, il faut, pour qu'il soit de cette bonne qualité, que la couleur de la fonte soit d'un gris un peu brun, que le grain en soit presque aussi fin que celui de l'acier commun, que le poids spécifique soit d'environ 504 ou 505 livres par pied cube, et qu'en même temps elle soit d'une si grande distance, qu'on ne puisse casser les gueuses avec la masse.

Tout le monde sait que, quand on commence un fondage, on ne met d'abord qu'une petite quantité de mine, un sixième, un cinquième, et tout au plus un quart de la quantité qu'on mettra dans la suite, et qu'on augmente peu à peu cette première quantité pendant les premiers jours, parce qu'il en faut au moins quinze pour que le fond du fourneau soit échauffé ; on donne aussi assez peu de vent dans ces commencements, pour ne pas détruire le creuset et les étalages du fourneau en leur faisant subir une chaleur trop vive et trop subite ; il ne faut pas compter sur la qualité des fontes que l'on tire pendant ces premiers quinze ou vingt jours : comme le fourneau n'est pas encore réglé, le produit en varie suivant les différentes circonstances, mais lorsque le fourneau a acquis le degré de chaleur suffisant, il faut bien examiner la fonte et s'en tenir à la quantité de mine qui donne la meilleure ; une mesure sur dix suffit souvent pour en changer la qualité. Ainsi l'on doit toujours se tenir au-dessous de ce que l'on pourrait fondre avec la même quantité de charbon, qui ne doit jamais varier si l'on conduit bien son fourneau. Mais je réserve les détails de cette conduite du fourneau et tout ce qui regarde sa forme et sa construction pour l'article où je traiterai du fer en particulier, dans l'histoire des minéraux, et je me bornerai ici aux choses les plus générales et les plus essentielles de la fusion des mines.

Le fer étant, comme je l'ai dit, toujours de même nature dans toutes les mines en grain, on sera donc sûr, en les nettoyant et en les traitant comme je viens de le dire, d'avoir toujours de la fonte d'une bonne et même qualité ; on le reconnaîtra non seulement à la couleur, à la finesse du grain, à la pesanteur spécifique, mais encore à la ténacité de la matière : la mauvaise fonte est très cassante, et si l'on veut en faire des plaques minces et des côtés de cheminées, le seul coup de l'air les fait fendre au moment que ces pièces commencent à se refroidir, au lieu que la bonne fonte ne casse jamais, quelque mince quelle soit. On peut même reconnaître au son la bonne ou la mauvaise qualité de la fonte : celle qui sonne le mieux est toujours la plus mauvaise, et lorsqu'on veut en faire des cloches, il faut, pour qu'elles résistent à la percussion du battant, leur donner plus d'épaisseur qu'aux cloches de bronze, et choisir de préférence une mauvaise fonte, car la bonne sonnerait mal.

Au reste, la fonte de fer n'est point encore un métal : ce n'est qu'une matière mêlée de fer et de verre, qui est bonne ou mauvaise, suivant la quantité dominante de l'un ou de l'autre. Dans toutes les fontes noires, brunes et grises, dont le grain est fin et serré, il y a beaucoup plus de fer que de verre ou d'autre matière hétérogène ; dans toutes les fontes blanches, où l'on voit plutôt des lames et des écailles que des grains, le verre est peut-être plus abondant que le fer : c'est par cette raison qu'elles sont plus légères et très cassantes. Le fer qui en provient conserve les mêmes qualités. On peut, à la vérité, corriger un peu cette mauvaise qualité de la fonte par la manière de la traiter à l'affinerie, mais l'art du marteleur est comme celui du fondeur, un pauvre petit métier, dont il n'y a que les maîtres de forges ignorants qui soient dupes. Jamais la mauvaise fonte ne peut produire d'aussi bon fer que la bonne ; jamais le marteleur ne peut réparer pleinement ce que le fondeur a gâté.

Cette manière de fondre la mine de fer et de la faire couler en gueuses, c'est-à-dire en gros lingots de fonte, quoique la plus générale, n'est peut-être pas la meilleure ni la moins dispendieuse : on a vu, par le résultat des expériences que j'ai citées dans ce Mémoire, qu'on peut faire d'excellent fer, et même de très bon acier, sans les faire passer par l'état de la fonte. Dans nos provinces voisines des Pyrénées, en Espagne, en Italie, en Styrie, et dans quelques autres endroits, on tire immédiatement le fer de la mine sans le faire couler en fonte. On fond ou plutôt on ramollit la mine sans fondant, c'est-à-dire sans castine, dans de petits fourneaux dont je parlerai dans la suite, et on tire des loupes ou des masses de fer déjà pur qui n'a point passé par l'état de la fonte, qui s'est formé par une demi-fusion, par une espèce de coagulation de toutes les parties ferrugineuses de la mine. Ce fer fait par coagulation est certainement le meilleur de tous : on pourrait l'appeler *fer à 24 carats*; car, au sortir du fourneau, il est déjà presque aussi pur que celui de la fonte qu'on a purifiée par deux chaudes au feu de l'affinerie. Je crois donc cette pratique excellente, je suis même persuadé que c'est la seule manière de tirer immédiatement de l'acier de toutes les mines, comme je l'ai fait dans mes fourneaux de 14 pieds de hauteur; mais n'ayant fait exécuter que l'été dernier, 1772, les petits fourneaux des Pyrénées, d'après un Mémoire envoyé à l'Académie des sciences, j'y ai trouvé des difficultés qui m'ont arrêté, et me forcent à renvoyer à un autre Mémoire tout ce qui a rapport à cette manière de fondre les mines de fer.

DIXIÈME MÉMOIRE

OBSERVATIONS ET EXPÉRIENCES FAITES DANS LA VUE D'AMÉLIORER LES CANONS DE LA MARINE.

Les canons de la marine sont de fonte de fer, en France comme en Angleterre, en Hollande et partout ailleurs. Deux motifs ont pu donner également naissance à cet usage ; le premier est celui de l'économie : un canon de fer coulé coûte beaucoup moins qu'un canon de fer battu, et encore beaucoup moins qu'un canon de bronze ; et cela seul a peut-être suffi pour les faire préférer, d'autant que le second motif vient à l'appui du premier. On prétend, et je suis très porté à le croire, que les canons de bronze, dont quelques-uns de nos vaisseaux de parade sont armés, rendent dans l instant de l'explosion un son si violent qu'il en résulte dans l'oreille de tous les habitants du vaisseau un tintement assourdissant, qui leur ferait perdre en peu de temps le sens de l'ouïe. On assure, d'autre côté, que les canons de fer battu sur lesquels on pourrait, par l'épargne de la matière, regagner une partie des frais de la fabrication, ne doivent point être employés sur les vaisseaux, par cette raison même de leur légèreté, qui paraîtrait devoir les faire préférer : l'explosion les fait sauter dans les sabords, où l'on ne peut, dit-on, les retenir invinciblement, ni même assez pour les diriger à coup sûr. Si cet inconvénient n'est pas réel, ou si l'on pouvait y parer, nul doute que les canons de fer forgé ne dussent être préférés à ceux de fer coulé : ils auraient moitié plus de légèreté et plus du double de résistance. Le maréchal de Vauban en avait fait fabriquer de très beaux, dont il restait encore, ces années dernières, quelques tronçons à la manufacture de Charleville (a). Le

---

(a) Une personne très versée dans la connaissance de l'art des forges m'a donné la note suivante :

« Il me paraît que l'on peut faire des canons de fer battu, qui seraient beaucoup plus » sûrs et plus légers que les canons de fer coulé, et voici les proportions sur lesquelles il » faudrait en tenter les expériences.

» Les canons de fer battu, de quatre livres de balles, auront 7 pouces $\frac{1}{2}$ d'épaisseur » à leur plus grand diamètre.

» Ceux de huit, 10 pouces.

travail n'en serait pas plus difficile que celui des ancres, et une manufacture aussi bien montée pour cet objet que l'est celle (a) de M. de la Chaussade, pour les ancres, pourrait être d'une très grande utilité.

» Ceux de douze, 1 pied.
» Ceux de vingt-quatre livres, 14 pouces.
» Ceux de trente-six livres, 16 pouces $\frac{1}{2}$.
» Ces proportions sont plutôt trop fortes que trop faibles : peut-être pourrait-on les réduire à 6 pouces $\frac{1}{2}$ pour les canons de 4; ceux de huit livres, à 8 pouces $\frac{1}{2}$; ceux de douze livres, à 9 pouces $\frac{1}{2}$; ceux de vingt-quatre, à 12 pouces, et ceux de trente-six, à 14 pouces.

» Les longueurs pour les canons de quatre seront de 5 pieds $\frac{1}{2}$; ceux de huit, de 7 pieds de longueur; ceux de douze livres, 7 pieds 9 pouces de longueur; ceux de vingt-quatre, 8 pieds 9 pouces; ceux de trente-six, 9 pieds 2 pouces de longueur.

» L'on pourrait même diminuer ces proportions de longueur assez considérablement sans que le service en souffrît, c'est-à-dire faire les canons de quatre, de 5 pieds de longueur seulement; ceux de huit livres, de 6 pieds 8 pouces de longueur; ceux de douze livres, à 7 pieds de longueur; ceux de vingt-quatre, à 7 pieds 10 pouces; et ceux de trente-deux, à 8 pieds, et peut-être même encore au-dessous.

» Or, il ne paraît pas bien difficile : 1° de faire des canons de quatre livres qui n'auraient que 5 pieds de longueur, sur 6 pouces $\frac{1}{2}$ d'épaisseur dans leur plus grand diamètre; il suffirait pour cela de souder ensemble quatre barres de 3 pouces forts en carré, et d'en former un cylindre massif de 6 pouces $\frac{1}{2}$ de diamètre, sur 5 pieds de longueur; et comme cela ne serait pas praticable dans les chaufferies ordinaires, ou du moins que cela deviendrait très difficile, il faudrait établir des fourneaux de réverbère, où l'on pourrait chauffer ces barres dans toute leur longueur pour les souder ensuite ensemble, sans être obligé de les remettre plusieurs fois au feu. Ce cylindre une fois formé, il sera facile de le forer et tourner, car le fer battu obéit bien plus aisément au foret que le fer coulé.

» Pour les canons de huit livres qui ont 6 pieds 8 pouces de longueur, sur 8 pouces $\frac{1}{2}$ d'épaisseur, il faudrait souder ensemble neuf barres de 3 pouces faibles en carré chacune, en les faisant toutes chauffer ensemble au même fourneau de réverbère, pour en faire un cylindre plein de 8 pouces $\frac{1}{2}$ de diamètre.

» Pour les canons de douze livres de balles qui doivent avoir 10 pouces $\frac{1}{2}$ d'épaisseur, on pourra les faire avec neuf barres de 3 pouces $\frac{1}{4}$ carrés, que l'on soudera toutes ensemble par les mêmes moyens.

» Et pour les canons de vingt-quatre, avec seize barres de 3 pouces en carré.

» Comme l'exécution de cette espèce d'ouvrage devient beaucoup plus difficile pour les gros canons que pour les petits, il sera juste et nécessaire de les payer à proportion plus cher.

» Le prix du fer battu est ordinairement de deux tiers plus haut que celui du fer coulé. Si l'on paie vingt francs le quintal les canons de fer coulé, il faudra donc payer ceux-ci soixante livres le quintal; mais comme ils seront beaucoup plus minces que ceux de fer coulé, je crois qu'il serait possible de les faire fabriquer à quarante livres le quintal et peut-être au-dessous.

» Mais quand même ils coûteraient quarante livres, il y aurait encore beaucoup à gagner :

» 1° Pour la sûreté du service, car ces canons ne crèveraient pas, ou s'ils venaient à crever, ils n'éclateraient jamais et ne feraient que se fendre, ce qui ne causerait aucun malheur;

» 2° Ils résisteraient beaucoup plus à la rouille, et dureraient pendant des siècles, ce qui est un avantage très considérable;

» 3° Comme on les forerait aisément, la direction de l'âme en serait parfaite;

» 4° Comme la matière en est homogène partout, il n'y aurait jamais ni cavités ni chambres;

» 5° Enfin comme ils seraient beaucoup plus légers, ils chargeraient beaucoup moins, tant sur mer que sur terre, et seraient plus aisés à manœuvrer. »

(a) A Guérigny près de Nevers.

Quoi qu'il en soit, comme ce n'est pas l'état actuel des choses, nos observations ne porteront que sur les canons de fer coulé. On s'est beaucoup plaint, dans ces derniers temps. de leur peu de résistance ; malgré la rigueur des épreuves, quelques-uns ont crevé sur nos vaisseaux, accident terrible, et qui n'arrive jamais sans grand dommage et perte de plusieurs hommes. Le ministère, voulant remédier à ce mal, ou plutôt le prévenir par la suite, informé que je faisais à mes forges des expériences sur la qualité de ma fonte, me demanda mes conseils en 1768, et m'invita a travailler sur ce sujet important. Je m'y livrai avec zèle, et de concert avec M. le vicomte de Morogues, homme très éclairé, je donnai, dans ce temps et dans les deux années suivantes, quelques observations au ministre, avec les expériences faites et celles qui restaient à faire pour perfectionner les canons. J'en ignore aujourd'hui le résultat et le succès : le ministre de la marine ayant changé, je n'ai plus entendu parler ni d'expériences ni de canons. Mais cela ne doit pas m'empêcher de donner, sans qu'on me le demande, les choses utiles que j'ai pu trouver en m'occupant pendant deux à trois ans de ce travail ; et c'est ce qui fera le sujet de ce Mémoire qui tient de si près à celui où j'ai traité de la fusion des mines de fer qu'on peut l'en regarder comme une suite.

Les canons se fondent, en situation perpendiculaire, dans des moules de plusieurs pieds de profondeur, la culasse au fond et la bouche en haut : comme il faut plusieurs milliers de matière en fusion pour faire un gros canon plein et chargé de la masse qui doit le comprimer à sa partie supérieure, on était dans le préjugé qu'il fallait deux, et même trois fourneaux, pour fondre du gros canon. Comme les plus fortes gueuses que l'on coule dans les plus grands fourneaux ne sont que de deux mille cinq cents ou tout au plus trois mille livres, et que la matière en fusion ne séjourne jamais que douze ou quinze heures dans le creuset du fourneau, on imaginait que le double ou le triple de cette quantité de matière en fusion, qu'on serait obligé de laisser pendant trente-six ou quarante heures dans le creuset avant de la couler, non seulement pouvait détruire le creuset, mais même le fourneau par son bouillonnement et son explosion : au moyen de quoi on avait pris le parti qui paraissait le plus prudent, et on coulait les gros canons en tirant en même temps ou successivement la fonte de deux ou trois fourneaux placés de manière que les trois ruisseaux de fonte pouvaient arriver en même temps dans le moule.

Il ne faut pas beaucoup de réflexion pour sentir que cette pratique est mauvaise : il est impossible que la fonte de chacun de ces fourneaux soit au même degré de chaleur, de pureté, de fluidité ; par conséquent le canon se trouve composé de deux ou trois matières différentes, en sorte que plusieurs de ses parties, et souvent un côté tout entier, se trouve nécessairement d'une matière moins bonne et plus faible que le reste, ce qui est le plus grand de tous les inconvénients en fait de résistance, puisque l'effort de la poudre, agissant également de tous côtés, ne manque jamais de se faire jour par le plus faible. Je voulus donc essayer et voir en effet s'il y avait quelque danger à tenir pendant plus de temps qu'on ne le fait ordinairement une plus grande quantité de matière en fusion : j'attendis pour cela que le creuset de mon fourneau, qui avait 18 pouces de largeur sur 4 pieds de longueur et 18 pouces de hauteur, fut encore élargi par l'action du feu, comme cela arrive toujours vers la fin du fondage ; j'y laissai amasser de la fonte pendant trente-six heures ; il n'y eut ni explosion ni autre bouillonnement que ceux qui arrivent quelquefois quand il tombe des matières crues dans le creuset ; je fis couler après les trente-six heures, et l'on eut trois gueuses pesant ensemble quatre mille six cents livres, d'une très bonne fonte.

Par une seconde expérience, j'ai gardé la fonte pendant quarante-huit heures sans aucun inconvénient ; ce long séjour ne fait que la purifier davantage, et par conséquent en diminuer le volume en augmentant la masse : comme la fonte contient une grande quantité de parties hétérogènes dont les unes se brûlent et les autres se convertissent en verre, l'un des plus grands moyens de la dépurer est de la laisser séjourner au fourneau.

M'étant donc bien assuré que le préjugé de la nécessité de deux ou trois fourneaux était très mal fondé, je proposai de réduire à un seul les fourneaux de Ruelle en Angoumois (a), où l'on fond nos gros canons : ce conseil fut suivi et exécuté par ordre du ministre; on fondit sans inconvénient et avec tout succès, à un seul fourneau, des canons de vingt-quatre, et je ne sais si l'on n'a pas fondu depuis des canons de trente-six, car j'ai tout lieu de présumer qu'on réussirait également. Ce premier point une fois obtenu, je cherchai s'il n'y avait pas encore d'autres causes qui pouvaient contribuer à la fragilité de nos canons, et j'en trouvai en effet qui y contribuent plus encore que l'inégalité de l'étoffe dont on les composait en les coulant à deux ou trois fourneaux.

La première de ces causes est le mauvais usage qui s'est établi depuis plus de vingt ans de faire tourner la surface extérieure des canons, ce qui les rend plus agréables à la vue : il en est cependant du canon comme du soldat, il vaut mieux qu'il soit robuste qu'élégant; et ces canons tournés, polis et guillochés, ne devaient point en imposer aux yeux des braves officiers de notre marine; car il me semble qu'on peut démontrer qu'ils sont non seulement beaucoup plus faibles, mais aussi d'une bien moindre durée. Pour peu qu'on soit versé dans la connaissance de la fusion des mines de fer, on aura remarqué en coulant des enclumes, des boulets, et à plus forte raison des canons, que la force centrifuge de la chaleur pousse à la circonférence la partie la plus massive et la plus pure de la fonte : il ne reste au centre que ce qu'il y a de plus mauvais, et souvent même il s'y forme une cavité. Sur un nombre de boulets que l'on fera casser, on en trouvera plus de moitié qui auront une cavité dans le centre, et dans tous les autres une matière plus poreuse que le reste du boulet : on remarquera de plus qu'il y a plusieurs rayons qui tendent du centre à la circonférence, et que la matière est plus compacte et de meilleure qualité à mesure qu'elle est plus éloignée du centre. On observera encore que l'écorce du boulet, de l'enclume ou du canon, est beaucoup plus dure que l'intérieur : cette dureté plus grande provient de la trempe que l'humidité du moule donne à l'extérieur de la pièce, et elle pénètre jusqu'à 3 lignes d'épaisseur dans les petites pièces, et à 1 ligne $\frac{1}{2}$ dans les grosses. C'est en quoi consiste la plus grande force du canon, car cette couche extérieure réunit les extrémités de tous les rayons divergents dont je viens de parler, qui sont les lignes par où se ferait la rupture; elle sert de cuirasse au canon, elle en est la

(a) Voici l'extrait de cette proposition faite au ministre.

Comme les canons de gros calibre, tels que ceux de trente-six et de vingt-quatre, supposent un grand volume de fer en fusion, on se sert ordinairement de trois, ou tout au moins de deux fourneaux pour les couler. La mine fondue dans chacun de ces fourneaux arrive dans le moule par autant de ruisseaux particuliers. Or, cette pratique me paraît avoir les plus grands inconvénients, car il est certain que chacun de ces fourneaux donne une fonte de différente espèce, en sorte que leur mélange ne peut se faire d'une manière intime ni même en approcher. Pour le voir clairement, ne supposons que deux fourneaux, et que la fonte de l'un arrive à droite, et la fonte de l'autre arrive à gauche dans le moule du canon : il est certain que l'une de ces deux fontes étant ou plus pesante, ou plus légère, ou plus chaude, ou plus froide, ou, etc., que l'autre, elles ne se mêleront pas, et que par conséquent l'un des côtés du canon sera plus dur que l'autre; que dès lors il résistera moins d'un côté que de l'autre, et qu'ayant le défaut d'être composé de deux matières différentes, le ressort de ces parties ainsi que leur cohérence ne sera pas égal, et que par conséquent ils résisteront moins que ceux qui seraient faits d'une matière homogène. Il n'est pas moins certain que si l'on veut forer ces canons, le foret trouvant plus de résistance d'un côté que de l'autre, se détournera de la perpendiculaire du côté le plus tendre, et que la direction de l'intérieur du canon prendra de l'obliquité, etc. : il me paraît donc qu'il faudrait tâcher de fondre les canons de fer coulé avec un seul fourneau, et je crois la chose très possible.

partie la plus pure, et par sa grande dureté elle contient toutes les parties intérieures qui sont plus molles, et céderaient sans cela plus aisément à la force de l'explosion. Or que fait-on lorsqu'on tourne les canons? on commence par enlever au ciseau, poussé par le marteau, toute cette surface extérieure que les couteaux du tour ne pourraient entamer; on pénètre dans l'extérieur de la pièce jusqu'au point où elle se trouve assez douce pour se laisser tourner, et on lui enlève en même temps par cette opération peut-être un quart de sa force.

Cette couche extérieure que l'on a si grand tort d'enlever est en même temps la cuirasse et la sauvegarde du canon; non seulement elle lui donne toute la force de résistance qu'il doit avoir, mais elle le défend encore de la rouille qui ronge en peu de temps ces canons tournés : on a beau les lustrer avec de l'huile, les peindre ou les polir, comme la matière de la surface extérieure est aussi tendre que tout le reste, la rouille y mord avec mille fois plus d'avantage que sur ceux dont la surface est garantie par la trempe. Lorsque je fus donc convaincu, par mes propres observations, du préjudice que portait à nos canons cette mauvaise pratique, je donnai au ministre mon avis motivé pour qu'elle fût proscrite; mais je ne crois pas qu'on ait suivi cet avis, parce qu'il s'est trouvé plusieurs personnes, très éclairées d'ailleurs, et nommément M. de Morogues, qui ont pensé différemment. Leur opinion, si contraire à la mienne, est fondée sur ce que la trempe rend le fer plus cassant, et dès lors ils regardent la couche extérieure comme la plus faible et la moins résistante de toutes les parties de la pièce, et concluent qu'on ne lui fait pas grand tort de l'enlever; ils ajoutent que, si l'on veut même remédier à ce tort, il n'y a qu'à donner aux canons quelques lignes d'épaisseur de plus.

J'avoue que je n'ai pu me rendre à ces raisons : il faut distinguer dans la trempe, comme dans toute autre chose, plusieurs états et même plusieurs nuances. Le fer et l'acier, chauffés à blanc et trempés subitement dans une eau très froide, deviennent très cassants; trempés dans une eau moins froide ils sont beaucoup moins cassants, et dans de l'eau chaude la trempe ne leur donne aucune fragilité sensible. J'ai sur cela des expériences qui me paraissent décisives. Pendant l'été dernier, 1772, j'ai fait tremper dans l'eau de la rivière, qui était assez chaude pour s'y baigner, toutes les barres de fer qu'on forgeait à un des feux de ma forge, et comparant ce fer avec celui qui n'était pas trempé, la différence du grain n'en était pas sensible, non plus que celle de leur résistance à la masse lorsqu'on les cassait. Mais ce même fer, travaillé de la même façon par les mêmes ouvriers, et trempé cet hiver dans l'eau de la même rivière, qui était presque glacée partout, est non seulement devenu fragile, mais a perdu en même temps tout son nerf, en sorte qu'on aurait cru que ce n'était plus le même fer. Or la trempe qui se fait à la surface du canon n'est assurément pas une trempe à froid; elle n'est produite que par la petite humidité qui sort du moule déjà bien séché; il ne faut donc pas en raisonner comme d'une trempe à froid, ni en conclure qu'elle rend cette couche extérieure beaucoup plus cassante qu'elle ne le serait sans cela. Je supprime plusieurs autres raisons que je pourrais alléguer, parce que la chose me paraît assez claire.

Un autre objet, et sur lequel il n'est pas aisé de prononcer affirmativement, c'est la pratique où l'on est actuellement de couler les canons pleins, pour les forer ensuite avec des machines difficiles à exécuter, et encore plus difficiles à conduire, au lieu de les couler creux comme on le faisait autrefois; et dans ce temps nos canons crevaient moins qu'aujourd'hui. J'ai balancé les raisons pour et contre, et je vais les présenter ici. Pour couler un canon creux, il faut établir un noyau dans le moule, et le placer avec la plus grande précision, afin que le canon se trouve partout de l'épaisseur requise, et qu'un côté ne soit pas plus fort que l'autre : comme la matière en fusion tombe entre le noyau et le moule, elle a beaucoup moins de force centrifuge; et dès lors la qualité de la matière est moins inégale dans le canon coulé creux que dans le canon coulé plein; mais aussi cette matière, par la raison même qu'elle est moins inégale, est au total moins bonne dans le canon creux, parce que les impuretés qu'elle contient s'y trouvent mêlées partout, au lieu que dans le canon coulé plein, cette mauvaise matière reste au centre et se sépare ensuite du canon par l'opération des forets. Je penserais donc, par cette première raison, que les canons forés doivent être préférés aux canons à noyaux. Si l'on pouvait cependant couler ceux-ci avec assez de précision pour n'être pas obligé de toucher à la surface intérieure; si, lorsqu'on tire le noyau, cette surface se trouvait assez unie, assez égale dans toutes ses directions pour n'avoir pas besoin d'être calibrée, et par conséquent en partie détruite par l'instrument d'acier, ils auraient un grand avantage sur les autres, parce que, dans ce cas, la surface intérieure se trouverait trempée comme la surface extérieure, et dès lors la résistance de la pièce se trouverait bien plus grande. Mais notre art ne va pas jusque-là : on était obligé de ratisser à l'intérieur toutes les pièces coulées creux afin de les calibrer; en les forant on ne fait que la même chose, et on a l'avantage d'ôter toute la mauvaise matière qui se trouve autour du centre de la pièce coulée plein, matière qui reste au contraire dispersée dans toute la masse de la pièce coulée creux.

D'ailleurs, les canons coulés pleins sont beaucoup moins sujets aux soufflures, aux chambres, aux gerçures ou fausses soudures, etc. Pour bien couler les canons à noyau et les rendre parfaits, il faudrait des évents, au lieu que les canons pleins n'en ont aucun besoin : comme ils ne touchent à la terre ou au sable dont leur moule est composé que par la surface extérieure, qu'il est rare, si ce moule est bien préparé, bien séché, qu'il s'en détache quelque chose, pourvu qu'on ne fasse pas tomber la fonte trop précipitamment et qu'elle soit bien liquide, elle ne retient ni les bulles de l'air ni celles des vapeurs qui s'exhalent à mesure que le moule se remplit dans toute sa cavité; il ne doit pas se trouver autant de ces défauts à beaucoup près dans cette matière coulée pleine, que dans celle où le noyau, rendant à l'intérieur son air et son humidité, ne peut guère manquer d'occasionner des soufflures et des chambres qui se formeront d'autant plus aisément que l'épaisseur de la matière est moindre, sa qualité moins bonne et son refroidissement plus subit. Jusqu'ici tout semble donc concourir à donner la préférence à la pratique de couler les canons pleins : néanmoins comme il faut une moindre quantité de matière pour les canons creux, qu'il est dès lors plus aisé de l'épurer au fourneau avant de la couler, que les frais des machines à forer sont immenses, en comparaison de ceux des noyaux, on ferait bien d'essayer si, par le moyen des évents que je viens de proposer, on n'arriverait pas au point de rendre les pièces coulées au noyau assez parfaites pour n'avoir pas à craindre les soufflures, et n'être pas obligé de leur enlever la trempe de leur surface intérieure : ils seraient alors d'une plus grande résistance que les autres, auxquels on peut d'ailleurs faire quelques reproches pour les raisons que je vais exposer.

Plus la fonte de fer est épurée, plus elle est compacte, dure et difficile à forer ; les meilleurs outils d'acier ne l'entament qu'avec peine, et l'ouvrage de la forerie va d'autant moins vite que la fonte est meilleure. Ceux qui ont introduit cette pratique ont donc, pour la commodité de leurs machines, altéré la nature de la matière (a); ils ont changé

(a) Sur la fin de l'année 1762, M. Maritz fit couler aux fourneaux de la Nouée, en Bretagne, des gueuses avec les mines de la Ferrière et de Noyal; il en examina la fonte, en dressa un procès-verbal, et sur les assurances qu'il donna aux entrepreneurs que leur fer avait toutes les qualités requises pour faire de bons canons, ils se déterminèrent à établir des mouleries, fonderies, décapiteries, centreries, foreries, et tous les nécessaires pour tourner extérieurement les pièces. Les entrepreneurs, après avoir formé leur établissement, ont mis les deux fourneaux en feu le 29 janvier 1765, et le 12 février suivant on commença à couler du canon de huit. M. Maritz, s'étant rendu à la forge le 21 mars, trouva que toutes ces pièces étaient *trop dures pour souffrir le forage*, et jugea à propos de changer la matière. On coula deux pièces de douze avec un nouveau mélange, et une autre pièce de douze

l'usage où l'on était de faire de la fonte dure, et n'ont fait couler que des fontes tendres, qu'ils ont appelées *douces* pour qu'on en sentit moins la différence; dès lors tous nos canons coulés plein ont été fondus de cette matière douce, c'est-à-dire d'une assez mauvaise fonte, et qui n'a pas à beaucoup près la pureté, la densité, la résistance, qu'elle devrait avoir. J'en ai acquis la preuve la plus complète par les expériences que je vais rapporter.

Au commencement de l'année 1767, on m'envoya, de la forge de la Nouée en Bretagne, six tronçons de gros canons coulés plein, pesant ensemble cinq mille trois cent cinquante-huit livres. L'été suivant je les fis conduire à mes forges, et en ayant cassé les tourillons, j'en trouvai la fonte d'un assez mauvais grain, ce que l'on ne pouvait pas reconnaître sur les tranches de ces morceaux, parce qu'ils avaient été sciés avec de l'émeri ou quelque autre matière qui remplissait les pores extérieurs. Ayant pesé cette fonte à la balance hydrostatique, je trouvai qu'elle était trop légère, qu'elle ne pesait que quatre cent soixante-une livres le pied cube, tandis que celle que l'on coulait alors à mon fourneau en pesait cinq cent quatre, et que, quand je la veux encore épurer, elle pèse jusqu'à cinq cent vingt livres le pied cube. Cette seule épreuve pouvait me suffire pour juger de la qualité plus

avec un autre mélange, et encore deux autres pièces de douze avec un troisième mélange, qui parurent *si durs sous la scie et au premier foret* que M. Maritz jugea inutile de fondre avec ces mélanges de différentes mines, et fit un autre essai avec onze mille cinq cent cinquante livres de la mine de Noyal, trois mille trois cent quatre-vingt-dix livres de la mine de la Ferrière, et trois mille six cents livres de la mine des environs, faisant en tout dix-huit mille cinq cent quarante livres, dont on coula le 31 mars une pièce de douze, à trente charges basses. A la décapiterie, ainsi qu'en formant le support de la volée, M. Maritz jugea ce fer de bonne nature, mais *le forage de cette pièce fut difficile*, ce qui porta M. Maritz à faire une autre expérience.

Le 1er et le 3 avril, il fit couler deux pièces de douze, pour chacune desquelles on porta trente-quatre charges, composées chacune de dix-huit mille sept cents livres de mine de Noyal et de deux mille sept cent vingt livres de mine des environs, en tout vingt-un mille quatre cent vingt livres. Ceci démontra à M. Maritz l'impossibilité qu'il y avait de fondre avec de la mine de Noyal seule, car même avec ce mélange l'intérieur du fourneau s'embarrassa au point que le laitier ne coulait plus, et que les ouvriers avaient une peine incroyable à l'arracher du fond de l'ouvrage; d'ailleurs les deux pièces provenues de cette expérience *se trouvèrent si dures au forage*, et si profondément chambrées à 18 et 20 pouces de la volée, que quand même la mine de Noyal pourrait se fondre sans être alliée avec une espèce plus chaude, la fonte qui en proviendrait ne serait cependant pas d'une nature *propre à couler des canons forables*.

Le 4 avril 1765, pour septième et dernière expérience, M. Maritz fit couler une neuvième pièce de douze en trente-six charges basses, et composées de onze mille huit cent quatre-vingt livres de mine de Noyal, de sept mille deux cents livres de mine de Phlemet, et de deux mille huit cent quatre-vingts livres de mine des environs, en tout vingt-un mille neuf cent soixante livres de mine.

Après la coulée de cette dernière pièce, les ouvrages des fourneaux se trouvèrent si embarrassés qu'on fut obligé de mettre hors, et M. Maritz congédia les fondeurs et mouleurs qu'il avait fait venir des forges d'Angoumois.

Cette dernière pièce *se fora facilement*, en donnant une limaille de belle couleur; mais lors du forage, il se trouva des endroits *si tendres et si peu condensés* qu'il parut plusieurs grelots de la grosseur d'une noisette qui ouvrirent plusieurs chambres dans l'âme de la pièce.

Je n'ai rapporté les faits contenus dans cette note que pour prouver que les auteurs de la pratique du forage des canons n'ont cherché qu'à faire couler des fontes tendres, et qu'ils ont par conséquent sacrifié la matière à la forme, en rejetant toutes les bonnes fontes que leurs forets ne pouvaient entamer aisément, tandis qu'il faut au contraire chercher la matière la plus compacte et la plus dure si l'on veut avoir des canons d'une bonne résistance.

que médiocre de cette fonte; mais je ne m'en tins pas là. En 1770, sur la fin de l'été, je fis construire une chaufferie plus grande que mes chaufferies ordinaires, pour y faire fondre et convertir en fer ces tronçons de canon, et l'on en vint à bout à force de vent et de charbon : je les fis couler en petites gueuses, et après qu'elles furent refroidies j'en examinai la couleur et le grain en les faisant casser à la masse; j'en trouvai, comme je m'y attendais, la couleur plus grise et le grain plus fin; la matière ne pouvait manquer de s'épurer par cette seconde fusion, et en effet l'ayant portée à la balance hydrostatique, elle se trouva peser quatre cent soixante-neuf livres le pied cube; ce qui cependant n'approche pas encore de la densité requise pour une bonne fonte.

Et en effet, ayant fait convertir en fer successivement, et par mes meilleurs ouvriers, toutes les petites gueuses refondues et provenant de ces tronçons de canon, nous n'obtinmes que du fer d'une qualité très commune, sans aucun nerf, et d'un grain assez gros, aussi différent de celui de mes forges que le fer commun l'est du bon fer.

En 1770, on m'envoya de la forge de Ruelle en Angoumois, où l'on fond actuellement la plus grande partie de nos canons, des échantillons de la fonte dont on les coule. Cette fonte a la couleur grise, le grain assez fin, et pèse quatre cent quatre-vingt-quinze livres le pied cube (a) : réduite en fer battu et forgé avec soin, j'en ai trouvé le grain semblable à celui du fer commun, et ne prenant que peu ou point de nerf, quoique travaillé en petites verges et passé sous le cylindre; en sorte que cette fonte, quoique meilleure que celle qui m'est venue des forges de la Nouée, n'est pas encore de la bonne fonte. J'ignore si depuis ce temps l'on ne coule pas aux fourneaux de Ruelle des fontes meilleures et plus pesantes; je sais seulement que deux officiers de marine (b), très habiles et zélés, y ont été envoyés successivement, et qu'ils sont tous deux fort en état de perfectionner l'art et de bien conduire les travaux de cette fonderie. Mais jusqu'à l'époque que je viens de citer, et qui est bien récente, je suis assuré que les fontes de nos canons coulés plein n'étaient que de médiocre qualité, qu'une pareille fonte n'a pas assez de résistance, et qu'en lui ôtant encore le lien qui la contient, c'est-à-dire en enlevant, par les couteaux du tour, la surface trempée, il y a tout à craindre du service de ces canons.

On ne manquera pas de dire que ce sont ici des frayeurs paniques et mal fondées, qu'on ne se sert jamais que des canons qui ont subi l'épreuve, et qu'une pièce, une fois éprouvée par une moitié de plus de charge, ne doit ni ne peut crever à la charge ordinaire. A ceci je réponds que non seulement cela n'est pas certain, mais encore que le contraire est beaucoup plus probable. En général, l'épreuve des canons par la poudre est peut-être la plus mauvaise méthode que l'on pût employer pour s'assurer de leur résistance. Le

(a) Ces morceaux de fonte, envoyé du fourneau de Ruelle, étaient de forme cubique de 3 pouces, faibles dans toutes leurs dimensions : le premier, marqué S, pesait dans l'air 7 livres 2 onces 4 gros $\frac{1}{2}$, c'est-à-dire, 916 gros $\frac{1}{2}$. Le même morceau pesait dans l'eau 6 livres 2 onces 2 gros $\frac{1}{2}$; donc le volume d'eau égal au volume de ce morceau de fonte pesait 130 gros. L'eau dans laquelle il a été pesé pesait elle-même 70 livres le pied cube. Or, 130 gros : 70 livres : : 916 gros $\frac{1}{2}$: 493 $\frac{3}{13}$ livres, poids du pied cube de cette fonte. Le second morceau, marqué P, pesait dans l'air 7 livres 4 onces 1 gros, c'est-à-dire, 929 gros. Le même morceau pesait dans l'eau 6 livres 3 onces 6 gros, c'est-à-dire, 798 gros; donc le volume d'eau, égal au volume de ce morceau de fonte, pesait 131 gros. Or, 131 gros : 70 livres : : 929 gros : 496 $\frac{54}{131}$ livres, poids du pied cube de cette fonte. On observera que ces morceaux qu'on avait voulu couler sur les dimensions d'un cube de 3 pouces étaient trop faibles. Ils auraient dû contenir chacun 27 pouces cubiques, et par conséquent le pied cube du premier n'aurait pesé que 458 livres 4 onces, car 27 pouces : 1,728 pouces : : 916 gros $\frac{1}{2}$: 458 livres 4 onces. Et le pied cube du second n'aurait pesé que 464 livres $\frac{1}{4}$, au lieu de 493 livres $\frac{3}{13}$, et de 496 livres $\frac{54}{131}$.

(b) MM. de Souville et de Vialis.

canon ne peut subir le trop violent effort des épreuves qu'en y cédant autant que la cohérence de la matière le permet, sans se rompre; et comme il s'en faut bien que cette matière de la fonte soit à ressort parfait, les parties séparées par le trop grand effort ne peuvent se rapprocher ni se rétablir comme elles étaient d'abord : cette cohésion des parties intégrantes de la fonte étant donc fort diminuée par le grand effort des épreuves, il n'est pas étonnant que le canon crève ensuite à la charge ordinaire; c'est un effet très simple qui dérive d'une cause tout aussi simple. Si le premier coup d'épreuve écarte les parties d'une moitié ou d'un tiers de plus que le coup ordinaire, elles se rétabliront, se réuniront moins dans la même proportion; car, quoique leur cohérence n'ait pas été détruite, puisque la pièce a résisté, il n'en est pas moins vrai que cette cohérence n'est pas si grande qu'elle était auparavant, et qu'elle a diminué dans la même raison que diminue la force d'un ressort imparfait : dès lors un second ou un troisième coup d'épreuve fera éclater les pièces qui auront résisté au premier, et celles qui auront subi les trois épreuves sans se rompre ne sont guère plus sûres que les autres; après avoir subi trois fois le même mal, c'est-à-dire le trop grand écartement de leurs parties intégrantes, elles en sont nécessairement devenues bien plus faibles, et pourront par conséquent céder à l'effort de la charge ordinaire.

Un moyen bien plus sûr, bien simple et mille fois moins coûteux pour s'assurer de la résistance des canons, serait d'en faire peser la fonte à la balance hydrostatique : en coulant le canon, l'on mettrait à part un morceau de la fonte; lorsqu'il serait refroidi, on le pèserait dans l'air et dans l'eau, et, si la fonte ne pesait pas au moins cinq cent vingt livres le pied cube, on rebuterait la pièce comme non recevable : l'on épargnerait la poudre, la peine des hommes, et on bannirait la crainte très bien fondée de voir crever les pièces souvent après l'épreuve. Étant une fois sûr de la densité de la matière, on serait également assuré de sa résistance, et si nos canons étaient faits avec de la fonte pesant cinq cent vingt livres le pied cube, et qu'on ne s'avisât pas de les tourner ni de toucher à leur surface extérieure, j'ose assurer qu'ils résisteraient et dureraient autant qu'on doit se le promettre. J'avoue que par ce moyen, peut-être trop simple pour être adopté, on ne peut pas savoir si la pièce est saine, s'il n'y a pas dans l'intérieur de la matière des défauts, des soufflures, des cavités; mais, connaissant une fois la bonté de la fonte, il suffirait, pour s'assurer du reste, de faire éprouver une seule fois, et à la charge ordinaire, les canons nouvellement fondus, et l'on serait beaucoup plus sûr de leur résistance que de celle de ceux qui ont subi des épreuves violentes.

Plusieurs personnes ont donné des projets pour faire de meilleurs canons : les uns ont proposé de les doubler de cuivre, d'autres de fer battu, d'autres de souder ce fer battu avec la fonte. Tout cela peut être bon à certains égards; et dans un art, dont l'objet est aussi important et la pratique aussi difficile, les efforts doivent être accueillis et les moindres découvertes récompensées. Je ne ferai point ici d'observations sur les canons de M. Feutry, qui ne laissent pas de demander beaucoup d'art dans leur exécution; je ne parlerai pas non plus des autres tentatives, à l'exception de celle de M. de Souville, qui m'a paru la plus ingénieuse, et qu'il a bien voulu me communiquer par sa lettre datée d'Angoulême, le 6 avril 1771, dont je donne ici l'extrait (a). Mais je dirai seulement que la soudure

(a) « Les canons fabriqués avec des spirales ont opposé la plus grande résistance à la » plus forte charge de poudre et à la manière la plus dangereuse de les charger. Il ne » manque à cette méthode, pour être bonne, que d'empêcher qu'il ne se forme des cham- » bres dans ces bouches à feu; cet inconvénient, il est vrai, m'obligerait à l'abandonner si » je n'y parvenais; mais pourquoi ne pas le tenter? Beaucoup de personnes ont proposé de » faire des canons avec des doublures ou des enveloppes de fer forgé, mais ces doublures » et ces enveloppes ont toujours été un assemblage de barres inflexibles que leur forme, » leur position et leur raideur rendent inutiles. La spirale n'a pas les mêmes défauts, elle se

du cuivre avec le fer rend celui-ci beaucoup plus aigre ; que, quand on soude de la fonte avec elle-même par le moyen du soufre, on la change de nature, et que la ligne de jonction des deux parties soudées n'est plus de la fonte de fer, mais de la pyrite très cassante ; et qu'en général le soufre est un intermède qu'on ne doit jamais employer lorsqu'on veut souder du fer sans en altérer la qualité : je ne donne ceci que pour avis à ceux qui pourraient prendre cette voie comme la plus sûre et la plus aisée pour rendre le fer fusible et en faire de grosses pièces.

Si l'on conserve l'usage de forer les canons, et qu'on les coule de bonne fonte dure, il faudra en revenir aux machines à forer de M. le marquis de Montalembert, celles de M. Maritz n'étant bonnes que pour le bronze ou la fonte de fer tendre. M. de Montalembert est encore un des hommes de France qui entend le mieux cet art de la fonderie des canons, et j'ai toujours gémi que son zèle, éclairé de toutes les connaissances nécessaires en ce genre, n'ait abouti qu'au détriment de sa fortune : comme je vis éloigné de lui, j'écris ce Mémoire sans le lui communiquer, mais je serai plus flatté de son approbation que de celle de qui que ce soit, car je ne connais personne qui entende mieux ce dont il est ici question. Si l'on mettait en masse, dans ce royaume, les trésors de lumière que l'on jette à l'écart, ou qu'on a l'air de dédaigner, nous serions bientôt la nation la plus florissante et le peuple le plus riche. Par exemple, il est le premier qui ait conseillé de reconnaître la résistance de la fonte par sa pesanteur spécifique ; il a aussi cherché à perfectionner l'art de la moulerie en sable des canons de fonte de fer, et cet art est perdu depuis qu'on a imaginé de les tourner. Avec les moules en terre, dont on se servait auparavant, la surface des canons était toujours chargée d'aspérités et de rugosités : M. de Montalembert avait trouvé le moyen de faire des moules en sable qui donnaient à la surface du canon tout le lisse et même le luisant qu'on pouvait désirer. Ceux qui connaissent les arts en grand sentiront bien les difficultés qu'il a fallu surmonter pour en venir à bout, et les peines qu'il a fallu prendre pour former des ouvriers capables d'exécuter ces moules, auxquels ayant substitué le mauvais usage du tour, on a perdu un art excellent pour adopter une pratique funeste (a).

Une attention très nécessaire lorsque l'on coule du canon, c'est d'empêcher les écumes

» prête à toutes les formes que prend la matière ; elle s'affaise avec elle dans le moule : son
» fer ne perd ni sa ductilité ni son ressort, dans la commotion du *tir* l'effort est distribué
» sur toute son étendue. Elle enveloppe presque toute l'épaisseur du canon, et dès lors
» s'oppose à sa rupture avec une résistance de près de trente mille livres de force. Si la
» fonte éprouve une plus grande dilatation que le fer, elle résiste avec toute cette force ; si
» cette dilatation est moindre, la spirale ne reçoit que le mouvement qui lui est communi-
» qué. Ainsi dans l'un et l'autre cas, l'effet est le même. L'assemblage des barres, au con-
» traire, ne résiste que par les cercles qui les contiennent. Lorsqu'on en a revêtu l'âme des
» canons, on n'a pas augmenté la résistance de la fonte, sa tendance à se rompre a été la
» même, et lorsqu'on a enveloppé son épaisseur, les cercles n'ont pu soutenir également
» l'effort qui se partage sur tout le développement de la spirale. Les barres d'ailleurs s'op-
» posent aux vibrations des cercles. La spirale que j'ai mise dans un canon de six, foré et
» éprouvé au calibre de douze, ne pesait que quatre-vingt-trois livres ; elle avait 2 pouces
» de largeur et 4 lignes d'épaisseur. La distance d'une hélice à l'autre était aussi de 2 pouces ;
» elle était roulée à chaud sur un mandrin de fer. »

(a) L'outil à langue de carpe perce la fonte de fer avec une vitesse presque double de celle de l'outil à cylindre. Il n'est point nécessaire, avec ce premier outil, de scringuer de l'eau dans la pièce, comme il est d'usage de le faire en employant le second qui s'échauffe beaucoup par son frottement très considérable. L'outil à cylindre serait détrempé en peu de temps sans cette précaution : elle est même souvent insuffisante ; dès que la fonte se trouve plus compacte et plus dure, cet outil ne peut la forer. La limaille sort naturellement avec l'outil à langue de carpe, tandis qu'avec l'outil à cylindre il faut employer continuellement

qui surmontent la fonte, de tomber avec elle dans le moule. Plus la fonte est légère et plus elle fait d'écumes, et l'on pourrait juger à l'inspection même de la coulée si la fonte est de bonne qualité, car alors sa surface est lisse et ne porte point d'écumes; mais dans tous ces cas il faut avoir soin de comprimer la matière coulante par plusieurs torches de paille placées dans les coulées : avec cette précaution il ne passe que peu d'écumes dans le moule, et si la fonte était dense et compacte, il n'y en aurait point du tout. La bourre de la fonte ne vient ordinairement que de ce qu'elle est trop crue et trop précipitamment fondue. D'ailleurs la matière la plus pesante sort la première du fourneau, la plus légère vient la dernière; la culasse du canon est par cette raison toujours d'une meilleure matière que les parties supérieures de la pièce; mais il n'y aura jamais de bourre dans le canon si d'une part on arrête les écumes par les torches de paille, et qu'en même temps on lui donne une forte masselotte de matière excédante, dont il est même aussi nécessaire qu'utile qu'il reste encore après la coulée trois ou quatre quintaux en fusion dans le creuset : cette fonte qui reste y entretient la chaleur; et comme elle est encore mêlée d'une assez grande quantité de laitier, elle conserve le fond du fourneau et empêche la mine fondante de brûler en s'y attachant.

Il me paraît qu'en France on a souvent fondu les canons avec les mines en roche, qui toutes contiennent une plus ou moins grande quantité de soufre; et comme l'on n'est pas dans l'usage de les griller dans nos provinces où le bois est cher, ainsi qu'il se pratique dans les pays du Nord où le bois est commun, je présume que la qualité cassante de la fonte de nos canons de la marine pourrait aussi provenir de ce soufre qu'on n'a pas soin d'enlever à la mine avant de la jeter au fourneau de fusion. Les fonderies de Ruelle en Angoumois, de Saint-Gervais en Dauphiné et de Baigorry dans la Basse-Navarre, sont les seules dont j'aie connaissance, avec celle de la Nouée en Bretagne, dont j'ai parlé, et où je crois que le travail ait cessé : dans toutes quatre, je crois qu'on ne s'est servi et qu'on ne se sert encore que de mine en roche, et je n'ai pas ouï dire qu'on les grillât ailleurs qu'à Saint-Gervais et à Baigorry; j'ai tâché de me procurer des échantillons de chacune

un crochet pour la tirer, ce qui ne peut se faire assez exactement pour qu'il n'en reste pas entre l'outil et la pièce, ce qui la gêne et augmente encore son frottement.

Il faudrait s'attacher à perfectionner la moulerie. Cette opération est difficile, mais elle n'est pas impossible à quelqu'un d'intelligent. Plusieurs choses sont absolument nécessaires pour y réussir : 1º des mouleries plus étendues, pour pouvoir y placer plus de chantiers et y faire plus de moules à la fois, afin qu'ils puissent sécher plus lentement; 2º une grande fosse pour les recuire debout, ainsi que cela se pratique pour les canons de cuivre, afin d'éviter que le moule ne soit arqué, et par conséquent le canon; 3º un petit chariot à quatre roues fort basses avec des montants assez élevés pour y suspendre le moule recuit, et le transporter de la moulerie à la cuve du fourneau, comme on transporte un lustre; 4º un juste mélange d'une terre grasse et d'une terre sableuse, tel qu'il le faut pour qu'au recuit le moule ne se fende pas de mille et mille fentes qui rendent le canon défectueux, et surtout pour que cette terre, avec cette qualité de ne pas se fendre, puisse conserver l'avantage de s'*écaler* (c'est-à-dire de se détacher du canon quand on vient à le nettoyer) : plus la terre est grasse, mieux elle s'*écale*, et plus elle se fend; plus elle est maigre ou sableuse, moins elle se fend, mais moins elle s'*écale*. Il y a des moules de cette terre qui se tiennent si fort attachés au canon qu'on ne peut avec le marteau et le ciseau en emporter que la plus grosse partie : ces sortes de canons restent encore plus vilains que ceux cicatrisés par les fentes innombrables des moules de terre grasse. Ce mélange de terre est donc très difficile; il demande beaucoup d'attention, d'expérience, et ce qu'il y a de fâcheux, c'est que les expériences dans ce genre, faites pour de petits calibres, ne concluent rien pour les gros. Il n'est jamais difficile de faire écaler de petits canons avec un mélange sableux. Mais ce même mélange ne peut plus être employé dès que les calibres passent celui de douze; pour ceux de trente-six surtout, il est très difficile d'attraper le point du mélange.

de ces mines, et, au défaut d'une assez grande quantité de ces échantillons, tous les renseignements que j'ai pu obtenir par la voie de quelques amis intelligents. Voici ce que m'a écrit M. de Morogues au sujet des mines qu'on emploie à Ruelle.

« La première est dure, compacte, pesante, faisant feu avec l'acier, de couleur rouge
» brun, formée par deux couches d'inégale épaisseur, dont l'une est spongieuse, parsemée
» de trous ou cavités, d'un velouté violet foncé, et quelquefois d'un bleu indigo à sa cas-
» sure, ayant des mamelons, teignant en rouge de sanguine; caractères qui peuvent la
» faire ranger dans la septième classe de l'art des forges, comme une espèce de pierre
» hématite, mais elle est riche et douce.

» La seconde ressemble assez à la précédente pour la pesanteur, la dureté et la cou-
» leur, mais elle est un peu *salardée* (on appelle *salard* ou mine salardée, celle qui a des
» grains de sable clair, et qui est mêlée de sable gris blanc, de caillou et de fer); elle est
» riche en métal; employée avec de la mine très douce, elle se fond très facilement. Son
» tissu à sa cassure est strié et parsemé quelquefois de cavités d'un brun noir. Elle paraît
» de la sixième espèce de la mine rougeâtre dans l'art des forges.

» La troisième, qu'on nomme dans le pays *glacieuse* parce qu'elle a ordinairement
» quelques-unes de ses faces lisses et douces au toucher, n'est ni fort pesante ni fort riche;
» elle a communément quelques petits points noirs et luisants, d'un grain semblable au
» maroquin : sa couleur est variée; elle a du rouge assez vif, du brun, du jaune, un peu
» de vert et quelques cavités; elle paraît, à cause de ses faces unies et luisantes, avoir
» quelque rapport à la mine spéculaire de la huitième espèce.

» La quatrième, qui fournit d'excellent fer. mais en petite quantité, est légère,
» spongieuse, assez tendre, d'une couleur brune presque noire, ayant quelques ma
» melons et sablonneuse; elle paraît être une sorte de mine limoneuse de la onzième
» espèce.

» La cinquième est une mine salardée faisant beaucoup de feu avec l'acier, dure, com-
» pacte, pesante, parsemée à la cassure de petits points brillants qui ne sont que du sable
» de couleur de lie de vin. Cette mine est difficile à fondre; la qualité de son fer passe
» pour n'être pas mauvaise, mais elle en produit peu; les ouvriers prétendent qu'il n'y a
» pas moyen de la fondre seule, et que l'abondance des crasses qui s'en séparent l'agglu-
» tine à l'ouvrage du fourneau. Cette mine ne paraît pas avoir de ressemblance bien carac-
» térisée avec celle dont Swedenborg a parlé.

» On emploie encore un grand nombre d'autres espèces de mine, mais elles ne diffèrent
» des précédentes que par moins de qualité, à l'exception d'une espèce d'ocre martiale
» qui peut fournir ici une sixième classe. Cette mine est assez abondante dans les minières;
» elle est aisée à tirer, on l'enlève comme la terre, elle est jaune et quelquefois mêlée de
» petites grenailles, elle fournit peu de fer, elle est très douce, on peut la ranger dans la
» douzième espèce de l'art des forges.

» La gangue de toutes les mines du pays est une terre vitrifiable rarement argileuse.
» Toutes ces espèces de mines sont mêlées, et le terrain dont on les tire est presque tout
» sableux.

» On appelle *schiffre* en Angoumois un caillou assez semblable aux pierres à feu, et
» qui en donne beaucoup quand on le frappe avec l'acier. Il est d'un jaune clair, fort dur;
» il tient quelquefois à des matières qui peuvent avoir du fer, mais ce n'est point le
» schiste.

» La castine est une vraie pierre calcaire assez pure, si l'on en peut juger par l'uni-
» formité de sa cassure et de sa couleur qui est gris blanc; elle est pesante, assez dure,
» et prend un poli fort doux au toucher. »

Par ce récit de M. de Morogues, il me semble qu'il n'y a que la sixième espèce qui ne demande pas à être grillée, mais seulement bien lavée avant de la jeter au fourneau.

Au reste, quoique généralement parlant, et comme je l'ai dit, les mines en roche, et qui se trouvent en grandes masses solides, doivent leur origine à l'élément du feu, néanmoins il se trouve aussi plusieurs mines de fer en assez grosses masses qui se sont formées par le mouvement et l'intermède de l'eau. On distinguera, par l'épreuve de l'aimant, celles qui ont subi l'action du feu, car elles seront toujours magnétiques, au lieu que celles qui ont été produites par la stillation des eaux ne le sont point du tout et ne le deviendront qu'après avoir été bien grillées et presque liquéfiées. Ces mines en roche, qui ne sont point attirables par l'aimant, ne contiennent pas plus de soufre que nos mines en grain : l'opération de les griller, qui est très coûteuse, doit dès lors être supprimée, à moins qu'elle ne soit nécessaire pour attendrir ces pierres de fer assez pour qu'on puisse les concasser sous les pilons du bocard.

J'ai tâché de présenter, dans ce Mémoire, tout ce que j'ai cru qui pourrait être utile à l'amélioration des canons de notre marine ; je sens en même temps qu'il reste beaucoup de choses à faire, surtout pour se procurer dans chaque fonderie une fonte pure et assez compacte pour avoir une résistance supérieure à toute explosion ; cependant je ne crois point du tout que cela soit impossible, et je pense qu'en purifiant la fonte de fer, autant qu'elle peut l'être, on arriverait au point que la pièce ne ferait que se fendre au lieu d'éclater par une trop forte charge : si l'on obtenait une fois ce but, il ne nous resterait plus rien à craindre ni rien à désirer à cet égard.

HISTOIRE NATURELLE DES MINÉRAUX

DE LA FIGURATION DES MINÉRAUX.

Comme l'ordre de nos idées doit être ici le même que celui de la succession des temps, et que le temps ne peut nous être représenté que par le mouvement et par ses effets, c'est-à-dire par la succession des opérations de la nature, nous la considérerons d'abord dans les grandes masses qui sont les résultats de ses premiers et grands travaux sur le globe terrestre ; après quoi nous essaierons de la suivre dans ses procédés particuliers, et tâcherons de saisir la combinaison des moyens qu'elle emploie pour former les petits volumes de ces matières précieuses, dont elle paraît d'autant plus avare qu'elles sont en apparence plus pures et plus simples ; et, quoiqu'en général les substances et leurs formes soient si différentes qu'elles paraissent être variées à l'infini, nous espérons qu'en suivant de près la marche de la nature en mouvement, dont nous avons déjà tracé les plus grands pas dans ses époques, nous ne pourrons nous égarer que quand la lumière nous manquera, faute de connaissances acquises par l'expérience encore trop courte des siècles qui nous ont précédés.

Divisons, comme l'a fait la nature, en trois grandes classes toutes les matières brutes et minérales qui composent le globe de la terre ; et d'abord considérons-les une à une, en les combinant ensuite deux à deux, et enfin en les réunissant ensemble toutes trois.

La première classe embrasse les matières qui, ayant été produites par le feu primitif, n'ont point changé de nature (*), et dont les grandes masses sont celles de la roche intérieure du globe et des éminences qui forment les

(*) Ainsi que j'ai fait remarquer ailleurs, nous ne connaissons aujourd'hui aucune roche dont on puisse dire qu'elle date de la solidification de la surface de la terre et qu'elle n'a subi aucune modification ultérieure. Si l'on admet que le globe terrestre, après sa solidification, a été d'abord entièrement recouvert par des eaux très riches en acide carbonique et en oxygène et ayant une température très élevée, on est obligé d'admettre que ces eaux ont puissamment agi, en les modifiant, sur les matières qui tapissaient le lit de l'océan universel ou celui des mers locales qui ont successivement recouvert les divers points du globe. « La première croûte solide de la terre, due au refroidissement de sa surface en fusion, dit Credner, n'appartient pas aux roches éruptives, c'est-à-dire aux roches qui se sont élevées à l'état fluide de l'intérieur de la terre. On a quelquefois considéré certains granits comme représentant la couche primitive de notre globe ; mais cette croûte primitive n'est connue

appendices extérieurs de cette roche, et qui, comme elle, sont solides et vitreuses : on doit donc y comprendre le roc vif, les quartz, les jaspes, le feldspath, les schorls, les micas, les grès, les porphyres, les granits et toutes les pierres de première et même de seconde formation qui ne

avec certitude en aucun point de la terre, et les granits que l'on avait considérés comme tels semblent plutôt appartenir aux formations sédimentaires les plus anciennes qui recouvrent partout la croûte primitive. » (CREDNER, *Traité de Géologie et de Paléontologie*, p. 272.) Ailleurs, il dit : « La terre, pendant son état de fusion, par le rayonnement dans l'espace, se recouvrit d'une enveloppe scoriacée, soumise à la pression d'une atmosphère dans laquelle se trouvaient à l'état de gaz et de vapeurs tout le carbone et tout l'acide carbonique fixés aujourd'hui dans les êtres organisés, toute l'eau qui couvre la surface du sol ou est cachée dans sa profondeur. Sous cette pression, plus forte que la pression actuelle, l'eau pouvait se condenser à une température plus élevée qu'aujourd'hui, et la terre se recouvrit d'une mer d'eaux surchauffées. Celles-ci commencèrent énergiquement leur action de destruction et de dissolution sur la croûte solidifiée, et, par un refroidissement lent, elles laissèrent tomber les éléments qu'elles tenaient en solution, fournissant ainsi l'élément cristallin des schistes gneissiques et des micachistes. Plus tard, la formation des dépôts par voie chimique faisant place de plus en plus aux formations de cause mécanique, les éléments des schistes argileux se déposèrent à leur tour. »

Il est vrai qu'après la formation de ces premières couches déposées par les eaux de l'océan universel, au-dessus de l'écorce solide du globe, couches dont les matériaux étaient, du reste, empruntés à l'eau elle-même, des éruptions de matières fondues se produisirent; mais il serait difficile de dire d'où provenaient ces matières fondues, si elles étaient constituées par des substances restées en fusion au-dessous de la croûte terrestre dans le centre de la terre, ou si elles provenaient de portions de cette croûte fondue par des foyers de chaleur locaux et relativement superficiels. Ce qui tendrait à faire croire que la dernière opinion est la plus vraie, c'est qu'il est manifeste que l'eau a joué un rôle important dans la formation des roches éruptives, même les plus anciennes. « L'analogie avec les phénomènes que présentent aujourd'hui les volcans, dit Credner (*loc. cit.*, p. 260), fait croire à la coopération de l'eau dans la formation des roches éruptives aux époques anciennes. » Il fait remarquer ensuite que beaucoup de roches éruptives fournissent la preuve de l'intervention de l'eau dans leur formation « par les petites cavités microscopiques remplies d'eau ou de solutions aqueuses (solutions de chlorure de sodium, par exemple) qu'elles contiennent. Ces inclusions liquides existent en quantité considérable dans le quartz de presque tous les granits, syénites, porphyres quartzifères et malaphyres, et dans les feldspaths de la plupart de ces roches; elles contiennent quelquefois de petites vésicules d'air qui, dans les mouvements imprimés à la lamelle observée, se meuvent de côté et d'autre. A côté de ces bulles, il n'est pas rare d'observer de petits cubes de chlorure de sodium libres dans la solution... Une série particulière de phénomènes qui se passent au contact de certaines roches éruptives (métamorphoses de contact) ne trouvent d'explication satisfaisante que si l'on suppose les premières contenant de l'eau. On peut seulement admettre que l'eau surchauffée, dégagée lors du refroidissement des laves éruptives, pénètre, chargée de substances minérales, dans les roches voisines, et détermine leur transformation pétrographique. » L'intervention de l'eau surchauffée, dans la formation des roches éruptives, leur a fait donner par certains géologues le nom d'*hydatopyrogènes*. Or, cette intervention n'est guère possible qu'à la condition de supposer que les roches éruptives se forment à une distance relativement peu considérable de la surface de la terre. Il est, en effet, difficile de supposer que l'eau de nos mers, de nos fleuves ou de nos lacs pénètre jusque dans le noyau terrestre. Il n'est d'ailleurs nullement prouvé que ce noyau soit actuellement en fusion. J'ai déjà rappelé l'opinion du célèbre mathématicien Poisson, d'après laquelle le refroidissement et la solidification de la terre auraient débuté, non point à la surface, mais, au contraire, au centre du globe.

De tout cela, il est permis de conclure avec quelque probabilité qu'il n'existe actuellement, à la surface de la terre, aucune roche « produite par le feu primitif ».

sont pas calcinables, et encore les sables vitreux, les argiles, les schistes, les ardoises et toutes les autres matières provenant de la décomposition et des débris des matières primitives que l'eau aura délayées, dissoutes ou dénaturées.

La seconde classe comprend les matières qui ont subi une seconde action du feu, et qui ont été frappées par les foudres de l'électricité souterraine ou fondues par le feu des volcans, dont les grosses masses sont les laves, les basaltes, les pierres ponces, les pouzzolanes et les autres matières volcaniques, qui nous présentent en petit des produits assez semblables à ceux de l'action du feu primitif (*); et ces deux classes sont celles de la *nature brute*, car toutes les matières qu'elles contiennent ne portent que peu ou point de traces d'organisation.

La troisième classe contient les substances calcinables, les terres végétales, et toutes les matières formées du détriment et des dépouilles des animaux et des végétaux, par l'action ou l'intermède de l'eau, dont les grandes masses sont les rochers et les bancs des marbres, des pierres calcaires, des craies, des plâtres, et la couche universelle de terre végétale qui couvre la surface du globe, ainsi que les couches particulières de tourbes, de bois fossiles et de charbons de terre qui se trouvent dans son intérieur (**).

C'est surtout dans cette troisième classe que se voient tous les degrés et toutes les nuances qui remplissent l'intervalle entre la matière brute et les substances organisées; et cette matière intermédiaire (***), pour ainsi dire

*) Buffon voyait juste quand il considérait les roches éruptives rejetées par les volcans actuels comme constituées par des matières empruntées à la surface du globe, ayant « subi une seconde action du feu ».

(**) Cette troisième classe contient, il est vrai, des substances très différentes les unes des autres, notamment les calcaires et les charbons de terre; mais, ainsi que l'a fait remarquer Buffon, les animaux ou les végétaux sont intervenus dans la formation des unes et des autres.

(***) L'expression de « matière intermédiaire, pour ainsi dire, mi-partie de brute et d'organique », est erronée. On serait d'abord tenté de croire que Buffon en fait usage pour exprimer la pensée que les matières formant sa troisième classe doivent leur origine aux êtres vivants, mais il indique un peu plus loin sa véritable pensée quand il dit : « Comme la terre végétale et toutes les substances calcinables contiennent beaucoup plus de parties organiques que les autres matières produites ou dénaturées par le feu, ces parties organiques, *toujours actives*, ont fait de fortes impressions sur la matière brute et passive; elles en ont travaillé toutes les surfaces et quelquefois pénétré l'épaisseur.....; l'eau développe, délaie, entraîne et dépose ces éléments organiques sur les matières brutes; aussi, la plupart des minéraux figurés ne doivent leurs différentes formes qu'au mélange et aux combinaisons de cette matière active avec l'eau qui lui sert de véhicule. »

Il va développer ensuite cette idée que les molécules organiques provenant des animaux et des végétaux et restées actives après la mort et la décomposition de ces êtres, servent à donner à la matière inorganique « les premiers traits de l'organisation, en lui donnant la forme extérieure ». D'après sa théorie, les minéraux n'ont de forme déterminée que grâce à ce qu'ils sont additionnés de molécules organiques; tous ceux qui n'ont pas de forme propre et constante sont dépourvus de ces molécules, et celles-là seules qui « ne portent aucun trait de figuration » sont des « matières entièrement brutes »

mi-partie de brut et d'organique, sert également aux productions de la nature active dans les deux empires de la vie et de la mort; car comme la terre végétale et toutes les substances calcinables contiennent beaucoup plus de parties organiques que les autres matières produites ou dénaturées par le feu, ces parties organiques, toujours actives, ont fait de fortes impressions sur la matière brute et passive, elles en ont travaillé toutes les surfaces et quelquefois pénétré l'épaisseur; l'eau développe, délaie, entraîne et dépose ces éléments organiques sur les matières brutes : aussi la plupart des minéraux figurés ne doivent leurs différentes formes qu'au mélange et aux combinaisons de cette matière active avec l'eau qui lui sert de véhicule. Les productions de la nature organisée qui, dans l'état de vie et de végétation, représentent sa force et font l'ornement de la terre, sont encore, après la mort, ce qu'il y a de plus noble dans la nature brute; les détriments des animaux et des végétaux conservent des molécules organiques actives qui communiquent à cette matière passive les premiers traits de l'organisation en lui donnant la forme extérieure. Tout minéral figuré a été travaillé par ces molécules organiques, provenant du détriment des êtres organisés ou par les premières molécules organiques existantes avant leur formation : ainsi les minéraux figurés tiennent tous de près ou de loin à la nature organisée; et il n'y a de matières entièrement brutes que celles qui ne portent aucun trait de figuration, car l'organisation a, comme toute autre qualité de la matière, ses degrés et ses nuances dont les caractères les plus généraux, les plus distincts et les résultats les plus évidents, sont la vie dans les animaux, la végétation dans les plantes et la figuration dans les minéraux.

Le grand et premier instrument avec lequel la nature opère toutes ses merveilles est cette force universelle, constante et pénétrante dont elle anime chaque atome de matière en leur imprimant une tendance mutuelle à se rapprocher et s'unir; son autre grand moyen est la chaleur, et cette seconde force tend à séparer tout ce que la première a réuni; néanmoins elle lui est subordonnée, car l'élément du feu, comme toute autre matière, est soumis à la puissance générale de la force attractive : celle-ci est d'ailleurs également répartie dans les substances organisées comme dans les matières brutes; elle est toujours proportionnelle à la masse, toujours présente, sans cesse active; elle peut travailler la matière dans les trois dimensions à la fois, dès qu'elle est aidée de la chaleur, parce qu'il n'y a pas un point qu'elle ne pénètre à tout instant, et que par conséquent la chaleur ne puisse étendre et développer dès qu'elle se trouve dans la proportion qu'exige l'état des matières sur lesquelles elle opère : ainsi par la combinaison de ces deux forces actives, la matière ductile (*), pénétrée et tra-

---

(*) Nous savons déjà ce que Buffon entend par « matière ductile », c'est celle qui contient des molécules organiques.

vaillée dans tous ses points, et par conséquent dans les trois dimensions à la fois, prend la forme d'un germe organisé (*) qui bientôt deviendra vivant ou végétant par la continuité de son développement et de son extension proportionnelle en longueur, largeur et profondeur. Mais si ces deux forces pénétrantes et productives, l'attraction et la chaleur, au lieu d'agir sur des substances molles et ductiles, viennent à s'exercer sur des matières sèches et dures qui leur opposent trop de résistance, alors elles ne peuvent agir que sur la surface sans pénétrer l'intérieur de cette matière trop dure ; elles ne pourront donc, malgré toute leur activité, la travailler que dans deux dimensions au lieu de trois, en traçant à sa superficie quelques linéaments ; et cette matière n'étant travaillée qu'à la surface ne pourra prendre d'autre forme que celle d'un minéral figuré. La nature opère ici comme l'art de l'homme : il ne peut que tracer des figures et former des surfaces, mais dans ce genre même de travail, le seul où nous puissions l'imiter, elle nous est encore si supérieure qu'aucun de nos ouvrages ne peut approcher des siens.

Le germe de l'animal ou du végétal étant formé par la réunion des molécules organiques avec une petite portion de matière ductile, ce moule intérieur, une fois donné et bientôt développé par la nutrition, suffit pour communiquer son empreinte, et rendre sa même force à perpétuité par toutes les voies de la reproduction et de la génération, au lieu que, dans le minéral, il n'y a point de germe, point de moule intérieur capable de se développer par la nutrition, ni de transmettre sa forme par la reproduction (**).

(*) La façon dont Buffon explique la formation des organismes vivants est aussi simple que possible ; la chaleur et l'attraction, en agissant sur la matière ductile, « la pénètrent et la travaillent dans les trois dimensions », c'est-à-dire en longueur, en largeur et en profondeur et lui font prendre ainsi « la forme d'un germe organisé » qui n'aura plus qu'à se développer dans les trois dimensions pour devenir un animal ou un végétal. Buffon se montre ainsi nettement partisan de la génération spontanée. Il admet la transformation de certaines portions de la « matière brute », d'abord en « molécules organiques », puis le mélange des molécules organiques avec la matière brute, donnant naissance à la « matière ductile », et enfin la matière ductile elle-même se transformant en « germes organisés » sous la seule action de la chaleur et de l'attraction, c'est-à-dire de forces universellement répandues dans la nature. Enfin, le genre lui-même n'a qu'à se développer par la nutrition pour devenir un animal ou un végétal. Cette manière d'expliquer la formation des êtres vivants indique un esprit assez hardi pour rompre avec les préjugés de son temps, mais elle est erronée, surtout dans la partie relative aux molécules organiques dont aucun fait ne démontre l'existence. (Voyez mon Introduction.)

(**) Le sens du terme « moule intérieur », que les commentateurs de Buffon ont beaucoup raillé, parce que peut-être ils ne l'avaient pas compris, est ici bien clair ; il est manifeste qu'il indique la « forme » de l'espèce animale ou végétale, l'ensemble des caractères qui se transmettent par la reproduction et qui se développent en même temps que l'animal ou le végétal, grâce à la nutrition. Mais Buffon est dans l'erreur quand il refuse ce « moule intérieur » aux corps non vivants, aux minéraux. Chaque espèce de minéral présente, en effet, comme les espèces animales et végétales, un ensemble de caractères morphologiques, chimiques, physiques, etc., absolument constants. Ainsi, le sel marin cristallise toujours en

Les animaux et les végétaux, se reproduisant également par eux-mêmes, doivent être considérés ici comme des êtres semblables pour le fond et les moyens d'organisation (*) ; les minéraux qui ne peuvent se reproduire par eux-mêmes, et qui néanmoins se produisent toujours sous la même forme (**), en diffèrent par l'origine et par leur structure dans laquelle il n'y a que des tracés superficielles d'organisation ; mais, pour bien saisir cette différence originelle, on doit se rappeler (*a*) que, pour former un moule d'animal ou de végétal capable de se reproduire, il faut que la nature travaille la matière dans les trois dimensions à la fois, et que la chaleur y distribue les molécules organiques dans les mêmes proportions, afin que la nutrition et l'accroissement suivent cette pénétration intime, et qu'enfin la reproduction puisse s'opérer par le superflu de ces molécules organiques, renvoyées de toutes les parties du corps organisé lorsque son accroissement est complet :

(*a*) Voyez, dans le premier volume de cette Histoire naturelle, les articles où il est traité de la nutrition et de la reproduction.

cube, et les cubes s'accolent toujours les uns aux autres de manière à former des pyramides quadrangulaires, creuses à l'intérieur et à parois formant des gradins, tandis que le sulfate de soude cristallise toujours en prismes allongés, à quatre pans, terminés par des pyramides. Il serait également facile de montrer que le minéral ou, pour parler comme Buffon, le « moule intérieur » de chaque minéral est susceptible de s'accroître par des procédés assez analogues à la nutrition des animaux et des végétaux.

(*) Cette vue est très exacte. Plus la science a pénétré dans les secrets de l'organisation et des fonctions des animaux et des végétaux et plus elle a mis en évidence cette vérité nettement formulée par Buffon : que les animaux et les végétaux sont « des êtres semblables pour le fond et les moyens d'organisation »; plus elle a montré combien est illusoire la barrière que les anciens naturalistes avaient tenté d'élever entre les deux groupes d'organismes. (Voyez mon Introduction.)

(**) Buffon rapproche, dans ce passage, la « matière brute » de la matière organisée beaucoup plus qu'il ne le faisait un peu plus haut. Il reconnaît que les minéraux « se produisent toujours sous la même forme »; un peu plus loin, il dit qu'ils ont des traces superficielles d'organisation. Il ne faut pas oublier, d'ailleurs, en lisant cette page, que Buffon divise les minéraux en deux grandes catégories : l'une, formée par ses deux premières classes, contenant toutes « les matières brutes », c'est-à-dire toutes les substances dans la composition desquelles n'entrent pas du tout de molécules organiques; l'autre, formée par sa troisième classe, comprenant les substances minérales calcinables, substances dont il attribue la production aux organismes vivants et qu'il considère comme « remplissant l'intervalle entre la matière brute et les substances organisées » et comme représentant une « matière intermédiaire, pour ainsi dire mi-partie de brut et d'organique ». La seule différence réelle qu'il établisse entre ces substances et la matière vivante réside dans la proportion de « molécules organiques » qu'elles contiennent. C'est uniquement parce que les matières minérales de cette catégorie contiennent moins de « molécules organiques » que les corps vivants, qu'elles ne jouissent pas des mêmes propriétés que ces derniers. Si le minéral ne se reproduit pas de lui-même, c'est « parce qu'il n'a point de molécules organiques superflues qui puissent être renvoyées pour la reproduction ». Si le minéral ne s'accroît que par juxtaposition (ce qui, disons-le en passant, n'est pas tout à fait exact), tandis que l'animal et le végétal se nourrissent et s'accroissent par intussusception, c'est parce que, dans les minéraux, le travail d'accroissement n'est accompli que « par un petit nombre de molécules organiques qui, se trouvant surchargées de la matière brute, ne peuvent en arranger que les parties superficielles, sans en pénétrer l'intérieur, pour en disposer le fond, et par conséquent sans pouvoir animer cette masse minérale d'une vie animale ou végétative ».

or, dans le minéral, cette dernière opération, qui est le suprême effort de la nature, ne se fait ni ne tend à se faire; il n'y a point de molécules organiques superflues qui puissent être renvoyées pour la reproduction; l'opération qui la précède, c'est-à-dire celle de la nutrition, s'exerce dans certains corps organisés qui ne se reproduisent pas, et qui ne sont produits eux-mêmes que par une génération spontanée; mais cette seconde opération est encore supprimée dans le minéral; il ne se nourrit ni ne s'accroît par cette intussusception qui, dans tous les êtres organisés, étend et développe leurs trois dimensions à la fois en égale proportion; sa seule manière de croître est une augmentation de volume par juxtaposition successive de ses parties constituantes (*), qui toutes n'étant travaillées que sur deux dimensions, c'est-à-dire en longueur et en largeur, ne peuvent prendre d'autre forme que celle de petites lames infiniment minces et de figures semblables ou différentes; et ces lames figurées, superposées et réunies, composent par leur agrégation un volume plus ou moins grand et figuré de même. Ainsi, dans chaque sorte de minéral figuré, les parties constituantes, quoique excessivement minces, ont une figure déterminée qui borne le plan de leur surface, et leur est propre et particulière; et, comme les figures peuvent varier à l'infini, la diversité des minéraux est aussi grande que le nombre de ces variétés de figure.

Cette figuration dans chaque lame mince est un trait, un vrai linéament d'organisation qui, dans les parties constituantes de chaque minéral, ne peut être tracé que par l'impression des éléments organiques; et, en effet, la nature, qui travaille si souvent la matière dans les trois dimensions à la fois, ne doit-elle pas opérer encore plus souvent en n'agissant que dans deux dimensions, et en n'employant à ce dernier travail qu'un petit nombre de molécules organiques, qui, se trouvant alors surchargées de la matière brute, ne peuvent en arranger que les parties superficielles, sans en pénétrer l'intérieur pour en disposer le fond, et par conséquent sans pouvoir animer cette masse minérale d'une vie animale ou végétative? et quoique ce travail soit beaucoup plus simple que le premier, et que dans le réel il soit plus aisé d'effleurer la matière dans deux dimensions que de la brasser dans toutes trois à la fois, la nature emploie néanmoins les mêmes moyens et les mêmes agents : la force pénétrante de l'attraction jointe à celle

(*) Il n'est pas exact que tous les minéraux s'accroissent uniquement par juxtaposition. S'il est vrai, par exemple, qu'un cristal de sel marin ne s'accroisse que par juxtaposition à sa surface de nouveaux petits cristaux, il n'est pas démontré que tous les corps amorphes augmentent de volume par le même procédé, ou plutôt qu'ils ne puissent pas s'accroître par interposition entre leurs molécules de nouvelles molécules déposées par l'eau qui les imbibe; enfin, tous les minéraux liquides augmentent de volume par intussusception de molécules. Il n'y a donc pas, entre la nutrition des êtres vivants et l'accroissement des minéraux, autant de différences qu'on le suppose d'habitude. (Voyez pour cette question · DE LANESSAN, *Le Transformisme*.)

de la chaleur produisent les molécules organiques, et donnent le mouvement à la matière brute en la déterminant à telle ou telle forme, tant à l'extérieur qu'à l'intérieur, lorsqu'elle est travaillée dans les trois dimensions, et c'est de cette manière que se sont formés les germes des végétaux et des animaux ; mais dans les minéraux chaque petite lame infiniment mince, n'étant travaillée que dans deux dimensions par un plus ou moins grand nombre d'éléments organiques, elle ne peut recevoir qu'autour de sa surface une figuration plus ou moins régulière, et l'on ne peut nier que cette figuration ne soit un premier trait d'organisation ; c'est aussi le seul qui se trouve dans les minéraux : or, cette figure une fois donnée à chaque lame mince, à chaque atome du minéral, tous ceux qui l'ont reçue se réunissent par la force de leur affinité respective, laquelle, comme je l'ai dit (a), dépend ici plus de la figure que de la masse ; et bientôt ces atomes en petites lames minces, tous figurés de même, composent un volume sensible et de même figure ; les prismes du cristal, les rhombes des spaths calcaires, les cubes du sel marin, les aiguilles du nitre, etc., et toutes les figures anguleuses, régulières ou irrégulières des minéraux, sont tracées par le mouvement des molécules organiques, et particulièrement par les molécules qui proviennent du résidu des animaux et végétaux dans les matières calcaires, et dans celles de la couche universelle de terre végétale qui couvre la superficie du globe ; c'est donc à ces matières mêlées d'organique et de brut que l'on doit rapporter l'origine primitive des minéraux figurés.

Ainsi toute décomposition, tout détriment de matière animale ou végétale, sert non seulement à la nutrition, au développement et à la reproduction des êtres organisés, mais cette même matière active opère encore comme cause efficiente la figuration des minéraux : elle seule par son activité différemment dirigée, suivant les résistances de la matière inerte, peut donner la figure aux parties constituantes de chaque minéral, et il ne faut qu'un très petit nombre de molécules organiques pour imprimer cette trace superficielle d'organisation dans le minéral, dont elles ne peuvent travailler l'intérieur ; et c'est par cette raison que ces corps étant toujours bruts dans leur substance, ils ne peuvent croître par la nutrition comme les êtres organisés, dont l'intérieur est actif dans tous les points de la masse, et qu'ils n'ont que la faculté d'augmenter de volume par une simple agrégation superficielle de leurs parties.

Quoique cette théorie sur la figuration des minéraux soit plus simple d'un degré que celle de l'organisation des animaux et des végétaux, puisque la nature ne travaille ici que dans deux dimensions au lieu de trois ; et quoique cette idée ne soit qu'une extension ou même une conséquence de mes vues sur la nutrition, le développement et la reproduction des êtres, je

(a) Voyez l'article de cette Histoire naturelle, qui a pour titre : *De la Nature, seconde vue.*

ne m'attends pas à la voir universellement accueillie ni même adoptée de sitôt par le plus grand nombre. J'ai reconnu que les gens peu accoutumés aux idées abstraites ont peine à concevoir les moules intérieurs et le travail de la nature sur la matière dans les trois dimensions à la fois ; dès lors ils ne concevront pas mieux qu'elle ne travaille que dans deux dimensions pour figurer les minéraux : cependant rien ne me paraît plus clair, pourvu qu'on ne borne pas ses idées à celles que nous présentent nos moules artificiels ; tous ne sont qu'extérieurs et ne peuvent que figurer des surfaces, c'est-à-dire opérer sur deux dimensions ; mais l'existence du moule intérieur et son extension, c'est-à-dire ce travail de la nature dans les trois dimensions à la fois, sont démontrées par le développement de tous les germes dans les végétaux, de tous les embryons dans les animaux, puisque toutes leurs parties, soit extérieures, soit intérieures, croissent proportionnellement, ce qui ne peut se faire que par l'augmentation du volume de leur corps dans les trois dimensions à la fois : ceci n'est donc point un système idéal fondé sur des suppositions hypothétiques, mais un fait constant démontré par un effet général, toujours existant, et à chaque instant renouvelé dans la nature entière ; tout ce qu'il y a de nouveau dans cette grande vue, c'est d'avoir aperçu qu'ayant à sa disposition la force pénétrante de l'attraction et celle de la chaleur, la nature peut travailler l'intérieur des corps et brasser la matière dans les trois dimensions à la fois, pour faire croître les êtres organisés, sans que leur forme s'altère en prenant trop ou trop peu d'extension dans chaque dimension : un homme, un animal, un arbre, une plante, en un mot tous les corps organisés sont autant de moules intérieurs dont toutes les parties croissent proportionnellement, et par conséquent s'étendent dans les trois dimensions à la fois ; sans cela l'adulte ne ressemblerait pas à l'enfant, et la forme de tous les êtres se corromprait dans leur accroissement : car en supposant que la nature manquât totalement d'agir dans l'une des trois dimensions, l'être organisé serait bientôt non seulement défiguré, mais détruit, puisque son corps cesserait de croître à l'intérieur par la nutrition, et dès lors le solide, réduit à la surface, ne pourrait augmenter que par l'application successive des surfaces les unes contre les autres, et par conséquent d'animal ou végétal il deviendrait minéral, dont effectivement la composition se fait par la superposition de petites lames presque infiniment minces, qui n'ont été travaillées que sur les deux dimensions de leur surface en longueur et en largeur ; au lieu que les germes des animaux et des végétaux ont été travaillés non seulement en longueur et en largeur, mais encore dans tous les points de l'épaisseur qui fait la troisième dimension ; en sorte qu'il n'augmente pas par agrégation comme le minéral, mais par la nutrition, c'est-à-dire par la pénétration de la nourriture dans toutes les parties de son intérieur, et c'est par cette intussusception de la nourriture que l'animal et le végétal se développent et prennent leur accroissement sans changer de forme.

On a cherché à reconnaître et distinguer les minéraux par le résultat de l'agrégation ou cristallisation de leurs particules : toutes les fois qu'on dissout une matière, soit par l'eau, soit par le feu, et la réduit. à l'homogénéité, elle ne manque pas de se cristalliser, pourvu qu'on tienne cette matière dissoute assez longtemps en repos pour que les particules similaires et déjà figurées puissent exercer leur force d'affinité, s'attirer réciproquement, se joindre et se réunir. Notre art peut imiter ici la nature dans tous les cas où il ne faut pas trop de temps, comme pour la cristallisation des sels, des métaux et de quelques autres minéraux; mais quoique la substance du temps ne soit pas matérielle, néanmoins le temps entre comme élément général, comme ingrédient réel et plus nécessaire qu'aucun autre dans toutes les compositions de la matière : or, la dose de ce grand élément ne nous est point connue; il faut peut-être des siècles pour opérer la cristallisation d'un diamant, tandis qu'il ne faut que quelques minutes pour cristalliser un sel; on peut même croire que, toutes choses égales d'ailleurs, la différence de la dureté des corps provient du plus ou moins de temps que leurs parties sont à se réunir : car comme la force d'affinité, qui est la même que celle de l'attraction, agit à tout instant et ne cesse pas d'agir, elle doit avec plus de temps produire plus d'effet; or, la plupart des productions de la nature, dans le règne minéral, exigent beaucoup plus de temps que nous ne pouvons en donner aux compositions artificielles par lesquelles nous cherchons à l'imiter. Ce n'est donc pas la faute de l'homme; son art est borné par une limite qui est elle-même sans bornes; et quand, par ses lumières, il pourrait reconnaître tous les éléments que la nature emploie, quand il les aurait à sa disposition, il lui manquerait encore la puissance de disposer du temps et de faire entrer des siècles dans l'ordre de ses combinaisons.

Ainsi les matières qui paraissent être les plus parfaites sont celles qui, étant composées de parties homogènes, ont pris le plus de temps pour se consolider, se durcir et augmenter de volume et de solidité autant qu'il est possible : toutes ces matières minérales sont figurées; les éléments organiques tracent le plan figuré de leurs parties constituantes jusque dans les plus petits atomes et laissent faire le reste au temps, qui, toujours aidé de la force attractive, a d'abord séparé les particules hétérogènes pour réunir ensuite celles qui sont similaires par de simples agrégations toutes dirigées par leurs affinités. Les autres minéraux qui ne sont pas figurés ne présentent qu'une matière brute qui ne porte aucun trait d'organisation; et comme la nature va toujours par degrés et nuances, il se trouve des minéraux mipartis d'organique et de brut, lesquels offrent des figures irrégulières, des formes extraordinaires, des mélanges plus ou moins assortis, et quelquefois si bizarres qu'on a grand'peine à deviner leur origine et même à démêler leurs diverses substances.

L'ordre que nous mettrons dans la contemplation de ces différents objets, sera simple et déduit des principes que nous avons établis ; nous commencerons par la matière la plus brute, parce qu'elle fait le fond de toutes les autres matières, et même de toutes les substances plus ou moins organisées ; or, dans ces matières brutes, le verre primitif est celle qui s'offre la première comme la plus ancienne et comme produite par le feu dans le temps où la terre liquéfiée a pris sa consistance : cette masse immense de matière vitreuse, s'étant consolidée par le refroidissement, a formé des boursouflures et des aspérités à sa surface ; elle a laissé en se resserrant une infinité de vides et de fentes, surtout à l'extérieur, lesquelles se sont bientôt remplies par la sublimation ou la fusion de toutes les matières métalliques ; elle s'est durcie en roche solide à l'intérieur, comme une masse de verre bien recuit se consolide et se durcit lorsqu'il n'est point exposé à l'action de l'air. La surface de ce bloc immense s'est divisée, fêlée, fendillée, réduite en poudre par l'impression des agents extérieurs ; ces poudres de verre furent ensuite saisies, entraînées et déposées par les eaux, et formèrent dès lors les couches de sable vitreux qui, dans ces premiers temps, étaient bien plus épaisses et plus étendues qu'elles ne le sont aujourd'hui ; car une grande partie de ces débris de verre qui ont été transportés les premiers par le mouvement des eaux ont ensuite été réunis en blocs de grès, ou décomposés et convertis en argile par l'action et l'intermède de l'eau : ces argiles durcies par le dessèchement ont formé les ardoises et les schistes ; et ensuite les bancs calcaires produits par les coquillages, les madrépores et tous les détriments des productions de la mer, ont été déposés au-dessus des argiles et des schistes, et ce n'est qu'après l'établissement local de toutes ces grandes masses que se sont formés la plupart des autres minéraux.

Nous suivrons donc cet ordre, qui de tous est le plus naturel ; et, au lieu de commencer par les métaux les plus riches ou par les pierres précieuses, nous présenterons les matières les plus communes, et qui, quoique moins nobles en apparence, sont néanmoins les plus anciennes, et celles qui tiennent, sans comparaison, la plus grande place de la nature, et méritent par conséquent d'autant plus d'être considérées que toutes les autres en tirent leur origine.

DES VERRES PRIMITIFS.

Si l'on pouvait supposer que le globe terrestre, avant sa liquéfaction, eût été composé des mêmes matières qu'il l'est aujourd'hui, et qu'ayant tout à coup été saisi par le feu, toutes ces matières se fussent réduites en verre, nous aurions une juste idée des produits de la vitrification générale, en les comparant avec ceux des vitrifications particulières qui s'opèrent sous nos yeux par le feu des volcans; ce sont des verres de toutes sortes, très différents les uns des autres par la densité, la dureté, les couleurs, depuis les basaltes et les laves les plus solides et les plus noires jusqu'aux pierres ponces les plus blanches, qui semblent être les plus légères de ces productions de volcans; entre ces deux termes extrêmes, on trouve tous les autres degrés de pesanteur et de légèreté dans les laves plus ou moins compactes, et plus ou moins poreuses ou mélangées; de sorte qu'en jetant un coup d'œil sur une collection bien rangée de matières volcaniques, on peut aisément reconnaître les différences, les degrés, les nuances, et même la suite des effets et du produit de cette vitrification par le feu des volcans : dans cette supposition, il y aurait eu autant de sortes de matières vitrifiées par le feu primitif que par celui des volcans, et ces matières seraient aussi de même nature que les pierres ponces, les laves et les basaltes; mais le quartz et les matières vitreuses de la masse du globe étant très différents de ces verres de volcans, il est évident qu'on n'aurait qu'une fausse idée des effets et des produits de la vitrification générale si l'on voulait comparer ces matières primitives aux productions volcaniques.

Ainsi la terre, lorsqu'elle a été vitrifiée, n'était point telle qu'elle est aujourd'hui, mais plutôt telle que nous l'avons dépeinte à l'époque de sa formation (a); et, pour avoir une idée plus juste des effets et du produit de la vitrification générale, il faut se représenter le globe entier pénétré de feu et fondu jusqu'au centre, et se souvenir que cette masse en fusion, tournant sur elle-même, s'est élevée sous l'équateur par la force centrifuge, et en même temps abaissée sous les pôles, ce qui n'a pu se faire sans former des cavernes et des boursouflures dans les couches extérieures à mesure qu'elles prenaient de la consistance : tâchons donc de concevoir de quelle manière les matières vitrifiées ont pu se disposer et devenir telles que nous les trouvons dans le sein de la terre.

Toute la masse du globe, liquéfiée par le feu, ne pouvait d'abord être que d'une substance homogène et plus pure que celle de nos verres ou des laves de volcan, puisque toutes les matières qui pouvaient se sublimer étaient alors reléguées dans l'atmosphère avec l'eau et les autres substances volatiles : ce verre homogène et pur nous est représenté par le quartz (*), qui est la base de toutes les autres matières vitreuses; nous devons donc le regarder comme le verre primitif : sa substance est simple, dure et résistante à toute

(a) Voyez la *première époque*.

(*) Le quartz pur est formé d'acide silicique.

action des acides ou du feu (*); sa cassure vitreuse démontre son essence, et tout nous porte à penser que c'est le premier verre qu'ait produit la nature (**).

Et, pour se former une idée de la manière dont ce verre a pu prendre autant de consistance et de dureté, il faut considérer qu'en général le verre en fusion n'acquiert aucune solidité s'il est frappé par l'air extérieur, et que ce n'est qu'en le laissant recuire lentement et longtemps dans un four chaud et bien fermé qu'on lui donne une consistance solide; plus les masses de verre sont épaisses, et plus il faut de temps pour les consolider et les recuire : or, dans le temps que la masse du globe vitrifiée par le feu s'est consolidée par le refroidissement, l'intérieur de cette masse immense aura eu tout le temps de se recuire et d'acquérir de la solidité et de la dureté, tandis que la surface de cette même masse, frappée du refroidissement, n'a pu, faute de recuit, prendre aucune solidité; cette surface exposée à l'action des éléments extérieurs s'est divisée, fêlée, fendillée et même réduite en écailles, en paillettes et en poudre, comme nous le voyons dans nos verres en fusion, exposés à l'action de l'air; ainsi le globe dans ce premier temps a été couvert d'une grande quantité de ces écailles ou paillettes de verre primitif qui n'avait pu se recuire assez pour prendre de la solidité; et ces parcelles ou paillettes du premier verre nous sont aujourd'hui représentées par les micas et les grains décrépités du quartz, qui sont ensuite entrés dans la composition des granits et de plusieurs matières vitreuses.

Les micas (***) n'étant dans leur première origine que des exfoliations du quartz frappé par le refroidissement, leur essence est au fond la même que celle du quartz : seulement la substance du mica est un peu moins simple, car il se fond à un feu très violent, tandis que le quartz y résiste; et nous verrons dans la suite qu'en général plus la substance d'une matière est simple et homogène, moins elle est fusible : il paraît donc que, quand la couche extérieure du verre primitif s'est réduite en paillettes par la première action du refroidissement, il s'est mêlé à sa substance quelques parties hétérogènes contenues dans l'air dont il a été frappé, et dès lors la substance des micas, devenue moins pure que celle du quartz, est aussi moins réfractaire à l'action du feu.

Peu de temps avant que le quartz se soit entièrement consolidé en se recuisant lentement sous cette enveloppe de ses fragments décrépités et réduits en micas, le fer, qui de tous les métaux est le plus résistant au feu, a le premier occupé les fentes qui se formaient de distance en distance par la retraite que prenait la matière du quartz en se consolidant; et c'est dans ces mêmes interstices que s'est formé le jaspe (****), dont la substance n'est au fond qu'une matière quartzeuse, mais imprégnée de matières métalliques qui lui ont donné de fortes couleurs, et qui néanmoins n'ont point altéré la simplicité de son essence, car il est aussi infusible que le quartz : nous regarderons donc le quartz, le jaspe et le mica comme les trois premiers verres primitifs, et en même temps comme les trois matières les plus simples de la nature.

Ensuite et à mesure que la grande chaleur diminuait à la surface du globe, les matières sublimées tombant de l'atmosphère se sont mêlées en plus ou moins grande quantité avec le verre primitif, et de ce mélange ont résulté deux autres verres, dont la substance, étant moins simple, s'est trouvée bien plus fusible; ces deux verres sont le feldspath et le schorl : leur base est également quartzeuse; mais le fer et d'autres matières hétérogènes s'y trouvent mêlés au quartz, et c'est ce qui leur a donné une fusibilité à peu près égale à celle de nos verres factices.

On pourrait donc dire en toute rigueur qu'il n'y a qu'un seul verre primitif, qui est le

(*) Le quartz est fusible à la flamme de l'alcool alimenté par l'oxygène pur.

(**) J'ai à peine besoin de dire que tout cela est purement hypothétique.

(***) Le mica est formé d'un mélange de silicates; on ne peut donc pas le considérer comme « des exfoliations du quartz ».

(****) Le jaspe est un quartz opaque, coloré par des sels de fer

quartz, dont la substance, modifiée par la teinture du fer, a pris la forme de jaspe et celle de mica par les exfoliations de tous deux, et ce même quartz, avec une plus grande quantité de fer et d'autres matières hétérogènes, s'est converti en feldspath et en schorl (*) : c'est à ces cinq matières que la nature paraît avoir borné le nombre des premiers verres produits par le feu primitif, et desquelles ont ensuite été composées toutes les substances vitreuses du règne minéral.

Il y a donc eu, dès ces premiers temps, des verres plus ou moins purs, plus ou moins recuits et plus ou moins mélangés de matières différentes : les uns composés des parties les plus fixes de la matière en fusion, et qui, comme le quartz, ont pris plus de dureté et plus de résistance au feu que nos verres et que ceux des volcans; d'autres presque aussi durs, aussi réfractaires, mais qui, comme les jaspes, ont été fortement colorés par le mélange des parties métalliques; d'autres qui, quoique durs, sont, comme le feldspath et le schorl, très aisément fusibles; d'autres, enfin, comme le mica, qui, faute de recuit, étaient si spumeux et si friables qu'au lieu de se durcir ils se sont éclatés et dispersés en paillettes ou réduits en poudre par le plus petit et premier choc des agents extérieurs.

Ces verres, de qualités différentes, se sont mêlés, combinés et réunis ensemble en proportions différentes : les granits, les porphyres, les ophites et les autres matières vitreuses en grandes masses ne sont composés que des détriments de ces cinq verres primitifs; et la formation de ces substances mélangées a suivi de près celle de ces premiers verres et s'est faite dans le temps qu'ils étaient encore en demi-fusion : ce sont là les premières et les plus anciennes matières de la terre; elles méritent toutes d'être considérées à part, et nous commencerons par le quartz, qui est la base de toutes les autres, et qui nous paraît être de la même nature que la roche de l'intérieur du globe.

Mais je dois auparavant prévenir une objection qu'on pourrait me faire avec quelque apparence de raison. Tous nos verres factices et même toutes les matières vitreuses produites par le feu des volcans, telles que les basaltes et les laves, cèdent à l'impression de la lime et sont fusibles aux feux de nos fourneaux : le quartz et le jaspe, au contraire, que vous regardez, me dira-t-on, comme les premiers verres de nature, ne peuvent ni s'entamer par la lime, ni se fondre par notre art; et de vos cinq verres primitifs, qui sont le quartz, le jaspe, le mica, le feldspath et le schorl, il n'y a que les trois derniers qui soient fusibles, et encore le mica ne peut se réduire en verre qu'au feu le plus violent; et dès lors le quartz et les jaspes pourraient bien être d'une essence ou tout au moins d'une texture différente de celle du verre. La première réponse que je pourrais faire à cette objection, c'est que tout ce que nous connaissons non seulement dans la classe des substances vitreuses produites par la nature, mais même dans nos verres factices composés par l'art, nous fait voir que les plus purs et les plus simples de ces verres sont en même temps les plus réfractaires; et que, quand ils ont été fondus une fois, ils se refusent et résistent ensuite à l'action de la même chaleur qui leur a donné cette première fusion, et ne cèdent plus qu'à un degré de feu de beaucoup supérieur : or, comment trouver un degré de feu supérieur à un embrasement presque égal à celui du soleil, et tel que le feu qui a fondu ces quartz et ces jaspes? car, dans ce premier temps de la liquéfaction du globe, l'embrasement de la terre était à peu près égal à celui de cet astre, et puisque aujourd'hui même la plus grande chaleur que nous puissions produire est celle de la réunion d'une portion presque infiniment petite de ses rayons par les miroirs ardents, quelle idée ne devons-nous pas avoir de la violence du feu primitif, et pouvons-nous être étonnés qu'il ait produit le quartz et d'autres verres plus durs et moins fusibles que les basaltes et les laves des volcans?

Quoique cette réponse soit assez satisfaisante, et qu'on puisse très raisonnablement s'en

(*) Le feldspath et le schorl sont des silicates à composition variable.

tenir à mon explication, je pense que, dans des sujets aussi difficiles, on ne doit rien
prononcer affirmativement sans exposer toutes les difficultés et les raisons sur lesquelles
on pourrait fonder une opinion contraire : ne se pourrait-il pas, dira-t-on, que le quartz,
que vous regardez comme le produit immédiat de la vitrification générale, ne fût lui-
même, comme toutes les autres substances vitreuses, que le détriment d'une matière primitive que nous ne connaissons pas, faute d'avoir pu pénétrer à d'assez grandes profondeurs dans le sein de la terre pour y trouver la vraie masse qui en remplit l'intérieur?
L'analogie doit faire adopter ce sentiment plutôt que votre opinion; car les matières qui,
comme le verre, ont été fondues par nos feux, peuvent l'être de nouveau, et par le même
élément du feu, tandis que celles qui, comme le cristal de roche, l'argile blanche et la
craie pure, ne sont formées que par l'intermède de l'eau, résistent comme le quartz à la
plus grande violence du feu; dès lors ne doit-on pas penser que le quartz n'a pas été
produit par ce dernier élément, mais formé par l'eau comme l'argile et la craie pures, qui
sont également réfractaires à nos feux ? Et si le quartz a en effet été produit primitivement par l'intermède de l'eau, à plus forte raison le jaspe, le porphyre et les granits
auront été formés par le même élément.

J'observerai d'abord que, dans cette objection, le raisonnement n'est appuyé que sur la
supposition idéale d'une matière inconnue, tandis que je pars au contraire d'un fait certain,
en présentant pour matière primitive les deux substances les plus simples qui se soient
jusqu'ici rencontrées dans la nature (*); et je réponds, en second lieu, que l'idée sur
laquelle ce raisonnement est fondé n'est encore qu'une autre supposition démentie par les
observations; car il faudrait alors que les eaux eussent non seulement surmonté les pics
des plus hautes montagnes de quartz et de granit, mais encore que l'eau eût formé les
masses immenses de ces mêmes montagnes par des dépôts accumulés et superposés jusqu'à
leurs sommets; or, cette double supposition ne peut ni se soutenir, ni même se présenter
avec quelque vraisemblance, dès que l'on vient à considérer que la terre n'a pu prendre sa
forme renflée sous l'équateur et abaissée sous les pôles que dans son état de liquéfaction
par le feu, et que les boursouflures et les grandes éminences du globe ont de même nécessairement été formées par l'action de ce même élément dans le temps de la consolidation.
L'eau, en quelque quantité et dans quelque mouvement qu'on la suppose, n'a pu produire
ces chaînes de montagnes primitives qui font la charpente de la terre et tiennent à la
roche qui en occupe l'intérieur : loin d'avoir travaillé ces montagnes primitives dans
toute l'épaisseur de leur masse, ni par conséquent d'avoir pu changer la nature de cette
prétendue matière primitive pour en faire du quartz ou des granits, les eaux n'ont eu
aucune part à leur formation, car ces substances ne portent aucune trace de cette origine,
et n'offrent pas le plus petit indice du travail ou du dépôt de l'eau; on ne trouve aucune
production marine, ni dans le quartz, ni dans le granit; et leurs masses, au lieu d'être
disposées par couches comme le sont toutes les matières transportées ou déposées par les
eaux, sont au contraire comme fondues d'une seule pièce sans lits ni divisions que celles
des fentes perpendiculaires qui se sont formées par la retraite de la matière sur elle-même
dans le temps de sa consolidation par le refroidissement. Nous sommes donc bien fondés à
regarder le quartz et toutes les matières en grandes masses dont il est la base, telles que
les jaspes, les porphyres, les granits, comme des produits du feu primitif, puisqu'ils diffèrent en tout des matières travaillées par les eaux.

Le quartz forme la roche du globe; les appendices de cette roche servent de noyau
aux plus hautes éminences de la terre : le jaspe est aussi un produit immédiat du feu primitif, et il est, après le quartz, la matière vitreuse la plus simple; car il résiste également

____

(*) Le quartz et les autres « verres primitifs » de Buffon ne sont pas le moins du monde
des corps simples.

à l'action des acides et du feu; il n'est pas tout à fait aussi dur que le quartz, et il est presque toujours fortement coloré; mais ces différences ne doivent pas nous empêcher de regarder le jaspe en grande masse comme un produit du feu et comme le second verre primitif, puisqu'on n'y voit aucune trace de composition, ni d'autre indice de mélange que celui des parties métalliques qui l'ont coloré; du reste, il est d'une essence aussi pure que le quartz, qui lui-même a reçu quelquefois des couleurs et particulièrement le rouge du fer. Ainsi dans le temps de la vitrification générale, les quartz et jaspes, qui en sont les produits les plus simples, n'ont reçu par sublimation ou par mixtion qu'une petite quantité de particules métalliques dont ils sont colorés; et la rareté des jaspes, en comparaison du quartz, vient peut-être de ce qu'ils n'ont pu se former que dans les endroits où il s'est trouvé des matières métalliques, au lieu que le quartz a été produit en tous lieux. Quoi qu'il en soit, le quartz et le jaspe sont réellement les deux substances vitreuses les plus simples de la nature, et nous devons dès lors les regarder comme les deux premiers verres qu'elle ait produits.

L'infusibilité, ou plutôt la résistance à l'action du feu, dépend en entier de la pureté ou simplicité de la matière : la craie et l'argile pures (*) sont aussi infusibles que le quartz et le jaspe; toutes les matières mixtes ou composées sont au contraire très aisément fusibles. Nous considérerons donc d'abord le quartz et le jaspe comme étant les deux matières vitreuses les plus simples; ensuite nous placerons le mica, qui, étant un peu moins réfractaire au feu, paraît être un peu moins simple; et enfin nous présenterons le feldspath et le schorl, dont la grande fusibilité semble démontrer que leur substance est mélangée; après quoi nous traiterons des matières composées de ces cinq substances primitives, lesquelles ont pu se mêler et se combiner ensemble deux à deux, trois à trois, ou quatre à quatre, et dont le mélange a réellement produit toutes les autres matières vitreuses en grandes masses.

Nous ne mettrons pas au nombre des substances du mélange celles qui donnent les couleurs à ces différentes matières, parce qu'il ne faut qu'une si petite quantité de métal pour colorer de grandes masses qu'on ne peut regarder la couleur comme partie intégrante d'aucune substance; et c'est par cette raison que les jaspes peuvent être regardés comme aussi simples que le quartz, quoiqu'ils soient presque toujours fortement colorés. Ainsi nous présenterons d'abord ces cinq verres primitifs; nous suivrons leurs combinaisons et leurs mélanges entre eux; et, après avoir traité de ces grandes masses vitreuses formées et fondues par le feu, nous passerons à la considération des masses argileuses et calcaires qui ont été produites et entassées par le mouvement des eaux.

DU QUARTZ.

Le quartz est le premier des verres primitifs; c'est même la matière première dont on peut concevoir qu'est formée la roche intérieure du globe; ses appendices extérieurs, qui servent de base et de noyau aux plus grandes éminences de la terre, sont aussi de cette même matière primitive : ces noyaux des plus hautes montagnes se sont trouvés d'abord environnés et couverts des fragments décrépités de ce premier verre, ainsi que des écailles du jaspe, des paillettes du mica et des petites masses cristallisées du feldspath et du schorl, qui dès lors ont formé par leur réunion les grandes masses de granit, de porphyre, et de toutes les autres roches vitreuses composées de ces premières matières produites

(*) La « craie et l'agile pure » ne sont cependant pas des corps simples.

par le feu primitif ; les eaux n'ont agi que longtemps après sur ces mêmes fragments et poudre de verre, pour en former les grès, les talcs, et les convertir enfin par une longue décomposition en argile et en schiste. Il y a donc eu d'abord, à la surface du globe, des sables décrépités de tous les verres primitifs, et c'est de ces premiers sables que les roches vitreuses en grande masse ont été composées ; ensuite ces sables, transportés par le mouvement des eaux, et réunis par l'intermède de cet élément, ont formé les grès et les talcs ; et enfin ces mêmes sables, par un long séjour dans l'eau, se sont atténués, ramollis et convertis en argile. Voilà la suite des altérations et les changements successifs de ces premiers verres : toutes les matières qui en ont été formées, avant que l'eau les eût pénétrées, sont demeurées sèches et dures ; celles, au contraire, qui n'ont été produites que par l'action de l'eau, lorsque ces mêmes verres ont été imbus d'humidité, ont conservé quelque mollesse, car tout ce qui est humide est en même temps mou, c'est-à-dire moins dur que ce qui est sec ; aussi n'y a-t-il de parfaitement solide que ce qui est entièrement sec : les verres primitifs et les matières qui en sont composées, telles que les porphyres, les granits, qui toutes ont été produites par le feu, sont aussi dures que sèches ; les métaux même les plus purs, tels que l'or et l'argent, que je regarde aussi comme des produits du feu, sont de même d'une sécheresse entière (a).

Mais toute matière ne conserve sa sécheresse et sa dureté qu'autant qu'elle est à l'abri de l'action des éléments humides, qui, dans un temps plus ou moins long, la pénètrent, l'altèrent, et semblent quelquefois en changer la nature en lui donnant une forme extérieure toute différente de la première. Les cailloux les plus durs, les laves des volcans et tous nos verres factices se convertissent en terre argileuse par la longue impression de l'humidité de l'air ; le quartz et tous les autres verres produits par la nature, quelque durs qu'ils soient, doivent subir la même altération, et se convertir à la longue en terre plus ou moins analogue à l'argile.

Ainsi le quartz, comme toute autre matière, doit se présenter dans des états différents : le premier, en grandes masses dures et sèches, produites par la vitrification primitive, et telles qu'on les voit au sommet et sur les flancs de plusieurs montagnes ; le second de ces états est celui où le quartz se présente en petites masses brisées et décrépitées par le premier refroidissement, et c'est sous cette seconde forme qu'il est entré dans la composition des granits et de plusieurs autres matières vitreuses ; le troisième enfin est celui où ces petites masses sont dans un état d'altération ou de décomposition, produit par les vapeurs de la terre ou par l'infiltration de l'eau. Le quartz primitif est aride au toucher ; celui qui est altéré par les vapeurs de la terre ou par l'eau est plus doux, et celui qui sert de gangue aux métaux est ordinairement onctueux ; il y en a aussi qui est cassant, d'autre qui est feuilleté, etc. ; mais l'un des caractères généraux du quartz dur, opaque ou transparent, est d'avoir la cassure vitreuse, c'est-à-dire par ondes convexes et concaves, également polies et luisantes ; et ce caractère très marqué suffirait pour indiquer que le quartz est un

(a) L'expérience m'a démontré que ces métaux ne contiennent aucune humidité dans leur intérieur.

Ayant exposé au foyer de mon miroir ardent, à quarante ou cinquante pieds de distance, des assiettes d'argent et d'assez larges plaques d'or, je fus d'abord un peu surpris de les voir fumer longtemps avant de se fondre ; cette fumée était assez épaisse pour faire une ombre très sensible sur le terrain éclairé, comme le miroir, par la lumière du soleil ; elle avait tout l'air d'une vapeur humide, et, s'en tenant à cette première apparence, on aurait pu penser que ces métaux contiennent une bonne quantité d'eau ; mais ces mêmes vapeurs étant interceptées, reçues et arrêtées par une plaque d'autre matière, elles l'ont dorée ou argentée : ce dernier effet démontre donc que ces vapeurs, loin d'être aqueuses, sont purement métalliques, et qu'elles ne se séparent de la masse du métal que par une sublimation causée par la chaleur du foyer auquel il était exposé.

verre, quoiqu'il ne soit pas fusible au feu de nos fourneaux, et qu'il soit moins transparent et beaucoup plus dur que nos verres factices. Indépendamment de sa dureté, de sa résistance au feu et de sa cassure vitreuse, il prend souvent un quatrième caractère, qui est la cristallisation si connue du cristal de roche : or, le quartz dans son premier état, c'est-à-dire en grandes masses produites par le feu, n'est point cristallisé, et ce n'est qu'après avoir été décomposé par l'impression de l'eau que ses particules prennent, en se réunissant, la forme des prismes du cristal; ainsi le quartz dans ce second état, n'est qu'un extrait formé par stillation de ce qu'il y a de plus homogène dans sa propre substance (*).

Le cristal est en effet de la même nature que le quartz; il n'en diffère que par sa forme et par sa transparence : tous deux, frottés l'un contre l'autre, deviennent lumineux; tous deux jettent des étincelles par le choc de l'acier; tous deux résistent à l'action des acides, et sont également réfractaires au feu; enfin tous deux sont à peu près de la même densité, et par conséquent leur substance est la même.

On trouve aussi du quartz de seconde formation en petites masses opaques et non cristallisées, mais seulement feuilletées et trouées, comme si cette matière de quartz eût coulé dans les interstices et les fentes d'une terre molle qui lui aurait servi de moule : ce quartz feuilleté n'est qu'une stalactite grossière du quartz en masse, et cette stalactite est composée, comme le grès, de grains quartzeux qui ont été déposés et réunis par l'intermède de l'eau. Nous verrons dans la suite que ce quartz troué sert quelquefois de base aux agates et à d'autres matières du même genre.

M. de Gensanne attribue aux vapeurs de la terre l'altération et même la production des quartz qui accompagnent les filons des métaux; il a fait sur cela de bonnes observations et quelques expériences que je ne puis citer qu'avec éloge. Il assure que ces vapeurs, d'abord condensées en concrétions assez molles, se cristallisent ensuite en quartz. « C'est, » dit-il, une observation que j'ai suivie plusieurs années de suite à la mine de Cramaillot, » à Planches-les-Mines en Franche-Comté; les eaux qui suintent à travers les rochers de » cette mine forment des stalactites au ciel des travaux, et même sur les bois, qui ressem- » blent aux glaçons qui pendent aux toits pendant l'hiver, et qui sont un véritable quartz. » Les extrémités de ces stalactites, qui n'ont pas encore pris une consistance solide, don- » nent une substance grenue, cristalline, qu'on écrase facilement entre les doigts; et » comme c'est un filon de cuivre, il n'est pas rare, parmi ces stalactites, d'y en voir quel- » ques-unes qui forment de vraies malachites d'un très beau vert. Lorsque les travaux » d'une mine ont été abannonnées et que les puits sont remplis d'eau, il n'est pas rare de » trouver, au bout d'un certain temps, la surface de ces puits plus ou moins couverte d'une » espèce de matière blanche cristallisée, qui est un véritable quartz, c'est-à-dire un *gurh* » cristallisé. J'ai vu de ces concrétions qui avaient plus d'un pouce d'épaisseur (a). »

Je ne suis point du tout éloigné de ces idées de M. de Gensanne; jusqu'à lui, les physiciens n'attribuaient aucune formation réelle et solide aux vapeurs de la terre, mais ces observations et celles que M. de Lassone a faites sur l'émail des grès semblent démontrer que, dans plusieurs circonstances, les vapeurs minérales prennent une forme solide et même une consistance très dure.

Il paraît donc que le quartz, suivant ses différents degrés de décomposition et d'atténuation, se réduit en grains et petites lames qui se rassemblent en masses feuilletées, et que ses stillations plus épurées produisent le cristal de roche; il paraît de même qu'il passe

(a) *Hist. nat. du Languedoc*, t. II, p. 28 et suiv.

(*) Le quartz cristallisé et le quartz amorphe ne diffèrent l'un de l'autre que par la présence dans le premier d'une certaine quantité d'eau dite « de cristallisation »; en lui enlevant cette eau par la chaleur on lui fait perdre sa forme cristalline. Buffon expose justement la façon dont s'est formé le quartz cristallisé ou cristal de roche : il est le produit d'une action de l'eau.

de l'opacité à la transparence par nuances, comme on le voit dans plusieurs montagnes, et particulièrement dans celles des Vosges, où M. l'abbé Bexon nous assure avoir observé le quartz dans plusieurs états différents : il y a trouvé des quartz opaques ou laiteux, et d'autres transparents ou demi-transparents ; les uns disposés par veines et d'autres par blocs, et même par grandes masses, faisant partie des montagnes ; et tous ces quartz sont souvent accompagnés de leurs cristaux, colorés ou non colorés. M. Guettard a observé les grands rochers de quartz blancs de Chipelu et d'Oursière (a) en Dauphiné, et il fait aussi mention des quartz des environs d'Allevard, dans cette même province. M. Bowles rapporte que dans le terrain de la Nata, en Espagne, il y a une veine de quartz qui sort de la terre, s'étend à plus d'une demi-lieue, et se perd ensuite dans la montagne ; il dit avoir coupé un morceau de ce quartz qui était à demi transparent et presque aussi fin que du cristal de roche ; il forme comme une bande ou ruban de quatre doigts de large, entre deux lisières d'un autre quartz plus obscur ; et le long de cette même veine il se trouve des morceaux de quartz couverts de cristaux réguliers de couleur de lait (b). M. Guettard a trouvé de semblables cristaux sur le quartz en Auvergne : la plupart de ces cristaux étaient transparents et quelques-uns étaient opaques, bruns et jaunâtres, ordinairement très distingués les uns des autres, souvent hérissés de beaucoup d'autres cristaux très petits, parmi lesquels il y en avait plusieurs d'un beau rouge de grenat. Il en a vu de même sur les bancs de granit, et lorsque ces cristaux sont transparents et violets, on leur donne en Auvergne le nom d'*améthyste*, et celui d'*émeraude* lorsqu'ils sont verts (c). Je dois observer ici, pour éviter toute erreur, que l'améthyste est en effet un cristal de roche coloré, mais que l'émeraude est une pierre très différente, qu'on ne doit pas mettre au nombre des cristaux, parce qu'elle en diffère essentiellement dans sa composition, l'émeraude étant formée de lames superposées, au lieu que le cristal et l'améthyste sont composés de prismes réunis. Et d'ailleurs cette prétendue émeraude ou cristal vert d'Auvergne n'est autre chose qu'un spath fluor, qui est, à la vérité, une substance vitreuse, mais différente du cristal.

On trouve souvent du quartz en gros blocs détachés du sommet ou séparés du noyau des montagnes ; M. Montel, habile minéralogiste, parle de semblables masses qu'il a vues dans les Cévennes, au diocèse d'Alais. « Ces masses de quartz, dit-il, n'affectent aucune » figure régulière, leur couleur est blanche, et comme ils n'ont que peu de gerçures, ils » n'ont été pénétrés d'aucune terre colorée ; ils sont opaques, et, quand on les casse, ils se » divisent en morceaux inégaux, anguleux... La fracture représente une vitrification ; elle » est luisante et réfléchit les rayons de lumière, surtout si c'est un quartz cristallin, car » on en trouve quelquefois de cette espèce parmi ces gros morceaux. On ne voit point de » quartz d'une forme ronde dans ces montagnes ; il ne s'en trouve que dans les rivières » ou dans les ruisseaux, et il n'a pris cette forme qu'à force de rouler dans le sable (d). »

Ces quartz en morceaux arrondis et roulés, que l'on trouve dans le lit et les vallées des rivières qui descendent des grandes montagnes primitives, sont les débris et les restes des veines ou masses de quartz qui sont tombées de la crête et des flancs de ces mêmes montagnes, minées et en partie abattues par le temps ; et non seulement il se trouve une très grande quantité de quartz en morceaux arrondis dans le lit de ces rivières, mais souvent on voit sur les collines voisines des couches entières composées de ces cailloux de quartz arrondis et roulés par les eaux (e) : ces collines ou montagnes inférieures sont évidemment de seconde formation ; et quelquefois ces quartz roulés s'y trouvent mêlés

---

(a) *Mém. sur la minéralogie du Dauphiné*, p. 30 et 45.
(b) *Hist. nat. d'Espagne*, par M. Bowles, t. Ier, p. 448 et 449.
(c) *Mém. de l'Académie des sciences*, année 1759.
(d) *Mém. de l'Académie des sciences*, année 1762, p. 639.
(e) *Hist. nat. d'Espagne*, par M. Bowles, p. 179 et 188.

avec la pierre calcaire, et tous deux ont également été transportés et déposés par le mouvement des eaux.

Avant de terminer cet article du quartz, je dois remarquer que j'ai employé partout, dans mes Discours sur la théorie de la terre et dans ceux des époques de la nature, le mot de roc vif pour exprimer la roche quartzeuse de l'intérieur du globe et du noyau des montagnes; j'ai préféré le nom de roc vif à celui de quartz, parce qu'il présente une idée plus familière et plus étendue, et que cette expression, quoique moins précise, suffisait pour me faire entendre; d'ailleurs, j'ai souvent compris sous la dénomination de roc vif non seulement le quartz pur, mais aussi le quartz mêlé de mica, les jaspes, porphyres, granits et toutes les roches vitreuses en grandes masses que le feu ne peut calciner, et qui par leur dureté étincellent avec l'acier. Les rocs vitreux primitifs diffèrent des rochers calcaires non seulement par leur essence, mais aussi par leur disposition; ils ne sont pas posés par bancs ou par couches horizontales, mais ils sont en pleines masses comme s'ils étaient fondus d'une seule pièce (a), autre preuve qu'ils ne tirent pas leur origine du transport et du dépôt des eaux. La dénomination générique du roc vif suffisait aux objets généraux que j'avais à traiter; mais aujourd'hui qu'il faut entrer dans un plus grand détail, nous ne parlerons du roc vif que pour le comparer quelquefois à la *roche morte*, c'est-à-dire à ce même roc quand il a perdu sa dureté et sa consistance par l'impression des éléments humides à la surface de la terre, ou lorsqu'il a été décomposé dans son sein par les vapeurs minérales.

Je dois encore avertir que quand je dis et dirai que le quartz, le jaspe, l'argile pure, la craie et d'autres matières sont infusibles, et qu'au contraire le feldspath, le schorl, la glaise ou argile impure, la terre limoneuse et d'autres matières sont fusibles, je n'entends jamais qu'un degré relatif de fusibilité ou d'infusibilité; car je suis persuadé que tout dans la nature est fusible, puisque tout a été fondu, et que les matières qui, comme le quartz et le jaspe, nous paraissent les plus réfractaires à l'action de nos feux, ne résisteraient pas à celle d'un feu plus violent. Nous ne devons donc pas admettre, en histoire naturelle, ce caractère d'infusibilité dans un sens absolu, puisque cette propriété n'est pas essentielle, mais dépend de notre art et même de l'imperfection de cet art, qui n'a pu nous fournir encore les moyens d'augmenter assez la puissance du feu pour refondre quelques-unes de ces mêmes matières fondues par la nature.

Nous avons dit ailleurs (b) que le feu s'employait de trois manières, et que dans chacune les effets et le produit de cet élément étaient très différents : la première de ces manières est d'employer le feu en grand volume, comme dans les fourneaux de réverbère pour la verrerie et pour la porcelaine; la seconde, en plus petit volume, mais avec plus de vitesse au moyen des soufflets ou des tuyaux d'aspiration, et la troisième en très petit volume, mais en masse concentrée au foyer des miroirs : j'ai éprouvé, dans un fourneau de glacerie (c), que le feu en grand volume ne peut fondre la mine de fer en grain, même en y ajoutant des fondants (d); et néanmoins le feu, quoiqu'en moindre volume, mais animé par l'air des soufflets, fond cette même mine de fer sans addition d'aucun fondant. La troisième manière par laquelle on concentre le volume du feu au foyer des miroirs ardents est la plus puissante et en même temps la plus sûre de toutes, et l'on verra si je puis achever mes expériences au *miroir à échelons*, que la plupart des matières regardées

---

(a) « Dans les hautes montagnes, on ne rencontre point le roc par bancs; il est solide » partout et comme s'il était fondu d'une pièce. » *Instruction sur l'art des mines*, par M. Delius, traduite de l'allemand, t. Ier, p. 7.

(b) T. IX, p. 29 et suiv.

(c) A Rouelle, en Bourgogne, où il se fait de très belles glaces.

(d) T. IX, p. 36 et suiv.

jusqu'ici comme infusibles ne l'étaient que par la faiblesse de nos feux. Mais, en attendant cette démonstration, je crois qu'on peut assurer, sans craindre de se tromper qu'il ne faut qu'un certain degré de feu pour fondre ou brûler, sans aucune exception, toutes les matières terrestres de quelque nature qu'elles puissent être; la seule différence, c'est que les substances pures et simples sont toujours plus réfractaires au feu que les matières composées, parce que, dans tout mixte, il y a des parties que le feu saisit et dissout plus aisément que les autres, et ces parties une fois dissoutes servent de fondant pour liquéfier les premières.

Nous exclurons donc de l'histoire naturelle des minéraux ce caractère d'infusibilité absolue, d'autant que nous ne pouvons le connaître que d'une manière relative, même équivoque, et jusqu'ici trop incertaine pour qu'on puisse l'admettre, et nous n'emploierons : 1° que celui de la fusibilité relative; 2° le caractère de la calcination ou non-calcination avant la fusion, caractère beaucoup plus essentiel, et par lequel on doit établir les deux grandes divisions de toutes les matières terrestres, dont les unes ne se convertissent en verre qu'après s'être calcinées, et dont les autres se fondent sans se calciner auparavant; 3° le caractère de l'effervescence avec les acides, qui accompagne ordinairement celui de la calcination; et ces deux caractères suffisent pour nous faire distinguer les matières vitreuses des substances calcaires ou gypseuses; 4° celui d'étinceler ou faire feu contre l'acier trempé, et ce caractère indique plus qu'aucun autre la sécheresse et la dureté des corps; 5° la cassure vitreuse, spathique, terreuse ou grenue, qui présente à nos yeux la texture intérieure de chaque substance; 6° enfin les couleurs qui démontrent la présence des parties métalliques dont les différentes matières sont imprégnées. Avec ces six caractères, nous tâcherons de nous passer de la plupart de ceux que les chimistes ont employés; ils ne serviraient ici qu'à confondre les productions de la nature avec celles d'un art qui quelquefois, au lieu de l'analyser, ne fait que la défigurer; le feu n'est pas un simple instrument dont l'action soit bornée à diviser ou dissoudre les matières : le feu est lui-même une matière (*) qui s'unit aux autres, et qui en sépare et enlève les parties les moins fixes; en sorte qu'après le travail de cet élément, les caractères naturels de la plupart des substances sont ou détruits ou changés, et que souvent même l'essence de ces substances en est entièrement altérée.

Le naturaliste, en traitant des minéraux, doit donc se borner aux objets que lui présente la nature, et renvoyer aux artistes tout ce que l'art a produit : par exemple, il décrira les sels qui se trouvent dans le sein de la terre, et ne parlera des sels formés dans nos laboratoires que comme d'objets accessoires et presque étrangers à son sujet; il traitera de même des terres argileuses, calcaires, gypseuses et végétales, et non des terres qu'on doit regarder comme artificielles, telles que la terre alumineuse, la terre sedlitienne et nombre d'autres qui ne sont que des produits de nos combinaisons; car, quoique la nature ait pu former en certaines circonstances tout ce que nos arts semblent avoir créé, puisque toutes les substances et même les éléments sont convertibles par ses seules puissances (a), et que, pourvue de tous les principes, elle ait pu faire tous les mélanges, nous devons d'abord nous borner à la saisir par les objets qu'elle nous présente et nous en tenir à les exposer tels qu'ils sont, sans vouloir la surcharger de toutes les petites combinaisons secondaires que l'on doit renvoyer à l'histoire de nos arts.

(a) Voyez le Discours sur les éléments, t. IX.

(*) Nous avons déjà fait observer bien des fois que le feu n'est pas « une matière ».

DU JASPE.

Le jaspe n'est qu'un quartz plus ou moins pénétré de parties métalliques; elles lui donnent les couleurs et rendent sa cassure moins nette que celle du quartz; il est aussi plus opaque; mais comme, à la couleur près, le jaspe n'est composé que d'une seule substance, nous croyons qu'on peut le regarder comme une sorte de quartz, dans lequel il n'est entré d'autres mélanges que des vapeurs métalliques; car, du reste, le jaspe, comme le quartz, résiste à l'action du feu et à celle des acides; il étincelle de même avec l'acier; et, s'il est un peu moins dur que le quartz, on peut encore attribuer cette différence à la grande quantité de ces mêmes parties métalliques dont il est imprégné (a) : le quartz, le jaspe, le mica, le feldspath et le schorl doivent être regardés comme les seuls verres primitifs; toutes les autres matières vitreuses en grandes masses, telles que les porphyres, les granits et les grès, ne sont que des mélanges ou des débris de ces mêmes verres, qui ont pu, en se combinant deux à deux, former dix matières différentes (b), et combinées trois à trois ont de même pu former encore dix autres matières (c); et enfin, combinées quatre à quatre ou mêlées toutes cinq ensemble, ont encore pu former cinq matières différentes (d).

Quoique tous les jaspes aient la cassure moins brillante que celle du quartz, ils reçoivent néanmoins également le poli dans tous les sens; leur tissu très serré a retenu les atomes métalliques dont ils sont colorés, et les métaux ne se trouvant en grande quantité qu'en quelques endroits du globe, il n'est pas surprenant qu'il y ait dans la nature beaucoup moins de jaspe que de quartz; car il fallait pour former les jaspes cette circonstance de plus, c'est-à-dire un grand nombre d'exhalaisons métalliques, qui ne pouvaient être sublimées que dans les lieux abondants en métal : l'on peut donc présumer que c'est par cette raison qu'il y a beaucoup moins de jaspe que de quartz, et qu'ils sont en masses moins étendues.

Mais de la même manière que nous avons distingué deux états dans le quartz, l'un très ancien produit par le feu primitif, et l'autre plus nouveau occasionné par la stillation des eaux, de même nous distinguerons deux états dans le jaspe: le premier, où, comme le quartz, il a été formé en grandes masses (e) dans le temps de la vitrification générale; et

(a) Le jaspe, selon M. Demeste, n'est qu'une sorte de quartz : « Les jaspes, dit-il, sont » des masses quartzeuses, opaques, très dures, et qui varient beaucoup par les couleurs; ils » se rencontrent par filons, et forment même quelquefois des rochers fort considérables : le » jaspe a presque toujours un œil gras et luisant à sa surface. » Lettres à M. le docteur Bernard, t. Ier, p. 450.

(b) 1º Quartz et jaspe; 2º quartz et mica; 3º quartz et feldspath; 4º quartz et schorl; 5º jaspe et mica; 6º jaspe et feldspath; 7º jaspe et schorl; 8º mica et feldspath; 9º mica et schorl; 10º feldspath et schorl.

(c) 1º Quartz, jaspe et mica; 2º quartz, jaspe et feldspath; 3º quartz, jaspe et schorl; 4º quartz, mica et feldspath; 5º quartz, mica et schorl; 6º quartz, feldspath et schorl; 7º jaspe, mica et feldspath; 8º jaspe, mica et schorl; 9º jaspe, feldspath et schorl; 10º mica, feldspath et schorl.

(d) 1º Quartz, jaspe, mica et feldspath; 2º quartz, jaspe, mica et schorl; 3º quartz, jaspe, feldspath et schorl; 4º jaspe, mica, feldspath et schorl; 5º enfin, quartz, jaspe, mica, feldspath et schorl : en tout vingt-cinq combinaisons ou matières différentes.

(e) M. Ferber a vu (à Florence, dans le cabinet de M. Targioni Tozzetti) du jaspe rouge sanguin, veiné de blanc, provenant de Barga, dans les Apennins de la Toscane, où des couches considérables et même des montagnes entières sont, dit-il, formées de jaspe.

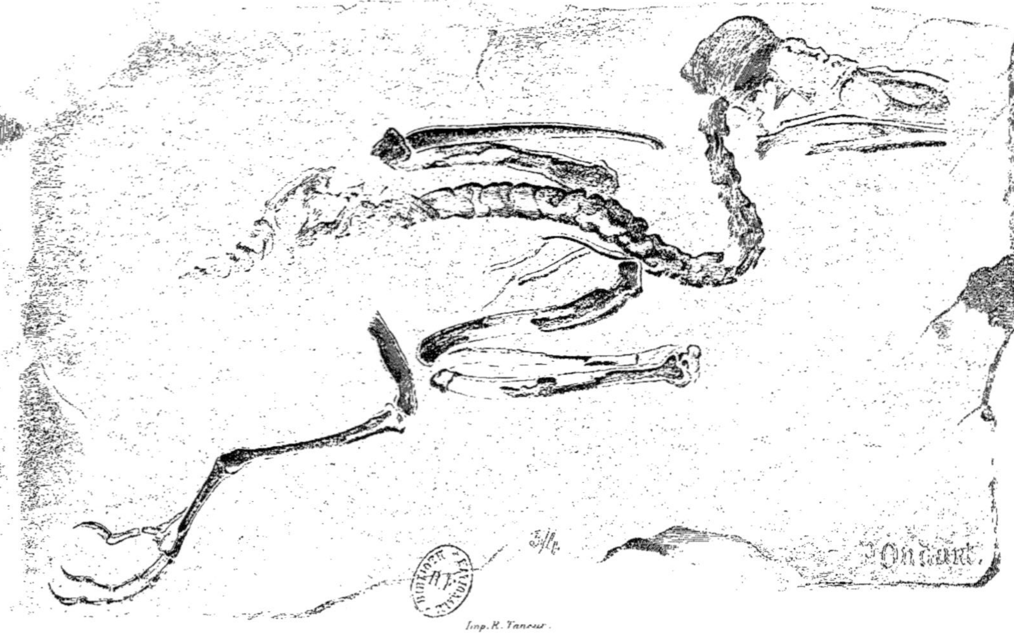

ALCEDO

le second où la stillation des eaux a produit de nouveaux jaspes aux dépens des premiers, et ces nouveaux jaspes étant des extraits du jaspe primitif, comme le cristal de roche est un extrait du quartz, ils sont pour la plupart encore plus purs et d'un grain plus fin que celui dont ils tirent l'origine; mais nous devons renvoyer à des articles particuliers l'examen des cristaux de roche et des autres pierres vitreuses, opaques ou transparentes que nous ne regardons que comme des stalactites du quartz, du jaspe et des autres matières primitives (a); ces substances secondaires, quoique de même nature que les premières, n'ayant été produites que par l'intermède de l'eau, ne doivent être considérées qu'après avoir examiné les matières dont elles tirent leur origine, et qui ont été formées par le feu primitif. Je ne vois donc, dans toute la nature, que le quartz, le jaspe, le mica, le feldspath et le schorl qu'on puissse regarder comme des matières simples ou presque simples, et auxquelles on peut ajouter encore le grès pur, qui n'est qu'une agrégation de grains quartzeux, et le talc qui de même n'est composé que de paillettes micacées. Nous séparons donc de ces verres primitifs tous leurs produits secondaires, tels que les cailloux, agates, cornalines, sardoines, jaspes agatés et autres pierres opaques ou demi-transparentes, ainsi que les cristaux de roche et les pierres précieuses, parce qu'elles doivent être mises dans la classe des substances de dernière formation.

Le jaspe primitif a été produit par le feu presque en même temps que le quartz, et la nature montre elle-même en quelques endroits comment elle a formé le jaspe dans le quartz. « On voit dans les Vosges lorraines, dit un de nos plus habiles naturalistes (b), une
» montagne où le jaspe traverse et serpente entre les masses de quartz par larges veines
» sinueuses qui représentent les soupiraux par lesquels s'exhalaient les sublimations métal-
» liques; car toutes ces veines sont diversement colorées, et partout où elles commencent
» à prendre des couleurs, la plante quartzeuse s'adoucit et semble se fondre en jaspe, en
» sorte qu'on peut avoir, dans le même échantillon, et la matière quartzeuse et le filon
» jaspé. Ces veines de jaspes sont de différentes dimensions : les unes sont larges de plu-
» sieurs pieds, et les autres seulement de quelques pouces ; et partout où la veine n'est pas
» pleine, mais laisse quelques bouillons ou interstices, on voit de belles cristallisations
» dont plusieurs sont colorées. On peut contempler en grand ces effets de la nature dans
» cette belle montagne; elle est coupée à pic, par différents groupes, sur trois et quatre
» cents pieds de hauteur; et sur ses flancs couverts d'énormes quartiers rompus et entassés,
» comme de vastes ruines, s'élèvent encore d'énormes pyramides de ce même rocher,
» tranché et mis à pic du côté du vallon. Cette montagne, la dernière des Vosges lorraines,

Les murs de la capella di San-Lorenzo, à Florence, sont revêtus de très belles et grandes plaques de ce jaspe qui prend très bien le poli.

Un peu au-dessous du château de Montieri, dans le pays de Sienne, est la montagne di Montieri, formée de schiste micacé; on y trouve d'anciennes minières d'argent, de cuivre et de plomb, et une grande couche, au moins de trois toises d'épaisseur, d'un gros jaspe rouge, qui s'étend jusqu'au Castello di Gerfalco; mais ce lit étant composé de plusieurs petites couches minces qui ont beaucoup de fentes, on ne peut pas s'en servir. *Lettres sur la minéralogie*, etc., p. 109.

(a) Le jaspe rouge, dans lequel M. Ferber dit avoir vu des coquilles pétrifiées, est certainement un de ces jaspes de seconde formation. Voyez ses *Lettres sur la minéralogie*, etc., p. 19; il s'explique lui-même de manière à n'en laisser aucun doute : « La superficie des
» montagnes *calcaires* des environs de Brescia, dit-il (p. 33), est composée de petites cou-
» ches dans lesquelles on découvre du jaspe, de la pierre à fusil de couleur rouge et
» noire; on nomme ces couches la *scaglia;* c'est dans ces environs qu'on vient de trouver
» des coquilles pétrifiées dans du jaspe rouge mêlé de quartz. » Ce jaspe, produit dans des couches calcaires, est une stillation vitreuse, comme le silex avec lequel il se trouve. Voyez les mêmes *Lettres sur la minéralogie*.

(b) M. l'abbe Bexon, grand chantre de la Sainte-Chapelle de Paris.

» sur les confins de la Franche-Comté, à l'entrée du canton nommé le *Val d'Ajol* (a), fer-
» mait, en effet, un vallon très profond, dont les eaux, par un effort terrible, ont rompu
» la barrière de roche et se sont ouvert un passage au milieu de la masse de la montagne,
» dont les hautes ruines sont suspendues de chaque côté. Au fond coule un torrent, dont le
» bruit accroît l'émotion qu'inspire l'aspect menaçant et la sauvage beauté de cet antique
» temple de la nature, l'un des lieux du monde peut-être où l'on peut voir une des plus
» grandes coupes d'une montagne vitreuse, et contempler plus en grand le travail de la
» nature dans ces masses primitives du globe (b). »

On trouve, en Provence, comme en Lorraine, de grandes masses de jaspe, particulièrement dans la forêt de l'Esterelle; il s'en trouve encore plus abondamment en Allemagne,
en Bohême, en Saxe, et notamment à Freyberg (c). J'en ai vu des tables de trois pieds de
longueur, et l'on m'a assuré qu'on en avait tiré de huit à neuf pieds dans une carrière de
l'archevêché de Saltzbourg.

Il y a aussi des jaspes en Italie (d), en Pologne, aux environs de Varsovie et de Grodno (e),
et dans plusieurs autres contrées de l'Europe. On en retrouve en Sibérie; il y a même près
d'Argun (f) une montagne entière de jaspe vert; enfin on a reconnu des jaspes jusque dans

(a) Les gens du pays nomment la montagne *Chanaroux*, et sa vallée *les Vargottes*; elle
est située à deux lieues au midi de la ville de Remiremont, et une lieue à l'orient du bourg
de Plombières, fameaux par ses eaux minérales chaudes.

(b) *Mémoires sur l'histoire naturelle de la Lorraine*, communiqués par M. l'abbé Bexon.

(c) On admire dans une salle du Trésor royal de Dresde, dit M. Keysler, un dessus de
table d'un jaspe traversé de belles veines de cristal et d'améthyste : ce jaspe se trouve à
quatre milles de Dresde, dans le territoire de Freyberg; il n'y a que peu d'années qu'on le
reconnut pour ce qu'il est; autrefois les paysans se servaient souvent de pierres semblables,
pour faire les murs dont ils ont coutume d'entourer quelques-unes de leurs terres. *Journal
étranger*, mois d'octobre 1755, p. 166.

(d) On en trouve dans les églises, dans les palais et les cabinets d'antiquités de Rome et
d'autres villes d'Italie :

1° Le *diaspro sanguigno* ou *heliotropio*, qui est oriental; il est vert avec de petites taches
couleur de sang;

2° *Diaspro rosso*; on tire la majeure partie de ce jaspe de la Sicile et de Barga, en Toscane; il y en a très peu qui soit antique;

3° *Diaspro gialla*; il est brun jaunâtre avec de petites veines ondulées vertes et blanches;

4° *Diaspro fiorito reticellato*; il est très beau, le fond est blanc, transparent, agatisé,
avec des taches brunes foncées, plus ou moins grandes, irrégulières, et des raies ou rubans
de la même couleur; les taches sont entourées d'une ligne blanche opaque, couleur de lait,
et quelquefois jaune. On voit, dans la belle maison de campagne de Mondragone et autre
part, de très belles tables composées de plusieurs petits morceaux réunis de cette espèce de
pierre, elle est antique et très rare : on a aussi du *diaspro fiorito* de Sicile, d'Espagne et de
Constantinople, qui ressemble au *diaspro fiorito reticellato*. *Lettres sur la minéralogie*, par
M. Ferber, p. 335 et 336.

(e) Mémoire de M. Guettard, dans ceux de l'*Académie des sciences*, année 1762, p. 243.

(f) « Il y a en Sibérie une montagne de jaspe, située sur un faux bras de l'Argun; nous
» montâmes cette montagne avec beaucoup de peine, parce qu'elle est fort rapide; elle est
» composée d'un beau jaspe vert; mais elle est fort entremêlée de pierres sauvages, et l'on
» trouve rarement des morceaux de trois livres pesant, qui soient sans crevasses et purs;
» car quoiqu'on rencontre quelquefois des morceaux d'un à deux pieds, ils se fendent en long
» et en large, étant exposés pendant quelques jours au grand air. On s'est donné jusqu'à
» présent bien des peines inutiles pour trouver de plus gros morceaux dont on pût faire des
» colonnes, des tables, etc. ; il semble, par la même raison, qu'on n'a guère d'espérance
» d'être plus heureux dans la suite; on voit sur toute la montagne, par-ci par-là, des car-
» rières dont on a tiré anciennement plusieurs milliers de livres de cette pierre précieuse. »
Voyage en Sibérie, par M. Gmelin, t. II, p. 81.

le Groenland (*a*). Quelques voyageurs m'ont dit qu'il y en a des montagnes entières en la haute Égypte, à quelques lieues de distance de la rive orientale du Nil. Il s'en trouve dans plusieurs endroits des Grandes-Indes, ainsi qu'à la Chine (*b*), et dans d'autres provinces de l'Asie ; on en a vu de même en assez grande quantité, et de plusieurs couleurs différentes, dans les hautes montagnes de l'Amérique (*c*).

Plusieurs jaspes sont d'une couleur verte, rouge, jaune, grise, brune, noire et même blanche, et d'autres sont mélangés de ces diverses couleurs : on les nomme *jaspes tachés*, *jaspes veinés*, *jaspes fleuris*, etc. Les jaspes verts et les rouges sont les plus communs ; le plus rare est le jaspe sanguin, qui est d'un beau vert foncé avec de petites taches d'un rouge vif et semblables à des gouttes de sang, et c'est de tous les jaspes celui qui reçoit le plus beau poli. Le jaspe d'un beau rouge est aussi fort rare, et il y en a de seconde formation, puisqu'un morceau de ce jaspe rouge, cité par M. Ferber, contenait des impressions de coquilles (*d*). Tous les jaspes qui ne sont pas purs et simples, et qui sont mélangés de matières étrangères, sont aussi de seconde formation, et l'on ne doit pas les confondre avec ceux qui ont été produits par le feu primitif, lesquels sont d'une substance uniforme, et ne sont ordinairement que d'une seule couleur dans toute l'épaisseur de leur masse.

Le jade (*), que plusieurs naturalistes ont regardé comme un jaspe, me paraît approcher beaucoup plus de la nature du quartz (*e*) ; il est aussi dur ; il étincelle de même par le choc de l'acier ; il résiste également aux acides, à la lime et à l'action du feu ; il a aussi un peu de transparence, il est doux au toucher et ne prend jamais qu'un poli gras (*f*). Tous ces

(*a*) M. Crantz a vu, dans les montagnes du Groenland, du jaspe, soit jaune, soit rouge, avec des veines d'une blancheur transparente. *Hist. génér. des voyages*, t. XIX, p. 29.

(*b*) Le jaspe est fort recherché à la Chine... on en fait des vases... et diverses sortes de bijoux... ce jaspe se nomme *thuse* dans le pays. On en distingue de deux espèces, dont l'une, qui est précieuse, est une sorte de gros cailloux qui se pêche dans la rivière de Kotau près de la ville royale de Kashgar... L'autre sorte se tire des carrières pour être scié en pièces d'environ de deux pouces de large. *Hist. génér. des voyages*, t. VII, p. 415. — Les montagnes de Tsengar, situées à l'une des extrémités septentrionales du Japon, fournissent des cornalines et du jaspe. *Ibid.*, t. X, p. 656.

(*c*) Entre les minéraux de la Nouvelle-Espagne, on vante une espèce de jaspe que les Mexicains nomment *eztetl*, de couleur d'herbe, avec quelques petites taches de sang... Il s'en trouve une autre qu'ils appellent *iztlia, yotli quartzalitztli* moucheté de blanc... une troisième nommée *tliayctic*, de couleur plus obscure et sans taches, mais plus pesante, qui, appliquée sur le nombril, guérit les plus douloureuses coliques (ceci est vraisemblablement le jade, qu'on a nommé *pierre néphrétique*)... Les montagnes de Contacomapa et de Gualtepeque, à peu de distance de Chiautla, au Mexique, fournissent un beau jaspe vert qui approche du porphyre. *Hist. génér. des voyages*, t. XII, p. 656. Le gouvernement de Sainte-Marthe a des carrières de jaspe et de porphyre, qui se trouvent dans la province de Tairona. *Ibid.*, t. XIV, p. 405.

(*d*) « Le P. Vigo, dominicain, à Morano, près de Venise, me fit voir, outre les coquilles » pétrifiées dans du jaspe rouge mêlé de quartz des environs de Brescia..., des pétrifications » et des impressions de *cornes d'Ammon*, dans une pierre de corne ou pierre à fusil grise de » l'île de Cérigo dans l'Archipel, qui appartient aux Vénitiens. » *Lettres sur la minéralogie*, par M. Ferber, p. 33.

(*e*) M. de Saussure dit avoir remarqué, dans certains granits, que « le quartz y semble » changer de nature, devenir plus dense et plus compact, et prendre par gradations les » caractères du jade. » *Voyage dans les Alpes*, t. Ier, p. 104.

(*f*) L'*igiada* des minéralogistes italiens paraît être une espèce de jade ; mais, si cela est, M. Ferber a tort de regarder l'*igiada* comme un produit de la pierre ollaire verte : il y aurait bien plus de raison de regarder la pierre ollaire comme une décomposition de la substance du jade en pâte argileuse. Voyez Ferber, p. 119.

(*) Le jade est un silicate double d'aluminium et de calcium.

caractères conviennent mieux au quartz qu'au jaspe, d'autant plus que tous les jades des Grandes-Indes et de la Chine sont blancs ou blanchâtres comme le quartz, et que de ces jades blancs au jade vert on trouve toutes les nuances du blanc au verdâtre et au vert. On a donné à ce jade vert le nom de *pierre des Amazones*, parce qu'on le trouve en grande quantité dans ce fleuve qui descend des hautes montagnes du Pérou, et entraîne ces morceaux de jade avec les débris du quartz et des granits qui forment la masse de ces montagnes primitives.

DU MICA ET DU TALC

Le mica est une matière dont la substance est presque aussi simple que celle du quartz et du jaspe, et tous trois sont de la même essence ; la formation du mica est contemporaine à celle de ces deux premiers verres ; il ne se trouve pas comme eux en grandes masses solides et dures, mais presque toujours en paillettes et en petites lames minces et disséminées dans plusieurs matières vitreuses ; ces paillettes de mica ont ensuite formé les talcs, qui sont de la même nature, mais qui se présentent en lames beaucoup plus étendues ; ordinairement les matières en petit volume proviennent de celles qui sont en grandes masses ; ici c'est le contraire, le talc en grand volume ne se forme que de parcelles du mica qui a existé le premier (*), et dont les particules s'étant réunies par l'intermède de l'eau ont formé le talc, comme le sable quartzeux s'est réuni par le même moyen pour former le grès.

Ces petites parcelles de mica n'affectent que rarement une forme de cristallisation ; et comme le talc réduit en petites particules devient assez semblable au mica, on les a souvent confondus, et il est vrai que les talcs et les micas ont à peu près les mêmes qualités intrinsèques ; néanmoins ils diffèrent en ce que les talcs sont plus doux au toucher que les micas, et qu'ils se trouvent en grandes lames, et quelquefois en couches d'une certaine étendue, au lieu que les micas sont toujours réduits en parcelles, qui, quoique très minces, sont un peu rudes ou arides au toucher : on pourrait donc dire qu'il y a deux sortes de micas, l'un produit immédiatement par le feu primitif, l'autre d'une formation bien postérieure et provenant des débris même du talc dont il a les propriétés ; mais tout talc paraît avoir commencé par être mica ; cette douceur au toucher, qui fait la qualité spécifique et la différence du talc au mica, ne vient que de la plus grande atténuation de ses parties par la longue impression des éléments humides. Le mica est donc un verre primitif en petites lames et paillettes très minces, lesquelles, d'une part, ont été sublimées par le feu ou déposées dans certaines matières, telles que les granits au moment de leur consolidation, et qui, d'autre part, ont ensuite été entraînées par les eaux et mêlées avec les matières molles, telles que les argiles, les ardoises et les schistes.

Nous avons dit, dans les volumes précédents, que le verre, longtemps exposé à l'air, s'irise et s'exfolie par petites lames minces, et qu'en se décomposant il produit une sorte de mica qui d'abord est assez aigre et devient ensuite doux au toucher, et enfin se convertit en argile. Tous les verres primitifs ont dû subir ces mêmes altérations lorsqu'ils ont été très longtemps exposés aux éléments humides, et il en résulte des substances nouvelles, dont quelques-unes ont conservé les caractères de leur première origine ; les micas en particulier, lorsqu'ils ont été entraînés par les eaux, ont formé des amas et même des masses en se réunissant ; ils ont produit les talcs quand ils se sont trouvés sans mélange, ou bien

---

(*) Cela est très douteux. Il est plus probable que le mica et le talc ont une origine indépendante.

ils se sont réunis pour faire corps avec des matières qui leur sont analogues; ils ont alors formé des masses plus ou moins tendres (a) : le crayon noir ou molybdène (*), la craie de Briançon (**), la craie d'Espagne (***), les pierres ollaires (****), les stéatites, sont tous composés de particules micacées qui ont pris de la solidité; et l'on trouve aussi des micas en masses pulvérulentes, et dans lesquelles les paillettes micacées ne sont point agglutinées, et ne forment pas des blocs solides. « Il y a, dit M. l'abbé Bexon, des amas assez considé-
» rables de cette sorte de micas au-dessous de la haute chaîne des Vosges, dans des mon-
» tagnes subalternes, toutes composées de débris éboulés des grandes montagnes de granit
» qui sont derrière et au-dessus. Ces amas de mica en paillettes ne forment que des veines
» courtes et sans suite ou des sacs isolés; le mica y est en parcelles sèches et de diffé-
» rentes couleurs, souvent aussi brillantes que l'or et l'argent, et on le distribue dans le
» pays sous le nom de *poudre dorée*, pour servir de poussière à mettre sur l'écriture. »

» J'ai saisi, continue cet ingénieux observateur, la nuance du mica au talc sur des
» morceaux d'un granit de seconde formation, remplis de paquets de petites feuilles tal-
» queuses empilées comme celles d'un livre, et l'on peut dire que ces feuilles sont de
» *grand mica* ou de *petit talc;* car elles ont depuis un demi-pouce jusqu'à un pouce ou
» plus de diamètre, et elles ont en même temps une partie de la douceur, de la transpa-
» rence et de la flexibilité du talc (b). »

De tous les talcs le blanc est le plus beau (c) : on l'appelle *verre fossile* en Moscovie et en Sibérie où il se trouve en assez grand volume (d); il se divise aisément en lames

(a) « On trouve dans les cantons de Mandagoust, du Vignan, etc., qui font partie des
» Cévennes, des micas de différentes sortes, savoir, le jaune, le noir et le blanc... Ils sont
» unis pour la plupart à différents granits et à une pierre très dure, qui est une espèce de
» schiste, qui se trouve abondamment dans le lit d'une petite rivière qui passe au village de
» Costubayne, paroisse de Mandagoust. Le mica joint à cette pierre est tout blanc et fort
» transparent ; il donne à la pierre un brillant fort agréable dans sa cassure ; on pourrait, à
» cause de la dureté de cette pierre et du beau poli qu'elle prend, en faire tout ce qu'on
» fait avec nos marbres, et avec plus d'avantage, attendu qu'elle n'est pas calcinable, ne
» faisant aucune effervescence avec les acides. » *Mémoires de l'Académie des sciences,*
année 1768, p. 546.

(b) *Mémoires sur l'Histoire naturelle de Lorraine*, communiqués par M. l'abbé Bexon.

(c) Le talc ordinaire est une espèce de pierre onctueuse, molle, nette, couleur de perle, qu'on peut aisément séparer en lames qui, rendues minces, ont assez de transparence. On coupe sans peine le talc au couteau ; il se plie aussi; il est glissant et comme gras à l'attou-chement : il se laisse difficilement briser ; il résiste à un feu assez véhément, sans souffrir de changement considérable, et aucun menstrue acide ni alcalin en forme humide ne vient à bout de le dissoudre. *Wallerii Mineralog.* Voyez aussi la *Lithogéognosie* de Pott.

(d) « Ce n'est qu'à l'an 1705 qu'on peut rapporter les premières recherches du talc, faites
» sur le fleuve Witim, en Sibérie : comme il fut trouvé d'une qualité supérieure, les mines
» les plus célèbres, exploitées jusqu'alors sur d'autres rivières, furent entièrement négli-
» gées... Le talc le plus estimé est celui qui est transparent comme de l'eau claire ; celui
» qui tire sur le verdâtre n'a pas à beaucoup près la même valeur; on en a trouvé des
» tables qui avaient près de deux aunes en carré; mais cela est fort rare : les tables de
» trois quarts ou d'une aune sont déjà fort chères, et se paient sur le lieu un ou deux roubles
» la livre ; le plus commun est d'un quart d'aune, il coûte huit à dix roubles le pied. La

(*) Sulfure de molybdène, substance qui n'a rien de commun avec le mica.

(**) Est formée de talc.

(***) C'est un carbonate de chaux; elle n'a, par conséquent, aucune relation de parenté avec le mica.

(****) La pierre ollaire ou Topfstein est formée par un mélange d'écailles de chlorite et de talc, en proportions très variables.

minces et aussi transparentes que le verre, mais il se ternit à l'air au bout de quelques années, et perd beaucoup de sa transparence. On en peut faire un bon usage pour les petites fenêtres des vaisseaux, parce qu'étant plus souple et moins fragile que le verre, il résiste mieux à toute commotion brusque, et en particulier à celle du canon.

Il y a des talcs verdâtres, jaunes et mêmes noirs; et ces différentes couleurs, qui altèrent leur transparence, n'en changent pas les autres qualités : ces talcs colorés sont à peu près également doux au toucher, souples et pliants sous la main, et ils résistent, comme le talc blanc, à l'action des acides et du feu.

Ce n'est pas seulement en Sibérie et en Moscovie que l'on trouve des veines ou des masses de talc; il y en a dans plusieurs autres contrées, à Madagascar (a), en Arabie (b), en Perse (c), où néanmoins il n'est pas en feuillets aussi minces qu'en Sibérie. M. Cook parle aussi d'un talc vert qu'il a vu dans la Nouvelle-Zélande, dont les habitants font commerce entre eux (d); il s'en trouve de même dans plusieurs endroits du continent et des îles de l'Amérique, comme à Saint-Domingue (e), en Virginie et au Pérou (f), où il est d'une grande blancheur et très transparent (g); mais, en citant les relations de ces voyageurs, je dois observer que quelques-uns d'entre eux pourraient s'être trompés en prenant pour du talc des gypses, avec lesquels il est aisé de le confondre; car il y a des gypses si ressemblants au talc, qu'on ne peut guère les distinguer qu'à l'épreuve du feu de calcination; ces gypses sont aussi doux au toucher, aussi transparents que le talc; j'en ai vu moi-même dans de vieux vitraux d'église, qui n'avaient pas encore perdu toute leur transparence, et même il paraît que le gypse résiste à cet égard plus longtemps que le talc aux impressions de l'air.

Il paraît assez difficile de distinguer le talc de certains spaths autrement que par la cassure; car le talc, quoique composé de lames brillantes et minces, n'a pas la cassure spathique et chatoyante comme les spaths, et il ne se rompt jamais qu'obliquement et sans direction déterminée.

La matière qu'on appelle *talc de Venise*, et fort improprement *craie* d'Espagne, *craie* de Briançon, est différente du talc de Moscovie; elle n'est pas comme ce talc en grandes feuilles minces, mais seulement en petites lames, et elle est encore plus douce au toucher et plus propre à faire le blanc de fard qu'on applique sur la peau.

On trouve aussi du talc en Scanie, qui n'a que peu de transparence. En Norvège, il y en a de deux espèces : la première, blanchâtre ou verdâtre, dans le diocèse de Christiania,

» préparation du talc consiste à le fendre par lames avec un couteau mince à deux » tranchants; on s'en sert dans toute la Sibérie au lieu de vitres pour les fenêtres et les » lanternes; il n'est point de verre plus clair et plus net que le bon talc : dans les villages » de la Russie, et même dans certaines villes, on l'emploie au même usage. La marine » russe en fait une grande consommation; tous les vitrages des vaisseaux sont de talc, parce » que, outre sa transparence, il n'est pas cassant, et qu'il résiste aux plus fortes secousses » du canon : cependant il est sujet à s'altérer; quand il est longtemps exposé à l'air, il s'y » forme peu à peu des taches qui le rendent opaque, la poussière s'y attache, et il est très » difficile d'en ôter la crasse et l'impression de la fumée sans altérer sa substance. » *Voyage en Sibérie*, par M. Gmelin. *Histoire générale des voyages*, t. XVIII, p. 272 et suiv.

(a) *Mémoires pour servir à l'Histoire des Indes orientales*, Paris, 1702, p. 173.

(b) *Voyage de Pietro della Valle*. Rouen, 1745, t. VIII, p. 89.

(c) *Voyage de Tavernier*. Rouen, 1713, t. II, p. 264.

(d) *Second Voyage de Cook*, t. II, p. 110.

(e) *Histoire générale des voyages*, t. XII, p. 218.

(f) *Idem*, t. XIV, p. 508.

(g) *Idem*, t. XIII, p. 318.

et la seconde, brune ou noirâtre, dans les mines d'Aruda (a). « En Suisse, le talc est fort
» commun, dit M. Guettard, dans le canton d'Uri; les montagnes en donnent qui se lève
» en feuilles flexibles que l'on peut plier, et qui ressemble en tout à celui qu'on appelle
» communément *verre de Moscovie* (b). » On tire aussi du talc de la Hongrie, de la Bohême,
de la Silésie, du Tyrol, du comté de Holberg, de la Styrie, du mont Brucier, de la Suède,
de l'Angleterre, de l'Espagne (c), etc.

Nous avons cru devoir citer tous les lieux où l'on a découvert du talc en masse, par la
raison que, quoique les micas soient répandus et pour ainsi dire disséminés dans la plupart des substances vitreuses, ils ne forment que rarement des couches de talc pur qu'on
puisse diviser en grandes feuilles minces (*).

En résumant ce que j'ai ci-devant exposé, il me paraît que le mica est certainement
un verre, mais qui diffère des autres verres primitifs en ce qu'il n'a pas pris comme eux
de la solidité, ce qui indique qu'il était exposé à l'action de l'air, et que c'est par cette raison qu'il n'a pu se recuire assez pour devenir solide : il formait donc la couche extérieure
du globe vitrifié ; les autres verres se sont recuits sous cette enveloppe et ont pris toute
leur consistance ; les micas au contraire n'en ayant point acquis par la fusion, faute de
recuit, sont demeurés friables, et bientôt ont été réduits en particules et en paillettes ; c'est
là l'origine de ce verre qui diffère du quartz et du jaspe en ce qu'il est un peu moins
réfractaire à l'action du feu, et qui diffère en même temps du feldspath et du schorl en ce
qu'il est beaucoup moins fusible et qu'il ne se convertit qu'en une espèce de scorie de couleur obscure, tandis que le feldspath et le schorl donnent un verre compact et communément blanchâtre.

Tous les micas blancs ou colorés sont également aigres et arides au toucher, mais
lorsqu'ils ont été atténués et ramollis par l'impression des éléments humides, ils sont
devenus plus doux et ont pris la qualité du talc ; ensuite les particules talqueuses, rassemblées en certains endroits par l'infiltration ou le dépôt des eaux, se sont réunies par
leur affinité, et ont formé les petites couches horizontales ou inclinées, dans lesquelles se
trouvent les talcs plus ou moins purs et en plaques plus ou moins étendues.

Cette origine du mica et cette composition du talc me paraissent très naturelles ; mais
comme tous les micas ne se présentent qu'en petites lames minces, rarement cristallisées,
on pourrait croire que toutes ces paillettes ne sont que des exfoliations détachées par les
éléments humides, et enlevées de la surface de tous les verres primitifs en général : cet
effet est certainement arrivé, et l'on ne peut pas douter que les parcelles exfoliées des
jaspes, du feldspath et du schorl ne se soient incorporées avec plusieurs matières, soit
par sublimation dans le feu primitif, soit par la stillation des eaux, mais il n'en faut pas
conclure que les exfoliations de ces trois derniers verres aient formé les vrais micas ; car
si c'était là leur véritable origine, ces micas auraient conservé, du moins en partie, la
nature de ces verres dont ils se seraient détachés par exfoliation, et l'on trouverait des
micas d'essence différente, les uns de celle du jaspe, les autres de celle du feldspath ou du
schorl, au lieu qu'ils sont tous à peu près de la même nature et d'une essence qui paraît

(a) *Actes de Copenhague*, année 1677. M. Pott fait à ce sujet une remarque qui me
paraît fondée ; il dit que Borrichius confond ici le talc avec la pierre ollaire, et il ajoute
que Broëmel est tombé dans la même erreur, en parlant de la pierre ollaire dont on fait des
pots et plusieurs sortes d'autres vases dans le Semptland : en effet, la pierre ollaire, comme
la molybdène, quoique contenant beaucoup de talc, doivent être distinguées et séparées des
talcs purs. Voyez les *Mémoires de l'Académie de Berlin*, année 1746, p. 65 et suiv.

(b) Voyez les *Mémoires de l'Académie des sciences de Paris*, année 1752, p. 328.

(c) *Mémoires de l'Académie des sciences de Berlin*, année 1746.

(*) Le mica, contrairement à ce que dit Buffon, forme souvent de très grandes lames.

leur être propre et particulière; nous sommes donc bien fondés à regarder le mica comme un troisième verre de nature produit par le feu primitif, et qui, s'étant trouvé à la la surface du globe, n'a pu se recuire ni prendre de la solidité comme le quartz et le jaspe.

DU FELDSPATH

Le feldspath (*) est une matière vitreuse, et dont néanmoins la cassure est spathique; il n'est nulle part en grandes masses comme le quartz et le jaspe, et on ne le trouve qu'en petits cristaux incorporés dans les granits et les porphyres, ou quelquefois en petits morceaux isolés dans les argiles les plus pures ou dans les sables qui proviennent de la décomposition des porphyres et des granits, car ce spath est une des substances constituantes de ces deux matières; on l'y voit en petites masses ordinairement cristallisées et colorées. C'est le quatrième de nos verres primitifs; mais comme il semble ne pas exister à part, les anciens naturalistes ne l'ont ni distingué ni désigné par aucun nom particulier, et comme il est presque aussi dur que le quartz, et qu'ils se trouvent presque toujours mêlés ensemble, on les avait toujours confondus; mais les chimistes allemands, ayant examiné ces deux matières de plus près, ont reconnu que celle du feldspath était différente de celle du quartz, en ce qu'elle est très aisément fusible, et qu'elle a la cassure spathique; ils lui ont donné le nom de *feldspath* (spath des champs) (*a*), *fluss-spath* (spath fusible) (*b*), et on pourrait l'appeler plus proprement *spath dur* ou *spath étincelant*, parce qu'il est le seul des spaths qui soit assez dur pour étinceler sous le choc de l'acier (*c*).

Comme nous devons juger de la pureté ou plutôt de la simplicité des substances par la plus grande résistance qu'elles opposent à l'action du feu avant de se réduire en verre, la substance du feldspath est moins simple que celle du quartz et du jaspe, que nous ne pouvons fondre par aucun moyen; elle est même moins simple que celle du mica, qui se fond à un feu très violent; car le feldspath est non seulement fusible par lui-même et sans addition au feu ordinaire de nos fourneaux, mais même il communique la fusibilité au quartz, au jaspe et au mica, avec lesquels il est intimement lié dans les granits et les porphyres.

Le feldspath est quelquefois opaque comme le quartz, mais plus souvent il est presque transparent; les diverses teintes de violet ou de rouge dont ses petites masses en cristaux

---

(*a*) Sans doute parce que c'est dans les cailloux graniteux, répandus dans les champs, qu'on l'a remarqué d'abord.

(*b*) Ce nom devrait être réservé pour le véritable spath fusible ou spath phosphorique qui accompagne les filons des mines, et dont il sera parlé à l'article des matières vitreuses de seconde formation.

(*c*) Caractères du feldspath, suivant M. Bergman : il étincelle avec l'acier ; il se fond au feu sans bouillonnement ; il ne se dissout qu'imparfaitement dans l'alcali minéral par la voie sèche, mais il fait effervescence avec cet alcali comme le quartz; il se dissout au feu dans le verre de borax sans effervescence, avec bien plus de facilité que le quartz. Nous ajouterons à ces caractères, donnés par M. Bergman, que le feldspath est presque toujours cristallisé en rhombes, et composé de lames brillantes appliquées les unes contre les autres ; que de plus sa cassure est spathique, c'est-à-dire par lames longitudinales brillantes et chatoyantes.

(*) Les feldspaths sont des silicates doubles d'alumine et de potasse (orthose), ou d'alumine et de soude (albite), ou d'alumine et de lithine (pétalite).

sont souvent colorées, indiquent une grande proximité entre l'époque de sa formation et le temps où les sublimations métalliques pénétraient les jaspes et les teignaient de leurs couleurs; cependant les jaspes, quoique fortement colorés, résistent à un feu bien supérieur à celui qui met le feldspath en fusion : ainsi sa fusibilité n'est pas due aux parties métalliques qui ne l'ont que légèrement coloré, mais au mélange de quelque autre substance. En effet, dans le temps où la matière quartzeuse du globe était encore en demi-fusion, les substances salines, jusqu'alors reléguées dans l'atmosphère avec les matières encore plus volatiles, ont dû tomber les premières; et en se mélangeant avec cette pâte quartzeuse, elles ont formé le feldspath et le schorl, tous deux fusibles, parce que tous deux ne sont pas des substances simples, et qu'ils ont reçu dans leur composition cette matière étrangère.

Et l'on ne doit pas confondre le feldspath avec les autres spaths auxquels il ne ressemble que par sa cassure *lamellée*, tandis que par toutes ses autres propriétés il en est essentiellement différent, car c'est un vrai verre qui se fond au même degré de feu que nos verres factices : sa forme cristallisée ne doit pas nous empêcher de le regarder comme un véritable verre produit par le feu, puisque la cristallisation peut également s'opérer par le moyen du feu comme par celui de l'eau, et que dans toute matière liquide ou liquéfiée nous verrons qu'il ne faut que du temps, de l'espace et du repos pour qu'elle se cristallise. Ainsi la cristallisation du feldspath a pu s'opérer par le feu; mais, quelque similitude qu'il y ait entre ces cristallisations produites par le feu et celles qui se forment par le moyen de l'eau, la différence des deux causes n'en reste pas moins réelle; elle est même frappante dans la comparaison que l'on peut faire de la cristallisation du feldspath et de celle du cristal de roche, car il est évident que la cristallisation de celui-ci s'opère par le moyen de l'eau, puisque nous voyons le cristal se former, pour ainsi dire, sous nos yeux, et que la plupart des cailloux creux en contiennent des aiguilles naissantes; au lieu que le feldspath, quoique cristallisé dans la masse des porphyres et des granits, ne se forme pas de nouveau ni de même sous nos yeux, et paraît être aussi ancien que ces matières (*) dont il fait partie, quelquefois si considérable qu'il excède dans certains granits la quantité du quartz, et dans certains porphyres celle du jaspe, qui cependant sont les bases de ces deux matières (**).

C'est par cette même raison de sa grande quantité qu'on ne peut guère regarder le feldspath comme un extrait ou une exsudation du quartz ou du jaspe, mais comme une substance concomitante aussi ancienne que ces deux premiers verres. D'ailleurs, on ne peut pas nier que le feldspath n'ait une très grande affinité avec les trois autres matières primitives; car, saisi par le jaspe, il a fait les porphyres; mêlé avec le quartz, il a formé certaines roches dont nous parlerons sous le nom de *pierres de Laponie*; et joint au quartz, au schorl et au mica, il a composé les granits, au lieu qu'on ne le trouve jamais intimement mêlé dans les grès ni dans aucune autre matière de seconde formation : il n'y existe qu'en petits débris, comme on le voit dans la belle argile blanche de Limoges (***). Le feldspath a donc été produit avant ces dernières matières, et semble s'être incorporé avec le jaspe et mêlé avec le quartz dans un temps voisin de leur fusion, puisqu'il se trouve généralement dans toute l'épaisseur des grandes masses vitreuses, qui ont ces matières pour base, et dont la fonte ne peut être attribuée qu'au feu primitif, et que, d'autre part,

---

(*) De ce que le feldspath se trouve à l'état cristallisé dans l'épaisseur des roches d'origine ignée, on n'est pas en droit de conclure que l'eau a été étrangère à sa formation. J'ai déjà rappelé, dans une note précédente, que l'eau a pris part à la formation de toutes les roches éruptives.

(**) Le jaspe ne prend pas part à la formation des porphyres.

(***) « L'argile blanche de Limoges » ou kaolin est formée de feldspath décomposé par l'eau. Buffon se trompe quand il dit un peu plus loin que cette « argile blanche » « n'est pas composée de détriments de feldspath ».

il ne contracte aucune union avec toutes les substances formées par l'intermède de l'eau, car on ne le trouve pas cristallisé dans les grès, et, s'il y est quelquefois mêlé, ce n'est qu'en petits fragments. Le grès pur n'en contient point du tout, et la preuve en est que ce grès est aussi infusible que le quartz, et qu'il serait fusible si sa substance était mêlée de feldspath; il en est de même de l'argile blanche de Limoges, qui est tout aussi réfractaire au feu que le quartz ou le grès pur, et qui par conséquent n'est pas composée de détriments de feldspath, quoiqu'on y trouve de petits morceaux isolés de ce spath, qui n'est pas réduit en poudre comme le quartz dont cet argile paraît être une décomposition.

Le grès pur n'étant formé que de grains de quartz agglutinés (*), tous deux ne sont qu'une seule et même substance, et ceci semble prouver encore que le feldspath n'a pu s'unir avec le quartz et le jaspe que dans un état de liquéfaction par le feu, et que, quand il est décomposé par l'eau, il ne conserve aucune affinité avec le quartz, et qu'il ne reprend pas dans cet élément la propriété qu'il eut dans le feu de se cristalliser, puisque nulle part dans le grès on ne trouve ce spath sous une forme distincte ni cristallisée de nouveau, quoiqu'on ne puisse néanmoins douter que les grès feuilletés et micacés, qui sont formés des sables graniteux, ne contiennent aussi les détriments du feldspath en quantité peut-être égale à ceux du quartz.

Et puisque ce spath ne se trouve qu'en très petit volume et toujours mêlé par petites masses, et comme par doses, dans les porphyres et granits, il paraît n'avoir coulé dans ces matières et ne s'être uni à leur substance que comme un alliage additionnel auquel il ne fallait qu'un moindre degré de feu pour demeurer en fusion, et l'on ne doit pas être surpris que, dans la vitrification générale, le feldspath et le schorl, qui se sont formés les derniers, et qui ont reçu dans leur composition les parties hétérogènes qui tombaient de l'atmosphère, n'aient pris en même temps beaucoup plus de fusibilité que les trois autres premiers verres dont la substance n'a été que peu ou point mélangée; d'ailleurs ces deux derniers verres sont demeurés plus longtemps liquides que les autres, parce qu'il ne leur fallait qu'un moindre degré de feu pour les tenir en fusion : ils ont donc pu s'allier avec les fragments décrépités et les exfoliations du quartz et du jaspe, qui déjà étaient à demi consolidés.

Au reste, le feldspath, qui n'a été bien connu en Europe que dans ces derniers temps, entrait néanmoins dans la composition des anciennes porcelaines de la Chine, sous le nom de *petunt-zé*; et aujourd'hui nous l'employons de même pour nos porcelaines, et pour faire les émaux blancs des plus belles faïences.

Dans les porphyres et les granits, le feldspath est cristallisé tantôt régulièrement en rhombes, et quelquefois confusément et sans figure déterminée; nous n'en connaissions que de deux couleurs, l'un blanc ou blanchâtre, et l'autre rouge ou rouge violet; mais on a découvert depuis peu un feldspath vert qui se trouve, dit-on, dans l'Amérique septentrionale, et auquel on a donné le nom de *pierre de Labrador*. Cette pierre, dont on n'a vu que de petits échantillons, est chatoyante, et composée, comme le feldspath, de cristaux en rhombes; elle a de même la cassure spathique, elle se fond aussi aisément, et se convertit comme le feldspath en un verre blanc : ainsi l'on ne peut douter que cette pierre ne soit de la même nature que ce spath, quoique sa couleur soit différente; cette couleur est d'un assez beau vert, et quelquefois d'un vert bleuâtre et toujours à reflets chatoyants. La grande dureté de cette pierre la rend susceptible d'un très beau poli; il serait à désirer qu'on pût l'employer comme le jaspe; mais il y a toute apparence qu'on ne la trouvera pas en grandes masses, puisqu'elle est de la même nature que le feldspath, qui ne s'est trouvé nulle part en assez grand volume pour en faire des vases ou des plaques de quelques pouces d'étendue.

(*) Les grains de quartz qui forment le grès sont agglutinés par un ciment siliceux ou par un ciment calcaire.

DU SCHORL

Le schorl (*) est le dernier de nos cinq verres primitifs; et comme il a plusieurs caractères communs avec le feldspath, nous verrons, en les comparant ensemble par leurs ressemblances et par leurs différences, que tous deux ont une origine commune, et qu'ils se sont formés en même temps et par les mêmes effets de nature lors de la vitrification générale.

Le schorl est un verre spathique, c'est-à-dire composé de lames longitudinales comme le feldspath; il se présente de même en petites masses cristallisées, et ses cristaux sont des prismes surmontés de pyramides, au lieu que ceux du feldspath sont en rhombes; ils sont tous deux également fusibles sans addition, seulement la fusion du feldspath s'opère sans bouillonnement, au lieu que celle du schorl se fait en bouillonnant. Le schorl blanc donne, comme le feldspath, un verre blanc, et le schorl brun ou noirâtre donne un verre noir; tous deux étincellent sous le choc de l'acier, tous deux ne font aucune effervescence avec les acides; la base de tous les deux est également quartzeuse, mais il paraît que le quartz est encore plus mélangé de matières étrangères dans le schorl que dans le feldspath, car ses couleurs sont plus fortes et plus foncées, ses cristaux plus opaques, sa cassure moins nette et sa substance moins homogène; enfin, tous deux entrent comme parties constituantes dans la composition de plusieurs matières vitreuses en grandes masses, et en particulier dans celle porphyres et des granits.

Je sais que quelques naturalistes récents ont voulu regarder comme un schorl les grandes masses d'une matière qui se trouve en Limousin, et qu'ils ont indiquée sous les noms de *basalte antique* ou de *gabro*; mais cette matière, qui ne me paraît être qu'une sorte de *trapp*, est très différente du schorl primitif; elle ne se présente pas en petites masses cristalisées en prismes surmontés de pyramides; elle est au contraire en masses informes, et personne assurément ne pourra se persuader que les cristaux de schorl, que nous voyons dans les porphyres et les granits, soient de cette même matière de trapp ou de gabro, qui diffère du vrai schorl, tant par l'origine que par la figuration et par le temps de leur formation, puisque le schorl a été formé par le feu primitif, et que ce trapp ou ce gabre n'a été produit que par le feu des volcans.

Souvent les naturalistes, et plus souvent encore les chimistes, lorsqu'il ont observé quelques rapports communs entre deux ou plusieurs substances, n'hésitent pas de les rapporter à la même dénomination; c'est là l'erreur majeure de tous les méthodistes; ils veulent traiter la nature par genres, même dans les minéraux, où il n'y a que des sortes et point d'espèces; et ces sortes plus ou moins différentes entre elles, ne peuvent par conséquent être indiquées par la même dénomination; aussi les méthodes ont-elles mis plus de confusion dans l'histoire de la nature que les observations n'y ont apporté de connaissances; un seul trait de ressemblance suffit souvent pour faire classer dans le même genre des matières dont l'origine, la formation, la texture et même la substance sont très différentes; et pour ne parler que du schorl, on verra avec surprise, chez ces *créateurs* de genres, que les uns ont mis ensemble le schorl, le basalte, le trapp et la zéolithe; que d'autres l'ont associé non seulement à toutes ces matières, mais encore aux grenats, aux amiantes, au jade, etc.; d'autres à la pierre d'azur et même aux cailloux; est-il nécessaire de peser ici sur l'obscurité et la confusion qui résultent de ces assemblages mal assortis, et néanmoins présentés avec confiance sous une dénomination commune et comme chose de même genre?

(*) Les schorls sont des silicates très variables de composition et de caractères.

C'est du schorl qui se trouve incorporé dans les porphyres et les granits dont il est ici question, et certainement ce chorl n'est ni basalte, ni trapp, ni caillou, ni grenat, et il faut même le distinguer des tourmalines, des pierres de croix et des autres schorls de seconde formation, qui ne doivent leur origine qu'à la stillation des eaux : ces schorls secondaires sont différents du schorl primitif, et nous en traiterons ainsi que de la pierre de corne et du trapp dans des articles particuliers; mais le vrai, le premier schorl, est, comme le feldspath, un verre primitif qui fait partie constituante des plus anciennes matières vitreuses, et qui quelquefois se trouve dans les produits de leur décomposition, comme dans le cristal de roche, les chrysolithes, les grenats, etc.

Au reste, les rapports du feldspath et du schorl sont même si prochains, si nombreux, qu'on pourrait en rigueur ne regarder le schorl que comme un feldspath un peu moins pur et plus mélangé de matières étrangères, d'autant plus que tous deux sont entrés en même temps dans la composition des matières vitreuses dont nous allons parler.

DES ROCHES VITREUSES

DE DEUX ET TROIS SUBSTANCES, ET EN PARTICULIER DU PORPHYRE.

Après avoir parlé du quartz, du jaspe, du mica, du feldspath et du schorl, qui sont les cinq substances les plus simples que la nature ait produites par le moyen du feu, nous allons suivre les combinaisons qu'elle en a faites, en les mêlant deux, trois ou quatre, et même toutes cinq ensemble, pour composer d'autres matières par le même moyen du feu dans les premiers temps de la consolidation du globe : ces cinq verres primitifs, en se combinant seulement deux à deux, ont pu former dix matières différentes, et de ces dix combinaisons il n'y en a que trois qui n'existent pas ou du moins qui ne soient pas connues.

Les dix combinaisons de ces cinq verres primitifs pris deux à deux sont :

1° Le quartz et le jaspe : cette matière se trouve dans les fentes perpendiculaires et dans les autres endroits où le jaspe est contigu au quartz; ils sont même quelquefois comme fondus ensemble dans leur jonction, et quelquefois aussi le quartz forme des veines dans le jaspe. J'ai vu une plaque de jaspe noir traversée d'une veine de quartz blanc.

2° Le quartz et le mica : cette matière est fort commune, et se trouve par grandes masses et même par montagnes; on pourrait l'appeler *quartz micacé* (a).

(a) « La pierre, dit M. Ferber, que les Allemands appellent *schiste corné* ou *schiste de
» corne* est formée de quartz et de mica, et ce schiste de corne n'est pas la même chose
» que la pierre de corne; celle-ci est une espèce de silex ou pierre à fusil. »
Nous ne pouvons nous dispenser d'observer que cet habile minéralogiste est ici tombé dans une double méprise : d'abord il n'y a aucun schiste qui soit formé de quartz et de mica, et il n'eût point dû appliquer à ce composé de quartz et de mica le nom de *schiste de corne*, puisqu'il dit que ce schiste de corne n'a rien de commun avec la pierre de corne qui, selon lui, est un silex, ce qui est une seconde méprise, car la pierre de corne n'est point un silex, mais une pierre composée de schiste et de matière calcaire; tout quartz mêlé de mica doit être appelé *quartz micacé* tant que le mica n'a pas changé de nature, et, lorsque par sa décomposition il s'est converti en argile ou en schiste, il faut nommer *quartz schisteux* ou *schiste quartzeux* la pierre composée des deux.
« Il y a dans le Piémont, continue M. Ferber, des montagnes calcaires et des montagnes
» quartzeuses; celles-ci ont des raies plus ou moins fortes de mica, et c'est de cette espèce

3º Le quartz et le feldspath : il y a des roches de cette matière en Provence et en Laponie, d'où M. de Maupertuis nous en a apporté un échantillon (a). Quelques naturalistes ont appelé cette pierre *granit simple*, parce qu'elle ne contient que du quartz et du feldspath sans mélange de mica ni de schorl ; et c'est de cette même composition qu'est formée la roche de Provence décrite par M. Angerstein (b) sous le nom mal appliqué de *pétrosilex*

» de pierres que sont formées les montagnes voisines de Turin. On les nomme *sarris* ; on » s'en sert pour les fondations des bâtiments, pour des colonnes, etc. » *Lettres sur la miné-ralogie*, par M. Ferber, p. 456.

Le même M. Ferber (p. 344), en parlant d'un prétendu granit à deux substances, quartz et mica, s'exprime encore dans les termes suivants : « Quand il n'entre point du » tout de spath dur (feldspath) dans la composition des granits, on nomme alors ce mé- » lange de quartz et de mica *hornberg*, *hornfels*, *gestellstein*, ce qui vient de l'usage qu'on » en fait dans les fourneaux de fonderie ; lorsque le mica y est plus abondant, la pierre est » schisteuse. »

Le nom de *gestellstein* (pierre de fondement ou base des fourneaux) me paraît aussi impropre que celui de schiste corné, pour désigner la matière vitreuse qui n'est composée que de quartz et de mica et non de schiste ; et M. le baron de Dietrich remarque avec raison (p. 491 et 492 des *Lettres sur la minéralogie*, note du traducteur) « qu'il y a beau- » coup de roches composées qui n'ont aucune dénomination ; que d'autres, au contraire, en » ont tant et de si indéterminées que l'on ne s'entend point lorsqu'on se sert de ces noms : » par exemple, le *granit*, la *roche cornée*, ce qu'on nomme en allemand *gestellstein*, sont » des noms que l'on confond souvent et que l'on applique mal. Chaque granit, proprement » dit, doit renfermer du quartz, du spath dur (feldspath) et du mica ; mais on nomme aussi » *granit* cette même espèce de pierre quand il n'y a pas de feldspath, tandis qu'alors elle » doit être nommée *roche cornée* (en suédois, *graeberg*) ; car les parties essentielles de la » roche cornée sont du quartz, dans lequel il y a des taches ou des raies grossières de mica, » séparées les unes des autres ; mais lorsque ces raies de mica sont très rapprochées, et » que par là la roche devient schisteuse ou feuilletée, on la nomme en allemand *gestellstein*, » d'après l'usage que l'on en fait pour les fourneaux..... On désigne aussi par *roche de* » *corne* quelques cailloux (*pétrosilex*)..... On ne devrait donner le nom de *schiste corné* qu'à » l'espèce de pierre dans laquelle le quartz est intimement lié avec le mica, de manière » qu'ils ne sauraient être distingués l'un de l'autre à la vue. »

Le savant traducteur finit, comme l'on voit, à l'égard du prétendu schiste corné, par tomber dans la mauvaise application des noms qu'il censure.

(a) Il s'en est aussi trouvé depuis dans les Alpes : « J'ai trouvé dans les environs de » Genève, dit M. de Saussure, deux variétés du granit simple, c'est-à-dire composé seule- » ment de quartz et de feldspath : dans l'une, un feldspath blanc forme le fond de la pierre, » et le quartz y est parsemé par petits grains ; dans l'autre un feldspath de couleur fauve est » entremêlé, à dose à peu près égale, avec du quartz blanc fragile. » *Voyage dans les Alpes*, t. Iᵉʳ, p. 103.

(b) « Dans la forêt de l'Esterelle en Provence, entre Cannes et Fréjus, il y a une mon- » tagne de roche grossière et grisâtre, entremêlée de *mica*, de quartz et de feldspath, les » mêmes espèces qui entrent dans la composition des granits, avec cette différence qu'elles » sont plus mûres, plus fines et plus compactes dans ceux-ci que dans l'autre... Et plus » loin on trouve une pierre rougeâtre appelée *pétrosilex*, c'est-à-dire caillou de roche, qui » est la mère des porphyres et des jaspes, de même que la pierre brute grise, dont je viens » de parler, est la mère des granits. On trouve des *pétrosilex* qui sont noirs, bruns, rou- » geâtres, verts et bleuâtres.

» A mesure qu'on avance, cette pierre devient plus dure ; on y voit des taches opaques » d'un petit feldspath, semblables à celles qu'on voit dans le porphyre d'Égypte : on y aper- » çoit aussi de petites taches de plomb, lesquelles se trouvent aussi, quoique rarement, dans » les porphyres antiques ; ces taches sont cristallisées comme les autres ; mais on juge par » la couleur que c'est un minéral qu'on appelle *molybdène*, lequel, aussi bien que le schorl » ou le *corneus cristallisatus*, peut être compté parmi les minéraux *inconnus*... Vers le

4° Le quartz et le schorl : cette matière est composée de quartz blanc ou blanchâtre et de schorl, tantôt noir et tantôt vert ou verdâtre, distribué par taches irrégulières; ce premier mélange taché de noir sur un fond blanc, a été nommé improprement *jaspe d'Égypte* et *granit oriental*, et le second mélange a été tout aussi mal nommé *porphyre vert*. Nous ne croyons pas qu'il soit nécessaire d'avertir que cette pierre quartzeuse, tachetée de noir ou de vert par le mélange d'un schorl de l'une ou de l'autre de ces couleurs, n'est ni jaspe, ni granit, ni porphyre; j'ignore si cette matière se trouve en grande masse, mais je sais qu'elle reçoit un beau poli et qu'elle frappe agréablement les yeux par le contraste des couleurs.

5° Le jaspe et le mica : cette combinaison n'existe peut-être pas dans la nature; du moins je ne connais aucune substance qui la représente; et lorsque le mica se trouve avec le jaspe il est seulement uni légèrement à sa surface et non pas incorporé dans sa substance.

» sommet de la montagne de l'Esterelle, ce même porphyre acquiert encore une autre sorte » de taches qui, par leur transparence, ressemblent au verre, étant formées en cristaux » spatheux, pyramidaux et pointus aux deux bouts; mais, à mesure que les taches nouvelles » s'accroissent, les autres disparaissent. Ce nouveau porphyre est plus beau que l'autre dans » son poli, et ses taches deviennent entièrement transparentes quand on le scie en plaques » minces. »

Je remarquerai que cette pierre, que M. Angerstein a ci-devant regardée comme *la mère du porphyre*, devient ici une matière dont la finesse de grain, la dureté et la consistance l'ont déterminé à placer cette pierre parmi les jaspes.

« En avançant quelques lieues, continue-t-il, dans les bois de l'Esterelle, on ne remarque » plus qu'une continuité de ce changement alternatif de porphyre et de jaspe; mais dans » certains endroits, et surtout du côté de Fréjus, ces deux sortes de pierre sont amoncelées » et *congelées* l'une avec l'autre, et forment un produit qui a le caractère du marbre séran- » colin des Pyrénées.

» Au sud-ouest, on trouve au pied de la montagne le *pétrosilex* : dans cet endroit il est » tantôt rouge brun, tantôt tirant sur le bleu céleste, tantôt sur le vert; ce qui fait présumer » que l'on pourrait y trouver encore des jaspes et des porphyres verts et bleuâtres, parce » qu'on a vu ci-devant que le *pétrosilex*, ou le caillou de roche d'un rouge brun, a donné » l'origine aux jaspes et aux porphyres de la même couleur.

» En dernier lieu, on remarque une petite colline d'une pierre appelée *corneus*, d'un gris » foncé, mêlée de fibres en forme de petits filets, et de taches de spath cristallisé à quatorze » pans, et quelquefois congelées en forme de grappes : arrivé à Fréjus, toutes ces pierres » disparaissent. » *Remarques sur les montagnes de Provence*, par M. Angerstein, dans les *Mémoires des savants étrangers*, t. II.

Nous devons faire observer que cette idée de M. Angerstein, de regarder la roche grossière et grisâtre de la forêt de l'Esterelle en Provence comme la *mère des granits*, est sans aucun fondement; car les granits ne sont pas des pierres enfantées immédiatement par d'autres pierres, et cette prétendue mère des granits n'est elle-même qu'un granit gris qui ressemble aux autres par sa composition, puisqu'il contient du quartz, du mica et du feldspath, de l'aveu même de l'auteur. Il dit de même que son *pétrosilex* est la *mère des porphyres et des jaspes*, ce qui n'est pas plus fondé, puisque ni le jaspe ni le porphyre ne contiennent point de quartz; tandis que ce prétendu *pétrosilex*, étant composé de quartz et de feldspath, n'a point de rapport avec les jaspes : il est du nombre des matières de la troisième combinaison dont nous venons de parler, ou, si l'on veut, il fait la nuance entre cette pierre et les granits, parce qu'on y voit quelques taches de *plomb noir* ou *molybdène*, qui, comme l'on sait, est une matière micacée; il n'est donc pas possible que ce pétrosilex ait produit des jaspes, puisqu'il n'en contient pas la matière; ainsi la distinction que cet observateur fait entre le granit, la roche grisâtre, *mère des granits*, et son pétrosilex, *mère des porphyres et des jaspes*, ne me paraît pas établie sur une juste comparaison; et, de plus, nous verrons que le vrai pétrosilex est une matière différente de celle à laquelle M. Angerstein en applique ici le nom.

6° Le jaspe et le feldspath, et 7° le jaspe et le schorl : ces deux mélanges forment également des porphyres.

8° Le mica et le feldspath : il en est de ce mélange, à peu près comme du cinquième, c'est-à-dire de celui du jaspe et du mica; on trouve en effet du feldspath couvert et chargé de mica, mais qui n'est point incorporé dans sa substance.

9° Le mica et le schorl : cette combinaison ne m'est pas mieux connue, et peut-être n'existe pas plus dans la nature que la précédente et la cinquième.

10° Le feldspath et le schorl : ce mélange est celui qui a formé la matière des ophites, dont il y a plusieurs variétés; mais toutes composées de feldspath plus ou moins mêlé de schorl de différentes couleurs.

Des dix combinaisons de ces mêmes cinq verres primitifs, par trois à trois, et qui dans la spéculation paraissent être également possibles, nous n'en connaissons néanmoins que trois, dont deux forment les granits, et la troisième un porphyre différent des deux premiers : car, 1° le quartz, le feldspath et le mica composent la substance de plusieurs granits; 2° d'autres granits, au lieu de mica, sont mêlés de schorl; et 3° il y a du porphyre composé de jaspe, de feldspath et de schorl.

Enfin des quatre combinaisons des cinq verres primitifs pris quatre à quatre, nous n'en connaissons qu'une qui est encore un granit, dans la composition duquel le quartz, le mica, le feldspath et le schorl se trouvent réunis. Je doute qu'il y ait aucune matière de première formation qui contienne ces cinq matières ensemble : tant il est vrai que la nature ne s'est jamais soumise à nos abstractions! car de ces vingt-cinq combinaisons, toutes également possibles en spéculation, nous n'en pouvons compter en réalité que onze, et peut-être même dans ce nombre y en a-t-il quelques-unes qui n'ont pas été produites comme les autres par le feu primitif, et qui n'ont été formées que des détriments des premières réunis par l'intermède de l'eau.

Quoi qu'il en soit, le porphyre est la plus précieuse de ces matières composées : c'est, après le jaspe, la plus belle des substances vitreuses en grandes masses; il est, comme nous venons de le dire, formé de jaspe (*), de feldspath et de petites parties de schorl incorporées ensemble. On ne peut le confondre avec les jaspes, puisque ceux-ci sont d'une substance simple et ne contiennent ni feldspath, ni schorl; on ne doit pas non plus mettre le porphyre au nombre des granits, parce qu'aucun granit ne contient du jaspe, et qu'ils sont composés de trois et même de quatre autres substances qui sont le quartz, le feldspath, le schorl et le mica; de ces trois ou quatre substances, il n'y a que le feldspath et le schorl qui soient communs aux deux; le porphyre a donc sa nature propre et particulière, et il paraît être plus éloigné du granit que du jaspe; car le quartz, qui entre toujours dans la composition des granits, ne se trouve point dans les porphyres, qui tous ne contiennent que du jaspe, du feldspath et du schorl.

Le nom de porphyre semblerait désigner exclusivement une matière d'un rouge de pourpre, et c'est en effet la couleur du plus beau porphyre; mais cette dénomination s'est étendue à tous les porphyres de quelque couleur qu'ils soient, car il en est des porphyres comme des jaspes : il y en a de plus ou moins colorés de rouge, de brun, de vert et de différentes nuances de quelques autres couleurs. Le porphyre rouge est semé de très petites taches plus ou moins blanches et quelquefois rougeâtres; ces taches présentent les parties du feldspath et du schorl, qui sont disséminées et incorporées dans la pâte du jaspe, et le caractère essentiel de tous les porphyres et par lequel ils sont toujours reconnaissables, c'est ce mélange du feldspath ou du schorl, ou de tous deux ensemble, avec la matière du

(*) Le porphyre ne contient pas de jaspe; il est formé principalement de quartz, de feldspath et de mica. Buffon réunit, du reste, sous le nom de porphyre, plusieurs substances distinctes.

jaspe : ils sont d'autant plus opaques et plus colorés, que le jaspe est entré en plus grande quantité dans leur composition, et ils prennent au contraire un peu de transparence lorsque le feldspath y est en grande quantité. Nous pouvons à ce sujet observer qu'en général, dans les matières vitreuses produites par le feu primitif, plus il y a de transparence et plus il y a de dureté, au lieu que dans les matières calcinables, toutes formées par l'intermède de l'eau, la transparence indique la mollesse. Ainsi moins un porphyre est opaque, plus il est dur, et au contraire plus un marbre est transparent, plus il est tendre : on le voit évidemment dans le marbre de Paros et dans les albâtres; cette différence vient de ce que le spath calcaire est plus tendre que la pâte du marbre dans laquelle il est mêlé, et que le feldspath et le schorl sont aussi durs que le quartz et le jaspe, avec lesquels ils sont incorporés dans les porphyres et les granits.

Il n'y a ni quartz ni mica dans les porphyres, et il est aisé de les distinguer des granits qui contiennent toujours du quartz et souvent du mica; il y a plus de cohérence entre les parties de la matière dans les porphyres que dans les granits, surtout dans ceux où le mélange du mica diminue non seulement la cohésion des parties, mais aussi la densité de la masse. Dans le porphyre, c'est le fond ou la pâte qui est profondément colorée, et les grains de feldspath et de schorl sont blancs, ou quelquefois ils sont de la couleur du fond, et alors seulement d'une teinte plus faible; dans le granit, au contraire, c'est le feldspath et le schorl qui sont colorés, et le quartz, que l'on peut regarder comme sa pâte, est toujours blanc, et c'est ce qui prouve que le porphyre a la matière du jaspe pour base, comme le granit celle du quartz.

Quelques naturalistes, en convenant avec moi que le feldspath et le schorl entrent comme parties constituantes dans les porphyres, se refusent à croire que la matière qui en fait la pâte soit réellement du jaspe, et ils se fondent sur ce que la cassure du porphyre n'est pas aussi nette que celle du jaspe; mais ils ne font pas attention que parmi les jaspes, il y en a qui ont la cassure un peu terreuse comme le porphyre, et qu'on ne doit le comparer qu'aux jaspes communs qui se trouvent en grandes masses et non aux jaspes fins qui sont de seconde formation. Ces nouveaux jaspes ont la cassure plus brillante que celle des anciens, desquels ils tirent leur origine, et ces anciens jaspes ne diffèrent pas par leur cassure de la matière qui fait la pâte des porphyres.

Quoique beaucoup moins commun que les granits, le porphyre ne laisse pas de se trouver en fortes masses et même par grands blocs en quelques endroits (a); il est ordinairement voisin des jaspes, et tous deux portent comme le granit sur des roches quartzeuses; et cette proximité indique entre eux une formation contemporaine. La solidité très durable de la substance du porphyre atteste de même son affinité avec le jaspe; ils ne se ternissent tous deux que par une très longue impression des éléments humides, et de toutes les matières du globe que l'on peut employer en grand volume, le quartz, le jaspe et le porphyre sont les plus inaltérables : le temps a effacé et détruit en partie les caractères hiéroglyphiques des colonnes et des pyramides du granit égyptien, au lieu que les jaspes et les porphyres, dans les monuments les plus anciens, ne paraissent avoir reçu que de légères atteintes du temps, et il est à croire qu'il en serait de même des ouvrages faits de quartz, si les anciens l'eussent employé; mais comme il n'a ni couleurs brillantes, ni variétés dans sa substance, et que sa grande dureté le rend très difficile à travailler et à polir, on l'a toujours rejeté; et, d'autre part, les porphyres et les jaspes ne se trouvant que rarement en grandes masses continues, on a de tout temps préféré les granits à ces premières matières pour les grands monuments.

Le quartz, qui forme la roche intérieure du globe, est en même temps la base univer-

(a) On en voit à Constantinople de très hautes colonnes d'une seule pièce, dans l'église de Sainte-Sophie; on croit que ces colonnes viennent de la Thébaïde.

selle des autres matières vitreuses ; il soutient les masses des granits et celles des porphyres et des jaspes, et tous sont plus ou moins contigus à cette roche primitive à laquelle ils tiennent comme à leur matrice ou mère commune, qui semble les avoir nourris des vapeurs qu'elle a laissé transpirer, et qui leur a fait part des trésors de son sein en les teignant des plus riches couleurs.

M. Ferber, ayant curieusement examiné tous les porphyres en Italie, les distingue en cinq sortes, 1° le porphyre rouge qui est le plus commun, et dont le fond est d'un rouge foncé avec de petites taches blanches et oblongues, souvent irrégulières ou parallélipipèdes. Le fond de ce porphyre est d'un rouge plus ou moins foncé, et quelquefois si brun qu'il tire sur le noir. « On ne peut nier, dit-il, que la matière de ces taches ne soit du spath » dur, opaque, compact, blanc de lait, et en même temps de la nature du *schorl*, ce que » la forme et la simple vue indiquent assez ; il en est de même des autres sortes de por- » phyres, et il me paraît que ces taches sont d'une espèce de pierre qui tient le milieu » entre le feldspath et le schorl. En général, continue-t-il, il y a très peu de différence » essentielle entre le schorl, le spath dur ou feldspath, le quartz, les autres cailloux et les » grenats. »

Je dois observer que tout ce que dit ici M. Ferber, loin de répandre de la lumière sur ce sujet, y porte de la confusion. Le schorl ne doit pas être confondu avec le feldspath ; il n'y a point de pierre dont la substance tienne le milieu entre le feldspath et le schorl. La substance qui, dans les porphyres, se trouve incorporée avec la matière du jaspe, n'est pas uniquement du schorl, mais aussi du feldspath. La différence du schorl au feldspath est bien connue, et certainement le schorl, le *spath dur* (feldspath), le quartz, les *cailloux* et les grenats, ont chacun entre eux des différences essentielles que ce minéralogiste n'aurait pas dû perdre de vue.

« 2° Le porphyre taché de blanc, continue M. Ferber, dont il y a deux variétés : la » première est le porphyre noir, proprement dit, dont le fond est entièrement noir avec » de petites taches oblongues, et qui ne diffère du porphyre rouge que par cette couleur » du fond ; la seconde variété est la *serpentine noire antique*, dont le fond est noir avec » de grandes taches blanches oblongues ou parallélipipèdes.

» 3° Le porphyre à fond brun avec de grandes taches verdâtres oblongues ; il s'en » trouvé aussi dont le fond est d'un brun rougeâtre avec des taches d'un vert clair, et » d'autres dont le fond est d'un brun noirâtre avec des taches moitié noirâtres et moitié » verdâtres.

» 4° Le porphyre vert dont il y a plusieurs variétés : 1° la serpentine verte antique, » dont le fond est vert, et les taches oblongues et parallélipipèdes sont d'un vert plus ou » moins clair, et de la nature du *feldspath* ou du *schorl*. On trouve quelquefois dans ces » pierres des bulles telles que celles qui se forment dans les matières fondues par la sor- » tie de l'air qui y est renfermé ; on y voit aussi assez souvent des taches blanches et » transparentes arrondies irrégulièrement, et qui paraissent être de la nature de l'agate ; » 2° Le porphyre à fond vert taché de blanc ; 3° Le porphyre à fond vert foncé avec des » taches noires ; 4° Le porphyre à fond vert clair ou plutôt jaune verdâtre taché de » noir.

» 5° Le porphyre vert, proprement dit, qui a plusieurs variétés. La première à fond » vert foncé presque noir, de la nature du jaspe, avec des taches blanches distinctes, » oblongues, en *forme de schorl*, plus grandes que les taches du porphyre noir, et plus » petites que celles de la serpentine noire antique. La seconde variété est à fond de la » nature du jaspe, d'un vert foncé avec de petites taches blanches, rondes et longues, et » ressemble, à la couleur près, au porphyre rouge. La troisième à fond vert foncé, qui est » de la nature du *trapp*; les taches sont blanches, quartzeuses, irrégulières, et quelquefois » si grandes et si nombreuses qu'on dirait, avec raison, que le fond est blanc ; de temps

» en temps le fond s'est cristallisé en rayons de schorl; alors cette espèce de porphyre
» vert se rapproche beaucoup de l'espèce du granit qui est mêlé de schorl au lieu de
» mica. La quatrième à fond vert foncé de la nature du *trapp*, comme celle du précédent,
» avec de petites taches blanches serrées, oblongues comme du schorl, rarement d'une
» figure régulière ou déterminée, mais entrelacées les unes dans les autres et repliées
» comme de petits vers; les ouvriers appellent cette variété *porphyre vert fleuri*. La cin-
» quième d'un fond vert clair de la nature du *trapp*, avec de petites taches oblongues,
» de figure déterminée, et détachées les unes des autres, et de petits rayons de schorl
» noir (a). »

Je ne puis m'empêcher d'observer encore que cet habile minéralogiste confond ici le
schorl avec le feldspath dans sa description de la première variété du porphyre vert, et
qu'en même temps qu'il semble attribuer au feu la formation de cette pierre, il dit qu'on y
trouve des agates; or, l'agate étant formée par l'eau, il n'est pas probable que cette pierre
de porphyre ait été pour le reste produite par le feu, à moins d'imaginer que l'agate s'est
produite par infiltration dans les bulles dont M. Ferber remarque que cette pierre est soufflée.

Je remarquerai aussi que, sur ces cinq variétés, il n'y a que les deux premières qui
soient de vrais porphyres, et qu'à l'égard des trois dernières variétés dont le fond n'est
pas de jaspe, mais de la matière tendre appelée *trapp*, on ne doit pas les mettre au nombre
des porphyres, puisqu'elles en diffèrent non seulement par leur moindre dureté, mais
même par leur composition, et autant que le jaspe diffère du trapp : ceci nous démontre
que M. Ferber a confondu, sous le nom de porphyre, plusieurs substances qui sont d'une
autre essence, et que celles qu'il nomme *serpentines noires antiques* et *serpentines vertes
antiques* sont peut-être, comme le trapp, des matières différentes du porphyre; nous pouvons même dire que ceux qui, comme M. Ferber, dans le Vicentin, et M. Soulavie, dans
le Vivarais, n'ont observé la nature qu'en désordre, n'ont pu prendre que de fausses
idées de ses ouvrages et se méprendre sur leur formation. Dans ces terrains bouleversés,
les matières produites par le feu primitif, mêlées à celles qui ont ensuite été formées par
le transport ou l'intermède de l'eau, et toutes confondues avec celles qui ont été altérées,
dénaturées ou fondues par le feu des volcans, se présentent ensemble; ils n'ont pu reconnaître leur origine ni même les distinguer assez pour ne pas tomber dans de grandes
erreurs sur leur formation et leur essence; il me paraît donc que, quoique M. Ferber soit
l'un des plus attentifs de ces observateurs, on ne peut rien conclure de ses descriptions
et observations, sinon qu'il se trouve dans ces terrains volcanisés des matières presque
semblables aux vrais porphyres ; et, si cela est, n'y a-t-il pas toute raison de penser avec
moi que le feu primitif a formé les premiers porphyres, dans lesquels je n'ai admis que
le mélange du jaspe, du feldspath et du schorl, parce que je n'ai jamais vu dans le porphyre des parties quartzeuses, et que je pense qu'il faut distinguer les vrais et anciens
porphyres produits par le feu primitif de ceux qui l'ont été postérieurement par celui des
volcans ? ceux-ci peuvent être mêlés de plusieurs autres matières de seconde formation,
au lieu que les premiers ne pouvaient être composés que des verres primitifs, seules
matières qui existaient alors.

Après le quartz, le jaspe, le mica, le feldspath et le schorl, qui sont les substances les
plus simples, on peut donc dire que, de toutes les autres matières en grandes masses et
produites par le feu, le porphyre et les roches vitreuses, dont nous venons de parler, sont
les plus simples, puisqu'elles ne contiennent que deux ou trois de ces premières substances: cependant ces mêmes roches vitreuses et les porphyres ne sont pas à beaucoup
près aussi communes que le granit qui contient trois ou quatre de ces substances primitives; c'est de toutes les matières vitreuses la plus abondante et celle qui se trouve en

(a) *Lettres sur la minéralogie*, p. 337 et suiv.

plus grandes masses, puisque le granit forme les chaînes de la plupart des montagnes primitives sur tout le globe de la terre; c'est même cette grande quantité de granit qui a fait penser à quelques naturalistes qu'on devait le regarder comme la pierre primitive de laquelle toutes les autres pierres vitreuses avaient tiré leur origine : je conviens avec eux que le granit a donné naissance à un grand nombre d'autres substances par ses différentes exsudations et décompositions; mais comme il est lui-même composé de trois ou quatre matières très évidemment reconnaissables, il faut nécessairement admettre la priorité de l'existence de ces mêmes matières, et par cette raison regarder le quartz, le mica, le feldspath et le schorl qu'il contient, comme des substances dont la formation est antérieure à la sienne.

En suivant l'ordre qui nous conduit des substances simples aux matières composées, et toujours en grandes masses, nous avons donc d'abord le quartz, le jaspe, le mica, le feldspath et le schorl, que nous regardons comme des matières simples; ensuite les roches vitreuses, qui ne contiennent que deux de ces cinq premières substances; après quoi viennent les porphyres et les granits, qui en contiennent trois ou quatre : on verra qu'en général le développement des causes et des effets dans la formation des masses primitives du globe s'est fait dans une succession relative aux différents degrés de leur densité, solidité et fusibilité respectives, et que, de tous les mélanges ou combinaisons qui se sont faits des cinq verres primitifs, celle de la réunion du quartz, du mica, du feldspath et du schorl est non seulement la plus commune, mais qu'elle est tellement universelle et si générale que les granits semblent avoir exclu les résultats de la plupart des autres combinaisons de ces verres primitifs.

DU GRANIT

De toutes les matières produites par le feu primitif, le granit est la moins simple et la plus variée : il est ordinairement composé de quartz, de feldspath, de schorl et de mica : de ces quatre substances primitives, les plus fusibles sont le feldspath et le schorl; ces verres de nature se fondent sans addition au même degré de feu que nos verres factices, tandis que le quartz résiste au plus grand feu de nos fourneaux; le feldspath et le schorl sont aussi beaucoup plus fusibles que le mica, auquel il faut appliquer le feu le plus violent pour le réduire en verre ou plutôt en scories spumeuses. Enfin le feldspath et le schorl communiquent la fusibilité aux matières dans lesquelles ils se trouvent mélangés, telles que les porphyres, les ophites et les granits, qui tous peuvent se fondre sans aucune addition ni fondant étranger (a); or, ces différents degrés de fusibilité respective dans les

(a) 1° Un morceau de très beau granit rouge très vif, très dur, faisant feu dans tous les points, enfermé dans un petit creuset de Hesse et recouvert d'un autre, a coulé en verre noir en moins de deux heures;

2° Un morceau de granit noir et blanc très dur, du poids de cinq gros vingt-deux grains, a formé dans le même temps une seule masse vitreuse noire, très compacte, très homogène;

3° Un morceau de porphyre très brun piqué de blanc, très dur, de deux gros vingt-huit grains, a coulé au point d'enduire absolument le creuset de verre noir : ces trois morceaux antiques ont été trouvés à Autun;

4° J'ai exposé au même feu de beau quartz blanc d'Auvergne : il y a pris un blanc plus mat, plus opaque, y est devenu plus tendre, plus aisé à égrener au doigt, mais sans aucune fusion, pas même aux endroits où il touchait le creuset. — Lettre de M. de Morveau à M. de Buffon. Dijon, 27 octobre 1778.

matières qui composent le granit, et particulièrement la grande fusibilité du feldspath et du schorl, me semblent suffire pour expliquer d'une manière satisfaisante la formation du granit.

En effet, le feu qui tenait le globe de la terre en liquéfaction a nécessairement eu des dégrés différents de force et d'action : le quartz ne pouvait se fondre que par le feu le plus violent, et n'a pu demeurer en fusion qu'autant de temps qu'a duré cette extrême chaleur; dès qu'elle a diminué, le quartz s'est d'abord consolidé, et sa surface, frappée du refroidissement, s'est fendue, écaillée, égrenée, comme il arrive à toute espèce de verre exposé à l'action de l'air; toute la superficie du globe devait donc être couverte de ces premiers débris de la décrépitation du quartz immédiatement après sa consolidation; et les groupes élancés des montagnes isolées, les sommets des grandes boursouflures du globe, qui dès lors s'étaient faites dans la masse quartzeuse, ont été les premiers lieux couverts de ces débris du quartz, parce que ces éminences, qui présentaient toutes leurs faces au refroidissement, en ont été plus complètement et plus vivement frappées que toutes les autres portions de la terre.

Je dis refroidissement, par rapport à la prodigieuse chaleur qui avait jusqu'alors tenu le quartz en fusion; car, dans le moment de sa consolidation, le feu était encore assez violent pour dissiper les micas, dont l'exfoliation ne fut que le second détriment du quartz déjà brisé en écailles et en grains par le premier degré du refroidissement. Le feldspath et le schorl, bien plus fusibles que le mica, étaient encore en pleine fonte au point de feu où le quartz déjà consolidé s'égrenait faute de recuit et formait les micas par ses exfoliations (*).

Le feldspath et le schorl doivent donc être considérés comme les dernières fontes des matières vitreuses : ces deux derniers verres, en se refroidissant, durent s'amalgamer avec les détriments des premiers. Le feu qui avait tenu le quartz en fusion était bien plus violent que celui qui tenait dans ce même état le feldspath et le schorl, et ce n'est qu'après la consolidation du quartz et même après sa réduction en débris que les micas se sont formés de ses exfoliations, et ce n'est encore qu'après ce temps que le feldspath et le schorl, auxquels il ne faut qu'un feu médiocre pour rester en fusion, ont pu se réunir avec les détriments de ces premiers verres : ainsi le feldspath et le schorl ont rempli, comme des ciments additionnels, les interstices que laissaient entre eux les grains de quartz ou de jaspe et les particules de mica; ils ont lié ensemble ces débris, qui de nouveau prirent corps et formèrent les granits et les porphyres, car c'est, en effet, sous la forme d'un ciment introduit et agglutiné dans les porphyres et les granits qu'ils s'y présentent.

En effet, les quartz en grains décrépités ou exfoliés en micas devaient couvrir généralement la surface du globe, à l'exception des fentes perpendiculaires qui venaient de s'ouvrir par la retraite que fit sur elle-même toute la matière liquéfiée en se consolidant; le feu de l'intérieur exhalait par ces fentes, comme par autant de soupiraux, les vapeurs métalliques, qui, s'étant incorporées avec la substance du quartz, l'ont modifiée, colorée et convertie en jaspe, lequel ne diffère en effet du quartz que par ces impressions de vapeurs métalliques, et qui, s'étant consolidé et recuit dans ces fentes du quartz, et à l'abri de l'action des éléments humides, est demeuré solide, et n'a fourni à l'extérieur qu'une petite quantité de détriments que le feldspath et le schorl aient pu saisir. Les jaspes ne présentant que leur sommet, et étant du reste contenus dans les fentes perpendiculaires de la grande masse quartzeuse, ne purent recevoir le feldspath et le schorl que dans cette partie supérieure, sur laquelle seule se fit une décrépitation semblable à celle du quartz, parce que cette partie de leur masse était en effet la seule qui pût être réduite en débris par le refroidissement.

(*) Nous avons déjà dit que le mica et le quartz ayant une composition différente, doivent avoir aussi une origine indépendante.

Et de fait, les porphyres, qui n'ont pu se former qu'à la superficie des jaspes, sont infiniment moins communs que les granits, qui se sont au contraire formés sur la surface entière de la masse quartzeuse; car les granits recouvrent encore aujourd'hui la plus grande partie du globe; et, quoique les quartz percent quelquefois au dehors et se montrent en divers endroits sur de fortes épaisseurs et dans une grande étendue (a), ils n'occupent que de petits espaces à la surface de la terre en comparaison des granits, parce que les quartz ont été recouverts et rehaussés, presque partout, par ces mêmes granits, qui ont recueilli dans leur substance presque tous les débris des verres primitifs, et se sont consolidés et groupés sur la roche même du globe, à laquelle ils tiennent immédiatement, et qu'ils chargent presque partout. On trouve le granit comme premier fond au-dessous des bancs calcaires et des couches de l'argile et des schistes, quand on peut en percer l'épaisseur (b),

(a) « Les quartz s'offrent à plusieurs endroits dans les Vosges, soit que les masses de » granits éboulées aient découvert les flancs de la masse quartzeuse, ou que des zones ou » veines de quartz percent d'elles-mêmes à la surface. Dans les mines du Thillot et de Château-Lambert, fouillées dans une des racines de la grande montagne du Balon, et dont » l'exploitation fut autrefois très riche et pourrait l'être encore, le cuivre se trouve immédiatement dans le quartz vif, sans autre matrice ni gangue; ce quartz est d'un beau blanc » de lait et perce en larges bandes jusqu'au dehors de la montagne. On rencontre la » tranche d'une autre très large zone de quartz, coupée dans le bas de la superbe route qui » descend de l'autre côté de cette même grande montagne du Balon sur Giromagny en « haute Alsace. Des masses et des zones de quartz se présentent également sur les coupes » de l'autre route qui pénètre la montagne, de Lorraine en Alsace, par la source de la Moselle, Bussang, Saint-Amarin et Than. Enfin, en nombre d'autres endroits dans toute la » chaîne des Vosges, le quartz se montre entre les granits, soit à la base, soit aux côtés » escarpés des montagnes. » Observations communiquées par M. l'abbé Bexon.

« Dans le canton de Salvert en Auvergne, il y a, dit M. Guettard, une bande de plus de » deux mille toises de long qui n'est que du quartz blanc; elle reprend même du côté de » Roche-d'Agout jusqu'à une petite butte qui est auprès de la paroisse de Biolet, ce qui fait » en tout une longueur de plus de dix mille toises.

» Aux environs de Pont-Gibaud, le long du chemin de Clermont au Mont-Dore, il y a » du quartz; les maisons en sont bâties dans le canton de la Sauvetat, cette pierre est ordinairement d'un blanc plus ou moins vif, etc. » *Mémoire sur la minéralogie d'Auvergne*, dans ceux de l'*Académie des sciences*, année 1759.

Presque tous les rochers du Grimsel (l'une des plus hautes Alpes, d'où sortent les sources de l'Aar et du Rhône) contiennent de beaux cristaux; c'est sur cette montagne, composée de quartz, qu'ont été trouvées les plus belles pièces de cristal que l'on connaisse, entre autres celle qu'a vue M. de Haller, et qui pesait six cent quatre-vingt-quinze livres. *Voyages de M. Bourrit*, t. II, chap. III.

« On entrevoit de certaines lois à l'égard de l'arrangement respectif de cet ordre d'anciennes roches, par tous les systèmes de montagnes qui appartiennent à l'empire russe. La » chaîne ouralique, par exemple, a du côté de l'orient, sur toute sa longueur, une très » grande abondance de schistes cornés, serpentins et talqueux, riches en filons de cuivre, » lesquels forment le principal accompagnement du granit. Des jaspes de diverses couleurs... forment des lits de montagnes entières et occupent de très grands espaces; de ce » même côté, il paraît beaucoup de quartz en grandes roches toutes pures. » *Observ. sur la formation des montagnes*, par M. Pallas, p. 50.

(b) « Les montagnes du Vicentin et du Véronois sont composées d'un schiste argileux » micacé : comme on n'en perce pas l'épaisseur, on ignore s'il en est de même ici que dans » d'autres pays de montagnes, c'est-à-dire s'il y a au-dessous de ce schiste du granit, ce » que je présume cependant; car le granit perce et s'élève au-dessus du schiste dans les » hautes montagnes du Tyrol, et le granit gris ou granitello se montre déjà vers les » sources de la rivière de Cismonvé qui se jette dans la Brenta. » Ferber, *Lettres sur la minéralogie*, p. 46.

et nous ne devons pas oublier que ce fond actuel de notre terre était la surface du globe primitif avant le travail des eaux (*a*).

Or, les granits sont non seulement couchés sur cette antique surface, mais ils sont entassés encore plus en grand dans les groupes des montagnes primitives (*b*), et nous en avons d'avance indiqué la raison : ces sommets, où les degrés du refroidissement furent plus rapides, atteignirent plus tôt le point de la fusion et de la consolidation du feldspath et du schorl, en même temps qu'ils leur offraient à saisir de plus grandes épaisseurs de grains quartzeux décrépités.

Aussi les granits forment-ils la plupart de ces grands groupes et de ces hauts sommets élevés sur la base de la roche du globe comme les obélisques de la nature, qui nous attestent ses formations antiques, et sont les premiers et grands ouvrages dans lesquels elle préparait la matière de toutes ses plus riches productions, et où elle indiquait déjà de loin le dessin sur lequel elle devait tracer les merveilles de l'organisation et de la vie; car on ne peut s'empêcher de reconnaître dans la figuration généralement assez régulière des petits solides du feldspath et du schorl cette tendance à la structure organique, prise dans un feu lent et tranquille, qui, en commençant l'union intime de la matière brute avec quelques molécules organiques, la dispose de loin à s'organiser, en y traçant des linéaments d'une figuration régulière : nos fusions artificielles, et plus encore les fusions produites par les volcans, nous offrent des exemples de cette figuration ou cristallisation par le feu dans un grand nombre de matières (*c*), et même dans tous les métaux et minéraux métalliques.

(*a*) « Il résulte des faits que j'ai rapportés, qu'à l'époque où la mer commençait à couvrir
» les Pyrénées de productions marines, il existait déjà de grandes montagnes, purement
» graniteuses, qu'elle n'a fait qu'accroître par d'immenses dépôts, provenant de la destruc-
» tion des corps marins organisés; mais l'enveloppe des masses de granit, continuellement
» exposée aux injures du temps et à l'action des eaux du ciel, ne cesse de diminuer depuis
» que la mer s'est retirée du sommet des Pyrénées : les torrents surtout, qui sillonnent de
» profondes cavités dans le sein de ces montagnes, entraînent les pierres calcaires et argi-
» leuses, et dégagent peu à peu le granit; ainsi cette roche, après une longue suite de
» siècles, se trouvera entièrement à découvert, telle enfin qu'elle était disposée avant d'avoir
» servi de base à des matières de nouvelle formation. Les Pyrénées, parvenues à leur pre-
» mier état, ressembleront aux montagnes graniteuses du Limousin, qui paraissent avoir subi
» toutes ces vicissitudes. Les environs de Châteauneuf, village situé à six lieues de Limoges,
» présentent des bancs inclinés de marbre gris, enfermés de granit; cette île calcaire est,
» selon M. Cornuo, ingénieur-géographe du roi, d'une demi-lieue de diamètre, et distante de
» plus de dix lieues des contrées calcaires. Un pareil monument semble avoir été conservé
» pour indiquer que les montagnes actuelles du Limousin ne sont que le noyau d'une région
» autrefois beaucoup plus haute, formée par les dépôts de la mer, et détruite, après la
» retraite des eaux, par les mêmes causes qui rabaissent chaque jour la cime des Pyrénées.

» La constitution intérieure de cette chaîne ne permet pas d'admettre, comme nous
» l'avons déjà dit, que les matières qui la composent aient été formées en même temps; il
» est aisé, au contraire, de voir que la formation du granit a précédé celle des bancs cal-
» caires et argileux, auxquels il sert de base. » *Essai sur la minéralogie des monts Pyrénées*, par M. l'abbé Palassau, p. 154.

(*b*) « Les granits me semblent mériter, mieux que toutes les autres roches, le nom de
» *roches primitives*, parce qu'on les trouve plus près du centre, et dans le centre même des
» hautes chaînes. » Saussure, *Voyage dans les Alpes*, t. Ier, p. 99. — « C'est une observa-
» tion générale, que dans les grandes chaînes on trouve au dehors les montagnes calcaires,
» puis les ardoises. » — L'auteur se fût mieux exprimé en disant *les schistes*, puis les
roches feuilletées primitives, et enfin les granits. *Idem, ibidem*, p. 402.

(*c*) Voyez l'article *des volcans*, sur les espèces de granits et de porphyres qui se forment
quelquefois dans la lave.

Si nous considérons maintenant que les grands bancs et les montagnes de granit s'offrent à la superficie de la terre dans tous les lieux où les argiles, les schistes et les couches calcaires n'ont pas recouvert l'ancienne surface du globe, et où le feu des volcans ne l'a point bouleversée, en un mot partout où subsiste la structure primitive de la terre (a), on ne pourra guère se refuser à croire qu'ils sont l'ouvrage de la dernière fonte qui ait eu lieu à sa surface encore ardente, et que cette dernière fonte n'ait été celle du feldspath et du schorl, lesquels, des cinq verres primitifs, sont sans comparaison les plus fusibles ; et si l'on rapproche ici un fait qui, tout grand et frappant qu'il est, ne paraît pas avoir été remarqué des minéralogistes, savoir qu'à mesure que l'on creuse ou qu'on fouille dans une montagne dont la cime et les flancs sont de granit, loin de trouver du granit plus solide et plus beau à mesure que l'on pénètre, l'on voit au contraire qu'au-dessous, à une certaine profondeur, le granit se change, se perd et s'évanouit à la fin, en reprenant peu à peu la nature brute du roc vif et quartzeux. On peut s'assurer de ce changement successif dans les fouilles des mines profondes : quoique ces profondeurs où nous pénétrons soient bien superficielles, en comparaison de celles où la nature a pu travailler les matériaux de ses premiers ouvrages, on ne voit dans ces profondeurs que la roche quartzeuse, dont la partie qui touche aux filons des mines et forme les parois des fentes perpendiculaires est toujours plus ou moins altérée par les eaux ou par les exhalaisons métalliques, tandis que celle qu'on taille dans l'épaisseur vive est une roche sauvage plus ou moins décidément quartzeuse, et dans laquelle on ne distingue plus rien qui ressemble aux grains réguliers du granit. En rapprochant ce second fait du premier, on ne pourra guère douter que les granits n'aient en effet été formés des détriments du quartz décrépité jusqu'à certaines profondeurs, et du ciment vitreux du feldspath et du schorl, qui s'est ensuite interposé entre ces grains de quartz et les micas, qui n'en étaient que les exfoliations.

Il s'est formé des granits à plus grands et à plus petits cristaux de feldspath et de schorl, suivant que les grains quartzeux se sont trouvés plus ou moins rapprochés, plus ou moins gros, et selon qu'ils laissaient entre eux plus d'espace où le feldspath et le schorl pouvaient couler pour se cristalliser. Dans le granit à menus grains, le feldspath et le schorl, presque confondus et comme incorporés avec la pâte quartzeuse, n'ont point eu assez d'espace pour former une cristallisation bien distincte ; au lieu que dans les beaux granits à gros grains réguliers, le feldspath et quelquefois le schorl sont cristallisés distinctement, l'un en rhombes et l'autre en prismes (b).

Les teintes du rouge du feldspath et de brun noirâtre du schorl dans les granits sont dues sans doute aux sublimations métalliques, qui de même ont coloré les jaspes et se sont étendues dans la matière du feldspath et du schorl en fusion. Néanmoins cette teinture métallique ne les a pas tous colorés, car il y a des feldspaths et des schorls blancs

(a) « Après avoir vu les ruines de l'ancienne Syène, je me rendis aux carrières de granit, » qui sont environ un mille au sud-est. Tout le pays qui est à l'orient, les îles et le lit du » Nil, sont de granit rouge, appelé par Hérodote *pierre thébaïque*. Ces carrières ne sont » pas profondes, et l'on tire la pierre des flancs des montagnes. Je trouvai dedans quelques » colonnes ébauchées, entre autres une carrée, qui était vraisemblablement destinée pour un » obélisque... On suit ces carrières le long du chemin d'Assouan (Syène) à Philœ... L'île » d'Éléphantine n'est aussi qu'un rocher de granit rouge... et ce sont des rochers de ce » même granit, que le Nil a rompus, et entre lesquels il passe dans ses fameuses cata- » ractes. » *Voyage de Pococke.* Paris, 1772, t. Ier, p. 347, 348, 354 et 360.

(b) « Le granit (proprement dit) varie par la proportion de ses ingrédients, qui est diffé- » rente dans différents rochers, et quelquefois dans les différentes parties d'un même rocher... » Il varie aussi par la grandeur de ses parties, et surtout des cristaux de feldspath, qui ont » quelquefois jusqu'à un pouce de longueur, et d'autres fois sont aussi petits qu'un grain de » sable. » Saussure, *Voyage dans les Alpes,* t. Ier, p. 105.

ou blanchâtres, et dans certains granits et plusieurs porphyres le feldspath ne se distingue pas du quartz par la couleur (a).

Les sommets des montagnes graniteuses sont généralement plus élevés que les montagnes schisteuses ou calcaires : ces sommets paraissent n'avoir jamais été surmontés ni travaillés par les eaux, dont la plus grande hauteur nous est indiquée par les bancs calcaires les plus élevés, car on ne trouve aucun indice de coquilles ou d'autres productions marines dans l'intérieur de ces granits primitifs, à quelque niveau qu'on les prenne, comme jamais aussi l'on ne voit de bancs calcaires interposés dans les masses de granit, ni de granits posés sur des couches calcaires, si ce n'est par fragments roulés et transportés (b), ou par bancs de seconde formation. Tous ces faits importants de l'histoire du globe ne sont que des conséquences nécessaires de l'ordre dans lequel nous venons de voir les grandes formations du feu précéder universellement l'ouvrage des eaux.

Les couches que l'eau a déposées sont étendues horizontalement, et c'est dans ce sens, c'est-à-dire en longueur et largeur, que se présentent leurs plus grandes dimensions ; les granits au contraire, et tous les autres ouvrages du feu sont groupés en hauteur ; leurs pyramides ont toujours plus d'élévation que de base (c). Il y a de ces masses ou pyra-

(a) Le *granito grigio* ou *bigio* est gris, composé de quartz transparent ou opaque et couleur de lait, de spath dur blanc et de mica noir ; lorsque toutes ses parties sont en petits grains, on en nomme l'assemblage *granitello*... Le *granito roseo*, ou *granit rouge*, est composé de quartz blanc, de grands morceaux de spath dur rouge et de mica noir... Quelques colonnes de granit et de *granitello* sont clairement parsemées de petites taches noires provenant d'un amas de mica plus grand et plus fréquent dans ces endroits ; telles sont les colonnes de la façade du Palais royal de Naples, du côté de la mer ; telles sont aussi celles de granit gris antique que j'ai vues à Salerno. Ferber, *Lettres sur la minéralogie*, p. 343 et suiv.

Les différentes couleurs dont le feldspath est susceptible sont, dans le granit, la source d'un nombre de variétés : celle qu'il présente le plus communément est un blanc laiteux ; mais on le voit aussi jaune ou fauve, rouge, violet, et rarement, mais pourtant quelquefois d'un beau noir. *Voyage dans les Alpes*, par M. de Saussure, t. Ier, p. 105.

(b) « Il y a de gros morceaux de granit, de quartz et d'autres pierres, qui viennent des
» *montes primarii* du Tyrol, épars sur les champs des environs de Gallio d'Asiago, de
» Camporovere et d'autres endroits, tous situés dans la montagne... Ces morceaux sont de
» même nature que ceux qu'entraînent dans leur cours l'Adige et la Brenta en sortant des
» montagnes du Tyrol ; et il faut concevoir que le cours de ces rivières, avant qu'elles
» n'eussent approfondi leurs vallées, était au niveau de ces morceaux détachés des mon-
» tagnes, et qui n'ont pu être entraînés et transportés sur ces couches calcaires que par les
» eaux. » *Lettres sur la minéralogie*, par M. Ferber, p. 54.

« Arrivés au milieu de la vallée d'Urseren (au mont Saint-Gothard), nous tournâmes à
» gauche, et nous montâmes dans une vallée plus élevée, dont les profondeurs sont jon-
» chées de ruines de montagnes renversées. La Reuss, resserrée des deux côtés entre
» d'immenses blocs de granit d'une superbe couleur grise, confusément accumulés, et qui
» sont des fragments de celui qui forme tous les sommets des Alpes, s'élance à travers ces
» débris avec une inconcevable rapidité. » *Lettres sur la Suisse*, par M. Will. Coxe, t. Ier,
p. 128.

(c) « Si l'on consulte les auteurs qui ont parlé de la structure des montagnes de granit,
» on verra que presque tous disent que les pierres de ce genre se trouvent en masse in-
» forme, entassées sans aucun ordre : la source de ce préjugé vient principalement de ce
» qu'on a cru trouver du désordre partout où l'on n'a pas vu des couches horizontales ; mais
» tout homme qui observera en grand, et sans aucune prévention, la structure de ces hautes
» chaînes de montagnes de granit, reconnaîtra qu'elles sont composées de grandes lames
» ou feuillets pyramidaux appuyés les uns contre les autres..... Ces feuillets sont tous à peu
» près verticaux ; ceux du centre ou du cœur de la chaîne le sont presque toujours ; mais
» les autres, à mesure qu'ils s'en éloignent, s'inclinent en s'appuyant contre ce même cen-
» tre. » Saussure, *Voyage dans les Alpes*, t. Ier, p. 502.

mides solides de granit, sans fentes ni sutures, d'une très grande hauteur et d'un volume énorme (a); on en peut juger non seulement par l'inspection des montagnes graniteuses (b), mais même par les monuments des anciens : ils ont travaillé des blocs de granit de plus de vingt mille pieds cubes, pour en former des colonnes et des obélisques d'une seule pièce (c), et de nos jours on a remué des masses encore plus fortes, car le bloc de granit qui sert de piédestal à la statue équestre du grand Pierre Ier, élevée par l'ordre d'une impératrice encore plus grande (d), contient trente-sept mille pieds cubes : cependant ce bloc a été trouvé dans un marais, où il était isolé et détaché des hautes masses auxquelles il tenait avant sa chute. « Mais nulle part, nous dit M. l'abbé Bexon (e), » on ne peut prendre une idée plus magnifique de ces masses énormes de granit que » dans nos montagnes des Vosges : elles en offrent en mille endroits des blocs plus » grands que tous ceux que l'on admire dans les plus superbes monuments, puisque les » larges sommets et les flancs escarpés de ces montagnes ne sont que des piles et des » groupes d'immenses rochers de granit entassés les uns sur les autres (f). »

(a) Le plus bel endroit du passage du mont Saint-Gothard, et celui qui frappe le plus par son aspect, est un chemin taillé sur le roc comme un escalier; là, une seule pièce de granit de quatre-vingts pieds de haut sur mille pas de front surplombe ce chemin. *Voyage de M. Bourrit*, t. II, chap. v.

(b) « Un œil exercé peut découvrir, même à de grandes distances, la matière dont un pic » inaccessible est composé, surtout lorsqu'elle est d'un granit dur, comme dans les hautes » Alpes. Les montagnes composées de ce genre de pierres ont leurs sommités terminées » par des crénelures très aiguës à angles vifs; leurs faces et leurs flancs sont de grandes » tables planes, verticales, dont les angles sont aussi vifs et tranchants. La nuance même » que la nature a souvent mise entre les *roches de corne* molles et les granits durs se » marque à ces signes : les crêtes des sommets qui sont composés d'une roche de corne » tendre paraissent arrondies, émoussées, sans physionomie; mais à mesure que la pierre, » en se chargeant de quartz et de feldspath, approche de la dureté du granit, on voit naître » des créneaux plus distincts et des formes plus tranchées; ces gradations s'observent à » merveille sur l'aiguille inaccessible des *Charmos* qui domine le *glacier des Bois* dans le » district de Chamouni. » Saussure, *Voyage dans les Alpes*, t. Ier, p. 500.

(c) La colonne de Pompée, dont le fût est d'une seule pièce, passe pour être le plus grand monument des anciens en ce genre. « Cette colonne est, dit Thévenot, située à envi-» ron deux cents pas d'Alexandrie; elle est posée sur un piédestal ou base carrée, large » d'environ vingt pieds et haute de deux ou environ, mais faite de plusieurs grosses pierres : » pour le fût de la colonne, il est tout d'une seule pièce de granit, si haute qu'elle n'a pas » au monde sa pareille, car elle a dix-huit cannes de haut, et est si grosse qu'il faut six » personnes pour l'embrasser. » *Voyage au Levant*, t. Ier, p. 227. En supposant la canne de de cinq pieds de longueur, le fût de cette colonne en a quatre-vingt-dix de hauteur sur trente pieds de circonférence, parce que chaque homme, les bras étendus, embrasse aussi cinq pieds : ces dimensions donnent environ vingt mille pieds cubes. — « Nos montagnes » européennes, dit M. Ferber, contiennent du granit rouge et du granit gris, et il n'y a » pas de doute que l'on pourrait tirer des blocs aussi beaux et aussi grands que le sont » ceux des obélisques venus d'Égypte, si on voulait y mettre la main et y employer les » sommes que les Romains dépensaient pour les avoir. » *Lettres sur la minéralogie*, p. 344.

(d) Catherine II, actuellement régnante, et dont l'Europe et l'Asie admirent et respectent également le grand caractère et le puissant génie.

(e) *Mémoires sur l'Histoire naturelle de la Lorraine*, communiqués par l'abbé Bexon.

(f) On vient depuis peu de commencer à travailler ces granits des Vosges, et les premiers essais ont découvert dans ces montagnes les plus grandes richesses en ce genre : elles offrent des granits très beaux et très variés pour le grain et pour les couleurs, et diverses espèces de porphyres; on en tire aussi des jaspes richement colorés, et toutes ces matières s'y rencontrent partout dans une extrême abondance : quoique dans une exploita-

Plusieurs observateurs ont déjà reconnu que la plupart des sommets des montagnes, surtout des plus élevées, sont formés de granit (a). La plus grande hauteur où les eaux aient déposé des coquilles n'étant qu'à quinze cents ou deux mille toises au-dessus du niveau actuel de la mer, il y a par conséquent un grand nombre de sommets qui se trouvent au-dessus de cette hauteur; mais il s'en faut bien que toutes les pointes moins

tion commencée on n'ait encore attaqué aucune masse considérable, et qu'on se soit borné aux morceaux rompus, épars au penchant des montagnes, et que les habitants entassent en gros murs bruts pour enclore leurs terrains. Le premier établissement de ce travail des granits des Vosges, fait d'abord à Giromagny, dans la haute Alsace, est actuellement transféré, pour plus grande abondance de matières et plus grande facilité de transports, de l'autre côté de la montagne, en Lorraine, dans le vallon de la Moselle, environ quatre lieues au-dessous de sa source. Nous le devons au goût et à l'activité de M. Patu des Hauts-Champs, magistrat qui joint à l'honneur et aux distinctions héréditaires l'amour éclairé du bien public et de grandes connaissances dans les sciences et dans les arts. Son entreprise, qui nous semble très digne de l'attention et de la faveur du gouvernement, mettrait en valeur des matières précieuses restées jusqu'à présent brutes entre nos mains, et pour lesquelles nous payons jusqu'ici un tribut à l'Italie.

(a) Les hautes sommités des Alpes sont presque toutes de granit proprement dit, savoir, de celui qui est composé de quartz, de feldspath et de mica... Le mont Blanc, qui s'élève comme un géant au centre des Alpes, est un immense rocher de granit. Saussure, *Voyage dans les Alpes*, t. Ier, p. 105 et 356. — Le sommet du Saint-Gothard est une plate-forme de granit nu. *Lettres sur la Suisse*, par M. William Coxe, traduites par M. Ramond, t. Ier, p. 193. — Le mont Sinaï (où je l'observai près du couvent) est presque tout de granit rougeâtre et à gros grains. *Descript. de l'Arabie*, par Niebuhr, t. II, p. 278. Les observations des derniers voyageurs ont constaté que le Caucase, qui occupe l'espace entre le Pont-Euxin et la mer Caspienne, est une grande masse de granit très irrégulièrement accompagnée de ces bandes schisteuses qui recouvrent toujours les côtés des grandes chaînes, ainsi que des montagnes secondaires et tertiaires qui les accompagnent... La chaîne célèbre des montagnes d'Oural, qui trace la limite naturelle entre l'Europe et l'Asie, et que le respect des peuples qui l'avoisinent leur a fait appeler la *ceinture de la terre*, est élevée sur une échine de granit et de quartz qui va en serpentant du midi au nord, et dont la plus grande largeur se trouve sur les sources du Jaïck et du Bielaïa... elle arrive en décroissant aux bords de la mer Glaciale, où elle forme le grand cap à l'ouest du golfe de l'Oby... et répond enfin, par des côtes escarpées, à la grande chaîne boréale d'Europe, laquelle ayant parcouru toute la Scandinavie en forme de fer à cheval, et élevé le cap Nord, vient remplir de rochers granitiques les basses terres de la Finlande. La grande chaîne altaïque, qui forme un des plus puissants systèmes de montagnes qui aient été reconnus sur notre planète, remplit l'Asie de ses différentes branches; elles partent de ces prodigieux sommets dont la suite règne depuis la grande montagne Ouloutaou, au milieu de la Tartarie déserte, par le Boghdo (montagne souveraine), qui élève ses pics fort au-dessus des neiges, jusqu'aux effroyables groupes de montagnes au nord des Indes, dont le Thibet et le royaume de Cachemire sont hérissés : toute cette suite de sommets est granitique, et il en part des rameaux de même nature qui se distribuent entre tous les grands fleuves de l'Asie. (Extrait d'une dissertation de M. Pallas, intitulée : *Observations sur la formation des montagnes*.)

« En traversant le Tyrol pour aller en Italie, on trouve d'abord des montagnes calcaires,
» ensuite des montagnes schisteuses, et enfin des montagnes de granit; ces dernières sont
» les plus élevées : on redescend par le même ordre de montagnes graniteuses, schisteuses
» et calcaires.... La même chose s'observe en montant les autres chaînes considérables de
» l'Europe, comme cela est incontestable dans les montagnes Carpathiques, dans celles de
» Saxe, du Hartz, de la Silésie, de la Suisse, des Pyrénées, de l'Écosse et de la Laponie, etc.; on peut en tirer la juste conséquence que le granit forme les montagnes les
» plus élevées, et en même les plus profondes et les plus anciennes, puisque toutes les autres montagnes sont appuyées et reposent sur le granit, que le schiste a été posé sur le

élevées aient été recouvertes des productions de la mer ou cachées sous l'argile, le schiste et les autres matières transportées par les eaux ; plusieurs montagnes, telles que les Vosges, moins hautes que ces grands sommets, sont composées de granits qui n'offrent aucun vestige de productions marines, et ces granits ne sont pas surmontés de bancs calcaires, quoique la mer ait porté dans d'autres endroits ses productions à de bien plus

» granit ou à côté de lui, et que les montagnes calcaires ou autres couches de pierres ou » de terres amenées par les eaux ont encore été placées par dessus le schiste. » Ferber, *Lettres sur la minéralogie*, p. 495 et 496. — « Plusieurs montagnes au-dessus du lac de » Côme, dans le canton appelé la Grigna, sont composées de granit ; telles sont celles qui » environnent en forme d'amphithéâtre le lago Maggiore, sur lequel sont les charmantes îles » Borromées : ce granit a une couleur de chair pâle. » *Idem.*, p. 473. — Le même M. Ferber dit expressément ailleurs (p. 343) que la partie la plus élevée des Alpes, entre l'Italie et l'Allemagne, est de granit ; et il ajoute que ces granits européens ne diffèrent en aucune façon du granit oriental.

Tous les pays du monde offriront donc des granits dans leurs chaînes de montagnes primitives, et si les observations sur cet objet ne sont pas plus multipliées, c'est que de justes notions du règne minéral, pris en grand, paraissent avoir jusqu'ici manqué aux observations. Quoi qu'il en soit, toutes nos provinces montagneuses, l'Auvergne, le Dauphiné, la Provence, le Languedoc, la Lorraine, la Franche-Comté et même la Bourgogne vers Semur, offrent des granits. La Bretagne depuis la Loire, et partie de la Normandie touchant à la Bretagne, en comprenant Mortain, Argentan, Lisieux, Bayeux, Cherbourg, est appuyée sur une masse de granit. La Suisse, l'Allemagne, l'Espagne, l'Italie ont les leurs. Les montagnes de la Corse et celles de l'île d'Elbe en sont formées. « Il s'y en trouve, dit » M. Ferber (p. 441), qui est violet et très beau, parce que le feldspath est violet, à grands » cubes, larges ou épais, oblongs ou polygones. »

« Le bas de la montagne de Volvic (en Auvergne) qui a brûlé, est, dit M. Guettard, » composé de granits de différentes couleurs : il y en a de blanc, jaunâtre et gris, qui a » des grains de moyenne grosseur bien liés, et un peu de paillettes talqueuses d'un argenté » brillant ; un autre est blanc pointillé de noir à grains moyens et serrés, et à paillettes » talqueuses brunes ou noires ; il ressemble beaucoup au carreau de Saint-Sever en Nor- » mandie ; un troisième est encore blanc, mais fouetté de jaunâtre et pointillé de brun et de » noir ; ces grains sont de moyenne grosseur, serrés, et les paillettes talqueuses, brunes et » petites ; les deux suivants sont jaunes, le premier est lavé de blanc pointillé de brun et » de noir ; ces grains sont peu liés, de moyenne grosseur, serrés, et les paillettes talqueuses, » brunes et petites ; on y remarque, outre cela, des plaques qui ont un coup d'œil de spath ; » le second est jaune rouille de fer pointillé de blanc, à grains moyens, très peu liés et à » paillettes petites et brunes ; enfin, des deux autres, l'un est noir et couleur de chair, à » grains serrés et petits, mêlés d'un peu de talc brun ; l'autre est couleur de cerise foncée » et brune, à grains moyens et un peu serrés, et à paillettes talqueuses d'un brun tirant sur » le noir. Il y a encore de cette espèce de pierre le long du chemin qui conduit de Clermont » au Mont-d'Or ; j'en ai observé qui étaient d'un blanc jaunâtre, sans paillettes talqueuses, » et dont le grain était très serré ; ces granits étaient traversés par des veines de quelques » lignes d'épaisseur d'un quartz blanc sale et demi-transparent ; d'autres étaient couleur de » cerise vif, fouetté de brun avec quelques paillettes talqueuses d'un brun doré, ou bien ils » étaient gris blancs avec de très grandes plaques de quartz : cette pierre se rencontre aussi » sur la route de Clermont à Pont-Gibaud, à Rajat, sur le chemin de Rochefort à Pont- » Gibaud, dans les environs de Clermont et du Puy-de-Dôme, dont la base est de cette » pierre, à Gergovie, où il paraît décomposé : tous ces granits sont de différentes couleurs. » Auprès d'Aurillac, dans la commanderie de la Salvetat, il y en a de rouges ; toutes les » montagnes du canton de Courpierre sont, à ce qu'on dit, composées en grande partie de » granits remplis de talc blanc et jaune. » *Mémoires sur la minéralogie d'Auvergne*, dans ceux de l'*Académie des sciences*, année 1759.

Quoique les montagnes qui sont auprès de l'Escurial paraissent toutes de granit bleu, on en trouve aussi du rouge comme celui d'Égypte... Il se décompose au contact de l'air,

grandes hauteurs. Au reste, ce n'est que dans les hautes montagnes vitreuses que l'on peut voir à nu la structure ancienne et la composition primitive du globe en masses de quartz, en veines de jaspe, en groupes de granit et en filons métalliques (a).

Quelque solide et durable que soit la matière du granit, le temps ne laisse pas de la miner et de la détruire à la longue, et des trois ou quatre substances dont il est composé, le quartz parait être celle qui a le plus perdu de sa solidité, et cela est peut-être arrivé dès le premier temps qu'il s'est décrépité; car quoique, étant d'une substances plus simple, il soit en lui-même plus solide que le feldspath et le schorl, cependant ces derniers verres, et surtout le feldspath, sont ce qu'il y a de plus durable dans le granit; du moins il est certain que sur les faces des blocs de granit exposés à l'air aux flancs des montagnes, c'est la partie quartzeuse qui tombe en détriment la première avec le mica, et que les rhombes du feldspath restent nus et relevés à la surface du granit dépouillé du mica et des grains de quartz qui les environnaient. Cet effet se remarque surtout dans les granits où la quantité du feldspath est plus grande que celle du quartz; et il provient de ce que les cristaux de cette même matière vitreuse sont en masses plus longues et plus profondément implantées que les grains du quartz dans presque tous les granits. Au reste, ces grains de quartz détachés par l'action des éléments humides et entraînés par les eaux s'arrondissent en roulant, et se réduisent bientôt en sables quartzeux et micacés (b), lesquels, comme les sables de grès, se convertissent ensuite en terres argileuses.

On trouve dans l'intérieur de la terre des granits décomposés, dont les grains n'ont que peu d'adhérence et dont le ciment est ramolli (c); cette décomposition se remarque

comme les autres pierres... et le rouge perd de sa couleur à mesure qu'il se décompose... Il y a aussi d'énormes masses de roche grossière et de granit, avec des morceaux de quartz blanc et de cristal de roche qui y sont encbâssés... Le pied de la montagne de Saint-Ildefonse est de granit, dont on fait des meules de moulin qui ne sont pas de bonne qualité, parce qu'elles deviennent trop unies en s'usant, et qu'on est obligé de les piquer souvent. *Histoire naturelle d'Espagne*, par M. Bowles, p. 440 et 446... M. Bowles ajoute que le granit bleu ou gris de l'Escurial, et le granit rouge de Saint-Ildefonse, ne sont pas comme les granits ordinaires mêlés de spath, ce qui pourrait faire croire que ce sont plutôt des quartz que des granits. *Ibid.*, p. 448.

(a) « Toutes ces énormes montagnes qui bordent la vallée de Chamouni sont dans la classe » des primitives : on trouve cependant une ou deux carrières de gypse et de rochers cal- » caires parsemés dans le fond de la vallée ; on voit aussi quelques bancs d'ardoise appli- » qués contre le pied du mont Blanc et des montagnes de sa chaîne; mais toutes ces pierres » secondaires n'occupent que le fond ou les bords des vallées, et ne pénètrent point dans le » cœur des montagnes : le centre de celles-ci est de roche primitive, et les sommités assises » sur ce centre sont aussi de cette même roche. » Saussure, *Voyage dans les Alpes*, t. Ier, p. 431.

(b) La chaîne des monts Carpentins en Espagne est presque toute de granit; il se résout en une espèce de gravier menu, par la dissolution du ciment qui unissait ses parties, et les petits cailloux de quartz restent détachés avec les feuilles de talc et de spath (feldspath) qui, ensuite avec le temps, se décomposent et se convertissent en terre parfaite qui n'est pas de la nature calcaire. *Histoire naturelle d'Espagne*, par M. Bowles, t. Ier, p. 260.

(c) C'est mal à propos que M. de Saussure veut établir (*Voyage dans les Alpes*, t. Ier, p. 106) diverses espèces de granit sur les divers degrés de dureté de cette pierre, et parce qu'il s'en trouve de tendre au point de *s'égrener entre les doigts*, puisque ce n'est ici qu'une décomposition ou destruction par l'air et par l'eau du *vrai granit*, si pourtant, c'est de ce granit que l'observateur entend parler, de quoi l'on peut douter avec raison, puisqu'il attribue le vice de ces granits devenus tendres à l'effet de « quelque matière saline ou argileuse, entrée dans leur composition » (*Ibid.*); mais plus bas il se rétracte, en observant que, si dès l'origine ce principe de mollesse fût entré dans leur combinaison, les fragments roulés que l'on trouve de ces granits « n'eussent pu, sans se réduire en sable, supporter les chocs qui les ont arrondis. » (*Ibid.*)

surtout dans les fentes perpendiculaires où les eaux extérieures peuvent pénétrer par infiltration, et aussi dans les endroits où la masse des rochers est humectée par les vapeurs qui s'élèvent des eaux souterraines (a) : toute humidité s'oppose à la dureté, et la preuve en est que toute masse pierreuse acquiert de la dureté en se séchant à l'air. Cette différence est plus sensible dans les marbres et autres pierres calcaires que dans les matières vitreuses ; néanmoins elle se reconnaît dans les granits, et plus particulièrement encore dans le grès, qui est toujours humide dans sa carrière et qui prend plus de dureté après s'être séché à l'air pendant quelques années.

Lorsque les exhalaisons métalliques sont abondantes et en même temps mêlées d'acides et d'autres éléments corrosifs, elles détériorent avec le temps la substance des granits, et même elles altèrent celle du quartz : on le voit dans les parois de toutes les fentes perpendiculaires où se trouvent les filons des mines métalliques ; le quartz paraît décomposé et le granit adjacent est friable.

Mais cette décomposition d'une petite portion de granit dans l'intérieur de la terre n'est rien en comparaison de la destruction immense et des débris que dut produire l'action des eaux, lorsqu'elles vinrent battre pour la première fois les pics des montagnes primitives, plus élancés alors qu'ils ne le sont aujourd'hui ; leurs flancs nus, exposés aux coups d'un océan terrible, durent s'ébranler, se fendre, se rompre en mille endroits et de mille manières : de là ces blocs énormes qu'on en voit détachés et tombés à leurs pieds ; et ces autres blocs qui, comme suspendus et menaçant les vallées, ne semblent plus tenir à leurs sommets que pour attester les efforts qui se firent pour les en arracher (b) ; mais tandis que la force des vagues renversait les masses qui offraient le plus de prise ou le moins de résistance, l'eau, par une action plus tranquille et tout aussi puissante, attaquait généralement et altérait partout les surfaces des matières primitives, et, transportant la poudre de leurs détriments, en composait de nouvelles substances, telles que les argiles et les grès ; mais il dut y avoir aussi dans les amas de ces débris de gros sables qui n'étaient pas réduits en poudre ; et les granits étant les plus composés, et par conséquent les plus destructibles des substances primitives, ils fournirent ces gros sables en plus grande quantité ; et l'on conçoit qu'eu égard à leur pesanteur, ces sables ne purent être transportés par les eaux à de très grandes distances du lieu de leur origine : ils se déposèrent en grande quantité aux environs de leurs masses primitives, ils s'y accumulèrent en couches graniteuses, et ces grains, agglutinés de nouveau par l'intermède de l'eau, ont formé les granits secondaires, bien différents, comme l'on voit, quant à leur origine, des

(a) « Si ces eaux sont chaudes, la décomposition des parties de la roche en est plus in-
» time et plus profonde : les fentes des rochers de granit, d'où coulent les eaux chaudes
» de Plombières, se montrent revêtues et remplies d'une argile très blanche, qui, en la pé-
» trissant, se trouve encore mêlée de grains de quartz, et qui n'est en effet que la substance
» du quartz même dissoute et fondue par l'eau. La douceur au toucher de cette espèce
» d'argile, et sa facilité à se délayer dans l'eau qu'elle rend détersive, lui ont fait donner
» dans le pays le nom impropre de *savon* ou de *terre savonneuse* ; elle se fond à un feu très
» modéré en donnant un beau verre laiteux, et c'est un véritable *pétunt-zé*, propre à entrer
» dans la plus belle porcelaine. » Morceau extrait de l'*Histoire naturelle de Lorraine*, manuscrite, par M. l'abbé Bexon.

(b) Vous rencontrez (dans une vallée des Pyrénées) des blocs énormes de granit ; ce sont les débris de quelques montagnes formées par le prolongement des masses de granit qu'on trouve vers l'entrée de la vallée de Louron, et qu'un tremblement de terre aura peut-être renversées. Ce bouleversement n'a pu arriver qu'après la formation des bancs calcaires et argileux qui traversent cette vallée, puisque ces bancs sont couverts par les blocs de granit. On voit régner ce désordre dans une grande partie du terrain qui se trouve entre le village de Saint-Paul et celui d'Oo. *Essai sur la minéralogie des monts Pyrénées*, p. 205.

vrais granits primitifs. Et, en effet, l'on trouve en divers endroits ces nouveaux granits, soit en couches, soit en amas inclinés, et on reconnaît à plusieurs caractères qu'ils sont de seconde formation : 1° à leur position en couches, et quelquefois en sacs entre des matières calcaires (a); 2° en ce qu'ils sont moins compacts, moins durs et moins durables que les granits antiques; 3° en ce que le feldspath et le schorl n'y sont pas en cristaux bien distincts, mais par petites masses qui paraissent résulter de l'agglutination de plusieurs fragments de ces mêmes substances, et qui n'offrent à l'œil qu'une teinte terne et mate, de couleur briquetée ou d'un gris rougeâtre; 4° en ce que les parcelles du mica y ont formé par leur adjonction des feuilles assez grandes, et même de petites piles de ces feuilles qui ressemblent à du talc; 5° enfin, en ce que l'empâtement de toute la pierre est grossier, imparfait, n'ayant ni la cohérence, ni la solidité, ni la cassure vive et vitreuse du vrai granit. On peut vérifier ces différences en comparant les granits des Vosges ou des Alpes avec celui qui se trouve à Semur en Bourgogne : ce granit est de seconde formation; il est friable, peu compact, mêlé de talc; il est disposé par lits et par couches presque horizontales; il présente donc toutes les empreintes d'un ouvrage de l'eau, au lieu que les granits primitifs n'ont d'autres caractères que ceux d'une vitrification.

On ne doit donc rien inférer, rien conclure de la formation de ces granits secondaires à celle du granit primitif dont ils ne sont que des détriments : les grès sont relativement au quartz ce que ces seconds granits sont au premier, et vouloir les réunir pour expliquer leur formation par un principe commun, c'est comme si l'on prétendait rendre raison de l'origine du quartz par la formation du grès.

Ceux qui voudraient persister à croire qu'on doit rapporter à l'eau la formation de tous les granits, même de ceux qui sont élancés à pic et groupés en pyramides dans les montagnes primitives, ne voient pas qu'ils ne font que reculer, ou plutôt éluder la réponse à la question; car ne doit-on pas leur demander d'où sont venus, et par quel agent ont été formés ces fragments vitreux employés par l'eau pour composer les granits (b), et dès lors ne seront-ils pas forcés à rechercher l'origine des masses, dont ces fragments vitreux ont été détachés, et ne faut-il pas reconnaître que si l'eau peut diviser, transporter, rassembler les matières vitreuses, elle ne peut en aucune façon les produire?

La question resterait donc à résoudre dans toute son étendue, quand on voudrait par prévention de système, ou qu'on pourrait par suite d'analogie, établir que les granits primitifs ont été formés par l'eau ou dans le sein des eaux, et il resterait toujours pour fait constant que la grande masse vitreuse, dont les éléments de ces granits sont ou l'extrait ou les débris, est une matière antérieure et étrangère à l'eau, et dont la formation ne peut être attribuée qu'à l'action du feu primitif.

Les nouveaux granits sont souvent adossés aux flancs, ou stratifiés aux pieds des

(a) Au-dessus de Lescrinet, du côté d'Aubenas (en Vivarais), on trouve une scissure énorme dans du marbre, remplie de matière granitique, qui démontre bien visiblement que les granits supérieurs sont venus se mouler dans cette fente perpendiculaire. Il fallut donc, pour la formation de ce filon fort curieux : 1° que la roche calcaire existât avant lui; 2° que la fente perpendiculaire de cette carrière matrice se fît après la séparation des eaux de la mer par les lois du retrait; car si la matière calcaire eût été dans un état de vase, elle se fût mélangée par l'action du courant avec la vase de granit, ou avec ses grains sablonneux...; 3° que la roche de granit, en supposant ces trois premiers cas, fût réellement dans un état de pâte molle, puisqu'elle remplit exactement toutes les sinuosités de sa gangue. *Hist. naturelle de la France méridionale*, par M. Soulavie, t. Ier, p. 385 et 386.

(b) Le granit, dit très bien M. de Saint-Fond, n'est pas la pierre primitive dont est formé le noyau de notre globe, et qui couronne les hautes montagnes... Cette roche étant composée de différentes matières agrégées, bien connues et bien distinctes, elle suppose la préexistence de ces matières. *Vues générales du Dauphiné*, p. 13.

grandes masses antiques dont ils tirent leur origine ; ils sont étendus en couches ou en
lits, plus ou moins inclinés, et souvent horizontaux, au lieu d'être groupés en hauteur,
entassés en pyramides, ou empilés en feuillets verticaux (a), comme le sont les véritables
granits dans les grandes montagnes primitives : cette différence de position est un effet
remarquable et frappant, qui d'un côté caractérise l'action du feu, dont la force expansive
du centre à la circonférence ne pouvait qu'élancer, élever la matière et la grouper en hauteur, tandis que la seconde position présente l'ouvrage de l'eau, qui soumise à la loi de
l'équilibre, et ne travaillant que par voie de transport et de dépôt, tend généralement à
suivre la ligne horizontale.

Les granits secondaires sont donc formés des premiers débris du granit primitif, et
les fragments rompus des uns et des autres, et roulés par les eaux, ont postérieurement
rempli plusieurs vallées (b), et ont même formé par leur entassement des montagnes
subalternes. Il se trouve des carrières, entières et en bancs étendus, de ces fragments de
granits roulés et souvent mêlés de pareils fragments de quartz arrondis, comme ceux de
granit, en forme de cailloux (c). Mais ces couches sont, comme l'on voit, de seconde et
même de troisième formation. Et dans le même temps que les eaux entraînaient, frois-

(a) C'est ce que M. de Saussure appelle *des couches perpendiculaires*, par une associa-
tion de mots aussi insociables que les idées qu'ils présentent sont incompatibles : car qui dit
couches dit dépôt stratifié, étendu, couché enfin sur une ligne plus ou moins voisine de la
ligne horizontale, et dont les feuillets se divisent en ce sens ; or, une telle masse, stratifiée
horizontalement, ne peut rien offrir de perpendiculaire que les fissures ou sutures qui l'ont
accidentellement divisée : la tranche perpendiculaire porte au contraire sa plus grande
dimension sur la ligne de hauteur, elle se coupe en lames verticales ; et il est aussi impossible qu'elle ait été formée par la même cause que la couche horizontale, qu'il l'est que cette
dernière devienne jamais perpendiculaire, si ce n'est par accident ; car il est indubitable que
toutes les couches stratifiées par la mer, et qui ne doivent pas leur inclinaison aux causes
accidentelles, comme la chute des cavernes, la tiennent des inclinaisons même, des pentes
ou des coupes des masses primitives auxquelles elles sont venues s'adosser, s'adapter et se
superposer, qui, en un mot, leur ont servi de base. Aussi M. de Saussure, après avoir fait
la description et l'énumération de plusieurs de ces couches violemment inclinées ou presque
perpendiculaires, rappelle-t-il tous ces faits particuliers à une observation qu'il regarde lui-
même comme « générale est importante, savoir, que les montagnes secondaires sont d'autant
» plus irrégulières et plus inclinées, qu'elles approchent plus des primitives. »

(b) « Presque tous les ruisseaux qui se déchargent dans le gave de la vallée de Bastan
» roulent des blocs de granit : il y en a d'énormes à une petite distance de Barèges, et en
» si grande quantité, qu'on ne peut s'empêcher de penser que cette espèce de pierre a dû
» former anciennement de hautes montagnes dans cette partie des Pyrénées.

» Les ruisseaux qui descendent du pic de Midi et du pic des Aiguillons entraînent aussi
» des blocs de granit. » *Essai sur la minéralogie des monts Pyrénées*, p. 257.

(c) La montagne où est le château de Molina (en Espagne) est très élevée, et son sommet est composé d'une masse de petits quartz arrondis et incrustés ou conglutinés avec le
ciment naturel formé de sable et de pierre à chaux... A côté de la montagne de la Platilla,
il y a une autre montagne composée de roche de *tuf* (ce tuf est un grès feuilleté), en couches
inclinées, soutenues par un lit de quartz ronds, fortement conglutinés entre eux, comme
ceux qui se trouvent au sommet de la montagne de Molina : ce lit suit la même pente que
celui de la roche du tuf qui contient beaucoup de quartz enchâssés, qui viennent de ceux
qui se sont détachés de leur grande masse par la destruction de la colline ; d'où l'on infère
que ces quartz sont d'une origine antérieure aux lits de la roche de tuf, et que celle-ci était
un sable menu avant d'être roche.....

A une demi-lieue de Molina, du côté de la mine de la Platilla, il y a une cavité d'environ cent cinquante pieds de profondeur et de vingt à quarante de largeur, formée dans une
montagne de roche de sable rouge sur des bancs de quartz arrondis, conglutinés avec le

saient et entassaient ces fragments massifs, elles transportaient au loin, dispersaient et déposaient partout les parties les plus ténues, et la poussière flottante de ces débris graniteux ou quartzeux; dès lors ces poudres vitreuses ont été mêlées avec les poudres calcaires, et c'est de là que proviennent originairement les sucs quartzeux ou silicés qui transsudent dans les craies et autres couches calcaires formées par le dépôt des eaux.

Et comme le transport de ces débris du granit, du grès et des poudres d'argile s'est longtemps fait dans le fond des mers, conjointement avec celui des détriments des craies, des marbres et des autres substances calcaires, les unes et les autres ont quelquefois été entraînées, réunies et consolidées ensemble: c'est de leur mélange que se sont formées les *brèches* et autres pierres mi-parties de calcaire et de vitreux ou argileux, tandis que les fragments de quartz et de granit, unis de même par le ciment des eaux, ont formé les *poudingues* purement vitreux, et que les fragments des marbres et autres pierres de même nature ont formé les brèches purement calcaires.

DU GRÈS

Le grès lorsqu'il est pur est d'une grande dureté, quoiqu'il ne soit composé que des débris du quartz réduits en petits grains qui se sont agglutinés par l'intermède de l'eau; ce grès, comme le quartz, étincelle sous le choc de l'acier; il est également réfractaire à l'action du feu le plus violent; les détriments du quartz ne formaient d'abord que des sables qui ont pris corps en se réunissant par leur affinité, et ont ensuite formé les masses solides des grès, dans lesquels on ne voit en effet que ces petits grains quartzeux, plus ou

sable; il y a des fentes perpendiculaires qui séparent ces roches ainsi que le quartz. *Histoire naturelle d'Espagne*, par M. Bowles, p. 179, 180 et 188.

La grande quantité de cailloux de granit, dont le terrain sablonneux de la Pologne est rempli, est, après le sable, ce qu'il y a de plus frappant... ils dominent dans la plupart des terrains qui ont des cailloux, c'est le quartz dans d'autres... Les villes et villages de Pologne, situés dans les endroits où la surface du terrain n'en est point parsemée, ont quelquefois un pavé de ces cailloux; tous ceux de la Prusse ducale en sont pavés...

La couleur de ces cailloux varie beaucoup: les uns sont gris blancs et rouges ou couleur de cerise, parsemés de points noirâtres et de verdâtres; d'autres sont gris terreux ou lie de vin avec des points gris; le fond de la couleur est dans d'autres vert avec des points blancs; la plupart sont très durs, les grains en sont fins et bien liés, souvent même leur liaison est telle qu'on ne peut les distinguer les uns des autres; ceux-ci approchent beaucoup des porphyres, s'ils n'en sont pas réellement: beaucoup ont des grains plus gros, mélangés avec des lames quartzeuses de plusieurs lignes de large, d'un blanc plus ou moins vif, teint de rouge ou de couleur de cerise; quelques-uns sont intérieurement colorés de gris de fer luisant, ce qui paraît réellement être une matière ferrugineuse, quelques-uns enfin sont veinés de couleur de cerise, de noirâtre et de gris...

Il n'est pas rare de trouver, parmi ces cailloux graniteux, d'autres cailloux qui sont de quartz, d'agate ou de jaspe; ceux de quartz sont communément blancs... On en voit de gris, de rouges et de quelques autres couleurs: les agates sont assez ordinairement blanches... cependant j'en ai vu de brunes et de blanches, de rougeâtres, de jaunâtres, de roussâtres et de blanc sale, de grises avec des taches de gris de lin pâle, et de plusieurs autres nuances et variétés. Les jaspes ne sont pas moins diversifiés: il y en a qui sont d'un très beau rouge, d'autres sont verts, verdâtres, fleuris ou marbrés. Guettard, *Mémoires de l'Académie des sciences*, année 1762, p. 241 et suiv.

moins rapprochés, et quelquefois liés par un ciment de même nature qui en remplit les interstices (*a*). Ce ciment a pu être porté dans le grès de deux manières différentes ; la première par les vapeurs qui s'élèvent de l'intérieur de la terre, et la seconde par la stillation des eaux : ces deux causes produisent des effets si semblables qu'il est assez difficile de les distinguer. Nous allons rapporter à ce sujet les observations faites récemment par un de nos plus savants académiciens, M. de Lassone, qui a examiné avec attention la plupart des grès de Fontainebleau, et qui s'exprime dans les termes suivants :

« Sur les parois extérieures et découvertes de plusieurs blocs de grès le plus compact,
» et presque toujours sur les surfaces de ceux dont on a enlevé de grandes et larges pièces
» en les exploitant, j'ai observé un enduit vitreux très dur ; c'est une lame de deux ou
» trois lignes d'épaisseur, comme une espèce de couverte, naturellement appliquée, inti-
» mement inhérente, faisant corps avec le reste de la masse, et formée par une matière
» atténuée et subtile, qui en se condensant a pris le caractère pierreux le plus décidé, une
» consistance semblable à celle du *silex*, et presque à celle de l'agate ; cet enduit vitreux
» n'est pas bien longtemps à se démontrer sur les endroits qu'il revêt. Je l'ai vu établi au
» bout d'un an sur les surfaces de certains blocs entamés l'année précédente : on découvre
» et on distingue les nuances et la progression de cette nouvelle formation, et, ce qui est
» bien remarquable, cette substance vitrée ne paraît et ne se trouve que sur les faces enta-
» mées des blocs, *encore engagés par leur base* dans la minière sableuse qui doit être
» regardée comme leur matrice et le vrai lieu de leur génération (*b*). »

Cette observation établit, comme l'on voit, l'existence réelle d'un ciment pierreux, qui même forme en s'accumulant un émail silicé d'une épaisseur considérable ; mais je dois remarquer que cet émail se produit non seulement sur les blocs encore attachés ou enfouis par leur base, comme le dit M. de Lassone, mais même sur ceux qui en sont sépa- rés ; car on m'a fait voir nouvellement quelques morceaux de grès qui étaient revêtus de cet émail sur toutes leurs faces : voilà donc le climat quartzeux ou silicé clairement démontré, soit qu'il ait transsudé de l'intérieur de la pierre, soit que l'eau ou les vapeurs aient étendu cette couche à la superficie de ces morceaux de grès. On en a des exemples tout aussi frappants sur le quartz, dans lequel il se forme de même une matière silicée par la stillation des eaux et par la condensation des vapeurs (*c*).

(*a*) Par ces mots de ciment ou *gluten*, je n'entends pas, comme l'on fait ordinairement, une matière qui a la propriété particulière de réunir des substances dissemblables et pi ainsi dire d'une autre nature, en faisant un seul volume de plusieurs corps isolés ou séparés, comme la colle qui s'emploie pour le bois, le mortier pour la pierre, etc. : l'habitude de cette acception du mot *ciment* pourrait en imposer ici. Je dois donc avertir que je prends ce mot dans un sens plus général, qui ne suppose ni une matière différente de celle de la masse, ni une force attractive particulière, ni même la séparation absolue des parties avant l'inter- position du ciment, mais qui consiste dans leur union encore plus intime, par l'accession de molécules de même nature, qui augmentent la densité de la masse, en sorte que la seule condition essentielle qui fera distinguer ce ciment des matières sera le plus souvent la dif- férence des temps où ce ciment y sera survenu, et où elles auront acquis par là leur plus grande solidité.

(*b*) *Mémoires de l'Académie des sciences*, année 1774, p. 207 et suiv.

(*c*) M. de Gensane, savant physicien et minéralogiste très expérimenté, que j'ai eu sou- vent occasion de citer avec éloge, a fait des observations que j'ai déjà indiquées, et qui me paraissent ne laisser aucun doute sur cette formation de la matière silicée ou quartzeuse, par la seule condensation des vapeurs de la terre. « Étant descendu, dit-il, dans une galerie
» de mine (de plomb) de Pont-Péan, près de Rennes en Bretagne, dont les travaux étaient
» abandonnés, je vis au fond de cette galerie toutes les inégalités du roc presque remplies
» d'une matière très blanche, semblable à de la céruse délayée, que je reconnus être un
» véritable *guhr* ou *sinter*... C'est une vapeur condensée qui, en se cristallisant, donne un

Mais si nous considérons en général les ciments naturels, il s'en faut bien qu'ils soient toujours, ni partout les mêmes; il faut d'abord en distinguer de deux sortes, l'un qui paraît homogène avec la matière dont il remplit les interstices, comme dans les nouveaux quartz et les grès où il est plus apparent à la surface qu'à l'intérieur, l'autre qu'on peut dire hétérogène, parce qu'il est d'une substance plus ou moins différente de celle dont il remplit les interstices, comme dans les *poudingues* et les brèches : ce dernier ciment est ordinairement moins dur que les grains qu'il réunit. Nous connaissons d'ailleurs plusieurs espèces de ciments naturels, et nous en traiterons dans un article particulier : ces ciments se mêlent et se combinent quelquefois dans la même matière, et souvent semblent faire le fond des substances solides. Mais ces ciments, de quelque nature qu'ils soient, peuvent

» véritable quartz. » M. de Gensane voulut reconnaître si cette matière provenait de la circulation de l'air dans les travaux, ou si elle transpirait au travers du roc sur lequel elle se formait; pour cela il commença par bien laver la surface du rocher avec une éponge pour ôter le guhr qui s'y trouvait. « Ensuite, dit-il, je pris quatre écuelles neuves de terre ver-
» nissée, que j'appliquai aux endroits du rocher où j'avais aperçu le plus de guhr, et, avec
» de la bonne glaise bien pétrie, je les cimentai bien tout à l'entour de deux bons pouces
» d'épaisseur, après quoi je plaçai des travers de bois vis-à-vis mes écuelles, qui formaient
» presque les quatre angles d'un carré. »

Au bout de huit mois, M. de Gensane leva une de ces écuelles, et il fut fort surpris de voir que le guhr qui s'était formé dessous avait près d'un demi-pouce d'épaisseur, et formait un rond sur la surface du rocher de la grandeur de l'écuelle; il était très blanc et avait à peu près la consistance du beurre frais ou de la cire molle; il en prit de la grosseur d'une noix, et remit l'écuelle, comme auparavant, sans toucher les autres... il laissa sécher cette matière à l'ombre, elle prit une consistance grenue et friable, et ressemblait parfaitement à une matière semblable, mais ordinairement tachetée, qu'on trouve dans les filons de différents minéraux, surtout dans ceux de plomb, et à laquelle les mineurs allemands donnent le nom de *leten*. Il y en a quantité dans celui de Pont-Péan, et le minéral y est répandu par grains, la plupart cubiques, et souvent accompagnés de grains de pyrite. « Toute la diffé-
» rence que je trouvais, dit M. de Gensane, entre ma matière et celle du filon, c'est que la
» matière était très blanche, et que celle du filon était parsemée de taches violettes et rous-
» sâtres ; je pris de celle du filon qui ne contenait assurément aucun minéral, et la plus
» blanche que je pus trouver, j'en pris également de la mienne, et fondis poids égal de ces
» deux matières dans deux creusets séparés et au même feu; elles me parurent également
» fusibles et me donnèrent des scories entièrement semblables..... Je soupçonnai dès lors
» que ces matières étaient absolument les mêmes..... Quatorze mois se passèrent depuis le
» jour que j'avais visité la première écuelle jusqu'au temps de mon départ de ces travaux;
» je fus voir alors mon petit équipage; je trouvai que le guhr n'avait pas sensiblement
» augmenté sur la partie du roc qui était à découvert; et, ayant visité l'écuelle que j'avais
» visitée précédemment, j'aperçus l'endroit où j'avais enlevé le guhr recouvert de la même
» matière, mais fort mince et très blanche, au lieu que la partie que je n'avais pas touchée,
» ainsi que toute la matière qui était sous les écuelles que je n'avais pas remuées, était toute
» parsemée de taches roussâtres et violettes, et absolument semblables à celles qu'on trouve
» dans le filon de cette mine, avec cette différence que cette dernière renferme quantité de
» grains de mine de plomb dispersés dans les taches violettes, et qui n'avaient pas eu le
» temps de se former dans la première.

» Il résulte de cette observation que les guhrs se forment par une espèce de transpiration
» au travers des rochers même les plus compacts, et qu'ils proviennent de certaines exha-
» laisons ou vapeurs qui circulent dans l'intérieur de la terre, et qui se condensent et se
» fixent dans les endroits où la température et les cavités leur permettent de s'accumuler...
» Cette matière est une véritable vapeur condensée qui se trouve, dans une infinité d'en-
» droits, renfermée dans des roches inaccessibles à l'eau. Lorsque le guhr est dissous et
» chassé par l'eau, il se cristallise très facilement et forme un vrai quartz. » *Histoire naturelle du Languedoc*, t. II, p. 22 et suiv.

avoir, comme nous venons de le dire, une double origine : la première est due aux vapeurs ou exhalaisons qui s'élèvent du fond de la terre au moyen de la chaleur intérieure du globe; la seconde à l'infiltration des eaux qui détachent avec le temps les parties les plus ténues des masses qu'elles lavent ou pénètrent ; elles entraînent donc ces particules détachées, et les déposent dans les interstices des autres matières ; elles forment même des concrétions qui sont très dures, telles que les cristaux de roche et autres stalactites du genre vitreux, et cette seconde source des extraits ou ciments pierreux, quoique très abondante, ne l'est peut-être pas autant que la première qui provient des vapeurs de la terre, parce que cette dernière cause agit à tout instant et dans toute l'étendue des couches extérieures du globe, au lieu que l'autre, étant bornée par des circonstances locales à des effets particuliers, ne peut agir que sur des masses particulières de matières.

On doit se rappeler ici que, dans le temps de la consolidation du globe, toutes les matières s'étant durcies et resserrées en se refroidissant, elles n'auront pu faire retraite sur elles-mêmes, sans se séparer et se diviser par des fentes perpendiculaires en plusieurs endroits. Ces fentes, dont quelques-unes descendent à plusieurs centaines de toises, sont les grands soupiraux par où s'échappent les vapeurs grossières chargées de parties denses et métalliques; les émanations plus subtiles, telles que celles du ciment silicé, sont les seules qui s'échappent partout, et qui aient pu pénétrer les masses entières du grès pur : aussi n'entre-t-il que peu ou point de substances métalliques dans leur composition, tandis que les fentes perpendiculaires qui séparent les masses du quartz, des granits et autres rochers vitreux, sont remplies de métaux et de minéraux produits par les exhalaisons les plus denses, c'est-à-dire par les vapeurs chargées de parties métalliques. Ces émanations minérales, qui étaient très abondantes lors de la grande chaleur de la terre, ne laissent pas de s'élever, mais en moindre quantité, dans son état actuel d'attiédissement : il peut donc se former encore tous les jours des métaux, et ce travail de la nature ne cessera que quand la chaleur intérieure du globe sera si diminuée qu'elle ne pourra plus enlever ces vapeurs pesantes et métalliques. Ainsi le produit de ce travail, déjà petit aujourd'hui, sera peut-être nul dans quelques milliers d'années, tandis que les vapeurs plus subtiles et plus légères, qui n'ont besoin que d'une chaleur très médiocre pour être sublimées, continueront à s'élever et à revêtir la surface, ou même pénétrer l'intérieur des matières qui leur sont analogues.

Lorsque le grès est pur, il ne contient que du quartz réduit en grains plus ou moins menus, et souvent si petits qu'on ne peut les distinguer qu'à la loupe. Les grès impurs sont au contraire mélangés d'autres substances vitreuses ou métalliques (a), et plus sou-

(a) Il y a des grès mêlés de mica, et d'autres en plus grand nombre contiennent de petites masses ferrugineuses très dures, que les ouvriers appellent des *clous*.

« J'ai vu au bas des Vosges, dit M. l'abbé Bexon, des grès mélangés ou semés de mica :
» ces grès, dont on peut suivre la bande tout le long du pied de la chaîne des montagnes,
» et qui forme comme la dernière lisière entre le pays élevé de granit et le bassin de la
» plaine calcaire, sont généralement déposés en couches, dont les plus épaisses fournissent
» la pierre de taille du pays, et dont les plus minces, qui sont feuilletées et se lèvent en
» tables, telles qu'on les exploite sur les hauteurs de Plombières, de Valdajol et ailleurs,
» servent à couvrir les toits des maisons. Chacune de ces feuilles ou tables a sa surface sau-
» poudrée et brillante de mica : il paraît même que c'est à cette poudre de mica semée
» entre les tables du grès que la carrière doit sa structure en couches feuilletées ; car on
» peut concevoir qu'à mesure que les eaux chariaient ensemble le sable quartzeux et la
» poudre de mica mélangés, le sable, comme le plus pesant, tombait le premier et formait
» sa couche, sur laquelle le mica flottant venait ensuite se déposer, et marquait ainsi le
» trait d'une seconde feuille. » *Mémoires sur l'Histoire naturelle de la Lorraine.*

vent encore de matières calcaires, et ces grès impurs sont d'une formation postérieure à celle des grès purs : en général, il y a plus de grès mélangés de substance calcaire, que de grès simples et purs (*a*), et ils sont rarement teints d'autres couleurs métalliques que de celles du fer; on les trouve par collines, par bancs et en très grandes masses, quelquefois séparés en gros blocs isolés, et seulement environnés de sable qui semble leur servir de matrice (*b*); et comme ces amas ou couches de sable sont dans toute leur épaisseur perméables à l'eau, les grès sont toujours humectés par ces eaux filtrées; l'humidité pénètre et réside dans leurs pores, car tous les grès sont humides au sortir de la carrière, et ce n'est qu'après avoir été exposés pendant quelques années à l'air, qu'ils perdent cette humidité dont ils étaient imbus.

Les grès les plus purs, c'est-à-dire ceux dont le sable qui les compose n'a été ni transporté ni mélangé, sont entassés en gros blocs isolés; mais il y en a beaucoup d'autres qui sont étendus en bancs continus et même en couches horizontales, à peu près disposées comme celles des pierres calcaires (*c*). Cette différence de position dans les grandes masses

(*a*) « En considérant les blocs de grès à Fontainebleau dans leur disposition naturelle
» et tels qu'ils ont été formés, nous les voyons constamment dispersés dans le sable où ils
» sont enfouis, et qui est comme leur matrice; ils y sont solitaires et isolés, de même que
» les silex ou cailloux le sont dans des bancs de marne ou de craie, où ils ont pris nais-
» sance : c'est exactement la même disposition, le même arrangement, et la parité est encore
» établie par la forme à peu près arrondie que chaque bloc affecte ordinairement dans ses
» contours; mais ceci n'a lieu en général que pour les grès purs et homogènes, tels que
» ceux de Fontainebleau, car nous observons que d'autres, qui sont mixtes ou mélangés, se
» comportent différemment, à cause sans doute de leur composition plus compliquée.

» Et même les grès purs de Fontainebleau, quoique formant presque toujours des blocs
» séparés, paraissent néanmoins en quelques endroits disposés en bancs ou en masses
» continues et horizontales, parce qu'ici les masses sont plus rapprochées, et qu'elles ont une
» épaisseur et une étendue plus considérable....

» J'ai déjà fait remarquer que les grès de Fontainebleau étaient au rang des plus purs et
» des plus homogènes; à la vue simple et sans être armée, on reconnaît et on distingue,
» malgré leur petitesse et leur ténuité, les grains sableux rapprochés et réunis en une masse
» compacte, et formant les blocs d'une manière uniforme : sans doute l'adhérence et l'union
» réciproque de ces premières molécules sableuses sont procurées par un fluide subtil et
» affiné qui, en les agglutinant, se condense avec elles; la subtilité de ce gluten particulier
» est telle que, quoique universellement répandu dans la masse comme un moyen unissant
» entre tous les corpuscules, il ne masque et ne fait disparaître que très faiblement l'appa-
» rence et la forme des grains sableux, de sorte que l'on jugerait qu'ils n'adhèrent entre eux
» que par le contact immédiat, sans mélange d'autre matière interposée.

» Cependant plusieurs remarques semblent établir l'existence réelle de ce gluten pier-
» reux, et peuvent même servir à déterminer sa nature et son caractère.

» En effet, parmi les différents blocs de ce grès, il en est dont les molécules sableuses
» ont une agrégation sensiblement plus dense et plus compacte; les fragments de ces blocs
» les plus durs laissent à peine apercevoir sur les surfaces de leurs cassures les petits grains
» arénacés, qui sont ici beaucoup plus serrés et plus fins, et comme fondus avec la matière
» qui paraît les lier. » *Mémoire sur les grès de Fontainebleau*, par M. de Lassone, dans
ceux de l'*Académie des sciences*, année 1774.

(*b*) « En examinant les blocs encore enfouis dans leurs minières sableuses, on voit en les
» cassant leur masse intérieure sensiblement imbue et pénétrée d'une humidité qui s'y est
» insinuée uniformément par toutes les porosités...

» Il est probable que cette humectation intérieure est cause aussi que les grès, dans leur
» minière, sont toujours moins durs, et qu'ils n'achèvent de se durcir que quand ils ont sué
» longtemps en plein air. » *Idem, ibidem.*

(*c*) La Bonne-Ville, capitale de Faucigny, paraît être assise sur un rocher de grès : ce
rocher, qui sort de terre sous la porte de la ville qui regarde Genève, est formé d'une pierre

de grès paraît nous indiquer qu'elles ont été formées dans des temps différents, et que la formation des grès qui sont en bancs horizontaux, est postérieure à la production de ceux qui se présentent en blocs isolés ; car celle-ci ne suppose que la simple agrégation du sable quartzeux, dans le lieu même où il s'est trouvé après la vitrification générale, au lieu que la position des autres grès par couches horizontales suppose le transport de ces mêmes sables par le mouvement des eaux ; et le mélange des matières étrangères qui se trouvent dans ces grès semble prouver aussi qu'ils sont d'une formation moins ancienne que celle des grès purs.

Si l'on voulait douter que l'eau pût former le grès par la seule réunion des molécules du quartz, il serait aisé de le démontrer par la formation du cristal de roche, qui est aussi dur que le grès le plus pur, et qui néanmoins n'est formé que des mêmes molécules par la stillation des eaux ; et d'ailleurs on voit un commencement de cette réunion des particules quartzeuses dans la consistance que prend le sable lorsqu'il est mouillé : plus ce sable est sec et plus il est pulvérulent ; et dans les lieux où les sables de grès couvrent la surface de la terre, les chemins ne sont jamais plus praticables que quand il a beaucoup plu, parce que l'eau consolide un peu ces sables en rapprochant leurs grains.

Les grès ne se trouvent communément que près des contrées de quartz, de granit, et d'autres matières vitreuses (a), et rarement au milieu des terres où il y a des marbres, des pierres calcaires ou des craies ; cependant le grès, quoique voisin quelquefois du grani, par sa situation, en diffère trop par sa composition, pour qu'on puisse leur appliquer quelque dénomination commune, et plusieurs observateurs sont tombés dans l'erreur en appelant granit du grès à gros grains : la composition de ces deux matières est différente, en ce que, dans ces grès composés des détriments du granit, jamais les molécules du feldspath n'ont repris une cristallisation distincte, ni celles du quartz un empâtement commun avec elles, non plus qu'avec les particules du mica ; ces dernières sont comme semées sur les autres, et toute la couche, par sa disposition comme par sa texture, ne montre qu'un amas de sables grossièrement agglutinés par une voie bien différente de la fusion intime des grandes masses vitreuses ; et l'on peut encore remarquer que ces grès composés de plusieurs espèces de sables sont généralement plus grossiers, moins compacts, et d'un grain plus gros que le grès pur, qui toujours est plus solide et plus dur, et dont le grain plus fin porte évidemment tous les caractères d'une poudre de quartz.

Le grès pur est donc le produit immédiat des détriments du quartz ; et lorsqu'il se trouve réduit en poudre impalpable, cette poudre quartzeuse est si subtile qu'elle pénètre les autres matières solides, et même l'on prétend s'être assuré qu'elle passe à travers le verre. MM. Le Blanc et Clozier ayant placé une bouteille de verre vide et bien bouchée dans une carrière de grès des environs d'Étampes, ils s'aperçurent, au bout de quelques mois, qu'il y avait au dedans de cette bouteille une espèce de poussière, qui était un sable très fin de la même nature que la poudre de grès (b).

Il n'y a peut-être aucune matière vitreuse dont les qualités apparentes varient autant que celles des grès : « On en rencontre de si tendres, dit M. de Lassone, que leurs grains

de sable mélangée de mica, et disposée par bancs inclinés de trente-huit à quarante degrés ; ces bancs ne passent point par-dessous les bases des montagnes voisines, ils sont d'une date beaucoup plus récente. Saussure, *Voyage dans les Alpes*, t. Ier, p. 366.

(a) « C'est un fait bien important, à ce que je crois, pour la théorie de la terre, et qui » pourtant n'avait point encore été observé, que presque toujours, entre les dernières couches » secondaires et les premières primitives, on trouve des bancs de grès ou de poudingues : » j'ai observé ce phénomène non seulement dans un grand nombre de montagne des Alpes, » mais encore dans les Vosges, dans les montagnes des Cévennes, de la Bourgogne et du » Forez. » Saussure, *Voyages dans les Alpes*, t. Ier, p. 528.

(b) *Histoire de l'Académie de Dijon*, t. II, p. 29.

» à peine liés se séparent aisément par la simple compression et deviennent pulvérulents;
» d'autres dont la concrétion est plus ferme et qui commencent à résister davantage aux
» coups redoublés des instruments de fer; d'autres enfin dont la masse plus dure et plus
» lisse est comme sonore, et ne se casse que très difficilement; et ces variétés ont plu-
» sieurs degrés intermédiaires (a). »

Le grès que les ouvriers appellent *grisar* est si dur et si difficile à travailler qu'ils le
rebutent même pour n'en faire que des pavés, tandis qu'il y a d'autres grès si tendres et
si poreux que l'eau crible aisément à travers leurs masses; ce sont ceux dont on se sert
pour faire les pierres à filtrer. Il y en a de si grossiers et de si terreux qu'au lieu de se
durcir à l'air, ils s'y décomposent en assez peu de temps : en général, les grès les plus
purs et les plus durables sont aussi ceux qui ont le grain le plus fin et le tissu le plus serré.

Les grès qu'emploient les paveurs à Paris sont, après le grès grisar, les plus durs de
tous; les grès dont on se sert pour aiguiser ou donner du tranchant au fer et à l'acier
sont d'un grain fin, mais moins durs que les premiers, et néanmoins ils jettent de même
des étincelles en faisant tourner à sec ces meules de grès contre le fer et l'acier; le grès
de Turquie (b), qu'on appelle *pierre à rasoir*, à laquelle on donne sa qualité en la tenant
pendant quelques mois dans l'huile, et qui sert à repasser et à affiler les rasoirs et autres
instruments très tranchants, n'a qu'un certain degré de dureté, quoique le grain en soit
très fin et la substance très uniforme et sans mélange d'aucune matière étrangère.

Au reste, le grès pur n'étant composé que des détriments du quartz, il en a toutes les
propriétés : il est aussi réfractaire au feu; il résiste de même à l'action de tous les acides,
et quelquefois il acquiert le même degré de dureté; enfin le quartz ou le grès, réduits en
sable, servent également de base à tous nos verres factices, et entrent en plus ou moins
grande quantité dans leur composition.

Les grès sont assez rarement colorés, et ceux qui ont une nuance de jaune, de rouge
ou de brun ne doivent cette teinte qu'à l'infiltration de l'eau chargée des molécules ferrugineuses de la terre végétale qui couvre la superficie du terrain où l'on trouve ces grès
colorés; la plupart des jaspes sont au contraire très colorés, et semblent avoir reçu leurs
couleurs par la sublimation des matières métalliques dès le premier temps de leur formation : il se peut aussi que quelques grès des plus anciens doivent leur couleur à ces
mêmes émanations métalliques; l'une des causes n'exclut pas l'autre, et les effets de toutes
deux paraissent constatés par l'observation. « Il n'y a presque point de ces blocs *gréseux*
» de Fontainebleau, dit M. de Lassone, où l'on n'aperçoive quelques marques d'un principe
» ferrugineux : en général, ceux dont les grains sableux sont les moins liés sont aussi
» ceux où le principe ferrugineux est le plus apparent; les portions les plus externes des
» blocs, celles par conséquent dont la formation ou la condensation est moins ancienne,
» ont souvent une teinte jaunâtre de couleur d'ocre ou de rouille de fer, tandis que les
» couches les plus intérieures ne sont nullement colorées. Il semble donc que, dans cer-
» tains grès, cette teinte disparaisse à mesure que leur densité ou que la concrétion de
» leurs grains augmente; cependant on remarque des blocs très durs dont la masse entière
» est pénétrée uniformément de cette couleur ferrugineuse plus ou moins intense; il y en
» a parmi ceux-ci quelques-uns où le principe ferrugineux est si apparent qu'ils ont une
» teinte rougeâtre très foncée. Le sable, même pulvérulent, et n'ayant encore éprouvé

(a) *Mémoire sur les grès*, par M. de Lassone, dans ceux de l'*Académie des sciences*,
année 1774, p. 210.

(b) M. Valmont de Bomare, dans son ouvrage sur la minéralogie, nous assure qu'il a
trouvé un quartier de ce grès de Turquie, en France, près de Morlaix, dans la province de
Bretagne, et je suis d'ailleurs très persuadé que cette espèce de grès n'appartient pas exclusivement à la Turquie, comme son nom semble l'indiquer.

» aucune condensation, coloré en plusieurs endroits par les mêmes teintes, semble aussi
» participer du fer, si l'on en juge simplement par la couleur ; mais l'aimant n'en attire
» aucune parcelle de métal, non plus que du *détritus* des grès rougeâtres (*a*). »

Cette observation de M. de Lassone me semble prouver assez que les grès sont colorés par le fer, et plus souvent au moyen de l'infiltration des eaux que par la sublimation des vapeurs souterraines : j'ai vu moi-même, dans plusieurs blocs d'un grès très blanc, de ces petits nœuds ou clous ferrugineux dont j'ai parlé (*b*), et qui sont d'une si grande dureté qu'ils résistaient à la lime. On doit conclure de ces remarques que l'eau a beaucoup plus que le feu travaillé sur le grès : ce dernier élément n'a fourni que la première matière, c'est-à-dire le quartz, au lieu que l'eau a porté dans la plupart des grès non seulement des parties ferrugineuses, mais encore une très grande quantité d'autres matières hétérogènes qui en altèrent la nature ou la forme en leur donnant une figuration qu'ils ne prendraient pas d'eux-mêmes, ce qu'on ne doit attribuer qu'aux substances hétérogènes dont ils sont mélangés.

On trouve, dans quelques sables de grès, des morceaux arrondis, isolés et de différentes grosseurs, les uns entièrement solides et massifs, les autres creux en dedans comme des géodes ; mais ce ne sont que des concrétions, des sablons agglutinés par le ciment dont nous avons parlé : ces concrétions se forment dans les petites cavités de la grande masse de sable qui environne les autres blocs de grès, et elles sont de la même nature que ces sables (*c*). Mais les grès disposés par bancs ou par couches sont presque tous plus ou moins mêlés d'autres matières ; il y a des grès mélangés de terre limoneuse, d'autres sont entremêlés d'argile, et plusieurs autres qui ne paraissent pas terreux contiennent une grande quantité de matière calcaire : tous ces grès ont évidemment été formés dans les sables transportés et déposés par les eaux, et c'est par cette raison qu'on les trouve en couches horizontales, au lieu que les grès purs produits par la seule décomposition du quartz se présentent en blocs irréguliers et tels qu'ils se sont formés dans le lieu même sans avoir subi ni transport, ni mélange ; aussi ces grès purs, ne contenant aucune matière calcaire, ne font point effervescence avec les acides, et sont les seuls qu'on doive regarder comme de vrais grès ; cette distinction est plus importante qu'elle ne le paraît d'abord, et peut nous conduire à l'explication d'un fait reconnu depuis peu : quelques observateurs ont trouvé plusieurs morceaux de grès à Bourbonne-les-Bains (*d*), à Nemours (*e*), à Fon-

(*a*) *Mémoires de l'Académie des sciences*, année 1774.

(*b*) Tome Ier de cette *Histoire naturelle*, p. 174.

(*c*) Sur le montagne du Camp de César (près de Compiègne), et dans plusieurs autres lieux où le sable abonde, on rencontre aussi certains corps pierreux isolés, de différentes grosseurs, et presque toujours de forme à peu près arrondie : c'est ce que M. de Réaumur appelle *marrons de sable* (*Mémoires de l'Académie des sciences*, année 1723). On les a regardés comme des rudiments de silex ; mais par leur forme, et surtout par l'apparence encore un peu sensible des grains sableux dans leur texture, ils se rapprochent bien plutôt des grès moins purs ; ils fermentent avec l'acide nitreux. De semblables marrons de sable existent aussi dans d'autres terrains où le sable est beaucoup plus pur et moins mélangé. mais ils ont un caractère particulier : ce sont des espèces de géodes sableux ; quand on les casse, on trouve un vide en partie occupé par un amas de cristaux assez purs, adhérents à toute la voûte intérieure, et produits sans doute par le suc lapidifique, plus abondant et dégagé de toute autre matière. J'ai, dans mon cabinet, quelques-uns de ces géodes sableux que l'on peut regarder comme une espèce de grès ; l'eau-forte n'y fait aucune impression apparente. *Mémoire sur le grès*, par M. de Lassone, *Académie des sciences*, année 1774, p. 221 et 222.

(*d*) *Mémoires de physique*, par M. Grignon, in-4°, p. 353.

(*e*) M. Bezout, savant géomètre de l'Académie des sciences, a reconnu le premier ces grès figurés dans les carrières de Nemours.

tainebleau et ailleurs, qui affectaient une figure quadrangulaire et qui étaient pour ainsi dire cristallisés en rhombes; or, cette espèce de cristallisation ou de figuration n'est pas une des propriétés du grès pur (a); c'est un effet accidentel qui n'est dû qu'au mélange de la matière calcaire avec celle du grès; car ayant fait dissoudre par un acide ces morceaux figurés en rhombes, il s'est trouvé qu'ils contenaient au moins un tiers de substance calcaire sur deux tiers de vrai grès, et qu'aucun des grès, qui n'étaient que peu ou point mélangé de cette matière calcaire, n'a pris cette figure rhomboïdale.

Après avoir considéré les principales matières solides et dures qui se présentent en grandes masses dans le sein ou à la surface de la terre, et qui, comme nous venons de l'exposer, sont ou des verres primitifs ou des agrégats de leurs parties divisées et réduites en grains, nous devons examiner de même les matières en grandes masses qui en tirent leur origine et qui en sont les détriments ultérieurs, tels que les argiles, les schistes et les ardoises, qui ne diffèrent des sables vitreux que par une plus grande décomposition de leurs parties intégrantes, mais qui, pour le premier fonds de leur substance, sont de même nature.

DES ARGILES ET DES GLAISES

L'argile, comme nous venons de l'avancer, doit son origine à la décomposition des matières vitreuses, qui, par l'impression des éléments humides, se sont divisées, atténuées et réduites en terre. Cette vérité est démontrée par les faits : 1° si l'on examine les cailloux les plus durs et les autres matières vitreuses exposées depuis longtemps à l'air, on verra que leur surface a blanchi, et que dans cette partie extérieure le caillou s'est ramolli et décomposé, tandis que l'intérieur a conservé sa dureté, sa sécheresse et sa couleur; si l'on recueille cette matière blanche en la raclant, et qu'on la détrempe avec de l'eau, l'on verra que c'est une matière qui a déjà pris le caractère d'une terre spongieuse et ductile, et qui approche de la nature de l'argile; 2° les laves des volcans et tous nos verres factices, de quelque qualité qu'ils soient, se convertissent en terre argileuse (b); nous voyons les sables

(a) Une autre espèce de grès découvert depuis peu dans la forêt de Fontainebleau, du côté de la Belle-Croix, est composé d'un amas de vrais cristaux réguliers, de forme rhomboïdale..... On trouve ce grès indiqué et décrit pour la première fois dans un catalogue imprimé (chez Claude Hérissant, et composé par M. Romé de Lille) d'un riche cabinet d'histoire naturelle, exposé en vente à Paris, dans le mois de juillet de cette année 1774 : dans une note relative à cette indication, on observe que cette espèce de grès n'est pas pure, que l'acide nitreux l'attaque à raison d'une substance calcaire qui entre dans sa mixtion en proportion d'un peu plus d'un tiers sur le total; et l'on ajoute que peut-être la cristallisation de cette pierre sableuse n'a été déterminée que par le mélange et le concours de la matière qui paraît servir de ciment... Dans ce canton de la Belle-Croix, les blocs y sont moins isolés et paraissent former des chaînes ou des bancs plus réguliers. *Mémoires sur les grès*, par M. de Lassone, *Académie des sciences*, année 1774.

(b) « Une partie des laves de la Solfatare (près de Naples) est convertie en argile; il y a » des morceaux dont une partie est encore lave et l'autre partie est changée en argile... On » y voit encore des schorls blancs en forme de grenat, dont quelques-uns sont également » convertis en argile..... Ce changement des matières vitreuses en argile, par l'intermède de » l'acide sulfureux (ou vitriolique) qui les a pénétrées, en quelque façon dissoutes, est sans » doute un phénomène remarquable et très intéressant pour l'histoire naturelle. » *Lettres de M. Ferber sur la minéralogie*, p. 259.

M. Ferber ajoute qu'une partie de cette argile est molle comme une terre, et que l'autre

des granits et des grès, les paillettes du mica, et même les jaspes et les cailloux les plus durs se ramollir, blanchir par l'impression de l'air, et prendre à leur surface tous les caractères de cette terre; et l'argile, pénétrée par les pluies et mêlée avec le limon des rosées et avec les débris des végétaux, devient bientôt une terre féconde.

Tous les micas, toutes les exfoliations du quartz, du jaspe, du feldspath et du schorl, tous les détriments des porphyres, des granits et des grès, perdent peu à peu leur séche-resse et leur dureté; ils s'atténuent et se ramollissent par l'humidité, et leurs molécules deviennent à la fin spongieuses et ductiles par la même impression des éléments humides. Cet effet, qui se passe en petit sous nos yeux, nous représente l'ancienne et grande forma-tion des argiles après la première chute des eaux sur la surface du globe: ce nouvel élé-ment saisit alors toutes les poudres des verres primitifs; et c'est dans ce temps que se fit la combinaison qui produisit l'acide universel (*) par l'action du feu, dont la terre et l'eau étaient également pénétrées, puisque la terre était encore brûlante et l'eau plus que bouillante.

L'acide se trouve en effet dans toutes les argiles, et ce premier produit de la combinai-son du feu, de la terre et de l'eau, indique assez clairement le temps de la chute des eaux et fixe l'époque de leur premier travail; car aucune des antiques matières vitreuses en grandes masses, telles que les quartz, les jaspes, ni même les granits, ne contiennent l'acide: par conséquent aucune de ces matières, antérieures aux argiles, n'a été touchée ni travaillée par l'eau, dont le seul contact eût produit l'acide par la combinaison néces-saire de cet élément avec le feu qui embrasait encore la terre (a).

est dure, pierreuse et assez semblable à une pierre à chaux blanche: c'est vraisemblablement cette fausse apparence qui a fait dire à M. de Fougeroux de Bondaroy (*Mémoires de l'Aca-démie des sciences*, année 1765) que les pierres de Solfatare étaient calcaires. M. Hamilton a fait la même méprise; mais il paraît certain, dit le savant traducteur des *Lettres de Ferber*, que le plancher de la Solfatare et les collines qui l'environnent ne sont composés que de produits volcaniques convertis par les vapeurs du soufre en terre argileuse : « Je possède » moi-même, ajoute M. le baron Dietrich, un de ces morceaux moitié lave et moitié argile; » et cette argile, étant travaillée, a souffert les mêmes épreuves que l'argile ordinaire..... On » trouve dans la montagne de Poligni, à deux lieues en Bretagne, une terre argileuse blanche » ou colorée qui ne diffère en rien de celle de Solfatare; on la nomme mal à propos *craie* » dans le pays... Aux endroits où les vapeurs sulfureuses sortent encore, cette argile est aussi » molle que de la farine; on peut y enfoncer un bâton sans trouver de fond, et à mesure que » l'on s'éloigne de l'endroit des vapeurs, la terre est plus raffermie. » *Note de M. le baron de Dietrich*, p. 257 des *Lettres de M. Ferber*.

(a) Cette origine peut seule expliquer la triple affinité de l'acide avec le feu, la terre et l'eau, et sa formation par la combinaison de ces trois éléments, l'eau n'ayant pu s'unir à la terre vitreuse sans se joindre en même temps à la portion de feu dont cette terre était em-preinte; j'observerai de plus l'affinité marquée et subsistante entre les matières vitrescibles et l'acide argileux ou vitriolique, qui, de tous les acides, est le seul qui ait quelque prise sur sur ces substances : on a tenté leur analyse au moyen de cet acide; mais cette analyse ne prouvera rien de plus que la grande analogie établie entre le principe acide et la terre vitres-cible dès le temps où il fut universellement engendré dans cette terre à la première chute des eaux. Ces grandes vues de l'Histoire naturelle confirment admirablement les idées de l'illustre Stahl, qui de la seule force des analogies et du nombre des combinaisons où il avait vu l'acide vitriolique se travestir et prendre la forme de presque tous les autres acides,

(*) Il est difficile de savoir ce que Buffon entend par « l'acide universel ». On pourrait croire qu'il veut parler de l'acide silicique, qui entre dans la composition de toutes les roches primitives, mais il dit un peu plus loin qu'aucune des « antiques matières vitreuses en grandes masses ne contiennent l'acide ». Il y a donc simplement une erreur à ajouter à toutes celles qu'il commet quand il traite de chimie.

L'argile serait donc par elle-même une terre très pure, si peu de temps après sa formation elle n'eût été mêlée, par le mouvement des eaux, de tous les débris des productions qu'elles firent bientôt éclore ; ensuite, après la retraite des eaux, toutes les argiles dont la surface était découverte reçurent le dépôt des poussières de l'air et du limon des pluies. Il n'est donc resté d'argiles pures que celles qui, dès lors se trouvaient recouvertes par d'autres couches, qui les ont défendues de ces mélanges étrangers. La plus pure de ces argiles est la blanche (*) : c'est la seule terre de cette espèce qui ne soit pas mélangée de matières hétérogènes, c'est un simple détriment du sable quartzeux, qui est aussi réfractaire au feu que le quartz même, duquel cet argile tire son origine. La belle argile blanche de Limoges, celle de Normandie dont on fait les pipes à fumer, et quelques autres argiles pures, quoiqu'un peu colorées, et dont on fait les creusets et pots de verrerie, doivent être regardées comme des argiles pures, et sont à peu près également réfractaires à l'action du feu : toutes les autres argiles sont mélangées de diverses matières qui les rendent fusibles et leur donnent des qualités différentes de celles de l'argile pure ; et ce sont ces argiles mélangées auxquelles on doit donner le nom de *glaises* (**).

La nature a suivi pour la formation des argiles les mêmes procédés que pour celle des grès : les grès les plus purs et les plus blancs se sont formés par la simple réunion des sables quartzeux sans mélange, tandis que les grès impurs ont été composés de différentes matières mêlées avec ces sables quartzeux et transportés ensemble par les eaux. De même les argiles blanches et pures ne sont formées que des détriments ultérieurs des sables du quartz, du grès et du mica, dont les molécules, très atténuées dans l'eau, sont devenues spongieuses et ont pris la nature de cette terre, au lieu que les glaises, c'est-à-dire les argiles impures, sont composées de plusieurs matières hétérogènes que l'eau y a mêlées et qu'elle a transportées ensemble pour en former les couches immenses qui recouvrent presque partout la masse intérieure du globe ; ces glaises servent aussi de fondement et de base aux couches horizontales des pierres calcaires. Et de même qu'on ne trouve que peu de grès purs en comparaison des grès mélangés, on ne trouve aussi que rarement des argiles blanches et pures, au lieu que les glaises ou argiles impures sont universellement répandues.

Pour reconnaître par mes yeux dans quel ordre se sont établis les dépôts successifs et les différentes couches de ces glaises, j'ai fait une fouille (a) à cinquante pieds de profon-

---

avait déjà conclu qu'il était le principe salin primitif, principal, universel. *Remarque de M. l'abbé Bexon.*

(a) La ville de Montbard est située au milieu d'un vallon sur une montagne isolée de toutes parts, et ce monticule forme entre les deux chaînes de montagnes qui bornent ce vallon dans sa longueur deux espèces de gorges : ce fut dans l'une de ces gorges qui est du côté du midi, qu'au mois d'août 1774, M. de Buffon fit faire une fouille de cinquante pieds de profondeur et de six pieds de large en carré. Le terrain où l'on creusa est inculte de temps immémorial ; c'est un espace vague qui sert de pâturage, et quoique ce terrain paraisse à l'œil à peu près au niveau du vallon, il est cependant plus élevé que la rivière qui l'arrose d'environ trente pieds, et de huit pieds seulement plus qu'un petit étang qui n'est éloigné de cette fouille que de cinquante pas.

Après qu'on eut enlevé le gazon, on trouva une couche de terre brune, d'un pied d'épaisseur, sous laquelle était une autre couche de terre grasse, ductile, d'un jaune foncé et rougeâtre, presque sans aucun gravier, qui était épaisse d'environ trois pieds.

L'argile était stratifiée immédiatement sous ces couches limoneuses, et les premiers lits,

---

(*) Le kaolin, qui est formé par du feldspath décomposé par l'eau. Le feldspath est un silicate double d'alumine et de potasse ; l'eau le dédouble lentement en silicate de potasse qui est soluble et qu'elle entraîne et en silicate d'alumine insoluble qui constitue le kaolin.

(**) Les glaises ou argiles impures de Buffon sont des matières terreuses formées de silicates d'alumine et d'autres bases.

deur dans le milieu d'un vallon, surmonté des deux côtés par des collines de même glaise couronnées de rochers calcaires jusqu'à trois cent cinquante ou quatre cents pieds de hauteur; et j'ai prié un de nos bons observateurs en ce genre de tenir registre exact de ce que cette fouille présenterait: il a eu la bonté de le faire avec la plus grande attention, comme on peut le voir par la note qu'il m'en a remise, et qui suffira pour donner une idée de la disposition des différents lits de glaise et de la nature des matières qui s'y trou-

qui n'avaient que deux ou trois pouces d'épaisseur, étaient formés d'une terre grasse d'un gris bleuâtre, mais marbré d'un jaune foncé, de la couleur de la couche supérieure; ces lits paraissaient exactement horizontaux et étaient coupés, comme ceux des carrières, par des fentes perpendiculaires qui étaient si près les unes des autres qu'il n'y avait pas entre les plus éloignées un demi-pouce de distance; cette terre était très humide et molle; on y trouva des bélemnites et une très grande quantité de petits *peignes* ou *coquilles de Saint-Jacques*, qui n'avaient guère plus d'épaisseur qu'une feuille de papier et pas plus de quatre ou cinq lignes de diamètre; ces coquilles étaient cependant toutes très entières et bien conservées, et la plus grande partie était adhérente à une matière terreuse qui augmentait leur épaisseur d'environ une ligne; mais cette croûte terreuse, qui n'était qu'à la partie convexe de la coquille, s'en séparait en se desséchant, et on la distinguait alors facilement de la vraie coquille: on y trouva encore de petits pétoncles, de l'espèce de ceux qu'on nomme *cunei*, et ces coquilles étaient placées, non pas dans les fentes horizontales des couches, mais entre leurs petites stratifications, et elles étaient toutes à plat et dans une situation parallèle aux couches. Il y avait aussi dans ces mêmes couches des pyrites vitrioliques ferrugineuses qui étaient aplaties et terminées irrégulièrement, et qui n'étaient point formées intérieurement par des rayons tendant au centre comme elles le sont ordinairement: la coupe de ces terres s'étant ensuite desséchée, les couches limoneuses se séparèrent par une grande gerçure des couches argileuses.

A huit pieds de profondeur, on s'aperçut d'une petite source d'eau qui avait son issue du côté de l'étang dont on a parlé, mais qui disparut le lendemain; on remarqua qu'à cette profondeur les couches commençaient à avoir une plus grande épaisseur, que leur couleur était plus brune, et qu'elles n'étaient plus marbrées de jaune intérieurement comme les premières: cette couleur ne paraissait plus qu'à la superficie, et ne pénétrait dans les couches que de l'épaisseur de quelques lignes, et les fentes perpendiculaires étaient plus éloignées les unes des autres; la superficie des couches parut à cette profondeur toute parsemée de paillettes brillantes, transparentes et séléniteuses; ces paillettes, à la chaleur du soleil, devenaient presque dans l'instant blanches et opaques: ces couches contenaient les mêmes espèces de coquillages que les précédentes, et à peu près dans la même quantité. On y trouva aussi un grand nombre de racines d'arbres aplaties et pourries, dans lesquelles les fibres ligneuses étaient encore très apparentes, quoiqu'il n'y ait point actuellement d'arbres dans ce terrain, et jusque-là on n'aperçut dans ces couches ni sable, ni gravier, ni aucune sorte de terre.

Depuis huit pieds jusqu'à douze, les couches d'argile se trouvèrent encore un peu plus brunes, plus épaisses et plus dures: outre les coquilles des couches supérieures dont on a parlé, il y avait une grande quantité de petits pétoncles à stries demi-circulaires, que les naturalistes nomment *fasciati*, dont les plus grands n'avaient qu'un pouce de diamètre, et qui étaient parfaitement conservés entre ces couches; et à dix pieds de profondeur on trouva un lit de pierre très mince coupé par un grand nombre de fentes perpendiculaires, et cette pierre, semblable à la plupart des pierres argileuses, était brune, dure, aigre et d'un grain très fin.

A la profondeur de douze pieds jusqu'à seize, l'argile était à peu près de la même qualité; mais il y avait plus d'humidité dans les fentes horizontales, et la superficie était hérissée de petits grains un peu allongés, brillants et transparents, qui, dans un certain sens, s'exfoliaient comme le gypse, et qui, vus à la loupe, paraissaient avoir six faces, comme les aiguilles de cristal de roche, mais dont les extrémités étaient coupées obliquement et dans le même sens: après avoir lavé une certaine quantité de ces concrétions et leur avoir fait éprouver une chaleur modérée, elles devinrent très blanches: broyées et détrempées dans

vent mêlées, ainsi que des concrétions qui se forment entre les couches ou dans les fentes perpendiculaires qui en divisent la masse.

On voit que je n'admets ici que deux sortes d'argiles, l'une pure et l'autre impure, à laquelle j'applique spécialement le nom de *glaise*, pour qu'on ne puisse la confondre avec la première; et de même qu'il faut distinguer les argiles simples et pures des glaises ou argiles mélangées, l'on ne doit pas confondre, comme on l'a fait souvent, l'argile blanche

l'eau, elles se durcirent promptement comme le plâtre, et on reconnut évidemment que cette matière était de véritable pierre spéculaire, le germe pour ainsi dire de la pierre à plâtre. Comme j'examinais un jour les différentes matières qu'on tirait de cette fouille, un troupeau de cochons, que le pâtre ramenait de la campagne, passa près de là, et je ne fus pas peu surpris de voir tout à coup ces animaux se jeter brusquement sur la terre de cette fouille la plus nouvellement tirée et la plus molle, et la dévorer avec avidité; ce qui arriva encore en ma présence plusieurs fois de suite; outre les coquillages des premières couches, celle-ci contenait des limas de mer lisses, d'autres limas hérissés de petits tubercules, des tellines, des cornes d'Ammon de la plus petite espèce, et quelques autres plus grandes qui avaient environ quatre pouces de diamètre : elles étaient toutes extrêmement minces et aplaties, et cependant très entières malgré leur extrême délicatesse; il y avait surtout une grande quantité de bélemnites, toutes conoïdes, dont les plus grandes avaient jusqu'à sept et huit pouces de longueur; elles étaient pointues comme un dard à l'une des extrémités, et l'extrémité opposée à leur base était terminée irrégulièrement et aplatie comme si elle eût été écrasée; elles étaient brunes au dehors et au dedans, et formées d'une matière disposée intérieurement en forme de stries transversales ou rayons qui se réunissaient à l'axe de la bélemnite. Cet axe était dans toutes un peu excentrique et marqué d'une extrémité à l'autre par une ligne blanche presque imperceptible, et lorsque la bélemnite était d'une certaine grosseur, la base renfermait un petit cône plus ou moins long, composé d'alvéoles en forme de plateaux, emboîtés les uns dans les autres comme les nautiles, au sommet duquel se terminait alors la ligne blanche : ce petit cône était revêtu dans toute sa longueur d'une pellicule crustacée, jaunâtre et très mince, quoique formée de plusieurs petites couches, et le corps de la bélemnite, disposé en rayons qui recouvraient le tout, devenait d'autant plus mince que le cône acquérait un plus grand diamètre; telles étaient à peu près toutes les bélemnites que l'on trouva éparses dans la terre que l'on avait tirée de la fouille, ce qui est commun à toutes celles de cette espèce.

Pour savoir dans quelle situation ces bélemnites étaient placées dans les couches de la terre, on en délita plusieurs morceaux avec précaution, et on reconnut qu'elles étaient toutes couchées à plat et parallèlement aux différents lits; mais ce qui nous surprit, et ce qui n'a pas encore été observé, c'est qu'on s'aperçut alors que l'extrémité de la base de toutes ces bélemnites, était toujours adhérente à une sorte d'appendice de couleur jaunâtre, d'une substance semblable à celle des coquilles, et qui avait la forme de la partie évasée d'un entonnoir qui aurait été aplatie, dont plusieurs avaient près de deux pouces de longueur, un pouce de largeur à la partie supérieure, et environ six lignes à l'endroit où ils étaient adhérents à la base de la bélemnite; et en examinant de près ce prolongement testacé ou crustacé, qui est si fragile qu'on ne peut presque le toucher sans le rompre, je remarquai que cette partie de la bélemnite qu'on n'a pas jusqu'ici connue, n'est autre chose que la continuation de la coquille mince ou du têt qui couvre le petit cône chambré dont j'ai parlé, en sorte qu'on peut dire que toutes les bélemnites qui sont actuellement dans les cabinets d'histoire naturelle ne sont point entières, et que ce que l'on en connaît n'est en quelque façon que l'étui ou l'enveloppe d'une partie de la coquille, ou du têt qui renfermait autrefois l'animal.

Jusqu'à présent, les auteurs n'ont pu se concilier sur la nature des bélemnites : les uns, tels que Woodward (*Histoire naturelle de la terre*), les ont regardées comme une matière minérale du genre des talcs; M. Bourguet (*Lettres philosophiques*) a prétendu qu'elles n'étaient autre chose que des dents de ces poissons qu'on nomme *souffleurs*, et d'autres les ont prises pour des cornes d'animaux pétrifiées; mais la vraie forme de la bélemnite mieux connue, et surtout cette partie crustacée qui est à sa base lorsqu'elle est entière, pourront

Traviès pinx.

Fournier sc.

A. Le Vasseur, Éditeur.

RORQUAL.

Imp R. Tanœur.

avec la marne, qui en diffère essentiellement, en ce qu'elle est toujours plus ou moins mélangée de matière calcaire, ce qui la rend plus ou moins susceptible de calcination et d'effervescence avec les acides, au lieu que l'argile blanche résiste à leur action, et que, loin de se calciner, elle se durcit au feu. Au reste, il ne faut pas prendre dans un sens absolu la distinction que je fais ici de l'argile pure et de la glaise ou argile impure; car dans la réalité il n'y a aucune argile qui soit absolument pure, c'est-à-dire parfaitement

peut-être contribuer à fixer les doutes des naturalistes et à la faire mettre au rang des crustacés ou des coquilles fossiles (*); ce qui me paraît d'autant plus évident qu'elle est calcinable dans toutes ses parties, comme le têt des oursins et les coquilles, et au même degré de feu.

Depuis seize pieds jusqu'à vingt, les lits d'argile avaient jusqu'à dix pouces d'épaisseur, ils étaient beaucoup plus durs que les précédents, d'une couleur encore plus brune, et toujours coupés par des fentes perpendiculaires, mais plus éloignées les unes des autres que dans les lits supérieurs; leur superficie était d'un jaune couleur de rouille, qui ne pénétrait pas ordinairement dans l'intérieur des couches; mais lorsque les stillations des eaux avaient pu y introduire cette terre jaune qui avait coloré leur superficie, on trouvait souvent entre leurs stratifications des espèces de concrétions pyriteuses plates, rondes, d'un jaune brun, d'environ un pouce ou un pouce et demi de diamètre, et qui n'avaient pas un quart de pouce d'épaisseur : ces sortes de pyrites étaient placées dans les couches, sur la même ligne, à un pouce ou deux de distance, et se communiquaient par un cordon cylindrique de même matière, un peu aplati, et de deux à trois lignes d'épaisseur.

A cette profondeur, on continua d'en trouver entre les couches du gypse ou pierre spéculaire, dont les grains étaient plus gros, plus transparents et plus réguliers; il s'en trouva même des morceaux de la longueur d'un écu, qui étaient formés par des rayons tendants au centre; on commença aussi à apercevoir entre ces couches et dans leurs fentes perpendiculaires quelques concrétions de charbons de terre, ou plutôt de véritable jayet, sous la forme de petites lames minces, dures, cassantes, très noires et très luisantes; ces couches contenaient encore à peu près les mêmes espèces de coquilles que les couches supérieures, et on trouva de plus, dans celles-ci, quantité de petites pinnes et de petits buccins : à la profondeur de seize pieds, l'eau se répandit dans la fouille, et elle paraissait sortir de toute sa circonférence, par de petites sources qui fournissaient dix à onze pouces d'eau pendant la nuit.

A vingt pieds, même quantité d'argile, dont les couches avaient augmenté encore en épaisseur et en dureté, et dont la couleur était plus foncée; elles contenaient les mêmes espèces de coquilles et toujours des concrétions de plâtre.

A vingt-quatre pieds, mêmes matières, sans aucun changement apparent; on trouva à cette profondeur une pinne de près d'un pied de longueur; à vingt-huit pieds la terre était presque aussi dure que la pierre, et on n'aperçut presque plus de gypse ou pierre spéculaire; on en trouva cependant encore un morceau de la longueur de la main; ces couches contenaient une grande quantité de coquilles fossiles, et surtout différentes espèces de cornes d'Ammon, dont les plus grandes avaient près d'un pied de diamètre.

De vingt-huit pieds à trente-six, mêmes matières et de même qualité : à cette profondeur on trouva un lit de pierres argileuses très bonnes et de la couleur des couches terreuses, dans lesquelles on cessa absolument d'apercevoir du gypse; il y en avait cependant encore quelques veines dans l'intérieur de cette pierre, mais qui n'avait plus la transparence de la sélénite ou pierre spéculaire : cette pierre contenait aussi d'autres petites veines de charbon de terre; il s'en sépara même, en la cassant, quelques morceaux de la grandeur d'environ cinq ou six pouces en carré et d'un doigt d'épaisseur, parmi lesquels il y en avait plusieurs qui étaient traversés de quelques filets d'un jaune brillant. Ce lit de pierre avait trois ou quatre pouces d'épaisseur, il couvrait toute la fouille, et était coupé comme les couches terreuses, par des fentes perpendiculaires : la terre qui était dessous, dans l'espace de quelques pieds de profondeur, était un peu moins brune que celle des couches précédentes, et on y

(*) Les bélemnites ne sont pas des crustacés, mais des mollusques fossiles voisins de nos calmars.

uniforme et homogène dans toute ses parties; l'argile la plus ductile, et qui paraît la plus simple, est encore mêlée de particules quartzeuses, ou d'autres sables vitreux qui n'ont pas subi toutes les altérations qu'ils doivent éprouver pour se convertir en argile : ainsi la plus pure des argiles sera seulement celle qui contiendra le moins de ces sables ; mais comme la substance de l'argile et celle de ces sables vitreux est au fond la même, on doit distinguer, comme nous le faisons ici, ces argiles, dont la substance est simple, de toutes les glaises, qui toujours sont mêlées de substances étrangères. Ainsi, toutes les fois qu'une argile ne sera mêlée que d'une petite quantité de particules de quartz, de jaspe, de feldspath, de schorl et de mica, on peut la regarder comme pure, parce qu'elle ne contient que des matières qui sont de sa même essence, et au contraire toutes les argiles mêlées de matières d'essence différente, telles que les substances calcaires, pyriteuses et métalliques, seront des glaises ou argiles impures.

On trouve les argiles pures dans les lieux dont le fond du terrain est de sable vitreux,

apercevait quelques veines jaunâtres : on trouva ensuite un autre lit de la même espèce de pierre, sous lequel l'argile était très noire, très dure et remplie de coquilles comme les couches supérieures; plusieurs de ces coquilles étaient revêtues d'un côté par une incrustation terreuse, disposée par rayons ou filets brillants, et les coquilles elles-mêmes brillaient d'une belle couleur d'or, surtout les bélemnites qui étaient aussi la plupart bronzées, particulièrement d'un côté; cette couleur métallique, que les naturalistes ont nommée *armature*, est produite, à mon avis, sur la superficie des coquilles fossiles, par des sucs pyriteux, dont les stillations des eaux se trouvent chargées, et l'acide vitriolique ou alumineux qui entre toujours dans la composition des pyrites y fixe la terre métallique qui sert de base à ces concrétions, comme l'alun dans les teintures attache la matière colorante sur les étoffes, de sorte que la dissolution d'une pyrite ferrugineuse, communique une couleur de rouille ou quelquefois de fer poli aux matières qui en sont imprégnées; une pyrite cuivreuse, en se décomposant, teint en jaune brillant et couleur d'or la surface de ces mêmes matières, et la couleur des talcs dorés peut être attribuée à la même cause.

On n'aperçut plus dans la suite ni plâtre, ni charbon de terre : l'eau continuait toujours à se répandre, et l'ouvrage ayant été discontinué pendant huit jours, la fouille étant alors profonde de trente-six pieds, elle s'éleva à la hauteur de dix, et lorsqu'on l'eut épuisée pour continuer le travail, les ouvriers en trouvaient le matin un peu plus d'un pied, qui tombait pendant la nuit au fond de la fouille, de différentes petites sources.

A quarante pieds de profondeur, on trouva une couche de terre d'environ un pied d'épaisseur, à peu près de la couleur des couches précédentes, mais beaucoup moins dure, sur laquelle, au premier coup d'œil, on croyait apercevoir une infinité d'impressions de feuilles de plantes du genre des capillaires, qui paraissaient former sur cette terre une espèce de broderie d'une couleur moins brune que celle du fond de la couche, dont toutes les feuilles ou petites stratifications portaient de pareilles impressions, en quelque nombre de lames qu'on les divisât; mais en examinant avec attention cette espèce de schiste, il me parut que ce que je prenais d'abord pour des impressions de feuilles de plantes n'était qu'une sorte de végétation minérale, qui n'avait pas la régularité que laisse l'impression des plantes sur les terres molles; cette matière s'enflammait dans le feu et exhalait une odeur bitumineuse très pénétrante; aussi la regarde-t-on ordinairement comme une annonce de la mine de charbon de terre.

De quarante à cinquante pieds, on ne trouva plus de cette sorte de terre, mais une argile noire beaucoup plus dure encore que celle des lits supérieurs, qu'on ne pouvait arracher qu'à l'aide des coins et de la masse, et qui se levait en très grandes lames : cette terre contenait beaucoup moins de coquilles que les autres couches, et malgré sa grande dureté elle s'amollissait assez promptement à l'air et s'exfoliait comme de l'ardoise pourrie; en ayant mis un morceau dans le feu, elle y pétilla jusqu'à ce qu'elle eût été réduite en poussière, et elle exhala une odeur bitumineuse très forte, mais elle ne produisit cependant qu'une flamme très faible; à cette profondeur on cessa de creuser, et l'eau s'éleva peu à peu à la hauteur de trente pieds. (Mémoire rédigé par M. Nadault.)

de quartz, de grès, etc. On trouve aussi de cette argile en petite quantité dans quelques glaises. mais l'origine des argiles blanches qui gisent en grandes masses ou en couches doit être attribuée à la décomposition immédiate des sables quartzeux, au lieu que les petites masses de cette argile qu'on trouve dans la glaise ne sont que des sécrétions de ces mêmes sables décomposés qui étaient contenus et mêlés avec les autres matières dans cette glaise, et qui s'en sont séparés par la filtration des eaux.

Il n'y a point de coquilles ni d'autres productions marines dans les masses d'argile blanche, tandis que toutes les couches de glaise en contiennent en grande quantité, ce qui nous démontre encore pour les argiles les mêmes procédés de formation que pour les grès : l'argile et le grès pur ont donc également été formés par la simple agrégation ou par la décomposition des sables quartzeux, tandis que les grès impurs et les glaises ont été composés de matières mélangées, transportées et déposées par le mouvement des eaux.

Et ce qui prouve encore que l'argile blanche est une terre dont l'essence est simple et que la glaise est une terre mélangée de matières d'essences différentes, c'est que la première résiste à tous nos feux sans éprouver aucune altération, et même sans prendre de la couleur, au lieu que toutes les glaises deviennent rouges par l'impression d'un premier feu, et peuvent se fondre dans nos fourneaux : de plus, les glaises se trouvent également dans les terrains calcaires et dans les terrains vitreux, au lieu que les argiles pures ne se rencontrent qu'avec les matières vitreuses; elles sont donc formées de leurs détriments sans autre mélange, et il paraît qu'elles n'ont pas été transportées par les eaux, mais produites dans la place même où elles se trouvent, au lieu que toutes les glaises ont subi les altérations que le mélange et le transport n'ont pu manquer d'occasionner.

De la même manière qu'il ne faut pas confondre la marne ni la craie avec l'argile blanche, on ne doit pas prendre pour des glaises les terres limoneuses, qui, quoique grasses et ductiles, ont une autre origine et des qualités différentes de la glaise; car ces terres limoneuses proviennent de la couche universelle de la terre végétale qui s'est formée des résidus ultérieurs des animaux et des végétaux : leurs détriments se convertissent d'abord en terreau ou terre de jardin, et ensuite en limon aussi ductile que l'argile; mais cette terre limoneuse se boursoufle au feu, au lieu que l'argile s'y resserre, et de plus cette terre limoneuse fond bien plus aisément que la glaise même la plus impure.

Il est évident, par le grand nombre de coquilles et autres productions marines qui se trouvent dans toutes les glaises, qu'elles ont été transportées avec les dépouilles des animaux marins, et qu'elles ont été déposées et stratifiées ensemble par couches horizontales dans presque tous les lieux de la terre par les eaux de la mer; leurs couleurs indiquent assez qu'elles sont imprégnées de parties minérales et particulièrement de fer, qui paraît leur donner toutes leurs différentes couleurs. D'ailleurs on trouve presque toujours entre les lits de glaise des pyrites martiales, dont les parties constituantes ont été entraînées de la couche de terre végétale par l'infiltration des eaux, et se sont réunies sous cette forme de pyrites entre les lits de ces argiles impures.

Le fer, en plus ou moins grande quantité, donne toutes les couleurs aux terres qu'il pénètre. La plus noire de toutes les argiles est celle qu'on a improprement appelée *creta nigra fabrilis*, et que les ouvriers connaissent sous le nom de *pierre noire*; elle contient plus de parties ferrugineuses qu'aucune autre argile (a), et la teinte rouge ou rougeâtre

(a) « Lorsque la pierre noire a été exposée pendant quelque temps à l'air, elle s'exfolie
» en lames minces et se couvre d'une efflorescence d'un jaune verdâtre, qui n'est autre chose
» que du vitriol ferrugineux, et si on fait éprouver à cette argile, ainsi couverte de cette
» matière, la chaleur d'un feu modéré, seulement pendant quelques instants, elle devient
» bientôt rouge extérieurement et blanche à l'intérieur, parce que le vitriol s'en est séparé,

qu'elle prend, ainsi que toutes les glaises, à un certain degré de feu, achève de démontrer que le fer est le principe de leurs différentes couleurs.

Toutes les glaises se durcissent au feu, et peuvent même y acquérir une si grande dureté qu'elles étincellent par le choc de l'acier : dans cet état, elles sont plus voisines de celui de la liquéfaction, car on peut les fondre et les vitrifier d'autant plus aisément qu'elles sont plus recuites au feu. Leur densité augmente à mesure qu'elles éprouvent une chaleur plus grande, et, lorsqu'on les a bien fait sécher au soleil, elles ne perdent ensuite que très peu de leur poids spécifique, au feu même le plus violent. On a observé, en réduisant en poudre une masse d'argile cuite, que ses molécules avaient perdu leur qualité spongieuse, et qu'elles ne peuvent reprendre leur première ductilité.

Les hommes ont très anciennement employé l'argile cuite en briques plates pour bâtir, et en vaisseaux creux pour contenir l'eau et les autres liqueurs ; et il paraît, par la comparaison des édifices antiques, que l'usage de l'argile cuite a précédé celui des pierres calcaires ou des matières vitreuses, qui, demandant plus de temps et de travail pour être mises en œuvre, n'auront été employées que plus tard, et moins généralement que l'argile et la glaise, qui se trouvent partout, et qui se prêtent à tout ce qu'on veut en faire.

La glaise forme l'enveloppe de la masse entière du globe ; les premiers lits se trouvent immédiatement sous la couche de terre végétale, comme sous les bancs calcaires auxquels elle sert de base : c'est sur cette terre ferme et compacte que se rassemblent tous les filets d'eau qui descendent par les fentes des rochers ou qui se filtrent à travers la terre végétale. Les couches de glaise, comprimées par le poids des couches supérieures et étant elles-mêmes d'une grande épaisseur, deviennent impénétrables à l'eau, qui ne peut qu'humecter leur première surface ; toutes les eaux qui arrivent à cette couche argileuse, ne pouvant la pénétrer, suivent la première pente qui se présente, et sortent en forme de sources entre le dernier banc des rochers et le premier lit de glaise ; toutes les fontaines proviennent des eaux pluviales infiltrées et rassemblées sur la glaise, et j'ai souvent observé que l'humidité retenue par cette terre est infiniment favorable à la végétation. Dans les étés les plus secs, comme celui de cette année 1778, les plantes agrestes et surtout les arbres avaient perdu presque toutes leurs feuilles, dès les premiers jours de septembre, dans toutes les contrées dont les terrains sont de sable, de craie, de tuf ou de ces matières mélangées, tandis que dans les pays dont le fond est de glaise, ils ont conservé leur verdure et leurs feuilles. Il n'est pas même nécessaire que la glaise soit immédiatement sous la terre végétale pour qu'elle puisse produire ce bon effet, car dans mon jardin, dont la terre végétale n'a que trois ou quatre pieds de profondeur, et se trouve posée sur un plateau de pierre calcaire de cinquante-quatre pieds d'épaisseur, les charmilles élevées de vingt pieds, et les arbres hauts de quarante, étaient aussi verts que ceux du vallon après deux mois de sécheresse, parce que ces rochers de cinquante-quatre pieds d'épaisseur, portant sur la glaise, en laissent passer par leurs fentes perpendiculaires les émanations humides qui rafraîchissent continuellement la terre végétale où ces arbres sont plantés.

La glaise retient donc constamment à sa superficie une partie des eaux infiltrées dans les terres supérieures ou tombées par les fentes des rochers, et ce n'est que du superflu de ces eaux que se forment les sources et les fontaines qui sourdissent au pied des collines ; toute l'eau que la glaise peut admettre dans sa propre substance, toute celle qui peut descendre des couches supérieures aux couches inférieures, par les petites fentes qui les divi-

---

» et que les parties les plus fixes de ce sol se sont ramassées sur la superficie et s'y sont » converties en colcotar, ce qui paraît prouver que cette argile aurait été blanche si elle » n'eût été mêlée avec aucune autre matière, et que la matière qui la colorait était le vitriol. » Note communiquée par M. Nadault.

sent perpendiculairement, sont retenues et contenues en stagnation, presque sans mouvement, entre les différents lits de cette glaise ; et c'est dans cet état de repos que l'eau donne naissance aux productions hétérogènes qu'on trouve dans la glaise et que nous devons indiquer ici.

1° Comme il y a dans toutes les argiles transportées et déposées par les eaux de la mer un très grand nombre de coquilles, telles que cornes d'Ammon, bélemnites et plusieurs autres dépouilles des animaux testacés et crustacés, l'eau les décompose et même les dissout peu à peu ; elle se charge de ces molécules dissoutes, les entraîne et les dépose dans les petits vides ou cavités qu'elle rencontre entre les lits d'argile ; ce dépôt de matière calcaire devient bientôt une pierre plus ou moins solide, ordinairement plate et en petit volume ; cette pierre, quoique formée de substance calcaire, ne contient jamais de coquilles, parce qu'elle n'est composée que de leurs détriments, trop divisés pour qu'on puisse reconnaître les vestiges de leur forme. D'ailleurs les eaux pluviales, en s'infiltrant dans les rochers calcaires et dans les terres qui surmontent les glaises, entraînent un sable de la même nature que ces rochers ou ces terres, et ce sablon calcaire, en se mêlant avec l'argile délayée par l'eau, forme souvent des pierres mi-parties de ces deux substances. On reconnaît ces pierres *argilo-calcaires* à leur couleur, qui est ordinairement bleue, brune ou noire, et comme elles se forment entre les lits de la glaise, elles sont plates et n'ont guère qu'un pouce ou deux d'épaisseur ; elles ne sont séparées les unes des autres que par de petites fentes verticales, et elles forment une couche mince et horizontale entre les lits de glaise. Ces pierres mixtes sont presque toujours plus dures que les pierres calcaires pures ; elles se calcinent plus difficilement et résistent à l'action des acides, d'autant plus qu'elles contiennent moins de matières calcaires.

2° L'on trouve aussi de petites couches de plâtre entre les lits de glaise : or, le plâtre n'est qu'une matière calcaire pénétrée d'acides (*), et comme il y a dans toutes les glaises, indépendamment des coquilles, une quantité plus ou moins grande de sable calcaire infiltrée par les eaux, et qu'en même temps on ne peut douter que l'acide n'y soit aussi très abondamment répandu, puisqu'on trouve communément des pyrites martiales dans ces mêmes glaises, il paraît clair que c'est par la réunion de la matière calcaire à l'acide que se produisent les premières molécules gypseuses, qui, étant ensuite entraînées et déposées par la stillation des eaux, forment ces petites couches de plâtre qui se trouvent entre les lits des glaises.

3° Les pyrites qu'on trouve dans ces glaises sont ordinairement en forme aplatie, et toutes séparées les unes des autres, quoique disposées sur un même niveau entre les lits de glaise ; et comme ces pyrites sont composées de la matière du feu fixe, de terre ferrugineuse et d'acide, elles démontrent dans les glaises non seulement la présence de l'acide, mais encore celle du fer ; et en effet, les eaux, en s'infiltrant, entraînent les molécules de la terre limoneuse qui contient la matière du feu fixe, ainsi que celle du fer, et ces molécules, saisies par l'acide, ont produit des pyrites dont l'établissement s'est fait de la même manière que celui des petites couches de plâtre ou de pierre calcaire entre les lits de glaise. La seule différence est que ces dernières matières sont en petites couches continues et d'égale épaisseur, au lieu que les pyrites sont pelotonnées sur un centre ou aplaties en forme de galets, et qu'elles n'ont entre elles ni continuité ni contiguïté que par un petit cordon de matière pyriteuse, qui souvent communique d'une pyrite à l'autre.

4° L'on trouve aussi dans les glaises de petites masses de charbon de terre et de jayet, et de plus il me paraît qu'elles contiennent une matière qui les rend imperméables à

(*) Le plâtre est le produit de la calcination du gypse, qui est lui-même du sulfate de chaux hydraté. Quand on calcine le gypse il se transforme, par la perte de son eau, en sulfate de chaux anhydre qui constitue le plâtre.

l'eau (a). Or, ces matières huileuses ou bitumineuses, ainsi que le jayet et le charbon de terre, ne proviennent que des détriments des animaux et des végétaux, et ne se trouvent dans la glaise que parce qu'originairement, lorsqu'elle a été transportée et déposée par les eaux de la mer, ces eaux étaient mêlées de terres limoneuses, et déjà fortement imprégnées des huiles végétales et animales, produites par la pourriture et la décomposition des êtres organisés : aussi, plus on descend dans la glaise, plus les couches paraissent être bitumineuses ; et ces couches inférieures de la glaise se sont formées en même temps que les couches de charbon de terre ; toutes ont été établies par le mouvement et par les sédiments des eaux qui ont transporté et mêlé les glaises avec les débris des coquilles et les détriments des végétaux.

Les glaises ont communément une couleur grise, bleue, brune ou noire, qui devient d'autant plus foncée qu'on descend plus profondément (b) ; elles exhalent en même temps une odeur bitumineuse, et, lorsqu'on les cuit au feu, elles répandent au loin l'odeur de l'acide vitriolique. Ces indices prouvent encore qu'elles doivent leur couleur au fer, et que, les couches inférieures recevant les égouts des couches supérieures, la teinture du fer y est plus forte et la quantité des acides plus grande : aussi cette glaise des couches les plus basses est-elle non seulement plus brune ou plus noire, mais encore plus compacte, au point de devenir presque aussi dure que la pierre. Dans cet état, la glaise prend les noms de *schiste* et d'*ardoise* ; et quoique ces deux matières ne soient vraiment que des argiles durcies, comme elles en ont dépouillé la ductilité, qu'elles semblent aussi avoir acquis de nouvelles qualités, nous avons cru devoir les séparer des argiles et des glaises, et en traiter dans l'article suivant.

(a) C'est probablement par l'affinité de son huile avec les autres huiles ou graisses, que la glaise peut s'en imbiber et les enlever sur les étoffes ; c'est cette huile qui la rend pétrissable et douce au toucher, et lorsque cette huile se trouve mêlée avec des sels, elle forme une terre savonneuse telle que la terre à foulon.

(b) Il y a des différences très marquées, entre une couche de glaise et une autre couche : celles qui se trouvent immédiatement sous la terre végétale sont un peu jaunâtre et marbrées de jaune et de gris ; celles qui suivent sont ordinairement d'un gris bleuâtre qui devient d'autant plus foncé et plus brun qu'elles s'éloignent davantage de la superficie de la terre, et la plupart des couches les plus profondes sont presque noires et elles brûlent quelquefois, s'enflamment et répandent une odeur bitumineuse comme le charbon de terre ; la cause de ces différences me parait assez évidente, car les premières couches de glaise, étant continuellement humectées par les eaux pluviales, qui ne font que cribler à travers la couche de terre végétale sans s'y arrêter, ne sont molles que parce qu'elles sont toujours imbibées d'eau qui ne peut s'écouler dans cette terre qu'avec lenteur, et les couches inférieures, au contraire, étant d'autant plus comprimées par les couches supérieures qu'elles sont plus profondes, et l'eau y pénétrant plus difficilement, sont aussi d'autant plus compactes et d'autant plus dures.

Les couches d'argile les plus superficielles sont jaunâtres ou mêlées de jaune et de gris, parce que les eaux pluviales en s'infiltrant dans la couche de terre végétale, qui est toujours d'un jaune plus ou moins foncé, entraînent les molécules de cette terre les plus atténuées, et en s'écoulant dans les couches de glaise les plus proches y déposent cette terre jaune, et leur communiquent ainsi cette couleur ; ces eaux arrivant encore chargées de cette même terre à des couches trop compactes et trop dures pour pouvoir s'y infiltrer, elles serpentent entre les fentes et les joints de ces couches, et abandonnent peu à peu cette terre jaune dont on peut suivre la trace à de grandes profondeurs. (Suite de la Note communiquée par M. Nadault.)

DES SCHISTES ET DE L'ARDOISE

L'argile diffère des schistes et de l'ardoise en ce que ses molécules sont spongieuses et molles, au lieu que les molécules de l'ardoise ou du schiste ont perdu cette mollesse et cette texture spongieuse qui fait que l'argile peut s'imbiber d'eau : le desséchement seul de l'argile peut produire cet effet, surtout si elle a été exposée à une longue et forte chaleur, puisque nous avons vu ci-devant qu'en réduisant cet argile cuite en poudre, on ne peut plus en faire une pâte ductile ; mais il me parait aussi que deux mélanges ont pu contribuer à diminuer cette mollesse naturelle de l'argile et à la convertir en schiste et en ardoise. Le premier de ces mélanges est celui du *mica*, le second celui du *bitume* ; car toutes les ardoises et les schistes sont plus ou moins parsemés ou pétris de mica, et contiennent aussi une certaine quantité de bitume plus grande dans les ardoises, moindre dans la plupart des schistes, et rendue sensible dans tous deux par la combustion.

Ce mélange de mica et cette teinture de bitume nous montrent la production des schistes et des ardoises comme une formation secondaire dans les argiles, et même en fixent l'époque par deux circonstances remarquables : la première est celle du mica disséminé, qui prouve que dès lors les eaux avaient enlevé des particules de la surface des roches vitreuses primitives et surtout des granits dont elles transportaient les débris ; car dans les argiles pures il ne se trouve pas de mica, ou du moins il y a changé de nature par le travail intime de l'eau sur les poudres vitrescibles dont a résulté la terre argileuse. La seconde circonstance est celle du bitume dont les ardoises se trouvent plus ou moins imprégnées ; ce qui, joint aux empreintes d'animaux et de végétaux sur ces matières, prouve démonstrativement que leur formation est postérieure à l'établissement de la nature vivante dont elles contiennent des débris.

La position des grandes couches des schistes et des lits feuilletés des ardoises mérite encore une attention particulière : les lits de l'ardoise n'ont pas régulièrement une position horizontale ; ils sont souvent fort inclinés comme ceux des charbons de terre (*a*), analogie que l'on doit réunir à celle de la présence du bitume dans les ardoises. Leurs feuillets se délitent suivant le plan de cette inclinaison, ce qui prouve que les lits ont été déposés suivant la pente du terrain, que les feuillets se sont formés par le desséchement et la retraite de la matière, suivant les lignes plus ou moins approchantes de la perpendiculaire.

Les couches des schistes, infiniment plus considérables et plus communes que les lits d'ardoise (*b*), sont généralement adossées aux flancs des montagnes primitives, et descendent avec elles pour s'enfouir dans les vallons, et souvent reparaitre au delà en se relevant sur la montagne opposée (*c*).

(*a*) Dans les ardoisières d'Angers, les lits sont presque perpendiculaires ; ils sont aussi fort inclinés à Mézières près de Charleville, à Lavagna dans l'État de Gênes ; cependant en Bretagne, les ardoises sont par lits horizontaux comme les couches de l'argile.

(*b*) On n'a que deux ou trois bonnes carrières d'ardoise en France ; on n'en connaît qu'une ou deux en Angleterre, et une seule en Italie, à Lavagna, dans les États de Gênes : cette ardoise quoique noire est très bonne ; toutes les maisons de Gênes en sont couvertes, et l'on en revêt l'intérieur des citernes, dans lesquelles on conserve l'huile d'olive à Lucques et ailleurs : l'huile s'y conserve mieux que dans les citernes de plomb ou enduites de plâtre.

(*c*) Le pays schisteux (de la partie des Cévennes voisines de la montagne de l'Espéron) commence, à partir du village de Beaulieu, par le chemin qui conduit au Vigan ; et lorsqu'on est arrivé au ruisseau de Gazel, on trouve des talcs ; quand on est au cap de Morèse

Après le quartz et le granit, le schiste est la plus abondante des matières solides du genre vitreux : il forme des collines et enveloppe souvent les noyaux des montagnes jusqu'à une grande hauteur. La plupart des monts les plus élevés n'offrent à leur sommet que des quartz ou des granits ; et ensuite, sur leurs pentes et dans leurs contours, ces mêmes quartz et granits qui composent le noyau de la montagne sont environnés d'une grande épaisseur de schiste, dont les couches qui couvrent la base de la montagne se trouvent quelquefois mêlées de quartz et de granits détachés du sommet.

On peut réduire tous les différents schistes à quatre variétés générales : la première, des schistes simples, qui ne sont que des argiles plus ou moins durcies, et qui ne contiennent que très peu de bitume et de mica ; la seconde, des schistes qui, comme l'ardoise, sont mêlés de beaucoup de mica et d'une assez grande quantité de bitume pour en exhaler l'odeur au feu, la troisième, des schistes où le bitume est en telle abondance, qu'ils brûlent à peu près comme les charbons de terre de mauvaise qualité ; et enfin les schistes pyriteux, qui sont les plus durs de tous dans leur carrière, mais qui se décomposent dès qu'ils en sont tirés, et s'effleurissent à l'air et par l'humidité. Ces schistes, mêlés et pénétrés de matière pyriteuse, ne sont pas si communs que les schistes imprégnés de bitume ; néanmoins on en trouve des couches et des bancs très considérables en quelques endroits (a). Nous verrons dans la suite que cette matière pyriteuse est très abondante à la surface et dans les premières couches de la terre.

et que l'on a descendu environ cinquante toises dans un petit vallon, on trouve des rochers de schiste et d'ardoise propres à couvrir les maisons : le milieu du cap de Morèse, qui regarde le levant, est de talc ; les rochers qui commencent à la rivière d'Arre, et qui se continuent jusqu'au pont de l'Arbon, sont de schiste très dur et d'ardoise qui s'exfolie aisément : cette étendue peut avoir environ une demi-lieue en longueur et largeur ; dès qu'on est parvenu à mi-côte.... On trouve de grandes tables de schiste, qui composent la couverture du terrain schisteux et ardoisé : ce schiste est ordinairement très dur, parsemé dans toutes ses parties d'un quartz également très dur, et qui forme avec lui une liaison intime... Ces rochers schisteux se divisent par couches, depuis quatre lignes jusqu'à trois pouces d'épaisseur ; ils sont presque toujours dans des bas-fonds, ensevelis à un ou deux pieds dans la terre. Le rocher qui donne de l'ardoise tendre prend toujours de la dureté quand elle est exposée à l'air ; toutes les maisons de ces cantons sont couvertes de cette ardoise. Lorsqu'on monte sur la montagne de l'Espéron, qui commence au cap de Coste, situé sur le chemin qui se trouve presque au haut de la montagne, on observe que le rocher n'est que de schiste ou d'ardoise ; il se continue sur toute la surface de la montagne qui est vis-à-vis de Montpellier, au-dessus du logis du cap de Coste : la plus grande partie du terrain est d'ardoise assez tendre. *Mémoires de M. Montet* dans ceux de *l'Académie des sciences*, année 1777, p. 640.

(a) « Plus on avance, dit M. Monnet, vers la Ferrière-Bechet en Normandie, plus la
» roche de cette chaîne de collines devient schisteuse, et, lorsqu'on est parvenu dans le
» village, on trouve que la roche a fait un saut considérable ; car on ne voit alors qu'un
» schiste noir et feuilleté, en un mot, un vrai schiste pyriteux... La couleur noire de cette
» substance, qui paraissait au jour, fit croire à différents particuliers qu'elle était de même
» nature que le crayon noir... Le curé de la Ferrière-Bechet fit fouiller dans sa cour, où ce
» prétendu crayon paraissait le meilleur, c'est-à-dire le plus noir... Mais, tandis qu'il for-
» mait des projets de fortune, on s'aperçut que les traces que l'on faisait avec cette matière
» disparaissaient, et que cette même matière, mise en tas, s'échauffait et tombait en poussière,
» que les eaux qui les avaient lavées étaient vitrioliques et alumineuses.....

» Par tout ce que nous venons de dire, on voit que le schiste de la Ferrière-Bechet diffère
» essentiellement de beaucoup de schistes colorés et de beaucoup d'autres qui ne le sont pas :
» on a donc eu grand tort de le confondre avec eux, et surtout de lui attribuer les mêmes
» qualités, comme d'engraisser les terres... Quelques particuliers ayant mis de cette matière
» dans leurs champs, elle y brûla tout en fleurissant. » *Mémoire sur la carrière de schiste de la Ferrière-Bechet* ; *Journal de physique*, mois de septembre 1777, p. 214 et suiv.

Tous les schistes sont plus ou moins mélangés de particules micacées, et il y en a dans lesquels le mica paraît être en plus grande quantité que l'argile (*a*). Ces schistes, ne contenant que peu de bitume et beaucoup de mica, sont les meilleures pierres dont on puisse se servir pour les fourneaux de fusion des mines de fer et de cuivre; ils résistent au feu plus longtemps que le grès, qui s'égrène, quelque dur qu'il soit; ils résistent aussi mieux que les granits, qui se fondent à un feu violent et se convertissent en émail; et ils sont bien préférables à la pierre calcaire, qui peut à la vérité résister pendant quelques mois à l'action de ces feux, mais qui se réduit en poussière de chaux au moment qu'ils cessent et que l'humidité de l'air la saisit, au lieu que les schistes conservent leur nature et leur solidité pendant et après l'action de ces feux continuée très longtemps (*b*), car cette action se borne à entamer leur surface, et il faudrait un feu de plusieurs années pour en altérer la masse à quelques pouces de profondeur.

Les lits les plus extérieurs des schistes, c'est-à-dire ceux qui sont immédiatement sous la couche de terre végétale, se divisent en grands morceaux qui affectent une figure rhomboïdale (*c*), à peu près comme les grès, qui sont mêlés de matière calcaire, affectent cette même figure en petit; et, dans les lits inférieurs des schistes, cette affectation de figure

(*a*) Le *macigno* des Italiens est un schiste de cette espèce; il y en a des collines entières à Fiesoli près de Florence : « Les couches supérieures de ces carrières de *macigno*, dit » M. Ferber, sont feuilletées et minces, entremêlées de petites couches argileuses» (l'auteur aurait dû dire *limoneuses*; car je suis persuadé que ces petites couches entremêlées sont de terre végétale, et non d'argile); « le macigno devient plus compact en entrant dans la pro- » fondeur, et ne forme plus qu'une masse : on en tire de très grands blocs... On trouve » par-ci par-là, dans le macigno compact, des rognons d'*argile* endurcie et une multitude » de petites taches noires, quelquefois même des couches ou veines de charbon de terre » (autre preuve que ce n'est pas de l'argile, mais de la terre végétale ou limoneuse; c'est le bitume de cette terre limoneuse qui a formé les taches noires) : « il y a du macigno de deux » couleurs; mais le meilleur pour bâtir et le plus durable est celui qui est d'un jaune » grisâtre, mélangé d'ocre ferrugineuse. » *Lettres sur la minéralogie*, etc., p. 4.

(*b*) Il y a à Walcy, à dix lieues de Clermont en Argonne, près de Sainte-Ménéhould, une pierre dont il semble qu'on peut tirer de très grands avantages : elle est de couleur argileuse, sans fentes et sans gerçures, même apparentes; l'eau-forte n'y fait aucune impression. Sa principale propriété est de pouvoir résister à l'action du feu le plus violent sans se calciner, si elle est employée sèche; elle peut servir à la construction des voûtes de fourneaux de verreries, de faïencerie, etc. : on assure qu'elle y dure vingt ans sans altération. *Journal historique et politique*, mois de juillet 1774, p. 173.

(*c*) Cette propriété, dit M. Guettard, est trop singulière pour n'en pas dire ici quelque chose : c'est ordinairement dans les petits morceaux qui composent le banc le plus exté- rieur, et qu'on appelle *cosse*, que cette figure se remarque principalement. Ces morceaux forment des rhombes, des carrés longs, des carrés presque parfaits, des rhomboïdes ou des figures coupées irrégulièrement, mais dont les faces sont toujours d'un parallélogramme : on ne distingue pas aussi bien ces différentes figures dans les quartiers des grands bancs; on peut cependant dire que ces bancs forment de grands carrés longs assez *réguliers*; c'est une idée qui se présente d'abord lorsqu'on observe exactement une carrière d'ardoise, c'est du moins celle que j'ai prise en voyant la carrière de la Ferrière en Normandie.

Cette carrière, de même que celle d'Angers, a un banc de cosse qui peut avoir un pied ou deux; ce banc n'est qu'un composé de petites pierres posées obliquement sur les autres qui se détachent assez facilement, et qui affectent la figure d'un parallélogramme régulier ou irrégulier : leurs côtés sont unis, ordinairement bien plans, ce qui fait que les pierres tien- nent peu, et qu'il est aisé de les séparer les unes des autres. Lorsque ces côtés sont coupés obliquement, l'union de ces pierres est plus grande, elles sont en quelque sorte mieux entre- lacées, et font un banc plus difficile à rompre, quoique en général il le soit peu.

Les lits qui suivent celui-ci sont beaucoup plus considérables en hauteur; leurs pierres ne sont pas en petites masses comme celles du lit précédent; elles ont quelquefois quinze

est beaucoup moins sensible et même ne se remarque plus : autre preuve que la figuration des minéraux dépend des parties organiques qu'ils renferment, car les premiers lits de schistes reçoivent par la stillation des eaux les impressions de la terre végétale qui les recouvre, et c'est par l'action des éléments actifs contenus dans cette terre que les schistes du lit supérieur prennent une sorte de figuration régulière, dont l'apparence ne subsiste plus dans les lits inférieurs, parce qu'ils ne peuvent rien recevoir de la terre végétale, en étant trop éloignés et séparés par une grande épaisseur de matière impénétrable à l'eau.

Au reste, le schiste commun ne se délite pas en feuillets aussi minces que l'ardoise, et il ne résiste pas aussi longtemps aux impressions des éléments humides ; mais il résiste également à l'action du feu avant de se vitrifier, et, comme il contient une petite quantité de bitume, il semble brûler avant de se fondre ; et comme nous venons de le dire, il y a même des schistes qui sont presque aussi inflammables que le charbon de terre. Ce dernier effet a déçu quelques minéralogistes, et leur a fait penser que le fond du charbon de terre n'était, comme celui des schistes, que de l'argile mêlée de bitume, tandis que la substance de ce charbon est, au contraire, de la matière végétale plus ou moins décomposée, et que, s'il se trouve de l'argile mêlée dans le charbon, ce n'est que comme matière étrangère ; mais il est vrai que la quantité de bitume et de matière pyriteuse est peut-être aussi grande dans certains schistes que dans les charbons de terre impurs et de mauvaise qualité. Il y a même des argiles, surtout dans les couches les plus basses, qui sont mêlées d'une assez grande quantité de bitume et de pyrite pour devenir inflammables ; elles sont en même temps sèches et dures à peu près comme le schiste, et ce bitume des argiles et des schistes s'est formé dès les premiers temps de la nature vivante par la décomposition des végétaux et des animaux, dont les huiles et les graisses, saisies par l'acide, se sont converties en bitume ; et les schistes, comme les argiles, contiennent ordinairement d'autant plus de bitume qu'ils sont situés plus profondément et qu'ils sont plus voisins des veines de charbon auxquelles ils servent de lits et d'enveloppe ; car, lorsqu'on ne trouve pas l'ardoise au-dessous des schistes, on peut espérer d'y trouver des charbons de terre.

Dans les couches les plus profondes, il y aussi des argiles qui ressemblent aux schistes, et même aux ardoises, par l'apparence de leur dureté, de leur couleur et de leur inflammabilité ; cependant cette argile, exposée à l'air, démontre bientôt les différences qui la séparent de l'ardoise : elle n'est pas longtemps sans s'exfolier, s'imbiber d'humidité, se ramollir et reprendre sa qualité d'argile, au lieu que les ardoises, loin de s'amollir à l'air, ne font que s'y durcir davantage, et l'on doit mettre les mauvais schistes au nombre de ces argiles dures.

Comme toutes les argiles, ainsi que les schistes et les ardoises, ont été primitivement formées des sables vitreux atténués et décomposés dans l'eau, on ne peut se dispenser d'admettre différents degrés de décomposition dans ces sables : aussi trouve-t-on dans l'argile des grains encore entiers de ce sable vitreux qui ne sont que peu ou point altérés,

ou vingt pieds de hauteur, au lieu que les pierres du lit de cosse n'ont quelquefois que deux ou trois pouces de longueur sur quelques-uns de largeur et d'épaisseur...

Celles des autres bancs qui ont vingt pieds de hauteur sont ordinairement des bancs les plus inférieurs, et même de ceux dont on fait usage ; les bancs qui précèdent approchent plus ou moins de cette hauteur, selon qu'ils en sont plus voisins, et la hauteur est toujours proportionnée à la profondeur : c'est aussi suivant ce rapport qu'ils sont d'une pierre plus fine et plus aisée à travailler..... On fouille cinquante, soixante pieds, et même davantage, avant de trouver un bon banc, et lorsqu'on l'a atteint on continue de fouiller jusqu'à ce que le banc change, de sorte que ces carrières ont quelquefois plus de cent pieds de profondeur... *Mémoires de M. Guettard*, dans ceux de l'*Académie des sciences*, année 1757, p. 52.

d'autres qui ont subi un plus grand degré de décomposition. On y trouve de même de petits lits de ce sable à demi décomposé, et dans les ardoises et les schistes le mica y est souvent aussi atténué, aussi doux au toucher que le talc; en sorte qu'on peut suivre les nuances successives de cette décomposition des sables vitreux jusqu'à leur conversion en argile. Les glaises mélangées de ces sables vitreux, trop peu décomposés, n'ont point encore acquis leur entière ductilité; mais en général l'argile, même la plus molle, devient d'autant plus dure qu'elle est plus desséchée et plus imprégnée de bitume, et d'autant plus feuilletée qu'elle est plus mêlée de mica.

Je ne vois pas qu'on puisse attribuer à d'autres causes qu'au desséchement et au mélange du mica et du bitume cette sécheresse des ardoises et des schistes, qui se reconnait jusque dans leurs molécules, et j'imagine que comme elles sont mêlées de particules micacées en assez grande quantité, chaque paillette de mica aura dû attirer l'humidité de chaque molécule d'argile, et que le bitume, qui se refuse à toute humidité, aura pu durcir l'argile au point de la changer en schiste et en ardoise; dès lors les molécules d'argile seront demeurées sèches, et les schistes composés de ces molécules desséchées et de celles du mica auront acquis assez de dureté pour être, comme les bitumes, impénétrables à l'eau; car, indépendamment de l'humidité que les micas ont dû tirer de l'argile, on doit encore observer qu'étant mêlés en quantité dans tous les schistes et ardoises, le seul mélange de ces particules sèches, qui paraît être moins intime qu'abondant, a dû laisser de petits vides par lesquels l'humidité contenue dans les molécules d'argile a pu s'échapper.

Cette quantité de mica que contiennent les ardoises me semble leur donner quelques rapports avec les talcs; et si l'argile fait le fond de la matière de l'ardoise, on peut croire que le mica en est l'alliage et lui donne la forme, car les ardoises se délitent, comme le talc, en feuilles minces, elles participent de sa sécheresse et résistent de même aux impressions des éléments humides; enfin elles se changent également en verre brun par un feu violent. L'ardoise paraît donc participer de la nature de ce verre primitif; on le voit en la considérant attentivement au grand jour : sa surface présente une infinité de particules micacées, d'autant plus apparentes que l'ardoise est de meilleure qualité.

La bonne ardoise ne se trouve jamais dans les premières couches du schiste; les ardoisières les moins profondes sont à trente ou quarante pieds; celles d'Angers sont à deux cents. Les derniers lits de l'ardoise, comme ceux de l'argile, sont plus noirs que les premiers : cette ardoise noire des lits inférieurs, exposée à l'air pendant quelque temps, prend néanmoins comme les autres la couleur bleuâtre que nous leur connaissons et que toutes conservent très longtemps; elles ne perdent cette couleur bleue que pour en prendre une plus tendre d'un blanc grisâtre, et c'est alors qu'elles brillent de tous les reflets des particules micacées qu'elles contiennent, et qui se montrent d'autant plus que ces ardoises ont été plus anciennement exposées aux impressions de l'air.

L'ardoise ne se trouve pas dans les argiles molles et pénétrées de l'humidité des eaux, mais dans les schistes, qui ne sont eux-mêmes que des ardoises grossières; les minières d'ardoise s'annoncent ordinairement (a) par un lit de schiste noirâtre de quelques pouces

(a) « L'ardoise d'Angers est formée par des bancs plus ou moins hauts, d'une pierre
» qu'on lève aisément par feuillets, et qui sont inclinés à l'horizon : ces bancs ont en général
» une hauteur verticale assez considérable; les premiers sont ordinairement ceux qui sont
» les moins hauts, et celui qui est à la surface de la terre n'est souvent composé que de
» petits quartiers de pierre qui ont une figure rhomboïdale, et qui se détachent aisément les
» uns des autres.
» Après ce banc, il n'est pas rare d'en voir qui ont plusieurs pieds de hauteur, et cette
» hauteur augmente à mesure que les bancs sont plus profonds, de façon que ceux d'en bas
» ont vingt à trente pieds dans cette dimension sur une largeur indéterminée; ce sont

d'épaisseur, qui se trouve immédiatement sous la couche de terre végétale : ce premier lit de pierre schisteuse est divisé par un grand nombre de fentes verticales, comme le sont les premiers lits des pierres calcaires, et l'on peut également en faire du moellon; mais ce schiste, quoique assez dur, n'est pas aussi sec que l'ardoise; il est même spongieux et se ramollit par l'humidité lorsqu'il y est longtemps exposé. Les bancs qui sont au-dessous de ce premier lit ont plus d'épaisseur et moins de fentes verticales; leur continuité augmente avec leur masse à mesure que l'on descend, et il n'est pas rare de trouver des bancs de cette pierre schisteuse de quinze ou vingt pieds d'épaisseur sans délits remarquables. La finesse du grain de ces schistes, leur sécheresse, leur pureté et leur couleur noire augmentent aussi en raison de leur situation à de plus grandes profondeurs, et d'ordinaire c'est au plus bas que se trouve la bonne ardoise.

L'on voit sur quelques-uns de ces feuillets d'ardoise des impressions de poissons à écailles, de crustacés et de poissons mous, dont les analogues vivants ne nous sont pas connus, et en même temps on n'y voit que très peu ou point de coquilles (a). Ces deux faits paraissent au premier coup d'œil difficiles à concilier, d'autant que les argiles, dont on ne peut douter que les ardoises ne soient au moins en partie composées, contiennent une infinité de coquilles, et rarement des empreintes de poissons. Mais on doit observer que les ardoises, et surtout celles où l'on trouve des impressions de poissons, sont toutes situées à une grande profondeur, et qu'en même temps les argiles contiennent une plus grande quantité de coquilles dans leurs lits supérieurs que dans les inférieurs, et que même, lorsqu'on arrive à une certaine profondeur, on n'y trouve plus de coquilles; d'autre part, on sait que le plus grand nombre des coquillages vivants n'habitent que les rivages ou les terrains élevés dans le fond de la mer, et qu'en même temps il y a quelques espèces de poissons et de coquillages qui n'en habitent que les vallées à une profondeur plus grande que celle où se trouvent communément tous les autres poissons

» communément ceux qui se délitent avec le plus de facilité; ils sont aussi d'une pierre plus » fine, et probablement plus homogène.

» Ces lits sont rarement séparés les uns des autres par des couches de matières étran- » gères... On ne peut presque jamais creuser une carrière d'ardoise au delà de vingt-cinq » foncées ou deux cent vingt-cinq pieds; on en est empêché par le danger où l'on pourrait » se trouver dans les dernières, les chutes de pierres devenant plus à craindre.

» Ordinairement la pierre des dernières foncées est la plus parfaite; il n'y a cependant » pas de règle sûre à ce sujet; quelquefois la pierre qu'on tire après la première découverte » se trouve bonne pendant deux ou trois foncées, et elle se dément ensuite pendant quatre » ou cinq; d'autres fois, la carrière ne donne de bonne pierre qu'à la quinzième ou seizième » foncée..... d'autres fois enfin, la carrière continue à ne rien valoir; telles ont été celles de » *terre rouge* et de la *maze*.....

» Un point intéressant, c'est de détacher les lames d'ardoise d'une manière uniforme, de » manière qu'elles aient une égale épaisseur dans toute leur étendue... La façon dont les » bancs d'ardoise sont composés facilite ce travail; ce sont en quelque sorte de grands feuil- » lets appliqués les uns sur les autres et posés de champ. Ainsi les ouvriers les écartent » perpendiculairement au moyen de leurs coins : cette direction doit faire que les quartiers » qu'on veut détacher ne résistent pas beaucoup aux efforts des ouvriers. » *Mémoires de* M. *Guettard*, dans ceux de l'*Académie des sciences*, année 1757, p. 52 et suiv.

(a) L'ardoise est très commune dans le canton de Glarus (ou Glaris en Suisse); les plus belles carrières sont dans la vallée de Seruft, d'où l'on en tire des feuilles assez grandes et assez épaisses pour faire des tables, qui font un article considérable d'exportation. — Parmi ces ardoises, on en trouve une quantité innombrable qui portent les plus belles empreintes de plantes marines et terrestres, d'insectes et de poissons, soit entiers, soit en squelettes. J'en ai vu, de choisies dans le Blattenberg, dont la netteté, la perfection et la grandeur ne laissent rien à désirer. *Lettres sur la Suisse*, par M. Will. Coxe, avec les additions de M. Ramond, t. Ier, p. 69.

et coquillages. Dès lors on peut penser que les sédiments argileux qui ont formé les ardoises à cette plus grande profondeur, n'auront pu saisir en se déposant que ces espèces, en petit nombre, de poissons ou de coquillages qui habitent les bas-fonds, tandis que les argiles, qui sont situées plus haut que les ardoises, auront enveloppé tous les coquillages des rivages et des hauts-fonds, où ils se trouvent en bien plus grande quantité (a).

Nous ajouterons aux propriétés de l'ardoise, que, quoiqu'elle soit moins dure que la plupart des pierres calcaires, il faut néanmoins employer la masse et les coins pour la tirer de sa carrière; que la bonne ardoise ne fait pas effervescence avec les acides, et qu'aucune ardoise ni aucun schiste ne se réduit en chaux, mais qu'ils se convertissent par un feu violent en une sorte de verre brun, souvent assez spumeux pour nager sur l'eau. Nous observerons aussi qu'avant de se vitrifier, ils brûlent en partie en exhalant une odeur bitumineuse; et enfin que, quand on les réduit en poudre, celle de l'ardoise est douce au toucher comme la poussière de l'argile séchée, mais que cette poudre d'ardoise, détrempée avec de l'eau, ne reprend pas en se séchant sa dureté, ni même autant de consistance que l'argile.

Le même mélange de bitume et de mica, qui donne à l'ardoise sa solidité, fait en même temps qu'elle ne peut s'imbiber d'eau : aussi lorsqu'on veut éprouver la qualité d'une ardoise, il ne faut qu'en faire tremper dans l'eau le bord d'une feuille suspendue verticalement; si l'eau n'est pas pompée par la succion capillaire, et qu'elle n'humecte pas l'ardoise au-dessus de son niveau, on aura la preuve de son excellente qualité, car les mauvaises ardoises, et même la plupart de celles qu'on emploie à la couverture des bâtiments, sont encore spongieuses et s'imbibent plus ou moins de l'humidité, en sorte que la feuille d'ardoise, dont le bord est plongé dans l'eau, s'humectera à plus ou moins de hauteur en raison de sa bonne ou mauvaise qualité (b) : la bonne ardoise peut se polir, et on en fait des tables de toutes dimensions; on en a vu de dix à douze pieds en longueur sur une largeur proportionnée.

Quoiqu'il y ait des schistes plus ou moins durs, cependant on doit dire qu'en général ils sont encore plus tendres que l'ardoise, et que la plupart sont d'une couleur moins

(a) Il se trouve aussi, quoique rarement, des poissons pétrifiés dans les substances calcaires au-dessus des montagnes; mais les espèces de ces poissons ne sont pas inconnues ou perdues, comme celles qui se trouvent dans les ardoises. M. Ferber rapporte qu'on trouve dans la collection de M. Moreni, de Vérone, le poisson ailé et quelques poissons du Brésil, qui ne vivent ni dans la Méditerranée ni dans le golfe Adriatique, la pinne marine, des os d'animaux, des plantes exotiques, pétrifiées et imprimées sur un schiste calcaire, toutes tirées de la montagne du Véronais appelée Monte-Bolca. (*Lettres sur la minéralogie*, par M. Ferber, p. 27.) — Observons que ces poissons, dont les analogues vivants existent encore, n'ont été pétrifiés que bien longtemps après ceux dont les espèces sont perdues; aussi se trouvent-ils au-dessus des montagnes, tandis que les autres ne se trouvent que dans les ardoises à de grandes profondeurs.

(b) M. Samuel Colepress dit que l'ardoise d'Angleterre dure très longtemps, et qu'il en reste sur les maisons pendant plusieurs siècles. « Pour connaître, dit-il, la bonne ardoise, » prenez : 1º la pierre coupée fort mince, frappez-la contre quelque matière dure : s'il en » sort un son clair, cette pierre n'est point fêlée, mais solide et bonne; 2º lorsqu'on la » coupe, il ne faut pas qu'elle se brise sous le tranchant; 3º si, après avoir été dans l'eau » pendant deux, quatre et même huit heures, elle pèse plus étant bien essuyée qu'auparavant, c'est une preuve qu'elle s'imbibe d'eau et qu'elle ne peut durer longtemps; 4º la » bleue tirant sur le noir prend volontiers l'eau; celle qui est d'un bleu léger est toujours » la plus compacte et la plus solide : au toucher, elle doit paraître dure et raboteuse, et non » soyeuse; 5º si, étant plongée la moitié dans l'eau pendant une journée entière, elle n'at- » tire pas l'eau au-dessus de six lignes de son niveau, ce sera une preuve que l'ardoise est » d'une contexture ferme. » (*Collection académique*, partie étrangère, t. IV, p. 10 et 11.)

foncée; ils ne se divisent pas en feuillets aussi minces que l'ardoise, et néanmoins ils contiennent souvent une plus grande quantité de mica, mais l'argile qui en fait le fond est vraisemblablement composée de molécules grossières, et qui, quoiqu'en partie desséchées, conservent encore leur qualité spongieuse et peuvent s'imbiber d'eau, ou bien leur mica plus aigre et moins atténué n'a pas acquis en s'adoucissant cette tendance à la conformation talqueuse ou feuilletée qu'il paraît communiquer aux ardoises : aussi lorsqu'on réduit le schiste en lames minces, il se détériore à l'air et ne peut servir aux mêmes usages que l'ardoise, mais on peut l'employer en masses épaisses pour bâtir.

J'ai dit que les collines calcaires avaient l'argile pour base, et j'ai entendu non seulement les glaises ou argiles molles communes, mais aussi les schistes ou argiles desséchées; la plupart des montagnes calcaires sont posées sur l'argile ou sur le schiste (a). « Les montagnes, dit M. Ferber, de la Styrie inférieure, de toute la Carniole, et jusqu'à » Vienne en Autriche, sont formées de couches horizontales plus ou moins épaisses (de » pierre calcaire), entassées les unes sur les autres, et ont pour base un véritable schiste » argileux, c'est-à-dire une ardoise bleue ou noire, ou bien un *schiste de corne* mélangé » de quartz et de mica, pénétré d'une petite partie d'argile. J'ai eu, dit-il, presque à » chaque pas l'occasion de me convaincre que ce schiste s'étend sans interruption sous » ces montagnes calcaires; quelquefois même on le voit à découvert s'élever au-dessus du » rez de terre, mais lorsqu'il s'est montré pendant un certain temps, il s'enfouit de nou- » veau sous la pierre calcaire (b). »

L'argile, ou sous sa propre forme, ou sous celle d'ardoise et de schiste, compose donc la première terre, et forme les premières couches qui aient été transportées et déposées par les eaux; et ce fait s'unit à tous les autres pour prouver que les matières vitrescibles sont les substances premières et primitives, puisque l'argile formée de leurs débris est la première terre qui ait couvert la surface du globe. Nous avons vu de plus que c'est dans cette terre que se trouvent généralement les coquilles d'espèces anciennes, comme c'est aussi sur les ardoises qu'on voit les empreintes des poissons inconnus qui ont appartenu au premier Océan. Ajoutons à ces grands faits une observation non moins importante, et qui rappelle à la fois et l'époque de la formation des couches d'argile et les grands mouvements qui bouleversaient encore alors la première nature : c'est qu'un grand nombre de ces lits de schistes et d'ardoises ne paraissent s'être inclinés que par violence, ayant été déposés sur les voûtes des grandes cavernes avant que leur affaissement ne fît pencher les masses dont elles étaient surmontées, tandis que les couches calcaires, déposées plus tard sur la terre affermie, offrent rarement de l'inclinaison dans leurs bancs, qui sont assez généralement horizontaux, ou beaucoup moins inclinés que ne le sont communément les lits des schistes et des ardoises.

(a) « J'ai reconnu..... qu'il y a toujours du schiste sous les terrains calcaires des mon- » tagnes du Padouan, du Vicentin et du Véronais, qui font partie de la chaîne qui sépare » l'Allemagne de l'Italie, ainsi que dans les montagnes de l'Autriche, de la Styrie et de la » Carniole. M. Arduini m'a assuré qu'il en est de même dans une partie des Apennins, et » c'est aussi la remarque de M. Targioni Tozzetti dans ses *Voyages en Toscane*, et » de M. le professeur Baldasari, *in actis Academiæ Sienensis*... Il n'y a pas jusqu'au » marbre *salin* de Carrara et de Seravezza qui n'ait du schiste pour base..... Qu'il vous suf- » fise quant à présent (il parle à M. le chevalier de Born) de savoir que le schiste s'étend » sous les montagnes calcaires du Vicentin et du Véronais, et que, malgré le silence des » plus grands écrivains, il y eut autrefois, dans beaucoup de parties de ces montagnes, des » éruptions de volcans, qui vraisemblablement avaient leur foyer au-dessous de la pierre » calcaire, dans le schiste et même plus bas. » *Lettres sur la minéralogie*, par M. Ferber, p. 30 et suiv.

(b) *Lettres sur la minéralogie*, etc., p. 4.

DE LA CRAIE

Jusqu'ici nous n'avons parlé que des matières qui appartiennent à la première nature : le quartz, le jaspe, les porphyres, les granits, produits immédiats du feu primitif; les grès, les argiles, les schistes, les ardoises, détriments de ces premières substances, et qui, quoique transportés, pénétrés, figurés par les eaux, et même mélangés des premières productions de ce second élément, n'en appartiennent pas moins à la grande masse primitive des matières vitreuses, lesquelles dans cette première époque composaient seules le globe entier. Maintenant, considérons les matières calcaires qui se trouvent en si grande quantité, et en tant d'endroits sur cette première surface du globe, et qui sont proprement l'ouvrage de l'eau même et son produit immédiat : c'est dans cet élément que se sont en effet formées ces substances qui n'existaient pas auparavant, qui n'ont pu se produire que par l'intermède de l'eau, et qui non seulement ont été transportées, entassées et disposées par ses mouvements, mais même ont été combinées, composées et produites dans le sein de la mer.

Cette production d'une nouvelle substance pierreuse par le moyen de l'eau est un des plus étonnants ouvrages de la nature, et en même temps un des plus universels; il tient à la génération la plus immense peut-être qu'elle ait enfantée dans sa première fécondité : cette génération est celle des coquillages, des madrépores, des coraux et de toutes les espèces qui filtrent le suc pierreux et produisent la matière calcaire, sans que nul autre agent, nulle autre puissance particulière de la nature, puisse ou ait pu former cette substance. La multiplication de ces animaux à coquille est si prodigieuse qu'en s'amoncelant ils élèvent encore aujourd'hui en mille endroits des récifs, des bancs, des hauts-fonds, qui sont les sommets des collines sous-marines, dont la base et la masse sont également formées de l'entassement de leurs dépouilles (a). Et combien dut être encore plus

(a) « Toutes les îles basses du tropique austral semblent avoir été produites par des ani-
» maux du genre des polypes, qui forment les *lithophytes;* ces animalcules élèvent peu à
» peu leur habitation de dessus une base imperceptible, qui s'étend de plus en plus, à me-
» sure que sa structure s'élève davantage. J'ai vu de ces larges structures à tous les degrés
» de leur construction. » *Observations de Forster,* à la suite du *Second Voyage du capitaine
Cook,* p. 135. — « Ces îles sont généralement liées les unes aux autres par des récifs de
» rochers de corail. » *Idem, ibid.* — « Nous découvrîmes les îles, vues par M. de Bougain-
» ville, par les 17° 24' latitude, et 141° 39' longitude ouest : une de ces îles basses, à moitié
» submergée, n'était qu'un grand banc de corail, de vingt lieues de tour. » Cook, *Second
Voyage,* t. Ier, p. 293. — « On rencontra une ceinture de petites îles, jointes ensemble par un
» récif de rochers de corail. » *Idem,* t. II, p. 285. — « Nous abordâmes à l'île Sauvage (une
» de celles des Amis); ses bords n'étaient que des rochers de corail. » *Idem,* t. III, p. 10.
— Cette multitude d'îles basses et de bancs sur lesquels se perdit le navigateur Roggevin
ont été revus et reconnus par MM. Byron et Cook; toutes ces îles ne sont soutenues que
par des bancs de corail, élevés du fond de la mer jusqu'à sa surface. (Voyez le chapitre xi
de la *Relation du Second Voyage du capitaine Cook,* traduction française, t. II, p. 275.) Ce
fait étonnant a été si bien vu par ces bons observateurs qu'on ne peut le révoquer en doute,
et il fournit à M. Forster cette réflexion frappante : « Le petit ver, dont le corail est l'ou-
» vrage et qui paraît si insensible qu'on le distingue à peine d'une plante, agrandit son
» habitation, et construit un édifice de roches, depuis un point du fond de la mer, que l'art
» humain ne peut pas mesurer, jusqu'à la surface des flots : il prépare ainsi une base à la
» résidence de l'homme. » Forster, *Second Voyage de Cook,* t. II, p. 283. — Voyez de plus
toutes les relations des navigateurs sur les sondes tombées sur des rochers de coquillages

immense le nombre de ces ouvriers du vieil Océan dans le fond de la mer universelle, lorsqu'elle saisit tous les principes de fécondité répandus sur le globe animé de sa première chaleur !

Sans cette réflexion pourrions-nous soutenir la vue vraiment accablante des masses de de nos montagnes calcaires (a), entièrement composées de cette matière toute formée des dépouilles de ces premiers habitants de la mer ? Nous en voyons à chaque pas les prodigieux amas ; nous en avons déjà recueilli mille preuves (b) ; chaque contrée peut en offrir de nouvelles, et les articles suivants les confirmeront encore par un plus grand développement (c).

Nous commencerons par la craie (*), non qu'elle soit la plus commune ou la plus noble des substances calcaires ; mais parce que de ces matières, qui toutes également tirent leur origine des coquilles (**), la craie doit en être regardée comme le premier détriment, dans lequel cette substance coquilleuse est encore toute pure, sans mélange d'autre matière, et sans aucune de ces nouvelles formes de cristallisation spathique, que la stillation des eaux donne à la plupart des pierres calcaires ; car, en réduisant des coquilles en poudre, on aura une matière toute semblable à celle de la craie pulvérisée.

Il a donc pu se former de grands dépôts de ces poudres de coquilles, qui sont encore aujourd'hui sous cette forme pulvérulente, ou qui ont acquis avec le temps de la consistance et quelque solidité ; mais les craies sont en général ce qu'il y a de plus léger et de moins solide dans ces matières calcaires, et la craie la plus dure est encore une pierre tendre ; souvent, au lieu de se présenter en masses solides, la craie n'est qu'une poussière sans cohésion, surtout dans ses couches extérieures : c'est à ces lits de poussière de craie qu'on a souvent donné le nom de *marne ;* mais je dois avertir, pour éviter toute con-

et sur les câbles et grelins des ancres coupés contre les récifs de madrépores et de coraux. — « En traversant la Picardie, la Flandre française, la Champagne, la Lorraine allemande, » le pays Messin, etc., M. Monnet a observé que les coquilles se montrent jusqu'à plus de » trois cents pieds de profondeur perpendiculaire, à commencer des vallées les plus pro- » fondes..... On trouve même des bancs de corail ou de madrépores auprès de Clermont, » village de la principauté de Liège, de plus de soixante pieds de hauteur. Ces bancs sont » droits comme des murailles ; ils ressemblent assez à ceux qui sont décrits par le capitaine » Cook, et qui sont situés auprès de la Nouvelle-Guinée ; ils renferment des bancs de bon » marbre qu'on exploite. » *Tableau des Voyages minéralogiques* de M. Monnet, *Journal de physique,* février 1781, p. 160 et suiv.

(a) M. Monnet profita d'une ouverture qu'on avait faite dans une des plus profondes vallées de Bas-Bolonais, à dessein d'y découvrir du charbon, pour observer jusqu'où vont les bancs de pierre calcaire et les coquilles : cette ouverture de cinq cents pieds de profondeur perpendiculaire, et qui passait le niveau de la mer de plus de cent pieds, a montré autant de coquilles dans son fond que dans sa hauteur. *Tableau des Voyages minéralogiques* de M. Monnet, *Journal de physique,* février 1781, p. 161.

(b) Voyez tous les articles de la *Théorie de la Terre,* des *Preuves* et des *Suppléments,* sur les carrières et les montagnes composées de coquillages et autres dépouilles des productions marines.

(c) Voyez en particulier les articles de la *Pierre calcaire* et du *Marbre.*

(*) Carbonate de chaux hydraté.

(**) Il faut distinguer la craie envisagée comme roche constituante du globe, de la craie envisagée comme substance chimique. Les roches calcaires ont toutes été formées comme l'indique Buffon par des tests calcaires de mollusques, de foraminifères, de crustacés, etc. Mais ces animaux eux-mêmes fabriquent leurs tests avec du bicarbonate de chaux qui existe dans l'eau à l'état de bicarbonate de chaux solide. Ce bicarbonate doit lui-même être considéré comme s'étant formé primitivement par la combinaison de l'acide carbonique de l'atmosphère avec l'oxyde de calcium.

fusion, que ce nom ne doit s'appliquer qu'à une terre mêlée de craie et d'argile, ou de craie et de terre limoneuse, et que la craie est au contraire une matière simple, produite par le seul détriment des substances purement calcaires.

Ces dépôts de poudre coquilleuse ont formé des couches épaisses et souvent très étendues, comme on le voit dans la province de Champagne, dans les falaises de Normandie, dans l'Ile-de-France, à la Roche-Guyon, etc., et ces couches composées de poussières légères, ayant été déposées les dernières, sont exactement horizontales, et prennent rarement de l'inclinaison, même dans leurs lits les plus bas, où elles acquièrent plus de dureté que dans les lits supérieurs : cette même différence de solidité s'observe dans toutes les carrières anciennement formées par les sédiments des eaux de la mer. La masse entière de ces bancs calcaires était également molle dans le commencement; mais les couches inférieures, formées avant les autres, se sont consolidées les premières, et en même temps elles ont reçu par infiltration toutes les particules pierreuses que l'eau a détachées et entraînées des lits supérieurs : cette addition de substances a rempli les intervalles et les pores des pierres inférieures, et a augmenté leur densité et leur dureté à mesure qu'elles se formaient et prenaient de la consistance par la réunion de leurs propres parties. Cependant la dureté des matières calcaires est toujours inférieure à celle des matières vitreuses qui n'ont point été altérées ou décomposées par l'eau : les substances coquilleuses, dont les pierres calcaires tirent leur origine, sont par leur nature d'une consistance plus molle et moins solide que les matières vitreuses; mais quoiqu'il n'y ait point de pierres calcaires aussi dures que le quartz ou les jaspes, quelques-unes, comme les marbres, le sont néanmoins assez pour recevoir un beau poli.

La craie, même la plus durcie, n'est susceptible que du poli gras que prennent les matières tendres, et se réduit au moindre effort en une poussière semblable à celle des coquilles; mais quoiqu'une grande partie des craies ne soit en effet que le débris immédiat de la substance des coquilles, on ne doit pas borner à cette seule cause la production de toutes les couches de craie qui se trouvent à la surface de la terre : elles ont, comme les sables vitreux, une double origine; car la quantité de la matière coquilleuse réduite en poussière s'est très considérablement augmentée par les détriments et les exfoliations qui ont été détachés de la surface des masses solides de pierres calcaires par l'impression des éléments humides; l'établissement local de ces masses calcaires paraît en plusieurs endroits avoir précédé celui des couches de craie. Par exemple, le grand terrain crétacé de la Champagne commence au-dessous de Troyes et finit au delà de Rethel, ce qui fait une étendue d'environ quarante lieues, sur dix ou douze de largeur moyenne; et la montagne de Reims qui fait saillie sur ce terrain n'est pas de craie, mais de pierre calcaire dure : il en est de même du mont *Aimé*, qui est isolé au milieu de ces plaines de craie, et qui est également composé de bancs de pierres dures très différentes de la craie, et qui sont semblables aux pierres des montagnes situées de l'autre côté de Vertus et de Bergères. Ces montagnes de pierre dure paraissent donc avoir surmonté de tout temps les collines et les plaines où gisent actuellement les craies, et dès lors on peut présumer que ces couches de craie ont été formées, du moins en partie, par les exfoliations et les poussières de pierre calcaire que les éléments humides auront détachées de ces montagnes, et que les eaux auront entraînées dans les lieux plus bas où gît actuellement la craie. Mais cette seconde cause de la production des craies est subordonnée à la première, et même dans plusieurs endroits de ce grand terrain crétacé la craie présente sa première origine et paraît purement coquilleuse; elle se trouve composée ou remplie de coquilles entières parfaitement conservées, comme on le voit à Courtagnon et ailleurs; en sorte qu'on ne peut douter que l'établissement local de ces couches de craie mêlée de coquilles ne se soit fait dans le sein de la mer et par le mouvement de ses eaux. D'ailleurs, on trouve souvent les dépôts ou lits de craie surmontés par d'autres matières qui n'ont pu être amenées que par alluvion, comme en Pologne, où les craies sont très abondantes, et particulièrement dans le territoire de Sadki, où M. Guettard dit, d'après Rzaczynski, qu'on ne trouve la craie qu'au-dessous d'un lit de mine de fer qui est précédé de plusieurs couches de différentes matières (a).

Ces dépôts de craie, formés au fond de la mer par le sédiment des eaux, n'étaient pas originairement d'une matière aussi simple et aussi pure qu'elle l'est aujourd'hui; car on trouve entre les couches de cette matière crétacée de petits lits de substance vitreuse; le *silex*, que nous nommons pierre à fusil, n'est nulle part en aussi grande quantité que dans les craies. Ainsi cette poussière crétacée était mélangée de particules vitreuses et silicées, lorsqu'elle a été transportée et déposée par les eaux; et après l'établissement de ces couches de craie mêlées de parties silicées, l'eau les aura pénétrées par infiltration, se sera chargée de ces particules silicées, et les aura déposées entre les couches de craie, où elles se seront réunies par leur force d'affinité; elles y ont pris la forme et le volume que les cavités ou les intervalles entre les couches leur ont permis de prendre. Cette sécrétion de silex se fait dans les craies de la même manière que celle de la matière calcaire se fait dans les argiles : ces substances hétérogènes, atténuées par l'eau et entraînées par sa filtration, sont également posées entre les grandes couches de craie et d'argile, et disposées de même en lits horizontaux; seulement on observe que les petites masses de pierres calcaires, ainsi formées dans l'argile, sont ordinairement plates et assez minces; au lieu que les masses de silex formées dans la craie sont presque toujours en petits blocs épais et arrondis. Cette différence peut provenir de ce que la résistance de l'argile est plus grande que celle de la craie; en sorte que la force de la masse silicée qui tend à se former soulève ou comprime aisément la craie dont elle se trouve environnée, au lieu que la même force ne peut faire un aussi grand effet dans l'argile qui, étant plus compacte et plus pesante, cède plus difficilement et se comprime moins. Il y a encore une différence très apparente dans l'établissement de ces deux sécrétions, relativement à leur quantité : dans les collines de craie coupées à pic, on voit partout ces lits de silex, dont la couleur brune contraste avec le blanc de la couche de craie; souvent il se trouve de distance à autre plusieurs de ces lits toujours posés horizontalement entre les grands lits de craie, dont l'épaisseur est de plusieurs pieds, en sorte que toute la masse de craie, jusqu'à la dernière couche, paraît être traversée horizontalement par ces petits lits de silex, au lieu que dans les argiles coupées de même aplomb, les petits lits de pierre calcaire ne se trouvent qu'entre les couches supérieures, et n'ont jamais autant d'épaisseur et de continuité que les lits de silex, ce qui paraît encore provenir de la plus grande facilité de l'infiltration des eaux dans la craie qu'elles pénètrent dans toute son épaisseur, au lieu qu'elles ne pénètrent que les premières couches de l'argile, et ne peuvent par conséquent déposer des matières calcaires à une grande profondeur.

La craie est blanche, légère et tendre, et selon ses degrés de pureté elle prend différents noms. Comme toutes les autres substances calcaires, elle se convertit en chaux par l'action du feu et fait effervescence avec les acides; elle perd environ un tiers de son poids par la calcination, sans que son volume en soit sensiblement diminué, et sans que sa nature en soit essentiellement altérée (*), car en la laissant exposée à l'air et à la pluie, cette chaux de craie reprend peu à peu les parties intégrantes que le feu lui avait enlevées, et dans ce nouvel état on peut la calciner une seconde fois, et en faire de la chaux d'aussi

(a) *Mémoires de l'Académie des sciences*, année 1762, p. 294.

(*) La calcination « altère » au contraire profondément la « nature de la craie ». Elle lui enlève son acide carbonique et son eau et la transforme en chaux ou oxyde de calcium. Mais si on laisse la chaux exposée à l'air, elle reprend à l'atmosphère de l'acide carbonique et de l'eau et se transforme de nouveau en carbonate de chaux hydraté.

bonne qualité que la première. On peut même se servir de la craie crue pour faire du mortier, en la mêlant avec la chaux, car elle est de même nature que le gravier calcaire, dont elle ne diffère que par la petitesse de ses grains. La craie que l'on connaît sous le nom de blanc d'Espagne est l'une des plus fines, des plus pures et des plus blanches; on l'emploie pour le dernier enduit sur les autres mortiers. Cette craie fine ne se trouve pas en grandes couches ni même en bancs, mais dans les fentes des rochers calcaires et sur la pente des collines crétacées; elle y est conglomérée en pelotes plus ou moins grosses, et quand cette craie fine est encore plus atténuée, elle forme d'autres concrétions d'une substance encore plus légère, auxquelles les naturalistes ont donné le nom de *lac lunæ* (a) (nom très impropre, puisqu'il ne désigne qu'un rapport chimérique), *medulla saxi* (qui ne convient guère mieux, puisque le mot *saxum*, traduit par ces mêmes naturalistes, ne désigne pas la pierre calcaire, mais le roc vitreux); cette matière serait donc mieux désignée par le nom de *fleur de craie*, car ce n'est en effet que la partie la plus ténue de la craie que l'eau détache et dépose ensuite dans les cavités qu'elle rencontre. Et lorsque ce dépôt, au lieu de se faire en masse, ne se fait qu'en superficie, cette même matière prend la forme de lames et d'écailles, auxquelles ces mêmes nomenclateurs (b) en minéralogie ont donné le nom d'*agaric minéral* (ce qui n'est fondé que sur une fausse analogie).

Les hommes, avant d'avoir construit des maisons, ont habité les cavernes; ils se sont mis à l'abri des rigueurs de l'hiver et de la trop grande ardeur de l'été, en se réfugiant dans les antres des rochers, et lorsque cette commodité leur a manqué, ils ont cherché à se la procurer aux moindres frais possibles, en faisant des galeries et des excavations dans les matières les moins dures, telles que la craie. Le nom de *Troglodytes*, habitants des cavernes, donné aux peuples les plus antiques, en est la preuve, aussi bien que le grand nombre de ces grottes que l'on voit encore aux Indes, en Arabie, et dans tous les climats où le soleil est brûlant et l'ombrage rare. La plupart de ces grottes ont été travaillées de main d'homme, et souvent agrandies au point de former de vastes habitations souterraines, où il ne manque que la facilité de recevoir le jour, car du reste elles sont saines, et, dans ces climats chauds, fraîches sans humidité. On voit même dans nos coteaux et collines de craie des excavations à rez-de-chaussée, pratiquées avec avantage et moins de dépenses qu'il n'en faudrait pour construire des murs et des voûtes, et les blocs tirés de ces excavations servent de matériaux pour bâtir les étages supérieurs. La craie des lits inférieurs est en effet une espèce de pierre assez tendre dans sa carrière, mais qui se durcit à l'air, et qu'on peut employer non seulement pour bâtir, mais aussi pour les ouvrages de sculpture.

La craie n'est pas si généralement répandue que la pierre calcaire dure; ses couches, quoique très étendues en superficie, ont rarement autant de profondeur que celles des autres pierres, et, dans cinquante ou soixante pieds de hauteur perpendiculaire, on voit souvent tous les degrés du plus ou moins de solidité de la craie; elle est ordinairement en poussière ou en moellon très tendre dans le lit supérieur; elle prend plus de consistance à mesure qu'elle est située plus bas; et comme l'eau la pénètre jusqu'à la plus grande profondeur, et se charge des molécules crétacées les plus fines, elle produit non seulement les pelotes de blanc d'Espagne, de moelle de pierre (c) et de fleur de craie,

(a) Wormius et plusieurs autres après lui.

(b) Ferrante Imperati et d'autres après lui.

(c) On a aussi nommé cette moelle de pierre ou de craie *farina mineralis*, parce qu'elle ressemble à la farine par sa blancheur et sa légèreté, et qu'on a même prétendu, mais fort mal à propos, qu'elle peut devenir un aliment en la mêlant avec de la farine de grain. *Éphémérides d'Allemagne*, déc. III, observation 219.

mais aussi les stalactites solides ou en tuyaux, dont sont formés les tufs. Toutes ces concrétions, qui proviennent des détriments de la craie, ne contiennent point de coquilles; elles sont, comme toutes les autres exsudations ou stillations, composées des particules les plus déliées et que l'eau a enlevées et ensuite déposées sous différentes formes dans les fentes ou cavités des rochers, ou dans les lieux plus bas où elles se sont rassemblées.

Ces dépôts secondaires de matières crétacées se font assez promptement pour remplir en quelques années des trous de trois ou quatre pieds de diamètre et d'autant de profondeur; toutes les personnes qui ont planté des arbres dans les terrains de craie ont pu s'apercevoir d'un fait qui doit servir ici d'exemple : ayant planté un bon nombre d'arbres fruitiers dans un terrain fertile en grains, mais dont le fond est une craie blanche et molle, et dont les couches ont une assez grande profondeur, les arbres y poussèrent assez vigoureusement la première et la seconde année; ensuite ils languirent et périrent. Ce mauvais succès ne rebuta pas le propriétaire du terrain; on fit des tranchées plus profondes dont on tira toute la craie, et on les remplit ensuite de bonne terre végétale, dans laquelle on planta de nouveaux arbres, mais ils ne réussirent pas mieux, et tous périrent en cinq ou six années. On visita alors avec attention le terrain où ces arbres avaient été plantés, et l'on reconnut avec quelque surprise que la bonne terre qui avait été mise dans les tranchées était si fort mêlée de craie, qu'elle avait presque disparu, et que cette très grande quantité de matière crétacée n'avait été amenée que par la stillation des eaux (a).

Cependant cette même craie, qui paraît si stérile et même si contraire à la végétation, peut l'aider et en augmenter le produit en la répandant sur les terres argileuses trop dures et trop compactes; c'est ce que l'on appelle *marner les terres*, et cette espèce de préparation leur donne de la fécondité pour plusieurs années; mais comme les terres de différentes qualités demandent à être marnées de différentes façons, et que la plupart des marnes dont on se sert diffèrent de la craie, nous croyons devoir en faire un article particulier.

DE LA MARNE

La marne n'est pas une terre simple, mais composée de craie mêlée d'argile (b) ou de limon; et selon la quantité plus ou moins grande de ces terres argileuses ou limoneuses, la marne est plus ou moins sèche ou plus ou moins grasse : il faut donc, avant de l'employer à l'amendement d'un terrain, reconnaître la quantité de craie contenue dans la marne qu'on y destine, et cela est aisé par l'épreuve des acides, et même en la faisant délayer dans l'eau. Or, toute marne sèche, et qui contiendra beaucoup plus de craie que d'argile ou de limon, conviendra pour marner les terres dures et compactes que l'eau ne pénètre que difficilement, et qui se durcissent et se crevassent par la sécheresse; et même

(a) Note communiquée par M. Nadault.

(b) En faisant l'analyse de la marne, on trouve que c'est un composé d'argile et de craie : la première dominant quelquefois, et d'autres fois la seconde, ce qui leur fait donner le nom de *marne forte* et de *marne légère*, et qui ne signifie autre chose que le plus ou moins d'argile qui se trouve mêlée avec la craie; et on dit qu'elle est bonne ou mauvaise pour améliorer un champ, selon le besoin qu'il a plus ou moins d'une de ces matières : sa couleur et sa dureté varient; elle est aisée à connaître, car elle se gerce aisément au soleil, à l'air et à la pluie, qu'elle soit dure ou molle... Celle où il y a beaucoup d'argile ne peut être bonne pour les terres fortes, comme celle de Biscaye et de Guipuzcoa; et celle où il a trop de matière calcaire ne vaut rien pour les terres légères. *Histoire naturelle d'Espagne*, par M. Bowles.

la craie pure, mêlée avec ces terres, les rend plus meubles et par conséquent susceptibles d'une culture plus aisée; elles deviennent aussi plus fécondes par la facilité que l'eau et les jeunes racines des plantes, trouvent à les pénétrer et à vaincre la résistance que leur trop grande compacité opposait à la germination et au développement des graines délicates; la craie pure et même le sable fin, de quelque nature qu'il soit, peuvent donc être employés avec grand avantage pour marner les terres trop compactes ou trop humides; mais il faut au contraire de la marne mêlée de beaucoup d'argile, ou mieux encore de terre limoneuse, pour les terres stériles par sécheresse et qui sont elles-mêmes composées de craie, de turf et de sable; la marne la plus grasse est la meilleure pour ces terrains maigres, et pourvu qu'il y ait dans la marne qu'on veut employer une assez grande quantité de parties calcaires pour que l'argile y soit divisée, cette marne presque entièrement argileuse, et même la terre limoneuse toute pure, seront les meilleurs engrais qu'on puisse répandre sur les terrains sableux. Entre ces deux extrêmes, il sera aisé de saisir les degrés intermédiaires, et de donner à chaque terrain la quantité et la qualité de la marne qui pourra convenir pour engrais (a). On doit seulement observer que dans tous les cas il faut mêler la marne avec une certaine quantité de fumier, et cela est d'autant plus nécessaire que le terrain est plus humide et plus froid. Si l'on répand les marnes sans y mêler de fumier, on perdra beaucoup sur le produit de la première et même de la seconde récolte, car le bon effet de l'amendement marneux ne se manifeste pleinement qu'à la troisième ou quatrième année.

Les marnes qui contiennent une grande quantité de craie sont ordinairement blanches; celles qui sont grises, rougeâtres ou brunes, doivent ces couleurs aux argiles ou à la terre limoneuse dont elles sont mélangées, et ces couleurs plus ou moins foncées sont encore un indice par lequel on peut juger de la qualité de chaque marne en particulier. Lorsqu'elle est tout à fait convenable à la nature du terrain sur lequel on la répand, il est alors bonifié pour nombre d'années (b), et le cultivateur fait un double profit, le premier par l'épargne des fumiers dont il usera beaucop moins, et le second par le produit de ses récoltes qui sera plus abondant; si l'on n'a pas à sa portée des marnes de la qualité qu'exigeraient les terrains qu'on veut améliorer, il est presque toujours possible d'y suppléer en répandant de l'argile sur les terres trop légères, et de la chaux sur les terres trop fortes ou trop humides, car la chaux éteinte est absolument de la même nature que la craie (*), puisqu'elles ne sont toutes deux que de la pierre calcaire réduite en poudre : ce qu'on a dit (c) sur les prétendus sels ou qualités particulières de la marne pour la végétation, sur son eau générative, etc., n'est fondé que sur des préjugés. La cause prin-

(a) M. Faujas de Saint-Fond parle de certains cantons du Dauphiné qui sont très fertiles, et dont le sol contient environ un quart de matière calcaire, mêlée naturellement avec un tiers d'argile noire, tenace, mais rendue friable par environ un quart d'un sable sec et grenu; et, pour le surplus, d'un second sable fin, doux et brillant..... Voyez le *Mémoire sur la marne*, par M. Faujas de Saint-Fond, et les *Affiches du Dauphiné*, octobre 1780.

(b) Suivant Pline, la fécondité communiquée aux terres par certaines marnes dure cinquante et jusqu'à quatre-vingts années. Voyez son *Histoire naturelle*, livre XVII, chap. VII et VIII. Il dit aussi que c'est aux Gaulois et aux Bretons qu'on doit l'usage de cet engrais pour la fertilisation des terres. *Idem, ibidem.* — M. de Gensane, en parlant des marnes, fait de bonnes observations sur leur emploi, et il cite un exemple qui prouve que cet engrais est non seulement utile pour augmenter la production des grains, mais aussi pour faire croître plus promptement et plus vigoureusement les arbres, et en particulier les mûriers blancs. *Histoire naturelle du Languedoc*, t. Ier.

(c) *Œuvres de Palissy*. Paris, 1777, in-4°, p. 142 jusqu'à 184.

(*) La chaux éteinte est, en effet, un carbonate de chaux hydraté; tandis que la chaux vive, produite par la calcination du carbonate de chaux, est de l'oxyde de calcium anhydre.

cipale et peut-être unique de l'amélioration des terres est le mélange d'une autre terre différente, et dont les qualités se compensent et font de deux terres stériles une terre féconde (a). Ce n'est pas que les sels en petite quantité ne puissent aider les progrès de la végétation et en augmenter le produit; mais les effets du mélange convenable des terres sont indépendants de cette cause particulière; et ce serait beaucoup accorder à l'opinion vulgaire, que d'admettre dans la marne des principes plus actifs pour la végétation que dans toute autre terre, puisque par elle-même la marne est d'autant plus stérile qu'elle est plus pure et plus approchante de la nature de la craie.

Comme les marnes ne sont que des terres plus ou moins mélangées et formées assez nouvellement par les dépôts et les sédiments des eaux pluviales, il est rare d'en trouver à quelque profondeur dans le sein de la terre; elles gisent ordinairement sous la couche de la terre végétale, et particulièrement au bas des collines et des rochers de pierres calcaires qui portent sur l'argile ou le schiste. Dans certains endroits la marne se trouve en forme de noyaux ou de pelotes, dans d'autres elle est étendue en petites couches horizontales ou inclinées suivant la pente du terrain; et lorsque les eaux pluviales, chargées de cette matière, s'infiltrent à travers les couches de la terre, elles la déposent en forme de concrétion et de stalactites, qui sont formées de couches concentriques et irrégulièrement groupées. Ces concrétions provenant de la craie et de la marne ne prennent jamais autant de dureté que celles qui se forment dans les rochers de pierres calcaires dures; elles sont aussi plus impures; elles s'accumulent irrégulièrement au pied des collines pour y former des masses d'une substance à demi pierreuse, légère et poreuse, à laquelle on donne le nom de *tuf*, qui souvent se trouve en couches assez épaisses et très étendues au bas des collines argileuses couronnées de rochers calcaires.

C'est aussi à cette même matière crétacée et marneuse qu'on doit attribuer l'origine de toutes les incrustations produites par les eaux des fontaines, et qui sont si communes dans tous les pays où il y a de hautes collines de craie et de pierres calcaires. L'eau des pluies, en filtrant à travers les couches de ces matières calcaires, se charge des particules les plus ténues qu'elle soutient et porte avec elle quelquefois très loin; elle en dépose la plus grande partie sur le fond et contre les bords des routes qu'elle parcourt, et enveloppe ainsi toutes les matières qui se trouvent dans son cours : aussi voit-on des substances de toute espèce et de toute figure, revêtues et incrustées de cette matière pierreuse qui non seulement en recouvre la surface, mais se moule aussi dans toutes les cavités de leur intérieur; et c'est à cet effet très simple qu'on doit rapporter la cause qui produit ce que l'on appelle communément des *pétrifications*, lesquelles ne diffèrent des incrustations que par cette pénétration dans tous les vides et interstices de l'intérieur des matières végétales ou animales, à mesure qu'elles se décomposent ou pourrissent.

(a) « Entre les diverses couches que l'on perce en fouillant la terre, il en est plusieurs » qui sont le plus heureusement et le plus prochainement disposées à la fécondité; il suffit, » en les mélangeant, de les exposer aux influences de l'air et à l'aspect du ciel pour les » rendre végétales..... Telles sont non seulement les marnes, mais les craies et les argiles, » qui, par des mélanges appropriés aux différents sols, leur communiquent une force de » végétation si vigoureuse et si durable..... Dans ces dépôts précieux, que la nature ne » semble avoir cachés à quelque profondeur que pour les réserver à nos besoins, sont » amassés les éléments les plus précieux à l'espèce humaine... N'allons donc plus, loin de » la douce vue du ciel, arracher l'or du sein déchiré de la terre... Les vrais trésors sont » sous nos pas : ce sont ces terres douces et fécondes qu'il faut apporter au jour, dont il » faut couvrir nos champs, et qui vont renouveler un sol épuisé par nos déprédations et » languissant sous nos mains avides. » Extrait du *Système de la Fertilisation*, par M. l'abbé Bexon; ouvrage que j'ai déjà cité (t. IX, p. 247) comme offrant, dans sa brièveté, les vues les plus étendues et les plus profondes.

Dans les craies blanches et les marnes les plus pures, on ne laisse pas de trouver des différences assez marquées, surtout pour les sels qu'elles contiennent : si on fait bouillir quelque temps dans de l'eau distillée une certaine quantité de craie prise au pied d'une colline ou dans le fond d'un vallon, et qu'après avoir filtré la liqueur, on la laisse évaporer jusqu'à siccité, on en retirera du nitre et un mucilage épais d'un rouge brun ; en certains lieux même le nitre est si abondant dans cette sorte de craie ou de marne, qui a ordinairement la forme du tuf, que l'on pourrait en tirer du salpêtre en très grande quantité, et qu'en effet on en tire bien plus abondamment des décombres ou des murs bâtis de ce tuf crétacé que de toute autre matière. Si l'on fait la même épreuve sur la craie pelotonnée qui se trouve dans les fentes des rochers calcaires, et surtout sur ces masses de matière molle et légère de fleur de craie dont nous avons parlé, au lieu de nitre on n'en retirera souvent que du sel marin, sans aucun mélange d'autre sel, et en beaucoup plus grande quantité qu'on ne retire de nitre des tufs et des craies prises dans les vallons et sous la couche de terre végétale ; cette différence assez singulière ne vient que de la différente qualité des eaux ; car, indépendamment des matières terreuses et bitumineuses qui se trouvent dans toutes les eaux, la plupart contiennent des sels en assez grande quantité et de nature différente, selon la différente qualité du terrain où elles ont passé : par exemple, toutes les eaux dont les sources sont dans la couche de terre végétale ou limoneuse contiennent une assez grande quantité de nitre ; il en est de même de l'eau des rivières et de la plupart des fontaines, au lieu que les eaux pluviales les plus pures, et recueillies en plein air avec précaution pour éviter tout mélange, donnent après l'évaporation une poudre terreuse très fine, d'une saveur sensiblement salée et du même goût que le sel marin ; il en est de même de la neige, elle contient aussi du sel marin comme l'eau de pluie, sans mélange d'autres sels, tandis que les eaux qui coulent sur les terres calcaires ou végétales ne contiennent point de sel marin, mais du nitre. Les couches de marne stratifiées dans les vallons, au pied des montagnes, sous la terre végétale, fournissent du salpêtre, parce que la pierre calcaire et la terre végétale dont elles tirent leur origine en contiennent. Au contraire les pelotes qui se trouvent dans les fentes, ou dans les joints des pierres et entre les lits des bancs calcaires, ne donnent, au lieu de nitre, que du sel marin, parce qu'elles doivent leur formation à l'eau pluviale tombée immédiatement dans ces fentes, et que cette eau ne contient que du sel marin, sans aucun mélange de nitre ; au lieu que les craies, les marnes et les tufs amassés au bas des collines et dans les vallons, étant perpétuellement baignés par des eaux qui lavent à chaque instant la grande quantité de plantes dont la superficie de la terre est couverte, et qui arrivent par conséquent toutes chargées et imprégnées du nitre qu'elles ont dissous à la superficie de la terre, ces couches reçoivent le nitre d'autant plus abondamment que ces mêmes eaux y demeurent sans écoulement presque stagnantes.

DE LA PIERRE CALCAIRE

La formation des pierres calcaires (*) est l'un des plus grands ouvrages de la nature : quelque brute que nous en paraisse la matière, il est aisé d'y reconnaître une forme d'organisation actuelle et des traces d'une organisation antérieure bien plus complète dans les parties dont cette matière est originairement composée. Ces pierres ont en effet été primitivement formées du détriment des coquilles, des madrépores, des coraux et de toutes les autres substances qui ont servi d'enveloppe ou de domicile à ces animaux infiniment nom-

(*) Carbonate de chaux hydraté.

breux, qui sont pourvus des organes nécessaires pour cette production de matière pierreuse ; je dis que le nombre de ces animaux est immense, infini, car l'imagination même serait épouvantée de leur quantité si nos yeux ne nous en assuraient pas en nous démontrant leurs débris réunis en grandes masses, et formant des collines, des montagnes et des terrains de plusieurs lieues d'étendue. Quelle prodigieuse pullulation ne doit-on pas supposer dans tous les animaux de ce genre ! Quel nombre d'espèces ne faut-il pas compter, tant dans les coquillages et crustacés actuellement existants, que pour ceux dont les espèces ne subsistent plus et qui sont encore de beaucoup plus nombreux ! Enfin, combien de temps et quel nombre de siècles n'est-on pas forcé d'admettre pour l'existence successive des unes et des autres ! Rien ne peut satisfaire notre jugement à cet égard, si nous n'admettons pas une grande antériorité de temps pour la naissance des coquillages (*) avant tous les autres animaux, et une multiplication non interrompue de ces mêmes coquillages pendant plusieurs centaines de siècles, car toutes les pierres et craies disposées et déposées en couches horizontales par les eaux de la mer ne sont en effet formées que de ces coquilles ou de leurs débris réduits en poudre, et il n'existe aucun autre agent, aucune autre puissance particulière dans la nature qui puisse produire la matière calcaire, dont nous devons par conséquent rapporter la première origine à ces êtres organisés.

Mais dans les amas immenses de cette matière toute composée des débris des animaux à coquilles, nous devons d'abord distinguer les grandes couches, qui sont d'ancienne formation, et en séparer celles qui, ne s'étant formées que des détriments des premières, sont à la vérité d'une même nature, mais d'une date de formation postérieure ; et l'on reconnaîtra toujours leurs différences par des indices faciles à saisir. Dans toutes les pierres d'ancienne formation, il y a toujours des coquilles ou des impressions de coquilles et de crustacés très évidentes, au lieu que dans celles de formation moderne il n'y a nul vestige, nulle figure de coquilles : ces carrières de pierres parasites, formées du détriment des premières, gisent ordinairement au pied ou à quelque distance des montagnes et des collines, dont les anciens bancs ont été attaqués dans leur contour par l'action de la gelée et de l'humidité ; les eaux ont ensuite entraîné et déposé dans les lieux plus bas toutes les poudres et les graviers détachés des bancs supérieurs, et ces débris stratifiés les uns sur les autres par le transport et le sédiment des eaux ont formé ces lits de pierres nouvelles où l'on ne voit aucune impression de coquilles, quoique ces pierres de seconde formation soient comme la pierre ancienne entièrement composées de substance coquilleuse.

Et dans ces pierres de formation secondaire, on peut encore en distinguer de plusieurs dates différentes, et plus ou moins modernes ou récentes : toutes celles, par exemple, qui contiennent des coquilles fluviatiles, comme on en voit dans la pierre qui se tire derrière l'Hôpital général à Paris, ont été formées par des eaux vives et courantes, longtemps après que la mer a laissé notre continent à découvert ; et néanmoins la plupart des autres, dans lesquelles on ne trouve aucune de ces coquilles fluviatiles, sont encore plus récentes. Voilà donc trois dates de formation bien distinctes : la première et plus ancienne est celle de la formation des pierres, dans lesquelles on voit des coquilles ou des impressions de coquilles marines, et ces anciennes pierres ne présentent jamais des impressions de coquilles ter-

(*) Un groupe d'animaux beaucoup plus ancien que celui des « coquillages », c'est-à-dire des mollusques, celui des foraminifères, a joué et joue encore un rôle d'une extrême importance dans la formation des terrains calcaires. Les foraminifères sont des animaux tout à fait inférieurs, appartenant à la classe des protozoaires, formés par une masse protoplasmique émettant de longs prolongements, à l'aide desquels l'animal se déplace dans l'eau et s'enveloppe d'un test calcaire. Ces animaux existent en quantités prodigieuses dans toutes les mers entre le 60e degré de latitude nord et le 60e degré de latitude sud. Ce sont leurs tests calcaires qui forment presque uniquement le sol des mers dans toute cette région du globe.

restres ou fluviatiles ; la seconde formation est celle de ces pierres mêlées de petites *vis*
et limaçons fluviatiles ou terrestres ; et la troisième sera celle des pierres qui, ne contenant aucunes coquilles marines ou terrestres, n'ont été formées que des détriments et des
débris réduits en poussière des unes ou des autres (a) (*).

(a) « N'y aurait-il pas des pierres de troisième et peut-être de quatrième formation ? Les
» carrières qui se trouvent dans les plaines à de grandes distances des montagnes, et dont
» la pierre est si différente de celle d'ancienne formation , semblent annoncer plusieurs dé-
» compositions, et conséquemment plusieurs formations.

» Les carrières de seconde formation, non seulement ne sont pas aussi étendues que les
» anciennes carrières, mais elles sont toujours placées au-dessous des montagnes domi-
» nantes ; elles sont plus proches de la surface de la terre ; leurs bancs réunis ont moins
» d'épaisseur que les carrières de première formation. Ces carrières plus nouvelles con-
» tiennent rarement plus d'un ou deux bancs : on en voit, comme celles d'Asnières, à deux
» lieues de Dijon, sur la route d'Is-sur-Tille, où il n'y qu'un seul banc de cinq à six toises
» d'épaisseur, sans aucuns lits, et presque sans points perpendiculaires.

» La petite montagne où se trouve cette carrière est plus basse que la chaîne qui tra-
» verse la Bourgogne du nord au sud ; elle est isolée et séparée de cette chaîne par le val-
» lon de Vanton.

» La carrière d'Is-sur-Tille ressemble beaucoup à celle d'Asnières, excepté qu'elle a le
» grain moins fin ; elle est de même dans un monticule, isolée et séparée de la grande
» chaîne par un vallon assez profond : il se trouve dans cette pierre quelques cavités rem-
» plies d'un spath fort dur et transparent. La pierre d'Asnières, qui est éloignée de trois
» lieues de celles-ci, n'offre pas les mêmes accidents ; elle est d'une pâte plus douce, plus
» blanche, et d'un grain plus fin ; il n'y a aucun lit marqué dans la carrière d'Is-sur-Tille,
» où l'on coupe la pierre à volonté, de toute longueur et épaisseur.

» La carrière de Tonnerre est située comme les deux précédentes : cette pierre a le grain
» encore plus fin, mais plus compact que celle des deux premières.

» La carrière des Montots, située à Puligny, près Clugny, est encore de même nature que
» les précédentes ; elle est située au pied de la chaîne de montagnes qui traverse la Bour-
» gogne, mais elle n'est pas isolée : la pierre est rousse, parfaitement pleine, plus dure,
» mais d'un grain aussi fin que celles des carrières précédentes ; les bancs ont une très
» grande épaisseur, et elle est très propre pour la sculpture. » Note communiquée par
» M. Dumorey, ingénieur du Roi et en chef de la province de Bourgogne.

(*) Buffon a raison de poser, dans la note *a*, cette question : « N'y aurait-il pas des pierres
de troisième et peut-être de quatrième formation? » Il n'y a pas, en effet, de roches qui
soient plus répandues à la surface de notre globe et qui aient été plus souvent remaniées et
déplacées que les roches calcaires. Chaque âge de la terre a vu se produire une ou plusieurs
formations de roches calcaires. Dès le premier âge géologique connu, dans les formations
laurentiennes, on trouve un calcaire cristallin s'intercalant au gneiss en couches de 300 à
400 mètres d'épaisseur, et se faisant remarquer par sa richesse en minéraux accessoires
(grenat, épidote, zircon, tourmaline, etc.). Dans beaucoup de localités, il est dolomitique
et passe même, dans certains points, à la dolomite véritable. C'est dans le calcaire cristallin des formations laurentiennes du Canada, de l'Écosse et de la Bavière que l'on a trouvé
les concrétions connues sous le nom d'*Eozoon canadense*, considérées par beaucoup de paléontologistes comme un foraminifère et comme le fossile le plus ancien que nous connaissions. Ces concrétions se présentent sous l'aspect de nids, ayant plus de 30 centimètres
cubes, disposés irrégulièrement les uns au-dessus des autres et formés de bandes ondulées
de calcaire grenu alternant avec des bandes de serpentine. « Ces bandes de serpentine ont
été considérées comme les restes d'un foraminifère géant, l'Eozoon, et les couches calcaires
dans lesquelles elles se trouvent comme des récifs de foraminifères correspondant aux bancs
de coraux récents ou aux roches nummulitiques. Dans cette supposition, l'Eozoon se serait
accru par le développement de chambres irrégulières, superposées, séparées par des lamelles
calcaires qui restaient en communication avec des canaux irrégulièrement distribués et fine-

Les lits de ces pierres de seconde formation ne sont pas aussi étendus ni aussi épais que ceux des anciennes et premières couches dont ils tirent leur origine, et ordinairement les pierres elles-mêmes sont moins dures, quoique d'un grain plus fin ; souvent aussi elles

ment ramifiés. Les lamelles calcaires, les parois des chambres isolées sont conservées à l'état de calcaire grenu, mais les chambres elles-mêmes, les canaux de ramification et les branches qu'ils donnent, occupés pendant la vie par le protoplasma de l'animal, sont remplis de serpentine et de minéraux semblables. » (Credner.)

Dans les séries huroniennes du premier âge, on trouve encore des masses puissantes de calcaires plus ou moins cristallins, blancs ou gris ou rouges, souvent dolomitiques. Près de la limite inférieure de la série huronienne du Michigan, on trouve un groupe de calcaires dolomitiques atteignant 600 à 1,000 mètres d'épaisseur, très nettement stratifiés et alternant, en certains points, avec de minces lits de quartzite. Il est permis de supposer que tous les calcaires des formations archaïques sont d'origine animale et que la structure plus ou moins cristalline qu'ils présentent n'est due qu'aux transformations qu'ils ont subies depuis cette époque reculée. Quoique les formations archaïques ne présentent qu'un petit nombre de fossiles (l'*Eozoon canadense* dans les formations laurentiennes, quelques graptolithes, de très rares débris de crinoïdes et un petit nombre de fucoïdes dans les formations huroniennes), ces fossiles appartiennent à des espèces animales et végétales suffisamment élevées, pour qu'on soit obligé d'admettre que le règne animal et le règne végétal dataient déjà de plusieurs milliers et même de plusieurs millions de siècles. Si nous ne retrouvons plus les traces de ces organismes dans les terrains de la période archaïque et particulièrement dans les calcaires, si ces derniers se présentent à nous avec un aspect cristallin, il faut donc l'attribuer, sans nul doute, à ce que les fossiles ont été détruits et à ce que le calcaire a été transformé soit par l'eau, soit par la chaleur, soit par les deux simultanément ou consécutivement. Cette double action est d'autant plus certaine que la période archaïque a été manifestement marquée par un grand nombre de bouleversements de la surface du sol, d'affaissements et de soulèvements, d'éruptions volcaniques, etc., tous phénomènes qui exercent une action métamorphique considérable sur les terrains qui en sont le siège.

S'il est permis de croire que tous les calcaires de la période archaïque ont été fabriqués par les animaux, quoiqu'ils n'en contiennent plus que de rares traces, cette conclusion s'impose d'elle-même, en ce qui concerne les calcaires de la période paléozoïque, pendant laquelle les animaux aquatiques, notamment les animaux à coquilles calcaires, prirent un développement extrêmement considérable. La seule faune silurienne, c'est-à-dire celle de la formation la plus inférieure de la période paléozoïque, comprend 161 protozoaires, 507 cœlentérés, 500 échinodermes, 1,611 trilobites, 1,650 brachiopodes, 895 gastéropodes, etc. Et ce qui prouve que l'évolution des animaux était déjà fort avancée, c'est qu'on rencontre dans la formation silurienne un grand nombre d'invertébrés supérieurs et de vertébrés inférieurs, par exemple 1,454 céphalopodes, 154 annélides, 318 crustacés entomostracés et 37 poissons. Les calcaires se retrouvent, du reste, en assez grande quantité dans chacune des formations paléozoïques ; moins abondants relativement dans les formations siluriennes, ils augmentent d'importance dans la formation dévonienne, et surtout dans la formation carbonifère et dans la formation permienne qui représente la dernière phase de ce deuxième âge du globe. La façon dont se produisent les couches calcaires est rendue très manifeste pendant les périodes carbonifère et dévonienne de l'âge paléozoïque. Dans les régions où les terrains de ces périodes sont aussi développés que possible, on trouve tout à fait à la base : du calcaire contenant des fossiles marins formé par le dépôt de tests calcaires dont une grande partie se dissout. Ce calcaire s'est manifestement déposé sur le sol de mers profondes. Puis, le sol de ces mers s'est soulevé et il s'est déposé, au-dessus du calcaire, auquel on donne le nom de calcaire carbonifère, des couches de conglomérats et de grès qui ont tous les caractères des formations actuelles des rivages ; ce qui permet de croire que ces grès et ces conglomérats se sont déposés après l'émersion, sur le rivage des parties soulevées. La période d'émersion, ayant été suivie d'une période de *statu quo* très longue, interrompue par des affaissements et des soulèvements alternatifs peu importants, il s'est déposé au-dessus des grès de rivage des couches de végé-

sont moins pures, et se trouvent mélangées de différentes substances que l'eau a rencontrées et charriées avec la matière de la pierre (a). Ces lits de pierres nouvelles ne sont dans la réalité que des dépôts semblables à ceux des incrustations, et chacune de ces car-

taux, morts sur place ou apportés par les fleuves, couches qui se sont transformées ultérieurement en houille et dans lesquelles on trouve des plantes et des animaux terrestres ou de marécages. Un nouvel affaissement plus considérable s'étant alors produit, il s'est formé, au-dessus des couches de houille, des dépôts de grès et de conglomérats de rivages ; puis, l'affaissement ayant continué à se faire, une mer profonde s'étant de nouveau formée sur le même point, on retrouve des couches de calcaires avec fossiles marins (calcaire du Dyas, Zechstein). Le calcaire, on le voit, ne s'est formé, dans les deux cas, que sur le sol des mers profondes, ou, pour mieux dire, dans les deux cas, sa formation indique l'existence de mers profondes, et son alternance avec des couches de rivage et des couches de marécages ou de forêts révèle un soulèvement et un nouvel affaissement consécutif d'une même région du globe pendant l'âge paléozoïque. Remarquons, en outre, que tout le calcaire de l'âge paléozoïque, comme celui de l'âge archaïque, est un produit d'animaux marins.

Le calcaire abonde dans les formations de l'âge mézozoïque, c'est-à-dire dans les périodes triasique, jurassique et crétacée. Dans la formation triasique, il est situé au-dessus des grès bigarrés ; il forme d'abord la majeure partie du terrain désigné sous le nom de Muschelkalk et contient les premiers crustacés macroures, ce qui indique son origine marine ; il contient du gypse et du sel gemme. Dans le reuss, qui est postérieur au muschelkalk, il n'est que peu représenté. Le rhétien, qui forme l'étage le plus vieux du trias, est représenté par des dolomies importantes, finement grenues, et par le calcaire de Dachstein, qui est pur, compact, de couleur sombre et porte tous les caractères de couches déposées dans des mers profondes. Dans beaucoup de points, le calcaire du trias a été transformé en marbre blanc, parfois grossièrement cristallin, par des éruptions volcaniques, c'est-à-dire par l'action combinée de la chaleur et de la vapeur d'eau. Dans le jurassique, le calcaire abonde à tel point, sous la forme oolithique, c'est-à-dire contenant des nodules arrondis plus ou moins volumineux, qu'on considère ces oolithes comme le trait caractéristique des terrains jurassiques. Toutes ces formations présentent le caractère de dépôts ininterrompus sur le fond de mers très calmes. Le calcaire des formations crétacées se présente surtout sous la forme de craie et présente également les caractères de dépôts marins.

Les calcaires de la période tertiaire, dont le plus ancien est le calcaire grossier de Paris, riche en nummulites, présentent encore les caractères de formations marines. Ils se déposent dans le fond des mers tertiaires. Dans la période oligocène apparaissent pour la première fois des calcaires formés dans l'eau douce. Dans le bassin de la Seine, on trouve d'abord une couche de calcaire d'eau douce, riche en gypse et contenant des planorbes et des paludines, puis des couches marines sableuses et une couche supérieure de calcaire (calcaire de la Beauce), d'eau douce, riche en planorbes, en lymnées, en paludines. Enfin, dans les formations miocènes inférieures apparaissent des calcaires contenant des fossiles terrestres, notamment un grand nombre d'*helix* et de *pupa*.

Buffon avait, on le voit, assez bien saisi la marche générale des formations calcaires, quand il les distinguait en calcaires marins, calcaires d'eau douce et calcaires terrestres, mais il ne pouvait pas saisir, à l'époque où il écrivait, le nombre considérable d'époques différentes pendant lesquelles ces formations s'étaient produites.

(a) Dans une carrière de cette espèce, dont la pierre est blanche et d'un grain assez fin, située à Condat, près d'Agen, on trouve non seulement des pyrites, mais du charbon de bois brûlé qui a conservé sa nature de charbon ; voici ce que m'en a écrit M. de la Ville de Lacépède, par sa lettre du 7 novembre 1776 : « La carrière de Condat, autant qu'on en peut
» juger, occupe un arpent de terre et paraît s'étendre à une assez grande profondeur, quoi-
» qu'elle n'ait été encore exploitée qu'à celle de deux ou trois toises : les couches supérieures
» sont fort minces et divisées par un grand nombre de fentes perpendiculaires ; elles sont
» moins dures que celles qui sont situées plus bas ; cette pierre ne contient aucune impres-
» sion de coquilles, mais elle renferme plusieurs matières hétérogènes, comme du silex,
» entre les couches et même dans les fentes perpendiculaires, des pyrites qui sont comme

rières parasites doit être regardée comme une agrégation d'un grand nombre d'incrustations ou concrétions pierreuses, superposées et stratifiées les unes sur les autres. Elles prennent avec le temps plus ou moins de consistance et de dureté, suivant leur degré de pureté ou selon les mélanges qui sont entrés dans leur composition; il y a de ces concrétions, telles que les albâtres, qui reçoivent le poli; d'autres qu'on peut comparer à la craie par leur blancheur et leur légèreté; d'autres qui ressemblent plus au tuf. Ces lits de pierre de seconde et de troisième formation sont ordinairement séparés les uns des autres par des joints ou délits horizontaux assez larges, et qui sont remplis d'une matière pierreuse moins pure et moins liée que l'on nomme *bousin* (a), tandis que dans les pierres de première formation les délits horizontaux sont étroits et remplis de spath. On peut encore remarquer que dans les pierres de première formation il a plus de solidité, plus d'adhérence entre les grains dans le sens horizontal que dans le sens vertical, en sorte qu'il est plus aisé de les fendre ou casser verticalement qu'horizontalement, au lieu que dans les pierres de seconde et troisième formation il est à peu près également aisé de les travailler dans tous les sens. Enfin, dans les pierres d'ancienne formation, les bancs ont d'autant plus d'épaisseur et de solidité qu'ils sont situés plus bas, au lieu que les lits de formation moderne ne suivent aucun ordre ni pour leur dureté, ni pour leur épaisseur. Ces différences très apparentes suffisent pour qu'on puisse reconnaître et distinguer au premier coup d'œil une carrière d'ancienne ou de nouvelle pierre.

Mais outre ces couches de première, de seconde et de troisième formation, dans lesquelles la pierre calcaire est en masses uniformes ou par bancs composés de grains plus ou moins fins, on trouve en quelques endroits des amas entassés et très étendus de pierres arrondies et liées ensemble par un ciment pierreux, ou séparées par des cavités remplies d'une terre presque aussi dure que les pierres avec lesquelles elle fait masse continue, et si solide qu'on ne peut en détacher des blocs qu'au moyen de la poudre (b). Ces couches de pierres

» incorporées avec la substance de la pierre, et enfin des morceaux de charbon. Vous pourrez, monsieur, voir par vous-même la manière dont ces matières étrangères y sont renfermées, en jetant les yeux sur les morceaux demandés... J'ai trouvé aussi des pyrites enchâssées dans des pierres d'une carrière voisine de celle de Condat, ayant la même composition intérieure et ne contenant point de coquilles; ces deux carrières occupent les deux côtés d'un très petit vallon qui les sépare, et sont à peu près à la même hauteur... et toutes deux sont situées au bas de plusieurs montagnes, dont les sommets sont composés de pierres calcinables d'ancienne formation, et d'un grain bien moins fin que celui des pierres de Condat, qui seules ont cette blancheur éclatante, et cette facilité à recevoir un beau poli qui les fait employer à la place du marbre. »

(a) M. de la Hire fils a reconnu dans une carrière peu fréquentée proche la fausse porte Saint-Jacques, dont toute la hauteur avait peut-être vingt pieds, que toute cette hauteur n'était pas de pierre, mais était interrompue par des lits moins hauts que ceux de la pierre et à peu près également horizontaux, et de la même couleur, mais d'une matière beaucoup plus tendre, grasse, et qui ne se durcit point à l'air comme fait la pierre tendre: on l'appelle *bousin*. Il s'en trouve dans toutes les carrières des environs de Paris: il faut, selon M. de la Hire, que des ravines d'eau aient charrié en certains temps, pendant un hiver par exemple, différentes matières qui se sont arrêtées dans un fond; là, étant en repos, les plus pesantes se sont précipitées et auront formé un lit de pierre, et les plus légères seront demeurées au-dessus et auront fait le bousin; une seconde ravine, survenue pendant un autre hiver sur ces deux lits formés et desséchés, en aura fait deux autres pareils, et ainsi de suite jusqu'à ce que le fond où tout s'assemblait ait été comblé. *Histoire de l'Académie des sciences.*

(b) « J'ai suivi, dit M. l'abbé de Sauvages, une chaîne depuis Montmoirac jusqu'à Rousson, ce qui fait une étendue d'environ deux lieues; elle se distingue des autres par la forme de ses pierres et par leur arrangement; les rochers de ces montagnes et de ces coteaux ne sont point par lits, ils sont entièrement formés de tas immenses de pierres à

arrondies sont peut-être d'une date aussi nouvelle que celle des carrières parasites de dernière formation. La finesse du grain de ces pierres arrondies, leur résistance à l'action du feu, plus grande que celle des autres pierres à chaux, le peu de profondeur où se trouve la base de leurs amas, la forme même de ces pierres qui semble démontrer qu'elles

» chaux de différentes grosseurs, toutes arrondies, d'un grain extrêmement fin, serré, et si » bien lié qu'en choquant ces pierres elles tintent pour l'ordinaire ; celles qui se trouvent » vers la surface du rocher sont peu liées entre elles ; mais, pour peu qu'on creuse, on » trouve que les vides qui les séparent sont exactement remplis d'une terre dont le grain est » plus grossier que celui des pierres : cette terre a été si bien durcie qu'elle ne fait avec » les pierres arrondies qu'une même masse, dont on ne détache des blocs qu'au moyen de » la mine.

» On voit à la cassure de ces rochers que la terre qui lie les différents morceaux est » partout roussâtre ; mais les morceaux eux-mêmes sont de différentes couleurs, ce » qui donnerait, si cette pierre était taillée et polie, une assez belle espèce de *brèche*.

» Ce rocher de cailloutages, connu à Alais sous le nom d'*amenla*, est de la nature des » pierres calcaires ou des marbres, et fait la plus excellente de toutes les chaux, d'une » tenue prompte et très forte, et qu'on recherche pour bâtir dans l'eau ; cette chaux de- » mande une plus longue cuite que les autres, surtout si on emploie des pierres détachées » qui ont été longtemps exposées à l'air, ne fussent-elles que de la grosseur d'un œuf de » poule ; si on ne les casse en deux, on a beau les faire rougir dans le four à chaux pen- » dant vingt-quatre heures, comme à l'ordinaire, elles sont trop réfractaires pour se calci- » ner ; elles ne fusent point à l'eau, ou ne se détrempent jamais bien.

« Le rocher d'amenla ne va pas à une grande profondeur, comme ceux des autres » chaînes ; on en voit dans quelques ravins les fondements ou la base, qui se trouve souvent » mêlée de couches d'un rocher jaunâtre de pierre morte : ce rocher sur lequel porte l'amenla » est fort commun dans tous les endroits par où passe notre chaîne ; il est assez dur dans » la carrière, mais il s'éclate et se calcine pour peu qu'il ait été à l'air, et cela parce qu'il » est fort poreux et qu'il n'est point pénétré de sucs pierreux. En conséquence, sa cassure » est mate, et n'a point de ces grains luisants qui sont communs à toutes les pierres à chaux ; » aussi, lorsqu'on les met cuire ensemble, ces pierres mortes ne donnent que de la » terre...

» Ce rocher porte toutes les marques d'un bouleversement et d'un désordre qui » a confondu les pierres avec les coquillages qu'on trouve indifféremment répandus » dans toute l'épaisseur du rocher, et dans les endroits les plus profonds où sa base » aboutit.

» C'est principalement de ce désordre et de la forme arrondie des pierres que j'ai con- » jecturé : 1° que la pétrification des morceaux arrondis du rocher d'amenla et des coquil- » lages qui s'y trouvent mêlés est de beaucoup antérieure à celle de la terre qui les lie les » uns avec les autres ; 2° que tout le rocher est étranger, pour ainsi dire, dans la place qu'il » occupe ; 3° que les pierres d'amenla paraissent s'être arrondies en roulant confusément » les unes sur les autres, de même façon que les galets de la mer ou des rivières. Qu'on » examine les raisons que j'en rapporte, pour juger si je fais des suppositions trop vio- » lentes.

» 1° La terre qui lie les pierres d'amenla de différentes couleurs est elle-même d'une » couleur toujours uniforme et d'un grain plus grossier ; cette terre n'est jamais si bien » pétrifiée qu'à la fin elle ne se gerce et ne se calcine à l'air lorsqu'elle y est restée long- » temps exposée : aussi la surface des rochers d'amenla où l'on n'a pas touché est toute » soulevée en morceaux détachés, tandis que les pierres arrondies, où l'amenla propre- » ment dit, reste entier et n'en devient que plus dur...

» C'est à cette cause qu'il faut attribuer la facilité que les couches d'un rocher ont de se » séparer les unes des autres, et c'est ce qui me fait conclure que notre rocher est le pro- » duit de deux pétrifications faites en des temps différents, d'abord celle des pierres arron- » dies ou des amenlas, et ensuite celle de la terre qui les lie.

» 2° Dans la cassure d'un bloc, composé de plusieurs amenlas liés par une terre durcie,

ont été roulées, tout se réunit pour faire croire que ce sont des blocs en débris de pierres plus ou moins anciennes, lesquels ont été arrondis par le frottement, et ensuite liés ensemble par une terre mêlée d'une assez grande quantité de substance spathique pour se durcir et faire corps avec ces pierres.

» j'ai vu souvent des veines blanches de suc pierreux qui traversent un morceaux arrondi » d'amenla; mais ces veines ne s'étendent point au delà dans la terre pétrifiée, qui n'est » veinée dans aucun endroit : la veine du caillou n'a point de suite, elle se termine nette- » ment à ses bords; c'est ce que j'ai remarqué depuis dans un grand nombre de ces espèces » de marbres appelés *brèches*, qui sont dans le cas de nos amenlas.

» Cette observation prouve non seulement que la pétrification de nos pierres arrondies » et de la terre qui les lie n'a pas été faite ni dans un même lieu ni dans un même temps, » car autrement la veine blanche traverserait indifféremment tout le bloc et passerait de la » pierre arrondie dans la terre qui est durcie autour, mais elle indique encore que les » pierres d'amenla, aujourd'hui arrondies, et probablement anguleuses autrefois, sont des » morceaux détachés d'une plus grosse masse, parce que dans tous les rochers à chaux » traversés par des veines de suc pierreux, ces veines parcourent une assez grand » étendue avant de se terminer, et elles ne se terminent communément qu'en s'amortissant » en une pointe insensible qui se perd dans le rocher. Les veines ne sont coupées nette- » ment et avec toute leur largeur que dans les morceaux détachés; c'est ce qu'on voit au » moins tous les jours dans nos rochers à chaux et dans tous les marbres veinés : nos » amenlas seraient-ils les seuls exceptés de la loi commune? Les veines, tant celles des » morceaux qui sont détachés que celles des morceaux qui sont liés en bloc, montrent qu'ils » ont fait partie d'un autre rocher, et que ces morceaux n'ont point toujours été isolés : » ceux qui sont accoutumés à voir les pierres en philosophes, et qui en ont beaucoup » manié le marteau à la main, sentiront mieux que les autres la force de cette preuve.

» 3° Les coquillages fossiles de cette chaîne sont partout confondus avec la pierre » d'amenla jusqu'à la pierre morte qui leur sert de base; mais ils ne vont point au delà, ce » qui est une assez forte présomption pour croire que les coquillages et les amenlas » ont été portés ou plutôt roulés d'ailleurs sur ce terrain, et qu'ils y sont pour ainsi dire » dépaysés.

» 4° Nos amenlas sont arrondis comme des galets de rivières; ils ne sont que de la » grosseur des pierres qu'elles entraînent; ils sont enfin de grains et de couleurs différentes : » peut-on méconnaître à ces caractères un ramassis de pierres qui ont appartenu originaire- » ment à différents rochers de montagnes éloignées les unes des autres? Ces pierres ont été » entraînées dans un même endroit, loin de leur première place, comme celles qu'on trouve » dans les lits des torrents, des rivières, ou sur le rivage de la mer.

» Ce que je viens de dire indique déjà que l'état primitif de nos amenlas était d'être » anguleux, et que leur forme arrondie est l'effet du frottement qu'ils ont éprouvé en roulant.

» On peut cependant objecter contre ce fait que je prétends établir que la rondeur de » ces pierres peut tenir à d'autres causes ; que les géodes, par exemple, et presque tous » les cailloux de pierre à fusil, sont naturellement arrondis, sans qu'on puisse raisonnable- » ment attribuer cette forme à aucun frottement, parce que ces dernières pierres en parti- » culier ont une croûte blanchâtre et opaque, qui semble avoir toujours terminé leur sur- » face, sans avoir souffert aucune altération.

« Mais je demanderai sur cela, si cette croûte se trouvait enclavée dans quelques-uns de » ces cailloux, si elle paraissait visiblement plus usée dans certains côtés plus exposés que » dans d'autres qui le sont moins, la preuve ou la présomption du frottement ou du roule- » ment ne serait-elle pas bien forte ? Heureusement que nous l'avons tout entière pour nos » amenlas, et nous la trouvons d'une manière incontestable dans les coquilles fossiles de » cette chaîne, qui ont sans doute éprouvé une agitation commune avec les autres pierres » qui la composent.

» En effet, la plupart des huîtres de cette chaîne se sont arrondies, leurs angles les plus » saillants ont été emportés, etc., etc. » *Mémoire de M. de Sauvages,* dans ceux de l'*Académie royale des sciences de Paris,* année 1746, p. 723 jusqu'à 728.

Nous devons encore citer ici d'autres pierres en blocs, qui d'abord étaient liées ensemble par des terres durcies, et qui se sont ensuite séparées lorsque ce ciment terreux a été dissous ou délayé par les éléments humides : on trouve dans le lit de plusieurs rivières un très grand nombre de ces pierres calcaires arrondies en petit ou gros volume, et à des distances considérables des montagnes dont elles sont descendues (a).

Et c'est à cette même interposition de matière terreuse entre ces blocs en débris qu'on doit attribuer l'origine des pierres trouées qu'on rencontre si communément dans les petites gorges et vallons où les eaux ont autrefois coulé en ruisseaux, qui depuis ont tari ou ne coulent plus que pendant une partie de l'année : ces eaux ont peu à peu délayé la terre contenue dans tous les intervalles de la masse de ces pierres qui se présentent actuellement avec tous leurs vides, souvent trop grands pour qu'elles puissent être employées dans la maçonnerie. Ces pierres à grands trous ne peuvent aussi être taillées régulièrement ; elles se brisent sous le marteau, et tiennent ordinairement plus ou moins de la mauvaise qualité de la *roche morte*, qui se divise par écailles ou en morceaux irréguliers. Mais lorsque ces pierres ne sont percées que de petits trous de quelques lignes de diamètre, on les préfère pour bâtir, parce qu'elles sont plus légères et qu'elles reçoivent et saisissent mieux le mortier que les pierres pleines.

Il y a dans le genre calcaire, comme dans le genre vitreux, des pierres vives et d'autres qu'on peut appeler mortes, parce qu'elles ont perdu les principes de leur solidité et qu'elles sont en partie décomposées : ces roches mortes se trouvent le plus souvent au pied des collines, et environnent leur base à quelques toises de hauteur et d'épaisseur, au delà desquelles on trouve la roche vive sur le même niveau ; ce qui suffit pour démontrer que cette roche aujourd'hui morte était jadis aussi vive que l'autre, mais qu'étant exposée aux impressions de l'air, de la gelée et des pluies, elle a subi les différentes altérations qui résultent de leur action longtemps continuée, et qui tendent toutes à la désunion de leurs parties constituantes, soit en interrompant leur continuité, soit en décomposant leur substance.

On voit déjà que quoiqu'en général toutes les pierres calcaires aient une première origine commune, et que toutes soient essentiellement de la même nature, il y a de grandes différences entre elles pour les temps de leur formation et une diversité encore plus grande dans leurs qualités particulières. Nous avons parlé des différents degrés de leur dureté. qui s'étendent de la craie jusqu'au marbre : la craie, dans ses couches supérieures, est souvent plus tendre que l'argile sèche, et le marbre le plus dur ne l'est jamais autant, à beaucoup près, que le quartz ou le jaspe : entre ces deux extrêmes, on trouve toutes les nuances du plus ou moins de dureté dans les pierres calcaires, soit de première, soit de seconde ou de troisième formation, car dans ces dernières carrières on rencontre quelquefois des lits de pierre aussi dure que dans les couches anciennes, comme la pierre de *liais*, qui se tire dans les environs de Paris, et dont la dureté vient de ce qu'elle est surmontée de plusieurs bancs d'autres pierres dont elle a reçu les sucs pétrifiants.

Le plus ou moins de dureté des pierres dépend de plusieurs circonstances, dont la première est celle de leur situation au-dessous d'une plus ou moins grande épaisseur d'autres pierres ; et la seconde, la finesse des grains et la pureté des matières dont elles sont formées, leur force d'affinité s'étant exercée avec d'autant plus de puissance que la matière était plus pure, et que les grains se sont trouvés plus fins ; c'est à cette cause qu'il faut attribuer la première solidité de ces pierres, et cette solidité se sera ensuite fort

---

(a) Dans le Rhône et dans les rivières et ruisseaux qui descendent du mont Jura, dont tous les contours sont de pierres calcaires jusqu'à une grande hauteur, on trouve une très grande quantité de ces pierres calcaires arrondies à plusieurs lieues de distance de ces montagnes.

augmentée par les sucs pierreux continuellement infiltrés des bancs supérieurs dans les inférieurs : ainsi c'est à ces causes, toutes deux évidentes, qu'on doit rapporter les différences de la dureté de toutes les pierres calcaires pures; car nous ne parlons pas encore ici de certains mélanges hétérogènes qui peuvent augmenter leur dureté; le fer, les autres minéraux métalliques et l'argile même produisent cet effet lorsqu'ils se trouvent mêlés avec la matière calcaire en proportion convenable (a).

Une autre différence qui, sans être essentielle à la nature de la pierre, devient très importante pour l'emploi qu'on en fait, c'est de résister ou non à l'action de la gelée; il y a des pierres qui, quoiqu'en apparence d'une consistance moins solide que d'autres, résistent néanmoins aux impressions du plus grand froid, et d'autres qui, malgré leur dureté et leur solidité apparente, se fendent et tombent en écailles plus ou moins promptement, lorsqu'elles sont exposées aux injures de l'air. Ces pierres *gelisses* doivent être soigneusement rejetées de toutes les constructions exposées à l'air et à la gelée; néanmoins elles peuvent être employées dans celles qui en sont à l'abri. Ces pierres commencent par se fendre, s'éclater en écailles, et finissent par se réduire avec le temps en graviers et en sables (b).

On reconnaîtra donc les pierres gelisses aux caractères ou plutôt aux défauts que je vais indiquer : elles sont ordinairement moins pesantes (c) et plus poreuses que les autres; elles s'imbibent d'eau beaucoup plus aisément; on n'y voit pas ces points brillants qui dans les bonnes pierres sont les témoins du spath ou suc lapidifique dont elles sont pénétrées; car la résistance qu'elles opposent à l'action de la gelée ne dépend pas seulement de leur tissu plus serré, puisqu'il se trouve aussi des pierres légères et très poreuses qui

(a) Il est à propos de remarquer qu'il y a certains fossiles qui procurent aux pierres une plus grande dureté que celle qui leur est propre, lorsqu'ils se trouvent mêlés dans une certaine proportion avec les matières lapidifiques : telles sont les terres minérales ferrugineuses, limoneuses, argileuses, etc., qui, quoique d'un autre genre, s'unissent entre elles; c'est ainsi que le mortier, fait avec de gros sable vitrifiable et de la chaux, a plus de force, plus de cohésion que celui dans lequel il n'est entré que de la chaux et du gravier calcaire, et j'ai éprouvé plusieurs fois que de la chaux vive, fondue dans des vaisseaux de verre, s'attachait si fortement à leurs parois qu'il était impossible de les nettoyer et de l'en séparer qu'avec l'eau-forte : c'est pour cela que les pierres rousses, jaunes, grises, noires, rouges, bleuâtres, etc., et tous les marbres sont ordinairement toujours plus durs que les pierres blanches. (Note communiquée par M. Nadault.)

(b) M. Dumorey, habile ingénieur et constructeur très expérimenté, m'a donné quelques remarques sur ce sujet. « J'ai, m'a-t-il dit, constamment observé que les pierres gelisses se » fendent parallèlement à leur lit de carrière, et très rarement dans le sens vertical; celle » dont le grain est lisse et luisant est plus sujette à geler que la pierre dont le grain paraît » rond, ou plutôt *grenu*.

» On peut tenir pour certain que, plus le grain de la pierre est aplati et luisant dans ses » fractures, et plus cette pierre est gelisse : toutes les carrières de Bourgogne que j'ai ob- » servées portent ce caractère; il est surtout très sensible dans celles où il se trouve entre » plusieurs bancs gelisses un seul qui soit exempt de ce défaut, comme on peut l'observer » à la carrière de Saint-Siméon, à la porte d'Auxerre, et dans les carrières de Givry, près » Chalon-sur-Saône, où la pierre qui reçoit le poli gèle, et celle dont le grain est rond et » ne peut se polir ne gèle point. Je présume que cette différence vient de ce que l'expan- » sion de l'eau gelée se fait plus aisément entre les interstices des grains de la pierre, » qu'elle ne peut se faire entre les lames de celles qui sont formées par des couches hori- » zontales très minces, ce qui les rend luisantes et naturellement polies dans leurs frac- » tures. »

(c) Le poids des pierres calcaires les plus denses n'excède guère deux cents livres le pied cube, et celui des moins denses cent soixante-quinze livres; toutes les pierres gelisses approchent plus de cette dernière limite que de la première.

ne sont pas gelisses, et dont la cohérence des grains est si forte que l'expansion de l'eau gelée dans leurs interstices n'a pas assez de force pour les désunir, tandis que dans d'autres pierres plus pesantes et moins poreuses cet effet de la gelée est assez violent pour les diviser et même pour les réduire en écailles et en sables.

Pour expliquer ce fait, auquel peu de gens ont fait attention, il faut se rappeler que toutes les pierres calcaires sont composées ou des détriments des coquilles, ou des sables et graviers provenant des débris des pierres précédemment formées de ces mêmes détriments liés ensemble par un ciment, qui n'est lui-même qu'un extrait de ce qu'il y a de plus homogène et de plus pur dans la matière calcaire : lorsque ce suc lapidifique en a rempli tous les interstices, la pierre est alors aussi dense, aussi solide et aussi pleine qu'elle peut l'être; mais quand ce suc lapidifique, en moindre quantité, n'a fait que réunir les grains sans remplir leurs intervalles, et que les grains eux-mêmes n'ont pas été pénétrés de cet élément pétrifiant, qu'enfin ils n'ont pas encore été pierre compacte, mais une simple craie ou poussière de coquilles dont la cohésion est faible, l'eau se glaçant dans tous les petits vides de ces pierres, qui s'en imbibent aisément, rompt tout aussi aisément les liens de leur cohésion, et les réduit en assez peu de temps en écailles et en sables, tandis qu'elle ne fait aucun effet avec les mêmes efforts contre la ferme cohérence des pierres, toutes aussi poreuses, mais dont les grains précédemment pétrifiés ne peuvent ni s'imbiber, ni se gonfler par l'humidité, et qui, se trouvant liés ensemble par le suc pierreux, résistent sans se désunir à la force expansive de l'eau qui se glace dans leurs interstices (a).

En observant la composition des pierres dans les couches d'ancienne formation, nous

(a) Les différents degrés de dureté des pierres et la résistance plus ou moins grande qu'elles opposent à l'effet de la gelée ne dépendent pas toujours de leur densité : il y a des pierres très pesantes et très dures dont le grain est très fin, telles que l'albâtre, les marbres blancs, qui sont cependant très tendres; il y en a d'autres à gros grains aussi très compactes, dans lesquelles on aperçoit même quantité de facettes brillantes, mais qui cependant n'ont qu'une médiocre dureté, et que la gelée fait éclater lorsqu'elles s'y trouvent exposées avant que d'avoir été suffisamment desséchées..... Les pierres que la gelée fait éclater s'imbibent d'eau et sont poreuses; mais ce n'est pas seulement parce qu'elles sont poreuses que la gelée les décompose avec le temps, il s'en trouve qui le sont autant que les pierres ponces, et qui résistent cependant comme celles-ci aux plus fortes gelées, parce que la qualité du gravier dont elles sont formées et du ciment qui les lie est telle que la force d'expansion de l'eau gelée dans leurs interstices n'en peut forcer la résistance; les pierres que la gelée fait fendre et éclater, ou sont produites par une terre crétacée qui n'a d'autre adhérence que celle que lui procure le desséchement et la juxtaposition de ses parties constituantes, et dont le grain n'est presque point apparent, ou elles sont formées de graviers extrêmement fins roulés et arrondis, qui, vus de près, ressemblent à des œufs de poisson unis par une poussière pierreuse, ce qui a fait donner à ces sortes de pierres le nom d'*ammites;* elles sont ordinairement blanches, toujours tendres, leur cassure est mate et sans points brillants, et à ces caractères on distinguera d'une manière sûre les pierres que la gelée fait éclater de celles qui y résistent..... Ces pierres sont formées ou de matières lapidifiques décomposées, mais qui ne sont pas liées par le suc pierreux, ou de matières propres en effet à entrer dans la composition des pierres, mais qui n'ont pas encore été pierres, qui n'ont pas passé de la pierre au gravier, et du gravier à la pierre..... Les pierres au contraire qui résistent à la gelée sont ordinairement dures, souvent aigres et cassantes, leurs molécules sont serrées et très adhérentes, et, soit que leur coupe ou cassure soit lisse ou grenue, elles sont toujours parsemées de points brillants : mais ces pierres ne sont telles que parce qu'elles sont composées de matières combinées depuis longtemps sous cette forme, que parce qu'elles ne sont qu'un amas de graviers qui ont été pierres, liés par des concrétions de même nature, plus pures et plus homogènes encore que ces mêmes graviers. (Note communiquée par M. Nadault.)

reconnaîtrons à n'en pouvoir douter que ces couches pour la plupart sont composées de graviers, c'est-à-dire de débris d'autres pierres encore plus anciennes, et qu'il n'y a guère que les couches de craie qu'on puisse regarder comme produites immédiatement par les détriments des coquilles. Cette observation semble reculer encore de beaucoup la date de la naissance des animaux à coquilles, puisque avant la formation de nos rochers calcaires il existait déjà d'autres rochers de même nature, dont les débris ont servi à leur construction ; ces débris ont quelquefois été transportés sans mélange par le mouvement des eaux, d'autres fois ils se sont trouvés mêlés de coquilles ; ou bien les graviers et les coquilles auront été déposés par lits alternatifs, car les coquilles sont rarement dispersées dans toute la hauteur des bancs calcaires ; souvent sur une douzaine de ces bancs tous posés les uns sur les autres, il ne s'en trouvera qu'un ou deux qui contiennent des coquilles, quoique l'argile, qui d'ordinaire leur sert de base, soit mêlée d'un très grand nombre de coquilles dispersées dans toute l'étendue de ses couches ; ce qui prouve que dans l'argile, où l'eau, n'ayant pas pénétré, n'a pu les décomposer, elles se sont mieux conservées que dans les couches de matière calcaire où elles ont été dissoutes, et ont formé ce suc pétrifiant qui a rempli les pores des bancs inférieurs, et a lié les grains de la pierre qui les compose.

Car c'est à la dissolution des coquilles et des poussières de craie et de pierre qu'on doit attribuer l'origine de ce suc pétrifiant, et il n'est pas nécessaire d'admettre dans ce liquide des qualités semblables à celles des sels, comme l'ont imaginé quelques physiciens (a) pour expliquer la dureté que ce suc donne aux corps qu'il pénètre : on pèche toujours en physique lorsqu'on multiplie les causes sans nécessité, car il suffit ici de considérer que ce liquide ou suc pétrifiant n'est que de l'eau chargée des molécules les plus fines de la matière pierreuse, et que ces molécules, toutes homogènes et réduites à la plus grande ténuité, venant à se réunir par leur force d'affinité, forment elles-mêmes une matière homogène, transparente et assez dure, connue sous le nom de *spar* ou *spath calcaire*, et que, par la même raison de leur extrême ténuité, ces molécules peuvent pénétrer tous les pores des matières calcaires qui se trouvent au-dessous des premiers lits dont elles découlent ; qu'enfin et par conséquent elles doivent augmenter la densité et la dureté de ces pierres, en raison de la quantité de ce suc qu'elles auront reçu dans leurs pores. Supposant donc que le banc supérieur imbibé par les eaux fournisse une certaine quantité de ces molécules pierreuses, elles descendront par stillation et se fixeront en partie dans toutes les cavités et les pores des bancs inférieurs, où l'eau pourra les conduire et les déposer, et cette même eau, en traversant successivement les bancs et détachant partout un grand nombre de ces molécules, diminue la densité des bancs supérieurs et augmente celle des bancs inférieurs.

Le dépôt de ce liquide pétrifiant se fait par une cristallisation plus ou moins parfaite, et se manifeste par des points plus ou moins brillants, qui sont d'autant plus nombreux que la pierre est plus pétrifiée, c'est-à-dire plus intimement et plus pleinement pénétrée de cette matière spathique ; et c'est par la raison contraire qu'on ne voit guère de ces points brillants dans les premiers lits des carrières qui sont à découvert, et qu'il n'y en a qu'un petit nombre dans ces premiers lits lorsqu'ils sont recouverts de sables ou de terres, tandis que dans les lits inférieurs la quantité de cette substance spathique et brillante

---

(a) « Il y a, dit M. l'abbé de Sauvages, une grande analogie entre les sucs pierreux et les » sucs salins, ou les sels proprement dits... Nos sucs pierreux ne faisaient-ils pas eux-mêmes » la base de différents sels neutres ?..... De même que les sels rendent plus fermes et plus » inaltérables les parties des animaux ou des végétaux qu'ils pénètrent, ainsi que les sucs » pierreux, en s'insinuant dans les craies et les terres, les rendent plus solides, etc. » *Mémoires de l'Académie des sciences*, année 1746, p. 733.

surpasse quelquefois la première matière pierreuse. Dans cet état, la pierre est vive et résiste aux injures des éléments et du temps, la gelée ne peut en altérer la solidité, au lieu que la pierre est morte dès qu'elle est privée de ce suc, qui seul entretient sa force de résistance à l'action des causes extérieures : aussi tombe-t-elle avec le temps en sables et en poussières qui ont besoin de nouveaux sucs pour se pétrifier.

On a prétendu que la cristallisation en rhombes était le caractère spécifique du spath calcaire, sans faire attention que certaines matières vitreuses ou métalliques et sans mélange de substance calcaire sont cristallisées de même en rhombes, et que d'ailleurs, quoique le spath calcaire semble affecter de préférence la figure rhomboïdale, il prend aussi des formes très différentes ; et nos cristallographes, en voulant emprunter des géomètres la manière dont un rhombe peut devenir un octaèdre, une pyramide et même une lentille (parce qu'il se trouve du spath lenticulaire), n'ont fait que substituer des combinaisons idéales aux faits réels de la nature. Il en est de cette cristallisation en rhombe comme de toutes les autres : aucune ne fera jamais un caractère spécifique, parce que toutes varient, pour ainsi dire, à l'infini, et que non seulement il n'y a guère de formes de cristallisation qui ne soient communes à plusieurs substances de nature différente, mais que réciproquement il y a peu de substances de même nature qui n'offrent différentes formes de cristallisation, témoin la prodigieuse variété de formes des spaths calcaires eux-mêmes. En sorte qu'il serait plus que précaire d'établir des différences ou des ressemblances réelles et essentielles par ce caractère variable et presque accidentel.

Ayant examiné les bancs de plusieurs collines de pierre calcaire, j'ai reconnu presque partout que le dernier banc qui sert de base aux autres et qui porte sur la glaise contient une infinité de particules spathiques brillantes, et beaucoup de cristallisations de spath en assez grands morceaux ; en sorte que le volume de ces dépôts du suc lapidifique est plus considérable que le volume de la première matière pierreuse déposée par les eaux de la mer. Si l'on sépare les parties spathiques, on voit que l'ancienne matière pierreuse n'est que du gravier calcaire, c'est-à-dire des détriments de pierre encore plus ancienne que celle de ce banc inférieur, qui néanmoins a été formé le premier dans ce lieu par les sédiments des eaux : il y a donc eu d'autres rochers calcaires qui ont existé dans le sein de la mer avant la formation des rochers de nos collines, puisque les bancs situés au-dessous de tous les autres bancs ne sont pas simplement composés de coquilles, mais plutôt de gravier et d'autres débris de pierres déjà formées. Il est même assez rare de trouver dans ce dernier banc quelques vestiges de coquilles, et il paraît que ce premier dépôt des sédiments ou du transport des eaux n'est qu'un banc de sable et de gravier calcaire sans mélange de coquilles, sur lequel les coquillages vivants se sont ensuite établis, et ont laissé leurs dépouilles, qui bientôt auront été mêlées et recouvertes par d'autres débris pierreux amenés et déposés comme ceux du premier banc ; car les coquilles, comme je viens de le dire, ne se trouvent pas dans tous les bancs, mais seulement dans quelques-uns, et ces bancs coquilleux sont, pour ainsi dire, interposés entre les autres bancs, dont la pierre est uniquement composée de graviers et de détriments pierreux.

Par ces considérations, tirées de l'inspection même des objets, ne doit-on pas présumer, comme je l'ai ci-devant insinué, qu'il a fallu plus de temps à la nature que je n'en ai compté pour la formation de nos collines calcaires, puisqu'elles ne sont que les décombres immenses de ses premières constructions dans ce genre ? Seulement on pourrait se persuader que les matériaux de ces anciens rochers qui ont précédé les nôtres n'avaient pas acquis dans l'eau de la mer la même dureté que celle de nos pierres, et que, par leur peu de consistance, ils auront été réduits en sable et transportés aisément par le mouvement des eaux. Mais cela ne diminue que de très peu l'énormité du temps, puisqu'il a fallu que ces coquillages se soient habitués et qu'ils aient vécu et se soient multipliés sans nombre, avant d'avoir péri sur les lits où leurs dépouilles gisent aujourd'hui en bancs d'une si grande étendue et en masses aussi prodigieuses. Ceci même peut encore se prouver par les faits (*a*), car on trouve des bancs entiers quelquefois épais de plusieurs pieds, composés en totalité d'une seule espèce de coquillages, dont les dépouilles sont toutes couchées sur la même face et au même niveau : cette régularité dans leur position, et la présence d'une seule espèce, à l'exclusion de toutes les autres, semblent démontrer que ces coquilles n'ont pas été amenées de loin par les eaux, mais que les bancs où elles se trouvent se sont formés sur le lieu même, puisqu'en supposant les coquilles transportées, elles se trouveraient mêlées d'autres coquilles, et placées irrégulièrement en tous sens avec les débris pierreux amenés en même temps, comme on le voit dans plusieurs autres couches de pierre. La plupart de nos collines ne se sont donc pas formées par des dépôts successifs amenés par un mouvement uniforme et constant ; il faut nécessairement admettre des repos dans ce grand travail, des intervalles considérables de temps entre les dates de la formation de chaque banc, pendant lesquels intervalles certaines espèces de coquillages auront habité, vécu, multiplié sur ce banc, et formé le lit coquilleux qui le surmonte : il faut accorder encore du temps pour que d'autres sédiments de graviers et de matières pierreuses aient été transportés et amenés par les eaux pour recevoir ce dépôt de coquilles.

En ne considérant la nature qu'en général, nous avons dit que soixante-seize mille ans d'ancienneté suffisaient pour placer la suite de ses plus grands travaux sur le globe terrestre, et nous avons donné la raison pour laquelle nous nous sommes restreints à cette limite de durée, en avertissant qu'on pourrait la doubler, et même la quadrupler, si l'on voulait se trouver parfaitement à l'aise pour l'explication de tous les phénomènes. En effet, lorsqu'on examine en détail la composition de ces mêmes ouvrages, chaque point de cette analyse augmente la durée et recule les limites de ce temps trop immense pour l'imagination, et néanmoins trop court pour notre imagination.

Au reste, la pétrification a pu se faire au fond de la mer tout aussi facilement qu'elle s'opère à la surface de la terre : les marbres qu'on a tirés sous l'eau vers les côtes de Provence, les albâtres de Malte, les pierres des Maldives (*b*), les rochers calcaires durs qui se trouvent sur la plupart des hauts-fonds dans toutes les mers, sont des témoins irrécusables de cette pétrification sous les eaux. Le doute de quelques physiciens à cet

---

(*a*) On trouve au sommet de la plupart des plus hautes montagnes des Cévennes de grands bancs de roches calcaires tous parsemés de coquillages..... Ces bancs de roches calcaires sont souvent appuyés sur d'autres bancs considérables de schiste ou roches ardoisées, qui ne sont autre chose que des vases argileuses ou des limons plus ou moins pétrifiés..... Ces bancs de schiste faisaient autrefois un fond de mer..... Mais un fait qui surprendra plus d'un naturaliste, c'est qu'il est des endroits où, au-dessous de ces bancs de schiste, il s'en trouve un second de roche calcaire d'une couleur différente du premier, et dont les incrustations testacées ne paraissent pas les mêmes.

Comment concevoir que la mer ait pu produire dans les mêmes parages une espèce de coquillages dans un temps et une autre espèce dans un autre ? Et comment pourrait-on comprendre que la mer a pu déposer ses vases sur un fond de rochers calcaires, sans présumer en même temps que la mer a couvert ces endroits à deux reprises différentes et fort éloignées l'une de l'autre ? *Histoire naturelle du Languedoc*, par M. de Gensane, t. Ier, p. 260 et 261.

(*b*) On tire cette pierre de la mer en tel volume que l'on veut ; elle est polie et de bel emploi... Et la manière dont ces insulaires l'enlèvent est assez ingénieuse : ils prennent des madriers et plateaux de bois de Candon, qui est aussi léger que le liège, et ils les joignent ensemble pour en former un gros volume ; ils y attachent un câble, dont ils portent en plongeant l'autre extrémité pour attacher la pierre qu'ils veulent enlever, et comme ces blocs sont isolés et ne sont point adhérents par leur base, le volume de ce bois léger enlève la masse pesante de la pierre. *Voyage de François Pyrard de Laval.* Paris, 1719, t. Ier, p. 135.

égard était fondé sur ce que le suc pétrifiant (*) se forme sous nos yeux par la stillation des eaux pluviales dans nos collines calcaires, dont les pierres ont acquis, par un long desséchement, leur solidité et leur dureté, au lieu que, dans la mer, ils présumaient qu'étant toujours pénétrées d'humidité, ces mêmes pierres ne pouvaient acquérir le dernier degré de leur consistance; mais, comme je viens de le dire, cette présomption est démentie par les faits : il y a des rochers au fond des eaux tout aussi durs que ceux de nos terres les plus sèches; les amas de graviers ou de coquilles d'abord pénétrés d'humidité, et sans cesse baignés par les eaux, n'ont pas laissé de se durcir avec le temps par le seul rapprochement et la réunion de leurs parties solides : plus elles se seront rapprochées, plus elles auront exclu les parties humides. Le suc pétrifiant, distillant continuellement de haut en bas, aura, comme dans nos rochers terrestres, achevé de remplir les interstices et les pores des bancs inférieurs de ces rochers sous-marins. On ne doit donc pas être étonné de trouver au fond des mers, à de très grandes distances de toute terre, de trouver, dis-je, avec la sonde des graviers calcaires aussi durs, aussi pétrifiés que nos graviers de la surface de la terre. En général, on peut assurer qu'il s'est fait, se fait et se fera partout une conversion successive de coquilles en pierres, de pierres en graviers et de graviers en pierres, selon que ces matières se trouvent remplies ou dénuées de cet extrait tiré de leur propre substance, qui seul peut achever l'ouvrage commencé par la force des affinités, et compléter celui de la pleine pétrification.

Et cet extrait sera lui-même d'autant plus pur et plus propre à former une masse plus solide et plus dure qu'il aura passé par un plus grand nombre de filières : plus il aura subi de filtrations depuis le banc supérieur, plus ce liquide pétrifiant sera chargé de molécules denses, parce que la matière des bancs inférieurs étant beaucoup plus dense, il ne peut en détacher que des parties de même densité. Nous verrons dans la suite que c'est à de doubles et triples filtrations qu'on doit attribuer l'origine de plusieurs stalactites du genre vitreux; et quoique cela ne soit pas aussi apparent dans le genre calcaire, on voit néanmoins qu'il y a des spaths plus ou moins purs, et même plus ou moins durs, qui nous représentent les différentes qualités du suc pétrifiant dont ils ne sont que le résidu, ou, pour mieux dire, la substance même cristallisée et séparée de son eau superflue.

Dans les collines, dont les flancs sont ouverts par des carrières coupées à pic, l'on peut suivre les progrès et reconnaître les formes différentes de ce suc pétrifiant et pétrifié : on verra qu'il produit communément des concrétions de même nature que la matière à travers laquelle il a filtré; si la colline est de craie et de pierre tendre sous la couche de terre végétale, l'eau, en passant dans cette première couche et s'infiltrant ensuite dans la craie, en détachera et entraînera toutes les molécules dont elle pourra se charger, et elle les déposera aux environs de ces carrières en forme de concrétions branchues et quelquefois fistuleuses, dont la substance est composée de poudre calcaire mêlée avec de la terre végétale, et dont les masses réunies forment un tuf plus léger et moins dur que la pierre ordinaire. Ces tufs ne sont en effet que des amas de concrétions, où l'on ne voit ni fentes perpendiculaires ni délits horizontaux, où l'on ne trouve jamais de coquilles marines, mais souvent de petits coquillages terrestres et des impressions de plantes, particulièrement de celles qui croissent sur le terrain de la colline même; mais lorsque l'eau s'infiltre dans les bancs d'une pierre plus dure, il lui faut plus de temps pour en détacher des particules, parce qu'elles sont plus adhérentes et plus denses que dans la pierre tendre; et dès lors les concrétions formées par la réunion de ces parties denses deviennent des congélations à peu près aussi solides que les pierres dont elles tirent leur origine; la plupart seront même à demi transparentes, parce qu'elles ne contiennent que peu de matières hétérogènes

(*) Par cette expression impropre, Buffon veut sans doute désigner les dépôts calcaires abandonnés par les eaux qui ont traversé des roches calcaires.

en comparaison des tufs et des concrétions impures dont nous venons de parler; enfin, si l'eau filtre à travers les marbres et autres pierres les plus compactes et les plus pétrifiées, les congélations ou stalactites seront alors si pures qu'elles auront la transparence du cristal. Dans tous les cas, l'eau dépose ce suc pierreux partout où elle peut s'arrêter et demeurer en repos, soit dans les fentes perpendiculaires, soit entre les couches horizontales des rochers (*a*), et, par ce long séjour entre ces couches, le liquide pétrifiant pénètre les bancs inférieurs et en augmente la densité (*b*).

On voit, par ce qui vient d'être exposé, que les pierres calcaires ne peuvent acquérir un certain degré de dureté qu'autant qu'elles sont pénétrées d'un suc déjà pierreux; qu'ordinairement les premières couches des montagnes calcaires sont de pierre tendre, parce qu'étant les plus élevées, elles n'ont pu recevoir ce suc pétrifiant, et qu'au contraire elles l'ont fourni aux couches inférieures. Et lorsqu'on trouve de la pierre dure au sommet des collines, on peut s'assurer, en considérant le local, que ces sommets de collines ont été dans le commencement surmontés d'autres bancs de pierre, lesquels ensuite ont été détruits. Cet effet est évident dans les collines isolées, elles sont toujours moins élevées que les montagnes voisines, et, en prenant le niveau du banc supérieur de la colline isolée, on trouvera, à la même hauteur, dans les collines voisines, le banc correspondant et d'égale dureté, surmonté de plusieurs autres bancs dont il a reçu les sucs pétrifiants, et par conséquent le degré de dureté qu'il a conservé jusqu'à ce jour. Nous avons expliqué (*c*) comment les courants de la mer ont dû rabaisser les sommets de toutes les collines isolées, et il n'y a eu nul changement, nulle altération dans les couches de ces terres depuis la retraite des mers, sinon dans celles où le banc supérieur s'est trouvé exposé aux injures de l'air, ou recouvert d'une trop petite épaisseur de terre végétale. Ce premier lit s'est enfin délité horizontalement et fendu verticalement, et c'est là d'où l'on tire ces

(*a*) On trouve un banc de spath strié ou filamenteux et blanc dans une gorge formée par des monticules qu'on peut regarder comme les premiers degrés de la chaîne de montagnes qui bordent la Limagne et l'Auvergne du côté du couchant, au-dessous de Châtel-Guyon; cette pierre striée, dont le banc est fort étendu, est employée à faire de la chaux, mais il faut beaucoup de temps pour la calciner. On voit dans les rochers que ce spath y est déposé par couches mêlées parmi d'autres couches d'une espèce de pierre graveleuse et grisâtre : dans l'un des rochers, qui a quatorze à quinze pieds d'élévation, les couches de spath ont deux ou trois pouces et plus d'épaisseur, et celles de la pierre grisâtre en ont huit et même douze. La base de ce rocher est distribuée par couches, et la partie supérieure est composée de pierres et de cailloux, dont plusieurs sont de la grosseur de la tête; ils sont liés par une matière pierreuse, dure, blanchâtre et parsemée de petits graviers de toutes sortes de couleurs. *Mémoires sur la minéralogie d'Auvergne*, par M. Guettard, dans ceux de l'*Académie des sciences*, année 1759.

(*b*) « Les sucs pétrifiants, dit M. l'abbé de Sauvages, sont certainement la cause de la » solidité des pierres; celles qui n'en sont point pour ainsi dire abreuvées ne portent ce nom » qu'improprement : telles sont les craies, les marnes, les pierres mortes, etc., qui ne doi- » vent le peu de solidité qu'elles ont dans la carrière qu'à l'affaissement de leurs parties » appliquées l'une sur l'autre, sans aucun intermède qui les lie : aussi, dès que ces pierres » sont exposées aux injures de l'air, leurs parties, que rien ne fixe et ne retient, s'enflent, » s'écartent, se calcinent et se durcissent en terre; au lieu que ces agents sont trop faibles » pour décomposer les pierres proprement dites.....J'ai été assez heureux pour trouver dans » les carrières de nos rochers des morceaux dont une partie était pétrifiée et avait la cassure » brillante, tandis que l'autre, qui était encore sur le métier, était tendre, mate dans sa cas- » sure, et n'avait rien de plus qu'une marne, qui à la longue se détrempait à l'air et à la » pluie : le milieu de cette pierre mi-partie participait de la différente solidité des deux, » sans qu'on pût assigner au juste le point où la marne commençait à être la pierre. » *Mémoires de l'Académie des sciences*, année 1746, p. 732 et suiv.

(*c*) *Epoques de la Nature.*

pierres calcaires dures et minces, appelées *laves* en plusieurs provinces, et dont on se sert au lieu de tuile pour couvrir les maisons rustiques (*a*); mais, immédiatement au-dessous de lit de pierres minces, on retrouve les bancs solides et épais qui n'ont subi aucune altération, et qui sont encore tels qu'ils ont été formés par le transport et le dépôt des eaux de la mer.

En remontant de nos collines isolées aux carrières des hautes montagnes calcaires, dont les bancs supérieurs n'ont point été détruits, on observera partout que ces bancs supérieurs sont les plus minces, et que les inférieurs deviennent d'autant plus épais qu'ils sont situés plus bas : la cause de cette différence me paraît encore simple. Il faut considérer chaque banc de pierre comme composé de plusieurs petits lits stratifiés les uns sur les autres : or, à mesure que l'eau pénètre et descend à travers les masses de gravier ou de craie, elle se charge de plus en plus des molécules qu'elle en détache, et, dès qu'elle est arrêtée par un lit de pierre plus compact, elle dépose sur ce lit une partie des molécules dont elle était chargée, et entraîne le reste dans les pores et jusqu'à la surface inférieure de ce lit, et même sur la surface supérieure du lit au-dessous. L'épaisseur des deux lits augmente donc en même temps, et leurs surfaces se rapprochent pour ainsi dire par l'addition de cette nouvelle matière ; enfin ces petits lits se joignent et ne forment plus qu'un seul et même lit, qui se réunit de même à un troisième lit, en sorte que plus il y a de matière lapidifique amenée par la stillation des eaux, plus il se fait de réunions de petits lits, dont la somme fait l'épaisseur totale de chaque banc, et par conséquent cette épaisseur doit être plus grande dans les bancs inférieurs que dans les supérieurs, puisque c'est aux dépens de ceux-ci que leurs joints se remplissent et que leurs surfaces se réunissent.

Pour reconnaître évidemment ce produit du travail de l'eau, il ne faut que fendre une pierre dans le sens de son lit de carrière : en la divisant horizontalement, on verra que les deux surfaces intérieures qu'on vient de séparer sont réciproquement hérissées d'un très grand nombre de petits mamelons qui se correspondent alternativement, et qui ont été formés par le dépôt des stillations de l'eau ; la pierre délitée dans ce sens présente une cassure spathique qui est partout convexe et concave, et comme ondée de petites éminences, au lieu que la cassure dans le sens vertical n'offre aucun de ces petits mamelons, mais le grain seul de la pierre.

Comme ce travail de l'eau, chargée du suc pétrifiant, a commencé de se faire sur les pierres calcaires dès les premiers temps de leur formation, et qu'il s'est fait sous les eaux par l'infiltration de l'eau de la mer et sur la terre par la stillation des eaux pluviales, on ne doit pas être étonné de la grande quantité de matière spathique qui en est le produit : non seulement cette matière a formé le ciment de tous les marbres et des autres pierres dures, mais elle a pénétré et pétrifié chaque particule de la craie et des autres détriments immédiats des coquilles pour les convertir en pierre ; elle a même formé de nouvelles pierres en grandes masses, telles que les albâtres, comme nous le prouverons dans l'article suivant ; souvent cette matière spathique s'est accumulée dans les fentes et les cavités des rochers où elle se présente en petits volumes cristallisés et quelquefois en blocs irréguliers, qui par la finesse de leurs grains et le grand nombre de points brillants qu'ils offrent à la cassure démontrent leur origine et leur composition toujours plus ou moins pure, à mesure que cette matière spathique y est plus ou moins abondante.

Ce spath, cet extrait le plus pur des substances calcaires, est donc le ciment de toutes les pierres de ce genre, comme le suc cristallin, qui n'est qu'un extrait des matières vitreuses, est aussi le ciment de toutes les pierres vitreuses de seconde et de troisième for-

---

(*a*) Il ne faut pas confondre ces pierres calcaires en *laves* avec les *laves* de grès feuilleté dont nous avons parlé ci-devant, et bien moins encore avec les véritables *laves volcaniques*, qui sont d'une tout autre nature.

mation ; mais, indépendamment de ces deux ciments, chacun analogue aux substances qu'ils pénètrent, et dont ils réunissent et consolident les parties intégrantes, il y a une autre sorte de *gluten* ou ciment commun aux matières calcaires et aux substances formées des débris de matières vitreuses, dont l'effet est encore plus prompt que celui du suc pétrifiant, calcaire ou vitreux. Ce gluten est le bitume qui, dès le premier temps de la mort et de la décomposition des êtres organisés, s'est formé dans le sein de la terre, et a imprégné les eaux de la mer, où il se trouve quelquefois en grande quantité. Il y a de certaines plages voisines des côtes de la Sicile, près de Messine, et de celles de Cadix, en Espagne (a), où l'on a observé qu'en moins d'un siècle les graviers, les petits cailloux et les sables, de quelque nature qu'ils soient, se réunissent en grandes masses dures et solides, et dont la pétrification sous l'eau ne fait que s'augmenter et se consolider de plus en plus avec le temps ; nous en parlerons plus en détail lorsqu'il sera question de pierres mélangées de détriments calcaires et de débris vitreux ; mais il est bon de reconnaître d'avance l'existence de ces trois *glutens* ou ciments différents, dont le premier et le second, c'est-à-dire le suc cristallin et le suc spathique réunis au bitume, ont augmenté la dureté des pierres de ces deux genres lorsqu'elles se sont formées sous l'eau : ce dernier ciment paraît être celui de la plupart des pierres schisteuses, dans lesquelles il est souvent assez abondant pour les rendre inflammables ; et quoique la présence de ce ciment ne soit pas évidente dans les pierres calcaires, l'odeur qu'elles exhalent lorsqu'on les taille indique qu'il est entré de la matière inflammable dans leur composition.

Mais revenons à notre objet principal, et après avoir considéré la formation de la composition des pierres calcaires, suivons en détail l'examen des variétés de la nature dans leur décomposition : après avoir vu les coupes perpendiculaires des rochers dans les carrières, il faut aussi jeter un coup d'œil sur les pierres errantes qui s'en sont détachées, et dont il y a trois espèces assez remarquables. Les pierres de la première sorte sont des blocs informes qui se trouvent communément sur la pente des collines et jusque dans les vallons ; le grain de ces pierres est fin et semé de points brillants sans aucun mélange ni vestige de coquilles ; l'une des surfaces de ces blocs est hérissée de mamelons assez longs, la plupart figurés en cannelures et comme travaillés de main d'homme, tandis que les autres surfaces sont unies : on reconnaît donc évidemment le travail de l'eau sur ces blocs, dont la surface cannelée portait horizontalement sur le banc duquel ils ont été détachés ; leur composition n'est qu'un amas de congélations grossières faites par les stillations de l'eau à travers une matière calcaire tout aussi grossière.

Les pierres de la seconde sorte ne sont pas des blocs informes ; ils affectent au contraire des figures presque régulières : ces blocs ne se trouvent pas communément sur la pente des collines ni dans leurs vallons, mais plutôt dans les plaines au-dessus des montagnes calcaires, et la substance dont ils sont composés est ordinairement blanche ; les uns sont irrégulièrement sphériques ou elliptiques, les autres hémisphériques, et quelquefois on en trouve qui sont étroits dans leur milieu, et qui ressemblent à deux moitiés de

---

(a) Cadix est situé dans une presqu'île, sur des rochers, où vient se briser la mer. Ces rochers sont un mélange de différentes matières, comme marbre, quartz, spath, cailloux et coquilles réduites en mortier avec le sable et le gluten ou bitume de la mer, lequel est si puissant dans cet endroit, que l'on observe, dans les décombres qu'on y jette, que les briques, les pierres, le sable, le plâtre, les coquilles, etc., se trouvent, après un certain temps, si bien unis et attachés ensemble, que le tout ne paraît qu'un morceau de pierre. *Histoire naturelle d'Espagne*, par M. Bowles. — M. le prince de Pignatelli d'Egmont, amateur très éclairé de toutes les grandes et belles connaissances, a eu la bonté de me donner pour le Cabinet du Roi un morceau de cette même nature, tiré sur le rivage de la mer de Sicile, où cette pétrification s'opère en très peu de temps. Fazzelo, *de Rebus Siculis*, attribue à l'eau du détroit de Carybde cette propriété de cimenter le gravier de ses rivages.

sphères réunies par un collet : ces sortes de blocs figurés présentent encore la forme de la substance des *astroïtes, cerveaux de mer*, etc., dont ils ne sont que les masses entières ou les fragments; leurs rides et leurs pores ont été remplis d'une matière blanche toute semblable à celle de ces productions marines. Les stries et les étoiles que l'on voit à la surface de plusieurs de ces blocs ne laissent aucun doute sur la première nature de ces pierres, qui n'étaient d'abord que des masses coquilleuses produites par les polypes et autres animaux de même genre, et qui dans la suite, par l'addition et la pénétration du suc extrait de ces mêmes substances, sont devenues des pierres solides et même sonores.

La troisième espèce de ces pierres en blocs et en débris se trouve comme la première sur la pente des montagnes calcaires et même dans leurs vallons; ces pierres sont plates comme le moellon commun, et presque toujours renflées dans leur milieu et plus minces sur les bords comme sont les galets; toutes sont colorées de gris foncé ou de bleu dans cette partie du milieu qui est toujours environnée d'une substance pierreuse blanchâtre, qui sert d'enveloppe à tous ces noyaux colorés (a), et qui a été formée postérieurement à ces noyaux; néanmoins ils ne paraissent pas être d'une formation aussi ancienne que ceux de la seconde sorte, car ils ne contiennent point de coquilles; leur couleur et les points brillants dont leur substance est parsemée indiquent qu'ils ont d'abord été formés par une matière pierreuse imprégnée de fer ou de quelque autre minéral qui les a colorés, et qu'après avoir été séparés des rochers où ils se sont formés, ils ont été roulés et aplatis en forme de galets, et qu'enfin ce n'est qu'après tous ces mouvements et ces altérations qu'ils ont été saisis de nouveau par le liquide pétrifiant qui les a tous enveloppés séparément et quelquefois réunis ensemble; car on trouve de ces pierres à noyau coloré non seulement en gros blocs, mais même en grands bancs de carrières, qui toutes sont situées sur la pente et au pied des montagnes ou collines calcaires, dont ces blocs ne sont que les plus anciens débris.

(a) C'est à ces sortes de pierres que l'on peut rapporter celles qui se trouvent à une lieue et demie de Riom, en Auvergne, et dont M. Lutour fait mention dans les termes suivants : « La terre végétale qui couvre la terre crétacée en est séparée par un lit de pierres; ces » pierres sont branchues, baroques, quelquefois percées de part en part par des trous ronds : » intérieurement elles sont compactes, nullement farineuses, et de couleur ou grise ou » bleuâtre; leur extérieur est recouvert d'une écorce, tantôt dure, tantôt friable, toujours » blanche et telle que si on les avait trempées dans de la chaux éteinte : il y a de ces » pierres éparses au-dessus de la terre végétale, mais au-dessous de cette couche végétale, » qui a environ un pied et demi d'épaisseur, on voit un lit de ces mêmes pierres, et exacte- » ment enclavées les unes dans les autres, qu'il en résulte un banc continu en apparence. » Sa surface supérieure est seulement raboteuse, et ce lit de pierre se continue sur la terre » crétacée..... L'espace où se trouvent ces pierres, ainsi que la terre crétacée qui est au- » dessous, était occupé dans les premiers temps par un banc homogène de pierres cal- » caires, que les eaux des pluies ont entraîné par succession de temps. » *Observation sur un banc de terre crétacée*, etc., par M. Dutour, dans les *Mémoires des savants étrangers*, t. V, p. 54. — Aux bords de l'Albarine, surtout près de Saint-Denis, il y a une immensité de cailloux roulés (qui sont bien de terre calcaire, puisqu'on en fait de très bonne chaux) : ils ont une croûte blanche à peu près concentrique, et un noyau d'un beau gris bleu. Le hasard ne peut avoir fait que des fragments de blocs mêlés se soient usés et arrondis con- centriquement suivant leurs couleurs : quelle peut donc être la formation de ces cailloux? (Lettre de M. de Morveau à M. le comte de Buffon, datée de Bourg-en-Bresse le 22 sep- tembre 1778.) — Je puis ajouter à toutes ces notes particulières que, dans presque tous les pays dont les collines sont composées de pierres calcaires, il se trouve de ces pierres dont l'intérieur, plus anciennement formé que l'extérieur, est teint de gris ou de bleu, tandis que les couches supérieures et inférieures sont blanches; ces pierres sont en moellons plats, et il ne leur manque, pour ressembler entièrement aux prétendus cailloux du Rhône, que d'avoir été roulés.

On trouve encore sur les pentes douces des collines calcaires dans les champs cultivés une grande quantité de pétrifications de coquilles et de crustacés entières et bien conservées, que le soc de la charrue a détachées et enlevées du premier banc qui gît immédiatement sous la couche de terre végétale; cela s'observe dans tous les lieux où ce premier banc est d'une pierre tendre et gelisse; les morceaux de moellon que le soc enlève se se réduisent en graviers et en poussière au bout de quelques annnées d'exposition à l'air, et laissent à découvert les pétrifications qu'ils contenaient et qui étaient auparavant envelopées dans la matière pierreuse : preuve évidente que ces pétrifications sont plus dures et plus solides que la matière qui les environnait, et que la décomposition de la coquille a augmenté la densité de la portion de cette matière qui en a rempli la capacité intérieure; car ces pétrifications en forme de coquilles, quoique exposées à la gelée et à toutes les injures de l'air, y ont résisté sans se fendre ni s'égrener, tandis que les autres morceaux de pierre enlevés du même banc ne peuvent subir une seule fois l'action de la gelée sans s'égrener ou se diviser en écailles. On doit donc, dans ce cas, regarder la décomposition de la coquille comme la substance spathique qui a augmenté la densité de la matière pierreuse contenue et moulée dans son intérieur, laquelle, sans cette addition de substance tirée de la coquille même, n'aurait pas eu plus de solidité que la pierre environnante (a). Cette remarque vient à l'appui de toutes les observations par lesquelles on peut démontrer que l'origine des pierres en général et de la matière spathique en particulier doit être rapportée à la décomposition des coquilles par l'intermède de l'eau. J'ai de plus observé que l'on trouve assez communément une espèce de pétrification dominante dans chaque endroit, et plus abondante qu'aucune autre : il y aura, par exemple, des milliers de cœurs de bœuf (*bucardites*) dans un canton, des milliers de cornes d'Ammon dans un autre, autant d'oursins dans un troisième, souvent seuls, ou tout au plus accompagnés d'autres espèces en très petit nombre; ce qui prouve encore que la matière des bancs où se trouvent ces pétrifications n'a pas été amenée et transportée confusément par le mouvement des eaux, mais que certains coquillages se sont établis sur le lit inférieur, et qu'après y avoir vécu et s'être multipliés en grand nombre, ils y ont laissé leurs dépouilles.

L'on trouve encore sur la pente des collines calcaires de gros blocs de pierres calcaires grossières, enterrées à une petite profondeur, qu'on appelle vulgairement des *pierres à four* parce qu'elles résistent sans se fendre aux feux de nos fours et fourneaux, tandis que toutes les autres pierres qui résistent à la gelée et au plus grand froid ne peuvent supporter ce même degré de feu sans s'éclater avec bruit : communément, les pierres légères, poreuses, et gelisses peuvent être chauffées jusqu'au point de se convertir en chaux sans se casser, tandis que les plus pesantes et les plus dures sur lesquelles la gelée ne fait aucune impression ne peuvent supporter la première action de ce même feu. Or, notre pierre à four est composée de gros graviers calcaires détachés des rochers supérieurs, et qui, se trouvant recouverts par une couche de terre végétale, se sont fortement agglutinés par leurs angles sans se joindre de près, et ont laissé entre eux des intervalles que la matière spathique n'a pas remplis; cette pierre, criblée de petits vides, n'est en effet qu'un amas de graviers durs, dont la plupart sont colorés de jaune ou de rougeâtre, et dont la réunion ne paraît pas s'être faite par le suc spathique; car on n'y voit aucun de ces points brillants qui le décèlent dans les autres pierèes auxquelles il sert de ciment :

(a) « On distingue très bien, dit M. l'abbé de Sauvages, les sucs pierreux dans les rochers » de Navacelle, au moyen de certains noyaux qui y sont répandus, et dans lesquels ce suc se » trouve ramassé et cristallisé. Ces noyaux, qui arrêtent le marteau des tailleurs de pierre, » ne sont que des coquillages que la pétrification a défigurés : le test de la coquille semble » s'être changé en une matière cristalline qui en occupe la place. » *Mémoires de l'Académie des sciences*, année 1746, p. 716.

celui qui lie les grains de ce gros gravier de la pierre à four n'est pas apparent, et peut-être est-il d'une autre nature ou en moindre quantité que le ciment spathique; on pourrait croire que c'est un extrait de la matière ferrugineuse qui a lié ces grains en même temps qu'elle leur a donné la couleur (a), ou bien ce ciment, qui n'a pu se former que par la filtration de l'eau pluviale à travers la couche de terre végétale, est un produit de ces mêmes parties ferrugineuses et pyriteuses, provenant de la dissolution des pyrites qui se sont effleuries par l'humidité dans cette terre végétale; car cette pierre à four, lorsqu'on la travaille, répand une odeur de soufre encore plus forte que celle des autres pierres. Quoi qu'il en soit, cette pierre à four, dont les grains sont gros et pesants, et dont la masse est néanmoins assez légère par la grandeur de ses vides, résiste sans se fendre au feu où les autres s'éclatent subitement : aussi l'emploie-t-on de préférence pour les âtres des fourneaux, les gueules de four, les contre-cœurs de cheminée, etc.

Enfin l'on trouve, au pied et sur la pente douce des collines calcaires, d'autres amas de gravier ou d'un sable plus fin, dans lesquels il s'est formé plusieurs lits de pierres inclinées suivant la pente du terrain, et qui se délitent très aisément selon cette même inclinaison : ces pierres ne contiennent point de coquilles et sont évidemment d'une formation nouvelle; leurs bancs inclinés n'ont guère plus d'un pied d'épaisseur et se divisent aisément en moellons plats, dont les deux surfaces sont unies; ces pierres parasites ont été nouvellement formées par l'agrégation de ces sables ou graviers, et elles ne sont ni dures ni pesantes, parce qu'elles n'ont pas été pénétrées du suc pétrifiant, comme les pierres anciennes qui sont posées sous des bancs d'autres pierres.

La dureté, la pesanteur et la résistance à l'action de la gelée dans les pierres, dépend donc principalement de la grande quantité de suc lapidifique dont elles sont pénétrées; leur résistance au feu suppose au contraire des pores très ouverts et même d'assez grands vides entre leurs parties constituantes; néanmoins plus les pierres sont denses, plus il faut de temps pour les convertir en chaux : ce n'est donc pas que la pierre à four se calcine plus difficilement que les autres, ce n'est pas qu'elle ne se réduise également en chaux, mais c'est parce qu'elle se calcine sans se fendre, sans s'écailler ni tomber en fragments, qu'elle a de l'avantage sur les autres pierres pour être employée aux fours et aux fourneaux, et il est aisé de voir pourquoi ces pierres en se calcinant ne se divisent ni ne s'égrènent; cela vient de ce que les vides, disséminés en grand nombre dans toute leur masse, donnent à chaque grain, dilaté par la chaleur, la facilité de se gonfler, s'étendre et occuper plus d'espace sans forcer les autres grains à céder leur place, au lieu que dans les pierres pleines, la dilatation causée par la chaleur ne peut renfler les grains sans faire fendre la masse en d'autant plus d'endroits qu'elle sera plus solide.

Ordinairement les pierres tendres sont blanches, et celles qui sont plus dures ont des teintes de quelques couleurs; les grises et les jaunâtres, celles qui ont une nuance de rouge, de bleu, de vert, doivent toutes ces couleurs au fer ou à quelque autre minéral qui est entré dans leur composition; et c'est surtout dans les marbres que l'on voit toutes les variétés possibles des plus belles couleurs : les minéraux métalliques ont teint et imprégné la substance de toutes ces pierres colorées dès le premier temps de leur formation ; car la pierre rousse même, dont on attribue la couleur aux parties ferrugineuses de la couche végétale, se trouve souvent fort au-dessous de cette couche et surmontée de plu-

(a) Il me semble qu'on pourrait rapporter à notre pierre à four celle qu'on nomme *roussier* en Normandie. « C'est, dit M. Guettard, une pierre graveleuse et dont il y a des car
» rières aux environs de la Trappe... Ces pierres sont d'un jaune rouille de fer; ce sont des
» amas de gros sable ou de gravier liés par une matière ferrugineuse qui a été dissoute, et
» qui s'est filtrée et déposée entre les grains qui composent maintenant ces pierres par leur
» réunion. » *Mémoires de l'Académie des sciences*, année 1763, p. 81.

sieurs bancs qui n'ont point de couleur; il en est de même de la plupart des marbres colorés; c'est dans le temps de leur formation et de leur première pétrification qu'ils ont reçu leurs couleurs, par le mélange du fer ou de quelque autre minéral; et ce n'est que dans des cas particuliers, et par des circonstances locales que certaines pierres ont été colorées par la stillation des eaux à travers la terre végétale.

Les couleurs, surtout celles qui sont vives ou foncées, appartiennent donc aux marbres et aux autres pierres calcaires d'ancienne formation; et lorsqu'elles se trouvent dans des pierres de seconde et de troisième formation, c'est qu'elles y ont été entraînées avec la matière même de ces pierres par la stillation des eaux. Nous avons déjà parlé de ces carrières en lieu bas qui se sont formées aux dépens des rochers plus élevés; les pierres en sont communément blanches, et il n'y a que celles qui sont mêlées d'une petite quantité d'argile ou de terre végétale qui soient colorées de jaune ou de gris. Ces carrières de nouvelle formation sont très communes dans les vallées et dans le voisinage des grandes rivières, et il est aisé d'en reconnaître l'origine et de suivre les progrès de leur établissement depuis le sommet des montagnes calcaires jusqu'aux plaines les plus basses (a).

On trouve quelquefois dans ces carrières de nouvelle formation des lits d'une pierre aussi dure que celle des bancs anciens dont elle tire son origine; cela dépend, dans ces nouvelles carrières, comme dans les anciennes, de l'épaisseur des lits superposés : les inférieurs recevant le suc pierreux des lits supérieurs, prendront tous les degrés de dureté et

(a) « Lorsque les eaux pluviales s'infiltrent dans les lits de pierres tendres qui se trouvent
» à découvert, elles s'y glacent par le froid, et tendent alors à y occuper plus d'espace; ces
» couches, d'autant plus minces qu'elles sont plus près de la superficie, et déjà divisées en
» plusieurs pièces par les fentes perpendiculaires, s'éclatent, se fendent en mille endroits, et
» c'est ce qui fournit le moellon ou la pierre mureuse; et lorsque ces fragments de pierre
» sont entraînés par les torrents, le long de la pente des collines et jusque dans le courant
» des rivières, leurs angles alors s'émoussent par les frottements, ils deviennent des galets,
» et, à force d'être roulés, ils se réduisent enfin en graviers arrondis plus ou moins fins.
» L'action de l'air et les grands froids dégradent de même la coupe perpendiculaire des
» carrières, et la surface de toutes les pierres qui se gercent et s'égrènent produit le gravier
» qui se trouve ordinairement au pied des carrières; ce gravier continue d'être atténué par
» les gelées et par le frottement, lorsqu'il est ensuite entraîné dans des eaux courantes jus-
» qu'à ce qu'il soit enfin réduit en poussière : telle est l'origine de quelques craies et de
» toutes les espèces de gravier qui ne sont que des fragments de différentes grosseurs de
» toutes les sortes de pierre..... Les eaux pluviales, en s'infiltrant dans les couches dispo-
» sées dans l'ordre que nous venons de voir, doivent donc entraîner dans les plus basses
» les molécules les plus divisées des lits supérieurs qu'elles continuent d'atténuer en les
» exfoliant, et dont elles remplissent les interstices; elles s'unissent alors étroitement, et
» forment dans ces lits de graviers de petites congélations ou stalactites, qui lient, qui
» serrent étroitement, qui ne sont enfin qu'un tout continu de toutes les parties de la couche
» auparavant divisées, et cela successivement jusqu'à une certaine hauteur de la carrière, et
» la pierre alors a acquis sa perfection. Sa coupe ou cassure est lisse et sans grains appa-
» rents, si le gravier qui en fait la base est très fin; elle est au contraire rude au toucher et
» grenue, si elle est formée de gros gravier : il s'en trouvera aussi qui ne seront qu'un
» assemblage de galets ou pierres roulées, liées par ce suc pierreux, par ces petites congé-
» lations que nous venons de décrire. J'ai même observé, dans la démolition des remparts
» d'un très ancien château, que, dans l'espace de quelques toises, les pierres n'étaient plus
» liées par les mortiers, mais par une matière transparente, par une concrétion pierreuse,
» que des eaux gouttières avaient produites de la décomposition du mortier des parties
» supérieures de ce mur, et qui en remplissait en cet endroit tous les vides, parce que la
» chaux n'étant en effet que de la pierre décomposée, elle en conserve toutes les propriétés,
» et elle reprend dans certaines circonstances la forme de pierre. » Note communiquée par
M. Nadault.

DAUPHIN.

de densité à mesure qu'ils en seront pénétrés ; mais les pierres qui se trouvent dans les plaines ou dans les vallées voisines des grandes rivières disposées en lits horizontaux ou inclinés, n'ont été formées que des sédiments de craie ou de poussière de pierre, qui primitivement ont été détachés des rochers, et atténués par le mouvement et l'impression de l'eau ; ce sont les torrents, les ruisseaux et toutes les eaux courantes sur la terre découverte, qui ont amené ces poudres calcaires dans les vallées et les plaines, et qui souvent y ont mêlé des substances de toute nature : on ne trouve jamais de coquilles marines dans ces pierres, mais souvent des coquilles fluviatiles et terrestres (a) ; on y a même trouvé des morceaux de fer (b) et de bois (c), travaillés de main d'homme ; nous avons vu du charbon de bois dans quelques-unes de ces pierres, ainsi l'on ne peut douter que toutes les carrières en lieu bas ne soient d'une formation moderne, qu'on doit dater depuis que nos continents, déjà couverts, ont été exposés aux dégradations de leurs parties même les plus solides, par la gelée et par les autres injures des éléments humides. Au reste, toutes les pierres de ces basses carrières ne présentent qu'un grain plus ou moins fin et très peu de ces points brillants qui indiquent la présence de la matière spathique : aussi sont-elles ordinairement plus légères et moins dures que la pierre des hautes carrières, dans lesquelles les bancs inférieurs sont de la plus grande densité.

Et cette matière spathique, qui remplit tous les vides et s'étend dans les délits et dans les couches horizontales des bancs de pierre, s'accumule aussi le long de leurs fentes perpendiculaires ; elle commence par en tapisser les parois, et peu à peu elle les recouvre d'une épaisseur considérable de couches additionnelles et successives ; elle y forme des mamelons, des stries, des cannelures creuses et saillantes, qui souvent descendent d'en haut jusqu'au point le plus bas, où elle se réunit en congélations, et finit par remplir quelquefois en entier la fente qui séparait auparavant les deux parties du rocher. Cette matière spathique, qui s'accumule dans les cavités et les fentes des rochers, n'est pas ordinairement du spath pur, mais mélangé de parties pierreuses plus grossières et opaques ; on y reconnaît seulement le spath par les points brillants qui se trouvent en plus ou moins grande quantité dans ces congélations.

Et lorsque ces points blancs se multiplient, lorsqu'ils deviennent plus gros et plus distincts, ils ressemblent par leur forme à des grains de sel marin : aussi les ouvriers donnent aux pierres revêtues de ces cristallisations spathiques le nom impropre de *pierres de sel*. Ce ne sont pas toujours les pierres les plus dures, ni celles qui sont composées de

(a) La pierre qu'on tire à peu de distance de la Seine, près de l'Hôpital général de Paris, et dont j'ai parlé plus haut, est remplie de petites *vis* qui sont communes dans les ruisseaux d'eau vive ; cette pierre de la Seine ressemble à peu près aux pierres que l'on tire dans les vallées, entre la Saône et la Vingeanne, auprès du village de Talmay en Bourgogne : je cite ce dernier exemple, parce qu'il démontre évidemment que la matière de ces lits de pierre a été amenée de loin, parce qu'il n'y a aucune montagne calcaire qu'à environ une lieue de distance.

(b) Le sieur Dumortier, maître maçon à Paris, m'a assuré qu'il y a quelques années il avait trouvé dans un bloc de pierre dite de *Saint-Leu*, laquelle ne se tira qu'à la surface de la terre, c'est-à-dire à quelques pieds de profondeur, un corps cylindrique qui lui paraissait être une pétrification, parce qu'il était incrusté de matières pierreuses ; mais que, l'ayant nettoyé avec soin, il reconnut que c'était vraiment un canon de pistolet, c'est-à-dire du fer.

(c) Dans un bloc de pierre de plusieurs pieds de longueur, sur une épaisseur d'environ un pied ou quinze pouces, tiré des carrières du faubourg Saint-Marceau à Paris, l'ouvrier tailleur de pierre s'aperçut, en le sciant, que sa scie poussait au dehors une matière noire qu'il jugea être des débris de bois pourri ; en effet, la pierre ayant été séparée en deux blocs, il trouva qu'elle renfermait dans son intérieur un morceau de bois de près de deux pouces d'épaisseur, sur six à sept pouces de longueur, lequel était en partie pourri et sans aucun indice de pétrification.

gravier, mais celles qui contiennent une très grande quantité de coquilles et de pointes d'oursins, qui offrent cette espèce de cristallisation en forme de grains de sel, et l'on peut observer qu'elle paraît être toujours en plus gros grains sur la surface qu'à l'intérieur de ces pierres, parce que les grains dans l'intérieur sont toujours liés ensemble.

Ce suc pétrifiant qui pénètre les pierres des bancs inférieurs, qui en remplit les cavités, les joints horizontaux et les fentes perpendiculaires, ne provenant que de la décomposition de la matière des bancs supérieurs, doit, en s'en séparant, y causer une altération sensible : aussi remarque-t-on dans la pierre des premiers bancs des carrières, qu'elle a éprouvé des dégradations ; on n'y voit qu'un très petit nombre de points brillants ; elle se divise en petits morceaux irréguliers, minces, assez légers et qui se brisent aisément. L'eau, en passant par ces premiers bancs, a donc enlevé les éléments du ciment spathique qui liait les parties de la pierre, et en même temps elle en a détaché une grande quantité d'autre matière pierreuse plus grossière, et c'est de ce mélange qu'ont été composées toutes les congélations opaques qui remplissent les cavités des rochers ; mais lorsque l'eau chargée de cette même matière passe à travers un second filtre, en pénétrant la pierre des bancs inférieurs dont le tissu est plus serré, elle abandonne et dépose en chemin ces parties grossières, et alors les stalactites qu'elle forme sont du vrai spath pur, homogène et transparent. Nous verrons ci-après que, dans les pierres vitreuses comme dans les calcaires, la pureté des congélations dépend du nombre des filtrations qu'elles ont subies, et de la ténuité des pores dans les matières qui ont servi de filtre.

DE L'ALBATRE

Cet albâtre, auquel les poètes ont si souvent comparé la blancheur de nos belles, est tout une autre matière que l'albâtre dont nous allons parler : ce n'est qu'une substance gypseuse, une espèce de plâtre très blanc, au lieu que le véritable albâtre est une matière purement calcaire (*), plus souvent colorée que blanche, et qui est plus dure que le plâtre, mais en même temps plus tendre que le marbre. Les couleurs les plus ordinaires des albâtres sont le blanchâtre, le jaune et le rougeâtre ; on en trouve aussi qui sont mêlés de gris, et de brun ou noirâtre. Souvent il sont teints de deux de ces couleurs, quelquefois de trois, rarement de quatre ou cinq ; l'on verra qu'ils peuvent recevoir toutes les nuances de couleur qui se trouvent dans les marbres sous la masse desquels ils se forment.

L'albâtre d'Italie est un des plus beaux ; il porte un grand nombre de taches d'un rouge foncé sur un fond jaunâtre, et il n'a de transparence que dans quelques petites parties. Celui de Malte est jaunâtre, mêlé de gris et de noirâtre, et l'on y voit aussi quelques parties transparentes. Les albâtres, que les Italiens appellent *agatés*, sont ceux qui ont le plus de transparence et qui ressemblent aux agates par la disposition des couleurs. Il y en a même que l'on appelle *albâtre onyx*, parce qu'il présente des cercles concentriques de différentes couleurs ; on connaît aussi des albâtres herborisées, et ces herborisations sont ordinairement brunes ou noires. *Volterra* est l'endroit de l'Italie le plus renommé par ses albâtres : on y en compte plus de vingt variétés différentes par les degrés de transparence et les nuances de couleurs. Il y en a de blancs à reflets diaphanes, avec quelques veines noires et opaques et d'autres qui sont absolument opaques et de couleur assez terne, avec des taches noires et des herborisations branchues.

(*) Il existe en effet deux sortes d'albâtres : l'une est un carbonate de chaux, dit fibreux (albâtre antique) ; l'autre est un sulfate de chaux saccharoïde.

Tous les albâtres sont susceptibles d'un poli plus ou moins brillant; mais on ne peut polir les albâtres tendres qu'avec des matières encore plus tendres et surtout avec de la cire; et quoiqu'il y en ait d'assez durs à Volterra et dans quelques autres endroits d'Italie, on assure cependant qu'ils le sont moins que l'albâtre de Perse (*a*) et de quelques autres contrées de l'Orient.

L'on ne doit donc pas se persuader avec le vulgaire que l'albâtre soit toujours blanc, quoique cela ait passé parmi nous en proverbe: ce qui a donné lieu à cette méprise, c'est que la plupart des artistes et même quelques chimistes ont confondu deux matières, et donné, comme les poètes, le nom d'albâtre à une sorte de plâtre très tendre et d'une grande blancheur, tandis que les naturalistes n'ont appliqué ce même nom d'albâtre qu'à une matière calcaire qui se dissout par les acides et se convertit en chaux au même degré de chaleur que la pierre: les acides ne font au contraire aucune impression sur cette autre matière blanche qui est du vrai plâtre; et Pline avait bien indiqué notre albâtre calcaire, en disant qu'il est de couleur de miel.

Étant descendu en 1740 dans les grottes d'Arcy-sur-Cure, près de Vermanton, je pris dès lors une idée nette de la formation de l'albâtre, par l'inspection des grandes stalactites en tuyaux, en colonnes et en nappes, dont ces grottes, qui ne paraissent être que d'anciennes carrières, sont incrustées et en partie remplies. La colline dans laquelle se trouvent ces anciennes carrières a été attaquée par le flanc à une petite hauteur au-dessus de la rivière de Cure; et l'on peut juger, par la grande étendue des excavations, de l'immense quantité de pierres à bâtir qui en ont été tirées; on voit en quelques endroits les marques des coups de marteau qui en ont tranché les blocs; ainsi l'on ne peut douter que ces grottes, quelque grandes qu'elles soient, ne doivent leur origine au travail de l'homme; et ce travail est bien ancien, puisque dans ces mêmes carrières, abandonnées depuis longtemps, il s'est formé des masses très considérables, dont le volume augmente encore chaque jour par l'addition de nouvelles concrétions formées, comme les premières, par la stillation des eaux: elles ont filtré dans les joints des bancs calcaires qui surmontent ces excavations et leur servent de voûtes; ces bancs sont superposés horizontalement et forment toute l'épaisseur et la hauteur de la colline dont la surface est couverte de terre végétale: l'eau des pluies passe donc à travers cette couche de terre et en prend la couleur jaune ou rougeâtre; ensuite elle pénètre dans les joints et les fentes de ces bancs, où elle se charge des molécules pierreuses qu'elle en détache; et enfin elle arrive au-dessous du dernier banc, et suinte en s'attachant aux parois de la voûte, ou tombe goutte à goutte dans l'excavation.

Et cette eau, chargée de matière pierreuse, forme d'abord des stalactiques qui pendent de la voûte, qui grossissent et s'allongent successivement par des couches additionnelles, et prennent en même temps plus de solidité à mesure qu'il arrive de nouveaux sucs pierreux (*b*) (*); lorsque ces sucs sont très abondants, ou qu'ils sont trop liquides, la stalactite

(*a*) « A Tauris, dans la mosquée d'Osmanla, il y a deux grandes pierres blanches trans-
» parentes qui paraissent rouges quand le soleil les éclaire: ils disent que c'est une espèce
» d'albâtre qui se forme d'une eau qu'on trouve à une journée de Tauris, laquelle, étant mise
» dans une fossé, se congèle en peu de temps. Cette pierre est fort estimée des Persans, qui
» en font des tombeaux, des vases, et d'autres ouvrages qui passent pour une rareté à
» Ispahan; ils m'ont tous assuré que c'était une congélation d'eau. » *Voyage autour du monde*, par Gemelli Carreri, t. II, p. 37.

(*b*) L'auteur du Traité des pétrifications, qui a vu une grotte près de Neufchâtel, nommée *Trois-ros*, a remarqué que l'eau, qui coule lentement par diverses fentes du roc, s'arrête

(*) C'est-à-dire du carbonate de chaux rendu soluble dans l'eau par sa transformation en bicarbonate et se précipitant quand il perd son excédent d'acide carbonique.

supérieure attachée à la voûte laisse tomber par gouttes cette matière superflue qui forme sur le sol des concrétions de même nature, lesquelles grossissent, s'élèvent et se joignent enfin à la stalactite supérieure, en sorte qu'elles forment par leur réunion une espèce de colonne d'autant plus solide et plus grosse, qu'elle s'est faite en plus de temps ; car le liquide pierreux augmente ici également le volume et la masse, en se déposant sur les surfaces et pénétrant l'intérieur de ces stalactites, lesquelles sont d'abord légères et friables, et acquièrent ensuite de la solidité par l'addition de cette même matière pierreuse qui en remplit les pores ; et ce n'est qu'alors que ces masses concrètes prennent la nature et le nom d'albâtre : elles se présentent en colonnes cylindriques, en cônes plus ou moins obtus, en culs-de-lampe, en tuyaux et aussi en incrustations figurées contre les parois verticales ou inclinées de ces excavations, et en nappes déliées ou en tables épaisses et assez étendues sur le sol ; il paraît même que cette concrétion spathique, qui est la première ébauche de l'albâtre, se forme aussi à la surface de l'eau stagnante dans ces grottes, d'abord comme une pellicule mince, qui peu à peu prend de l'épaisseur et de la consistance, et présente par la suite une espèce de voûte qui couvre la cavité ou encore pleine ou épuisée d'eau (*a*). Toutes ces masses concrètes sont de même nature ; je m'en suis assuré en faisant tirer et enlever quelques blocs des unes et des autres, pour les faire

pendant quelque temps, en forme de gouttes, au haut d'une espèce de voûte formée par les bancs du rocher ; là, de petites molécules cristallines, que l'eau entraine en passant à travers les bancs, se lient par leurs côtés pendant que la goutte demeure suspendue, et y forme de petits tuyaux, à mesure que l'air s'échappe par la partie inférieure de la petite bulle qu'il formait dans la goutte d'eau : ces tuyaux s'allongent peu à peu en grossissant, par une accession continuelle de nouvelle matière, puis ils se remplissent ; de sorte que les cylindres qui en résultent sont ordinairement arrondis vers le bout d'en bas, tandis qu'ils sont encore suspendus au rocher ; mais dès qu'ils s'unissent avec les particules cristallines qui, tombant plus vite, forment un sédiment à plusieurs couches au bas de la grotte, ils ressemblent alors à des arbres, qui du bas s'élèvent jusqu'au comble de la voûte.

Ces cylindres acquièrent un plus grand diamètre en bas par le moyen de la nouvelle matière qui coule le long de leur superficie, et ils deviennent souvent raboteux, à cause des particules cristallines qui s'y arrêtent en tombant dessus, comme une pluie menue, lorsque l'eau abonde plus qu'à l'ordinaire dans l'entre-deux des rochers : la configuration intérieure de leur masse, faite à rayons et à couches concentriques, quelquefois différemment colorées par une petite quantité de terre fine qui s'y mêle et les rend semblables aux aubiers des arbres, jointe aux circonstances dont on vient de parler, peuvent tromper les plus éclairés.

Il se forme aussi plusieurs autres masses, plus ou moins régulières, de *stalactite* dans des cavernes de pierre à chaux et de marbre ; ces masses ne diffèrent entre elles, par rapport à leur matière, que par le plus grand ou le moindre mélange de terre fine de différentes couleurs, que l'eau enlève souvent du roc même avec les particules cristallines, ou qu'elle amène des couches de terre supérieures aux roches dans les couches de stalactite. *Traité des Pétrifications*, in 4°, Paris, 1742, p. 4 et suiv.

(*a*) Dans la caverne de la Balme (au mont Vergi), j'étais étonné d'entendre quelquefois le fond résonner sous nos pieds, comme si nous eussions marché sur une voûte retentissante ; mais, en examinant le sol, je vis qu'il était d'une matière cristallisée. et que je marchais sur un faux fond, soutenu à une distance assez grande du vrai fond de la galerie ; je ne pouvais comprendre comment s'était formée cette croûte ainsi suspendue, lorsque, en observant des eaux stagnantes au fond de la caverne, je vis qu'il se formait à leur surface une croûte cristalline, d'abord semblable à une poussière incohérente, mais qui peu à peu prenait de l'épaisseur et de la consistance, au point que j'avais peine à la rompre à grands coups de marteau partout où elle avait deux pouces d'épaisseur. Je compris alors que si ces eaux venaient à s'écouler, cette croûte, contenue par les bords, formerait un faux fond semblable à celui qui avait résonné sous nos pieds. Saussure, *Voyage dans les Alpes*, t. 1ᵉʳ, p. 388.

travailler et polir par des ouvriers accoutumés à travailler le marbre; ils reconnurent. avec moi, que c'était du véritable albâtre qui ne différait des plus beaux albâtres qu'en ce qu'il est d'un jaune un peu plus pâle et d'un poli moins vif; mais la composition de la matière et sa disposition par ondes ou veines circulaires est absolument la même (a): ainsi tous les albâtres doivent leur origine aux concrétions produites par l'infiltration des eaux à travers les matières calcaires. Plus les bancs de ces matières sont épais et durs, plus les albâtres qui en proviennent seront solides à l'intérieur et brillants au poli. L'albâtre, qu'on appelle oriental, ne porte ce nom que parce qu'il a le grain plus fin, les couleurs plus fortes et le poli plus vif que les autres albâtres, et l'on trouve en Italie, en Sicile, à Malte, et même en France (b) de ces albâtres qu'on peut nommer orientaux par la beauté de leurs couleurs et l'éclat de leur poli; mais leur origine et leur formation sont les mêmes que celles des albâtres communs, et leurs différences ne doivent être attribuées qu'à la qualité différente des pierres calcaires qui en ont fourni la matière : si cette pierre s'est trouvée dure, compacte et d'un grain fin, l'eau ne pouvant la pénétrer qu'avec beaucoup de temps, elle ne se chargera que de molécules très fines et très denses qui formeront des concrétions plus pesantes, et d'un grain plus fin que celui des stalactites produites par des pierres plus grossières, en sorte qu'il doit se trouver dans ces concrétions, ainsi que dans les albâtres, de grandes variétés, tant pour la densité que pour la finesse du grain et l'éclat du poli.

La matière pierreuse que l'eau détache en s'infiltrant dans les bancs calcaires est quelquefois si pure et si homogène, que les stalactites qui en résultent sont sans couleurs et

(a) Lorsque l'on scie transversalement une grosse stalactite ou colonne d'albâtre, on voit sur la tranche les couches circulaires dont la stalactite est formée; mais, si on la scie sur sa longueur, l'albâtre ne présente que des veines longitudinales, en sorte que le même albâtre paraît être différent, selon le sens dans lequel on travaille.

(b) On trouve à deux lieux de Mâcon, du côté du midi, une grande carrière d'albâtre très beau et très bien coloré, qui a beaucoup de transparence en plusieurs endroits; cette carrière est située dans la montagne que l'on appelle Solutrie, dans laquelle il s'est fait un éboulement considérable par son propre poids. (Note communiquée par M. Dumorey.) — « Les » eaux d'Aix en Provence, dit M. Guettard, produisent un albâtre brun foncé, mêlé de taches » blanchâtres qui le varient agréablement, et le font prendre pour un albâtre oriental.... Cet » albâtre s'est formé dans une ancienne conduite faite par les Romains, et qui porte à Aix » l'eau d'une source qui est à une petite demi-lieue de cette ville... Cette espèce d'aqueduc était » bouché en entier par la substance dont il s'agit.... Un morceau de cet albâtre, qui est dans » le cabinet de M. le duc d'Orléans, a pris un très beau poli, qui fait voir que cet albâtre » est composé de plusieurs couches d'une ligne ou à peu près d'épaisseur, et qui paraissent » elles-mêmes, à la loupe, n'être qu'un amas de quelques autres petites couches très minces : » ces couches sont ondées, et, rentrant ainsi les unes dans les autres, elles font un tout » serré et compacte....

» Quant à sa formation, on ne peut pas s'empêcher de reconnaître qu'elle est la suite des » dépôts successifs d'une matière qui a été charriée par un fluide : les ondes de deux » larges bandes qu'on voit sur le côté du morceau en question le démontrent invincible» ment; elles semblent même prouver que la pierre a dû se former dans un endroit où l'eau » était resserrée et contrainte : en effet, cette eau devait souffrir quelque retardement sur les » côtés du canal, et accélérer son mouvement dans le milieu; ainsi l'eau de ce milieu » devait agir et presser l'eau des côtés, qui en résistant ne pouvait, par conséquent, que » souffrir différentes courbures et occasionner, par une suite nécessaire, des sinuosités que le » dépôt a conservées. La rapidité, ou le plus grand mouvement du milieu de l'eau, a encore » dû être cause de la matière la plus fine et la plus pure : les parties les plus grossières » et les plus lourdes ont dû être rejetées sur les bords et s'y déposer aisément, vu la tran» quillité du mouvement de l'eau dans ces endroits. » *Mémoires de l'Académie des sciences*, année 1754, p. 131 et suiv.

transparentes, avec une figure de cristallisation régulière ; ce sont ordinairement de petites colonnes à pans terminées par des pyramides triangulaires ; et ces colonnes se cassent toujours obliquement. Cette matière est le spath, et les concrétions qui en contiennent une grande quantité forment des albâtres plus transparents que les autres, mais qui sont en même temps plus difficiles à travailler.

Il ne faut pas bien des siècles ni même un très grand nombre d'années, comme on pourrait le croire, pour former les albâtres : on voit croître les stalactites en assez peu de temps ; on les voit se grouper, se joindre et s'étendre pour ne former que des masses communes, en sorte qu'en moins d'un siècle elles augmentent peut-être du double de leur volume. Étant descendu, en 1759, dans les mêmes grottes d'Arcy pour la seconde fois, c'est-à-dire dix-neuf ans après ma première visite, je trouvai cette augmentation de volume très sensible et plus considérable que je ne l'avais imaginé ; il n'était plus possible de passer dans les mêmes défilés par lesquels j'avais passé en 1740 ; les routes étaient devenues trop étroites ou trop basses ; les cônes et les cylindres s'étaient allongés ; les incrustations s'étaient épaissies ; et je jugeai qu'en supposant égale l'augmentation successive de ces concrétions, il ne faudrait peut-être pas deux siècles pour achever de remplir la plus grande partie de ces excavations.

L'albâtre est donc une matière qui, se produisant et croissant chaque jour, pourrait, comme le bois, se mettre, pour ainsi dire, en coupes réglées à deux ou trois siècles de distance ; car, en supposant qu'on fit aujourd'hui l'extraction de tout l'albâtre contenu dans quelques-unes des cavités qui en sont remplies, il est certain que ces mêmes cavités se rempliraient de nouveau d'une matière toute semblable, par les mêmes moyens de l'infiltration et du dépôt des eaux gouttières qui passent à travers les couches supérieures de la terre et les joints des bancs calcaires.

Au reste, cet accroissement des stalactites, qui est très sensible et même prompt dans certaines grottes, est quelquefois très lent dans d'autres. « Il y a près de vingt ans, dit » M. l'abbé de Sauvages, que je cassai plusieurs stalactites dans une grotte où personne » n'avait encore touché ; à peine se sont-elles allongées aujourd'hui de cinq ou six lignes : » on en voit couler des gouttes d'eau chargées de suc pierreux, et le cours n'en est inter- » rompu que dans les temps de sécheresse (a). » Ainsi la formation de ces concrétions dépend non seulement de la continuité de la stillation des eaux, mais encore de la qualité des rochers, et de la quantité de particules pierreuses qu'elles en peuvent détacher : si les rochers ou bancs supérieurs sont d'une pierre très dure, les stalactites auront le grain très fin et seront longtemps à se former et à croître ; elles croîtront au contraire en d'autant moins de temps que les bancs supérieurs seront de matières plus tendres et plus poreuses, telles que sont la craie, la pierre tendre et la marne.

La plupart des albâtres se décomposent à l'air, peut-être en moins de temps qu'il n'en faut pour les former : « La pierre dont on se sert à Venise pour la construction des palais » et des églises, est une pierre calcaire blanche, qu'on tire d'Istria, parmi laquelle il y a » beaucoup de stalactites d'un tissu compact et souvent d'un diamètre deux fois plus » grand que celui du corps d'un homme très gros ; ces stalactites se forment en grande » abondance dans les voûtes souterraines des montagnes calcaires du pays. Ces pierres se » décomposent si facilement, que l'on vit, il y a quelques années, à l'entablement supé- » rieur de la façade d'une belle église neuve, bâtie de cette pierre, plusieurs grandes » stalactites qui s'étaient formées successivement par l'égouttement lent des eaux qui » avaient séjourné sur cet entablement : c'est de la même manière qu'elles se forment dans » les souterrains des montagnes, puisque leur grain ou leur composition y ressemble (b). »

(a) *Mémoires de l'Académie des sciences*, année 1746, p. 747.
(b) *Lettres de M. Ferber*, p. 41 et 42.

Je ne crois pas qu'il soit nécessaire de faire observer ici que cette pierre d'Istria est une espèce d'albâtre : on le voit assez par la description de sa substance et de sa décomposition.

Et lorsqu'une cavité naturelle ou artificielle se trouve surmontée par des bancs de marbre qui, de toutes les pierres calcaires, est la plus dense et la plus dure, les concrétions formées dans cette cavité par l'infiltration des eaux ne sont plus des albâtres, mais de beaux marbres fins et d'une dureté presque égale à celle du marbre dont ils tirent leur origine, et qui est d'une formation bien plus ancienne : ces premiers marbres contiennent souvent des coquilles et d'autres productions de la mer, tandis que les nouveaux marbres, ainsi que les albâtres, n'étant composés que de particules pierreuses détachées par les eaux, ne présentent aucun vestige de coquilles, et annoncent par leur texture que leur formation est nouvelle.

Ces carrières parasites de marbre et d'albâtre, toutes formées aux dépens des anciens bancs calcaires, ne peuvent avoir plus d'étendue que les cavités dans lesquelles on les trouve; on peut les épuiser en assez peu de temps, et c'est par cette raison que la plupart des beaux marbres antiques ou modernes ne se retrouvent plus; chaque cavité contient un marbre différent de celui d'une autre cavité, surtout pour les couleurs, parce que les bancs des anciens marbres qui surmontent ces cavernes sont eux-mêmes différemment colorés, et que l'eau, par son infiltration, détache et emporte les molécules de ces marbres avec leurs couleurs : souvent elle mêle ces couleurs ou les dispose dans un ordre différent; elle les affaiblit ou les charge, selon les circonstances; cependant on peut dire que les marbres de seconde formation sont en général plus fortement colorés que les premiers dont ils tirent leur origine.

Et ces marbres de seconde formation peuvent, comme les albâtres, se régénérer dans les endroits d'où on les a tirés, parce qu'ils sont formés de même par la stillation des eaux. Baglivi (a) rapporte un grand nombre d'exemples qui prouvent évidemment que le marbre se reproduit de nouveau dans les mêmes carrières : il dit que l'on voyait de son temps des chemins très unis, dans des endroits où cent ans auparavant il y avait eu des carrières très profondes; il ajoute qu'en ouvrant des carrières de marbre on avait rencontré des haches, des pics, des marteaux et d'autres outils renfermés dans le marbre, qui avaient vraisemblablement servi autrefois à exploiter ces mêmes carrières, lesquelles se sont remplies par la suite des temps, et sont devenues propres à être exploitées de nouveau.

On trouve aussi plusieurs de ces marbres de seconde formation qui sont mêlés d'albâtre; et dans le genre calcaire, comme en tout autre, la nature passe, par degrés et nuances, du marbre le plus fin et le plus dur à l'albâtre et aux concrétions les plus grossières et les plus tendres.

La plupart des albâtres, et surtout les plus beaux, ont quelque transparence, parce qu'ils contiennent une certaine quantité de spath qui s'est cristallisé dans le temps de la formation des stalactites dont ils sont composés; mais, pour l'ordinaire, la quantité du spath n'est pas aussi grande que celle de la matière pierreuse, opaque et grossière, en sorte que l'albâtre qui résulte de cette composition est assez opaque quoiqu'il le soit toujours moins que les marbres.

Et lorsque les albâtres sont mêlés de beaucoup de spath, ils sont plus cassants et plus difficiles à travailler, par la raison que cette matière spathique cristallisée se fend, s'égrène très facilement et se casse presque toujours en sens oblique; mais aussi ces albâtres sont souvent les plus beaux, parce qu'ils ont plus de transparence et prennent un poli plus vif que ceux où la matière pierreuse domine sur celle du spath. On a cité,

____

(a) *De lapidum vegetatione.*

dans l'Histoire de l'Académie des sciences (a), un albâtre trouvé par M. Puget aux environs de Marseille, qui est si transparent, que, par le poli très parfait dont il est susceptible, on voit, à plus de deux doigts de son épaisseur, l'agréable variété de couleurs dont il est embelli : le marbre à demi transparent, que M. Pallas a vu dans la province d'Ischski, en Tartarie, est vraisemblablement un albâtre semblable à celui de Marseille. Il en est de même du bel albâtre de Grenade en Espagne, qui, selon M. Bowles, est aussi brillant et transparent que la plus belle cornaline blanche, mais qui néanmoins est fort tendre, à moitié blanc et à moitié couleur de cire (b) : en général la transparence dans les pierres calcaires, les marbres et les albâtres, ne provient que de la matière spathique qui s'y trouve incorporée et mêlée en grande quantité, car les autres matières pierreuses sont opaques.

Au reste, on peut regarder comme une espèce d'albâtre toutes les incrustations et même les ostéocolles et les autres concrétions pierreuses moulées sur des végétaux ou sur des ossements d'animaux : il s'en trouve de cette dernière espèce en grande quantité dans les cavernes du margraviat de Bareith, dont S. A. S. monseigneur le margrave d'Anspach a eu la bonté de m'envoyer la description suivante : « On connaît assez les marbres qui » renferment des coquilles ou des pétrifications qui leur ressemblent... Mais ici on trouve » des masses pierreuses pétries d'ossements d'une manière semblable : elles sont nées, » pour ainsi dire, de la conglutination des fragments des stalactites de la pierre calcaire » grise qui fait la base de toute la chaîne de ces montagnes, d'un peu de sable, d'une » substance marneuse et d'une quantité infinie de fragments d'os. Il y a dans une seule » pierre, dont on a trouvé des masses de quelques centaines de livres, un mélange de » dents de différentes espèces, de côtes, de cartilages, de vertèbres, de phalanges, d'os » cylindriques, en un mot de fragments d'os de tous les membres qui y sont par milliers. » On trouve souvent dans ces mêmes pierres un grand os qui en fait la pièce principale, » et qui est entouré d'un nombre infini d'autres; il n'y a pas la moindre régularité dans la » disposition des couches. Si l'on versait de la chaux détrempée sur un mélange d'esquilles, » il en naîtrait quelque chose de semblable. Ces masses sont déjà assez dures dans les » cavernes... mais lorsqu'elles sont exposées à l'air, elles durcissent au point que, quand » on s'y prend comme il faut, elles sont susceptibles d'un médiocre poli. On trouve rare- » ment des cavités dans l'intérieur; les interstices sont remplis d'une matière compacte » que la pétrification a encore décomposée davantage. Je m'en suis à la fin procuré, avec » beaucoup de peines, une collection si complète, que je puis présenter presque chaque os » remarquable du squelette de ces animaux, enchâssé dans une propre pièce, dont il fait » l'os principal. En entrant dans ces cavernes, pour la première fois, nous en avons » trouvé une si grande quantité, qu'il eût été facile d'en amasser quelques charretées.

» Un heureux destin m'avait réservé à moi et à mes amis, entre autres, un morceau » de cette pierre osseuse à peu près de trois pieds de long sur deux de large et autant » d'épaisseur... La curiosité nous le fit mettre en pièces, car il était impossible de le faire » passer par ces détroits pour le faire sortir en entier; chaque morceau, à peu près de » deux livres, nous présenta plus de cent fragments d'os... j'eus le plaisir de trouver dans » le milieu une dent canine, longue de quatre pouces, bien conservée; nous avons aussi

(a) Année 1703, p. 17. — « Dans certaines grottes, comme dans celle de la montagne de » Laminiani près de Vicence, en Italie, les cristallisations spathiques sont jaunâtres et res- » semblent au plus beau sucre candi ; les cristaux sont en forme de pyramides triangulaires, » dont le sommet est très aigu : communément elles sont verticales; de nouvelles pyramides » sortent des côtés de ces premières et deviennent horizontales : on peut en détacher de » très grands blocs. » Note de M. le baron de Dietrich, dans les *Lettres de M. Ferber*, p. 25.

(b) *Histoire naturelle d'Espagne*, par M. Bowles, p. 424 et 425.

» trouvé des dents molaires de différentes espèces dans d'autres morceaux de cette même
» masse (a). »

Par cet exemple des cavernes de Bareith, où les ossements d'animaux dont elle est
remplie se trouvent incrustés et même pénétrés de la matière pierreuse amenée par la
stillation des eaux, on peut prendre une idée générale de la formation des ostéocolles
animales qui se forment par le même mécanisme que les ostéocolles végétales (b), telles

(a) *Description des cavernes du margraviat de Bareith*, par Jean-Frédéric Esper, in-folio,
p. 27.

(b) M. Gleditsch donne une bonne description des ostéocolles qui se trouvent en grande
quantité dans les terrains maigres du Brandebourg : « Ce fossile, dit-il, est connu de tout
» le monde dans les deux Marches, où on l'emploie depuis plusieurs siècles à des usages
» tant internes qu'externes..... On le trouve dans un sable plus ou moins léger, blanc, gris,
» rouge ou jaunâtre, fort ressemblant à l'espèce de sable qu'on trouve ordinairement au fond
» des rivières : celui qui touche immédiatement l'ostéocolle est plus blanc et plus mou
» que le reste..... Quand, dans les temps pluvieux, cette terre, qui s'attache fortement aux
» mains, vient à se dissoudre dans les lieux élevés, les eaux l'entraînent en forme d'émulsion
» dans les creux qui se trouvent au-dessous..... Elle ne diffère guère de la marne, et se
» trouve attachée au sable dans des proportions différentes..... Mais plus le sable est voisin
» des branches du fossile, plus la quantité de cette terre augmente; il n'y a pas grande
» différence entre elle et la matière même du fossile : on trouve aussi cette terre dans les
» fonds et même sous quelques étangs, etc.....

» Les vents, les pluies, etc., en enlevant le sable, laissent quelquefois à découvert
» l'ostéocolle..... Quelquefois on en trouve çà et là des pièces rompues..... Quand on aper-
» çoit des branches, on les dégage du sable avec précaution, et on les suit jusqu'au tronc
» qui jette des racines sous terre de plusieurs côtés.....

» Tant que le tronc entier est encore renfermé dans le sable, la forme du fossile ne
» l'offre aux yeux que d'un côté, et alors elle représente assez parfaitement le bas du tronc
» d'un vieil arbre..... Les racines descendent en partie jusqu'à la profondeur de quatre à six
» pieds, et s'étendent en partie obliquement de tous côtés..... Le tronc du fossile, dont la
» grandeur et l'épaisseur varient, doit sans doute son origine au tronc de quelque arbre
» mort, et en partie carié, ce qui se prouve suffisamment par la lésion et la destruction de
» sa structure intérieure.....

» Les racines les plus fortes sont plus ou moins grosses que le bras; elles s'amincissent
» peu à peu en se divisant, de sorte que les dernières ramifications ont à peine une circon-
» férence qui égale une plume d'oie. Pour les productions capillaires des racines, elles ne se
» trouvent en aucun endroit du fossile, sans doute parce que leur ténuité et la délicatesse
» de leur texture ne leur permet pas de résister à la putréfaction..... On trouve rarement les
» grosses racines pétrifiées et durcies dans le sable, elles y sont plutôt un peu humides et
» molles; et exposées à l'air, elles deviennent sèches et friables.....

» La masse terrestre, qui, à proprement parler, constitue notre fossile, est une vraie
» terre de chaux, et, quand on l'a nettoyée du sable et de la pourriture qui peuvent y rester,
» l'acide vitriolique, avec lequel elle fait une forte effervescence, la dissout en partie. La
» matière de notre fossile, lorsqu'elle est encore renfermée dans le sable, est molle; elle a
» de l'humidité; sa cohérence est lâche, et il s'en exhale une odeur âcre, assez faible cepen-
» dant; ou bien elle forme un corps graveleux, pierreux, insipide et sans odeur; tout cela
» met en évidence que la terre de chaux de ce fossile n'est point du gravier fin, lié par le
» moyen d'une glu, comme le prétendent quelques auteurs.

» Mais lorsqu'on peut remarquer dans la composition de la matière de notre fossile
» quelque proportion, elle consiste, pour l'ordinaire, en parties égales de sable et de terre
» de chaux.

» Ce fossile est dû à des troncs d'arbres dont les fibres ont été atténuées et pourries par
» l'humidité..... Il se forme dans ces troncs et dans ces racines des cavités où s'insinuent
» facilement, par le moyen de l'eau, le sable et la terre de chaux qu'elle a dissous : cette
» terre, entrant par tous les trous et les endroits cariés, descend jusqu'aux extrémités de

que les mousses pétrifiées et toutes les autres concrétions dans lesquelles on trouve des figures de végétaux ; car supposons qu'au lieu d'ossements d'animaux accumulés dans ces cavernes, la nature ou la main de l'homme y eussent entassé une grande quantité de roseaux ou de mousses, n'est-il pas évident que ce même suc pierreux aurait saisi les mousses et les roseaux, les aurait incrustés en dehors, et remplis en dedans et même dans tous les pores ; que dès lors ces concrétions pierreuses en auront pris la forme, et qu'après la destruction et la pourriture de ces matières végétales, la concrétion pierreuse subsistera et se présentera sous cette même forme ? Nous en avons la preuve démonstrative dans certains morceaux qui sont encore roseaux en partie, et du reste ostéocolles : je connais aussi des mousses dont le bas est pleinement incrusté, et dont le dessus est encore vert et en état de végétation. Et, comme nous l'avons dit, tout ce qu'on appelle pétrifications ne sont que des incrustations qui non seulement se sont appliquées sur la surface des corps, mais en ont même pénétré et rempli les vides et les pores en se substituant peu à peu à la matière animale ou végétale, à mesure qu'elle se décomposait.

On vient de voir, par la note précédente, que les ostéocolles ne sont que des incrustations d'une matière crétacée ou marneuse ; et ces incrustations se forment quelquefois en très peu de temps, aussi bien au fond des eaux que dans le sein de la terre. M. Dutour, correspondant de l'Académie des sciences, cite une ostéocolle qu'il a vu se former en

» toute la tige et des racines, jusqu'à ce qu'avec le temps toutes ces cavités se trouvent » exactement remplies ; l'eau superflue trouve aisément une issue, dont les traces se mani- » festent dans le centre poreux des branches ; voilà comment ce fossile se forme... L'humidité » croupissante qui est perpétuellement autour du fossile est le véritable obstacle à son » endurcissement.

» Quelques auteurs ont regardé comme de l'ostéocolle une certaine espèce de tuf en partie » informe, en partie composé de l'assemblage de plusieurs petits tuyaux de différente » nature : ce tuf se trouve en abondance dans plusieurs contrées de la Thuringe et en » d'autres endroits.....

» L'expérience, jointe au consentement de plusieurs auteurs, dépose que le terrain naturel » et le plus convenable à l'ostéocolle est un terroir stérile, sablonneux et léger ; au contraire, » un terrain gras, consistant, argileux, onctueux et limoneux, etc., lorsqu'il vient à être » délayé par l'eau, laisse passer lentement et difficilement l'eau elle-même, et à plus forte » raison quelque autre terre, comme celle dont l'ostéocolle est formée ; l'ostéocolle se mêle- » rait intimement à la terre grasse, dans l'intérieur de laquelle elle formerait des lits plats, » plutôt que de pénétrer une substance aussi consistante. » (Extrait des *Mémoires de l'Académie de Prusse*, par M. Paul ; Avignon, 1768, t. V, in-12, p. 1 et suiv. du supplément à ce volume.)

M. Bruckmann dit, comme M. Gleditsch, que les ostéocolles ne se trouvent point dans les terres grasses et argileuses, mais dans les terrains sablonneux ; il y en a près de Francfort-sur-l'Oder, dans un sable blanchâtre, mêlé d'une matière noire, qui n'est que du bois pourri : l'ostéocolle est molle dans la terre, mais plutôt friable que ductile ; elle se dessèche et durcit en très peu de temps à l'air : c'est une espèce de marne, ou du moins une terre qui lui est fort analogue. Les différentes figures des ostéocolles ne viennent que des racines auxquelles cette matière s'attache ; de là provient aussi la ligne noire qu'on trouve presque toujours dans leur milieu : elles sont toutes creuses, à l'exception de celles qui sont formées de plusieurs petites fibres de racines accumulées et réunies par la matière marneuse ou crétacée. Voyez la *Collection académique*, partie étrangère, t. II, p. 155 et 156.

M. Beurer, de Nuremberg, ayant fait déterrer grand nombre d'ostéocolles, en a trouvé une dans le temps de sa formation : c'était une souche de peuplier noir qui, par son extrémité supérieure, était encore ligneuse, et dont la racine était devenue une véritable ostéocolle. Voyez les *Transact. philosophiques*, année 1745, n° 476.

M. Guettard a aussi trouvé des ostéocolles en France, aux environs d'Étampes, et parti-

moins de deux ans. « En faisant nettoyer un canal, je remarquai, dit-il, que tout le fond
» était comme tapissé d'un tissu fort serré de filets pierreux, dont les plus gros n'avaient
» que deux lignes de diamètre et qui se croisaient en tout sens. Les filets étaient de véri-
» tables tuyaux moulés sur des racines d'ormes fort menues qui s'y étaient desséchées et
» qu'on pouvait aisément en tirer. La couleur de ces tuyaux était grise, et leurs parois,
» qui avaient un peu plus d'un tiers de ligne d'épaisseur, étaient assez fortes pour résister
» sans se briser à la pression des doigts. A ces marques, je ne pus méconnaître l'ostéo-
» colle, mais je ne pus aussi m'empêcher d'être étonné du peu de temps qu'elle avait mis
» à se former; car ce canal n'était construit que depuis environ deux ans et demi, et cer-
» tainement les racines qui avaient servi de noyau à l'ostéocolle étaient de plus nouvelle
» date (a). » Nous avons d'autres exemples d'incrustations qui se font encore en moins
de temps dans de certaines circonstances. Il est dit, dans l'Histoire de l'Académie des
sciences (b), que M. de la Chapelle avait apporté une pétrification fort épaisse, tirée de
l'aqueduc d'Arcueil, et qu'il avait appris des ouvriers que ces pétrifications ou incrustations
se font par lits chaque année; que pendant l'hiver il ne s'en fait point, mais seulement
pendant l'été; et que, quand l'hiver a été très pluvieux et abondant en neige, les pétrifications qui se forment pendant l'été suivant sont quelquefois d'un pied d'épaisseur; ce fait
est peut-être exagéré, mais au moins on est sûr que souvent en une seule année ces dépôts
pierreux sont d'un pouce ou deux : on en trouve un exemple dans la même Histoire de
l'Académie (c). Le *ruisseau de craie*, près de Besançon, enduit d'une incrustation pierreuse
les tuyaux de bois de sapin où l'on fait passer son eau pour l'usage de quelques forges;
il forme dans leur intérieur en deux ans d'autres tuyaux d'une pierre compacte d'environ
un pouce et demi d'épaisseur. M. de Luc dit qu'on voit dans le Valais des eaux aussi

culièrement sur les bords de la rivière de Louette. « L'ostéocolle d'Étampes, dit cet acadé-
» micien, forme des tuyaux longs depuis trois ou quatre pouces jusqu'à un pied, un pied et
» demi et plus : le diamètre de ces tuyaux est de deux, trois, quatre lignes et même d'un
» pouce ; les uns, et c'est le plus grand nombre, sont cylindriques, les autres sont formés
» de plusieurs portions de cercles, qui réunie forment une colonne à plusieurs pans. Il y en
» d'aplatis; les bords de quelques autres sont roulés en dedans suivant leur longueur, et ne
» sont par conséquent que demi-cylindriques; plusieurs n'ont qu'une seule couche, mais
» beaucoup plus en ont deux ou trois. On dirait que ce sont autant de cylindres renfermés
» dans les autres : le milieu d'un tuyau cylindrique, fait d'une ou de deux couches, en
» contient quelquefois une troisième qui est prismatique triangulaire. Quelques-uns de ces
» tuyaux sont coniques; d'autres, ceux-ci sont cependant rares, sont courbés et forment
» presque un cercle. De quelque figure qu'ils soient, leur surface interne est lisse, polie et
» ordinairement striée; l'extérieure est raboteuse et bosselée; la couleur est d'un assez beau
» blanc de marne ou de craie à l'extérieur; celle de la surface interne est quelquefois d'un
» jaune tirant sur le rougeâtre, et, si elle est blanche, ce blanc est toujours un peu sale.....
» Il y a aussi de l'ostéocolle sur l'autre bord de la rivière, mais en moindre quantité..... On
» en trouve encore de l'autre côté de la ville, dans un endroit qui regarde les moulins à
» papier qui sont établis sur une branche de la Chalouette, et sur les bords des fossés de cette
» ville qui sont de ce côté.....
    » M. Guettard rapporte encore plusieurs observations pour prouver que la formation de
» l'ostéocolle des environs d'Étampes n'est due qu'à des plantes qui se sont chargées de
» particules de marne et de sable des montagnes voisines, qui auront été entraînées par des
» averses d'eau et arrêtées dans les mares par les plantes qui y croissent, et sur lesquelles
» ces particules de marne et de sable se seront déposées successivement. » Voyez les
Mémoires de l'Académie des sciences, année 1754, p. 269 jusqu'à 288.
    (a) *Histoire de l'Académie des sciences*, année 1761, p. 24.
    (b) *Idem*, année 1713, p. 23.
    (c) Année 1720, p. 23.

claires qu'il soit possible, et qui ne laissent pas de former de tels amas de tuf, qu'il en résulte des saillies considérables sur les faces des montagnes (a), etc.

Les stalactites, quoique de même nature que les incrustations et les tufs, sont seulement moins impures et se forment plus lentement. On leur a donné différents noms suivant leurs différentes formes, mais M. Guettard dit avec raison que les stalactites, soit en forme pyramidale ou cylindrique ou en tubes, peuvent être regardées comme une même sorte de concrétion (b). Il parle d'une concrétion en très grande masse qu'il a observée aux environs de Crégi, village peu éloigné de Meaux, qui s'est formée par le dépôt de l'eau d'une fontaine voisine, et dans laquelle on trouve renfermés des mousses, des chiendents et d'autres plantes qui forment des milliers de ramifications, dont les branches sont ordinairement creuses, parce que ces plantes se sont à la longue pourries et entièrement détruites (c). Il cite aussi les incrustations en forme de planches de sapin qui se trouvent aux environs de Besançon. « Lorsqu'on voit pour la première fois, dit cet académicien, » un morceau de ce dépôt pierreux, il n'y a personne qui ne le prenne d'abord pour une » planche de sapin pétrifiée... Rien en effet n'est plus propre à faire prendre cette idée que » ces espèces de planches : une de leurs surfaces est striée de longues fibres longitudinales » et parallèles, comme peuvent être celles des planches de sapin; la continuité de ces » fibres est quelquefois interrompue par des espèces de nœuds semblables à ceux qui se » voient dans ce bois; ces nœuds sont de différentes grosseurs et figures. L'autre surface » de ces planches est en quelque sorte ondée à peu près comme serait une planche de » sapin mal polie. Cette grande ressemblance s'évanouit cependant lorsqu'on vient à examiner » miner ces sortes de planches. On s'aperçoit aisément alors qu'elles ne font voir que ce » qu'on remarquerait sur des morceaux de plâtre ou de quelque pâte qu'on aurait étendue » sur une planche de sapin... On s'assure facilement dès lors que ces planches pierreuses » ne sont qu'un dépôt fait sur des planches de ce bois; et, si on les casse, on le reconnaît » encore mieux, parce que les stries de la surface ne se continuent pas dans l'intérieur (d). »

M. Guettard cite encore un autre dépôt pierreux qui se fait dans les bassins du château d'Issy, près Paris : ce dépôt contient des groupes de plantes *verticillées*, toutes incrustées. Ces plantes, telles que la girandole d'eau, sont très communes dans toutes les eaux dormantes; la quantité de ces plantes fait ques les branches des différents pieds s'entrelacent les unes avec les autres, et lorsqu'elles sont chargées du dépôt pierreux, elles forment des groupes que l'on pourrait prendre pour des plantes pierreuses ou des plantes marines semblables à celles qu'on appelle *corallines*.

Par ce grand nombre d'exemples, on voit que l'incrustation est le moyen aussi simple que général par lequel la nature conserve pour ainsi dire à perpétuité les empreintes de tous les corps sujets à la destruction; ces empreintes sont d'autant plus exactes et fidèles que la pâte qui les reçoit est plus fine; l'eau la plus claire et la plus limpide ne laisse pas d'être souvent chargée d'une très grande quantité de molécules pierreuses qu'elle tient en dissolution, et ces molécules, qui sont d'une extrême ténuité, se moulent si parfaitement sur les corps les plus délicats qu'elles en représentent les traits les plus déliés : l'art a même trouvé le moyen d'imiter en ceci la nature; on fait des cachets, des reliefs, des figures parfaitement achevées, en exposant des moules au jaillissement d'une eau chargée de cette matière pierreuse (e); et l'on peut aussi faire des pétrifications artificielles, en tenant long-

(a) *Lettres à la reine d'Angleterre*, p. 17.
(b) *Mémoires de l'Académie des sciences*, année 1754, p. 17.
(c) *Idem, ibidem*, p. 58 et suiv.
(d) *Idem, ibidem*, p. 131 et suiv.
(e) C'est aux bains de San-Filippo, sur le penchant de la montagne de Santa-Fiora, près de Sienne, que M. le docteur Leonardo Vegni a établi sa singulière manufacture d'impressions de médailles et de bas-reliefs, formés par la poudre calcaire que déposent ces eaux :

temps dans cette eau des corps de toute espèce : ceux qui seront spongieux ou poreux recevront l'incrustation tant au dehors qu'au dedans, et si la substance animale ou végétale qui sert de moule vient à pourrir, la concrétion qui reste paraît être une vraie pétrification, c'est-à-dire le corps même qui s'est pétrifié, tandis qu'il n'a été qu'incrusté à l'intérieur comme à l'extérieur.

DU MARBRE

Le marbre est une pierre calcaire dure et d'un grain fin (*), souvent colorée et toujours susceptible de poli : il y a, comme dans les autres pierres calcaires, des marbres de première, de seconde et peut-être de troisième formation. Ce que nous avons dit au sujet des carrières parasites suffit pour donner une juste idée de la composition des pierres ou des marbres que ces carrières renferment ; mais les anciens marbres ne sont pas composés, comme les nouveaux, de simples particules pierreuses réduites par l'eau en molécules plus ou moins fines ; ils sont formés, comme les autres pierres anciennes, de débris de pierres encore plus anciennes, et la plupart sont mêlés de coquilles et d'autres productions de la mer ; tous sont posés par bancs horizontaux ou parallèlement inclinés, et ils ne diffèrent des autres pierres calcaires que par les couleurs, car il y a de ces pierres qui sont presque aussi dures, aussi denses et d'un grain aussi fin que les marbres, et auxquelles néanmoins on ne donne pas le nom de *marbres*, parce qu'elles sont sans couleur décidée, ou plutôt sans diversité de couleurs : au reste, les couleurs, quoique très fortes ou très foncées dans certains marbres, n'en changent point du tout la nature ; elles n'en augmentent sensiblement ni la dureté ni la densité, et n'empêchent pas qu'ils ne se calcinent et se convertissent en chaux, au même dégré de feu que les autres pierres dures. Les pierres à grain fin et que l'on peut polir font la nuance entres les pierres communes et les marbres qui tous sont de la même nature que la pierre, puisque tous font effervescence avec les acides, que tous ont la cassure grenue, et que tous peuvent se réduire en chaux. Je dis tous, parce que je n'entends parler ici que des marbres purs, c'est-à-dire de ceux qui ne sont composés que de matière calcaire sans mélange d'argile, de schiste, de lave ou d'autre matière vitreuse ; car ceux qui sont mêlés d'une grande quantité de ces substances hétérogènes ne sont pas de vrais marbres, mais des pierres mi-parties, qu'on doit considérer à part.

Les bancs des marbres anciens ont été formés, comme les autres bancs calcaires, par le mouvement et le dépôt des eaux de la mer, qui a transporté les coquilles et les matières pierreuses, réduites en petit volume, en graviers, en galets, et les a stratifiées les unes sur les autres ; et il paraît que l'établissement local de la plupart de ces bancs de marbre d'ancienne formation a précédé celui des autres bancs de pierre calcaire, parce qu'on les

pour cela, il les fait tomber d'assez haut sur des lattes de bois placées en travers sur un grand cuveau ; l'eau par cette chute rejaillit en gouttes contre les parois de la cuve, auxquelles sont attachés les modèles et les médailles ; et en peu de temps on les voit couvertes d'une incrustation très fine et très compacte..... On peut même colorer ce sédiment pierreux en rouge, en faisant filtrer l'eau qui doit le déposer à travers du bois de Fernambouc : il faut que cette matière soit bien abondante dans les eaux, puisqu'on assure qu'on a déjà fait par ce moyen des bustes entiers, et que M. le docteur Vegni espère réussir à en faire des statues massives de grandeur humaine. Voyez la note de M. le baron de Dietrich, p. 174 des *Lettres de M. Ferber.*

(*) C'est du carbonate de chaux hydraté.

trouve presque toujours au-dessous de ces mêmes bancs, et que dans une colline composée de vingt ou trente bancs de pierre, il n'y a d'ordinaire que deux ou trois bancs de marbre, souvent un seul, toujours situé au-dessous des autres, à peu de distance de la glaise qui sert de base à la colline; de sorte que communément le banc de marbre porte immédiatement sur cette argile, ou n'en est séparé que par un dernier banc qui paraît être l'égout de tous les autres, et qui est mêlé de marbre, de pyrites et de cristallisations spathiques d'un assez grand volume.

Ainsi, par leur situation au-dessous des autres bancs de pierre calcaire, les bancs de ces anciens marbres ont reçu les couleurs et les sucs pétrifiants dont l'eau se charge toujours en pénétrant d'abord la terre végétale, et ensuite tous les bancs de pierre qui se trouvent entre cette terre et le banc de marbre; et l'on peut distinguer par plusieurs caractères ces marbres d'ancienne formation : les uns portent les empreintes de coquilles dont on voit la forme et les stries; d'autres, comme les *lumachelles*, paraissent composés de petites coquilles de la figure des limaçons; d'autres contiennent des bélemnites, des orthocératites, des astroïtes, des fragments de madrépores, etc. : tous ces marbres qui présentent des impressions de coquilles, sont moins communs que ceux qu'on appelle *brèches*, qui n'offrent que peu ou point de ces productions marines, et qui sont composés de galets et de graviers arrondis, liés ensemble par un ciment pierreux, de sorte qu'ils s'ébrèchent en les cassant, et c'est de là qu'on les a nommés *brèches*.

On peut donc diviser en deux classes ces marbres d'ancienne formation : la première comprend tous ceux auxquels on a donné le nom de brèches, et l'on pourrait appeler *marbres coquilleux* ceux de la seconde classe; les uns et les autres ont des veines de spath, qui cependant sont plus fréquentes et plus apparentes dans les marbres coquilleux que dans les brèches, et ces veines se sont formées lorsque la matière de ces marbres, encore molle, s'est entr'ouverte par le dessèchement; les fentes se sont dès lors peu à peu remplies du suc lapidifique qui découlait des bancs supérieurs, et ce suc spathique a formé les veines qui traversent le fond du marbre en différents sens; elles se trouvent ordinairement dans la matière plus molle qui a servi de ciment pour réunir les galets, les graviers et les autres débris de pierre ou des marbres anciens dont ils sont composés; et ce qui prouve évidemment que ces veines ne sont que des fentes remplies du suc lapidifique, c'est que dans les bancs qui ont souffert quelque effort et qui se sont rompus après le desséchement par un tremblement de terre ou par quelque autre commotion accidentelle, on voit que la rupture, qui dans ce cas a séparé les galets et les autres morceaux durs en deux parties, s'est ensuite remplie de spath, et a formé une petite veine si semblable à la fracture qu'on ne peut la méconnaître. Ce que les ouvriers appellent des *fils* ou des *poils*, dans les blocs de pierre calcaire, sont aussi de petites veines de spath, et souvent la pierre se rompt dans la direction de ces fils en la travaillant au marteau; quelquefois aussi ce spath prend une telle solidité, surtout quand il est mêlé de parties ferrugineuses, qu'il semble avoir autant et plus de résistance que le reste de la matière.

Il en est des taches comme des veines, dans certains marbres d'ancienne formation : on y voit évidemment que les taches sont aussi d'une date postérieure à celle de la masse même de ces marbres, car les coquilles et les débris des madrépores répandus dans cette masse ayant été dissous par l'intermède de l'eau, ont laissé dans plusieurs endroits de ces marbres, des cavités qui n'ont conservé que le contour de leur figure, et l'on voit que ces petites cavités ont été ensuite remplies par une matière blanche ou colorée, qui forme des taches d'une figure semblable à celle de ces corps marins dont elle a pris la place; et lorsque cette matière est blanche, elle est de la même nature que celle du marbre blanc, ce qui semble indiquer que le marbre blanc lui-même est de seconde formation, et a été, comme les albâtres, produit par la stillation des eaux. Cette présomption se confirme lorsque l'on considère qu'il ne se trouve jamais d'impression de coquilles ni d'autres corps marins dans le marbre blanc (*), et que dans ses carrières on ne remarque point les fentes perpendiculaires ni même les délits horizontaux, qui séparent et divisent par bancs et par blocs les autres carrières de pierres calcaires ou de marbres d'ancienne formation : on voit seulement sur ce marbre blanc de très petites gerçures qui ne sont ni régulières ni suivies; l'on en tire des blocs d'un très grand volume et de telle épaisseur que l'on veut, tandis que, dans les marbres d'ancienne formation, les blocs ne peuvent avoir que l'épaisseur du banc dont on les tire, et la longueur qui se trouve entre chacune des fentes perpendiculaires qui traversent ce banc. L'inspection même de la substance du marbre blanc, et les grains spathiques que l'on aperçoit à sa cassure, semblent démontrer qu'il a été formé par la stillation des eaux; et l'on observe de plus que lorsqu'on le taille il obéit au marteau dans tous les sens, soit qu'on l'entame horizontalement ou verticalement, au lieu que, dans les marbres d'ancienne formation, le sens horizontal est celui dans lequel on les travaille plus facilement que dans tout autre sens.

Les marbres anciens sont donc composés :

1º Des débris de pierres dures ou de marbres encore plus anciens et réduits en plus ou moins petit volume. Dans les brèches, ce sont des morceaux très distincts, et qui ont depuis quelques lignes jusqu'à quelques pouces de diamètre. Ceux que les nomenclateurs ont appelé *marbres oolithes*, qui sont composés de petits graviers arrondis, semblables à des œufs de poissons, peuvent être mis au rang des brèches ainsi que les *poudingues calcaires*, composés de gros graviers arrondis.

2º D'un ciment pierreux ordinairement coloré qui lie ces morceaux dans les brèches, et réunit les parties coquilleuses avec les graviers dans les autres marbres : ce ciment, qui fait le fond de tous les marbres, n'est qu'une matière pierreuse anciennement réduite en poudre et qui avait acquis son dernier degré de pétrification avant de se réunir, ou qui l'a pris depuis par la susception du liquide pétrifiant.

Mais les marbres de seconde formation ne contiennent ni galets ni graviers arrondis et ne présentent aucune impression de coquilles : ils sont, comme nous l'avons dit, uniquement composés de molécules pierreuses, charriées et déposées par la stillation des eaux, et dès lors ils sont plus uniformes dans leur texture et moins variés dans leur composition; ils ont ordinairement le grain plus fin et des couleurs plus brillantes que les premiers marbres, desquels néanmoins ils tirent leur origine. On peut en donner des exemples dans tous les marbres antiques et modernes : ceux auxquels on donne le nom d'*antiques* ne nous sont plus connus que par les monuments où ils ont été employés, car les carrières dont ils ont été tirés sont perdues, tandis que ceux qu'on appelle *marbres modernes* se tirent encore actuellement des carrières qui nous sont connues. Le *cipolin* parmi ces marbres antiques, et le *sérancolin* parmi les marbres modernes, sont tous deux de seconde formation; le jaune et le vert antiques et modernes, les marbres blancs et noirs, tous ceux, en un mot, qui sont nets et purs, qui ne contiennent point de galets ni de productions marines dont la figure soit apparente, et qui ne sont, comme l'albâtre, composés que de molécules pierreuses très petites et disposées d'une manière uniforme, doivent être regardés comme des marbres de seconde formation, parmi lesquels il y en a, comme les marbres blancs de Carrare, de Paros, etc., auxquels on a donné mal à propos le nom de *marbres salins*, uniquement à cause qu'ils offrent à leur cassure et quelquefois à leur surface de petit cristaux spathiques en forme de grains de sel; ce qui a fait dire à quelques observateurs superficiels (a) que ces marbres contenaient une grande quantité de sels.

(a) Le docteur Targioni Tozzetti rapporte très sérieusement une observation de Leeuwenhoek, qui prétend avoir découvert dans l'albâtre une très grande quantité de sel, d'où ce

(*) Le marbre blanc dépourvu de fossiles est un calcaire métamorphosé par la chaleur ou l'eau, ou par les deux à la fois.

En général, tout ce que nous avons dit des pierres calcaires anciennes et modernes doit s'appliquer aux marbres; la nature a employé les mêmes moyens pour les former : elle a d'abord accumulé et superposé les débris des madrépores et des coquilles, elle en a brisé, réduit en poudre la plus grande quantité, elle a déposé le tout par lits horizontaux, et ces matières réunies par une force d'affinité, ont pris un premier degré de consistance, qui s'est bientôt augmenté dans les lits inférieurs par l'infiltration du suc pétrifiant qui n'a cessé de découler des lits supérieurs; les pierres les plus dures et les marbres se sont, par cette cause, trouvés au-dessous des autres bancs de pierre; plus il y a eu d'épaisseur de pierre au-dessus de ce banc inférieur, plus la matière en est devenue dense; et lorsque le suc pétrifiant, qui a rempli les pores, s'est trouvé fortement imprégné des couleurs du fer ou d'autres minéraux, il a donné les mêmes couleurs à la masse entière de ce dernier banc; on peut aisément reconnaître et bien voir ces couleurs dans la carrière même ou sur des blocs bruts; en les mouillant avec de l'eau, elle fait sortir ces couleurs et leur donne pour le moment autant de lustre que le poli le plus achevé.

Il n'y a que peu de marbres, du moins en grand volume, qui soient d'une seule couleur. Les plus beaux marbres blancs ou noirs sont les seuls que l'on puisse citer, et encore sont-ils souvent tachés de gris et de brun; tous les autres sont de plusieurs couleurs, et l'on peut même dire que toutes les couleurs se trouvent dans les marbres, car on en connaît des rouges et rougeâtres; des orangés, des jaunes et jaunâtres; des verts et verdâtres; des bleuâtres plus ou moins foncés et des violets; ces deux dernières couleurs sont les plus rares, mais cependant elles se voient dans la *brèche violette* et dans le marbre appelé *bleu turquin*; et du mélange de ces diverses couleurs, il résulte une infinité de nuances différentes dans les marbres gris, isabelles, blanchâtres, bruns ou noirâtres. Dans le grand nombre d'échantillons qui composent la collection des marbres du Cabinet du Roi, il s'en trouve plusieurs de deux, trois et quatre couleurs, et quelques-uns de cinq et six : ainsi les marbres sont plus variés que les albâtres dans lesquels je n'ai jamais vu du bleu ni du vert.

On peut augmenter par l'art la vivacité et l'intensité des couleurs que les marbres ont reçues de la nature. Il suffit pour cela de les chauffer : le rouge deviendra d'un rouge plus vif ou plus foncé, et le jaune se changera en orangé ou en petit rouge. Il faut un certain degré de feu pour opérer ce changement qui se fait en les polissant à chaud; et ces nouvelles nuances de couleur, acquises par un moyen si simple, ne laissent pas d'être permanentes, et ne s'altèrent ni ne changent par le refroidissement ni par le temps : elles sont durables parce qu'elles sont profondes, et que la masse entière du marbre prend par cette grande chaleur ce surcroît de couleur qu'elle conserve toujours.

Dans tous les marbres on doit distinguer la partie du fond, qui d'ordinaire est de couleur uniforme, d'avec les autres parties qui sont par taches ou par veines, souvent de couleurs différentes; les veines traversent le fond et sont rarement coupées par d'autres veines, parce qu'elles sont d'une formation plus nouvelle que le fond, et qu'elles n'ont fait que remplir les fentes occasionnées par le dessèchement de cette matière du fond : il en est de même des taches, mais elles ne sont guère traversées d'autres taches, sinon par quelques filets d'herborisations qui sont d'une formation encore plus récente que celle des veines et des taches; et l'on doit remarquer que toutes les taches sont irréguliè-

docteur italien conjecture que la plus grande partie de la pâte blanche qui compose l'albâtre est une espèce de sel fossile qui, venant à être rongé par les injures de l'air ou par l'eau, laisse à découvert les cristallisations en forme d'aiguilles : « Il y a toujours, dit-il, dans les » albâtres une grande quantité de sel; on le voit tout à fait ressemblant à celui de la mer, » dans certains morceaux que je garde dans mon cabinet. » Voyez le *Journal étranger*, mois d'août 1755, p. 104 et suiv.

rement terminées et comme frangées à leur circonférence, tandis que les veines sont au contraire sans dentelures ni franges, et nettement tranchées des deux côtés dans leur longueur.

Il arrive souvent que dans la même carrière, et quelquefois dans le même bloc, on trouve des morceaux de couleurs différentes, et des taches ou des veines situées différemment; mais pour l'ordinaire les marbres d'une contrée se ressemblent plus entre eux qu'à ceux des contrées éloignées, et cela leur est commun avec les autres pierres calcaires qui sont d'une texture et d'un grain différents dans les différents pays.

Au reste, il y a des marbres dans presque tous les pays du monde, et dès qu'on y voit des pierres calcaires, on peut espérer de trouver des marbres au-dessous (a). Dans la seule province de Bourgogne qui n'est pas renommée pour ses marbres, comme le Languedoc ou la Flandre, M. Guettard (b) en compte cinquante-quatre variétés. Mais nous devons observer que, quoiqu'il y ait de vrais marbres dans ces cinquante-quatre variétés, le plus grand nombre mérite à peine ce nom : leur couleur terne, leur grain grossier, leur poli sans éclat, doivent les faire rejeter de la liste des beaux marbres, et ranger parmi ces pierres dures qui font la nuance entre la pierre et le marbre (c).

Plusieurs de ces marbres sont d'ailleurs sujets à un très grand défaut; ils sont *terrasseux*, c'est-à-dire parsemés de plus ou moins grandes cavités remplies d'une matière terreuse qui ne peut recevoir le poli; les ouvriers ont coutume de pallier ce défaut, en remplissant d'un mastic dur ces cavités ou terrasses; mais le remède est peut-être pire que le mal, car ce mastic s'use au frottement et se fond à la chaleur du feu : il n'est pas rare de le voir couler par gouttes contre les bandes et les consoles des cheminées.

Comme les marbres sont plus durs et plus denses que la plupart des autres pierres calcaires, il faut un plus grand degré de chaleur pour les convertir en chaux; mais aussi cette chaux de marbre est bien meilleure, plus grasse et plus tenace que la chaux de pierre commune : on prétend que les Romains n'employaient pour les bâtiments publics que de la chaux de marbre, et que c'est ce qui donnait une si grande consistance à leur mortier, qui devenait avec le temps plus dur que la pierre.

Il y a des marbres revêches dont le travail est très difficile : les ouvriers les appellent *marbres fiers*, parce qu'ils résistent trop aux outils et qu'ils ne leur cèdent qu'en éclatant; il y en a d'autres qui, quoique beaucoup moins durs, s'égrènent au lieu de s'éclater. D'autres en grand nombre sont, comme nous l'avons dit, parsemés de cavités ou *terrasses*; d'autres sont traversés par un très grand nombre de fils d'un spath tendre, et les ouvriers les appellent *marbres filandreux*.

Au reste, toutes les fois que l'on voit des morceaux de vingt à trente pieds de longueur et au-dessus, soit en pierre calcaire, soit en marbre, on doit être assuré que ces pierres ou ces marbres sont de seconde formation, car dans les bancs de marbres anciens et qui ont été formés et déposés par le transport des eaux de la mer, on ne peut tirer que des blocs d'un bien moindre volume. Les pierres qui forment le fronton de la façade du Louvre, la colonne de marbre qui est auprès de Moret, et toutes les autres longues pièces de marbre ou de pierre, employées dans les grands édifices et dans les monuments, sont toutes de nouvelle formation.

On ne sera peut-être pas fâché de trouver ici l'indication des principaux lieux, soit en France, soit ailleurs, où l'on trouve des marbres distingués : on verra par leur énumération qu'il y en a dans toutes les parties du monde.

(a) « Quoto enim loco non suum marmor invenitur? » dit Pline.

(b) *Mém. de l'Académie des sciences*, année 1763, p. 145 jusqu'à la page 150.

(c) J'ai fait exploiter pendant vingt ans la carrière de marbre de Montbard, et ce que je dis des autres marbres de Bourgogne est d'après mes propres observations.

Dans le pays de Hainaut, le marbre de Barbançon est noir veiné de blanc, et celui de Rance est rouge sale, mêlé de taches et de veines grises et blanches.

Celui de Givet que l'on tire près de Charlemont, sur les frontières du Luxembourg, est noir veiné de blanc, comme celui de Barbançon, mais il est plus net et plus agréable à l'œil.

On tire de Picardie le marbre de Boulogne, qui est une espèce de brocatelle, dont les taches sont fort grandes et mêlées de quelques filets rouges.

Un autre marbre qui tient encore de la brocatelle, se tire de la province de Champagne ; il est taché de gris comme s'il était parsemé d'yeux de perdrix. Il y a encore, dans cette même province, des marbres nuancés de blanc et de jaunâtre.

Le marbre de Caen, en Normandie, est d'un rouge entremêlé de veines et de taches blanches : on en trouve de semblable près de Cannes, en Languedoc.

Depuis quelques années on a découvert dans le Poitou, auprès de la Bonardelière, une carrière de fort beaux marbres ; il y en a de deux sortes : l'un est d'un assez beau rouge foncé, agréablement coupé et varié par une infinité de taches de toutes sortes de formes qui sont d'un jaune pâle ; l'autre, au contraire, est uniforme dans sa couleur ; les blocs en sont gris ou jaunes, sans aucun mélange ni taches (a).

Dans le pays d'Aunis, M. Peluchon a trouvé, à deux lieues de Saint-Jean-d'Angely, un marbre coquillier qu'il compare pour la beauté aux beaux marbres coquilliers d'Italie ; il est en couches dans sa carrière, et il se présente en blocs et en plateaux de quatre à cinq pieds en carré. Il est composé, comme les lumachelles, d'une infinité de petits coquillages. Il y en a du jaunâtre et du gris, et tous deux reçoivent un très beau poli (b).

Dans le Languedoc, on trouve aussi diverses sortes de marbres, qui méritent d'être employés à l'ornement des édifices par la beauté et la variété de leurs couleurs : on en tire une fort grande quantité auprès de la ville de Cannes, diocèse de Narbonne ; il y en a d'incarnat ou d'un rouge pâle, marqués de veines et de taches blanches ; d'autres qui sont d'un bleu turquin, et dans ces marbres turquins, il y en a qui sont mouchetés d'un gris clair.

Il y a aussi, dans les environs de Cannes, une autre sorte de marbre que l'on appelle *griotte*, parce que sa couleur approche beaucoup de celle des cerises de ce nom ; il est d'un rouge foncé mêlé de blanc sale : un autre marbre du même pays est appelé *cervelas*, parce qu'il a des taches blanches sur un fond rougeâtre (c).

En Provence, le marbre de la Sainte-Baume est renommé ; il est taché de rouge, de blanc et de jaune ; il approche de celui que l'on appelle *brocatelle d'Italie :* ce marbre est un des plus beaux qu'il y ait en France.

En Auvergne, il se trouve du marbre rougeâtre mêlé de gris, de jaune et de vert.

En Gascogne, le marbre sérancolin, dans le *val d'Aure* ou *vallée d'Aure*, est d'un rouge de sang ordinairement mêlé de gris et de jaune ; mais il s'y trouve aussi des parties spathiques et transparentes. Ses carrières, qui étaient de seconde formation, et dont on a tiré des blocs d'un très grand volume, sont actuellement épuisées.

Près de Comminges, dans la même province de Gascogne, on trouve à Saint-Bertrand un marbre verdâtre mêlé de taches rouges et de quelques taches blanches.

Le marbre *campan* vient aussi de Gascogne : on le tire près de Tarbes ; il est mêlé plus ou moins de blanc, de rouge, de vert et d'isabelle ; le plus commun de tous est celui qu'on appelle *vert-campan*, qui, sur un beau vert, n'est mêlé que de blanc. Tous ces marbres sont de seconde formation, et on en a tiré d'assez grands blocs pour en faire des colonnes.

(a) *Gazette d'agriculture* du mardi 4 juin 1776.
(b) *Idem*, du mardi 8 août 1775.
(c) *Hist. naturelle du Languedoc*, par M. de Gensane, t. II, p. 199.

Maintenant, si nous passons aux pays 'étrangers, nous trouverons qu'il y a dans le Groënland, sur les bords de la mer, beaucoup de marbres de toutes sortes de couleurs; mais la plupart sont noirs et blancs, parsemés de veines spathiques; le rivage est aussi couvert de quartiers informes de marbre rouge avec des veines blanches, vertes et d'autres couleurs (a).

En Suède et en Angleterre, il y a de même des marbres dont la plupart varient par leurs couleurs.

En Allemagne, on en trouve aux environs de Salzbourg et de Linz différentes variétés : les uns sont d'un rouge lie de vin, d'autres sont olivâtres veinés de blanc, d'autres rouges et rougeâtres, avec des veines blanches, et d'autres sont d'un blanc pâle veinés de noirâtre (b). Il y en a quelques-uns à Bareith, ainsi qu'en Saxe et en Silésie, dont on peut faire des statues, et on tire des environs de Brême du marbre jaune taché de blanc.

A Altorf, près de Nuremberg, on a découvert depuis peu une sorte de marbre remarquable par la quantité de bélemnites et de cornes d'Ammon qu'il contient. Sa carrière est située dans un endroit bas et aquatique; la couche en est horizontale, et n'a que dix-huit à dix-neuf pouces d'épaisseur; elle est recouverte par dix-huit pieds de terre, et se prolonge sous les collines sans changer de direction; elle est divisée par une infinité de fentes perpendiculaires qui ne sont éloignées l'une de l'autre que de trois, quatre et cinq pieds, et ces fentes se multiplient d'autant plus que la couche de marbre s'éloigne davantage des terrains humides, ce qui fait qu'on ne peut pas obtenir de grands blocs de ce marbre; sa couleur, lorsqu'il est brut, paraît être d'un gris d'ardoise, mais le poli lui donne une couleur verte mêlée de gris brun, qui est agréablement relevée par les différentes figures que le mélange des coquilles y a dessinées (c).

Le pays de Liège et la Flandre fournissent des marbres plus ou moins beaux et plus ou moins variés dans leurs couleurs. On en tire de plusieurs sortes aux environs de Dinant : l'une est d'un noir très pur et très beau ; une autre est aussi d'un très beau noir, mais rayée de quelques veines blanches ; une troisième est d'un rouge pâle avec de grandes plaques et quelques veines blanches ; une quatrième est de couleur grisâtre et blanche, mêlée d'un rouge couleur de sang ; et une cinquième, qui vient aussi de Liège, est d'un noir pur et reçoit un beau poli.

On tire, aux environs de Namur, un marbre qui est aussi noir que ce dernier marbre de Liège ; mais il est traversé par quelques filets gris.

Dans le pays des Grisons, il se trouve à Puschiavio plusieurs sortes de marbres : l'un est de couleur incarnate ; un autre, qui se tire sur le mont Jule, est très rouge ; un autre, qui est de couleur blanche, forme un grand rocher auprès de Sanada ; il y a un autre marbre à Tirano, qui est entièrement noir.

A Valmara, dans la Valteline, il y a du marbre rouge, mais en petites masses et seulement propre à faire des mortiers à piler.

Dans le Valais, on trouve, près des sources du Rhin, du marbre noir veiné de blanc.

Le canton de Glaris a aussi des marbres noirs veinés de blanc : on en tire de semblables auprès de Guppenberg, de Schwanden et de Psefers, où il se trouve un autre marbre qui est de couleur grise brune, parsemé de lentilles striées et convexes des deux côtés.

Le canton de Zurich fournit du marbre noir veiné de blanc, qui se tire à Vendenchwil ; un autre qui est aussi de couleur noire, mais rayé ou veiné de jaune, se trouve à Albisrieden.

(a) *Hist. générale des voyages*, t. XIX, p. 28.

(b) *Mém. de l'Académie des sciences*, année 1763, p. 213.

(c) *Description manuscrite du marbre d'Altorf*, découvert par le sieur J. Frédéric Baudet, bourgmestre, envoyée à M. le comte de Buffon.

Le canton de Berne renferme aussi différentes sortes de marbres : il y en a dont le fond est couleur de chair à Scheuznach, et tout auprès de ce marbre couleur de chair on en voit du noir. Entre Aigle et Olon, on tire encore du marbre noir ; à Spiez, le marbre noir est veiné de blanc, et à Grindelwald il est entièrement noir (*a*).

Les marbres d'Italie sont en fort grand nombre, et ont plus de réputation que tous les autres marbres de l'Europe ; celui de Carrare, qui est blanc, se tire vers les côtes de Gênes, et en blocs de telle grandeur que l'on veut ; son grain est cristallin, et il peut être comparé, pour sa blancheur, à l'ancien marbre de Paros.

Le marbre de *Saravezza*, qui se trouve dans les mêmes montagnes que celui de Carrare, est d'un grain encore plus fin que ce dernier : on y voit aussi un marbre rouge et blanc, dont les taches blanches et rouges sont quelquefois tellement distinctes les unes des autres, que ce marbre ressemble à une brèche et qu'on peut lui donner le nom de *brocatelle* ; mais il se trouve de temps en temps une teinte de noirâtre mélangée dans ce marbre. Sa carrière est en masse presque continue comme celui de Carrare, et comme celles de tous les autres marbres cristallins blancs ou d'autres couleurs qui se trouvent dans le Siennois et dans le territoire de Gênes : tous sont disposés en très grandes masses, dans lesquelles on ne voit aucun indice de coquilles, mais seulement quelques crevasses qui sont remplies par une cristallisation de spath calcaire (*b*). Ainsi il ne parait pas douteux que tous ces marbres ne soient de seconde formation.

Les environs de Carrare fournissent aussi deux sortes de marbres verts : l'une, que l'on nomme improprement *vert d'Égypte*, est d'un vert foncé avec quelques taches de blanc et de gris de lin ; l'autre, que l'on nomme *vert de mer*, est d'une couleur plus claire mêlée de veines blanches.

On trouve encore un marbre sur les côtes de Gênes, dont la couleur est d'un gris d'ardoise mêlé de blanc sale ; mais ce marbre est sujet à se tacher et à jaunir après avoir reçu le poli.

On tire encore sur le territoire de Gênes le marbre *porto-venere* ou *porte-cuivre*, dont la couleur est noire, veinée de jaune, et qui est moins estimé lorsqu'il est veiné de blanchâtre.

Le marbre de *Margore*, qui se tire du Milanez, est fort dur et assez commun : sa couleur est un gris d'ardoise mêlé de quelques veines brunes ou couleur de fer.

Dans l'île d'Elbe, on trouve à Sainte-Catherine une carrière abondante de marbre blanc veiné de vert noirâtre (*c*).

Le beau marbre de Sicile est d'un rouge brun mêlé de blanc et isabelle : ces couleurs sont très vives et disposées par taches carrées et longues.

Tous les marbres précédents sont modernes ou nouvellement connus : les carrières de ceux que l'on appelle *antiques* sont aujourd'hui perdues, comme nous l'avons dit, et réellement perdues à jamais, parce qu'elles ont été épuisés ainsi que la matière qui les formait : on ne compte que treize ou quatorze variétés de ces marbres antiques (*d*), dont nous ne ferons pas l'énumération, parce qu'on peut se passer de décrire, dans une histoire naturelle générale, les détails des objets particuliers qui ne se trouvent plus dans la nature.

Le marbre blanc de Paros est le plus fameux de tous ces marbres antiques : c'est celui

(*a*) M. Guettard, *Mém. de l'Académie des sciences*, année 1752, p. 325 et suiv.

(*b*) *Lettres sur la minéralogie*, par M. Ferber, traduites par M. le baron de Dietrich, p. 449 et suiv.

(*c*) *Observations sur les mines de fer de l'île d'Elbe*, par M. Ermenegildo ; *Journal de physique*, mois de décembre 1778.

(*d*) Voyez l'*Encyclopédie*, article *Maçonnerie*.

que les grands artistes de la Grèce ont employé pour faire ces belles statues que nous admirons encore aujourd'hui non seulement par la perfection de l'ouvrage, mais encore par sa conservation depuis plus de vingt siècles. Ce marbre s'est trouvé dans les îles de Paros, de Naxos et de Tinos; il a le grain plus gros que celui de Carrare, et il est mêlé d'une grande quantité de petits cristaux de spath, ce qui fait qu'il s'égrène aisément en le travaillant; et c'est ce même spath qui lui donne un degré de transparence presque aussi grande que celle de l'albâtre, auquel il ressemble encore par son peu de dureté : ce marbre est donc évidemment de seconde formation; on le tire encore aujourd'hui des grandes grottes ou cavernes qui se trouvent sous la montagne que les anciens ont nommée *Marpesia*. Pline dit qu'ils donnaient à ce marbre l'épithète de *lychnites*, parce que les ouvriers le travaillaient sous terre à la lumière des flambeaux. Dapper, dans sa description des îles de l'Archipel (a), rapporte que dans cette montagne *Marpesia*, il y a des cavernes extraordinairement profondes, où la lumière du jour ne peut pénétrer, et que le grand seigneur, ainsi que les grands de la Porte, n'emploient pas d'autre marbre que celui qu'on en tire pour décorer leurs plus somptueux bâtiments.

Il y a dans l'île de *Thasos*, aujourd'hui *Tasso*, quelques montagnes dont les rochers sont d'un marbre fort blanc, et d'autres rochers d'un marbre tacheté et parsemé de veines d'un beau jaune : ce marbre était en grande estime chez les Romains, comme il l'est encore dans tous les pays voisins de cet île (b).

En Espagne, comme en Italie et en Grèce, il y a des collines et même des montagnes entières de marbre blanc : on en tire aussi dans les Pyrénées du côté de Bayonne, qui est semblable au marbre de Carrare, à l'exception de son grain qui est plus gros, et qui lui donne beaucoup de rapport au marbre blanc de Paros; mais il est encore plus tendre que ce dernier, et sa couleur blanche est sujette à prendre une teinte jaunâtre. Il se trouve aussi dans les mêmes montagnes un autre marbre d'un vert brun taché de rouge.

M. Bowles donne, dans les termes suivants, la description de la montagne de *Filabres* près d'Almeria, qui est tout entière de marbre blanc. « Pour se former, dit-il, une juste » idée de cette montagne, il faut se figurer un bloc ou une pièce de marbre blanc d'une » lieue de circuit, et de deux mille pieds de hauteur, sans aucun mélange d'autres pierres » ni terre; le sommet est presque plat, et on découvre en différents endroits le marbre, » sans que les vents, les eaux, ni les autres agents qui décomposent les rochers les plus » durs, y fassent la moindre impression... Il y a un côté de cette montagne coupé presque » à plomb, et qui depuis le vallon paraît comme une énorme muraille de plus de mille » pieds de hauteur, toute d'une seule pièce solide de marbre, avec si peu de fentes et si » petites, que la plus grande n'a pas six pieds de long ni plus d'une ligne de large (c). »

On trouve, aux environs de Molina, du marbre couleur de chair et blanc; et à un quart de lieue du même endroit, il y a une colline de marbre rougeâtre, jaune et blanc, qui a le grain comme le marbre de Carrare.

La carrière de marbre de Naquera, à trois lieues de Valence, n'est pas en masses épaisses : ce marbre est d'un rouge obscur, orné de veines capillaires noires qui lui donnent une grande beauté. Quoiqu'on le tire à fleur de terre, et que ses couches ne soient pas profondes, il est assez dur pour en faire des tables épaisses et solides, qui reçoivent un beau poli.

On trouve à Guipozcoa en Navarre, et dans la province de Barcelone, un marbre semblable au sérancolin (d).

(a) Pages 261 et 262.
(b) Dapper, *Description de l'Archipel*, p. 254.
(c) *Hist. naturelle d'Espagne*, p. 127 et suiv.
(d) *Idem*, p. 26, 138 et 717.

En Asie, il y a certainement encore beaucoup plus de marbres qu'en Europe, mais ils sont peu connus, et peut-être la plupart ne sont pas découverts ; le docteur Shaw parle du marbre herborisé du mont Sinaï, et du marbre rougeâtre qui se tire aux environs de la mer Rouge. Chardin assure qu'il y a de plusieurs sortes de marbres en Perse, du blanc, du noir, du rouge, et du marbré de blanc et de rouge (a).

A la Chine, disent les voyageurs, le marbre est si commun, que plusieurs ponts en sont bâtis : on y voit aussi nombre d'édifices où le marbre blanc est employé, et c'est surtout dans la province de *Schang-Tong* qu'on en trouve en quantité (b) ; mais on prétend que les Chinois n'ont pas les arts nécessaires pour travailler le marbre aussi parfaitement qu'on le fait en Europe. Il se trouve, à dix ou quinze lieues de Pékin, des carrières de marbre blanc, dont on tire des masses d'une grandeur énorme, et dont on voit de très hautes et de très grosses colonnes dans quelques cours du palais de l'empereur (c).

Il y a aussi à Siam, selon la Loubère, une carrière de beau marbre blanc (d) ; et comme ce marbre blanc est plus remarquable que les marbres de couleur, les voyageurs n'ont guère parlé de ces derniers, qui doivent être encore plus communs dans les pays qu'ils ont parcourus (e). Ils en ont reconnu quelques-uns en Afrique, et le marbre africain était très estimé des Romains ; mais le docteur Shaw, qui a visité les côtes d'Alger, de Tunis et de l'ancienne Carthage en observateur exact, et qui a recherché les carrières de ces anciens marbres, assure qu'elles sont absolument perdues, et que le plus beau marbre qu'il ait pu trouver dans tout le pays, n'était qu'une pierre assez semblable à la pierre de Lewington en Angleterre (f). Cependant Marmol (g) parle d'un marbre blanc qui se trouve dans la montagne d'Hentèle, l'une des plus hautes de l'Atlas ; et l'on voit dans la ville de Maroc de grands piliers et des bassins d'un marbre blanc fort fin, dont les carrières sont voisines de cette ville.

Dans le nouveau monde, on trouve aussi du marbre en plusieurs endroits. M. Guettard parle d'un marbre blanc et rouge qui se tire près du *portage talon* de la *petite rivière* au Canada, et qui prend un très beau poli, quoiqu'il soit parsemé d'un grand nombre de points de plomb qui pourraient faire prendre ce marbre pour une mine de plomb.

Plusieurs voyageurs ont parlé des marbres du diocèse de la Paz au Pérou, dont il y a des carrières de diverses couleurs (h). Alphonse Barba cite le pays d'*Atacama*, et dit qu'on y trouve des marbres de diverses couleurs et d'un grand éclat. « Dans la ville impériale » de Potosi, il y avait, dit-il, un grand morceau de marbre, taillé en forme de table de six » palmes et six doigts de longueur, cinq palmes et six doigts de large, et deux doigts » d'épaisseur ; ce grand morceau représentait une espèce de treillage ou jalousie, formé d'un » beau mélange de couleurs très vives en rouge clair, brun, noir, jaune, vert et blanc... A » une lieue des mines de *Verenguela*, il y a d'autres marbres qui ne sont pas inférieurs à

(a) *Voyage en Perse*, t. II, p. 23.

(b) *Hist. générale des voyages*, t. V, p. 439.

(c) *Idem*, t. VII, p. 515.

(d) *Histoire générale des voyages*, t. IX, p. 307.

(e) Il y a des carrières de très beau marbre blanc (aux Philippines), qui ont été inconnues pendant plus de deux cents ans : on en doit la découverte à don Estevan Roxas y Melo..... Ces carrières sont à l'est de Manille..... La montagne qui renferme ce précieux dépôt s'étend à plusieurs lieues du nord au sud..... Mais cette carrière est restée là, on n'en parle presque plus, et on fait déjà venir de Chine (comme on le faisait auparavant) les marbres dont on a besoin à Manille. *Voyage dans les mers de l'Inde*, par M. le Gentil ; Paris, 1781, t. II, in-4°, p. 35 et 36.

(f) *Voyage en Afrique*, traduit de l'anglais, t. Ier, p. 303.

(g) *L'Afrique* de Marmol, t. II, p. 74.

(h) Voyez *Hist. générale des voyages*, t. XIII, p. 318.

» ceux d'Atacama pour le lustre, sans avoir néanmoins les mêmes variétés de couleurs, car
» ils sont blancs et transparents en quelques endroits comme l'albâtre (*a*). »

A la vue de cette énumération que nous venons de faire de tous les marbres des différents pays, on pourrait croire que, dans la nature, les marbres de seconde formation sont bien
plus communs que les autres, parce qu'à peine s'en trouve-t-il deux ou trois dans lesquels il
soit dit qu'on ait vu des impressions de coquilles ; mais ce silence sur les marbres de première
formation ne vient que de ce qu'ils ont été moins recherchés que les seconds, parce que
ceux-ci sont en effet plus beaux, d'un grain plus fin, de couleurs plus décidées, et qu'ils
peuvent se tirer en volume bien plus grand et se travailler plus aisément : ces avantages
ont fait que dans tous les temps on s'est attaché à exploiter ces carrières de seconde formation de préférence à celles des premiers marbres, dont les bancs horizontaux sont toujours surmontés de plusieurs autres bancs de pierre qu'il faut fouiller et débiter auparavant, tandis que la plupart des marbres de seconde formation se trouvent, comme les
albâtres, ou dans des cavernes souterraines, ou dans des lieux découverts et plus bas que
ceux où sont situés les anciens marbres. Car quand il se trouve des marbres de seconde
formation jusqu'au-dessus des collines, comme dans l'exemple de la montagne de marbre
blanc cité par M. Bowles, il faut seulement en conclure que jadis ce sommet de colline
n'était que le fond d'une caverne dans laquelle ce marbre s'est formé, et que l'ancien
sommet était plus élevé et recouvert de plusieurs bancs de pierre ou de marbre qui ont
été détruits après la formation du nouveau marbre : nous avons cité un exemple à peu
près pareil au sujet des bancs de pierres calcaires dures qui se trouvent quelquefois au
sommet des collines (*b*).

Dans les marbres anciens, il n'y a que la matière pierreuse en masse continue ou en
morceaux séparés, avec du spath en veines ou en cristaux et des impressions de coquilles ;
ils ne contiennent d'autres substances hétérogènes que celles qui leur ont donné des couleurs, ce qui ne fait qu'une quantité infiniment petite, relativement à celle de leur masse,
en sorte qu'on peut regarder ces premiers marbres, quoique colorés, comme entièrement
composés de matières calcaires : aussi donnent-ils de la chaux qui est ordinairement grise,
et qui, quoique colorée, est aussi bonne et même meilleure que celle de la pierre commune.
Mais dans les marbres de seconde formation, il y a souvent plus ou moins de mélange
d'argile ou de terre limoneuse avec la matière calcaire (*c*). On reconnaîtra, par l'épreuve
de la calcination, la quantité plus ou moins grande de ces deux substances hétérogènes ;
car si les marbres contiennent seulement autant d'argile qu'en contient la marne, ils ne

(*a*) *Métallurgie* d'Alphonse Barba, t. Ier, p. 56 et suiv.

(*b*) Voyez ci-devant l'article de la *Pierre calcaire*.

(*c*) Les veines vertes qui se rencontrent dans le marbre Campan sont dues, selon M. Bayen,
à une matière schisteuse. Il en est de même de celles qui se trouvent dans le marbre cipolin ; et, par les expériences qu'il a faites sur ce dernier marbre, il a reconnu que les veines
blanches contenaient aussi une petite portion de quartz.

La matière verte d'un autre morceau de cipolin, soumis à l'expérience, était une sorte
de mica qui, selon M. Daubenton, était le vrai *talcite*.

Un morceau de vert antique, soumis de même à l'expérience, a fourni aussi une matière
talqueuse.

Un échantillon de marbre rouge appelé *griotte* a fourni à M. Bayen du schiste couleur
de lie de vin.

Un échantillon envoyé d'Autun, sous le nom de *marbre noir antique*, avait de la disposition à se séparer par couches, et son grain n'avait aucun rapport avec celui des marbres
proprement dits ; M. Bayen a reconnu que ce marbre répandait une forte odeur bitumineuse et qu'il serait bien placé avec les bitumes, ou du moins avec les schistes bitumi-
neux. *Examen chimique de différentes pierres*, par M. Bayen ; *Journal de physique* de
juillet 1778.

feront que de la mauvaise chaux ; et, s'ils sont composés de plus d'argile, de limon, de lave ou d'autres substances vitreuses que de matières calcaires, ils ne se convertiront point en chaux, ils résisteront à l'action des acides, et, n'étant marbres qu'en partie, on doit, comme je l'ai dit, les rejeter de la liste des vrais marbres et les placer dans celle des pierres mi-parties et composées de substances différentes.

Or, l'on ne doit pas être étonné qu'il se trouve des mélanges dans les marbres de seconde formation : à la vérité, ceux qui auront été produits, précisément de la même manière que les albâtres, dans des cavernes uniquement surmontées de pierres calcaires ou de marbres, ne contiendront de même que des substances pierreuses et spathiques, et différeront des albâtres qu'en ce qu'ils seront plus denses et uniformément remplis de ces mêmes sucs pierreux ; mais ceux qui se seront formés, soit au-dessous des collines d'argile surmontées de rochers calcaires, soit dans des cavités au-dessus desquelles il se trouve des matières mélangées, des marnes, des tuffeaux, des pierres argileuses, des grès ou bien des laves et d'autres matières volcaniques, seront tous également mêlés de ces différentes matières ; car ici la nature passe, non pas par degrés et nuances d'une même matière, mais par doses différentes de mélange, du marbre et de la pierre calcaire la plus pure à la pierre argileuse et au schiste.

Mais, en renvoyant à un article particulier les pierres mi-parties et composées de matière vitreuse et de substance calcaire, nous pouvons joindre aux marbres brèches une grande partie des pierres appelées *poudingues*, qui sont formées de morceaux arrondis et liés ensemble par un ciment qui, comme dans les marbres brèches, fait le fond de ces sortes de pierres. Lorsque les morceaux arrondis sont de marbre ou de pierre calcaire, et que le ciment est de cette même nature, il n'est pas douteux que ces poudingues entièrement calcaires ne soient des espèces de marbres brèches, car ils n'en diffèrent que par quelques caractères accidentels, comme de ne se trouver qu'en plus petits volumes et en masses assez irrégulières, d'être plus ou moins durs ou susceptibles de poli, d'être moins homogènes dans leur composition, etc., mais, étant au reste formés de même et entièrement composés de matière calcaire, on ne doit pas les séparer des marbres brèches, pourvu toutefois qu'ils aient à un certain degré la qualité qu'on exige de tous les marbres, c'est-à-dire qu'ils soient susceptibles de poli.

Il n'en est pas de même des poudingues, dont les morceaux arrondis sont de la nature du silex ou du caillou, et dont le ciment est en même temps de matière vitreuse, tels que les cailloux de Rennes et d'Angleterre : ces poudingues sont, comme l'on voit, d'un autre genre, et doivent être réunis aux cailloux en petites masses, et souvent ils ne sont que des débris du quartz, du jaspe et du porphyre.

Nous avons dit que toutes les pierres arrondies et roulées par les eaux du Rhône, que M. de Réaumur prenait pour de vrais cailloux, ne sont que des morceaux de pierre calcaire : je m'en suis assuré non seulement par mes propres observations, mais encore par celles de plusieurs de mes correspondants. M. de Morveau, savant physicien et mon très digne ami, m'écrit, au sujet de ces prétendus cailloux, dans les termes suivants : « J'ai » observé, dit-il, que ces cailloux gris noirs, veinés d'un beau blanc, si communs aux » bords du Rhône, qu'on a regardés comme de vrais cailloux, ne sont que des pierres cal- » caires roulées et arrondies par le frottement, qui toutes me paraissent venir de Millery » en Suisse, seul endroit que je connaisse où il y ait une carrière analogue ; de sorte que » les masses de ces pierres, qui couvrent quarante lieues de pays, sont des preuves non » équivoques d'un immense transport par les eaux (*a*). » Il est certain que des eaux aussi rapides que celles du Rhône peuvent transporter d'assez grosses masses de pierres à de très grandes distances ; mais l'origine de ces pierres arrondies me paraît bien plus ancienne

(*a*) Lettre de M. de Morveau à M. de Buffon, datée de Bourg-en-Bresse, le 22 sept. 1778.

que l'action du courant des fleuves et des rivières, puisqu'il y a des montagnes presque entièrement composées de ces pierres arrondies qui n'ont pu y être accumulées que par les eaux de la mer : nous en avons donné quelques exemples. M. Guettard rapporte, « qu'entre » Saint-Chaumont en Lyonnais et Rives-de-Gier, les rochers sont entièrement composés de » *cailloux* roulés... que les lits des montagnes ne sont faits eux-mêmes que de ces amas » de cailloux entassés... que le chemin qui est au bas des montagnes est également rempli » de ces cailloux... qu'on en retrouve après Bourgnais ; qu'on n'y voit que de ces pierres » dans les chemins, de même que dans les campagnes voisines et dans les coupes des » fossés... qu'ils ressemblent à ceux qui sont roulés par le Rhône... que des coupes de » montagne assez hautes, telles que celles qui sont à la porte de Lyon, en font voir abon- » damment, qu'ils sont au-dessous d'un lit qu'on prendrait pour un sable marneux... que » le chemin qui conduit de Lyon à Saint-Germain est également rempli de ces cailloux ; » qu'avant d'arriver à Fontaine, on passe une montagne qui en est composée ; que ces » cailloux sont de la grosseur d'une noix, d'un melon et de plusieurs autres dimensions » entre ces deux-ci ; qu'on en voit des masses qui forment de mauvais poudingues... que » ces cailloux roulés se voient aussi le long du chemin qui est sur le bord de la Saône ; » que les montagnes en sont presque entièrement formées, et qu'elles renferment des pou- » dingues semblables à ceux qui sont de l'autre côté de la rivière (*a*).

M. de la Galissonière, cité par M. Guettard, dit « qu'en sortant de Lyon, à la droite » du Rhône, on rencontre des poudingues ; qu'on trouve dans quelques endroits du Lan- » guedoc de ces mêmes pierres ; que tous les bords du Rhône en Dauphiné en sont garnis, » et même à une très grande élévation au-dessus de son lit, et que tout le terrain est » rempli de ces cailloux roulés, mais qui me paraissent, ajoute M. de la Galissonière, » plutôt des pierres noires calcaires que de vrais cailloux ou silex : ils forment dans plu- » sieurs endroits des poudingues ; le plus grand nombre sont noirs, mais il y en a aussi » de jaunes, de rougeâtres et très peu de blancs (*b*). »

M. Guettard fait encore mention de plusieurs autres endroits où il a vu de ces cailloux roulés et des poudingues formés par leur assemblage en assez grosses masses. « Après » avoir passé Luzarches et la Morlaix, on monte, dit-il, une montagne dont les pierres » sont blanches, calcaires, remplies de pierres *numismales*, de peignes et de différentes » autres coquilles mal conservées, et d'un si grand nombre de cailloux roulés, petits et » de moyenne grosseur, qu'on pourrait regarder ces rochers comme des poudingues coquil- » liers : en suivant cette grande route, on retrouve les cailloux roulés à Creil, à Fitz- » James et dans un endroit appelé *la Folie* : ils ne diffèrent pas essentiellement de ceux » qui se présentent dans les cantons précédents, ni par leur grosseur, ni par leur couleur » qui est communément noirâtre. Cette couche noire est celle que j'ai principalement » remarquée dans les cailloux roulés que j'ai observés parmi les sables de deux endroits » bien éloignés de ces derniers. Ces sables sont entre Andreville et Épernon (*c*). » Les cailloux roulés qui se trouvent dans les plaines de la Crau d'Arles sont aussi des pierres calcaires de couleur bleuâtre : on voit de même sur les bords et dans le lit de la rivière Necker, près de Cronstadt, en Allemagne, des masses considérables de poudingues formés de morceaux calcaires, arrondis, blancs, gris, roussâtres, etc. ; il se trouve des masses semblables de ces galets réunis sur les montagnes voisines et jusqu'à leur sommet, d'où ils ont sans doute roulé dans les plaines et dans le lit des rivières.

On peut regarder le marbre appelé *brèche antique* comme un poudingue calcaire, com- posé de gros morceaux arrondis bien distincts, les uns blancs, bleus, rouges, et les autres

(*a*) *Mémoires de l'Académie des sciences*, année 1753, p. 158.
(*b*) *Idem, ibidem*, p. 159.
(*c*) *Idem*, année 1753, p. 186.

noirs, ce qui rend cette brèche très belle par ses variétés de couleurs. La brèche d'Alep est de même composée, comme la brèche antique, de morceaux arrondis, dont la couleur est isabelle. La brèche de Saravèze ou Saravèche présente des morceaux arrondis d'un bien plus grand diamètre, dont la plupart tirent sur la couleur violette, et dont les autres sont blancs ou jaunâtres. Dans la brèche violette commune, il y a des morceaux arrondis assez gros et d'autres bien plus petits; la plupart sont blancs et les autres d'un violet faible.

Tous les poudingues calcaires sont donc des espèces de brèches, et on ne les en aurait pas séparés si d'ordinaire ils ne se fussent pas trouvés différents des brèches par leur ciment, qui est moins dur et qui ne peut recevoir le poli. Il ne manque donc à ces poudingues calcaires qu'un degré de pétrification de plus pour être entièrement semblables aux plus beaux marbres brèches, de la même manière que dans les poudingues composés de vrais cailloux vitreux arrondis, il ne manque qu'un degré de pétrification dans leur ciment pour en faire des matières aussi dures que les porphyres ou les jaspes.

DU PLATRE ET DU GYPSE

Le plâtre et le gypse sont des matières calcaires (*), mais imprégnées d'une assez grande quantité d'acide vitriolique pour que ce même acide et même tous les autres n'y fassent plus d'impression : cet acide vitriolique est seul dans le gypse, mais il est combiné dans le plâtre avec d'autres acides; et, pour que les noms ne fassent pas ici confusion, j'avertis que j'appelle *gypse* ce que les nomenclateurs ont nommé *sélénite*, par le rapport très éloigné qu'ont les reflets de la lumière sur le gypse avec la lumière de la lune.

Ces deux substances, le gypse et le plâtre, qui sont au fond les mêmes, ne sont jamais bien dures; souvent elles sont friables, et toujours elles se calcinent à un degré de chaleur moindre que celui du feu nécessaire pour convertir la pierre calcaire en chaux. On les broie après la calcination; et, en les détrempant alors avec de l'eau, on en fait une pâte ductile qui reçoit toutes sortes de formes, qui se sèche en assez peu de temps, se durcit en se séchant, et prend une consistance aussi ferme que celles des pierres tendres ou de la craie dure.

Le gypse et le plâtre calcinés forment, comme la chaux vive, une espèce de crème à la surface de l'eau, et l'on observe que, quoiqu'ils refusent de s'unir avec les acides, ils s'imbibent facilement de toutes les substances grasses. Pline dit que cette dernière propriété des gypses était si bien connue qu'on s'en servait pour dégraisser les laines : c'est aussi en polissant les plâtres à l'huile, qu'on leur donne un lustre presque aussi brillant que celui d'un beau marbre.

L'acide qui domine dans tous les plâtres est l'acide vitriolique ; et si cet acide était seul dans toutes ces matières, comme il l'est dans le gypse, on serait en droit de dire que le gypse et le plâtre ne sont absolument qu'une seule et même chose ; mais l'on verra, par quelques expériences rapportées ci-après, que le plâtre contient non seulement de l'acide vitriolique, mais aussi des acides nitreux et marins, et que par conséquent on ne doit pas regarder le gypse et le plâtre comme des substances dont l'essence soit absolument la même : je ne fais cette réflexion qu'en conséquence de ce que nos chimistes disent « que le » plâtre ou gypse n'est qu'un sel vitriolique à base de terre calcaire, c'est-à-dire une vraie

---

(*) Le gypse est un sulfate de chaux hydraté; on le transforme en plâtre par la calcination, qui lui enlève son eau.

» sélénite (a). » Il me semble qu'on peut distinguer l'un de l'autre, en disant que le gypse n'est en effet imprégné que de l'acide vitriolique, tandis que le plâtre contient non seulement l'acide vitriolique avec la base calcaire, mais encore une portion d'acide nitreux. D'ailleurs le prétendu gypse, fait artificiellement en mélant de l'acide vitriolique avec une terre calcaire, ne ressemble pas assez au gypse ou au plâtre produit par la nature pour qu'on puisse dire que c'est une seule et même chose : M. Pott avoue même que ces deux produits de l'art et de la nature ont des différences sensibles ; mais, avant de prononcer affirmativement sur le nombre et la qualité des éléments dont le plâtre est composé après la calcination, il faut d'abord le voir et l'examiner dans son état de nature.

Les plâtres sont disposés, comme les pierres calcaires, par lits horizontaux ; mais tout concourt à prouver que leur formation est postérieure à celle de ces pierres. 1º Les masses ou couches de plâtre surmontent généralement les bancs calcaires et n'en sont jamais surmontés ; ces plâtres ne sont recouverts que de couches plus ou moins épaisses d'argile ou de marne amoncelées, et souvent mélangées de terre limoneuse. 2º La substance du plâtre n'est évidemment qu'une poudre détachée des masses calcaires anciennes, puisque le plâtre ne contient point de coquilles, et qu'on y trouve, comme nous le verrons, des ossements d'animaux terrestres, ce qui suppose une formation postérieure à celle des bancs calcaires. 3º Cette épaisseur d'argile, dont on voit encore la plupart des carrières de plâtre surmontées, semble être la source d'où l'acide a découlé pour imprégner les plâtres, en sorte que la formation des masses plâtreuses paraît tenir à la circonstance de ces dépôts d'argile rapportés sur les débris des matières calcaires, telles que les craies, qui dès lors ont reçu par stillation les acides, et surtout l'acide vitriolique plus abondant qu'aucun autre dans les argiles, ce qui n'empêche pas que, lors de sa formation, le plâtre n'ait aussi reçu d'autres principes salins, dont l'eau de mer était imprégnée, et c'est en quoi le plâtre diffère du gypse dans lequel l'acide vitriolique est seul combiné avec la terre calcaire.

Mais de quelque part que viennent les acides contenus dans le plâtre, il est certain que le fond de sa substance n'est qu'une poussière calcaire qui ne diffère de la craie qu'en ce qu'elle est fortement imprégnée de ces mêmes acides ; et ce mélange d'acides dans la matière calcaire suffit pour en changer la nature, et pour donner aux stalactites qui se forment dans le plâtre des propriétés et des formes toutes différentes de celles des spaths et autres concrétions calcaires : les parties intégrantes du gypse, vues à la loupe, paraissent être tantôt des prismes engrenés les uns dans les autres, tantôt de longues lames avec des fibres uniformes en filaments allongés, comme dans l'alun de plume, auquel l'acide donne aussi cette forme, mais dans une matière bien différente, puisque la base de l'alun est argileuse, au lieu que celle de tout plâtre est calcaire.

La plupart des auteurs ont employé sans distinction le nom de *gypse* et celui de *plâtre* pour signifier la même chose ; mais, pour éviter une seconde confusion de nom, nous n'appellerons *plâtre* que celui qui est opaque, et que l'on trouve en grands bancs comme la pierre calcaire, d'autant que le nom de *gypse* n'est connu ni dans le commerce, ni par les ouvriers qui nomment plâtre toute matière gypseuse et opaque : nous n'appliquerons donc le nom de gypse qu'à ce que l'on appelait sélénite, c'est-à-dire à ces morceaux transparents et toujours de figure régulière que l'on trouve dans toutes les carrières plâtreuses.

Le plâtre ressemble, dans son état de nature, à la pierre calcaire tendre ; il est de même opaque et si friable qu'il ne peut recevoir le moindre poli ; le gypse au contraire est transparent dans toute son épaisseur ; sa surface est luisante et colorée de jaunâtre, de verdâtre, et quelquefois elle est d'un blanc clair. Les dénominations de *pierre spéculaire*

(a) *Dictionnaire de chimie*, in-12 ; Paris, 1778, t. II, p. 429.

ou de *miroir d'âne*, que le vulgaire avec quelques nomenclateurs ont données à cette matière cristallisée, n'étant fondées que sur des rapports équivoques ou ridicules, nous préférons avec raison le nom de *gypse*; car le talc, aussi bien que le gypse, pourrait être appelé *pierre spéculaire*, puisque tous deux sont transparents, et la dénomination de *miroirs à âne*, ou *miroir d'âne*, n'aurait jamais dû sortir de la plume de nos docteurs.

Le gypse est transparent et s'exfolie, comme le talc, en lames étendues et minces; il perd de même sa transparence au feu; mais il en diffère même à l'extérieur, en ce que le talc est plus doux et comme onctueux au toucher; il en diffère aussi par sa cassure spathique et chatoyante; il est calcinable et le talc ne l'est pas; le plus petit degré de feu rend opaque le gypse le plus transparent, et il prend par la calcination plus de blancheur que l'autre plâtre.

De quelque forme que soient les gypses, ce sont toujours des stalactiques du plâtre qu'on peut comparer aux spaths des matières calcaires : ces stalactites gypseuses sont composées ou de grandes lames appliquées les unes contre les autres, ou de simples filets posés verticalement les uns sur les autres, ou enfin de grains à facettes irrégulières, réunis latéralement les uns auprès des autres ; mais toutes ces stalactites gypseuses sont transparentes, et par conséquent plus pures que les stalactites communes de la pierre calcaire (a); et quand je réduis à ces trois formes de lames, de filets et de grains, les cristallisations gypseuses, c'est seulement parce qu'elles se trouvent le plus communément, car je ne prétends pas exclure les autres formes qui ont été ou qui seront remarquées par les observateurs, puisqu'ils trouveront en ce genre, comme je l'ai moi-même observé dans les spaths calcaires, des variétés presque innombrables dans la figure de ces cristallisations, et qu'en général la forme de cristallisation n'est pas un caractère constant, mais plus équivoque et plus variable qu'aucun autre des caractères par lesquels on doit distinguer les minéraux.

Nous pensons qu'on peut réduire à trois classes principales les stalactites transparentes de tous les genres : 1° les cristaux quartzeux, ou cristaux de roche, qui sont les stalactites du genre vitreux, et sont en même temps les plus dures et les plus diaphanes; 2° les spaths, qui sont les stalactites des matières calcaires, et qui ne sont pas à beaucoup près aussi durs que les cristaux vitreux; 3° les gypses qui sont les stalactites des matières plâtreuses, et qui sont les plus tendres de toutes. Le degré de feu, qui est nécessaire pour faire perdre la transparence à toutes ces stalactites, paraît proportionnel à leur dureté : il ne faut qu'une chaleur très médiocre pour blanchir le gypse et le rendre opaque; il en faut une plus grande pour blanchir le spath et le réduire en chaux, et enfin le feu le plus violent de nos fourneaux ne fait que très peu d'impression sur le cristal de roche et ne le

(a) M. Sage, savant chimiste de l'Académie des sciences, distingue neuf espèces de matières plâtreuses : 1° la terre gypseuse, blanche et friable comme la craie, et qui n'en diffère qu'en ce qu'elle ne fait point effervescence avec les acides; 2° l'albâtre gypseux qui est susceptible de poli, et qui est ordinairement demi-transparent; 3° la pierre à plâtre qui n'est point susceptible de poli; 4° le gypse ou sélénite cunéiforme, appelé aussi *pierre spéculaire*, *miroir d'âne*, et vulgairement *talc de Montmartre*; 5° le gypse ou sélénite rhomboïdale, dont il a trouvé des morceaux dans une argile rouge et grise de la montagne de Saint-Germain-en-Laye; 6° le gypse ou sélénite prismatique décaèdre, dont il a vu des morceaux dans l'argile noire de Picardie; 7° la sélénite basaltine en prismes hexaèdres dans une argile grise de Montmartre; 8° le gypse ou sélénite lenticulaire, dont les cristaux sont opaques ou demi-transparents, et forment des groupes composés de petites masses orbiculaires renflées dans le milieu, amincies vers les bords; 9° enfin le gypse ou sélénite striée, composée de fibres blanches, opaques et parallèles, ordinairement brillantes et satinées : on la trouve en Franche-Comté, à la Chine, en Sibérie, et on lui donne communément le nom de *gypse de la Chine*. *Éléments de minéralogie docimastique*, nouvelle édition, t. Ier, p. 241 et 242.

rend pas opaque. Or, la transparence provient en partie de l'homogénéité de toutes les parties constituantes du corps transparent, et sa dureté dépend du rapprochement de ces mêmes parties et de leur cohésion plus ou moins grande : selon que ces parties intégrantes seront elles-mêmes plus solides, et à mesure qu'elles seront plus rapprochées les unes des autres par la force de leur affinité, le corps transparent sera plus dur. Il n'est donc pas nécessaire d'imaginer, comme l'ont fait les chimistes, une *eau de cristallisation* (*), et de dire que cette eau produit la cohésion et la transparence, et que, la chaleur la faisant évaporer, le corps transparent devient opaque et perd sa cohésion par la *soustraction* de son eau de cristallisation. Il suffit de penser que, la chaleur dilatant tous les corps, un feu médiocre suffit pour briser les faibles liens des corps tendres, et qu'avec un feu plus puissant, on vient à bout de séparer les parties intégrantes des corps les plus durs ; qu'enfin ces parties séparées et tirées hors de leur sphère d'affinité ne pouvant plus se réunir, le corps transparent est pour ainsi dire désorganisé et perd sa transparence, parce que toutes ces parties sont alors situées d'une manière différente de ce qu'elles étaient auparavant.

Il y a des plâtres de plusieurs couleurs. Le plâtre le plus blanc est aussi le plus pur, et celui qu'on emploie le plus communément dans les enduits pour couvrir le plâtre gris, qui ferait un mauvais effet à l'œil et qui est ordinairement plus grossier que le blanc. On connaît aussi des plâtres rougeâtres, jaunâtres, ou variés de ces couleurs ; elles sont toutes produites par les matières ferrugineuses et minérales, dont l'eau se charge en passant à travers les couches de la terre végétale ; mais ces couleurs ne sont pas dans les plâtres aussi fixes que dans les marbres : au lieu de devenir plus foncées et plus intenses par l'action du feu, comme il arrive dans les marbres chauffés, elles s'effacent au contraire dans les plâtres au même degré de chaleur, en sorte que tous les plâtres après la calcination sont dénués de couleurs et paraissent seulement plus ou moins blancs. Si l'on expose à l'action du feu le gypse composé de grandes lames minces, on voit ces lames se désunir et se séparer les unes des autres ; on les voit en même temps blanchir et perdre toute leur transparence. Il en est de même du gypse en filets ou en grains : la différente figure de ces stalactites gypseuses n'en change ni la nature ni les propriétés.

Les bancs de plâtre ont été, comme ceux des pierres calcaires, déposés par les eaux en couches parallèles, séparées par lits horizontaux ; mais, en se desséchant, il s'est formé dans tout l'intérieur de leur masse un nombre infini de fentes perpendiculaires qui la divisent en colonnes à plusieurs pans. M. Desmarets a observé cette figuration dans les bancs de plâtre à Montmartre ; ils sont entièrement composés de prismes posés verticalement les uns contre les autres, et ce savant académicien les compare aux prismes de basalte (*a*), et croit que c'est par la retraite de la matière que cette figuration a été produite ; mais je pense au contraire, comme je l'ai dit (*b*), que toute matière ramollie par le feu ou par l'eau ne peut prendre cette figuration en se desséchant que par son renflement et non par sa retraite, et que ce n'est que par la compression réciproque que ces prismes peuvent s'être formés et appliqués verticalement les uns contre les autres. Les basaltes se renflent par l'action du feu qu'ils contiennent, et l'on sait que le plâtre en se séchant, au lieu de faire retraite, prend de l'extension ; et c'est par cette extension de volume et par ce renflement réciproque et forcé, que les différentes parties de sa masse prennent

(*a*) *Mémoires de l'Académie des sciences*, année 1780.
(*b*) *Epoques de la Nature*.

(*) On désigne sous le nom de cristallisation l'eau qui entre dans la composition des corps cristallisés ; par la calcination on enlève cette eau, mais en même temps on fait disparaître l'état cristallin. Cette eau joue donc un rôle très important dans la constitution moléculaire des corps cristallisés.

cette figure prismatique à plus ou moins de faces, suivant la résistance plus ou moins grande de la matière environnante.

Le plâtre semble différer de toutes les autres matières par la propriété qu'il a de prendre très promptement de la solidité, après avoir été calciné, réduit en poudre et détrempé avec de l'eau; il acquiert même tout aussi promptement, et sans addition d'aucun sable ni ciment, un degré de dureté égal à celui du meilleur mortier fait de sable et de chaux : il prend corps de lui-même et devient aussi solide que la craie la plus dure, ou la pierre tendre; il se moule parfaitement, parce qu'il se renfle en se desséchant; enfin il peut recevoir une sorte de poli, qui, sans être brillant, ne laisse pas d'avoir un certain lustre.

La grande quantité d'acides dont la matière calcaire est imprégnée dans tous les plâtres et même saturée, ne fait en somme qu'une très petite addition de substance, car elle n'augmente sensiblement ni le volume ni la masse de cette matière calcaire : le poids du plâtre est à peu près égal à celui de la pierre blanche dont on fait de la chaux, mais ces dernières pierres perdent plus du tiers et quelquefois moitié de leur pesanteur en se convertissant en chaux, au lieu que le plâtre ne perd qu'environ un quart par la calcination (o).

(a) J'ai mis dans le foyer d'une forge un morceau de plâtre du poids de deux livres, et après lui avoir fait éprouver une chaleur de la plus grande violence, pendant l'espace de près de huit heures, lorsque je l'en ai tiré, il ne pesait plus que vingt-quatre onces trois gros. Il m'a paru qu'il avait beaucoup diminué de volume; sa couleur était devenue jaunâtre; il était beaucoup plus dur qu'auparavant, surtout à sa surface; il n'avait ni odeur ni goût, et l'eau-forte n'y a fait aucune impression. Après l'avoir broyé avec peine, je l'ai détrempé dans une suffisante quantité d'eau; mais il ne s'en est pas plus imbibé que si c'eût été du verre en poudre, et il n'a acquis ensuite ni dureté ni cohésion. J'ai répété encore cette expérience de la manière suivante : j'ai fait calciner un morceau de plâtre dans un fourneau à chaux, et au degré de chaleur nécessaire pour la calcination de la pierre; après l'avoir retiré du fourneau, j'ai observé que sa superficie s'était durcie et était devenue jaunâtre; mais ce qui m'a surpris, c'est que ce plâtre exhalait une odeur de soufre extrêmement pénétrante; l'ayant cassé, je l'ai trouvé plus tendre à l'intérieur que lorsqu'il a été cuit à la manière ordinaire, et, au lieu d'être blanc, il était d'un bleu clair : j'ai remis encore une partie de ce morceau de plâtre dans un fourneau de la même espèce, sa superficie y a acquis beaucoup plus de dureté, l'intérieur était aussi beaucoup plus dur qu'auparavant; le feu avait enlevé sa couleur bleue, et l'odeur de soufre se faisait sentir beaucoup moins. Celui qui n'avait éprouvé que la première calcination s'est réduit facilement en poudre; l'autre au contraire était parsemé de grains très durs, qu'il fallait casser à coups de marteau : ayant détrempé ces deux morceaux de plâtre pulvérisé dans de l'eau pour essayer d'en former une pâte, le premier a exhalé une odeur de soufre si forte et si pénétrante que j'avais peine à la supporter; mais je ne me suis pas aperçu que le mélange de l'eau ait rendu l'odeur du second plus sensible, et ils n'ont acquis l'un et l'autre, en se desséchant, ni dureté ni cohésion.

J'ai fait calciner un autre morceau de plâtre, du poids d'environ trois livres, au degré de chaleur qu'on fait ordinairement éprouver à cette pierre lorsqu'on veut l'employer : après avoir broyé ce plâtre, je l'ai détrempé dans douze pintes d'eau de fontaine, que j'ai fait bouillir pendant l'espace de deux heures dans des vaisseaux de terre vernissés : j'ai versé ensuite l'eau par inclinaison dans d'autres vaisseaux; et, après l'avoir filtrée, j'ai continué de la faire évaporer par ébullition; pendant l'évaporation, sa superficie s'est couverte d'une pellicule formée de petites concrétions gypseuses, qui se précipitaient au fond du vaisseau lorsqu'elles avaient acquis un certain volume : la liqueur étant réduite à la quantité d'une bouteille, j'en ai séparé ces concrétions gypseuses, qui pesaient environ une once, et qui étaient blanches et demi-transparentes. En ayant mis sur des charbons allumés, loin d'y acquérir une plus grande blancheur, comme il serait arrivé au plâtre cru, elles y sont devenues presque aussitôt brunes; j'ai filtré la liqueur, qui était alors d'un jaune clair et d'un goût un peu lixiviel, et l'ayant fait évaporer au feu de sable dans un grand bocal, il s'y est encore formé des concrétions gypseuses. Lorsque la liqueur a été réduite à la quantité d'un

De même il faut une quantité plus que double d'eau pour fondre une quantité donnée de chaux, tandis qu'il ne faut qu'une quantité égale d'eau pour détremper le plâtre calciné, c'est-à-dire plus de deux livres d'eau pour une livre de chaux vive, et une livre d'eau seulement pour une livre de plâtre calciné.

Une propriété commune à ces deux matières, c'est-à-dire à la chaux et au plâtre cal-

verre, sa couleur m'a paru plus foncée, et, l'ayant goûtée, j'y ai démêlé une saveur acide et néanmoins salée; je l'ai filtrée avant qu'elle ait été refroidie, et, l'ayant mise dans un lieu frais, j'ai trouvé le lendemain, au fond du vaisseau, trente-six grains de nitre bien cristallisé, formé en aiguilles ou petites colonnes à six faces, qui s'est enflammé sur les charbons en fulminant comme le nitre le plus pur. J'ai fait ensuite évaporer pendant quelques instants le peu de liqueur qui me restait, et j'en ai encore retiré la même quantité de matière saline, d'une espèce différente à la vérité de la première; car c'était du sel marin, sans aucun mélange d'autres sels, qui était cristallisé en cubes, mais dont la face attachée au vaisseau avait la forme du sommet d'une pyramide dont l'extrémité aurait été coupée; le reste de la liqueur s'est ensuite épaissi, et il ne s'y est formé aucuns cristaux salins.

J'ai fait calciner dans un fourneau à chaux un autre morceau de plâtre; il pesait, après l'avoir calciné, dix onces : sa superficie était devenue très dure, et il exhalait une forte odeur de soufre; l'ayant cassé, l'intérieur s'est trouvé très blanc, mais cependant parsemé de taches et de veines bleues, et l'odeur sulfureuse était encore plus pénétrante au dedans qu'au dehors; après l'avoir broyé, j'ai versé quelques gouttes d'eau-forte sur une pincée de ce plâtre, et il a été sur le champ dissous avec beaucoup d'effervescence, quoique les esprits acides soient sans action sur le plâtre cru et sur celui qui n'a éprouvé qu'une chaleur modérée; j'en ai ensuite détrempé une once avec de l'eau, mais ce mélange ne s'est point échauffé d'une manière sensible, comme il serait arrivé à la chaux; cependant il s'en est élevé des vapeurs sulfureuses extrêmement pénétrantes : ce plâtre a été très longtemps à se sécher, et il n'a acquis ni dureté ni adhésion.

On sait en général que les corps qui sont imprégnés d'une grande quantité de sels et de soufre sont ordinairement très durs : telles sont les pyrites vitrioliques et plusieurs autres concrétions minérales. On observe de plus que certains sels ont la propriété de s'imbiber d'une quantité d'eau très considérable, et de faire paraître les liquides sous une forme sèche et solide : si on fait dissoudre dans une quantité d'eau suffisante une livre de sel de Glauber, qu'on aura fait sécher auparavant à la chaleur du feu ou aux rayons du soleil jusqu'à ce qu'il soit réduit en une poudre blanche, on retirera de cette dissolution environ trois livres de sel bien cristallisé; ce qui prouve que l'eau qu'il peut absorber est en proportion double de son poids. Il se peut donc faire que la petite quantité de sel que le plâtre contient contribue, en quelque chose, à sa cohésion; mais je suis persuadé que c'est principalement au soufre auquel il est uni qu'on doit attribuer la cause du prompt desséchement et de la dureté qu'il acquiert, après avoir éprouvé l'effervescence, en comparaison de celle qu'acquiert la chaux vive jetée dans l'eau; cette effervescence est cependant assez semblable et très réelle, puisqu'il y a mouvement intestin, chaleur sensible et augmentation de volume : or, toute effervescence occasionne une raréfaction, et même une génération d'air, et c'est par cette raison que le plâtre se renfle et qu'il pousse en tous sens, même après qu'il a été mis en œuvre; mais cet air produit par l'effervescence est bientôt absorbé et fixé de nouveau dans les substances qui abondent en soufre. En effet, selon M. Hales (*Statique des végétaux*, expérience CIII), le soufre absorbe l'air non seulement lorsqu'il brûle, mais même lorsque les matières où il se trouve incorporé fermentent : il donne pour exemple des mèches, faites de charpie de vieux linges trempées dans du soufre fondu et ensuite enflammé, qui absorbèrent cent quatre-vingt-dix-huit pouces cubiques d'air. On sait d'ailleurs que cet air ainsi fixé, et qui a perdu son ressort, attire avec autant de force qu'il repousse dans son état d'élasticité; on peut donc croire que le ressort de l'air contenu dans le plâtre, ayant été détruit durant l'effervescence par le soufre auquel il est uni, les parties constituantes de ce mixte s'attirent alors mutuellement, et se rapprochent assez pour lui donner la dureté et la densité que nous lui voyons prendre en aussi peu de temps. (Note communiquée par M. Nadault.)

ciné, c'est que toutes deux, exposées à l'air après la calcination, tombent en poussière et perdent la plus utile de leurs propriétés : on ne peut plus les employer dans cet état. La chaux, lorsqu'elle est ainsi décomposée par l'humidité de l'air, ne fait plus d'ébullition dans l'eau, et ne s'y détrempe ou délaie que comme la craie ; elle n'acquiert ensuite aucune consistance par le desséchement, et ne peut pas même reprendre par une seconde calcination les qualités de la chaux vive ; et de même le plâtre en poudre ne se durcit que lorsqu'il a été éventé, c'est-à-dire abandonné trop longtemps aux injures de l'air.

La chaux fondue n'acquiert pas à la longue, ni jamais par le simple desséchement, le même degré de consistance que le plâtre prend en très peu de temps après avoir été, comme la pierre calcaire, calciné par le feu et détrempé dans l'eau : cette différence vient en grande partie de la manière dont on opère sur ces deux matières. Pour fondre la chaux, on la noie d'une grande quantité d'eau qu'elle saisit avidement ; dès lors elle fermente, s'échauffe et bout en exhalant une odeur forte et lixivielle : on détrempe le plâtre calciné avec une bien moindre quantité d'eau ; il s'échauffe aussi, mais beaucoup moins, et il répand une odeur désagréable qui approche de celle du foie de soufre ; il se dégage donc de la pierre à chaux, comme de la pierre à plâtre, beaucoup d'air fixe (*) et quelques substances volatiles, pyriteuses, bitumineuses et salines, qui servent de liens à leurs parties constituantes, puisque, étant enlevées par l'action du feu, leur cohérence est en grande partie détruite ; et ne doit-on pas attribuer à ces mêmes substances volatiles, fixées par l'eau, la cause de la consistance que reprennent le plâtre et les mortiers de chaux ? En jetant de l'eau sur la chaux, on fixe les molécules volatiles auxquelles ses parties solides sont unies (**) : tant que dure l'effervescence, ces molécules volatiles font effort pour s'échapper, mais lorsque toute effervescence a cessé et que la chaux est entièrement saturée d'eau, on peut la conserver pendant plusieurs années et même pendant des siècles sans qu'elle se dénature, sans même qu'elle subisse aucune altération sensible. Or, c'est dans cet état que l'on emploie le plus communément la chaux pour en faire du mortier : elle est donc imbibée d'une si grande quantité d'eau qu'elle ne peut acquérir de la consistance qu'en perdant une portie de cette eau par la sécheresse des sables avec lesquels on la mêle ; il faut même un très long temps pour que ce mortier se sèche et se durcisse en perdant, par une lente évaporation, toute son eau superflue ; mais comme il ne faut au contraire qu'une petite quantité d'eau pour détremper le plâtre, et que, s'il en était noyé comme la pierre à chaux, il ne se sécherait ni ne se durcirait pas plus tôt que le mortier, on saisit pour l'employer le moment où l'effervescence est encore sensible, et quoique cette effervescence soit bien plus faible que celle de la chaux bouillante, cependant elle n'est pas sans chaleur, et même cette chaleur dure pendant une heure ou deux ; c'est alors que que le plâtre exhale la plus grande partie de son odeur. Pris dans cet état et disposé par la main de l'ouvrier, le plâtre commence par se renfler, parce que ses parties spongieuses continuent de se gonfler de l'eau dans laquelle il a été détrempé ; mais, peu de temps après, il se durcit par un desséchement entier. Ainsi, l'effet de sa prompte cohésion dépend beaucoup de l'état où il se trouve au moment qu'on l'emploie : la preuve en est que le mortier fait avec de la chaux vive se sèche et se durcit presque aussi promptement que le plâtre gâché, parce que la chaux est prise alors dans le même état d'effervescence que le plâtre ; cependant ce n'est qu'avec beaucoup de temps que ces mortiers faits avec la chaux, soit vive, soit éteinte, prennent leur entière solidité, au lieu que le plâtre prend toute la

(*) Ou acide carbonique.

(**) Quand on jette de l'eau dans la chaux vive, c'est-à-dire sur le carbonate de chaux qui a été déshydraté et transformé en oxyde de chaux par la calcination, on la transforme de nouveau en carbonate de chaux, et l'on peut, en effet, la garder indéfiniment dans cet état qui est semblable à celui dans lequel elle se trouvait avant la calcination.

sienne dès le premier jour. Enfin cet endurcissement du plâtre, comme le dit très bien M. Macquer (a), « peut venir du mélange de celles de ses parties qui ont pris un caractère » de *chaux vive* pendant la calcination, avec celles qui n'ont pas pris un semblable carac- » tère et qui servent de ciment. » Mais ce savant chimiste ajoute que cela peut venir aussi de ce que le plâtre reprend *l'eau de sa cristallisation, et se cristallise de nouveau précipi- tamment et confusément.* La première cause me paraît si simple et si vraie que je suis surpris de l'alternative d'une seconde cause, dont on ne connaît pas même l'existence, car cette eau de cristallisation n'est, comme le phlogistique, qu'un être de méthode et non de la nature (*).

Les plâtres n'étant que des craies ou des poudres de pierres calcaires imprégnées et saturées d'acides, on trouve assez souvent des couches minces de plâtre entre les lits d'argile, comme l'on y trouve aussi de petites couches de pyrites et de pierres calcaires : toutes ces petites couches sont de nouvelle formation, et proviennent également du dépôt de l'infiltration des eaux. Comme l'argile contient des pyrites et des acides, et qu'en même temps la terre végétale qui la couvre est mêlée de sable calcaire et de parties ferrugi- neuses, l'eau se charge de toutes ces particules calcaires, pyriteuses, acides et ferrugi- neuses, et les dépose ou séparément ou confusément entre les joints horizontaux et les petites fentes verticales des bancs ou lits d'argile : lorsque l'eau n'est chargée que des molécules de sable calcaire pur, son sédiment forme une concrétion calcaire tendre, ou bien une pierre semblable à toutes les autres pierres de seconde formation ; mais quand l'eau se trouve à la fois chargée d'acides et de molécules calcaires, son sédiment sera du plâtre. Et ce n'est ordinairement qu'à une certaine profondeur dans l'argile que ces couches minces de plâtre sont situées, au lieu qu'on trouve les petites couches de pierres calcaires entre les premiers lits d'argile : les pyrites se forment de même, soit dans la terre végétale, soit dans l'argile par la substance du feu fixe réunie à la terre ferrugi- neuse et à l'acide. Au reste, M. Pott (b) a eu tort de douter que le plâtre fût une matière calcaire, puisqu'il n'a rien de commun avec les matières argileuses que l'acide qu'il con- tient, et que sa base, ou pour mieux dire sa substance, est entièrement calcaire, tandis que celle de l'argile est vitreuse.

Et de même que les sables vitreux se sont plus ou moins imprégnés des acides et du bitume des eaux de la mer en se convertissant en argile, les sables calcaires, par leur long séjour sous ces mêmes eaux, ont dû s'imprégner de ces mêmes acides, et former des plâtres principalement dans les endroits où la mer était le plus chargée de sels : aussi les collines de plâtre, quoique toutes disposées par lits horizontaux, comme celles des pierres calcaires, ne forment pas des chaînes étendues, et ne se trouvent qu'en quelques endroits particuliers ; il y a même d'assez grandes contrées où il ne s'en trouve point du tout (c).

(a) *Dictionnaire de chimie*, p. 430.
(b) *Litho-géognosie*, t. II.
(c) « Cronstedt dit que le gypse est le fossile qui manque le plus en Suède ; que cepen- » dant il en possède des morceaux qui ont été trouvés à une grande profondeur, dans la » montagne de Kupferberg, dans une carrière d'ardoise qui est auprès de la fabrique d'alun » d'Andrarum, et qu'il a aussi un morceau d'alabastrite ou gypse strié que l'on a trouvé » près de Nykioping. Il rapporte ensuite diverses expériences qu'il a faites sur des sub- » stances gypseuses, et il ajoute : 1° que le gypse calciné avec de la matière inflammable » donne des indications d'acide sulfureux et d'une terre alcaline ; 2° que l'on trouve du gypse

(*) Le plâtre reprend, en effet, son eau de cristallisation quand on le mélange à l'eau, et il se cristallise de nouveau en reprenant la dureté et la compacité qu'il avait avant la calcination.

Les bancs des carrières à plâtre, quoique superposées horizontalement, ne suivent pas la loi progressive de dureté et de densité qui s'observe dans les bancs calcaires : ceux de plâtre sont même souvent séparés par des lits interposés de marne, de limon, de glaise, et chaque banc plâtreux est pour ainsi dire de différente qualité, suivant la proportion de l'acide mêlé dans la substance calcaire. Il y a aussi beaucoup de plâtres imparfaits, parce que la matière calcaire est très souvent mélée avec quelque autre terre, en sorte qu'on trouve assez communément un banc de très bon plâtre entre deux bancs de plâtre impur et mélangé.

Au reste, le plâtre cru le plus blanc ne l'est jamais autant que le plâtre calciné, et tous les gypses ou stalactites de plâtre, quoique transparents, sont toujours un peu colorés, et ne deviennent très blancs que par la calcination ; cependant, l'on trouve en quelques endroits le gypse d'un blanc transparent dont nous avons parlé, et auquel on a donné improprement le nom d'*albâtre*.

Le gypse est le plâtre le plus pur, comme le spath est aussi la pierre calcaire la plus pure : tous deux sont des extraits de ces matières, et le gypse est peut-être plus abondant proportionnellement dans les bancs plâtreux, que le spath ne l'est dans les calcaires ; car on trouve souvent entre les lits de pierre à plâtre des couches de quelques pouces d'épaisseur de ce même gypse transparent et de figure régulière ; les fentes perpendiculaires ou inclinées, qui séparent de distance à autre les blocs des bancs de plâtre, sont aussi incrustées et quelquefois entièrement remplies de gypse transparent et formé de filets allongés. Et il paraît en général qu'il y a beaucoup moins de stalactites opaques dans les plâtres que dans les pierres calcaires.

Les plâtres colorés, gris, jaunes ou rougeâtres, sont mélangés de parties minérales : la craie ou la pierre blanche réduite en poudre aura formé les plus beaux plâtres ; la marne qui est composée de poudre de pierre, mais mélangée d'argile ou de terre limoneuse, n'aura pu former qu'un plâtre impur et grossier, plus ou moins coloré suivant la quantité de ces mêmes terres (a). Aussi voit-on dans les carrières plusieurs bancs de plâtres imparfaits, et le bon plâtre se fait souvent chercher bien au-dessous des autres.

Les couches de plâtre, comme celles de craie, ne se trouvent pas sous les couches des pierres dures ou des rochers calcaires ; et ordinairement les collines à plâtre ne sont composées que de petit gravier calcaire, de tuffeau, qu'on doit regarder comme une poussière de pierre, et enfin de marne, qui n'est aussi que de la poudre de pierre mêlée d'un peu de terre. Ce n'est que dans les couches les plus basses de ces collines, et au-dessous de tous les plâtres, qu'on trouve quelquefois des bancs calcaires avec des impressions de

» dans la mine de Kupferberg près d'Andrarum, entremêlé de couches d'ardoise et de pyrites, » et qu'à Westersilberberg on le rencontre avec du vitriol blanc ; 3° que l'acide vitriolique » est le seul des trois acides minéraux qui puisse donner à la terre calcaire la propriété de » prendre corps et de se durcir avec l'eau, après avoir été légèrement calcinée, car l'acide » de sel marin, en dissolvant la chaux, forme ce qu'on appelle (très improprement) le sel » ammoniac fixe. Pour l'acide du nitre, il n'a point encore été trouvé dans le règne minéral : » il faut conclure de là que la nature, dans la formation du gypse, emploie les mêmes » matières que l'art ; cependant la combinaison qu'elle fait paraît bien plus parfaite. » *Expériences sur le gypse dans un recueil de Mémoires sur la chimie*, traduit de l'allemand ; Paris, t. II, p. 337 et suiv.

(a) « On croirait, dit M. Bowles, que les feuilles d'argile, mêlées avec la terre calcaire, » que l'on trouve souvent étendue sur le plâtre, en sont de véritables couches, mais cela » n'est pas : elles sont de cette façon, parce que le temps de leur destruction n'est pas » encore arrivé, et le plâtre est dans cet endroit plus nouveau que l'argile mêlée de terre » calcaire, que je trouvai, par des expériences, être un plâtre imparfait. » *Hist. naturelle d'Espagne*, p. 192.

coquilles marines. Ainsi toutes ces poudres de pierre, soit craie, marne ou tuffeau, ont été déposées par des alluvions postérieures, avec les plâtres, sur les bancs de pierre qui ont été formés les premiers; et la masse entière de la colline plâtreuse porte sur cette pierre ou sur l'argile ancienne et le schiste qui sont le fondement et la base générale et commune de toutes les matières calcaires et plâtreuses.

Comme le plâtre est une matière très utile, il est bon de donner une indication des différents lieux qui peuvent en fournir, et où il se trouve par couches d'une certaine étendue, à commencer par la colline de Montmartre à Paris : on en tire des plâtres blancs, gris, rougeâtres, et il s'y trouve une très grande quantité de gypse, c'est-à-dire des stalactites transparentes et jaunâtres en assez grands morceaux plus ou moins épais et composés de lames minces appliquées les unes contre les autres (a). Il y a aussi de bon plâtre à Passy, à Montreuil près de Créteil, à Gagny et dans plusieurs autres endroits aux environs de Paris; on en trouve de même à Decize en Nivernais, à Sombernon, près de Vitteaux en Bourgogne, où le gypse est blanc et très transparent. « Dans le village de » Charcey, situé à trois lieues au couchant de Chalon-sur-Saône, sur la route de cette » ville à Autun, il y a, m'écrit M. du Morey, des carrières de très beau plâtre blanc et » gris : ces carrières s'étendent sur une grande partie du territoire; elles sont placées » presque au pied du coteau, qui est dominé de toutes parts par des montagnes les plus » élevées du pays; la surface de tout le coteau n'est pas sous des pentes uniformes, elle » est au contraire coupée presque en tous sens par des anciens ravins qui forment dans » ce pays un nombre de petits monticules disposés sur la croupe générale de la mon- » tagne. Ce plâtre est de la première qualité pour l'intérieur des appartements, mais » moins fort que celui de Montmartre et que celui de Salins, en Franche-Comté, lorsqu'il » est exposé aux injures de l'air (b). » M. Guettard a donné la description de la carrière à plâtre de Serbeville en Lorraine, près de Lunéville (c) : dans cette plâtrière, les derniers

(a) « Dans les carrières de Montmartre, dit M. Guettard, les bancs sont ordinairement » entrecoupés d'une bande de pierre spéculaire, qui est quelquefois d'un pied, et d'autres » fois n'a que quelques pouces : cette pierre est communément d'un jaune transparent, mais » quelquefois sa couleur est d'un brun ou d'un verdâtre de glaise : elle se trouve ordinai- » rement dans des terres de l'une ou de l'autre de ces couleurs, elle y est en petites pail- » lettes; le total forme une bande qui n'a que quelques pouces : elle sépare ordinairement » le second banc de pierre à plâtre, qui est un de ceux qui sont au-dessous des pierres » veinées; le premier l'est par une couche de l'autre pierre spéculaire. Cette couche forme » communément des masses de morceaux arrangés irrégulièrement, de façon cependant qu'on » peut la distinguer en deux parties : je veux dire qu'une partie des morceaux semble pendre » du banc supérieur de pierre à plâtre, et l'autre s'élever du banc inférieur qu'elle sépare; » quelquefois il se trouve des morceaux qui sont isolés, et qui ont une figure triangulaire » dont la base forme un angle aigu et rentrant; les autres morceaux qui composent les » masses irrégulières des autres couches affectent également plus ou moins cette figure, et » tous se lèvent par feuillets. »

M. Guettard ajoute qu'il en est à peu près de même de toutes les carrières à plâtre des environs de Paris. Voyez les *Mémoires de l'Académie des sciences*, année 1756, p. 239.

(b) Note communiquée par M. du Morey, ingénieur en chef de la province de Bourgogne, à M. de Buffon, 22 juillet 1779.

(c) « Le canton de Lunéville, en Lorraine, dit M. Guettard, ne m'offrit rien de plus » curieux, par rapport à l'histoire naturelle, qu'une carrière à plâtre qui est à Serbeville, » village peu éloigné de Lunéville; les bancs dont cette carrière est composée sont dans cet » ordre : 1° un lit de terre de 28 pieds; 2° un cordon rougeâtre de 2 à 3 pieds; 3° un lit » de *châlin* noir de 4 pieds; 4° un cordon jaune de 2 pieds; 5° un lit de châlin verdâtre » de 4 à 5 pieds; 6° un lit de *crasses*, moitié bonnes, moitié mauvaises, de 3 pieds; 7° un » lit de 4 pieds de pierres appelées *moutons*; 8° un filet de 1 pouce de *tarque*; 9° un lit » de ½ pied de carreau, bon pour la maçonnerie; 10° un lit de plâtre gris de 1 pied; 11° un

bancs ne portent pas sur l'argile, mais sur un banc de pierres calcaires mêlées de coquilles ; il a aussi parlé de quelques-unes des carrières à plâtre du Dauphiné (a) ; et, en dernier lieu, M. Pralon a très bien décrit celle de Montmartre, près Paris (b).

En Espagne, aux environs de Molina, il y a plusieurs carrières de plâtre (c), on en voit une colline entière à Dovenno, près de Liria, et l'on y voit des bancs de plâtre blanc, gris et rouge (d). On trouve aussi du plâtre rouge au sommet d'une montagne calcaire à Albaracin, qui paraît être l'un des lieux les plus élevés de l'Espagne (e), et il y en a de même près d'Alicante, qui est un des lieux les plus bas, puisque cette ville est située sur les bords de la mer ; elle est voisine d'une colline dont les bancs inférieurs sont de plâtre de différentes couleurs (f).

En Italie, le comte Marsigli a donné la description de la carrière à plâtre de *Saint-Raphaël*, aux environs de Bologne, où l'on a fouillé à plus de deux cents pieds de profondeur (g). On trouve aussi du bon plâtre dans plusieurs provinces de l'Allemagne, et il y en a de très blanc dans le duché de Wurtemberg.

» lit de 1 pied de moellon de pierre calcaire jaunâtre, bleuâtre ou mêlée de deux couleurs » et coquillière. On y voit des empreintes de cames, des peignes ou des noyaux de ces » coquilles, et de jolies dendrites noires : ce dernier banc est plus considérable que je ne » viens de le dire, ou bien il est suivi d'autres bancs de différentes épaisseurs ; on ne les » perce que lorsqu'on fait des canaux pour l'écoulement des eaux des pluies...

» Les uns ou les autres des lits ou des bancs de cette carrière, et surtout les petits, » forment des ondulations qui donnent à penser que les dépôts auxquels ils sont dus ont été » faits par les eaux.

» Quoique l'on fasse une distinction entre ces plâtres, et qu'on donne à l'un le nom de » *blanc* préférablement à l'autre, celui-ci n'est pas néanmoins réellement noir ; il n'est seu-» lement qu'un peu moins blanc que l'autre : on met à part le plus blanc, et l'on mêle » ensemble toutes les autres espèces ; ces espèces sont le plâtre qu'on appelle par préférence » le *noir*, la *crasse*, le *rouge*, le *tarque*, le *mouton* et le *très noir*. Le rouge est d'une couleur » de chair ou de cerise pâle, le tarque est brun noirâtre, et la crasse tire sur le gris blanc ; » le blanc même le plus beau n'est pas transparent, mais les uns et les autres de ces bancs » en fournissent qui sont fibreux, d'un blanc sale soyeux, et qui a de la transparence. » *Mémoires de l'Académie des sciences*, année 1763, p. 156 et suiv.

(a) Voyez les *Mémoires sur la minéralogie du Dauphiné*, t. II, p. 278, 279, 286, 289 et 290.

(b) Voyez le *Journal de physique* d'octobre 1780, p. 289 et suiv.

(c) « Il y en a de plus de 60 pieds de profondeur, qui ont plus de trente couches, depuis » 2 lignes jusqu'à 2 pieds d'épaisseur, qui paraissent avoir été déposées et charriées avec » une gradation successive, selon qu'on le voit par leurs feuillets et leurs couleurs ; mais ce » n'est cependant qu'une seule et même masse de plâtre, variée seulement par l'arrangement » des parties. » *Histoire naturelle d'Espagne*, par M. Bowles, p. 191 et 192.

(d) *Histoire naturelle d'Espagne*, par M. Bowles, p. 106.

(e) *Idem, ibidem*.

(f) « Au bas de cette montagne, dit M. Bowles, il y a une couche de *marne* ou terre à » chaux mêlée d'argile, jaune, rouge et grise, laquelle sert de couverture à une base de plâtre » rouge, blanc, châtain, couleur de rose, noir, gris et jaune, qui est le fondement de toute » la montagne. » *Idem, ibidem*, p. 84.

(g) « Il y a dans ce lieu trois espèces de gypse : dans la première, située parallèlement » à l'horizon et disposée par lits alternatifs avec des lits de terre, est le gypse commun » nommé *scaglia* par les ouvriers du pays ; on l'employait autrefois tout brut dans les fon-» dations des tours, et même pour les ornements des portes et des fenêtres ; mais à présent, » étant brûlé et réduit en poudre, il passe pour un excellent ciment, surtout si on le mêle » avec de la chaux pour qu'il résiste mieux à l'humidité.

» La seconde espèce de gypse, appelée *scagliola*, est située perpendiculairement à l'ho-» rizon, dans les fentes de la montagne : c'est une espèce de talc imparfait, et peut-être la

Dans quelques endroits (*a*) de la Pologne, dit M. Guettard, « le vrai plâtre n'est pas
» rare ; celui de Rohatin (starostie de Russie) est entièrement semblable au plâtre des
» environs de Paris, que l'on appelle *grygnard* : il est composé de pierres spéculaires,
» jaunâtres et brillantes qui affectent une figure triangulaire ; les bancs de cette pierre
» sont de toutes sortes de largeurs et d'épaisseurs. » On trouve encore du plâtre et du
beau gypse aux environs de Bâle, en Suisse, dans le pays de Neufchâtel et dans plusieurs
autres endroits de l'Europe.

Il y a de même du plâtre dans l'île de Chypre, et presque dans toutes les provinces de
l'Asie. On en fait des magots à la Chine et aux Indes.

L'on ne peut donc guère douter que cette matière ne se trouve dans toutes les parties
du monde, quoiqu'elle se présente seulement dans les lieux particuliers et toujours dans
le voisinage de la pierre calcaire ; car le plâtre n'étant composé que de substance calcaire
réduite en poudre, il ne peut se trouver que dans les endroits peu éloignés des rochers,
dont les eaux auront détaché ces particules calcaires, et comme il contient aussi beaucoup d'acide vitriolique, cette combinaison suppose le voisinage de la terre limoneuse, de
l'argile et des pyrites, en sorte que les matières plâtreuses ne se seront formées, comme
nous l'avons dit, que dans les terrains où ces deux circonstances se trouvent réunies.

Quelque hautes que soient certaines collines à plâtre, il n'est pas moins certain que
toutes sont d'une formation plus nouvelle que celle des collines calcaires : outre les
preuves que nous en avons déjà données, cela peut se démontrer par la composition même
de ces éminences plâtreuses ; les couches n'en sont pas arrangées comme dans les collines
calcaires ; quoique posées horizontalement, elles ne suivent guère un ordre régulier,
elles sont placées confusément les unes sur les autres, et chacune de ces couches est
de matière différente ; elles sont souvent surmontées de marne ou d'argile, quelquefois

» pierre spéculaire de Pline. On la calcine et on la réduit en poudre très fine, blanche
» comme la neige, dont on fait des figures moulées aussi élégantes que celles du plus beau
» marbre blanc faites au ciseau.

» La troisième espèce de gypse est oblique à l'horizon : elle ressemble à l'alun de plume,
» et peut en être une espèce impure et imparfaite.

» On rencontre aussi quelquefois dans les fentes de cette montagne certaine croûte que
« les ouvriers appellent *œil de gypse* et *nervature* : cette matière reçoit le poli comme le
» marbre, et ne cède point au plus bel albâtre par la distribution des taches. » *Collection
académique*, partie étrangère, t. VI, p. 476.

(*a*) « Rzaczynski indique plusieurs endroits de la Pologne qui fournissent du plâtre sous
» la forme de pierre spéculaire, ou sous celle qui lui est le plus ordinaire : selon cet auteur,
» la pierre spéculaire est commune entre Crovie et Souez, dans le village de Posadza (situé,
» comme les deux derniers endroits, dans la petite Pologne), le palatinat de Russie, et près
» le village de Marchocice ; elle est abondante proche Podkamien ; les caves de Saruki sont
» creusées dans des roches de cette pierre...

» L'autre espèce de plâtre se tire en grande Pologne, près Goska, distant de deux lieues
» de Keinia, près Vapuo ; du canton de Paluki, et dans d'autres endroits de la petite
» Pologne... Les campagnes de Skala-Trembowla en ont qui ressemble à de l'albâtre, et
» auquel il ne manque que de la dureté pour être, selon Rzaczynski, regardé comme un
» marbre. Ces endroits ne sont pas les seuls qui fournissent de cette pierre : on en ren-
» contre çà et là, suivant cet auteur... On trouve encore du plâtre à Bolestraszice, à Lakodow,
» à dix lieues du Léopol, dans le palatinat de Russie : ce plâtre est transparent, l'on en fait
» des vitres ; ce n'est sans doute que de la pierre spéculaire. Celui que les Italiens appellent
» *alun-scagliola*, et qui n'est que de la pierre spéculaire, se trouve à Zawale et à Czarna-
» kozynce. Ces endroits donnent également du plâtre ordinaire et blanc ; ils sont de Podolie
» ou du territoire de Kumiuice. » *Mémoire de M. Guettard*, dans ceux de l'*Académie des
sciences*, année 1762, p. 301 et 302.

de tuffeau ou de pierres calcaires en débris et aussi de pyrites, de grès et de pierre meulière : une colline à plâtre n'est donc qu'un gros tas de décombres amenés par les eaux dans un ordre assez confus, et dans lequel les lits de poussière calcaire qui ont reçu les acides des lits supérieurs sont les seuls qui se soient convertis en plâtre. Cette formation récente se démontre encore par les ossements d'animaux terrestres (a) qu'on trouve dans ces couches de plâtre, tandis qu'on n'y a jamais trouvé de coquilles marines. Enfin elle se démontre évidemment, parce que dans cet immense tas de décombres, toutes les matières sont moins dures et moins solides que dans les carrières de pierres anciennes. Ainsi la nature, même dans son désordre, et lorsqu'elle nous paraît n'avoir travaillé que dans la confusion, sait tirer de ce désordre même des effets précieux et former des matières utiles, telles que le plâtre, avec de la poussière inerte et des acides destructeurs ; et comme cette poussière de pierre, lorsqu'elle est fortement imprégnée d'acides, ne prend pas un grand degré de dureté, et que les couches de plâtre sont plus ou moins tendres dans toute leur étendue, soit en longueur ou en largeur, il est arrivé que ces couches, au lieu de se fendre comme les couches de pierre dure par le desséchement de distance en distance sur leur longueur, se sont au contraire fendues dans tous les sens, en se renflant tant en largeur qu'en longueur ; et cela doit arriver dans toute matière molle qui se renfle d'abord par le desséchement avant de prendre sa consistance. Cette même matière se divisera par ce renflement en prismes plus ou moins gros et à plus ou moins de faces, selon qu'elle sera plus ou moins tenace dans toutes ses parties. Les couches de pierre au contraire, ne se renflant point par le desséchement, ne se sont fendues que par leur retraite et de loin en loin, et plus fréquemment sur leur longueur que sur leur largeur, parce que ces matières plus dures avaient trop de consistance, même avant le desséchement, pour se fendre dans ces deux dimensions, et que dès lors les fentes perpendiculaires n'ont pu se faire que par effort sur l'endroit le plus faible, où la matière s'est trouvée un peu moins dure que le reste de la masse, et qu'enfin le desséchement seul, c'est-à-dire sans renflement de la matière, ne peut la diviser que très irrégulièrement et jamais en prismes ni en aucune autre figure régulière.

DES PIERRES COMPOSÉES DE MATIÈRES VITREUSES

ET DE SUBSTANCES CALCAIRES

Dès que les eaux se furent emparées du premier débris des grandes masses vitreuses, et que la matière calcaire eut commencé à se produire dans leur sein par la génération des coquillages, bientôt ces détriments vitreux et calcaires furent transportés, déposés tantôt seuls et purs, et tantôt mélangés et confondus ensemble suivant les différents mouvements des eaux. Les mélanges qui s'en formèrent alors durent être plus ou moins intimes, selon que ces poudres étaient ou plus ténues ou plus grossières, et suivant que la mixtion s'en fit plus ou moins complétement. Les mélanges les plus imparfaits nous sont représentés par la marne, dans laquelle l'argile et la craie sont mêlées sans adhésion, et confondues sans union proprement dite. Une autre mixtion un peu plus intime est celle qui s'est faite, par succession de temps, de l'acide des argiles (*) qui s'est déposé sur les

(a) Nous avons au Cabinet du Roi des mâchoires de cerf avec leurs dents, trouvées dans les carrières de plâtre de Montmartre, près Paris.

(*) Acide silicique.

LIONNE.

A Le Vasseur, Editeur.

bancs calcaires, et en ayant pénétré l'intérieur les a transformés en gypse et en plâtre. Mais il y a d'autres matières mixtes où les substances argileuses et calcaires sont encore plus intimement unies et combinées, et qui paraissent appartenir de plus près aux grandes et antiques formations de la nature : telles sont ces pierres qui, avec la forme feuilletée des schistes, et ayant en effet l'argile pour le fond de leur substance, offrent en même temps dans leur texture une figuration spathique, semblable à celle de la pierre calcaire, et contiennent réellement des éléments calcaires intimement unis et mêlés avec les parties schisteuses. La première de ces pierres mélangées est celle que les minéralogistes ont désignée sous le nom bizarre de *pierre de corne* (a). Elle se trouve souvent en grandes masses adossées aux montagnes de granits, ou contiguës aux schistes qui les revêtent et qui forment les montagnes du second ordre. Or, cette position semble indiquer l'époque de la formation de ces schistes spathiques, et la placer, ainsi que nous l'avons indiqué, au temps de la production des dernières argiles et des premières matières calcaires qui durent en effet être contemporaines ; et ce premier mélange des détriments vitreux et calcaires paraît être le plus intime comme le plus ancien de tous : aussi la combinaison de l'acide des couches argileuses, déposées postérieurement sur des bancs calcaires, est bien moins parfaite dans la pierre gypseuse, puisqu'elle est bien plus aisément réductible que ne l'est la pierre de corne, qui souffre, sans se calciner, le feu nécessaire pour la fondre. La pierre à plâtre au contraire se cuit et se calcine à une médiocre chaleur : on sait de même que de simples lotions, ou un précipité par l'acide, suffisent pour faire la séparation des poudres calcaires et argileuses de la marne, parce que ces poudres y sont restées dans un état d'incohérence, qu'elles n'y sont pas mêlées intimement, et qu'elles n'ont point subi la combinaison qui leur eût fait prendre la figuration spathique, véritable indice de la lapidification calcaire.

Cette *pierre de corne* est plus dure que le schiste simple, et en diffère par la quantité plus ou moins grande de matière calcaire qui fait toujours partie de sa substance : on pourrait donc désigner cette pierre sous un nom moins impropre que celui de *pierre de corne*, et même lui donner une dénomination précise, en l'appelant *schiste spathique*, ce qui indiquerait en même temps et la substance schisteuse qui lui sert de base, et le mélange calcaire qui en modifie la forme et en spécifie la nature (b). Et ces pierres de corne ou

(a) Ce nom de pierre de corne (*hornstein*) avait d'abord été donné par les mineurs allemands à ces silex en lames qui, par leur couleur brune et leur demi-transparence, offrent quelque ressemblance avec la corne ; mais Wallerius a changé cette acception, qui du moins était fondée sur une apparence, et les minéralogistes, d'après lui, appliquent, sans aucune analogie entre le mot et la chose, cette dénomination de pierre de corne aux *schistes spathiques* plus ou moins calcaires dont nous parlons.

(b) Quoique M. de Saussure reproche aux minéralogistes français d'avoir méconnu la pierre de corne, et de l'avoir confondue, sous le nom de *schiste*, avec toutes sortes de pierres qui se divisent par feuillets, soit argileuses, soit marneuses ou calcaires (*Voyage dans les Alpes*, t. Ier, p. 77), il est pourtant vrai que ces mêmes minéralogistes n'ont fait qu'une erreur infiniment plus légère que celle où il tombe lui-même en rangeant les *roches primitives* au nombre des *roches feuilletées* ; mais, sans insister sur cela, nous observerons seulement que le nom de *schiste* ne désigna jamais chez les bons naturalistes aucune pierre feuilletée purement calcaire ou marneuse, et que, dans sa véritable acception, il signifia toujours spécialement les pierres argileuses qui se divisent naturellement par feuillets, et qui sont plus ou moins mélangées d'autres substances, mais dont la base est toujours l'argile : or la pierre de corne n'est en effet qu'une espèce de ces pierres mélangées de parties argileuses et calcaires, et nous croyons devoir la ranger sous une même dénomination avec ces pierres, et ce n'était pas la peine d'inventer un nom sans analogie pour ne nous rien apprendre de nouveau, et pour désigner une substance qui n'est qu'un schiste mélangé de parties calcaires. En rappelant donc cette pierre au nom générique de *schiste*, auquel elle doit rester

schistes spathiques ne diffèrent en effet entre eux que par la plus ou moins grande quantité de matière calcaire qu'ils contiennent. Ceux où la substance argileuse est presque pure ont le grain semblable à celui du schiste pur (a); mais ceux où la matière calcaire ou spathique abonde offrent à leur cassure un grain brillant, écailleux, avec un tissu fibreux (b), et même montrent distinctement dans leur texture une figuration spathique en lames rectangulaires, striées; et c'est dans ce dernier état que quelques auteurs ont donné à leur *pierre de corne* le nom de *horn-blende*, et que Wallerius l'a indiquée sous la dénomination de *corneus spathosus*.

Les schistes spathiques sont en général assez tendres, et le plus dur de ces schistes spathiques ou *pierres de corne* est celle que les Suédois ont appelée *trapp* (escalier), parce que cette pierre se casse par étages ou plans superposés, comme les marches d'un escalier (c). La pierre de corne commune est moins dure que le trapp : quelques autres pierres de corne sont si tendres qu'elles se laissent entamer avec l'ongle (d). Leur couleur varie entre le gris et le noir; il s'en trouve aussi de vertes, de rouges, de diverses teintes. Toutes sont fusibles à un degré de feu assez modéré, et donnent en se fondant un verre noir et compacte. Wallerius observe qu'en humectant ces pierres, elles rendent une odeur d'argile :

subordonnée, il ne s'agit que de lui assigner une épithète spécifique, qui la classe et la distingue dans son genre; et comme le nom de *spath*, malgré les raisons qu'il y aurait eu de ne l'appliquer qu'à une seule substance, paraît avoir été adopté pour désigner des substances très différentes, je croirais qu'il serait à propos d'appeler les prétendues pierres de corne, *schistes spathiques*, puisqu'en effet leur texture offre toujours une cristallisation plus ou moins apparente en forme de spath.

(a) M. de Saussure. *Voyage dans les Alpes*, t. Ier, p. 69.

(b) *Corneus fissilis*. Wallerius, sp. 170.

(c) « On trouve le trapp dans plusieurs endroits de la Suède, souvent dans des montagnes » de première formation, remplissant des veines étroites et d'une structure si subtile que » ses particules sont impalpables; quand il est noir, il sert, comme la pierre de touche, à » éprouver l'or et l'argent; il n'y a dans ces montagnes aucun vestige de feu souterrain...

» On en rencontre aussi dans les montagnes par couches, surtout dans celles d'Ostro- » gothie; il porte sur une couche de pierre calcaire pleine d'animaux marins pétrifiés; cette » dernière couche est posée sur un lit de pierre sablonneuse, qui est couchée horizontalement » sur le granit...

» Dans les monts Kinne-Kulle, Billigen et Mœsberg, cette couche de trapp est ordinai- » rement en pente; dans ceux de Hunne et de Halleberg, elle s'élève comme un mur per- » pendiculaire, de plus de cent pieds de haut, rempli de fentes, tant horizontales que » verticales, qui donnent naissance à des prismes pour la plupart quadrangulaires : immé- » diatement sous cette couche on trouve un schiste noir parallèle à l'horizon, ce qui éloigne » toute idée de regarder le trapp comme le produit d'un incendie volcanique. » Extrait de M. Bergmann, dans le *Journal de physique*, septembre 1780. — Le même M. Bergmann, dans sa lettre à M. de Troïl (*Lettres sur l'Islande*, p. 448), s'exprime ainsi : « Dans toutes » les montagnes disposées par couches qui se trouvent dans la Vestrogothie, la couche supé- » rieure est de trapp, placée sur une ardoise noire; il n'y a nulle apparence que cette matière » de trapp ait jamais été fondue. » Mais quand ensuite cet habile chimiste veut attribuer au basalte la même origine, il se trompe; car il est certain que le basalte a été fondu, et son idée sur l'identité du trapp et du basalte, fondée sur la ressemblance de leurs produits dans l'analyse, ne prouve rien autre chose, sinon que le feu a pu, comme l'eau, envelopper, confondre les mêmes matières.

Le trapp, suivant M. de Morveau, contient beaucoup de fer; il a tiré quinze par cent de fer d'un morceau de trapp qui lui avait été envoyé de Suède par M. Bergmann : celui-ci assure que le trapp se fond au feu sans bouillonnement, que l'alcali minéral le dissout par la voie sèche avec effervescence, et que le borax le dissout sans effervescence. *Opuscules* de M. Bergmann, t. II, diss. 25.

(d) *Idem, ibidem*, p. 70.

ce fait seul, joint à l'inspection, aurait dû les lui faire placer à la suite des pierres argileuses ou des schistes; et la nature passe en effet par nuances des schistes simples ou purement argileux à ces schistes composés, dont ceux qui sont le moins mélangés de parties calcaires n'offrent pas la figuration spathique, et ne peuvent, de l'aveu des minéralogistes, se distinguer qu'à peine du schiste pur.

Quoique le trapp et les autres pierres de corne ou schistes spathiques, qui ne contiennent qu'une petite quantité de matière calcaire, ne fassent aussi que peu ou point d'effervescence avec les acides, néanmoins en les traitant à chaud avec l'acide nitreux, on en obtient par l'alcali fixe un précipité gélatineux, de même nature que celui que donnent la zéolithe et toutes les autres matières mélangées de parties vitreuses et de parties calcaires.

Ce schiste spathique se trouve en grand volume et en masses très considérables mêlées parmi les schistes simples : M. de Saussure, qui le décrit sous le nom de *pierre de corne*, l'a rencontré en plusieurs endroits des Alpes. « A demi-lieue de *Chamouni*, dit ce savant » professeur, en suivant la rive droite de l'Arve, la base d'une montagne, de laquelle » sortent plusieurs belles sources, est une *roche de corne* mélée de mica et de quartz. Ses » *couches* sont à peu près *verticales*, souvent brisées et diversement dirigées (a). » Ce mélange de mica, ce voisinage du quartz, cette violente inclinaison des masses me paraissent s'accorder avec ce que je viens de dire sur l'origine et le temps de la formation de cette pierre mélangée : il faut en effet que ce soit dans le temps où les micas étaient flottants et disséminés sur les lieux où se trouvaient les débris plus ou moins atténués des quartz, et dans des positions où les masses primitives, rompues en différents angles, n'offraient comme parois ou comme bases que de fortes inclinaisons et des pentes raides; ce n'est, dis-je, que dans ces positions que les couches de formation secondaire ont pu prendre les grandes inclinaisons des pentes et des faces contre lesquelles on les voit appliquées. En effet, M. de Saussure nous fournit de ces exemples de *roches de corne*, adossées à des granits (b); mais ne se méprend-il pas lorsqu'il dit que des blocs ou tranches de granit, qui se rencontrent quelquefois enfermés dans ces roches de corne, s'y sont produits ou introduits postérieurement à la formation de ces mêmes roches? Il me semble que c'est lors de leur formation même que ces fragments de granit primitif y ont été renfermés, soit qu'ils y soient tombés en se détachant des sommets plus élevés (c), soit que la force même des flots les y ait entraînés dans le temps que les eaux charriaient la pâte molle des argiles mélangées des poudres calcaires, dont est formée la substance des schistes spathiques; car nous sommes bien éloignés de croire que ces tranches ou prétendus filons de granit se soient produits, comme le dit M. de Saussure, par cristallisation et par l'infiltration des eaux; ce ne serait point alors du véritable granit primitif, mais une concrétion secondaire et formée par l'agglutination des sables graniteux (d). Ces deux formations doivent être soigneusement distinguées, et l'on ne peut pas, comme le fait ici ce savant auteur, donner la même origine et le même temps de formation aux masses primitives et à leurs productions secondaires ou stalactites : ce serait bouleverser toute la généalogie des substances du règne minéral.

Il y a aussi des schistes spathiques, dans lesquels le quartz et le feldspath se trouvent

(a) *Voyage dans les Alpes*, t. Ier, p. 433.

(b) *Idem, ibidem*, t. Ier, p. 531.

(c) L'observation même de M. de Saussure aurait pu le convaincre que la matière de ces tranches de granit a été amenée par le mouvement des eaux, et qu'elle s'est déposée en même temps que la matière de la pierre de corne dans laquelle ce granit est inséré, puisqu'il remarque qu'où elles se présentent, les couches de la roche de corne *s'interrompent brusquement*, et paraissent s'être *inégalement affaissées. Voyage dans les Alpes*, p. 533.

(d) M. de Saussure remarque lui-même dans cette pierre de *petites fentes rectilignes...* qui lui paraissent l'*effet d'un commencement de retraite.*

en fragments et en grains dispersés, et comme disséminés dans la substance de la pierre : M. de Saussure en a vu de cette espèce dans la même vallée de *Chamouni* (a). La formation de ces pierres ne me parait pas difficile à expliquer, en se rappelant qu'entre les détriments des quartz, des granits et des autres matières vitreuses primitives entraînées par les eaux, la poudre la plus ténue et la plus décomposée forma les argiles ; et que les sables plus vifs et non décomposés formèrent le grès : or, il a dû se trouver, dans cette destruction des matières primitives, de gros sables, qui bientôt furent saisis et agglutinés par la pate d'argile pure, ou d'argile déjà mélangée de substances calcaires (b). Ces gros sables, eu égard à leur pesanteur, n'ont point été charriés loin du lieu de leur origine ; et ce sont en effet ces grains de quartz, de feldspath et de schorl, qui se trouvent incorporés et empâtés dans la pierre argileuse spathique, ou pierre de corne, voisine des vrais granits (c). Enfin, il est évident que la formation des schistes spathiques et le mélange de substances argileuses et calcaires qui les composent, ainsi que la formation de toutes les autres pierres mixtes, supposent nécessairement la décomposition des matières simples et primitives dont elles sont composées ; et vouloir conclure (d) de la formation de ces productions secondaires à celle des masses premières, et de ces pierres remplies de sables graniteux aux véritables granits, c'est exactement comme si l'on voulait expliquer la formation des premiers marbres par les brèches, ou celle des jaspes par les poudingues.

Après les pierres dans lesquelles une portion de matière calcaire s'est combinée avec l'argile, la nature nous en offre d'autres où des portions de matière argileuse se sont mêlées et introduites dans les masses calcaires : tels sont plusieurs marbres, comme le *vert-campan* des Pyrénées, dont les zones vertes sont formées d'un vrai schiste, interposé entre les tranches calcaires rouges qui font le fond de ce marbre mixte ; telles sont aussi les *pierres de Florence,* où le fond du tableau est de substance calcaire pure, ou teinte par un feu de fer, mais dont la partie qui représente des ruines contient une portion considérable de terre schisteuse (e), à laquelle, suivant toute apparence, est due cette figuration

(*a*) « Les rochers des Montées (route de Servoz à Chamouni, le long de la rive de l'Arve), » contiennent, outre la pierre de corne, d'autres éléments des montagnes primitives, tels que » le quartz et le feldspath : dans quelques endroits, la pierre de corne est dispersée en très » petite quantité, sous la forme d'une poudre grise, dans les interstices des grains de quartz » et de feldspath, et là les rochers sont durs ; ailleurs la pierre de corne, de couleur verte, » forme des veines suivies et parallèles entre elles, qui règnent entre les grains de quartz » et de feldspath, et là le rocher est plus tendre. » *Voyage dans les Alpes,* t. Ier, p. 425.

(*b*) M. de Saussure, après avoir parlé d'une pierre composée d'un mélange de quartz et de spath calcaire, et l'avoir improprement appelée *granit,* ajoute que cette matière *se trouve par filons dans les montagnes de roche de corne;* or, cette stalactite des roches de corne nous fournit une preuve de plus que ces roches sont composées du mélange des débris des masses vitreuses et des détriments des substances calcaires.

(*c*) C'est à la même origine qu'il faut rapporter cette pierre que M. de Saussure appelle *granit veiné,* dénomination qui ne peut être plausible que dans le langage d'un naturaliste qui parle sans cesse de *couches perpendiculaires :* ce prétendu granit veiné est composé de lits de graviers graniteux, restés purs et sans mélange, et stratifiés près du lieu de leur origine, voisinage que cet observateur regarde comme formant un passage très important pour conduire à la formation des vrais granits; mais ce passage en apprend sur la formation du granit à peu près autant que le passage du grès au quartz en pourrait apprendre sur l'origine de cette substance primitive.

(*d*) « Je ferai voir combien ce genre mixte nous donne de lumière sur la formation des » granits proprement dits ou granits en masse. » Saussure, *Voyage dans les Alpes,* t. Ier, p. 427. On peut voir d'ici quelle espèce de lumière pourra résulter d'une analogie si peu fondée.

(*e*) Voyez la dissertation que M. Bayen, savant chimiste, a donnée sous le titre d'*Examen chimique de différentes pierres.*

sous différents angles, et diverses coupes, lesquelles sont analogues aux lignes et aux faces angulaires sous lesquelles on sait que les schistes affectent de se diviser lorsqu'ils sont mêlés de la matière calcaire.

Ces pierres mixtes, dans lesquelles les veines schisteuses traversent le fond calcaire, ont moins de solidité et de durée que les marbres purs ; les portions schisteuses sont plus tendres que le reste de la pierre, et ne résistent pas longtemps aux injures de l'air : c'est par cette raison que le marbre campan, employé dans les jardins de Marly et de Trianon, s'est dégradé en moins d'un siècle. On devrait donc n'employer pour les monuments que des marbres reconnus pour être sans mélange de schistes, ou d'autres matières argileuses qui les rendent susceptibles d'une prompte altération et même d'une destruction entière (a).

Une autre matière mixte, et qui n'est composée que d'argile et de substance calcaire, est celle qu'on appelle à Genève et dans le Lyonnais *molasse*, parce qu'elle est fort tendre dans sa carrière. Elle s'y trouve en grandes masses (b), et on ne laisse pas de l'employer pour les bâtiments, parce qu'elle se durcit à l'air ; mais comme l'eau des pluies et même l'humidité de l'air la pénètrent et la décomposent peu à peu, on doit ne l'employer qu'à couvert ; et c'est en effet pour éviter la destruction de ces pierres molasses, qu'on est dans l'usage, le long du Rhône et à Genève, de faire avancer les toits de cinq à six pieds au delà des murs extérieurs, afin de les défendre de la pluie (c). Au reste, cette pierre, qui ne peut résister à l'eau, résiste très bien au feu, et on l'emploie avantageusement à la construction des fourneaux de forges et des foyers de cheminées.

Pour résumer ce que nous venons de dire sur les pierres composées de matières vitreuses et de substance calcaire en grandes masses, et dont nous ne donnerons que ces trois exemples, nous dirons : 1º que les *schistes spathiques* ou *roches de corne* représentent le grand mélange et la combinaison intime qui s'est faite des matières calcaires avec les argiles, lorsqu'elles étaient toutes deux réduites en poudre, et que ni les unes ni les autres n'avaient encore aucune solidité ; 2º que les mélanges moins intimes, formés par les transports subséquents des eaux, et dans lesquels chacune des matières vitreuses et calcaires ne sont que mêlées et moins intimement liées, nous sont représentés par ces marbres mixtes et ces pierres dessinées, dans lesquelles la matière schisteuse se reconnaît à des caractères non équivoques, et paraît avoir été ou déposée par entassements successifs, et alternativement avec la matière calcaire, ou introduite en petite quantité dans les scissures et les fentes de ces mêmes matières calcaires ; 3º que les mélanges les plus grossiers et les moins intimes de l'argile et de la matière calcaire nous sont représentés

(a) Voyez la dissertation citée.

(b) « En 1779, on ouvrit un chemin près de Lyon, au bord du Rhône, dans une montagne » presque toute de molasse ; la coupe perpendiculaire de cette montagne présentait une infinité » de couches successives légèrement ondées, d'épaisseurs différentes, dont le tissu plus ou » moins serré et les nuances diversifiées annonçaient bien des dépôts formés à différentes » époques : j'y ai remarqué des lits de gravier dont l'interposition était visiblement l'effet de » quelques inondations, qui avaient interrompu de temps à autre la stratification de la » molasse. » Note communiquée par M. de Morveau.

(c) « Le pont de Bellegarde, sur la Valsime, à peu de distance de son confluent avec le » Rhône, est assis sur un banc de molasse que les eaux avaient creusé de plus de quatre- » vingts pieds, à l'époque de l'année 1778 ; la comminution lente des deux talus avait telle- » ment travaillé sous les culées de ce pont, qu'elles se trouvaient en l'air. Il a fallu le recon- » struire, et les ingénieurs ont eu la précaution de jeter l'arc beaucoup au delà des deux » bords, laissant pour ainsi dire la part du temps hors du point de fondation, et calculant la » durée de cet édifice sur la progression de cette comminution. » Suite de la note commu- niquée par M. de Morveau.

par la pierre molasse et même par la marne ; et nous pouvons aisément concevoir dans combien de circonstances ces mélanges de schiste ou d'argile et de substance calcaire, plus ou moins grossiers, ou plus ou moins intimes, ont dû avoir lieu, puisque les eaux n'ont cessé, tant qu'elles ont couvert le globe, comme elles ne cessent encore au fond des mers, de travailler, porter et transporter ces matières, et par conséquent de les mélanger dans tous les lieux où les lits d'argile se sont trouvés voisins des couches calcaires, et où ces dernières n'auraient pas encore recouvert les premières.

Cependant ces éléments ne sont pas les seuls que la nature emploie pour le mélange et l'union de la plupart des mixtes : indépendamment des détriments vitreux et calcaires, elle emploie aussi la terre végétale, qu'on doit distinguer des terres calcaires ou vitreuses, puisqu'elle est produite en grande partie par la décomposition des végétaux et des animaux terrestres, dont les détriments contiennent non seulement les éléments vitreux et calcaires qui forment la base des parties solides de leur corps, mais encore tous les principes actifs des êtres organisés, et surtout une portion de ce feu qui les rendait vivants ou végétants. Ces molécules actives tendent sans cesse à former des combinaisons nouvelles dans la terre végétale ; et nous ferons voir dans la suite que les plus brillantes comme les plus utiles des productions du règne minéral appartiennent à cette terre qu'on n'a pas jusqu'ici considérée d'assez près.

DE LA TERRE VÉGÉTALE

La terre purement brute, la terre élémentaire, n'est que le verre primitif d'abord réduit en poudre et ensuite atténué, ramolli et converti en argile par l'impression des éléments humides ; une autre terre, un peu moins brute, est la matière calcaire produite originairement par les dépouilles des coquillages, et de même réduite en poudre par les frottements et par le mouvement des eaux ; enfin une troisième terre, plus organique que brute, est la terre végétale composée des détriments des végétaux et des animaux terrestres.

Et ces trois terres simples, qui, par la décomposition des matières vitreuses, calcaires et végétales, avaient d'abord pris la forme d'argile, de craie et de limon, se sont ensuite mêlées les unes avec les autres, et ont subi tous les degrés d'atténuation, de figuration et de transformation qui étaient nécessaires pour pouvoir entrer dans la composition des minéraux et dans la structure organique des végétaux et des animaux.

Les chimistes et les minéralogistes ont tous beaucoup parlé des deux premières terres ; ils ont travaillé, décrit, analysé, les argiles et les matières calcaires ; ils en ont fait la base de la plupart des corps mixtes ; mais j'avoue que je suis étonné qu'aucun d'eux n'ait traité de la terre végétale ou limoneuse, qui méritait leur attention, du moins autant que les deux autres terres. On a pris le limon pour de l'argile ; cette erreur capitale a donné lieu à de faux jugements, et a produit une infinité de méprises particulières. Je vais donc tâcher de démontrer l'origine et de suivre la formation de la terre limoneuse, comme je l'ai fait pour l'argile : on verra que ces deux terres sont d'une différente nature, qu'elles n'ont même que très peu de qualités communes, et qu'enfin ni l'argile, ni la terre calcaire, ne peuvent influer autant que la terre végétale sur la production de la plupart des minéraux de seconde formation.

Mais, avant d'exposer en détail les degrés ou progrès successifs par lesquels les détriments des végétaux et des animaux se convertissent en terre limoneuse, avant de présenter les productions minérales qui en tirent immédiatement leur origine, il ne sera pas inutile de rappeler ici les notions qu'on doit avoir de la terre considérée comme l'un des quatre éléments. Dans ce sens, on peut dire que l'élément de la terre entre comme partie essentielle dans la composition de tous les corps : non seulement elle se trouve toujours dans tous en plus ou moins grande quantité, mais par son union avec les trois autres éléments, elle prend toutes les formes possibles; elle se liquéfie, se fixe, se pétrifie, se métallise, se resserre, s'étend, se sublime, se volatilise et s'organise suivant les différents mélanges et les degrés d'activité, de résistance et d'affinité de ces mêmes principes élémentaires.

De même, si l'on ne considère la terre en général que par ses caractères les plus aisés à saisir, elle nous paraîtra, comme on la définit en chimie, une matière sèche, opaque, insipide, friable, qui ne s'enflamme point, que l'eau pénètre, étend et rend ductile, qui s'y délaie et ne se dissout pas comme le sel. Mais ces caractères généraux sont, ainsi que toutes les définitions, plus abstraits que réels; étant trop absolus, ils ne sont ni relatifs, ni par conséquent applicables à la chose réelle : aussi ne peuvent-ils appartenir qu'à une terre qu'on supposerait être parfaitement pure, ou tout au plus mêlée d'une très petite quantité d'autres substances non comprises dans la définition. Or, cette terre idéale n'existe nulle part, et, tout ce que nous pouvons faire pour nous rapprocher de la réalité, c'est de distinguer les terres les moins composées de celles qui sont les plus mélangées. Sous ce point de vue plus vrai, plus clair et plus réel qu'aucun autre, nous regarderons l'argile, la craie et le limon, comme les terres les plus simples de la nature, quoique aucune des trois ne soit parfaitement simple; et nous comprendrons dans les terres composées non seulement celles qui sont mêlées de ces premières matières, mais encore celles qui sont mélangées de substances hétérogènes, telles que les sables, les sels, les bitumes, etc., etc.: toute terre qui ne contient qu'une très petite quantité de ces substances étrangères conserve à peu près toutes ses qualités spécifiques et ses propriétés naturelles; mais, si le mélange hétérogène domine, elle perd ces mêmes propriétés; elle en acquiert de nouvelles toujours analogues à la nature du mélange, et devient alors terre combustible ou réfractaire, terre minérale ou métallique, etc., suivant les différentes combinaisons des substances qui sont entrées dans sa composition.

Ce sont en effet ces différents mélanges qui rendent les terres pesantes ou légères, poreuses ou compactes, molles ou dures, rudes ou douces au toucher : leurs couleurs viennent aussi des parties minérales ou métalliques qu'elles renferment; leur saveur douce, âcre ou astringente, provient des sels, et leur odeur, agréable ou fétide, est due aux particules aromatiques, huileuses et salines dont elles sont pénétrées.

De plus, il y a beaucoup de terres qui s'imbibent d'eau facilement; il y en a d'autres sur lesquelles l'eau ne fait que glisser; il y en a de grasses, de tenaces, de très ductiles, et d'autres dont les parties n'ont point d'adhésion, et semblent approcher de la nature du sable ou de la cendre; elles ont chacune différentes propriétés et servent à différents usages : les terres argileuses les plus ductiles, lorsqu'elles sont fort chargées d'acide, servent au dégraissage des laines; les terres bitumineuses et végétales, telles que les tourbes et les charbons de terre, sont d'une utilité presque aussi grande que le bois; les terres calcaires et ferrugineuses s'emploient dans plusieurs arts, et notamment dans la peinture; plusieurs autres terres servent à polir les métaux, etc. Leurs usages sont aussi multipliés que leurs propriétés sont variées; et de même, dans les différentes espèces de nos terres cultivées, nous trouverons que telle terre est plus propre qu'une autre à la production de telles ou telles plantes, qu'une terre stérile par elle-même peut fertiliser d'autres terres par son mélange, que celles qui sont les moins propres à la végétation sont ordinairement les plus utiles pour les arts, etc.

Il y a, comme l'on voit, une grande diversité dans les terres composées, et il se trouve aussi quelques différences dans les trois terres que nous regardons comme simples : l'argile, la craie et la terre végétale. Cette dernière terre se présente même dans deux états très différents : le premier sous la forme de terreau, qui est le détriment immédiat des animaux et des végétaux, et le dernier sous la forme de limon, qui est le dernier résidu de leur entière décomposition. Ce limon, comme l'argile et la craie, n'est jamais parfaitement pur, et ces trois terres, quoique les plus simples de toutes, sont presque toujours mêlées de particules hétérogènes et du dépôt des poussières de toute nature répandues dans l'air et dans l'eau.

Sur la grande couche d'argile qui enveloppe le globe, et sur les bancs calcaires auxquels cette même argile sert de base, s'étend la couche universelle de la terre végétale, qui recouvre la surface entière des continents terrestres, et cette même terre n'est peut-être pas en moindre quantité sur le fond de la mer, où les eaux des fleuves la transportent et la déposent de tous les temps et continuellement, sans compter celle qui doit également se former des détriments de tous les animaux et végétaux marins. Mais, pour ne parler ici que de ce qui est sous nos yeux, nous verrons que cette couche de terre, productrice et féconde, est toujours plus épaisse dans les lieux abandonnés à la seule nature que dans les pays habités, parce que cette terre étant le produit des détriments des végétaux et des animaux, sa quantité ne peut qu'augmenter partout où l'homme ou le feu, son ministre de destruction, n'anéantissent pas les êtres vivants et végétants. Dans ces terres indépendantes de nous et où la nature seule règne, rien n'est détruit ni consommé d'avance ; chaque individu vit son âge ; les bois, au lieu d'être abattus au bout de quelques années, s'élèvent en futaies et ne tombent de vétusté que dans la suite des siècles, pendant lesquels leurs feuilles, leurs menus branchages, et tous leurs déchets annuels et superflus, forment à leur pied des couches de terreau, qui bientôt se convertit en terre végétale, dont la quantité devient ensuite bien plus considérable par la chute de ces mêmes arbres trop âgés. Ainsi, d'année en année, et bien plus encore de siècle en siècle, ces dépôts de terre végétale se sont augmentés partout où rien ne s'opposait à leur accumulation.

Cette couche de terre végétale est plus mince sur les montagnes que dans les vallons et les plaines, parce que les eaux pluviales dépouillent les sommets et les pentes de ces éminences, et entraînent le limon qu'elles ont délayé ; les ruisseaux, les rivières, le charrient et le déposent dans leur lit, ou le transportent jusqu'à la mer ; et, malgré cette déperdition continuelle des résidus de la nature vivante, sa force productrice est si grande que la quantité de ce limon végétal augmenterait partout, si nous n'affamions pas la terre par nos jouissances anticipées et presque toujours immodérées. Comparez à cet égard les pays très anciennement habités avec les contrées nouvellement découvertes : tout est forêt, terreau, limon dans celles-ci ; tout est sable aride ou pierre nue dans les autres.

Cette couche de terre la plus extérieure du globe est non seulement composée des détriments des végétaux et des animaux, mais encore des poussières de l'air et du sédiment de l'eau des pluies et des rosées : dès lors elle se trouve mêlée de particules calcaires ou vitreuses, dont ces deux *éléments* sont toujours plus ou moins chargés ; elle se trouve aussi plus grossièrement mélangée de sable vitreux ou de graviers calcaires dans les contrées cultivées par la main de l'homme ; car le soc de la charrue mêle avec cette terre les fragments qu'il détache de la couche inférieure, et, loin de prolonger la durée de sa fécondité, souvent la culture amène la stérilité. On le voit dans ces champs en montagnes où la terre est si mêlée, si couverte de fragments et de débris de pierres que le laboureur est obligé de les abandonner ; on le voit aussi dans ces terres légères qui portent sur le sable ou la craie, et dont, après quelques années, la fécondité cesse par la trop grande quantité de ces matières stériles que le labour y mêle : on ne peut leur rendre ni leur conserver de la fertilité qu'en y portant des fumiers et d'autres amendements de matières analogues à leur première nature. Ainsi cette couche de terre végétale n'est presque nulle part un limon vierge, ni même une terre simple et pure : elle serait telle si elle ne contenait que les détriments des corps organisés; mais comme elle recueille en même temps tous les débris de la matière brute, on doit la regarder comme un composé mi-partie de brut et d'organique, qui participe de l'inertie de l'un et de l'activité de l'autre, et qui, par cette dernière propriété et par le nombre infini de ses combinaisons, sert non seulement à l'entretien des animaux et des végétaux, mais produit aussi la plus grande partie des minéraux, et particulièrement les minéraux figurés, comme nous le démontrerons dans la suite par différents exemples.

Mais auparavant il est bon de suivre de près la marche de la nature dans la production et la formation successive de cette terre végétale. D'abord composée des seuls détriments des animaux et des végétaux, elle n'est encore, après un grand nombre d'années, qu'une poussière noirâtre, sèche, très légère, sans ductilité, sans cohésion, qui brûle et s'enflamme à peu près comme la tourbe. On peut distinguer encore dans ce terreau les fibres ligneuses et les parties solides des végétaux; mais avec le temps, et par l'action et l'intermède de l'air et de l'eau, ces particules arides de terreau acquièrent de la ductilité et se convertissent en terre limoneuse : je me suis assuré de cette réduction ou transformation par mes propres observations.

Je fis sonder en 1734, par plusieurs coups de tarière, un terrain d'environ soixante-dix arpents d'étendue, dont je voulais connaître l'épaisseur de bonne terre, et où j'ai fait une plantation de bois qui a bien réussi : j'avais divisé ce terrain par arpents, et l'ayant fait sonder aux quatre angles de chacun de ces arpents, j'ai retenu la note des différentes épaisseurs de terre, dont la moindre était de deux pieds, et la plus forte de trois pieds et demi. J'étais jeune alors, et mon projet était de reconnaître au bout de trente ans la différence que produirait sur mon bois semé l'épaisseur plus ou moins grande de cette terre, qui partout était franche et de bonne qualité. J'observai, par le moyen de ces sondes, que, dans toute l'étendue de ce terrain, la composition des lits de terre était à très peu près la même, et j'y reconnus clairement le changement successif du terreau en terre limoneuse. Ce terrain est situé dans une plaine au-dessus de nos plus hautes collines de Bourgogne : il était pour la plus grande partie en friche de temps immémorial, et comme il n'est dominé par aucune éminence, la terre est sans mélange apparent de craie ni d'argile; elle porte partout sur une couche horizontale de pierre calcaire dure.

Sous le gazon, ou plutôt sous la vieille mousse qui couvrait la surface de ce terrain, il y avait partout un petit lit de terre noire et friable, formée du produit des feuilles et des herbes pourries des années précédentes; la terre du lit suivant n'était que brune et sans adhésion; mais les lits au-dessous de ces deux premiers prenaient par degrés de la consistance et une couleur jaunâtre, et cela d'autant plus qu'ils s'éloignaient davantage de la superficie du terrain. Le lit le plus bas, qui était à trois pieds ou trois pieds et demi de profondeur, était d'un orangé rougeâtre, et la terre en était très grasse, très ductile, et s'attachait à la langue comme un véritable bol (a).

(a) M. Nadault, ayant fait quelques expériences sur cette terre limoneuse la plus grasse, m'a communiqué la note suivante : « Cette terre étant très ductile et pétrissable, j'en ai, » dit-il, formé sans peine de petits gâteaux qui se sont promptement imbibés d'eau et renflés, » et qui, en se desséchant, se sont raccourcis selon leurs dimensions : l'eau-forte avec cette » terre n'a produit ni ébullition ni effervescence; elle est tombée au fond de la liqueur sans » s'y dissoudre, comme l'argile la plus pure. J'en ai mis dans un creuset à un feu de charbon » assez modéré avec de l'argile : celle-ci s'y est durcie à l'ordinaire jusqu'à un certain point; » mais l'autre au contraire, quoique avec toutes les qualités apparentes de l'argile, s'est » extrêmement raréfiée et a perdu beaucoup de son poids; elle a acquis, à la vérité, un peu » de consistance et de solidité à sa superficie, mais cependant si peu de dureté qu'elle s'est » réduite en poussière entre mes doigts. J'ai fait ensuite éprouver à cette terre le degré de » chaleur nécessaire pour la parfaite cuisson de la brique : les gâteaux se sont alors défor-

Je remarquai dans cette terre jaune plusieurs grains de mine de fer; ils étaient noirs et durs dans le lit inférieur, et n'étaient que bruns et encore friables dans les lits supérieurs de cette même terre. Il est donc évident que les détriments des animaux et des végétaux, qui d'abord se réduisent en terreau, forment avec le temps et le secours de l'air et de l'eau, la terre jaune et rougeâtre, qui est la vraie terre limoneuse dont il est ici question; et de même on ne peut douter que le fer contenu dans les végétaux ne se retrouve dans cette terre et ne s'y réunisse en grains, et comme cette terre végétale contient une grande quantité de substance organique, puisqu'elle n'est produite que par la décomposition des êtres organisés, on ne doit pas être étonné qu'elle ait quelques propriétés communes avec les végétaux : comme eux elle contient des parties volatiles et combustibles; elle brûle en partie ou se consume au feu; elle y diminue de volume, et y perd considérablement de son poids; enfin elle se fond et se vitrifie au même degré de feu auquel l'argile ne fait que se durcir (a). Cette terre limoneuse a encore la propriété de s'imbiber d'eau plus facilement que l'argile, et d'en absorber une plus grande quantité; et comme elle s'attache fortement à la langue, il paraît que la plupart des bols ne sont que cette même terre aussi pure et aussi atténuée qu'elle peut l'être, car on trouve ces bols en pelotes ou en petits lits dans les fentes et cavités, où l'eau, qui a pénétré la couche de terre limoneuse, s'est en même temps chargée des molécules les plus fines de cette même terre, et les a déposées sous cette même forme de bol.

On a vu, à l'article de l'*argile*, le détail de la fouille que je fis faire, en 1748, pour reconnaître les différentes couches d'un terrain argileux jusqu'à cinquante pieds de profondeur : la première couche de ce terrain était d'une terre limoneuse d'environ trois pieds d'épaisseur. En suivant les travaux de cette fouille et en observant avec soin les différentes matières qui en ont été tirées, j'ai reconnu, à n'en pouvoir douter, que cette terre limoneuse était entraînée par l'infiltration des eaux à de grandes profondeurs dans les joints et les délits des couches inférieures, qui toutes étaient d'argile; j'en ai suivi la trace jusqu'à trente-deux pieds : la première couche argileuse la plus voisine de la terre limoneuse était mi-partie d'argile et de limon, marbrée des couleurs de l'un et de l'autre, c'est-à-dire de jaune et de gris d'ardoise; les couches suivantes d'argile étaient moins mélangées, et dans les plus basses, qui étaient aussi les plus compactes et les plus dures, la terre jaune, c'est-à-dire le limon, ne pénétrait que dans les petites fentes perpendiculaires, et quelquefois aussi dans les délits horizontaux des couches de l'argile. Cette terre limoneuse incrustait la superficie des glèbes argileuses; et lorsqu'elle avait pu s'introduire dans l'intérieur de la couche, il s'y trouvait ordinairement des concrétions pyriteuses, aplaties et de figure orbiculaire, qui se joignaient par une espèce de cordon cylindrique de même substance pyriteuse, et ce cordon pyriteux aboutissait toujours à un joint ou à une fente remplie de terre limoneuse : je fus dès lors persuadé que cette terre contribuait plus que toute autre à la formation des pyrites martiales, lesquelles, par succession de temps,

» més; ils ont beaucoup diminué de volume, se sont durcis au point de résister au burin, et » leur superficie devenue noire, au lieu d'avoir rougi comme l'argile, s'est émaillée, de sorte » que cette terre en cet état approchait déjà de la vitrification; ces mêmes gâteaux, remis » une seconde fois au fourneau et au même degré de chaleur, se sont convertis en un » véritable verre d'une couleur obscure, tandis qu'une semblable cuisson a seulement changé » en bleu foncé la couleur rouge de l'argile, en lui procurant un peu plus de dureté; et j'ai » en effet éprouvé qu'il n'y avait qu'un feu de forge qui pût vitrifier celle-ci. » Note remise par M. Nadault à M. de Buffon, en 1774.

(a) « La terre limoneuse, que l'on nomme communément *herbue* parce qu'elle gît sous » l'herbe ou le gazon, étant appliquée sur le fer que l'on chauffe au degré de feu pour le » souder, se gonfle et se réduit en un mâchefer noir vitreux et sonore. » Remarque de M. de Grignon.

s'accumulent et forment souvent des lits qu'on peut regarder comme les mines du vitriol ferrugineux.

Mais lorsque les couches de terre végétale se trouvent posées sur des banc de pierres solides et dures, les stillations des eaux pluviales chargées des molécules de cette terre, étant alors retenues et ne pouvant descendre en ligne droite, serpentent entre les joints et les délits de la pierre, et y déposent cette matière limoneuse ; et comme l'eau s'insinue avec le temps dans les matières pierreuses, les parties les plus fines du limon pénètrent avec elle dans tous les pores de la pierre et la colorent souvent de jaune ou de roux ; d'autres fois l'eau chargée de limon ne produit dans la pierre que des veines ou des taches.

D'après ces observations, je demeurai persuadé que cette terre limoneuse, produite par l'entière décomposition des animaux et des végétaux, est la première matrice des mines de fer en grains, et qu'elle fournit aussi la plus grande partie des éléments nécessaires à la formation des pyrites. Les derniers résidus du détriment ultérieur des êtres organisés prennent donc la forme de bol, de fer en grains et de pyrite ; mais lorsqu'au contraire les substances végétales n'ont subi qu'une légère décomposition, et qu'au lieu de se convertir en terreau et ensuite en limon à la surface de la terre, elles se sont accumulées sous les eaux, elles ont alors conservé très longtemps leur essence, et, s'étant ensuite bituminisées par le mélange de leurs huiles avec l'acide, elles ont formé les tourbes et les charbons de terre.

Il y a en effet une très grande différence dans la manière dont s'opère la décomposition des végétaux à l'air ou dans l'eau : tous ceux qui périssent et sont gisants à la surface de la terre, étant alternativement humectés et desséchés, fermentent et perdent par une prompte effervescence la grande partie de leurs principes inflammables ; la pourriture succède à cette effervescence, et, suivant les degrés de la putréfaction, le végétal se désorganise, se dénature, et cesse d'être combustible dès qu'il est entièrement pourri : aussi le terreau et le limon, quoique provenant des végétaux, ne peuvent pas être mis au nombre des matières vraiment combustibles ; ils se consument ou se fondent au feu plutôt qu'ils ne brûlent ; la plus grande partie de leurs principes inflammables s'étant dissipée par la fermentation, il ne leur reste que la terre, le fer et les autres parties fixes qui étaient entrées dans la composition du végétal.

Mais lorsque les végétaux, au lieu de pourrir sur la terre, tombent au fond des eaux ou y sont entraînés, comme cela arrive dans les marais et sur le fond des mers, où les fleuves amènent et déposent des arbres par milliers, alors toute cette substance végétale conserve pour ainsi dire à jamais sa première essence : au lieu de perdre ses principes combustibles par une prompte et forte effervescence, elle ne subit qu'une fermentation lente, et dont l'effet se borne à la conversion de son huile en bitume ; elle prend donc sous l'eau la forme de tourbe ou de charbon de terre, tandis qu'à l'air elle n'aurait forme que du terreau et du limon.

La quantité de fer contenue dans la terre limoneuse est quelquefois si considérable qu'on pourrait lui donner quelquefois le nom de terre ferrugineuse, et même la regarder comme une mine métallique ; mais quoique cette terre limoneuse produise ou plutôt régénère par sécrétion le fer en grains, et que l'origine primordiale de toutes les mines de cette espèce appartienne à cette terre limoneuse, néanmoins les minières de fer en grains dont nous tirons le fer aujourd'hui ont presque toutes été transportées et amenées par alluvion, après avoir été lavées par les eaux de la mer, c'est-à-dire séparées de la terre limoneuse où elles s'étaient anciennement formées.

La matière ferrugineuse, soit en grains, soit en rouille, se trouve presque à la superficie de la terre en lits ou couches peu épaisses ; il semble donc que ces mines de fer devraient être épuisées, dans toutes les contrées habitées, par l'extraction continuelle qu'on en fait depuis tant de siècles (a). Et en effet le fer pourra devenir moins commun dans la suite des temps, car la quantité qui s'en reproduit dans la terre végétale ne peut pas, à beaucoup près, compenser la consommation qui s'en fait chaque jour.

On observe, dans ces mines de fer, que les grains sont tous ronds ou un peu oblongs, que leur grosseur est la même dans chaque mine, et que cependant cette grosseur varie beaucoup d'une minière à une autre : cette différence dépend de l'épaisseur de la couche de terre végétale où ces grains de fer se sont anciennement formés, car on voit que plus l'épaisseur de la terre est grande, plus les grains de mine de fer qui s'y forment sont gros, quoique toujours assez petits.

Nous remarquerons aussi que ces terres dans lesquelles se forment les grains de la mine de fer paraissent être de la même nature que les autres terres limoneuses où cette formation n'a pas lieu : les unes et les autres sont d'abord, dans leurs premières couches, noirâtres, arides et sans cohésion, mais leur couleur noire se change en brun dans les couches inférieures et ensuite en un jaune foncé ; la substance de cette terre devient ductile ; elle s'imbibe facilement d'eau et s'attache à la langue. Toutes les propriétés de ces terres limoneuses et ferrugineuses sont les mêmes, et la mine de fer en

(a) « On peut se faire une idée de la quantité de mines de fer qu'on tire de la terre, » dans le seul royaume de France, par le calcul suivant :

<table>
<tr><td rowspan="7">» Les mines</td><td>de Dauphiné...........</td><td>40 livres</td><td rowspan="7">de fonte pour cent livres de mine.</td></tr>
<tr><td>de Bretagne............</td><td>43</td></tr>
<tr><td>de Bourgogne..........</td><td>30</td></tr>
<tr><td>de Champagne.........</td><td>33</td></tr>
<tr><td>de Normandie..........</td><td>30</td></tr>
<tr><td>de Franche-Comté......</td><td>36</td></tr>
<tr><td>de Berry..............</td><td>34</td></tr>
</table>

» Ce produit est le terme moyen dans chacune de ces provinces : la variété générale est » de 16 à 50 pour cent.

» L'on peut regarder, pour terme moyen du produit des mines de France, 33 pour cent, » qui est aussi le plus général.

» Le poids commun des mines lavées et préparées pour être fondues est de 115 livres le » pied cube.

» Il faut, sur ce pied, $22\frac{1}{2}$ pieds cubes de mine pour produire un mille de fonte, qui rend » communément 667 livres de fer forgé.

» Il y a en France environ cinq cents fourneaux de fonderie qui produisent annuellement » 300 millions de fonte, dont $\frac{1}{8}$ passe dans le commerce en fonte moulée ; les $\frac{5}{8}$ restants sont » convertis en fer, et en produisent 168 millions, qui est le produit annuel, à peu de chose » près, de la fabrication des forges françaises.

» 300 millions de fonte, à raison de $22\frac{1}{2}$ pieds cubes de minerai par mille, donnent » 7 millions 950,000 pieds cubes de minerai, équivalant à 36,805 toises 120 pieds cubes.

» Or, comme le minerai de fer, surtout celui qui se retire de minières formées par allu- » vion, telles que sont celles de la majeure partie de nos provinces, est mélangé de terre, de » sable, de pierres et de coquilles fossiles, qui sont des matières étrangères que l'on en sépare » par le lavage ; que ces matières excèdent deux, trois et souvent quatre fois le volume du » minerai, qui en est séparé par le lavage, le crible et l'égrappoir, on peut donc tripler la » masse générale du minerai extrait annuellement en France des minières, et le porter à » 110,416 toises cubes, qui est le total de l'extraction annuelle des mines, non compris les » déblais qui les recouvrent. » Note communiquée par M. de Grignon.

En prenant 1 pied d'épaisseur pour mesure moyenne des mines en grains que l'on exploite en France, on a remué pour cela 662,496 toises d'étendue sur 1 pied d'épaisseur, ce qui fait 736 arpents de 900 toises chacun, et 96 toises de plus de terrain qu'on épuise de minerai chaque année, et pendant un siècle 73,610 arpents.

grains, après avoir été broyée et détrempée dans l'eau, semble reprendre les caractères de ces mêmes terres au point de ne pouvoir distinguer la poudre du minerai de celle de la terre limoneuse. Le fer, décomposé et réduit en rouille, paraît reprendre aussi la forme et les qualités de sa terre matrice. Ainsi la terre ferrugineuse et la terre limoneuse ne diffèrent que par la plus ou moins grande quantité de fer qu'elles contiennent, et la mine de fer en grains n'est qu'une sécrétion qui se fait dans cette même terre d'autant plus abondamment qu'elle contient une plus grande quantité de fer décomposé : on sait que chaque pierre et chaque terre ont leurs stalactites particulières et différentes entre elles, et que ces stalactites conservent toujours les caractères propres des matières qui les ont produites ; la mine de fer en grains est dans ce sens une vraie stalactite de la terre limoneuse ; ce n'est d'abord qu'une concrétion terreuse qui peu à peu prend de la dureté par la seule force de l'affinité de ses parties constituantes, et qui n'a encore aucune des propriétés essentielles du fer.

Mais comment cette matière minérale peut-elle se séparer de la masse de terre limoneuse pour se former si régulièrement en grains aussi petits, en aussi grande quantité, et d'une manière si achevée qu'il n'y en a pas un seul qui ne présente à sa surface le brillant métallique ? Je crois pouvoir satisfaire à cette question par les simples faits que m'a fournis l'observation. L'eau pluviale s'infiltre dans la terre végétale et crible d'abord avec facilité à travers les premières couches, qui ne sont encore que la poussière aride des parties de végétaux à demi décomposés ; trouvant ensuite des couches plus denses, l'eau les pénètre aussi, mais avec plus de lenteur, et lorsqu'elle est parvenue au banc de pierre qui sert de base à ces couches terreuses, elle devient nécessairement stagnante, et ne peut plus s'écouler qu'avec beaucoup de temps ; elle produit alors, par son séjour dans ces terres grasses, une sorte d'effervescence ; l'air qui y était contenu s'en dégage et forme dans toute l'étendue de la couche une infinité de bulles qui soulèvent et pressent la terre en tous sens, et y produisent un égal nombre de petites cavités dans lesquelles la mine de fer vient se mouler. Ceci n'est point une supposition précaire, mais un fait qu'on peut démontrer par une expérience très aisée à répéter : en mettant dans un vase transparent une quantité de terre limoneuse bien détrempée avec de l'eau et la laissant exposée a l'air dans un temps chaud, on verra quelques jours après cette terre en effervescence se boursoufler et produire des bulles d'air, tant à sa partie supérieure que contre les parois du verre qui la contient ; on verra le nombre de ces bulles s'augmenter de jour en jour, au point que la masse entière de la terre paraît en être criblée. Et c'est là précisément ce qui doit arriver dans les couches des terres limoneuses ; car elles sont alternativement humectées par les eaux pluviales et desséchées selon les saisons. L'eau, chargée des molécules ferrugineuses, s'insinue par stillation dans toutes ces petites cavités, et en s'écoulant elle y dépose la matière ferrugineuse dont elle s'était chargée en parcourant les couches supérieures, et elle en remplit ainsi toutes les petites cavités, dont les parois lisses et polies donnent à chaque grain le brillant ou le luisant que présente leur surface.

Si l'on divise ces grains de mine de fer en deux portions de sphère, on reconnaîtra qu'ils sont tous composés de plusieurs petites couches concentriques, et que dans les plus gros il y a souvent une cavité sensible, ordinairement remplie de la même substance ferrugineuse, mais qui n'a pas encore acquis de solidité, et qui s'écrase aisément comme les grains de mine eux-mêmes, qui commencent à se former dans les premières couches de la terre limoneuse : ainsi dans chaque grain la couche la plus extérieure qui a le brillant métallique est la plus solide de toutes et la plus *métallisée*, parce qu'ayant été formée la première, elle a reçu par infiltration et retenu les molécules ferrugineuses les plus pures, et a laissé passer celles qui l'étaient moins pour former la seconde couche du grain, et il en est de même de la troisième et de la quatrième couche, jusqu'au centre qui ne contient que la matière la plus terreuse et la moins métallique. Les œtites ou géodes ferrugineuses ne sont que de très gros grains de mine de fer, dans lesquels ont peut voir et suivre plus aisément ce procédé de la nature.

Au reste, cette formation de la mine de fer en grains, qui se fait par sécrétion dans la terre limoneuse, ne doit pas nous induire à penser qu'on puisse attribuer à cette cause la première origine de ce fer, car il existait dans le végétal et l'animal avant leur décomposition ; l'eau ne fait que rassembler les molécules du métal et les réunir sous la forme de grains; on sait que les cendres contiennent une grande quantité de particules de fer ; c'est ce même fer contenu dans les végétaux que nous retrouvons en forme de grains dans les couches de la terre limoneuse. Le mâchefer qui, comme je l'ai prouvé, n'est que le résidu des végétaux brûlés, se convertit presque entièrement en rouille ferrugineuse ; ainsi les végétaux, soit qu'ils soient consumés par le feu ou consommés par la pourriture, rendent également à la terre une quantité de fer peut-être beaucoup plus grande que celle qu'ils en ont tirée par leurs racines, puisqu'ils reçoivent autant et plus de nourriture de l'air et de l'eau que de la terre (*).

Les observations, rapportées ci-dessus, démontrent en effet que les grains de la mine de fer se forment dans la terre végétale par la réunion de toutes les particules ferrugineuses que l'on sait être contenues dans les détriments des végétaux et des animaux dont cette terre est composée ; mais il faut encore y ajouter tous les débris et toutes les poudres des fers usés par les frottements, dont la quantité est immense : elles se trouvent disséminées dans cette terre végétale et s'y réunissent de même en grains ; et comme rien n'est perdu dans la nature, ce fer, qui se régénère pour ainsi dire sous nos yeux, semblerait devoir augmenter la quantité de celui que nous consommons ; mais ces grains de fer, qui sont nouvellement formés dans nos terres végétales, y sont rarement en assez grande quantité pour qu'on puisse les recueillir avec profit ; il faudrait pour cela que la nature, par une seconde opération, eût séparé ces grains de fer du reste de la terre où ils ont été produits, comme elle l'a fait pour l'établissement de nos mines de fer en grains, qui presque toutes ont jadis été amenées et déposées par alluvion sur les terrains où nous les trouvons aujourd'hui.

Le fer en lui-même, et dans sa première origine, est une matière qui, comme les autres substances primitives, a été produite par le feu et se trouve en grandes masses et en roches dans plusieurs parties du globe, et particulièrement dans les pays du Nord (a) ; c'est du détriment et des exfoliations de ces premières masses ferrugineuses que proviennent originairement toutes les particules de fer répandues à la surface de la terre, et qui sont entrées dans la composition des végétaux et des animaux. C'est de même par les exsudations de ces grandes roches de fer que se sont formées, par l'intermède de l'eau, toutes les mines spathiques de ce métal, qui ne sont que des stalactites de ces masses primordiales : tous les débris des roches primitives ont été dès les premiers temps transportés et déposés avec ceux des matières vitreuses, dans toute l'étendue de la surface et des couches extérieures du globe.

Les premières terres limoneuses ayant été délayées et entraînées par les eaux, ce grand lavage aura fait la séparation de tous les grains de fer contenus dans cette terre ; le mouvement de la mer aura ensuite transporté ces grains avec les matières qui se sont trou-

(a) On connaît les grandes roches de fer qui se trouvent en Suède, en Russie et en Sibérie, et quelques voyageurs m'ont assuré que la plus grande partie du haut terrain de la Laponie n'est ponr ainsi dire qu'une masse ferrugineuse.

(*) Buffon paraît commettre une erreur quand il dit que les végétaux rendent à la *terre* une quantité de fer plus grande que celle qu'ils ont puisée dans la *terre* elle-même, mais il attribue évidemment cet excédent à l'eau, car il ajoute : « Ils reçoivent autant et plus de nourriture de l'air et de l'eau que de la terre. »

vées d'un poids et d'un volume à peu près égal, en sorte qu'après avoir séparé les grains
de fer de la terre où ils s'étaient formés, ce même mouvement des eaux les aura mêlés
avec d'autres matières qui n'ont aucun rapport à leur formation : aussi ces mines d'alluvion offrent-elles de grandes différences non seulement dans leur mélange, mais même
dans leur gisement et leur accumulation.

On appelle mines dilatées ou mines en *nappes*, les minières de fer en grains qui sont
étendues sur une surface plane, et qui souvent forment des couches qu'on peut suivre
très loin ; ces mines sont ordinairement en très petits grains, et presque toujours mélangées, les unes de sable vitreux ou d'argile, les autres de petits graviers calcaires et de
débris de coquilles. On nomme mines en *nids* ou en *sacs* celles qui sont accumulées dans
les fentes et dans les intervalles qui se trouvent entre les rochers ou les bancs de pierre ;
et ces mines en nids sont communément plus pures et en grains plus gros que les mines
en nappes ; elles sont souvent mêlées de sable vitreux et de petits cailloux, et, quoique
situées dans les fentes des rochers calcaires, elles ne contiennent ni sable calcaire ni
coquilles : leurs grains étant spécifiquement plus pesants que ces matières, n'ont été
transportés qu'avec des substances d'égale pesanteur, telles que les petits cailloux, les
calcédoines, etc.

Toutes ces mines de fer en grains ont également été déposées par les eaux de la mer ;
on les trouve plus souvent et on les découvre plus aisément au-dessus des collines que
dans le fond des vallons, parce que l'épaisseur de la terre qui les couvre n'est pas aussi
grande : souvent même les grains de fer se présentent à la surface du terrain, ou se montrent par le labour à quelques pouces de profondeur.

Il résulte de nos observations que la terre végétale ou limoneuse est la première
matrice de toutes les mines de fer en grains, et il me semble qu'il en est de même de la
pyrite martiale ; ce minéral, quoique de formes variées et différentes, est néanmoins toujours régulièrement figuré ; or, je crois pouvoir avancer que c'est du détriment des substances organisées que la pyrite tire en partie son origine ; car elle se forme ou dans la
couche même de la terre végétale, ou dans les dépôts de cette même terre, entre les joints
des pierres calcaires et les délits des argiles, où l'eau chargée de particules limoneuses
s'est insinuée par infiltration, et a déposé avec ces particules les éléments nécessaires à la
composition de la pyrite.

Car quels sont en effet les éléments de sa composition ? du feu fixe (*), de l'acide et de
la terre ferrugineuse, tous trois intimement réunis par leur affinité (**). Or, cette matière
du feu fixe ne vient-elle pas du détriment des corps organisés et des substances inflammables qu'ils contiennent ? Le fer se trouve également dans ces mêmes détriments, puisque
tous les animaux et végétaux en recèlent, même de leur vivant, une assez considérable
quantité ; et, comme l'acide vitriolique abonde dans l'argile, on ne doit pas être étonné de
voir les pyrites partout où la terre végétale s'est insinuée dans les argiles, puisque tous
les principes de leur composition se trouvent alors réunis. Il est vrai qu'on trouve aussi
des pyrites, et quelquefois en grande quantité, dans les masses d'argile, où il ne paraît
pas que la terre limoneuse ait pénétré ; mais ces mêmes argiles contenant un nombre
immense de coquilles et de débris de végétaux et d'animaux, les pyrites s'y seront formées
de même par l'union des principes renfermés dans tous ces corps organisés.

La mine de fer en grains et la pyrite sont donc des produits de la terre végétale.
Plusieurs sels se forment de même dans cette terre par les acides et les alcalis qui peuvent
y saisir des bases différentes, et enfin les bitumes s'y produisent aussi par le mélange de

---

(*) Carbone.
(**) La composition chimique de la terre végétale est beaucoup plus complexe que ne
paraît le croire Buffon.

l'acide avec les huiles végétales ou les graisses animales; et comme cette couche extérieure du globe reçoit encore les déchets de tout ce qui sert à l'usage de l'homme, les particules de l'or et de l'argent, et de tous les autres métaux et matières de toute nature qui s'usent par les frottements, on doit par conséquent y trouver une petite quantité d'or ou de tout autre métal.

C'est donc de cette terre, de cette poussière que nous foulons aux pieds, que la nature sait tirer ou régénérer la plupart de ses productions en tous genres; et cela serait-il possible si cette même terre n'était pas mélangée de tous les principes organiques et actifs qui doivent entrer dans la composition des êtres organisés et des corps figurés?

La terre limoneuse, ayant été entraînée par les eaux courantes et déposée au fond des mers, accompagne souvent les matières végétales qui se sont converties en charbon de terre; elle indique par sa couleur les affleurements extérieurs des veines de ce charbon. « Nous observerons, dit M. de Gensane, que dans tous les endroits où il se trouve des » charbons de terre ou d'autres substances bitumineuses, on aperçoit des terres *fauves* » plus ou moins foncées, qui, dans les Cévennes surtout, forment un indice certain du » voisinage de ces charbons. Ces terres, bien examinées, ne sont autre chose que des » roches calcaires, dissoutes par un acide qui leur fait contracter une qualité ferrugineuse, » et conséquemment cette couleur ocreuse : lorsque la dissolution de ces pierres est en » quelque sorte parfaite, les terres rouges qui en proviennent prennent une consistance » *argileuse*, et forment de véritables bols ou des ocres naturelles (a). » J'avoue que je ne puis être ici du sentiment de cette habile minéralogiste : ces terres fauves, qui se trouvent toujours dans le voisinage des charbons de terre, ne sont que des couches de terre limoneuse; elles peuvent être mêlées de matière calcaire, mais elles sont en elles-mêmes le produit de la décomposition des végétaux; le fer qu'elles contenaient se change en rouille par l'humidité, et le bol, comme je l'ai dit, n'est que la partie la plus fine et la plus atténuée de cette terre limoneuse, qui n'a de commun avec l'argile que d'être, comme elle, ductile et grasse.

De la même manière que la matière végétale plus ou moins décomposée a été anciennement transportée par les eaux et a formé les veines de charbon, de même la matière ferrugineuse, contenue dans la terre limoneuse, a été transportée, soit dans son état de mine en grains, soit dans celui de rouille; nous venons de parler de ces mines de fer en grains, transportées par alluvion et déposées dans les fentes des rochers calcaires, les rouilles de fer et les ocres ont été transportées et déposées de même par les eaux de la mer. M. Le Monnier, premier médecin ordinaire du roi, décrit une mine d'ocre qui se trouve dans le Berry près de Vierzon, entre deux lits de sable(b). M. Guettard en a observé

(a) *Histoire naturelle du Languedoc*, t. Ier, p. 189.

(b) « Les herborisations que j'ai faites, dit-il, dans la forêt de Vierzon, m'ont conduit » si près d'une mine d'ocre que je n'ai pu me dispenser d'aller l'examiner. On n'en voit » pas beaucoup de cette espèce, et j'ai même ouï dire que c'était la seule qui fût en France : » elle appartient à un marchand de Tours, qui la fait exploiter; elle est située dans la » seigneurie de la Beuvrière, paroisse de Saint-George, à deux lieues de Vierzon, sur les » bords du Cher. Lorsque j'y suis arrivé, les puits étaient remplis d'eau, à l'exception d'un » seul dans lequel je suis descendu : il est au milieu d'un champ dont la superficie est un » peu sablonneuse, blanchâtre, sans que la terre soit cependant trop maigre. L'ouverture » de ce puits est un carré, dont chacun des côtés peut avoir une toise et demie; sa profon- » deur est de dix-huit ou vingt toises; ce ne sont d'abord que différents lits de terre » commune et d'un sable rougeâtre : on traverse ensuite un massif de grès fort tendre, » dont le grain est fin et se durcit beaucoup à l'air; cette masse est épaisse d'environ » vingt-quatre pieds; suivent ensuite différents lits de terre argileuse et de cailloutage; enfin » vient un banc de sablon très fin, blanc et de l'épaisseur d'un pied : c'est immédiatement

une autre à Bitry, lieu qui n'est pas éloigné de Donzy en Nivernais; elle est à trente pieds de profondeur, et porte, comme celle de Vierzon, sur un lit de sable qui n'est point mêlé d'ocre (a) : une autre à Saint-Georges-sur-la-Prée, dans le Berry, qui est à cinquante ou soixante pieds de profondeur (b), la veine d'ocre portant également sur le sable; une

» au-dessous de ce banc de sable que se trouve la première veine d'ocre. Cette veine a la » même épaisseur que le banc de sablon : elle est horizontale autant que j'en ai pu juger; » et, comme on l'aperçoit tout autour du puits, je n'ai pu décider si elle court du midi au » nord, ou si elle suit une autre direction.

» Ce lit d'ocre est suivi par un autre banc de sablon, et celui-ci par une autre veine » d'ocre, et le mineur m'a assuré qu'en creusant davantage, on voit aussi différents lits » d'ocre et de sable se succéder les uns aux autres; je n'en ai vu que deux lits de chacun, » parce que le puits où je suis descendu était tout nouvellement fait. L'ocre est molle, » grasse et parfaitement homogène; c'est une chose assez singulière que la nature ait ainsi » réuni les deux contraires, le sable et l'ocre, savoir la matière la moins liante avec celle » qui paraît avoir le plus de ductilité, et cela sans le moindre mélange; car la séparation » des veines de sable et d'ocre est parfaite, et n'est pour ainsi dire qu'une ligne géométrique. » Quand je dis que les veines d'ocre sont si pures, j'entends qu'il n'y a aucun mélange de » sable, et je ne parle pas de quelques noyaux durs, ferrugineux et de la grosseur du poing, » qui sont de véritables pierres œtites, car on en trouve assez fréquemment dans l'ocre; leur » surface est à peu près ronde, et l'épaisseur de la croûte d'environ deux lignes : elles » contiennent un peu d'ocre mêlée d'une terre ferrugineuse et friable. On n'emploie point » d'autre machine pour tirer l'ocre de la carrière que le tourniquet simple dont se servent » nos potiers de terre des environs de Paris; elle est pâle et presque blanche dans la veine, » et jaunit à mesure qu'elle sèche, mais elle devient rouge quand on la calcine : le sablon » qui l'environne n'a de particulier que quelques brillants talqueux, dont il est semé, et son » goût vitriolique assez considérable. Toute cette mine est fort humide, et, malgré la largeur » de l'ouverture, l'eau qui distillait des côtés formait au bas une pluie fort incommode : cette » eau sentait aussi le vitriol, et rougissait avec l'infusion de noix de galle. » *Observations d'histoire naturelle;* Paris, 1739, p. 118.

(a) Les trous que l'on ouvre pour tirer l'ocre n'ont au plus que trente pieds de profondeur..... Les matières qui précèdent l'ocre sont : 1° un banc de sable terreux; 2° un banc de glaise qui est d'un blanc cendré ou d'un bleuâtre tirant sur le noir, qui sert à faire de la poterie : ce banc est fort épais; 3° un autre banc de glaise de couleur tirant sur le violet : il est tantôt plus violet que rouge, tantôt plus rouge que violet; 4° un petit banc, ou plutôt un lit d'une espèce de grès jaune ou d'un brun jaunâtre; 5° le banc d'ocre, dont l'épaisseur fait au moins le tiers de la hauteur de l'excavation; et 6° un banc de sable qui est sous l'ocre et qu'on ne perce jamais..... L'ocre est très jaune lorsqu'on la tire de la terre; elle est toujours alors un peu mouillée; elle prend à la superficie, en se desséchant, une couleur légèrement cendrée. Pour la tirer, on la détache du banc en assez gros quartiers avec des coins de bois coniques, que l'on frappe d'un maillet de bois. *Mémoire de l'Académie des sciences,* année 1762, p. 155 et suiv.

(b) On trouve au-dessus de cette mine d'ocre : 1° quatre à cinq pieds de terre commune; 2° quinze à seize pieds d'une terre argileuse mêlée de cailloutage; 3° trois et quatre pieds de gros sable rouge; 4° cinq à six pieds d'un grès gris et luisant, quelquefois si dur qu'on est obligé d'employer la poudre pour le rompre; 5° dix à vingt pieds d'une terre brune plus ferme et plus solide que l'argile; 6° deux ou trois pieds d'une terre jaunâtre aussi fort dure; 7° le banc d'ocre qui n'a tout au plus que huit à neuf pouces d'épaisseur; 8° un sable passablement fin dont on ne connaît pas la profondeur..... Ici l'ocre ne se trouve point par quartiers séparés, elle forme un lit continu dans toute sa longueur, et conserve presque partout son épaisseur; elle est tendre dans la mine, et on la coupe aisément avec la bêche; elle est originairement d'un jaune foncé, mais elle pâlit un peu, et durcit en se séchant. L'ocre n'est point mélangée de glaise d'aucune couleur..... et elle ne renferme aucun caillou dans son intérieur; seulement il y a par-dessous une espèce de gravier de l'épaisseur de deux à trois doigts. *Mémoires de l'Académie des sciences,* année 1762, p. 153 et suiv.

troisième à Tanay, en Brie, qui n'est qu'à dix-sept à dix-huit pieds de profondeur, et appuyée de même sur un banc de sable (a). « L'ocre, dit très bien M. Guettard, » est douce au toucher, s'attache à la langue, devient rouge au feu, s'y durcit, y devient » un mauvais verre si le feu est violent, donne beaucoup de fer avec le phlogistique, et » ne se dissout pas aux acides minéraux, mais à l'eau commune. » Et il ajoute, avec raison, que toutes les terres qui ont ces qualités peuvent être regardées comme de véritables ocres; mais je ne puis m'empêcher de m'écarter de son sentiment, en ce qu'il pense que les ocres sont des glaises; car je crois avoir prouvé ci-devant que ce sont des terres ferrugineuses, qui ne proviennent pas des glaises ou argiles, mais de la terre végétale ou limoneuse, laquelle contient beaucoup de fer, tandis que les glaises n'en contiennent que très peu.

On trouve aussi des mines de fer en ocre ou rouille dans le fond des marécages et des autres eaux stagnantes. Le limon des eaux des pluies et des rosées est une sorte de terre végétale qui contient du fer dont les molécules peuvent se rassembler dans cette terre terre limoneuse au-dessous de l'eau comme au-dessous de la surface de la terre : c'est cette espèce de mine de fer que les minéralogistes ont appelée *vena palustris*; elle a les mêmes propriétés et sert au même usage que les autres mines de fer en grains, et son origine primordiale est la même; ce sont les roseaux, les joncs et les autres végétaux aquatiques, dont les débris, accumulés au fond des marais, y forment les couches de cette terre limoneuse dans laquelle la terre se trouve sous la forme de rouille. Souvent ces mines de marais sont plus épaisses et plus abondantes que les mines terrestres, parce que les couches de terres limoneuses y sont elles-mêmes plus épaisses, par la raison que toutes les plantes qui croissent dans ces eaux y retombent en pourriture, et qu'il ne s'en fait aucune consommation, au lieu que, sur la terre, l'homme et le feu en détruisent plus que la pourriture.

Je ne puis répéter assez que cette couche de terre végétale qui couvre la surface du globe est non seulement le trésor des richesses de la nature vivante, le dépôt des molécules organiques qui servent à l'entretien des animaux et des végétaux, mais encore le magasin universel des éléments qui entrent dans la composition de la plupart des minéraux : on vient de voir que les bitumes, les charbons de terre, les bois, les ocres, les mines de fer en grains et les pyrites en tirent leur première origine, et nous prouverons de même que le diamant et plusieurs autres minéraux régulièrement figurés se forment dans cette même terre, matrice de tous les êtres.

Comme cette dernière assertion pourrait paraître hasardée, je dois rappeler ici ce que j'ai écrit en 1772 sur la nature du diamant, quelques années avant qu'on eût fait les expériences par lesquelles on a démontré que c'était une substance inflammable; je l'avais présumé par l'analogie de sa puissance de réfraction, qui, comme celles de toutes les huiles et autres substances inflammables, est proportionnellement beaucoup plus grande que leur densité. Cet indice, comme l'on voit, ne m'avait pas trompé, puisque deux ou trois ans après on a vu des diamants s'enflammer et brûler au foyer du miroir ardent. Or, je prétends que le diamant, qui prend une figure régulière et se cristallise en octaèdre, est un produit immédiat de la terre végétale; et voici la raison que je

(a) Cette carrière est ouverte : 1º dans une terre labourable : cette terre est maigre, blanchâtre et a peu de consistance; elle peut avoir environ trois pieds d'épaisseur; 2º cinq à six pieds d'une terre grise propre à faire de la poterie; 3º huit à neuf pieds d'une autre terre (l'auteur n'en dit pas la nature, mais il est à présumer que c'est aussi une espèce de glaise); 4º environ un pouce d'une terre couleur de lie de vin; 5º environ un pouce d'une matière pyriteuse qui ressemble à du potin; 6º le banc d'ocre, qui a huit ou neuf pouces et quelquefois un pied d'épaisseur; 7º un sable verdâtre qu'on ne perce pas. *Mémoires de l'Académie des sciences*, année 1762, p. 153 et suiv.

puis en donner d'avance, en attendant les preuves plus particulières que je réserve pour l'article où je traiterai de cette brillante production de la terre. On sait que les diamants, ainsi que plusieurs autres pierres précieuses, ne se trouvent que dans les climats du Midi, et qu'on n'a jamais trouvé de diamants dans le Nord, ni même dans les terres des zones tempérées; leur formation dépend donc évidemment de l'influence du soleil sur les premières couches de la terre, car la chaleur propre du globe est à très peu près la même à une petite profondeur dans tous les climats froids ou chauds : ainsi, ce ne peut être que par cette plus grande influence du soleil sur les terres des climats méridionaux que le diamant s'y forme à l'exclusion de tous les autres climats; et comme cette influence agit principalement sur la couche la plus extérieure du globe, c'est-à-dire sur celle de la terre végétale, et qu'elle n'a nulle action sur les couches intérieures, on ne peut attribuer qu'à cette même terre végétale la formation du diamant et des autres pierres précieuses qui ne se trouvent que dans les contrées du Midi; d'ailleurs l'inspection nous a démontré que la gangue du diamant est une terre rouge semblable à la terre limoneuse. Ces considérations seules suffiraient pour prouver en général que tous les minéraux qui ne se trouvent que sous les climats les plus chauds, et le diamant en particulier, ne sont formés que par les éléments contenus dans la terre végétale (*) et combinés avec la lumière et la chaleur que le soleil y verse en plus grande quantité que partout ailleurs.

Nous avons dit qu'il n'y a rien de combustible dans la nature que ce qui provient des être organisés; nous pouvons avancer de même qu'il n'y a rien de régulièrement figuré dans la matière que ce qui a été travaillé par les molécules organiques, soit avant, soit après la naissance de ces mêmes êtres organisés : c'est par la grande quantité de ces molécules organiques contenues dans la terre végétale que se fait la production de tous les végétaux et l'entretien des animaux; leur développement, leur accroissement, ne s'opèrent que par la susception de ces mêmes molécules qui pénètrent aisément toutes les substances ductiles ; mais lorsque ces molécules actives ne rencontrent que des matières dures et trop résistantes, elles ne peuvent les pénétrer, et tracent seulement à leur superficie les premiers linéaments de l'organisation qui forment les traits de leur figuration.

Mais revenons à la terre végétale prise en masse et considérée comme la première couche qui enveloppe le globe. Il n'y a que très peu d'endroits sur la terre qui ne soient pas couverts de cette terre : les sables brûlants de l'Afrique et de l'Arabie, les sommets nus des montagnes composées de quartz ou de granit, les régions polaires, telles que Spitzberg et Sandwich, sont les seules terres où la végétation ne peut exercer sa puissance, les seules qui soient dénuées de cette couche de terre végétale, qui fait la couverture et produit la parure du globe. « Les roches pelées et stériles de la terre de Sandwich, dit Forster, ne » paraissent pas couvertes du moindre grain de terreau, et on n'y remarque aucune trace de » végétation..... Dans la baie de Possession, nous avons vu deux rochers où la nature com- » mence son grand travail de la végétation (*a*); elle a déjà formé une légère enveloppe de » sol au sommet des rochers, mais son ouvrage avance si lentement qu'il n'y a encore » que deux plantes, un *gramen* et une espèce de pimprenelle..... A la terre de Feu, vers » l'ouest, et à la terre des États, dans les cavité et les crevasses des piles énormes de » rochers qui composent ces terres, il se conserve un peu d'humidité, et le frottement » continuel des morceaux de roc détachés, précipités le long des flancs de ces masses » grossières, produit de petites particules d'une espèce de sable : là, dans une eau stag- » nante, croissent peu à peu quelques plantes du genre des algues, dont les graines y ont

(*a*) C'est plutôt que le travail de la nature expire sur ces extrémités polaires ensevelies déjà par les progrès du refroidissement, et qui sont à jamais perdues pour la nature vivante.

(*) Le diamant est du carbone pur.

» été portées par les oiseaux : ces plantes créent à la fin de chaque saison des atomes de
» terreau, qui s'accroît d'une année à l'autre; les oiseaux, la mer et le vent apportent
» d'une île voisine sur ce commencement de terreau les graines de quelques-unes des
» plantes à mousse qui y végètent durant la belle saison. Quoique ces plantes ne soient
» pas véritablement des mousses, elles leur ressemblent beaucoup..... Toutes, ou du moins
» la plus grande partie, croissent d'une manière analogue à ces régions, et propres à former
» du terreau et du sol sur les rochers stériles. A mesure que ces plantes s'élèvent, elles se
» répandent en tiges et en branches qui se tiennent aussi près l'une de l'autre que cela
» est possible; elles dispersent ainsi de nouvelles graines, et enfin elles couvrent un large
» canton; les fibres, les racines, les tuyaux et les feuilles les plus inférieures tombent
» peu à peu en putréfaction, produisent une espèce de tourbe ou de gazon, qui insensible-
» ment se convertit en terreau et en sol; le tissu serré de ces plantes empêche l'humidité
» qui est au-dessous de s'évaporer, fournit ainsi à la nutrition de la partie supérieure, et
» revêt à la longue tout l'espace d'une verdure constante..... Je ne puis pas oublier, ajoute
» ce naturaliste voyageur, la manière particulière dont croît une espèce de gramen dans
» l'île du *Nouvel-An*, près de la terre des États, et à la Géorgie australe. Ce gramen est
» perpétuel, et il affronte les hivers les plus froids; il vient toujours en touffes ou pana-
» ches à quelque distance l'un de l'autre : chaque année les bourgeons prennent une nou-
» velle tête, et élargissent le panache jusqu'à ce qu'il ait quatre ou cinq pieds de haut, et
» qu'il soit deux ou trois fois plus large au sommet qu'au pied. Les feuilles et les tiges de
» ce gramen sont fortes et souvent de trois à quatre pieds de long. Les phoques et les pin-
» gouins se réfugient sous ces touffes, et comme ils sortent souvent de la mer tout mouillés,
» ils rendent si sales et si boueux les sentiers entre les panaches, qu'un homme ne peut
» y marcher qu'en sautant de la cime d'une touffe à l'autre. Ailleurs les oiseaux appelés
» *nigauds* s'emparent de ces touffes et y font leurs nids : ce gramen et les éjections des
» phoques, des pingouins et des nigauds donnent peu à peu une élévation plus considé-
» rable au sol du pays (*a*). »

On voit, par ce récit, que la nature se sert de tous les moyens possibles pour donner
à la terre les germes de sa fécondité, et pour la couvrir de ce terreau ou terre végétale
qui est la base et la matrice de toutes ses productions. Nous avons déjà exposé, à l'article
des *volcans* (*b*), comment les laves et toutes les autres matières volcanisées se convertissent
avec le temps en terre féconde; nous avons démontré la conversion du verre primitif en
argile par l'intermède de l'eau : cette argile, mêlée des détriments des animaux marins, n'a
pas été longtemps stérile; elle a bientôt produit et nourri des plantes, dont la décomposition a commencé de former les couches de terre végétale, qui n'ont pu qu'augmenter
partout où ce travail successif de la nature n'a point trouvé d'obstacle ou souffert de
déchet.

On vu ci-devant que l'argile et le limon, ou, si l'on veut, la terre argileuse et la terre
limoneuse, sont deux matières fort différentes, surtout si l'on compare l'argile pure au
limon pur, l'une ne provenant que du verre primitif décomposé par les éléments humides,
et l'autre n'étant au contraire que le résidu ou produit ultérieur de la décomposition des
corps organisés; mais dès que les couches extérieures de l'argile ont reçu les bénignes
impressions du soleil, elles ont acquis peu à peu tous les principes de la fécondité par le
mélange des poussières de l'air et du sédiment des pluies; et bientôt les argiles couvertes
ou mêlées de ces limons terreux sont devenues presque aussi fécondes que la terre limoneuse; toutes deux sont également spongieuses, grasses, douces au toucher, et suscepti-

(*a*) Voyez les *Observations* de M. Forster, à la suite du *Second Voyage de Cook*, t. V,
p. 30 et suiv.

(*b*) Voyez les *Epoques de la Nature*, article des *laves*, t. II.

bles de concourir à la végétation par leur ductilité : ces caractères communs sont cause que ni les minéralogistes, ni même les chimistes, ne les ont pas assez distinguées, et que l'on trouve en plusieurs endroits de leurs écrits le nom de terre argileuse, au lieu de celui de terre limoneuse. Cependant il est très essentiel de ne les pas confondre, et de convenir avec nous que les terres primitives et simples peuvent se réduire à trois : l'argile, la craie et la terre limoneuse, qui toutes trois diffèrent par leur essence autant que par leur origine.

Et quoique la craie ou terre calcaire puisse être regardée comme une terre animale, puisqu'elle n'a été produite que par les détriments des coquilles, elle est néanmoins plus éloignée que l'argile de la nature de la terre végétale ; car cette terre calcaire ne devient jamais aussi ductile : elle se refuse longtemps à toute fécondation ; la sécheresse de ses molécules est si grande, et les principes organiques qu'elle contient sont en si petite quantité, que par elle-même elle demeurerait stérile à jamais, si le mélange de la terre végétale ou de l'argile ne lui communiquait pas les éléments de la fécondation. Nous avons déjà eu occasion d'observer que les pays de craie et de pierre calcaire sont beaucoup moins fertiles que ceux d'argile et de cailloux vitreux : ces mêmes cailloux, loin de nuire à la fécondité, y contribuent en se décomposant ; leur surface blanchit à l'air, et s'exfolie avec le temps en poussière douce et ductile ; et comme cette poussière se trouve en même temps imprégnée du limon des rosées et des pluies, elle forme bientôt une excellente terre végétale, au lieu que la pierre calcaire, quoique réduite en poudre, ne devient pas ductile, mais demeure aride, et n'acquiert jamais autant d'affinité que l'argile avec la terre végétale : il lui faut donc beaucoup plus de temps qu'à l'argile pour s'atténuer au point de devenir féconde. Au reste, toute terre purement calcaire, et tout sable encore aigre et purement vitreux, sont à peu près également impropres à la végétation, parce que le sable vitreux et la craie ne sont pas encore assez décomposés, et n'ont pas acquis le degré de ductilité nécessaire pour entrer seuls dans la composition des êtres organisés.

Et comme l'air et l'eau contribuent beaucoup plus que la terre à l'accroissement des végétaux, et que des expériences bien faites nous ont démontré que dans un arbre, quelque solide qu'il soit, la quantité de terre qu'il a consommée pour son accroissement ne fait qu'une très petite portion de son poids et de son volume, il est nécessaire que la majeure et très majeure partie de sa masse entière ait été formée par les trois autres éléments, l'air, l'eau et le feu : les particules de la lumière et de la chaleur se sont fixées avec les parties aériennes et aqueuses pendant tout le temps du développement de toutes les parties du végétal. Le terreau et le limon sont donc produits originairement par ces trois premiers éléments combinés avec une très petite portion de terre : aussi la terre végétale contient-elle très abondamment et très évidemment tous les principes des quatre éléments réunis aux molécules organiques, et c'est par cette raison qu'elle devient la mère de tous les êtres organisés et la matrice de tous les corps figurés.

J'ai rapporté, dans mon Mémoire sur la force du bois (a), des essais sur différentes terres dont j'avais fait remplir de grandes caisses, et dans lesquelles j'ai semé des graines de plusieurs arbres : ces épreuves suffisent pour démontrer que ni les sables calcaires, ni les argiles, ni les terreaux trop nouveaux, ni les fumiers, tous pris séparément, ne sont propres à la végétation ; que les graines les plus fortes, telles que les glands, ne poussent que de très faibles racines dans toutes ces matières, où ils ne font que languir et périssent bientôt : la terre végétale elle-même, lorsqu'elle est réduite en parfait limon et en bol, est alors trop compacte pour que les racines des plantes délicates puissent y pénétrer ; la meilleure terre, après la terre de jardin, est celle qu'on appelle *terre franche*, qui n'est ni trop massive, ni trop légère, ni trop grasse, ni trop maigre, qui peut admettre l'eau des

(a) Voyez t. XI de cette édition.

pluies, sans la laisser trop promptement cribler, et qui néanmoins ne la retient pas assez pour qu'elle y croupisse. Mais c'est au grand art de l'agriculture que l'histoire naturelle doit renvoyer l'examen particulier des propriétés et qualités des différentes terres soumises à la culture : l'expérience du laboureur donnera souvent des résultats que la vue du naturaliste n'aura pas aperçus.

Dans les pays habités, et surtout dans ceux où la population est nombreuse et où presque toutes les terres sont en culture, la quantité de terre végétale diminue de siècle en siècle, non seulement parce que les engrais qu'on fournit à la terre ne peuvent équivaloir à la quantité des productions qu'on en tire, et qu'ordinairement le fermier avide ou le propiétaire passager, plus pressés de jouir que de conserver, effruitent, affament leurs terres en les faisant porter au delà de leurs forces, mais encore parce que cette culture donnant d'autant plus de produit que la terre est plus travaillée, plus divisée, elle fait qu'en même temps la terre est plus aisément entraînée par les eaux : ses parties les plus fines et les plus substantielles, dissoutes ou délayées, descendent par les ruisseaux dans les rivières, et des rivières à la mer ; chaque orage en été, chaque grande pluie d'hiver, charge toutes les eaux courantes d'un limon jaune, dont la quantité est trop considérable pour que toutes les forces et tous les soins de l'homme puissent jamais en réparer la perte par de nouveaux amendements : cette déperdition est si grande et se renouvelle si souvent qu'on ne peut même s'empêcher d'être étonné que la stérilité n'arrive pas plus tôt, surtout dans les terrains qui sont en pente sur les coteaux. Les terres qui les couvraient étaient autrefois grasses, et sont déjà devenues maigres à force de culture ; elles le deviendront toujours de plus en plus, jusqu'à ce qu'étant abandonnées à cause de leur stérilité, elles puissent reprendre, sous la forme de friche, les poussières de l'air et des eaux, le limon des rosées et pluies, et les autres secours de la nature bienfaisante, qui toujours travaille à rétablir ce que l'homme ne cesse de détruire.

FIN DU TOME DEUXIÈME.

TABLE DES MATIÈRES

DU TOME DEUXIÈME.

	Pages.
DES ÉPOQUES DE LA NATURE	1
Première époque. — Lorsque la terre et les planètes ont pris leur forme	24
Seconde époque. — Lorsque la matière, s'étant consolidée, a formé la roche intérieure du globe ainsi que les grandes masses vitrescibles qui sont à la surface	39
Troisième époque. — Lorsque les eaux ont couvert nos continents	50
Quatrième époque. — Lorsque les eaux se sont retirées et que les volcans ont commencé d'agir	70
Cinquième époque. — Lorsque les éléphants et les autres animaux du Midi ont habité les terres du Nord	89
Sixième époque. — Lorsque s'est faite la séparation des continents	103
Septième et dernière époque. — Lorsque la puissance de l'homme a secondé celle de la nature	121
Notes justificatives des faits rapportés dans les époques de la nature. — Sur le premier discours	136
Notes sur la première époque	147
Notes sur la seconde époque	148
Notes sur la troisième époque	156
Notes sur la cinquième époque	166
Notes sur la sixième époque	166
Notes sur la septième époque	182
Explication de la carte géographique	187
Vues de la nature	195
Première vue	195
Seconde vue	202
INTRODUCTION A L'HISTOIRE DES MINÉRAUX. — Des éléments	213
Première partie. — De la lumière, de la chaleur et du feu	213
Seconde partie. — De l'air, de l'eau et de la terre	243
Réflexions sur la loi de l'attraction	263
Addition	267
La loi de l'attraction, par rapport à la distance, ne peut pas être exprimée par deux termes	267

Pages.

Seconde addition. 267
Partie expérimentale. 270
Premier mémoire. — Expériences sur le progrès de la chaleur dans les
    corps 271
        Expériences 272
Second mémoire. — Suite des expériences sur le progrès de la chaleur dans
    les différentes substances minérales. 282
Table des rapports du refroidissement des différentes substances miné-
    rales. 325
Troisième mémoire. — Observations sur la nature du platine. 334
Première addition 339
Seconde addition. 344
Expériences faites par M. de Morveau en septembre 1773. 345
Quatrième mémoire. — Expériences sur la ténacité et sur la décomposition
    du fer. 349
Cinquième mémoire. — Expériences sur les effets de la chaleur obscure. . . 360
Sixième mémoire. — Expériences sur la lumière et sur la chaleur qu'elle
    peut produire. 371
Article Ier. — Invention de miroirs pour brûler à de grandes distances. . . . 371
Article II. — Réflexions sur le jugement de Descartes au sujet des miroirs
    d'Archimède, avec le développement de la théorie de ces miroirs et
    l'explication de leurs principaux usages. 382
Article III. — Invention d'autres miroirs pour brûler à de moindres dis-
    tances. 403
Septième mémoire. — Observations sur les couleurs accidentelles et sur les
    ombres colorées. 411
Huitième mémoire. — Expériences sur la pesanteur du feu et sur la durée
    de l'incandescence. 419
Neuvième mémoire. — Expériences sur la fusion des mines de fer. 433
Dixième mémoire. — Observations et expériences faites dans la vue d'amé-
    liorer les canons de la marine. 449

HISTOIRE NATURELLE DES MINÉRAUX. — De la figuration des minéraux. . . . 463
Des verres primitifs. 474
Du quartz 478
Du jaspe. 484
Du mica et du talc. 488
Du feldspath. 492
Du schorl 495
Des roches vitreuses de deux et trois substances, et en particulier du
    porphyre. 496
Du granit. 503
Du grès. 516
Des argiles et des glaises. 524
Des schistes et de l'ardoise. 535

                                                             Pages.

De la craie.   543
De la marne.   548
De la pierre calcaire.   551
De l'albâtre   574
Du marbre.   585
Du plâtre et du gypse.   598
Des pierres composées de matières vitreuses et de substances calcaires. . .   610
De la terre végétale.   616

FIN DE LA TABLE DU DEUXIÈME VOLUME.

Paris. — Imp. Vᵉ P. Larousse et Cᵉ, rue Montparnasse, 19.

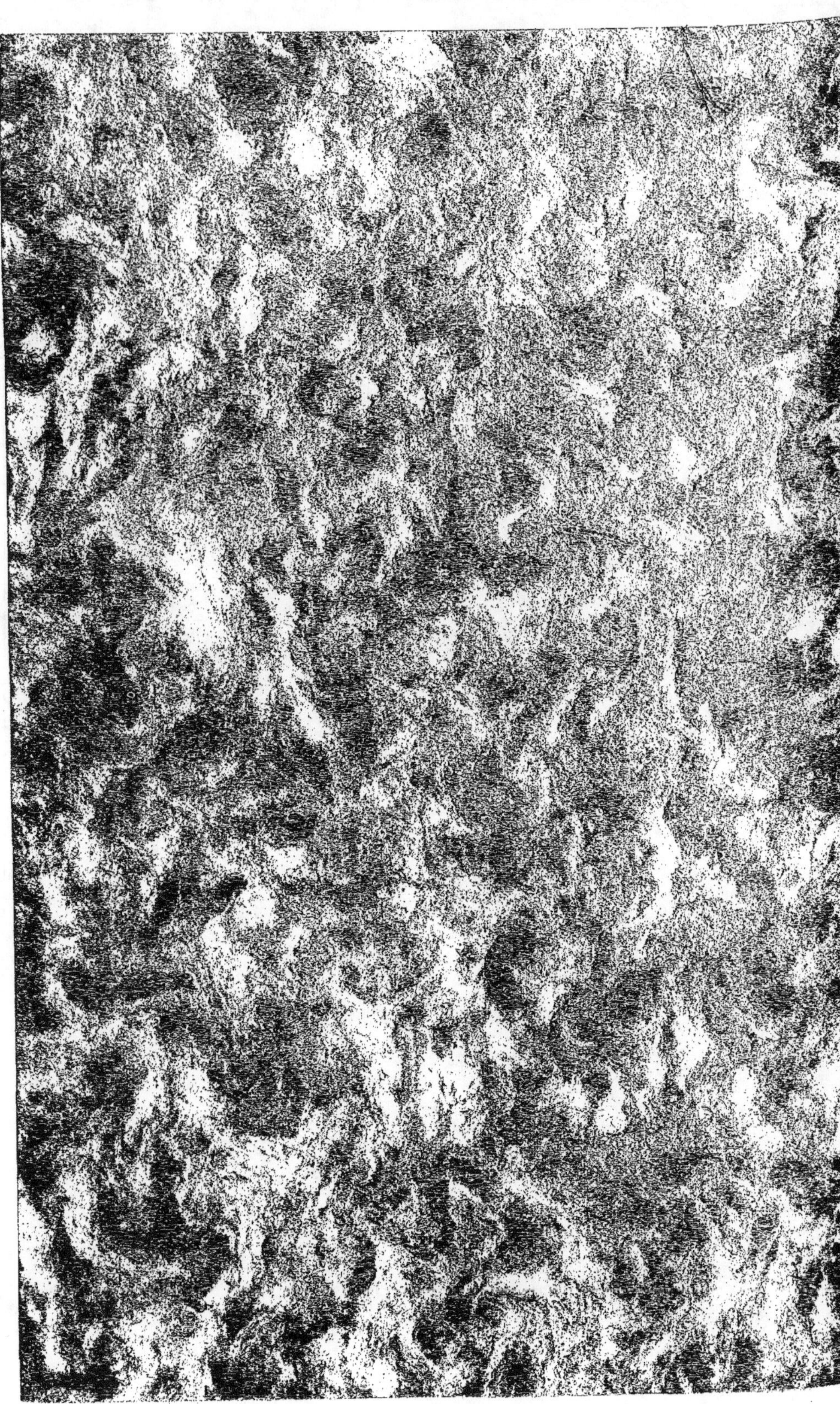